工程電路分析 第七版

Engineering Circuit Analysis, 7/E

William H. Hayt, Jr.
Jack E. Kemmerly
Steven M. Durbin
原著

朱守勇 王宏魯 劉祐任
陳正一 倪如琦 張文恭
譯

McGraw Hill Education

US — Boston Burr Ridge, IL Dubuque, IA Madison, WI New York, San Francisco, St. Louis

International — Bangkok, Bogotá Caracas, Kuala Lumpur, Lisbon, London, Madrid, Mexico City, Milan, Montreal, New Delhi, Santiago, Seoul, Singapore, Sydney, Taipei, Toronto

臺灣東華書局股份有限公司 印行

國家圖書館出版品預行編目資料

工程電路分析 ／ William H. Hayt, Jr., Jack E. Kemmerly, Steven M. Durbin 原著；朱守勇等譯. -- 初版. -- 臺北市：麥格羅希爾, 臺灣東華, 2009. 05
面； 公分
譯 自：Engineering circuit analysis, 7th ed.
ISBN 978-986-157-608-4(平裝)

1. 電路 2. 電網路

448. 62 98004053

工程電路分析 第七版

Original: Engineering Circuit Analysis, 7/E
by William H. Hayt, Jr., Jack E. Kemmerly, Steven M. Durbin
ISBN: 978-0-07-286611-7

1 2 3 4 5 6 7 8 9 0 PHW 2109

作　　者 William H. Hayt, Jr., Jack E. Kemmerly, Steven M. Durbin

譯　　者 朱守勇 王宏魯 劉祐任 陳正一 倪如琦 張文恭

發行所暨合作出版
美商麥格羅．希爾國際股份有限公司 台灣分公司
台北市中正區博愛路 53 號 7 樓
TEL: (02) 2311-3000 FAX: (02) 2388-8822
http://www.mcgraw-hill.com.tw

臺灣東華書局股份有限公司
台北市重慶南路一段 147 號 3 樓
TEL：(02) 2311-4027
FAX: (02) 2311-6615 郵撥帳號：00064813

總 代 理 臺灣東華書局股份有限公司

出版日期 西元 2009 年 5 月 初版
行政院新聞局出版事業登記證／局版北市業字第 323 號

印　　刷 禾耕彩色印刷

ISBN：978-986-157-608-4

序　言

閱讀此書是希望能有愉快的經驗，即使本書需要嚴謹的科學及一些數學。作者們是想要分享電路分析可以是有趣的概念。它不僅對於學工程的學生是有用且十足必要的；而且在邏輯思考上是一種非凡的教育，即使對於那些在他們專業生涯，可能從未分析過其它電路的人來說也是有用的。完成這個課程之後，再來回顧時，許多學生真的訝異，所有優異的分析工具均源自於**三個簡單的科學定律** —— 歐姆定律、克希荷夫電壓及電流定律。

在許多學院及大學，電機工程的入門課程，會比經常從場的觀點介紹電與磁基本概念的入門物理課程，先行開設或同時開設。然而，這種背景不是必要的。反而，探討 (或回顧) 電與磁的幾種需要的基本概念是必須的。研讀這本書，只有一種入門的微積分課程被視為必修的 —— 或正同時選修的。電路元件以它們的電路方程式來介紹或定義；關於場的關係只附帶說明。在過去，我們嘗試以三或四週的電磁場理論，來介紹基本電路分析課程，以便於能利用馬克斯威爾 (Maxwell's) 方程式更精確的定義電路元件。特別就學生的接受度而言，其結果並不好。

我們希望這本書是一本學生可以自我學習電路分析科學的課本。這本書是為學生而寫，並不是為了老師，因為學生可能會比老師花費較多的時間研讀此書。如果可能的話，在每一個新的術語第一次出現時，都會予以清楚的定義。基本的資料會出現在每一章的開頭，並且小心及詳細的解釋；數值性的例子用於介紹並提出一般性的結果。練習題則貫穿每一章節，一般來說是簡單的，且各部分的解答依序列於其後。較困難的問題則出現在每一章的末尾，且依據課本內容的先後順序編排。這些問題偶爾用於介紹較不重要，或經由一步步的程序介紹更進一步的議題，同時也會介紹下一章才出現的主題。對於學習的過程，介紹及重複所得的結果都是重要的。除了為數眾多的練習題之外，總共有超過 1200 題的章節末尾問題，及超過 170 題的例子。許多的練習題，在這版本中都是新的題目，並且由於幾位同僚的協助，每一個問題都經由手算求解，並適當的用電腦做查驗。

如果這本書是在非正式的，或甚至輕鬆愉快的情況下偶爾出現，那是因為我們覺得，對於教育不需要是枯燥或浮誇的。學生臉上的愉快笑容很少會阻礙資訊的吸收。如果這本書在寫作時，有使人愉快的時刻的話，那閱讀此書時又何嘗沒有呢？課本中所呈現的內容，代表經由普渡大學、福樂頓市的加州州立大學、杜蘭戈的路易斯堡學院、佛羅里達 A&M 大學的聯合工程計畫、佛羅里達州立大學及 (紐西蘭) 坎特伯里大學裡課程教導所發展的過程。十分感謝上述學院及大學的學生首先閱讀此書，並且經常給予評論及建議。

成為 1962 首版發行的工程電路分析的共同作者，是一項極大的殊榮。現在進入到第七版，這本書以穩定的發展及重大的改變兩種方式，從事電路分析的教育。我自己則在普渡大學的大學部學生授課中使用這本書，而我自己修過，我始終認為，毫無疑問最傑出的教授 Bill Hayt 親自所講授的課程。

有幾點工程電路分析值得注意的成功原因，它是一本組織架構非常好，且經得起時間考驗的書 —— 關鍵的概念在於邏輯的編排，同時也完美地與較大的架構相連接。本書中的探討，設置在適當的章節，並且利用例子與好的實際問題的協助來點綴。當它描述指定議題下的理論時，或全力發展數學基礎架構時，都不會有任何的赧色。然而，書中的每一個部分，都經由仔細的設計，以協助學生她 (他) 自己去學習如何執行電路分析；用來說明理論的相關理論，留在其它議題加以說明。Bill Hayt 與 Jack Kemmerly 花費許多的精神在第一版編輯，他們希望傳遞他們無窮的熱忱給閱讀每一章節的讀者。

第 7 版新增的部分

當在決定製作第七版的時候，出版團隊的每一個成員，全力充分利用這令人興奮的機會。無數的 (我相信某些人在計數) 草稿、修訂、模型及樣板經由網路傳送，好像是我們努力使這個顏色對學生最有利。我相信，這個團隊努力的最後結果，會是成功的。為了教師的方便，自從第六版開始，有了許多的改變，付出極大的用心去保留關鍵特性，一般流程及全部的內容。因此，我們再一次使用幾種不同的圖像：

針對常見的錯誤提供警告，

指出特別值得注意的地方，

表示可能沒有唯一答案的設計問題，以及

表示需要電腦輔助分析的問題。

藉這以工程為目的的套裝軟體，在學習的過程中會有所幫助的心態，但不應該作為依靠。那些在章節末尾以 標記的問題，通常表示以適當的軟體來查驗答案，但並不是提供答案。

許多工作繁重的教師，要講授涵蓋指定電路課程所需要的內容時，可以依順序跳過某些章節。特別是對於運算放大器，因此這一章與後續的章節可以忽略，且不會有任何清晰及流暢的損失。決定將第 6 章放在整個直流分析完成之後，主要是著眼於利用運算放大器電路，來加強前一章所學的電路分析技巧。除了電壓擺動率 (slew rate) 之外，電晶體效應及頻率響應，被設置在相關篇章的末尾；針對運算放大器的使用，如同實際案例對於所學習的電路分析概念，這兩者避免資訊過多及提供多樣的機會。

複數頻率的議題在此也是值得提出。Bill Hayt 的心態是，拉普拉氏轉換應該是傅立葉轉換的一個特殊的情形 —— 一種簡單的數學練習。然而，許多的課程並未涵蓋應用傅立葉的概念，直到最近的訊號及系統課程，所以 Bill Hayt 與 Jack Kemmerl 將如同相量延伸的複數頻率概念介紹給學生。這種對學生有利的方法已被保留，而且是本書所強調的特色，其中競爭的論述，經常是藉由簡單地說明積分轉換，來進入拉普拉氏的章節。

第 7 版的改變包括

1. 許多新的及修訂過的例子，特別是在本書的暫態分析部分 (第 7、8、9 章)。
2. 第 6 章運算放大器資料，大量的重寫與擴充。這些資料包括利用運算放大器建立電流與電壓源、電壓擺動率、比較器及儀器用放大器的探討。幾種型式的結構被詳細的分析，而幾個變化則留給學生自己去解決。
3. 額外的數百題每章末尾問題。
4. 幾個新的表單作為簡單的參考。
5. 對於每一個例題小心的注意，以確保簡要的說明、適切的步驟過程及適當的圖表。如同第六版中，每一個例子的措辭，在某種程度上類似於測試問題的情形，並設計協助問題的求解，如同概念說明的相反。
6. 對於許多學生意見的反應，已納入大量的每章末尾問題，其中包括簡單的“信心建立”問題。

7. 在每一章開頭的“目標及目的”已改為“關鍵概念”，以提供每章目錄的快速參考。
8. 已加入幾個新的實際應用章節，而原先既存的部分則予以更新。
9. 許多新圖片加入到相關議題的圖示中。
10. 使用多媒體的新軟體加入到書中，包括盼望許久，為教師製作的 COSMOS 更新解答手冊系統。

Bill Hayt 在第六版修正過程的最初階段，突然的去世，確實令人震驚。我從未有機會去告訴他，關於預期的改變 —— 我只能希望持續的修正，能幫助這本書讓新一代生氣勃勃的年輕工程學生們認識。同時，我們 (durbin@ieee.org 及 McGraw-Hill 的編輯們) 歡迎來自學生及教師的意見及反應，不論是正面或是負面的，都由衷的感激。

當然，這個計畫已經是一個團隊工作，以及許多人的參與及提供協助。對於 McGraw-Hill 編輯及產品人員始終的支持，十分感謝，包括：Melinda Bilecki, Michelle Flomenhoft, Kalah Cavanaugh, Michael Hackett, Christina Nelson, Eric Weber, Phil Meek 及 Kay Brimeyer。我也要感謝 McGraw-Hill 當地的代表 Nazier Hassan，他經常順道拜訪校園，喝一杯咖啡並詢問事情的進展。與這些人共事，的確是很妙的事。

針對第七版，應該感謝下列的人員，並且對他們檢閱不同版本手稿表達感激之情：

Miroslav M. Begovic, *Georgia Institute of Technology*
Maqsood Chaudhry, *California State University, Fullerton*
Wade Enright, *Viva Technical Solutions, Ltd.*
Rick Fields, *TRW*
Victor Gerez, *Montana State University*
Dennis Goeckel, *University of Massachusetts, Amherst*
Paul M. Goggans, *University of Mississippi*
Riadh Habash, *University of Ottawa*
Jay H. Harris, *San Diego State University*
Archie Holmes, Jr. *University of Texas, Austin*
Sheila Horan, *New Mexico State University*
Douglas E. Jussaume, *University of Tulsa*
James S. Kang, *California State Polytechnic University, Pomona*
Chandra Kavitha, *University of Massachusetts, Lowell*
Leon McCaughan, *University of Wisconsin*
John P. Palmer, *California State Polytechnic University, Pomona*

Craig S. Petrie, *Brigham Young University*
Mohammad Sarmadi, *The Pennsylvania State University*
A.C. Soudack, *University of British Columbia*
Earl Swartzlander, *University of Texas, Austin*
Val Tereski, *North Dakota State University*
Kamal Yacoub, *University of Miami*

誠摯的感謝來自於 Drs. Jim Zheng, Reginald Perry, Rodney Roberts, 佛羅里達 A&M 大學電機與資訊工程系的 Tom Harrison 及佛羅里達州立大學的意見與建議，也要感謝坎特伯里大學的 Bill Kennedy，展現驚人的努力與熱忱，針對每一章再次校對及提供許多有用的建議。也要給予提供元件照片的 Ken Smart 及 Dermot Sallis，處理不同照片的 Duncan Shaw-Brown 及 Kristi Durbin，幫忙 *h*-參數實際應用的 Richard Blaikie，協助影像處理實際應用的 Rick Millane 及提供許多變壓器照片 (沒有人會有更多的變壓器照片) 的 Wade Enright 等人特別的感謝。對於 Cadence 與 Mathworks 好心的提供電腦輔助分析軟體的協助，也要表達十二萬分的感激。Phillipa Haigh 及 Emily Hewat 提供技術性的打字、影印及計畫中不同階段的校樣，毫無疑問的應該感謝他們的幫助。我也要感謝我的部門，同意我請公休假，暫時離開工作，並開始校正的過程 —— 意思是我的同僚好心的接下並負起我經常性的工作。

在過去的歲月中，有許多人影響我的教學作風，其中包括：Bill Hayt、David Meyer、Alan Weitsman 等教授，以及我的論文指導教授 Jeffery Gray，還有我所遇到的第一位電機工程師 —— 自印第安那技術學院畢業的父親 Jesse Durbin。也要感謝從其它家庭成員而來的支持與鼓勵 —— 包括我的母親 Roberta，我的兄弟 Dave、John 和 James，以及我的岳父母 Jack 及 Sandy。最後，也是最重要的：要感謝內人 Kristi，因為你的耐心、你的諒解、你的支持以及忠告，還有我們的兒子 Sean，因為有你，使得生活如此的有趣。

Steven M. Durbin
基督城，紐西蘭

目　次

第 6 章　運算放大器

第 7 章　電容器與電感器

第 8 章　基本 *RL* 與 *RC* 電路

第 9 章　*RLC* 電路

第 10 章　弦式穩態分析

第 11 章　交流電路功率分析

第 12 章　多相電路

第 13 章　磁耦合電路

第 14 章　複數頻率與拉氏轉換

第 15 章　s 域的電路分析

第 16 章　頻率響應

第 17 章　雙埠網路

第 18 章　傅立葉電路分析

◎ 光碟部份

1 簡　介

1.1 前　言

現今大學工程系畢業的學生不再僅僅受雇於工程問題的技術設計方面，他們努力的成果超越較佳的電腦與通訊系統所創造的，擴大到以旺盛精力的努力去解決社會經濟性的問題。如空氣和水的污染、都市計畫、大眾運輸、新能源的發掘及現存自然資源的維護，特別是石油及天然氣。

為了貢獻這些工程問題的解決方法，工程師必須學得許多的技能，其中的一項便是電路分析的知識。如果我們已經進入或企圖進入電機工程的範疇，電路分析好比是我們所選擇領域的入門課程。如果要涉獵其它的工程，則電路分析可以代表所有電機工程研究的大部分，其提供電子儀表、動力機械及大系統工作的基礎。然而，更重要的是擴大我們的教育及成為更有教養的一群人。具備各種學科的團體愈來愈多，而在這樣一個團體當中只要使用的語言及定義是我們所熟悉的，那麼有效的溝通是可以達成的。

這一章，在開始進入技術討論的議程之前，我們先預習這本書後面的一些主題，並簡單概要的去思考分析與設計之間的關係，及電腦工具在現代電路分析所扮演的角色。

關鍵概念

電路分析：直流分析、穩態分析、交流分析及頻率分析

分析與設計

電腦輔助分析

問題求解方法

並非所有的電機工程師都經常地利用電路分析，但他們卻常常利用先前所學習的技能擔負起工作上分析及解決問題的責任。(太陽能板：取自 Corbis 公司；天際：取自 Getty 公司的圖片連結；石油鑽塔：取自 Getty 公司的畫面；衛星雷達：取自 Getty 的圖片連結)。

1.2 本書的概要

線性電路分析 (linear circuit analysis) 為此書的基本主題，有時候一些讀者會問到

"至今有任何的非線性電路分析嗎？"

當然有，而且我們每天都會碰到，非線性電路記錄並解碼電視與收音機的訊號，且微處理器內部每秒處理百萬次的計算，將話語轉換成電的訊號並經由電話線路傳輸，並執行許多我們視野以外的其它功能。設計、測試及執行這些非線性電路，因此詳細的分析是不可避免的。你可能會問

"那麼為什麼還要學習線性電路分析呢？"

此問題的真相是，沒有實際的系統 (包括電路) 始終是完美線性的。然而，幸運的是許多系統在某一限制範圍下的表現是相當地線

電視機包含許多的非線性電路。然而，大量的非線性電路可藉由線性電路的幫助而瞭解及分析。

性化，如果我們注意保持在限制範圍內，我們便可以將這些系統視為線性系統模型。例如，考慮一個一般函數

$$f(x) = e^x$$

此函數的線性近似可表示成

$$f(x) \approx 1+x$$

讓我們來做個測試，表 1.1 顯示 $f(x)$ 在 x 為某一範圍時的實際值與近似值。有趣的是，當相對誤差仍然小於 1 時，此線性近似異常地精確到大約 $x=0.1$。雖然許多的工程師操作計算器相當的快，但對於任何的方法相較於計算器加 1 來的快速，是很難的。

線性問題先天上比非線性問題容易解決。因此，我們經常對於實際情況尋求相當精確的線性近似 (或模型)。除此之外，線性模型更容易處理與瞭解，並可設計一個更為簡單的程序。

表 1.1 e^x 的線性模型與實際值的比較

x	$f(x)^*$	$1+x$	相對誤差**
0.001	1.0001	1.0001	0.0000005 %
0.001	1.0010	1.001	0.00005 %
0.01	1.0101	1.01	0.005 %
0.1	1.1052	1.1	0.05 %
1.0	2.7183	2.0	26 %

* 為取至小數第四位

** 相對誤差$\triangleq \left| 100 \times \frac{e^x-(1+x)}{e^x} \right|$

在本書的各章節裡所將遇到的電路，全部都是以線性近似來表示實際的電路。到時候這些模型潛在的不精確及限制會適當且簡潔的提出來討論。但一般來說，我們將發現對大部分的應用而言其精確度是適當的。當實際需要較高的精確度時，將採用非線性模型，但求解的複雜度會增加許多。在第二章，我們將詳細的討論線性電路由什麼所組成。

線性電路分析可分成四種廣泛的類型：**直流分析** (dc analysis)、**暫態分析** (transient analysis)、**交流分析** (ac analysis) 以及**頻率響應分析** (frequency response analysis)。我們將由電阻的議題，包括閃光燈及烤麵包機等簡單例子，開始我們電路分析的旅程。這提供一個完美的機會去學習一些強大的工程電路分析技術。例如節點分析、網目分析、重疊定理、電源轉換、戴維寧定理、諾頓定理及一些簡化元件串並聯的網路方法。電阻性電路唯一最補償特性是，任何感興趣的量隨時間變化不會影響分析的程序。換句話說，如果在數個指定的瞬間要求一個電阻性電路的電量，則此電路只要分析一次便足夠。結果，我們初期將花費大部分的精力只考慮直流電路，而此電路的電氣參數不隨時間而變。雖然諸如手電筒或汽車後窗除霧器等直流電路，在每日的生活中極為重要，但某些突然發生的事情經常更引起我們的興趣 (想像一個爆竹從完整的爆裂到發出“砰！”的聲響花費了 100 年的時間)。在電路分析的說法，暫態分析是用於研究突然激磁或失磁的電路之適當的技術。為了使電路有趣，我需要增加一些電路元件，而這些電路元件對電氣量的變化率有反應，並導出微分與積分電路方程式。幸運的是，我們利用研究的第一個部分所學得的簡單技術便可以獲得相關的方程式。

還有，並不是所有時變電路都是突然地啟動或停止。空調、風扇及日光燈僅僅只是我們日常所看到的許多例子中的一小部分。在此情況下，以微積分為基礎的方法對於每一種分析會變得冗長且耗時，幸運的是對於允許設備有足夠的長時間運轉直到暫態消失的情形，有一種較好的選擇，此種選擇一般稱為交流分析或有時稱之為相量分析。

我們研究的最後一段旅程是關於頻率響應的主題。由時域分析直接得到的微分方程式，幫助我們直覺的瞭解包含儲能元件電路的

現代火車藉由馬達提供動力。其電機系統可利用交流或相量分析技術予以詳細分析。(© Corbis)

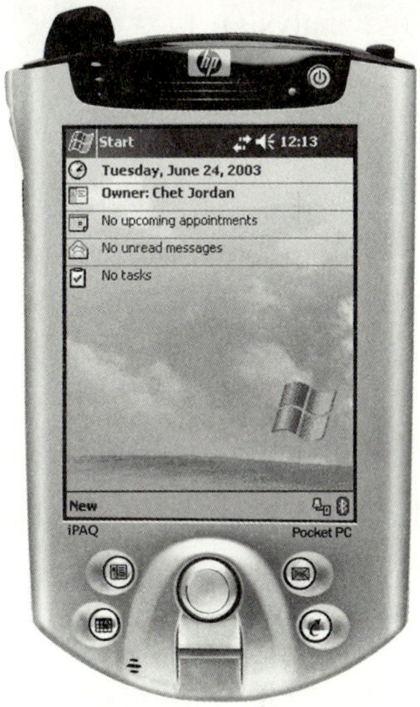

頻率相依電路為許多電子裝置的核心，而且這些電子裝置可被設計成非常具有娛樂性。(© 1994-2005 Hewlett Packard Company.)

操作 (例如電容器與電感器)。然而，我們將看到即使具有相對少量元件的電路可能在分析上也會有點麻煩，所以會有更多簡單的方法被發展出來。這些方法包括允許我們將微分方程式轉換成代數方程式的拉卜拉氏及傅立葉分析。這些方法也使我們能在指定的方法下，設計出與特定的頻率有反應的電路。我們每天都使用與頻率有關的電路例如撥電話、選擇喜歡的收音機頻道或連接上網。

1.3 電路分析與工程的關係

不論在完成本書課程之後是否打算繼續研習更深入的電路分析技術，有幾項值得我們在研讀時所需注意的觀念。電路分析技術的基本要素，除了在於發展一套有條理的方法去解決問題的機會之外，決定目標或特別問題目標的能力，及收集影響求解資訊的技

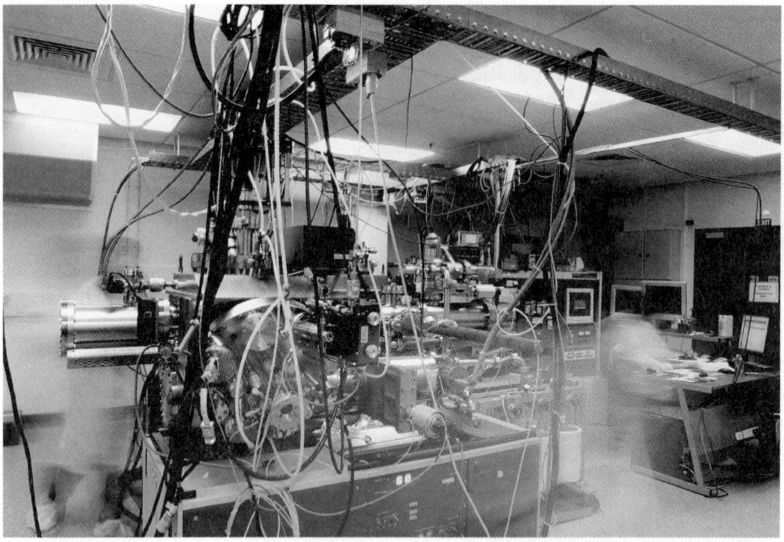

方程式主宰分子光束磊晶發展設備的運作，十分類似於描述簡單的線性電路。

能，可能與實際驗證求解的精確度一樣的重要。學生熟悉其它工程議題的研究，諸如：流體流動、汽車懸吊系統、橋樑設計、供應鏈管理或程序控制，將有助於瞭解我們所發展描述不同電路特性的許多方程式之一般型式。我們需要簡單的學習如何"轉化"相關的變數（例如：以力取代電壓，以距離取代電荷，以摩擦係數取代電阻等)，進而找到已知的新形態問題如何解決的方法。通常如先前有解決類似或相關問題的經驗，則我們的直覺便可以指引我們求得整個新問題的解。

有關線性電路分析所學得的東西，是以後電機工程課程的基礎，電子學的研究仰賴組成電源供應器、放大器及數位電路的二極體及電晶體等元件的電路分析。我們將闡述的技術將由電子工程師應用到快速且有條不紊的流行事物上，而這些電子工程師甚至不用動到筆。本書的時域及頻域章節直接引領我們進入訊號處理、功率傳輸、控制理論及通訊的探討。特別地，我們會發現頻域分析是一個十分有用的技術，它可以簡單的應用至任何與時變激勵有關的實際系統。

機器人處理器的例子。其決定位置的回授控制系統可利用線性電路元件予以模型化；而此種操作可能變得不穩定。
(NASA Marshall Space Flight Center)

1.4 分析及設計

工程師對於科學原理獲得一些基本的認知，並將此基本認知與經常以數學方程式表示的實際知識相結合，進而對於已知的問題求得解答 (經常具有相當的創造力)，**分析** (analysis) 是經由決定問題範圍獲得瞭解問題所需的資訊及計算感興趣參數的一種程序。**設計** (design) 是我們合成某些新的東西成為問題解答一部分的一種程序。一般而言，有一種可能性那就是需要設計的問題沒有唯一解答，然而典型地在分析階段卻有唯一解答。因此設計的最後一個步驟通常是分析所得的結果是否符合規格說明。

本書把焦點放在發展我們分析及解決問題的能力上，因為它是每一種工程的起點。本書著重於清楚的解說、適切的例子及充分的練習以便發展此一能力。因此，每一章結束時所附的問題，整合了設計的原理，以便之後的章節更為有趣且不會分心。

1.5 電腦輔助分析

在求解電路分析所列出的方程式類型時，甚至連普通複雜電路

兩個針對下一代太空梭所提的設計，雖然兩個都包含類似的元件，但每一具太空梭都是獨一無二的。(美國太空總署 Dryden 飛行研究中心)

Charles Babbage 的“差異二號引擎”被完整的保存在倫敦科學博物館。(© Science Museum / Science & Society Picture Library)

可能經常變成特別的麻煩，這當然會造成錯誤發生的機率增加。除非有大量的時間執行計算，因此早在電子計算機及純機械式計算機出現前，便有尋求一種能幫助求解此程序工具的期望。例如在 1880 年代由 Charles Babbage 所設計的分析引擎 (Analytical Engine) 提出了可能的解答。最早成功用來設計求解微分方程的電子式計算機

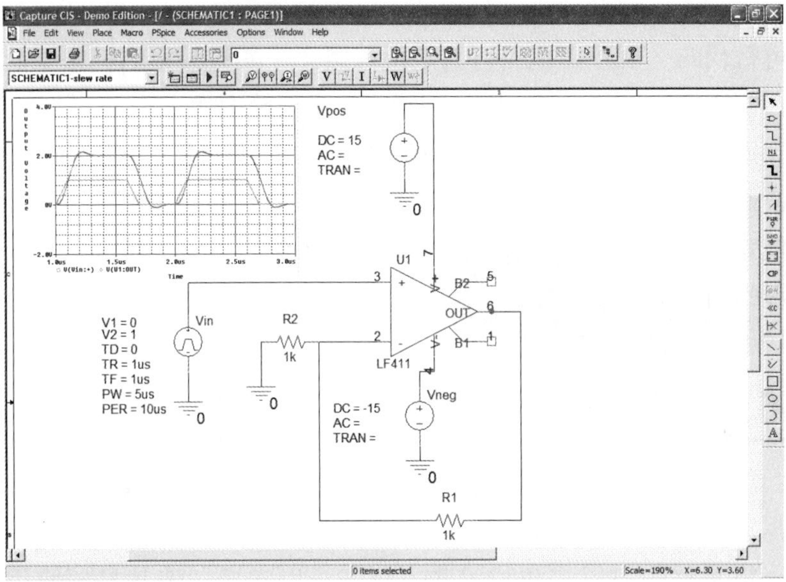

利用商業圖式記錄軟體所繪製的放大器電路。插入的圖為模擬隨時間變化輸出。

可能是 1940 年代的 ENIAC，而它所使用的真空管大到足以填滿一間房間。然而，隨著低成本桌上型電腦的到來，電腦輔助電路分析已發展成為非常珍貴的每日必備工具，且為分析與設計的一個整體部分。

電腦輔助設計最具影響力的是，近來十分流行於使用者之間的整合型之複合式程式。此軟體允許電路圖被概要性的繪製在螢光幕上，且自動的降低分析程式所需要的格式 (例如在第 4 章所要介紹的 SPICE) 及平順地將結果輸出並轉換成第三種程式所能繪製的不同電量，而此感興趣的電量可描述電路的操作情形。一旦工程師滿足設計的模擬表現時，此軟體可利用元件庫內的幾何圖案參數產生電路板的佈局。這種整合程度是持續的增加，直到工程師只需按幾個按鈕便能很快的畫一張草圖，走到桌子另一邊去拿取電路的製造版本，並準備做測試。

然而，讀者應該瞭解一件事：電路分析軟體雖然使用上有趣，但卻絕對無法取代一個良好的舊式紙筆分析。為了發展設計電路的能力，我們需要確實瞭解電路如何工作。簡單地討論執行一種特別軟體的動機，就像是玩樂透彩券一樣，由使用者產生項目誤差，在大量的選單上隱藏預設的參數，手寫碼的偶爾缺失及沒有任何替代品可替代的一個預期電路行為之近似概念。如果模擬的結果不能符合預期的話，我們能早一點發現錯誤，不至於太晚。

還有，電腦輔助分析是一種強有力的工具，它允許我們改變參數值並預測電路表現的變化，以及在一種簡單的方式下考慮設計的幾種差異，此結果可減少重複性的工作，使有更多的時間能集中在工程的細節上。

1.6 成功求解問題的策略

當要求描述電路分析最令人沮喪的部分時，大多數的學生都會認為是：對於問題知道如何開始。而第二個最典型困難的部分是獲得一組完整的方程式並將這些方程式予以安排，使其易於使用控制。快速地掃描問題的說明與瀏覽課本搜尋可用的方程式是基本的本能。我們愈來愈渴望被問到圓的圓周，或面對解決錐形體容積的日子。雖然找尋快速的解答是十分誘人的，但就長遠來看，有條理一貫性的問題將可產生較佳的結果。

下面的流程圖是用來設計克服兩個常見的障礙：問題的開始與規劃求解程序。由流程圖中可以明顯的看到好幾個步驟，但它是依照時間的先後順序來完成每一件工作，直到成功完成。

然而，分析電路真正成功的關鍵在於練習，特別是在輕鬆的、低壓力的環境下。經驗是最好的老師，並且從我們的錯誤中學習，通常會是成為一位稱職工程師的一種過程。

進階研讀

❒ G. Polya , How to solve It Princeton , N. J. : Princeton University Press , 1971. 本書的價格相當的低廉，且為一本暢銷書，它教導讀者面對表面上不可能有解的問題時，如何發展贏的策略。

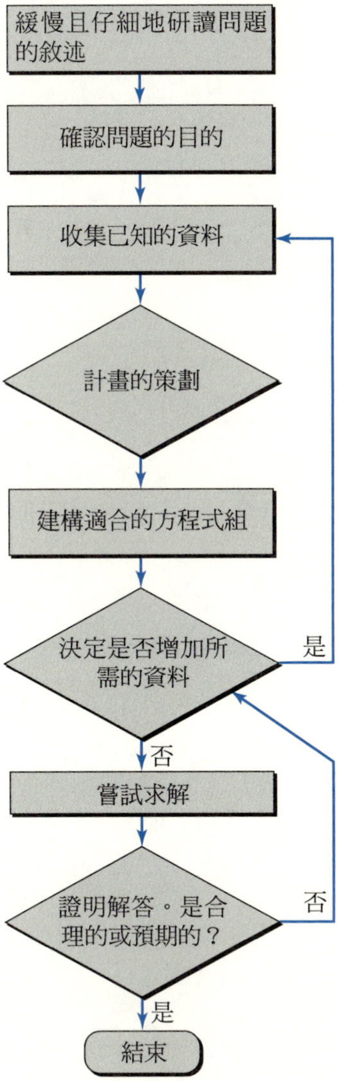
緩慢且仔細地研讀問題的敘述
確認問題的目的
收集已知的資料
計畫的策劃
建構適合的方程式組
決定是否增加所需的資料
是
否
嘗試求解
證明解答。是合理的或預期的？
否
是
結束

2 基本元件與電路

關鍵概念

- 基本電量及相關單位：電荷、電流、電壓及功率
- 電流方向及電壓極性
- 功率計算的被動符號之習慣用法
- 理想電壓及電流源
- 依賴電源
- 電阻與歐姆定律

簡　介

本書主要的目的為電路及系統分析。在處理某一特別分析時，經常需要求解的電流、電壓或功率，因此我們首先將針對這些量做一扼要的描述。而可供我們選擇建立電路的元件項目相當地少，為了不致於發生不知所指的情形，我們一開始將焦點放在一簡單的被動性元件——電阻，及理想的主動電壓與電流源，當我們繼續往前學習時，新的元件將加入到我們的學習中，並允許我們分析更複雜 (及有用) 的電路。

在開始之前，我們要提出一句忠告：將注意力緊密的放在標示電壓的“+”、“−”號以及定義電流時的箭號意義，因為它們常造成答案正確與錯誤的不同。

2.1　單位與計量

為了描述某些測量的值，我們必須同時給予數值 (number) 及單位 (unit)，例如“3”英吋。幸運地是我們都使用相同的數系。然而對單位而言，就並非如此，通常需要花費一些時間，才能熟悉適當的單位系統。任何一種標準單位必須經由大家一致認同，且必須保證其永久性，及全面的可接受性。例如長度的標準單位不應以某種橡皮筋上兩個記號點的距離來定義，因其不具耐久性，且任何人均可

改採其它的標準。

對於單位系統，我們有極少數的選擇，其中之一是 1964 年美國國家標準局所採用的單位系統，此系統為所有主要專業工程學會所採用，同時也是現今教科書所使用的語言。這就是 1960 年度量衡會議所採用的國際單位系統 (簡稱為 SI)，經過數次的修正後，國際單位系統建立七項基本單位：公尺、公斤、秒、安培、克氏度數、莫耳及燭光 (參考表 2.1)。這也是一般所稱的“公制系統”，雖然它並未廣泛在美國使用。但是某些單位已被世界上大部分的國家普遍採用，至於其它量的單位如體積、力、能量等，都是推導自這七種基本單位。

功或能量的基本單位稱為**焦耳** (Joule，J)。1 J (以 SI 基本單位表示成 kg m^2 s^{-2}) 等於 0.7376 呎磅力 (ft-1bf)。其它的能量單位包括卡路里 (calorie，cal)，等於 4.187 焦耳；英制熱量單位 (Btu)，等於 1055 J；仟瓦小時 (kWh) 等於 3.6×10^6 J。功率定義為所做功或能量擴張的速率。功率的基本單位是**瓦特** (Watt，W)，定義為 1 J/s，1 瓦特等於 0.7376 ft-1bf/s，或等於 1/745.7 馬力 (horse-power，hp)。

SI 採用十進位系統建立較大及較小單位與基本單位的關係，並利用字首來代表不同的 10 次冪。表 2.2 為各字首及其符號的表示，其中特別標示部分是工程上經常遇到的符號及字首。

以人名命名的單位 (如 kelvin，取自 Lord Kelvin，他是 Glasgow 大學的教授) 寫成小寫字體，但縮寫是使用大寫字母。

要強調的是這些字首值得牢記，因為不論在本書或其它技術工作中，經常都會出現這幾個字首的組合，例如 millimicrosecond，是不被接受的。在距離方面值得注意的是微米 (micron，μm) 比 micrometer

“卡路里”則是與食物、飲料及運動有關的單位，是以仟卡（4.187 J）表示。

表 2.1 SI 基本單位

基本量	名稱	符號
長度	公尺	m
質量	公斤	kg
時間	秒	s
電流	安培	A
熱力溫度	克氏度數	K
本質量	莫耳	mol
流明強度	燭光	cd

表 2.2　SI 字首

因數	名稱	符號	因數	名稱	符號
10^{-24}	yocto	y	10^{24}	yotta	Y
10^{-21}	zepto	z	10^{21}	zetta	Z
10^{-18}	atto	a	10^{18}	exa	E
10^{-15}	femto	f	10^{15}	peta	P
10^{-12}	pico	p	10^{12}	tera	T
10^{-9}	nano	n	10^{9}	giga	G
10^{-6}	micro	μ	10^{6}	mega	M
10^{-3}	milli	m	10^{3}	kilo	k
10^{-2}	centi	c	10^{2}	hecto	h
10^{-1}	deci	d	10^{1}	deka	da

更為常用。埃 (angstrom, Å) 可用來代表 10^{-10}。同樣的，一般而言在電路分析與工程中，我們會經常看到以工程單位所表示的數字。在工程記號中，數量是以 1 到 999 之間的數字及一個適當且能被 3 整除的公制單位來表示。例如 0.048W 會用 48 mW 來取代 48 cW、4.8×10^{-2} W 或 48,000 μW。

練習題

2.1　某氪-氟化物的雷射光波長為 248 nm，這與下列何者是相同：(a) 0.0248 mm；(b) 2.48 μm；(c) 0.248 μm；(d) 24,800 Å。

2.2　在某積體電路中，一個邏輯閘開關由 "on" 狀態到 "off" 狀態需要 1 ns，此時間相當於下列何者：(a) 0.1 ps；(b) 10 ps；(c) 100 ps；(d) 1000 ps。

2.3　一盞典型的白熾閱讀燈，其耗電量為 60 W，如果耗電量保持不變則每天需要消耗多少能量 (焦耳, J)？又如果每仟瓦小時的電費為 12.5 分，則每星期的費用為多少？

答：2.1 (c)；2.2 (d)；2.3 (5.18 MJ, \$1.26)。

2.2 電荷、電流、電壓及功率

電　荷

電荷守恆定理為電路分析最基本的概念之一，從基礎物理中我們可以瞭解到有兩種基本型態的電荷：正電荷 (相當於質子) 及負電荷 (相當於電子) 本書中大部分章節所探討的電路，僅與電子流有關，瞭解與正電荷移動有關的裝置 (例如：電池、二極體與電晶體) 內部操作是主要的，而對於裝置的外部我們較注意流經連接線上的電子，雖然電荷在電路中不同的部分持續的轉換，但總電荷量並未有任何改變。換句話說，對於運作中的電路[1]而言，電子 (或質子) 並未因此而產生或消失。電荷的移動代表產生電流。

表 2.1 中的 SI 基本單位並非源自於基本的物理量，反而卻是表示過去一致的測量方式。但此種定義似乎是落後的，例如，以電子荷為基礎所定義的安培，似乎更為實際。

在 SI 系統中電荷的基本單位為**庫侖** (C)，**安培** (ampere) 被定義為在一秒鐘的時間內流過導線任一截面積的總電荷量；而一庫侖則是每秒鐘導線搭載 1 安培的電流 (如圖 2.1)。在單位的系統中，單一電子的電荷為 -1.602×10^{-19} 庫侖，而單一質子的電荷為 1.602×10^{-19} 庫侖。

不隨時間改變的電荷量以 Q 來表示。至於瞬時的電荷量 (有可能或不一定是時間的變數) 通常以 $q(t)$ 表示或簡化為 q，本書的表示方法為定量數 (非時變) 以大寫字母表示，一般則以小寫字母表示。因此定量電荷可以用 Q 或 q 來表示，而隨時間改變的電荷量

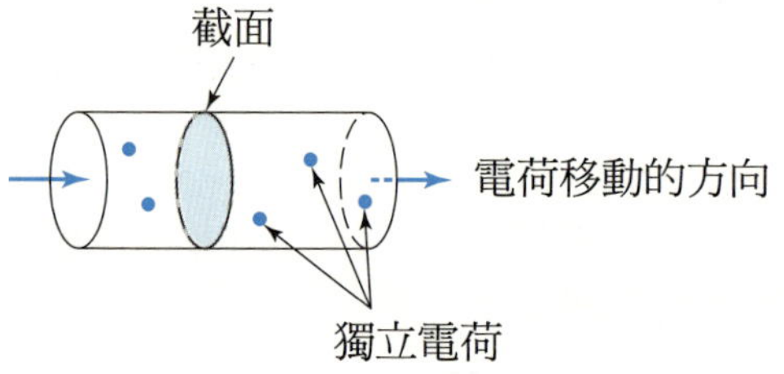

■圖 2.1　利用電流通過一導線來說明電流的定義。1 安培的電流相當於 1 秒時間內 1 庫侖電荷通過任一截面。

1 然而偶爾會出現一點混亂的情形，似乎可以建議用其它的方式。

則必須以小寫字母 q 表示。

電　流

"電荷的移動"或"運動中的電荷"之觀念，對電路的研究是很重要的，因為將電荷自一處移動到另一處，也可能將能量從一地轉移至另一地。橫貫鄉村的電力傳輸線就是一個實際的例子，它是轉移能量的一種裝置。我們可改變電荷轉移的速率以傳遞或轉換訊息，此過程為通訊系統的基礎，例如無線電廣播、電視及電傳。

某一條路徑上的電流，例如金屬線上的電流，同時具有大小及方向，它是以特定方向通過某一已知參考點的電荷變化率量測。

一旦我們有了指定參考方向之後，我們可令 $q(t)$ 為自時間 $t=0$ 開始以特定方向通過參考點的總電荷。如果負電荷以參考方向移動或正電荷以反方向移動，則總電荷為負數。例如，圖 2.2 為通過導線 (如圖 2.1 所示) 已知參考點的總電荷歷史曲線。

我們將特定方向流過一特定點的電流定義為淨正電荷依該特定方向流過該特定點的瞬時變率。前面的論述是歷史的定義，可惜的是這是以前通俗的用法，我們所認知的是，導線的電流實際上是由負電荷移動引起而不是正電荷。電流以符號 I 或 i 表之，並且

$$i = \frac{dq}{dt} \qquad [1]$$

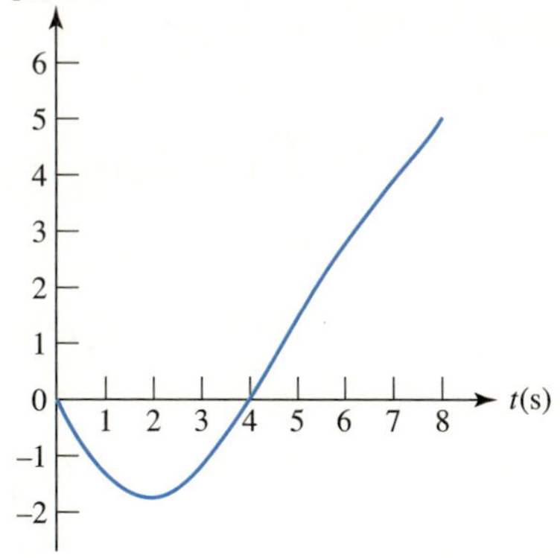

■圖 2.2　自 $t=0$ 開始，通過一已知參考點的總電荷 $q(t)$ 的瞬時值圖形。

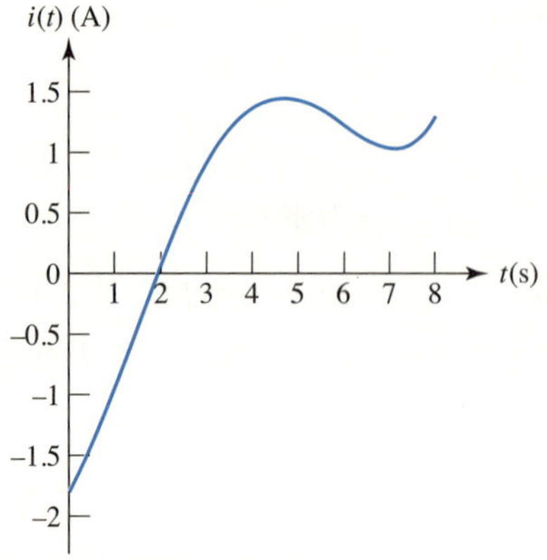

■圖 2.3 瞬時電流 $i=dq/dt$，其中 q 如圖 2.2 所示。

電流的單位為安培 (ampere, A)，是以法國物理學家 A. M. Ampère 所命名。安培通常縮寫為 amp，此種寫法為官方且非正式的表示方式。一安培等於每秒一庫侖。

利用方程式 [1]，我們可以計算出瞬時電流如圖 2.3 所示。電流的瞬時值以小寫字母 i 表示，而大寫字母 I 則表示一定數 (亦即非時變) 的量。

在時間 t_0 與 t 之間所轉移的電荷可用定積分表示，

$$\int_{q(t_0)}^{q(t)} dq = \int_{t_0}^{t} i\,dt'$$

於所有時間內轉移的總電荷可表示成：

$$q(t) = \int_{t_0}^{t} i\,dt' + q(t_0) \qquad [2]$$

圖 2.4 為幾種不同型態的電流，不隨時間改變的電流稱為直流 (direct current)，或簡稱 dc，如圖 2.4a 所示。我們可以找到許多實際的例子，其電流隨時間作弦波的變化 (如圖 2.4b)，此型式的電流存在於一般家庭用電路中，這種電流常被稱為交流 (alternating current)，或簡稱 ac。指數電流與阻尼式弦波電流 (如圖 2.4c 與 d 所示)，以後也將涉獵。

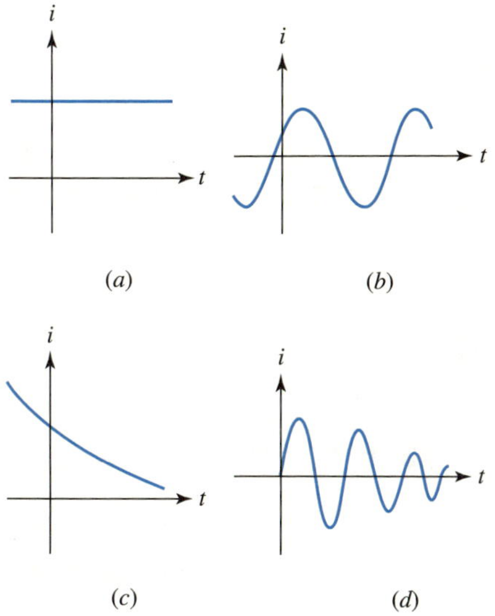

■圖 2.4　電流的數種型態：(*a*) 直流 (dc)；(*b*) 弦波電流 (ac)；(*c*) 指數電流；(*d*) 阻尼式弦波電流。

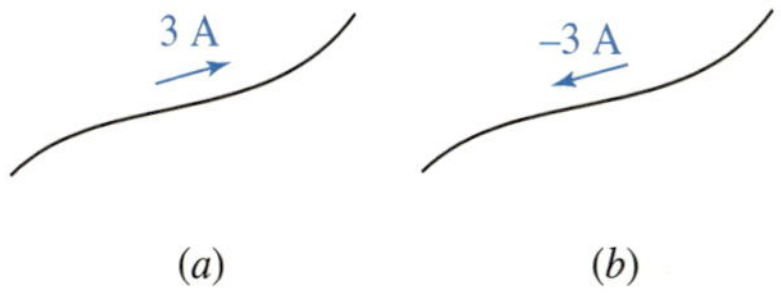

■圖 2.5　相同電流 i 的兩種表示方法。

我們在導體旁設置一箭號，作為電流的圖解符號。因此，在圖 2.5*a* 中箭號的方向與 3A 是表示每秒有 3 庫侖的淨正電荷向右移，或每秒有 −3A 的淨負電荷向左移。在圖 2.5*b* 亦有兩種可能性：−3 A 向左流或 +3 A 向右流。所有上面四種敘述及兩個圖形，在電的效應上而言，所代表的電流是等效的，所以我們說兩者是相等的。對於非電機的類比可被簡單視為如同個人帳戶。例如：存款可以被視為從帳戶中提出負的現金或存入正的現金。

雖然已知金屬導體中的電流流動係由電子移動所造成的，然而，將電流想像成正電荷之移動卻是合適的。在離子化的氣體、電解液及某些半導體材料中，運動中的正電荷元素構成電流的一部分或全部。因此，電流的任何定義必須符合導電的自然性質。本書皆採用標準的定義及符號。

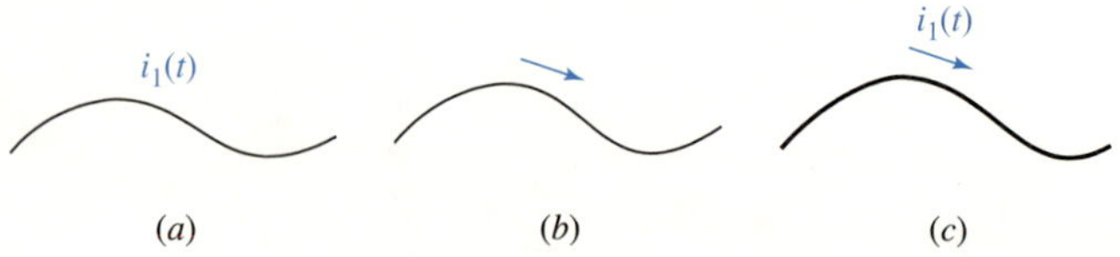

■圖 2.6 (a) 與 (b) 為不完全、不適當且不正確的電流定義；(c) 電流 $i_1(t)$ 的正確定義。

實質上，我們瞭解電流箭號並不能表示電流流動的“實際”方向，僅僅為一種簡單的習慣用法而已，這種習慣允許我們清楚的談論“導線中的電流”。箭號為電流定義的一個基本部分。因此，談論一個未指定箭號的電流值 $i_1(t)$，則淪為討論未定義之電流。例如圖 2.6*a* 與 *b* 對於電流 $i_1(t)$ 的表示並無任何的意義，2.6*c* 則為適當的定義表示法。

練習題

2.4 在圖 2.7 的導線上，電子由左向右移動並產生的 1 mA 的電流。求 I_1 與 I_2。

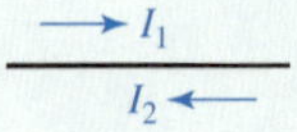

■圖 2.7

答：$I_1 = -1$ mA；$I_2 = +1$ mA。

電　壓

我們現在必須開始談論電路元件，並且以一般性的術語來定義一些項目。諸如保險絲、燈泡、電阻、電池、電容、發電機及放電線圈等電器裝置，均可用簡單的電路元件組合來代表。我們藉由一個非常一般性的電路元件開始探討，而此電路元件無一定的形狀且具有兩個可與其它電路元件連接的端點 (如圖 2.8)。

兩端的電路元件電流可經由二路徑流進或流出。稍後的討論中我們將觀測兩端點的電氣性來定義特殊電路元件。

在圖 2.8 中我們假設一個直流電流流入端點 *A*，並通過此一元件後，從端點 *B* 流出。我們也假設推動電荷流經元件需耗費能量。

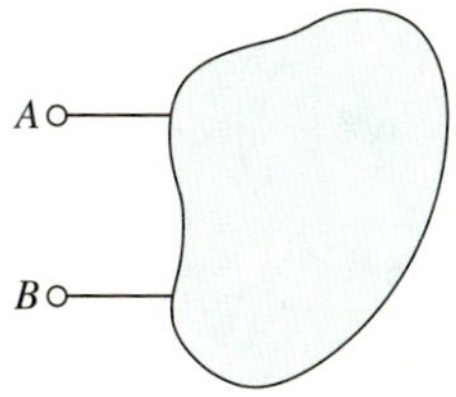

■圖 2.8　一個一般性兩端的電路元件。

所以我們說有一電壓 (或一電位差) 存在於兩端點間，或有一電壓 "跨於" 此元件上。因此，跨於此對端點的電壓可做為移動電荷通過元件所需功 (work) 的一種量測；電壓的單位為伏特[2] (volt，V)，而 1 V 相當於 1 J/C。電壓以符號 V 或 v 表之。

不論電流流動與否，電壓可存在於一對電氣端點之間。例如：汽車電池即使沒有任何電路元件連接於其二端點，仍有 12 伏特的電壓跨於兩端點之間。

依據能量守恆原理，驅動電荷通過元件所耗費的能量，必須顯現於其它某些地方。以後，每當遇見特定的電路元件時，必須注意能量是否以某些容易取得的形式儲存，或它是否以不可逆的方式變成為熱、聲能或其它某些非電氣的形式。

現在我們必須制訂一個習慣用法，而此習慣可以區別能量供應主元件或元件本身供應能量。我們藉由端點 A 對應於端點 B 的電壓符號選擇，來決定元件吸收能量或供給能量；若正電流流入端點 A，而且必須有外部電源耗費能量建立此電流，則對應於端點 B 而言，端點 A 為正。另一方面我們也可以說，對應於端點 A 而言，端點 B 為負。

電壓的意義係以代數符號中的一對加減號表示。例如，在圖 2.9a 中，於端點 A 設置＋符號，則表示端點 A 較所對應的端點 B 為正 v 伏特；如果 v 的數值為 −5 V，那我們可以說 A 較所對應的端點 B 為正 −5 V，或 B 較對應端點 A 為正 5 V。其它的情況如圖 2.9b、c 及 d 所示。

正如我們在電流定義中所描述的，基本上我們必須瞭解代數符號中的加減號並不能顯示電壓的 "實際" 極性，但卻是簡單的方

2 我們或許應該慶幸電位差的單位並不是使用 18 世紀義大利物理學家 Alessandro Giuseppe Antonio Anastasio Volta 的全名。

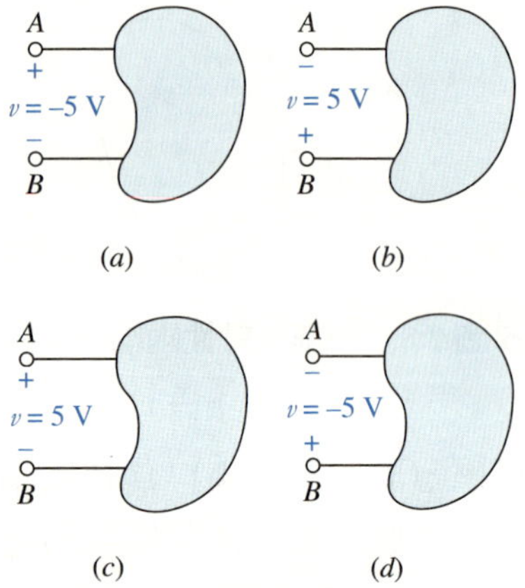

■圖 2.9 (*a*)、(*b*) 端點 *B* 較對應的端點 *A* 正 5 V；(*c*)、(*d*) 端點 *A* 較對應之端點 *B* 正 5 V。

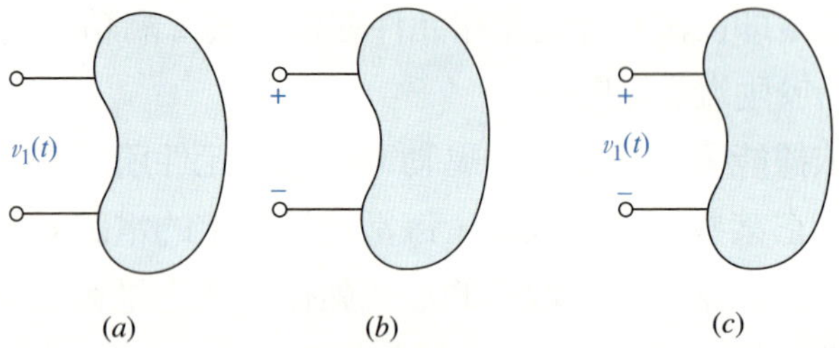

■圖 2.10 (*a*)、(*b*) 均為不當的電壓定義；(*c*) 正確的定義包括變數的符號及一對加減。

法，使我們能夠對於"跨於一對端點之間的電壓"不至於混淆不清，必須加以注意的是：**任何電壓的定義都必須包括一對加減符號！**使用 $v_1(t)$ 的量而不指名加減符號的位置，如同使用一個未經定義的術語。圖 2.10*a* 與 *b* 不可以做為 $v_1(t)$ 的定義，圖 2.10*c* 則可以。

練習題

2.5 圖 2.11 的元件 $v_1 = 17$ V，試求 v_2。

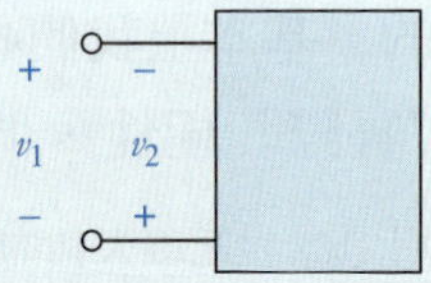

■圖 2.11

答：$v_2 = -17$ V。

功　率

我們已經定義功率，且以 P 或 p 來表示功率。若每秒傳送一庫侖的電荷通過裝置時消耗一焦耳的能量，則能量轉移的變化率為一瓦特。所吸收的功率，必須與每秒所傳送的庫侖數 (電流) 以及與傳送一庫侖通過元件所需的能量 (電壓) 成正比。因此，

$$p = vi \qquad [3]$$

因此而言，上式的右邊為每庫侖焦耳與每秒庫侖的乘積，而此乘積得到所要的因次焦耳每秒，或瓦特。電流、電壓及功率的習慣用法如圖 2.12 所示。

我們現在有了任意電路元件所吸收功率的數學式，此數學式以跨於元件兩端的電壓和流經元件電流來表示。電壓以利用能量的消耗來定義，而功率則為能量消耗的變化率。然而，對於圖 2.9 的四種情況中之任何一種，必須在電流方向指明之後，才能對能量的轉移予以說明。我們假設每一圖中的上面引線都設置指向右邊的電流箭號，且標示為“+2 A”。首先我們來考慮圖 2.9*c*，圖中端點 A 對於端點 B 具有正 5 V，也就是需要 5 焦耳的能量才能移動一庫侖的正電荷進入端點 A，並經過元件由端點 B 移出。因為注入正 2 A (即每秒 2 庫侖的正電荷電流) 進入端點 A，因此我們在元件上做了 (5 J/C)×(2 C/s)＝10 J。換句話說，元件從注入的電流中吸收了 10 W 的功率。

從先前的討論中我們可以瞭解到圖 2.9*c* 與圖 2.9*d* 是完全一樣的，因此 圖 2.9*d* 中的元件也吸收了 10 W 的功率，對於上述

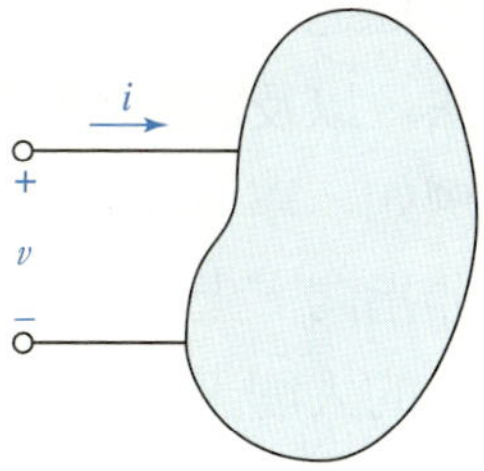

■圖 2.12　元件所吸收功率是 $p = vi$ 所產生。另外，我們也可以說元件產生或供應 $-vi$ 的功率。

的結果我們可以做一簡單的查驗：注入 +2 A 的電流進入元件的端點 A，並由端點 B 流出。換一種說法，也就是由端點 B 注入 −2 A 的電流。此情況下，耗費 −5 J/C 時電荷由端點 B 移動到端點 A，則元件如預期的吸收了 (−5 J/C)×(−2 C/s)=+10 W 的功率。在說明此一特殊情形時，唯一的困難是：一直要保持著負號，但只要稍加注意，不論正參考端點的選擇為何，就可求得正確的結果。(圖 2.9c 中端點 A 為正參考端，2.9d 中端點 B 為正參考端)。

現在讓我們回頭看看圖 2.9a，同樣於端點 A 注入 +2 A 的電流。因為此時耗費 −5 J/C 將電荷由端點 A 移至端點 B，此元件吸收 −10 W 的功率，吸收 −10 W 的功率是什麼意思？元件如何能吸收負的功率呢？如果我們以能量轉移的觀點來看，每秒 −10 J 的能量轉移至元件乃是經由端點 A 注入 2 A 電流所形成。此元件實際上是以 10 J/s 的速率在散失能量。換句話說，它提供 10 J/s (或 10 W) 的能量給不在圖面上的某些元件吸收負功率，這相當於是供給正功率。

如果電流箭號是指向元件的"+"記號端點，則 $p=vi$ 是吸取功率，而負值則是表示功率實際上是由元件所產生，但可能有更好的方式定義電流從 + 端流出。

我們將上面所談論的重點稍加整理，圖 2.12 所示如果元件的一端比另一端正 v 伏特，而且如果電流經由正端流入元件，則元件吸收 $p=vi$ 的功率，我們也可以說成 $p=vi$ 的功率傳送至元件。當電流箭頭指向元件標有正號的端點，則符合**被動符號慣用法** (passive sign convention)。此慣用法必須仔細研讀、瞭解並熟記。換句話說，電流箭號流進元件電壓極性為正號的端點，則元件吸收功率，而此功率可用指定的電流與電壓變數的乘積來表示。若此乘積的數值為負，則稱元件吸收負功率，或實際上產生功率並傳送至某些外部元件。例如圖 2.12 中 $v=5$ V 及 $i=-4$ A，則元件可用吸收 −20 W 或產生 20 W 來描述。

如果電流箭號是從元件的"+"端朝外，則 $p=vi$ 為供給功率，此種情形下負值則是表示吸收功率。

當處理事件有多種方法，以及兩種不同群組試圖溝通而產生困惑時，則需要習慣用法。例如，寧可任意以"北方"永遠放在地圖的頂部，而羅盤的指針並非指向"上方"。此時如果我們與私底下選取地圖的頂部為"南方"的人聊天，可想而知一定會產生困擾！同樣的情形不論元件是供給或吸取功率，一般的傳統總是將電流箭頭點畫成朝向正的電壓端點，這種習慣並非不正確，只是有時候以反直覺的方式將電流標示在電路圖上。其理由為，參考正的電流流出提供正的功率給一個或多個電路的電壓或電流源，如此似乎更為自然。

例題 2.1

請計算圖 2.13 中每一部分所吸收的功率。

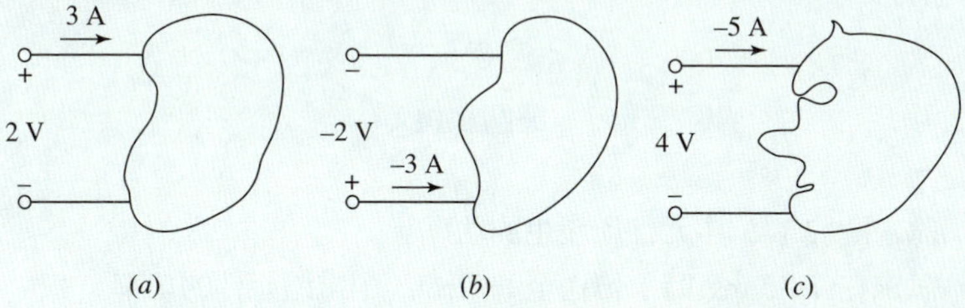

■圖 2.13　(*a*)、(*b*)、(*c*) 雙端元件的三個範例。

在圖 2.13*a* 可看出該參考電流的定義符合被動符號的習慣用法，假設該元件是吸收功率。若 +3 A 流進正的參考端，則可計算出元件所吸收的功率為

$$P = (2\text{ V})(3\text{ A}) = 6\text{ W}$$

圖 2.13*b* 稍有一些不同，一個 −3 A 的電流流進正的參考端且電壓被定義為負，因此吸收功率是

$$P = (-2\text{ V})(-3\text{ A}) = 6\text{ W}$$

因此，我們可以瞭解到這兩種情形實際上是相等的：+3 A 的電流流進頂部端點，則相當於 +3 A 的電流流出底部端點，或 −3 A 的電流流進底部端點。

參考圖 2.13*c*，再次利用被動符號的習慣用法並計算吸收的功率為

$P = (4\text{ V})(-5\text{ A}) = -20\text{ W}$

由於計算出負的吸收功率，則可知圖 2.13*c* 的元件實際上是供給 +20 W (即為能量源)。

練習題

2.6 試求圖 2.14a 中元件所吸收的功率。

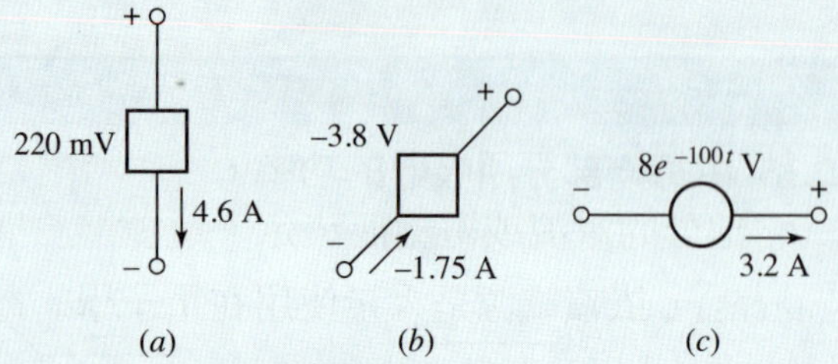

■圖 2.14

2.7 試求圖 2.14b 中元件所產生的功率。

2.8 試求在 $t=5$ ms 時，傳送至圖 2.14c 中電路元件的功率。

答：1.012 W；6.65 W；−15.53 W。

2.3 電壓與電流源

利用電流及電壓的觀念，可以更明確地定義**電路元件** (circuit element)。

這種作法對於區別實際裝置與用來分析其電路行為的數學模式是很重要的，這種模型只是一種近似。

讓我們同意使用電路元件來討論數學模式。對於任何實際裝置的特殊模型選擇必須以實驗的資料或經驗為基礎；通常我們假設已經做了此種的選擇。我們必須先學習分析理想電路的方法。為了簡化，首先考慮利用簡單模型表示的理想元件所組成之電路。

由定義可知，一個簡單的電路元件是一雙端點電氣裝置的數學模型，它可以藉由其電壓與電流的關係來完整描述其特性，但不能被分割成其它的雙端點電氣裝置。

所有將考慮的簡單電路元件，都可依據流經元件的電流與跨接於元件上電壓之間的關係來分類。例如，如果跨接於元件上的電壓與流經的電流呈線性比例，則此元件稱為電阻器。其它型式的簡單電路元件，其端電壓與電流對時間的導數 (電感器) 或電流對時間的積分 (電容器) 成比例。也有元件的電壓完全與電流無關或電流完全與電壓無關，這些稱為獨立電源 (independent sources)。除此之外，我們也有必要定義一些特殊種類的電源，其電源電壓或電

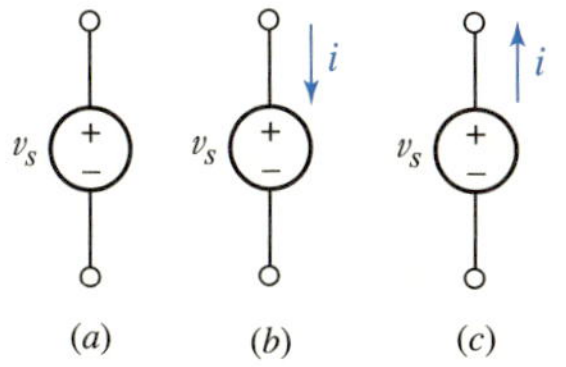

■圖 2.15　獨立電壓源的電路符號

流由電路中其它部分的電流或電壓而決定，這種電源稱為依賴電源 (dependent sources)。依賴電源是大量使用在電子學的電晶體直流與交流行為之模型中，特別是在放大器電路上。

獨立電壓源

首先要討論的元件是**獨立電壓源** (independent voltage source)，電路符號如圖 2.15*a* 所示，下標 *s* 只是用來區別電壓為“電源”電壓，此種表示法為一般的方法，但卻並非是必需的。獨立電壓源藉由與流過該電源電流無關的端點電壓予以特性化。因此，若給予一獨立電壓源且標註其端點電壓為 12 V，則此電壓總是假設與流過的電流無關。

獨立電壓源為一理想電源，不能確實地代表任何實際的物理裝置，因為理想電源在理論上可從其端點提供無限多的能量。然而，此理想化的電壓源確實與一些實際的電壓源非常近似。例如，汽車電池具有 12 V 的端點電壓，只要流過的電流不超過幾安培，則電池基本上仍維持一定的電壓。小電流可流經電池的任一方向，如果電流為正數，且從標示的正端流出，則電池供給功率至車前燈，但如果電流為正且流進正端，則電池從發電機[3]吸收能量而充電。提供電壓 $v_s = 115\sqrt{2}\cos 2\pi 60t$ V 的一般家庭用的電器插座亦可近似為一獨立電壓源；當取用電流小於 20 V 時，此表示法是有效的。

值得在此重複提出的一點是，在圖 2.15*a* 中獨立電壓源符號上端出現的加號，並不一定意味上端的電壓在數值上永遠較下端為正。換句話說，它意味著上端電壓較下端高 v_s 伏特。如果在某一時刻 v_s 恰巧是負的，則上端在該瞬間實際上較下端為負。

標示為“*i*”的電流箭號置於此電源的上導體附近，如圖 2.15*b*

如果你曾經注意到房間的燈光因空調啟動而變暗，那是因為突發大電流供給瞬間需求而導致電壓下降。在馬達啟動之後只需較少量電流即可維持其運轉，基於此一觀點，當電流需求量減少時，電壓便恢復至初始值，牆壁插座再次提供一合理的近似理想電壓源。

3 如果前車燈意外地忘了關，或許可以使用朋友汽車的電池來充電。

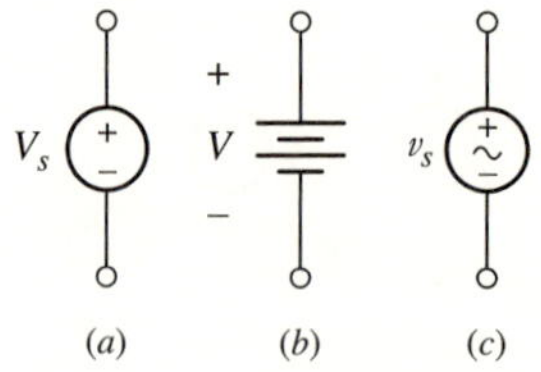

■圖 2.16 (*a*) 直流電壓源符號；(*b*) 電池符號；(*c*) 交流電壓源符號。

像 dc 電壓源與 dc 電流的名詞是通常被採用的，照字面上各別的意思為：直流電壓源與直流電流源。雖然這些名詞可能似乎是少量奇數或偶數的複聯，此術語是廣泛使用而無須爭論的。

所示。電流 i 流入正號所在的端點亦符合被動符號慣用法，此時電源吸收 $p=v_si$ 的功率。通常是期望電源傳送功率至網路而非吸收功率。因此，我們可選擇箭頭的方向如圖 2.15*c* 所示得 v_si 代表功率自電源提供。技術上無論何時箭頭方向均可任意選取，本書中的電壓與電壓源均將採用圖 2.15*c* 的習慣法，而不是通常所考慮的被動性裝置。

一個具有固定端點電壓的獨立電壓源，常被稱為獨立直流電壓源，且可用圖 2.16*a* 與 *b* 中的任一種符號來表示。注意，在圖 2.16*b* 中，當電池的實際平板架構採用時，較長的平板置於正端，則加與減號表示複聯的符號，但無論如何此種表示通常是包括在內的。為了完整性的緣故，圖 2.16*c* 為獨立交流 (ac) 電壓源的符號。

獨立電流源

另一個我們所需要的理想電源是**獨立電流源** (independent current source)。在此，通過此電源的電流與跨接於此電源兩端的電壓完全無關。獨立電流源的符號如圖 2.17 所示。如果 i_s 為定數，則稱此電源為獨立直流電流源。一個交流電流源經常被畫成箭頭上帶有一否定符號，類似於圖 2.16*c* 的交流電壓源。

如同獨立電壓源一樣，獨立電流源充其量為實際元件的合理近

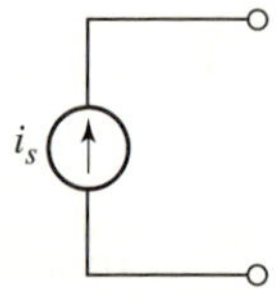

■圖 2.17 獨立電流源的電路符號。

似而已。理論上獨立電流源可從其端點傳送無限大的功率，因為對於任何跨接於獨立電流源兩端的電壓而言，不論該電壓有多大，它都產生相同有限的電流。無論如何它是許多實際電源的良好近似，特別是在電子電路。

雖然大部分的學生似乎對於一個獨立電壓源本質上能提供一固定電壓及任何大小的電流而十分高興，然而卻犯了一個共通的錯誤，就是將獨立電流源看成一提供固定電流且跨接於其兩端的電壓為零。事實上，我們並不瞭解跨於電流源兩端的電壓大小為何，其完全取決所連接的電路。

CAUTION

依賴電源

截至目前為止所討論的兩種理想電源稱為*獨立*電源，是因為電源量的數值不會因電路其它部分的變動而受到影響。與此成對比的另一種理想電源為*依賴* (dependent) 或*受控* (controlled) 電源；其電源量乃是由所分析系統中，其它位置上的電壓或電流來決定。這些依賴電源出現在許多電子裝置的等效電路模式中。例如：電晶體、運算放大器以及積體電路。為了區別獨立電源與依賴電源，我們提出圖 2.18 中的鑽石 (即菱形) 符號。在圖 2.18*a* 與 *c* 中，*K* 是無單位的比率常數；圖 2.18*b* 中，*g* 是單位為 A/V 的比率因數；在圖 2.18*d*，*r* 是單位為 V/A 的比率因數。控制電流 i_x 與控制電壓 v_x 必需於電路中所定義。

第一次遇到一個電流源的量是由流經其它元件的電流所控制的電壓或電壓源來決定時，這似乎是很奇特的事。即便是一個電壓源由遠端電壓所控制，也是很奇怪的。依賴電源在複雜系統的模型中是無法估算的，然而只要以代數方法往前分析，便可計算出結

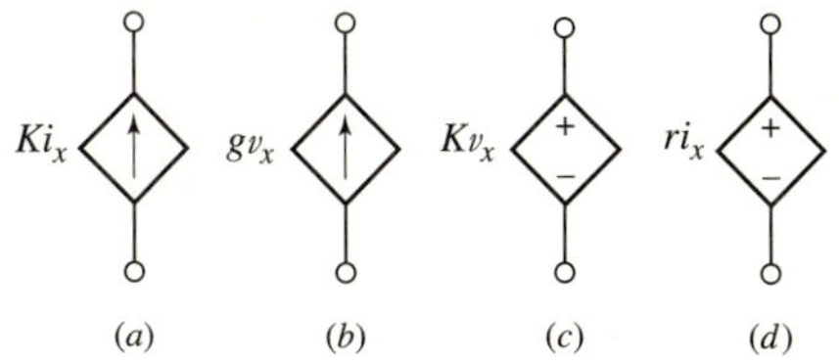

■圖 2.18　四種不同型式的依賴電源：
(*a*) 電流控制電流源；(*b*) 電壓控制電流源；
(*c*) 電壓控制電壓源；(*d*) 電流控制電壓源。

果。上述情形的例子包括：場效電晶體的汲極電流為閘電壓 (gate voltage) 的函數，或類比積體電路的輸出電壓是輸入電壓微分的函數。在分析電路時 (如果依賴電源的控制式是某一獨立電源大小的倍數時，則可) 完整寫出依賴電源的控制表示式。除非控制電壓或電流是方程式中已指定的未知數，此時，則需要額外的方程式以便於完成分析。

例題 2.2

圖 2.19*a* 的電路中 υ_2 已知是 3 V，試求 υ_L。

我們已經提供具有部分標示的電路圖及擁有 $\upsilon_2=3$ V 的額外資訊，這或許是值得加入到電路圖上，如圖 2.19*b* 所示。

接下來讓我們回過頭來看一下所收集的一些資訊，由電路圖中可發現到所要求取的電壓 υ_L，與跨接在依賴電源的電壓相同。因此，

$$\upsilon_L=5\,\upsilon_2$$

此時，若僅 υ_2 已知，則此問題可求解！

回到電路圖上，已知 υ_2 為 3 V，因此可寫成

$$\upsilon_2=3\text{ V}$$

我們現在有二個未知數及二個 (簡單的) 方程式，並可求解得 $\upsilon_L=$ 15 V。

此題目的早期階段有一重要的課題：將時間花在電路的完整標示是值得投資的，而最後一步則是回頭檢查所求得的解是否正確。

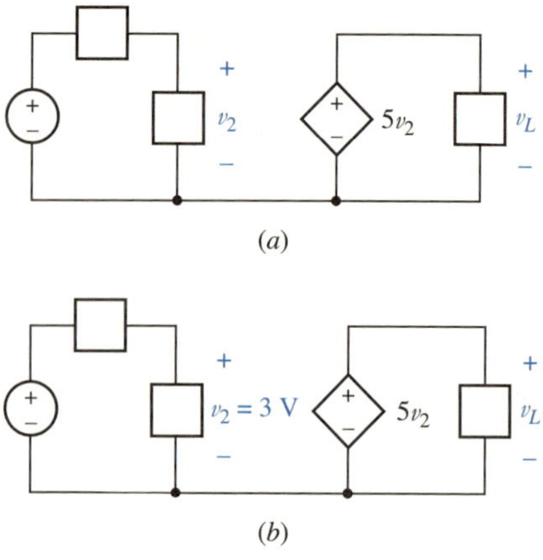

■圖 2.19 (*a*) 具有電壓控制電壓源的例題；(*b*) 電路圖中提供額外的資料。

練習題

2.9　試求圖 2.20 中每一元件所吸收的功率。

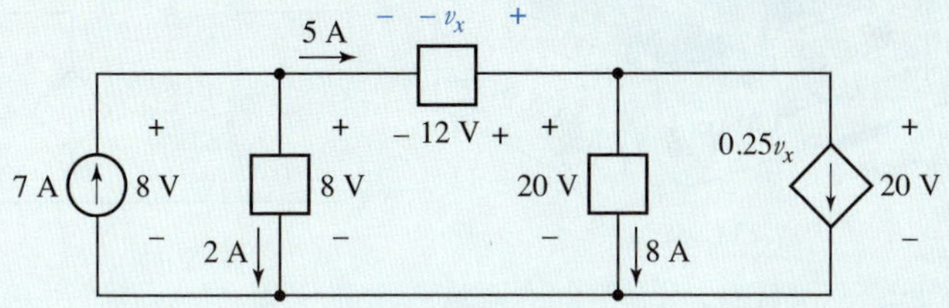

■圖 2.20

答：(由左至右) −56 W；16 W；−60 W；160 W；−60 W。

依賴及獨立電壓與電流源為主動 (active) 元件，它們能傳送功率至某些外部元件。目前我們把被動 (passive) 元件視為只能接受功率的元件。然而，稍後我們將會發現，某些被動元件也能夠儲存有限的能量，且再回送至外部裝置，因為我們仍舊希望稱此類元件為被動元件。所以，屆時當有必要修正此二定義。

網路與電路

兩個或更多簡單電路元件互相連接形成，電的**網路** (network)。如果網路中至少含有一條封閉路徑，則它也稱之為**電路** (electric circuit)。請注意：每一電路都是一網路，但並非所有的網路都是電路 (如圖 2.21 所示)。

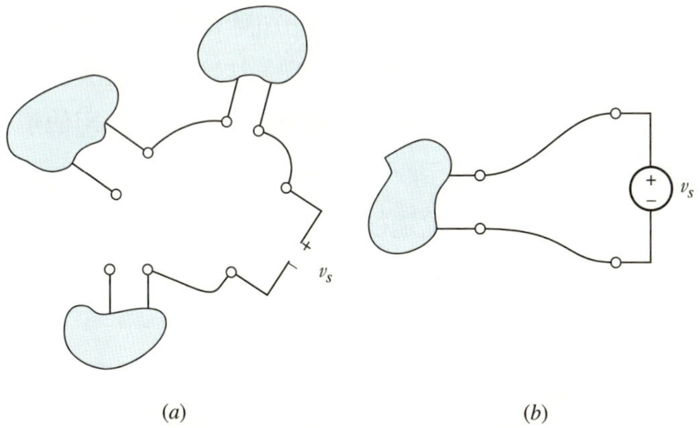

■圖 2.21　(*a*) 網路並不是電路；(*b*) 網路並不是電路。

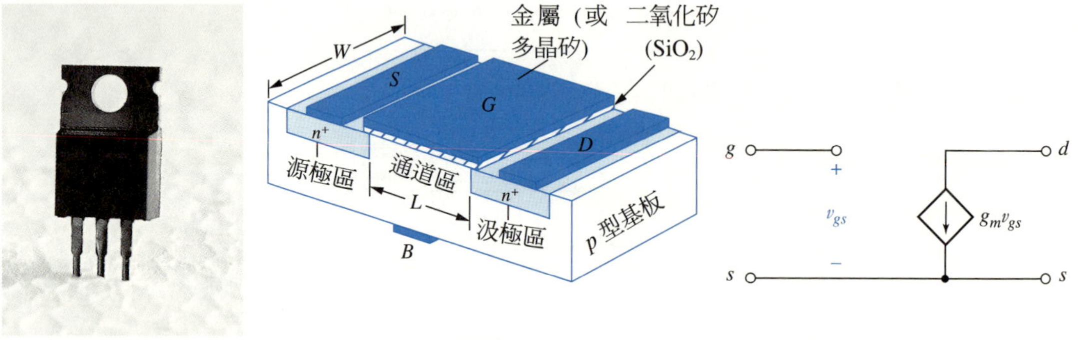

(*a*) (*b*) (*c*)

■圖 2.22 金屬氧化物半導體場效電晶體 (MOSFET)。(*a*) 一個 TO-220 包裝內的 IRF540 N 通道功率場效電晶體，額定 100 V 及 20 A；(*b*) MOSFET 的剖面圖 (*R. Jaeger* 的微電子設計，*McGraw-HILL*, 1997)；(*c*) 使用於交流電路分析時的等效電路模型。

網路中至少包含一主動元件，如獨立電源或電流源則稱此網路為主動網路 (active network)。不含任何主動元件的網路，稱為被動網路 (passive network)。

我們現在已經定義所謂的電路元件這個術語，而且我們也提出幾個特定**電路元件** (circuit element) 的定義，即獨立與依賴電壓與電流源。在本書的其餘部分，我們將只定義五種電路元件：電阻器 (resistor)、電感器 (inductor)、電容器 (capacitor)、變壓器 (transformer) 及理想運算放大器 (ideal operational amplifier) (簡寫成"op amp")，這些全都是理想元件。這些元件都很重要，因為可將它們組合成網路或電路，並用此表示我們所需要的實際裝置。因此，圖 2.22*a* 與 *b* 所示的電晶體可藉由圖 2.22*c* 中的端點電壓為 υ_{gs} 與單一個依賴電流源來表示它的模型。注意依賴電流源所產生的電流是由電路其它位置的電壓而定的參數 g_m，一般與超傳導有關，係由電晶體特性內容計算得到，如同操作點由連接至電晶體的電路所決定一樣，其數值一般來說是很小的，大約從 10^{-2} 到 10 A/V。只要正弦電源的頻率不是太高或太低，此模型的工作會相當完美。被動電路元件電阻與電容並不是理想。

類似的電晶體 (但極少數) 只構成積體電路的一小部分，該部分可能小於 2 mm×2 mm 正方及 200 μm 的厚度，然而卻包含有好幾千個電晶體，外加上千個電阻器與電容器。因此，一個尺寸大約本頁一個字母大小的實際裝置，但卻可能需要一萬個理想簡單電路元件所組成的模型。我們會使用此“電路模型”的觀念在一些電機工程的議題上涵蓋其它的課程，包括電子學、能量轉換與天線。

2.4　歐姆定律

到目前為止，我們已經介紹依賴和獨立的電壓及電流源，同時也察覺到它們是理想化的主動元件，這些理想化元件在實際的電路中僅能被近似而已。我們現在準備介紹另一理想化的元件，即線性電阻器。電阻器為最簡單的被動元件，藉由一位沒沒無名的德國物理學家——喬治・席蒙・歐姆 (Georg Simon Ohm) 於 1827 年出版的小冊子開始討論。這本小冊子中，描述第一次測量電壓與電流的結果，以及電壓與電流的數學關係之一。其中的一項成果為目前稱為**歐姆定律** (Ohm's law) 的基本關係敘述，即使它已經證實此結果是由一位才華洋溢的英國半隱士——亨利・卡凡第斯 (Henry Cavendish) 於 46 年前所發現。歐姆的小冊子第一次發行後，招致許多不當的批評與嘲笑有數年之久，後來才被接受，同時也去除和其名聯想在一起的晦澀。

歐姆定律敘述：跨於導電材料兩端的電壓與流經材料的電流成正比，或

$$v = Ri \qquad [4]$$

式中的比例常數 R，稱為**電阻** (resistance)，電阻的單位為歐姆，即 1 V/A，習慣上縮寫為大寫字母 Ω。

當此方程式以 i 對 V 軸畫圖時，圖形為一條通過原點的直線 (如圖 2.23) 所示。方程式 [4] 為線性方程式，我們將此式認定為線性電阻器 (linear resistor) 的定義。因此，如果任何簡單電流元件的電流與電壓比為常數時，則此元件為線性電阻器，且其電阻等於電壓與電流的比值。電阻通常被認為是正數，雖然負電阻可使用特殊的電路來模擬。

必須再次強調的是，線性電阻器為一理想化的電路元件，只是實際裝置的數學模型。電阻器容易購得或製造，但很快就發現這些

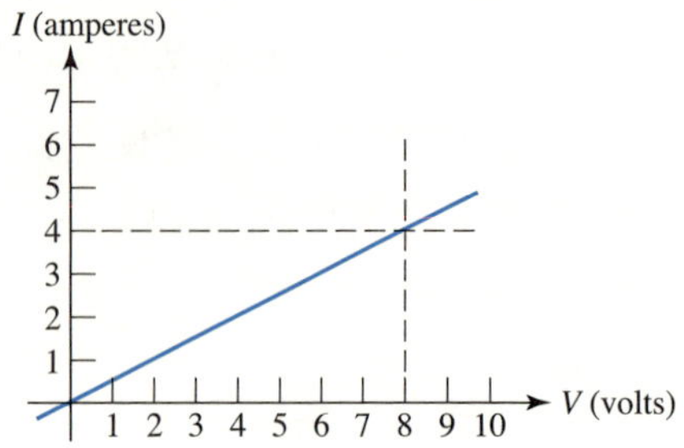

■圖 2.23 以 2Ω 線性電阻器為例的電流 - 電壓關係。

實際裝置的電壓 - 電流的比值，僅在某些電流、電壓或功率範圍內才為合理的固定數值，且還與溫度及其它環境因素有關係。通常將線性電阻器稱為電阻器，非線性電阻器不應被視為是不必要的元件，雖然它們的出現使分析變得複雜，但裝置性能的重大改善可能要依靠非線性特性。例如，過電流保護的保險絲及電壓調整的稽納二極體在本質上十分的非線性。當它們使用在電路設計時，乃是利用它們非線性的特性。

功率吸收

圖 2.24 顯示數種不同的電阻包裝，是電阻器最常用的電路符號，依照電壓、電流和功率所採用的習慣用法，v 與 i 的乘積，得出電阻器所吸收的功率。那是 v 與 i 的選擇滿足了被動符號的習慣用法。所吸收的功率實際上是以熱及 (或) 光的型式出現，且為正值，(正) 電阻器是一個無法傳送功率或儲存能量的被動元件，吸收功率的表示式為：

$$p = vi = i^2R = v^2/R \qquad [5]$$

作者之一 (他不願意身份曝光)[4] 有一不幸的經驗，不小心地將 100 Ω、2 W 的碳直電阻器接於 110 V 的電源，隨即產生火焰、煙霧和破碎，相當地難堪，這清楚的說明把性能有一定限度的電阻器當做理想線性模型下的電阻器是錯誤的。在此情況下，不幸的電阻器被迫吸收 121 W，而其設計僅能承受 2 W，所以，上述猛烈的反應是可以理解的。

4 很樂意提供作者姓名，但須向 S. M. D 申請。

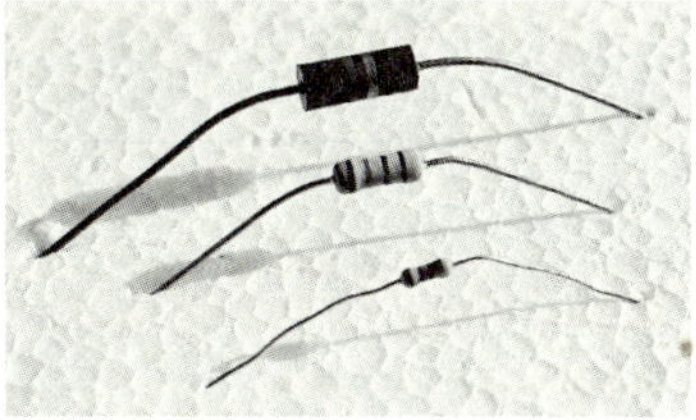

(a)

(b)

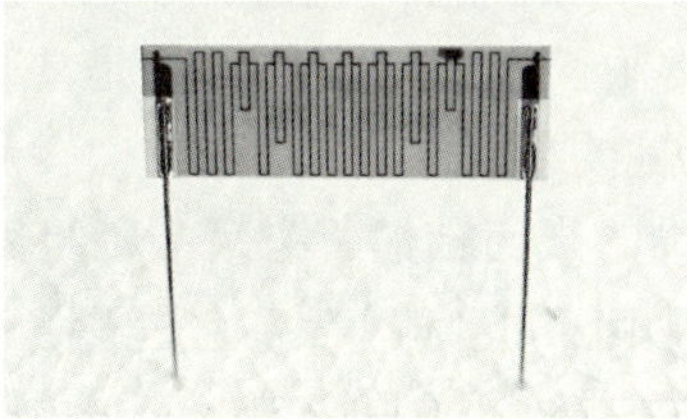

(c)

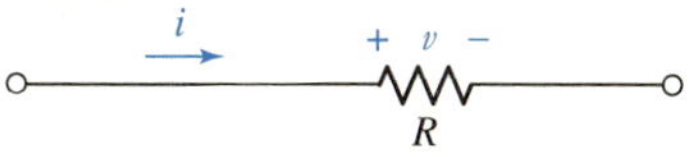

(d)

■圖 2.24　(a) 幾種常見的電阻器；(b) 額定可達 500W 的 560 Ω 功率電阻器；(c) 由 ohmcraft 所製造 5% 容許誤差的 10 特拉歐姆 (10,000,000,000,000Ω) 電阻器；(d) 適用於 (a) 到 (c) 所有電阻的電阻器電路符號。

例題 2.3

圖 2.24b 中的電阻器連接至一電路，此電路提供 428 mA 的電流流經此電阻。試計算此電阻兩端電所跨接的電壓及其所消耗的功率。

利用歐姆定律可求得跨接於此電阻兩端點的電壓，因此：

$$v = Ri = (560)(0.428) = 239.7 \text{ V}$$

可以利用幾種不同的方法，求解電阻器所消耗的功率。因為已知跨接其兩端的電壓及流經的電流，

$$p = vi = (239.7)(0.428) = 102.6 \text{ W}$$

此數值大約是最大額定 500W 的 20%。利用另外兩組方程式來檢查所求得的結果：

$$p = v^2/R = (239.7)^2/560 = 102.6 \text{ W}$$
$$p = i^2R = (0.428)^2\ 560 = 102.6 \text{ W}$$

實 際 應 用

線 規

就技術上來說，任何物質 (除了超導體之外) 都會對電流產生電阻。然而，如同所有介紹電路的課本，都會心照不宣地假設電路中的電線其電阻為零。這個假設隱含著，導線兩端之間沒有任何的電位差，因此並不會吸收功率或產生熱量。雖然，這通常並不是合理的假設，但是當針對特定應用，而選擇適當的線徑時，它確實忽略了一些實際需要考慮的事情。

電阻是由 (1) 物質與生俱有的電阻係數，及 (2) 設備的幾何結構所決定。**電阻係數** (resistivity) 以符號 ρ 來表示，作為電子能夠穿越某些物質容易與否的量測。因為它是電場 (V/m) 與物質單位電流強度的比值，ρ 的一般單位為 $\Omega\cdot$m，雖然經常採用公制的字首。每一種物質與生俱有不同的電阻，且隨溫度而變化。表 2.3 顯示某些樣本，正如所看到的，不同型式的銅，彼此間的變化不大 (小於 1%)，但是不同物質之間，則有非常大的差距。特別的是，雖然實際上比銅還堅硬，但鋼線的電阻卻是銅的好幾倍。在某些技術的探討上，會更常看物質引用導電係數 (符號為 σ)，它是電阻係數的倒數。

表 2.3 一般電線材質及電阻係數

ASTM 規格**	特徵及形狀	20°C 時的電阻係數 ($\mu\Omega\cdot$cm)
B33	圓形鍍錫軟銅	1.7654
B75	軟管銅	1.7241
B188	硬質匯流排管銅，長方形或正方形	1.7521
B189	圓形鍍鉛軟銅	1.7654
B230	硬質圓形鋁	2.8625
B227	硬質圓形，銅外包鋼，HS 40 級	4.3971
B355	圓形鍍鎳軟銅，第 10 級	1.9592
B415	硬質圓形，鋁外包鋼	8.4805

* C. B. Rawlins, “導體材質 (Conductor Materials)”, 電機工程標準手冊 (*Standard Handbook for Electrical Engineering*) 第十三版 (13th ed), D. G. Fink and H. W. Beaty, eds. New York:McGraw-Hill, 1993, p. 4-4 to 4-8.

** 美國材料試驗協會 (American Society of Testing Materials).

特別物體的電阻，是藉由電阻器的長度 ℓ 乘以電阻係數，再除以截面積 (A)，如方程式 [6] 所示，這些參數於圖 2.25 中予以說明。

$$R = \rho\frac{\ell}{A} \tag{6}$$

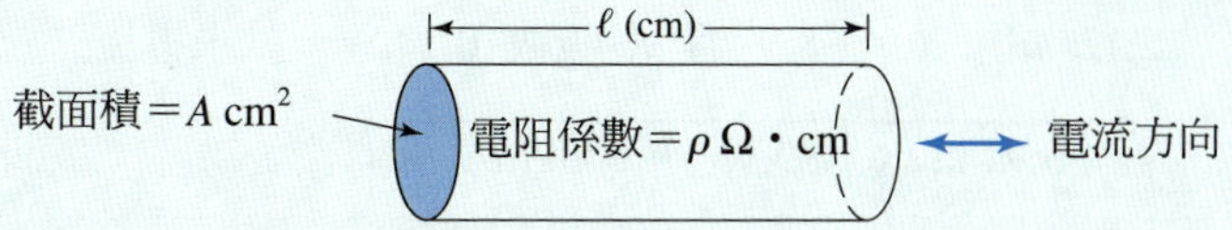

■圖 2.25　幾何參數的定義用於計算導線電阻，物質的電阻係數在每個部分均相同。

當我們選擇製作導線的物質，並測量應用環境的溫度時，我們就已決定了電阻係數。因為導線本身的電阻會吸收有限量的功率，於電流流過時便產生熱。較粗的導線具有較小的電阻，並且更容易消耗熱量，但比較重，體積也比較大且更貴。因此，由於實際的考量，我們會選擇能夠安全工作的最小導線，而不會單純地選擇，將電阻損失降至最小的可用最大直徑導線。美國線規 (American Wire Gauge, AWG) 是指定導線尺寸的標準系統。在選擇線規時，較小的 AWG 相對是較大的線徑；表 2.4 顯示一般標準規格的縮寫表。典型的消防與電氣安全規範除了導線所使用的場所外，基於最大電流，針對特殊的線路應用，規定所需要的標準規範。

表 2.4　某些一般的線規及硬銅線電阻*

導體大小 (AWG)	截面積 (mm^2)	20℃ 時，每 1000 ft 的電阻
28	0.0804	65.3
24	0.205	25.7
22	0.324	16.2
18	0.823	6.39
14	2.08	2.52
12	3.31	1.59
6	13.3	0.3952
4	21.1	0.2485
2	33.6	0.1563

* C. B. Rawlins, et al., *Standard Handbook for Electrical Engineering*, 13th ed., D. G. Fink and H. W. Beaty, eds. New York : McGraw-Hill, 1993, p. 4-47.

練習題

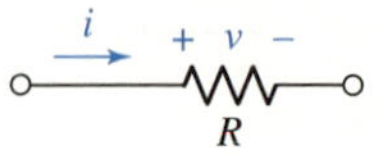

■圖 2.26

參考圖 2.26 中所定義的 υ 和 i，計算下列的大小：

2.10 如果 $i=-1.6$ mA 且 $\upsilon=-6.3$ V，試求 R。

2.11 如果 $\upsilon=-6.3$ V 且 $R=21\ \Omega$，試求吸收功率。

2.12 如果 $\upsilon=-8$ V 且 R 吸收 0.24 W，試求電流 i。

答：3.94 kΩ；1.89 W；−30.0 mA。

例題 2.4

一條穿越全長 2000 ft 的導線，供給 100 A 給一盞高功率的燈。如果使用 4 AWG 的導線，試問導線消耗多少的功率 (即，損失或浪費)？

此問題的最佳著手方法是從繪製簡易圖開始，如圖 2.27 所示。從表 2.4 可得知，每 1000 ft 的 4 AWG 導線，其電阻為 0.2485 Ω。從電源到電燈的導線長度為 2000 ft，回到電源的導線長也是 2000 ft，導線總長為 4000 ft。因此，導線的電阻為

$$R = (4000\ \text{ft})(0.2485\ \Omega/1000\ \text{ft}) = 0.994\ \Omega$$

消耗功率為 i^2R，其中 $i=100$ A。所以，導線消耗 9940 W 或 9.94 kW。即使總電阻小於 1 Ω，我們發現導線浪費了極大的功率；所消耗的功率也必須由電源供應，但這些功率絕對無法傳送到電燈。

■圖 2.27 例題 2.4 電燈電路的簡易圖

練習題

2.13 面對例題 2.4 所描述的極大功率損失，你的經理指示你以 2 AWG 取代 4 AWG。假設電燈仍然吸取 100 A，計算新導線的功率損失。請問新導線的長度為多少 (兩倍多、四倍多等等)？

答案：6.25 kW，1.59 倍多。

電　導

針對線性電阻來說，電流與電壓的比值也是一個常數。

$$\frac{i}{v} = \frac{1}{R} = G \qquad [7]$$

其中 G 稱之為電導。電導的國際標準單位為西門斯 (siemens, s)，1 A/V。以往非正式的電導單位為姆歐，以大寫 Ω 的倒數為其縮寫。經常會在電路、圖書目錄及課本中看到與使用，以相同的電路符號 (圖 2.24*d*) 來表示電阻與電導。吸收功率再一次為正值，且可以用電導表示成：

$$p = vi = v^2 G = \frac{i^2}{G} \qquad [8]$$

因此，2 Ω 的電阻器其電導為 $\frac{1}{2}$ S，如果流過 5 A 的電流，則兩端跨接 10 V 的電壓，並消耗 50 W 的功率。

到目前為止，這一節所有的表示式均以瞬時電流、電壓及功率，例如 $v=iR$ 及 $p=vi$。我們應該記得這是針對 $v(t)=R\ i(t)$ 及 $p(t)=v(t)\ i(t)$ 簡略的表示法。流過電阻的電流與跨接其兩端的電壓，在相同情形下，均會隨時間而變。所以，如果 $R=10\ \Omega$ 且 $v=2 \sin 100t$ V，則 $i=0.2 \sin 100t$ V。注意到功率為 $0.4 \sin^2 100t$ W，並且從簡單的圖形中，說明隨時間變化的不同性質。雖然電流與電壓在某些時段為負值，但其吸收功率絕不會為負值。

電阻可以用來作為兩個一般專有名詞定義的基礎：短路與開路。我們定義短路為零歐姆的電阻，然而，因為 $v=iR$，雖然電流可能為任何數值，跨接在短路兩端的電壓為零。在類似的情形下，我們將開路定義為電阻無限大。根據歐姆定律，不論跨接在開路兩端的電壓為多少，電流必定為零。雖然實際的導線存有很小的電阻，除非特殊情形，都假設它們電阻為零。因此，在所有的電路圖中，導線常被視為完全的短路。

注意到被表示成 i 或 $i(t)$ 的電流可能是定值 (直流) 或隨時間變化，但以符號 I 所表示的電流必定是非時變性。

摘要與複習

- 最常用在電機工程的單位系統為 SI。
- 正電荷移動的方向，為正電流流動的方向；換句話說，正電流流動方向與電子移動方向相反。
- 要定義一個電流，必須給予數值與方向。電流一般以大寫的 I 來表示定值 (直流)，其它則以 $i(t)$ 或 i 表示。
- 要定義一個元件所跨接的電壓，必須以 "+" 與 "−" 號標示於兩端，同時給予一個數值。(不是代數符號，就是數值)。
- 如果正電流從元件的正電壓端流出，則此元件提供正的功率。如果正電流從元件的正電壓端流入，此元件吸收正的功率。
- 電源有六種：獨立電壓源、獨立電流源、電流控制依賴電流源、電壓控制依賴電流源、電壓控制依賴電壓源，及電流控制依賴電壓源。
- 歐姆定律說明線性電阻兩端所跨接的電壓，與流過的電流成正比，即 $v=Ri$。
- 電阻器所消耗的功率 (導致熱的產生) 可以表示成 $p=vi=i^2R=v^2/R$。
- 在電路分析時，導線一般被假設為具有零電阻。然而，當針對特殊的應用，要選擇線規時，必須查閱當地的電機與消防法規。

進階研讀

- 一本相當深度、探討電阻器的性質與製造的好書：
  Felix Zandman, Paul-René Simon 及 Joseph Szwac, "電阻器理論與技術"。Raleigh, N. C. : SciTech 2002 發行。
- 一本好的、多用途的電機工程手冊：
  Donald G. Fink 及 H. Wayne Beaty, "電機工程師標準手冊"，第十三版，New York : McGraw-Hill, 1993。
  特別在 1-1 到 1-51 頁，2-8 到 2-10 頁，及 4-2 到 4-207 頁，深入探討本章相關的議題。
- 從國家標準協會網站可獲得 SI 更詳細的參考資料：

Barry N. Taylor, “國際系統單位 (SI) 的使用指引” NIST 特別發行，1995 編輯，www.nist.gov。

習　題

※偶數題置書後光碟

2.1　單位與計量

1. 將下列轉換成工程記號：
   (a) 1.2×10^{-5} s　(b) 750 mJ
   (c) 1130 Ω　(d) 3,500,000,000 bits
   (e) 0.0065 μm　(f) 13,560,000 Hz
   (g) 0.039 nA　(h) 49,000 Ω
   (i) 1.173×10^{-5} μA
3. 將下列轉換成 SI 單位，確實使用工程標記，並保留至小數第四位：
   (a) 400 hp　(b) 12 ft　(c) 2.54 cm
   (d) 67 Btu　(e) 285.4×10^{-15} s
5. 一台敏捷的小電動車，具備 175 hp 的馬達：
   (a) 如果假設電能轉換成機械能的效率為百分之一百，使馬達運轉需要多少 kW？
   (b) 如果馬達持續運轉 3 個小時，需要消耗多少能量 (以焦耳為單位)？
   (c) 如果單一個鉛酸電池具有 430 千瓦小時的儲存能力，對於 (b) 部分，需要多少個電池？
7. 一個增強的鈦：寶石藍雷射產生 1 mJ 的雷射脈衝波，持續時間為 75 fs：
   (a) 雷射的峰值瞬時功率為多少？
   (b) 如果每秒只能產生 100 個脈衝波，請問雷射的平均功率輸出為多少？
9. 一顆新式的電池在 8 小時內傳送 10 W 的功率，而電壓或電流並未發生任何的變動。然而，在 8 小時之後，僅僅在 5 分鐘之內，功率輸出以線性方式從 10 W 下降到 0。(a) 電池的能量儲存能力為多少？(b) 在最後 5 分鐘的放電週期內，傳送多少的能量？

2.2　電荷、電流、電壓及功率

11. 電流，如圖 2.6c 所示，在 $t<0$ 時，其大小為 $-2+3e^{-5t}$ A；在 $t>0$ 時，其大小為 $-2+3e^{3t}$ A。試求 (a) $i_1(-0.2)$；(b) $i_1(0.2)$；(c) $i_1=0$

的時間；(d) 在時間區間 $-0.8 < t < 0.1$ s，沿著導體從左往右通過的總電荷量。

13. 考慮具有不連續點 A、B、C、D 及 E 的通路。從 A 到 B 或從 B 到 C 移動一個電子，需花費 2 pJ；從 C 到 D 移動一個質子，需花費 3 pJ；從 D 到 E 移動一個電子，不需花費任何的能量。
 (a) A 與 B 之間的電位差 (伏特) 為多少？(假設＋參考端在 B)
 (b) D 與 E 之間的電位差 (伏特) 為多少？(假設＋參考端在 E)
 (c) C 與 D 之間的電位差 (伏特) 為多少？(假設＋參考端在 D)
 (d) D 與 B 之間的電位差 (伏特) 為多少？(假設＋參考端在 D)
15. 試求圖 2.29 所示的每一個電路元件所吸收的功率。

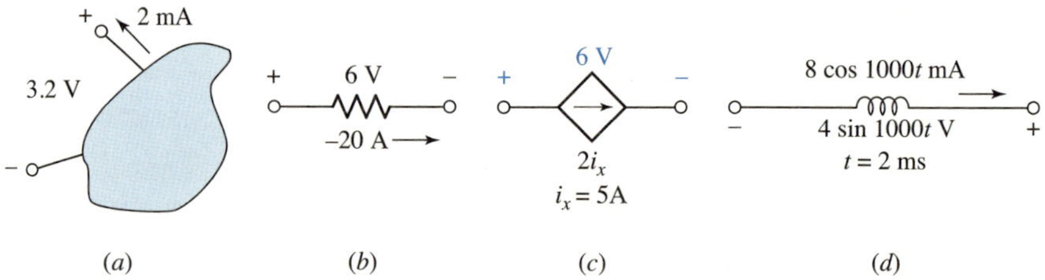

■圖 2.29

17. 圖 2.30 中，令 $i = 3te^{-100t}$ A ，如果 v 等於 (a) $40i$；(b) $0.2\ di/dt$；(c) $30\int_0^t i\,dt + 20$ V，試求在 $t = 8$ ms 時，電路元件所吸收的功率。

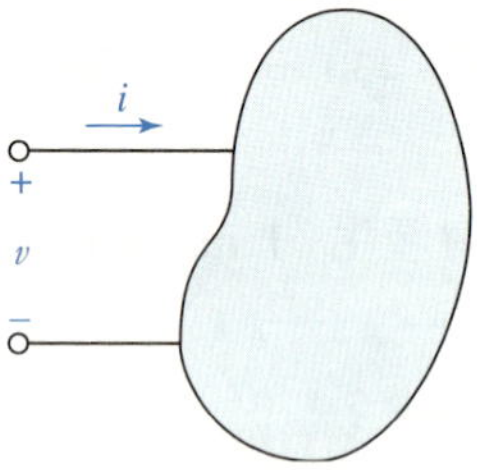

■圖 2.30

19. 流進某一電路的電流，在所有時段均被仔細的監測。所有引用的電壓，均假設其正參考端在這兩端點電路的上方。在最初的兩個小時，觀察到 1 mA 的電流流進上方端點，而量測到 +5 V 的電壓，接下來的 30 分鐘，沒有任何電流流進或流出。而之後的兩個小時，有 1 mA 的電流流出上方端點，並量測到 +2 V 的電壓，之後再也沒有任何電流流入或流出。假設此電路沒有儲存任何的初始能量，請回答下列問題：
 (a) 在這三個時間區間中的每一個時段，有多少功率傳送至此電路？
 (b) 觀察在最初的兩個小時，有多少能量供給至此電路？

(c) 現在電路中保存有多少的能量？

2.3　電壓與電流源

21. 參考圖 2.32 的電路，將每一個電流及電壓乘以 4，並決定五個電源中的哪幾個為能量源 (即，供給正的功率給其它元件)。

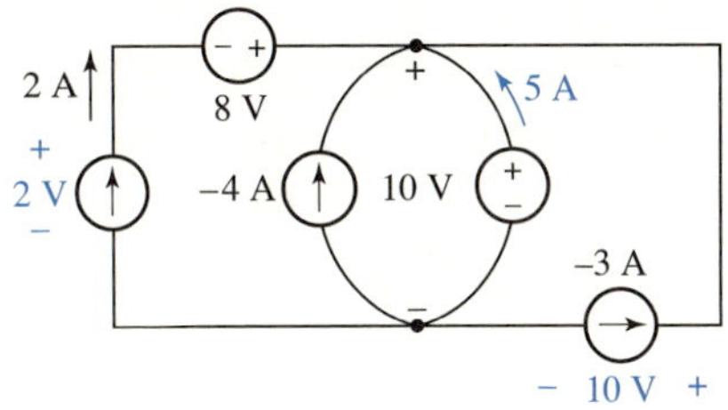

■圖 2.32

23. 圖 2.34 的電路中，如果 $v_2 = 1000 i_2$ 且 $i_2 = 5$ mA，試求 v_s。

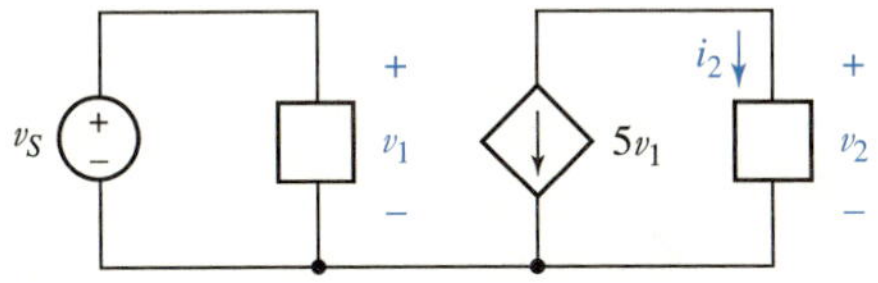

■圖 2.34

25. 由一個鉛酸電池及一只汽車頭燈所構成的簡單電路。如果電池在 8 小時的放電期間，傳送 460.8 W-hr 的總能量。

(a) 有多少的功率傳送至頭燈？

(b) 流經燈泡的電流為多少？(假設在放電期間，電池電壓保持不變)

2.4　歐姆定律

27. 一個容許誤差 10% 的 1 kΩ 電阻器，實際上其數值範圍在 900 至 1100 Ω 之間。如果 5 V 電壓作用在兩端 (a) 可能測量到的電流範圍為何？(b) 可能測量到的功率範圍為何？

29. 令圖 2.24*d* 所示的電阻器 $R = 1200\ \Omega$，如果 (a) $i = 20e^{-12t}$ mA；(b) $v = 40\cos 20t$ V；(c) $vi = 8t^{1.5}$ VA，試求 $t = 0.1$ s 時，R 所吸收的功率。

31. 圖 2.36 電路中，因為守恆定律的結果，三個元件都必須流經相同的電流。利用總供給功率等於總吸收功率的事實，證明跨接在電阻器 R_2 的電壓為：

$$V_{R_2} = V_S \frac{R_2}{R_1 + R_2}$$

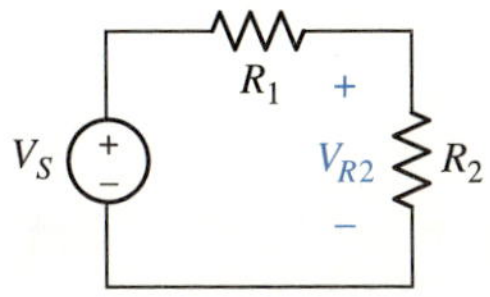

■圖 2.36

33. 針對圖 2.37 中的每一個電路，求解電流 I，並計算電阻器所吸收的功率。

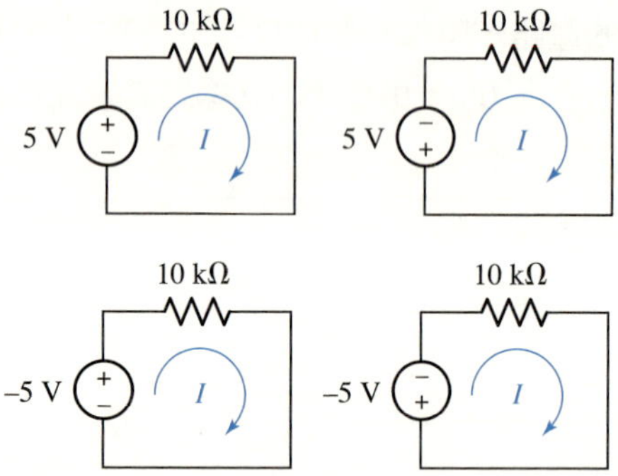

■圖 2.37

35. 建構圖 2.38 電路，其中 $v_S = 2\sin 5t$ V，且 $r_\pi = 80\ \Omega$，試計算在 $t = 0$ 和 $t = 314$ ms 時的 v_{out}。

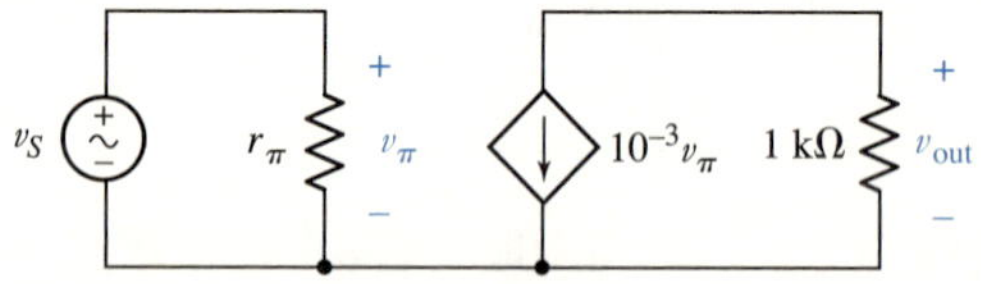

■圖 2.38

37. 你站在一個廢棄的荒島上，且空氣溫度為 108°F。在發現你的發報機故障後，你追查問題發生在損壞的 470 Ω 電阻器上。幸運地，你發現一綑也被海水沖上岸較大的 28 AWG 實心銅線捲軸。你需要多長的導線以取代 470 Ω 的電阻器？注意到，因為海島位於熱帶地區，氣溫比表 2.4 導線電阻所引用的 20°C 來的溫和。你可以使用下列的關係式[5]來修正表 2.4 的數值：

$$\frac{R_2}{R_1} = \frac{234.5 + T_2}{234.5 + T_1}$$

其中 T_1 ＝參考溫度(此例題為 20°C)
R_1 ＝參考溫度時的電阻
T_2 ＝新的溫度(攝氏度數)
R_2 ＝在新的溫度時的電阻

5 D. G. Fink 及 H. W. Beaty 所著的“電機工程師標準手冊”，第 13 版，New York: McGraw-Hill, 1993, 第 2-9 頁。

D 39. 表 2.3 列出數種電阻係數大約 1.7 $\mu\Omega\cdot$cm 的銅線標準。利用表 2.4 針對 28 AWG 導線的資料，設法求出相對應軟銅導線的電阻係數。所求出的數值與表 2.3 一致嗎？

41. 如果 B33 的銅用於製作直徑為 1 mm 的圓形導線，請問流經 1.5 A 電流，長度為 100 m 的導線，消耗多少的功率？

43. 二極體為一種非常一般的兩端點非線性裝置，可以利用下列的電流 - 電壓關係式予以模型化：

$$I = 10^{-9}(e^{39V} - 1)$$

(a) 當 V＝−0.7 到 0.7 時，畫出電流 - 電壓的特性曲線。

(b) 在 V＝0.55 V 時，二極體的有效電阻為多少？

(c) 當二極體的電阻為 1 Ω 時，電流為多少？

45. “n 型式”結晶矽的電阻係數為 $\rho = 1/qN_D\mu_n$，其中 q 為每一個電子的電荷數，大小為 1.602×10^{-19} C，N_D＝每 cm^3 磷雜質原子數目，μ_n＝電子移動率 (單位為 cm^2 V^{-1} s^{-1})。移動率與雜質濃度與圖 2.39 有關。假設一個直徑為 6 in 的矽晶片，厚度為 250 μm，設計一個由指定磷濃度範圍在 $10^{15} \leq N_D \leq 10^{18}$ atoms/cm^3 之間，及適當幾何裝置的 100 Ω 電阻器。

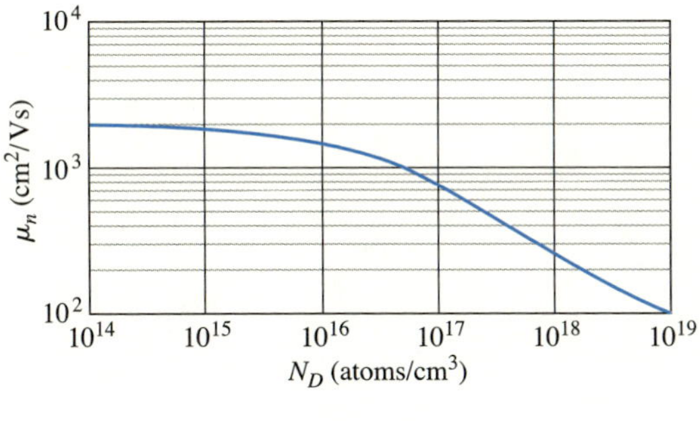

■圖 2.39

3 電壓與電流定理

關鍵概念

新的電路術語：節點、通路、迴路與支路

克希荷夫電流定理 (KCL)

克希荷夫電壓定理 (KVL)

基本串、並聯電路分析

電源串、並聯組合

電阻串、並聯簡化與組合

分壓與分流

接地

簡　介

在第 2 章中，已介紹過電阻及數種型式的電源。在定義幾項電路術語之後，我們準備開始分析簡單的電路結構。所以學習的技巧是以兩個相關的簡單定理為基礎：克希荷夫電流定理 (KCL) 與克希荷夫電壓定理 (KVL)。KCL 與 KVL 為兩個基本定理，克希荷夫電流定理是以電荷守恆定理，而克希荷夫電壓定理則是以能量守恆為基礎。一旦熟悉了基本分析，我們便可以進一步利用 KCL 與 KVL 去簡化電阻、電壓源或電流源的串、並聯組合，及發展分壓與分流的重要概念。在後續的章節中將學習一些額外的技巧，利用這些技巧允許我們有效的地分析更為複雜的網路。

3.1 節點、通路、迴路與支路

我們現在把焦點放在兩個或更多電路元件的簡單網路的電流 - 電壓的關係。元件是利用零電阻的導線 (有時稱為“引線”) 連在一起。由於網路所顯現的是一些簡單元件與連接用的導線，所以被稱為**集總參數網路** (lumped-parameter network)。當面對實質上包含有限多極其微小元件所組成的**分佈參數網路** (distributed-parameter network)，更困難的分析問題便產生。在本書中，我們將針對集總參數網路予以討論。

兩個或更多的元件共同接點稱為**節點** (node)。

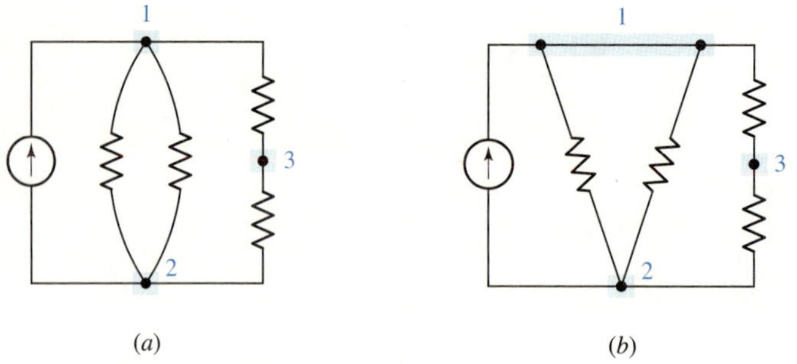

■圖 3.1 (*a*) 一個包含三個節點與五條分支的電路；(*b*) 節點 1 被重新畫成像二個節點，但它仍然是一個節點。

> 在實際世界裡的電路組合中，導線永遠會存在有限的電阻。然而，這電阻與電路中其它電阻比較是相當小，所以我們可以將其忽略而不會造成重大的誤差。從現在起理想化的電路，我們會將其歸類為“零電阻”導線。

例如，圖 3.1*a* 所顯示的電路包含三個節點。有時候，所畫的網路，會造成粗心大意的學生相信網路內有比實際更多的節點存在。這種情形會發生在一個節點時，如圖 3.1*a* 中的節點 1，由二個分開的結合點經由零電阻的導體相連接，如圖 3.1*b* 所示。然而，前面所說的情形，是將這共同點分佈在一條共同零電阻的線路上。因此，我們必須考慮所有連接到此節點的完美引線或引線的一部分都是該節點的一部分。同時也應注意，每一個元件的每一個端點都有一個節點。

CAUTION

假設從網路中的一個節點開始，通過一個簡單元件到達此元件的另一端節點，然後繼續從這個節點經由不同的元件到下一個節點，然後繼續移動，直到經過所要的許多元件。如果沒有任何節點通過一次以上，則所經過的這組節點與元件定義為**路徑** (path)。如果開始的節點與結束時的節點為同一節點的話，則此路徑定義為封閉路徑或**迴路** (loop)。

例如，圖 3.1*a* 中，如果我們從節點 2 開始移動，經電流源到達節點 1，然後通過右上方電阻到達節點 3，如此我們便建立了一條路徑。因為沒有繼續再次到達節點 2，我們並未建立一條迴路。如果由節點 2 前進，經由電流源到達節點 1，再經由左邊的電阻向下到達節點 2，然後由中間的電阻往上再次到節點 1，則如此並非一條路徑，因為有一個節點 (實際上為兩個節點)，通過了一次以上，我們也並沒有建立一條迴路，因為一條迴路必須是一條路徑。

另外有一個術語稱為**分支** (branch)。我們將分支定義為網路中單一條路徑，它是由一個簡單元件及其兩端節點所組成。因此路徑是分支的一種特例，圖 3.1*a* 與 3.1*b* 中，包含了 5 條分支。

3.2 克希荷夫電流定理

我們現在準備考慮以德國大學教授古斯塔夫・羅伯特・克希荷夫 (Gustav Robert Kirchhoff) 所命名的兩個定律中的第一個。克希荷夫出生的年代相當於歐姆正在做他的實驗工作的年代。此金科玉律的定律稱為克希荷夫電流定律 (Kirchhoff's current law，簡寫 KCL)，此定律可以簡單的敘述為：

流入任何節點電流的代數和為零。

此定理表示電荷不能累積的事實之數學說明。一個節點不是電路元件，它確實不能儲存、破壞及產生電荷。因此，電流的總和必須為零。在此以一個水力的比喻來說明，例如，以結合成 Y 字型的三條水管而言，如果堅持水是流動的，則很明顯的不可能有三個正水流存在，如果真是如此水管會破裂，這是我們定義水流與水實際流動的方向無關之結果。因此，三個水流中的一個或二個的數值必須定義為負數。

考慮圖 3.2 中的節點，四個進入節點的電流，其代數和必為零：

$$i_A + i_B + (-i_C) + (-i_D) = 0$$

很明顯的，此定理可應用於離開節點電流的代數和：

$$(-i_A) + (-i_B) + i_C + i_D = 0$$

我們也可以希望參考箭頭指向節點的電流和等於流出節點的電

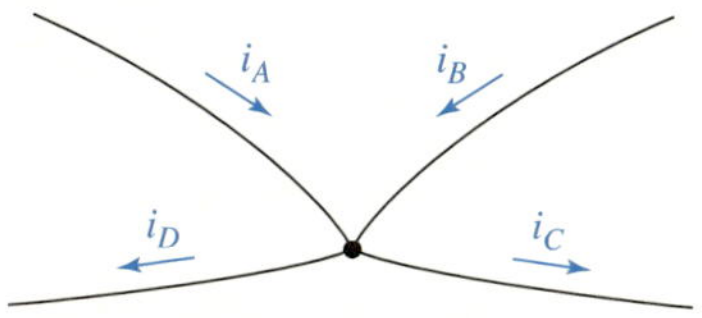

■圖 3.2　說明克希荷夫電流定理的節點範例。

流和：

$$i_A + i_B = i_C + i_D$$

簡單的說，流進節點電流的總和必需等於流出節點電流的總和。

克希荷夫電流定理的簡單表示式：

$$\sum_{n=1}^{N} i_n = 0 \quad [1]$$

簡略表達方式為：

$$i_1 + i_2 + i_3 + \cdots + i_N = 0 \quad [2]$$

當電流表示成方程式 [1] 或方程式 [2] 時，我們可以瞭解此 N 個電流箭頭不是全部指向討論中的節點，便是離開此節點。

例題 3.1

圖 3.3*a* 的電路中，若已知電壓源供給 3 A 的電流，試求流經 R_3 電阻器的電流。

❖ 確認問題的目標

電路中流經 R_3 電阻器的電流標示為 i。

❖收集已知的資訊

流經 R_3 頂部節點的電流連接其它三個支路，每一支路流進此節點的電流總和，形成電流 i。

❖策劃計畫

如果將流經 R_1 的電流予以標記，則我們可以寫出電阻器 R_2 與 R_3 頂部節點的克希荷夫方程式。

❖建構一組適合的方程式

流進此節點的電流總和為：

$$i_{R_1} - 2 - i + 5 = 0$$

流進此節點的電流清楚的顯示在圖 3.3*c* 的展開圖中。

❖決定是否需要額外的資訊

我們有一組方程式，卻有二個未知數。也就是說，我們需要得到一組額

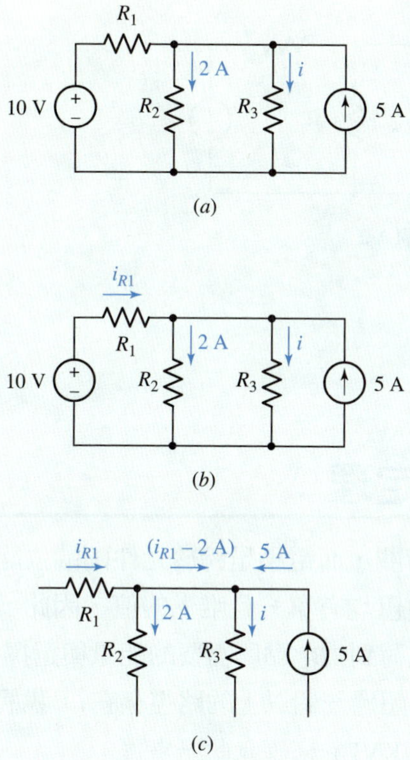

■圖 3.3　(*a*) 求解流經電阻器 R_3 電流的簡單電路；(*b*) 流經電阻器 R_1 的電流標記後，便可寫出一組 KCL 方程式；(*c*) 清楚的重畫進入 R_3 頂部節點的電流。

外的方程式。此時我們已知 10 V 的電源供給 3 A 的電流：由 KCL 得知此 3 A 電流也就是 i_{R1}。

❖ 試圖求解

將 3 A 電流代入方程式中，可得到 $i=3-2+5=6$ A。

❖ 驗證解答是否合理或在預期中？

再次檢查我們所做的工作永遠是值得的，同時，至少我們要計算解答的大小是否合理，在這個例子中，有二個電源，一個提供 5 A 電流，而另一個供給 3 A 的電流。電路中沒有其它獨立的或依賴的電源。因此，我們不會期望在電路中找到超過 3 A 的電流。

練習題

3.1　計算圖 3.4 的電路分支及節點數目，如果 $i_x=3$ A 且 18 V 的電源傳送 8 A 的電流，試求 R_A 的值。(提示：需要利用歐姆定理及 KCL)

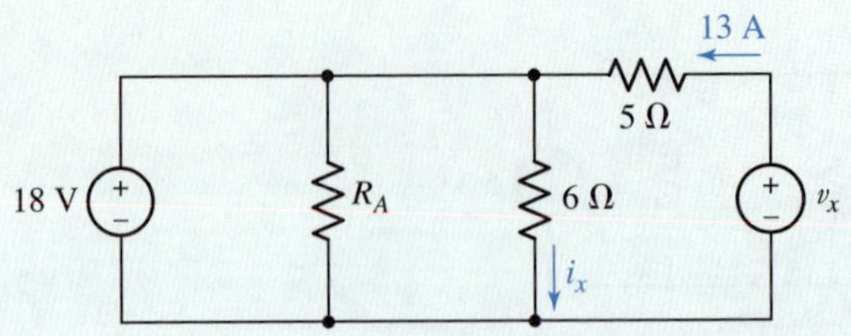

■圖 3.4

答：5 條分支，3 個節點，1 Ω。

3.3 克希荷夫電壓定理

電流與電荷流經電路元件有關，而電壓是跨於元件兩端位能差的量測。在電路理論中，任何電壓均有單一且唯一的值，因此，在電路中從 A 點移動一個單位電荷到 B 點所需要的能量與選擇 A 點到 B 點的路徑無關 (經常有超過一個以上的路徑存在)。我們可經由克希荷夫電壓定理 (簡寫為 KVL) 來確立此一事實：

圍繞任一封閉路徑的電壓代數和為零。

圖 3.5 中，如果將 1 庫侖的電荷從 A 經由元件 1 移動到 B，且 v_1 的參考極性符號如圖所示，則做了 v_1 焦耳的功[1]。如果現在選擇經由節點 C，將 1 庫侖的電荷由 A 點移動到 B 點，則耗費 v_2-v_3 焦耳的功。然而，作此功與電路中的路徑無關，且這些數值都必須相同。任何路徑都必需得到相同的電壓，換句話說，

$$v_1 = v_2 - v_3 \qquad [3]$$

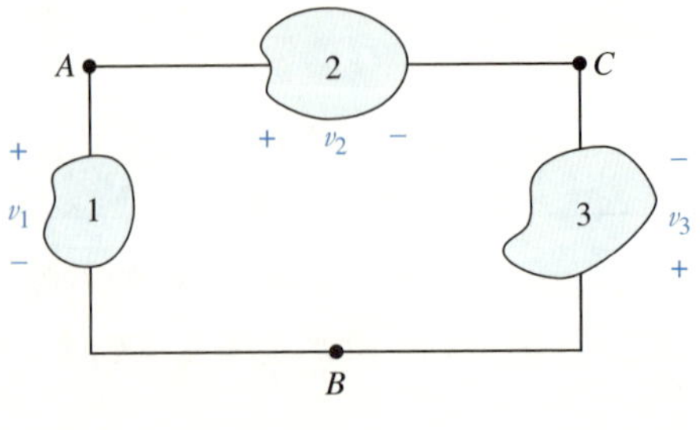

■圖 3.5 點 A 與 B 的位能差與選擇的路徑無關。

1 注意：為了數值方便的理由，我們選擇 1 庫侖的電荷。因此，做了 (1 C)(v_1 J/C) $=v_1$ 焦耳的功。

如果循這一條封閉路徑，會發現跨在封閉路徑上個別元件的電壓代數和必定為零。因此，可以寫成

$$v_1 + v_2 + v_3 + \cdots + v_N = 0$$

或是以更簡潔的方式：

$$\sum_{n=1}^{N} v_n = 0 \qquad [4]$$

我們可以用幾種不同的方式將 KVL 運用到電路上。其中有一種方法較其它方法不容易把方程式寫錯。那就是，在心中以順時針方向環繞封閉路徑，並直接寫下進入正端元件的電壓，及寫下首先遇到負端的每一個電壓的負值。將此方法應用到圖 3.5 的單一迴路中，我們可以得到：

$$-v_1 + v_2 - v_3 = 0$$

此式子符合我們先前所得到的結果一方程式 [3]。

例題 3.2

試求圖 3.6 中的 v_x 與 i_x

我們已知跨在電路三個元件中的二個元件電壓值，因此 KVL 可以立即被用來求取 v_x。

由 5 V 電源下方的節點開始，利用 KVL 以順時針方向環繞迴路：

$$-5 - 7 + v_x = 0$$

所以 $v_x = 12$ V

將 KCL 應用到此電路，但只能知道相同的電流 (i_x) 流往全部三個元件，然而現在又知道跨於 100 Ω 電阻器的電壓。

利用歐姆定理，

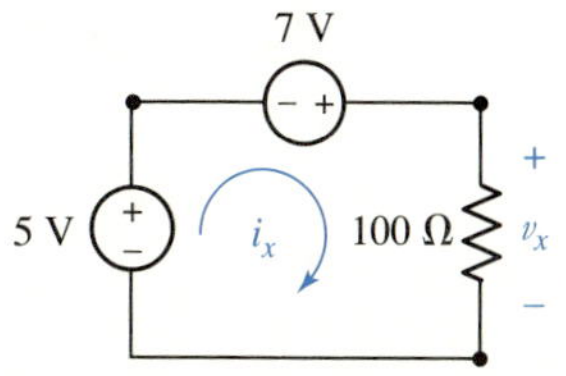

■圖 3.6　具有二個電壓源和一個電阻器的簡單電路。

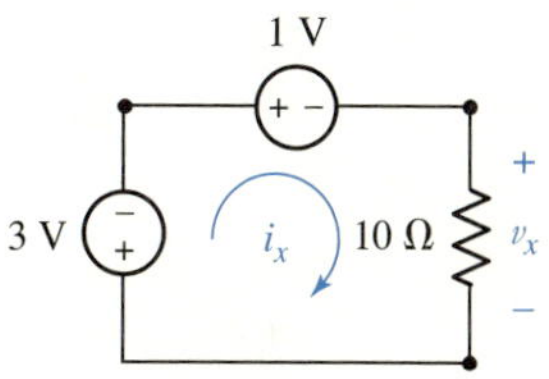

■圖 3.7

$$i_x = \frac{v_x}{100} = \frac{12}{100}\ \text{A} = 120\ \text{mA}$$

練習題

3.2 試求圖 3.7 中的 v_x 與 i_x。

答：$v_x = -4$ V；$i_x = -400$ mA。

例題 3.3

圖 3.8 的電路中包含 8 個電路元件，每一元件所跨電壓的正-負號一併標示，試求 v_{R2} (R_2 所跨電壓) 及標記為 v_x 的電壓。

此情況下，求解 v_{R2} 的最佳方法是尋找一條可利用 KVL 的迴路。迴路的選擇有幾種，但是在仔細查看此電路後，會發現最左邊的迴路提供了一條直接的路徑，因為有二個清楚已知的電壓。因此，藉由左邊的迴路寫出 KVL 方程式求解 v_{R2}，由 c 點開始：

$$4 - 36 + v_{R2} = 0$$

可求得 $v_{R2} = 32$ V。

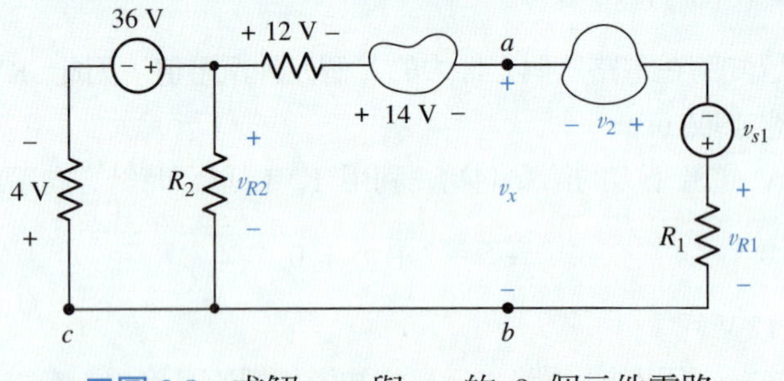

■圖 3.8 求解 v_{R2} 與 v_x 的 8 個元件電路

點 b 與 c 以線路相連接，都是同一節點的部分。

我們可以將所要求解的 v_x 視為跨於右邊電路三個元件的電壓 (代數) 和。然而，因為我們不知道這些量的數值，這種方法無法得出數值解。取而代之，應用 KVL 由 c 點開始，往上並跨越頂部到 a 點，再經由 v_x 到 b 點，最後由導線回到起始點：

$$+4 - 36 + 12 + 14 + v_x = 0$$

所以

$$v_x = 6\ \text{V}$$

另一種方法：已知 v_{R2}，可以利用經由 R_2 的捷徑：

$$-32 + 12 + 14 + v_x = 0$$

再次得到 $v_x = 6$。

就我們所看到的，正確分析電路的關鍵在於一開始便有條理的將圖面上的電壓與電流予以標記。以此方法，小心的寫出 KCL 與 KVL 方程式以產生正確的關係，並且如果一開始未知數比所列的方程式還多的話，需要時可以利用歐姆定理。我們將利用一個更詳細的例子來說明這些原理。

例題 3.4

試求圖 **3.9*a*** 中的 v_x。

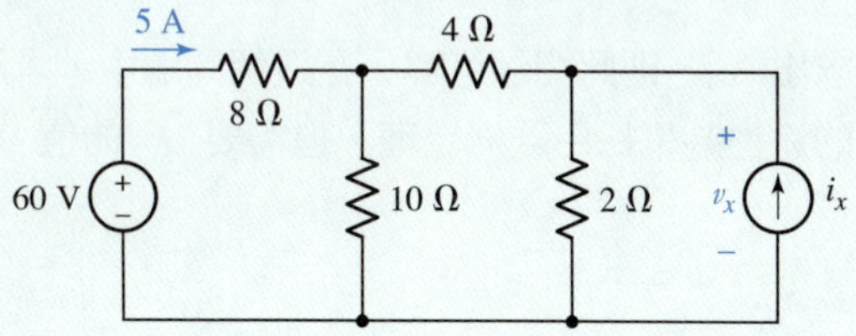

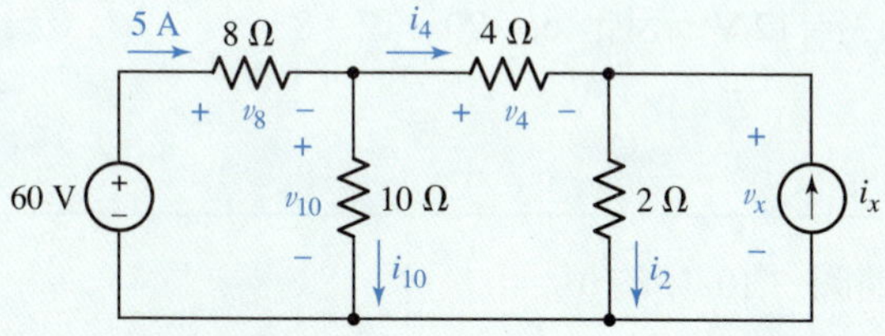

■圖 3.9　(*a*) 利用 KVL 求解 v_x 的電路；(*b*) 標記電壓與電流的電路。

我們從標記電路中其它元件的電壓與電流開始 (圖 3.9*b* 所示)。注意，跨於 2 Ω 電阻器及電源 i_x 的電壓為 v_x。

如果可以求得流經 2 Ω 電阻器的電流，則由歐姆定理可得到 v_x。寫出適當的 KCL 方程式

$$i_2 = i_4 + i_x$$

不幸的是，我們並不知道這三個量中的任一個數值。求解 (暫時地) 擱置。

因為我們已知流經 60 V 電源的電流，或許應該考慮從電路 60 V 的那邊開始。或許可以直接由 KVL 來求取 v_x，以取代利用 i_x 求解 v_x。從這個觀點著手，我們可以寫出 KVL 方程式：

$$-60 + v_8 + v_{10} = 0$$

及

$$-v_{10} + v_4 + v_x = 0 \qquad [5]$$

我們現在有二個方程式及四個未知數，經由一個所有項目均為未知數的方程式來做一個小小的改善。事實上，經由歐姆定理，可以得到 $v_8=40$ V，而且我們知道，5 A 的電流流經 8 Ω 電阻器。因此，$v_{10}=0+60-40=20$ V，所以方程式 [5] 可變成

$$v_x = 20 - v_4$$

如果可以求出 v_4，則此問題可解。在這個問題中，求解電壓 v_4 的數值，其最佳的途徑為是採用歐姆定理，但需要 i_x 的值。從 KCL，我們可以得到：

$$i_4 = 5 - i_{10} = 5 - \frac{v_{10}}{10} = 5 - \frac{20}{10} = 3$$

所以 $v_4=(4)(3)=12$ V，因此 $v_x=20-12=8$ V。

練習題

3.3 求解電路圖 3.10 中的 v_x。

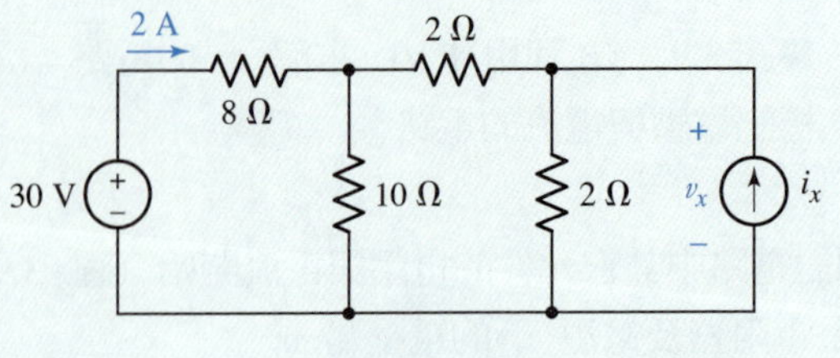

■圖 3.10

答：$v_x=12.8$ V。

3.4 單一迴路電路

我們已經瞭解反覆的使用 KCL 與 KVL 並結合歐姆定理，可應用於包含數個迴路與一些不同元件所組成的重要電路。在更進一步之前，此時將焦點放在形成未來將遇到的任何電路之基礎串聯電路 (而並聯電路在下一章) 的概念是適當的時機。

而此串聯電路中的所有元件通過相同的電流時，稱此連接為**串聯** (series)。例如考慮圖 3.9，60 V 電源與 8 歐姆的電阻串聯，並通過 5 A 的電流。然而 8 歐姆的電阻並不是 4 歐姆的電阻相串聯，且流過不同的電流。要注意的是流過相同電流的元件並非一定是串聯。鄰近兩個 100 W 的燈泡，可能通過相同的電流，然而流經它們的電流確實是不相同的，而且並非互相串聯。

圖 3.11*a* 由二個電池及二個電阻器所組成的簡單電路。每一個端點，連接引線及接合物均為零電阻。將其集結組成圖 3.11*b* 中的各別節點。二個電池均以理想電源為模型，假設電源內部的電阻都很小且予以忽略，而二個電阻器也都假設以理想 (線性) 電阻器來取代。

要求取流經每一個元件的電流，跨於每一個元件的電壓及每一個元件所吸收的功率。分析第一步驟是先假設所有未知電流的參考

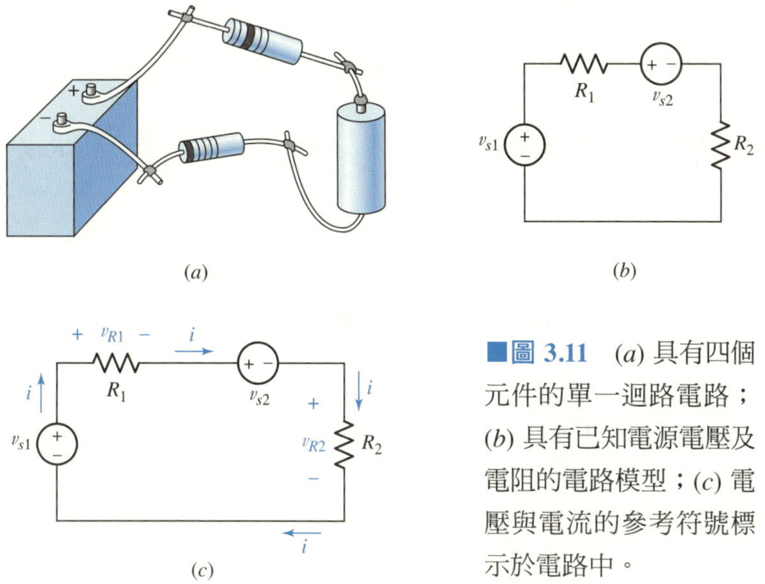

■圖 3.11 (*a*) 具有四個元件的單一迴路電路；(*b*) 具有已知電源電壓及電阻的電路模型；(*c*) 電壓與電流的參考符號標示於電路中。

方向。任意地選擇流出左邊電壓源上端的電流方向為順時針，此選擇在該點以箭頭並標記 i 表示於圖 3.11c 的電路中，簡單的運用克希荷夫電流定理使我們確信相同電流流經電路中每一元件，此時可以在電路中放置幾個電流符號以強調此一事實。

分析的第二步驟則是為每一個電阻器選擇電壓參考符號，被動符號的慣例要先定義電阻器的電流和電壓變數，以便定出電流流入的端點為正電壓參考點。因為已經任意地選擇電流方向，因此，v_{R1} 與 v_{R2} 可被定義在圖 3.11c 中。

第三步驟則是在這個唯一的閉合路徑中應用克希荷夫電壓定理。決定以順時針的方向環繞電路，先從左下方開始，並直接寫下每一個先遇到正參考點的電壓及負參考點的電壓負值。因此 ，

$$-v_{s1} + v_{R1} + v_{s2} + v_{R2} = 0 \qquad [6]$$

然後，將歐姆定理應用在每一電阻元件：

$$v_{R1} = R_1 i \qquad 及 \qquad v_{R2} = R_2 i$$

將上式代入方程式 [6] 中，可得：

$$-v_{s1} + R_1 i + v_{s2} + R_2 i = 0$$

因為 i 是唯一未知數，可求得

$$i = \frac{v_{s1} - v_{s2}}{R_1 + R_2}$$

而每一個元件的電壓及功率可利用 $v=Ri$、$p=vi$ 或 $p=i^2R$ 求得。

練習題

3.4 圖 3.11b 中，$v_{S1}=120$ V、$v_{S2}=30$ V、$R_1=30\ \Omega$ 及 $R_2=15\ \Omega$，試求每一元件所吸收的功率。

答：$p_{120V}=-240$ W，$p_{30V}=+60$ W，$p_{30\Omega}=120$ W，$p_{15\Omega}=60$ W。

例題 3.5

試求圖 **3.12*a*** 電路中每個元件所吸收的功率。

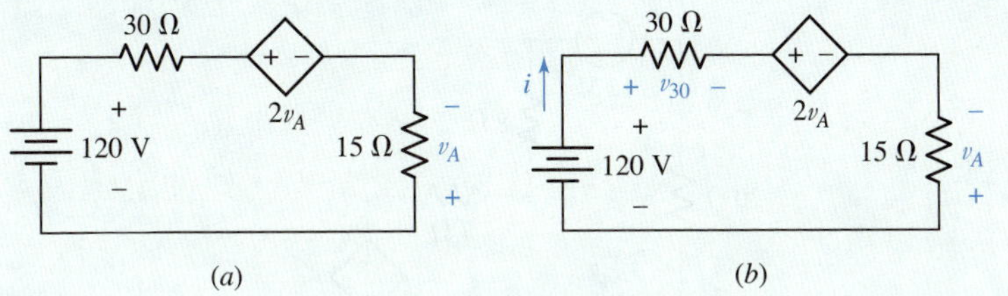

■圖 3.12　(*a*) 包含一個依賴電源的單一迴路電路；(*b*) 電流 i 與電壓 v_{30} 被指定於電路中。

我們首先指定圖 3.12*b* 中電流 i 的參考方向及電壓 v_{30} 的參考極性，因為依賴電源已指定了控制電壓 v_A，因此沒有需要指定 15 Ω 電阻器的電壓 (所以，值得注意的是，v_A 的參考方向與我們所採用的被動符號習慣相反)。

此電路中包括了一個依賴電壓源，而其值直到 v_A 求出前均為未知。然而它的代數值 $2v_A$ 會以相同的形式猶如數值一樣使用。因此，應用 KVL 於此迴路：

$$-120 + v_{30} + 2v_A - v_A = 0 \qquad [7]$$

利用歐姆定理引用已知的電阻器數值：

$$v_{30} = 30i \qquad 及 \qquad v_A = -15i$$

注意，因為電流 i 流進 v_A 的負端，因此需帶上負號

將上式代入方程式 [7]，可得

$$-120 + 30i - 30i + 15i = 0$$

所以可以求得：

$$i = 8\text{ A}$$

計算每個元件所吸收的功率：

$$\begin{aligned}
p_{120\text{V}} &= (120)(-8) = -960\text{ W}\\
p_{30\Omega} &= (8)^2(30) \quad = 1920\text{ W}\\
p_{\text{dep}} &= (2v_A)(8) \quad = 2[(-15)(8)](8)\\
&\qquad\qquad\qquad = -1920\text{ W}\\
p_{15\Omega} &= (8)^2(15) \quad = 960\text{ W}
\end{aligned}$$

練習題

3.5 試求圖 3.13 電路中五個元件的每一個所吸收的功率。

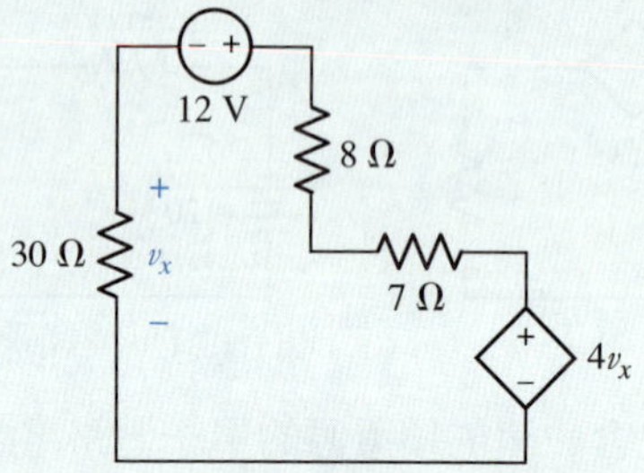

■圖 3.13 一個簡單的迴路電路。

答：(順時針從左邊開始) 0.768 W，1.92 W，0.2048 W，0.1792 W，−3.072 W。

在前面的例子及練習題中，都是要求計算電路中每一個元件吸收的功率。很難想像的是：電路*所有*吸收功率的量都是正值，其理由很簡單，那就是能量由某處提供。因此，從簡單的能量轉換來看，我們預期**一個電路中每一元件吸收功率的總和必須為零**。換句話說，至少一個量應為負值 (忽略電路操作，沒有價值的例子)，另一種方式來說，每一個元件供給的功率總和必須為零。更具體的是：**吸收功率的總和等於供給功率的總和**，面對這些數值而言，這似乎是合理的。

讓我們針對例題 3.5 中圖 3.12 的電路做個測試，此電路由二個電源 (一個獨立及一個依賴電源) 和二個電阻器所組合。將每個元件所吸收的功率相加，可得：

$$\sum_{\text{all elements}} p_{\text{absorbed}} = -960 + 1920 - 1920 + 960 = 0$$

實際上 (我們所關注的是吸收功率的符號)，120 V 的電源*提供* +960 W，而依賴電源提供 +1920 W。因此，電源總共提供 960+1920=2880 W 的能量，電阻器如預期的吸收正功率，在這個例子中總會為 1920+960=2880 W，所以，如果我們考慮電路的每一個元件，則如預期的：

$$\sum p_{\text{absorbed}} = \sum p_{\text{supplied}}$$

把注意力轉到練習題 3.5，讀者可能想要驗證所求的解答，我們看看吸收功率的總和為：0.768＋1.92＋0.2048＋0.1792－3.072＝0。很有趣的是：12 V 的獨立電壓源吸收 ＋1.92 W，意思是它消耗功率而不是提供功率。在這個特別的電路中，反而依賴電壓源提供了所有的功率。這可能嗎？我們通常預期電源提供正功率，但是在我們的電路中，採用了理想化的電源，事實上，淨的功率流經任何電源是可能的。如果這個電路的某個部分改變的話，相同的電源可能提供正的功率。直到完成一個電路分析之前，這結果仍是未知的。

3.5　單一對節點電路

3.4 節討論的單一迴路電路的對應電路為單一對節點電路，此電路中，任何數目的簡單元件都連結在這同一個節點對之間。圖 3.14 顯示此種電路的例子，二個電流源及電阻的數值均已知。首先假設一個電壓跨於每一個元件兩端，並指定任意的參考極性。KVL 令我們瞭解到跨在每一個分支的電壓與跨在其它分支的電壓是一樣的。在一個電路的所有元件，有一個共同的電壓跨在他們的兩端，則稱之為**並聯** (parallel)。

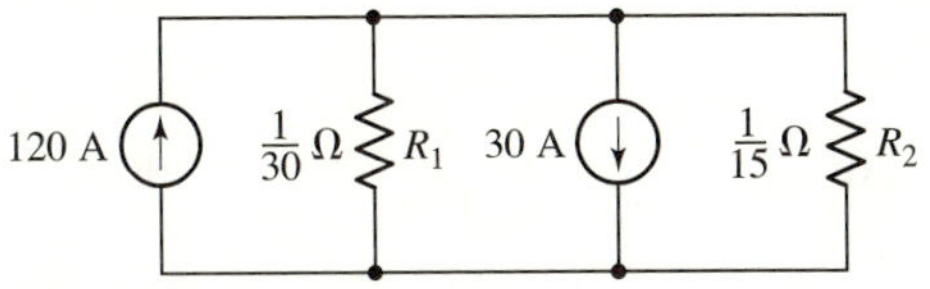

(*a*)

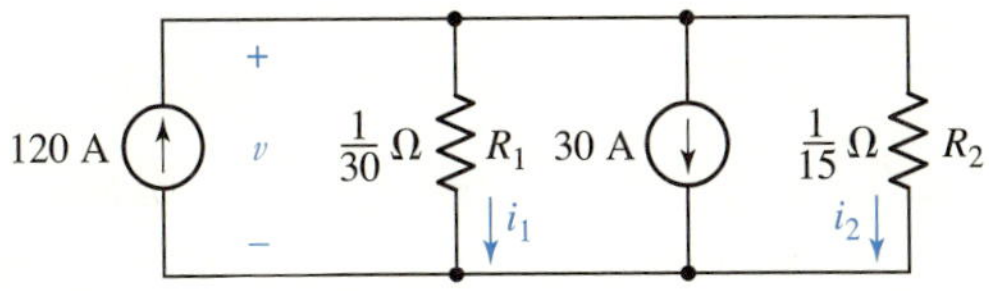

(*b*)

■圖 3.14　(*a*) 單一對節點電路；(*b*) 已被指定的電壓與二個電流。

例題 3.6

試求圖 **3.14*a*** 電路中每一元件的電壓、電流及功率。

首先定義一個電壓 v，任意選擇它的極性，並標示於圖 3.14*b*。遵循被動元件的慣例，選擇流進二個電阻的電流，如圖 3.14*b* 所示。

決定出電流 i_1 或 i_2 任一個，則可求得 v 的值。因此，下一步將 KCL 應用在電路中二個節點的任何一個。用符號來表示離開上方節點的電流代數和等於零：

$$-120 + i_1 + 30 + i_2 = 0$$

利用歐姆定理，寫出以電壓 v 來表示兩個電流

$$i_1 = 30v \quad 及 \quad i_2 = 15v$$

可得

$$-120 + 30v + 30 + 15v = 0$$

解此方程式，可求得的結果

$$v = 2\ \text{V}$$

並利用歐姆定理，可得

$$i_1 = 60\ \text{A} \quad 及 \quad i_2 = 30\ \text{A}$$

現在可以計算每一個元件的吸收功率，二個電阻的功率為，

$$p_{R1} = 30(2)^2 = 120\ \text{W} \quad 及 \quad p_{R2} = 15(2)^2 = 60\ \text{W}$$

而二個電源

$$p_{120\text{A}} = 120(-2) = -240\ \text{W} \quad 及 \quad p_{30\text{A}} = 30(2) = 60\ \text{W}$$

因為 120 V 的電源吸收負 240 W 的功率，實際上它提供功率給電路中的其它元件。類似的情況，可以發現到 30 A 的電源實際上是吸收功率，而非提供功率。

練習題

3.6 試求圖 3.15 電路中的 v。

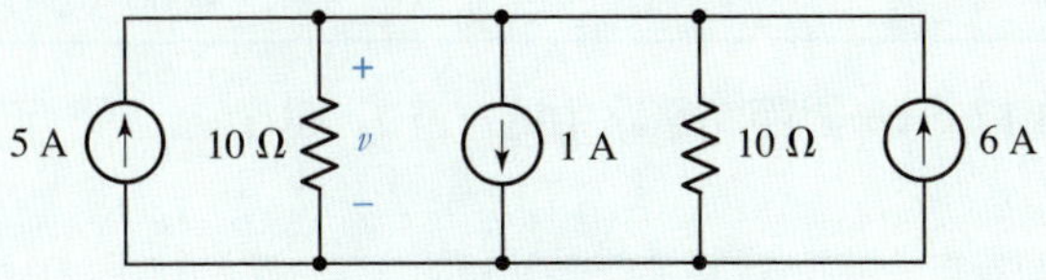

■圖 3.15

答：50 V。

例題 3.7

試求圖 3.16 中，υ 的值及獨立電流源所提供的功率。

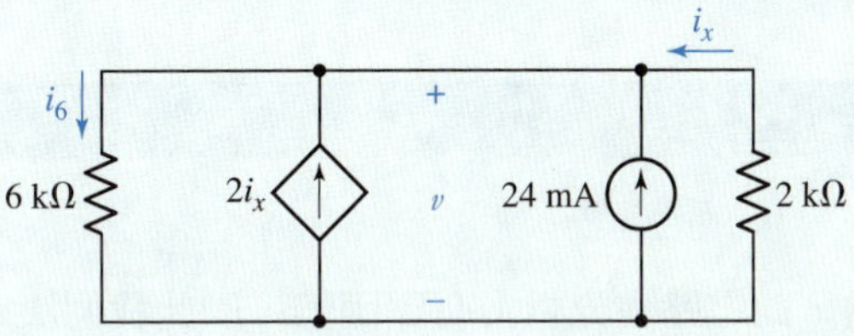

■圖 3.16　電壓 υ 及電流 i_6 被指定於包括一個依賴電源的單一對節點電路。

利用 KCL，離開上方節點的電流總和必須為零，因此

$$i_6 - 2i_x - 0.024 - i_x = 0$$

再次注意，依賴電源 ($2i_x$) 的值可視同如其它電流一樣，即使它的實際值直到這個電路被分析時仍是未知。

接下來對於每個電阻器，利用歐姆定理可得：

$$i_6 = \frac{v}{6000} \quad 及 \quad i_x = \frac{-v}{2000}$$

因此

$$\frac{v}{6000} - 2\left(\frac{-v}{2000}\right) - 0.024 - \left(\frac{-v}{2000}\right) = 0$$

所以 υ=(600)(0.024)=14.4 V。

對於這個電路，我們想要求得的任何其它資訊，現在都可以用一個步驟很簡單的獲得。例如，獨立電源所提供的功率為 p_{24}=14.4(0.024)=0.3456 W(345.6 mW)。

練習題

3.7　試求圖 3.17 單一對節點電路中的 i_A、i_B 與 i_C。

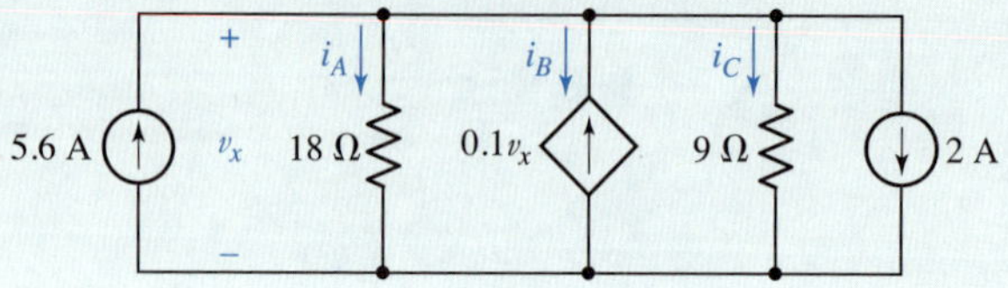

■圖 3.17

答：3A，−5.4 A，6 A。

例題 3.8

求圖 **3.18*a*** 中的 i_1、i_2、i_3 及 i_4。

如圖所畫，此電路在分析上有點困難，因此我們決定在標記 *A*、*B*、*C* 及 *D* 四個點之後重畫電路圖，如圖 3.18*b* 所示，最後圖樣，如圖 3.18*c* 所示。在預計利用 KCL 前，我們也定義了流經 10 Ω 電阻器的電流 i_{10}。

從電路圖中，沒有任何所要求取的電流可立即看出，因此要從歐姆定理去求解。三個電阻器中的每一個都具有相同的跨接電壓 (v_1)。將流進最右邊節點電流簡單地合計：

$$-\frac{v_1}{100} - 2.5 - \frac{v_1}{10} + 0.2\,v_1 - \frac{v_1}{25} = 0$$

求解後，可得 $v_1 = 250/5 = 50$ V。

再看看電路圖的底部，可發現

$$i_4 = \frac{-v_1}{100} = -\frac{50}{100} = -0.5 \text{ A}$$

在類似情形下，可得到 $i_1 = -2$ A 及 $i_{10} = -5$ A。

剩下的兩個電流 i_2 與 i_3 可分別利用 KCL 將流進左邊及右邊節點的已知電流加總起來。

因此

$$i_2 = i_1 + 0.2v_1 + i_{10} = -2 + 10 - 5 = 3 \text{ A}$$

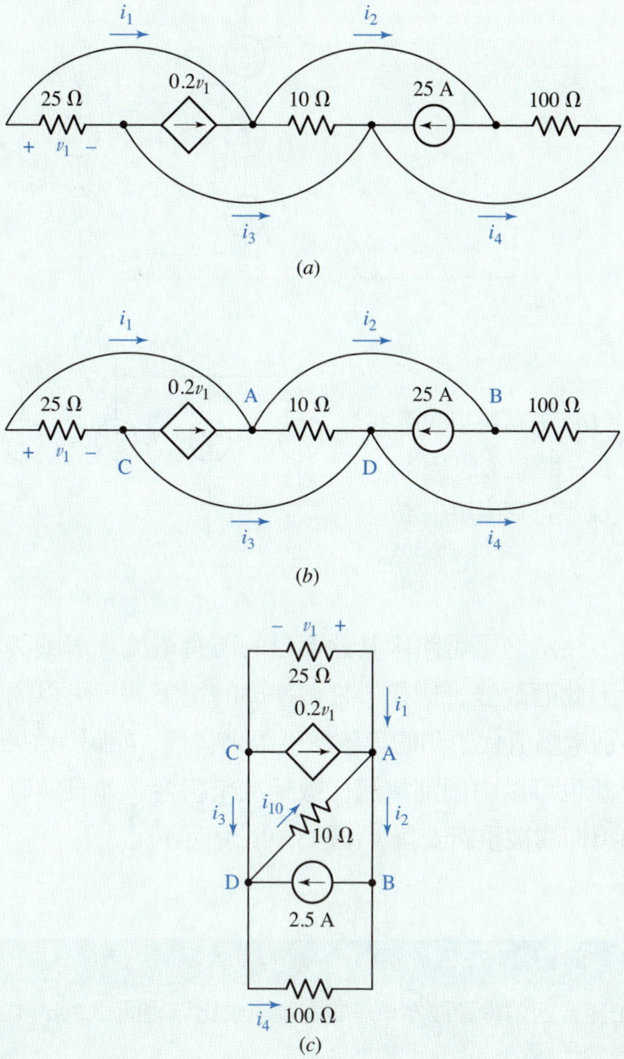

■**圖 3.18**　(*a*) 單一對節點電路；(*b*) 具有點標記的電路，有助於重畫電路；(*c*) 重畫電路。

且

$$i_3 = i_{10} - 2.5 + i_4 = -5 - 2.5 - 0.5 = -8 \text{ A}$$

3.6 電源的串聯與並聯

某些由串並聯電路所寫出的方程式證明可藉由電源組合予以避

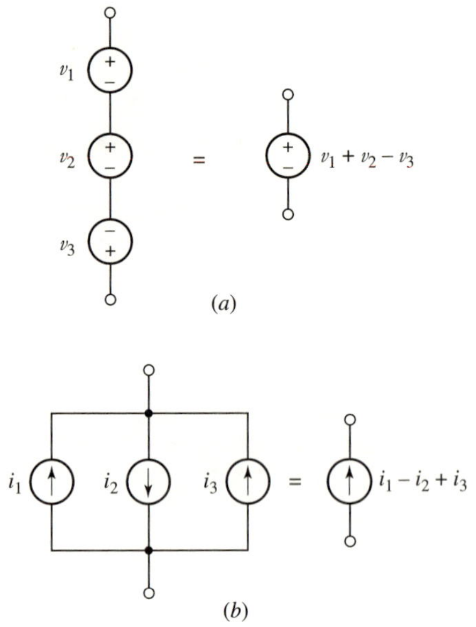

■圖 3.19 (*a*) 串聯連接的電壓源可由單一電源來取代；(*b*) 並聯電流源可藉由單一電源來取代。

免，然而，注意的是電路中其餘部分的所有電流、電壓與功率的關係並不會因此而改變。例如，幾個串聯的電壓源，可以由一個電壓值等於個別電壓值代數和的等效電壓源來替代 (如圖 3.19*a* 所示)。並聯電流源也可以由個別電流代數相加來組合，並且並聯元件的順序可以如預期的被重新安排。(圖 3.19*b* 所示)

例題 3.9

首先藉由組合四個電源成為單一電壓源來求出流經圖 3.20*a* 中的 400 Ω 電阻器的電流。

有四個串聯的電壓源，選擇一個具有 “+” 參考端在頂部的單一電

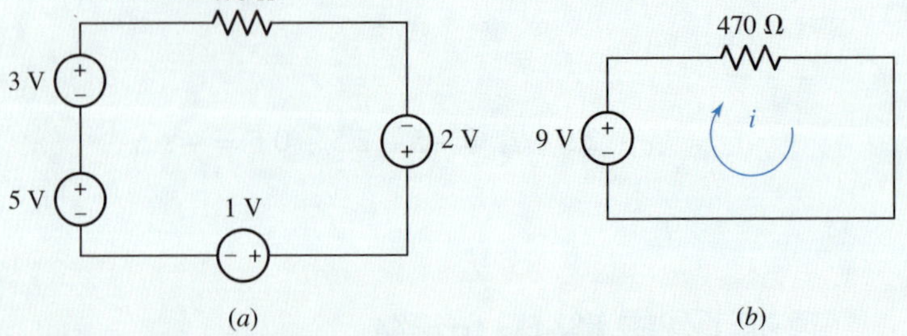

■圖 3.20 (*a*) 包含四個串聯電壓源的一個簡單迴路電路；(*b*) 等效電路。

壓源來取代這四個電壓源。由電源的"+"參考端開始，並寫出：

$$+3+5-1+2=9\text{ V}$$

圖 3.20*b* 為其等效電路，現在可利用歐姆定理求解 i：

$$i=\frac{9}{470}=19.15\text{ mA}$$

典型地，從包含依賴電壓或電流源的結合，所得到的好處是非常少的，而且這種作法是不正確的。

練習題

3.8　藉由三個電流源的結合，來求解圖 3.21 電路中的 v。

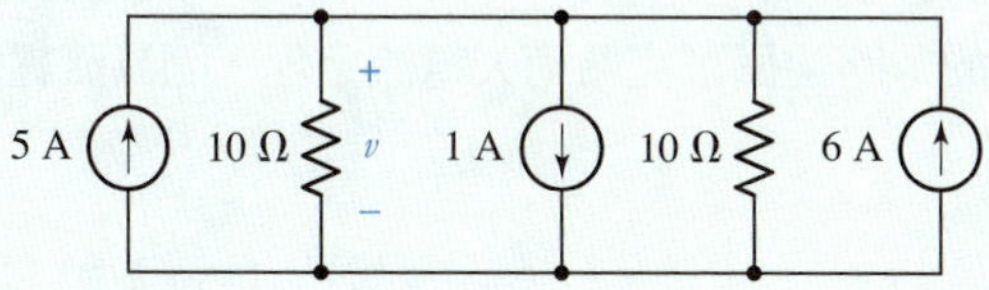

■圖 3.21

答：50 V。

為了對於所討論的電源串、並聯結合做出結論，我們應該考慮兩個電壓源的並聯組合與兩個電流的串聯組合。例如，5 V 電源與 10 V 電源並聯後的等效是什麼？電壓源的定義為跨於電源兩端的電壓不會改變，因此，由克希荷夫電壓定理可得 5 等於 10，此種假設在實際上是不可能的。所以，只有在每一個時間，都有相同的端點電壓時，指定允許理想電源互相並聯。在類似的情形下，二個串聯的電流源除非每一瞬間都有相同的電流，包括符號，否則是不能被取代的。

例題 3.10

決定圖 **3.22** 中的電路是否合理。

圖 3.22*a* 的電路由二個電壓源並聯組成，而每一個電源值都不同，所以此電路違反克希荷夫電壓定理。例如，如果一個電阻器與 5 V 電

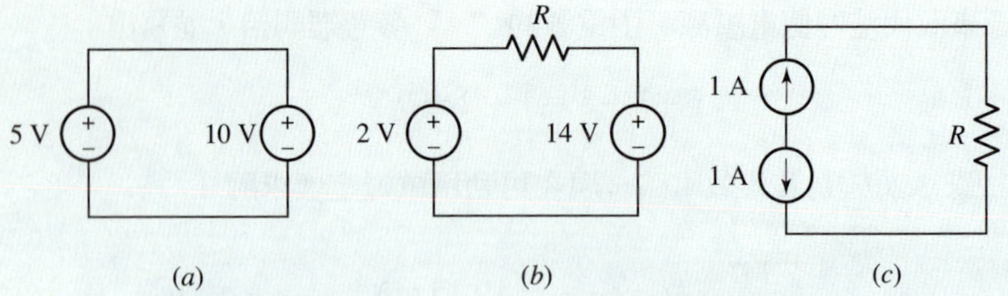

■圖 3.22 (*a*) 到 (*c*) 為多電源電路的例子，某些電路違反了克氏定理。

源並聯，此電壓源仍然是與 10 V 電源相互並聯。因此，跨於電阻器的實際電壓是含混不清的，而且很清楚的，此種電路不可能如所述般建構出來。如果企圖在實際生活中建立這樣的電路，我們將發現不可能去設置理想電壓源，因為所有實際世界的電源都具有內阻。這樣的電阻出現時，將允許兩個實際電源間有電壓差存在。循著這些方法，圖 3.22*b* 的電路是十分合理的。

圖 3.22*c* 的電路違反了克希荷夫電流定理，因為流經電阻器 *R* 的電流是不明確的。

練習題

3.9 決定圖 3.23 的電路是否違反任何克氏定理。

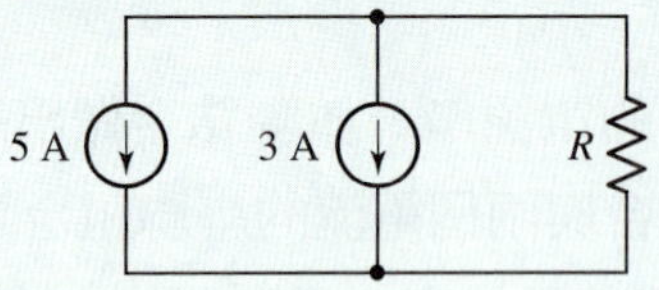

■圖 3.23

答：沒有。然而，如果將電阻器移除，則所形成的電路違反克氏定理。

3.7 電阻器串聯與並聯

以單一等效電阻來取代相對較複雜的電阻器組合是時常可能的，當我們並未指定對組合電路中任何個別電阻的電流、電壓或功率感興趣時，這種方法是有用的，而電路中其它部分的所有電流、電壓與功率都不會因此而變化。

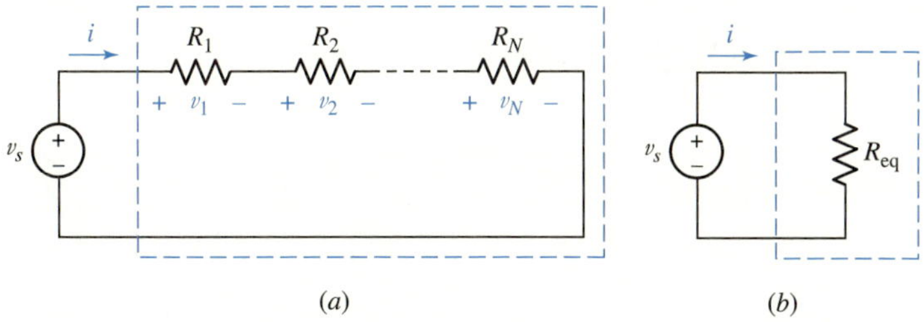

■圖 3.24　(*a*) *N* 個電阻器串聯組合；(*b*) 等效電路。

考慮圖 3.24*a* 所示的 *N* 個電阻器串聯組合，想要以單一電阻器 R_{eq} 取代 *N* 個電阻器來簡化此電路，而電路的其餘部分，此例子僅有電壓源，並不會有任何的改變發生。電源的電流、電壓和功率在取代前、後都必須是相同的。

首先運用 KVL

$$v_s = v_1 + v_2 + \cdots + v_N$$

然後利用歐姆定理

$$v_s = R_1 i + R_2 i + \cdots + R_N i = (R_1 + R_2 + \cdots + R_N)i$$

現在將此結果與圖 3.24*b* 所示的等效電路簡單方程式相互比較：

$$v_s = R_{eq} i$$

所以，*N* 個串聯電阻器的等效電阻值為：

$$\boxed{R_{eq} = R_1 + R_2 + \cdots + R_N} \qquad [8]$$

因此，可以藉由具有相同 $v-i$ 關係的單一二端點元件 R_{eq} 來取代由 *N* 個串聯電阻所組成的二端點網路。

要再次強調的是：我們可能對於最初元件中的一個電流、電壓或功率感興趣。例如，依賴電壓源的電壓可能由跨於 R_3 的電壓所影響，一旦 R_3 與幾個串聯電阻組合並形成一個等效電阻時，則 R_3 消失了且跨於 R_3 的電壓也無法求得，直到 R_3 被確認從這個組合中移除為止，在這種情形下，最好是考慮到未來並且一開始便不把 R_3 包含在這個組合中。

另一種提示：檢視串聯電路的克希荷夫電壓方程式可以發現串聯電路中元件的放置順序，並不會造成任何不同。

例題 3.11

利用電阻與電源結合，求解圖 3.25*a* 的電流 *i* 與 80 V 電源所傳送的功率。

首先將電路中元件的位置互換，並且小心的保留電源的極性，如圖 3.25*b* 所示。下一步則是把三個電壓源組合成一個等效 90 V 的電源，並且把四個電阻器組合成 30 Ω 的等效電阻，如圖 3.25*c* 所示。因此，寫成

$$-80 + 10i - 30 + 7i + 5i + 20 + 8i = 0$$

經簡化成

$$-90 + 30i = 0$$

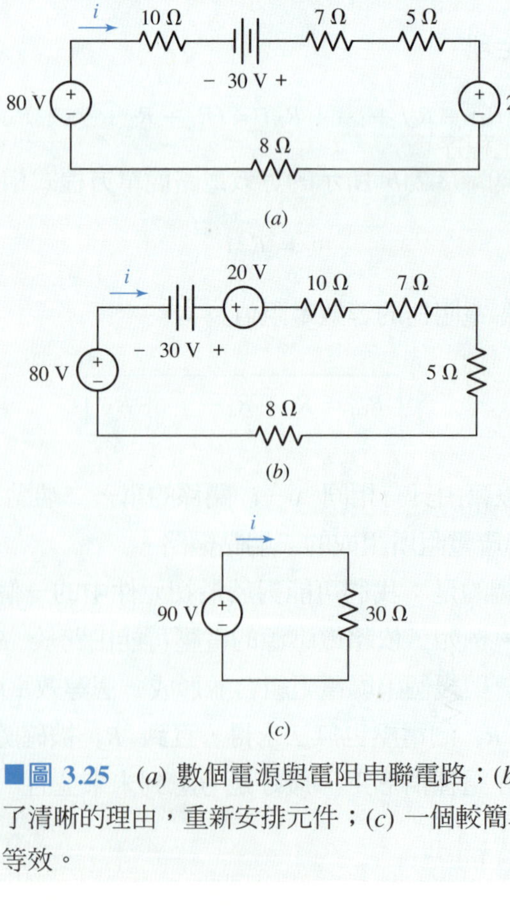

■圖 3.25 (*a*) 數個電源與電阻串聯電路；(*b*) 為了清晰的理由，重新安排元件；(*c*) 一個較簡單的等效。

所以可以得到：

$$i = 3\text{ A}$$

為了計算電路中 80 V 電源傳送至電路的功率，則需要把所求得的 3 A 電流帶回到圖 3.25*a* 中。所要求的功率為 80 V×3 A＝240 W。

很有趣的發現到，沒有任何原始電路的元件存在於等效電路中。

練習題

3.10　試求圖 3.26 中的 i。

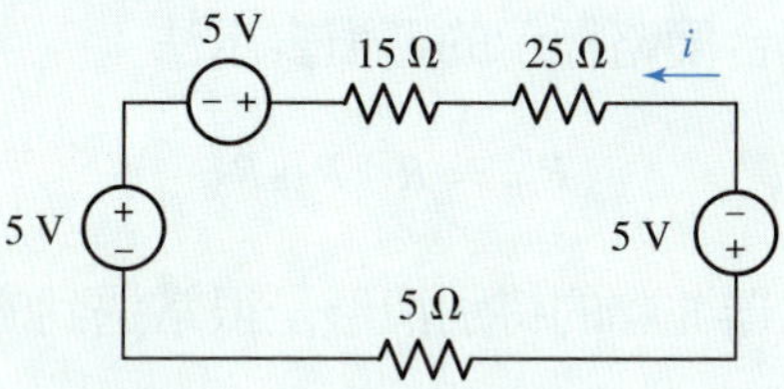

■圖 3.26

答：−333 mA。

類似的簡化程序可以應用到並聯電路。圖 3.27*a* 顯示一個包括 N 個電阻器並聯的電路。此電路導引出 KCL 方程式。

$$i_s = i_1 + i_2 + \cdots + i_N$$

或

$$\begin{aligned} i_s &= \frac{v}{R_1} + \frac{v}{R_2} + \cdots + \frac{v}{R_N} \\ &= \frac{v}{R_{eq}} \end{aligned}$$

因此

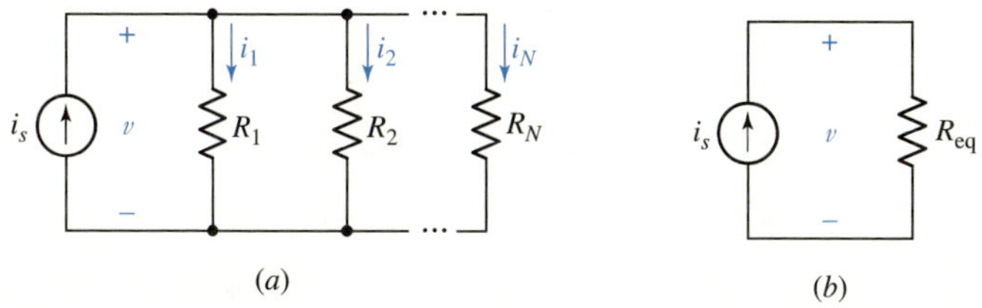

■圖 3.27　(*a*) 一個由 N 個電阻器並聯的電路；(*b*) 等效電路。

$$\frac{1}{R_{eq}} = \frac{1}{R_1} + \frac{1}{R_2} + \cdots + \frac{1}{R_N} \quad [9]$$

上式可寫成

$$R_{eq}^{-1} = R_1^{-1} + R_2^{-1} + \cdots + R_N^{-1}$$

或者以電導表示成

$$G_{eq} = G_1 + G_2 + \cdots + G_N$$

簡化 (等效) 電路如圖 3.27*b* 所示

下列為並聯組合簡略標示的習慣表示法：

$$R_{eq} = R_1 \| R_2 \| R_3$$

僅有二個電阻器並聯的特別情形是很常遇到的，可表示成

$$R_{eq} = R_1 \| R_2 = \frac{1}{\frac{1}{R_1} + \frac{1}{R_2}}$$

或簡化成

$$R_{eq} = \frac{R_1 R_2}{R_1 + R_2} \quad [10]$$

CAUTION

最後的這條公式是值得牢記的，雖然企圖以方程式 [10] 做為超過二個電阻器的通式時，會產生一般的錯誤。例如

$$R_{eq} \not= \frac{R_1 R_2 R_3}{R_1 + R_2 + R_3}$$

從這條方程式的單位來看，可以立刻發現此表示式可能不正確。

練習題

3.11 首先組合三個電流源及二個 10 Ω 電阻器，再決定圖 3.28 電路中的 v。

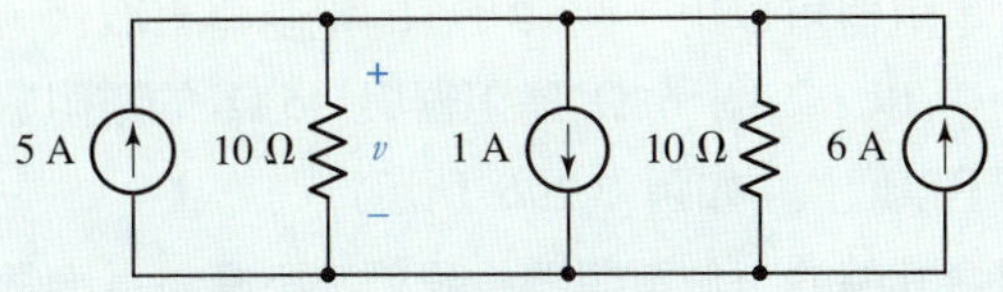

■圖 3.28

答：50 V。

例題 3.12

試求圖 3.29a 中依賴電源的功率及電壓。

在分析此問題之前，我們先尋找簡化此電路的方法，但並不包括依賴電源，因為它的電壓及功率特性是所要求取的對象。

儘管二個獨立電流源並不是畫成彼此鄰接的，但事實他們卻是並聯的，所以可以用一個 2 A 的電源去取代它們。

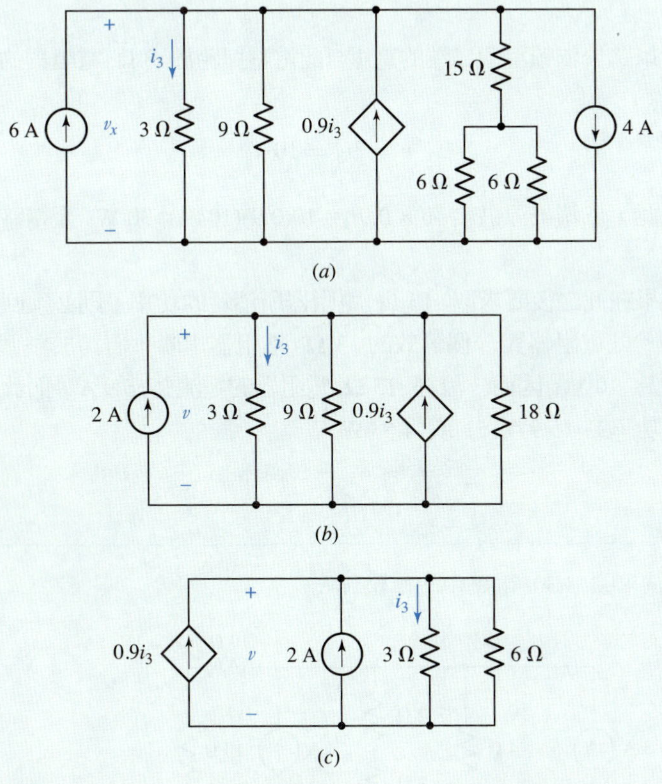

■圖 3.29　(a) 一個多節點電路；(b) 二個獨立電流源組合成 2 A 的電源，並利用一個 18 Ω 的電阻器取代 15 Ω 電阻器串聯二個並聯的 6 Ω 電阻器；(c) 簡化的等效電路。

二個並聯的 6 Ω 電阻器可以用一個 3 Ω 的電阻器來取代，並與 15 Ω 的電阻器相串聯。所以，二個 6 Ω 電阻器與 15 Ω 的電阻器可以用一個 18 Ω 的電阻器予以取代 (如圖 3.29*b* 所示)。

不論如何的想要組合其餘的三個電阻器，我們都不應該這麼做。因為控制變數 i_3 隨 3 Ω 電阻而變，所以這個電阻器必須保持不變。唯一進一步的簡化是 9 Ω ∥ 18 Ω＝6 Ω，如圖 3.29*c* 所示。

將 KCL 應用於圖 3.29*c* 的頂部節點，可得到

$$-0.9i_3 - 2 + i_3 + \frac{v}{6} = 0$$

利用歐姆定理

$$v = 3i_3$$

由此可計算出

$$i_3 = \frac{10}{3}\text{ A}$$

所以跨於依賴電源二端的電壓 (此電壓與跨於 3 Ω 電阻器的電壓相同) 為：

$$v = 3i_3 = 10\text{ V}$$

因此，依賴電源供給 $v \times 0.9i_3 = 10(0.9)(10/3) = 30$ W 至電路的其餘部分。

如果在此之後要求取 15 Ω 電阻器所消耗的功率，則必須回到原始的電路。此電阻器與一個等效的 3 Ω 電阻器串聯，而跨於整個 18 Ω 的電壓為 10 V。因而，流經 15 Ω 電阻器的電流為 5/9 A，而此元件所吸收的功率為 $(5/9)^2(15)$ 或 4.63 W。

練習題

3.12 試求圖 3.30 電路中的電壓 v。

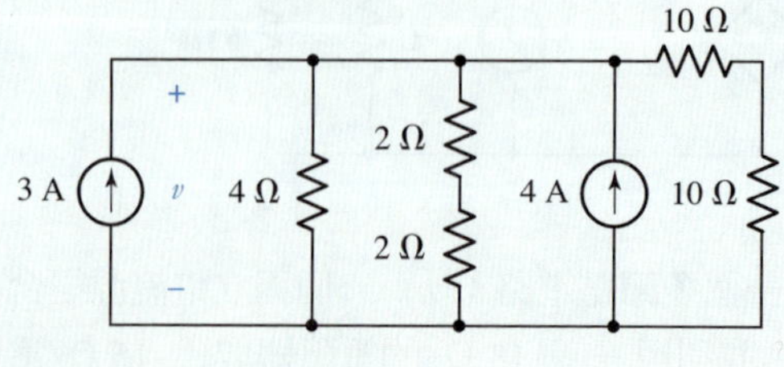

■圖 3.30

答：12.73 V。

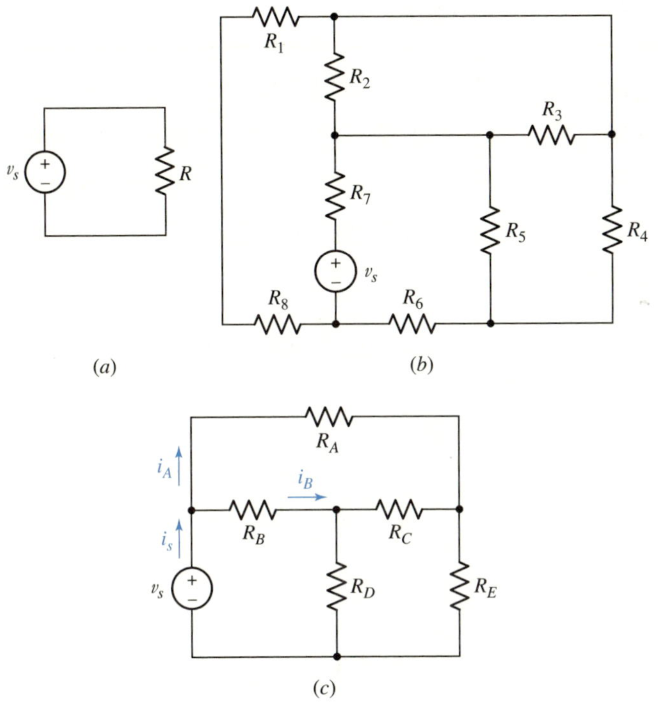

■**圖 3.31**　(*a*) 兩個同時是串聯也是並聯的電路元件；(*b*) R_2 與 R_3 並聯，R_1 與 R_8 串聯；(*c*) 沒有任何的電路元件彼此並聯或串聯。

以下針對串、並聯組合的三個說明，可能會有所幫助：第一個則藉由圖 3.31*a* 來說明，若問到“υ_s 與 R 是串聯還是並聯？”，答案為“兩個都是”。這兩個元件通過相同的電流，因此是串聯的；它們也享有相同的電壓，所以是並聯的。

第二個說明則要相當注意。電路可能被沒有經驗的學生或較不謹慎的教師，畫得很難去分辨是串聯還是並聯。例如，圖 3.31*b* 中僅有 R_2 與 R_3 兩個電阻器是並聯，而也只有 R_1 與 R_8 兩個電阻器是串聯。

CAUTION

最後一個簡單的說明，則是一個簡單的電路元件，並不需要與電路中其它簡單元件串聯或並聯。例如，圖 3.31*b* 中的 R_4 與 R_5，並未與其它簡單的電路元件串聯或並聯。而在圖 3.31*c* 中，沒有任何簡單元件與任何其它電路元件串聯或並聯。換句話說，不能使用本章所探討的技巧去進一步簡化電路。

3.8 分壓與分流

藉由電阻與電源的組合，可以發現一個減少分析電路工作的方法。另一個有用且快速的方法是分壓與分流觀念的應用。分壓是以跨接於數個串聯組合電阻的電壓為項次，來表示跨接於串聯組合中的任何一個電阻的電壓。圖 3.32 中，跨接於 R_2 的電壓，可以由 KVL 與歐姆定律求得：

$$v = v_1 + v_2 = iR_1 + iR_2 = i(R_1 + R_2)$$

所以

$$i = \frac{v}{R_1 + R_2}$$

因此

$$v_2 = iR_2 = \left(\frac{v}{R_1 + R_2}\right) R_2$$

或

$$v_2 = \frac{R_2}{R_1 + R_2} v$$

同理，跨接於 R_1 的電壓為：

$$v_1 = \frac{R_1}{R_1 + R_2} v$$

如果圖 3.32 網路中，將 R_2 移除，而以 R_2，R_3，R_4，⋯，R_N 的串聯組合來取代，則可以求得一串 N 個串聯電阻分壓的表示式：

$$\boxed{v_k = \frac{R_k}{R_1 + R_2 + \cdots + R_N} v} \qquad [11]$$

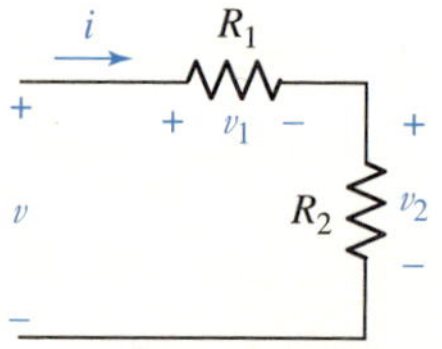

■圖 3.32 分壓的圖示說明。

上式允許我們求解跨接於串聯組合中，任何一個電阻器 R_k 的電壓 υ_k。

例題 3.13

求解圖 3.33*a* 電路中的 υ_x。

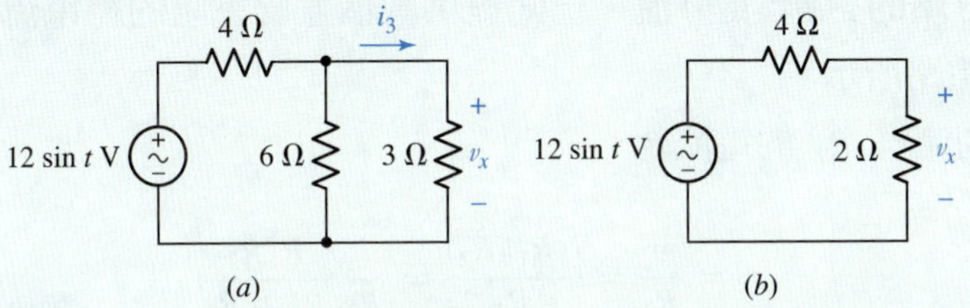

■圖 3.33　電阻器組合與分壓的圖示與數值例子說明。(*a*) 原始電路；(*b*) 簡化的電路。

首先將 6 Ω 與 3 Ω 的電阻器組合，而以 (6)(3)/(6+3)=2 Ω 來取代。

因為 υ_x 為跨接於並聯組合的兩端，而我們的簡化並未改變這個數值。然而，藉由取代 4 Ω 電阻器與新的 2 Ω 電阻器的串聯組合來進一步簡化電路。

因此，繼續在圖 3.33*b* 中簡單地應用分壓：

$$v_x = (12 \sin t)\frac{2}{4+2} = 4 \sin t \qquad \text{volts}$$

練習題

3.13　利用分壓求解圖 3.34 電路中的 υ_x。

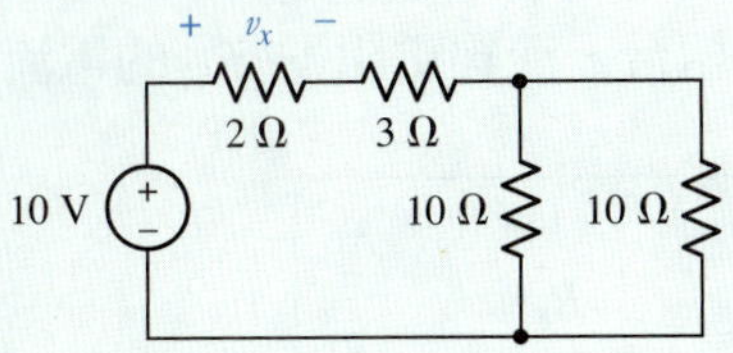

■圖 3.34

答：2 V。

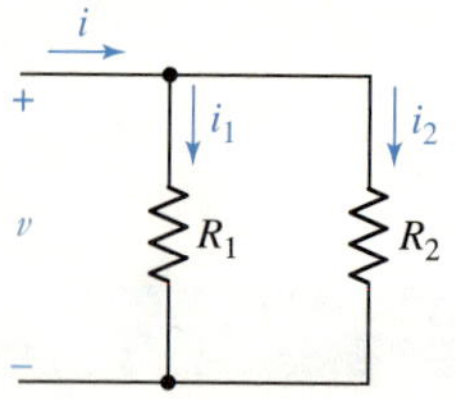

■圖 3.35 分流的圖示說明。

分壓的對偶[2] 為分流。已知提供數個並聯電阻的總電流，如圖 3.35 電路所示。

則流經 R_2 的電流為：

$$i_2 = \frac{v}{R_2} = \frac{i(R_1 \| R_2)}{R_2} = \frac{i}{R_2}\frac{R_1 R_2}{R_1 + R_2}$$

或

$$i_2 = i\frac{R_1}{R_1 + R_2} \quad [12]$$

同理

$$i_1 = i\frac{R_2}{R_1 + R_2} \quad [13]$$

CAUTION

情況對我們並非有利，這最後兩個方程式都有一個係數，且與分壓所使用的係數不同，為了避免錯誤必須付出一些努力。許多的學生把分壓的表示式視為"顯而易見的"，把分流視為"不一樣的"，而它幫助我們瞭解到二個並聯電阻器中，較大的電阻流過較小的電流。

對於 N 個電阻器的並聯組合，流經電阻器 R_k 的電流為：

$$i_k = i\frac{\frac{1}{R_k}}{\frac{1}{R_1} + \frac{1}{R_2} + \cdots + \frac{1}{R_N}} \quad [14]$$

2 對偶的原理經常在工程上遇到，在第七章比較電感器與電容器時，會扼要的探討這個議題。

以電導則可以表示成：

$$i_k = i\frac{G_k}{G_1 + G_2 + \cdots + G_N}$$

與分壓方程式 [11] 非常的相似。

例題 3.14

列出圖 **3.36** 電路中流經 **3 Ω** 電阻器的表示式。

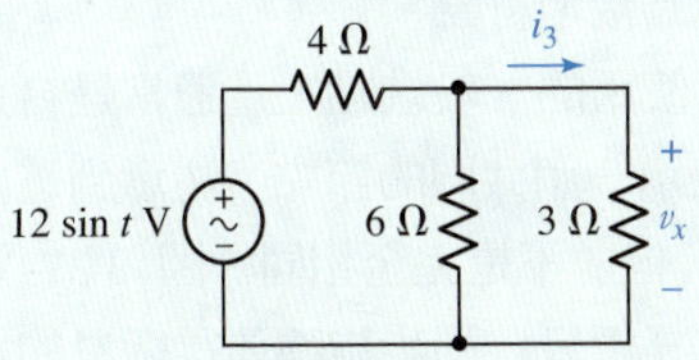

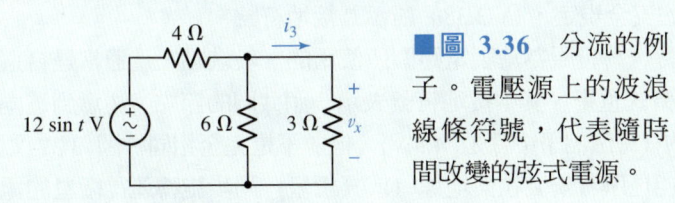

■圖 3.36　分流的例子。電壓源上的波浪線條符號，代表隨時間改變的弦式電源。

流進與組合 3 Ω-6 Ω 的總電流為：

$$i(t) = \frac{12\sin t}{4 + 3\|6} = \frac{12\sin t}{4+2} = 2\sin t \qquad \text{A}$$

因此，所要求解的電流，可經由分流求得：

$$i_3(t) = (2\sin t)\left(\frac{6}{6+3}\right) = \frac{4}{3}\sin t \qquad \text{A}$$

不幸的是，分流有時候會被應用在不適當的時候。例如，讓我們再次考量圖 3.31*c* 的電路，而此電路中，我們已經同意並不包含任何串聯或並聯的電路元件。沒有並聯電阻，那就無法應用分流方法。即使如此，有許多的學生很快的掃描過 R_A 與 R_B 兩電阻器，試圖利用分流的方法，而列出不正確的方程式。例如：

$$i_A \mathrel{\times\!\!\!\!=} i_S\frac{R_B}{R_A + R_B}$$

記住，並聯電阻器必須是相同節點對之間的分支。

實 際 應 用

非地質學的大地接地

截至目前為止，我們所畫的電路圖都類似圖 3.37 一樣的馬虎。其中，電壓都是被定義為跨接在兩個清晰標示的端點上。特別要強調一件事，電壓不能定義在單一端點上一 電壓是定義為兩個端點之間的電位差。然而，許多電路圖是使用將大地定義為零電位的傳統方式，以致於所有其它的電壓，都以這個電位為參考。這個概念經常被稱之為**接地** (earth ground)，而且是為了符合防止火災、致命電擊及相關破壞的安全規定，圖 3.38*a* 所示為接地符號。

因為接地是被定義為零伏特，將它視為繪製電路圖所使用的一般端點，這通常是合適的。將圖 3.37 的電路以圖 3.39 的方式重畫，其中接地符號表示一個共同的節點。注意到這兩個電路圖，就 v_a 的數值而言是相等的 (每個例子中都是 4.5 V)，但並不是完全相同。圖 3.37 電路則是為了實際的目的，而浮接在可能是所有安裝在與地球 (或冥王星) 同步旋轉運行衛星的電路板。然而，圖 3.39 的電路經由一個導通路徑，以某種方式實際連接到大地。因而，有兩種其它符號經常用於表示共同端。圖 3.38*b* 顯示一般稱之為**訊號接地** (signal ground) 的符號；在接地與任何接在訊號接地的端點之間，可以有 (且經常) 高的電壓。

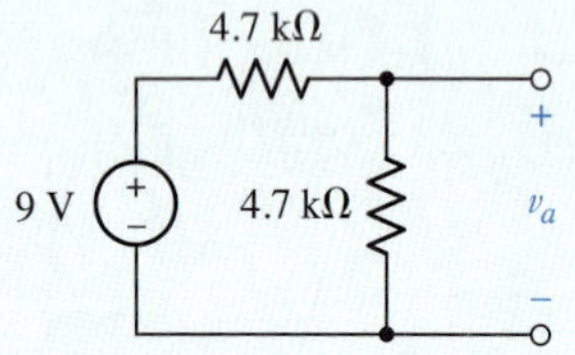

■圖 3.37 含有定義兩個端點間的簡單電路。

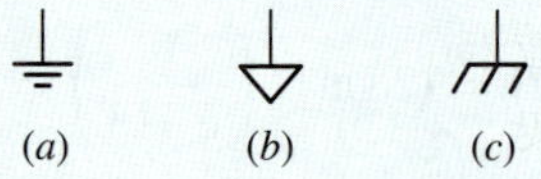

■圖 3.38 三種用於表示接地或共同端點的不同符號。(*a*) 大地接地；(*b*) 訊號接地；(*c*) 底架接地。

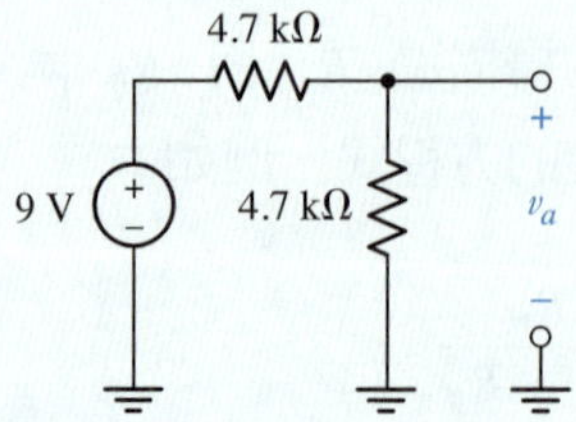

■圖 3.39 利用接地符號，重畫圖 3.37 電路。最右邊的接地符號為多餘的，它只是為了標示 v_a 的正端；負參考端隱含著接地或零伏特。

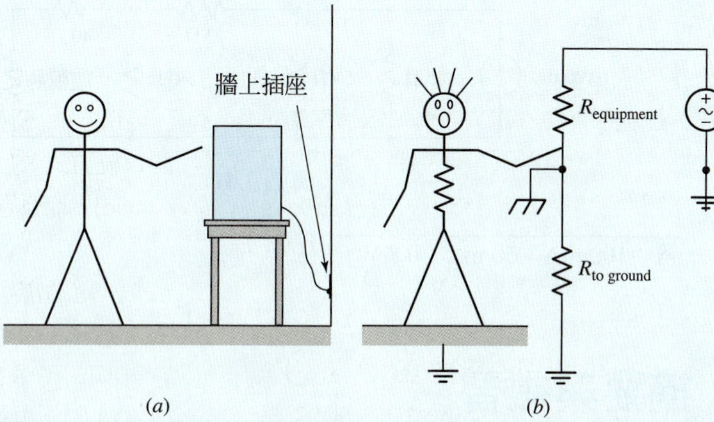

■圖 3.40　(*a*) 一位無知者碰觸接地不良設備一角的素描，這張繪圖製造的並不美觀；(*b*) 呈現出此種等效電路的圖形，如同設備一樣，以等效電阻來表示。電阻，電阻用來表示非人類的接地路徑。

電路中的共同端點，藉由某些低電阻路徑接地，可能會導致危險的情形發生。考慮圖 3.40*a*，圖中說明一位無知的旁觀者，碰觸由交流電插座供電的設備，牆上插座只使用兩個插孔，而插座的圓形接地腳並未連接。設備中每個電路的共同端均連接在一起，且以電氣連接的方式，連接到導電裝置的底架；這個端點經常使用圖 3.38*c* 的**底架接地** (chassis ground) 符號來表示。不幸的是，由於製造不良或破損的關係，造成線路接地的發生。然而，當底架為接地時，在底架接地與大地接地之間有非常大的電阻存在。圖 3.40*b* 顯示疑似此種情形的繪圖 (某些行為以人體的等效電阻符號來表示)。導電底架與大地之間的電氣通路，可能是桌子，它可以由幾百萬歐姆或更高的電阻來表示。然而，人體的電阻則小了許多。一旦人們在設備接通電源時，去察看設備為何不能正常動作時，並不是所有的情況都沒有問題。

接地實際上並非永遠是大地接地，它可能會造成一個大範圍的安全及電氣雜訊的問題。由導電銅管所組成的配管系統，是一種經常在老式建築所遇到的情形。在這種建築物之中，任何水管都被視為對大地接地，且為低電阻通路，因此用在許多電氣連接上。然而，當銅管腐蝕後，會以更現代或低成本的 PVC 管予以取代，則對大地的低電阻通路不再存在。當一個特別區域的大地成分變動極大時，相關的問題便發生了。在這種情況下，實際上可能會有兩種不同的建築，而兩種大地接地並不相同，且電流可以互相流通。

在本書中，專門只使用大地接地符號。然而，值得記住的是，實際上並非所有的接地都會產生相同的效果。

練習題

3.14 圖 3.41 電路中，利用電阻組合與分流分法，求解 i_1、i_2 及 v_3。

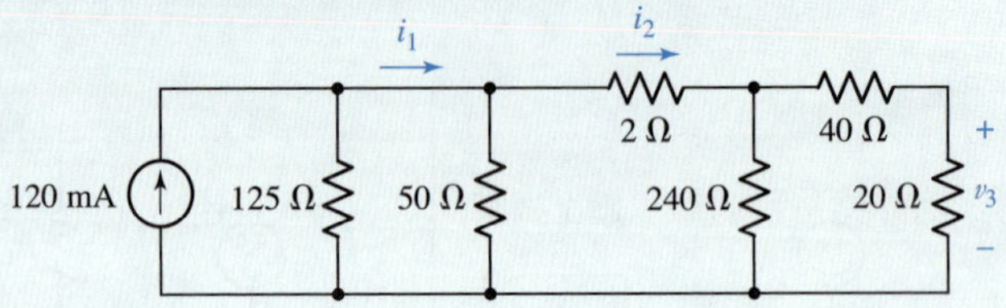

■圖 3.41

答：100 mA；50 mA；0.8 V。

摘要與複習

- ❒ 克希荷夫電流定義 (KCL)，敘述流入任何節點電流的代數和為零。
- ❒ 克希荷夫電壓定律 (KVL)，敘述一電路中，圍繞任何封閉路徑的電壓代數和為零。
- ❒ 電路中所有元件流過相同的電流，稱之為串聯。
- ❒ 電路中的元件具有共同跨接電壓者，稱之為並聯。
- ❒ N 個電阻器的串聯組合，可以由一個電阻值為 $R_{eq}=R_1+R_2+\cdots+R_N$ 的電阻器予以取代。
- ❒ N 個電阻器的並聯組合，可以由一個電阻值為

$$\frac{1}{R_{eq}}=\frac{1}{R_1}+\frac{1}{R_2}+\cdots+\frac{1}{R_N}$$

  的電阻器予以取代。
- ❒ 串聯的電壓源可以藉由單一電源予以取代，必須小心注意到每一個電源的極性。
- ❒ 並聯的電流源可以藉由單一電源予以取代，必須小心注意到每一個電流的箭頭方向。
- ❒ 分壓允許我們計算跨接於一串聯電阻器中的任何一個電阻器的電壓 (或一群電阻)，為跨接於串聯電阻器電壓的分數。

❒ 分流允許我們計算流經並聯電阻器中的任何一個電阻器的電流，為流經串聯電阻器總電流的分數。

進階研讀

❒ 下列書籍探討能量不滅、電荷不滅及克希荷夫定理的原理：
R. Feynman, R. B. Leighton, and M. L. Sands 所著"費曼的物理學講義"第 4-1、4-7 及 25-9 頁，由 Mass.：Addism-Wesley 於 1989年 出版。

❒ 一本詳細探討符合 1996 年國際電工法規接地實務的書籍：
J. F. McPartland and B. I. McPartland, McGraw-Hill's "國際電工法規使用手冊"第 22 版，New York: McGraw-Hill, 1996, 337～485 頁。

習　題

※偶數題置書後光碟

3.1　節點、路徑、迴路與支路

1. 重畫圖 3.42 電路，盡可能將節點合併至最小數目。

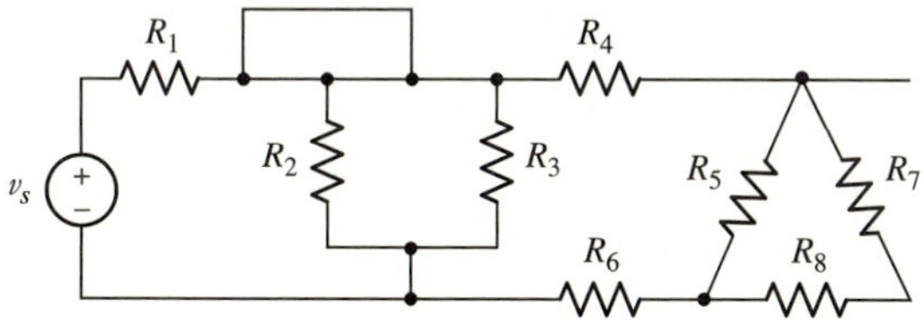

■圖 3.42

3. 圖 3.43 中：
(a) 有多少節點？
(b) 有多少分支？
(c) 如果從 A 移動到 B，至 E、D、C，再回到 B 後，則形成路徑或是迴路？

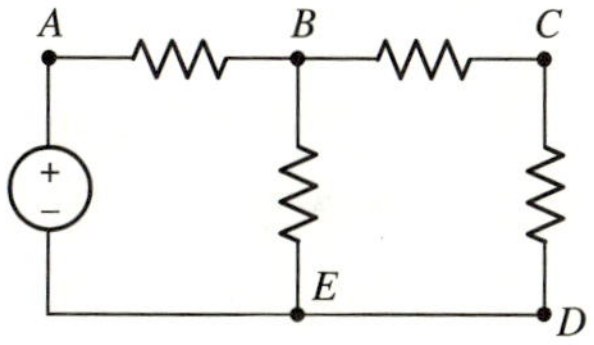

■圖 3.43

5. 參考圖 3.43 所述的電路：
(a) 如果電路中 E 和 D 兩點之間連接第二條導線，請問新的電路中有多少節點？

(b) 如果電路中增加一個電阻，其一端連接到 C 點，另一端至左側浮接，請問電路中有多少節點？

(c) 下列那一條代表迴路？

(i) 從 A 到 B，到 C、D、E，再回到 A。

(ii) 從 B 到 E，再到 A。

(iii) 從 B 到 C，到 D、E，再回到 B。

(iv) 從 A 到 B，再到 C。

(v) 從 A 到 B，到 C、B，再回到 A。

3.2 克希荷夫電流定理

7. 試求圖 3.46 各電路的 i_x 大小。

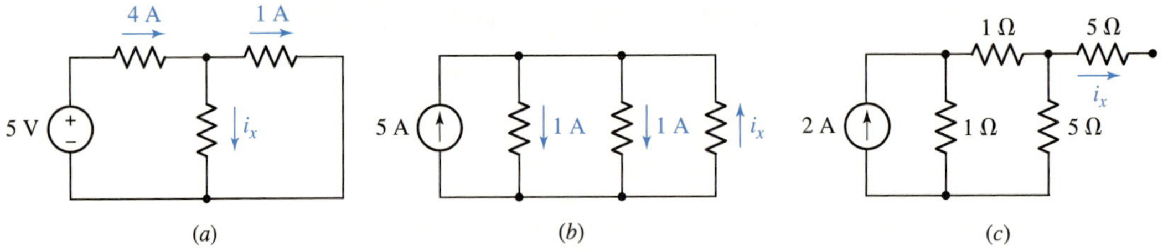

■圖 3.46

9. 試求圖 3.48 電路中 i_x 與 i_y 之值？

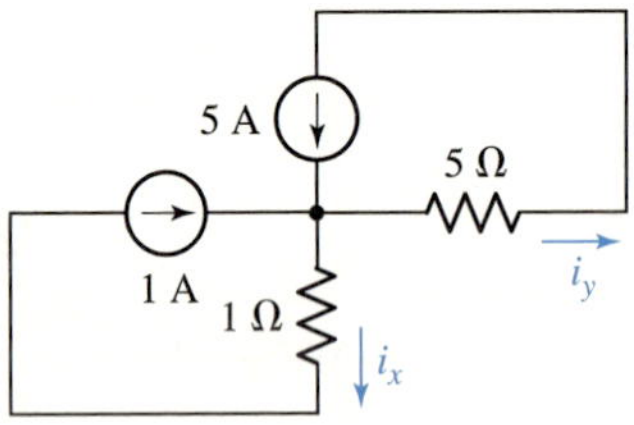

■圖 3.48

11. 數位多功能電表為一般做為測量電壓的裝置，其具備兩條引線 (通常紅色引線為正參考端，黑色引線為負參考端) 及一個 LCD 螢幕。假設一台數位多功能電表連接到圖 3.46*b* 的電路中，並且正端引線連接至上方及負端引線連接至下方。請利用 KCL 解釋為何理想上我們認為這種接法電阻無限大，而不是電阻為零。

13. 圖 3.50 電路中：

(a) 如果 $i_z = -3$ A，試計算 v_y？

(b) 如果 $i_z = 0.5$ A，請問需要多大的電壓來取代 5 V 電源，才能得到 $v_y = -6$ A？

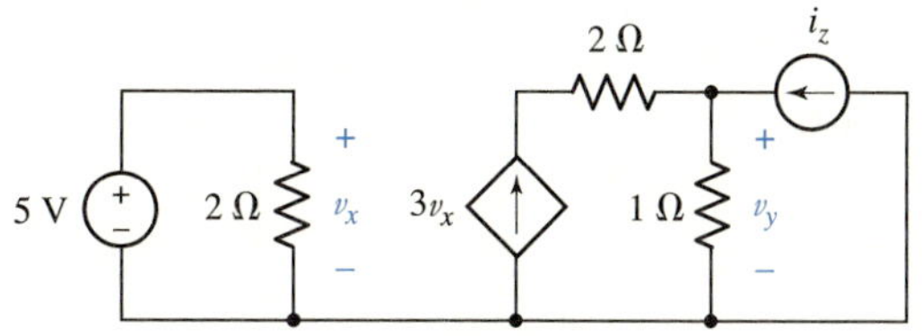

■圖 3.50

15. 圖 3.51b 電路中，如果 5 A 提供 100 W 的功率，且 40 V 的電源供給 500 W 的功率，試求 R 與 G 之值？

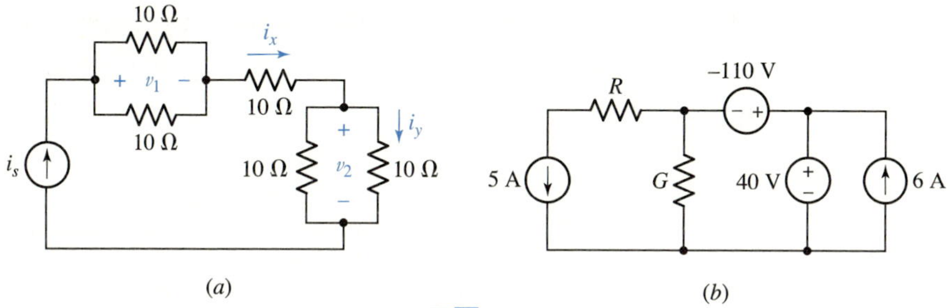

■圖 3.51

3.3　克希荷夫電壓定理

17. 試求圖 3.53 各電路中 i 的大小。

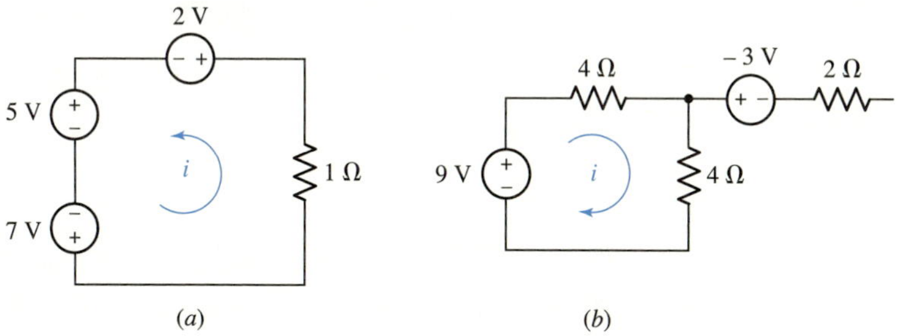

■圖 3.53

19. 圖 3.55 所示電路，包含一個眾所皆知的運算放大器設備，此裝置在此電路中具有兩個獨特的特性：(1) v_d=0 V，且 (a) 沒有任何電流流入輸入端 (內部標示為“+”及“−”的符號)，但是電流卻可由輸出端流出 (標示為“OUT”)。這種直接與 KCL 相衝突似乎不可能的情形，是由功率在這不包含於符號中的裝置所造成的結果。基於這一資訊，試求 v_{out} 的大小。(提示：需要兩個均包含 5 V 電源的 KVL 方程式)

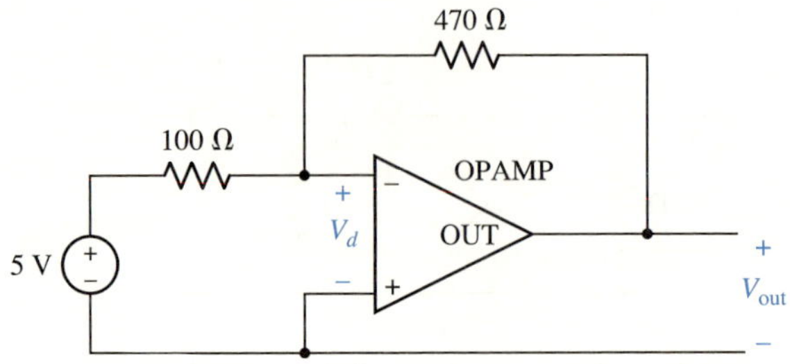

■圖 3.55

21. (a) 利用克氏及歐姆定律，一步步的程序求解圖 3.57 電路中所有的電流及電壓。(b) 計算五個電路元件每一個所吸收的功率，並證明其和為零。

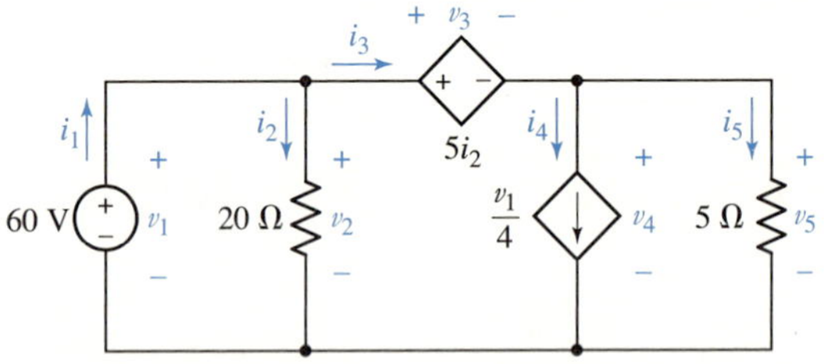

■圖 3.57

23. 某一電路包含六個元件及四個標示為 1、2、3 及 4 的節點。每一個電路元件連接到不同的節點對，v_{12} 電壓 (第一個節點名稱為參考) 為 12 V，且 $v_{34}=-8$ V，試求 v_{13}、v_{23} 及 v_{24}，如果 v_{14} 等於 (a) 0；(b) 6 V；(c) −6 V。

3.4 單一迴路電路

25. 試求圖 3.60 中的元件 X 所吸收的功率，如果它是 (a) 100 Ω 電阻器；(b) 40 V 獨立電壓源，且正參考端在上；(c) 標示為 25 i_x 的依賴電壓源，正參考端在上；(d) 標示為 0.8 v_1 的依賴電壓源，正參考端在上；(e) 2 A 的獨立電流源，且箭頭指向下方。

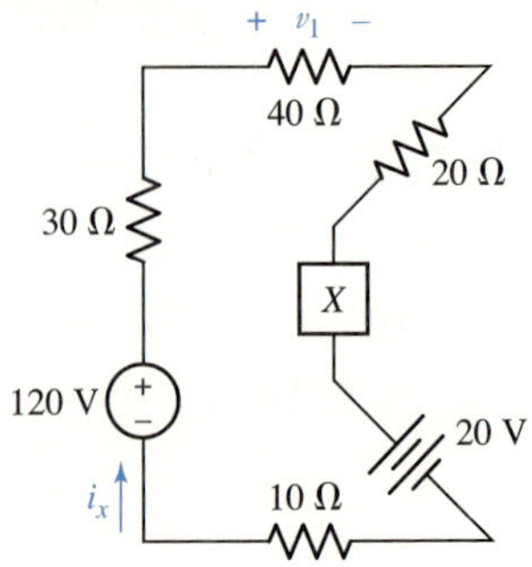

■圖 3.60

27. 參考圖 3.61 的電路，且依賴電源標示為 $1.8v_3$。如果 (a) 90 V 電源產生 180 W；(b) 90 V 電源吸收 180 W；(c) 依賴電源產生 100 W；(d) 依賴電源吸收 100 W 的功率，試求 v_3。

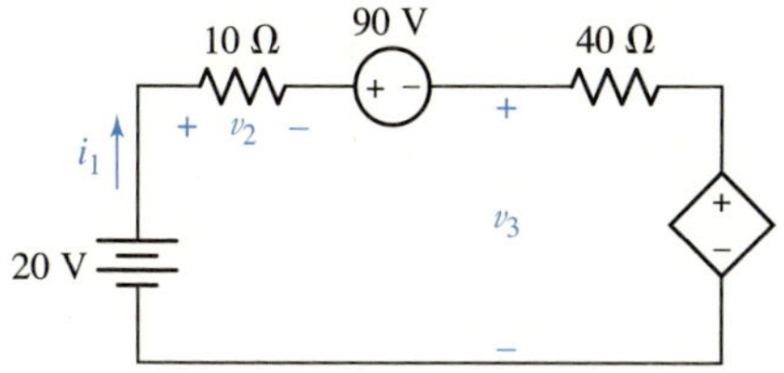

■圖 3.61

29. 圖 3.62 的電路被修改成一個依賴電壓源與電池相串聯。將上方電線切斷，並將 + 參考端置於右側，且令控制為 $0.05i$，其中 i 為順時針的迴路電流。如果 $R=0.5\ \Omega$，試求電池的電流及端電壓，包括依賴電源。

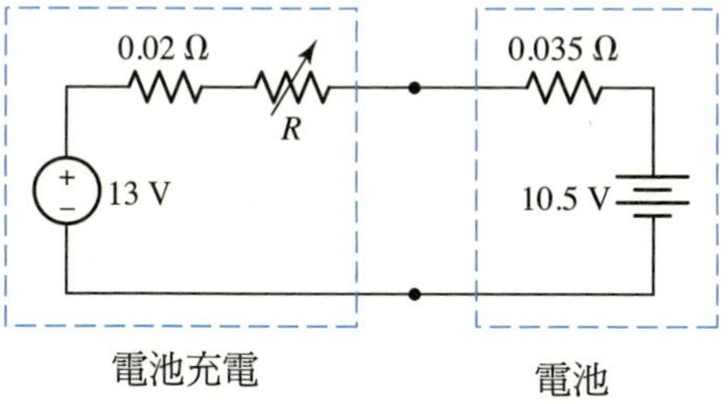

■圖 3.62

31. 針對圖 3.64 的電路：
   (a) 試求造成 25 kΩ 電阻器吸收 2 mV 的電阻 R。
   (b) 試求造成 12 V 電源傳送 3.6 mW 給電路的電阻 R。
   (c) 利用電壓源取代電阻器 R，以致於兩個電阻器並未吸收任何的功率；畫出電路，並指明新電源的電壓極性。

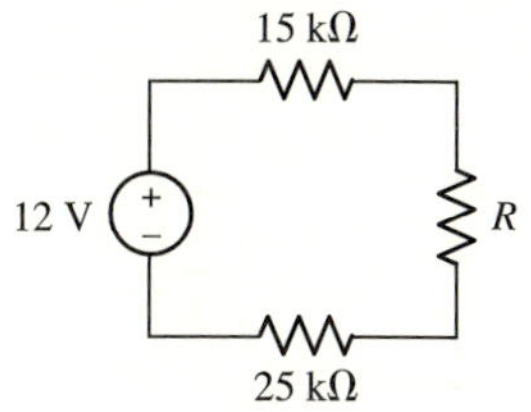

■圖 3.64

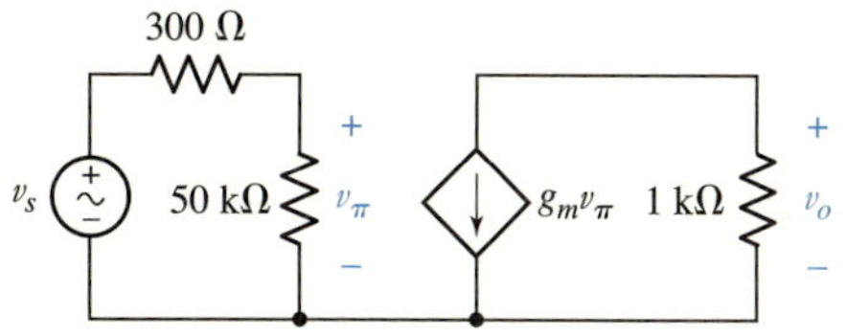

■圖 3.66

33. 圖 3.66 中，如果 $g_m=25\times10^{-3}$，且 $v_s=10\cos 5t$ mV，試求 $v_0(t)$。

3.5 單一對節點電路

35. 試求圖 3.68 每一個電路元件所吸收的功率，如果依賴電源的控制變數為 (a) 0.8 i_x；(b) 0.8 i_y，並說明吸收功率的總和為零。

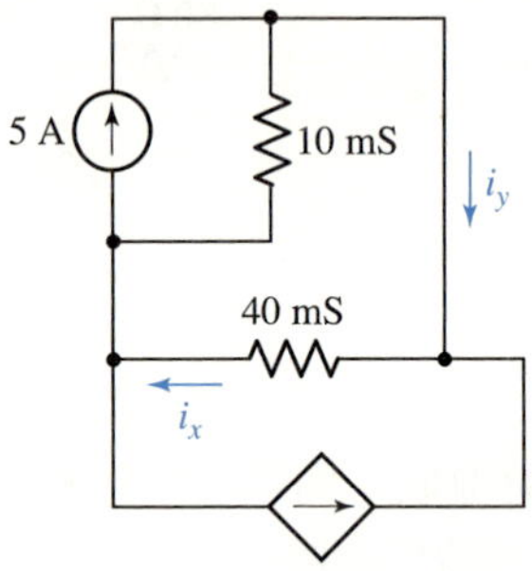

■圖 3.68

37. 試求圖 3.70 的單一節點對電路中，每一個元件所吸收的功率，並證明總和為零。

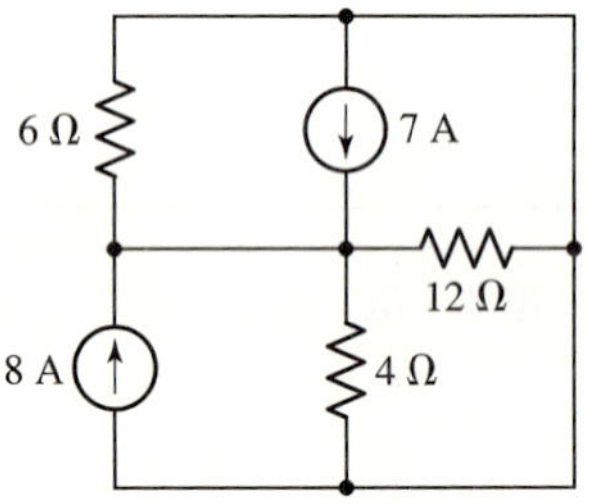

■圖 3.70

39. (a) 令圖 3.72 中的元件 X 一獨立電流源，箭頭朝上，並標示為 i_s。如果這四個電路元件，沒有一個吸收任何的功率，請問 i_s 會是多少？(b) 令元件 X 為一個獨立電壓源，且 + 參考端在上，並標示為 v_s。如果電壓源沒有吸收任何的功率，請問 v_s 會是多少？

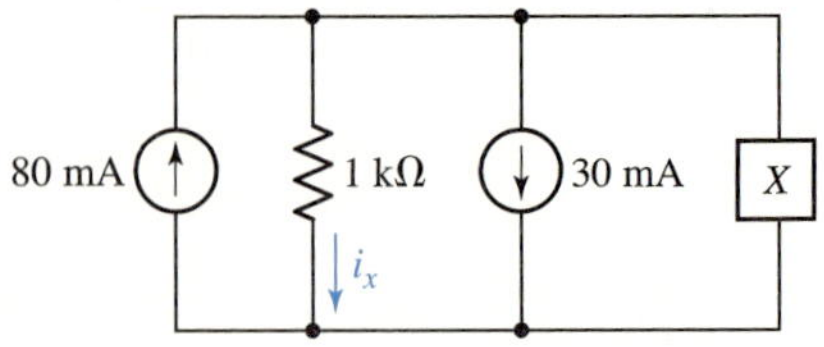

■圖 3.72

41. 試求圖 3.74 中的 5 Ω 電阻器所吸收的功率？

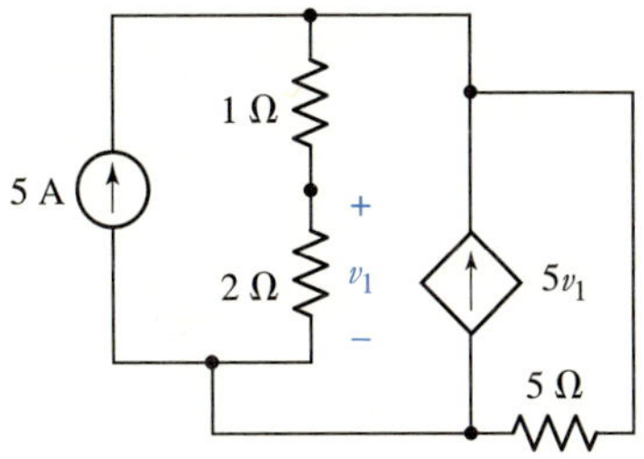

■圖 3.74

43. 參考表 2.4，請問圖 3.76 中所標示的線段，需要多少英哩的 28 AWG 實心銅線，才能得到 $i_1 = 5$ A？

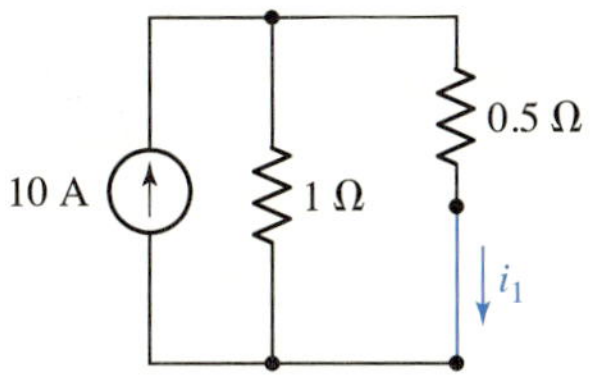

■圖 3.76

3.6 電源的串聯與並聯

45. 利用電源的結合，試求圖 3.78 兩個電路中的 i。

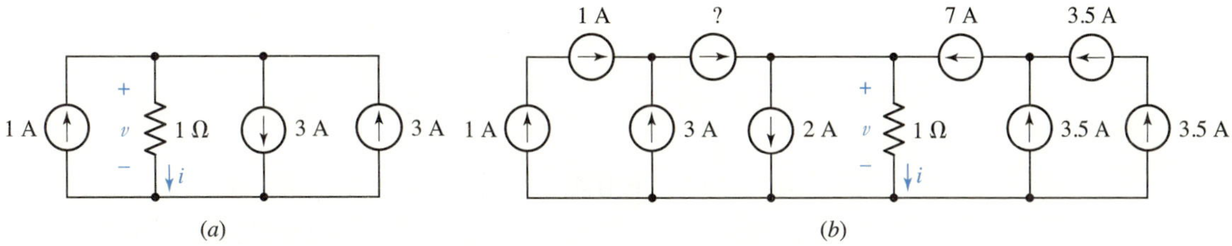

■圖 3.78

47. 試求圖 3.79 每個電路中標示為 i 的電流。

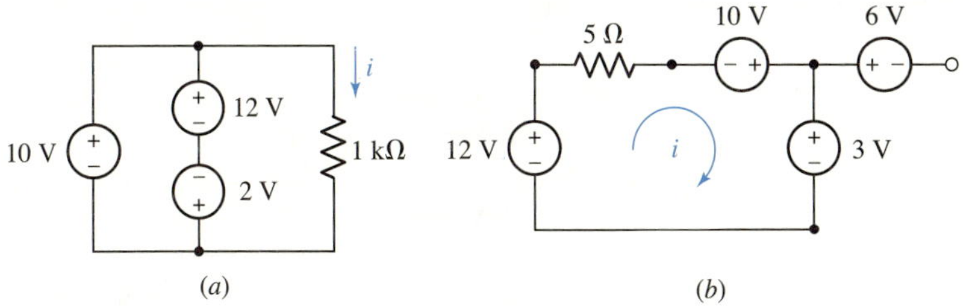

■圖 3.79

49. 針對圖 3.81 中的電路，試求 i，如果：
(a) $v_1 = v_2 = 10$ V 且 $v_3 = v_4 = 6$ V。
(b) $v_1 = v_3 = 3$ V 且 $v_2 = v_4 = 2.5$ V。
(c) $v_1 = -3$ V，$v_2 = 1.5$ V，$v_3 = -0.5$ V，且 $v_4 = 0$ V。

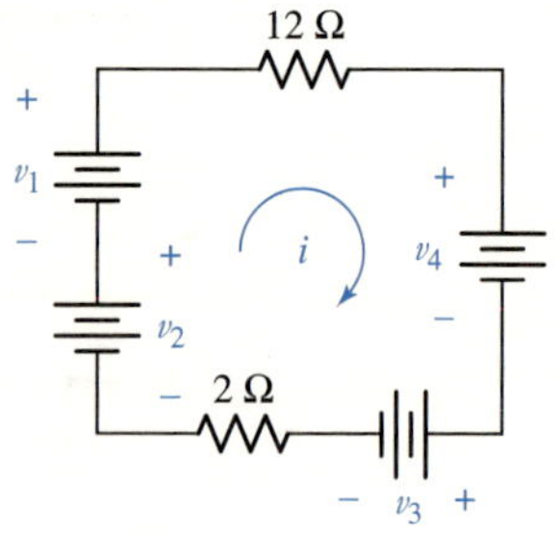

■圖 3.81

51. 試求圖 3.83 電路中的電壓 v。

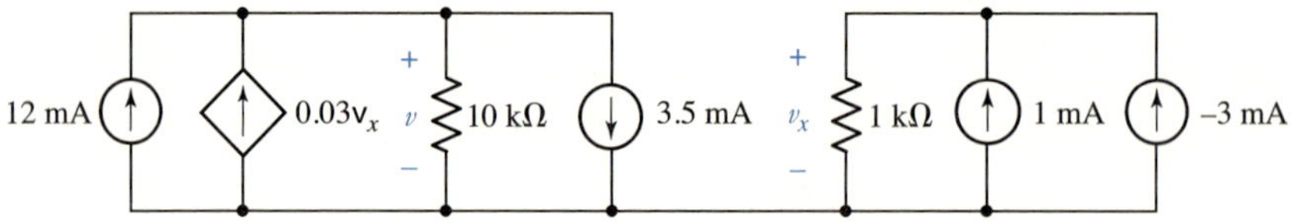

■圖 3.83

3.7 電阻器串聯與並聯

53. 如果每一個電阻器為 1 kΩ，試求圖 3.85 所示的等效電阻。

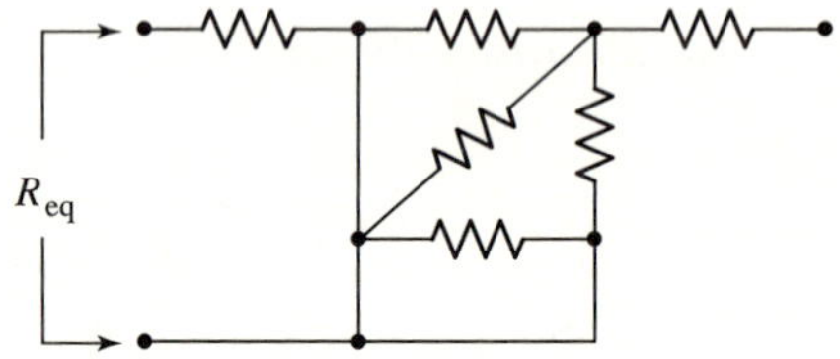

■圖 3.85

55. 已知三個 10 kΩ 電阻器，三個 47 kΩ 電阻器，及三個 1 kΩ 電阻器。試求產生下列結果的組合 (並不需要使用所有的電阻器)：
(a) 5 kΩ。
(b) 57,333 Ω。
(c) 29.5 kΩ。

57. 試求圖 3.88 電路中的等效電阻。

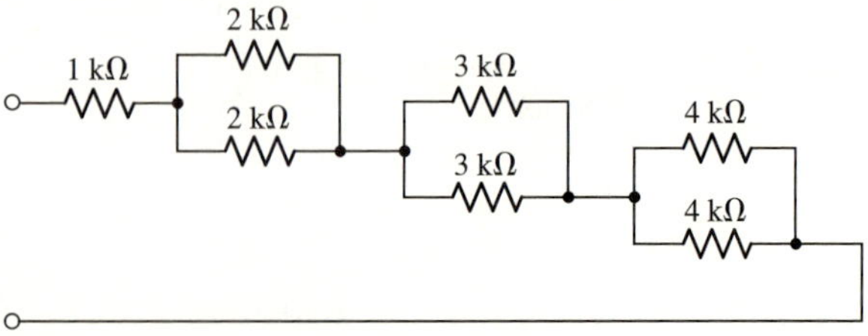

■圖 3.88

59. 圖 3.90 所示的網路中：(a) 令 $R = 80\ \Omega$，試求 R_{eq}；(b) 如果 $R_{eq} = 80$

Ω，試求 R；(c) 如果 $R=R_{eq}$，試求 R。

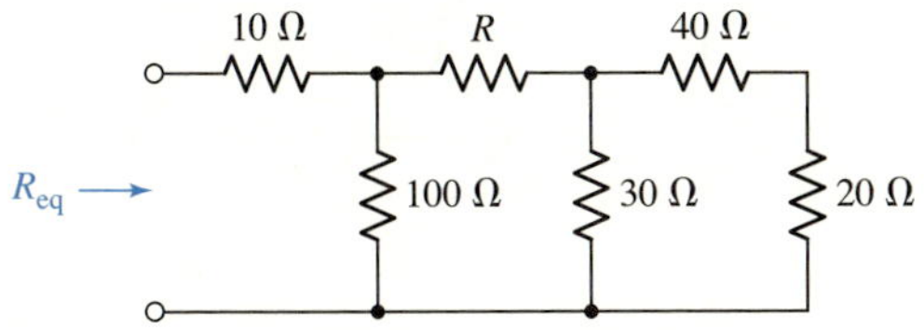

■圖 3.90

61. 試求圖 3.91 電路中，每一個電阻器所吸收的功率。

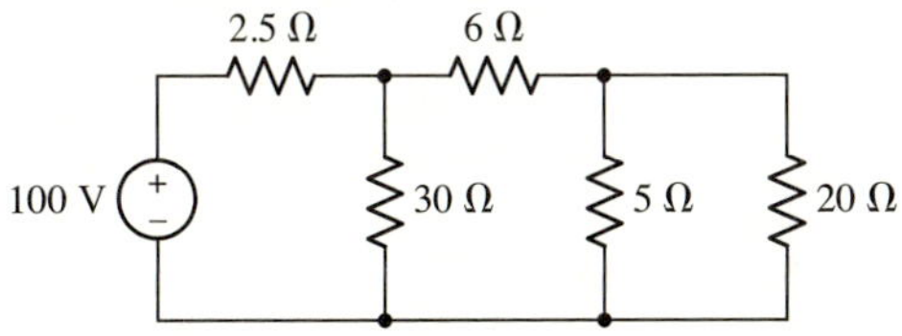

■圖 3.91

63. 試求圖 3.93 所示的每一個網路的 G_{in}，所有的數值單位為毫西門斯 (millisiemens)。

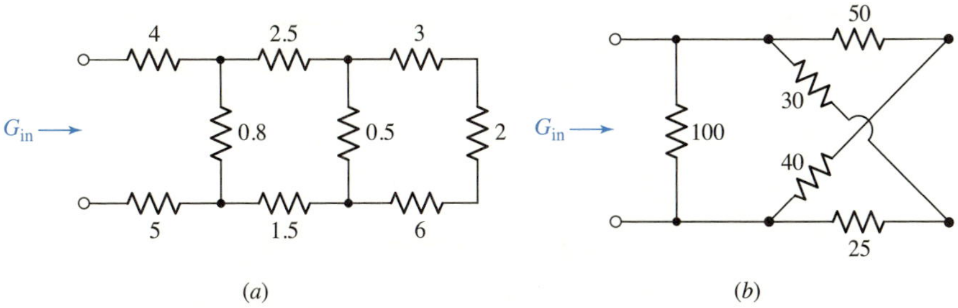

■圖 3.93

3.8　分壓與分流

65. **惠斯登電橋** (Wheatstone bridge) (圖 3.95 所示) 為最有名氣的電路之一，且用於電阻的量測。箭頭穿越電阻器的符號為可變電阻，有時候稱之為電位計；其大小可藉由旋轉鈕來改變。藉由中央有斜對角箭頭的圓形符號來表示電流計，其作為量測通過中間導線的電流。假設此電流計為理想化，因此其內部電阻為零。

此電橋操作非常簡單。R_1、R_2 及 R_3 的大小為已知，而 R 的大小為所要求解的數值。可調整電阻器 R_3，直到 $i_m=0$；換句話說，直到沒有任何電流流過電流計。此時，電橋可稱為“平衡”。

利用 KCL 與 KVL 證明 $R=\dfrac{R_2}{R_1}R_3$。(提示：V_s 的大小與 $i_m=0$、$i_1=i_3$ 及 $i_2=i_R$ 無關；且電流計兩端沒有跨接任何壓降。)

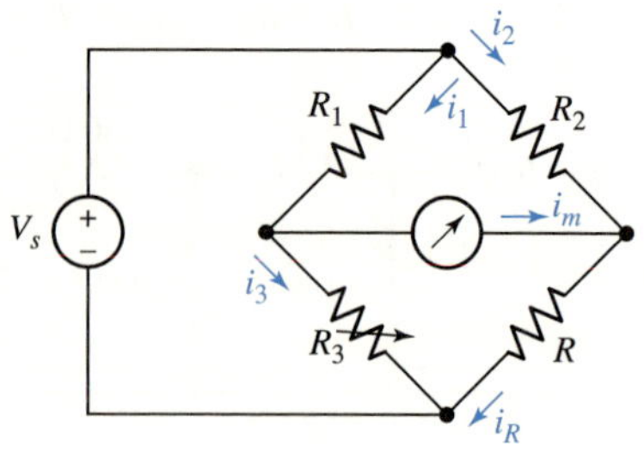

■圖 3.95

67. 採用電壓分壓計算跨接在圖 3.97 的 47 kΩ 電阻器電壓。

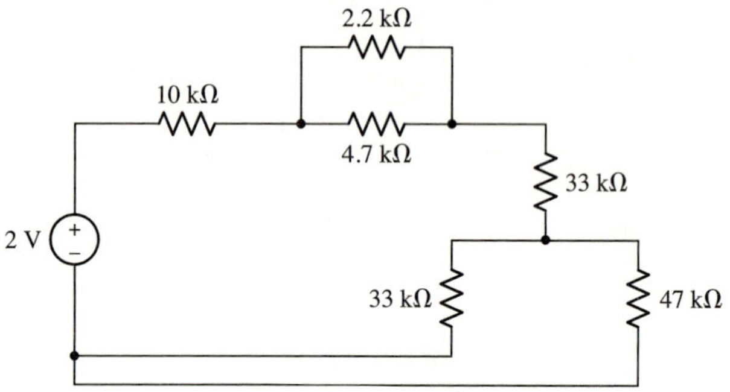

■圖 3.97

69. 圖 3.99 存在許多的元件，但只對跨接在 15 Ω 電阻器的電壓感興趣。利用分流的協助，計算正確的數值。

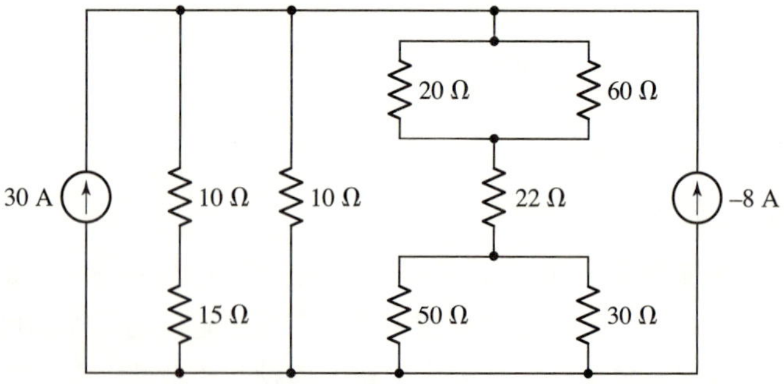

■圖 3.99

D 71. 從下列電阻器數值中選擇 (可以使用超過一次)，設定圖 3.101 中的 i_s、R_1 及 R_2，以求得 v=5.5 V。[1 kΩ，3.3 kΩ，4.7 kΩ，10 kΩ]

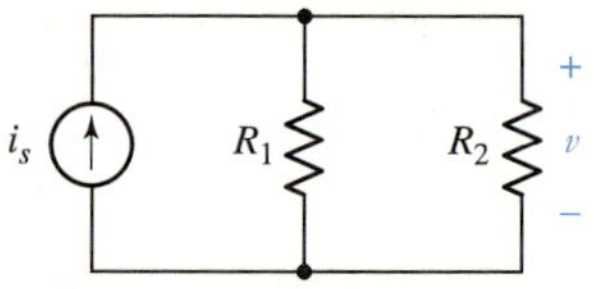

■圖 3.101

73. 針對圖 3.103 電路，試求 i_x 及 15 kΩ 電阻器所消耗 (吸收) 的功率。

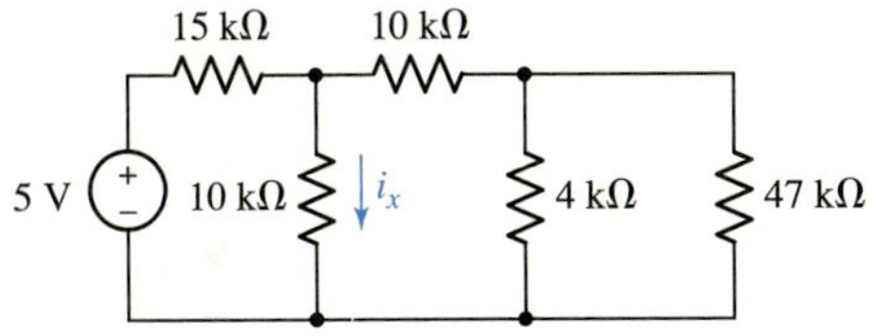

■圖 3.103

75. 圖 3.105 中 47 kΩ 電阻器所消耗 (吸收) 的功率為多少？

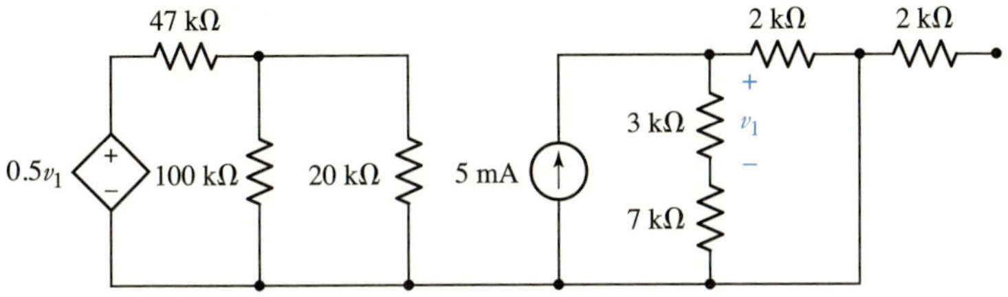

■圖 3.105

77. 將分流及分壓利用在圖 3.107 的電路上，以求解針對 (a) v_2；(b) v_1；(c) i_4 的表示式。

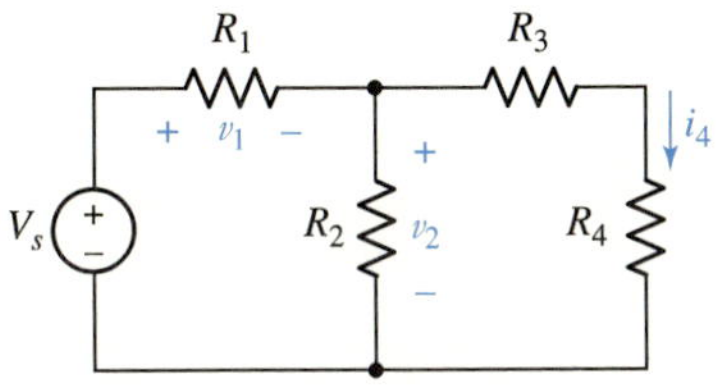

■圖 3.107

79. 圖 3.109 中：(a) 令 $v_x = 10$ V，試求 I_s；(b) 令 $I_s = 50$ V，試求 v_x；(c) 計算 v_x/I_s 的比值。

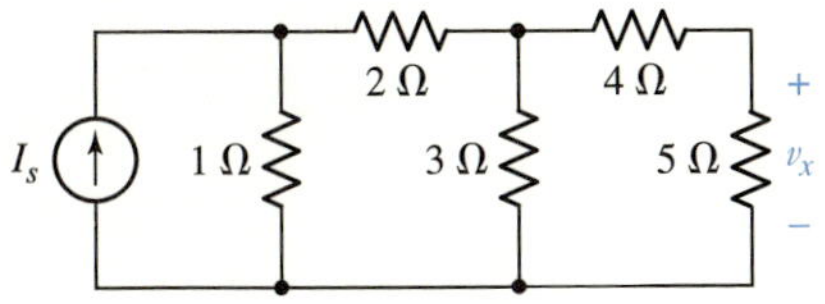

■圖 3.109

81. 利用分流與分壓協助求解圖 3.111 中 v_5 的表示式。

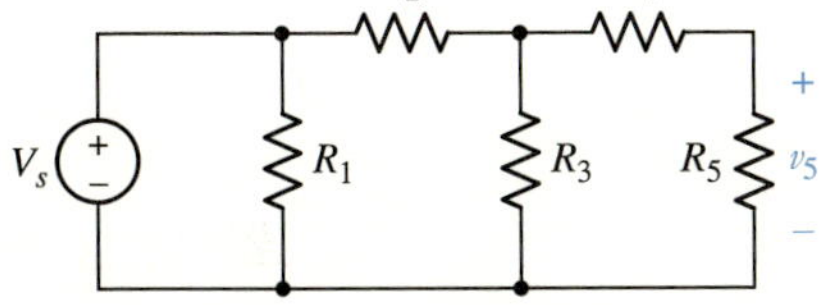

■圖 3.111

83. 圖 3.113 的電路為 MOSFET 放大器電路交流性能模型常用的等效電路。如果 $g_m = 4$ m℧，試求 v_{out}。

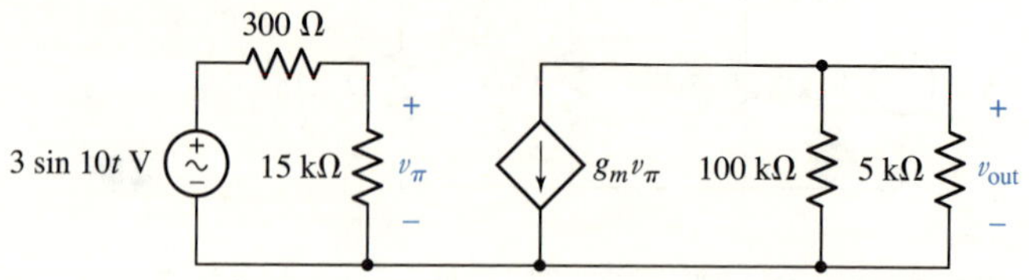

■圖 3.113

4 基本節點與網目分析

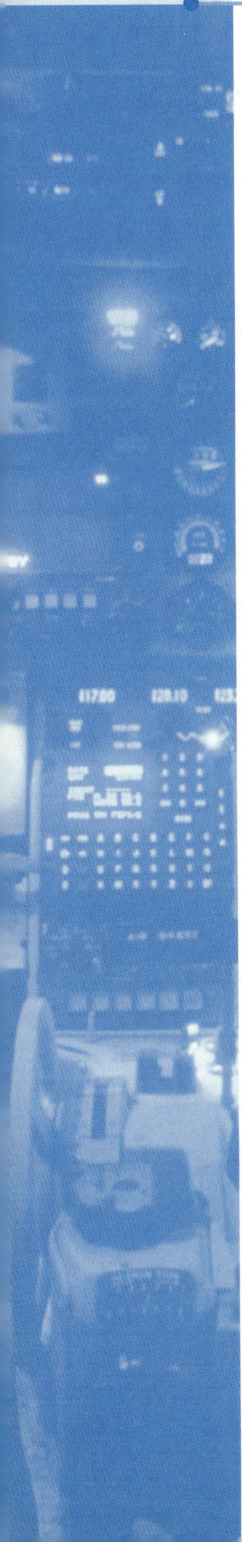

關 鍵 概 念

節點分析

超節點技巧

網目分析

超網目分析

節點與網目分析選擇

電腦輔助分析，包括 PSpice 與 MATLAB

簡　介

前一章中提供了歐姆定理及克氏定理等三個方法，對於分析一個簡單電路並得到一些有用的資訊，例如一個特別元件的電流、電壓及功率，這或許像是一個冒險的開始。然而，至少在目前每一個電路幾乎都是獨一無二的，而且 (某些程度上) 在處理分析時需要有創造力的能力。在這一章中，要學習兩個基本電路分析的技巧—**節點分析** (nodal analysis) 與**網目分析** (mesh analysis)，這兩個技巧讓我們藉由一貫且有條理的方法去研究許多不同的電路。這結果是有效率的分析、方程式的複雜性更為一致、較多的錯誤，以及或許更重要的是降低甚至不知道如何開始的發生機會。

截至目前為止，我們所遇到的大部分電路是比較簡單且 (老實說) 在實用上有問題的。然而，這些電路對於幫助我們學習應用基本的技巧是有價值的，雖然在本章中出現更複雜的電路，這些電路代表種種電機系統，包括控制系統、通訊網路、馬達或積體電路，以及非電機系統的電路模型，而我們認為最好不要在這初期階段對於這些系統做詳細的敘述。當然，重要的是：一開始把焦點放在問題求解的方法上面，這也是這整本書所要持續發展的部分。

4.1 節點分析

藉由一個以 KCL 為基礎、十分有用的方法，稱為**節點分析** (nodal analysis)，開始我們對於有條理的電路分析一般方法的研究。在第三章中曾考慮過僅包含兩個節點簡單電路的分析。我們發現分析的重要步驟是建立以一對節點間的未知電壓量為變數的單一方程式。

現在節點數目增加，相對應的，針對每一個增加的節點，提供一個額外的未知量與一組額外的方程式。因此，一個三個節點的電路應該有二個未知的電壓與二組方程式；10 個節點電路則有 9 個未知電壓與 9 組方程式；而 N 個節點電路則需要 $(N-1)$ 個電壓與 $(N-1)$ 組方程式，每一組方程式是一組簡單的 KCL 方程式。

為了說明這技巧的基本技術性，考慮圖 4.1*a* 所示的三個節點電路。為了強調僅有三個節點，將電路依節點編號重畫於圖 4.1*b* 中，我們的目的是要決定每一個元件所跨接的電壓以及分析的下一個步驟是關鍵性的。指定一個節點為**參考節點** (reference nodal)，而此節點是二個 $(N-1=2)$ 節點電壓的負端，如圖 4.1*c* 所示。

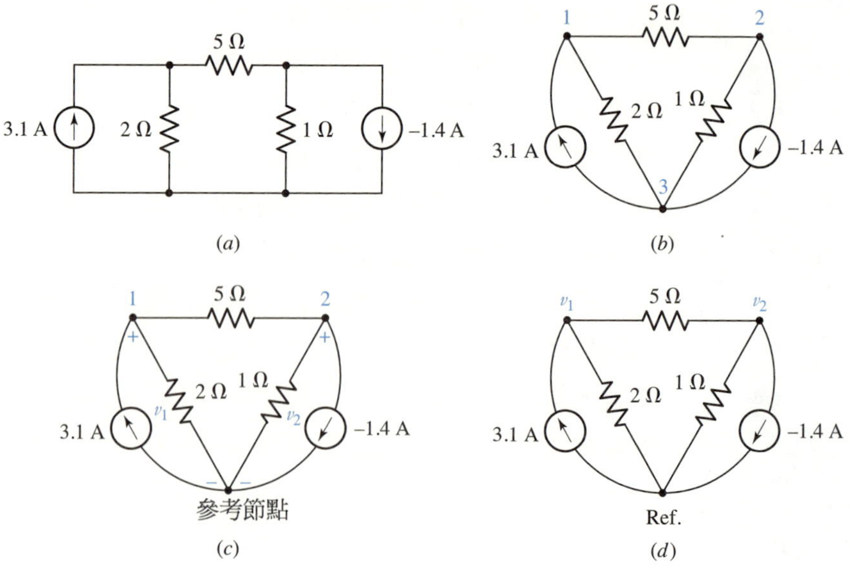

■圖 4.1 (*a*) 一個簡單三個節點電路；(*b*) 為了強調節點重畫電路；(*c*) 參考節點的選定與電壓指定；(*d*) 電壓參考簡略的表達方法，如果需要，可以用“Ref”取代一個適當的接地符號。

如果把連接最多分支的節點定為參考節點，則所得的方程式可稍微單純化。如果電路中有接地節點，則習慣上通常會選擇此節點做為參考節點。雖然許多人似乎較喜歡選擇電路底部的節點為參考節點，特別是沒有明顯的接地存在。

在架構上，參考節點被隱含定義為零伏特。然而，重要的是要記住任何端點都可以被指定為參考端點。因此，參考節點的零伏特是對應於其他也定義的節點，而不是對應於接地端。

節點 1 的電壓相對於參考點被定為 v_1，而 v_2 則是節點 2 對於參考節點的電壓，這兩個電壓就已足夠了，而介於任何其它的電壓都可以用他們來表示。例如節點 v_1 對節點 v_2 的電壓為 v_1-v_2。電壓 v_1 與 v_2 及他們的參考符號顯示於圖 4.1*c* 中。為了清晰的理由，一般實際上參考節點會被標記並省略參考符號，而標示電壓的節點被視為正端 (圖 4.1*b* 所示)，這是一種電壓符號簡略表達的方式。

在節點 1 與節點 2 應用 KCL，而流出此節點並流經數個電阻器的電流等於流入此節點的總電流，因此

$$\frac{v_1}{2}+\frac{v_1-v_2}{5}=3.1 \qquad [1]$$

或

$$0.7v_1-0.2v_2=3.1 \qquad [2]$$

於節點 2 可得

$$\frac{v_2}{1}+\frac{v_2-v_1}{5}=-(-1.4) \qquad [3]$$

或

$$-0.2v_1+1.2v_2=1.4 \qquad [4]$$

方程式 [2] 與 [4] 是所要求解的二個未知數的二個方程式，且可以被很容易的求解其結果為 $v_1=5$ V 及 $v_2=2$ V。

由此可以直接求得跨接於 5 Ω 電阻器的電壓：$v_{5\Omega}=v_1-v_2=3$ V，而電壓與吸收功率也可以用單一步驟求取。

此時應該注意：針對節點分析有一種以上的方法可寫出 KCL 方程式。例如，讀者可能較喜歡以流入節點的電流總和為零列出方程式。因此，就節點 1 可以列出

$$3.1-\frac{v_1}{2}-\frac{v_1-v_2}{5}=0$$

或

$$3.1 + \frac{-v_1}{2} + \frac{v_2 - v_1}{5} = 0$$

上面二個方程式中的任何一個均與方程式 [1] 相等。有什麼方法比其它方法好嗎？每一個教師與學生都會採用個人較喜歡的方法，但不論選擇何種方法，最重要的是，要能前後一致。而作者本身對於節點分析，較喜歡將所有電流源項置於一側，而電阻項則放在另一側。特別地，

Σ 從電流源流入節點的電流 $= \Sigma$ 經由電阻流出節點的電流

這種方法有幾個好處，首先，對於節點所有列出的 KCL 方程式中，每一個電阻電流表示式的第一個電壓是"$v_1 - v_2$"或"$v_2 - v_1$"絕不會有任何的困惑，如方程式 [1] 與 [3] 所列。第二，能允許快速的檢查而不致於意外地忽略任何一項。簡單的計數連接到節點的電壓源與電阻器，以指定的方式將他們群集起來，使得計算比較簡單。

例題 4.1

試求圖 4.2*a* 中由左而右流經電阻器的電流。

節點分析可直接產生節點電壓 v_1 與 v_2 的數值，而所求的電壓可表示成 $i=(v_1-v_2)/15$。

然而在開始節點分析之前，首先要注意的是：對於 7 Ω 電阻器或

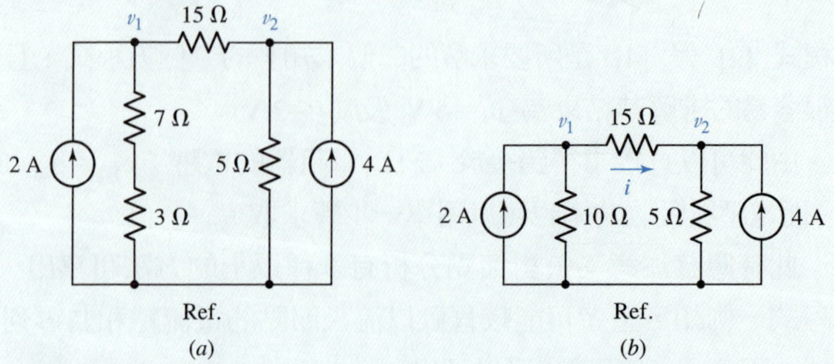

■圖 4.2 (*a*) 包含二個獨立電壓源的四個節點電路；(*b*) 以一個 10 Ω 的電阻器取代二個串聯的電阻器，降低電路的節點為三個。

3 Ω 電阻器我們並不感興趣。因此，以一個 10 Ω 的電阻器來取代這二個串聯組合，如圖 4.2*b* 所示。這個結果可以降低所要求解方程式的數目。

針對節點 1，列出適當的 KCL 方程式：

$$2 = \frac{v_1}{10} + \frac{v_1 - v_2}{15} \qquad [5]$$

而節點 2：

$$4 = \frac{v_2}{5} + \frac{v_2 - v_1}{15} \qquad [6]$$

重新安排上面的方程式，可得

$$5v_1 - 2v_2 = 60$$

及

$$-v_1 + 4v_2 = 60$$

解方程式可得 $v_1 = 20$ V 及 $v_2 = 20$ V，因此 $v_1 - v_2 = 0$，換句話說，此電路中沒有電流流經 15 Ω 的電阻器。

練習題

4.1 試求圖 4.3 電路中的節點電壓 v_1 與 v_2。

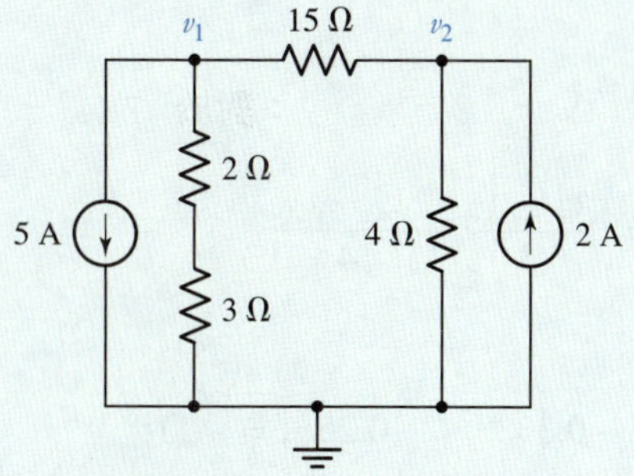

■圖 4.3

答：$v_1 = -145/8$ V，$v_2 = 5/2$ V。

現在讓我們增加節點的數目，以便於可以利用這個技巧求解稍微困難的問題。

例題 4.2

試求圖 **4.4*a*** 中的節點電壓。

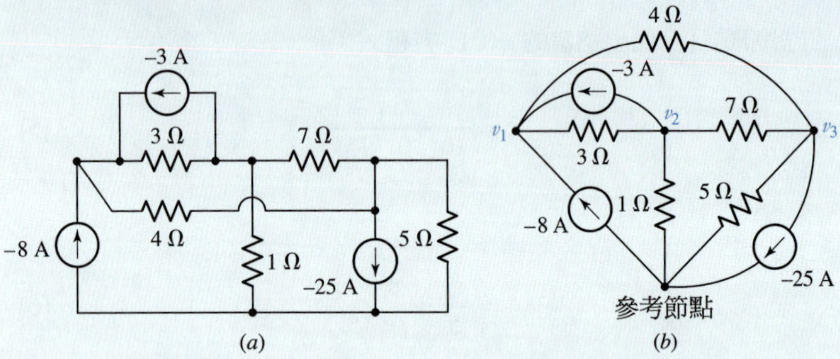

圖 4.4 (*a*) 四個節點電路；(*b*) 重畫電路，並加入參考節點與電壓標示。

▲ 辨別題目的目的

在這電路中有四個節點，選擇底部的節點作為參考節點，並標記其它三個節點，如圖 4.4*b* 所示。為了方便起見，將電路圖稍微重畫。

▲ 收集已知的資料

有三個未知電壓 v_1、v_2 及 v_3，所有的電流源與電阻器均已在圖上標示數值大小。

▲ 設計規劃

這個問題十分適合最近所介紹的節點分析技巧。就電壓源與流經電阻器的電流而言，可以列出三個獨立的 KCL 方程式。

▲ 建構一組適當的方程式

從節點 1 開始列 KCL 方程式

$$-8-3=\frac{v_1-v_2}{3}+\frac{v_1-v_3}{4}$$

或

$$0.5833v_1-0.3333v_2-0.25v_3=-11 \qquad [7]$$

於節點 2：

$$-(-3)=\frac{v_2-v_1}{3}+\frac{v_2}{1}+\frac{v_2-v_3}{7}$$

或

$$-0.3333v_1+1.4762v_2-0.1429v_3=3 \qquad [8]$$

節點 3：

$$-(-25) = \frac{v_3}{5} + \frac{v_3 - v_2}{7} + \frac{v_3 - v_1}{4}$$

或簡化成

$$-0.25v_1 - 0.1429v_2 + 0.5929v_3 = 25 \qquad [9]$$

▲ 決定所需要的額外資料

有三個方程式與三個未知數，且從此獨立，如此足以求解這三個電壓。

▲ 試圖求解

方程式 [7] 至 [9] 可利用變數連續消除法、矩陣方法，或克萊默法則 (Cramer's mle) 及行列式求解。使用最後一個方法，此方法於附錄 2 詳細說明，因此可得

$$v_1 = \frac{\begin{vmatrix} -11 & -0.3333 & -0.2500 \\ 3 & 1.4762 & -0.1429 \\ 25 & -0.1429 & 0.5929 \end{vmatrix}}{\begin{vmatrix} 0.5833 & -0.3333 & -0.2500 \\ -0.3333 & 1.4762 & -0.1429 \\ -0.2500 & -0.1429 & 0.5929 \end{vmatrix}} = \frac{1.714}{0.3167} = 5.412 \text{ V}$$

同理

$$v_2 = \frac{\begin{vmatrix} 0.5833 & -11 & -0.2500 \\ -0.3333 & 3 & -0.1429 \\ -0.2500 & 25 & 0.5929 \end{vmatrix}}{0.3167} = \frac{2.450}{0.3167} = 7.736 \text{ V}$$

且

$$v_3 = \frac{\begin{vmatrix} 0.5833 & -0.3333 & -11 \\ -0.3333 & 1.4762 & 3 \\ -0.2500 & -0.1429 & 25 \end{vmatrix}}{0.3167} = \frac{14.67}{0.3167} = 46.32 \text{ V}$$

▲ 驗證答案是否合理或是如預期？

檢查答案的方法之一是使用其它的技巧來求解這三個方程式。除此之外，可能決定這三個電壓是否是合理的數值？在此電路中不論何處，最大可能的電流為 3＋8＋25＝36 A，最大的電阻器為 7 Ω，所以可以預期不會有任何電壓值大於 7×36＝252 V。

當然，有一些數值的方法可用於求解線性系統程式，在附錄 2 中詳細介紹一些方法。在使用科學計算器之前，例題 4.2 中的克萊默法則在電路分析是常使用的，雖然此方法偶爾會冗長乏味。然而，它肯定可以用在一台簡單四則運算的計算器上，而對此技巧有所體認是值得的。另一方面，雖然 MATLAB 在檢查答案時，不像是很有用的，但它對於簡化求解方程序，則算得上是一種功能強大的軟體。附錄 6 針對 MATLAB 的使用作一個簡潔的說明。

在例題 4.2 中所遇到的情形，MATLAB 有幾個選擇可供使用。首先我們可把方程式 [7] 至 [9] 以**矩陣形式** (matrix form) 表示成：

$$\begin{bmatrix} 0.5833 & -0.3333 & -0.25 \\ -0.3333 & 1.4762 & -0.1429 \\ -0.25 & -0.1429 & 0.5929 \end{bmatrix} \begin{bmatrix} v_1 \\ v_2 \\ v_3 \end{bmatrix} = \begin{bmatrix} -11 \\ 3 \\ 25 \end{bmatrix}$$

所以

$$\begin{bmatrix} v_1 \\ v_2 \\ v_3 \end{bmatrix} = \begin{bmatrix} 0.5833 & -0.3333 & -0.25 \\ -0.3333 & 1.4762 & -0.1429 \\ -0.25 & -0.1429 & 0.5929 \end{bmatrix}^{-1} \begin{bmatrix} -11 \\ 3 \\ 25 \end{bmatrix}$$

在 MATLAB 可寫成：

```
>> a = [0.5833 -0.3333 -0.25; -0.3333 1.4762 -0.1429;
      -0.25 -0.1429 0.5929];
>> c = [-11; 3; 25];
>> b = a^-1 * c

b =

    5.4124
    7.7375
   46.3127

>>
```

以空格分隔行，分號分隔列。所得答案名為 **b** 的矩陣也可稱之為只有一行的**向量** (vector)。所以，$v_1 = 5.412$ V、$v_2 = 7.738$ V 及 $v_3 = 46.31$ V (包含一些捨去誤差)。

如果採用 MATLAB 的符號處理功能 (symbolic processor)，則我們可以使用最初所寫的 KCL 方程式。

```
>> eqn1 = '-8 -3 = (v1 - v2)/ 3 + (v1 - v3)/ 4';
>> eqn2 = '-(-3) = (v2 - v1)/ 3 + v2/ 1 + (v2 - v3)/ 7';
>> eqn3 = '-(-25) = v3/ 5 + (v3 - v2)/ 7 + (v3 - v1)/ 4';
>> answer = solve(eqn1, eqn2, eqn3, 'v1', 'v2', 'v3');
>> answer.v1

ans =
720/133
>> answer.v2
ans =
147/19
>> answer.v3
ans =
880/19
>>
```

此正確解答中並不包含捨差。*solve()* 招喚命為 eqn1、eqn2 及 eqn3 的符號方程式，而變數 v_1、v_2 及 v_3 也必需指定。如果 *solve()* 的變數比方程式少，則傳回代數的解，其形式是值得予以一探，它所傳回的資料與結構 (structure) 有關。在這例子中，我們稱結構為 "answer"。結構中的每一個元件分別以所列的名稱存取。

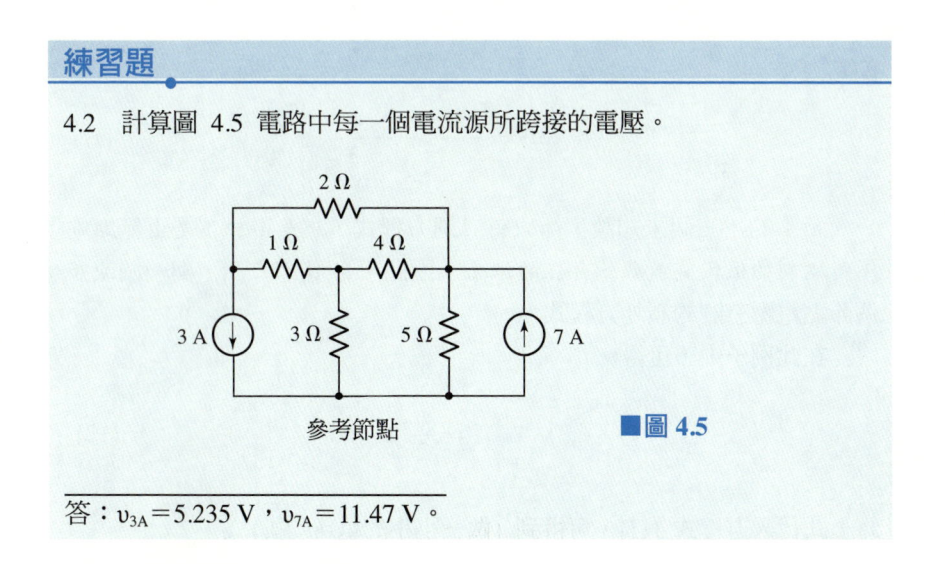

練習題

4.2　計算圖 4.5 電路中每一個電流源所跨接的電壓。

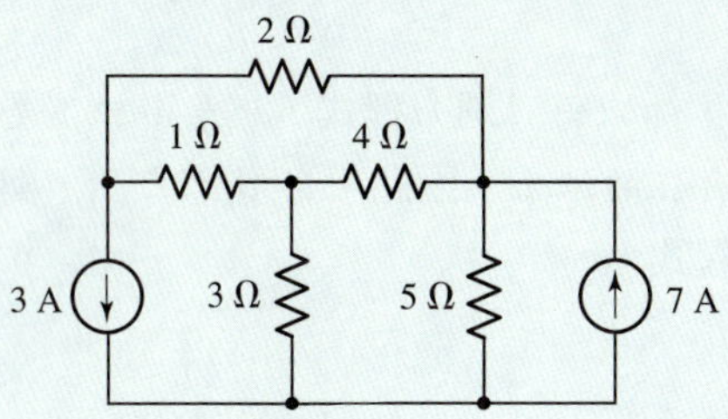

■圖 4.5

答：$v_{3A}=5.235$ V，$v_{7A}=11.47$ V。

前一個例題已說明節點分析的基本方法，而值得考慮的是，如果依賴電源存在於電路中時，會發生什麼事情？

例題 4.3

試求圖 **4.6*a*** 中依賴電源所提供的功率。

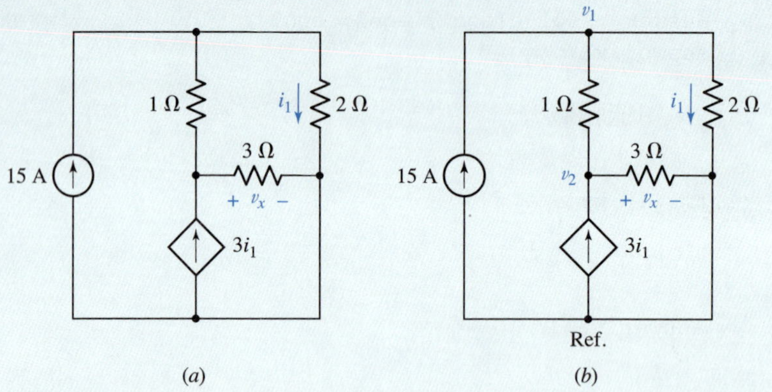

■圖 4.6 (*a*) 包含一個依賴電流源的四節點電路；(*b*) 為了節點分析將電路予以標記。

因為底部節點與最多數目的分支連接，因此選擇此節點為參考節點，並且將節點電壓 v_1 及 v_2 標記於圖 4.6*b* 中。標記為 v_x 的量實際上等於 v_2。

於節點 1，可列出：

$$15 = \frac{v_1 - v_2}{1} + \frac{v_1}{2} \qquad [10]$$

節點 2：

$$3i_1 = \frac{v_2 - v_1}{1} + \frac{v_2}{3} \qquad [11]$$

不幸的，三個未知數，卻只有二個方程式，這是由於不是由節點電壓所控制的依賴電流源所存在的結果。因此，必須尋求 i_1，與一個或多個節點電壓有關的額外方程式。

在此例子中，可得

$$i_1 = \frac{v_1}{2} \qquad [12]$$

將上式代入方程式 [11]，可得到 (做一小小的重新安排)

$$3v_1 - 2v_2 = 30 \qquad [13]$$

方程式 [10] 可簡化成

$$-15v_1 + 8v_2 = 0 \qquad [14]$$

求解可得：$v_1=40$ V、$v_2=-75$ V，而 $i_1=0.5v_1=-20$ V，因此，依賴電流源所提供的功率等於 $(3i_1)(v_2)=(-60)(-75)=4.5$ kW。

當電路中依賴電源存在時，如果依賴電源的控制量不是節點電壓，於分析電路時需要增加額外方程式，讓我們看一下相同的電路，如果依賴電流源的控制變數改成不同的量—跨於 3 Ω 電阻器的電壓，實際上為一節點電壓。我們將發現完成這個分析，只需要二個方程式。

例題 4.4

試求圖 4.7*a* 中依賴電源所提供的功率。

選擇底部節點為參考節點，並將節點電壓標記於圖 4.7*b* 中。為了一目瞭然，明確的標記節點電壓 v_x，然而重複的標記當然是不需要的。注意，選擇的參考節點對於這例子是很重要的，它導引出 v_x 為一個節點電壓。

節點 1 的 KCL 方程式為

$$15 = \frac{v_1 - v_x}{1} + \frac{v_1}{2} \qquad [15]$$

就節點 x 而言：

$$3v_x = \frac{v_x - v_1}{1} + \frac{v_2}{3} \qquad [16]$$

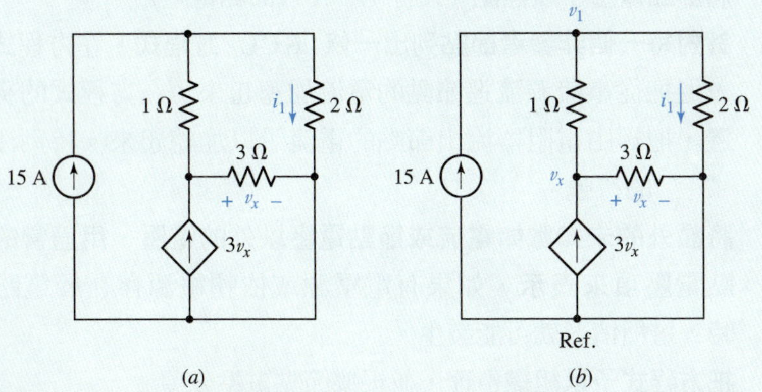

■圖 4.7　(*a*) 包含一個依賴電流源的四節點電路；(*b*) 為了節點分析，將電路予以標記。

將各項聚集並求解，可得 $v_1=\frac{50}{7}$ V 及 $v_x=-\frac{30}{7}$ V，所以，此電路中的依賴電源產生 $(3v_x)(v_x)=55.1$ W。

練習題

4.3 圖 4.8 電路中，如果 A 為 (a) $2i_1$；(b) $2v_1$，試求節點電壓 v_1。

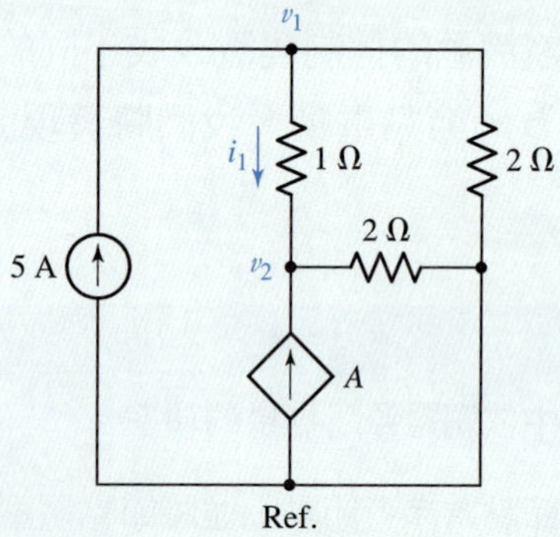

■圖 4.8

答：(a) $\frac{70}{9}$ V；(b) -10 V。

基本節點分析程序摘要

1. **計算節點數目** (N)。
2. **指定參考節點**。藉由選擇連接最多分支的節點為參考節點，並可減少節點方程式的數目。
3. **將節點電壓予以標記** (共有 $N-1$ 個節點電壓)。
4. **針對每一個非參考節點列出一條 KCL 方程式**。在方程式的一邊把從電流源流進節點的電流加總起來。在方程式的另一邊，把經由電阻器流出節點的電流予以加總起來。特別注意 "−" 的符號。
5. **將額外的未知數如電流或節點電壓以外的電壓，用適當的節點電壓項來表示**，如果有電壓源或依賴電源存在於電路中時，這種情形就可能發生。
6. **把方程式予以組織整理**，並根據節點電壓分項。
7. **針對節點電壓求解方程式系統** (會有 $N-1$ 個方程式)。

我們所碰到的任何電路，都將依照這七個基本步驟予以求解，儘管電壓源存在時，會需要額外的注意。這種情況將在 4.2 節中予以討論。

4.2 超節點

接下來的考慮是：電壓源如何對節點分析造成影響。

圖 4.9*a* 中的電路，為一個典型的例子。圖 4.4 為原始的四節點電路，其中節點 2 與節點 3 之間的 7 Ω 電阻器由 22 V 電壓源所取代。而仍指定相同的節點與參考點的電壓與 v_1、v_2 及 v_3。先前的第二個步驟，是在三個非參考點的節點上運用 KCL。如果我們仍然這麼做話，將會發生因不知道流經分支上電壓源的電流大小，而在節點 2 與 3 二節點上陷入困難。因為電壓源確切的定義是電壓與電流有關，所以沒有任何方法，可以將電流以電壓的函數來表示。

有兩個方法可以擺脫這個困境，其中較困難的方法，是指定包含電壓源分支上未知電流。接著運用三次 KCL，然後在節點 2 與 3 之間使用一次 KVL ($v_3-v_2=22$)，其結果形成四個未知數與四個方程式。

另一個較簡單的方法，是將節點 2 與 3 及電壓源結合成類似一個**超節點** (supernode)，並同時在這兩節點上運用 KCL，圖 4.9*a* 中由虛線所包圍的區域為一個超節點。這種表示的方式是可能的，

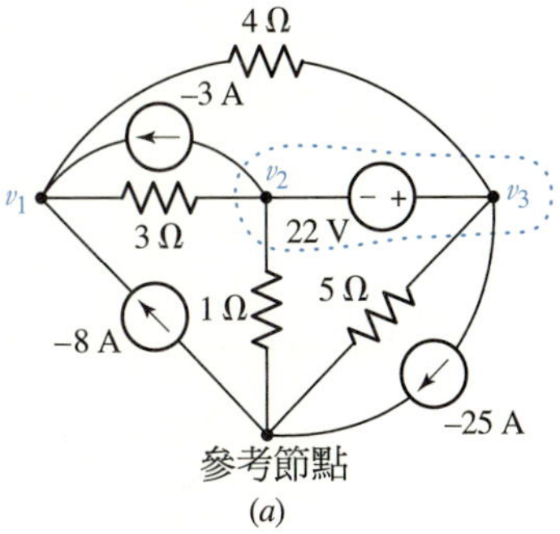

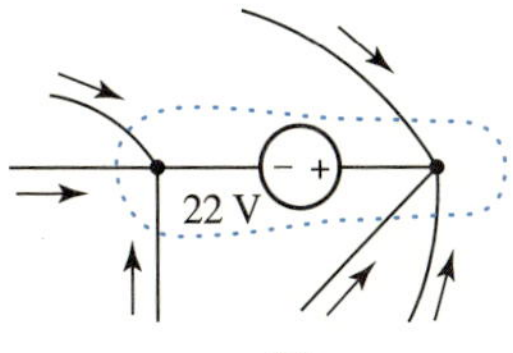

■圖 4.9　(*a*) 例題 4.2 的電路中，以電源取代電阻器；(*b*) 超節點定義區域的展開圖，KCL 的要求是所有流進這個區域的所有電流和為零，或是電子的累積或耗盡。

因為如果離開節點 2 的總電流為零，且離開節點 3 的總電流是零，則離開這兩個節點的組合為零。圖 4.9*b* 的展開圖敘述此一概念。

例題 4.5

求圖 **4.9*a*** 電路中未知節點電壓 v_1 的大小。

節點 1 的 KCL 方程式與例題 4.2 相同：

$$-8-3=\frac{v_1-v_2}{3}+\frac{v_1-v_3}{4}$$

或

$$0.5833v_1-0.3333v_2-0.2500v_3=-11 \qquad [17]$$

接下來考慮 2、3 的超節點，其連結二個電流源與四個電阻器。因此

$$3+25=\frac{v_2-v_1}{3}+\frac{v_3-v_1}{4}+\frac{v_3}{5}+\frac{v_2}{1}$$

或

$$-0.5833v_1+1.3333v_2+0.45v_3=28 \qquad [18]$$

因為有三個未知數，所以需要一個額外的方程式，且必須利用的事實為，節點 2 與 3 之間有一個 22 V 的電壓源：

$$v_2-v_3=-22 \qquad [19]$$

求解方程式 [17] 至 [19]，得 v_1 的解答為 1.071 V。

練習題

4.4 試求圖 4.10 電路中，跨接於每一個電流源的電壓。

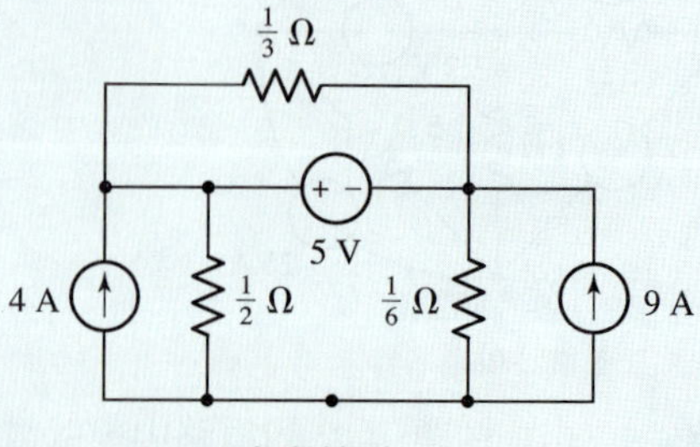

■圖 4.10

答：5.375 V，375 mV。

一個電壓源存在於電路中時，可減少一個必須連 KCL 的非參考節點，而不管這個電壓源是否介於兩個非參考節點之間或連接在一個節點與參考節點之間。在分析像習題 4.4 的電路問題時，應該要小心注意，因為電阻器的二個端點是超節點的一部分。在 KCL 方程式中，技術上必須是二個相對應的電流項目，但它們彼此互相抵消，我們可以將超節點的方法摘要如下：

超節點分析程序的摘要

1. **計算節點數目** (N)。
2. **指定參考節點**，藉由選擇連接最多分支的節點為參考節點，並可減少節點方程式的數目。
3. **將節點電壓予以標記** (共有 $N-1$ 個節點電壓)。
4. **如果電路中包含電壓源時，對於每一個電壓源形成一個超節點**。作法是：利用一個封閉的虛線將電源、電源的二端點及其它任何與此二端點連接的元件包圍起來。
5. **針對每一個非參考節點及每一個不包含參考節的超節點列出一條 KCL 方程式**。在方程式的一邊，把從電流源流進節點／超節點的電流加總起來，在方程式的另一邊，把經由電阻器流出節點／超節點的電流予以加總。特別注意"−"的符號。
6. **使跨於每一電壓源兩端之電壓與節點電壓有關聯**。這部分可藉由簡單的 KVL 應用完成，且每一個超節點需要有一條這樣的方程式。
7. **將額外的未知數 (即電流或節點電壓以外的電壓)，用適當的節點電壓項來表示**。如果有依賴電源存在於電路中時，這種情形就可能發生。
8. **把方程式予以組織整理**，並根據節點電壓分項。
9. **針對節點電壓求解方程式系統** (會有 $N-1$ 個方程式)。

我們發現到從一般的節點分析程序中加入了兩個額外的步驟。然而，實際上，將超節點技術應用在包含未與參考節點連接的電壓源之電路時，可減少 KCL 方程式需求的結果。將上述內容牢記，並且考慮圖 4.11 中包含所有四種型態的電源及五個節點的電路。

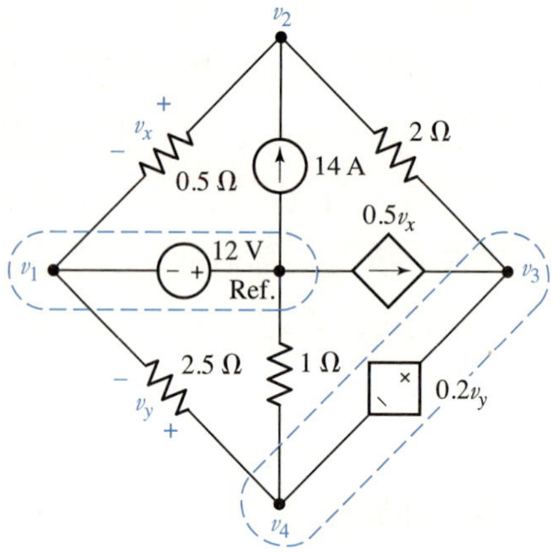

■圖 4.11　一個具有四種不同型態電源的五個節點網路。

例題 4.6

試求圖 4.11 電路中節點的參考點電壓。

在每一個電壓源建立一超節點後，可發現到，只需要在節點 2 與包含依賴電壓源的超節點上，列出 KCL 方程式，檢視電路，很明顯的 $v_1 = -12$。

在節點 2 上，

$$\frac{v_2 - v_1}{0.5} + \frac{v_2 - v_3}{2} = 14 \qquad [20]$$

而在節點 3-4 的超節點，

$$0.5v_x = \frac{v_3 - v_2}{2} + \frac{v_4}{1} + \frac{v_4 - v_1}{2.5} \qquad [21]$$

接著是電源電壓與節點電壓的關係：

$$v_3 - v_4 = 0.2v_y \qquad [22]$$

及

$$0.2v_y = 0.2(v_4 - v_1) \qquad [23]$$

最後，將依賴電流源用已指定的變數項來表示：

$$0.5v_x = 0.5(v_2 - v_1) \qquad [24]$$

在一般節點分析上，五個節點需要四個 KCL 方程式，但是當我們構成兩個個別的超節點時，可將所需要的方程式減少到只有二個。每一個超節點需要一個 KVL 方程式 (方程式 [22] 與 $v_1=-12$ V，是由檢視所寫出) 沒有一個依賴電源是由節點電壓所控制，所以需要兩個額外的方程式。

有了上述方程式後，現在可以消去 v_x 與 v_y，並在四個節點電壓獲得一組四個方程式：

$$
\begin{aligned}
-2v_1 + 2.5v_2 - 0.5v_3 \qquad\quad &= 14 \\
0.1v_1 - v_2 + 0.5v_3 + 1.4v_4 &= 0 \\
v_1 \qquad\qquad\qquad\qquad &= -12 \\
0.2v_1 \qquad + v_3 - 1.2v_4 &= 0
\end{aligned}
$$

求得 $v_1=-12$ V，$v_2=-4$ V，$v_3=0$ V，$v_4=-2$ V。

練習題

4.5 試求圖 4.12 電路中的節點電壓。

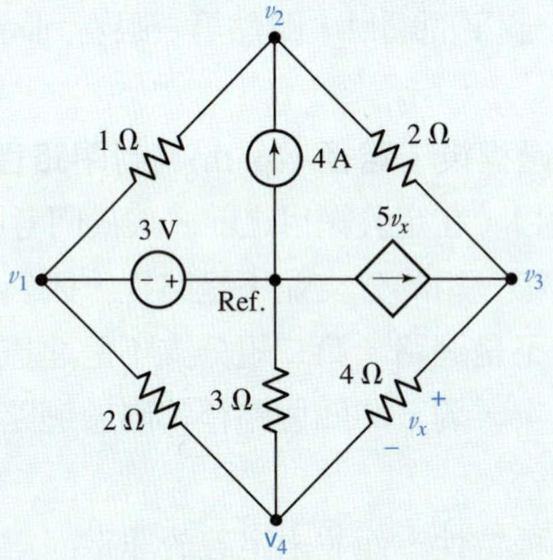

■圖 4.12

答：$v_1=3$ V，$v_2=5.09$ V，$v_3=1.28$ V，$v_4=1.68$ V。

4.3 網目分析

前一節所描述的節點分析技巧極為普遍，而且通常可以應用於任何電機的網路。另外一種方法稱為**網目分析** (mesh analysis)，有時可簡單應用於某些電路。即使這個技巧手法不能應用於每個電

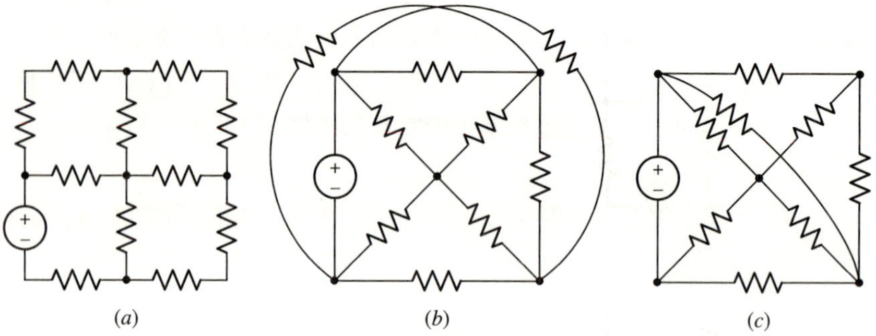

■圖 4.13 平面與非平面網路的例子，交錯的導線在彼此的連接並非實際點。

應該說是網目分析可以應用到非平面電路，但是因為它不可能在此電路中定義一組完整唯一的網目，因此唯網目電流的指定是不可能的。

路，但它可以用於我們所需要分析的大多數電路。網目分析只可應用於即將定義的平面網路中。

如果可能在平面上畫一張電路圖，而此電路中沒有任何分支由上方跨越或由下方穿越其它的分支，那麼這種電路稱之為**平面電路** (planar circuit)。因此，圖 4.13*a* 為一平面網路，圖 4.13*b* 為非平面網路，而圖 4.13*c* 也是一個平面網目，雖然第一眼看到時，顯示出非平面的樣子。

在 3.1 節中，定義過程後，**路徑** (path)、**封閉路徑** (closed path) 與**迴路** (loop) 等項目，在定義網目之前，讓我們考慮圖 4.14 中所畫的幾組粗線分支。第一組的分支並不是路徑，因為四個分支連接到中間節點，而它也不是迴路。第二組分支不是連貫的路徑，因為它穿越中間的節點二次。剩下的四個路徑都屬於迴路。此電路包含 11 條分支。

網目為平面電路的一種特性，而並未定義於非平面電路。我們將**網目** (mesh) 定義為一種迴路，而此迴路中不包含任何其它的迴路，因此，圖 4.14*c* 及 *d* 所示的迴路，並非是網目，而 *e* 與 *f* 的部分，則是網目。一是電路被畫成平面形成時，通常是有多格的窗子形狀，每一格窗子可被視為一個網目。如果網路是平面的，便可利用網目分析來分析此電路。此技巧牽涉到**網目電流** (mesh current) 的概念，藉由分析圖 4.15*a* 二個網目的電路來介紹此概念。

當在單一迴路電路中採用網目分析時，首先要定義的是流經每一個分支的電流。令向右流經 6 Ω 電阻器的電流的為 i_1，將 KVL

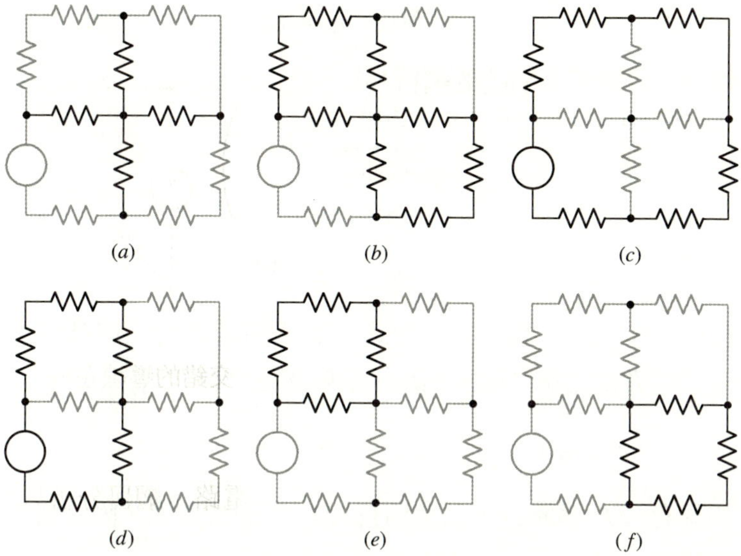

■圖 4.14　(*a*) 用粗線所畫的這組分支即不是路徑，也不是迴路；(*b*) 圖中的這組分支不是路徑，因為它穿越中間的節點二次；(*c*) 此路徑是迴路，但不是網目，因為它包圍其它的迴路；(*d*) 此路徑也是迴路，但並非一個網目；(*e*)、(*f*) 此二路徑是迴路，也是網目。

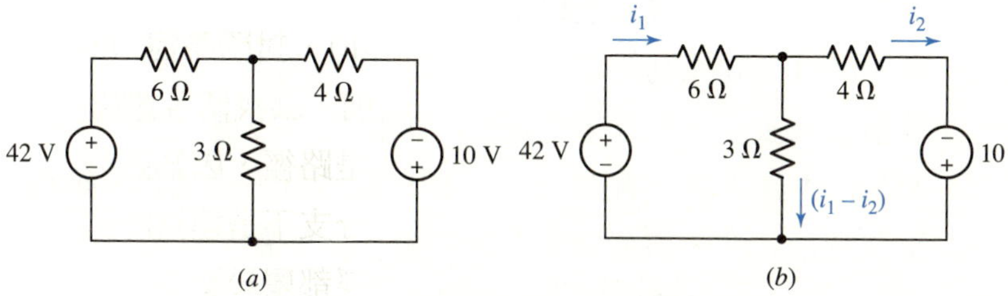

■圖 4.15　(*a*)、(*b*) 需要電流的簡單電路

運用於二個網目中，結果列出的二個方程式足以決定二個未知數。接著定義第二個電流 i_2，為向右流經 4 Ω 的電阻器。也可以選擇向下流經中間分支的電流為 i_3，然而很明顯的，i_3 可以利用先前所假設的二個電路的關係 (i_1-i_2) 來表示。所假設的電流顯示於圖 4.15*b* 中。

依據單一迴路電路的求解方法，現在應用 KVL 於左邊的網目。

$$-42 + 6i_1 + 3(i_1 - i_2) = 0$$

或

$$9i_1 - 3i_2 = 42 \quad [25]$$

把 KVL 應用於右邊的網目，

$$-3(i_1 - i_2) + 4i_2 - 10 = 0$$

或

$$-3i_1 + 7i_2 = 10 \quad [26]$$

[25] 與 [26] 為獨立方程式，無法由其中的一個推導出另一個。有二個方程式與二個未知數，則解答很容易求得：

$$i_1 = 6\text{ A} \qquad i_2 = 4\text{ A} \qquad 且 \qquad (i_1 - i_2) = 2\text{ A}$$

如果有 M 個網目，則預期有 M 個網目電流，因此需要列出 M 個獨立的方程式。

現在讓我們考慮相同的問題，只不過利用網目電流做一些改變。定義**網目電流** (mesh current) 為僅流經網目邊緣的電流，利用此種定義的網目電流，最大的好處為自動的符合克希荷夫電流定理的事實。如果一個網目電流流進一個已知的節點，則也從此節點流出。

如果把問題中左手邊的網目定為網目 1，則可以在此網目中，建立一個順時針方向流動的電流 i_1。以網目電流內一個幾乎包圍本身的曲線箭頭來表示，並且畫在適當的網目內，如圖 4.16 所示。在另一個網目中建立網目電流 i_2，同樣以順時針方向流動。雖然電流方向是任意指定的，但通常選擇順時針方向的網目電流，是為了在方程式中會造成某些減少錯誤的對稱性。

一個網目電流經常可被視為一個分支電流，如同此例中的 i_1 與 i_2。然而這並不永遠是事實，若考慮正 9 網目的網路，很快便可證明中間的網目電流不能被視為任何分支的電流。

在電路中每一個分支上不再顯示任何電流箭頭，流經分支的電流必須流經分支所在的網目電流來決定。這不是困難的事，因為沒有任何的分支，會出現在兩個以上的網目中，例如：3 Ω 的電阻器存在於二個網目中，而向下流經它的電流為 $i_1 - i_2$。6 Ω 的電阻器只在網目 1 中，向右流經此分支的電流等於網目電流 i_1。

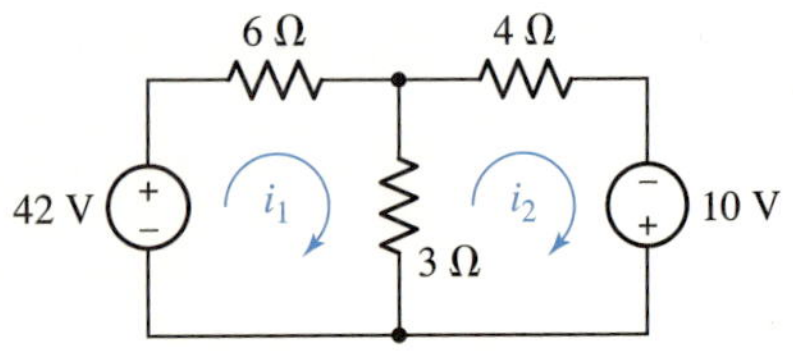

■圖 4.16 與圖 4.15*b* 相同的電路，只不過看起來稍微有點不同。

就左手邊的網目：

$$-42 + 6i_1 + 3(i_1 - i_2) = 0$$

而右手邊的網目：

$$3(i_2 - i_1) + 4i_2 - 10 = 0$$

而這二個方程式與方程式 [25] 及 [26] 相同。

例題 4.7

決定圖 4.17*a* 中 2 V 電源所供給的功率。

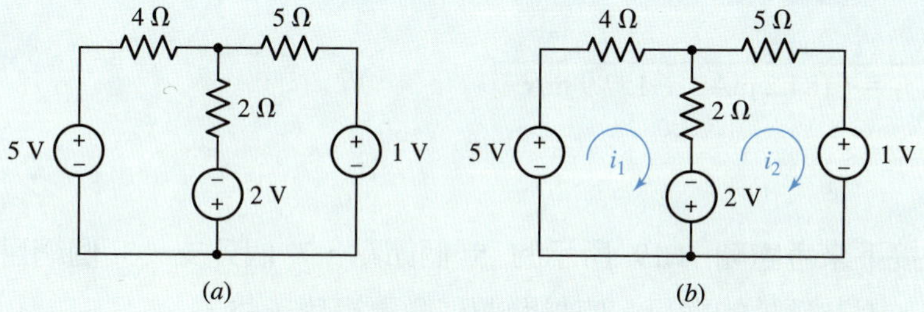

■圖 4.17　(*a*) 包含三個電源的二個網目電路；(*b*) 將網目電流標示於電路中。

首先，定義如圖 4.17*b* 所示的二個順時針網目電流。

從網目 1 的左下方節點開始，列出順時針經由所有分支的 KVL 方程式：

$$-5 + 4i_1 + 2(i_1 - i_2) - 2 = 0$$

在網目 2 中，以同樣的方式列出：

$$+2 + 2(i_2 - i_1) + 5i_2 + 1 = 0$$

將此項重新安排並整理，

$$6i_1 - 2i_2 = 7$$

及

$$-2i_1 + 7i_2 = -3$$

求解得，$i_1 = \dfrac{43}{38} = 1.132$ A 及 $i_2 = -\dfrac{2}{19} = -0.1053$ A。

流出 2 V 電源的正參考端電流為 i_1-i_2，所以，2 V 電源提供 (2)(1.237)＝2.474 W。

練習題

4.6 試求圖 4.18 電路中的 i_1 與 i_2。

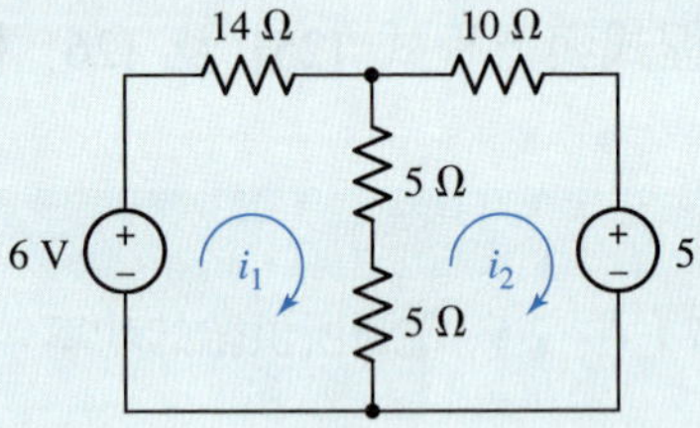

■圖 4.18

答：i_1＝+184.2 mA；−157.9 mA。

接下來考慮圖 4.19 所示的 5 個節點，7 個分支，3 個網目的電路。因為額外的網目，使得問題稍微更複雜一些。

例題 4.8

利用網目分析決定圖 4.19 電路中的三個網目電流。

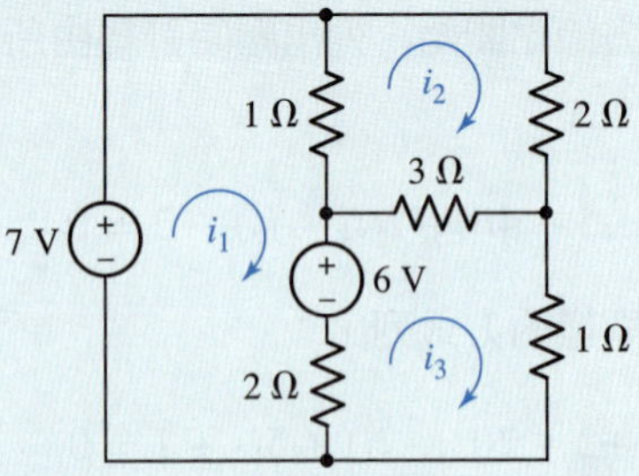

■圖 4.19 一個 5 個節點、7 個分支和 3 個網目的電路。

所需要的 3 個被指定的網目電流，顯示於圖 4.19 中，在每一個網目中有條理的應用 KVL：

$$-7+1(i_1-i_2)+6+2(i_1-i_3)=0$$
$$1(i_2-i_1)+2i_2+3(i_2-i_3)=0$$
$$2(i_3-i_1)-6+3(i_3-i_2)+1i_3=0$$

簡化成：

$$3i_1 - i_2 - 2i_3 = 1$$
$$-i_1 + 6i_2 - 3i_3 = 0$$
$$-2i_1 - 3i_2 + 6i_3 = 6$$

求解可得 $i_1=3$ A，$i_2=2$ A，$i_3=3$ A。

練習題

4.7　試求圖 4.20 電路中的 i_1 與 i_2。

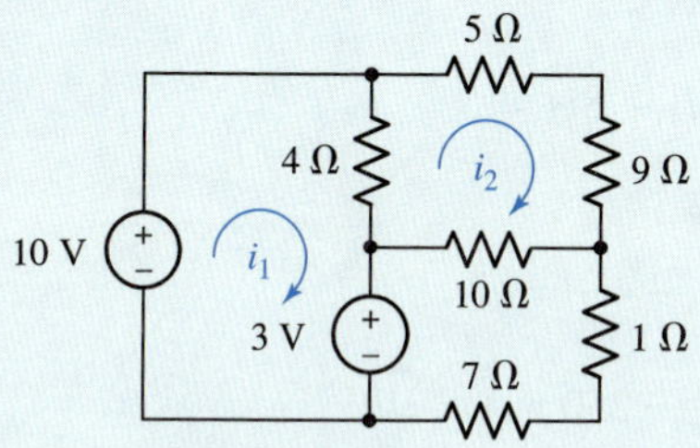

■圖 4.20

答：2.220 A，470.0 mA。

前一例子處理由獨立電壓源單獨提供功率的電路，如果電路中包含一個電流源，則可能將此分析簡單化或更加複雜化，此種問題將在 4.4 節中討論。正如在研究節點分析技巧所看到的，依賴電源一般除了 M 個網目方程式之外，還需要一個額外的方程式，除非控制變數是網目電流 (或網目電流和)，將在下一個例子中發現這種情形。

例題 4.9

決定圖 **4.21*a*** 電路中的電流 i_1。

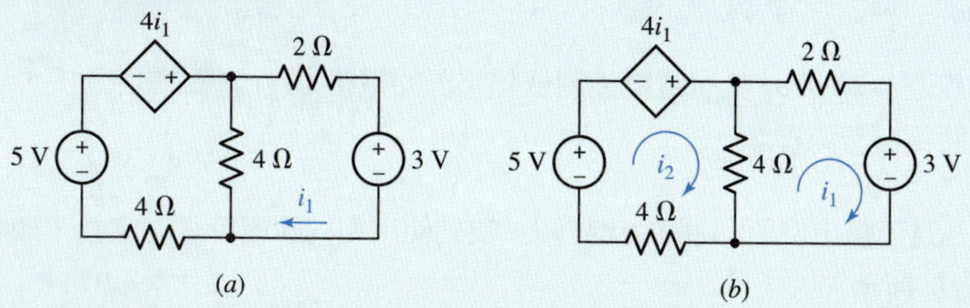

■圖 4.21　(*a*) 包含一個依賴電源的二個網目電路；(*b*) 針對網目分析，將電路予以標示。

電流 i_1 實際上是一個網目電流，所以不需重新定義，標示最右邊的網目電流為 i_1，並對於左邊網目定義一個順時針的網目電流 i_2，如圖 4.21*b* 所示。

對左邊網目 KVL 產生

$$-5 - 4i_1 + 4(i_2 - i_1) + 4i_2 = 0 \qquad [27]$$

從右邊網目可得

$$4(i_1 - i_2) + 2i_1 + 3 = 0 \qquad [28]$$

整理各項，這些方程式可以寫成

$$-8i_1 + 8i_2 = 5$$

及

$$6i_1 - 4i_2 = -3$$

求解得 $i_2 = 375$ mA，而 $i_1 = -250$ mA。

因為圖 4.21 中的依賴電流是由網目電流 (i_1) 所控制，所以分析這二個網目的電路，只需要 [27] 與 [28] 兩個方程式。在下個例子中，來看看如果控制變數不是網目電流時，將發生什麼情形。

例題 4.10

試求圖 4.22*a* 電路中的電源 i_1。

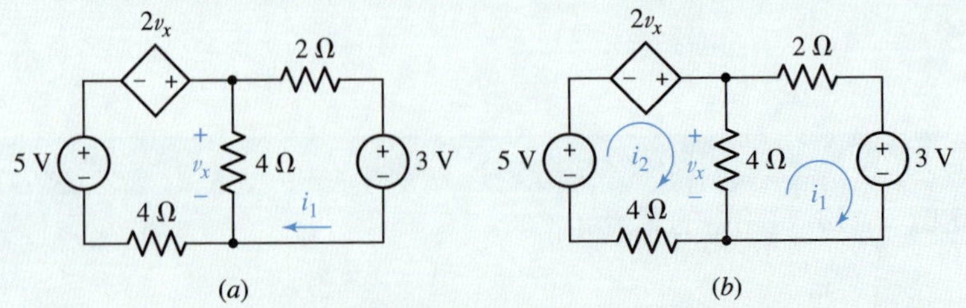

■圖 4.22 (*a*) 具有電壓控制依賴電源的電路；(*b*) 針對網目分析，將電路予以標示。

為了畫出例題 4.9 的比較圖，我們使用相同的網目電流定義，如圖 4.22*b* 所示。

左邊的網目，由 KVL 可得：

$$-5 - 2v_x + 4(i_2 - i_1) + 4i_2 = 0 \quad [29]$$

現在右邊的網目和之前相同，因此：

$$4(i_1 - i_2) + 2i_1 + 3 = 0 \quad [30]$$

因為依賴電源是由未知的電壓 v_x 所控制，此時面對二個方程式與三個未知數。以網目電流為變數簡單，建構 v_x 的方程式，可讓我們從困境中脫離。例如，

$$v_x = 4(i_2 - i_1) \quad [31]$$

藉由方程式 [31] 代入 [29] 式中，簡化方程式系統，結果可得

$$4i_1 = 5$$

求解，可得 $i_1 = 1.25$ A，在這特例中，除非 i_2 需要求取，否則方程式 [30] 是不需要列出的。

練習題

4.8 試求圖 4.23 電路中的 i_1，如果控制 A 等於 (a) $2i_2$；(b) $2v_x$。

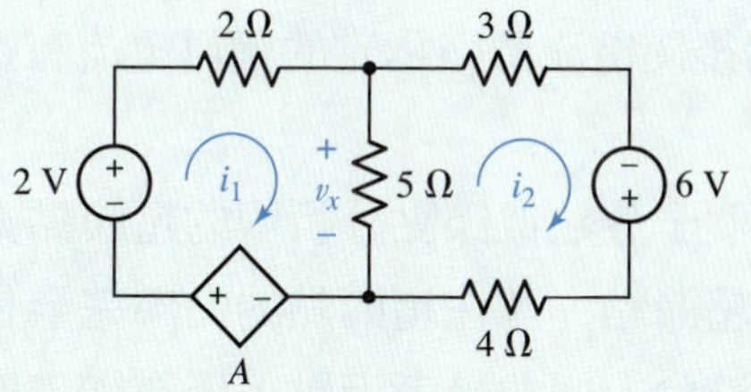

■圖 4.23

答：(a) 1.35 A；(b) 546 mA。

網目分析程序可以藉下列七個基本步驟予以總結。這個程序可適用在我們所碰到的任何平面電路，雖然電流源存在時，會需要額外的留意。這種情形將於 4.4 節中探討。

基本網目分析程序的摘要

1. **決定電路是否為平面電路。**如果不是，則採用節點分析取代。
2. **計算網目的數目** (M)。如果必要時，重畫電路。
3. **標記 M 個網目電流中的每一個。**一般而言，較簡單的分析，

是定義所有網目電流為順時針流動。

4. **環繞每一個網目列出 KVL 方程式**。從一個較方便的節點開始，順著網目電流方向前進，要十分注意 "−" 的符號。如果網目周圍有電流源存在時，不需要任何 KVL 方程式，網目電流可由檢視而決定。
5. **任何的未知數，如電壓或網目電流以外的電流，以適當的網目電流項目來表示**。如果電路中有電源或依賴電源存在時，這種情況便可能發生。
6. **把方程式予以組織整理**，並根據網目電流分項。
7. **針對網目電流求解方程式系統** (會有 M 個方程式)。

4.4 超網目

當電路中有電流源存在時，我們要如何修正這個簡單易懂的程序？採用節點分析所得的線索，覺得應該有兩個可能的方法。第一，可以在電流源的兩端指定一個未知的電壓，如同之前一樣，應用 KVL 繞網目一圈，然後使電流源與指定的網目電流有關聯。這是一般比較困難的方法。

比較好的方法，是一個十分類似節點分析中的超節點方法。在超節點方法中，形成一個超節點，並在超節點的內部完全包含電壓源，且每一個電壓源可以減少一個非參考節點。現在從二個具有共同電壓源元件的網目中，建立一個**超網目** (supermesh)，而此電流源在超網目的內部。每一個電流源存在時，便可減少一個網目數目。如果電流源在電路的邊緣時，則該電流源所有的網目可以被忽略。克希荷夫電壓定理僅適用於此重新解釋的網目或超網目。

例題 4.11

使用網目分析的技巧，求取圖 4.24*a* 中的三個網目電流。

此處發現到，一個 7 A 的獨立電流源位於二個網目的共同邊界上。網目電流 i_1、i_2 及 i_3 已經被指定，且電流源引導產生的超網目包含網目 1 與 3 在內，如圖 4.24*b* 所示。於此迴路中應用 KVL，

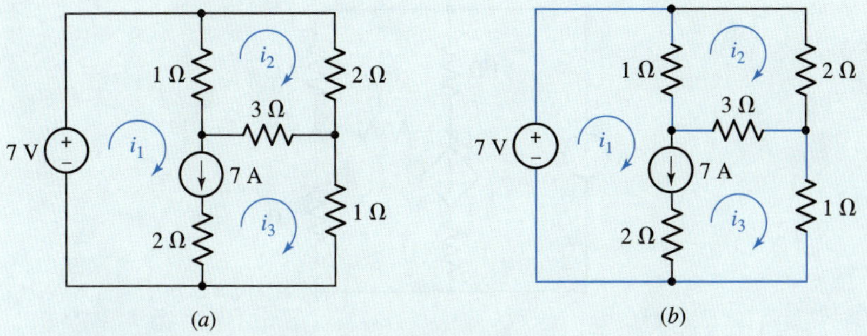

■圖 4.24　(*a*) 具有一個獨立電流源的三個網目電路；(*b*) 由色線所定義的超網目。

$$-7 + 1(i_1 - i_2) + 3(i_3 - i_2) + 1i_3 = 0$$

或

$$i_1 - 4i_2 + 4i_3 = 7 \qquad [32]$$

環繞網目 2，

$$1(i_2 - i_1) + 2i_2 + 3(i_2 - i_3) = 0$$

或

$$-i_1 + 6i_2 - 3i_3 = 0 \qquad [33]$$

最後，獨立電流源與所假設的網目電流關係為

$$i_1 - i_3 = 7 \qquad [34]$$

解方程式 [32] 至 [34]，可得 $i_1=9$ A，$i_2=2.5$ A，而 $i_3=2$ A。

練習題

4.9　試求圖 4.25 電路中的電流 i_1。

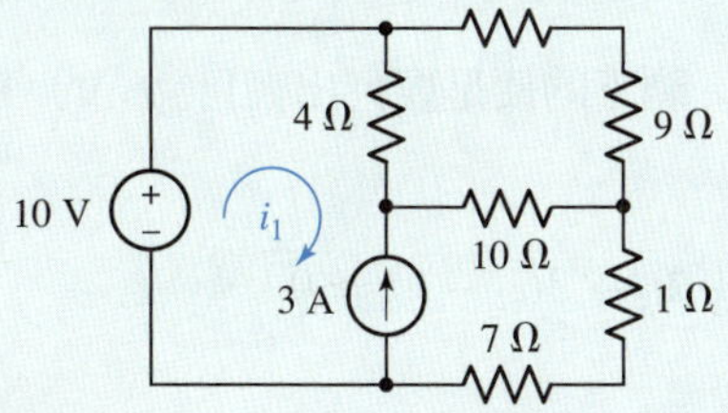

■圖 4.25

答：−1.93 A。

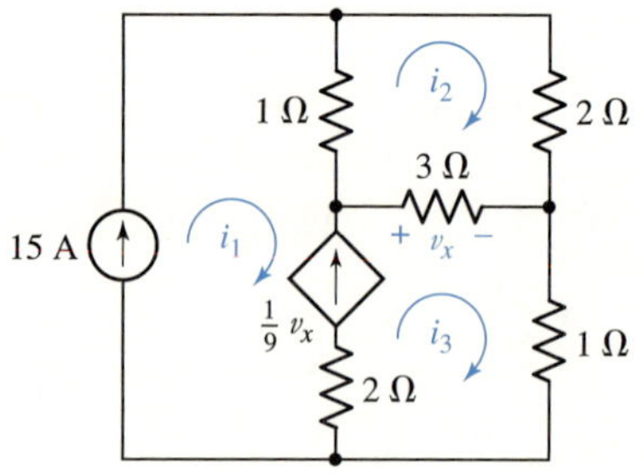

■圖 4.26 具有一個依賴及一個獨立電流源的三個網目電流。

一個或更多依賴電源存在時，只需要將每一個電源量及其所依賴的變數，以指定的網目電源項來表示。例如，在圖 4.26 中注意到網路中包含了兩個依賴及獨立電流源。讓我們來看看，他們的存在對於電路分析會有什麼樣的影響，以及實際的將其簡單化。

例題 4.12

使用網目分析求取圖 4.26 電路中的三個未知電流。

電流源出現在網目 1 與 3 之間，因為 15 A 電源位於電路的邊緣上，可以將網目 1 消除，且很清楚的 $i_1 = 15$ A。

因為現在我們知道，兩個網目電流中的一個與依賴電流源有關聯，因此沒有必要列出網目 1 與 3 的超網目方程式。取而代之，使用 KCL 簡化了 i_1 及 i_3 與依賴電源的電流之問題關係：

$$\frac{v_x}{9} = i_3 - i_1 = \frac{3(i_3 - i_2)}{9}$$

正式可以簡潔地寫成：

$$-i_1 + \frac{1}{3}i_2 + \frac{2}{3}i_3 = 0 \qquad \text{或} \qquad \frac{1}{3}i_2 + \frac{2}{3}i_3 = 15 \qquad [35]$$

一個方程式與二個未知數，剩下的便是要列出網目 2 的 KVL 方程式

$$1(i_2 - i_1) + 2i_2 + 3(i_2 - i_3) = 0$$

或

$$6i_2 - 3i_3 = 15 \qquad [36]$$

解方程式 [35] 及 [36]，可得 $i_2 = 11$ A 及 $i_3 = 17$ A；由檢視已決定出 i_1

$=15$ A。

練習題

4.10　使用網目分析求圖 4.27 電路中的 v_3。

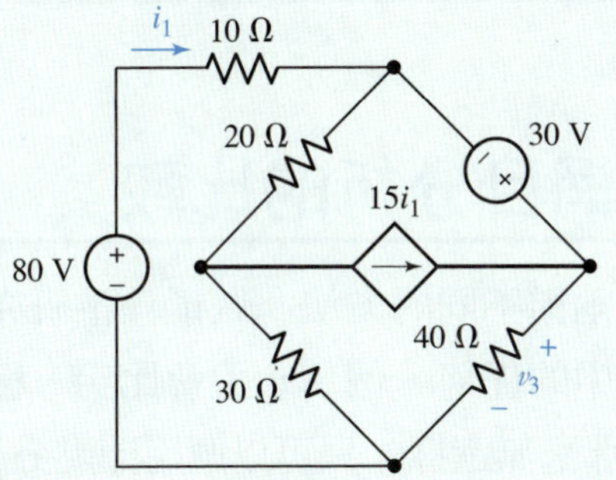

■圖 4.27

答：104.2 V。

現在可以針對列網目方程式的一般方法做個總結。不論依賴電源、電壓源 (或) 電流是否存在，倘若電路可以被畫成平面電路。

超網目分析程序的摘要

1. **決定電路是否為平面電路**。如果不是，則採用節點分析取代。
2. **計算網目的數目** (M)。如果必要時，重畫電路。
3. **標記 M 個網目電流中的每一個**。一般而言，較簡單的分析，是定義所有網目電流為順時針流動。
4. **如果電路中包含兩個網目共有的電流源時，形成一個包圍這兩個網目的超網目**。顯著的圍圈對於列 KVL 方程式有所幫助。
5. **環繞每一個網目或超網目列出 KVL 方程式**。從一個較方便的節點開始，順著網目電路方向前進，要十分注意 "−" 的符號。如果網目周圍電流源存在時，不需要任何 KVL 方程式，網目電流可由檢視而決定。
6. **建立從電流源流出的電流與網目電流的關係**。可以藉由 KCL 的簡單應用來完成這部分，每一個所定義的超節點需要一個這樣的方程式。
7. **任何的未知數，如電壓或網目電流以外的電流，以適當的網目**

電流項目來表示。如果電路中有依賴電源存在時，這種情況便可能發生。

8. **把方程式予以組織整理**，並根據節點電壓分項。
9. **針對節點電壓求解方程式系統** (會有 M 個方程式)。

4.5 節點分析與網目分析的比較

我們已經針對電路分析兩種不同的方法，做了一番研究。而似乎會合理的問到：兩種方法中的任何一個，永遠會比另一種方法有利嗎？如果電路是非平面，那毫無選擇，只可以應用節點分析。

然而，倘若真正考慮的是平面電路分析，在一些狀況下，其中一種技巧是比另一種有些許的好處。如果計畫使用節點分析，則一個 N 個節點的電路，最多會引導出 $N-1$ 個 KCL 方程式。每一個所定義的超節點，會進一步減少一個方程式。如果這相同的電路，有 M 個明顯的網目，則最多有 M 個 KVL 方程式，每一個超網目會減少一個方程式。基於這項事實，應該選擇會產生最少數目的聯立方程式之方法。

如果電路中存在一個或多個依賴電源，則每一個控制變數會影響選擇節點或網目分析。例如，由節點電壓控制的依賴電壓源，如果執行節點分析，則不需要額外的方程式。同樣的，由網目電流所控制的依賴電流源，如果執行網目分析，則不需要額外的方程式。那由電流所控制的依賴電壓源會是什麼狀況？或相反的，由電壓所控制的依賴電流源，又會是如何？如果控制變數能簡單的與網目電流有關聯的話，我們會預期網目分析是更為簡單直接的選項。同樣的，如果控制變數能簡單的與節點電壓有關聯的話，則節點分析是較好的。我們所考慮的最後一點是電源的位置，不論是依賴或獨立電流源，若位於網目的邊緣，則簡單的採用網目分析。若是電壓源連接到參考端，則採用節點分析。

當兩種方法本質上造成相同數目的方程式時，則所要求取的量可能也是值得考慮的因素。節點分析的結果是直接計算節點電壓，而網目分析則提供電流。例如，如果要求流經一組電阻器的電流，

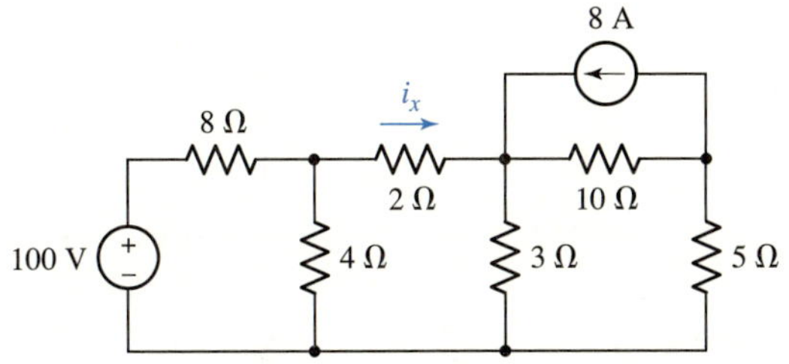

■圖 4.28　具有五個節點及四個網目的平面電路。

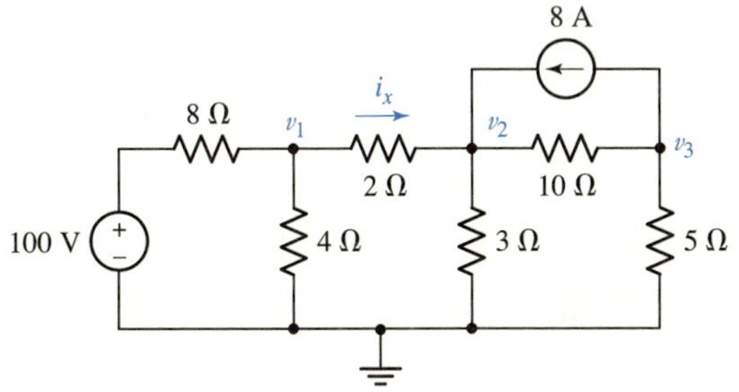

■圖 4.29　將圖 4.28 電路標示節點電壓，注意，接地符號被選擇作為參考端。

在完成節點分析之後，仍然必須利用歐姆定理，決定每一個電阻器的電流。

圖 4.28 電路為一例子，希望決定電流 i_x 的大小。

選擇底部的節點為參考節點，且注意有四個非參考節點。雖然這代表能列出四個明顯的方程式，卻沒有必要標示 100 V 電源與 8 Ω 電阻器之間的節點，因為很清楚的，這個節點電壓為 100 V。因此，標示其餘的節點電壓 v_1、v_2 及 v_3，如圖 4.29 所示。

列出下列三個方程式：

$$\frac{v_1 - 100}{8} + \frac{v_1}{4} + \frac{v_1 - v_2}{2} = 0 \quad \text{或} \quad 0.875v_1 - 0.5v_2 = 12.5 \qquad [37]$$

$$\frac{v_2 - v_1}{2} + \frac{v_2}{3} + \frac{v_2 - v_3}{10} - 8 = 0 \quad \text{或} \quad -0.5v_1 - 0.9333v_2 - 0.1v_3 = 8 \qquad [38]$$

$$\frac{v_3 - v_2}{10} + \frac{v_3}{5} + 8 = 0 \quad \text{或} \quad -0.1v_2 + 0.3v_3 = -8 \qquad [39]$$

求解可得 $v_1 = 25.89$ V 及 $v_2 = 20.31$ V，由歐姆定理可決定出電流 i_x：

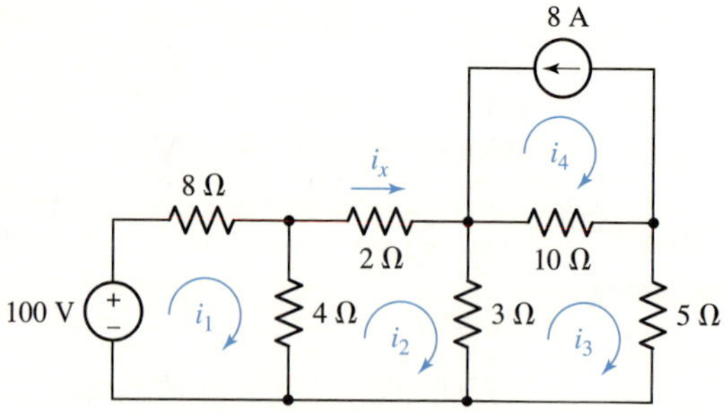

■圖 4.30 標示網目電流的圖 4.28 電路。

$$i_x = \frac{v_1 - v_2}{2} = 2.79 \text{ A} \quad [40]$$

接下來，使用網目分析來求解相同的電路。圖 4.30 中有四個不同的網目，很明顯的 $i_4 = -8$ A。因此，需要列出三個不同的方程式。

針對網目 1、2 及 3 列出 KVL 方程式：

$$-100 + 8i_1 + 4(i_1 - i_2) = 0 \quad \text{或} \quad 12i_1 - 4i_2 = 100 \quad [41]$$

$$4(i_2 - i_1) + 2i_2 + 3(i_2 - i_3) = 0 \quad \text{或} \quad -4i_1 + 9i_2 - 3i_3 = 0 \quad [42]$$

$$(i_3 - i_2) + 10(i_3 + 8) + 5i_3 = 0 \quad \text{或} \quad -3i_2 + 18i_3 = -80 \quad [43]$$

求解後可得 $i_2(=i_x) = 2.79$ A，對於這個特別的問題，網目分析較為簡單。然而，因為兩個方法都有效，用這兩個方法來求解相同的問題，也能提供作為檢查答案使用。

4.6 電腦輔助電路分析

我們已經瞭解要設計相當複雜的電路並不需要太多的元件。當繼續處理更複雜的電路時，分析期間開始明顯快速的容易造成錯誤，而且用手計算的方式去驗證解答相當耗時。知名的 PSpice 是一個功能強大的電腦軟體，它一般用在快速電路分析，以及圖形擷取工具典型地與印刷電路板或積體電路佈局整合。SPICE (Simulation Program with Integrated Circuit Emphasis) 原先於 1970 年代早期發展於加州柏克萊大學，而現在是工業的標準。MicroSim 公司於 1984 年推出 PSpice，它是在 SPICE 核心程式外設計直覺式圖形介面。有賴於考慮電路分析的型態，現在已有幾家公司提出各種基本的 SPICE 包裝。

雖然電腦輔助分析對於計算電路的電壓及電流相對的快速，但要注意的是，不要讓模擬軟體完全取代了紙筆分析。對於以上的論述有幾點理由：首先，為了要設計電路，我們必須要有分析的能力。過份依賴軟體工具，可能阻礙我們對於必要分析技術的發展，相同的情形也發生在小學階段太早引進計算器。第二，長時期使用複雜的軟體，而沒有發生資料輸入的錯誤，在事實上是不可能的。如果沒有任何的直覺知識，去預測模擬的答案是什麼的話，那就沒有任何方法去決定答案是否有效。如此，一般的稱呼實際上無法精確的描述：電腦輔助分析 (computer-aided analysis)。人腦並未退化，還早的很呢！

舉個例子，考慮圖 4.15*b* 的電路，包括二個直流電壓源及三個電阻器。想要利用 PSpice 去模擬這個電路，並決定電流 i_1 及 i_2。圖 4.31*a* 所顯示的電路，為圖形擷取軟體[1] 所繪製。

為了決定網目電流，只需要執行偏壓點模擬 (bias point simulation)。於 **PSpice** 環境底下，選擇**新的模擬外觀 (New Simulation Profile)**，輸入第一個例子 (或隨你個人喜愛)，並按下**產生 (Create)**。在**分析型態 (Analysis Type)** 下拉式選單中，選取**偏壓點 (Bias Point)**，再按下 **OK**。回到開始的圖形視窗，在 **PSpice** 環境底下，選擇**執行 (Run)** (或使用兩個捷徑中的任一個：按下 F11 鍵或按下藍色“Play”符號)。為了要看到 PSpice 計算電流，確認電流的按鈕已按下 (如圖 4.31*b* 所示)。模擬結果顯示在圖 4.31*c*，可以看到二個電流 i_1 及 i_2 各為 6 A 與 4 A，這結果與前面相同。

進一步再舉一個例子，考慮圖 4.32*a* 所顯示的電路，它包含一個直流電壓源、一個直流電流源及一個電壓控制電流源。我們所感興趣的是三個節點電壓，不論是由節點或網目分析，可以求得由左到右誇越電路頂部的數值各為 82.91 V、69.9 V 及 59.9 V。圖 4.32*b* 為模擬執行後，由圖形擷取工具所繪製的電路。這三個節點電壓被直接標示於圖上。要注意的是，在使用圖形擷取工具繪製依賴電源時，必須很明確的將電源的二端與控制電壓或電流連結。

1 參閱附錄 4，PSpice 與圖形擷取的簡潔的教學。

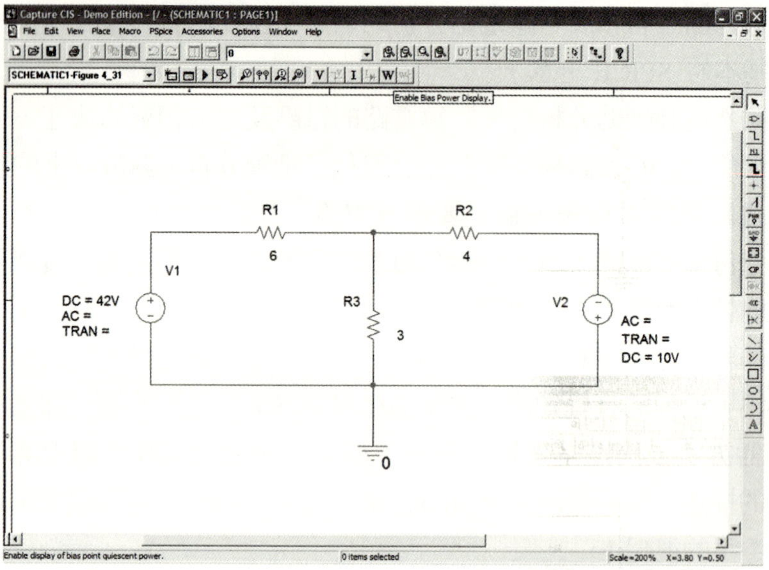

(*a*)

(*b*)

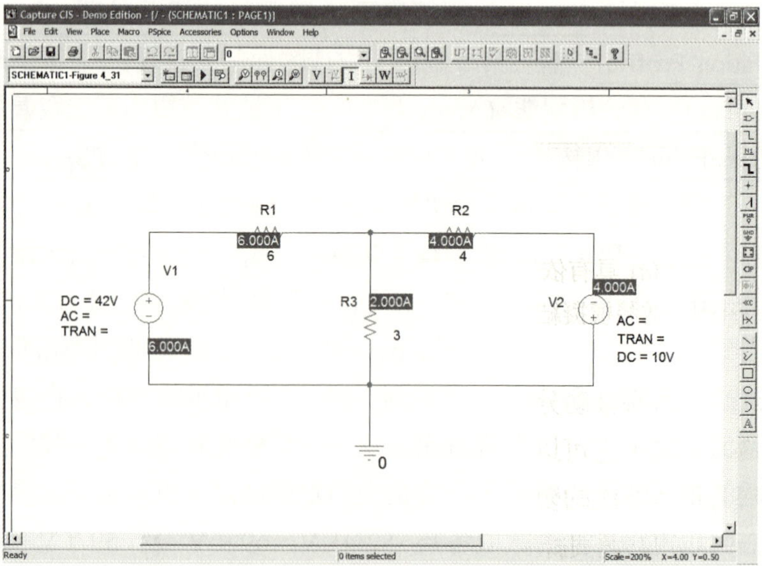

(*c*)

■圖 4.31　(*a*) 利用 Orcad 圖形擷取軟體所繪製的圖 4.15*a* 電路；(*b*) 電流、電壓及功率顯示按鈕；(*c*) 模擬執行之後的電路有電流標示。

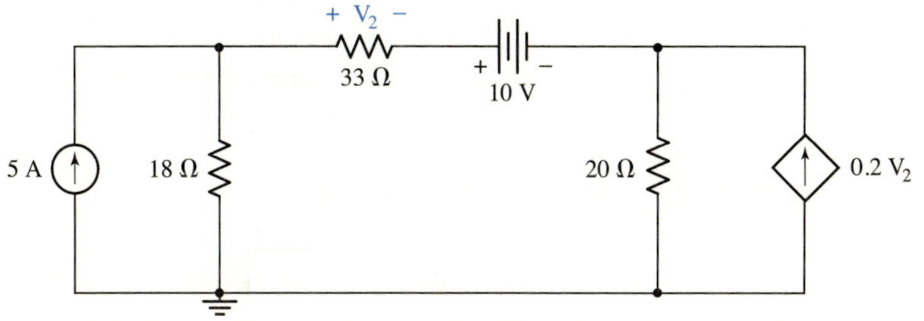

(*a*)

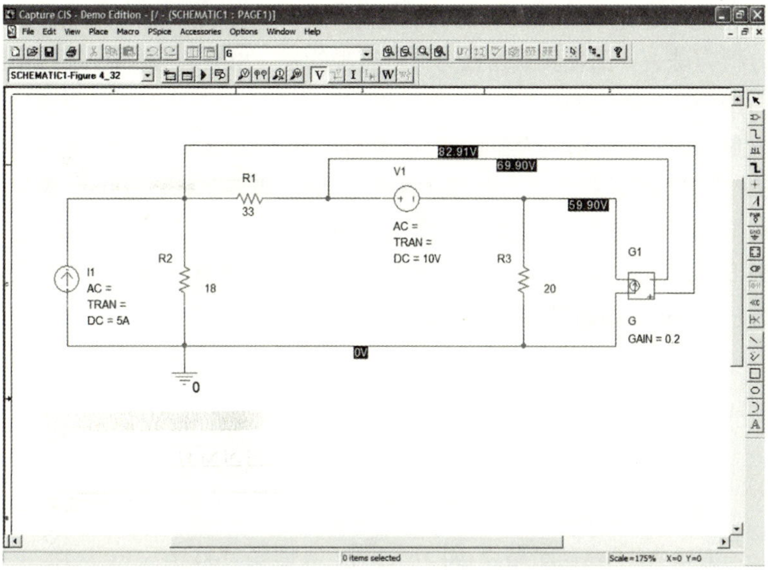

(*b*)

■圖 4.32　(*a*) 具有依賴電流源的電路；(*b*) 利用圖形擷取工具所繪製的電路圖，並將模擬結果直接標示於圖上。

此時，電腦輔助分析會顯示實功率。一旦電路圖在圖形擷取程式中繪製完成，它可以很簡單的藉由改變元件數值來進行實驗，並且觀察電壓與電流的變化。想要在這方面獲得一些經驗的話，試著去模擬先前的例題與練習題中的電路。

實 際 應 用

以節點為基礎的 PSpice 圖形繪製

描述與電腦輔助電路分析相結合的電路，最一般的方法是隨著圖形繪圖軟體型態而定，圖 4.32 顯示一個輸出的例子。然而，SPICE 是在這種軟體出現以前所寫的，其對於所要分析的電路，是以特定的文字格式予以描述。這種格式在打孔卡片有它自己的語法來源，並在卡片上產生明顯的外觀。對於電路描述的基礎，是定義元件及其每一個端點指定一個節點編號。所以，雖然我們只研究過兩種一般電路分析方法——節點與網目技巧——有趣的是，SPICE 與 PSpice 是使用一種清晰定義的節點分析方法來寫分析內容。

雖然現代的電路分析是大量的使用圖形導向互動軟體 (graphics-oriented interactive software)，當錯誤產生時 (通常是由在繪製圖面或是在選擇分析選項組合)，有讀取圖形擷取工具所產生的文字架構輸入層 (input deck) 的能力，此種能力對於明確問題的追蹤是無價的。要發展這種能力最簡單的方法，是學習如何從使用者寫的輸入層直接執行PSpice。例如，考慮下方相同的輸入層 (每一行由星記號開始代表附註，PSpice 會將其跳過而不執行)。

```
* Example input deck for a simple voltage divider.

.OP             (要求 SPICE 求解的電路直流操作點)
R1 1 2 1k       (R1 被定義在節點 1 與 2 之間，其值為 1 kΩ)
R2 2 0 1k       (R2 被定義在節點 2 與 0 之間，其值為 1 kΩ)
V1 1 0 DC 5     (V1 被定義在節點 1 與 0 之間，其值為 5 V dc)
* End of input deck.
```

可以使用 Windows 作業系統中的記事本或喜歡的文字編輯器來產生輸入層，將檔案以 example.cir 的名稱儲存，接下來呼叫 PSpice A/D (參考附錄 4)。在**檔案** (File) 之下，選擇**開啟** (Open)，指向儲存 example.cir 的目錄，並於**檔案型態** (File of Type) 下：選擇**電路檔案** (Circuit Files)(*.cir)。選擇檔案之後點選開啟，將看到在 PSpice A/D 視窗中載入電路檔案 (如圖 4.33*a* 所示)。一個像這樣的網路表 (netlist) 包含執行模擬的使用說明，可以由圖形擷取軟體產生或像這個例子一樣由手動產生。

可以按下右上方的藍色"Play"符號或在**模擬** (Simulation) 功能中選擇**執行** (Run) 來執行模擬。在主視窗的左下角，一個較小的摘要視窗告知模擬執行成功 (如圖 4.33*b* 所示)。要看執行結果，可以在**察看** (View) 選單中選擇**輸出檔案** (Output File) 並看到：

```
**** 02/18/04 09:53:57 ************** PSpice Lite (Jan 2003) ****************
 * Example input deck for a simple voltage divider.
 ****     CIRCUIT DESCRIPTION
***************************************************************************
.OP
R1 1 2 1k
R2 2 0 1k
V1 1 0 DC 5
* End of input deck.
```

輸入層在輸出的部分會再重複出現，作為參考及幫助錯誤檢查。

```
**** 02/18/04 09:53:57 ************** PSpice Lite (Jan 2003) ****************
 * Example input deck for a simple voltage divider.
 ****     SMALL SIGNAL BIAS SOLUTION       TEMPERATURE =   27.000 DEG C
***************************************************************************
 NODE   VOLTAGE     NODE   VOLTAGE     NODE   VOLTAGE     NODE   VOLTAGE
(    1)    5.0000  (    2)    2.5000

    VOLTAGE SOURCE CURRENTS
    NAME          CURRENT

    V1            -2.500E-03

    TOTAL POWER DISSIPATION   1.25E-02  WATTS
```

在輸出摘要中，顯示每一個節點與節點 0 的電壓。5 V 電源連接在節點 1 與 0 之間，電阻器 R2 連接在節點 2 與 0 之間，且如預期跨接 2.5 V。

注意 SPICE 的一個怪癖：由電源所提供的電流使用被動符號並置於引號之內 (例如，−2.5 mA)。

如同所看到的，使用文字方法描述電路比圖形擷取工具要來的困難。特別是，它很容易由於不正確的錯誤節點編號，造成簡單 (但是重大) 的模擬錯誤，因為它除了紙上所寫的東西之外，沒有任何直接視覺上的輸入層。然而，對於輸出的詮釋是非常簡單直接的，且練習閱讀一些像這種檔案的工作是值得的。

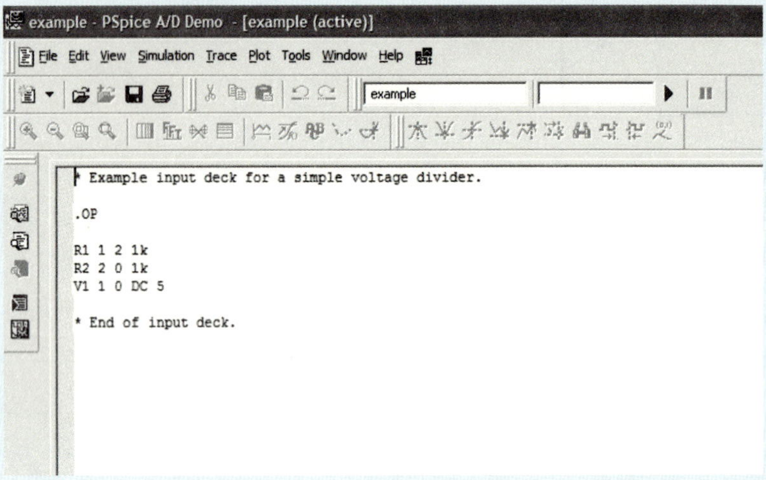
example - PSpice A/D Demo - [example (active)]
File Edit View Simulation Trace Plot Tools Window Help
example
* Example input deck for a simple voltage divider.
.OP
R1 1 2 1k
R2 2 0 1k
V1 1 0 DC 5
* End of input deck.

(*a*)

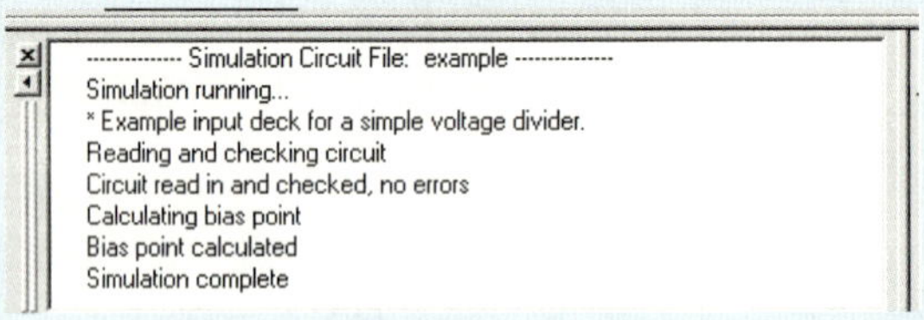
-------------- Simulation Circuit File: example --------------
Simulation running...
* Example input deck for a simple voltage divider.
Reading and checking circuit
Circuit read in and checked, no errors
Calculating bias point
Bias point calculated
Simulation complete

(*b*)

■圖 4.33 (a) PSpice A/D 視窗載入電路檔案；(*b*) 模擬動作摘要。

摘要與複習

- 在開始分析之前，先繪製一張簡潔、簡單的電路圖，並標示所有元件與電源的數值。
- 如果選擇使用節點分析方法：
  - 選擇一個參考節點，並標示節點電壓 υ_1，υ_2，…，υ_{N-1}，每一個節點電壓是相對於參考節點的測量值。
  - 如果電路只包含電流源時，應用 KCL 於每一個非參考節點。
  - 如果電路中包含電壓源時，對於每一個電壓源形成一個超節點，並繼續在所有非參考節點及超節點上應用 KCL。
- 如果考慮使用網目分析，首先要確認這個網路是一個平面網路。
  - 在每一個網目中指定一個順時針方向的網目電流：i_1，i_2，…，i_M。
  - 如果電路中只包含電壓源，繞著這網目應用 KVL。
  - 如果電路中包含電流源時，對每一個電流源產生一個二個網目共有的超網目，並且繞著網目與超網目應用 KVL。
- 如果控制變數是電流的話，依賴電源對於節點分析會增加一個額外的方程式，但如果控制變數是節點電壓時則不然。相反的，如果控制變數是電壓的話，依賴電源對於網目分析會增加一個額外的方程式，但如果控制變數是網目電流時則不然。
- 對於一個平面電路決定是否使用節點或網目分析，若電路具有比網目或超網目還少的節點或超節點時，將使用節點分析會有較少的方程式。
- 電腦輔助分析對於較多元件數目的電路，在檢查結果與分析上是有用的。然而，對於模擬結果的檢查還是要具備一般常識。

進階研讀

- 節點與網目分析的詳細內容可參考：

  R. A. DeCarlo 及 P. M. Lin 所著作的“線性電路分析”，第二版，New York: Oxford University, 2001 年發行。

❒ SPICE 完整的指南：

P. Tuinenga 所著作的“SPICE：使用 PSPICE 電路模擬及分析指南”，第三版，Upper Saddle River, N. J. : Prentice Hall, 1995 年發行。

習 題

※偶數題置書後光碟

4.1 節點分析

1. (a) 試求 v_2 之值，如果 $0.1v_1-0.3v_2-0.4v_3=0$、$-0.5v_1+0.1v_2=4$ 及 $-0.2v_1-0.3v_2+0.4v_3=6$；(b) 求行列式值：

$$\begin{vmatrix} 2 & 3 & 4 & 1 \\ 3 & 4 & 1 & 2 \\ 4 & 1 & 2 & 3 \\ 1 & -2 & 3 & 0 \end{vmatrix}$$

3. (a) 解下列方程式：

$$4 = v_1/100 + (v_1 - v_2)/20 + (v_1 - v_x)/50$$
$$10 - 4 - (-2) = (v_x - v_1)/50 + (v_x - v_2)/40$$
$$-2 = v_2/25 + (v_2 - v_x)/40 + (v_2 - v_1)/20$$

(b) 利用 MATLAB 驗證答案。

5. 試求圖 4.35 標示為 v_1 的電壓大小。

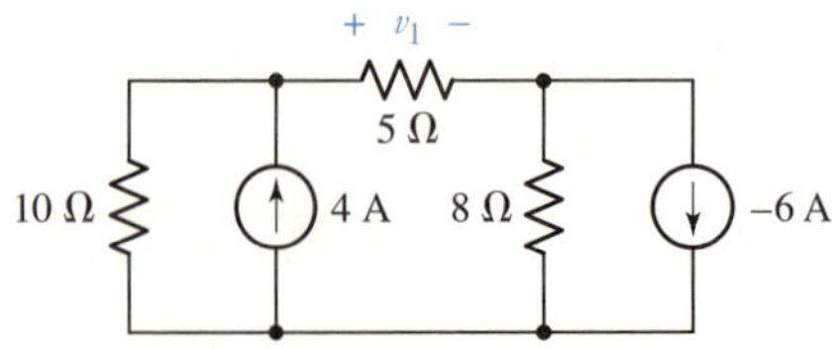

■圖 4.35

7. 利用節點分析求解圖 4.37 電路中的 v_p。

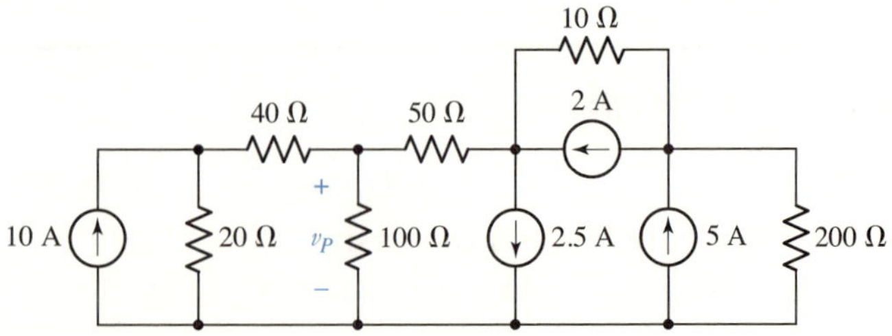

■圖 4.37

9. 圖 4.39 電路 (a) 使用節點分析決定 v_1 及 v_2；(b) 計算 6 Ω 電阻器所吸收的功率。

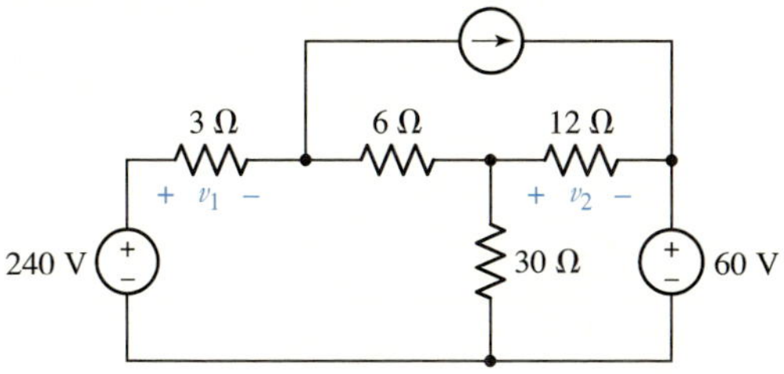

■ 圖 4.39

11. 參考圖 4.41 電路所示，利用節點分析求解 V_2，使得 $v_1=0$。

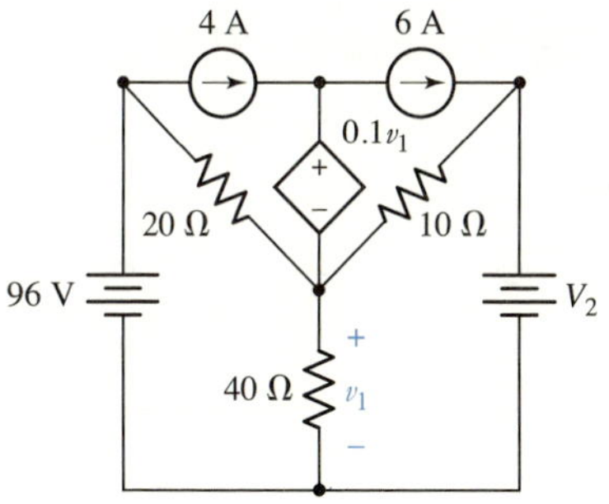

■圖 4.41

13. 利用節點分析，求解圖 4.43 電路中的 v_x。

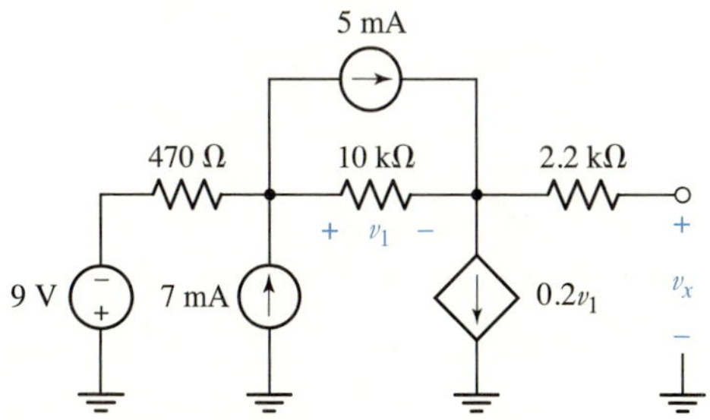

■圖 4.43

15. 求解圖 4.45 電路中所標示的節點電壓。

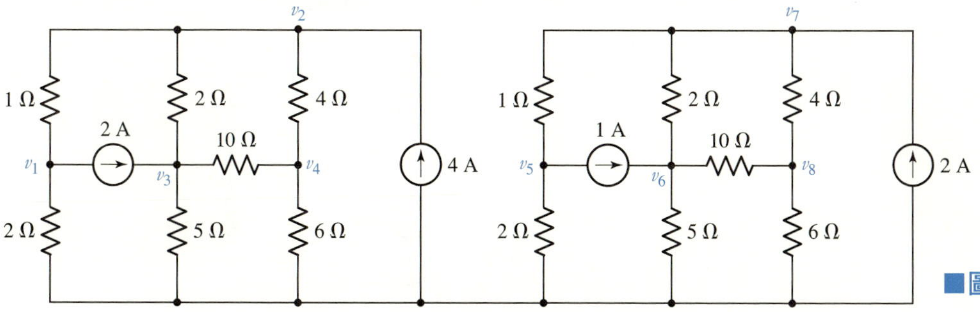

■圖 4.45

4.2 超節點

17. 圖 4.47 電路，利用節點分析求解 (a) v_A；(b) 2.5 Ω 電阻器所消耗的功率。

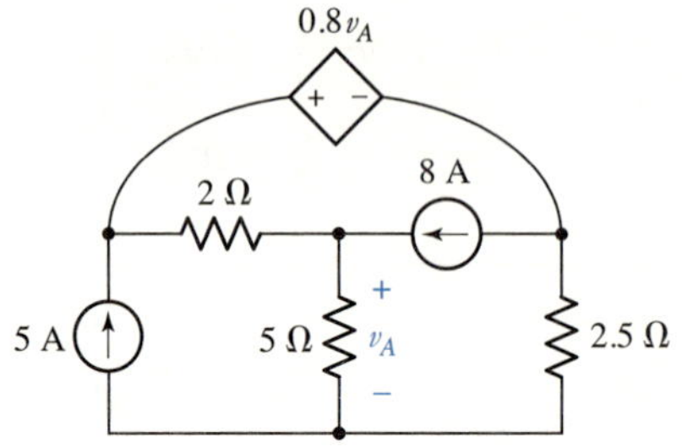

■圖 4.47

19. 利用節點分析求解圖 4.49 電路中 k 的數值，使得 v_y 為零。

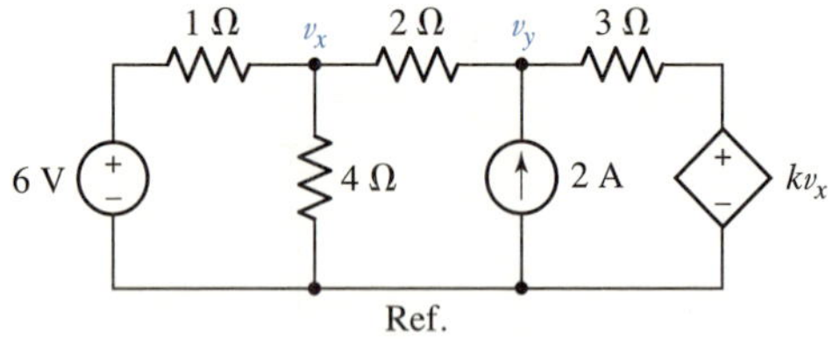

■圖 4.49

21. 利用超節點概念的協助，求解圖 4.51 中標示為 v_{20} 的電壓值。不是由實心點所標記的跨接線並非實際相連接。

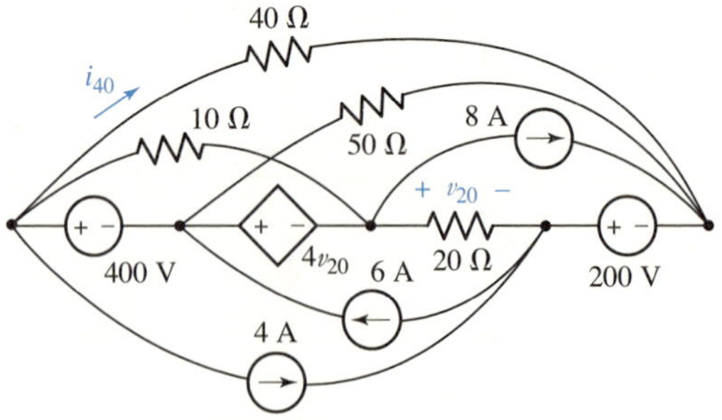

■圖 4.51

23. 求解圖 4.53 電路中由 2 A 電源所提供的功率。

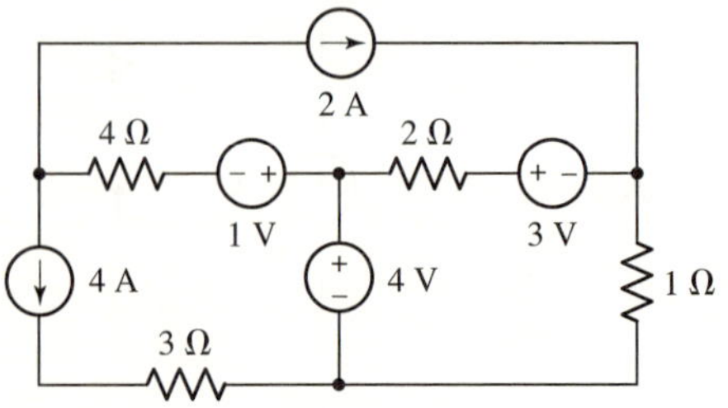

■圖 4.53

25. 求解描繪圖 4.55 電路特性的節點電壓。

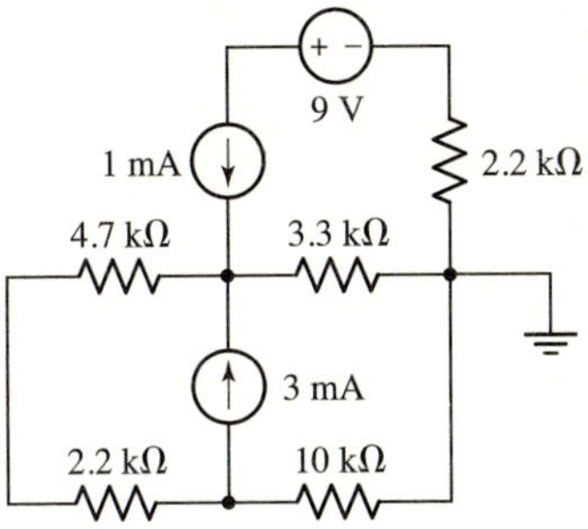

■圖 4.55

4.3　網目分析

27. 利用網目分析求解圖 4.57 電路中 (a) 電流 i_y；(b) 10 V 電源所提供的功率。

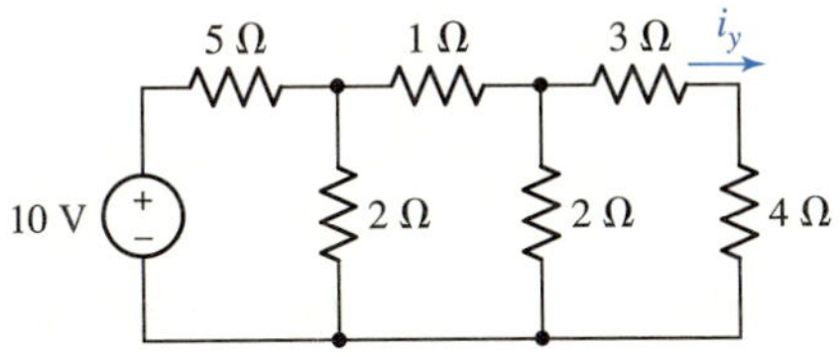

■圖 4.57

29. 利用網目分析求解圖 4.59 電路中 (a) 標示為 i_x 的電流；(b) 25 Ω 電阻器所吸收的功率。

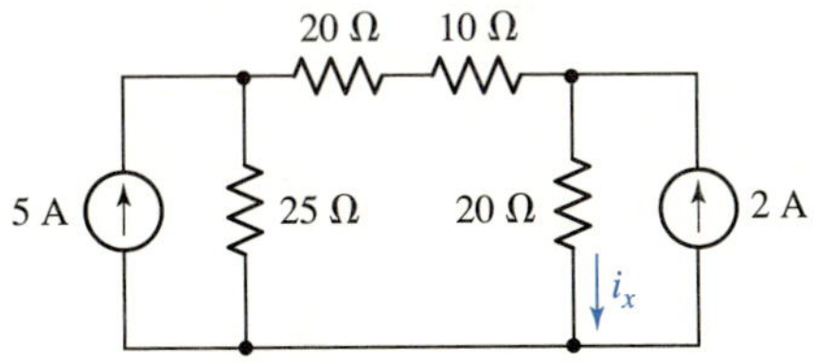

■圖 4.59

31. 利用網目分析求解圖 4.61 電路中的 i_x。

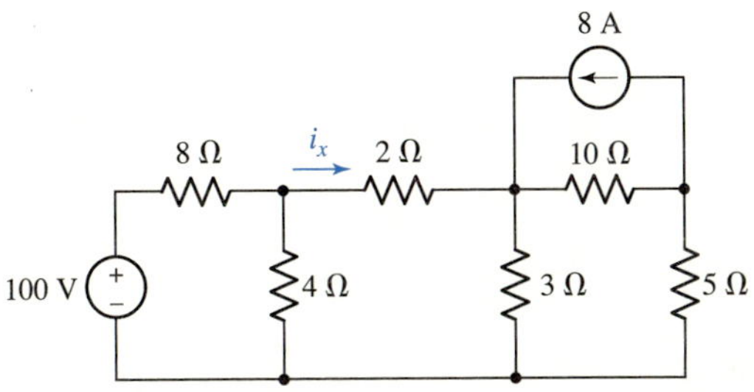

■圖 4.61

33. 利用網目分析，求解圖 4.48 電路中依賴電壓源所提供的功率。

35. 試求圖 4.64 電路中的順時針網目電流大小。

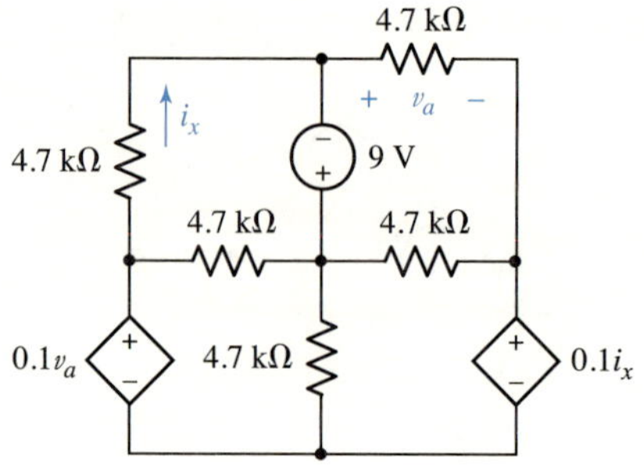

■圖 4.64

37. (a) 參考圖 4.66 電路，如果已知網目電流 $i_1=1.5$ mA，試求 R 的值；(b) R 是否必須為唯一值？請解釋。

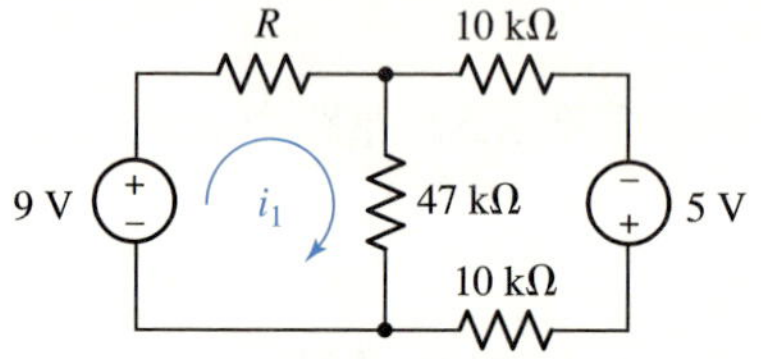

■圖 4.66

39. 圖 4.68 所示的電路為共基極雙極接面電晶體放大器，輸入電源已被短路，且 1 V 電源代替輸出裝置 (a) 使用網目分析求解 I_x；(b) 利用節點分析驗證 (a) 的解答；(c) V_s/I_x 的物理意義為何？

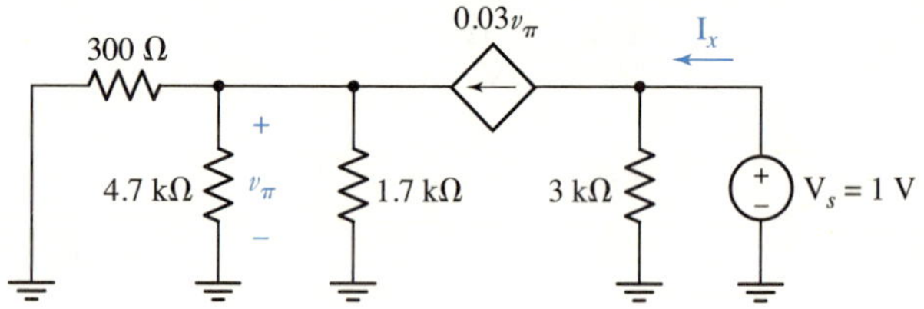

■圖 4.68

4.4 超網目

41. 利用網目分析，求解圖 4.70 中五個電源每一個所產生的功率。

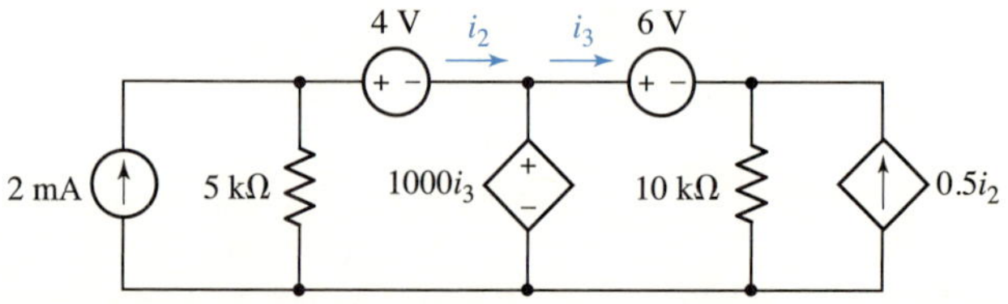

■圖 4.70

43. 利用超網目概念，求解圖 4.72 中的 2.2 V 電源所提供的功率。

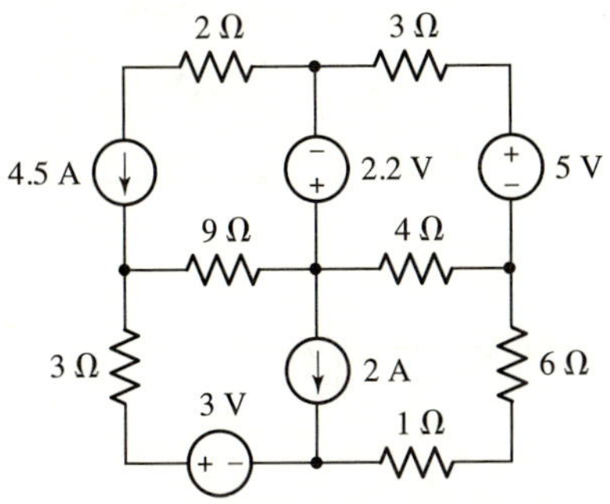

■圖 4.72

45. 利用網目分析，求解跨接在圖 4.74 的 2.5 Ω 電阻器兩端的電壓。

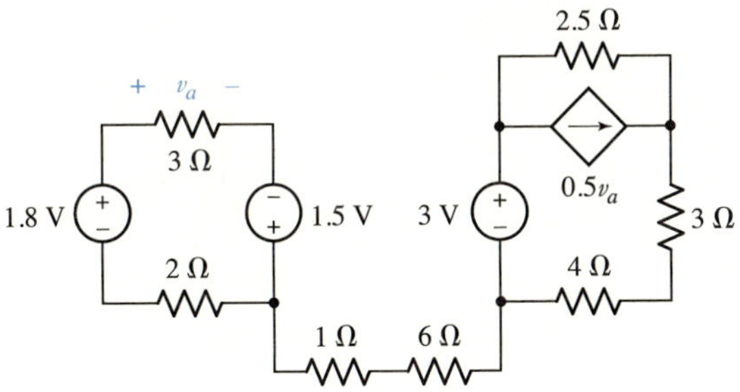

■圖 4.74

47. 圖 4.76 電路中，如果 $i_2 = 2.273$ A，試求電阻器 **X** 的數值。

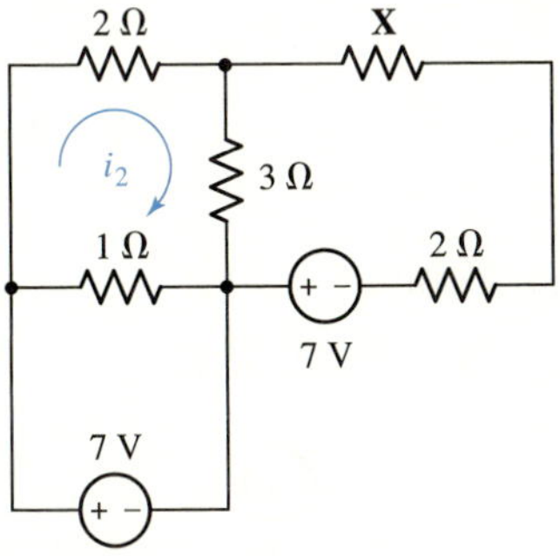

■圖 4.76

4.5　節點分析與網目分析的比較

49. 求解圖 4.78 中各電路標示為 v_x 的電壓。

51. 求解圖 4.79 電路中的電流 i_1 及 i_2，如果元件 A 為 12 Ω 電阻器。解釋選擇節點或網目分析的邏輯。

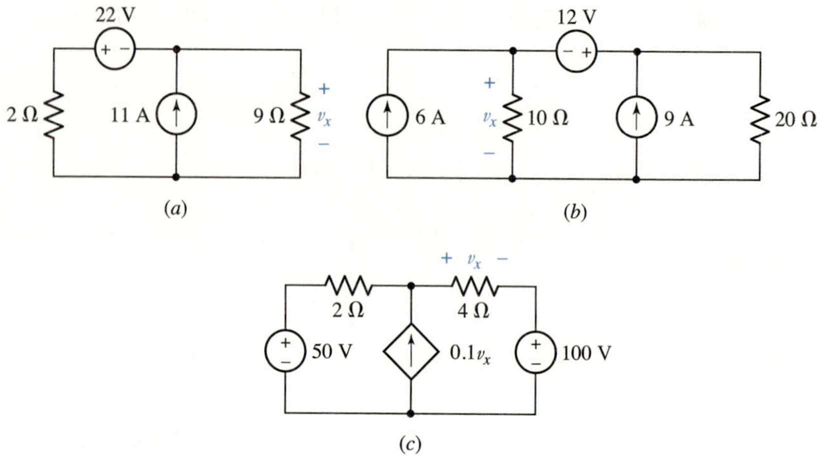

■圖 4.78

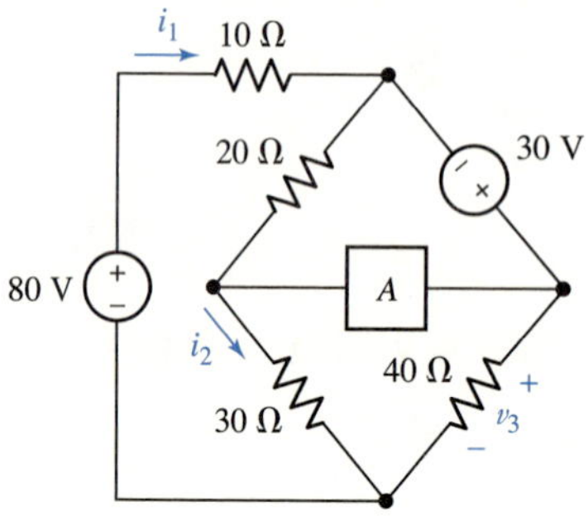

■圖 4.79

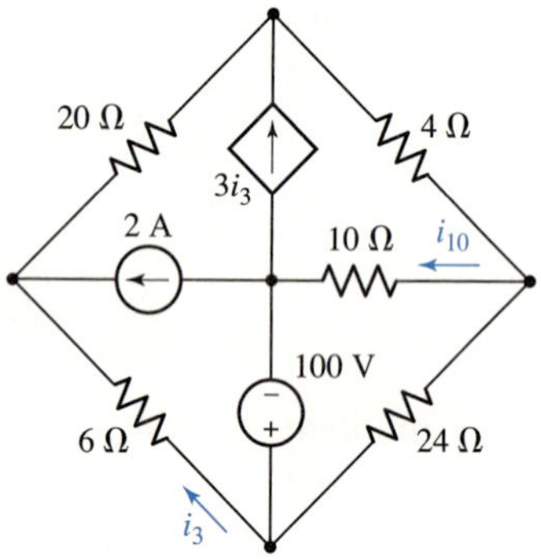

■圖 4.81

53. 求解圖 4.81 電路所標示的兩個電流數值。
55. 試求流經圖 4.83 電路中每一分支的電流。

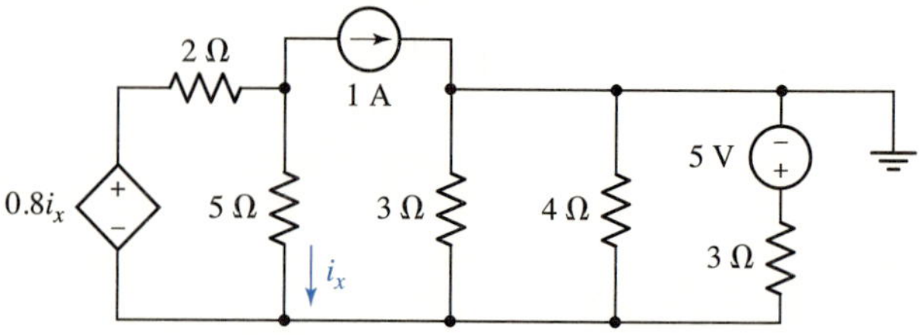

■圖 4.83

57. 圖 4.85 電路，令 A 為正參考端在上方的 5 V 電壓源；令 B 代表一個箭頭指向大地的 3 A 電流源；令 C 為一個 3 Ω 電阻器；令 D 為一個箭頭指向大地的 2 A 電流源；令 F 為負參考端在右側的 1 V 電壓源；且令 E 為一個 4 Ω 電阻器。試計算 i_1。

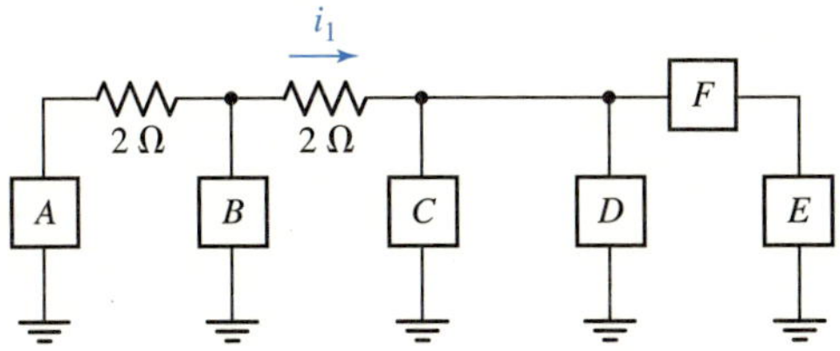

■圖 4.85

59. 參考圖 4.84 電路，以“+”參考端在下方的 2 V 電壓源，取代 2 mA 的電流源；且以箭頭向下的 7 mA 電流源，取代 3 V 的電源。試計算新電路中的網目電流。

4.6. 電腦輔助電路分析

61. 利用 PSpice 驗證習題 52 的答案，附上適當標示的列印電路圖，包括用手計算的過程。

63. 利用 PSpice 驗證習題 56 的答案，附上適當標示的列印電路圖，包括用手計算的過程。

65. 利用 PSpice 驗證習題 60 的答案，附上適當標示的列印電路圖，包括用手計算的過程。

D 67. 利用一個 10 V 電池，一個 3 A 電源，以及和求得跨接在 3 A 電源的 5 V 電位一樣多的 1 Ω 電阻器組成一個電路。並利用 PSpice 驗證用手計算的結果。

D 69. 設計一個只使用 9 V 電池及電阻器，而能提供 4 V、3 V 及 2 V 節點電壓的電路。寫出一組適當的 PSpice 輸入程式，來模擬你的答案。附上列印的輸出檔案，並將所要的電壓予以標示強調。在列印的資料上，畫上標示有節點編號的電路圖。

5 有用的電路分析技巧

簡　介

在第 4 章中所談論的節點與網目分析技巧，是相當可靠且功能強大的方法。然而，這兩種方法的一般規則，是需要推導出一組描述特別電路的完整方程式，即使僅對於一個電源、電壓或功率量感興趣的話。在本章中，將研究幾種為了簡化分析而隔離電路特定部分的不同技巧。在檢驗這些技巧的使用之後，我們會把焦點放在選擇一種較其它方法更好的方法上。

關鍵概念

- 重疊定理是一種求取不同電路對於任何電流或電壓的個別貢獻之方法
- 電源轉換是一種簡化電路的方法
- 戴維寧定理
- 諾頓定理
- 戴維寧與諾頓等效網路
- 最大功率轉移
- △ ↔ Y 電阻性網路轉換
- 選擇分析技巧的特別組合
- 利用 PSpice 執行直流掃描模擬

5.1 線性與重疊定理

我們規劃要分析的所有電路，可以被歸類為線性電路。而此時是一個合適的時機，針對線性電路更多的特性做精確的定義。完成上述工作之後，則可以考慮線性更重要的必然結果── **重疊定理** (superposition)。這個定理是非常基本的，而且會重複出現在所研究的線性電路中。事實上，重疊定理對於非線性電路的不適用性，是非線性電路很難分析的理由。

重疊定理說明具有一個以上獨立電源的線性電路響應 (想要的電流或電壓)，可以藉由將個別獨立電源單獨動作的響應相加來求得。

線性元件與線性電路

首先定義一個**線性元件** (linear element) 為具有線性電壓 - 電流關係的被動元件。“線性電壓 - 電流關係”簡單的意味著，流經元件的電流增加一常數 K 倍時，將造成跨於此元件的電壓增加相同的 K 倍。此時，僅有一種被動元件已被定義 (電阻器)，而其電壓 - 電流關係

$$v(t) = Ri(t)$$

是明顯線性的。事實上，如果將 $v(t)$ 繪製成 $i(t)$ 的函數，其結果為一條直線。

同樣的，定義**線性依賴電源** (linear dependent source) 為依賴電流或電壓源其輸出電流或電壓與電路中特定的電流或電壓的一次方 (或這些量的總和) 成正比。例如：依賴電壓源 $v_s=0.6i_1-14v_2$ 為線性，但 $v_s=0.6i_1^2$ 或 $v_s=0.6i_1v_2$ 則不是線性。

線性電路 (linear circuit) 則定義為完全由獨立電源、線性依賴電源及線性元件所組成的電路。從這個定義，可以證明[1]“響應與電源成正比”或所有獨立電源電壓及電流增加 K 倍，則所有電流及電壓響應也會增加相同的 K 倍 (包含依賴電源電壓或電流的輸出)。

重疊定理

線性最重要的必然結果是重疊定理。首先，藉由考慮圖 5.1 的電路，來說明重疊定理。圖中包含二個獨立電源，而電流產生器激勵電流 i_a 及 i_b 流入電路，這也是電源經常被稱為激勵函數的原因，而所產生的節點電壓可被稱為響應函數或簡單響應，激勵函數與響應都可以是時間的函數。這電路的二個節點方程式為：

1 這證明首先包含在線性電路中使用節點分析，只會產生下列型式的線性方程式

$$a_1v_1+a_2v_2+\cdots+a_Nv_N=b$$

其中 a_i 為常數 (電阻與電導的組合，出現在依賴電源表示中的常數為 0 或 ±1，v_i 為未知的節點電壓 (響應)，而 b 為一個獨立電源值或獨立電源值的總和。給予一組這樣的方程式，如果所有的 b 乘上 K，則很明顯的，這組新方程式的解是節點電壓 Kv_1，Kv_2，...，Kv_N。

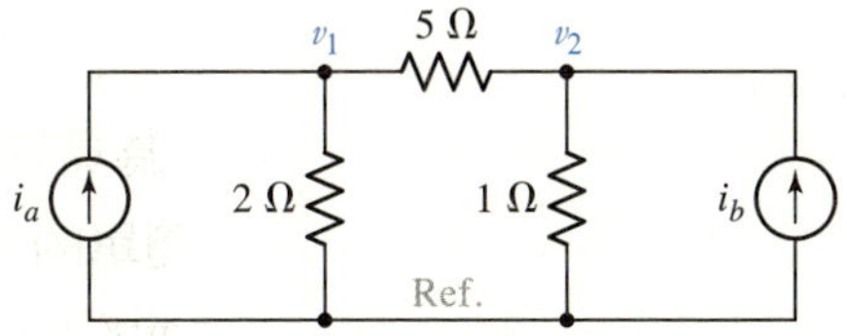

■圖 5.1　具有二個獨立電流源的電路。

$$0.7v_1 - 0.2v_2 = i_a \quad [1]$$

$$-0.2v_1 + 1.2v_2 = i_b \quad [2]$$

現在讓我們做實驗 x，改變二個激勵函數為 i_{ax} 與 i_{bx}，則二個未知電壓也將會不同，令它們為 v_{1x} 與 v_{2x}。因此，

$$0.7v_{1x} - 0.2v_{2x} = i_{ax} \quad [3]$$

$$-0.2v_{1x} + 1.2v_{2x} = i_{bx} \quad [4]$$

接下來做實驗 y，將電源電流改變為 i_{ay} 與 i_{by}，並測量響應 v_{1y} 與 v_{2y}：

$$0.7v_{1y} - 0.2v_{2y} = i_{ay} \quad [5]$$

$$-0.2v_{1y} + 1.2v_{2y} = i_{by} \quad [6]$$

這三組描述相同電路的方程式具有三組不同的電源電流。把後面二組方程式*相加或重疊*，方程式 [3] 與 [5] 相加，

$$(0.7v_{1x} + 0.7v_{1y}) - (0.2v_{2x} + 0.2v_{2y}) = i_{ax} + i_{ay} \quad [7]$$

$$0.7v_1 \quad - \quad 0.2v_2 \quad = \quad i_a \quad [1]$$

而方程式 [4] 與 [6] 相加，

$$-(0.2v_{1x} + 0.2v_{1y}) + (1.2v_{2x} + 1.2v_{2y}) = i_{bx} + i_{by} \quad [8]$$

$$-0.2v_1 \quad + \quad 1.2v_2 \quad = \quad i_b \quad [2]$$

為了方便比較，把方程式 [1] 寫於方程式 [7] 的下方，把方程式 [2] 置於方程式 [8] 的下方。

所有這些方程式的線性特性可允許我們把方程式 [7] 與方程式 [1]，及方程式 [8] 與方程式 [2] 做比較，並且獲得一項有趣的結論。如果選擇 i_{ax} 與 i_{ay}，則它們的總和為 i_a，若選擇 i_{bx} 與 i_{by}，則總和為 i_b。因此，所要的響應 v_1 與 v_2，可藉由 v_{1x} 與 v_{1y} 及 v_{2x}

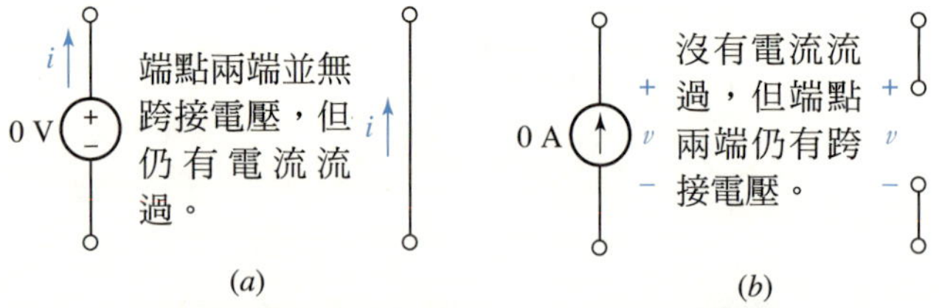

■圖 5.2 (*a*) 電壓源設定為零，則其動作像短路；(*b*) 電流源設定為零，則其動作像開路。

與 v_{2y} 分別相加而獲得。換句話說，可以做實驗 x 並記下響應，然後做實驗 y 記下它的響應，並且最後把兩組響應相加。這種情形引導出重疊定理所涵蓋的基本概念：每一次看一個獨立電源 (以及它所產生的響應)，並將其它電源"關閉"或"降低至零"。

如果將一個電壓源降至零伏特，則有效的產生一個短路 (如圖 5.2*a* 所示)。如果將一個電流源降至零安培，則有效的產生一個開路 (如圖 5.2*b* 所示)。所以，**重疊定理** (superposition theorem) 可以敘述如下：

> 在任何線性電組網路中，跨接在任何電阻器或電源的電壓，或流經這些元件的電流，可以藉由獨立電源單獨動作，而將其它獨立的電壓源以短路取代，及其它的獨立電流源以開路取代，由所產生的個別電壓或電流的代數和計算而得。

因此，如果有 N 個獨立電源，則必需執行 N 次實驗。每一次只有一個獨立電源動作，而其它電源則不動作／關閉／降低至零。要注意的是：依賴電源在每次實驗一般都是動作的。

然而，剛剛所使用例子中的電路，應可以顯示一個強而有力的定理，可以被寫成：如果想要的話，可以使一群的獨立電源集體的動作或不動作。例如，假設有三個獨立電源，此定理說明：可以藉由考慮每一個電源單獨動作，並將三個結果相加而求得所要的響應。另外，也可以在第三個電源不動作的情形下，由動作第一及第二電源得到響應，並將第三電源單獨動作時的響應與其它相加而求得響應。這相當於把數個電源集體視為"超電源"(supersource)。

沒有任何理由要獨立電源在好幾次的實驗中，必須假設為它的已知值為零，而只需要這幾個值的總和等於源始數值即可。然而，幾乎通常不動作的電源可引導出最簡單的電路。

讓我們藉由考慮二種獨立電源都存在的例子，來說明重疊定理的應用。

例題 5.1

在圖 **5.3*a*** 的電路中，利用重疊定理針對未知的分支電源 i_x，列出一組表示式。

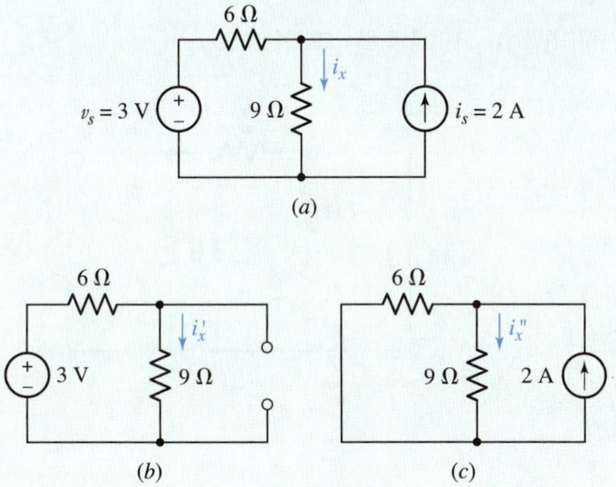

■圖 5.3　(*a*) 電路中具有二個獨立電源及所要求的分支 i_x；(*b*) 同一電路而電流源被開路；(*c*) 原始電路中電壓源被短路。

首先將電流源設為零，並重畫電路，如圖 5.3*b* 所示。為了避免困擾，將電壓源所產生的 i_x 部分，指定為 i'_x，並且可以簡單的發現到其大小為 0.2 A。

接下來令圖 5.3*a* 中的電壓源為零，並重畫電路圖，如圖 5.3*c* 所示。照例使用電流分流可決定 i''_x (由 2 A 電流源所產生的 i_x 部分) 為 0.8 A。

現在可以利用兩個個別電流的和來計算整個電流 i_x：

$$i_x = i_x|_{3\text{ V}} + i_x|_{2\text{ A}} = i'_x + i''_x$$

或

$$i_x = \frac{3}{6+9} + 2\left(\frac{6}{6+9}\right) = 0.2 + 0.8 = 1.0\text{ A}$$

從另外一角度來看例題 5.1，3 V 與 2 A 電源於電路中個別動作，而結果為流經 9 Ω 的總電流 i_x。然而，3 V 電源對於 i_x 的貢獻與 2 A 電源無關，且反之亦然。例如，如果將 2 A 電源加倍輸出為 4 A，則對於流經 9 Ω 電阻器的總電流 i_x 貢獻 1.6 A。而 3 V 電源對於 i_x 的貢獻是 0.2 A，因此新的總電流為 0.2＋1.6＝1.8 A。

練習題

5.1 圖 5.4 的電路中，利用重疊定理計算電流 i_x。

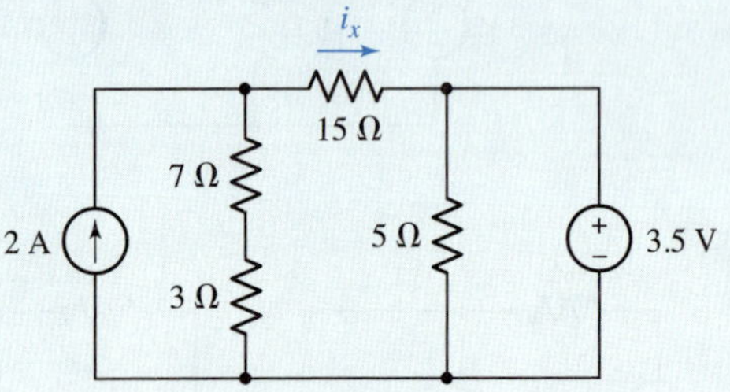

■圖 5.4

答：660 mA。

誠如我們將看到的，重疊定理在考慮特別的電路時，一般並不會降低我們的工作量，因為它引導出幾個新的電路，並求得所要的響應。然而，它對於確認更複雜電路的各個部分之重要性特別的有用。它也是第 10 章要介紹的相量分析的基礎。

例題 5.2

參考圖 **5.5*a*** 電路，決定任何電阻器在超過它的功率額定及過熱前，電源 I_X 可以設定的最大正電流。

▲ 確定問題的目標

每一個電阻器最大額定功率為 250 mW，若電路允許該值可以超過時(強制更多的電流流過每個電阻器)，則會發生過熱——可能導致意外發生。6 V 電源不能改變，所以要尋求包含 I_x 及流經每一個電阻器最大電流的方程式。

▲ 收集已知的資料

以 250 mW 的額定功率為基準，100 Ω 電阻器所能容許最大電流為：

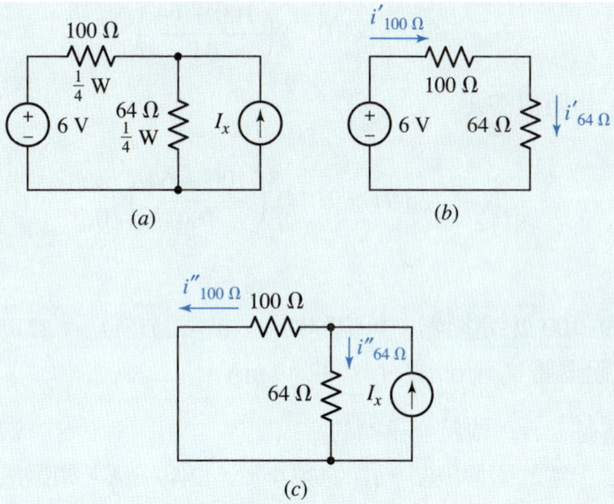

■圖 5.5　(*a*) 具有兩個額定為 1/4 W 的電阻器電路；(*b*) 僅有 6 V 電源動作時的電路；(*c*) 電流 I_X 動作時的電路。

$$\sqrt{\frac{P_{\max}}{R}} = \sqrt{\frac{0.250}{100}} = 50 \text{ mA}$$

相同的，流經 64 Ω 電阻器的電流必須小於 62.5 mA。

▲ 設計規劃

節點與網目分析都可以應用在這問題的求解，但是重疊定理可提供一些優勢，因為我們主要對於電流源的作用感興趣。

▲ 建構合適的方程式組

利用重疊定理，重畫電路如圖 5.5*b* 所示，且求得 6 V 電源貢獻電流

$$i'_{100\Omega} = \frac{6}{100+64} = 36.59 \text{ mA}$$

給 100 Ω 電阻器，且因為 64 Ω 電阻器與 100 Ω 電阻器串聯，同樣的 $i'_{64\Omega} = 36.59$ mA。

確認圖 5.5*c* 為電流分流器，注意到 $i''_{64\Omega}$ 與 $i'_{64\Omega}$ 相加，但是 $i''_{100\Omega}$ 的方向與 $i'_{100\Omega}$ 相反。因此 I_X 可以安全的提供 $62.5-36.59=25.91$ mA 到 64 Ω 電阻器的電流，且提供 $50-(-36.59)=86.59$ mA 的電流給 100 Ω 電阻器。

因此，100 Ω 電阻器對 I_X 設定下列的限制：

$$I_X < (86.59 \times 10^{-3})\left(\frac{100+64}{64}\right)$$

而 64 Ω 電阻器需要

$$I_X < (25.91 \times 10^{-3})\left(\frac{100+64}{100}\right)$$

▲ 嘗試求解

首先考慮 100 Ω 電阻器，可瞭解到 I_X 被限制在 $I_X < 221.9$ mA。而 64 Ω 電阻器將 I_X 限制在 $I_X < 42.49$ mA。

▲ 確認解答是否合理或符合預期的？

為了滿足上述的兩個限制，I_X 必須小於 42.49 mA。如果電源增加，則 64 Ω 電阻器會比 100 Ω 電阻器還早過熱。執行 PSpice 中的直流掃描，對於評估解答是一種特別有用的方法，此方法將於下個例題之後予以說明。然而，一個令人關注的問題，是否預期 64 Ω 電阻器會先過熱。原先發現 100 Ω 電阻器有較小的最大電流，所以可以合理的預期它限制了 I_X。然而，因為 6 V 電源經 100 Ω 電阻器送出與 I_X 相反的電流，但是 6 V 電源貢獻給 64 Ω 電阻器的電流則為相加，它證明了另外的工作方程式 64 Ω 電阻器在 I_X 上設定限制。

例題 5.3

圖 **5.6*a*** 中的電路，利用重疊定理求解 i_x 的值。

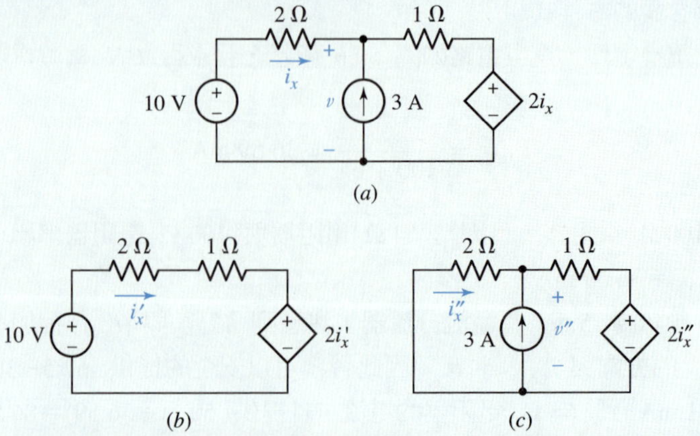

■圖 5.6 (*a*) 具有兩個獨立電源與一個依賴源的電路；(*b*) 3 A 電源開路的電路；(*c*) 原始電路中 10 V 電源被短路。

首先將 3 A 電源開路 (如圖 5.6*b* 所示)，則單一網目方程式為

$$-10 + 2i'_x + 1i'_x + 2i'_x = 0$$

所以，

$$i'_x = 2\text{ A}$$

接下來，把 10 V 電源予以短路 (如圖 5.6*c* 所示) 並列出單節點方程式，

$$\frac{v''}{2} + \frac{v'' - 2i''_x}{1} = 3$$

而依賴電源控制量與 v'' 的關係為：

$$v'' = 2(-i''_x)$$

我們發現

$$i''_x = -0.6\text{ A}$$

因此，

$$i_x = i'_x + i''_x = 2 + (-0.6) = 1.4\text{ A}$$

注意到在重畫每一個附屬電路時，總是小心的使用一些型態的記憶號，作為與原始變數無關的表示，以避免在個別結果相加時發生相當嚴重錯誤的可能性。

CAUTION

練習題

5.2　在圖 5.7 電路中，利用重疊定理求解跨接於每個電流源的電壓。

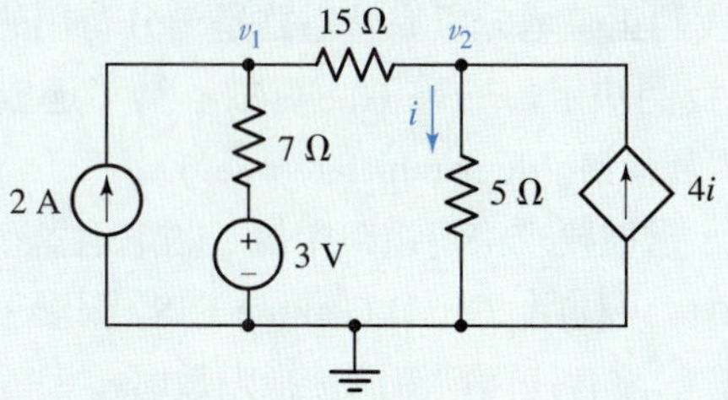

■圖 5.7

答：$v_{1|2A}$=9.18 V，$v_{2|2A}$=−1.148 V，$v_{1|3V}$=1.967 V，$v_{2|3V}$=−0.246 V，v_1=11.147 V，v_2=−1.394 V。

基本重疊程序摘要

1. **選擇一個獨立電壓源，並令所有其它的獨立電源為零。**意思是，電壓源用短路取代，電流源用開路取代。單獨留下依賴電源。
2. **使用適當的記號重新標記電壓與電流** (例如，v'，i''_2)。確認重新標記依賴電源的控制變數以避免混淆。
3. **分析簡化的電路以求解所要的電流及 (或) 電壓。**
4. **重覆步驟 1 至步驟 3，直到每一個獨立電源均被考慮過。**
5. **將自個別分析所得的局部電流及 (或) 電壓予以相加。**在加總時小心注意電壓符號及電流方向。
6. **不可將功率的量相加。**如果功率的量是所要求的，則只有在局部電壓和 (或) 電流加總後才計算。

注意，步驟 1 可以用幾種方法予以修改。首先，如果獨立電源簡化分析，則其可以相較於個別電源，而被視為群體的，只要沒有獨立電源被包含在一個以上的附屬電路中。第二，在技術上不需要設電源為零，雖然這幾乎通常是最佳的方法。例如，一個 3 V 電源利用 1.5 V 電源出現在兩個附屬電路中。因為 1.5＋1.5＝3 V，如同 0＋3＝3 V。然而，因為它不像是可以簡化我們的分析，所以這種練習較少。

電腦輔助分析

雖然 PSpice 在證明我們正確地分析完整電路是十分有用的，它對於特別的響應，也能幫助我們決定每一電源的貢獻。為了達成這種情況，我們採用所謂的直流參數掃描 (dc parameter sweep)。

考慮例題 5.2 的電路，當被要求決定電路中每一個電阻器不超過其額定功率時的電源最大正電流，利用 Orcad Capture CIS 圖形工具重畫電路，如圖 5.8 所示。注意，沒有任何電流源被指定數值。

在圖形輸入並儲存後，下一步驟是指定直流參數掃描。這個選項允許我們對於電壓或電流源 (在現在這個例子中是電流源 I_x) 指定一個範圍的變值，而不是一個指定變值。在 PSpice 環境下選擇**新的模擬圖** (New Simulation Profile)，再提供圖形名稱，並完成圖 5.9 的對話框。

在**分析型態** (**Analysis Type**) 的選單下，下拉**直流掃描** (**DC Sweep**)

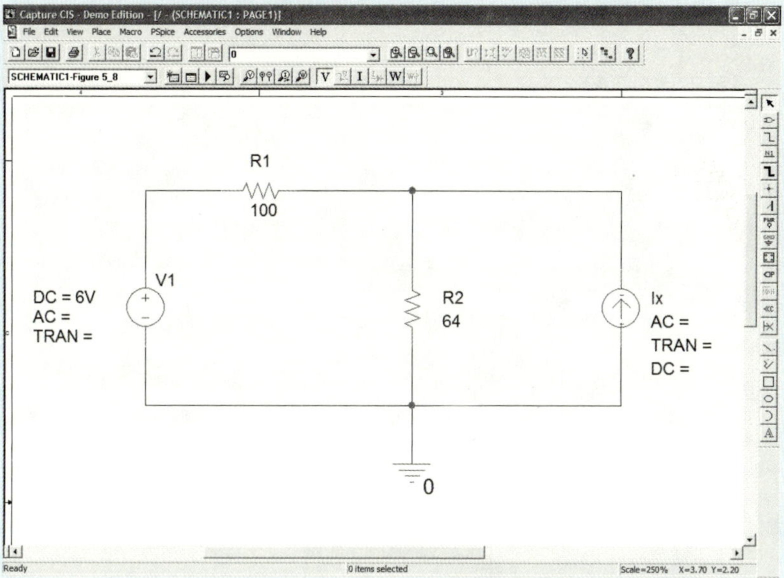

■圖 5.8　例題 5.2 的電路。

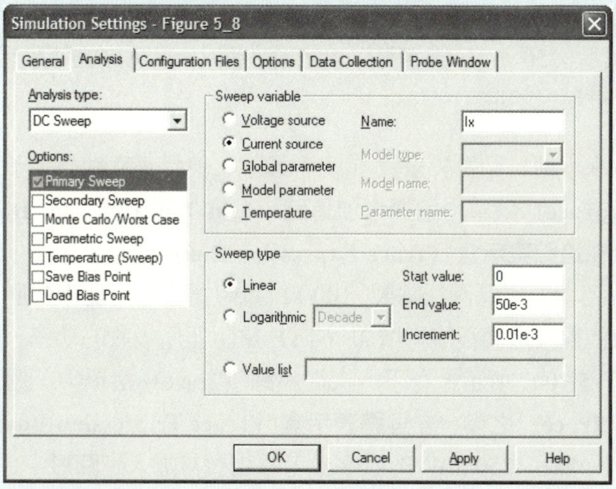

■圖 5.9　I_x 被選為掃描變數的直流掃描對話框。

選項，指定“掃描變數”為**電流源** (**Current Source**)，並在**名稱盒** (**Name box**) 中輸入 I_x。在掃描型態下，有幾種選擇：**線性** (**Linear**)、**對數** (**Logarithmic**) 及**數值列表** (**Value List**)。這最後一個選項允許我們指定 I_x 的數值。然而，為了產生一個平滑的圖形，我們選擇**執行線性** (**Linear**) 掃描，並指定 0 mA 的**啟始值** (**Start Value**)，20 mA 的**終止值** (**End Value**) 及**增量** (**Increment**) 為 0.01 mA 的數值。

在完成模擬之後，圖形輸出探測器 (Probe) 會自動出現。當此視窗

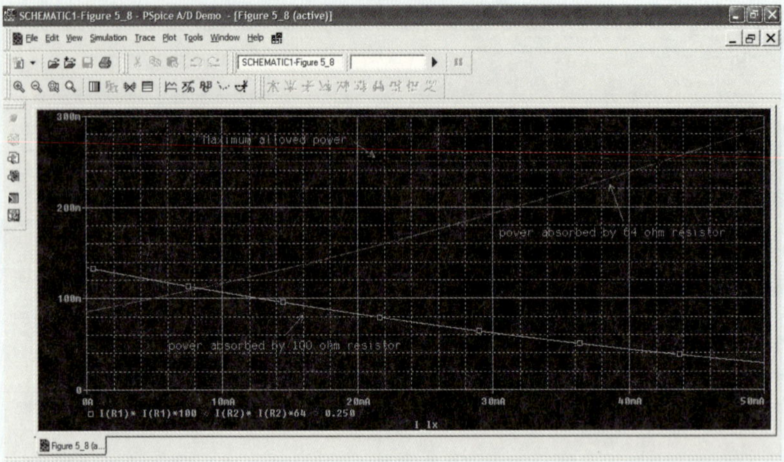

(*a*)

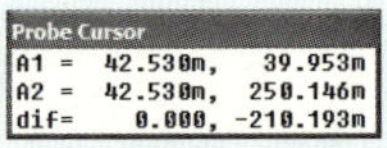

(*b*)

■圖 5.10 (*a*) 具文字標記的探測輸出，區分兩個電阻器個別的吸收功率。顯示 250 mW 的水平線也包含在圖中，並有文字標記改善清晰度；(*b*) 游標對話框。

出現時，水平軸 (相對於變數 I_x) 會顯示，但是垂直軸必需予以選取。從**追蹤** (**Trace**) 選單中選擇**增加追蹤** (**Add Trace**)，並在 **I(R1)** 上點選，然後在**追蹤表示盒** (**Trace Expression Box**) 內輸入星號，而最後輸入 100。這會要求探測器繪製 100 Ω 電阻器吸收的功率圖形。相同的方式，我們重複這個程序，增加 64 Ω 電阻器所吸收的功率，圖形結果會類似圖 5.10*a* 所示。在下一次從追蹤 (Trace) 選單中，選擇**增加追蹤** (**Add Trace**) 之後，在**追蹤表示盒** (**Trace Expression Box**) 內輸入 0.250，則一條在 250 mW 的水平參考線也會被加入到圖形中。

從圖形正可以瞭解到，在 $I_x = 43$ mA 左右時，64 Ω 電阻器並未超過它的 250 mW 額定功率。然而，相對的，我們可以發現到不論電流源 I_x 的數值為多少 (其值介於 0 至 50 mW 之間)，100 Ω 電阻器絕不會消耗 250 mW。而事實上，吸收功率隨著電流源的電流增加而下降。如果期望更精確的答案，可以利用游標工具。游標工具可以從功能列中選擇**追蹤** (**Trace**)、**游標** (**Cursor**)、**顯示** (**Display**) 而執行。圖 5.10*b* 顯示將兩個游標拖拉到 42.53 mA 時的結果，而 64 Ω 電阻器在這電流準位時，正剛好超過它的額定值。由降低直流掃描時的增量值，可以增加精確度。

我們可能需要的這個技巧在分析電子電路時是非常有用的，例如，為了獲得零輸出電壓，決定輸入電壓的大小對於複雜放大器電路是必要。我們也注意到可以執行幾種其它型態的參數掃描，包括直流電壓掃描。只有在處理有內建溫度參數的元件模型時，如二極體和電晶體，變化溫度的能力才會有用。

不幸的，通常證明將重疊定理運用在分析包含一個或更多依賴電源的電路時，所節省的時間很短，因為通常必需至少兩個電源同時作用：一個獨立電源及所有依賴電源。

必須不斷地意識到重疊定理的限制，重疊定理只能應用到線性響應，而一般大部分非線性響應—功率—並不受到重疊定理的規範。例如，考慮兩個 1 V 的電池與 1 Ω 電阻器串聯，送到電阻器的功率很明顯的是 4 W。但是如果錯誤的嘗試應用重疊定理，則我們可能會說每一個電池單獨提供 1 W，那麼總功率為 2 W。這是不正確的，但是令人意外的，這是很容易犯的錯誤。

CAUTION

5.2 電源轉換

實際電壓源

截至目前為止，我們的探討工作都是針對理想電壓與電流源，現在則是進一步考慮實際電源的時候。這些電源使我們對於實際的裝置能有更逼真的表示。一旦對實際電源做了定義，將發現到實際電流或電壓源可以在不影響電路其它部分的情形下互相交換。這種電源稱之為等效電源。這些方法可適用於獨立及依賴電源，雖然會發現這些方法對於依賴電源並不是有效的。

理想電壓被定義為一個裝置，其端點電壓與流過它的電流無關。1 伏特的電源產生 1 A 的電流流經 1 Ω 的電阻器。而 1,000,000 A 的電流流經 1 $\mu\Omega$ 的電阻器時，可提供無限大的功率。當然，實際上沒有這樣的裝置存在，而且我們同意先前所提到的，一個理想的電壓源只在提供相對很小的電流或功率時，才能由理想電壓源來表示。例如，車用的電池，如果它的電流被限制在幾個安培的話 (如圖 5.11a 所示)，則可以用 12 V 的直流電壓源來近似。

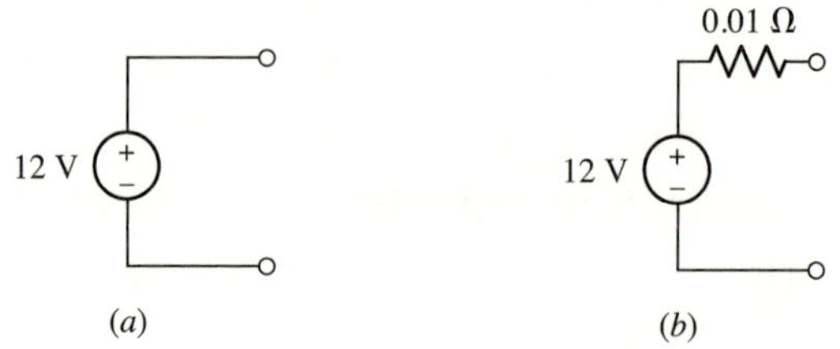

圖 5.11 (*a*) 一個理想 12 V 直流電壓源作為汽車電瓶的模型；(*b*) 說明在大電流時端點電壓有明顯下降的更精確模型。

然而，任何人若嘗試在車燈亮時去啟動汽車，必定會發現到當電瓶除了要提供前車燈電流外，還要提供 100 A 或更大的啟動電流時，前車燈會明顯的暗下來。在這些情形下，理想電源無法真實地適當代表電瓶。

為了有較佳的近似實際裝置的行為，理想電壓源必須被修正能克服取用大電流時，它的端點電壓會下降的情形。假設由實驗觀察到電瓶在沒有電流流經它時，其端點電壓為 12 V，而當流經 100 A 的電流時，其電壓降為 11 V。要如何將這種現象模型化呢？嗯，一個更精確的模型，可能是一個 12 V 的理想電壓源與一個當 100 A 電流流經時會出現跨接 1 V 的電阻器相串聯。很快的計算，可以發現到這電阻器必定是 1 V/100 A＝0.01 Ω，而這個理想電壓源與這個串聯的電阻器構成了一個**實際電壓源** (practical voltage source) (如圖 5.11*b* 所示)。因此，可以利用兩個理想電路元件、一個獨立電壓源與一個電阻器的串聯組合，來作為實際裝置的模型。

當然，我們不對要期望能找到像這樣的理想元件存在於汽車電瓶之內。任何實際的裝置可以藉由在它端點的某一電流 - 電壓關係予以描述，而我們的問題是要發展出能提供類似電流 - 電壓特性的理想元件的某些組合，至少在某些有用的電流、電壓或功率範圍內具有相同的特性。

圖 5.12*a* 顯示汽車電瓶與某一負載電阻器 R_L 連接的二段實際模型。實際電源的端點電壓與跨接在 R_L 的電壓相同，並標示[2]為 V_L。圖 5.12*b* 顯示此實際裝置的負載電壓 V_L 為負載電流 I_L 的函

2 在這方面我們會盡力遵守涉及純直流量時使用大寫字母，而小寫字母表示具有某些時變成分的傳統標準。然而，在描述應用於直流或交流的一般理論時，將繼續使用小寫字母，來強調這種概念的一般性。

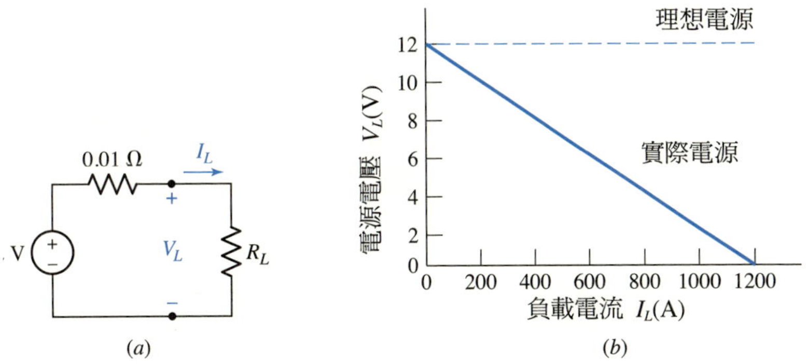

■圖 5.12　(*a*) 近似於 12 V 汽車電瓶特性的實際電源，與一個負載電阻器 R_L 連接；(*b*) I_L 與 V_L 的線性關係。

數圖形。圖 5.12*a* 電路的 KVL 方程式可以用 I_L 與 V_L 為變數寫成：

$$12 = 0.01 I_L + V_L$$

因此

$$V_L = -0.01 I_L + 12$$

這是 I_L 與 V_L 的線性方程式，而畫在圖 5.12*b* 上為一條直線。線上的每一點對應於不同的 R_L 值。例如，直線的中間點可以由當負載電阻等於實際電源的內阻，或 $R_L = 0.01\ \Omega$ 時獲得。此時，負載電壓正好是理想電源電壓的一半。

當 $R_L = \infty$ 時，負載並未吸取任何電流，實際電源為開路，且其端點電壓或開路電壓為 $V_{Loc} = 12$ V。換句話說，如果 $R_L = 0$，因此負載端被短路，則一個負載電流或短路電流 $I_{Lsc} = 1200$ A 流過(實際上，這樣的實驗可能會造成電瓶及電路上連接的任何儀表發生短路的破壞)。

因為對於這實際的電壓源，V_L 對 I_L 圖形為一條直線，應該注意到 V_{Loc} 與 I_{Lsc} 的值唯一地決定這整個 $V_L - I_L$ 曲線。

圖 5.12*b* 中的水平虛線代表理想電壓的 $V_L - I_L$ 圖形，對於任何負載電流，其端點電壓保持為常數。對於實際電壓源，只有在負載電流相對地很小的時候，其端點電壓才會接近理想電源。

現在來考慮一個一般的實際電壓源，如圖 5.13*a* 所示。理想電源的電壓為 v_s 與一個稱為內部電阻或輸出電阻 R_s 相串聯。再次

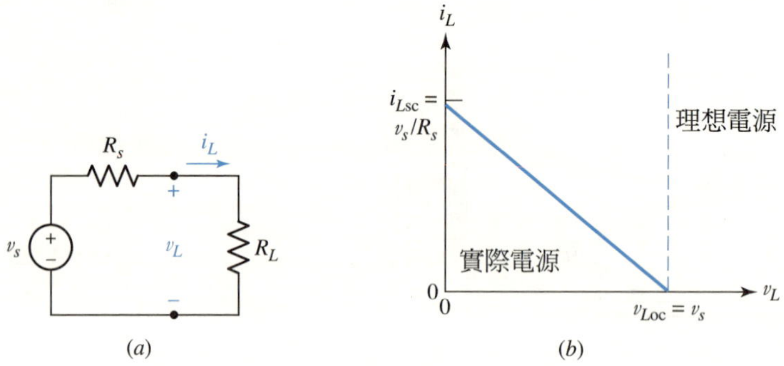

■圖 5.13 (*a*) 一個一般的實際電壓源與負載電阻器 R_L 連接；(*b*) 實際電壓源的端點電壓隨著 i_L 增加而下降，且 $R_L=v_L/i_L$ 也下降。理想電壓源的端點電壓 (也繪於圖上)，對於傳送至負載的任何電流，都保持相同大小。

的，必需注意到這個電阻器並不是表示一個個別的元件，而是為了要說明負載電流增加時，端點電壓會下降。它的存在使我們更能表示實際電壓源的模型。

介於 v_L 與 i_L 的關係為：

$$v_L = v_s - R_s i_L \qquad [9]$$

且畫於圖 5.13*b* 中，開路電壓 ($R_L=\infty$，所以 $i_L=0$) 為

$$v_{Loc} = v_s \qquad [10]$$

而短路電流 ($R_L=0$，所以 $v_L=0$) 為：

$$i_{Lsc} = \frac{v_s}{R_s} \qquad [11]$$

再一次，這些值是圖 5.13*b* 中直線的截距，可以用來完整定義這條直線。

實際電流源

一個理想電流源也不存在於真實世界中，沒有任何實際裝置能傳送固定的電流，而不論所連接的負載電阻或跨接在它端點上的電壓。某些電晶體電路可以在廣泛的負載電阻範圍中傳送固定電流，但通常負載電阻足夠的大，而流過它的電流變的非常小。無限量的功率永遠無法得到的 (不幸地)。

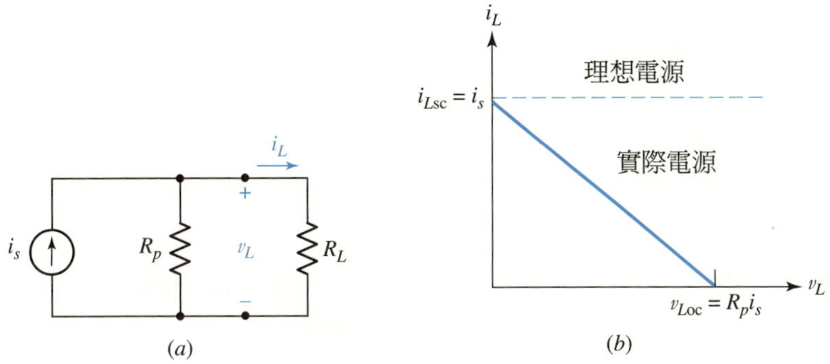

■**圖 5.14**　(*a*) 一個一般實際電流源與一個負載電阻 R_L 相接；(*b*) 由實際電流源所提供的負載電流，如所示的為負載電壓的函數。

一個實際電流源被定義為，一個理想電流源與一個內部電阻 R_p 並聯。圖 5.14*a* 顯示這樣的一種電源，負載電阻 R_L 的電流 i_L 與電壓 v_L 都標示於電路中。應用 KCL 產生

$$i_L = i_s - \frac{v_L}{R_p} \qquad [12]$$

這又是一種線性關係，而開路電壓與短路電流為：

$$v_{Loc} = R_p i_s \qquad [13]$$

及

$$i_{Lsc} = i_s \qquad [14]$$

可藉由改變 R_L 的數值來研究負載電流隨著負載電壓的改變而變化，如圖 5.14*b* 所示。由 R_L 從零增加到無限大歐姆，使得直線從短路或“西北”端橫跨到開路或“東南”端。中間點發生在 $R_L = R_p$。只有在負載電壓的值很小的時候，負載電流 i_L 與理想電源電流才會近似相等，而此時 R_L 的值比 R_p 要來得小。

等效實際電源

已經定義了兩個實際電源，現在準備探討它們的等效。如果兩個電源連接到相等的 R_L 值，不論 R_L 是任何數值，而它們產生相等的 v_L 與 i_L 值，則可定義這兩個電源為等效 (equivalent)。因為 $R_L = \infty$ 及 $R_L = 0$ 為兩個極端的數值，等效電源提供相同的開路電壓與短路電流。換句話說，如果已知二個等效電源，一個是實際電

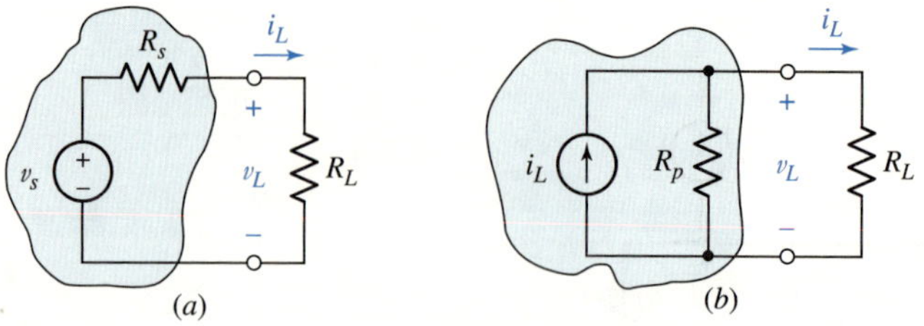

■圖 5.15 (*a*) 已知的實際電壓源與負載 R_L 連接；(*b*) 等效的實際電流源與相同的負載連接。

壓源，而另一個是實際電流源，而每一個都被黑盒子圍住，只漏出一對端點，則由電阻性電路所測量到的電流或電壓，沒有任何方法可以說出哪一個電源在哪一個盒子裡。

考慮圖 5.15*a* 所示的實際電壓源與電阻器 R_L，與 5.15*b* 由實際電流源與電阻器 R_L 所組成的電路。由圖 5.15*a*，可以簡單的計算出跨於負載 R_L 的電壓為

$$v_L = v_s \frac{R_L}{R_s + R_L} \qquad [15]$$

類似的，可以由圖 5.15*b* 簡單的計算出跨接於負載 R_L 的電壓為

$$v_L = \left[i_s \frac{R_p}{R_p + R_L} \right] \cdot R_L$$

這兩個實際電源為電氣等效，則如果

$$R_s = R_p \qquad [16]$$

且

$$v_s = R_p i_s = R_s i_s \qquad [17]$$

其中令 R_s 代表每一個實際電源的內部電阻，此為習慣記號。

這些理想電源的使用說明，考慮圖 5.16*a* 所示的實際電流源。因為它的內阻為 2 Ω，則等效實際電壓源的內阻也是 2 Ω；包含在實際電壓源內的理想電壓源之電壓為 (2)(3)＝6 V，等效實際電壓源顯示於圖 5.16*b* 中。

為了檢驗這個等效，想像一個 4 Ω 電阻器連接到每個電源，在

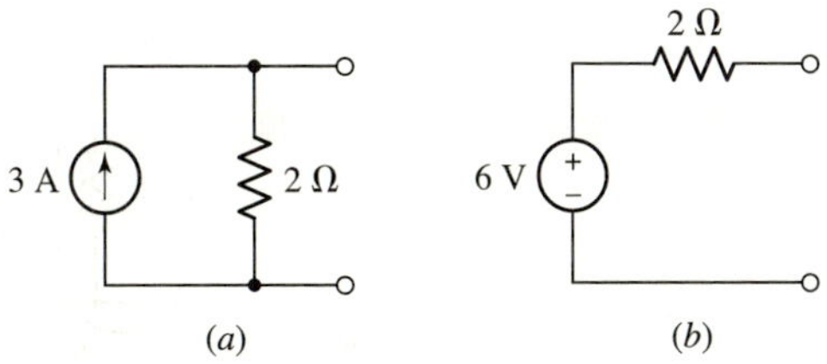

■圖 5.16　(*a*) 一已知的實際電流源；(*b*) 等效的實際電壓源。

這兩個例子中，4 Ω 的負載都會有 1 A 的電流、4 V 的電壓及 4 W 的功率。然而，應該非常小心的注意到，理想電流源傳送了 12 W 的總功率，而理想電壓源只傳送了 6 W 的功率。除此之外，實際電流源的內阻吸收了 8 W 功率，而實際電壓源的內阻只吸收 2 W 的功率。因此，可以瞭解到，兩個實際電源的等效只和負載端有關，而它們的內部並不等效！

例題 5.4

如圖 5.17*a* 所示，將 9 mA 電源轉換成等效電壓源之後，計算流經 4.7 kΩ 電阻器的電流。

等效電源由 (9 mA)×(5 kΩ)=45 V 的獨立電壓源與 5 Ω 電阻器串聯所組成，如圖 5.17*b* 所示。

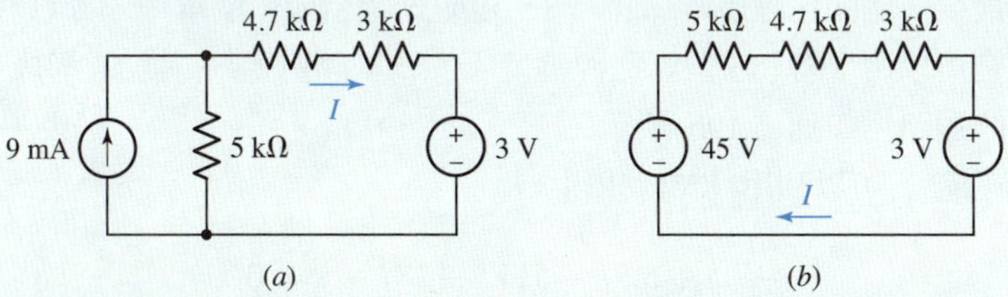

■圖 5.17　(*a*) 具有一個電壓源與一個電流源的電路；(*b*) 9 mA 電源轉換成等效電壓源之後的電路。

循著迴路可得一組簡單的 KVL 方程式：

$$-45 + 5000I + 4700I + 3000I + 3 = 0$$

可以經由簡單的求解得到電流 I=3.307 mA。

練習題

5.3 如圖 5.18 中的電路，完成電壓源的轉換之後，計算流經 47 kΩ 的電流 I_X。

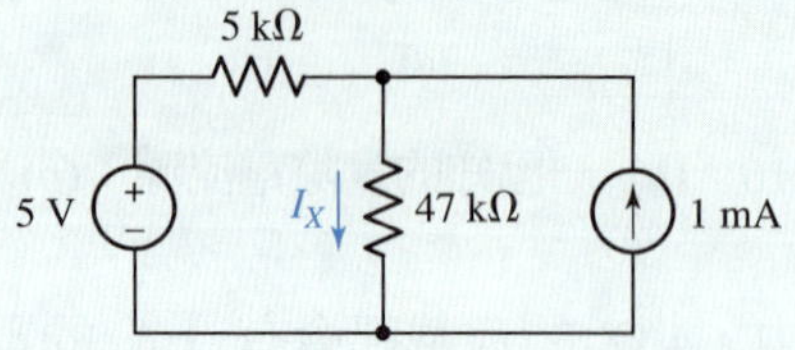

■圖 5.18

答：192 μA。

例題 5.5

如圖 5.19*a* 所示，首先利用電源轉換簡化電路，再計算流經 2 Ω 電阻器的電流。

從轉換每一個電流源為電壓源開始 (如圖 5.19*b* 所示)，此策略將電路轉換為一個簡單的迴路。

CAUTION

必須小心的保留 2 Ω 電阻器，有下列兩點理由：首先，依賴電源的控制變數為跨接在它兩端的電壓。等二，所要求解的是流經此電阻的電流。然說，可以將 17 Ω 與 9 Ω 電阻器結合，因為它們互相串聯。也瞭解到 3 Ω 與 4 Ω 的電阻器可以結合成 7 Ω 電阻器，此 7 Ω 電阻器可以用在將 15 V 電源轉換成 15/7 A 電源，如圖 5.19*c* 所示。

最後一個簡化程序為二個 7 Ω 電阻器組合成一個單一 3.5 Ω 電阻器，它可以用來將 15/7 A 電源轉換成 7.5 V 電壓源。其結果形成一個簡單的迴路，如圖 5.19*b* 所示。

電流 I 可以利用 KVL 求得：

$$-7.5 + 3.5I - 51V_x + 28I + 9 = 0$$

其中

$$V_x = 2I$$

因此

$$I = 21.28 \text{ mA}$$

練習題

5.4 圖 5.20 中的電路，重複利電源轉換，計算跨接在 1 MΩ 電阻器兩

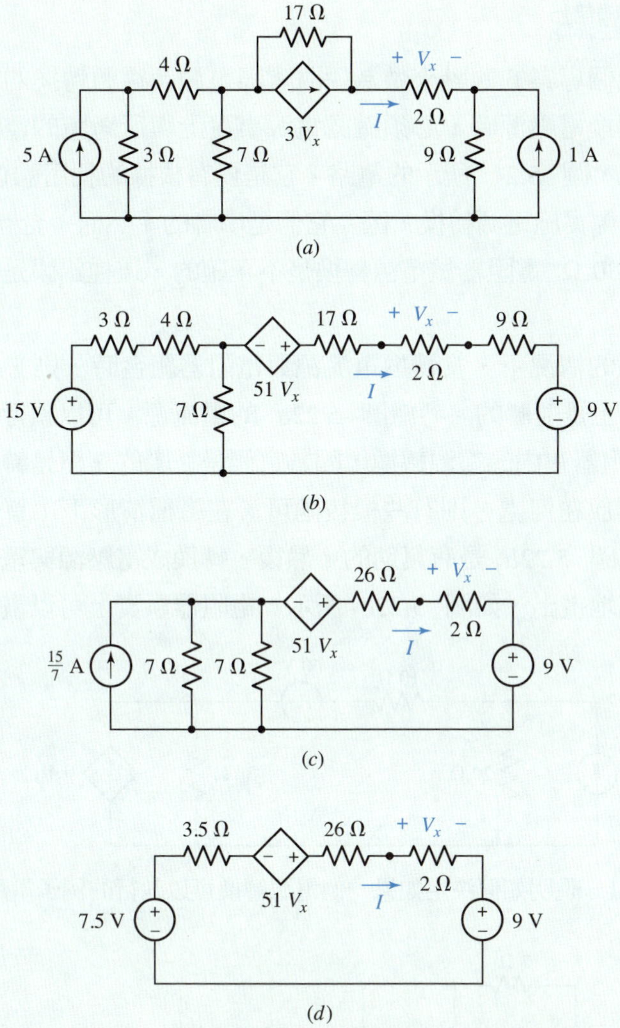

■圖 5.19　(*a*) 具有二個獨立電源及一個依賴電源的電路；(*b*) 每一個電源轉換成電壓源後的電路；(*c*) 進一步組合後的電路；(*d*) 最後的電路。

端的電壓 V。

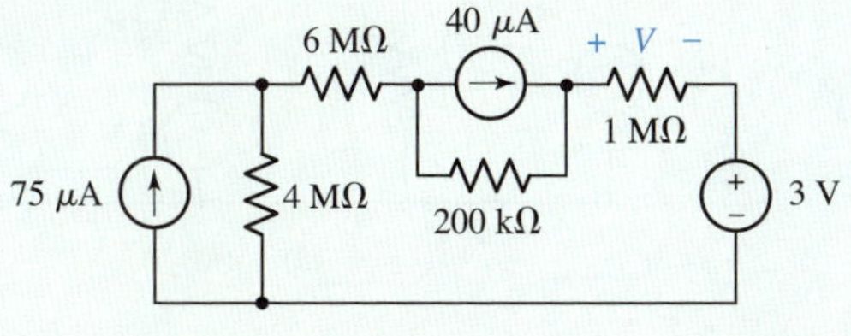

■圖 5.20

答：27.23 V。

幾個關鍵點

CAUTION

利用幾個專業的觀點來做為探討實際電源及電源轉換的結論。首先，在轉換電壓源時，必須確認電源事實上與所考慮的電阻器相串聯。例如，圖 5.21 所示的電路，它是極有根據的利用 10 Ω 電阻器將電壓源實施電源轉換，因為它們是串聯的。然而，企圖將 60 V 電源與 30 Ω 電阻器做電源轉換是不正確的，這種錯誤是非常一般的。

CAUTION

在類似的情況下，當轉換電流源與電阻器組合時，則必須確認此兩者事實上是並聯的。考慮圖 5.22*a* 的電流源，可以執行一個包括 3 Ω 電阻器在內的電源轉換，因為它們是並聯的，但是轉換之後要把電阻器放在何處，則有些模稜兩可。在這種情形下，首先重畫元件並轉成圖 5.22*b* 是有幫助的。然後，轉換成電壓源與電阻器串聯，並正確地畫出，如圖 5.22*c* 所示，電阻器事實上可以畫在電壓

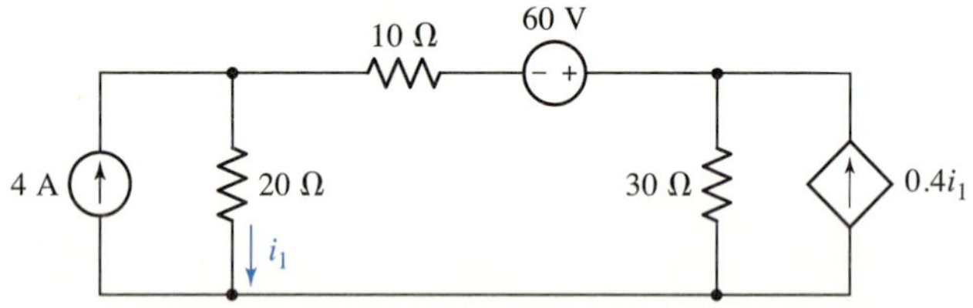

■圖 5.21 說明如何決定如果一個電源轉換可以執行的例子電路。

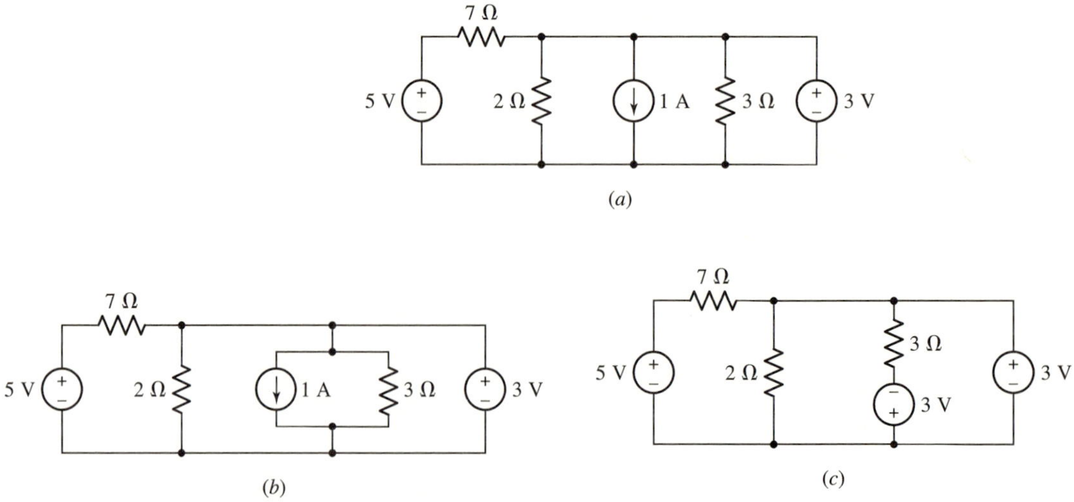

■圖 5.22 (*a*) 電流源轉換成電壓源的電路；(*b*) 為了避免錯誤而重畫電路；(*c*) 轉換電源／電阻的組合。

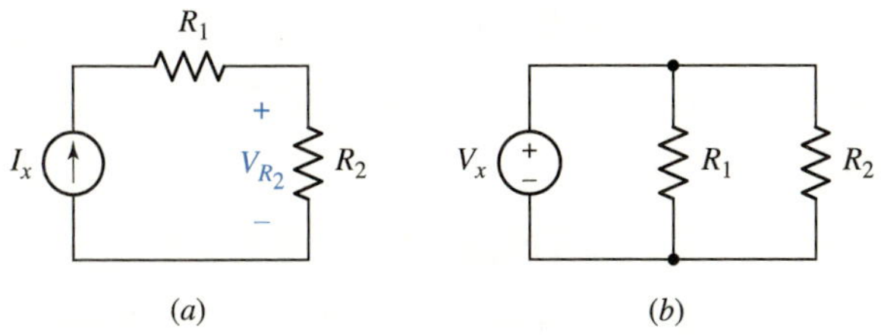

■圖 5.23　(*a*) 電阻器與電流源串聯的電路；(*b*) 電壓源與兩個電阻器並聯。

源的上方或下方。

電流源串聯電阻器及其對偶，電壓源並聯電阻器，這種較稀少的案例也是值得考慮的。讓我們從圖 5.23*a* 這簡單的電路開始，注意到不論 R_1，$V_{R2}=I_x R_2$ 的數值為多少，而只對跨接在標記為 R_2 的電壓感興趣。雖然很想在這電路中執行一個不太恰當的電源轉換，事實上可以單純的忽略電阻器 R_1 (我們對它本身並不感興趣)。一個類似的情形發生在電壓源與電阻器並聯上，如圖 5.23*b* 所示。再次的，如果只對電阻器 R_2 有關的某些量感興趣，會發現我們自己很想對於電壓源與電阻器 R_1 執行很奇怪 (且不正確的) 電源轉換。實際上，可以從電路中忽略電阻器 R_1，而只關心電阻器 R_2，R_1 的存在不會改變 R_2 跨接的電壓、流過的電流或消耗的功率。

電源轉換摘要

1. **電源轉換的一般目的不是要結束電路中所有的電流源，就是結束所有的電壓源**。如果能使得節點或網目分析更簡單，則特別會去執行電源轉換。
2. **藉由所提供的電阻器與電源的最後結合，重複電源轉換可以用來簡化電路。**
3. **電阻器的數值在電源轉換期間不會改變，但卻已不是相同的電阻**。這個意思是：原始電阻器有關的電流或電壓，在執行電流轉換時，便無法再挽回。
4. **如果與一個特別的電阻器有關的電壓或電流，來做為依賴電源的控制變數時，它不應該被包括在任何電源轉換之中**。原始的電阻器必須原樣的被保留在最後的電路中。

5. **如果與一個特別的元件有關的電壓或電流是感興趣的，則此元件不應該包括在任何電源轉換之中。**原始的元件必須原樣的被保留到最後的電路中。
6. **在電源轉換中，電流源的箭頭對應於電壓源的“+”端。**
7. **電流源與電阻器的電源轉換，必須是這兩個元件相互並聯。**
8. **電壓源與電阻器的電源轉換，必須是這兩個元件相互串聯。**

5.3 戴維寧與諾頓等效電路

現在，我們已經介紹過電源轉換與重疊定理，接下來將再發展兩個更能簡化線性電路分析的技巧。這兩個理論中的第一個是由一位從事電報工作的法國工程師，戴維寧 (M. L. Thévenin) 在 1883 年所公佈的理論；第二個可以視為是第一個理論的推論，並歸功於一位貝爾實驗室的科學家諾頓 (E. L. Norton)。

假設我們只需要電路分析的一部分，例如，假設要決定由相當大的電源與電阻器所組成電路的其中一部分，傳送給單一負載電阻器的電流、電壓及功率 (如圖 5.24*a* 所示)，或是，也許希望求得在不同負載電阻值時的響應。戴維寧定理告訴我們，可以用一個獨立電壓源串聯一個電阻器來取代除了負載電阻器之外的電路任何部分 (如圖 5.24*b* 所示)，在負載電阻器所量測到的響應不會改變。而使用諾頓定理，可以獲得一個獨立電流源並聯一個電阻器所組成的等效電路 (如圖 5.24*c* 所示)。

很明顯的，戴維寧與諾頓定理主要使用的目的之一，是由一個

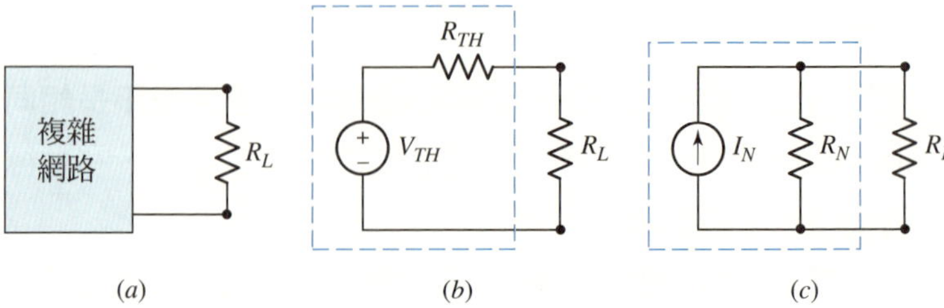

■圖 5.24 (*a*) 一個複雜網路包括一個負載電阻器 R_L；(*b*) 與負載電阻器 R_L 連接的戴維寧等效網路；(*c*) 與負載電阻器 R_L 連接的諾頓等效網路。

非常簡單的電路來取代電路中較大的部分，且經常是複雜而不感興趣的部分。而這個新的、較簡單的電路使我們能被快速的計算出原始電路傳送給負載電阻的電壓、電流及功率。它也幫助我們去選擇這個負載電阻最佳的數值。例如，在電晶體功率放大器中，戴維寧或諾頓等效使我們能決定從放大器取用及傳送到擴音機的最大功率。

例題 5.6

考慮圖 5.25*a* 中的電路，決定戴維寧等效網路，並計算傳送至負載電阻器 R_L 的功率。

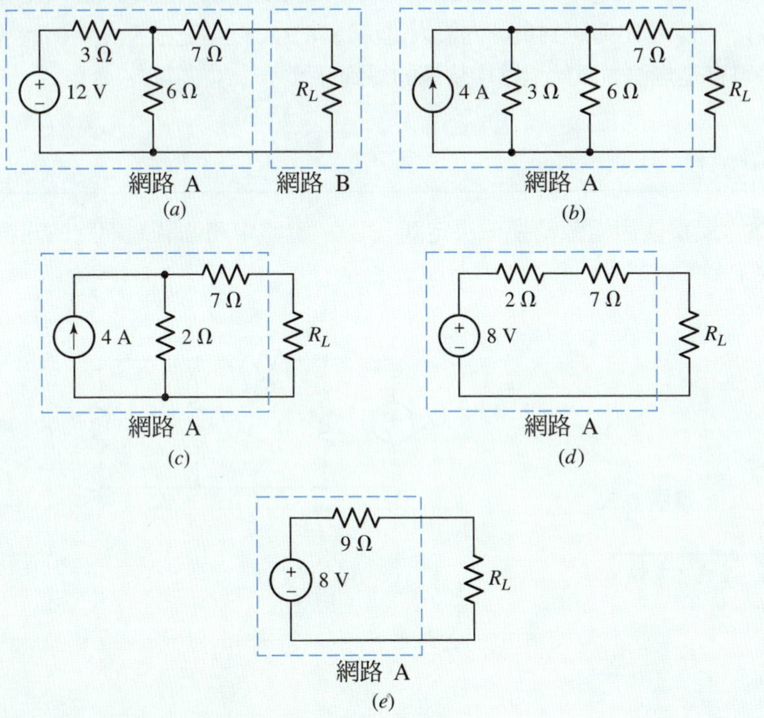

■圖 5.25　(*a*) 一個電路被分割成二個網路；(*b*)-(*d*) 簡化網路 *A* 的中間步驟；(*e*) 戴維寧等效電路。

虛線區塊將電路分割成 *A* 與 *B* 兩網路，我們最主要的興趣是在網路 *B*，它是僅僅由負載電阻器 R_L 所組成，網路 *A* 可以反覆利用電源轉換予以簡化。

首先，把 12 V 電源與 3 Ω 電阻器視為一個實際的電壓源，並利用一個 4 A 的電源並聯 3 Ω 電阻器所組成的實際電流源來取代它 (如圖

5.25*b*)。兩個並聯電阻器組合成 2 Ω 電阻 (如圖 5.25*c* 所示)，並且將所轉換的實際電流源再轉回成一個實際電壓源 (如圖 5.25*d*)，最後結果如圖 5.25*e* 所示。

從負載電阻器 R_L 的觀點來看，網路 A (戴維寧等效) 是等效於原始的網路 A；而從我們的觀點來看，這電路更為簡化，而且現在可以簡單的計算傳送到負載的功率：

$$P_L = \left(\frac{8}{9 + R_L}\right)^2 R_L$$

更進一步，可以從等效電路中瞭解到，跨接於 R_L 的最大電壓為 8 V 且相對於 $R_L = \infty$，將網路 A 快速轉換成一個實際電流源 (諾頓等效)，可顯示出傳送到負載的最大電流為 8/9 A，且發生在 $R_L = 0$ 時。這些事實是無法從原始電路中快速的得到。

練習題

5.5 反覆使用電源轉換，決定圖 5.26 電路中所強調的網路的諾頓等效。

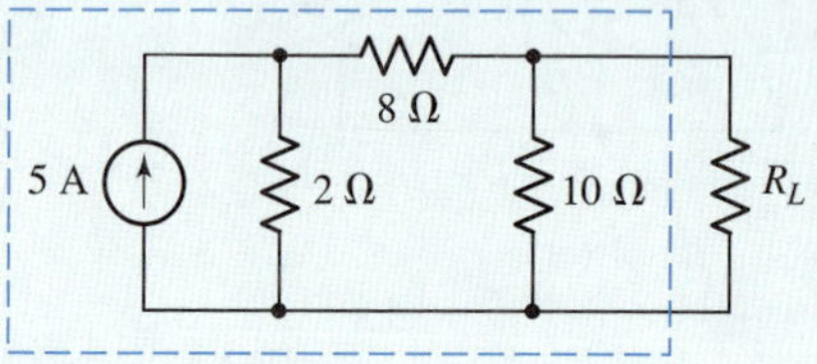

■圖 5.26

答：1 A，5 Ω。

戴維寧定理

使用電源轉換的技巧，對於例題 5.6 求解戴維寧或諾頓等效是十分足夠的，但是如果有依賴電源存在或電路由較多數目的元件所組成時，它便會快速變得不實際。一個可供選擇的替代方法是戴維寧定理 (或諾頓定理)，我們將以略為正式的程序來做說明，並且持續去考慮不同的方法，使得這個方法在所面對的情況下更為實際。

戴維寧定理[3]的說明

1. **針對給定的任何線性電路，重新安排成 *A* 和 *B* 兩個網路形式，並用線予以連接。** *A* 是要簡化的網路，*B* 則保留不動。
2. **將網路 *B* 斷開。** 跨接於網路 *A* 的兩端點上定義電壓為 υ_{oc}。
3. **在網路 *A* 中，關掉或使每一個獨立電源的輸出降為零，形成一個非主動網路。** 保留依賴電源不動。
4. **連接一個具有 υ_{oc} 數值的獨立電壓源與非主動網路串聯。** 不要完成此電路，保留兩個端點斷開。
5. **將網路 *B* 連接至新的網路 *A* 兩端。** 網路 *B* 中的所有電流與電壓均保持不變。

注意，如果兩個網路中任何一個有包括依賴電源時，則它的控制數必須在同一個網路中。

考慮圖 5.25，看看是否能成功的把戴維寧定理運用到電路中。在例題 5.6 中，已經求得 R_L 左側的戴維寧等效電路，但是想看看是否有更簡單的方法可以獲得相同的結果。

例題 5.7

利用戴維寧定理求解圖 5.25*a* 中 R_L 左側部分電路的戴維寧等效。

從斷開 R_L 開始，並且注意到在圖 5.27*a* 所示的其餘局部電路並沒有任何電流流經 7 Ω 電阻器。因此，V_{oc} 出現在 6 Ω 電阻器的兩端 (因為沒有任何電流流經 7 Ω 電阻器，因此在它的兩端並沒有跨接電壓下降)，且分壓使我們能求得

$$V_{oc} = 12\left(\frac{6}{3+6}\right) = 8\ \text{V}$$

刪除網路 A (即用短路取代 12 V 電源)，並往後看這個無電源的網路，7 Ω 電阻器與 6 Ω 及 3 Ω 並聯的組合相串聯 (如圖 5.27*b*)。

因此，這個無電源的網路可以由稱為網路 *A* 的戴維寧等效電阻 (Thévenin equivalent resistance)—9 Ω 電阻器來取代。這個戴維寧等效是

3 我們以這種型式所敘述的戴維寧證明相當的冗長，因此把這部分放在附錄 3，其中難以理解的部分可以仔細的研究。

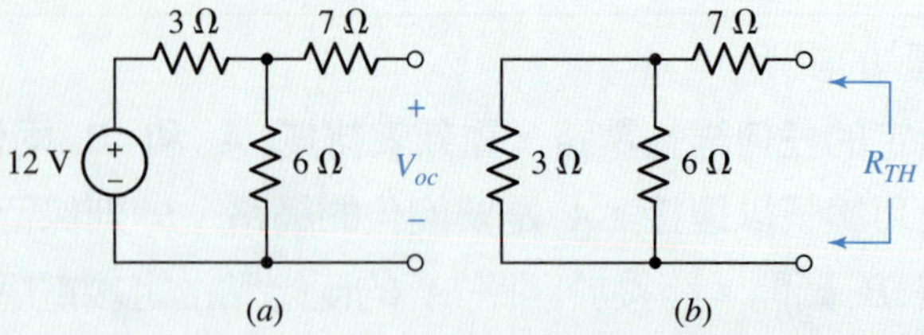

■圖 5.27 (*a*) 圖 5.25*a* 電路將網路 *B* (電阻器 R_L) 斷開，且跨接在連接端點的電壓標記為 V_{oc}；(*b*) 圖 5.25*a* 中的獨立電源已被刪除，從連接網路 *B* 的兩端點看進去，決定網路 *A* 的有效電阻。

由 V_{oc} 與 9 Ω 電阻器相串聯來表示，與先前的結果相符。

練習題

5.6 利用戴維寧定理求解圖 5.28 電路中流經 2 Ω 電阻器的電流。

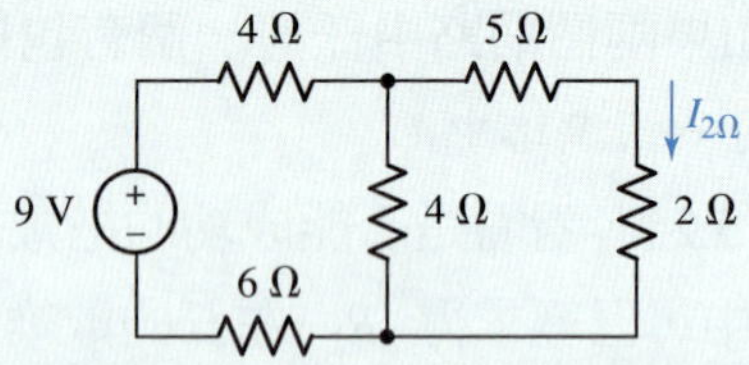

■圖 5.28

答：$V_{TH}=2.571$ V，$R_{TH}=7.857\ \Omega$，$I_{2\Omega}=260.8$ mA。

一些關鍵點

我們所學習如何去求得的等效電路完全與網路 *B* 無關，因為一開始我們便已被告知移除網路 *B*，並且測量由網路 *A* 所產生的開路電壓，這個過程當然與網路 *B* 沒有任何一點關係。網路 *B* 在定理說明中曾被提到去說明網路 *A* 的等效可能被求得，不論連接到 *A* 網路的元件如何安排；網路 *B* 表示一般的網路。

關於這個理論有幾點應該強調：

- 必須加在 *A* 或 *B* 的唯一限制是：所有 *A* 中的依賴電源，它們的控制變數也要在 *A* 中，同樣的，*B* 也是。
- *A* 或 *B* 的複雜性沒有任何限制，隨便是哪一個都可包含任何獨立電壓或電流源、線性依賴電壓或電流源、電阻器或任何其它線性電路元件。

- 沒有電源的網路 A 可以由單一等效電阻 R_{TH} 來表示，我們稱它為戴維寧等效電阻。不論沒有電源的網路 A 中是否有依賴電源存在，這部分是真實的。
- 戴維寧等效由二元件組成：一個電壓源串聯一個電阻器。二者之一可能為零，雖然這不是經常的情形。

諾頓定理

諾頓定理十分類似戴維寧定理，並且可以說明如下：

諾頓定理的說明

1. **針對所給的線性電路，重新安排成 A 和 B 兩個網路，並用兩條導線予以連接。**A 是要簡化的網路，B 則僅留不動，如前面所述，如果任何一個網路中包括依賴電源時，則它的控制變數必須在同一個網路中。
2. **將網路 B 斷開，並將網路 A 的兩端點短路。**定義一個電流 i_{sc} 為流經網路 A 兩個短路端的電流。
3. **在網路 A 中，關掉或將每一個獨立電流的輸出降為零，形成一個非主動網路。**保留依賴電源不動。
4. **連接一個具有數值 i_{sc} 的獨立電流源，與此非主動網路並聯。**不要完成此電路，保留這兩端點短路。
5. **將網路 B 連接至新的網路 A 的兩端。**網路 B 中的所有電流與電壓均保持不變。

線性網路的諾頓等效為諾頓電流源 i_{sc} 與戴維寧等效電阻 R_{TH} 的並聯。因此，我們瞭解到事實上可能可以藉由執行戴維寧等效的電源轉換來求得網路中的諾頓等效。這可以得到 v_{oc}、i_{sc} 與 R_{TH} 之間的直接關係結果：

$$v_{oc} = R_{TH} i_{sc} \qquad [18]$$

電路中包含依賴電源時，將發現能藉由找出開路電壓與短路電流及求得它們的商，R_{TH} 的值更方便的來決定戴維寧或諾頓等效。因此，善於求解開路電壓與短路電流是明智的，即使是簡單的問題也如此。如果個別的求解出戴維寧或諾頓等效時，方程式 [18] 可以做為有用的檢驗。

考慮三個不同求解戴維寧或諾頓等效電路的例子。

例題 5.8

試求圖 5.29*a* 面對 1 kΩ 電阻器的戴維寧與諾頓等效電路。

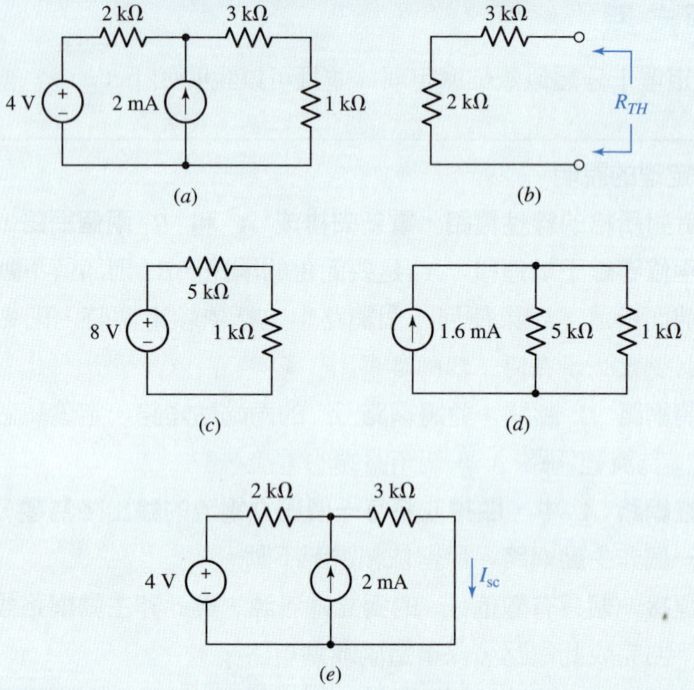

■圖 5.29 (*a*) 已知電路中 1 kΩ 電阻器視為網路 *B*；(*b*) 網路 *A* 中所有獨立電源均被刪除；(*c*) 網路 *A* 的戴維寧等效；(*d*) 網路 *A* 會諾頓等效；(*e*) 求解 I_{sc} 的電路。

從言詞表達的問題說明方式中，我們知道網路 *B* 為 1 kΩ 電阻器，而網路 *A* 為其餘的電路。電路中不包含任何的依賴電源，且求解戴維寧等效最簡單的方法是直接求取無電源網路的 R_{TH}，接下來計算 V_{oc} 或 I_{sc}。

首先，決定開路電壓，這例子中藉由重疊定理可以簡單的求得。僅 4 V 電源動作時，開路電壓為 4 V；當只有 2 mA 電源動作時，開路電壓為 2 mA×2 kΩ＝4 V (1 kΩ 電阻器斷開後，沒有任何電流流經 3 kΩ 電阻器)，當兩個獨立電源動作時，發現 $V_{oc}=4+4=8$ V。

接下來刪除兩個獨立電源，決定出沒有電源的網路 *A* 的形狀。如

圖 5.29b，4 V 電源短路及 2 mA 電源開路，其結果為 2 kΩ 與 3 kΩ 電阻器的串聯組合，或其等效為 5 kΩ 電阻器。

如此決定出戴維寧等效，如圖 5.29c 所示，而從戴維寧等效可以快速的畫出圖 5.29d 的諾頓等效。讓我們決定已知電路 (如圖 5.29e 所示) 中的 I_{sc} 做為驗證。利用重疊定理及小電流分流：

$$I_{sc} = I_{sc}|_{4\text{ V}} + I_{sc}|_{2\text{ mA}} = \frac{4}{2+3} + (2)\frac{2}{2+3}$$
$$= 0.8 + 0.8 = 1.6\text{ mA}$$

完成驗證[4]工作。

練習題

5.7　決定圖 5.30 電路的戴維寧與諾頓等效。

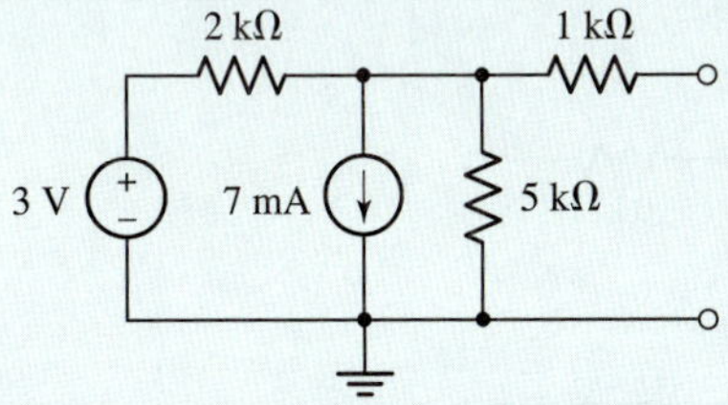

■圖 5.30

答：−7.857 V，−3.235 mA，2.429 kΩ。

當依賴電源存在時

技術上來說，並非永遠必須是網路 B 才引用戴維寧定理或諾頓定理；反而是被要求去求解兩端點尚未連接到另一個網路的網路等效。如果有網路 B，那就不需要簡化程序，然而，如果電路中包含依賴電源時，就必須稍微注意。在這種情況下，控制變數與相關元件必須包含在網路 B 中，並且從網路 A 中排除。否則，會因為控制量的不存在，而沒有任何方法可以分析最後的電路。

如果網路 A 中包含依賴電源時，則再次必須確認控制變數與相關元件不可在網路 B 中。截至目前為止，我們只考慮具有電阻

4 注意：如果我們在整個方程式中，使用 kΩ 單位的電阻及以伏特為單位的電壓時，則電流永遠自動以 mA 為單位。

器及獨立電源的電路。雖然技術上來說，當要產生戴維寧或諾頓等效時，將依賴電源留在無電源或非主動的網路是正確的，但實際上不會形成任何形式的簡化。我們真正想要的是一個獨立電壓源與一個單一電阻串聯，或一個獨立電流源與一個單一電阻並聯，換句話說，是一個二元件的等效。在下面的例子中，將考慮不同的方法把具有依賴電源及電阻器的網路降為一個單一電阻。

例題 5.9

決定圖 **5.31*a*** 電路中的戴維寧等效。

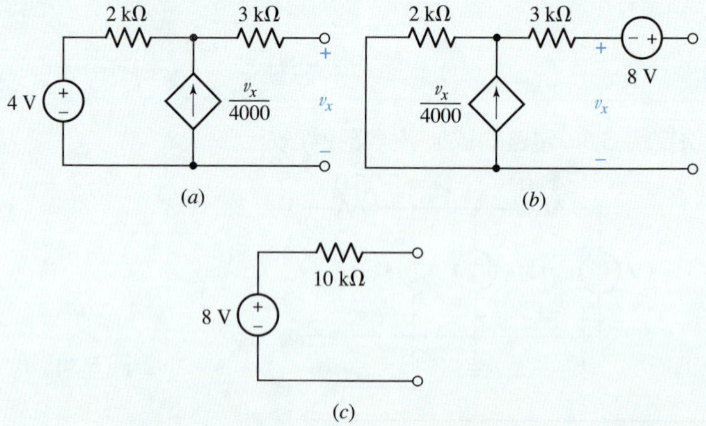

■圖 5.31 (*a*) 要求戴維寧等效的已知電路；(*b*) 一種可能，但很少用的戴維寧等效型式；(*c*) 對於這個線性網路最好的戴維寧等效型式。

為了求解 V_{oc}，注意到 $v_x = V_{oc}$，且因為沒有電流流經 3 kΩ 電阻器，則依賴電源的電流必須通過 2 kΩ 電阻器，繞著外圍迴路利用 KVL：

$$-4 + 2 \times 10^3 \left(-\frac{v_x}{4000}\right) + 3 \times 10^3(0) + v_x = 0$$

且

$$v_x = 8\text{ V} = V_{oc}$$

由戴維寧定理，等效電路可以由無電源網路串聯一個 8 V 電源形成，如圖 5.31*b* 所示。這是正確的，但不是非常簡單及非常有用的；在這個線性電阻網路的例子中，應該可以針對非主動的 *A* 網路，顯示更簡單的等效，稱為 R_{TH}。

依賴電源的存在避免直接從電阻組合對於非主動網路中決定 R_{TH}，因此無尋求 I_{sc}。依據短路，在圖 5.31*a* 的輸出端點，很明顯的 $V_x=0$，以及依賴電源被刪除。因此，$I_{sc}=4/(5\times10^3)$，所以

$$R_{TH} = \frac{V_{oc}}{I_{sc}} = \frac{8}{(0.8\times10^{-3})} = 10\ \text{k}\Omega$$

如此可獲得圖 5.31*c* 中可接受的戴維寧等效。

練習題

5.8　試求圖 5.32 網路的戴維寧等效。(提示：在依賴電源上利用電源轉換可能會有幫助。

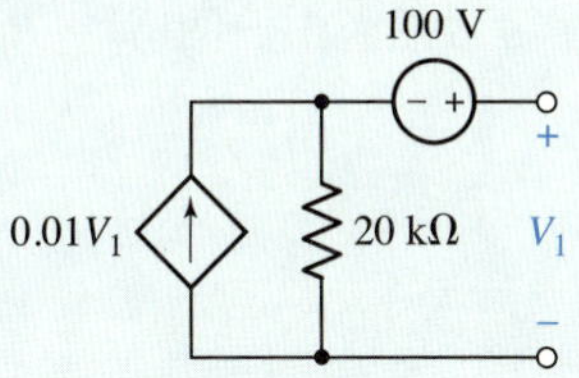

■圖 5.32

答：−502.5 mV，−100.5 Ω。

考慮具有一個依賴電源，而沒有任何獨立電源的網路，作為我們最後的例子。

例題 5.10

試求圖 5.33*a* 電路的戴維寧等效。

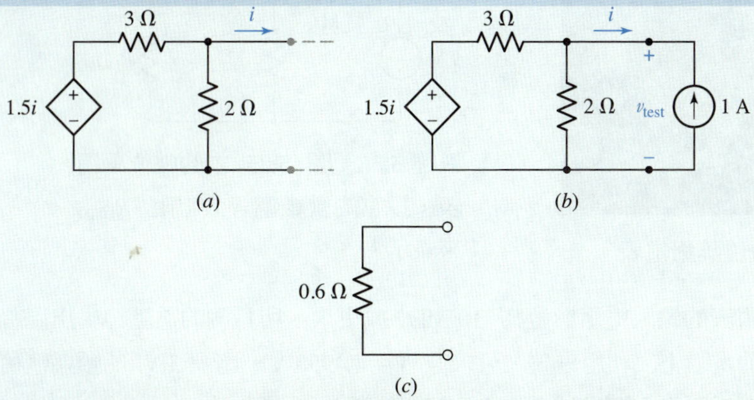

■圖 5.33　(*a*) 沒有任何獨立電源的網路；(*b*) 為了求得 R_{TH} 所做的假設量測；(*c*) 原始電路的戴維寧等效。

實　際　應　用

數位萬用電表

一種最常見的電氣測試裝置稱為 DMM 或數位萬用電表 (digital multimeter)(如圖 5.34 所示) 它是設計用來測量電壓、電流及電阻值。

在電壓測量時，DMM 的兩根測試引線連接跨於適當電路元件的兩端，如圖 5.35 所示。儀表的正參考端典型地標記為“V/Ω”，而負參考端經常稱之為共用端—典型地標記為“COM”。傳統上，正參端使用紅色引線，而共用端採用黑色引線。

從我們所討論的戴維寧與諾頓等效，很明顯的，數位萬用電表有它自己的戴維寧等效電阻。這個戴維寧等效電阻將會與所量測的電路並聯，而它的數值會影響到測量 (如圖 5.36 所示)。數位萬用電表不會提供電路功率去測量電壓，所以它的戴維寧等效僅僅由一個稱為 R_{DMM} 的電阻所組成。

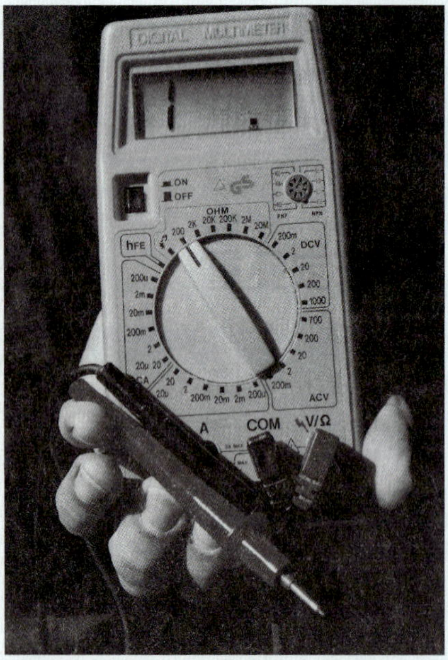

■圖 5.34　手持式數位萬用電表。

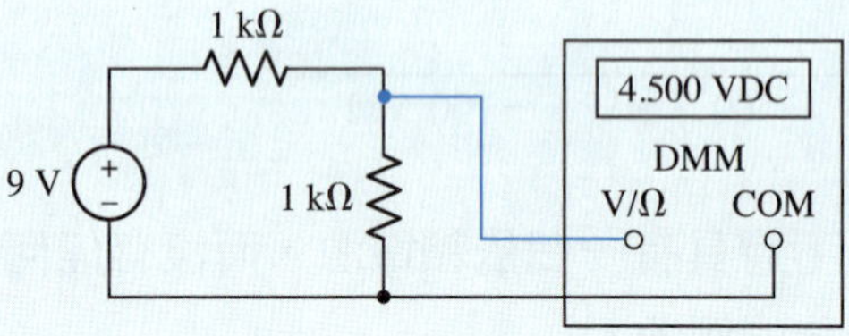

■圖 5.35　數位萬用電表連接測量電壓。

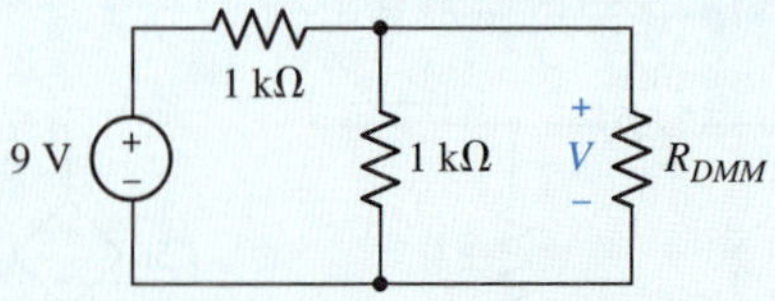

■圖 5.36　圖 5.35 中的數位萬用表，以它的戴維寧等效電阻 R_{DMM} 來表示。

一個良好的數位萬用電表的輸入電阻典型為 10 MΩ 或更大。所量測的電壓 V 出現跨接在 1 kΩ ‖ 10 MΩ＝999.9 Ω 的電阻上。利用分壓，可求得 $V=4.4998$ V，比 4.5 V 的預期值稍微來得小。因此，電壓表的輸入電阻會在測量值上造成一個小的誤差。

在測量電流時，數位萬用電表必須與電路元件串聯，一般需要將導線截斷 (如圖 5.37 所

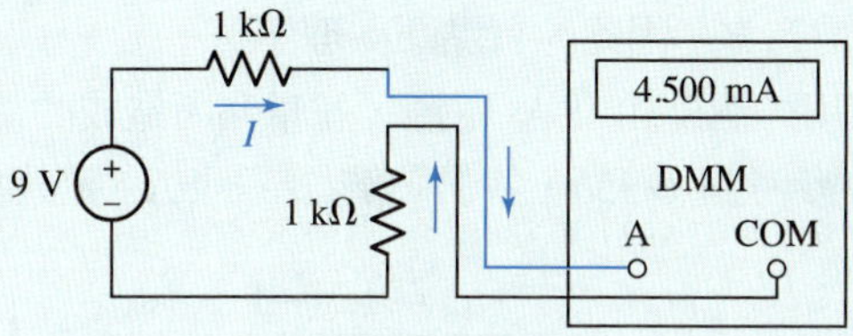

■圖 5.37　數位萬用電表連接測量電流。

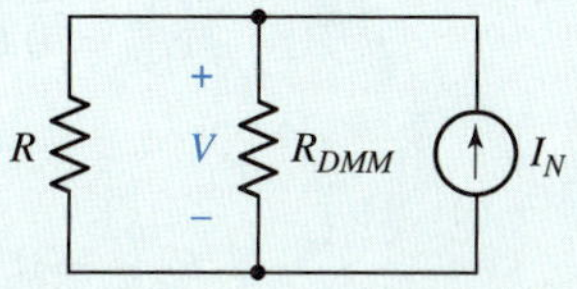

■圖 5.38　以諾頓等效來取代數位萬用電表在電阻測時結構，顯示 R_{DMM} 與未知的測量電阻器 R 相並聯。

示)。一條數位萬用電表引線連接到儀表的共用端，而另一條引線置於通常標示為 “A” 的接點以表示電流量測。再次，數位萬用電表在此型式的測量時並不提供功率給電路。

從圖上可以瞭解到數位萬用電表的戴維寧等效電阻 (R_{DMM}) 與電路串聯，其值大小會影響測量。繞著這個迴路列出一條簡單的 KVL 方程式，

$$-9 + 1000I + R_{\mathrm{DMM}}I + 1000I = 0$$

注意到為了執行電流測量，已將儀表重新接線，此時的戴維寧等效電阻與儀表為了測量電壓時不同。事實上，電流測量時，理想化的 R_{DMM} 為零歐姆，而電壓測量時為無窮大 (∞)。如果 R_{DMM} 是 0.1 Ω，則測量電流 I 為 4.4998 mA，與 4.5 mA 的預期值僅有很小誤差。取決於儀表可以顯示的數位數目，在測量時可能甚至不會注意到數位萬用電表非零數值的電阻影響。

這相同的電表可以用來測量電阻，其測量期間沒有任何獨立電源動作，在電表內部，一已知電流流經正被測量的電阻器，而電壓表電路是用來測量電壓結果。如果以諾頓等效來取代數位萬用電表 (包括一個產生已預先決定的電流之動作獨立電流源)，我們瞭解到 R_{DMM} 明顯的與未知的電阻器 R 並聯 (如圖 5.38 所示)。

由於數位萬用電表實際上是測量 $R \parallel R_{\mathrm{DMM}}$，如果 $R_{\mathrm{DMM}} = 10\ \mathrm{k\Omega}$ 且 $R = 10\ \Omega$，則 $R_{\mathrm{measured}} = 9.99999\ \Omega$，這個結果對於大部分的目的而言，更為精確。然而，如果 $R = 10\ \mathrm{M\Omega}$，則 $R_{\mathrm{measured}} = 5\ \Omega$。因此，數位萬用電表的輸入電阻對於所測量的電阻設定一個實際的上限值，而對於較大電阻的測量必須使用特別技巧。我們應該注意到，如果數位萬用電表是可程式化的，且 R_{DMM} 為已知，則其可能補償及允許較大電阻的測量。

因為最右邊的兩個端點已被開路，$i=0$，因此，依賴電流不動作，所以 $v_{oc}=0$。接下來尋求代表兩端點網路的 R_{TH}。然而，因為在網路中沒有任何的獨立電源，我們無法求得 v_{oc} 與 i_{sc} 及它們的商，並且 v_{oc} 與 i_{sc} 均為零。因此，有點難處理。

應用一個外加 1 A 電源，並量測所造成的電壓 v_{test}，然後令 $R_{TH}=v_{test}/1$。參考圖 5.33*b*，我們瞭解 $i=-1$ A。應用節點分析，

$$\frac{v_{test}-1.5(-1)}{3}+\frac{v_{test}}{2}=1$$

所以

$$v_{test}=0.6 \text{ V}$$

因此

$$R_{TH}=0.6\ \Omega$$

戴維寧等效如圖 5.33*c* 所示。

快速重述求解程序的要點

我們已經看過三個求解戴維寧與諾頓等效電路的例子。第一個例子 (如圖 5.29 所示) 只包含獨立電源及電阻器，並且有幾種不同的方法可供使用。其中的一個方法是計算無電源網路的 R_{TH} 及網路有電源時的 V_{oc}。也可以求得 R_{TH} 及 I_{sc}，或 V_{oc} 與 I_{sc}。

第二個例子 (如圖 5.31 所示) 中，有獨立及依賴電源存在，而所使用的方法需要求得 V_{oc} 與 I_{sc}。因為依賴電源不能使網路不動作，因此對於無電流網路不能簡單的求得 R_{TH}。

最後一個例子包含任何獨立電源，因此戴維寧與諾頓等效不包含獨立電源。藉由應用 1 A 外部電源求解 $v_{test}=1\times R_{TH}$ 而決定 R_{TH}，也可以應用 1 V 電源及求解 $i=1/R_{TH}$。這兩個有關的技巧可以應用到任何具有依賴電源的電路，只要所有的獨立電源先被設定為零。

另外兩種方法具有某種程度的吸引力，因為它們可以利用到所考慮的三種型式的網路中任何一個。首先，以電壓源 v_s 簡單的取代網路 B。定義從正端離開的電流為 i，然後分析網路 A 以求得 i，並將方程式列成 $v_s=ai+b$ 的型式。而 $a=R_{TH}$ 且 $b=v_{oc}$。

也可以應用一個電流源 i_s，令它的電壓為 υ，然後求解 $i_s = c\upsilon - d$，其中 $c = 1/R_{TH}$ 及 $d = i_{sc}$ (負號為假設兩個電流箭頭均指向相同的節點)。這兩種程序被普遍應用，但是某些其它的方法通常可以簡單且更快速的獲得。

雖然，我們幾乎完全把注意力放在線性電路分析，如果網路 B 是非線性的且僅有網路 A 必需是線性，則戴維寧及諾頓兩種定理仍然有效。

練習題

5.9　試求圖 5.39 網路的戴維寧等效。

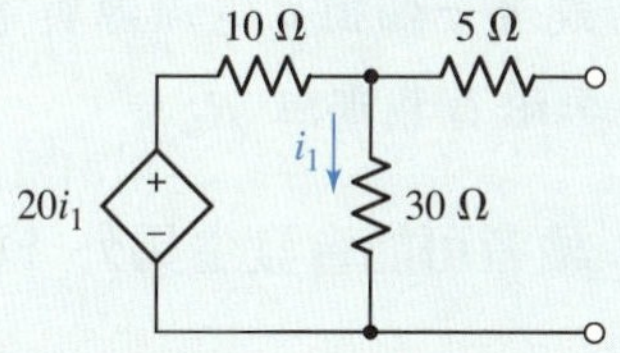

■圖 5.39　參考練習題 5.9。

答：$I_{test} = 50$ mA，所以 $R_{TH} = 20\ \Omega$。

5.4　最大功率轉移

可以發展出一個與實際電壓或電流源有關的有用功率理論。對於實際電壓源 (如圖 5.40 所示) 傳遞至負載 R_L 的功率為：

$$p_L = i_L^2 R_L = \frac{v_s^2 R_L}{(R_s + R_L)^2} \qquad [19]$$

為了求出從已知實際電源吸收最大功率的 R_L 值，將上式對 R_L 微分：

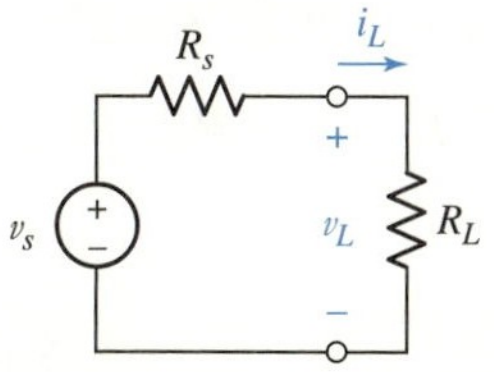

■圖 5.40　實際電壓源連接至負載電阻器 R_L。

$$\frac{d\,p_L}{d\,R_L}=\frac{(R_s+R_L)^2v_s^2-v_s^2R_L(2)(R_s+R_L)}{(R_s+R_L)^4}$$

且導數等於零，可得：

$$2R_L(R_s+R_L)=(R_s+R_L)^2$$

或

$$R_s=R_L$$

因為 $R_L=0$ 及 $R_L=\infty$ 時，都會獲得最小功率 ($p_L=0$)，且我們已推導出實際電壓源與電流源之間的等效，因此可證明下列**最大功率轉移理論** (maximum power transfer theorem)：

一個獨立電壓源與電阻 R_s 串聯，或者一個獨立電流源與電阻 R_s 並聯，當 $R_L=R_s$ 時，傳遞最大功率給負載電阻 R_L。

就網路的戴維寧等效電阻而論，讀者可能會發生另外一種看待最大功率理論的可能：

當 R_L 等於網路的戴維寧等效電阻時，網路可傳遞最大功率給負載電阻 R_L。

因此，最大功率轉移理論告訴我們，一個 2 Ω 的電阻器從圖 5.16 的任何一個實際電源吸取最大功率 (4.5 W)，而在圖 5.11 中，一個 0.01 Ω 電阻接受最大功率 (3.6 kW)。

在從電源吸收最大功率與傳遞最大功率給負載之間，有著明顯的差異，如果負載以它的戴維寧電阻等於它所連接網路的戴維寧電阻來估算，則它將從網路接受最大功率。負載電阻的任何變化將降低傳遞至負載的功率。然而，若考慮網路本身的戴維寧電阻，則可藉由將網路兩端短路，從電壓源吸取最大可能電流，進而吸取最大可能功率。然而，因為 $p=i^2R$，且由於網路兩端點短路而令 $R=0$，因此在這個極端例子中，傳遞零功率給此例的短路負載。

應用少量的代數到以 $R_L=R_s=R_{TH}$ 為必要條件的最大功率轉移有關的方程式 [19]，可得：

$$p_{\text{最大}}\Big|_{\text{傳遞負載}}=\frac{v_s^2}{4R_s}=\frac{v_{TH}^2}{4R_{TH}}$$

其中 v_{TH} 與 R_{TH} 表示圖 5.40 中的實際電壓源也可以被視為某些指定電源的戴維寧等效。

最大功率理論被錯誤解釋是經常發生的事情。為了獲得最大功率吸收，它幫助我們去選擇一個最佳的負載。然而，如果負載電阻已經被指定的話，那麼最大功率理論便沒有任何幫助了。如果因為某些因素，我們可以改變連接到負載的網路之戴維寧等效電阻的大小，就算是將它調整到等效負載大小，也不能保證可以傳送最大功率到預先決定的負載。迅速的考慮戴維寧等效電阻的功率損失將使這個問題點更清楚。

CAUTION

例題 5.11

圖 5.41 中的電路是共射雙極接面電晶體放大器的模型。選擇一個負載電阻，能從放大器傳送最大功率給它，並計算實際吸收的功率。

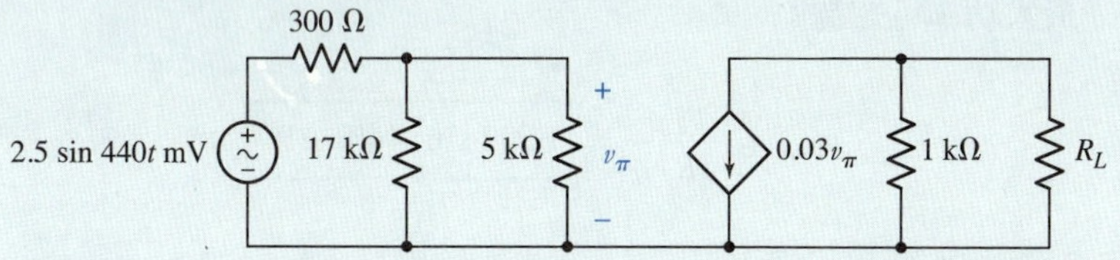

■圖 5.41　具有未指定負載電阻的共射極放大器之小訊號模型。

因為要求解負載電阻，所以應用最大功率理論。第一步要得到電路其餘部分的戴維寧等效。

首先要決定將 R_L 移除且將獨立電源短路的戴維寧等效電阻，如圖 5.42a 所示。

因為 $v_\pi=0$，依賴電流源被開路，所以 $R_{TH}=1\ \text{k}\Omega$。這可以藉由連接 1 A 的獨立電流源跨接在 1 kΩ 電阻器的兩端來驗證。v_π 仍然為零，所以依賴電源保持不動作，因為它對於 R_{TH} 沒有任何的貢獻。

為了得到最大功率傳送到負載，R_L 必須設定為 $\boxed{R_{TH}=1\ \text{k}\Omega}$。

為了求解 v_{TH}，考慮圖 5.41 移除 R_L 的電路，如圖 5.42a 所示。可以列出：

$$v_{oc} = -0.03v_\pi(1000) = -30v_\pi$$

其中 v_π 可以由簡單的分壓來求得：

$$v_\pi = (2.5 \times 10^{-3} \sin 440t)\left(\frac{3864}{300+3864}\right)$$

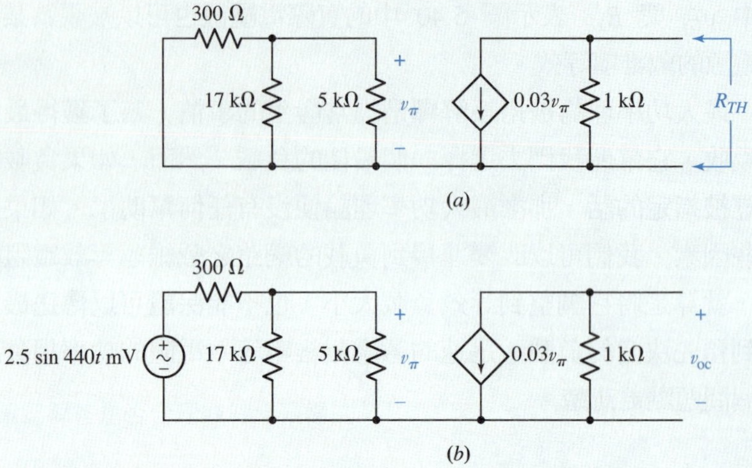

■圖 5.42 (*a*) 將 R_L 移除並將獨立電源短路的電路；(*b*) 為了決定 v_{TH} 的電路。

所以戴維寧等效為一個 $-69.6 \sin 440t$ mV 的電壓串聯 1 kΩ 電阻器。

最大功率可知為：

$$p_{\max} = \frac{v_{TH}^2}{4R_{TH}} = \boxed{1.211 \sin^2 440t\ \mu\text{W}}$$

練習題

5.10 考慮圖 5.43 中的電路。

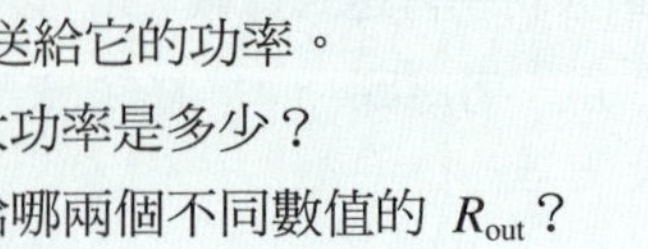

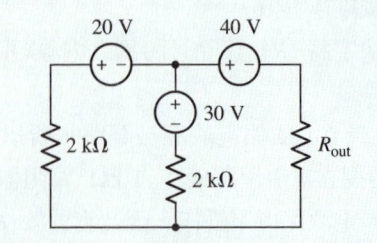

■圖 5.43

(a) 如果 $R_{out}=3$ kΩ，試求傳送給它的功率。

(b) 能傳送給任何 R_{out} 的最大功率是多少？

(c) 20 mW 的功率可以傳送給哪兩個不同數值的 R_{out}？

答：230 mW；306 mW；59.2 kΩ 及 16.88 Ω。

5.5 Δ-*Y* 轉換

我們先前瞭解到識別電阻器的並聯與串聯組合可以顯著的降低電路的複雜性。在這種組合不存在的情形之下，經常可以利用電源轉換使電路簡化。有另外一種有用的技巧，稱為 **Δ-*Y*** (delta-wye) 轉換，其形成網路理論。

考慮圖 5.44 的電路，沒有任何的串聯或並聯組合可以對任何電路進一步簡化 (注意：圖 5.44*a* 與圖 5.44*b* 相同，而圖 5.44*c* 與圖 5.44*d* 相同)，也沒有任何電源存在，也就無法執行電源轉換；然而，它卻可能在這兩種型式的網路之間互相轉換。

首先，我們定義前兩個電壓 v_{ac} 與 v_{bc}，及三個電流 i_1、i_2 及 i_3，如圖 5.45 所示。如果這兩個網路等效，則端點電壓與電流必須相等 (在 T 連接網路中沒有電流 i_2)。利用網目分析，可以簡單的定義出一組介於 R_A、R_B、R_C 與 R_1、R_2、R_3 的關係。例如，對於圖5.45*a* 的網路可以列出：

$$R_A i_1 - R_A i_2 = v_{ac} \quad [20]$$

$$-R_A i_1 + (R_A + R_B + R_C) i_2 - R_C i_3 = 0 \quad [21]$$

$$-R_C i_2 + R_C i_3 = -v_{bc} \quad [22]$$

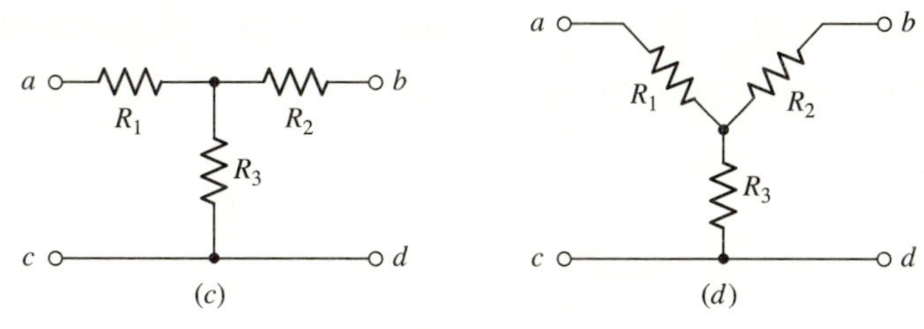

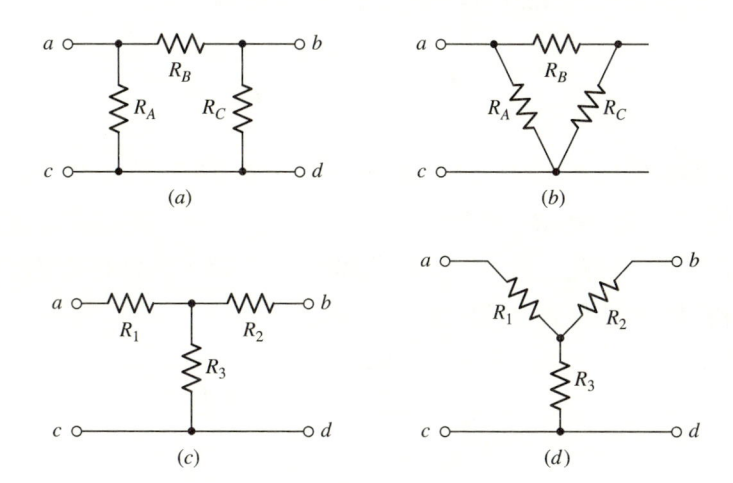

■圖 5.44　(*a*) 由三個電阻器及三個唯一的連接所形成的 π 網路；(*b*) 同一網路畫成 Δ 網路；(*c*) 由三個電阻器所組成的 T 網路；(*d*) 同一網路畫成 Y 網路。

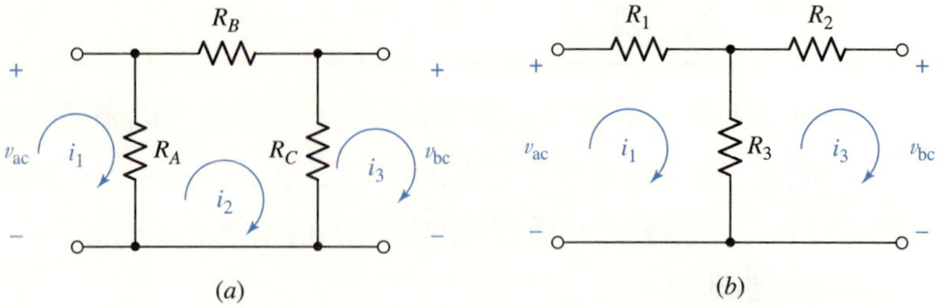

■圖 5.45 (a) 標示為 π 網路；(b) 標示為 T 網路。

對於圖 5.45b 的網路，可以得到：

$$(R_1 + R_3)i_1 - R_3 i_3 = v_{ac} \qquad [23]$$

$$-R_3 i_1 + (R_2 + R_3)i_3 = -v_{bc} \qquad [24]$$

接下來，利用方程式 [21] 式將 i_2 從方程式 [20] 與 [22] 中移除，結果為

$$\left(R_A - \frac{R_A^2}{R_A + R_B + R_C}\right)i_1 - \frac{R_A R_C}{R_A + R_B + R_C}i_3 = v_{ac} \qquad [25]$$

及

$$-\frac{R_A R_C}{R_A + R_B + R_C}i_1 + \left(R_C - \frac{R_C^2}{R_A + R_B + R_C}\right)i_3 = -v_{bc} \qquad [26]$$

比較方程式 [25] 與 [23] 的項目，可得：

$$R_3 = \frac{R_A R_C}{R_A + R_B + R_C}$$

類似的方式，可以求得以 R_A、R_B、R_C 所表示的 R_1 與 R_2，也能用 R_1、R_2 及 R_3 來表示 R_A、R_B 與 R_C；將其餘的推導留給讀者做為練習。因此，從 Y 網路轉換成 Δ 網路，則新的電阻器數值可以利用下列關係式計算出來：

$$R_A = \frac{R_1 R_2 + R_2 R_3 + R_3 R_1}{R_2}$$

$$R_B = \frac{R_1 R_2 + R_2 R_3 + R_3 R_1}{R_3}$$

$$R_C = \frac{R_1 R_2 + R_2 R_3 + R_3 R_1}{R_1}$$

而從 Δ 網路轉換成 Y 網路：

$$R_1 = \frac{R_A R_B}{R_A + R_B + R_C}$$
$$R_2 = \frac{R_B R_C}{R_A + R_B + R_C}$$
$$R_3 = \frac{R_C R_A}{R_A + R_B + R_C}$$

這些方程式應用是簡單、直接的，雖然有些時候要分辨實際的網路時需要一些用心。

例題 5.12

利用 Δ-Y 轉換技巧，求解圖 5.46*a* 電路的戴維寧等效電阻。

我們瞭解到圖 5.46*a* 中的網路是由兩個共用 3 Ω 電阻器的 Δ 連接網路所組成。在這點上必須小心，不要太急切的企圖將兩個 Δ 連接的網路轉換成兩個 Y 接的網路。在我們將由 1、4 及 3 Ω 電阻器所組成的上方網路轉換成 Y 接網路 (如圖 5.46*b* 所示) 後，這理由便會很清楚。

要注意的是，將上方的網路轉換成 Y 接的網路時，已經把電阻器移除了。其結果，將沒有辦法把原先由 2、5 及 3 Ω 電阻器所組成之

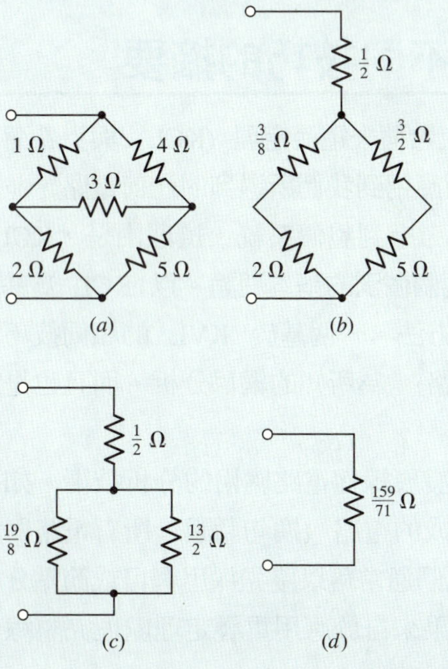

■圖 5.46 (*a*) 一已知電阻性網路，要求解它的輸入電阻；(*b*) 上方的 Δ 網路由等效 Y 網路取代；(*c*，*d*) 串、並聯組合形成一個單一電阻值。

Δ 連接的網路轉換成 Y 接的網路。

繼續組成 $\frac{3}{8}\,\Omega$ 和 $2\,\Omega$ 電阻器及 $\frac{3}{2}\,\Omega$ 和 $5\,\Omega$ 電阻器 (如圖 5.46*c* 所示)。現在有一個 $\frac{19}{8}\,\Omega$ 電阻器並聯 $\frac{13}{2}\,\Omega$ 電阻器，且這個並聯組合再與 $\frac{1}{2}\,\Omega$ 電阻器串聯。因此，我們可以用一個 $\frac{159}{71}\,\Omega$ 的電阻器來取代原先圖 5.46*a* 的網路 (如圖 5.46*d* 所示)。

練習題

5.11 利用 Y-Δ 轉換技巧，求解圖 5.47 電路的戴維寧等效電阻。

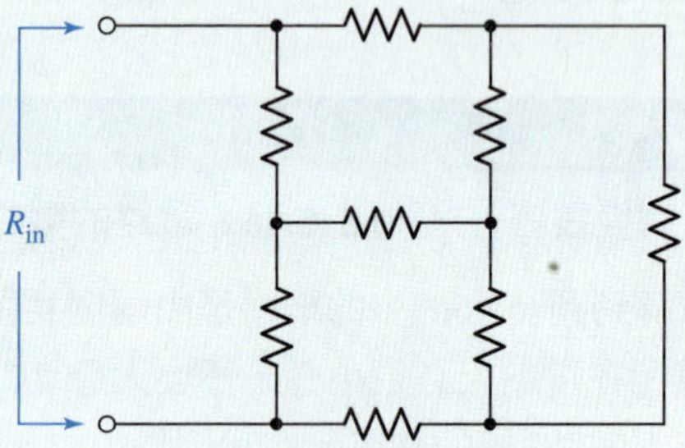

■圖 5.47

答：$11.43\,\Omega$。

5.6 選擇方法：不同技巧的摘要

在第 3 章中，介紹過克希荷夫電流定理 (KCL) 與克希荷夫電壓定理 (KVL)。這兩個定理應用到我們所遇到的任何電路，並且提供我們注意所呈現的電路應考慮到整個系統。這理由是，KCL 與 KVL 堅持電荷與能量不滅兩個個別的基本理論。以 KCL 為基礎，發展出非常有用的節點分析方法。一個基於 KVL 的相同技巧 (不幸的是，只能適用在平面電路)，為所知的網目分析，而且也是有用的電路分析方法。

整體而言，本書是關於發展線性電路應用的分析技術。如果我們知道一個只由線性元所組成的電路 (換句話說，所有電路與電流都是線性函數的關係)，則我們通常可以優先採用網目或節點分析來簡化電路。或許大部分的結果來自於應用重疊定理處理完整線性電路的知識。有一已知量的獨立電源在電路中動作，則可以將每一個電源單獨動作的貢獻予以相加。這個技巧在整個工程領域是非常普遍的，而我們將經常遇到。在許多實際的情形下，將發現雖然在系統中有數個電源同時地動作，然而典型上這些電源的其中之一控制著系統的響應。重疊定理允許我們快速的分辨出那個電源，並提供我們一個合理精確的系統模型。

然而，從電路分析的觀點來看，除非要求去找某一特別響應的大部分貢獻來自於哪一個獨立電源，否則我們發現捲起袖子直接從節點或網目分析出發，經常是更直接簡單的策略。理由是，將重疊定理應用在一個有 12 個獨立電源的電路時，需要重畫原始電路 12 次，而且無論如何經常必須對於每一部分的電路應用節點或網目分析。

而電源轉換的技巧在電路分析上經常是有用的工具。執行電源轉換可以允許我們合併原始電路中，並非串聯或並聯的電阻器或電源。電源轉換也允許我們將原始電路中的全部或至少大部分的電源轉換成相同型式 (不是全部都是電壓源，就是全部都是電流源)，所以節點或網目分析就更簡單、直接了。

戴維寧定理對於一些理由是十分重要的，在電子電路分析中，我們知道電路中不同部分的戴維寧等效電阻，特別是放大器級的輸入與輸出電阻。其理由是，電阻的匹配對於已知的電路經常是最佳化表現的最好途徑。在討論最大功率轉移時，我們已經看了一些預習，也就是負載電阻應該選擇與負載連接網路的戴維寧等效電阻匹配。然而，與日常有關的電路分析，我們發現到部分電路轉換成它的戴維寧或諾頓等效，幾乎與分析整個電路的工作相同。因此，在重疊定理的例子中，戴維寧與諾頓定理，只典型的應用在我們需要部分電路的特別資訊時。

摘要與複習

- 重疊定理敘述，線性電路的響應可以由個別獨立電源單獨動作所產生的個別響應相加而得。
- 重疊定理大部分經常是用在針對某一個特別響應，需要決定每一個電源的個別貢獻時。

- 對於實際電壓源的實用模型是一個電阻器與一個獨立電壓源相串聯。而實際電流源的實用模型為一個電阻器與一個獨立電流源相並聯。
- 電源轉換允許我們將一個實際電壓源轉換成實際電流源，反之亦然。
- 重複的電源轉換藉由提供電阻器與電源的組合方式可以大大的簡化電路分析。
- 一個網路的戴維寧等效為一個電阻器與一個獨立電壓源相串聯。而諾頓等效，則是相同的電阻與一個獨立電流源並聯。
- 有幾種方法可以獲得戴維寧等效電阻，但取決於網路中是否有依賴電源存在。
- 最大功率轉移發生在負載與它所連接的網路之戴維寧等效電阻匹配時。
- 當面對一個具有 Δ 連接的電阻器網路時，可以簡單而直接的將其轉換成 Y 連接網路，它在分析之前可以有用的簡化網路。相反地，一個 Y 連接的電阻器網路可以被轉換成 Δ 連接的網路，以幫助電路的簡化。

進階研讀

- 一本關於電池的技術，包括內部電阻特性：
  D. Linden 所著的電池手冊 (*Handbook of Batteries*) 第二版，New York：McGraw-Hill, 1995.
- 一本有關實際案例及各種電路分析理論的傑出探討：
  R. A. DeCarlo 及 P. M. Lin 所著的電路分析 (*Circuit Analysis*) 第二版， New York：Oxford University Press (牛津大學出版社)，2001.

習　題

※偶數題置書後光碟

5.1 線性與重疊定理

1. 線性的概念非常的重要，例如線性系統比非線性系統更容易分析。不幸地，我們所遇到的大部分實際問題本質上都是非線性。然而，經由一小範圍的控制變數有效的產生非線性系統的線性模式是可能的。例如，考慮簡單的指數函數，此函數的泰勒級數表示式為：

$$e^x \approx 1 + x + \frac{x^2}{2} + \frac{x^3}{6} + \cdots$$

藉由截去線性項 (x^1) 之後的部分，建構此函數的線性模型。求解新函數在 $x = 0.001, 0.005, 0.01, 0.05, 0.10, 0.5, 1.0$ 和 5，線性模型的哪一些數值合理的近似於 e^x？

3. 參考圖 5.49 中的兩個電源電路，求解 1 A 電源對於 v_1 的貢獻，並且計算流經 7 Ω 電阻器的總電流。

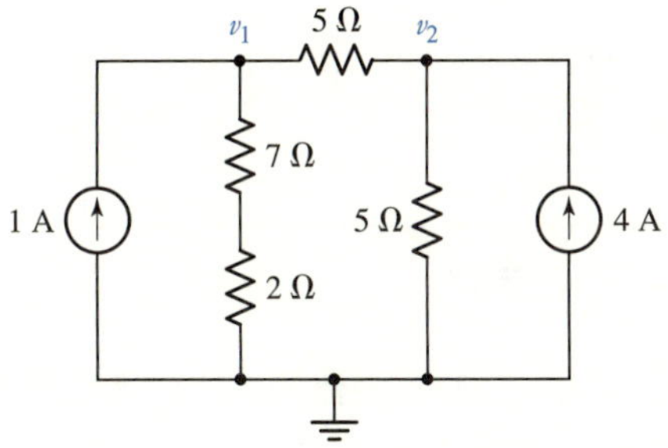

■圖 5.49

5. 對於圖 5.48 所示的電路，只改變電源的數值，可在電流 i_1 上獲得 10 倍的增加量，兩個電源的數值必須改變，且兩個都不可以設定為零。

7. 利用重疊定律求解圖 5.52 電路中 v_x 的數值。

9. (a) 利用重疊定律求解圖 5.54 電路中的 i_2；(b) 計算五個電路元件中的每一個所吸收的功率。

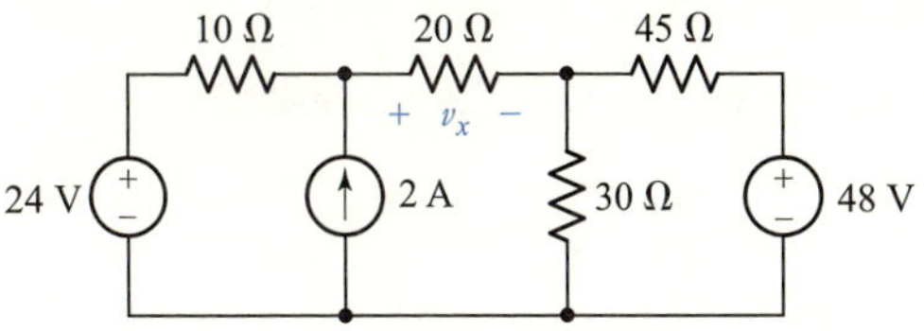

■圖 5.52

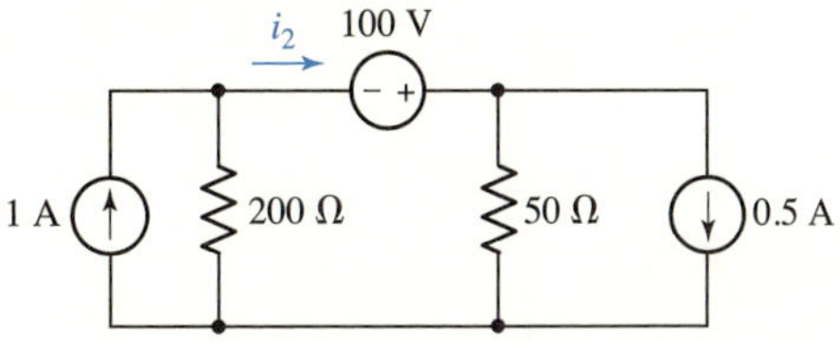

■圖 5.54

11. 圖 5.56 所示的電路中，(a) 如果 $i_A = 10$ A，且 $i_B = 0$，則 $v_3 = 80$ V；如果 $i_A = 25$ A，且 $i_B = 0$ 時，試求 v_3；(b) 如果 $i_A = 10$ A，且 $i_B = 25$ A，則 $v_4 = 100$ V；而如果 $i_A = 25$ A，且 $i_B = 10$ A，則 $v_4 = -50$ V；如果 $i_A = 20$ A，且 $i_B = -10$ A 時，試求 v_4。

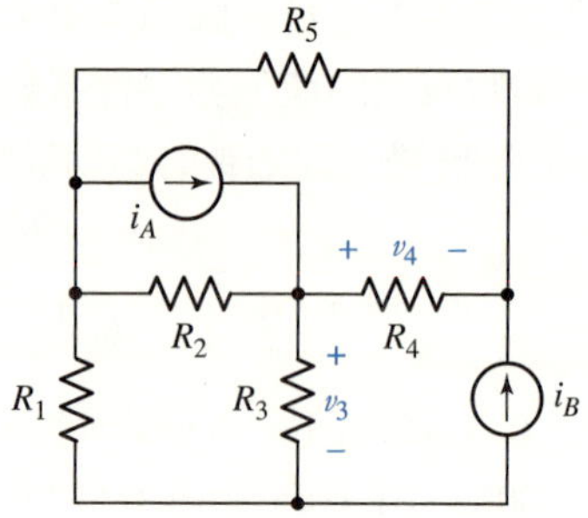

■圖 5.56

13. 利用重疊定律求解圖 5.58 中 500 kΩ 電阻器所消耗的功率。

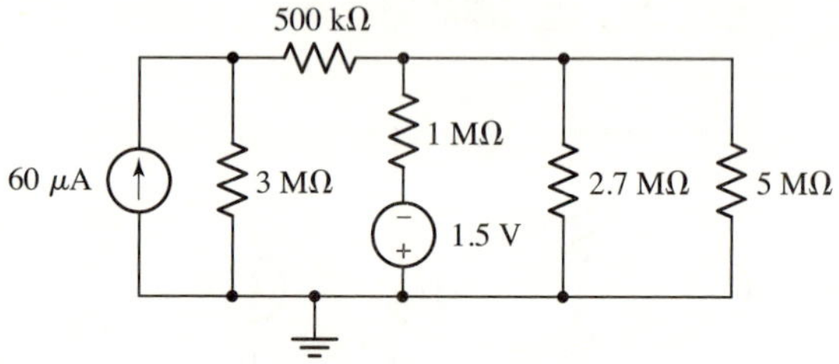

■圖 5.58

15. 圖 5.60 中，哪一個電源貢獻給 2 Ω 電阻器最多的消耗功率？最少的是哪一個？2 Ω 電阻器所消耗的功率為多少？

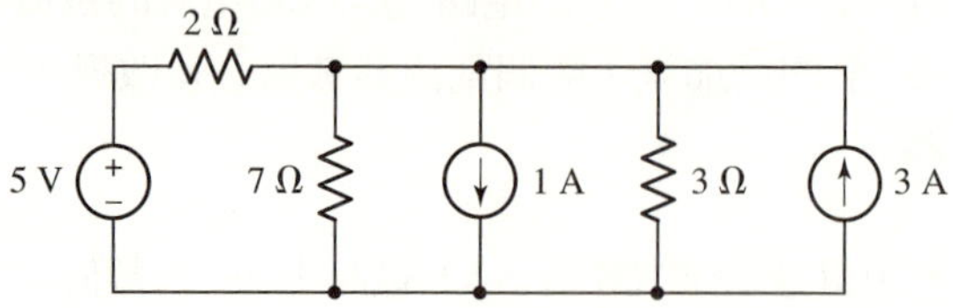

■圖 5.60

17. 針對圖 5.62 所示的電路：

(a) 利用重疊定律計算 V_x。

(b) 利用 PSpice 直流掃描分析，確認每一個電源對於 V_x 的貢獻。附上具標示的圖形，相關測試輸出，及結果的扼要結論。

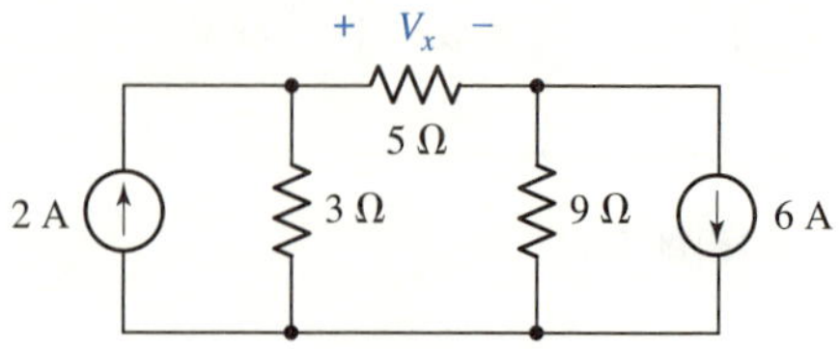

■圖 5.62

19. 考慮圖 5.64 所示的三個電路，分析每一個電路，並說明 $V_x = V_x' + V_x''$ (即，當電源設定為零時，重疊定律是最有效的，但實際上的原理是遠較其廣泛)。

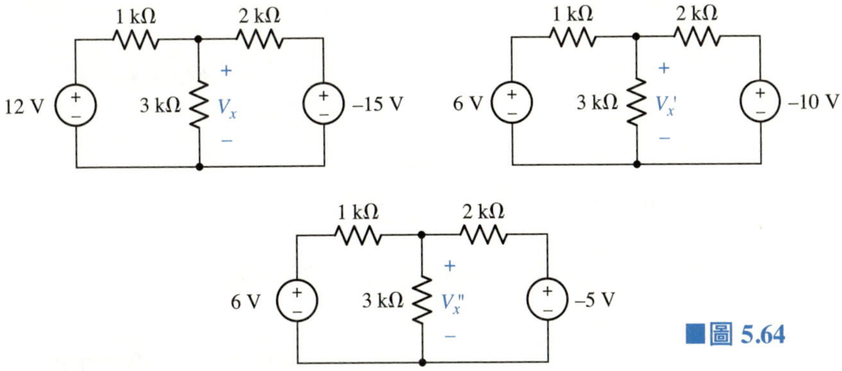

■圖 5.64

5.2 電源轉換

21. (a) 利用電源轉換，將圖 5.66 的電路簡化成一個實際電壓源與 10 Ω 電阻器串聯；(b) 計算 υ；(c) 解釋為何 10 Ω 電阻器不涵蓋在電源轉換中。

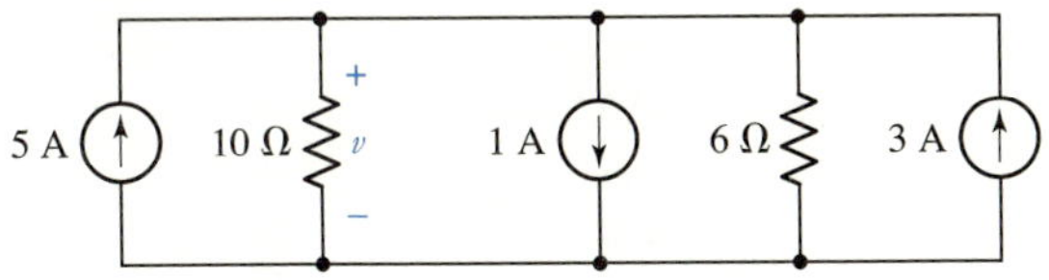

■圖 5.66

23. 首先利用電源轉換簡化圖 5.68 電路，再計算 5.8 kΩ 電阻器所消耗的功率。

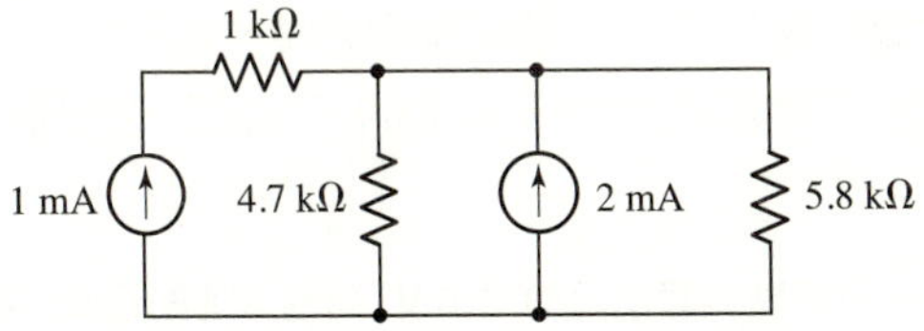

■圖 5.68

25. 首先利用電源轉換簡化圖 5.70 電路，再計算 1 MΩ 電阻器所消耗的功率。

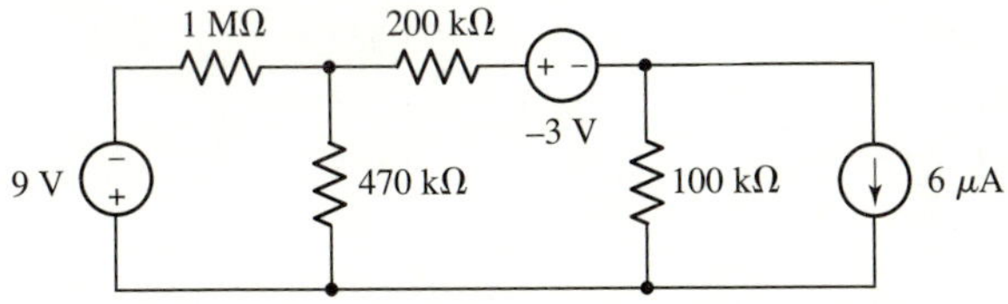

■圖 5.70

27. (a) 圖 5.72 的電路中，首先利用電源轉換求得簡化的等效電路，並求解 V_1。

(b) 藉由執行圖 5.72 電路的 PSpice 分析，來證明你的分析。附上清楚標示 V_1 的圖形。

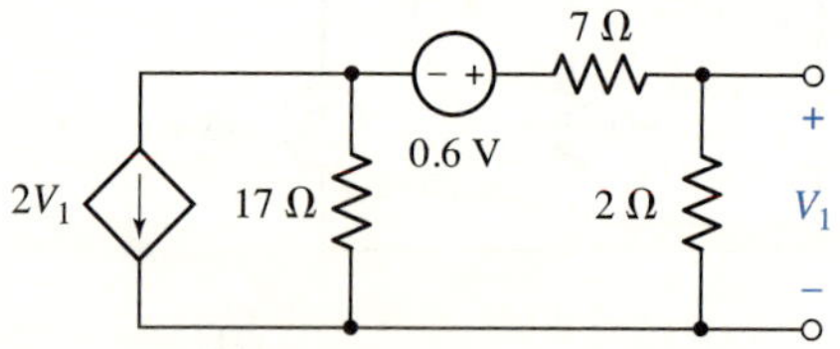

■圖 5.72

29. 反覆使用電源轉換，求解圖 5.74 電路中的電流 I_x。

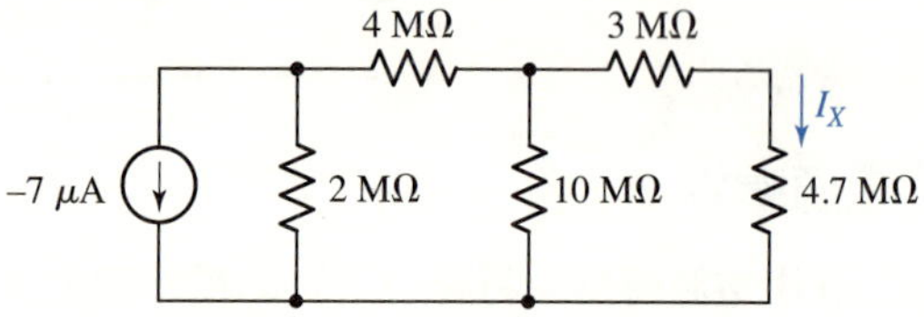

■圖 5.74

31. 利用電源轉換將圖 5.76 電路轉換成一個單一電流源與一個電阻器相並聯。

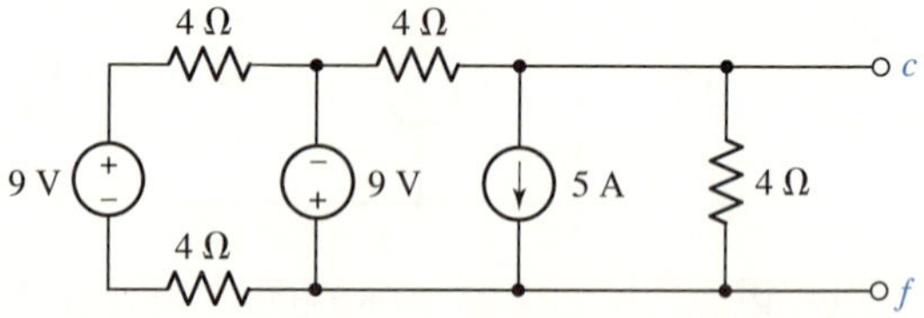

■圖 5.76

33. 表 5.1 為 1.5 V 鹼性電池的量測，利用這些資訊，針對電池建構一個簡單雙元件實際電壓源模型，其電流相對精確度在 1 到 20 mA。注意，除了明顯的實驗誤差之外，電池的“內阻”在整個電流範圍量測的實驗中極為不同。

表 5.1 連接到一個可變負載電阻的 1.5 V 鹼性電池的電流–電壓量測

電流輸出 (mA)	端點電壓 (V)
0.0000589	1.584
0.3183	1.582
1.4398	1.567
7.010	1.563
12.58	1.558

35. 化簡圖 5.78 電路，成為一個單一電壓源與一個單一電阻器相串聯，將右手邊的端點保留在最後電路中。

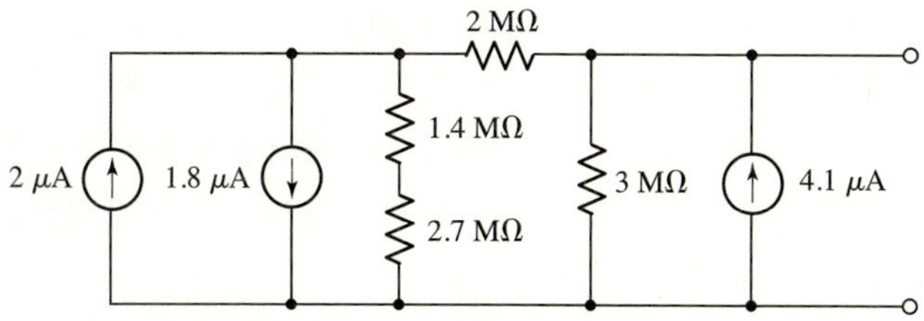

■圖 5.78

37. (a) 將圖 5.80 電路轉換成一個實際電流源與 R_L 並聯；(b) 利用 PSpice 及 R_L 以 5 Ω 電阻值代替，驗證你的答案。對於每一個電路，附上適當的標示圖，並清楚標示跨接在 R_L 的電壓。

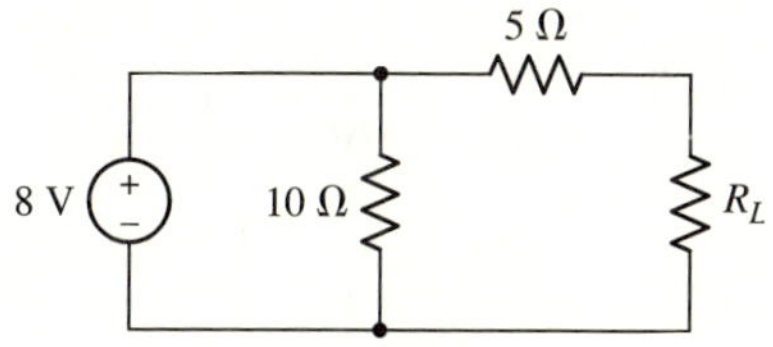

■圖 5.80

39. 針對圖 5.82 電路，將所有電源 (依賴及獨立) 轉換成電流源，將依賴電源組合起來，並計算 v_3 電壓。

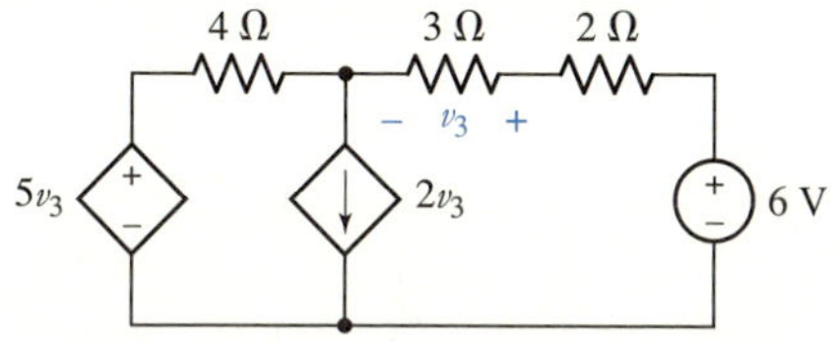

■圖 5.82

5.3. 戴維寧與諾頓等效電路

41. (a) 採用戴維寧定理化簡連接到圖 5.84 的 5 Ω 電阻器的網路；(b) 利用所化簡的電路計算 5 Ω 電阻器所吸收的功率；(c) 利用 PSpice 驗證解答，對於每一個電路，附上適當的標示圖，並清楚標示所要求的功率。

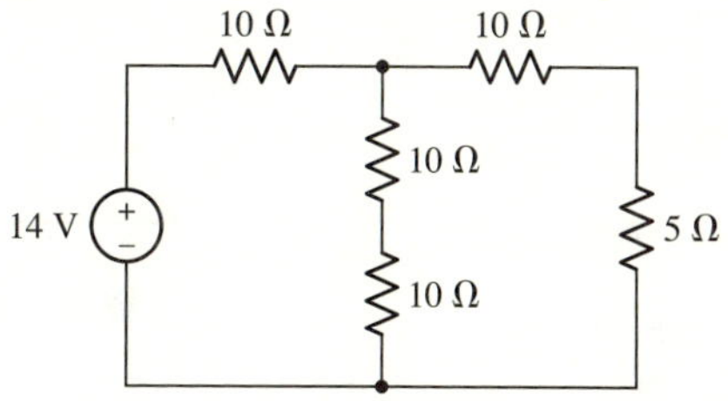

■圖 5.84

43. (a) 一個鎢絲燈泡連接到 10 mV 的測試電壓，並量測其電流為 400μA。燈泡的戴維寧等效為何？(b) 將燈泡連接到 110 V 的電壓，並量測到 363.6 mA 的電流，以這個測量為基準，決定戴維寧等效；(c) 為何燈泡的戴維寧等效明顯的隨測試條件而改變，且如果要分析包含此燈泡的電路，所要考量的因素有什麼？

45. 針對圖 5.87 網路，(a) 將端點 c 移除，求解從端點 a 與 b 所看到的諾頓等效；(b) 將 a 移除，重新求解從端點 b 與 c 所看到的諾頓等效。

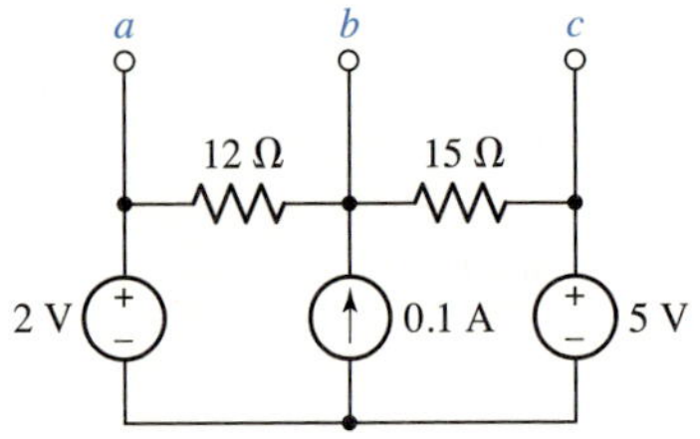

■圖 5.87

47. (a) 試求圖 5.89 所示網路的戴維寧等效；(b) 傳送至 a 與 b 兩端 100 Ω 負載的功率為何？

49. 試求圖 5.91 所示兩端點網路的戴維寧等效。

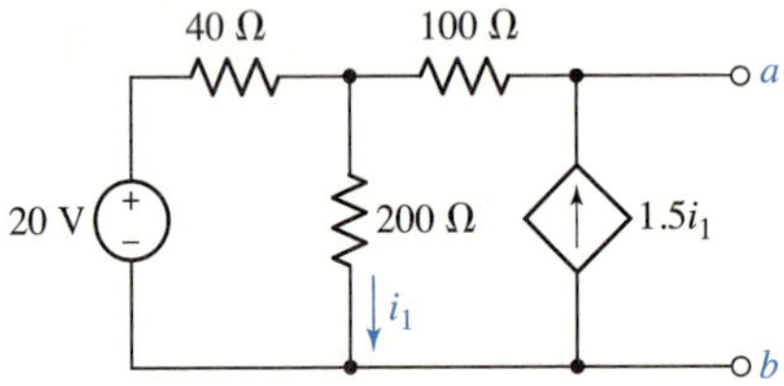

■圖 5.89

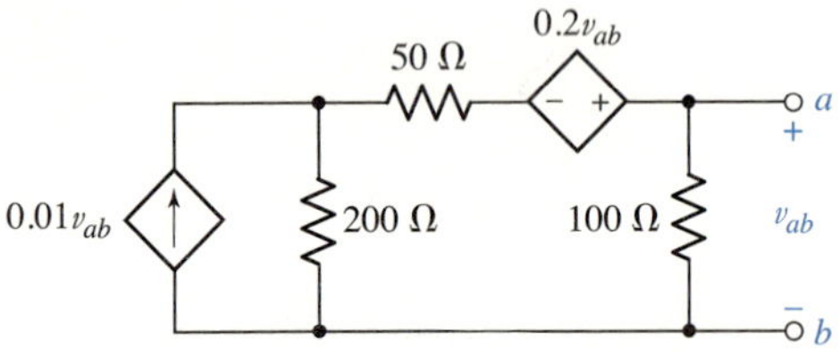

■圖 5.91

51. 針對圖 5.93 網路，試求 (a) 戴維寧等效；(b) 諾頓等效。

53. 試求圖 5.95 所示網路的戴維寧及諾頓等效。

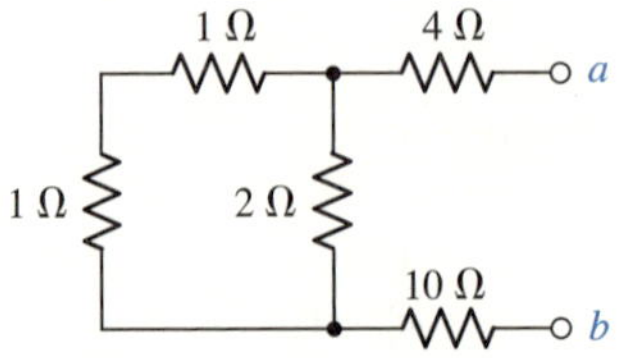

■圖 5.93

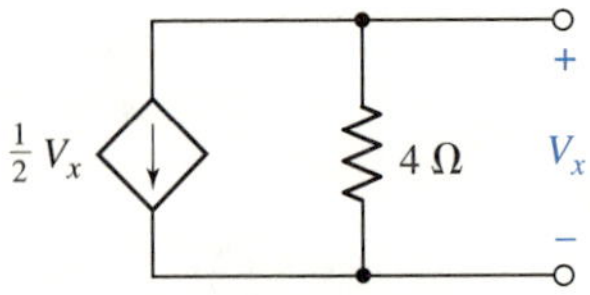

■圖 5.95

55. 試求圖 5.97 所示網路的戴維寧及諾頓等效。

57. 參考圖 5.98 電路，求解虛線右邊電路的戴維寧等效電阻。此電路為共源極電晶體放大器，試計算其輸入電阻。

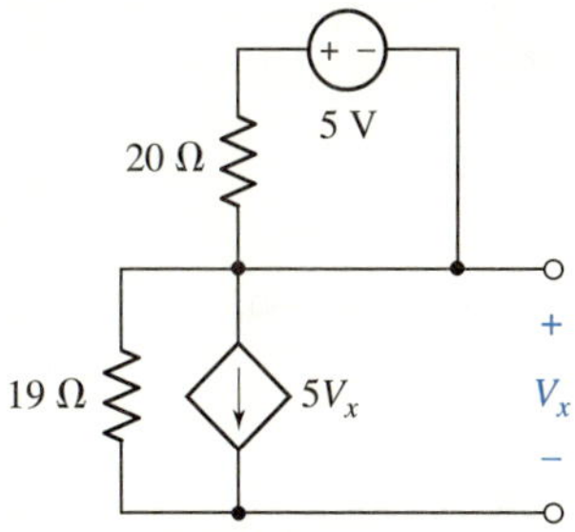

■圖 5.97

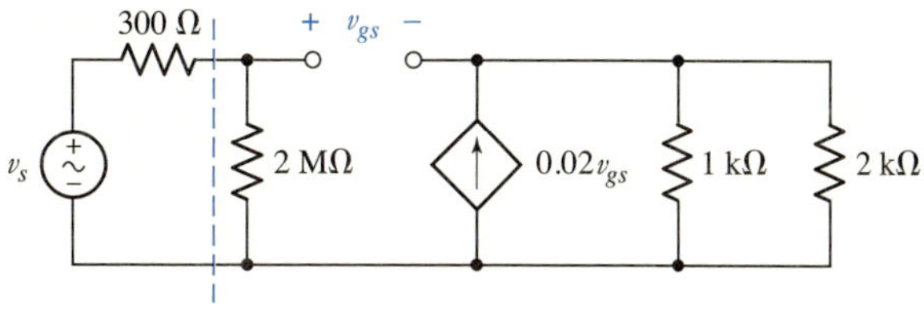

■圖 5.98

59. 圖 5.100 所示的電路為運算放大器合理的精確模型。其中 R_i 及 A 非常的大，且 R_o~0。一個電阻性負載 (例如擴音機) 連接在大地及標示為 v_{out} 的端點之間，可以得到一個比輸入訊號 v_{in} 大 $-R_f/R_1$ 倍的電壓。試求電路的戴維寧等效，注意 v_{out} 的標示。

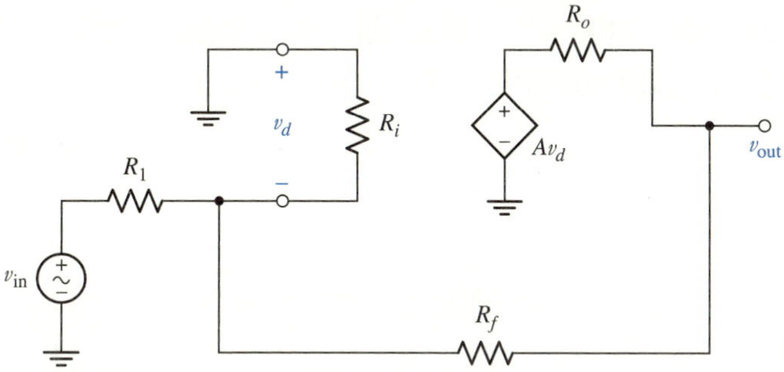

■圖 5.100

5.4　最大功率轉移

61. 如果圖 5.101 電路中的 R_L 可以選擇為任何數值，試求 R_L 消耗的最大功率為何？

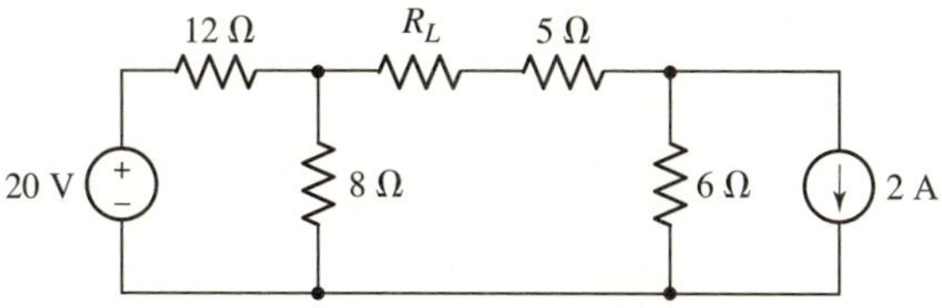

■圖 5.101

63. (a) 試求圖 5.103 所示網路的戴維寧等效；(b) 試求可以由此電路所汲取的最大功率。

65. 某一個實際直流電壓源，當 (短暫地) 短路時可提供 2.5 A 的電流，並能提供 80 W 的功率給 20Ω 負載。試求 (a) 開路電壓；(b) 傳送給正確選擇的 R_L 最大功率；(c) R_L 的數值為何？

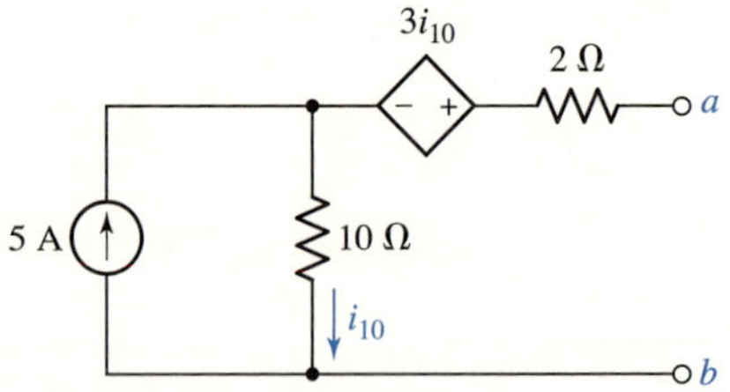

■圖 5.103

67. 某一顆電池可以由 9 V 獨立電源與 1.2 Ω 電阻器串聯，在感興趣的電流範圍內予以精確地模型化。如果一個無限大的電阻負載連接到此電池時，則沒有任何電流流過。也知道可以傳送最大功率給 1.2 Ω 的電阻器，並且傳送較少的功率給 1.1 Ω 或 1.3 Ω 電阻器。然而，如果把電池兩端短路時，可以得到比 1.2 Ω 電阻性負載還大的電流 (並不建議如此！)，這不是與我們先前所推導的最大功率傳輸相抵觸嗎 (畢竟，功率不是與 i^2 成比率)？請解釋。

69. 圖 5.106 所示的電路說明一個被分解成兩級的電路，選擇 R_1，使得第一級可以傳送最大功率給第二級。

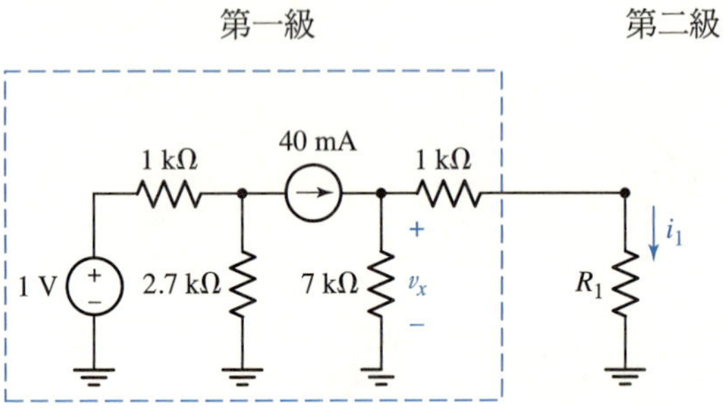

■圖 5.106

5.5 Δ-Y 轉換

71. 將圖 5.108 網路轉換成一個 Δ 連接網路。

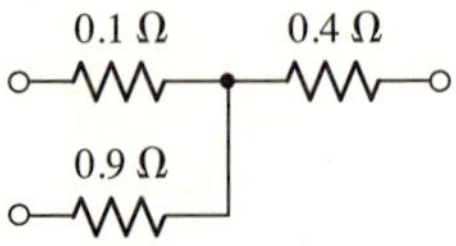

■圖 5.108

73. 利用 Y-Δ 及 Δ-Y 轉換求解圖 5.110 所示網路的輸入電阻。

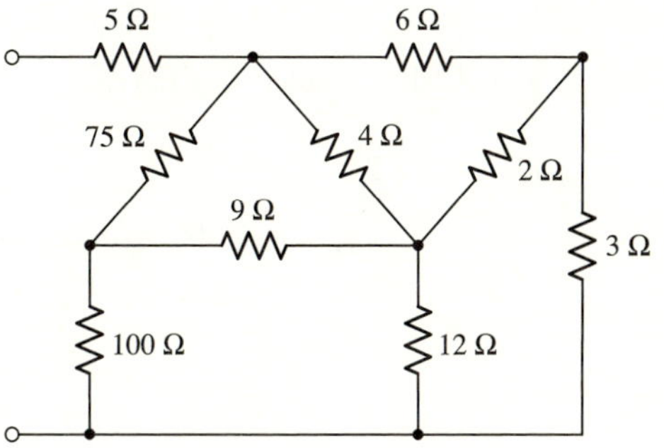

■圖 5.110

75. 試求圖 5.112 電路的戴維寧等效。

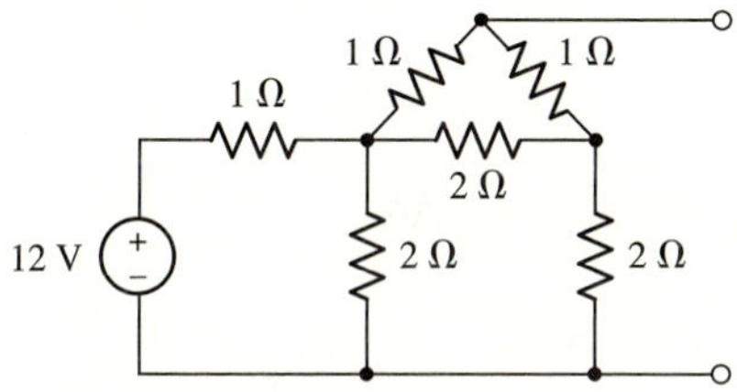

■圖 5.112

77. 如果圖 5.114 中的所有電阻均為 10 Ω，試求此電路的戴維寧等效。

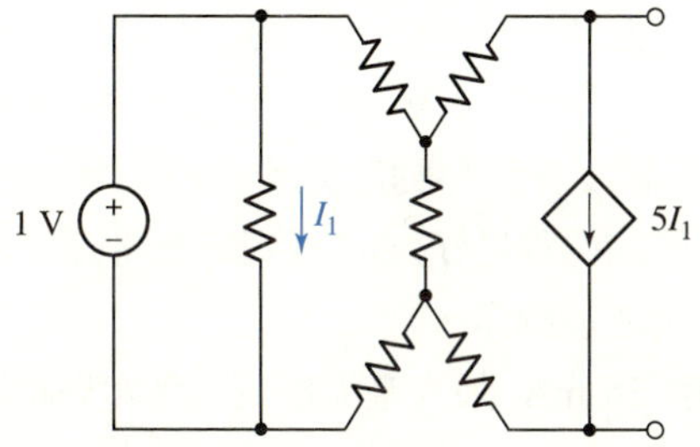

■圖 5.114

79. (a) 利用一個等效三電阻器 Δ 型網路取代圖 5.116 中的網路。
(b) 執行 PSpice 分析，驗證你的答案確實為等效。(提示：試著增加負載電阻)

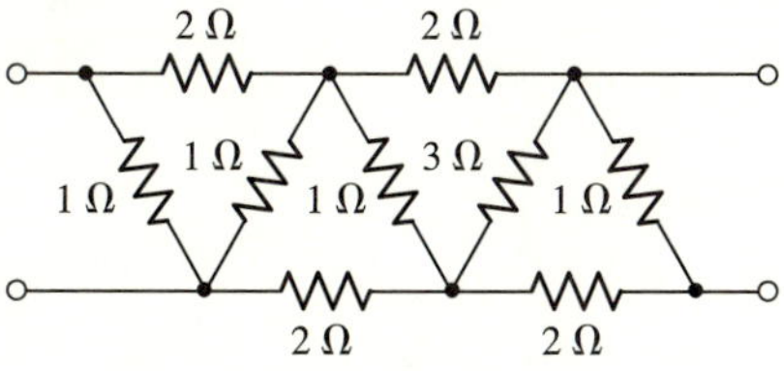

■圖 5.116

5.6 選擇方法：不同技巧的摘要

81. 圖 5.118 中的負載電阻器可以在未發生過熱並燃燒之前，安全的消耗達 1 W 的功率。如果流經電燈的電流小於 1 A，則可將電燈視為一個10.6 Ω 的電阻器；如果超過 1 A，則可將其視為一個 15 Ω 的電阻器。試求 I_s 的最大允許值為多少？利用 PSpice 驗證答案。

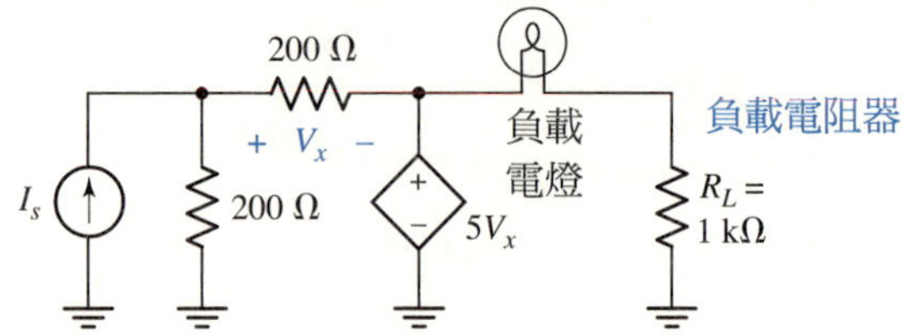

■圖 5.118

83. 一個數位萬用電表 (DMM) 連接到圖 5.120 所示的電阻器電路，如果 DMM 的輸入電阻為 1 MΩ。若 DMM 正在測量電阻，試問所顯示的數值為多少？

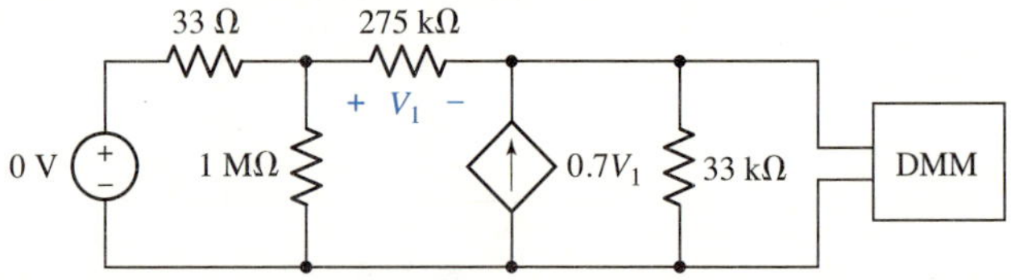

■圖 5.120

D 85. 一條非常細的 100 Ω 導線為保安系統的一部分，將其貼在利用非傳導環氧化物製成的窗戶上。只提供一個具有 12 個可充電的 1.5 V AAA 電池、一千個 1 Ω 電阻器及一個在 6 V 汲取 15 mA 的 2900 Hz 壓力蜂鳴器的盒子。設計一個沒有可移動部分的電路，當窗戶被打破時，蜂鳴器便動作 (因此細的導線最好)。注意到蜂鳴器需要最小 6 V 的直流電壓 (最大為 28 V) 才能動作。

D 87. 某一只紅色的 LED 具有 35 mA 最大電流額定，且如果超過此數值將會發生過熱及燒損的危害。LED 的電阻為其電流的非線性函數，而製造商保證最小電阻為 47 Ω 及最大電阻為 117 Ω，只有 9 V 電池可以驅動 LED。設計一個適當的電路，可以盡可能的傳送最大功率給 LED，但不至於危害它。只使用前面內文中已知標準電阻值的組合來設計此電路。

6 運算放大器

簡　介

已經介紹足夠的基本定理及電路分析技巧，我們應該能將它們成功地運用在某些令人關注的實際電路。在這一章，我們將焦點放在一種非常有用的日常電氣設備，稱為**運算放大器** (operational amplifier)，或簡寫為 **op amp**。

6.1 背景資料

運算放大器的起源要回溯到 1940 年代，當時的基本電路是由真空管組成，並執行諸如加法、減法、乘法、除法、微分及積分等數學運算。這使得類比 (與數位相數) 結構的計算機處理複雜微分方程式的求解。第一件商業使用的運算放大器，一般認為是由波士頓菲爾布里克研究公司 (Philbrick Researches, Inc.) 於 1952 至 1970 年代早期所製造的 K2-W (如圖 6.1*a* 所示)。這個早期的真空管裝置重 3 盎斯 (85 公克)，尺寸為 1 33/64 英吋×2 9/64 英吋×4 7/64 英吋 (3.8 公分×5.4 公分×10.4 公分) 且售價約 22 美元。相對的，現代的積體電路 (IC) 放大器，例如 Fairchild KA741 重量小於 500 毫克，尺寸 5.7 毫米×4.9 毫米×1.8 毫米且售價約 0.22 美元。

與真空管的放大器比較，現代的積體電路放大

關 鍵 概 念

- 運算放大器的理想特性
- 反相與非反相放大器
- 加法與減法放大器
- 串接運算放大器
- 利用運算放大器建立電壓及電流源
- 運算放大器的非理想特性
- 電壓增益及回饋
- 基本比較器與儀器用放大器電路

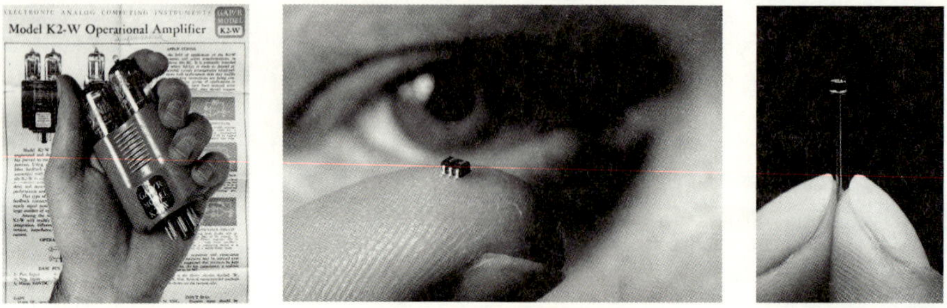

(*a*) (*b*) (*c*)

■圖 6.1 (*a*) 以成對的 12 A×7 A 真空管為基礎的菲爾布里克 K2-W 運算放大器；(*b*) 使用在多種電話與遊戲運用的 LMV321 運算放大器；(*c*) 與針頭一樣小的 LMC6035 運算放大器，包裝內包含 114 個電晶體。(承蒙國家半導體公司提供照片)

(*a*) (*b*)

■圖 6.2 (*a*) 運算放大器的電氣符號；(*b*) 顯示於電路圖上的最小接線。

器則是在同一個矽晶片內使用大約 25 或更多個電晶體，以及電阻器與電容器所組成，並獲得所要的工作特性。由於它們在非常低的直流電壓下工作 (例如，±18 V，相對的 K2-W 為 ±300 V) 因此非常的可靠，而且相當的小 (如圖 6.1*c* 所示)。在某些時候，積體電路可能包括好幾個運算放大器。除了有輸出腳與兩個輸入外，其它的接腳可以使功率提供給電晶體動作，以及由外部調整以平衡及補運算放大器。圖 6.2*a* 所示，為運算放大器一般所使用的符號。此時，我們並不關心運算放大器或積體電路內部的電路，但卻只關心輸入與輸出端點之間所存在的電壓與電流的關係。因此，這時候我們可以使用一個簡單的電氣符號來表示它，如圖 6.2*b* 所示。左邊為兩個輸入端，而單一輸出端出現在右邊。標記為 “+” 的端點參照為非反相輸入 (noinverting input)，標記為 “−” 的端點稱為反相輸入 (inverting input)。

6.2 理想運算放大器：詳實的介紹

當在設計一個運算放大器時，積體電路工程師非常辛苦的工作以確保此裝置有接近理想的特性。實際上，發現大部分的運算放大器能完成如此的特性，以致於使我們能經常假設所處理的是“理想的”運算放大器。**理想運算放大器** (ideal op amp) 的特性形成了兩個第一次看到時有些獨特的基本規則：

理想放大器規則

1. 沒有任何電流流入任一個輸入端。
2. 在兩個輸入端之間，沒有任何電壓差。

在實際的運算放大器中，有一個非常小的洩漏電流流入輸入端 (有時候低於千萬分之 40 安培) 保持一個非常小的電壓，跨接在兩個輸入端之間。然而，與其它大部分電路的安培與電流比較，這些數值小到在分析時不會影響到我們的計算。

當分析運算放大器時，要記住一點，到目前為止，它與我們所研究過的電路是不同的。運算放大器電路的輸出永遠與某些型態的輸入有關。因此，我們分析運算放大器，其目的為獲得以輸入量所表示的輸出。我們將發現由輸入開始分析運算放大器，並由此繼續進行分析，通常是一個好的概念。

圖 6.3 所示為所知的**反相放大器** (inverting amplifier)，選擇使用 KVL 來分析此電路，並由輸入電壓源開始分析。標示為 i 的電流只流經兩個電阻器 R_1 與 R_f，而理想運算放大器敘述沒有任何電流流入反相的輸入端。因此，可以列成

$$-v_{\text{in}} + R_1 i + R_f i + v_{\text{out}} = 0$$

可以重新安排並獲得一組輸出與輸入有關的方程式：

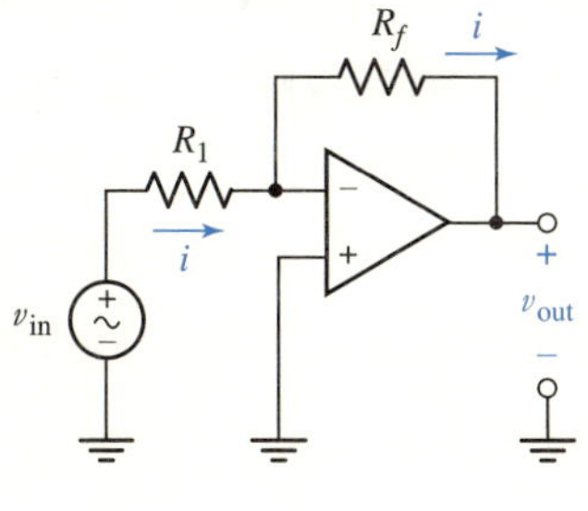

■圖 6.3　一個運算放大器用來組成反相放大器電路，其中 $v_{\text{in}} = 5 \sin 3t$ mV、$R_1 = 4.7\ \text{k}\Omega$ 及 $R_f = 47\ \text{k}\Omega$。

$$v_{\text{out}} = v_{\text{in}} - (R_1 + R_f)i \qquad [1]$$

然而，現在的情形是，有一個方程式及兩個未知數，因為只給定 v_{in}=5 sin 3t mV、R_1=4.7 kΩ 及 R_f=47 kΩ。為了計算輸出電壓，因此需要一個額外的方程式，只以 v_{out}、v_{in}、R_1 及／或 R_f 來表示 i。

要提醒的是，尚未使用理想放大器的規則 2。因為非反相的輸入端為接地，因此為零伏特。藉由理想放大器的規則 2 因為反相輸入也是零伏特。這並不表示這兩個輸入實際上是短路的，而且我們應該小心不要做這樣的假設。更確切地說，這兩個輸入電壓彼此互相影響：如果試著去改變一個接腳的電壓，則另一個接腳會由內部電路驅向於相同的數值。因此，可以列出另一個 KVL 方程式：

$$-v_{\text{in}} + R_1 i + 0 = 0$$

或

$$i = \frac{v_{\text{in}}}{R_1} \qquad [2]$$

將方程式 [2] 與 [1] 組合，可以獲得以 v_{in} 表示的 v_{out}：

$$v_{\text{out}} = -\frac{R_f}{R_1} v_{\text{in}} \qquad [3]$$

將 v_{in}=5 sin 3t mV、R_1=4.7 kΩ 及 R_f=47 kΩ 代入，

$$v_{\text{out}} = -50 \sin 3t \quad \text{mV}$$

因為已知 $R_f > R_1$，因此這個電路將輸入電壓訊號 v_{in} 放大。如果我們選擇 $R_f < R_1$，則訊號會被減弱。我們也注意到輸出電壓與輸入電壓符號相反[1]，因此稱為"反相放大器"。輸出繪製於圖 6.4 中，並與輸入波形相比較。

在這種型式的電路結構中，反相輸入端求得其本身為零伏特的事實，引導出經常所提到的"虛接地"。這並不是指這個接腳實際接地的意思，而這有時候是造成學生困擾的一個來源。運算放大器得所需的內部調整不論如何必須避免輸入端點間有電壓差。而輸入端並非彼此短路。

值得提醒的一點是理想運算放大器似乎違反了 KCL。特別地，在上面的電路中沒有電流流進或流出任何一個輸入端，但是由於某種未知的原因，電流卻能流入輸出接腳。這隱含著運算放大器能以某種方式在任何地方產生電子，或永久儲存電子 (端賴於電流流動的方向)。明顯的，這是不可能的。這衝突的產生是因為我們以看待

1 或"輸出與輸入為 180° 反相"，這聽起更能加深印象。

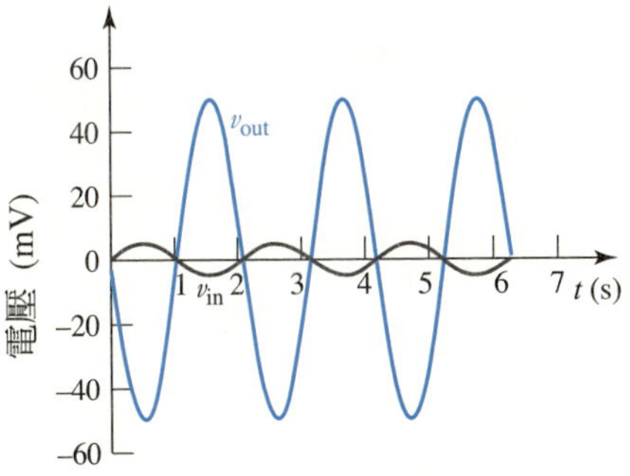

■圖 6.4　反相放大器輸入及輸出波形。

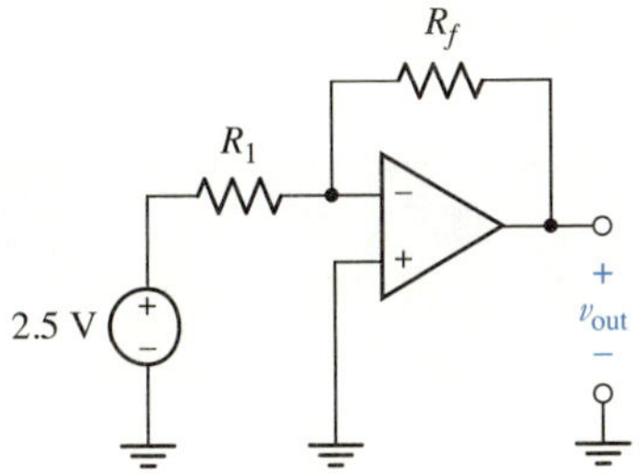

■圖 6.5　具有 2.5 V 輸入的反相放大器電路。

被動元件，如電阻器的相同方式來看待運算放大器。然而，實際上除非運算放大器連接至外部功率電源，否則的話它無法動作。它是由於那些功率電源，使我們可以指揮電流流經輸出端點。

雖然我們已經顯示圖 6.3 電路中的反相放大器，可以放大交流訊號 (在這例子中正弦波的頻率為 3 rad/s 及 5 mV 的振幅)，它的工作與直流輸入一樣。考慮圖 6.5 此種型式的情況，其中 R_1 與 R_f 的值被選擇去獲得的 −10 V 輸出電壓。

這與圖 6.3 所顯示的電路相同，只不過是 2.5 V 的直流輸入。因為沒有其它的改變，方程式 [3] 的表示對於這個電路是有效的。為了獲得所要的輸出，我們尋找 R_f 對 R_1 的比值為 10/2.5 或 4。因為它是此處僅有的重要比值，對於其中的一個電阻器，我們簡單的選取一個方便的數值，同時另一個電阻器被固定。例如，可以選擇 $R_1 = 100\ \Omega$ (所以 $R_f = 400\ \Omega$) 或者甚至 $R_f = 8\ \text{M}\Omega$ (因此 $R_1 = 2\ \text{M}\Omega$) 實際上，其它的限制 (例如偏壓電流) 可能限制我們的選擇。

因此，這個電路架構動作像傳統型式的電壓放大器 (或**衰減器** (attenuator)，如果 R_f 對 R_1 的比值小於 1)，但是有時會有和輸入反相符號不方便的性質。然而，有一種簡單分析的選擇—如圖 6.6 所示的非反相放大器。我們在下面的例子中予以檢驗。

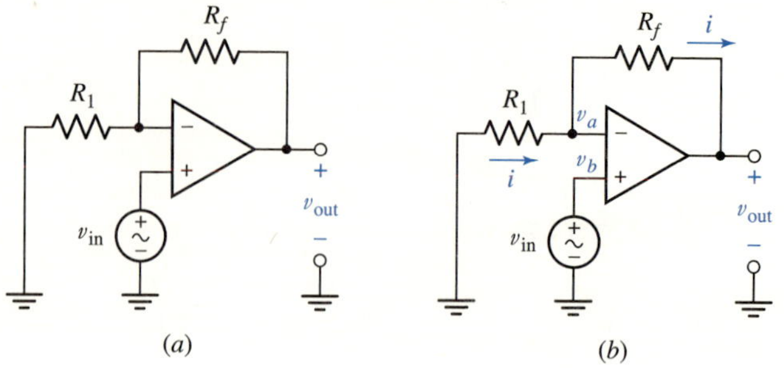

■圖 6.6 (*a*) 運算放大器用於組成非反相放大器電路；(*b*) 電路中已定義流經 R_1 與 R_f 的電流，及標示兩個輸入電壓。

例題 6.1

使用 $v_{in}=5\sin 3t$ mV、$R_1=4.7\ \text{k}\Omega$ 及 $R_f=47\ \text{k}\Omega$ 畫出圖 **6.6*a*** 中的非反相放大器的輸出波形。

▲ 確認問題的目的

需要一個只依賴已知 v_{in}、R_1 與 R_f 數量的 v_{out} 表示式。

▲ 收集已知的資料

因為電阻器與輸入波形已指定數值，因此從標示電流 i 及兩個輸入電壓開始，如圖 6.6*b* 所示。假設運算放大器為理想的運算放大器。

▲ 規劃計畫

雖然網目分析是學生比較喜歡的技巧，但對於更多的實際運算放大器，則會採用節點分析，因此沒有任何方法可以直接決定流出放大器輸出端的電流。

▲ 建立適當的一組方程式

注意到藉由定義相同的電流流經兩個電阻器，隱含地利用理想放大器的規則 1：沒有任何電流進入反相器的輸入端。採用節點分析求得以 v_{in} 所表示的 v_{out}，因此得到：

於節點 a：

$$0=\frac{v_a}{R_1}+\frac{v_a-v_{out}}{R_f} \qquad [4]$$

於節點 b：

$$v_b=v_{in} \qquad [5]$$

▲ 決定所需要的額外資料

我們的目的是要求得輸入與輸出電壓關係的表示式，然而方程式 [4]

與 [5] 都無法做到。不過，我們尚未採用理想運算放大器的規則 2，而我們將發現，幾乎每一個運算放大器都採用這兩個規則，為了獲得這樣的表示式。

因此，我們發現到 $v_a = v_b = v_{in}$，且方程式 [4] 變成：

$$0 = \frac{v_{in}}{R_1} + \frac{v_{in} - v_{out}}{R_f}$$

▲ 試圖解求

將正式重新安排，可得到以輸入電壓 v_{in} 所表示的輸出電壓：

$$v_{out} = \left(1 + \frac{R_f}{R_1}\right) v_{in} = 11\, v_{in} = 55 \sin 3t \quad \text{mV}$$

▲ 證明解答是否合理或預期

輸出波形繪於圖 6.7 中，並與輸入波形相比較。與反相放大器電路的輸出相比，我們注意到非反相放大器的輸入與輸出為同相。這並非是完全不可預期的，它隱含在“非反相放大器”的名稱之中。

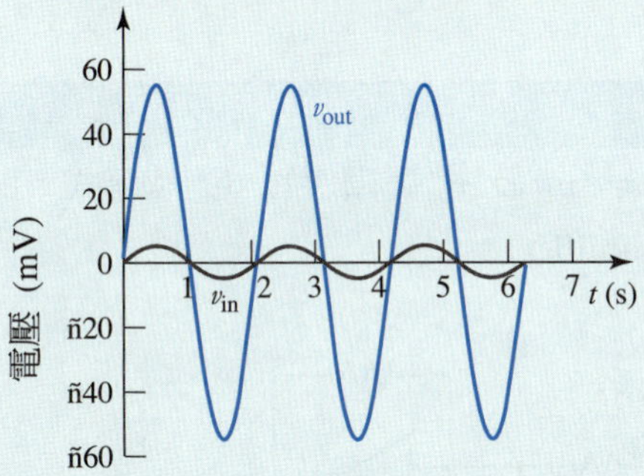

■圖 6.7　非反相放大器的輸入及輸出波形。

練習題

6.1　試推導圖 6.8 電路中以 v_{in} 所表示的 v_{out}。

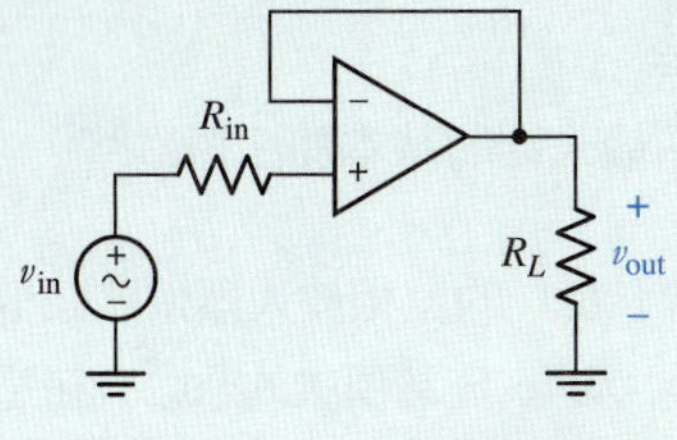

■圖 6.8

答：$v_{out} = v_{in}$。這電路稱之為電壓追隨器 (voltage follower)，因為輸出電壓追踪或跟隨輸入電壓。

如同反相放大器一樣，非反相放大器於直流輸入時，其工作情形和交流一樣。但其電壓增益為 $\upsilon_{out}/\upsilon_{in}=1+(R_f/R_1)$。因此，如果令 $R_f=9\ \Omega$ 及 $R_1=1\ \Omega$，則可獲得一個比輸入電壓 υ_{in} 大十倍的輸出電壓。與反相放大器相比，非反相放大器的輸出與輸入永遠具有相同的符號，且輸出電壓不會比輸入電壓還小，因為其最小增益為 1。選擇哪一種放大器取決於所考量的應用。圖 6.8 顯示一個電壓追隨器的特別例子，表示一個具有設定 R_1 為 ∞ 且 R_f 為零的非反相放大器，其輸出與輸入在符號及大小上均相等。這似乎是無意義的，就如同一般形式的電路一樣，但是我們應該牢記的是，電壓追隨器並沒有從輸入端獲得電流 (在理想狀況下) —因此，它可以動作得像一個介於電壓 υ_{in} 與連接到運算放大器輸出的某些電阻性負載 R_L 之間的**緩衝器** (Buffer)。先前所提到的"運算放大器"原本是使用在執行類比 (即非數位化，即時的，工作的) 訊號上的數學運算裝置。下面所看到的兩個電路，包括輸入電壓訊號的加法與減法。

例題 6.2

求解圖 **6.9** 的運算放大器，以 υ_1、υ_2 及 υ_3 為項次的 υ_{out} 表示式，即所謂的**加法放大器 (summing amplifier)**。

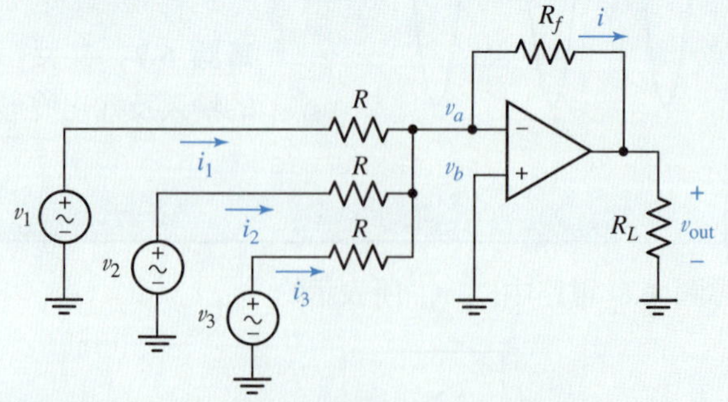

■圖 6.9　有三個輸入端的基本加法器電路。

首先注意到，此電路與圖 6.3 的反相放大器電路類似。再一次，其目的是要求得以輸入 (υ_1、υ_2 及 υ_3) 為項次的 υ_{out} (在這類子中為跨接於負載電阻 R_L 二端的電壓) 表示式。

因為沒有任何電流流進反相的輸入端，可知：

$$i=i_1+i_2+i_3$$

因此，可以列出下列標示為 v_a 的節點方程式：

$$0 = \frac{v_a - v_{\text{out}}}{R_f} + \frac{v_a - v_1}{R} + \frac{v_a - v_2}{R} + \frac{v_a - v_3}{R}$$

此方程式包含了 v_{out} 及輸入電壓，但不幸的是，還包括了節點電壓 v_a。為了要從表示式中移除這個未知量，我們需要列出 v_a 及 v_{out}，輸入電壓 R_f 及/或 R_1 有關的額外方程式。此時，想起我們尚未利用理想運算放大器的規則 2，而且在分析運算放大器電路時，幾乎一定需要利用那兩條規則，因為 $v_a = v_b = 0$，我們可以列出下列方程式：

$$0 = \frac{v_{\text{out}}}{R_f} + \frac{v_1}{R} + \frac{v_2}{R} + \frac{v_3}{R}$$

重新整理，可以得到下列 v_{out} 的表示式：

$$v_{\text{out}} = -\frac{R_f}{R}(v_1 + v_2 + v_3) \qquad [6]$$

在 $v_2 = v_3 = 0$ 的特別列子中，可以瞭解到我們的結果符合由同一電路所推導出的方程式 [3]。

關於我們已推導的結果，有下列幾點有趣的特性。第一，如果選擇 R_f 等於 R，則輸出為三個輸入訊號 v_1、v_2 及 v_3 的 (負的) 總和。另外，可選擇 R_f 對 R 的比值乘上這個總和的固定倍數。所以，例如，如果這三個電壓代表不同校準計量的訊號時，以至於 $-1\ \text{V} = 1\ \text{lb}$，則我們會令 $R_f = R/2.205$ 以獲得表示成公斤的組合重量的電壓訊號 (由於換算因數，其精確度約在百分之一之內) 。

我們也注意到 R_L 並不在我們最後的表示式中，只要它的數值不是太小，電路的運作並不會受到任何影響。目前，我們並沒有為了預測這種情形而去考量運算放大器的詳細模型。這個電阻代表任何來監測運算放大器輸出的戴維寧等效電阻。如果我們的輸出裝置是一個簡單的電位計，則 R_L 表示電位計二端的戴維寧等效電阻 (典型的變值為 10 MΩ 或更高。或者，我們的輸出裝置可能是一個揚聲器 (典型為 8 Ω) 在此情況下，我們可聽到三個個別聲音源的總和；v_1、v_2 及 v_3 在這個例子中可能代表麥克風。

注意一句話：圖 6.9 中標示為 i 的電流不僅經 R_f，也流經 R_L 是經常讓人想做的假設。但這並非事實，電流同樣的流經運算放大

表 6.1 基本運算放大器摘要

名稱	電路圖	輸入 - 輸出關係
反相放大器	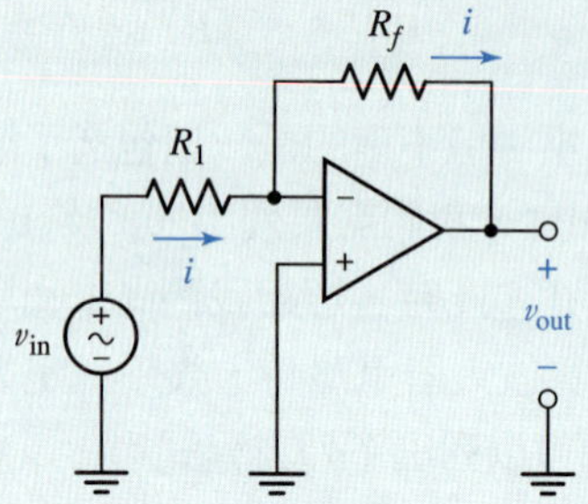	$v_{\text{out}} = -\frac{R_f}{R_1} v_{\text{in}}$
非反相放大器	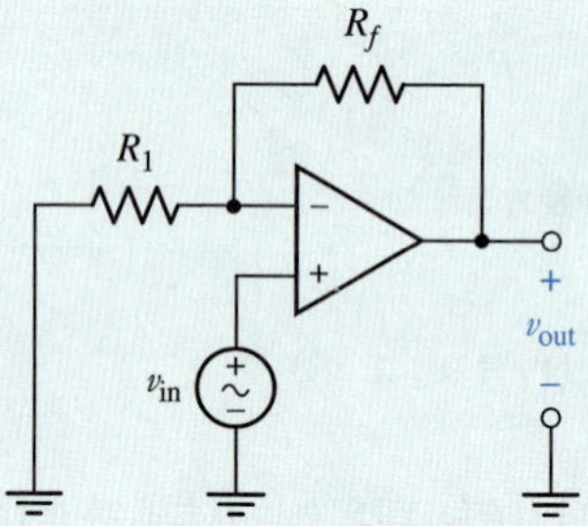	$v_{\text{out}} = \left(1 + \frac{R_f}{R_1}\right) v_{\text{in}}$
電壓追隨器 (也是所謂的單一增益放大器)	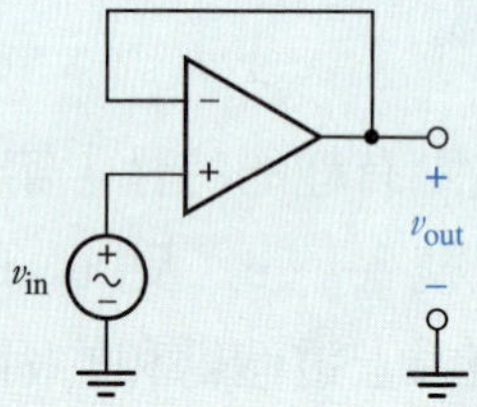	$v_{\text{out}} = v_{\text{in}}$
加法放大器	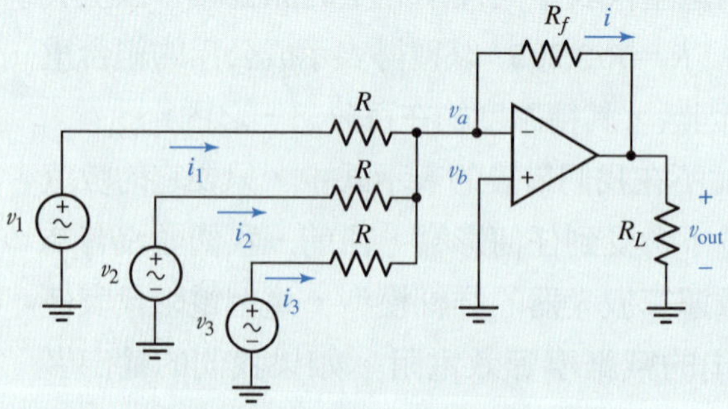	$v_{\text{out}} = -\frac{R_f}{R}(v_1 + v_2 + v_3)$
減法放大器	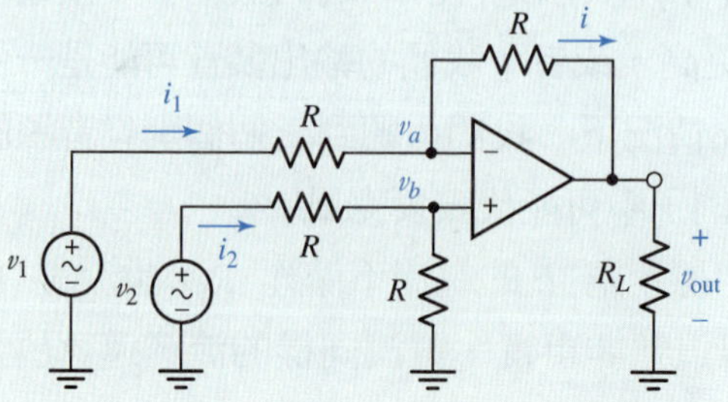	$v_{\text{out}} = v_2 - v_1$

器的輸出端是非常可能的，所以流經這兩個電阻器的電流是不相同的。基於幾乎一般地會避免在運算放大器輸出腳列出 KCL 方程式的理由，導致在大部分運算放大器電路分析時，較喜歡使用節點分析勝過使用網目分析。

練習題

6.2　請推導出圖 6.10 所示的電路中以 v_1 及 v_2 為項次所表示的 v_{out}，此即所謂的**差動放大器** (difference amplifier)。

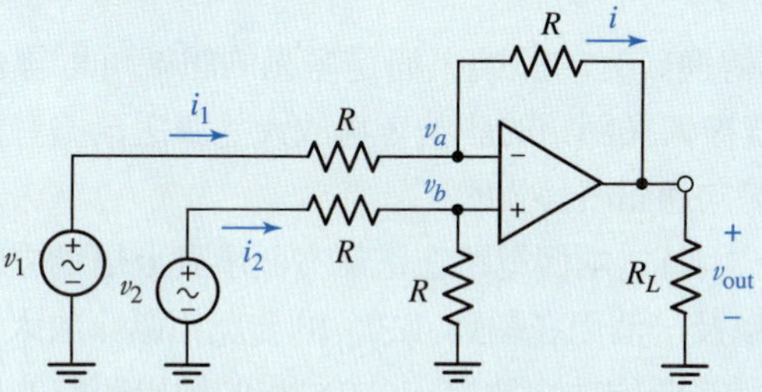

■圖 6.10

答：$v_{out}=v_1-v_2$。提示：利用分壓求解 v_b。

6.3　串接級

雖然運算放大器是一種極其多功能的裝置，但是有許多的應用是單一運算放大器無法達成的。例如，藉由在同一電路中將數個個別的運算放大器串接在一起，經常可能符合應用的需求。圖 6.15 為圖 6.9 加法放大器與只有兩個輸入電源及輸出提供到一個簡單的反相放大器所組成的串接級例子。

已經個別分析過這兩種運算放大器電路。基於先前的經驗，如果這兩個運算放大器電路分開的話，我們可以得到：

$$v_x = -\frac{R_f}{R}(v_1 + v_2) \qquad [7]$$

及

實 際 應 用

光纖通訊系統

點對點的通訊系統可以使用一些不同的方法來建立，完全取決於所要應用的環境。低功率射頻 (RF) 系統動作非常良好且通常是划算的，但是卻容易受到其它射頻源的干擾，以及容易被竊聽。使用一條簡單的導線連接到兩個通訊系統卻可以清除大量的射頻干擾並增加隱密性。然而，導線卻容易因塑膠絕緣的磨損而發生腐蝕或短路，且導線的重量是航空器及相關應用上所顧忌的。

另外一種設計可以將來自麥克風電的訊號轉換成光的訊號，而這些光的訊號可以經由薄的 (直徑約在 50 μm) 光纖來傳送。然後光的訊號被轉換回電的訊號，再放大並傳送至擴音機。圖 6.11 為此種系統的概要圖。而兩個這種系統是雙向通訊所必要的。

我們可以考慮把傳送與接收電路分開設計，因為這兩個電路在電氣方面事實上是獨立的。圖 6.12 顯示一個由擴音機，發光二極體 (LED)，以及一個用在驅動 LED 的非反相運算放大電路所組成的產生電路，而並未顯示運算放大器本身所需要的功率連接。LED 光的輸出概略的與電流成比例，雖然非常小和非常大電流值是很少見的。

放大器的增益可以表示成：

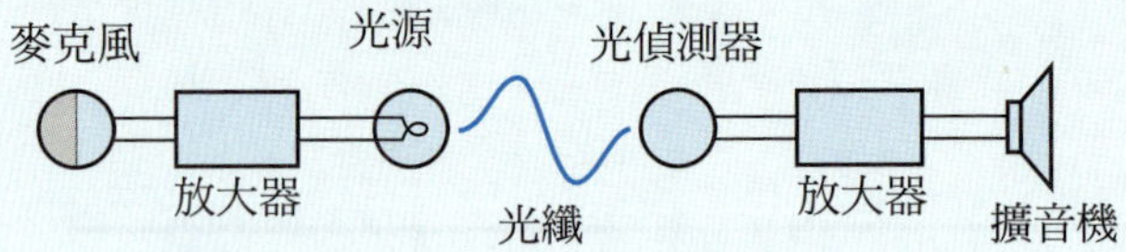

■圖 6.11 簡易光纖通訊一半的概要圖。

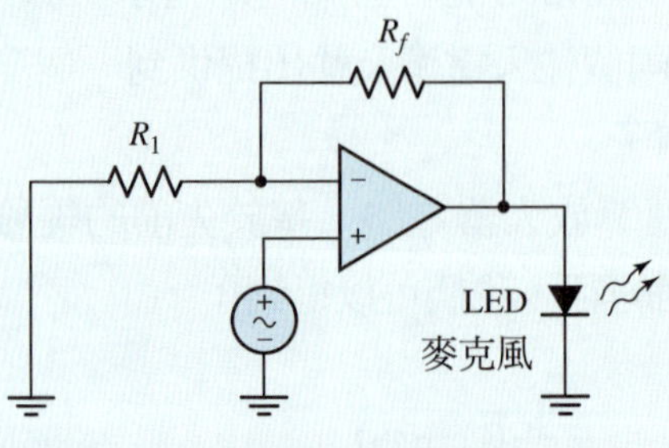

■圖 6.12 用來將擴音機電的訊號轉換成光的訊號，並經由光纖傳送的電路。

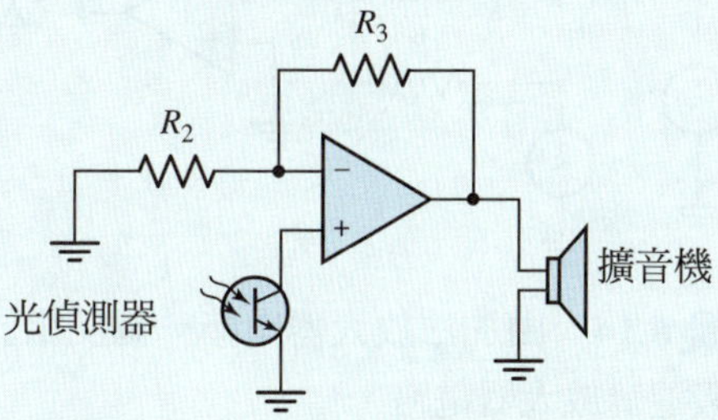

■圖 6.13　用來將光訊號轉換成聲音訊號的接收電路。

$$\frac{v_{out}}{v_{in}} = 1 + \frac{R_f}{R_1}$$

此增益與二極體的電阻無關。為了選擇 R_f 與 R_1 的值，我們需要知道擴音機輸入的電壓，以及提供 LED 功率所必需的輸出電壓。經由快速測量，一個人用正常說話音調，其典型的擴音機電壓輸出峰值為 40 mV，LED 製造商建議其操作電壓大約為 1.6 V，所以我們設計一個 1.6/0.04＝40 的增益。任意選擇 $R_1 = 1$ kΩ，則可導致 R_f 的值需要是 39 kΩ。

圖 6.13 電路為單向通訊系統接收部分。它將把光纖的光訊號轉換成電的訊號，並將其放大以致於可聽到聲音從擴音機中散發出來。

傳送電路的輸出 LED 耦合到光纖之後，從光偵測器測量到一個大約 10 mV 的訊號。擴音機額定最大為 100 mW，且具有一個 8 Ω 的等效電阻，這相當於是 894 mV 的最大擴音機電壓，所以需要選擇 R_2 與 R_3 的值，以獲得 894/10＝89.4 的增益。隨意的選擇 $R_2 = 10$ kΩ，可以求得完成此設計的 R_3 數值為 884 kΩ。

此電路可以實際運轉，雖然 LED 的非線性特性造成顯著的聲音訊號擾動。我們將改善的設計留到更進階的書中。

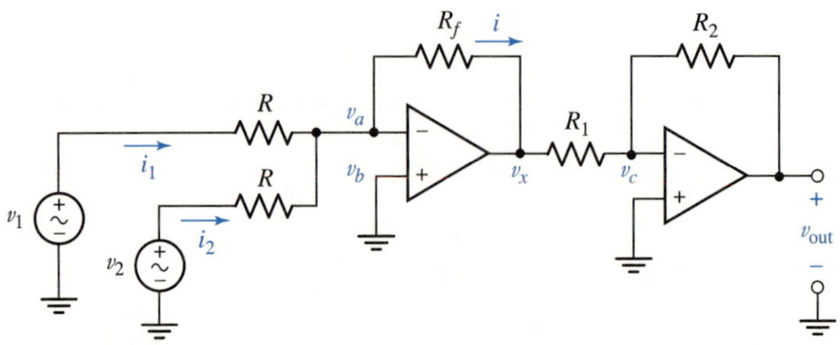

■圖 6.14 由加法放大器串接一個反相放大器電路所組成的二級運算放大器電路。

$$v_{out} = -\frac{R_2}{R_1} v_x \quad [8]$$

事實上，因為這兩個電路連接在一個點上，且電壓 v_x 並不受這個連接的影響，我們可以結合方程式 [7] 與 [8]，並得到：

$$v_{out} = \frac{R_2}{R_1}\frac{R_f}{R}(v_1 + v_2) \quad [9]$$

圖 6.14 描述這個電路的輸入–輸出特性。然而，我們不能永遠把這種電路分解成熟悉的層級，所以如何將圖 6.14 的二級電路做整件的分析，是值得瞭解的。

當在分析串接電路時，有時候從最後一級往回分析到輸入級是有幫助的。參照理想運算放大器的規則 1，相同的電流流經 R_1 與 R_2。在標示為 v_c 的節點上，列出適當的節點方程式，可得：

$$0 = \frac{v_c - v_x}{R_1} + \frac{v_c - v_{out}}{R_2} \quad [10]$$

應用理想放大器的規則 2，可以在方程式 [10] 中，令 $v_c=0$，其結果為：

$$0 = \frac{v_x}{R_1} + \frac{v_{out}}{R_2} \quad [11]$$

因為我們的目的是以 v_1 及 v_2 所表示的 v_{out}，所以繼續往第一個運算放大器去求得以兩個輸入為項次的 v_x 表示式。

將理想放大器的規則 1 應用在第一個運算放大器的反相輸入，

$$0 = \frac{v_a - v_x}{R_f} + \frac{v_a - v_1}{R} + \frac{v_a - v_2}{R} \quad [12]$$

理想放大器的規則 2 允許我們以零來取代方程式 [12] 中的 υ_a，因為 $\upsilon_a = \upsilon_b = 0$，所以方程式 [12] 變成：

$$0 = \frac{v_x}{R_f} + \frac{v_1}{R} + \frac{v_2}{R} \qquad [13]$$

現在我們有了以 υ_x 為項次的 υ_{out} 方程式 (如 [11] 式)，及以 υ_1 與 υ_2 為項次的 υ_x 方程式 (如 [13] 式)。這兩個方程式分別與方程式 [7] 及 [8] 相等，這表示圖 6.14 中，串接兩個個別電路並不會影響兩個串接級中的任何一個輸入–輸出的關係。把方程式 [11] 及 [13] 組合，可得到串接運算放大器電路的輸入–輸出關係為：

$$v_{\text{out}} = \frac{R_2}{R_1}\frac{R_f}{R}(v_1 + v_2) \qquad [14]$$

此式與方程式 [9] 相等。

所以，這個串接電路動作像一個加法放大器，但是輸入與輸出之間相位並未相反。小心地選擇電阻器的數值，我們不是可以放大就是可以減弱這兩個輸入電壓的和。如果選擇 $R_2 = R_1$ 且 $R_f = R$，則可得到 $\upsilon_{\text{out}} = \upsilon_1 + \upsilon_2$ 放大器電路。

例題 6.3

一個多槽氣體推進燃料系統安裝於一個小的月球運行軌道上的輕便載具，每一個槽內的燃料量由測量槽壓 (單位為磅/平方英吋的絕對值 (psia[2]) 監測。槽容量以及偵測器壓力與電壓範圍如表 6.2 所示。設計一個電路，能提供與總燃料存量成正比的正直流電壓訊息，而 1 V = 100%。

表 6.2　槽壓監測系統技術資料

第一槽容量	10,000 psia
第二槽容量	10,000 psia
第三槽容量	2,000 psia
偵測器壓力範圍	0 至 12,500 psia
偵測器電壓輸出	直流 0 至 5 V

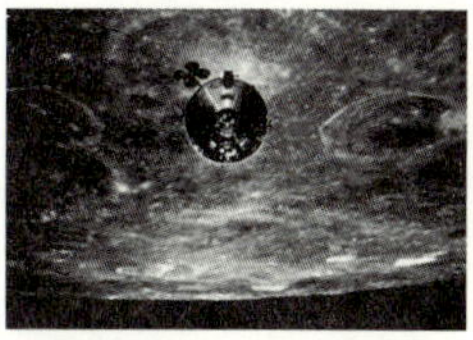
© Corbis

2 磅/平方英吋的絕對值，相對於真空為參考值的差壓測量。

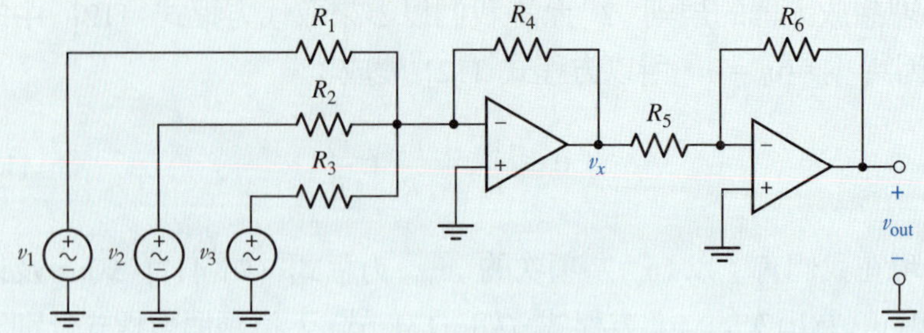

(*a*)

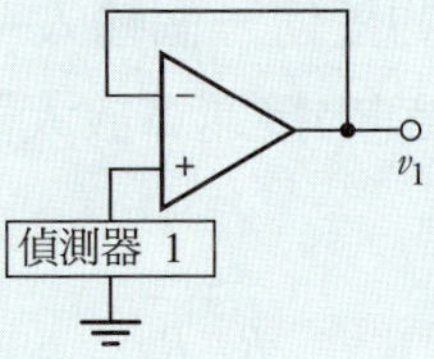

(*b*)

■圖 6.15 (*a*) 提供總燃料存量讀值所推薦的電路；(*b*) 緩衝器的設計是要避免與偵測器的內阻有關的誤差，以及它提供電流能力的限制。每一個偵測器使用一緩衝器，提供輸入 v_1、v_2 及 v_3 到加法放大器級。

從表 6.2 可以瞭解到此系統有三個個別儲氣槽，則需要三個個別的偵測器。每一個偵測器上限為 12,500 psia，相對應輸出為 5 V。所以，當第一槽全滿時，它的偵測器提供一個 $5\times(10{,}000/12{,}500)=4$ V 的電壓訊號；第二槽的偵測器輸出相同的電壓。然而，第三槽所連接的偵測器，僅提供一個 $5\times(2000/12{,}500)=800$ mV 的最大電壓訊號。

圖 6.15*a* 所示的電路是一個可能的解答，其採用具有 v_1、v_2 及 v_3 分別表示三個偵測器輸出的加法運算放大器，其後方連接一個反相放大器，用以調整電壓訊號及大小。因為我們不知道偵測器的輸出電阻，因此在每一個偵測器上採用圖 6.15*b* 所示的緩衝器，其結果形成 (理想上) 沒有任何電流流經偵測器。

我們儘量保持設計簡單，由選擇 R_1、R_2、R_3 及 R_4 為 1 kΩ 作為開始，而且只要四個電阻器都相等，任何數值都可以，因此，加法級的輸出為：

$$v_x = -(v_1 + v_2 + v_3)$$

最後一級必須將電壓反相，並且當三個槽都全滿時，其輸出電壓為 1 V。在滿槽位的情形時，造成 $v_x=-(4+4+0.8)=-8.8$ V。因此，最後一級需要一個 $R_6/R_5=1/8.8$ 的電壓比。任意選擇 $R_6=1$ kΩ，可以得到 R_5 的數值為 8.8 kΩ 以完成此設計。

練習題

6.3　一座有歷史的橋樑正顯示出惡化的訊號。直到可以完成更新之前，決定只有重量小於 1600 kg 的車輛可以被允許通過。為了監控通過的車輛，要設計一座四腳座的秤重系統。有四個獨立的電壓訊號，每一個來自不同的車輪腳座，因 1 mV = 1 kg。設計一個電路能提供代表車輛總重量的正電壓訊號並顯示在數位萬用表 (Digital Multimeter, DMM) 上，而 1 mV = 1 kg。可以假設不需要緩衝車輪腳座的電壓訊號。

答：如圖 6.16 所示。

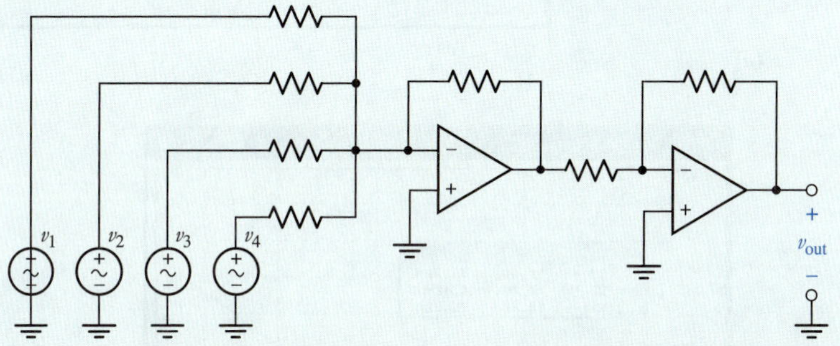

■**圖 6.16**　練習 6.3 的一種可能解答。所有電阻為 10 kΩ (然而只要每一個都相等，任何數值都可以)。輸入電壓 v_1、v_2、v_3 及 v_4 分別代表來自四個車輪腳座的偵測器，而 v_{out} 為輸出訊號。且連接到 DMM 的正輸入端。所有五個電壓均以大地為參考，且 DMM 的共用端也連接到大地。

6.4 電壓及電流源電路

在這一章及前一章中，我們經常利用理想電流及電壓源，並且不論它們連接到什麼樣的電路，都假設個別地提供相同電流及電壓值。當然我們所做的獨立假設有它自己的限制。如同在 5.2 節討論實際電源所包含的內建或先天的電阻。這種電阻的效應為減少電壓源的電壓輸出，如同需要多的電流，或減少電流輸出，如同從電流源需要更高的電壓一樣。像在本節的討論中，利用運算放大器建構更可靠特性的電路是可能的。

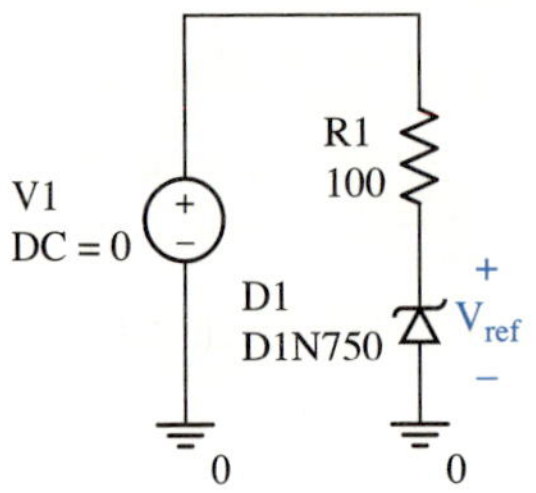

(*a*)

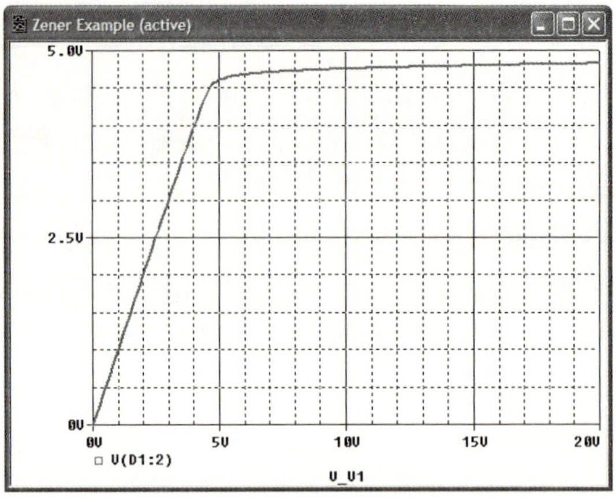

(*b*)

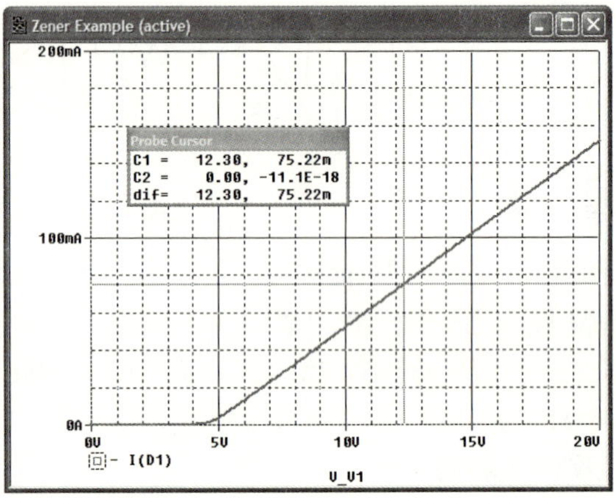

(*c*)

■**圖 6.17** (*a*) 以 1N750 稽納二極體為基礎的簡單電壓參考電路，其 PSpice 電路圖；(*b*) 電路的模擬顯示二極體電壓 V_{ref} 為動電壓 V1 的函數；(*c*) 二極體電流的模擬顯示，當 V1 超過 12.3 V 時，電流超過它的最大額定值 (注意到執行這個計算時，假設理想稽納二極體產生 12.2 V 的電壓。

可靠的電壓源

提供穩定且始終如一的參考電壓，最一般的方法之一是利用稱為**稽納二極體** (Zener diode) 的非線性裝置。它的符號為一個三角形，且具有像字母 Z 一樣的線條橫跨在三角形頂部，如圖 6.17*a* 電路中顯示為一個 1N750。

雖然是一個二端點元件，稽納二極體的表現與簡單 (線性) 電阻器非常不同。特別的，電阻器是一個對稱元件，而二極體卻不是。而它的兩端點被標為**陽極** (anode) (三角形平坦的部分) 及**陰極** (cathode) (三角形的頂點)，並且由二極體所在的電路決定其各種不同的表現。稽納二極體是一種特殊型式的二極體，其陰極設計為相對於陽極為正的電壓，而當以這種方式連接，二極體稱為反向偏壓。低電壓時，二極體表現像一個電阻，並隨著電壓上升，其電流稍線性的增大，然而，一旦達到某一電壓 (V_{BR})，一般所稱的二極體反向崩潰電壓或**稽納電壓** (Zener voltage)，則電壓不再顯著的增加，但實際上電流可達二極體的最大額定 (當 1N750 的稽納電壓為 4.7 V 時，其電流最大額定為 75 mA。

讓我們考慮圖 6.17*b* 的模擬結果，顯示當電壓源 V1 從零升至 20 V 時，跨接於二極體電壓 V_{ref}。V1 保持在 5 V 以上時，跨於二極體的電壓基本上為一定值。因此，可以用 9 V 的電池來取代 V1，並且當電池電壓因放電而開始下降時，並不用太擔心電壓參考的變化。電路中 *R*1 的作用是要提供電池與二極體之間必要的壓降。它的值應該擇在確保二極體運作在稽納電壓，但電流低於它的最大額定電流。例如，圖 6.17*c* 顯示如果電壓源 V1 大於 12 V 時，電路中的電流超過 75 mA 的額定。因此，電阻器 *R*1 的數值大小應該相當於電源電壓可用的範圍內，如例題 6.4 所發現的。

例題 6.4

利用 1N750 稽納二極體設計一個電路，其運轉在一個單一 9 V 的電池，並提供一個 4.7 V 的參考電壓。

1N750 最大額定電流為 75 mA，且稽納電壓為 4.7 V。9 V 電池的電壓隨著充電狀態電壓會稍微的改變，但是在設計時忽略這個部分。

圖 6.18*a* 所示的簡單電路適合我們的目的；而唯一要做的是決定電阻器 R_{ref} 適當的數值。

如果二極體的壓降為 4.7 V，則 $9-4.7=4.3$ V 壓降必定跨接在 R_{ref} 上。因此

$$R_{ref}=\frac{9-V_{ref}}{I_{ref}}=\frac{4.3}{I_{ref}}$$

藉由指定電流值來決定 R_{ref} 的值，而我們知道二極體 I_{ref} 不允許超過 75 mA，並且較大的電流會讓電池放電更快速。然而，如同在圖 6.18*b* 所看到的，我們無法任意的選擇 I_{ref} 的數值，因為非常低的電流

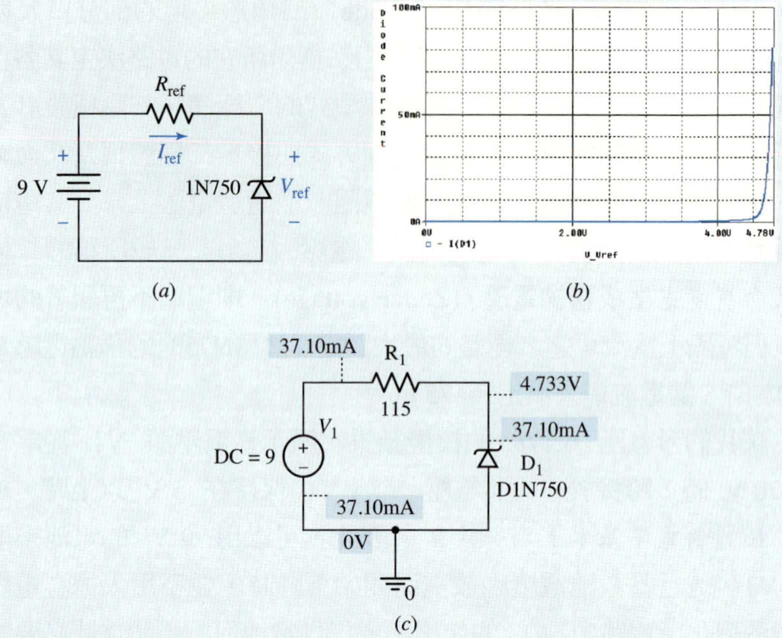

■圖 6.18 (*a*) 以 1N750 稽納二極體為基礎的電壓參考電路；(*b*) 二極體的I－V 關係；(*c*) 以 PSpice 模擬的最後電路。

不允許二極體操作在稽納崩潰區。因為缺少詳細的二極體電流-電壓的關係方程式 (很明顯是非線性的)，設計最大額定電流的 50% 為基本原則。因此

$$R_{ref} = \frac{4.3}{0.0375} = 115\ \Omega$$

可以藉由 PSpice 的模擬獲得詳細的變化情形，而可從圖 6.18*c* 瞭解到我們的第一個難關是合理地接近 (在一個百分比之內) 我們的目標值。

圖 6.17*a* 電路中的基礎稽納二極體電壓參考電路在許多情況表現的十分良好，但是電壓的數值與可用的稽納二極體有關，則限制了我們。我們也經常發現所顯示的電路並不適合在更多微安培電流的應用上。在此情況下，可以利用稽納參考電路與簡單的放大器級連接，如圖 6.19 所示。其結果為可藉由調整 R_1 或 R_f 的數值來控制穩定的電壓，並不需要改變不同的稽納二極體。

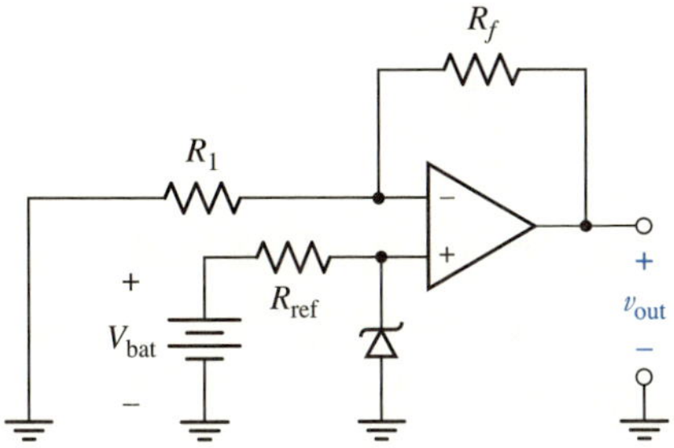

■圖 6.19　以稽納電壓參考為基礎的運算放大基本電壓源。

練習題

6.4　利用 1N750 稽納二極體及非反相放大器設計一個電路，以提供 6 V 的參考電壓。

答：利用圖 6.19 所顯示的電路拓樸，選擇 $V_{bat}=9$ V、$R_{ref}=115\ \Omega$、$R_1=1\ \text{k}\Omega$ 及 $R_f=268\ \Omega$。

可靠的電流源

考慮圖 6.20*a* 所顯示的電路，其中 V_{ref} 由像圖 6.18*a* 所示的

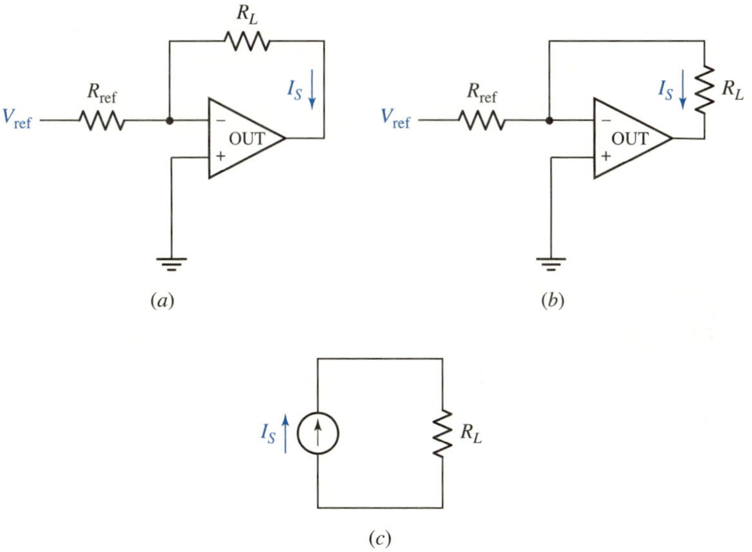

■圖 6.20　(*a*) 一個由參考電壓 V_{ref} 所控制的運算放大器基本電壓源；(*b*) 重畫電路並把負載標記；(*c*) 電路模型，電阻器 R_L 代表一個未知的被動負載電路之諾頓等效。

Jung, Walter G.: IC OP-AMP COOKBOOK, 3rd Edition, © 1986. Reprinted by permission of Pearson Education, Inc., Upper Saddle River, NJ.

調整電壓源所提供。讀者可以瞭解這個電路如同一個簡單的反相放大器結構，並假設指定運算放大器的輸出腳。然而，可以把這個電路當成一電流源，其中 R_L 代表電阻性負載。

因為運算放大器非反相輸入端連接到大地，因此，輸入電壓 V_{ref} 出現在參考電阻器 R_{ref} 的兩端。沒有任何電流流入反相輸入端，則流經負載電阻器 R_L 的電流可簡單表示成：

$$I_s = \frac{V_{\text{ref}}}{R_{\text{ref}}}$$

換句話說，提供給 R_L 的電流與它的電阻無關，此為理想電流源的首先性質。值得注意的是：我們並沒指定運算放大器的輸出電壓為感興趣的量。反而，可以把負載電阻 R_L 視為一未知被動負載電路的諾頓 (或戴維寧) 等效，而且它從運算放大器電路接受功率。將電路稍加重畫，如圖 6.20*b* 我們瞭解到它和圖 6.20*c* 電路一樣更為詳細。換句話說，可以把運算放大器電路視為具有理想特性的一個獨立電流源，並選擇運算放大器最大額定輸出電流。

例題 6.5

設計一個電流源，傳送 1 mA 的電流給任何電阻性負載。

基於我們所設計的圖 6.19 及 6.20 電路，我們知道流經負載的電流為：

$$I_s = \frac{V_{\text{ref}}}{R_{\text{ref}}}$$

其中 V_{ref} 及 R_{ref} 必須選取，且提供 V_{ref} 的電路也要設計。如果使用 1N750 稽納二極體串聯 9 V 電池及一個 100 Ω 電阻，則從圖 6.17*b* 可知一個 4.9 V 的電壓跨在二極體的兩端。因此，$V_{\text{ref}}=4.9$ V，並指定 R_{ref} 的值為 $4.9/10^{-3}=4.9$ kΩ。圖 6.21 顯示完整的電路。

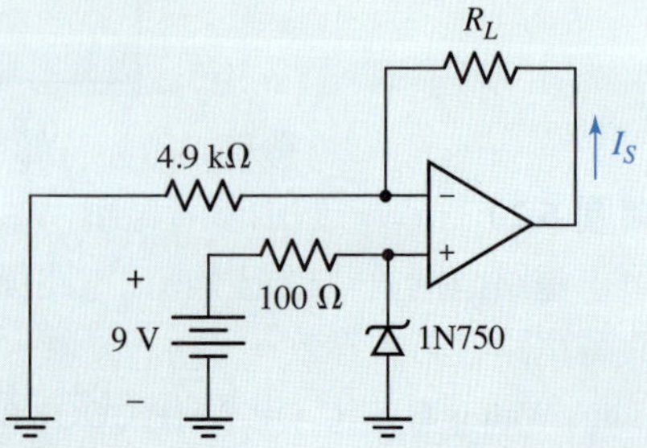

■圖 6.21 對於所要的電流源可能的設計，注意到與圖 6.20*b* 的電流方向相反。

注意到如果假設以 4.7 V 的二極體電壓作為替代，則所設計的電流誤差將只有幾個百分比，且我們期望在電阻值的 5 到 10% 容計範圍之內。

唯一剩下的問題是否對於任何數值的 R_L，事實上都能提供 1 mA 的電流。就 $R_L=0$ 的情形，運算放大器的輸出為 4.9 V，而並不合理。然而，負載電阻器增加時，運算放大器的輸出電壓也增加。最後必須達到 6.5 節所要討論的某些型式的限制。

練習題

6.5　設計一個能提供 500 μA 給電阻性負載的電流源。

答：參考圖 6.22 可能的解答。

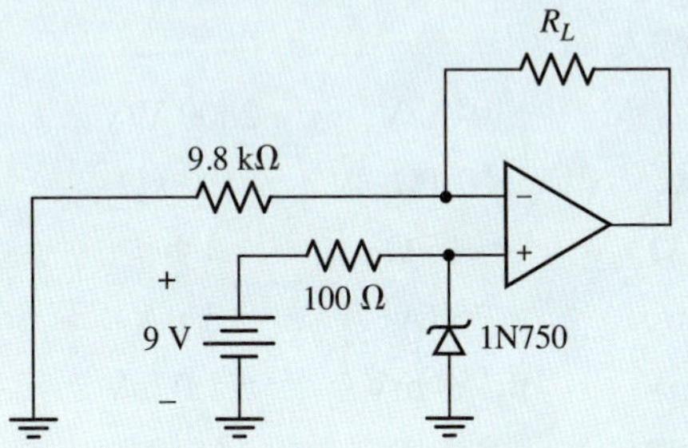

■圖 6.22　練習題 6.5 的一種可能的解答。

6.5　實際的考量

更詳細的運算放大器模型

就實質而言，運算放大器可以被視為一個電壓控制的依賴電壓源。依賴電壓提供運算放大器的輸出，而其所依賴的電壓則應用到輸入端。圖 6.23 顯示實際運算放大器合理模型的圖形，它包括一個電壓增益為 A 的依賴電壓源，一個輸出電阻 R_o，及一個輸入電阻 R_i。表 6.3 為幾種商用運算放大器這些參數的數值。

參數 A 被稱之為運算放大器的**開路電壓增益** (open-loop voltage gain)，其典型的範圍介於 10^5 到 10^6。注意到表 6.3 所列的所有運算放大器均有極大的開路電壓增益，特別是與例題 6.1 具有非反相

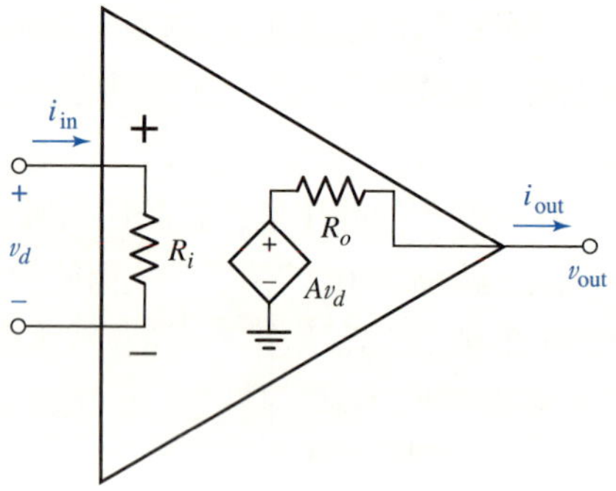

■圖 6.23 運算放大器更詳細的模型。

表 6.3 數種運算放大器的典型參數值

零件編號	μA741	LM324	LF411	AD549K	OPA690
敘述	一般目的	低功率雙路	低補償 低漂移 JFET 輸入	特低輸入 偏壓電流	實帶視頻 運算放大器
開路電壓增益	2×10^5 V/V	10^5 V/V	2×10^5 V/V	10^6 V/V	2800 V/V
輸入電阻	2 MΩ	*	1 TΩ	10 TΩ	190 kΩ
輸出電阻	75 Ω	*	~1 Ω	~15 Ω	*
輸入偏壓電流	80 nA	45 nA	50 pA	75 fA	3 μA
輸入補償電壓	1.0 mV	2.0 mV	0.8 mV	0.150 mV	±1.0 mV
共模互斥比 (CMRR)	90 dB	85 dB	100 dB	100 dB	65 dB
電壓擺動率	0.5 V/μs	*	15 V/μs	3 V/μs	1800 V/μs
PSpice 模型	✔	✔	✔		

*：製造商未提供

✔：表示 Orcad Capture CIS 第十版已包含此 PSpice 模型。

運算放大器電路特徵的電壓增益相比較。牢記運算放大器本身的開路電壓增益與描繪特殊運算放大器電路的**閉迴路電壓增益** (closed-loop voltage gain) 之間的區別是很重要的。此處所談論的“迴路”是指輸出腳與反相輸入腳之間的外部路徑；它可以是一條導線，一個電阻或其它型式的元件，而是由應用所決定。

μA741 是一種非常一般的運算放大器，最初是由 Fairchild 公司在 1968 年所製造。它可以利用一個 200,000 的開路電路增益，2 MΩ 的輸入電阻及一個 75 Ω 的輸出電阻為特徵。為了求得理想運算放大器如何的近似這個特別設備的性能。讓我們再重做圖 6.3 的反相運算放大器。

例題 6.6

在圖 6.24 的 μA741 運算放大器模型中，使用適當的參數值重新分析圖 6.3 的反相放大器電路。

一開始先用詳細的模型來取代圖 6.3 的理想運算放大器，其結果如圖 6.24 電路所示。

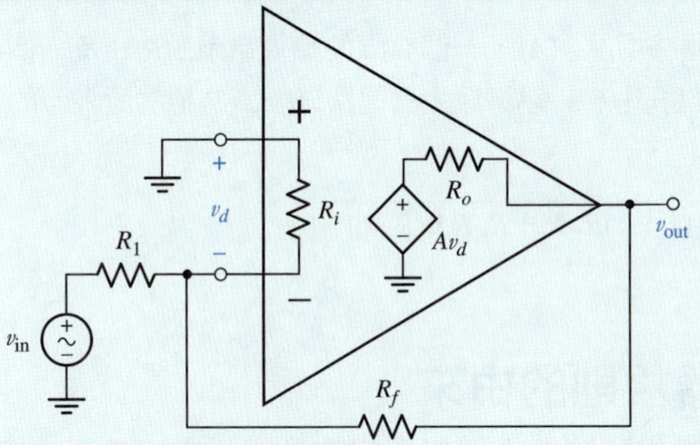

■圖 6.24　利用詳細運算放大器模型所繪製的反相放大器電路。

注意到不能再使用理想運算放大器的規則，因為我們並非使用理想運算放大器模型。因此，可列出二條節點方程式：

CAUTION

$$0 = \frac{-v_d - v_{in}}{R_1} + \frac{-v_d - v_{out}}{R_f} + \frac{-v_d}{R_i}$$

$$0 = \frac{v_{out} + v_d}{R_f} + \frac{v_{out} - Av_d}{R_o}$$

為了完成一些簡單但稍微長的代數式，我們把 v_d 消去並結合二方程式，獲得下列以 v_{in} 為項次所表示的 v_{out}。

$$v_{out} = \left[\frac{(R_o + R_f)}{R_o - AR_f}\left(\frac{1}{R_1} + \frac{1}{R_f} + \frac{1}{R_i}\right) - \frac{1}{R_f}\right]^{-1} \frac{v_{in}}{R_1} \qquad [15]$$

將 $v_{in}=5 \sin 3t$ mV、$R_1=4.7$ kΩ、$R_f=47$ kΩ、$R_o=75$ Ω、$R_i=2$ MΩ 及 $A=2\times10^5$ 代入方程式中，可得：

$$v_{out} = -9.999448 v_{in} = -49.99724 \sin 3t \quad \text{mV}$$

比較上式與假設為理想運算放大器所得的表示式 ($v_{out}=-10v_{in}=-50 \sin 3t$ mV)，可以發現到理想運算放大器的確是一個合理精確的模型。除此之外在執行電路分析時，假設為理想運算放大器，可以減少相當多的代數式。注意到，如果允許 $A \to \infty$，$R_o \to 0$，且 $R_i \to \infty$，則方程式 [15] 可簡化為

$$v_{\text{out}} = -\frac{R_f}{R_1} v_{\text{in}}$$

這就是先前對於反相放大器假設運算放大器為理想時，所推導的結果。

練習題

6.6 假設一個有限的開路增益 (A)，一個有限的輸入電阻 (R_i) 及一個零輸出電阻 (R_o)。試推導圖 6.3 運算放大器電路以 v_{in} 為項次所表示的 v_{out}。

答：$v_{\text{out}} / v_{\text{in}} = -AR_f R_i / [(1+A)R_1 R_i + R_1 R_f + R_f R_i]$。

理想運算放大器規則的由來

我們已經瞭解到理想運算放大器對於實際裝置的表現算是一種十分精確的模型。然而，使用它包括有限開路增益、有限輸入電阻，以及非零值輸出電阻等更詳細的模型，實際上可以簡單推導出理想運算放大器的兩個規則。

參考圖 6.23，可以瞭解到實際運算放大器的開路輸出電壓，可表示成

$$v_{\text{out}} = A\, v_d \qquad [16]$$

將方程式予以重寫，可以求得有時稱之為**差動輸入電壓** (differential input voltage) 的 v_d，並可寫成：

$$v_d = \frac{v_{\text{out}}}{A} \qquad [17]$$

我們可能會預期，從實際運算放大器可獲得輸出電壓 v_{out} 的一些實際限制。如下一節所將敘述的，為了提供功率內部的電路，必須將運算放大器連接到外部的直流電壓。這些外部電壓所提供的電壓大小代表 v_{out} 的最大值，而其典型範圍為 5 到 24 V。如果把 24 V 除以 μA741 (2×10^5) 的開路電壓增益，則可得到 $v_d = 120\ \mu$V。

雖然這與零伏特不相同，但這麼小的數值與輸出電壓 24 V 相比，實際上也是零。一個理想運算放大器具有無限大的開路電壓增益，而不論 v_{out} 大小，其結果為 $v_d=0$；這便導出理想運算放大器的規則 2。

理想運算放大器的規則 1 說明："沒有任何電流流入任何一個輸入端"。參考圖 6.22，運算放大器的輸入電流可以簡單表示成：

$$i_{\text{in}} = \frac{v_d}{R_i}$$

我們剛剛已經證明了 v_d 典型上非常小的電壓。而可以從表 6.3 看出，典型的運算放大器的輸入電阻範圍非常大，可從幾 MΩ 到 TΩ。使用上述的 $v_d=120\ \mu\text{V}$ 及 $R_i=2\ \text{M}\Omega$，可以求得輸入電流為 60 pA。這是一個相當小的電流，需要特別的安培計 (如所知的 pico-安培計) 來測量。從表 6.3 瞭解到 μA741 典型的輸入電流 (更精確的術語是**輸入偏壓電流** (input bias current)) 為 80 nA，比我們所估測的值大了 10^3 倍。這是我們所使用的運算放大器的缺點，其設計並未提供更精確的輸入偏壓電流值。然而，與其它流入典型運算放大器電路的電流相比，這兩個數值基本上均為零。更現代的運算放大器 (例如 AD549) 具有更低的輸入偏壓電流。因此，可以說理想放大器的規則 1 是一個相當合理的假設。

從我們的討論，很清楚的瞭解到理想運算放大器具有無限大的開路電壓增益及無限大的輸入電阻。然而，我們尚未考慮運算放大器的輸出電阻，以及它對電路的可能影響。參考圖 6.23，可瞭解到：

$$v_{\text{out}} = Av_d - R_o i_{\text{out}}$$

其中 i_{out} 從運算放大器的輸出腳流出。因此，一個非零的 R_o 值使輸出電壓下降，更明顯的效應是輸出電流增加。由於這個因素，理想運算放大器的輸出電阻為零歐姆。μA741 具有 75 Ω 最大的輸出電阻，而更現代的裝置，如 AD549，則有更小的輸出電阻。

共模拒斥比

運算放大器經常被稱之為*差動放大器*，因為輸出與兩個輸入端

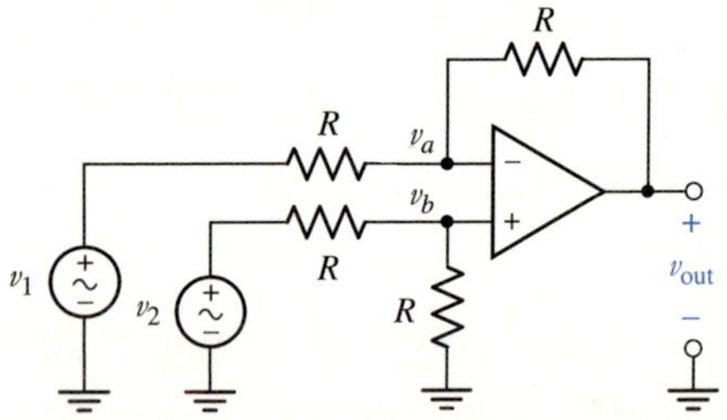

■圖 6.25 接成差動放大器的運算放大器。

的電壓差成正比。這表示，如果在兩個輸入端加入相等的電壓，則可預期輸出電壓為零。運算放大器的這個能力是它最吸引人的特性，亦即所謂的**共模拒斥比** (common-mode rejection)。圖 6.25 顯示的電路提供一個輸出電壓

$$v_{out} = v_2 - v_1$$

如果 $v_1 = 2 + 3\sin 3t$ 伏特，而 $v_2 = 2$ 伏特，則可預期輸出為 $-3\sin 3t$ 伏特，v_1 與 v_2 都有的 2 V 成份不會被放大，也不會出現在輸出端。

對於實際運算放大器，我們真正的發現到，在共模訊號的響應對於輸出有極小的貢獻。為了與其它運算放大器相比，經由所謂的共模拒斥比或 **CMRR** 的參數來表示運算放大器排拒共模訊號的能力，是經常有幫助的。將 v_{oCM} 定義為當兩個輸入相等時 ($v_1 = v_2 = v_{CM}$) 所得到的輸出，可以求得運算放大器的共模增益 A_{CM}：

$$A_{CM} = \left| \frac{v_{oCM}}{v_{CM}} \right|$$

我們把 CMRR 定義為差模增益 A 與共模增益 A_{CM} 的比值，或：

$$\text{CMRR} \equiv \left| \frac{A}{A_{CM}} \right| \qquad [18]$$

然而它經常以分貝 (dB) 來表示，其對數的計量為：

$$\text{CMRR}_{(\text{dB})} \equiv 20 \log_{10} \left| \frac{A}{A_{CM}} \right| \text{dB} \qquad [19]$$

表 6.3 提供幾種不同運算放大器的典型；100 dB 的數值對應於

A 與 A_{CM} 的絕對比為 10^5。

負回饋

我們已經瞭解運算放大器的開路增益非常的大，且理想上為無限大。然而，在實際的情形下，它確實的數值可在製造商指定的典型值間變動。例如，溫度對於運算放大器的表現有相當大影響，以致於 $-20°C$ 天氣下的運轉表現與晴朗天氣的表現有極大的不同。在不同時間所製作的裝置也會有一點變化。如果設計一個電路，其輸出電壓為開路增益乘上一個輸入端的電壓，則輸出電壓因此在合理的精確性程度下很難去預測，且可能會隨著周圍溫度的改變而變化。

對於這種可能問題的求解，則要採用**負回饋** (negative feedback) 的技巧，它是從輸入減去一小部分輸出的程序。如果某一事件改變了放大器的特性，以致於輸出增加，則輸入在此同一時間會下降。過多的負回饋會避免有用的放大，但是小量的回饋則可提供較高的穩定性。當我們的手靠近火焰時，會有不舒服的感覺，這是一種負回饋的例子。愈靠近火焰，手所感受到的負向訊號更大。然而，過高的負回饋比例，可能會使我們厭惡熱，甚至冷死。**正回饋** (positive feedback) 則是一小部分的輸出加到輸入端。當一只擴音器直接朝向演說者時，一個軟和的聲音會快速地不斷放大，直到系統發出尖銳刺耳的聲音，便是一個一般的例子。正回饋一般會引起一個不穩定的系統。

本章中所考量的電路都是經由輸出腳與反相輸入端之間所存在的電阻形成的負回饋。輸出與輸入之間的迴路，降低輸出電壓對於開路增益 (參考例題 6.6) 實際值的依賴。這排除了需要去測量我們所使用的每一種運算放大器精確的開路增益，A 的小變動並不會對電路運作有太大衝擊。負回饋也提供增加 A 對於環境靈敏情形的穩定度。例如，如果 A 對於周圍溫度改變的響應突然增大時，則更大的負回饋電壓會加到反相輸入端。這相當於是降低輸入電壓的差值 v_d，因此輸出電壓 Av_d 的變化會變小。應該注意到，閉迴路電路增益通常比開路增益來的小，這就是我們對於穩定度以及降低對參數變化靈敏所付出的代價。

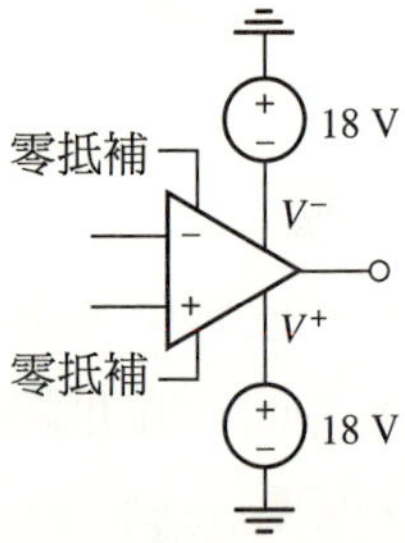

■圖 6.26 具有正、負電壓供給接線的運算放大器。以兩個 18 V 的供應電壓為例；小心每一個電源的極性。

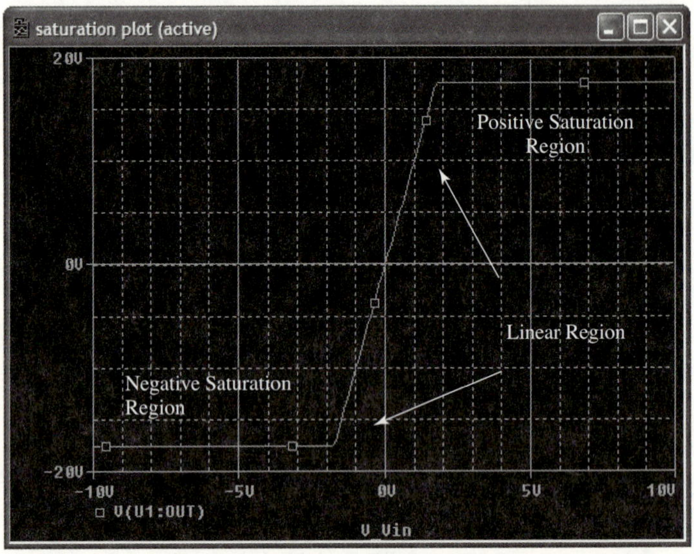

■圖 6.27 μA741 連接成具有增益為 10，且由 ±18 V 提供功率的非反相運算放大器的模擬輸入 - 輸出特性。

飽 和

截至目前為止，都把運算放大器視為純線性裝置，假設它的特性與在電路中所連接的方式無關。事實上，為了內部電路的運轉，需要將功率提供給運算放大器，如圖 6.26 所示。典型的 5 到 24 V 範圍的直流正電壓，連接到標示為 V^+ 的一端，而相同大小的負電壓則連接到標示為 V^- 的端點。也有許多單一電壓供電及兩個輸入電壓大小不同情形的應用。運算放大器的製造商通常會指定超過時會發生危害內部電晶體的最大功率供應電壓。

當設計運算放大器時，提供功率的電壓是一項重要的選擇，因為這表示運算放大器[3]最大可能的輸出電壓。例如，考慮圖 6.25 所

3 實際上，我們發現最大輸出電壓稍微比供應電壓大約小 1 V 左右。

顯示的運算放大器電路，現在連接成一個具有增益為 10 的非反相放大器。圖 6.27 顯示 PSpice 的模擬，可以真正從運算放大器觀察到線性的特性，但僅限於輸入電壓在 ±1.71 V 的範圍內。超出此範圍時，輸出電壓不再與輸入成正比，且可達到 17.6 V 的峰值大小。這個重要的非線性效應即所知的**飽和** (saturation)，其談論一件事實，即再進一步增加輸入電壓，並不會造成輸出電壓的改變。這種現象關係到一項事實，即一個實際運算放大器的輸出不能超過它的供應電壓。例如，如果選擇用 +9 V 及 −5 V 供給運算放大器運轉，則輸出電壓會被限制在 −5 V 到 +9 V 的範圍。運算放大器輸出在正、負飽和區之間為線性響應，並且如同一般規則一樣，在設計運算放大器電路時，並不會意外地讓它進入飽和區域。基於閉路增益與最大預期輸入電壓，這需要我們小心的選擇操作電壓。

輸入抵補電壓

如同我們所發現的，當運算放大器運作時有一些實際的考量要記在心中，一個特別非理想化值得提醒的是，即使當兩輸入端短路時，實際運算放大器會有非零值輸出的傾向。在這種情形下輸出的值即所謂的抵補電壓，而輸入電壓需要將輸出降低至零，即一般所稱的**輸入抵補電壓** (input offset valtage)。參考表 6.3，可以瞭解到典型的輸入抵補電壓值在幾個毫伏特 (mV) 或更小的數值。大部分的運算放大器提供兩個分別標示為“零抵補”(offset null) 或“平衡”的接腳。這些端點可以藉由所連接的可變電阻來調整輸出電壓。可變電阻為一種三端點的裝置，一般用在收音機的音量控制應用上。此裝置具有一個旋鈕，可以旋轉並選擇實際的電阻值，並且有三個端點。如果可變電阻只連接使用兩個最末端的端點，則它的電阻值為固定的，而不論旋鈕的位置在哪。如果使用中間的端點及一個末端端點，則電阻器的數值由旋鈕的位置來決定。圖 6.28 顯示一個典型的電路，它用在調整運算放大器的輸出電壓；製造商的資料表可能會建議對於特別裝置可供選擇的電路圖。

變化率

截至目前為止，我們都心照不宣的假設運算放大器對於任何頻

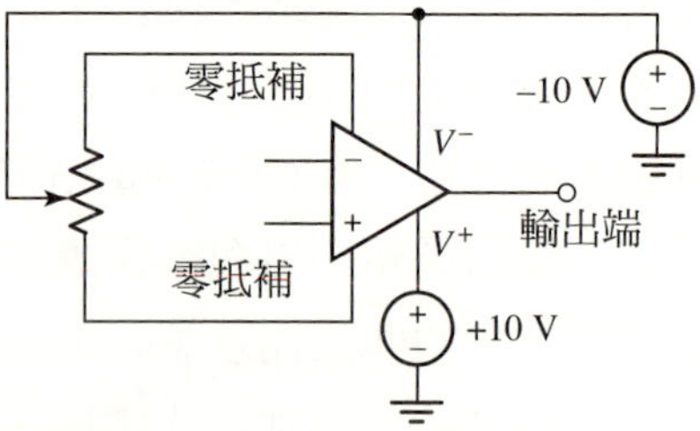

圖 6.28 對於獲得零輸出電壓的建議外部電路圖。範例中顯示±10 V 的供應電壓；最後電路所使用的實際電壓由實際情況來選擇。

率的訊號，都有相同的響應，雖然或許我們並不會訝異的發現在這方面會有一些型式的限制。誤為我們知道運算放大器在頻率為零的直流環境中動作良好，而我們必須考慮當頻率增加時，它的表現。**變化率** (slew rate) 便是測量運算放大器的頻率表現，它是輸出電壓在輸入發生變化時的響應速率；大部分經常以 V/μs 來表示。表 6.3 提供幾種商用裝置典型的變化率規格，所顯示的數值是在每毫秒幾伏特的等級。一個值得注意的例外是 OPA690，它設計做為需要運轉在幾百 MHz 錄影應用的高速運算放大器。正如所看到的，一個 1800 V/μs 可觀的變化率，對於這個裝置並不是不切實際的，雖然它的其它參數，特別是輸入偏壓電流與 CMRR，容許一些這樣的結果。

圖 6.29 顯示 PSpice 的模擬，它說明由於變化率的限制，降低了運算放大器的成果。電路模擬的是一個組成非反相放大器的 LF411，它具有增益為 2，以及由 ±15 V 電壓供給功率。輸入波形以深色表示，且有 1.1 V 的峰值電壓；輸出電壓以淺色表示。圖 6.30*a* 的模擬相當於 1 μs 的上升及下降時間，雖然對於人類來說是極短的時間，但 LF411 卻能簡單的予以處理。當上升及下降以 10 到 100 ns 的係數下降時 (如圖 6.29*b*)，我們開始發現 LF411 在追踪輸入時有一點困難。在 50 ns 的上升及下降時間的情形中 (如圖 6.29*c*) 發現到不僅輸出與輸入之間有嚴重的延遲，而且波形有顯著的失真—對於運算放大器來說，並不是好現象。這個觀察到的反應與表 6.3 中所指定的典型 15 V/μs 的變化率相符，其顯示輸出電壓從 0 變化到 2 V (或從 2 V 變化到 0) 預期需要大約 130 ns。

包 裝

有一些不同型式的包裝可以供現代運算放大器使用。某一些樣

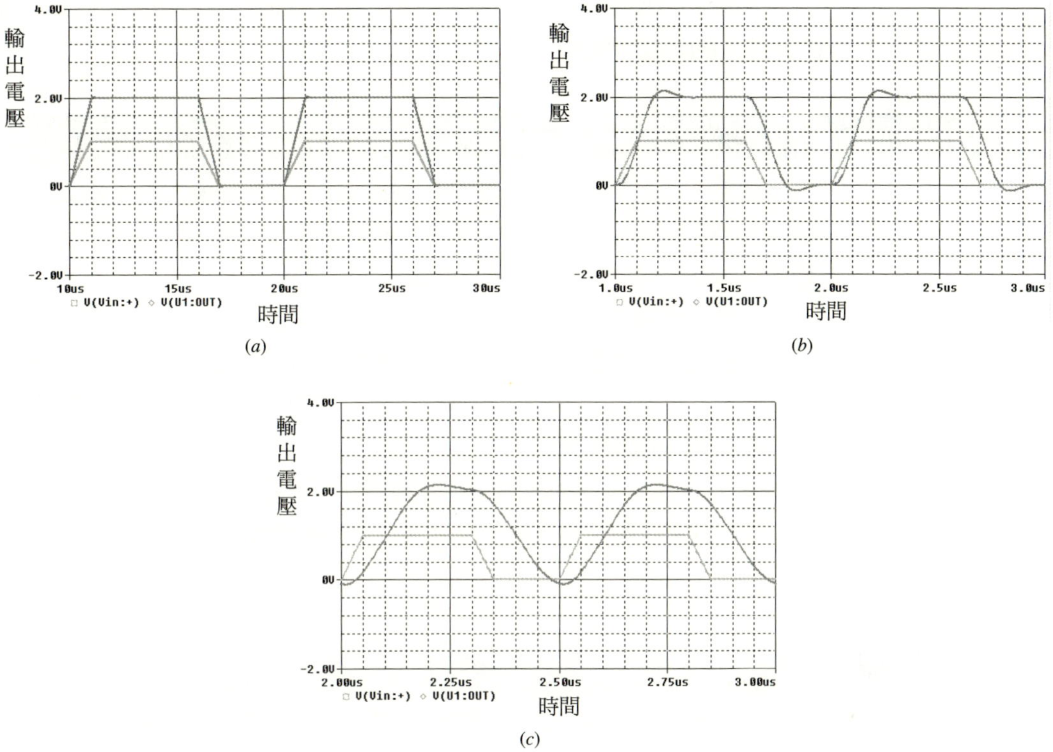

■圖 6.29　LF411 運算放大器連接成具有增益為 2，±15 V 供應電壓，及一個脈衝輸入波形的模擬結果。(*a*) 上升及下降時間為 1 μs，脈波寬為 5 μs；(*b*) 上升及下降時間為 100 ns，脈波寬為 500 ns；(*c*) 上升及下降時間為 50 ns，脈波寬為 250 ns。

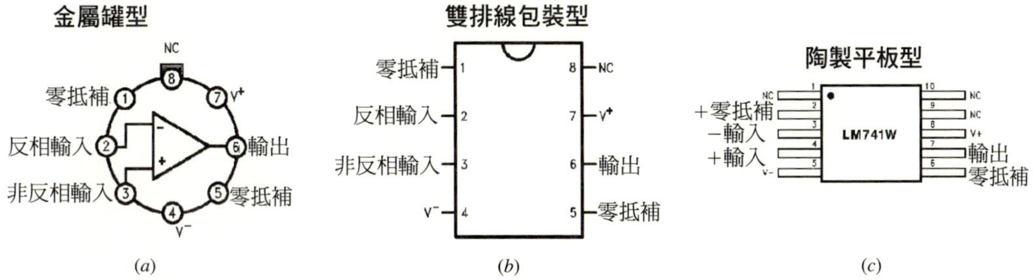

■圖 6.30　針對 LM741 運算放大器有幾種不同的包裝樣式。(*a*) 金屬罐型；(*b*) 雙排線包裝型；(*c*) 陶製平板型。(© 2000 National Semiconductor Corporation/www.national.com).

式適合高溫度，而且有不同的方法可將 IC 封裝在印刷電路板上。圖 6.30 顯示由國家半導體公司所製造的 LM741 幾種不同的封裝樣式。接腳旁標示為 “NC” 表示 “未接線”。圖形中所顯示的包裝樣式為標準的結構，並且用於大量的積體電路；經常地在包裝上有需要更多的接腳可用。

電腦輔助分析

如我們所瞭解的，PSpice 在預測運算放大器的輸出有著極大的助益，特別是時變輸入的例子。然而，我們發現理想運算放大器模型如一般規則的完全地符合 PSpice 的模擬。

當執行運算放大器電路的 PSpice 模擬時，要小心的記住必須將正、負直流供應電壓連接到裝置。雖然模型顯示零抵補接腳用於使輸出電壓為零，但是 PSpice 並未建立任何的抵補元件，所以這些接腳典型地保持浮接 (不連接)。

表 6.3 顯示 PSpice 試用版各種不同可用的運算放大器零件編號；在軟體的商用版及某些製造商提供其它可用的模型。

例題 6.7

利用 PSpice 模擬圖 6.3 的電路。如果 ±15 V 直流供應電壓用於提供功率給裝置，試求開始飽和的點。將 PSpice 所計算的增益與利用理想運算放大器模型所預測的增益做一比較。

我們一開始利用電路擷取工具，如圖 6.31 所示，繪製圖 6.3 反相

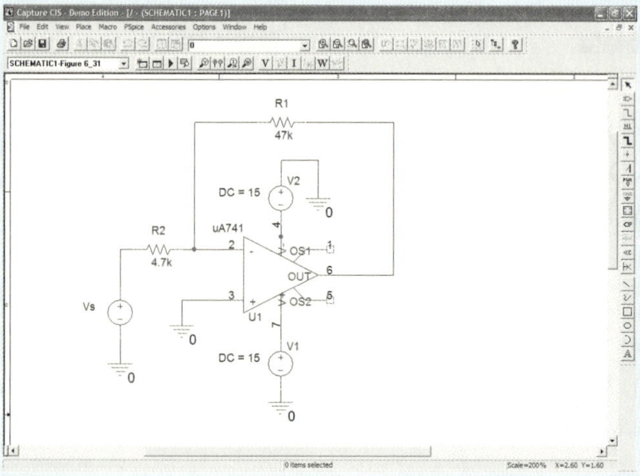

■圖 6.31 利用一個 μA741 運算放大器所繪製的圖 6.3 反相放大器。

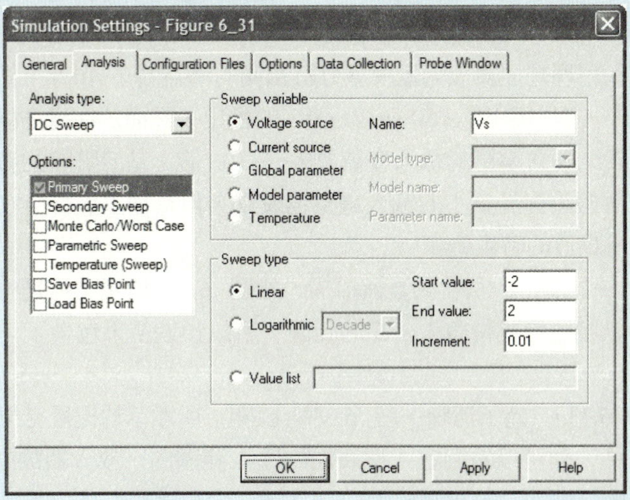

■圖 6.32　直流掃描設定視窗。

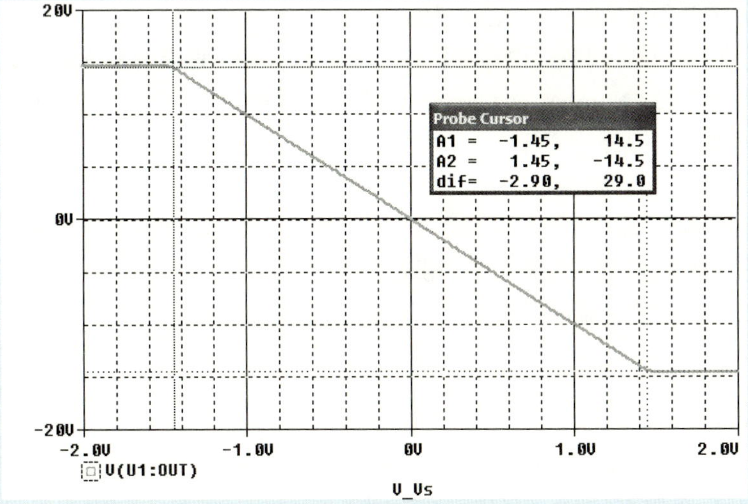

(*a*)

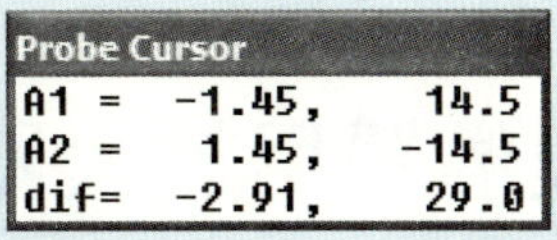

(*b*)

■圖 6.33　(*a*) 反相放大器電路的輸出電壓，利用游標工具分辨飽和的開始；(*b*) 游標視窗的特寫。

放大器電路。注意到兩個個別的 15 V 直流供應電壓提供功率給運算放大器。

先前利用理想運算放大器模型分析預測的增益為 −10 V。當輸入為 $5 \sin 3t$ mV，則引導出 $-50 \sin 3t$ mV 的輸出，然而，在這分析中隱含著一種假設：任何電壓的輸入會被放大 −10 倍。基於實際的考量，我們期望這個假設對於很小的輸入電壓也成立，但是輸出最終會在相當於功率供應電壓值的時候飽和。

執行 −2 到 2 伏特的直流掃描，如圖 6.32 所示；這是一個比供應電壓除以增益還要稍微大一點的範圍，所以預期結果包含了正與負飽和區。

在圖 6.33*a* (為了清晰，將 6.33*b* 展開) 所顯示的模擬結果中，使用游標工具，則可以看到在一個廣泛的輸入範圍內，放大器的輸入−輸出特性的確是線性的，相當於大約 $-1.45 < Vs < +1.45$ V。這個範圍比正及負供應電壓除以增益所定義的範圍稍微小一點。超出此範圍時，運算放大器的輸出飽和，僅與輸入電壓有一點關係。在這兩個飽合區域中，電路不會像線性放大器一樣表現。

將游標數位的數目增加到 10 (**工具 (Tools)**、**選項 (Options)**、**游標數位的數目 (Number of Cursor Digits)**)，我們發現一個 Vs = 1.0 V 的輸入電壓，其輸出電壓為 −9.99548340，比理想運算放大器模型所預測的值 −10 稍微小一點，而與例題 6.6 使用解析模式所得到的值 −9.999448 有些許的不同。然而，由 PSpice μA741 模型所預測的結果與任一解析模型有百分之幾的誤差範圍內，說明了理想運算放大器模型確實是非常的精確近似於現代運算放大器積體電路。

練習題

6.7 模擬本章中其餘的運算放大器電路，並且將這些結果與使用理想運算放大器模型所預測的結果相互比較。

6.6 比較器與儀器用放大器

比較器

截至目前為止，我們所討論的每一個運算放大器電路都是輸出腳與反相輸入腳以電氣連接為特色。這是所謂的閉迴路操作，並且

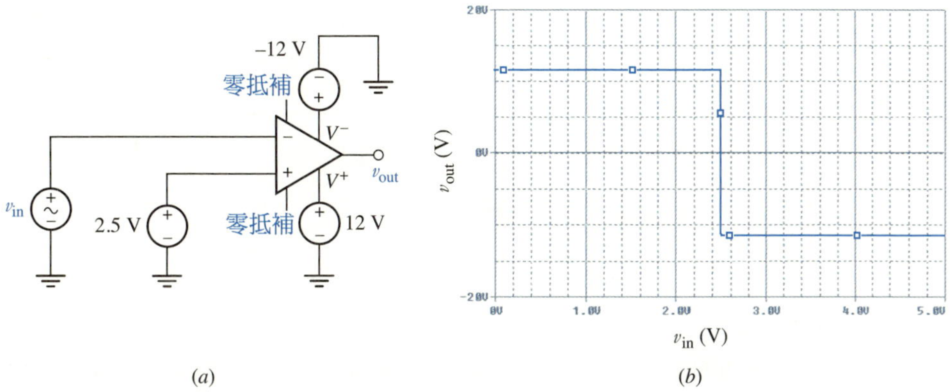

■**圖 6.34**　(*a*) 具有 2.5 V 參考電壓的比較器例子；(*b*) 輸入–輸出特性圖形。

如先前所討論的用於提供負回饋。當它做為從溫度變化或製造商不同所引起開路增益的變異來脫離電路特性時，閉迴路是運算放大器作為放大器常用的方法。然而，有一些應用，將運算放大器用於開路結構是有益處的。為了這些應用而使用的裝置經常稱之為**比較器** (comparators)，為了改善它們在開路運轉的速度，它們設計的與正常的運算放大器有些許的不同。

圖 6.34*a* 顯示一個簡單的比較器電路，其中一個 2.5 V 的參考電壓連接到非反相輸入，而比較的電壓 (v_{in}) 則連接到反相輸入端。因為運算放大器有非常大的開路增益 *A* (如表 6.3 所看到典型的數值為 10^5 或更大)，它並不會在輸入端之間產生大的電壓，而驅使放大器進入飽和狀態。事實上，一個差動輸入電壓，與供應電壓除以 *A* 是一樣的小，圖 6.34*a* 電路例子中近似 ±120 μV 或 $A=10^5$。圖 6.34*b* 所示的比較器電路與其它的輸出不同，其中響應在正、負飽和之間擺動，實值上不具有線性的“振幅”區。因此，從比較器輸出一個正 12 V 電壓表示輸入電壓比參考電壓小，而負的 12 V 電壓則表示輸入電壓比參考電壓大。如果將參考電壓連接到反相輸入端，則可獲得相反的特性。

例題 6.8

設計一個電路，如果某一個電壓訊號低 3 V 時，提供一個邏輯 1 的 5 V 輸出，其它則為零伏特。

因為希望比較器的輸出在 0 與 5 V 之間擺動，我們將使用一個具

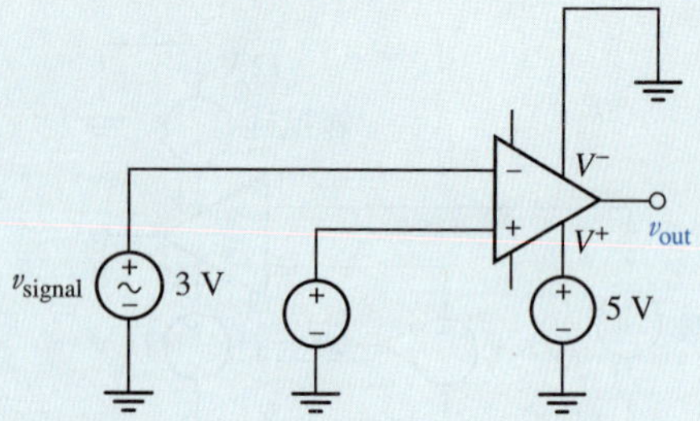

■圖 6.35 對於所需要的電路可能的設計。

有單一端點 ±5 V 供應電壓的運算放大器，如圖 6.35 所示的連接。連接一個由兩個 1.5 V 電池相串聯或一個適當稽納二極體參考電路所提供的的 +3 V 參考電壓到非反相輸入端。輸入電壓訊號 (指定為 υ_{signal}) 連結到反相輸入端。事實上，比較器電路的飽和電壓範圍會比供應電壓稍微小一點，以致於在連接模擬或測試時需要調整。

練習題

6.8 設計一個電路如果某一個電壓 (υ_{signal}) 超過 0 V 時，提供一個 12 V 的輸出，而其餘的輸出為 −2 V。

答：圖 6.36 為可能的解答。

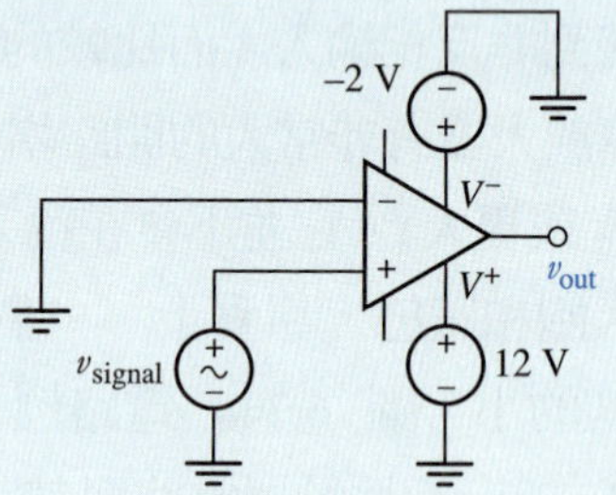

■圖 6.36 練習題 6.8 可能的解答。

儀器用放大器

基本比較器電路在裝置的兩個輸入端之間有電壓差的時候動作，雖然它的技術並不是放大訊號，而輸出與輸入不成正比。圖 6.10 的差動電路也是在反相與非反相輸入端有電壓差時動作，而要小心去避免飽和，提供輸出直接與這個差值成正比。然而，當處理一個非常小的輸入電壓時，一個較好的選擇是所謂的**儀器用放大器** (instrumentation amplifer) 裝置，它實際上是一個單一包裝內有三個

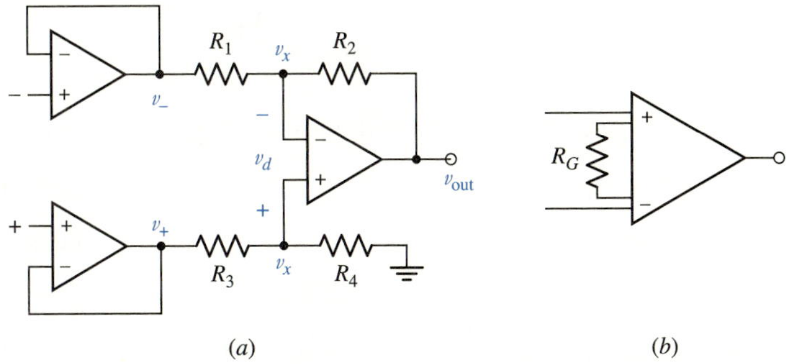

■圖 6.37　(*a*) 基本的儀器放大器；(*b*) 一般的使用符號。

運算放大器裝置。

圖 6.37*a* 為一般儀器用放大器架構的例子，而圖 6.37*b* 為它的符號。每一個輸入端由一個電壓隨耦器直接供給，且兩個電壓隨耦器的輸出提供給不同的放大器。它特別適合輸入電壓訊號非常小的應用 (例如，在毫伏特的等級)，例如由熱電耦或應變計所產生，及幾伏特顯著的共模雜訊存在的地方。

如果儀器用放大器的元件全部製造在同一個矽晶片時，那它可能會有十分匹配的設備特性及對於兩組的電阻器能達到精確的比值。為了使儀器用放大器的 CMRR 最大化，則期望 $R_4 / R_3 = R_2 / R_1$，以致於可得到相同放大率的輸入訊號共模成分。進一步的探究，我們將上方電壓隨耦器的輸出定為“v_-”，且下方電壓隨耦器的輸出定為“v_+”。假設三個運算放大器都是理想的，且將差動級的任一輸入電壓定為 v_x，則可以列出下列的節點方程式：

$$\frac{v_x - v_-}{R_1} + \frac{v_x - v_{out}}{R_2} = 0 \qquad [20]$$

及

$$\frac{v_x - v_+}{R_3} + \frac{v_x}{R_4} = 0 \qquad [21]$$

解方程式 [21]，可求得 v_x 為：

$$v_x = \frac{v_+}{1 + R_3/R_4} \qquad [22]$$

並代入方程式 [20]，則可得到以輸入為項次的 v_{out} 的表示式：

$$v_{\text{out}} = \frac{R_4}{R_3}\left(\frac{1 + R_2/R_1}{1 + R_4/R_3}\right)v_+ - \frac{R_2}{R_1}v_- \qquad [23]$$

從方程式 [23]，很清楚的發現到，一般情形允許共模成分對兩個輸入的放大。然而，在 $R_4 / R_3 = R_2 / R_1 = K$ 的指定情形下，方程式 [23] 可簡化成 $K(v_+ - v_-) = K\,v_d$，以致於 (假設為理想運算放大器) 只有差異值被放大，且增益由電阻器的比值來設定。因為這些電阻在儀器用放大器的內部，且不是使用者可以改變的，而實際的裝置，例如 AD622 允許在任何地方利用兩個腳之間連接一個外部電阻，將增益設定在 1 到 1000 的範圍內 (如圖 6.37*b* 中的 R_G)。

摘要與複習

❑ 當分析理想運算放大器電路時，必需應用到兩個基本的規則：

1. 沒有任何電流流入任何輸入端。
2. 在兩個輸入端之間，沒有任何電壓存在。

❑ 運算放大器電路通常以某一輸入或某些輸入為項次的輸出電壓作為分析。

❑ 在分析運算放大器電路時，節點分析是典型最佳的選擇，且通常最好從輸入開始分析，並朝輸出計算。

❑ 運算放大器的輸出電流不可以用假設的，它必須在輸出電壓決定之後再單獨求解。

❑ 反相運算放大器電路的增益可用下列方程式表示：

$$v_{\text{out}} = -\frac{R_f}{R_1}v_{\text{in}}$$

❑ 非反相運算放大器電路的增益可用下列方程式表示：

$$v_{\text{out}} = \left(1 + \frac{R_f}{R_1}\right)v_{\text{in}}$$

❑ 幾乎通常從運算放大器電路的輸出腳連接一個電阻器到反相輸入端，把負回饋合併到電路中，以增加穩定性。

❑ 理想運算放大器模型概略以無限大開路增益 A、無限大的輸入電阻 R_i 及零輸出電阻 R_o 為基礎。

- 實際上，運算放大器的輸出電壓範圍被限制在用於提供功率給裝置的供應電壓。

進階研讀

- 兩本值得閱讀的書，涉及各種運算放大器的運用：
  R. Mancini(ed.) 所著的"針對每一個人的運算放大器"第二版，Amsterdam：Newnes, 2003. 也可以在德州儀器公司網站閱讀到 (www.ti.com)。
  W. G. Jung 所著的"運算放大器手冊"第三版，Upper Saddle River, N. J.：Prentice Hall, 1997。
- 稽納與其它型式二極體的特性可以在下列書籍第一章中閱讀到：
  W. H. Hayt, Jr 及 G. W. Neudeck 所著的"電子電路分析與設計"第二版，New York：Wiley, 1995。
- 運算放大器的成就第一份報告，可以在下列書籍中閱讀到：
  J. R. Ragazzini, R. M. Randall 及 F. A. Russell "電子電路動態問題分析"第 35 屆 IRE 的會議活動記錄，1947，444~452 頁。
- 運算放大器的早期應用指南可以在類比裝置公司網路中閱讀到 (www.analog.com)：
  George A. Philbrick Researches, Inc "計算用放大器的模型、量測、處理及其它應用手冊"，Norwood, Mass：Analog Derices,1998。

習　題

※偶數題置書後光碟

6.2　理想運算放大器：詳實的介紹

1. 針對圖 6.38 運算放大器電路，如果 (a) $V_{in}=3$ V、$R_1=10\ \Omega$ 及 $R_2=100\ \Omega$；(b) $V_{in}=2.5$ V、$R_1=1$ MΩ 及 $R_2=1$ MΩ；(c) $V_{in}=-1$ V、$R_1=3.3$ kΩ 及 $R_2=4.7$ kΩ，試求 V_{out}。
3. 畫出圖 6.40 所示的運算放大器電路的輸出電壓 v_{out}，如果 (a) $v_{in}=2\sin 5t$ V；(b) $v_{in}=1+0.5\sin 5t$ V。

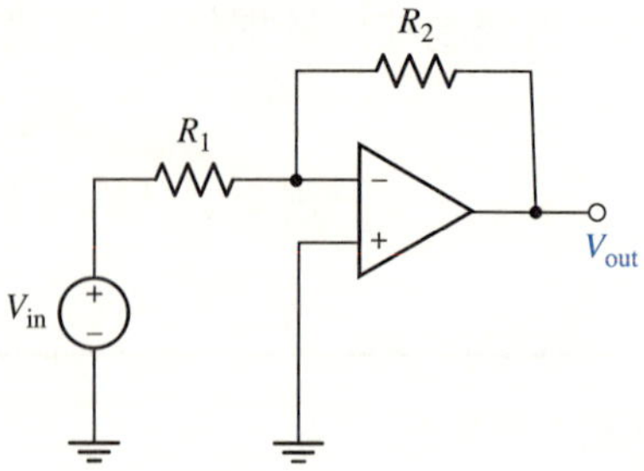

■圖 6.38

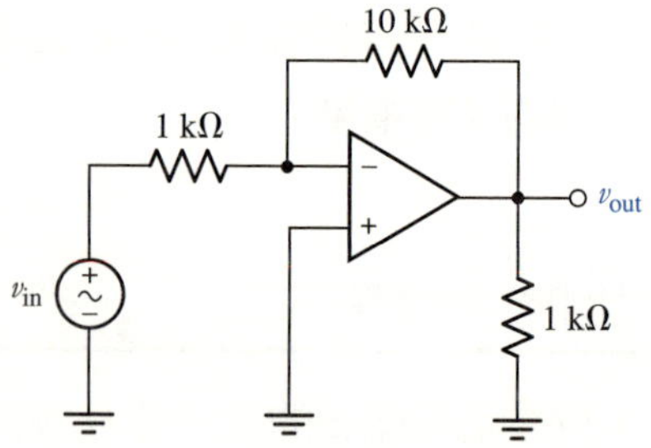

■圖 6.40

D 5. 如果只有 ±5 V 電源可供使用，設計一個能傳送 −9 V 電壓給 47 kΩ 負載的電路 (此問題的目的，並不需要包含實際供給運算放大器功率的供應電源，且並不限制在 ±5 V。)

D 7. 如果只有一個單獨 +5 V 電源可供使用，設計一個能傳送 +1.5 V 電壓給未指定負載的電路。此問題的目的，並不需要包含實際供給運算放大器功率的供應電源。

9. 針對圖 6.42 運算放大器電路，如果 (a) $V_{in}=300\text{mV}$、$R_2=10\ \Omega$ 及 $R_1=47\ \Omega$；(b) $V_{in}=1.5\text{ V}$、$R_1=1\text{ M}\Omega$ 及 $R_2=1\text{ M}\Omega$；(c) $V_{in}=-1\text{ V}$、$R_1=47\text{ k}\Omega$ 及 $R_2=3.3\text{ k}\Omega$，試求 V_{out}。

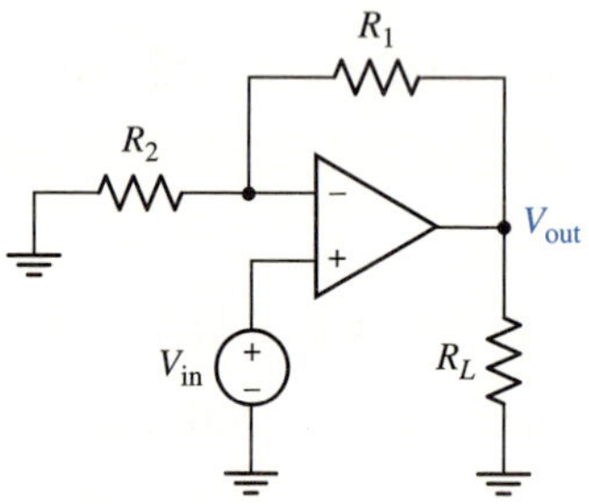

■圖 6.42

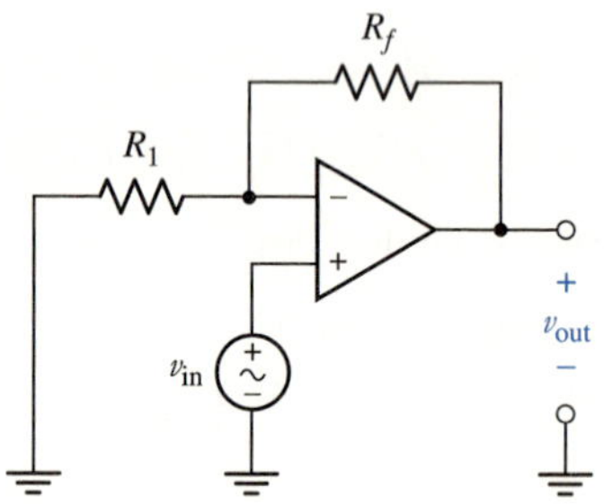

■圖 6.44

11. 圖 6.44 所示的運算放大器電路，$R_1=R_f=1\text{ k}\Omega$，如果 (a) $v_{in}=4\sin 10t\text{ V}$；(b) $v_{in}=1+0.25\sin 10t\text{ V}$，畫出輸出電壓 v_{out}。

13. 參考圖 6.45，試求電壓 v_{out}。

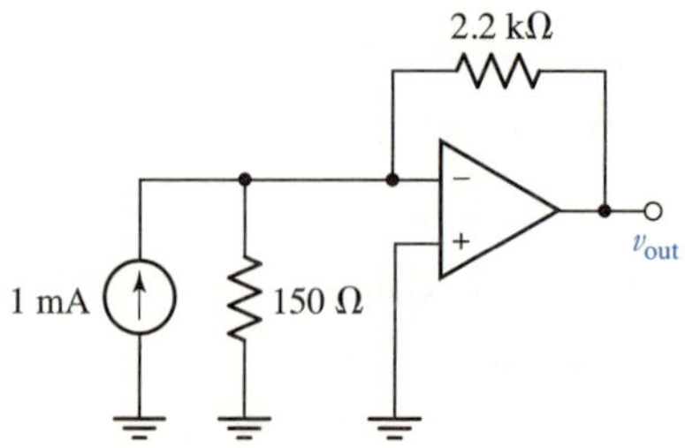

■圖 6.45

15. 某一支麥克風，當某人在 20 呎的距離拍手時，可傳送 0.5 V。一個戴維寧等效電阻為 670 Ω 的特殊電子式開關，需要供給 100 mA 的電流。設計一個將麥克風連接到藉由拍手使電子式開關動作的電路。

17. 針對圖 6.48 電路，試求電壓 V_1。

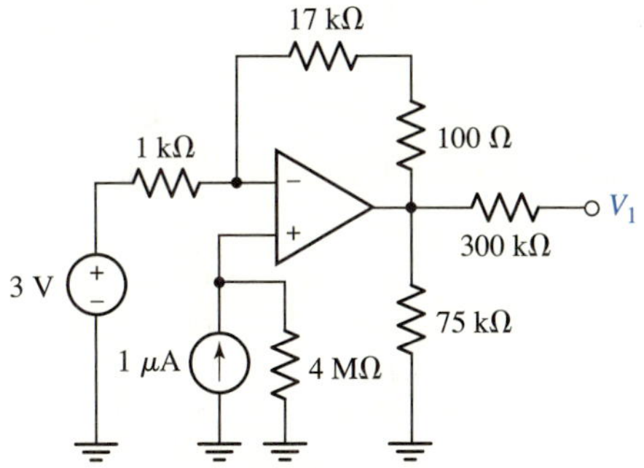

■圖 6.48

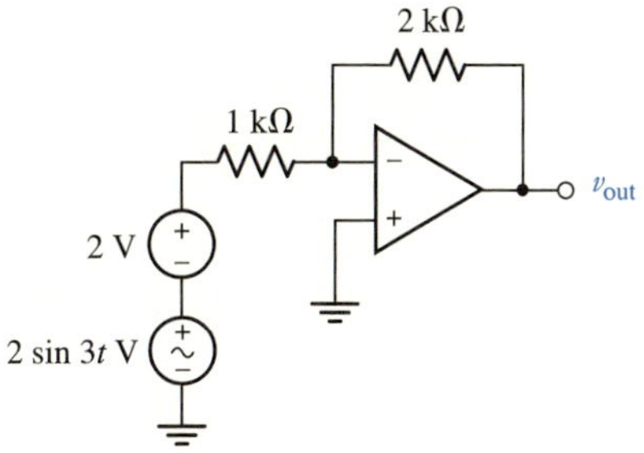

■圖 6.50

19. 試求圖 6.50 電路中的 v_{out} 表示式，又 $t=3$ 秒時的數值為何？

21. 選擇圖 6.52 中的 R_1 與 R_f，使得 $v_{out}=23.7\cos 500t$ 伏特。

23. 參考圖 6.54 電路：

(a) 如果 $V_A=0$、$V_B=1$ V、$R_A=R_B=10$ kΩ、$R_1=70$ kΩ、$R_2=\infty$ 及 $v_{out}=8$ V，請問哪一個端點 (A 或 B) 為非反相輸入端？請解釋。

(b) $V_A=10$ V、$V_B=0$ V，如果 B 為反相輸入端，選擇 R_A、R_B、R_1 及 R_2，使得輸出電壓為 20 V。

(c) $V_A=V_B=1$ V、$R_1=0$ 及 $R_2=\infty$，如果 V_{out} 為 1 V，請問哪一個端點 (A 或 B) 為反相輸入端？請解釋。

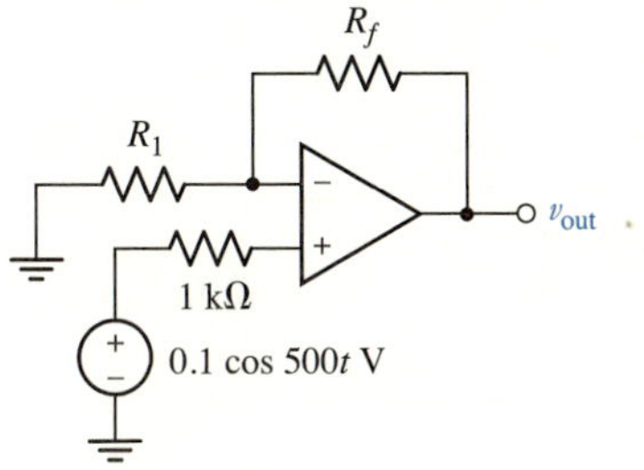

■圖 6.52

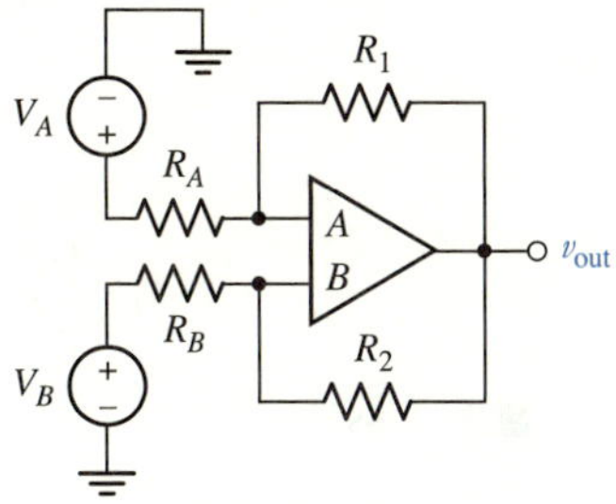

■圖 6.54

25. 如果圖 6.56 電路中的 $v_s=5\sin 3t$ mV，試求 $t=0.25$ sec 時的 v_{out}。

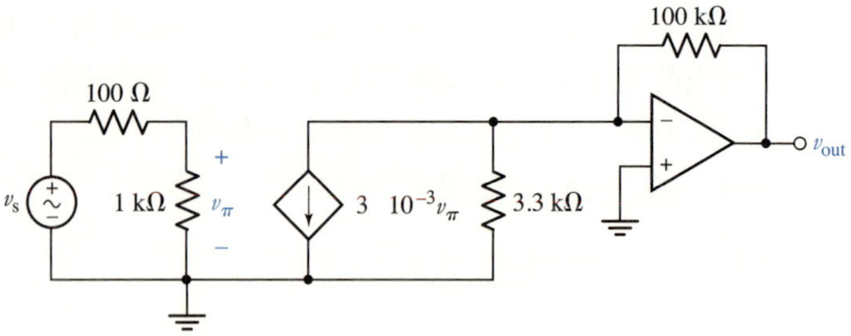

■圖 6.56

27. 圖 6.57 中，以 27 μA 的電源取代 3μA 的電源，並計算 v_{out}。

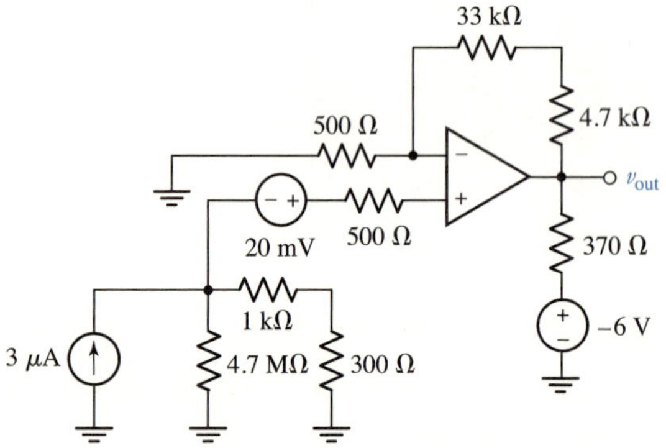

■圖 6.57

29. 試推導一個一般的加法放大器，其中每一個電阻器可以是不同的數值。

D 31. 鎘硫化物 (CdS) 一般用在電阻器製造，其電阻值隨著其表面光照強度而變化。圖 6.59 為一個作為回饋電阻器 R_f 的 CdS 光電池。在全黑時，其電阻值為 100 kΩ，而在 6 燭光的光強度下電阻值為 10 kΩ。R_L 代表一個 1.5 V 或更小的電壓作用在其端點上時所作動電路。選擇 R_1 及 V_s，使得 R_L 所代表的電路在 2 燭光或更亮的亮度時能被作動。

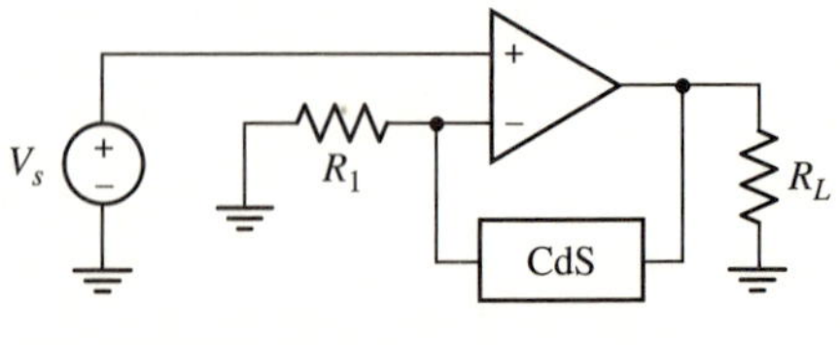

■圖 6.59

D 33. 一個正弦訊號搭載在 2 V 直流抵補電壓上 (換句話說，總訊號的平均值為 2 V)。設計一個電路將此直流抵補電壓移除，並將正弦訊號放大 100 倍 (相位並未反向)。

6.3 串接級

D 35. 一個電子式倉庫存貨系統，在每一個貨板下設置一個秤盤，每一個秤盤的輸出被校正成每一公斤提供 1 mV 的電壓。設計一個電路能提供正例於一群保留有現貨的類似項目 (分配於四個貨板) 總重量的電壓輸出，其中每一個貨板的重量均扣除(容器重量對於每一個貨板均提供一個參考電壓)。輸出電壓應該被校正成 1 mV 相當於一公斤。

37. 計算圖 6.60 電路中的 v_{out}。

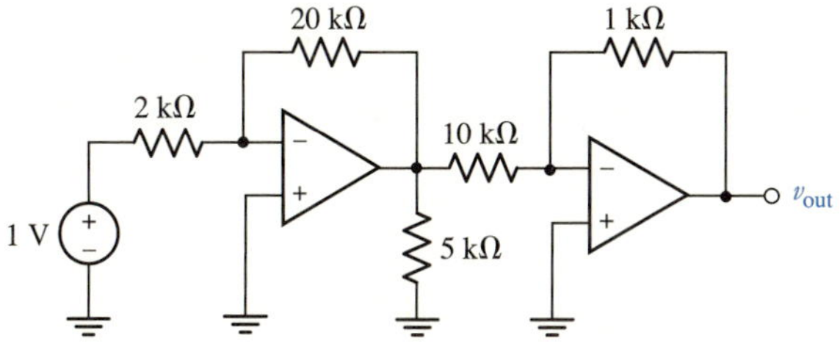

■圖 6.60

39. 如圖 6.62 所示的串級運算放大器電路，試求每級的輸出電壓。

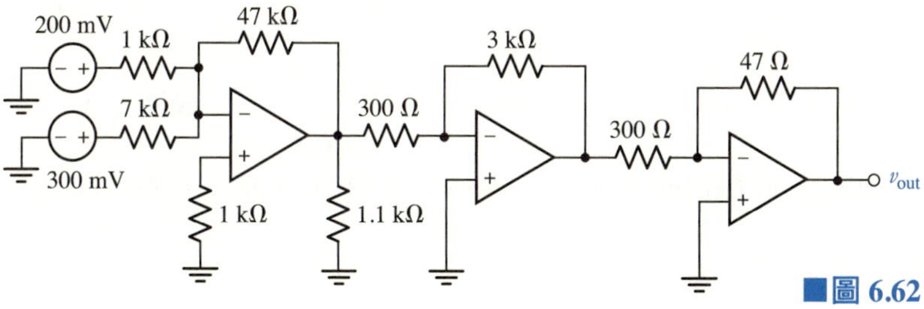

■圖 6.62

41. 圖 6.64 為二級運算放大器電路，試求 v_{out}。

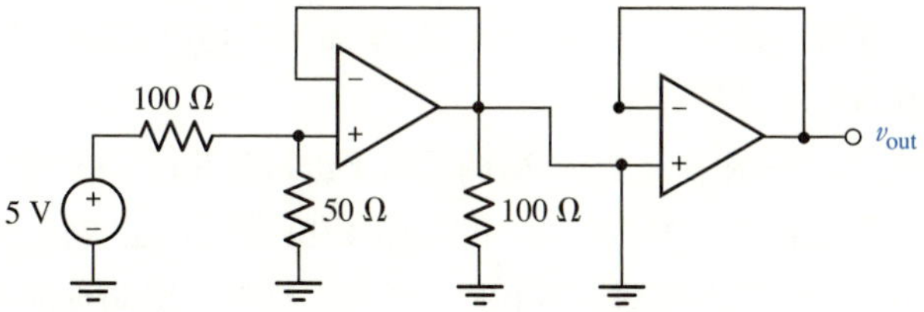

■圖 6.64

6.4. 電壓及電流源電路

D 43. 如果只有 9 V 電池可用，試設計一個電路提供 +5.1 V 的參考電壓，以作為電壓追隨器的輸入。使用一個在 76 mA 的電流時有 5.1 V 稽納電壓的 1N4733 二極體。

D 45. 如果只有 9 V 電池可用，試設計一個電路提供 +12 V 的參考電壓，以作為電壓追隨器的輸入。使用一個在 12.5 mA 的電流時有 20 V 稽納電壓的 1N4747 二極體。

D 47. 設計一個電流源電路，可提供 25 mA 給一個未指定的負載。使用一個在 25 mA 的電流時有 10 V 崩潰電壓的 1N4740 稽納二極體。

D 49. 設計一個電流源電路，可提供 75 mA 給一個未指定的負載。使用一個在 12.5 mA 的電流時有 20 V 崩潰電壓的 1N4747 稽納二極體。如果放大器使用 +15 V 的電源供給電力，則所設計的負載可能為多少？

51. 由 AD549 所組成的反相運算放大器，如果 $R_1=270\ \text{k}\Omega$ 及 $R_f=1\ \text{M}\Omega$，試求 (a) $V_S=1$ mV；(b) $V_S=-7.5$ mV；(c) $V_S=1$ V 時的偏壓電流大小為多少？

53. 針對圖 6.68 電路，(a) 如果 $R_i=\infty$、$R_o=0$ 且 A 為有限值，試推導 $\upsilon_{out}/\upsilon_{in}$ 的表示式；(b) 閉迴路增益 A 在理想值的 1% 以內時，試求開迴路增益大小為多少？

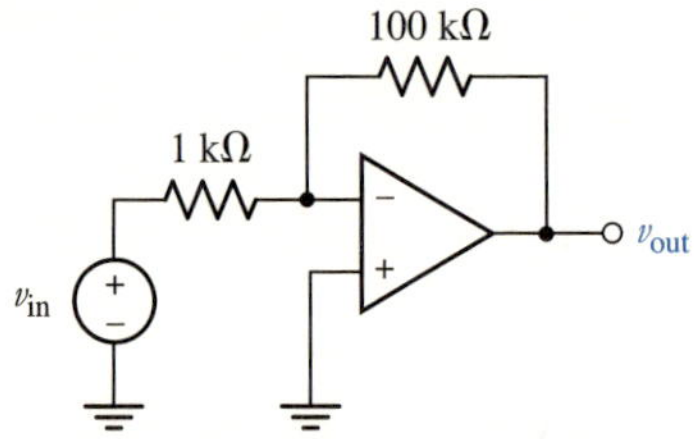

■圖 6.68

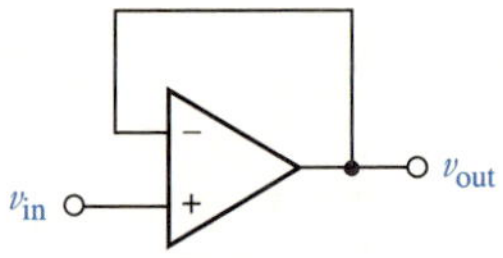

■圖 6.70

55. 如果圖 6.70 電路中 $\upsilon_{in}=-16$ mV，利用 AD549 的參數計算 υ_{out}。

6.5 實際的考量

57. (a) 建構出一個包括供給輸出電壓的共模增益 A_{CM}，詳細運算放大器電路；(b) 使用此具有 $A=10^5$，$R_i=\infty$，$R_o=0$ 且 $A_{CM}=10$ 的模型，分析圖 6.25 的電路，其中 $\upsilon_1=5+2\sin t$ V 及 $\upsilon_2=5$；(c) 將結果與 $A_{CM}=10$ 所得相比較。

59. 圖 6.71 電路使用一個由 4.7 V 稽納電壓予以特性化的 1N750 二極體，(a) 試求標示為 V_1、V_2 及 V_3 的電壓；(b) 採用 μA741 運算放大器及 ±18 V 的電源供應器，並利用 PSpice 模擬以驗證你的答案。附上適當標示的電路圖及執行結果。如果模擬與手算結果並不完全一致的話，請說明差異的原因；(c) 在稽納電路停止其功能前，請問 12 V 電源可以降低至最小值為多少？

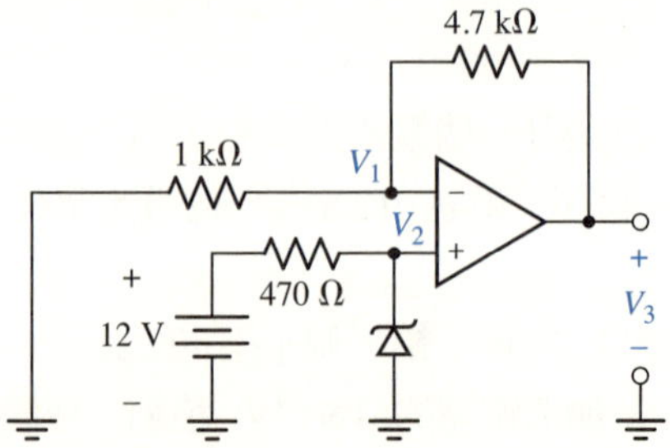

■圖 6.71

61. 如果知道我們的應用只需要反相運算放大器的架構，而並不考慮輸出電壓可否調整，試問運算放大器所需要的最少接腳為多少？並將每一接腳名稱列出。

63. 利用 μA741、±15 V 的電源供應器，$R_1 = 4.7$ kΩ 及 $R_f = 1$ MΩ，執行非反相運算放大器電路的 PSpice 模擬。畫出輸入–輸出特性曲線，並標示線性及正/負飽和區。模擬所預測的增益與理想運算放大器所預測的是否一致？

65. 使用 LF411 模擬圖 6.74 的電路，求解輸入偏壓電流及差動輸入電壓。將這些結果與詳細模型預測的數值及表 6.3 所列的數值相比較。

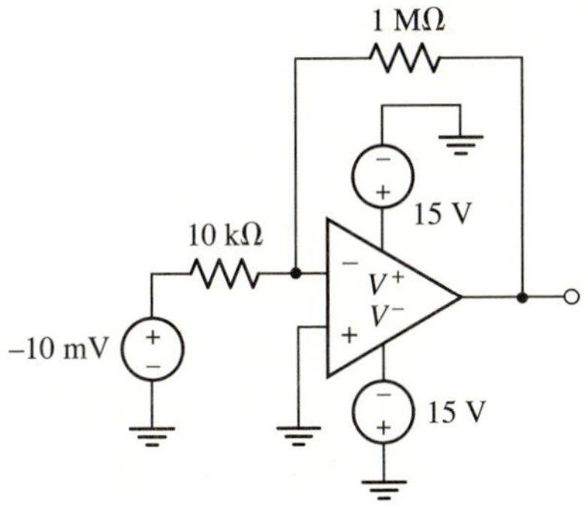

■圖 6.74

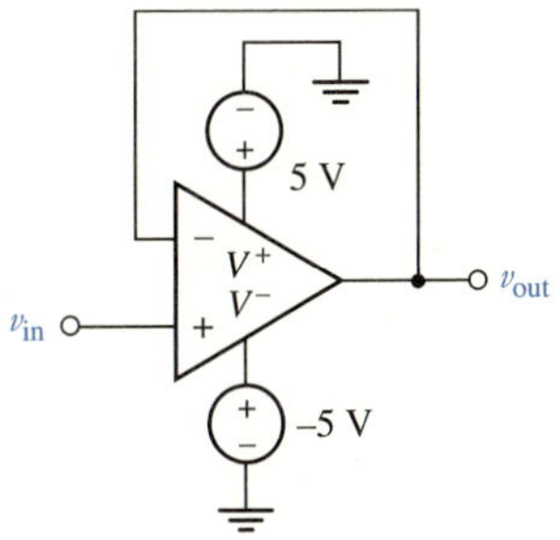

■圖 6.75

67. (a) 利用 μA741 模擬圖 6.75 所示的電路，其中 $-10\text{ V} \le V_{in} \le +10$ V。試求使用游標工具所得的飽和情況下之精確電壓，並將結果與表 6.3 所預測的相比較。

(b) 在持續短路情形下，一個實際的 μA741 運算放大器有能力提供達 35 mA 的電流。試求 PSpice 使用的模型所允許的最大可能短路電流為多少。

69. 設計一個運算放大器電路，能提供相當於三個輸入電壓平均值的輸出電壓。可以假設輸入電壓被限制在 $-10\text{ V} \le V_{in} \le +10$ V 的範圍內。利用 PSpice 及一組適當的輸入電壓來驗證你的設計。

6.6 比較器與儀器用放大器

71. 針對圖 6.77 所述的電路，如果 $-2\text{ V} \le v_{active} \le +2$ V，畫出為 v_{active} 的函數之期望輸出電壓 v_{out}。利用 μA741 驗證你的答案 (雖然它比設計指定作為比較器的運算放大器要來的慢，但它的 PSpice 模型動作良好，而當作為直流應用時，其速度並不是問題)。附上適當標示的電路圖與求解結果。

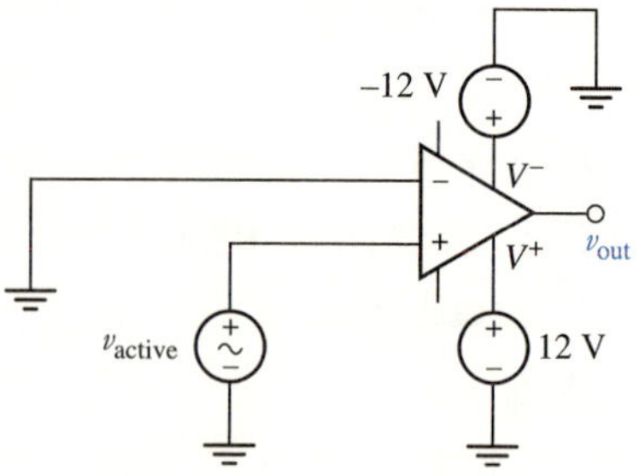

■圖 6.77

D 73. 在數位邏輯應用中，+5 V 訊號代表邏輯“1”的狀態，0 V 訊號代表邏輯“0”的狀態。為了使用數位電腦處理真實世界的資訊，需要某些形式的介面，其中典型地包括類比–數位 (A/D) 轉換器，將類比訊號轉換為數位訊號的裝置。設計一個動作簡單的 1-位元 A/D 電路，當任何訊號小於 1.5 V 時，產生邏輯“0”，當任何訊號大於 1.5 V 時，產生邏輯“1”。

D 75. 儀器用放大器的一般應用為量測電阻性應變規電路中的電壓。這些應力偵測器利用第 2 章方程式 [6] 的幾何變化所形成的電阻變化而動作。他們經常是橋式電路的一部分，如圖 6.79*a* 所示，其中應變規為 R_G。(a) 證明 $V_{out}=V_{in}\left[\frac{R_2}{R_1+R_2}-\frac{R_3}{R_3+R_{Gauge}}\right]$；(b) 證明當三個固定值電阻器 R_1、R_2 及 R_3 都選擇等於非應變規電阻 R_{Gauge} 時，$V_{out}=0$；(c) 對於未來的應用，測量儀器選擇一個 5kΩ 的非應變電阻，且最大電阻期望增加到 5 MΩ。僅 ±12 V 電源可使用。利用圖 6.79*b* 的儀器用放大器，設計一個電路，當應變規達到最大負載時，提供一個 +1 V 的電壓訊號。

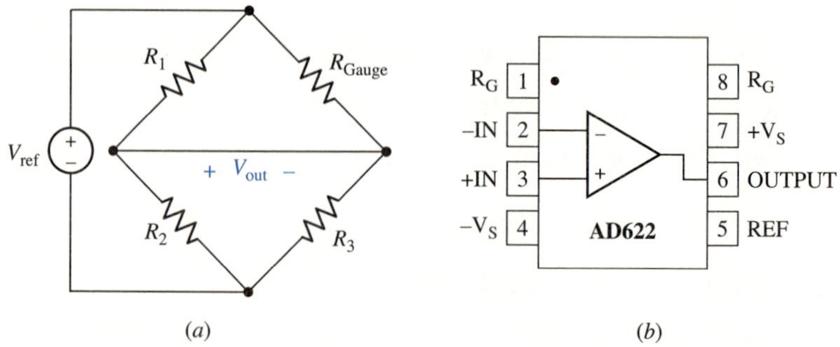

■圖 6.79 AD622 規格：放大器增益 G，可以藉由連接到接腳 1 與 8 之間的電阻器從 2 變化到 100，其值可由 $R=\frac{50.5}{G-1}$ kΩ 計算得到。

7 電容器與電感器

簡　介

本章中將介紹兩個新的被動元件，電容器與電感器，每一個都有儲存及傳送有限能量的能力。它們與理想電源不同的是，它們無法在無限的時間區間裡維持有限的功能潮流。雖然被分類為線性元件，但是這兩個新元件的電流–電壓關係與時間有關，引發許多令人感興趣的電路。如同我們即將看到的，我們所遇到的電容器與電感值可能會很龐大，所以有時候它們可以支配電路的表現，但有時候卻又不是那麼的明顯。這種議題持續與現代電路應用有關，特別是電腦與通訊系統朝向增加高作業頻率元件密度。

關 鍵 概 念

- 理想電容器的電壓-電流關係
- 理想電感器的電壓-電流關係
- 電容器與電感器的儲能計算
- 電容器與電感器對時變波形的響應分析
- 電容器的串聯與並聯組合
- 電感器的串聯與並聯組合
- 使用電容器的運算放大器電路
- 儲能元件的 PSpice 模型

7.1 電容器

理想電容器模型

我們先前把獨立及依賴電壓與電流源稱為主動元件，而把線性電阻稱為被動元件，然而對於主動與被動的定義仍然有些模糊且需要提供更明顯的重點。現在定義**主動元件** (active element) 是一種可以對某些外部裝置提供大於零的平均功率之元件，其中所謂的平均是指在無限時間的區間內。理想電源是主動元件，而運算放大器也是一種主動元件。然而，**被動元件** (passive element) 則定義為無法在無限時間的區間內提供大於零的平均功率之元件。電阻器則屬於此類；而它所接收到的能量通常轉換成熱，且電阻器絕不會提供能量。

現在介紹一個新的被動元件—— **電容器** (capacitor)，藉由電壓與電流關係來定義電容器 C：

$$i = C\frac{dv}{dt} \qquad [1]$$

其中 v 和 i 滿足被動元件的傳統，如圖 7.1 所示。應該僅記在心的是 v 和 i 都是時間的函數，需要時可以用 $v(t)$ 與 $i(t)$ 來強調這項事實。從方程式 [1]，可以決定電容的單位為安培一秒/伏特，或庫侖/伏特，現在我們要定義一個庫侖/伏特為**法拉** (farad, F)[1]，並使用它作為電容的單位。

由方程式 [1] 所定義的理想電容器，僅僅是實際裝置的數學模型。電容器由兩個可以儲存電荷的金屬類所組成，並且由非常高電阻的絕緣層予以分開。如果假設電阻足夠大，則可以視為無限大，而且相等且相反的電荷會放到電容器的金屬板上，而至少在元件之間任何路徑的電荷絕對不會再結合。實際裝置的結構可以由圖 7.1 的電路符號來表示。

想像某一外部裝置連接到電容器，並且造成正電流流入電容器的一個金屬板再由另一個金屬板流出。相等的電流流進並離開這兩個端點，這和其它電路沒有什麼兩樣。現在讓我們檢查電容器的內部。正電流流入一個金屬板代表正電荷經由端點引線朝金屬板移動，這電荷無法通過電容器的內部，因而累積在金屬板上。事實上，電流與增加中的電荷可利用下列所熟悉的方程式來表示：

$$i = \frac{dq}{dt}$$

將金屬板視為一個過成長的節點並應用克希荷夫電流定律。很明顯的，它並不能滿足定律，因為電流由外部電路接近金屬板，但

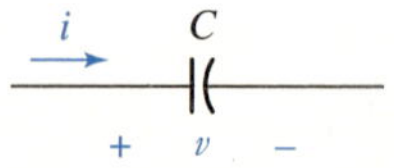

■圖 7.1 電容器的符號及其電流–電壓標示的習慣。

1 對 Michael Faraday 的敬意而命名。

(a)　(b)　(c)

■圖 7.2　數種商用電容器樣本，(*a*) 由左而右，陶製 270pF，鉭金屬製 20 μF，聚脂材質 15 nF，聚脂材質 150 nF；(*b*) 左邊開始：額定 40 VDC，12000 μF 電解質電容器，額定 35 VDC，25000 μF 電解質電容器；(*c*) 順時針由小而大：電解質製額定 63 VDC，100 μF，電解質製 50 VDC，2200 μF，電解質製，額定 25 VDC，55 μF，電解質製 50 VDC 額定，4800 μF。注意到，一般而言，大的電容值需要大的包裝，上列有一個值得注意的例外，此例中商標為何？

是它並沒有從金屬板流出而進入內部電路。這個難題在一個世紀以前便困擾著蘇格蘭的科學家詹姆斯．克拉克．馬克斯威爾 (James Clerk Maxwell)，他隨後所發展出“位移電流”假設的均勻電磁理論，而此位移電流存在於時變的電場或電壓。在電容器金屬板之間內部流動的位移電流與電容器引線上流動的傳導電流完全相符，因此，如果將傳導與位移電流包括在內的話，便能滿足克希荷夫電流定律。然而，電路分析並不在意這個內部位移電流，而且很幸運地等於傳導電流。因此可以認為馬克斯威爾的假說是傳導電流與電容器兩端電壓的變化有關。

電容器是由兩個面積為 A 的並列傳導金屬板所構成，兩金屬板相隔距離為 d，其電容為 $C=\varepsilon A/d$，其中 ε 為介電係數，為兩金屬板之間絕緣材質的常數；並假設傳導金屬板的線性面積遠大於 d。對於空氣或真空而言，$\varepsilon=\varepsilon_0=8.854$ pF/m。大部分的電容器為了縮小裝置的尺寸，採用介電係數比空氣還大的電介質。圖 7.2 顯示數種不同型式的商用電容器，然而，應該牢記任何兩個彼此並未直接接觸的傳導表面可以利用非零 (雖然可能很小) 電容予以特性化。我們也應該注意數百微法拉 (μF) 的電容可被視為“大的值”。

從所定義的方程式 [1] 可以發現幾個新數學模型的重要特性。

定電壓跨接在電容器兩端時，會造成沒有電流流經此電容器，電容器因此為“對直流為開路”。這個事實可以藉由電容器的符號以圖形表示。很明顯的，電壓的突然改變是需要無限大的電流。這實際上是不可能的，因為將不允許跨於電容器兩端的電壓在零時間內改變。

例題 7.1

針對圖 7.3 的兩個電壓波形，如果 $C=2$ F，求解流經圖 7.1 電容器的電流 i。

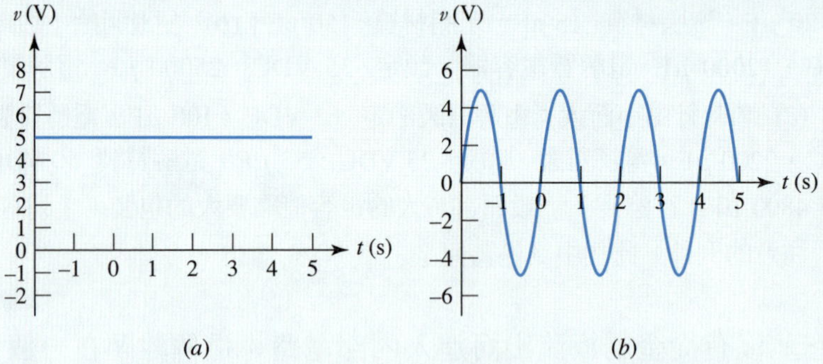

■圖 7.3 (*a*) 加於電容器兩端點的直流電壓；(*b*) 加於電容器兩端點的正弦電壓波形。

由方程式 [1] 可知，流經電容器的電流 i 與跨接於電容器兩端的電壓 v 有關：

$$i = C\frac{dv}{dt}$$

針對圖 7.3*a* 描繪的電壓波形，因為 $dv/dt=0$，所以 $i=0$；其結果

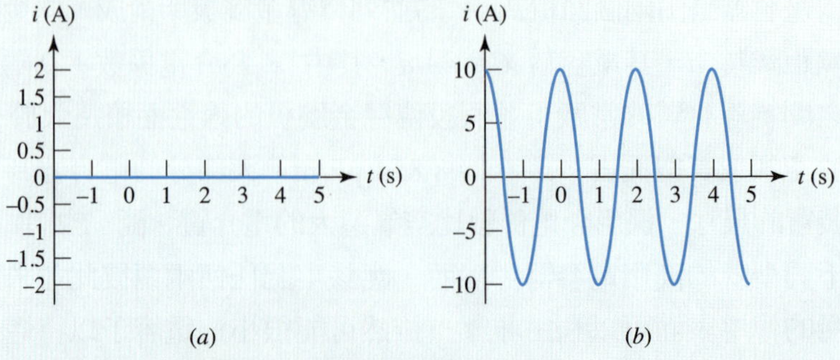

■圖 7.4 (*a*) 當使用的電壓為直流時，$i=0$；(*b*) 對於弦波電壓的響應，電流具有餘弦型式。

繪製於圖 7.4*a*。對於圖 7.3*b* 的正弦波形的案例，預期響應為一具有相同頻率及二倍振幅 (因為 $C=2\text{F}$) 的餘弦電流波形。結果繪於圖 7.4*b*。

練習題

7.1　求解電壓 $v=$：(a) -20 V；(b) $2e^{-5t}$ V 時，流經一個 5 mF 電容器的電流響應。

答：(a) 0 A；(b) $-50e^{-5t}$ mA。

電壓-電流的積分關係

電容器電壓可以用方程式 [1] 積分的電流項次來表示。首先得到：

$$dv = \frac{1}{C} i(t)\,dt$$

然後在時間 t_0 與 t 之間及相對應電壓 $v(t_0)$ 與 $v(t)$ 之間予以積分[2]：

$$v(t) = \frac{1}{C} \int_{t_0}^{t} i(t')\,dt' + v(t_0) \qquad [2]$$

方程式 [2] 可以寫成一個未定積分加上一個積分常數：

$$v(t) = \frac{1}{C} \int i\,dt + k$$

最後，在許多個實際問題中，發現到跨托於電容器的初始電壓 $v(t_0)$ 無法看出。在這樣的例子中，設定 $t_0=-\infty$ 及 $v(-\infty)=0$，在數學上是合宜的。所以：

$$v(t) = \frac{1}{C} \int_{-\infty}^{t} i\,dt'$$

因為在任何時間區段期間的電流積分，為在此期間內流進電容

2 注意到積分變數 t 也被限制的情形下，我們採用數學的正確程序來定義虛變數 t'(dummy variable)。

器金屬板所累積的電荷，我們也可將電容器定義為：

$$q(t) = Cv(t)$$

其中 $q(t)$ 與 $v(t)$ 分別代表每一個金屬板上電荷的瞬時值與金屬板之間的電壓。

例題 7.2

試求與圖 7.5*a* 所示電流相關的電容器電壓。

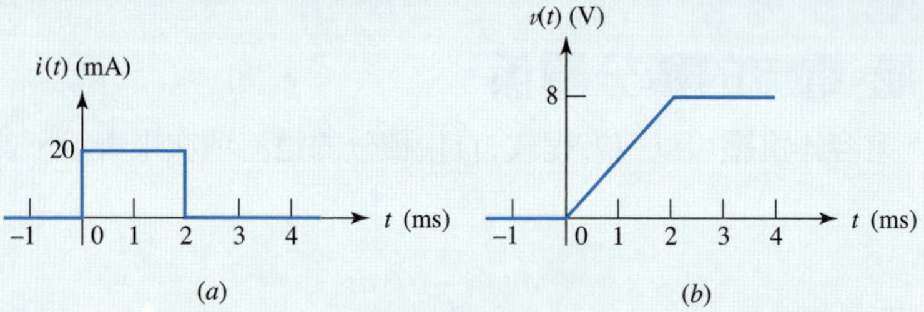

■圖 7.5 (*a*) 應用於 5 μF 電容器的電流波形；(*b*) 利用圖形積分所求得的電壓波形。

以圖形方式來解釋之方程式 [2]，瞭解到在 t 與 t_0 之間的電壓差值與兩個相同時間之間的電流曲線下方的面積成正比。比例常數為 $1/C$。此面積可以從圖 7.5*a* 藉由檢視 t_0 與 t 所要的值來求解。讓我們選擇起始的時間 t_0 在零點之前。為了簡單化，t 的第一個區間選擇在 $-\infty$ 與 0 之間，又電流波形隱含自開始時間並沒有任何電流應用到電容器上，

$$v(t_0) = v(-\infty) = 0$$

參考方程式 [2]，在 $t_0 = -\infty$ 與 0 之間的電流積分為零，因為在此區間內 $i = 0$，則：

$$v(t) = 0 + v(-\infty) \qquad -\infty \le t \le 0$$

或

$$v(t) = 0 \qquad t \le 0$$

如果現在考慮時間區間為長方形脈波的時間，可得

$$v(t) = \frac{1}{5 \times 10^{-6}} \int_0^t 20 \times 10^{-3}\, dt' + v(0)$$

因為 $v(0)=0$，

$$v(t) = 4000t \qquad 0 \le t \le 2 \text{ ms}$$

對於脈波後的半無限區間而言，$i(t)$ 的積分再次為零，所以

$$v(t) = 8 \qquad t \ge 2 \text{ ms}$$

其結果如圖 7.5*b* 所示的圖形比這些解析表示要來得更為簡單。

練習題

7.2　試求流經 100pF 電容器的電流，如果此電容器的電壓如圖 7.6 所示，且為時間的變數。

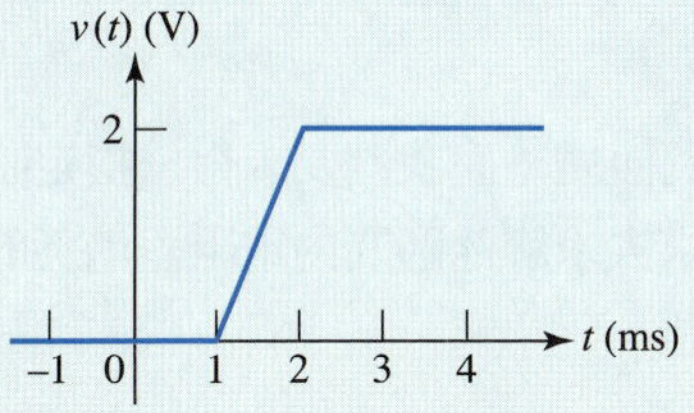

■圖 7.6

答：0 A，$-\infty \le t \le 1$ ms；200 nA，1 ms $\le t \le 2$ ms；0 A，$t \ge 2$ ms。

能量儲存

傳送到電容器的功率為：

$$p = vi = Cv\frac{dv}{dt}$$

因此，儲存在它電場內部的能量變化為：

$$\int_{t_0}^{t} p\,dt' = C\int_{t_0}^{t} v\frac{dv}{dt'}\,dt' = C\int_{v(t_0)}^{v(t)} v'\,dv' = \frac{1}{2}C\left\{[v(t)]^2 - [v(t_0)]^2\right\}$$

所以

$$w_C(t) - w_C(t_0) = \tfrac{1}{2}C\left\{[v(t)]^2 - [v(t_0)]^2\right\} \qquad [3]$$

其中 $w_C(t_0)$ 為能量儲存，單位為焦耳 (Joules, J)，且 t_0 時的電壓為 $v(t_0)$。如果選擇時間 t_0 的能量為零能量參考，則隱含著在那瞬

間電容器的電壓為零，則：

$$w_C(t) = \frac{1}{2}C\,v^2 \quad [4]$$

讓我們考慮一個簡單的數值例子。如圖 7.7 所繪，一個正弦電壓源與 1 MΩ 的電阻及一個 20 μF 下的電容器並聯。此並聯電阻器可以被假設為代表實際電容器金屬平板之間介電值的有限電阻(理想的電容器有無限的電阻)。

例題 7.3

求解圖 7.7 中的電容器最大儲存能量，及在 $0 < t < 0.5$ s 的時間區間內電阻所消耗的能量。

▲ 分辨問題的目的

儲存於電容器的能量會隨時間而變；而我們要求得一指定時間區間內的最大值。我們同樣也被要求去求解此區間內電阻器消耗的總量。這實際上是完成兩個不同的問題。

▲ 收集已知的資訊

電路中唯一的能量源是獨立電壓源，其數值為 $100 \sin 2\pi t$ V。而我們只對時間在 $0 < t < 0.5$ s 區間感興趣。

▲ 規劃計畫

藉由求得的電壓來決定電容器的能量。為了求得在相同時間區間內，電阻器消耗的能量，需要將消耗功率積分，$p_R = i_R^2 \cdot R$。

▲ 建構一組適當的方程式

電容器內的能量儲存為：

$$w_C(t) = \frac{1}{2}Cv^2 = 0.1 \sin^2 2\pi t \qquad \text{J}$$

我們求得以電流 i_R 為項次的電阻器消耗功率的表示式：

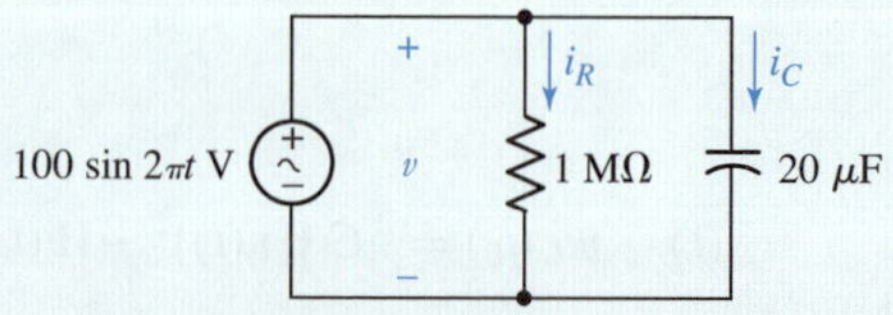

■圖 7.7 一個正弦電壓源應用到 *RC* 並聯網路。1 MΩ 的電阻器可以表示實際電容器介電質層的有限電阻。

$$i_R = \frac{v}{R} = 10^{-4} \sin 2\pi t \qquad \text{A}$$

所以

$$p_R = i_R^2 R = (10^{-4})(10^6) \sin^2 2\pi t$$

因此在 0 與 0.5 s 之間，電阻器所消耗的能量為：

$$w_R = \int_0^{0.5} p_R \, dt = \int_0^{0.5} 10^{-2} \sin^2 2\pi t \, dt \qquad \text{J}$$

▲ 決定是否需要額外的資訊

我們有了電容器能量儲存的表示式，圖 7.8 顯示能量儲存的草圖。對於電阻器消耗能量所推導的表示式，並未涵蓋任何未知的量，所以可以立即求解。

▲ 嘗試求解

從電容器能量儲存表示式的圖形，我們瞭解到能量從 $t=0$ 時的零值增加到 $t=\frac{1}{4}$ 秒時的最大值 100 mJ，且在另一個 $\frac{1}{4}$ 秒時間內降至零。

因此，$w_{C_{\max}}=100$ mJ。求解電阻器消耗能量的積分表示式，可求得 $w_R=2.5$ mJ。

▲ 確認解答合理或如預期

我們並不期望去求解在圖形上所顯示負的能量儲存。此外，因為 $\sin 2\pi t$ 的最大值為 1，則預期最大能量為 $(1/2)(20\times10^{-6})(100)^2=100$ mJ。雖然電容器在此段時間內儲存最大能量為 100 mJ，電阻器在 0 到 500 ms 的時間中只消耗 97.5 mJ。那其餘的跑去哪了？要回答這個問題的話，先要計算電容器電流：

$$i_C = 20 \times 10^{-6} \frac{dv}{dt} = 0.004\pi \cos 2\pi t$$

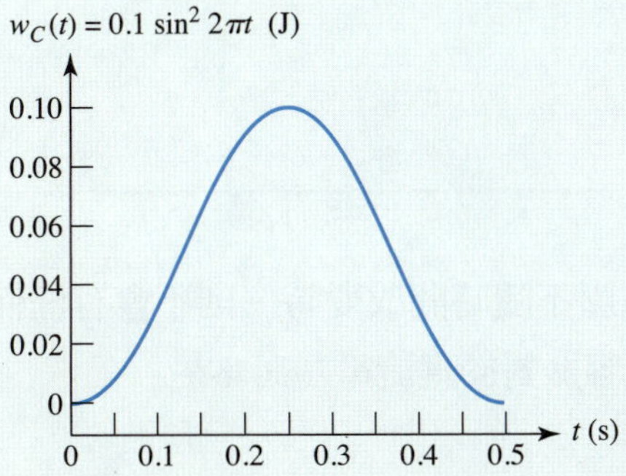

■圖 7.8　電容器儲存能量的圖形為時間的函數。

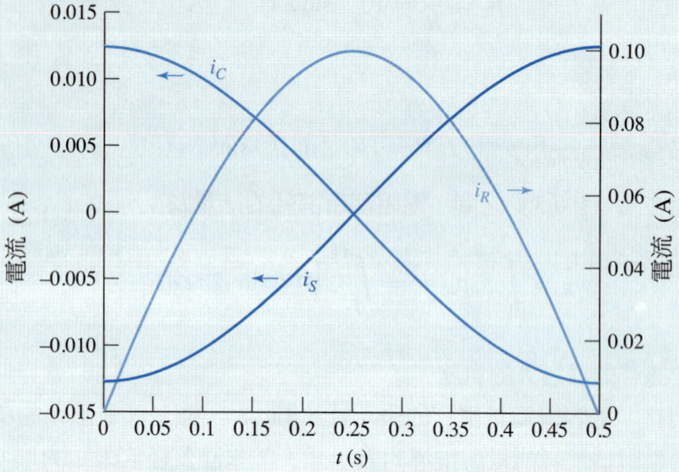

■**圖 7.9** 在時間區間為 0 到 500 ms 時，電阻器、電容器及電源的電流。

而電流 i_s 定義為流入電壓源的電流：

$$i_s = -i_C - i_R$$

兩個電流均繪於圖 7.9 內。我們觀察到流經電阻器的電流為電源電流的一小部分；1 MΩ 相對是較大的電阻值，這並不令人感到意外。當電流從電源流出後，一小部分流入到電阻器，其餘的電流則流入電容器。在 $t = 250$ ms 之後，電源電流符號改變；電流現在是從電容器流入到電源。儲存在電容器內的大部分能量回到理想電壓源，除了一小部分消耗在電阻器上。

練習題

7.3 如果跨接在電容器兩端的電壓為 $1.5 \cos 10^5 t$ 伏特，試求 $t = 50\ \mu s$ 時，1000 μF 電容器所儲存的能量。

答：90.25 J。

理想電容器的重要特性

1. 如果跨接於電容器兩端的電壓不隨時間改變時，則不會有任何電流流經電容器。因此，電容器對於直流電為開路。

2. 跨接於電容器兩端的電壓為定值時，即使流經電容器的電流為零，電容器可儲存有限的能量。
3. 在零時間內有限量的改變跨接於電容器兩端的電壓，則在此情況下會造成無限大的電流流經電容器。電容器阻止跨於其上的電壓突然的改變，如同彈簧阻止其位移突然改變一樣。
4. 電容器絕對不會消耗能量，只會儲存能量。雖然這種情形對於數學模式來說是正確的，但對於實際電容器則不適用，因其具有限量的電介質電阻及包裝電阻。

7.2 電感器

理想電感器模型

雖然我們將以電路的觀點來定義**電感器** (inductor)，也就是藉由電壓 - 電流方程式，一些與正磁場理論發展有關的說明，可以提供對這個定義更佳的理解。在 1800 年代早期，丹麥科學家奧斯特 (Oersted) 證明了一個帶有電流的導體會產生磁場 (當電流流過導線時，羅盤的指針會受到影響)。不久之後，法國科學家安培 (Ampére) 做了一些仔細的量測，說明了磁場與產生磁場的電流為線性關係。下一個階段則發生在 20 年之後，英國的實驗家麥克法拉第 (Michael Faraday) 及美國發明家約瑟亨利幾乎同時[3] 發現磁場的改變會使鄰近電路感應電壓。他們證明了此電壓與產生磁場電流的時間變化率成正比。此常數比值就是我們現在所稱的電感，符號以 L 表示，因此：

$$v = L\frac{di}{dt} \qquad [5]$$

其中我們必須瞭解 v 與 i 兩者都是時間的函數。要強調與時間的關係，我們會以符號 $v(t)$ 與 $i(t)$ 來表示。

電感器的電路符號如圖 7.13 所示，而且應該注意到如用電阻

3 法拉第早一步發現。

實 際 應 用

超級電容器

數位或行動及衛星系統電話具有三種基本操作模式：待機、接收及發話。訊號接收及待機時，典型上不需要從電池消耗大量的電流，但是發話時則需要 (如圖 7.10 所示)。然而，發話時間所消耗的功率僅僅是話機全部時間所消耗功率的一小部分，如該圖所示。

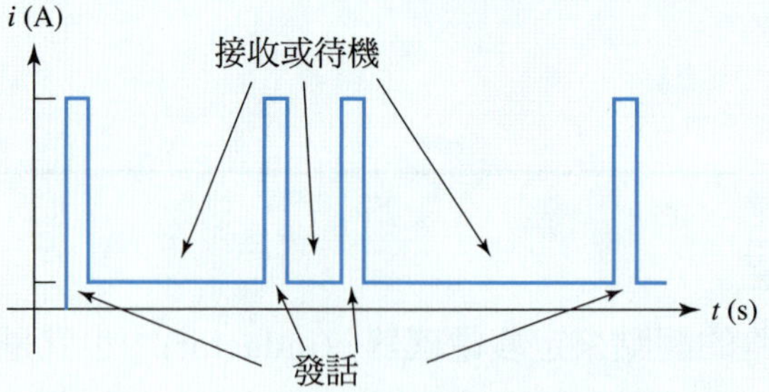

■圖 7.10 行動電話的典型責任周期。

如第 5 章所探討的，電池只有在很小的電流時，才能維持固定的電壓。因此，當電流需求增加時，電池電壓會下降 (如圖 7.11 所示)。這種情形會造成某些問題，因為大部分的電路都有最小電壓，或截止電壓 (Cutoff voltage)，當電壓低於此數值時，行動電話便不能再適當的運作。

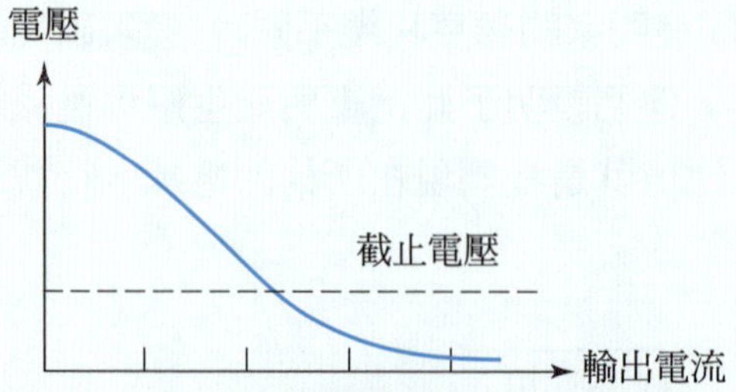

■圖 7.11 電池的電壓–電流關係例子。

如果從電路中汲取峰值電流時，會使得電池電壓大降至低於截止電壓，則真的需要一個較大的電池。然而，這通常是手提式應用設備所不想發生的。另一種專門的使用電池是採用一種由標準電池與特別設計的電容器 (有時稱為電化學電容器或超級電容器) 混合的裝置。圖 7.12 顯示

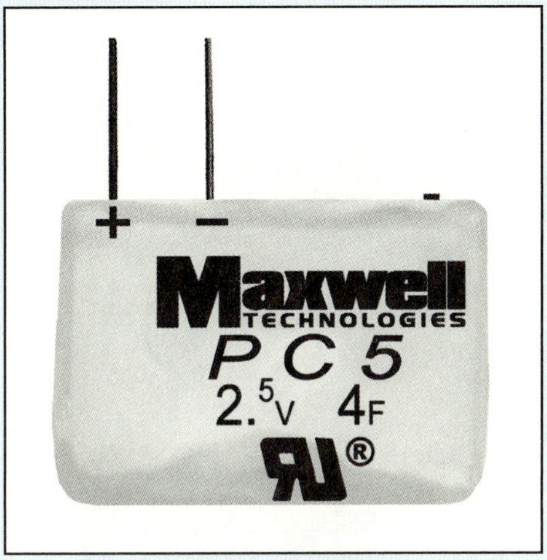

■圖 7.12　一種商用超級電容器。
(由 Maxwell 公司提供照片)

一種商用的裝置。

此種混合裝置的背後原理為當電池足以提供電路所需的電流時 (例如，話機處於接收模式)，容器從電池儲存能量為 ($\frac{1}{2}CV^2$)。如果電流需求突然增加 (例如，當話機處於發話) 時，電池電壓會下降。此時，電流會由此電容器流出，以做為對於 dv/dt 結果的反應。倘若，電路的戴維寧等效電阻比電池的內部電阻還小，則電流會流入手機電路，而不會流入電池。電荷會快速的離開電容器，以致於電流突升時間很短暫。不過，如果發話的操作時間很短的話，電容器可以有效地幫助電池並避免電路截止。在第 8 章中，我們將學習到倘若電池與電路的戴維寧電阻已知時，如何去預測電容器可以幫助電池多久的時間。

■圖 7.13　電感器的符號及其電流–電壓標示的習慣。

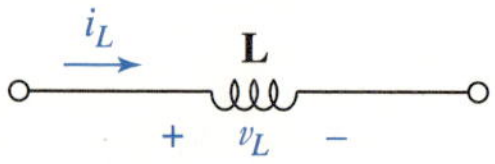

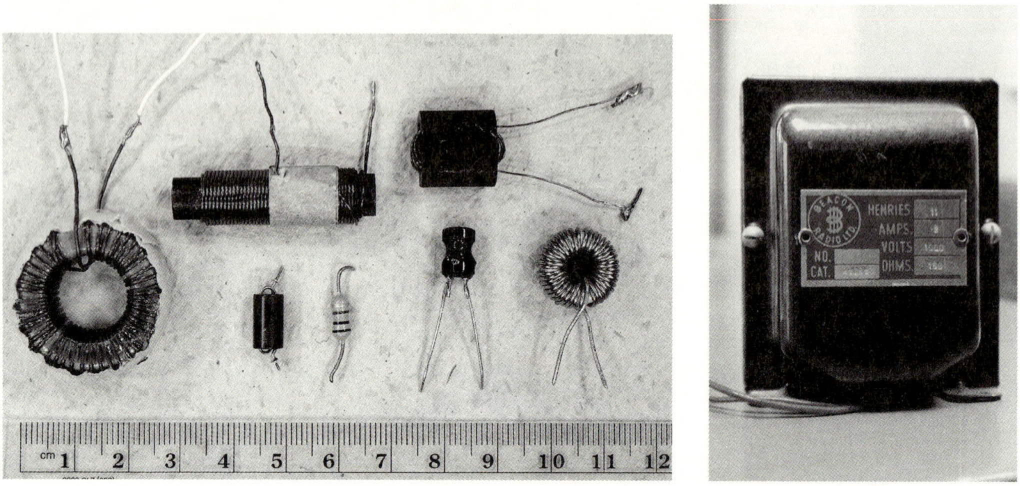

(*a*)　(*b*)

■圖 7.14　(*a*) 數種不同型態的商用電感器，有時稱之為抗流線圈 (choke)。順時針，從最左邊開始：287 μH 超環面亞鐵鹽鐵心電感器，266 μH 圓柱狀亞鐵鹽鐵心電感器，215 μH 為 VHF 頻率所設計的亞鐵鹽鐵心電感器，85 μH 超環面鐵粉鐵心電感器，10 μH 纏線管式電感器，100 μH 軸引線電感器，及 7 μH 用於 RF 抑制的鐵損電感器；(*b*) 一個 11 H 的電感器，尺寸為 10 cm (高) × 8 cm (寬) × 8 cm (深)。

器與電容器一樣的，採用了被動符號的習慣。電感的量測單位為**亨利** (henry, H)，而且由所定義的方程式顯示，亨利只是每安培伏特的簡短表示。

藉由方程式 [5] 來定義電感器的數學模型，它是我們用來近似實際裝置性能的理想元件。實際的電感器由一段長度的導線纏繞成線圈而製成。這有效地增加產生磁場的電流，及增加感應法拉第電壓的鄰近電路的“數目”。這雙重效應的結果為線圈的電感與形成線圈的導體總匝數之平方式正比。例如，一個有非常小間距的長螺旋狀形式的電感器或線圈，其電感為 $\mu N^2 A/s$，其中 A 為截面面積，s 為螺旋的軸長，N 為總匝數，而 μ 為螺旋內部物質的常數，稱為導磁係數。對於自由空間 (非常接近空氣)，$\mu = \mu_0 = 4\pi \times 10^{-7}$ H/m $= 4\pi$ nH/cm。圖 7.14 顯示數種商用電感器。

現在讓我們來對方程式 [5] 做詳細的檢查，並且確定一些數學模式的電氣特性。這方程式顯示跨接於電感器兩端的電壓與流經它的電流的時間變化率成比例。特別地，此方程式顯示一個電感器通過一定量的電流時，無論電流的大小為何，都不會有任何電壓跨接在電感器的兩端。因此。可以將電感器看成“對直流為短路”。

從方程式 [5] 可以得到另外一項事實，那就是突然或不連續變化的電流會在電感器兩端形成一個無限大的電壓。換句話說，如果想要電感器電流產生突然的改變，則必須提供一個無限大的電壓。雖然理論上一個無限大的激勵函數是可以接受的，但對於實際裝置而言，這絕不可能發生。我們將很快地看到，電感器電流的突然變化，也需要突然改變儲存在電感器內的能量，而在能量突然改變的瞬間，則需要無限大的功率；而無限大的功率，對於實際的物理世界而言，又是不可能的。為了避免無限大的電壓與無限大的功率，電感器的電流不允許在瞬間從一個數值跳到另一個數值。

如果企圖要使流經一限量電流的電感器開路的話，則在開關的兩端可能會出現電弧，這對於汽車的點火系統是蠻有用的，其中流經電弧線圈的電流被分電盤遮斷，並在火星塞的兩端產生電弧。雖然這不是在同一時間發生，但卻是在極短的時間內的事，並引發較大的電壓。在短距離之間有較大的電壓存在，相當於有一個非常大的電場；儲存能量因為將電弧通路上的空氣離子化而消耗。

方程式 [5] 也可以由圖形方法解釋 (如果需要可以求解)，可參考例題 7.4。

例題 7.4

如圖 **7.15*a*** 所示，已知 **3 H** 電感器上的電流波形，試求電感器的電壓，並以圖形繪製。

倘若電壓 v 及電流 i 的定義滿足被動符號慣例，可從圖 7.15*a* 利用方程式 [5] 求得電壓 v：

$$v = 3\frac{di}{dt}$$

因為 $t < -1$ 秒時，電流為零，所以在這段時間電壓為零。之後，電流開始以 1 A/s 的線性比率增加，因而產生一個 $L\,di/dt = 3$ V 的定

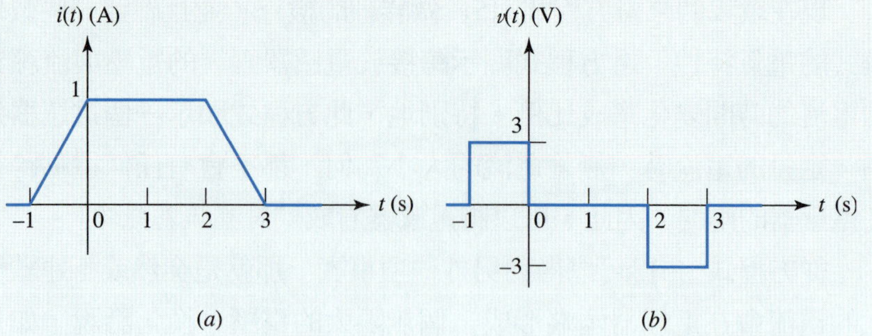

■圖 7.15 (*a*) 3 H 電感器上的電流波形；(*b*) 相對應的電壓波形，$V = 3di/dt$。

值電壓。在接下來的 2 秒區間內，電流為定值，則電壓因此為零。最後，電流是以 $di/dt = -1$ A/s 下降，因而產生 $v = -3$ V。當 $t > 3$ 秒，$i(t)$ 為定值(零值)，所以此段區間 $v(t) = 0$。整個電壓波形繪製於圖 7.15*b*。

現在讓我們來研究大小介於 0 與 1 安培之間的電流，其更加快速上升與衰退的影響。

例題 7.5

求解由圖 7.16*a* 的電流波形應用於例題 7.4 的電感器所產生的電感電壓。

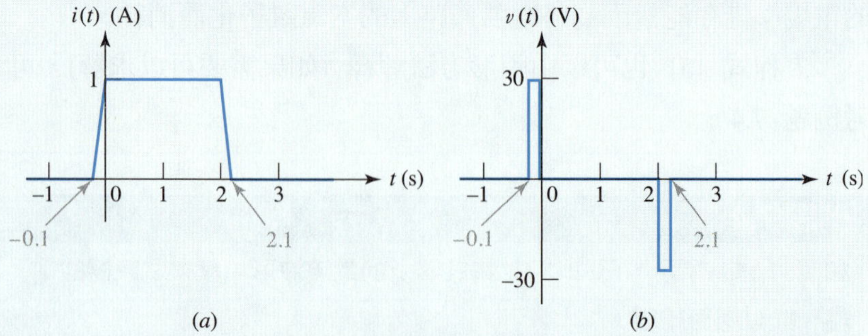

■圖 7.16 (*a*) 圖 7.15*a* 的電流從 0 變化到 1，再以 10 的倍數從 1 下降到 0 的所需時間；(*b*) 所產生的電壓波形。為了清晰，將脈波寬度予以放大。

注意到上升及下降的區間降低到 0.1 秒。因此，每一個微分的大小將會放大 10 倍；此情形顯示於圖 7.16*a* 與 *b* 的電流及電壓圖形。圖 7.15*b* 及 7.16*b* 的電壓波形中，有趣的是每一個電壓脈波下的面積都是 3 V-s。

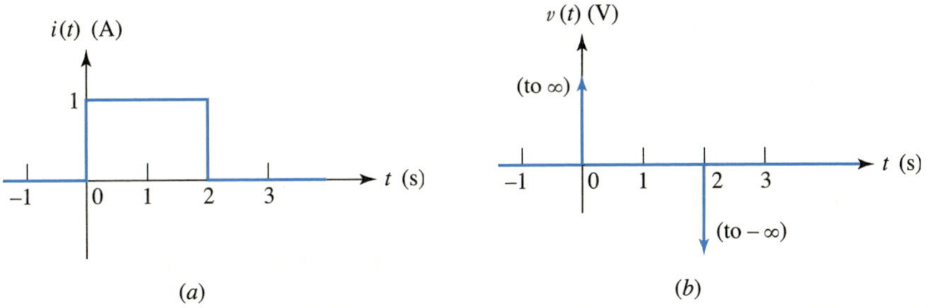

■圖 7.17　(*a*) 圖 7.16*a* 的電流從 0 變到 1 與從 1 變到 0 所需的時間縮減為零；則上升及下降均為陡峭的；(*b*) 跨接於 3 H 電感器一端的電壓，結果包括一個正的和一個負的無限大尖波。

僅僅是為了好奇的理由，讓我們暫時以相同的方式繼續。更進一步減少電流波形的上升及下降時間，則電壓大小會以成比例的方式放大，但僅在電流增加或下降的區間會產生此種情形。電流的突然改變將造成無限大的電壓"尖波" (spike) (每一個面積都是 3 V-s)，如圖 7.17*a* 與 *b* 所示；或者從相同結果但相反的點來看，這些無限大的電壓尖波為產生電流突然變化所必須的。

練習題

7.4　圖 7.18 顯示流經 200 mH 電感器的電流。假設採用被動符號，並求解 t 等於 (a) 0；(b) 2 ms；(c) 6 ms 時的 v_L。

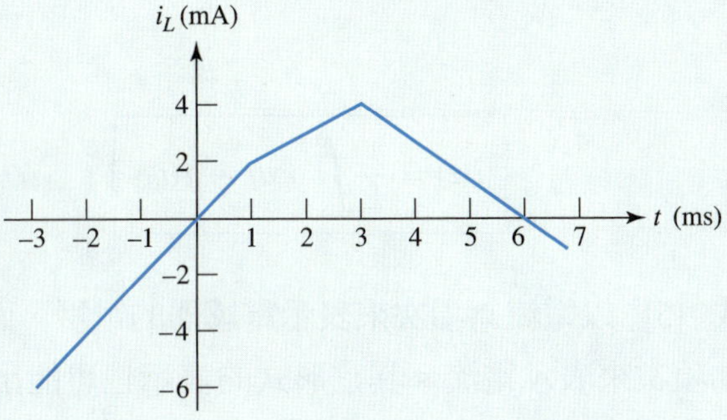

■圖 7.18

答：0.4 V；0.2 V；−0.267 V。

電壓-電流的積分關係

利用一個簡單的微分方程式定義電感：

$$v = L\frac{di}{dt}$$

並且從這個關係式得到幾項電感器特性的結論。例如，我們發現到可以將電感器視為對直流短路，並且也認同電感器電流不允許突然地從一個數值變化到另一個數值，因為這需要無限大的電壓或功率加諸於電感器上。然而，這簡單的定義方程式仍包含更多的資訊。以稍微不同的形式改寫方程式為：

$$di = \frac{1}{L} v\, dt$$

此方程式利用積分求解。首先要考慮的是這兩個積分的限制。要求在時間 t 時，電流為 i，此一對數量分別為此方程式左、右兩側積分的上限；而下限則可以假設時間 t_0 時，電流為 $i(t_0)$，並保持一般的形式。因此：

$$\int_{i(t_0)}^{i(t)} di' = \frac{1}{L}\int_{t_0}^{t} v(t')\, dt'$$

可導引出方程式：

$$i(t) - i(t_0) = \frac{1}{L}\int_{t_0}^{t} v\, dt'$$

或

$$\boxed{i(t) = \frac{1}{L}\int_{t_0}^{t} v\, dt' + i(t_0)} \qquad [6]$$

方程式 [5] 以電流為項次來表示電感器的電壓，而方程式 [6] 則以電壓為項次來表示電流。其它形式的表示也可能出現在往後的方程式中。我們可以把上面的積分寫成一個不定積分及包含一個積分常數 k：

$$i(t) = \frac{1}{L}\int v\, dt + k \qquad [7]$$

也可以假設在求解一個實際的問題時，其中選擇 t_0 為 $-\infty$，以確保電感器沒有任何的電流或能量。所以，如果 $i(t_0)=i(-\infty)=0$，則

$$i(t) = \frac{1}{L}\int_{-\infty}^{t} v\,dt' \qquad [8]$$

讓我們藉由一個已知跨接於電感器兩端電壓的例子，來研究這幾種積分的使用。

例題 7.6

已知跨接於 2 H 電感器兩端的電壓為 6 cos 5t V，如果 $i(t=-\pi/2)=1$ A，試求電感器電流。

從方程式 [6] 可得：

$$i(t) = \frac{1}{2}\int_{t_0}^{t} 6\cos 5t'\,dt' + i(t_0)$$

或

$$\begin{aligned} i(t) &= \frac{1}{2}\left(\frac{6}{5}\right)\sin 5t - \frac{1}{2}\left(\frac{6}{5}\right)\sin 5t_0 + i(t_0) \\ &= 0.6\sin 5t - 0.6\sin 5t_0 + i(t_0) \end{aligned}$$

第一項表示電感器電流呈正弦變化；第二項與第三項合起來僅表示為一常數，當電流數值在某一瞬間指定時，則此常數可求得。利用已知 $t=-\pi/2$ 秒時，電流為 1 A，則可確認當 t_0 為 $-\pi/2$ 時，$i(t_0)=1$，並可求得：

$$i(t) = 0.6\sin 5t - 0.6\sin(-2.5\pi) + 1$$

或

$$i(t) = 0.6\sin 5t + 1.6$$

從方程式 [7] 可以得到相同的結果：

$$i(t) = 0.6\sin 5t + k$$

藉由 $t=-\pi/2$ 時的 1 A 激勵電流來求解 k 的數值：

$$1 = 0.6\sin(-2.5\pi) + k$$

或

$$k = 1 + 0.6 = 1.6$$

因此，如同前面一樣：

$$i(t) = 0.6 \sin 5t + 1.6$$

方程式 [8] 對於這個特別的電壓將會發生問題。此方程式是建立在當 $t=-\infty$ 時，電流為零的假設基礎之上。必然的，在實際、自然界的世界中此必定成立，但是我們現在是在數學模型的領域中；所有的元件和激勵函數均為理想化。在積分之後，困難便發生了。求得

$$i(t) = 0.6 \sin 5t'\Big|_{-\infty}^{t}$$

而試圖求解下限積分的數值：

$$i(t) = 0.6 \sin 5t - 0.6 \sin(-\infty)$$

在 $\pm\infty$ 時的正弦值為未定值，而因此我們無法求解所要的表示式。方程式 [8] 只可以使用在求解 $t \to -\infty$，函數值為零的情形。

練習題

7.5 跨接於 100 mH 電感器兩端的電壓為 $v_L = 2e^{-3t}$ V，如果 $i_L(-0.5) = 1$ A，試求電感器的電流。

答：$-\frac{20}{3}e^{-3t} + 30.9$ A。

然而，對於方程式 [6]、[7]、[8]，我們不應該妄下任何的定論，認為將永遠使用哪一個單一式子；而每一個方程式都有它們的優點，完全取決於問題及應用。方程式 [6] 代表一個長且一般化的方法，但是卻清楚的顯示積分常數為電流。方程式 [7] 則為比方程式 [6] 更精簡的表示式，但積分常數的本質則被隱匿。最後，方程式 [8] 則為一種出色的表示式，因為不需要任何的常數。然而，它只能應用在 $t=-\infty$，電流為零的時候，並且電流的解析表示不是未定值。

能量儲存

現在讓我們把注意力轉移到功率及能量上。吸收功率為電流–電壓的乘積：

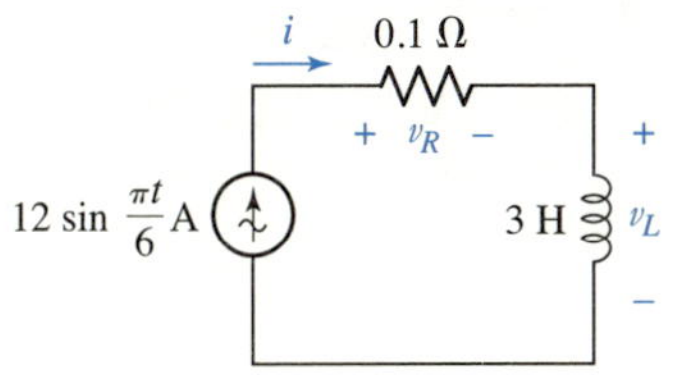

■圖 7.19　正弦電流的激勵函數作用到一串聯 *RL* 電路。0.1 Ω 代表製造電感器的導線內部電阻。

$$p = vi = Li\frac{di}{dt}$$

由電感器所接收的能量 w_L 被儲存在線圈周遭的磁場內。能量的變化由所要求的時間區間內的功率積分來表示：

$$\int_{t_0}^{t} p\,dt' = L\int_{t_0}^{t} i\frac{di}{dt'}\,dt' = L\int_{i(t_0)}^{i(t)} i'\,di'$$
$$= \frac{1}{2}L\left\{[i(t)]^2 - [i(t_0)]^2\right\}$$

因此，

$$w_L(t) - w_L(t_0) = \tfrac{1}{2}L\left\{[i(t)]^2 - [i(t_0)]^2\right\} \qquad [9]$$

其中再次假設在 t_0 時間的電流為 $i(t_0)$。在使用能量的表示式中，習慣上會假設電流為零的時間選擇為 t_0；習慣上也假設這個時候的能量為零。可以簡化成：

$$\boxed{w_L(t) = \tfrac{1}{2}Li^2} \qquad [10]$$

我們現在瞭解到能量為零的參考為電感器電流為零的任何時間。在電流為零之後的任何時間，也發現到沒有任何能量儲存在線圈內。無論何時，只要電流不為零，且不論其方向或符號，能量都會儲存在電感器內。因此，能量可以在部分時間傳送到電感器，並且在稍後的一段時間由感應器回傳。理想電感器可以回傳所有的儲存能量；而在數學模型中則沒有任何的電荷儲存及能量消耗。然而，一個實際的線圈是由實際的導線所構成，因此永遠會有電阻存在。所以能量不會毫無損失的被儲存及回傳。

這些概念可以藉由一個簡單的例子來予以說明。在圖 7.19 中一個 3 H 的電感器與一個 0.1 Ω 電阻器及一個正弦電流源 $i_s = 12 \sin \frac{\pi t}{6}$ A 相串聯。此電阻器應該被解釋為實際線圈的導線電阻。

例題 7.7

求解圖 7.19 電感器所儲存的最大能量，並且計算電感器在儲存及回傳能量期間，電阻器消耗多少能量。

儲存在電感器的能量為：

$$w_L = \frac{1}{2}Li^2 = 216\sin^2\frac{\pi t}{6} \qquad \text{J}$$

且此能量在 $t=0$ 時為零，增加到 $t=3$ 秒時為 216 J。因此，電感器的最大儲存能量為 216 J。

在 $t=3$ 秒時達到它的峰值之後，能量會完全離開電感器。讓我們來看看線圈在儲存及移動 216 J 能量的 6 秒鐘內，我們要付出什麼樣的代價？消耗在電阻器的功率可以很簡單地求得：

$$p_R = i^2R = 14.4\sin^2\frac{\pi t}{6} \qquad \text{W}$$

而在這 6 秒的間隔內，電阻器的能量轉換成熱，因此

$$w_R = \int_0^6 p_R\,dt = \int_0^6 14.4\sin^2\frac{\pi}{6}t\,dt$$

或者

$$w_R = \int_0^6 14.4\left(\frac{1}{2}\right)\left(1-\cos\frac{\pi}{3}t\right)dt = 43.2\text{ J}$$

因此，在儲存及移動 216 J 能量的 6 秒鐘區間內，消耗了 43.2 J。這數值為最大儲存能量的 20%，但這對於許多具有這麼大電感器的線圈而言是合理的數值。對於具有 100 μH 電感器的線圈，也能預期有 2% 或 3% 的數值。

練習題

7.6 令圖 7.20 的電感器 L 為 25 mH。(a) 如果 $i=10te^{-100t}$ A，求在 $i=12$ ms 時的電壓 v；(b) 如果 $v=6e^{-12t}$ V，且 $i(0)=10$ A，求 $t=0.1$ 秒時的電流 i。如果 $i=8(1-e^{-40t})$ mA，求 (c) 在 $t=50$ ms 時，傳送到電感器的功率；(d) 在 $t=40$ ms 時，電感器所儲存的能量。

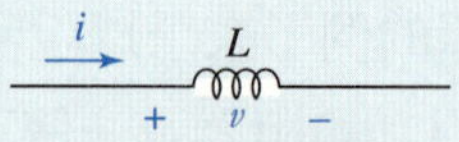

■圖 7.20

答：−15.06 mA；24.0 A；7.49 μW；0.510 μJ。

現在讓我們從所定義的方程式 $v = L\,di/dt$，扼要重述並列出電感器四個主要的特性：

理想電感器的重要特性

1. 流經電感器的電流不隨時間改變，則電感器的兩端不會跨接任何電壓。因此，電感器對直流而言為短路。
2. 例如當流經電感器的電流為常數時，即使跨接在電感器兩端的電壓為零，電感器也能儲存有限量的能量。
3. 在零時間內有限量的改變流經電感器的電流是不可能的，因為這需要無限大的電壓跨接在電感器的兩端。電感器阻止流經它的電流突然改變，在某種程度上類似於速度的突然改變會遭致極大阻力一樣。
4. 電感器只會儲存能量，決不會消耗能量。雖然這對於數學模型是成立的，但對於具有串聯電阻的實際電感器則不成立。

藉由前面四項說明中某些字的“對偶”，來預先探討 7.6 節所要討論的**對偶性** (duality)，是十分有趣的。如果電容器與電感器、電容與電感、電壓與電流、跨接與流過、開路與短路、彈力與質量，及位移與速度互換 (任一方向)，便可得到先前電容器所討論的四項說明。

7.3 電感與電容組合

現在已經在被動電路元件的項目中增加了電感器及電容器，我們需要決定是否在電阻性電路分析所發展的方法，對於這兩種元件仍然要學習如何用簡單的等效來取代這兩種元件的串、並聯組合，如第 3 章所討論的電阻器串、並聯，也將是合宜的。

首先來看看克希荷夫的兩個定理，這兩個定理都是公理的。然而，在我們假設這兩個定理時，我們並沒有對於構成網路的元件型式做任何的限制。因此，這兩個定理對於電感器與電容器也仍然適用。

串聯的電感器

現在可以把針對減少不同的電阻組合成為一個等效電阻所推導的程序，擴大到電感器及電容器的類似情形。首先考慮一個理想電壓源作用到 N 個串聯組合的電感器上，如圖 7.21a 所示。我們期望一個具有電感 L_{eq} 的單一等效電感器可以取代這個串聯組合，以致於電源電流 $i(t)$ 不會改變。等效電路繪於圖 7.21b。將 KVL 應用到原始電路中：

$$\begin{aligned} v_s &= v_1 + v_2 + \cdots + v_N \\ &= L_1\frac{di}{dt} + L_2\frac{di}{dt} + \cdots + L_N\frac{di}{dt} \\ &= (L_1 + L_2 + \cdots + L_N)\frac{di}{dt} \end{aligned}$$

或者寫的更精簡一點，

$$v_s = \sum_{n=1}^{N} v_n = \sum_{n=1}^{N} L_n\frac{di}{dt} = \frac{di}{dt}\sum_{n=1}^{N} L_n$$

但對於等效電路，可以得到：

$$v_s = L_{\text{eq}}\frac{di}{dt}$$

因此等效電感器為

$$L_{\text{eq}} = (L_1 + L_2 + \cdots + L_N)$$

或

$$L_{\text{eq}} = \sum_{n=1}^{N} L_n \qquad [11]$$

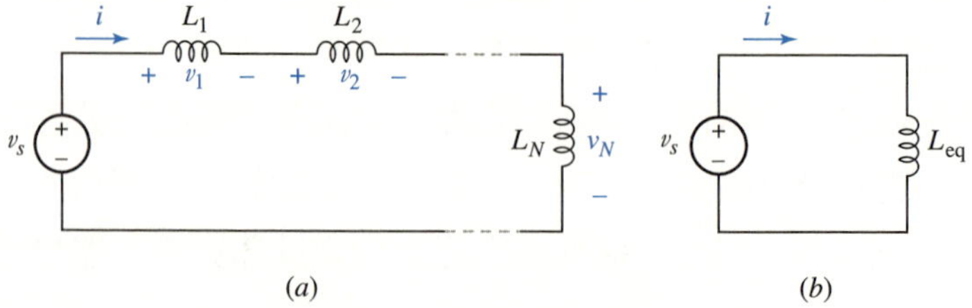

■圖 7.21 (a) 一個具有 N 個串聯電感器的電路；(b) 所要的等效電路，其中 $L_{\text{eq}}=L_1+L_1+\cdots+L_N$。

這個等效於數個電感器串聯連接的電感器，其為原始電路電感的總和。這與我們在串聯電阻器所得到的完全相同。

並聯的電感器

電感器的並聯組合可以藉由針對圖 7.22a 所示的原始電路，列出單一節點方程式來完成，

$$i_s = \sum_{n=1}^{N} i_n = \sum_{n=1}^{N}\left[\frac{1}{L_n}\int_{t_0}^{t} v\,dt' + i_n(t_0)\right]$$
$$= \left(\sum_{n=1}^{N}\frac{1}{L_n}\right)\int_{t_0}^{t} v\,dt' + \sum_{n=1}^{N} i_n(t_0)$$

將它與圖 7.22b 等效電路的結果相比較：

$$i_s = \frac{1}{L_{eq}}\int_{t_0}^{t} v\,dt' + i_s(t_0)$$

因為克希荷夫電流定理要求 $i_s(t_0)$ 必須等於時間 t_0 時的分支電流的總和，所以這兩個積分項次必須相等；因此：

$$L_{eq} = \frac{1}{1/L_1 + 1/L_2 + \cdots + 1/L_N} \qquad [12]$$

對於兩個電感器並聯的特殊情形：

$$L_{eq} = \frac{L_1 L_2}{L_1 + L_2} \qquad [13]$$

我們注意到電感器的並聯組合與電阻器的並聯完全相同。

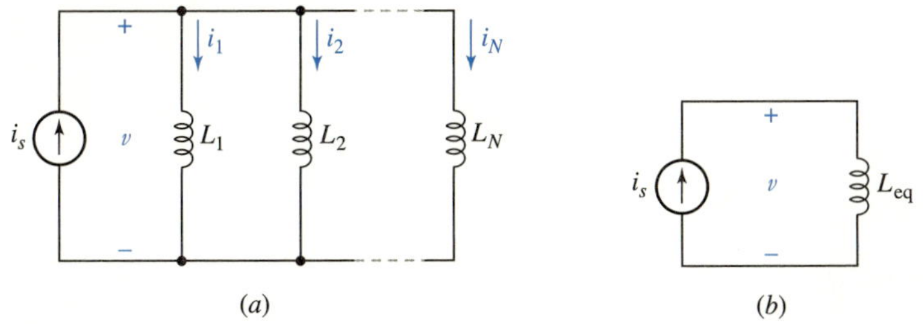

■圖 7.22　(a) N 個電感器並聯組合；(b) 等效電路，其中 $L_{eq} = [1/L_1 + 1/L_2 + \cdots + 1/L_N]^{-1}$。

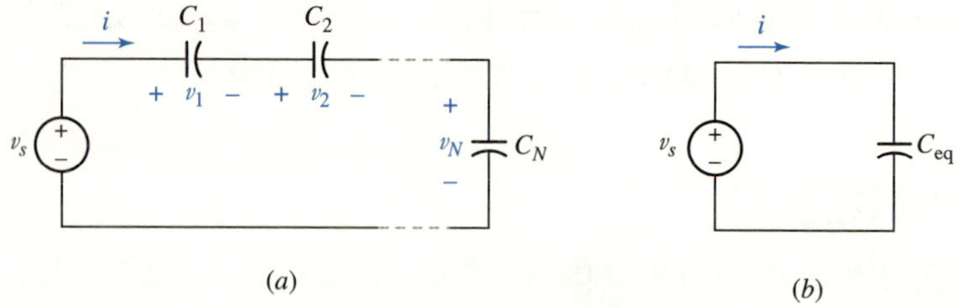

■圖 7.23 (*a*) 具有 N 個電容器串聯的電路；(*b*) 所要求的等效電路，其中 $C_{eq}=[1/C_1+1/C_2+\cdots+1/C_N]^{-1}$。

電容器的串聯

為了求得 N 個串聯電容器的等效電容器，利用圖 7.23*a* 電路及其等效圖 7.23*b*，可列出：

$$v_s = \sum_{n=1}^{N} v_n = \sum_{n=1}^{N} \left[\frac{1}{C_n} \int_{t_0}^{t} i\, dt' + v_n(t_0) \right]$$
$$= \left(\sum_{n=1}^{N} \frac{1}{C_n} \right) \int_{t_0}^{t} i\, dt' + \sum_{n=1}^{N} v_n(t_0)$$

及

$$v_s = \frac{1}{C_{eq}} \int_{t_0}^{t} i\, dt' + v_s(t_0)$$

而克希荷夫電壓定理建立 $v_s(t_0)$ 與在時間 t_0 時的電容器電壓總和的等式；因此

$$C_{eq} = \frac{1}{1/C_1 + 1/C_2 + \cdots + 1/C_N} \qquad [14]$$

電容器串聯組合與電導串聯，或電阻並聯完全相同。兩個電容器串聯的特殊情形，可產生：

$$C_{eq} = \frac{C_1 C_2}{C_1 + C_2} \qquad [15]$$

並聯的電容器

最後，圖 7.24 的電路可以讓我們建立 N 個並聯電容器的等效電容器之數值，如下所示：

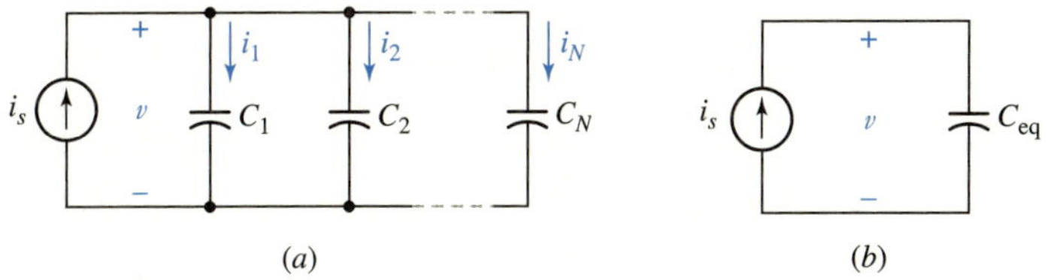

■圖 7.24 (*a*) *N* 個電容器的並聯組合；(*b*) 等效電路，其中 $C_{eq}=C_1+C_2+\cdots+C_N$。

$$C_{eq} = C_1 + C_2 + \cdots + C_N \tag{16}$$

並不令人訝異的是電容器的並聯組合與電阻器的串聯組合有相同的情形，也就是藉由把個別電容值簡單地相加起來。

這些公式都值得記住。所以似乎是很明顯的應用到電感器串聯與並聯組合的公式與電阻器的公式相同。然而，要小心的是電容器的串聯與並聯組合對應的表示式，與電阻器及電感器相反，輕率的計算經常會造成錯誤的發生。

CAUTION

例題 7.8

利用串/並聯組合，簡化圖 7.25*a* 的網路。

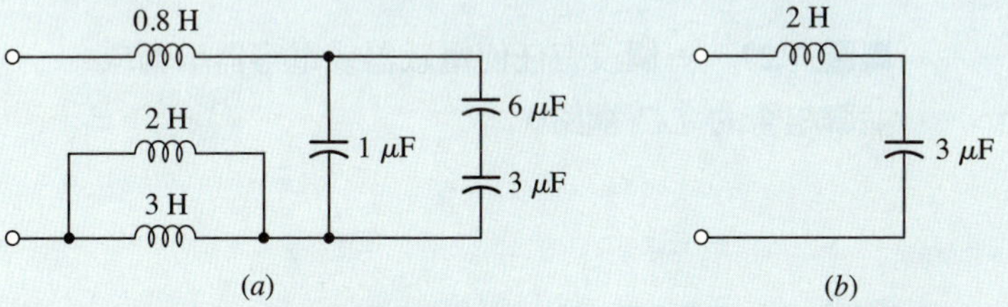

■圖 7.25 (*a*) 已知的 *LC* 網路；(*b*) 一個簡單的等效電路。

6 和 3 μF 的串聯電容器首先組合成一個 2 μF 的等效，而此電容器與 1 μF 的電容器並聯組合成一個 3 μF 的等效電容。除此之外，3 和 2 H 的電感器由一個 1.2 H 的等效電感器予以取代，而此電感器再加上 0.8 H 的電感器，形成一個總和為 2 H 的等效電感。圖 7.25*b* 顯示更簡單 (且可能是更便宜) 的等效網路。

練習題

7.7 試求圖 7.26 網路的 C_{eq}。

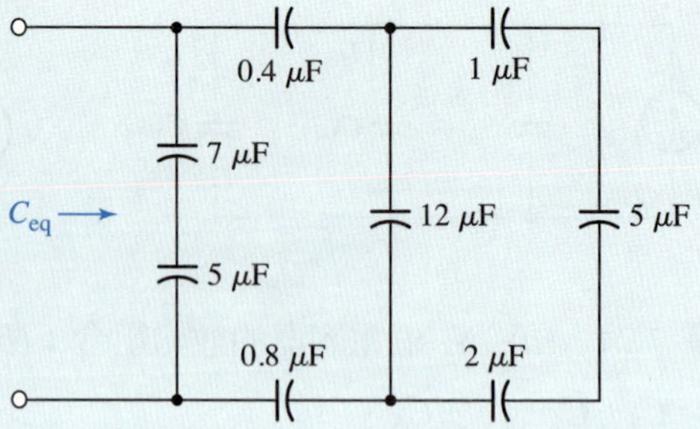

■圖 7.26

答：3.18 μF。

圖 7.27 顯示的網路中，包含三個電感器與三個電容器，但是沒有任何電感器或電容器的串聯或並聯組合。此網路無法使用現有的技巧予以簡化。

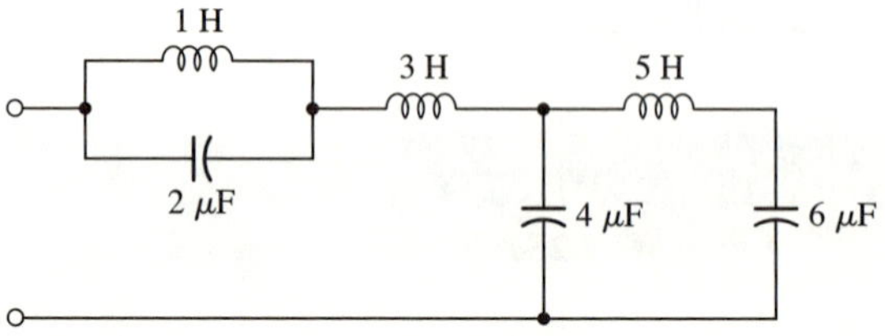

■圖 7.27 一個沒有任何電感器或電容器串聯或並聯組合的 *LC* 網路。

7.4 線性的重要性

接下來讓我們回到節點與網目分析。因為我們已經瞭解可以更適切地應用克希荷夫定理，但是在列出一組有效且獨立的方程式時仍有一些困難。然而，一些常係數的線性微積分方程式難以下決斷單獨求解。因此，我們現在將在 *RLC* 電路中列出這些方程式以熟練的使用克希荷夫定理，並在後面的章節中探討較簡單例子的解答。

例題 7.9

針對圖 **7.28** 電路，列出適當的節點方程式。

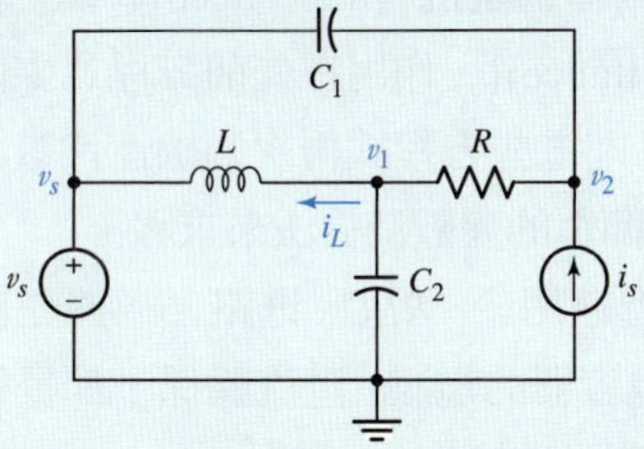

■圖 7.28　具有指定節點電壓的四個節點 *RLC* 電路。

各節點電壓的標示如圖所示，且將離開中間節點的電流加總：

$$\frac{1}{L}\int_{t_0}^{t}(v_1 - v_s)\,dt' + i_L(t_0) + \frac{v_1 - v_2}{R} + C_2\frac{dv_1}{dt} = 0$$

其中 $i_L(t_0)$ 為積分開始時電感器的電流值。在右邊節點：

$$C_1\frac{d(v_2 - v_s)}{dt} + \frac{v_2 - v_1}{R} - i_s = 0$$

重寫這兩個方程式，可得：

$$\frac{v_1}{R} + C_2\frac{dv_1}{dt} + \frac{1}{L}\int_{t_0}^{t} v_1\,dt' - \frac{v_2}{R} = \frac{1}{L}\int_{t_0}^{t} v_s\,dt' - i_L(t_0)$$

$$-\frac{v_1}{R} + \frac{v_2}{R} + C_1\frac{dv_2}{dt} = C_1\frac{dv_s}{dt} + i_s$$

這些就是所得的微積分方程式，而且從這些方程式可以注意到幾個有趣的事情。首先，電源電壓 v_s 積分及微分的型式出現方程式中，而不是以簡單的 v_s 出現。因為在所有的時間，兩個電源都有數值，所以我們應該可以求得微分及積分的數值。第二，電感器電流的初始值 $i_L(t_0)$，如同在中間節點的一個 (定值) 電源電流。

練習題

7.8　如果 7.29 電路中的 $v_C(t) = 4\cos 10^5 t$ V，試求 $v_s(t)$。

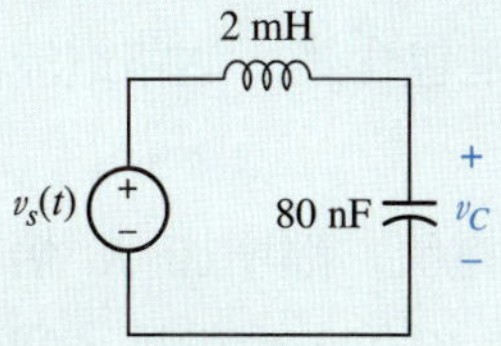

■圖 7.29

答：$-24\cos 10^5 t$ V。

此時我們並不企圖去求解微分方程式。然而，值得提出的是，當電壓激勵函數為時間的正弦函數時，則針對三個被動元件的每一個可定義出一個電壓–電流比值 [稱為**阻抗** (impedance)] 或一個電流–電壓比值 [稱為**導納** (admittance)]。作用在先前方程式中兩個節點電壓的係數為簡單的倍數，則這些方程式再次為線性代數方程式。我們可以藉由之前的行列或簡單的變數消去法來求解。

我們也可以證明線性的好處適用於 RLC 電路，根據先前線性電路的定義，因為電感器與電容器的電壓–電流關係，都是線性的，所以這些電路也是線性的。對於電感器，可得：

$$v = L\frac{di}{dt}$$

且電流增加某一常數 K，則會導引出電壓也增大 K 倍。在積分的公式中：

$$i(t) = \frac{1}{L}\int_{t_0}^{t} v\,dt' + i(t_0)$$

可以發現到，如果每一項都增加 K 倍，則電流的初始值也必須增加相同的倍數。

電容器的相對應研究也證明是線性的。因此，一個由獨立電源、線性依賴電源、線性電阻器、電感器及電容器所組成的電路為線性電路。

在線性電路中響應再一次與激勵函數成正比。藉由先列出微分方程式的一般系統來證明這句話。讓我們在每一個方程式的左邊設置 R_i、$L\,di\,/\,dt$ 及 $1/C\int i\,dt$ 的型式，並且將獨立電源電壓放置在右邊。一個簡單的例子，一個方程式具有下列型式：

$$Ri + L\frac{di}{dt} + \frac{1}{C}\int_{t_0}^{t} i\,dt' + v_C(t_0) = v_s$$

如果每一個獨立的電源增加 K 倍，則每一個方程式的右邊會增加 K 倍。現在左邊的每一項不是包含某一迴路電流的線性項次，就是一個初始電容器電壓。

為了使用所有的響應 (迴路電流) 都增加 K 倍，很明顯的，我們也必須將電容器初始電壓增加 K 倍。也就是，我們必須把電容器的初始電壓視為一個獨立電源電壓，並且也增加 K 倍。同樣的情形，電感器的初始電流在節點分析中被視為獨立電源電流。

電流與響應之間的比例原則可以擴及到一般的 RLC 電路，而且重疊定理也適用。要強調的是，在應用重疊定理時，電感器的初始電流及電容器的初始電壓必須被視為獨立電源；且每一個初始值必須輪流變成不動作。在第 5 章中，學習到重疊定理為電阻電路線性特性的自然結果。因為電阻器的電壓-電流關係為線性，所以電阻電路為線性，而且克希荷夫定理也是線性。

然而，在我們把重疊定理應用到 RLC 電路之前，首先必須要發展當只有一個獨立電源存在時，描述這些電路的方程式求解的方法。現在我們應該確信一個線性電路具有響應的大小比例於電源的大小。我們應該稍後準備應用重疊定理，並且在指定的時間 $t=t_0$ 時，將電感器電流或電容器電壓視為一個電源，在輪流動作時，必須將其捨去。

戴維寧及諾頓定律是以初始電路的線性、克希荷夫定理及重疊原理的應用為基礎。一般 RLC 電路完全符合這些要求，因此，所有包含獨立電壓及電流源、線性依賴電壓及電流源、線性電阻器、電感器及電容器的任何組合的線性電路，如果想要都可以使用這兩個定理來分析。不需要在這重複這兩個理論，如先前所敘述的，在相同情形下可以應用到一般的 RLC 電路。

7.5 具電容器的簡單運算放大器電路

在第 6 章，介紹過幾種以理想運算放大器為基礎的不同型式放大電路。幾乎每一個例子，我們發現到輸出與輸入電壓都以某種電阻比值的組合有關。如果以一個電容器來取代一個或多個電阻器，則可能得到一些有趣的電路，其中輸出不是與輸入電壓的微分，就是積分成比例。這樣的電路在實際上廣泛的使用。例如，一個速度偵測器可以連接到一個運算放大器電路，並提供一個與加速度成比例的訊號，或者可以得到一個代表一指定時間週期內藉由簡單測量電流積分的金屬電極上伴隨而來的總電荷輸出訊號。

為了使用一個理想運算放大器去產生一個積分器，我們將非反

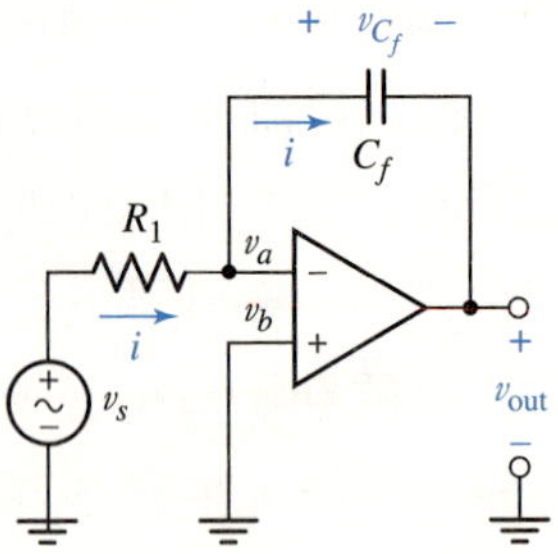

■圖 7.30 理想運算放大器連接成一個積分器。

相輸入接地，從輸出端裝設一個理想電容器回到反相輸入，以作為回饋元件，並且將一個訊號電源 v_s 經由一個理想電阻器連接到反相輸入端如圖 7.30 所示。

在反相輸入端執行節點分析：

$$0 = \frac{v_a - v_s}{R_1} + i$$

可以使電流 i 與電容器兩端跨接的電壓有所關連：

$$i = C_f \frac{dv_{C_f}}{dt}$$

結果為

$$0 = \frac{v_a - v_s}{R_1} + C_f \frac{dv_{C_f}}{dt}$$

利用理想運算放大器的規則 2，我們知道 $v_a = v_b = 0$，所以

$$0 = \frac{-v_s}{R_1} + C_f \frac{dv_{C_f}}{dt}$$

積分並求解 v_{out}，可得：

$$v_{C_f} = v_a - v_{out} = 0 - v_{out} = \frac{1}{R_1 C_f} \int_0^t v_s\, dt' + v_{C_f}(0)$$

或

$$v_{out} = -\frac{1}{R_1 C_f} \int_0^t v_s\, dt' - v_{C_f}(0) \qquad [17]$$

因此，將電阻器、電容器及運算放大器組合一個積分器。注意到輸出的第一項為 $1/RC$ 乘以從 $t'=0$ 到 t 的輸入積分之負值，而第二項為 v_{Cf} 初始值的負值。例如，如果選擇 $R=1\ \text{M}\Omega$ 且 $C=1$

μF，則 $(RC)^{-1}$ 的值可能會等於 1；而其它的選擇可能使得輸出電壓增加或減少。

在離開積分器電路之前，我們可能預期從一個好奇的讀者提出一個問題“可以利用電感器來取代電容器，得到一個微分器嗎？”的確是可以，但是無論何時，電路設計通常會避免使用電感器，因為它們的大小、重量、成本及相關的電阻與電容。反而，可能會將圖7.30 中的電阻器與電容器的位置互換，而得到一個微分器。

例題 7.10

試推導圖 7.31 所示的運算放大器電路的輸出電壓表示式。

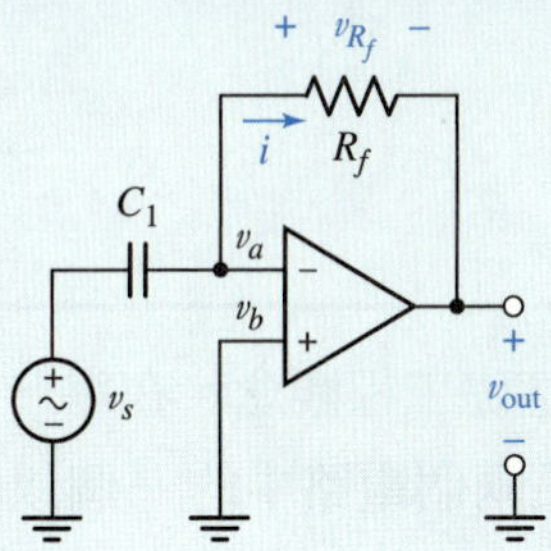

■圖 7.31 連接成一個微分器的理想運算放大器。

首先，從反相輸入腳列出節點方程式，且 $v_{C_1} \stackrel{\Delta}{=} v_a - v_s$：

$$0 = C_1 \frac{dv_{C_1}}{dt} + \frac{v_a - v_{out}}{R_f}$$

利用理想運算放大器的規則 2，$v_a = v_b = 0$，因此：

$$C_1 \frac{dv_{C_1}}{dt} = \frac{v_{out}}{R_f}$$

解 v_{out}，

$$v_{out} = R_f C_1 \frac{dv_{C_1}}{dt}$$

因為 $v_{C_1} = v_a - v_s = -v_s$，

$$v_{out} = -R_f C_1 \frac{dv_s}{dt}$$

所以，簡單地交換圖 7.30 電路中的電阻器與電容器，我們得到一個微分器以取代積分器。

練習題

7.9 圖 7.32 電路所示，推導以 v_{in} 為項次的 v_{out} 表示式。

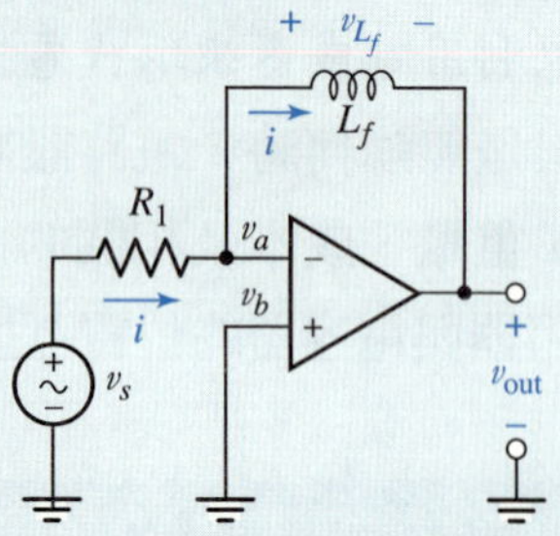

■圖 7.32

答：$v_{out} = -L_f / R_1 \, d\, v_s / dt$。

7.6 對 偶

對偶 (duality) 的概念應用到許多基礎工程觀念。在這一節中，將就電路方程式方面來定義對偶。如果兩個電路中的一個以網目方程式來描繪其特性，而其數學型式與另一個電路以節點方程式描繪特性時相同，則此兩電路為對偶。如果一個電路的網目方程式其數值與另一個相對應的節點方程式相等的話，則他們稱之為完全對偶，當然，他們自己的電流與電壓變數並不相同。對偶本身僅和對偶電路所展現的任何特性有關。

藉由列出圖 7.33 所顯示電路的兩個網目方程式，讓我們解釋這個定義，並利用它去建構出完全對偶電路。指定兩個網目電流 i_1 與 i_2，而網目方程式為：

$$3i_1 + 4\frac{di_1}{dt} - 4\frac{di_2}{dt} = 2\cos 6t \qquad [18]$$

$$-4\frac{di_1}{dt} + 4\frac{di_2}{dt} + \frac{1}{8}\int_0^t i_2\, dt' + 5i_2 = -10 \qquad [19]$$

■圖 7.33 一已知電路應用對偶的定義可以決定對偶電路。注意 $v_C(0) = 10$ V。

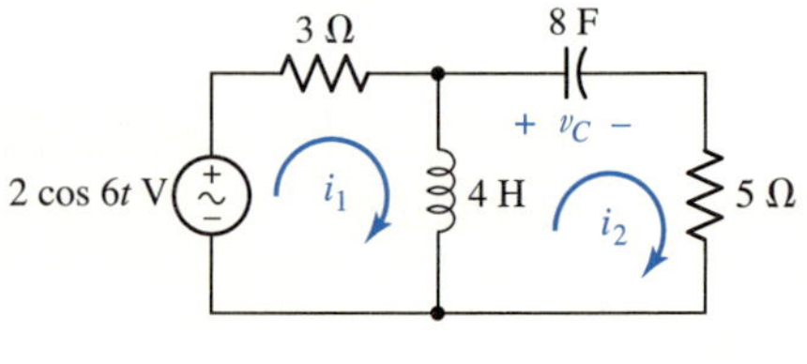

現在可以建構兩個描述完全對偶的電路方程式。我們希望兩個方程式為節點方程式，因此開始利用兩個節點—— 參考電壓 v_1 與 v_2 來取代方程式 [18] 與 [19] 的網目電流 i_1 與 i_2。可得到：

$$3v_1 + 4\frac{dv_1}{dt} - 4\frac{dv_2}{dt} = 2\cos 6t \tag{20}$$

$$-4\frac{dv_1}{dt} + 4\frac{dv_2}{dt} + \frac{1}{8}\int_0^t v_2\,dt' + 5v_2 = -10 \tag{21}$$

而我們現在藉由兩個節點方程式來尋求代表的電路。

首先讓我們畫一條線來代表參考節點，然後我們可以建立一個節點，其中 v_1 與 v_2 的正參考端被設置。方程式 [20] 指明一個 2 cos 6*t* A 的電流源連接到節點 1 與參考節點之間，並提供一個電流進入節點 1。此方程式也顯示一個 3 S 的電導出現在節點 1 與參考節點之間。轉到方程式 [21]，首先考慮非耦合項，即那些項次並未出現的在方程式 [20]，而它們告訴我們一個 8 H 電感器與 5 S 電導 (並聯) 連接到節點 2 與參考點之間。方程式 [20] 與 [21] 中，兩個相似的項次表示一個 4 F 的電容器耦合地存在節點 1 與 2 之間；此電路由連接電容器於這兩個節點間而完成。方程式 [21] 右手邊的常數項為 $t=0$ 時的電感器電流，換句話說，$i_L(0)=10$ A。圖 7.34 顯示此對偶電路；因為這兩組方程式在數值上為相等，因此這兩個電路為完全對偶。

對偶電路可以用這個方法很容易就得到，不需要列出方程式。為了建構已知電路的對偶，我們認為電路以網目方程式來表示。對於每一個網目必須設置一非參考節點，而除此之外，必需提供這個參考節點。在已知電路的圖形上，我們因此在每一個網目中央設置一個節點，並且以接近圖形的線或以迴路包圍圖形，提供參考節點。在兩個相對應的網目方程式中，出現在兩個網目接合的每一

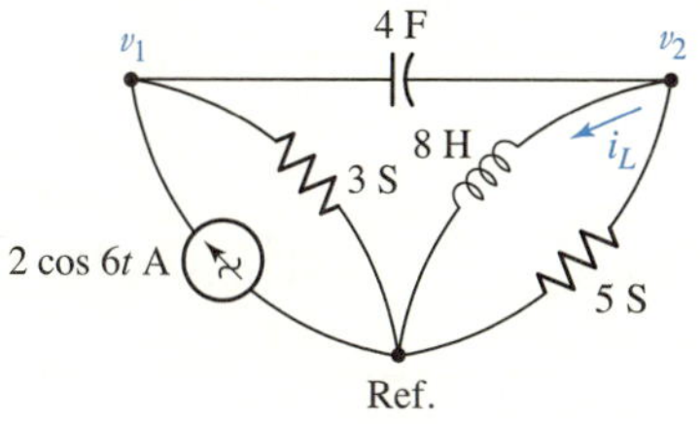

■**圖 7.34**　圖 7.33 的完全對偶電路。

個元件為偶合元件，並產生相等的項次，除了符號之外。它必須藉由提供兩個相對應的節點方程式的對偶項元件來取代。因此，這個對偶項必須直接連接到兩個出現耦合元件的網目上之非參考節點之間。

對偶元件本身的性質很容易決定；如果將電感器以電容器取代，電容器以電感器取代、電導取代，則方程式的數學型式會相同。因此，圖 7.33 電路中，4 H 電感器為網目 1 與 2 共同具有，如同出現在對偶電路中的節點 1 與 2 之間直接連接的 4 F 電容器。

只出現在一個網目中的元件，其對偶必須出現在相對應節點與參考節點之間。再次參考圖 7.33 電壓源 2 cos 6t V 只出現在網目 1；它的對偶為一個 2 cos 6t V 的電流源，且連接到節點 1 與參考節點之間。因為電壓源順時針，則電流源必須流入非參考節點。最後，已知電路中跨接於 8 F 電容器上初始電壓的對偶必須加以規定。方程式顯示跨接在電容器兩端的初始電壓的對偶為對偶電路中流經電感器的初始電流；兩者數值的相同，藉由將已知電路的初始電壓及對偶電路的初始電壓流視為電源，則可以很快地初始電流的正確符號。因此，如果 v_C 在已知電路中被視為電源，則在網目方程式的右手邊會出現 $-v_C$；而在對偶電路中，將電流 i_L 視為電源，則會在節點方程式的右邊產生 $-i_L$ 的項次。當這兩個被視為電源時，因為每一個都有相同的符號，則如果 $v_C(0) = 10$ V，$i_L(0)$ 必定為 10 V。

圖 7.33 的電路重畫於圖 7.35 中，藉由只繪出共同已知元件所在的兩個網目，其內部的兩個節點間的每一個已知元件的對偶，來組成電路圖本身的完全對偶。圍繞在已知的參考節點可以能有所幫

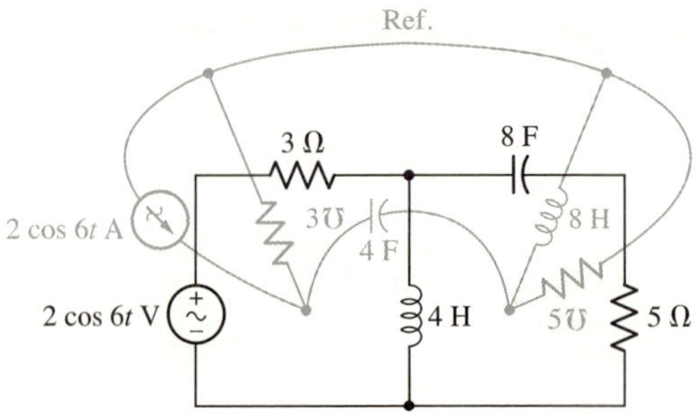

■圖 7.35 圖 7.33 電路的對偶，其直接從電路圖建構出來。

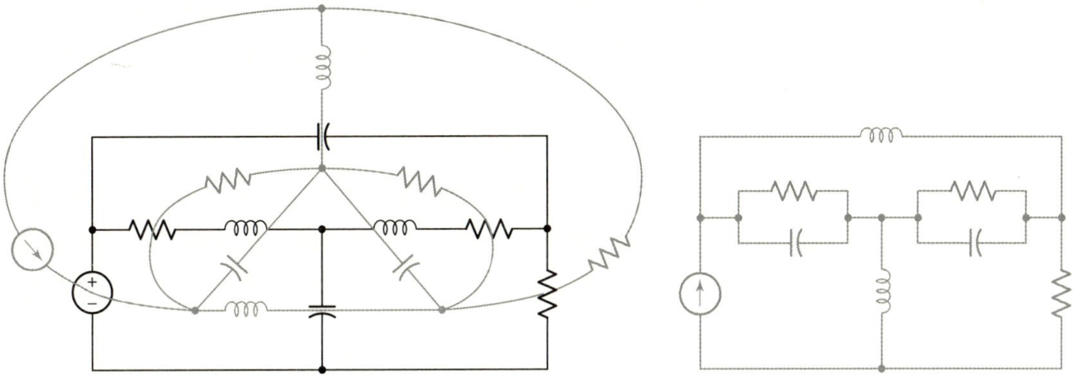

■圖 7.36　(*a*) 一已知電路 (黑色部分) 的對偶 (灰色部分) 建構在已知電路上；(*b*) 以更傳統的型式重畫對偶電路，並與原始電路相比較。

助。對偶電路重畫更標準的型式之後，如同圖 7.34 所示。

圖 7.36*a* 與 *b* 顯示另一個對偶電路的建構例子。因為沒有指定特別的元件值，這兩個電路對偶，但不需要是完全對偶。原始電路藉由在圖 7.36*b* 的五個網目中的每一個，設置一個中心節點，而從對偶中恢復，並如之前般繼續。

對偶的概念也可以繼續存在於我們描述電路分析或運作的語言。例如，如果給予一個電壓源與一電容器相串聯，我們可能期望去做這麼一個重要的陳述“電壓源產生一個流經電容器的電流”，而對偶敘述則為“電流源產生跨接於電感器兩端的電壓”。而較不謹慎的對偶陳述，可能需要一些的創造力[4]，例如“電流流過四周，並環繞串聯電路”。

以這種觀念研讀戴維寧定律，則可以練習使用對偶語言，如此可以得到諾頓定律。我們已經談論過對偶元件、對偶語言以及對偶電路。那什麼是對偶網路呢？考慮一個電阻器與一個電感器串聯，則這個兩端點網路的對偶存在，並且可藉由連接一些理想電源到這個已知的網路而很快地得到對偶網路。對偶電路可以藉由對偶電源與 *R* 相同大小的電導 *G*，及與 *L* 相同大小的電容 *C* 相互並聯而得。將對偶電路視為一個與對偶電源連接的兩端點網路；所以它是介於 *G* 與 *C* 並聯連接之間的一對端點。

4 有人建議“電壓跨接於所有並聯電路”。

在結束對偶定義之前，應該要指出的是對偶是以網目及節點方程式為基礎所定義的。因為非平面電路無法由網目方程式系統來描述，因此，一個不能畫成平面形式的電路，則不具有對偶。

我們應該使用對偶主要地來降低必須分析的簡單標準電路之工作。在已經分析過串聯 *RL* 電路之後，並聯 *RC* 電路則不需要太過於費心，並不是因為它不重要，而是因為已經瞭解對偶網路的分析。因為某些複雜電路的分析並不容易瞭解，對偶通常並不能提供我們任何快速的解答。

練習題

7.10 對針圖 7.37*a* 電路，列出單一節點方程式，並且以 $\upsilon = -80e^{-10^6 t}$ mV 直接代入，證明為解答。瞭解這個之後，求圖 7.37*b* 電路中 (a) υ_1；(b) υ_2；及 (c) i。

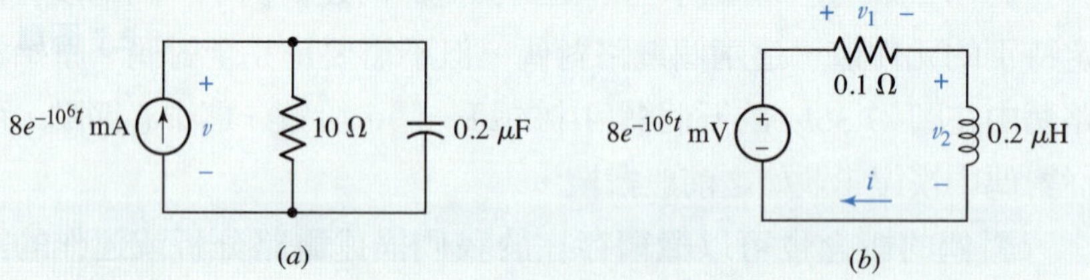

■圖 7.37

答：$-8e^{-10^6 t}$ mV；$16e^{-10^6 t}$ mV；$-80e^{-10^6 t}$ mA。

7.7 以 PSpice 做電容器與電感器的模型

使用 PSpice 分析包含電感器與電容器的電路時，經常需要能夠指定每一元件的初始條件 [即 $\upsilon_C(0)$ 與 $i_L(0)$]。這可藉由雙擊元件符號來得到，如圖 7.38*a* 所示的對話框。在最右邊 (並未顯示) 發現電容的數值預設為 1 nF。也可以指定初始條件 (IC)，圖 7.38*a* 中設定為 2 V。按下滑鼠鍵，並在圖 7.38*b* 顯示的對話框中選擇顯示 (Display) 結果，其允許初始條件顯示在圖形上。對於設定電感器的初始條件之程序原則上是相同的。應該注意到當電容器首次設置在圖形中時，它以水平方式出現；且初始電壓的正參考端在左邊端點。

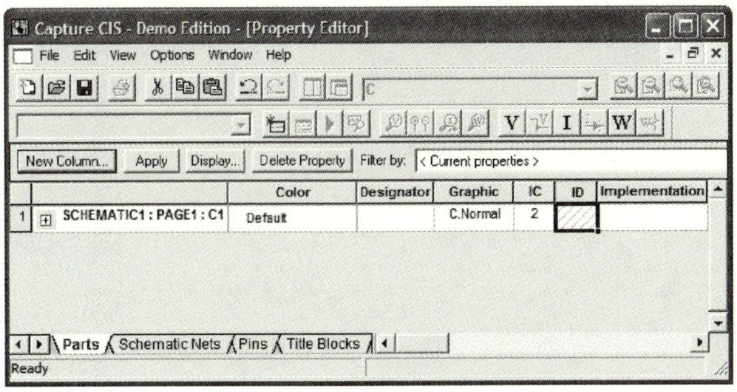

(*a*)

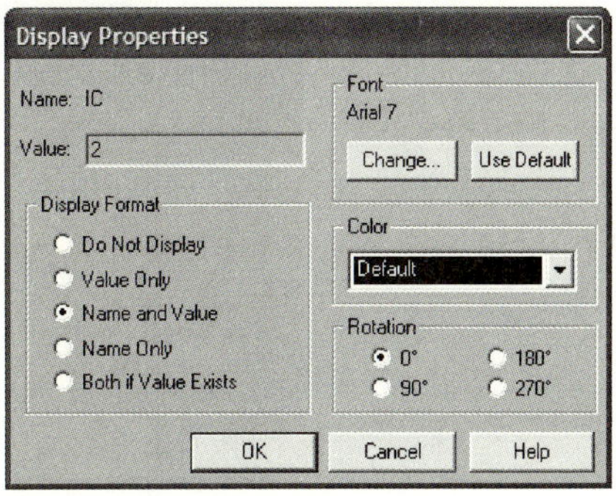

(*b*)

■圖 7.38　(*a*) 電容器屬性編輯視窗；(*b*) 顯示屬性對話框。

例題 7.11

試模擬圖 7.39 電路的輸出電壓波形，如果 $v_s = 1.5 \sin 100t$ V、$R_1 = 10$ kΩ、$C_f = 4.7\ \mu$F 及 $v_C(0) = 2$ V。

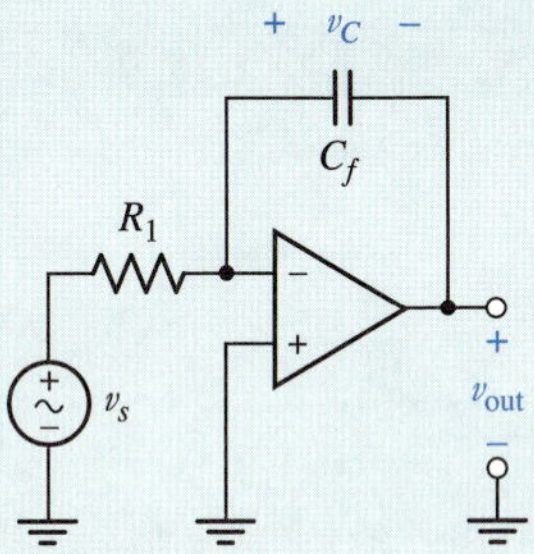

■圖 7.39　積分運算放大電路。

我們從繪製電路圖開始，確定設置跨接於電容器兩端的初始電壓 (如圖 7.40)。注意到必須將頻率從 100 rad/s 轉換成 $100/2\pi = 15.92$ Hz。

為了求得時變的電壓與電流，需要執行所謂的暫態分析。在 PSpice 目錄下，增加一個新的**模擬圖** (**New Simulation Profile**) 稱為**運算放大器積分器** (**op amp integrator**)，其引導出圖 7.41 的對話框。**執行到達時間** (**Run to time**) 代表模擬終了時間；PSpice 會選擇它自己的不連續時間，並計算不同的電壓及電流。偶爾會有敘述暫態求解無法收斂的錯誤訊息，或者輸出波形並不是像我們所要的一樣平滑。在這種情況下，設定一個**最大步階大小** (**Maximum step size**) 是有用的，在這個例子中已設定為 0.5 ms。

從我們先前的分析及方程式 [17]，預期輸出與輸入波形的負積分成

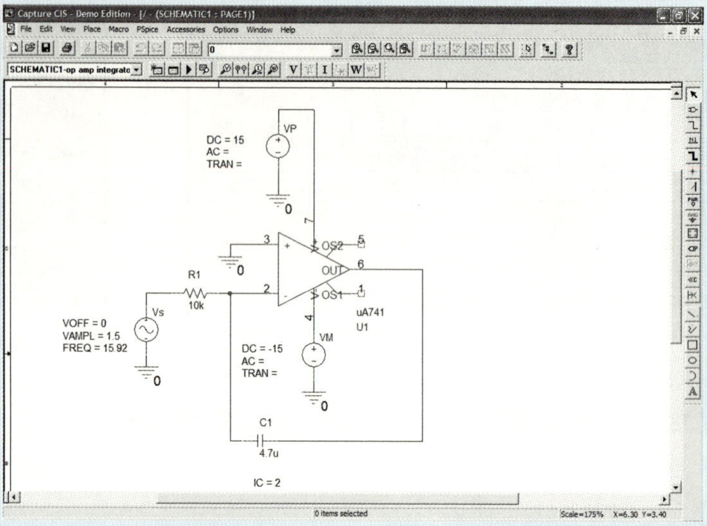

■圖 7.40　圖中代表圖 7.39 所示的電路，包含設定為 2 V 的電容器初始電壓。

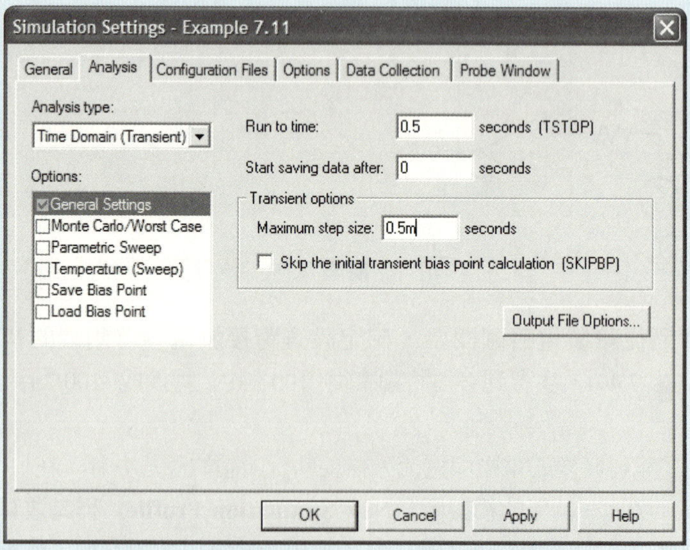

■圖 7.41　暫態分析的設定對話框。選擇 0.5 s 的有限時間，以獲得數個週期的輸出波形 $(1/15.92 \approx 0.06\ \text{s})$。

比例，即 $\upsilon_{out} = 0.319\cos 100t - 2.319$ V，如圖 7.42 所示。跨接在電容器兩端 2 V 的初值條件與積分的常數項組合，而在輸出形成非零平均值，不像輸入的平均值為零。

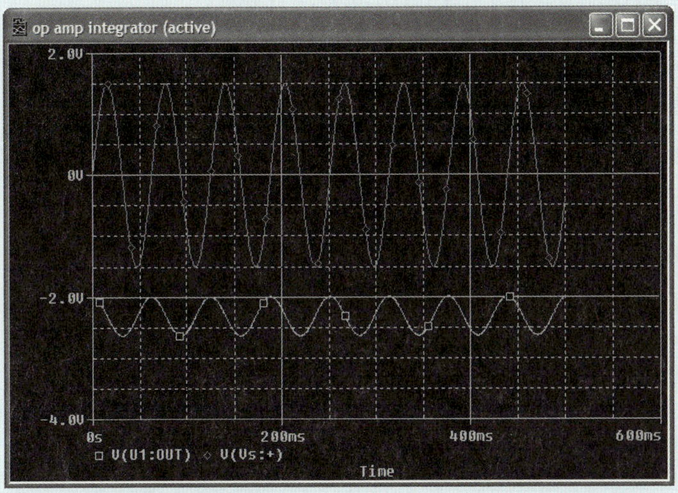

■圖 7.42　模擬積分器電路的探針輸出，並與輸入波形比較。

摘要與複習

- 流經電容器的電流為：$i=C\,dv/dt$。
- 跨接於電容器兩端的電壓與電流的關係為：

$$v(t)=\frac{1}{C}\int_{t_0}^{t} i(t')\,dt'+v(t_0)$$

- 電容器對直流為開路。
- 跨接電感器兩端的電壓為：$v=L\,di/dt$。
- 流經電感器的電流與其電壓的關係為：

$$i(t)=\frac{1}{L}\int_{t_0}^{t} v\,dt'+i(t_0)$$

- 電感器對直流為短路。
- 電容器目前的儲存能量為：$\frac{1}{2}Cv^2$；而電感器目前的儲存能量為 $\frac{1}{2}Li^2$；兩者都以沒有能量儲存的時間為參考。
- 電感器的串聯與並聯組合可以使用電阻器的相同方程式求得。
- 電容器的串聯與並聯組合，和電阻器的串、並聯組合相反。
- 電容器在反相運算放大器中做為回饋元件時，將導致輸出電壓與輸入電壓的積分成比例。將輸入電阻器與回饋電容器對調時，將導致輸出電壓與輸入電壓的微分成比例。

- 因為電容器與電感器為線性元件，KVL、KCL、重疊定理、戴維寧與諾頓定理及節點與網目分析可完全應用到它們的電路中。
- 對偶的概念提供電感器電路與電容器電路之間的關係另一種觀點。
- PSpice 允許我們設定跨於電容器兩端的初始電壓與流經電感器的初始電流。暫態分析提供包含這些型式的元件電路之時間依賴響應的細節。

進階研讀

- 對於不同的電容器與電感器型式的特性與選擇詳細指引，可於下列書籍中發現：

  H. B. Drexler 所著“被動電子元件手冊”，第二版，C. A. Harper, ed. New York：McGraw-Hill, 2003，第 69-203 頁。

  C. J. Kaiser 所著“電感器手冊”第二版，Olathe Kans：C. J. 發行，1996。
- 二本描述以電容器為基礎的運算放大器電路：

  R. Mancini 所著“每個人的運算放大器”第二版，Amsterdam：Newnes, 2003。

  W. G. Jung 所著“運算放大器手冊”第三版，Upper Saddle River, N.J.：Prentice Hall, 1997。

習　題

※偶數題置書後光碟

7.1 電容器

1. 試計算流經 10 μF 電容器的電流，如果跨接在電容器兩端的電壓為：(a) 5 V；(b) $115\sqrt{2}\cos 120\pi t$ V；(c) $4e^{-t}$ mV。
3. 計算流經 1 mF 電容器對跨接於其兩端電壓 v 的電流響應。如果 v 等於：(a) $30te^{-t}$ V；(b) $4e^{-5t}\sin 100t$ V。
5. 由直徑為 1 cm 的兩個薄鋁盤分隔 100 μm 的距離所組成的電容器，(a) 計算電容值，假設兩個金屬盤之間只有空氣存在；(b) 電容器儲存少量的 1 mJ 能量時，試求作用在電容器上的電壓值；(c) 如果電容器在應用中需要儲存 2.5 μJ 的能量才能提供 100 V，試求兩個平行版之間的區域相對介電係數 $\varepsilon / \varepsilon_0$ 為多少？

D 7. 設計一個電容器，其電容可以由一個旋轉鈕手動介於 100 pF 及 1 nF 之間變化。包括適當的標示圖，並予以解釋。

9. 圖 7.44 顯示流經 47 μF 電容器的電流，試求在 (a) $t=2$ ms；(b) $t=4$ ms；(c) $t=5$ ms 時，跨接在此裝置兩端的電壓。

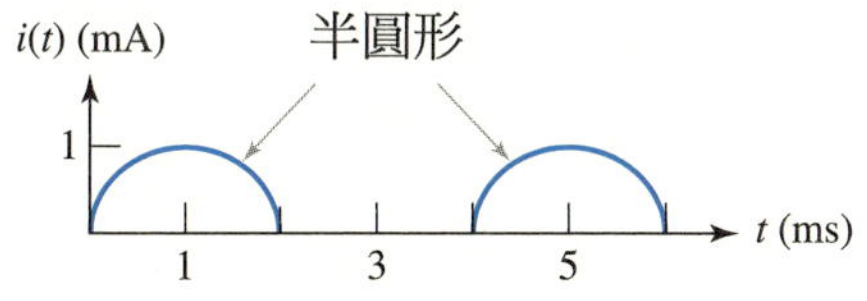

■圖 7.44

11. (a) 如果圖 7.1 所示的電容器其電容為 0.2 μF，令 $v_C=5+3\cos^2 200t$ V，試求 $i_C(t)$；(b) 儲存在電容器的最大能量為多少？(c) 如果 $t<0$ 時，$i_C=0$，且 $t>0$ 時，$i_C=8e^{-100t}$ mA，試求 v_C？(d) 如果 $t>0$ 時，$i_C=8e^{-100t}$ mA，且 $v_C(0)=100$ V，試求 $t>0$ 時的 $v_C(t)$？

13. 電阻 R 與 1 μF 的電容器並聯，當 $t\leq 0$ 時，電容器的儲存能量為 $20e^{-1000t}$ mJ，(a) 試求 R？(b) 利用積分，證明時間在 $0\leq t<\infty$ 時，R 所消耗的能量為 0.02 J。

7.2 電感器

15. 如果流進“+”參考端的電流分別為：(a) 5 mA；(b) $115\sqrt{2}\cos 120\pi t$ A；(c) $4e^{-6t}$ mA，試求跨接在 10 nH 電感器兩端的電壓？

17. 流進“+”參考端的電流 i 等於：(a) $30\,te^{-t}$ nA；(b) $4e^{-5t}\sin 100t$ mA 時，試求跨接在 5 μH 電感器兩端的電壓響應。

19. 參考圖 7.48：(a) 繪製時間函數 v_L 在 $0\leq t<60$ ms 的圖形；(b) 試求電感器吸收最大功率的時間；(c) 試求提供最大功率的時間；及 (d) 求 $t=40$ ms 時，電感器所儲存的能量為多少？

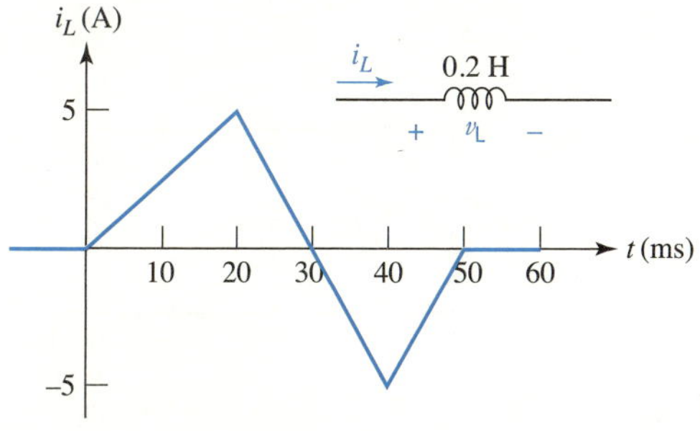

■圖 7.48

21. (a) 圖 7.49*a* 電路中，如果 $t>0$ 時，$i_s=0.4t^2$ A，試求 $t>0$ 時的 $v_{in}(t)$，並繪製其圖形；(b) 圖 7.49*b* 電路中，如果 $t>0$ 時，$v_s=40t$ V 且 $i_L(0)=5$ A，試求 $t>0$ 時的 $i_{in}(t)$，並繪製其圖形。

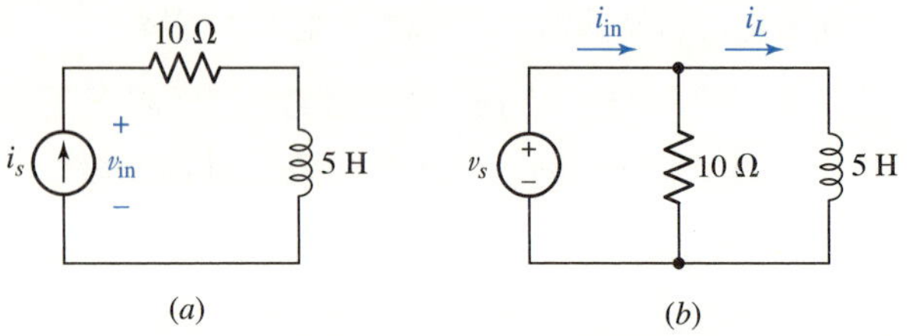

■圖 7.49

23. 在 $0<t<10$ ms 時，跨接在 0.2 H 電感器兩端的電壓 v_L 為 100 V，在 $10<t<20$ ms 的區間內以線性方式下降至零；在 $20<t<30$ ms 時為零；在 $30<t<40$ ms 時為 100 V；然後又為零。假設 v_L 與 i_L 採用被動式符號慣例，(a) 如果 $i_L(0)=-2$ A 時，計算在 $t=8$ ms 時的 i_L；(b) 如果 $i_L(0)=0$ 時，試求在 $t=22$ ms 時，所儲存的能量。

25. 跨接在 5 H 電感器兩端的電壓為 $v_L=10(e^{-t}-e^{-2t})$，如果 $i_L(0)=80$ mA，且 v_L 與 i_L 滿足被動式符號慣例，試求 (a) $v_L(1\text{ s})$；(b) $i_L(1\text{ s})$ 及 (c) $i_L(\infty)$。

27. 參考圖 7.52 電路，試求 (a) w_L；(b) w_C；(c) 每一個電路元件所跨接的電壓；(d) 流過每一個電路元件的電流。

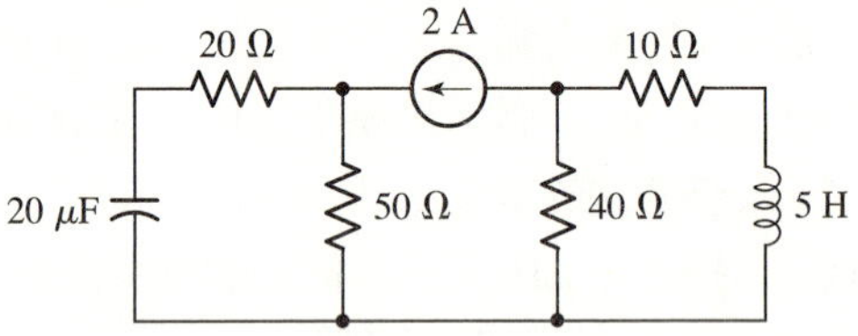

■圖 7.52

29. 圖 7.54 電路，(a) 計算 7 Ω 及 10 Ω 電阻器分別所消耗的功率；(b) 利用 PSpice 驗證你的答案，在模擬結果中附上適當的標示圖。

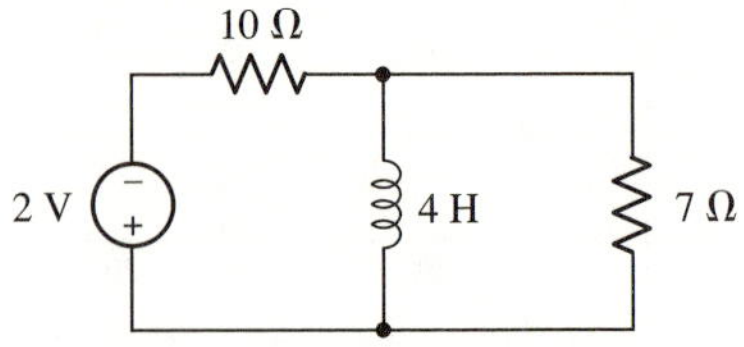

■圖 7.54

7.3 電感與電容組合

31. 試求圖 7.56 網路的等效電容，如果所有的電容器均為 10 μF。

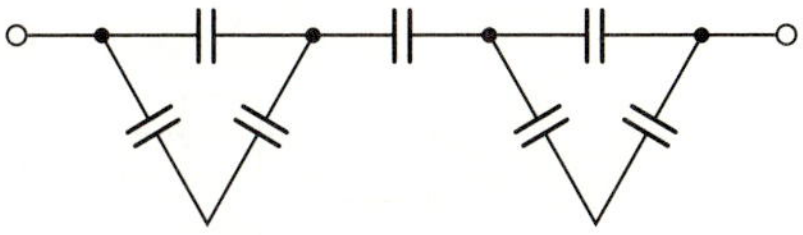

■圖 7.56

33. 在圖 7.58 的電路中 (a) 利用串聯/並聯組合，將電路中的元件儘可能的降至最少；(b) 如果所有的電阻器為 10 kΩ、電容器為 50 μF 且電感器為 1 mH，試求 v_x。

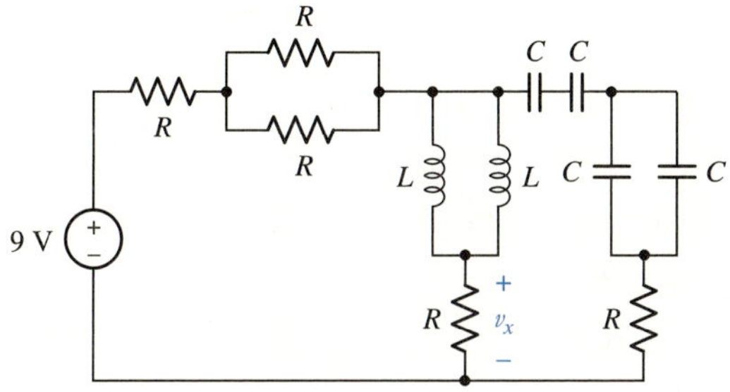

■圖 7.58

35. 從圖 7.60 電路的 a 與 b 兩端點往電路看，將網路降低成單一等效電容。

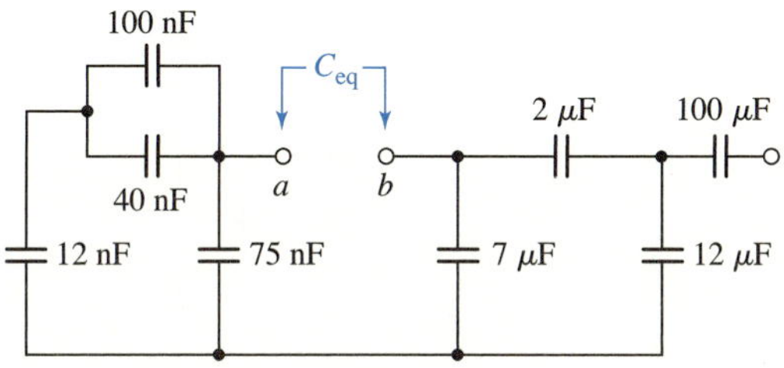

■圖 7.60

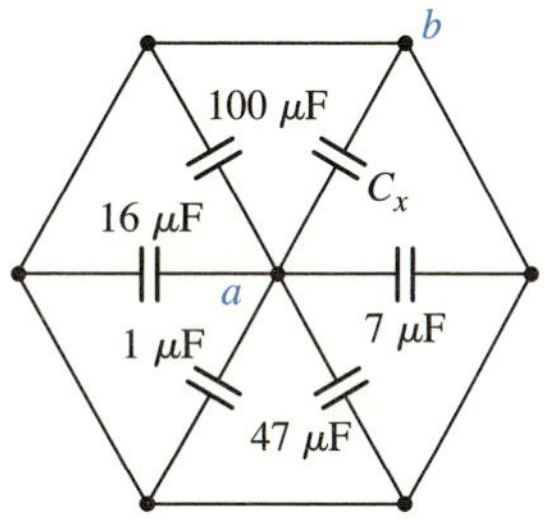

■圖 7.62

37. 圖 7.62 的網路中，當 a 與 b 兩端點間連接一個 2.5 V 的電壓時，網路儲存 534.8 μJ 的能量。試問 C_x 的數值為多少？

39. 圖 7.63 的網路，$L_1=1$ H、$L_2=L_3=2$ H、$L_4=L_5=L_6=3$ H，(a) 試求等效電感；(b) 假設第 N 層由 N 個具有 N 亨利的電感器組成，對於具有這種形式的 N 階層一般網路，推導出一個表示式。

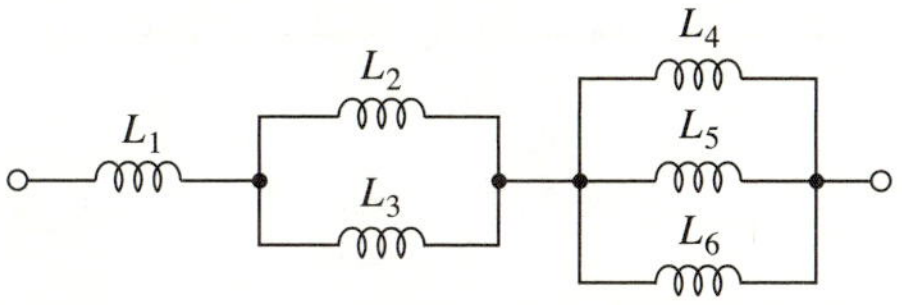

■圖 7.63

41. 圖 7.64 的網路中，如果每一個電感器為 1 nH，擴展 Δ-Y 轉換概念簡化此網路。

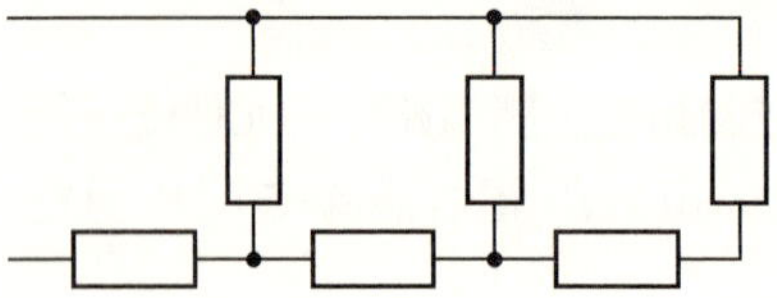

■圖 7.64

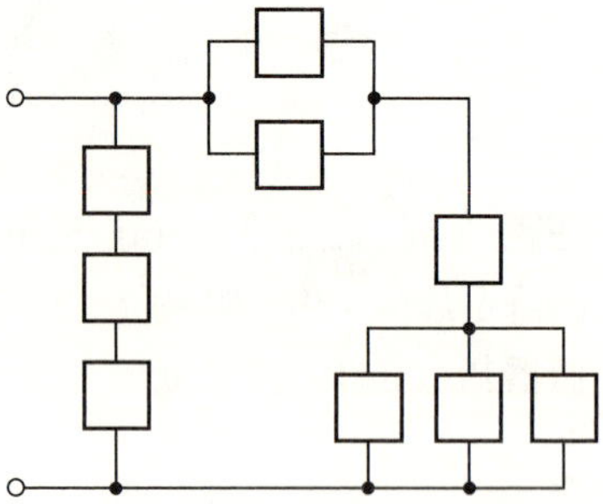

■圖 7.65

43. 參考圖 7.65 的網路，試求 (a) R_{eq}，如果每一個元件為 10 Ω 的電阻器；(b) l_{eq}，如果每一個元件為 10 H 的電感器；(c) C_{eq}，如果每一個元件為 10 F 的電容器。
45. 已知一箱的 1 nF 電容器，儘可能使用較少的電容器，證明如何獲得一個等效電容為：(a) 2.25 nF；(b) 0.75 nF；(c) 0.45 nF 的電路。

7.4 線性的重要性

47. 圖 7.68 電路中，令 $v_s = 100e^{-80t}$ V 且 $v_1(0) = 20$ V，(a) 對於所有時間 t，試求 $i(t)$；(b) 對於 $t \geq 0$，試求 $v_1(t)$；(c) 對於 $t \geq 0$，試求 $v_2(t)$。

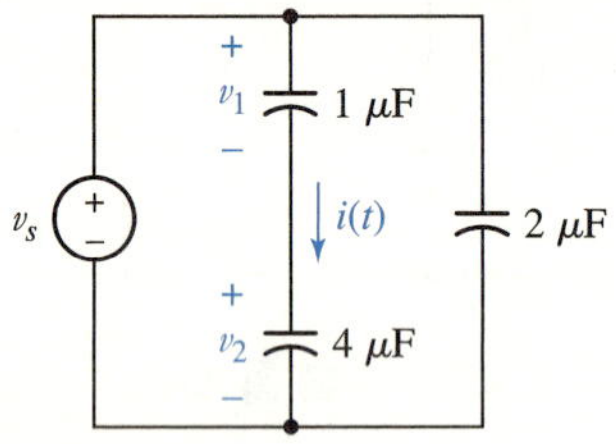

■圖 7.68

49. 假設圖 7.70 電路中的所有電源，已連接至電路並運作一段很長的時間，利用重疊定理求解 $v_C(t)$ 及 $v_L(t)$。

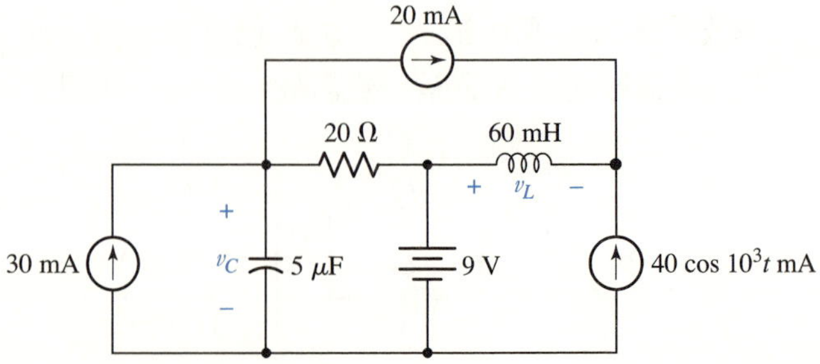

■圖 7.70

7.5　具電容器的簡單運算放大器電路

51. 將圖 7.30 電路中的 R 和 C 位置對調，並且假設運算放大器的 $R_i=\infty$，$R_o=0$ 及 $A=\infty$。(a) 試求以 $v_s(t)$ 為函數所表示的 $v_{out}(t)$；(b) 如果 A 並不假設為無窮大時，試求 $v_o(t)$ 與 $v_s(t)$ 間相關的方程式。

53. 圖 7.30 電路中，令 $R=0.5$ MΩ、$C=2$ μF、$R_i=\infty$ 及 $R_o=0$。假設期望輸出為 $v_{out}=\cos 10t-1$ V，如果 (a) A＝2000 及 (b) A 為無窮大時，試求 $v_s(t)$。

55. (a) 圖 7.72 電路中，將電阻器與電感器交換，並推導一以 v_s 為項次的 v_{out} 表示式；(b) 解釋為何像這樣的電路在實際中無法被使用。

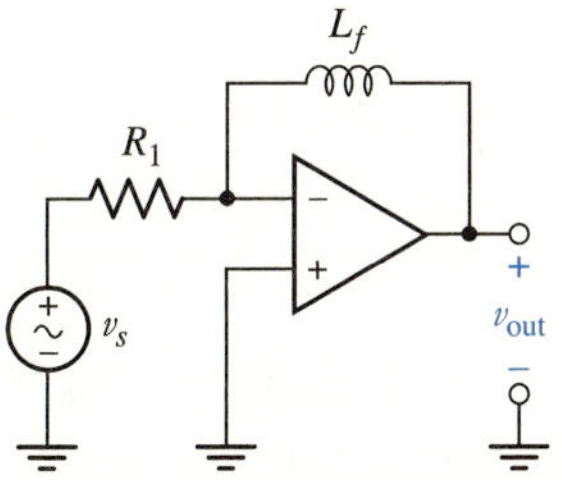

■圖 7.72

D 57. 某一種玻璃形成過程需要冷卻速度不大於 100°C/min，可利用的是與流動的玻璃融化物溫度成比例的電壓，例如超過 500 至 2000°C 的範圍時 1 mV＝1 °C。設計一個電路其電壓輸出代表冷卻速度，例如 1 V＝100 °C/min。

D 59. 一個電池被測量，決定其可以傳送到某一個 1 Ω 負載的能量數，有兩個訊號可供使用：一個電池電壓平方的電壓訊號 (1 mV＝1 V^2)，而一個是指示流出電池的電流平方的電壓訊號 (1 mV＝1 A^2)。設計一個電路其電壓輸出比例於總能量傳遞，例如 1 mV＝1 J 的能量供給至負載。

7.6　對　偶

61. (a) 畫出圖 7.69 所示電路的完全對偶，指明對偶變數及對偶的初始條件；(b) 列出此對偶電路的節點方程式；(c) 列出此對偶電路的網目方程式。

63. 畫出圖 7.73 所示電路的完全對偶，並保持整潔！

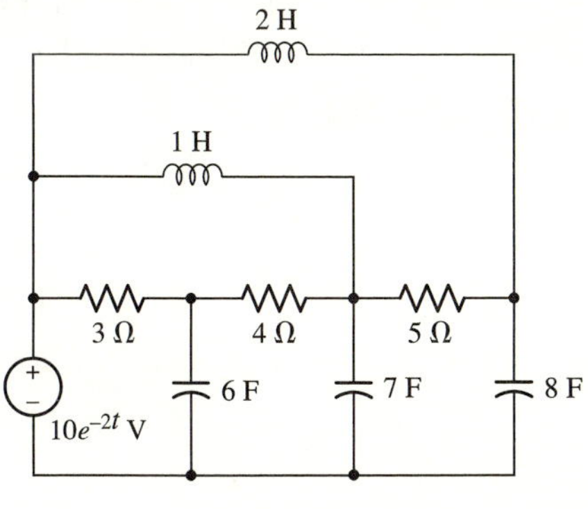

■圖 7.73

65. 畫出圖 7.74 電路的對偶，並求得以 i_s 為項次的 i_{out} 表示式。(提示：使用運算放大器詳細的模型)

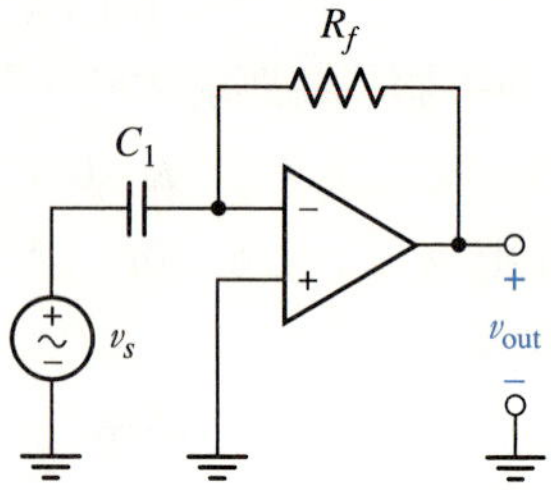

■圖 7.74

7.7 以 PSpice 做電容器與電感器的模型

67. 計算圖 7.76 的電感器所儲存的能量。利用 PSpice 驗證你的答案，並在模擬結果中繪製適當標示的圖形。

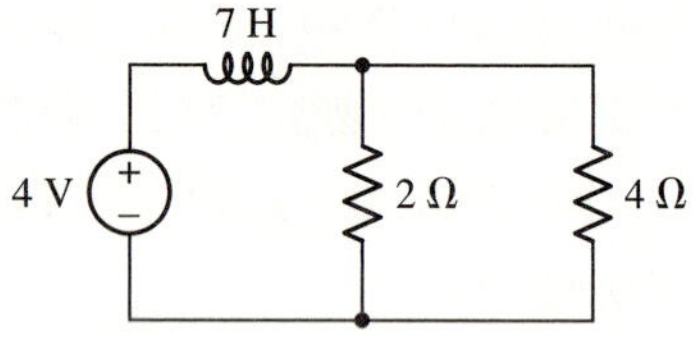

■圖 7.76

69. 計算圖 7.78 的電容器所儲存的能量。利用 PSpice 驗證你的答案，並在模擬結果中繪製適當標示的圖形。

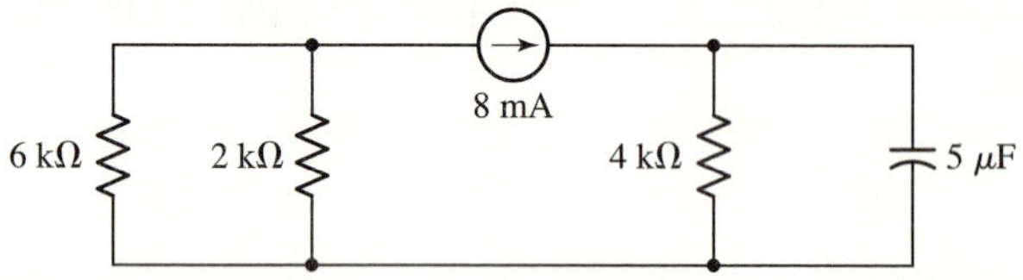

■圖 7.78

71. 利用 PSpice 驗證一個 33 μF 的電容器，當連接到一個 $v(t)=5\cos 75t$ V 的電壓源，其儲存能量在 $t=10^{-2}$ s 時，為 221 μJ。(提示：利用 VSIN 元件)

73. 針對圖 7.72 電路，如果 $v_s(t)=A\cos 2\pi\, 10^3 t$ V，選擇 R_1 與 L_f，使得輸出為輸入電壓微分的兩倍。利用 PSpice 驗證你的設計。

75. 以 $i(t)=5\cos 75t-7$ A 取代，重做習題 72。

8 基本 *RL* 與 *RC* 電路

關　鍵　概　念

- 認識 *RL* 與 *RC* 時間常數之定義
- 自然響應與強迫響應的區分
- 計算由直流電源激勵的電路時間相依響應
- 初始條件的決定以及了解初始條件對電路響應的影響
- 分析含有步階函數輸入以及開關切換之電路
- 利用單位步階函數建立脈衝波形
- 熟悉開關順序切換電路之響應

簡　介

在第 7 章中已對含有電感及電容之電路進行推導，並求出其響應方程式，但尚未對任何一方程式做進一步之求解。緊接著我們將重點放在只含有電阻和電感之電路或是只含有電阻和電容之電路上，針對以上較簡單的電路進行求解。儘管所要考慮的電路相當的基本簡單，但在實際的應用上卻顯的格外重要。在許多的應用場合中常常可見到這類裝置儀器的蹤跡，例如：電子放大器、自動控制系統、運算放大器、通訊設備等。在熟悉了這些簡單電路之後，我們就能夠預測當放大器之輸入隨時間急遽變化時，放大器輸出隨輸入變化之精確程度如何；或預測一部馬達的轉速將如何隨著場電流的變化做迅速變化。經由簡單的瞭解 *RL* 或 *RC* 電路，同時能使我們對於放大器或馬達提出修正以獲得令人滿意之響應。

8.1 無源 *RL* 電路

對於含有電感或電容之電路分析主要是以描述電路特性的公式以及積分微分方程式的解作為依據，對於這類特殊形態的方程式我們稱之為線性齊次 (homogeneous) 微分方程式，如此簡單之微分方程式其因變數及導數均為一階 (degree)。當我們能找出一個時間函數來表示因變數，且該函數不僅能滿足微分方程式，同時在指定的瞬時間 (通常 *t*

$=0$) 下，也滿足指定的電感或電容能量分佈，則我們所求得之函數便是該問題之解 (solution)。

微分方程式之解答通常用來表示為某一電路之響應，具有很多名稱。當響應和電路一般的“本質”有關 (元件種類、尺寸及元件的連接關係) 時，該響應常被稱為**自然響應** (natural response)。然而，對於任何由我們所建構的真實電路均無法永久地儲存能量；由於和電感或電容相連接之電阻會漸漸地將所有儲存的能量轉變為熱能，響應最終將歸消失，正因如此該響應稱之為**暫態響應** (transient response)。最後，我們也必須熟悉由數學家所提供之術語，他們將齊次線性微分方程式之解稱為**互補函數** (complementary function)。

當考慮獨立電源作用於一電路時，某部分的響應會和所使用的特定電源 (或稱強迫函數) 之本質相似，則該部分之響應稱為特解 (particular solution)、穩態響應 (steady-state response) 或**強迫響應** (forced response)，將用以補充於無源電路中所產生之互補響應。緊接著電路之完全響應將由計算互補函數與特解之和而得。亦即，完全響應為自然響應與強迫響應之和。無源響應一般可被稱作自然響應、暫態響應、自由響應或互補函數，但為求能夠更具體的描述電路之本質，大部分的時間總是被稱為自然響應。

我們將考慮一些不同的方法用以求解微分方程式；然而，數學運算並不像在進行電路分析，通常令人最感興趣的部分會是解答本身與其意義及解釋。我們也將對各種電路響應之型式進行充分之瞭解，以便僅需要以簡單的思考就能對新電路進行求解。儘管在較簡單的方法失效時會需要較複雜的分析技巧，但不要忘記一個發展甚好的直覺洞悉能力在這種情況下是無價的資源。

考慮如圖 8.1 所示之簡單串聯 RL 電路，開始進行暫態分析；令時變電流為 $i(t)$，且當 $t=0$ 時的值為 I_0；換言之 $i(0)=I_0$，因此得到

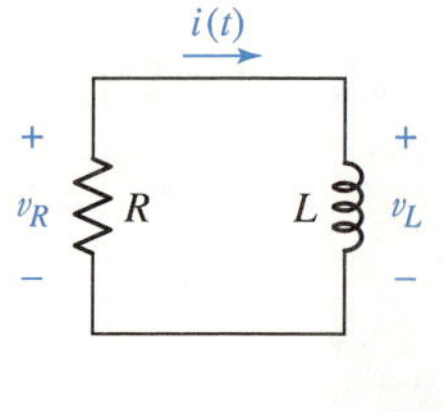

■圖 8.1 欲決定受初始條件 $i(0)=I_0$ 所影響串聯 RL 電路之 $i(t)$。

$$Ri + v_L = Ri + L\frac{di}{dt} = 0$$

或

$$\frac{di}{dt} + \frac{R}{L}i = 0 \qquad [1]$$

以決定 $i(t)$ 表示式作為目標，同時表示式必須滿足此方程式且在 $t=0$ 時具有 I_0 之值；其解可由多種不同之方法求得。

討論一時變電流流過沒有電源之電路看起來是相當的奇怪！請記住的是，我們只知道在特定時間下，如 $t=0$ 時之電流，而不知道在該時間之前的電流。同理，我們也不曉得在 $t=0$ 之前的電路看起來像什麼。為了使電流能夠流動，電源必須出現在相同的時間點，然而我們無法得知這訊息。幸運的是，對於我們所提供的電路它並不需要具備分析之能力。

直接解法

求解微分方程式一種最直接的方法是先寫出欲求解之方程式並使其變數分離，緊接著對方程式的每一邊進行積分；方程式 [1] 中之變數為 i 與 t，明顯地該方程式可以乘上 dt 再除以 i，並對分離的變數進行重新排列，如此可得

$$\frac{di}{i} = -\frac{R}{L}dt \qquad [2]$$

因電流在時間 $t=0$ 時為 I_0，且在時間為 t 時等於 $i(t)$，所以我們可以在相對的積分極限內對方程式的每一邊進行積分以使兩定積分相等，即

$$\int_{I_0}^{i(t)} \frac{di'}{i'} = \int_0^t -\frac{R}{L}\,dt'$$

完成所指示之積分

$$\ln i'\Big|_{I_0}^{i} = -\frac{R}{L}t'\Big|_0^t$$

得到

$$\ln i - \ln I_0 = -\frac{R}{L}(t-0)$$

經由巧妙的處理之後，我們求出該電流 $i(t)$ 為

$$i(t) = I_0 e^{-Rt/L} \qquad [3]$$

如欲驗證直接解法之解答，可先推導將方程式 [3] 代入方程式 [1] 會產生 $0=0$ 之恆等式，緊接推導將 $t=0$ 代入方程式 [3] 中會

CAUTION

得到 $i(0)=I_0$。這兩個步驟在進行求解驗證時是不可或缺的，因所得到的解必須能夠滿足用來描述電路之方程式，同時也必須滿足初始條件，亦即在時間為零時之響應。

例題 8.1

如圖 **8.2** 電路所示，在 $t=\mathbf{0}$ 時 $i_L=\mathbf{2\ A}$，試求 $t>\mathbf{0}$ 時之 $i_L(t)$，以及在 $t=\mathbf{200}\ \mu\mathbf{s}$ 時 i_L 之值。

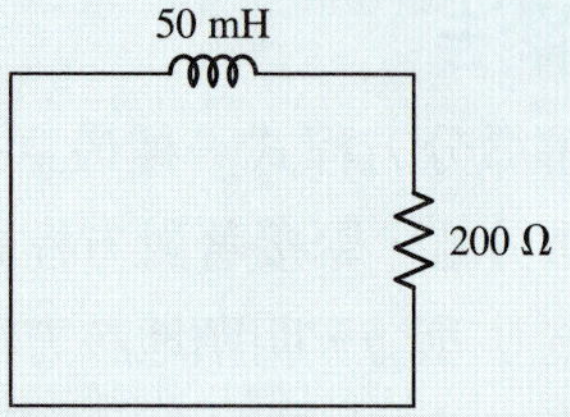

■圖 8.2 簡單的 *RL* 電路，在 $t=0$ 時電感具有初始儲能。

此例之電路型態和上述我們所推導考慮的電路是一致的，所以我們可以清楚的知道電感電流可表示為

$$i_L(t) = I_0e^{-R/L^t}$$

其中 $R=200\ \Omega$，$L=50$ mH，而 I_0 為時間 $t=0$ 時流經電感之初始電流。因此，

$$i_L(t) = 2e^{-4000t}$$

將 $t=200\times10^{-6}$ s 代入上式，可得到 $i_L(t)=898.7$ mA，此值較初始值的一半還來的小。

練習題

8.1 如圖 8.3 電路所示，假設 $i_R(0)=6$ A，試求 $t=1$ ns 時流經電阻之電流值。

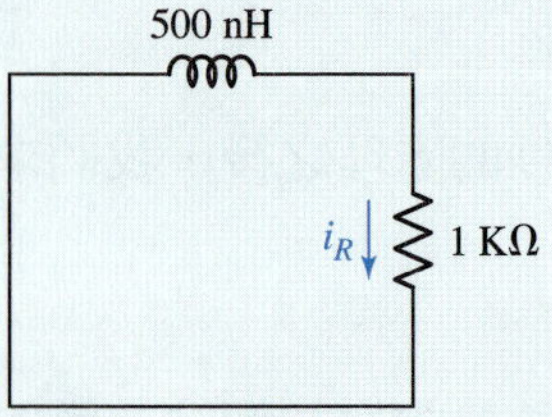

■圖 8.3 練習題 8.1 之電路。

答：812 mA。

另外的解法

電路的求解亦可經由對上述方法做些微變化而求得。變數分離後，若含有積分常數，我們可以求出方程式 [2] 中每一邊的不定積分，因此

$$\int \frac{di}{i} = -\int \frac{R}{L}dt + K$$

積分得

$$\ln i = -\frac{R}{L}t + K \qquad [4]$$

常數 K 無法透過由方程式 [4] 代入原方程式 [1] 求得，因為對於任一 K 值而言，方程式 [4] 是方程式 [1] 的解，所以會產生 $0=0$ 之恆等式；積分常數的選擇必須滿足初始條件 $i(0)=I_0$，因此在時間 $t=0$ 時方程式 [4] 變成

$$\ln I_0 = K$$

將此 K 值代入方程式 [4] 求得所要之響應為

$$\ln i = -\frac{R}{L}t + \ln I_0$$

或

$$i(t) = I_0 e^{-Rt/L}$$

和先前所求一致。

更一般的求解方法

當變數能夠進行分離時，上述兩種方法皆可作為電路求解使用，然而此兩種方法並非總是能夠滿足各種電路之需求且進行求解。在其餘的電路求解範例中，我們將仰賴一種非常有用的方法，該方法之成功與否完全端視我們在求解上的直覺洞悉能力以及經驗而定。我們先猜測或假設電路方程式具有某一種解的型式，接著將此解代入原方程式中，同時利用已知的初始條件，來加以確認該假設是否正確。由於我們無法期望得知所求之解的正確數值表示式，因此我們假設所求之解包含了一些未知常數，並選擇這些常數以滿

足原微分方程式與初始條件。在進行電路分析時會遭遇到很多的微分方程式，其解通常能以指數函數或一些指數函數之和來表示。假設方程式 [1] 具有一指數型式之解，如下所示

$$i(t) = A e^{s_1 t} \qquad [5]$$

其中 A 與 s_1 是欲被決定之常數，將此假設解代入方程式 [1] 可得

$$As_1 e^{s_1 t} + A\frac{R}{L}e^{s_1 t} = 0$$

或

$$\left(s_1 + \frac{R}{L}\right) Ae^{s_1 t} = 0 \qquad [6]$$

為了能夠在所有的時間下滿足此方程式，必須令 $A=0$ 或 $s_1=-\infty$，亦或 $s_1=-R/L$；然而當 $A=0$ 或 $s_1=-\infty$ 時每個響應皆為零，故兩者皆不是問題之解。因此，必須選擇

$$s_1 = -\frac{R}{L} \qquad [7]$$

且假設解的型式為

$$i(t) = Ae^{-Rt/L}$$

而剩下的常數必須根據 $i(0)=I_0$ 的初始條件求之，則 $A=I_0$，假設解的最後型式為

$$i(t) = I_0 e^{-Rt/L}$$

整個基本求解方法的說明概略地被描述在圖 8.4。

事實上，我們可以進行更直接的求解程序；在求解方程式 [7] 過程中，我們解出

$$s_1 + \frac{R}{L} = 0 \qquad [8]$$

此即所謂的**特性方程式** (characteristic equation)；特性方程式可以直接從微分方程式中獲得，不需將我們所試驗的解代入進行運算。考慮一般之一階微分方程式

$$a\frac{df}{dt} + bf = 0$$

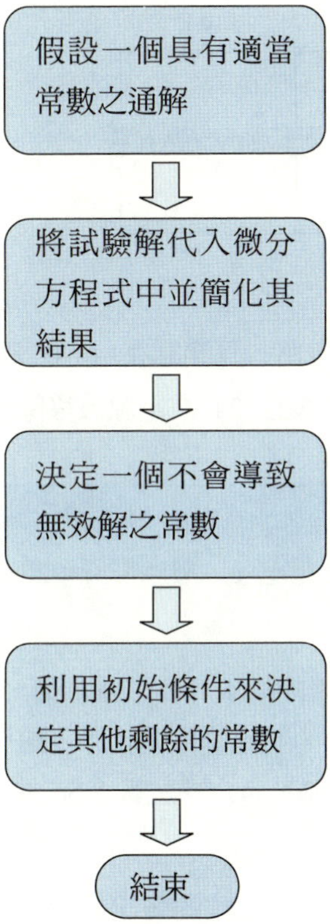
假設一個具有適當常數之通解
將試驗解代入微分方程式中並簡化其結果
決定一個不會導致無效解之常數
利用初始條件來決定其他剩餘的常數
結束

■圖 8.4　根據經驗法則，一般用於求解一階微分方程式之方法流程，供我們猜測出欲求之解的型式。

其中 a 與 b 是常數。令 $s^1 = df/dt$ 及 $s^0 = f$ 代入得到

$$a\frac{df}{dt} + bf = (as + b)f = 0$$

則特性方程式可直接從式中獲得

$$as + b = 0$$

僅具有一個 $s = -b/a$ 之根。於是微分方程式之解可如下表示

$$f = Ae^{-bt/a}$$

相同的分析程序能夠輕易的延伸到二階微分方程式之應用上，我們將在第 9 章對其做更進一步的討論。

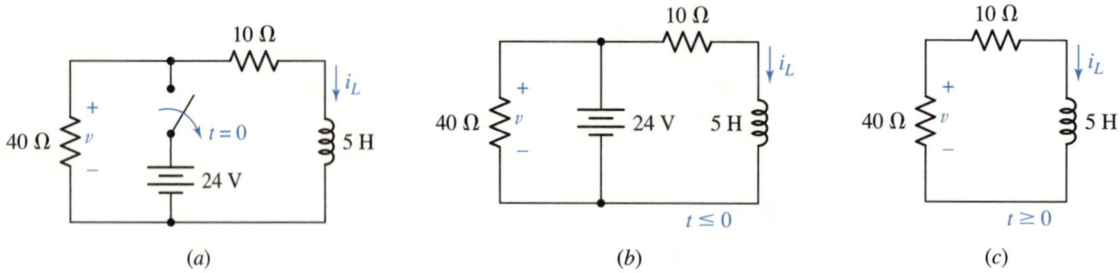

■**圖 8.5** (*a*) 簡單的 *RL* 電路，且開關在 $t=0$ 時打開；(*b*) 時間 $t=0$ 之前的電路；(*c*) 當開關打開後且 24 V 電源被移除的電路。

例題 8.2

試求圖 8.5*a* 電路所標示之電壓 v，於時間 $t=200$ ms 時之值。

▲ 確認問題的目標

圖示 8.5*a* 實際上描述著兩種不同的電路結構，一種是開關處於閉合狀態 (圖 8.5*b*)，另一為開關處於打開狀態 (圖 8.5*c*)。根據問題所要求，我們必須求出在 $t=200$ ms 時，圖 8.5*c* 中的電壓 $v(0.2)$ 值。

▲ 收集已知資料

首先，我們必須確認是否有正確的畫出新電路圖並且做上適當的標示。接著，我們假設圖 8.5*b* 之電路已經被連接成這種型式有很長的一段時間了，所以任何的暫態結果都已經消失。除非還有其它的指示，不然在這樣的情況下我們是可以做這樣的假設的。

▲ 構思一個求解方法

圖 8.5*c* 的電路可以藉由寫出 KVL 方程式來加以分析。最終我們會需要的是一個僅含有變數 v 和 t 的微分方程式；而這可能也會需要一些額外的方程式與一些能代入的數。接著我們將可求解出 $v(t)$ 的微分方程式。

▲ 建立適當的方程式組

參照圖 8.5*c*，我們寫出

$$-v + 10i_L + 5\frac{di_L}{dt} = 0$$

將 $i_L = -v/40$ 代入得到

$$\frac{5}{40}\frac{dv}{dt} + \left(\frac{10}{40} + 1\right)v = 0$$

或簡化為

$$\frac{dv}{dt} + 10v = 0 \qquad [9]$$

▲ 決定是否需要額外的訊息

從先前的經驗來看，要獲得 v 的完整表示式必須要知道在特定時間下有關 v 的訊息，而這個特定時間通常以 $t=0$ 時最為合宜。我們可能會被誘導著去檢視圖 8.5*b* 並寫下 $v(0)=24$ V，但是這樣的事實僅會出現在電路開關打開之前。電阻電壓在開關打開的瞬間能夠變化成任何值，只有電感電流必須維持不變。

圖 8.5*b* 的電路中 $i_L=24/10=2.4$ A，由於電感器動作如同直流時的短路，因此在圖 8.5*c* 中 $i_L(0)=2.4$ A；此手法是分析此類型電路的一個關鍵，同樣的在最後我們可以從圖 8.5*c* 中得到 $v(0)=(40)(-2.4)=-96$ V。

▲ 嘗試求解

這三種基本求解技術中的任何一種都能夠被容許。根據經驗，讓我們透過寫出符合方程式 [9] 的特性方程式開始

$$s + 10 = 0$$

求解上式得到 $s=-10$，則

$$v(t) = Ae^{-10t} \qquad [10]$$

將方程式 [10] 代入方程式 [9] 的左半部可預期得到

$$-10Ae^{-10t} + 10Ae^{-10t} = 0$$

令方程式 [10] 中時間 $t=0$，並配合先前所求 $v(0)=-96$ V 找出係數 A，則電壓 v 的表示式可如下所示

$$v(t) = -96e^{-10t} \qquad [11]$$

因此可求出 $v(0.2)=-12.99$ V，為一個由最大 -96 V 往下遞減的量。

▲ 驗證其解，是否合理或符合預期？

我們也能透過瞭解下面的方程式來求得電感電流，在圖 8.5*c* 中電感“看見”了一個 50 歐姆的電阻，因此產生了一個 $\tau=50/5=10$ s 的時間常數，再根據我們所知道的事實 $i_L(0)=2.4$ A，則我們推出如下的電感電流表示式

$$i_L(t) = 2.4e^{-10t} \text{ A}, \quad t > 0$$

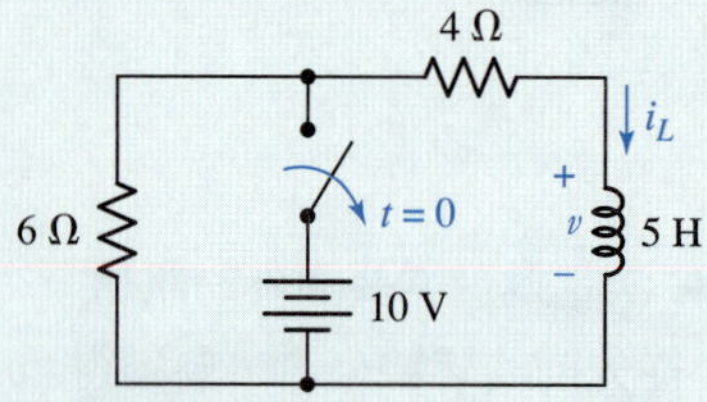

■圖 8.6 練習題 8.2 之電路。

從歐姆定律得知 $v(t) = -40i_L(t) = -96e^{-10t}$，如同 [11] 式所示。電感電流和電阻電壓具有相同的指數相依型式這並不是巧合。

練習題

8.2 試求當 $t > 0$ 時圖 8.6 電路中電感器電壓 v 之表示式。

答：$-25e^{-2t}$ V。

能量的產生

在我們將注意力移到說明響應的意義之前，先回到圖 8.1 之電路並且檢視功率與能量的關係。被電阻所消耗的功率為

$$p_R = i^2R = I_0^2 R e^{-2Rt/L}$$

而電阻中被轉換成熱能的總能量可經由積分瞬時功率從 0 到無限大而獲得

$$w_R = \int_0^\infty p_R\,dt = I_0^2 R \int_0^\infty e^{-2Rt/L}\,dt$$

$$= I_0^2 R \left(\frac{-L}{2R}\right) e^{-2Rt/L}\Big|_0^\infty = \frac{1}{2} L I_0^2$$

這是我們所期望的結果，因為儲存在電感中的初始總能量為 $\frac{1}{2}LI_0^2$，而不會在有任何的能量於時間無限長時被儲存在電感中，這是由於它的電流最終會下降為 0。所有的初始能量也因此被消耗在電阻器上。

8.2 指數響應的特性

現在考慮一 RL 串聯電路的響應特性，由之前的推導我們得知

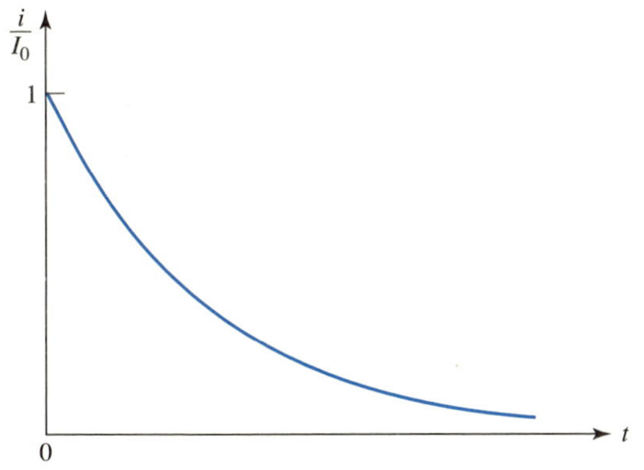

■圖 8.7　$e^{-Rt/L}$ 對 t 之關係圖。

電感電流可表示成

$$i(t) = I_0 e^{-Rt/L}$$

在時間等於零時，電流值為 I_0；但隨著時間的增加，電流開始減少並趨近於零。如此呈指數下降的形狀會以 $i(t)/I_0$ 對 t 之關係圖描繪在圖 8.7 中。由於所畫的函數為 $e^{-Rt/L}$，要是 R/L 保持不變則曲線也不會做改變。因此，相同的曲線同樣能夠在擁有相同 R/L 或 L/R 比值的 RL 串聯電路中獲得。接著讓我們試著瞭解該比值是如何影響到曲線的形狀。

若我們將 L 對 R 的比值加倍，且若 t 也加倍，則指數將不會有所改變。換言之，原始的響應將在稍後的一段時間內發生，而新的曲線將可藉由把原始曲線上的每一點向右移兩倍距離長而獲得。隨著這個較大的 L/R 比值的出現，電流將花費較長的時間來下降到任何原始值的一部分。我們可能會傾向著說曲線的“寬度”加倍了或是“寬度”和 L/R 成正比；然而，因為每一條曲線皆從 $t=0$ 延伸至 ∞，所以我們很難去定義“寬度”這個名詞到底為何。取而代之的是，若它持續依其初始速率下降，則我們勢必要考慮使電流降為零所需的時間。

初始的衰減速率可經由計算時間等於零時之導數值而得：

$$\left.\frac{d}{dt}\frac{i}{I_0}\right|_{t=0} = \left.-\frac{R}{L}e^{-Rt/L}\right|_{t=0} = -\frac{R}{L}$$

假設以定速率進行衰減，那麼 i / I_0 從 1 降為零所花費的時間我們可以希臘字母 τ (tau) 來作表示，即

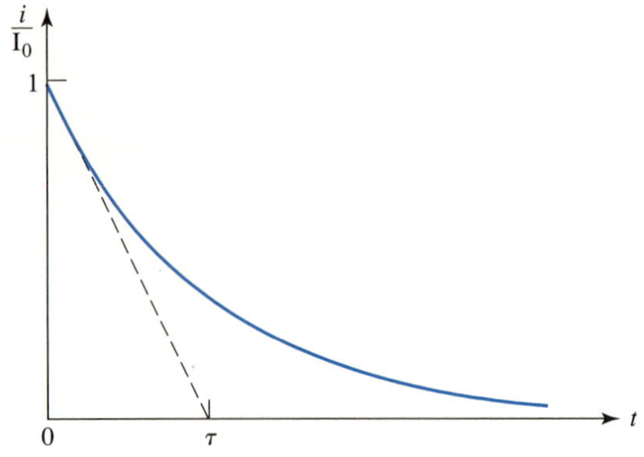

■圖 8.8 *RL* 串聯電路的時間常數 τ 為 L/R；如果曲線以等同於其初始速率之某一固定速率進行下降，則 τ 是使響應曲線降至零所需的時間。

$$\left(\frac{R}{L}\right)\tau = 1$$

或

$$\boxed{\tau = \frac{L}{R}} \qquad [12]$$

由於指數 $-Rt/L$ 必須是非因次項，所以比值 L/R 的單位為秒；而時間值 τ 稱之為**時間常數** (time constant)，如圖 8.8 所示。明顯地，*RL* 串聯電路的時間常數可以輕易的根據繪圖法從其響應曲線中獲得，我們只需要畫出曲線在 $t=0$ 時的切線，緊接決定該切線與時間軸的交叉點，而此點即為時間常數，這是一種方便我們從示波器的顯示上近似找出時間常數的方法。

時間常數另一個重要的解釋，係由決定 $t=\tau$ 時的 $i(t)/I_0$ 而獲得，即

$$\frac{i(\tau)}{I_0} = e^{-1} = 0.3679 \qquad \text{或} \qquad i(\tau) = 0.3679 I_0$$

因此，在一個時間常數下，響應下降至其初始值得 36.8%；根據這樣的事實且如圖 8.9 所示，我們亦能夠以繪圖的方式來決定 τ 值。以一個時間間隔來測量電流的衰減是很方便的，利用掌上型計算機進行計算或是以負指數表查表的方式我們可以得到 $i(t)/I_0$ 在 $t=\tau$、2τ、3τ、4τ 與 5τ 時，分別為 0.3679、0.1353、0.04979、0.01832 與 0.006738。從時間零之後的 3 至 5 個時間常數中，大部分的我們都會同意電流僅剩下本身可忽略的一部分。因此，如果有人問“電流衰減至零需花多少時間？”答案可能會是“大約 5

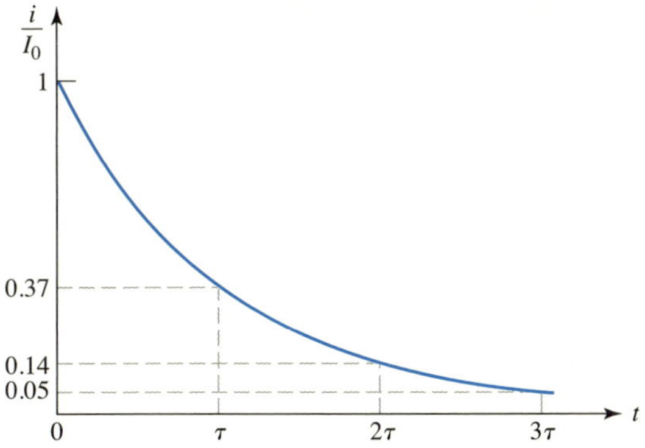

■**圖 8.9**　串聯 *RL* 電路之電流在時間 *t* 為 τ、2τ 與 3τ 時，其電流值分別為初始值的 37%s、14% 與 5%。

個時間常數的時間”，而在這時間下電流僅剩下不到它初始值的 1%。

練習題

8.3　在一無源的串聯 *RL* 電路中，試求出下列各問題之比例數值：(a) $i(2\tau)/i(\tau)$；(b) $i(0.5\tau)/i(0)$；(c) 若 $i(t)/i(0)=0.2$ 則 $t/\tau=$？；(d) 若 $i(0)-i(t)=i(0)\ln 2$ 則 $t/\tau=$？

答：0.368；0.607；1.609；1.181。

電腦輔助分析

PSpice 的暫態分析能力在考慮無源電路響應時是非常有用的；在以下的說明中，我們根據軟體具備的一項特殊功來讓我們任意的改變元件參數值以進行模擬；同樣的，我們也改變了直流電壓來進行其它的模擬。透過加入**參數** (**PARAM**) 這個元件於電路中，它有可能被放在電路的任何地方就如同我們不將它標示在電路上。圖 8.10 為所完成的 *RL* 電路，其中包含了 1 mA 的初始電感電流。

為了使我們的電阻值與所提議採用之參數掃描相互結合，我們必須執行三項任務：首先必須提供參數名稱，而為了簡化方便我們將所選擇的參數名稱設為“電阻”，我們可透過點擊兩下 **PARAMETERS**：元件的方式來完成名稱設定，同時也可開啟此虛擬元件的屬性編輯頁面。點擊編輯頁面中的 **New Column** 選項，將開啟如圖 8.11*a* 所示之對話框，並在 **Name** 欄位輸入電阻而在 **Value** 欄位輸入 1k。第二項任務是將 R1 值與我們的參數掃描做連結，我們可透過點擊兩下電路中標示的 R1 預設值，並開啟如圖 8.11*b* 所示之對話框，接著在 Value 欄位輸入

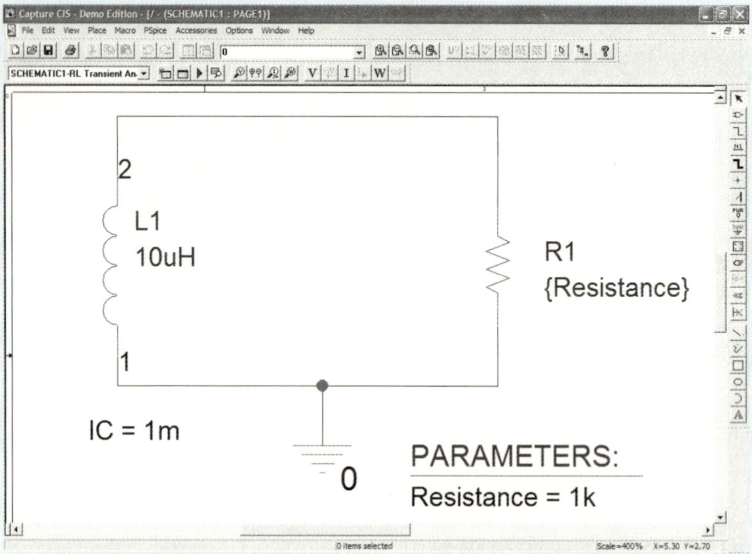

■圖 8.10　以圖形擷取工具繪出簡單的 *RL* 電路。

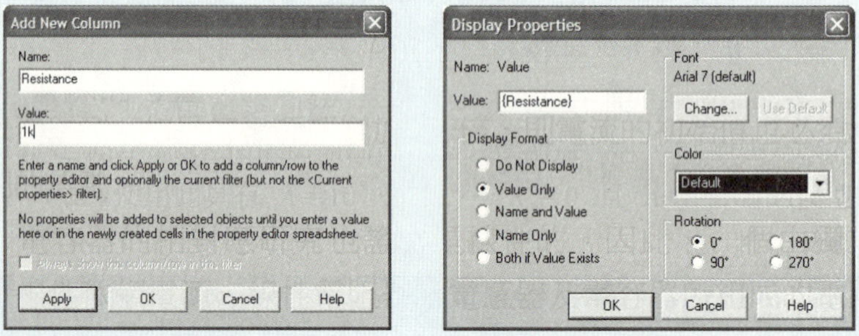

(*a*)　(*b*)

■圖 8.11　(*a*) PARAM 元件屬性編輯頁面中的 Add New Column 對話框；(*b*) 電阻值對話框。

{電阻} 而完成連結 (注意：{} 括號是必要的輸入項目)。

第三項任務為模擬參數之設定，其中包括了暫態分析參數的設定以及我們預計採用的 R1 值之輸入。在 **PSpice** 中，我們選擇 **New Simulation Profile** 功能選項 (其將開啟如圖 8.12*a* 所示之對話框)，接著選擇分析類型 (**Analysis type**) 為 **Time Domain (Transient)**，模擬時間 (**Run to time**) 為 300 ns，並勾選 **Options** 選項中的 **Parametric Sweep box**，則將出現如圖 8.12*b* 所示之對話框，再勾選 **Sweep variable** 中的 **Global parameter** 且在 **Parameter name** 中輸入電阻，最後的步驟則是在 **Sweep type** 中點選 **Logarithmic** 選項並設定起始值 (**Start value**) 為 10、結束值 (**End value**) 為 1000 以及掃描方式

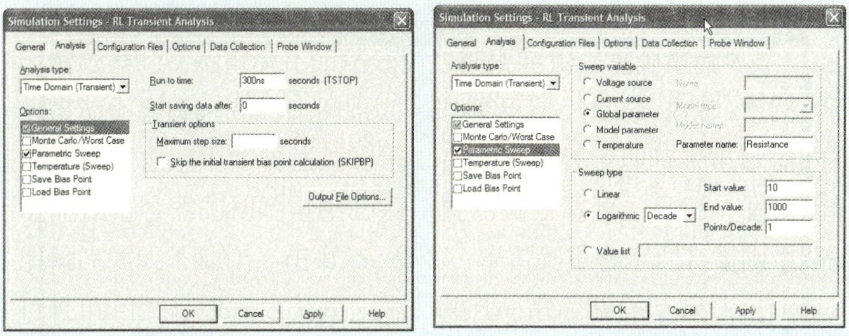

(*a*)　　　　(*b*)

■圖 8.12　(*a*) 模擬對話框；(*b*) 參數掃描對話框。

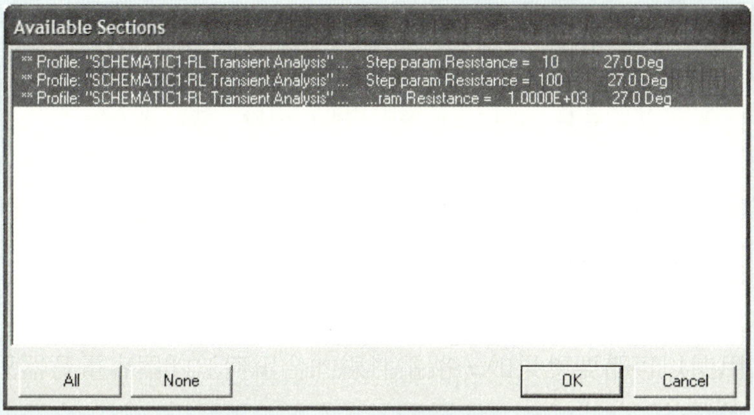

■圖 8.13　可用數據對話框。

(**Points/Decade**) 為 1 (表示計算 10 個值掃描 1 點)；此外，我們亦可選擇將預計採用的電阻值列於 **Value list** 中。

完成設定且執行完模擬後將出現如圖 8.13 所示之可用數據對話框，其將列出各個能繪製成模擬結果圖用之數據組 (在本列中的電阻為 10、100 與 1000 歐姆)，而在所列出的所有數據中可僅針對某數據資料進行選擇性分析；圖 8.14 為在本例中我們選擇所有的數據組 (R 為 10、100、1000) 而繪製出來的模擬結果圖。

為何時間常數 L/R 愈大，所產生的響應曲線衰減就愈慢？接下來讓我們來考慮每個元件對電路響應所造成之影響。

若以時間常數 τ 來表示，則 RL 串聯電路之響應可簡單寫成

$$i(t) = I_0 e^{-t/\tau}$$

對於相同的初始電流而言，L 的增加就允許了較多的能量儲存，而

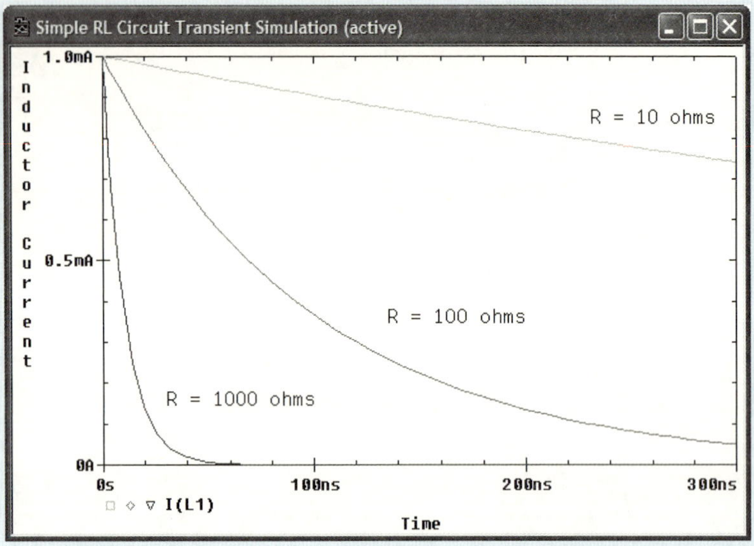

■圖 8.14 採用三種電阻值進行模擬之結果圖。

這個較多的能量也需要較長的時間來讓電阻進行消耗。同樣地，我們亦可以降低 R 來增加 L/R，在這種情況下流入電阻的功率會較小，因此也需要較長的時間來消耗所儲存的能量。以上所述元件對響應曲線之影響可清楚的從圖 8.14 之模擬結果中得知。

8.3 無源 *RC* 電路

由電阻和電容所組合而成的電路會比由電阻和電感所組成的電路要來的普遍。最主要的原因是實際的電容器有較少的損耗、較低的價位以及其簡單的數學模型與實際元件的行為間具有較佳的配合性，同時也具有較小的體積與較輕的重量，而這在積體電路的應用上尤其重要。

現在讓我們來檢視分析如圖 8.15 所示之 RC 並聯 (或串聯？)

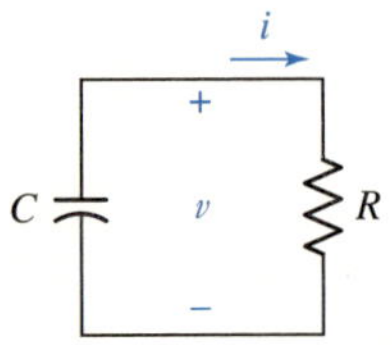

■圖 8.15 並聯 RC 電路，在初始條件 $v(0)=V_0$ 時決定為何？

電路，判斷其與相對應的 RL 電路是否有何密切關係？假設電路中的電容器已具有初始儲能，則

$$v(0) = V_0$$

流出電路上方節點之電流和必須為零，因此可寫成

$$C\frac{dv}{dt} + \frac{v}{R} = 0$$

除以 C 得

$$\frac{dv}{dt} + \frac{v}{RC} = 0 \qquad [13]$$

對照方程式 [1] 後發現，方程式 [13] 具有類似之型式

$$\frac{di}{dt} + \frac{R}{L}i = 0 \qquad [1]$$

經比較並以 v 取代 i 以及 RC 取代 L/R，則可得到與先前所述式子相同之方程式。對於目前所分析的 RC 電路，它可說是我們起先所考慮 RL 電路之對偶。當其中一電路的電阻等於另一電路電阻的倒數且 L 和 C 在數值上相等，則這樣的對偶性使得 RC 電路的 $v(t)$ 和 RL 電路的 $i(t)$ 有相同的表示式。因此，由 RL 電路的響應式

$$i(t) = i(0)e^{-Rt/L} = I_0 e^{-Rt/L}$$

我們亦可很快寫出 RC 電路之響應式為

$$v(t) = v(0)e^{-t/RC} = V_0 e^{-t/RC} \qquad [14]$$

假設在 RC 電路中我們選擇電流 i 而非電壓 v 作為變數，則應用克希荷夫電壓定律，我們將得到一積分方程式而非微分方程式。

$$\frac{1}{C}\int_{t_0}^{t} i\,dt' - v_0(t_0) + Ri = 0$$

然而，若對上式兩邊取時間導數，則

$$\frac{i}{C} + R\frac{di}{dt} = 0 \qquad [15]$$

若以 v/R 取代 i，則我們又可再次得到方程式 [13]

$$\frac{v}{RC}+\frac{dv}{dt}=0$$

此時，方程式 [15] 可作為我們學習本節之起點，然而電路的對偶性並不會自然地出現。

現在讓我們來討論方程式 [14] 所代表的 RC 電路電壓響應之性質；在 $t=0$ 時，我們求得正確的初始條件；當 t 趨近於無限大時，電壓趨近於零，後者之結果，會與如果還有任何電壓跨接於電容器兩端，則能量會繼續流入電阻器且將以熱的方式被消耗掉的這個想法相吻合。因此，最後的電壓必須為零。RC 電路的時間常數可以對偶性關係從 RL 電路的時間常數中求得，或根據電路響應降至其初始值的 37% 所需之時間來求得，即

$$\frac{\tau}{RC}=1$$

所以

$$\boxed{\tau = RC} \qquad [16]$$

熟悉負指數與時間常數 τ 的重要意義，使我們能夠很輕易地描繪出響應曲線 (圖 8.16)。若 R 或 C 值愈大，則時間常數會愈大且儲存能量將會較緩慢的被消耗掉；跨接一已知電壓的電阻器其電阻值愈大時所消耗的功率就愈小，因此需要較長的時間來將儲存的能量轉變為熱；跨接一已知電壓的電容器其電容量愈大時儲存的能

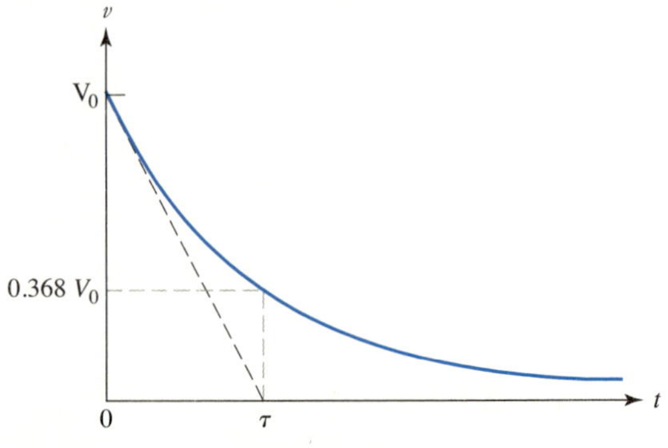

■圖 8.16 RC 並聯電路中電容器電壓 $v(t)$ 以時間函數畫出，$v(t)$ 的初始值假設為 V_0。

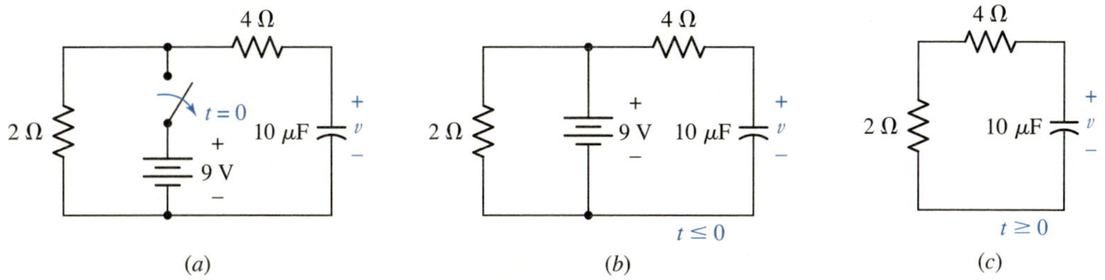

■**圖 8.17**　(*a*) 簡單的 *RC* 電路，$t=0$ 時開關切離；(*b*) 時間 $t=0$ 之前存在的電路；(*c*) 開關切離後之電路，9 伏特電壓被移除。

量就愈多，所以同樣需要較長的時間來消耗此初始儲能。

例題 8.3

如圖 8.17*a*，試求出 $t=200\ \mu s$ 時電壓 υ 之值。

為求出所需之電壓，我們必須將電路分解成兩部分並進行分析：一為開關切離前之電路，如圖 8.17*b* 所示；另一為開關切離後之電路，如圖8.17*c* 所示。

分析圖 8.17*b* 電路之主要目的是求出電容初始電壓；我們假設電路的任何暫態已消失很長一段時間，僅留下存直流電路。在沒有電流流經電容器或 4Ω 電阻器的情況下

$$v(0) = 9\ \text{V} \qquad [17]$$

接著將我們的注意力移到圖 8.17*c* 之電路，由圖中算出

$$\tau = RC = (2+4)(10 \times 10^{-6}) = 60 \times 10^{-6}\ \text{s}$$

因此，從方程式 [14] 中得

$$v(t) = v(0)e^{-t/RC} = v(0)e^{-t/60\times 10^{-6}} \qquad [18]$$

時間 $t=0$ 時的電容器電壓在兩個電路中必須相等；而這樣的限制不會被置於在任何其它的電壓或者電流上。將方程式 [17] 代入方程式 [18] 得到

$$v(t) = 9e^{-t/60\times 10^{-6}}\ \text{V}$$

則 $v(200\times 10^{-6}) = 321.1$ mV (低於其最大值的 4%)。

練習題

8.4 如圖 8.18 所示之電路，求出 $v(0)$ 及 $v(2\text{ ms})$。

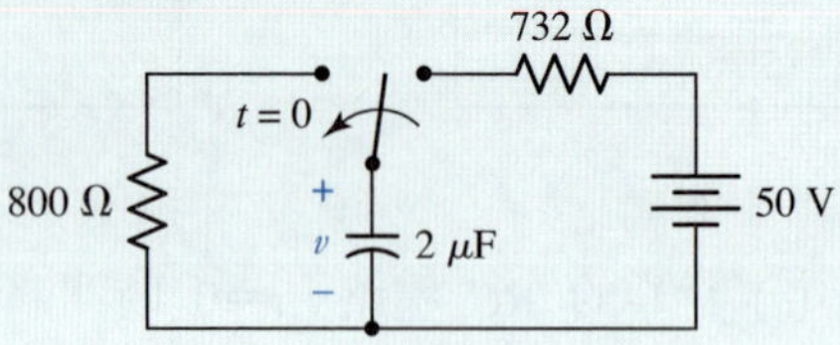

■圖 8.18

答：50 V；14.33 V。

8.4 更一般化的觀點

由例題 8.2 與 8.3 中得知，要從串聯 *RL* 電路延伸求得一電路含有多個電阻與一個電感組合的分析結果是不困難的。同樣的，我們可以將 *RC* 電路到電路具有任何數量的電阻器與一個電容器所得之結果一般化。甚至可能考慮到電路含有依賴電源的存在。

一般的 *RL* 電路

考慮如圖 8.19 之電路，電感器兩端面對的等效電阻為

$$R_{eq} = R_3 + R_4 + \frac{R_1 R_2}{R_1 + R_2}$$

我們也可表示成

$$\tau = \frac{L}{R_{TH}},$$

其中 R_{TH} 為由電感 L 看入之戴維寧等效電阻。

因此時間常數為

$$\tau = \frac{L}{R_{eq}} \qquad [19]$$

值得注意的是，如果電路中存在了數個電感器並且可以串聯或並聯的方式做組合，則方程式 [19] 可進一步表示為

■圖 8.19 無源電路包括一個電感器與數個電阻器，用以決定時間常數 $\tau = L/R_{eq}$。

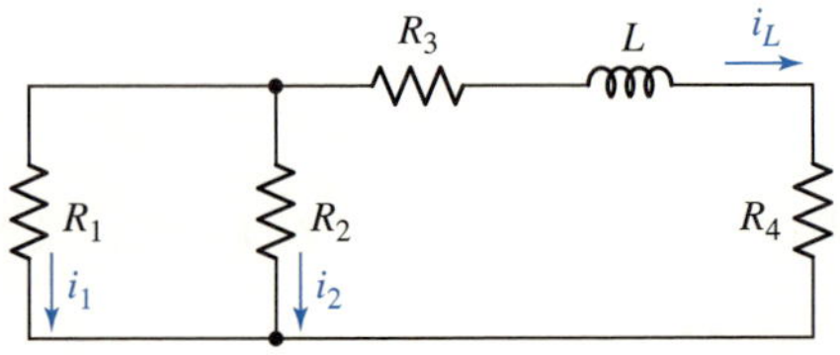

$$\tau = \frac{L_{\text{eq}}}{R_{\text{eq}}} \qquad [20]$$

其中 L_{eq} 表示等效電感。

細微的差異：0^+ 與 0^- 之區分

讓我們回到圖 8.19 之電路，並且假設在 $t=0$ 時電感中儲存了一些能量，所以 $i_L(0) \neq 0$。電感器電流 i_L 為

$$i_L = i_L(0)e^{-t/\tau}$$

這個表示式即為我們所求問題的基本解。除了 i_L 之外，其它的一些電流或電壓也十分有可能被需要，例如 R_2 上的電流 i_2。在電路的電阻等效部分，我們經常可以在沒有任何困難的狀況下應用克希荷夫定律或歐姆定律，但是在這個電路中電流分流法能夠提供電路更快速的答案：

$$i_2 = -\frac{R_1}{R_1 + R_2}[i_L(0)e^{-t/\tau}]$$

我們知道的是某些電流的初始值而不是電感上的電壓，這樣的情況是有可能發生的。由於電阻上的電流可能瞬時地在做變動，因此我們會使用 0^+ 符號來表示出現在 $t=0$ 之後的任何瞬間變動，以較數學語言的方式來表示，$i_1(0^+)$ 是當 t 趨近於零時來自 $i_1(t)$ 右邊的極限值[1]。因此，如果我們給予 i_1 的初始值為 $i_1(0^+)$，則 i_2 的初始值為

$$i_2(0^+) = i_1(0^+)\frac{R_1}{R_2}$$

> 注意：$i_L(0^+)$ 通常是等於 $i_L(0^-)$，但對於電感器電壓或任何的電阻器電壓電流來說就未必是如此，主要是因為這些量在零時間下可能發生變動。

從這些值當中，我們得到 $i_L(0)$ 必要的初始值為

$$i_L(0^+) = -[i_1(0^+) + i_2(0^+)] = -\frac{R_1 + R_2}{R_2} i_1(0^+)$$

而 i_2 的表示式變為

1 要注意的是，這種的標示方式只是為了方便做為使用，當表示一個方程式在 $t=0^+$ 或 $t=0^-$ 時，我們簡化以零值做為表示。這樣的標示方式也讓我們能夠輕易的分辨時間前後之差別，就如同開關的開或關，抑或是電源供應的啟或閉。

$$i_2 = i_1(0^+)\frac{R_1}{R_2}e^{-t/\tau}$$

讓我們看看能否可以更直接地得到這最後的表示式，由於電感器電流呈指數型式 $e^{-t/\tau}$ 進行衰減，每股流經電路的電流必須遵守相同的函數行為，藉由考慮電感器電流如電源電流一般被加在電阻網路，正可清楚的說明，在電阻性網路中的每股電流或電壓都必須具有相同的時間相依性。利用這些觀念，i_2 即可表示如下

$$i_2 = Ae^{-t/\tau}$$

其中

$$\tau = \frac{L}{R_{eq}}$$

而 A 必須從得知 i_2 初始值的過程中求得。由於 $i_1(0^+)$ 是已知，跨於 R_1 與 R_2 之電壓也是已知，因此

$$R_2 i_2(0^+) = R_1 i_1(0^+)$$

亦即

$$i_2(0^+) = i_1(0^+)\frac{R_1}{R_2}$$

因此

$$i_2(t) = i_1(0^+)\frac{R_1}{R_2}e^{-t/\tau}$$

相同的求解步驟也能夠快速的用來解決其他較大的問題，首先我們必須認清響應的時間相依性為一指數衰減型式，接著藉由電阻組合決定出適當的時間常數，並推寫出未知振幅下的解，最後從已知的初始狀況中決定其振幅大小。

相同的求解技巧能夠被應用到單一個電感器與任何數量的電阻器組合而成之電路上，至於某些特殊的電路，如包含兩個或更多個電感器以及兩個或更多個電阻器組合之電路，可將其簡化成由單個電感與單個電阻組合而成之電路。

例題 8.4

如圖 8.20*a* 所示之電路，試求出當 $t > 0$ 時的 i_1 與 i_L。

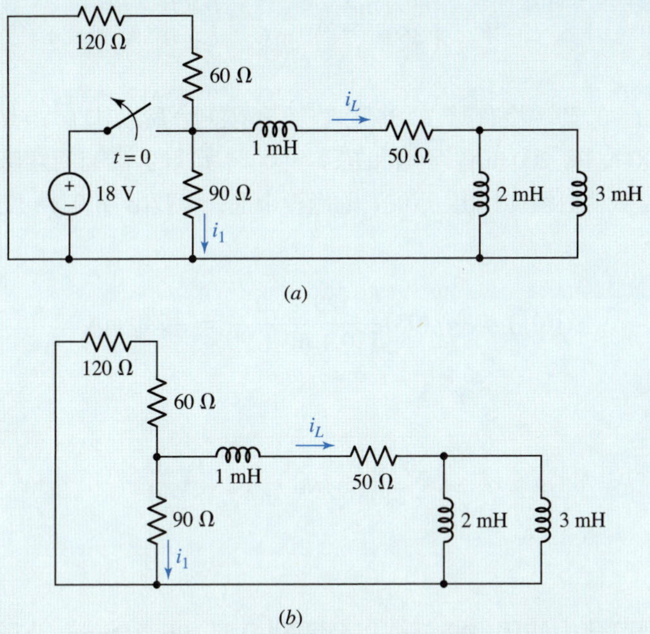

■圖 8.20　(*a*) 含多個電阻器與電感器之電路；(*b*) 當 $t = 0$ 之後，電路簡化為 110 Ω 等效電阻串聯一等效電感 $L_{eq} = 2.2$ mH。

如圖 8.20*b* 所示，當 $t=0$ 之後電壓源不會連接在電路上，則等效電感可輕易的被算出

$$L_{eq} = \frac{2 \times 3}{2+3} + 1 = 2.2 \text{ mH}$$

和等效電感串聯的等效電阻為

$$R_{eq} = \frac{90(60+120)}{90+180} + 50 = 110\ \Omega$$

故時間常數為

$$\tau = \frac{L_{eq}}{R_{eq}} = \frac{2.2 \times 10^{-3}}{110} = 20\ \mu\text{s}$$

因此，自然響應的型式為 $Ke^{-50{,}000t}$，其中 K 為一未知常數。考慮開關

剛打開之前的電路 ($t=0^-$)，$i_L=18/50$ A，由於 $i_L(0^+)=i_L(0^-)$，且我們知道在 $t=0^+$ 時 $i_L=18/50$ A 或 360 mA，所以

$$i_L = \begin{cases} 360 \text{ mA}, & t < 0 \\ 360e^{-50{,}000t} \text{ mA}, & t \geq 0 \end{cases}$$

在 $t=0$ 時，沒有對 i_1 的瞬間變化做限制，所以其在 $t=0^-$ 時的值 (18/90 A 或 200 mA) 不會和在 $t>0$ 時所找的 i_1 有所關係。取而代之的是我們必須從找出 $i_L(0^+)$ 的過程中進一步找出 $i_1(0^+)$。使用電流分流法，

$$i_1(0^+) = -i_L(0^+)\frac{120+60}{120+60+90} = -240 \text{ mA}$$

因此

$$i_1 = \begin{cases} 200 \text{ mA}, & t < 0 \\ -240e^{-50{,}000t} \text{ mA}, & t \geq 0 \end{cases}$$

我們可藉由使用 PSpice 以及開關模型 **Sw_tOpen** 來驗證我們的分析，然而必須記住的是，實際上這個部分僅包含兩個電阻值：一是開關在特定時間下打開之前的電阻 (預設值為 10 mΩ)，另一為開關打開之後的電阻 (預設值為 1 MΩ)。如果電路中剩餘的等效電阻值能夠和其它的值相互比較，則這些值應該經由點擊電路中開關之符號而進行編輯。要注意的是，開關在某特定時間下閉合也有一模型可做表示：**Sw_tClose**。

練習題

8.5 如圖 8.21 所示之電路，試求出在 $t=0.15$ s 時之：(a) i_L；(b) i_1；(c) i_2。

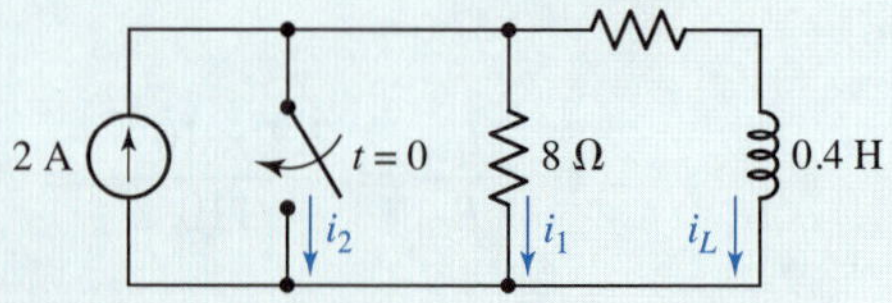

■圖 8.21

答：0.756 A；0；1.244 A。

我們已經考慮了任何能夠以單一等效電感串聯單一等效電阻來表示之電路的自然響應，當電路含有多個電阻器及電感器時，並非總是能夠將電路簡化成單個等效元件的組合。在這種例子下，不會存在和電路相關的單一負指數項或單一時間常數，更確切的說法應該是，一般會有多個負指數項的存在，而項的數目等於電感器的數目，即使在所有可能的電感器都已被組合之後依然是如此，我們將於第 9 章進一步探討此種狀況。

一般的 *RC* 電路

許多我們所欲求其自然響應的 *RC* 電路包含了不只一個的電阻器或電容器。如同處理 *RL* 電路一樣，首先考慮已知電路能簡化為只含一個電阻器與電容器組合之等效電路的情形。

首先假設我們所面對的電路只含有一個電容器，但具有多個電阻器。我們可將跨於電容器端點上兩端的電阻性網路以一等效電阻來取代，然後直接寫下電容器電壓的表示式。在這個例子下電路具有一個有效的時間常數為

$$\tau = R_{eq}C$$

其中 R_{eq} 為網路的等效電阻。另一種說法是，實際上 R_{eq} 為從電容器往電路看入的戴維寧等效電阻。

當電路含有多個電容器且這些電容能夠以串聯或並聯的組合的單一等效電容所取代時，電路有效的時間常數變為

$$\tau = RC_{eq}$$

一般的表示方式

$$\tau = R_{eq}C_{eq}$$

然而值得留意的是，以一等效電容來取代多個並聯的電容器，必須保有相同的初始狀況。

例題 8.5

如圖 **8.22*a*** 所示，當 $\upsilon(0^-)=V_0$ 時，試求出 $\upsilon(0^+)$ 與 $i_1(0^+)$。

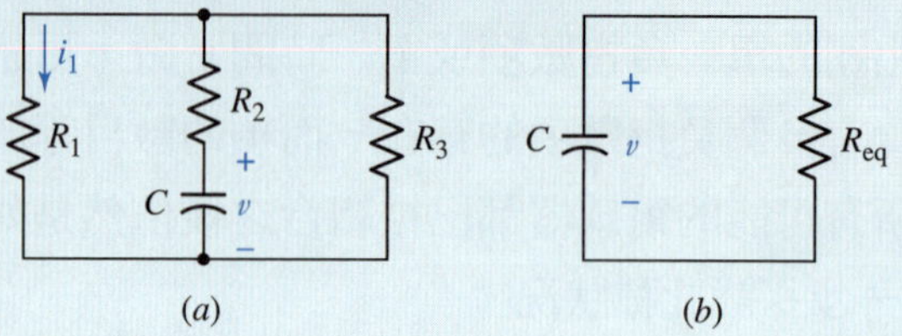

■圖 8.22 (*a*) 包含一個電容器與多個電阻器之電路；(*b*) 多個電阻器以單一等效電阻來取代，時間常數則簡化為 $\tau=R_{eq}C$。

首先我們將圖 8.22*a* 的電路簡化成圖 8.22*b* 的電路，以便寫出

$$v = V_0 e^{-t/R_{eq}C}$$

其中

$$v(0^+) = v(0^-) = V_0 \quad 和 \quad R_{eq} = R_2 + \frac{R_1 R_3}{R_1 + R_3}$$

電阻性網路中的每一電流或電壓必須具有 $Ae^{-t/R_{eq}C}$ 的型式，其中 A 是電流或電壓的初始值。因此，例如 R_1 的電流就可以表示成

$$i_1 = i_1(0^+)e^{-t/\tau}$$

其中

$$\tau = \left(R_2 + \frac{R_1 R_3}{R_1 + R_3}\right)C$$

而 $i(0^+)$ 須由其它初始條件來決定。時間 $t=0^+$ 時，任何流進電路的電流都必須來自於電容器。因此，由於無法瞬時的做變化，則 $\upsilon(0^+)=\upsilon(0^-)=V_0$ 且

$$i_1(0^+) = \frac{V_0}{R_2 + R_1R_3/(R_1 + R_3)} \frac{R_3}{R_1 + R_3}$$

練習題

8.6 如圖 8.23 所示之電路，試求 t 等於 (a) 0^-；(b) 0^+；(c) 1.3 ms 時的 υ_C 與 υ_o 值各為何？

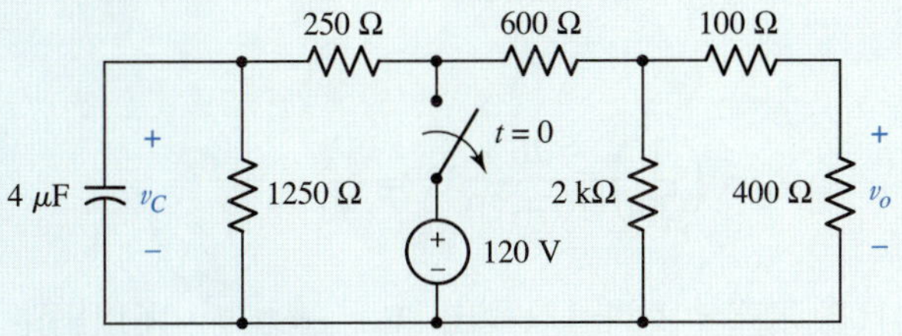

■圖 8.23

答：(a) 100 V，38.4 V；(b) 100 V，25.6 V；(c) 59.5 V，15.22 V。

我們的方法可以被應用到電路具有一個儲能元件或含有一個或多個依賴電源的電路上。在這些例子中，我們可以根據一些必要的假設寫出適當的 KCL 或 KVL 方程式，並往下進一步的導出單一微分方程式，再推導出電路的特性方程式以便找出時間常數。另一種方式是，我們也可以找出連接到電容器或電感器網路的戴維寧等效電阻，並藉此計算出適當的 *RL* 或 *RC* 時間常數，但若是電路中的依賴電源是被和儲能元件有關的電壓或電流所控制，則戴維寧等效的方法將無法被採用。我們將利用下面這個例子來探討這個問題。

例題 8.6

如圖 **8.24*a*** 所示之電路，若 $v_C(0^-) = 2$ V，試求出 $t > 0$ 時的 v_C 為何？

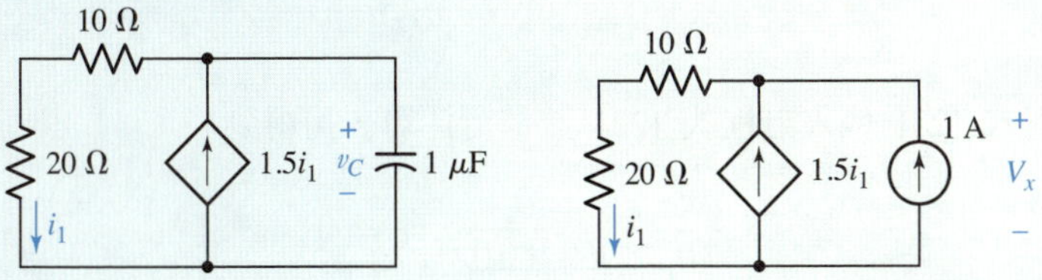

■圖 8.24　(*a*) 簡單的 *RC* 電路，含有一非電容器電壓或電流控制之依賴電源；(*b*) 找出連接到電容電路的戴維寧等效網路。

由於依賴電源非由電容器電壓或電流所控制，所以我們可以試著找出電容器左邊電路的戴維寧等效網路。如圖 8.24*b* 所示，連接一個 1 安培的參考電源，則

$$V_x = (1 + 1.5i_1)(30)$$

其中

$$i_1 = \left(\frac{1}{20}\right)\frac{20}{10+20}V_x = \frac{V_x}{30}$$

進行簡單的代數運算，我們可以找出 $V_x = -60$ V，所以網路具有一個 $-60\ \Omega$ 的戴維寧電阻 (這是罕見的情況，但當處理一依賴電源時 $-60\ \Omega$ 電阻是不可能被產生的)。我們的電路因此具有一負的時間常數

$$\tau = -60(1 \times 10^{-6}) = -60\ \mu\text{s}$$

電容器電壓因此為

$$v_C(t) = Ae^{t/60\times10^{-6}}\ \text{V}$$

其中 $A = v_C(0^+) = v_C(0^-) = 2$ V，如此一來

$$\boxed{v_C(t) = 2e^{t/60\times10^{-6}}\ \text{V}} \qquad [21]$$

由此式可看出電路相當不穩定，電壓會隨時間呈指數成長，但無法無限制的持續成長，一個或多個電路中的元件最終會衰退。

另一種方式是，我們可以根據圖 8.24*a* 之電路圖推寫出如下簡單的 KCL 方程式

$$v_C = 30\left(1.5i_1 - 10^{-6}\frac{dv_C}{dt}\right) \qquad [22]$$

其中

$$i_1 = \frac{v_C}{30} \qquad [23]$$

將方程式 [23] 代入方程式 [22] 並進行運算，可得到

$$\frac{dv_C}{dt} - \frac{1}{60\times10^{-6}}v_C = 0$$

其具有一特性方程式為

$$s - \frac{1}{60\times10^{-6}} = 0$$

因此，

$$s = \frac{1}{60\times10^{-6}}$$

最後得到

$$v_C(t) = Ae^{t/60\times 10^{-6}}\ \text{V}$$

如同和前面我們所得到的式子是一樣的。代入方程式 [21] 之結果 $A=v_C(0^+)=2$，我們就可以得到當 $t>0$ 時電容器電壓的表示式。

練習題

8.7 (a) 如圖 8.25 所示之電路，若 $v_C(0^-)=11$ V，試決定當 $t>0$ 時電壓 $v_C(t)$ 為何？(b) 電路是否穩定？

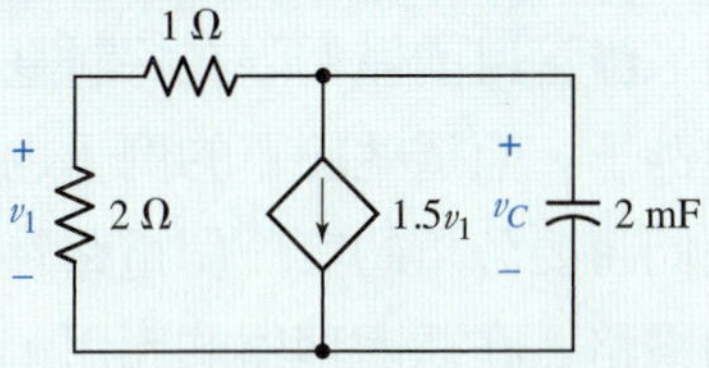

■**圖 8.25** 練習 8.7 之電路。

答：(a) $v_C(t)=11e^{-2\times 10^3 t/3}$ V，$t>0$；(b) 電路是穩定的，因其響應是隨時間呈指數做衰減。

某些含有多個電阻器或電容器的電路可以利用只含單一電阻器或電容器之等效電路來做取代，而這就表示必須將原來的電路分成兩個部分，其中一部分包含所有的電阻器，另一部分則包含所有的電容器，使這兩個部分僅以兩個理想的導體做連接，然而這並非是一般的情況，不是所有的電路都可以這樣處理，多個時間常數的表示方式更有可能被用來描述具有多個電阻器與電容器的電路。

我們應該留意某些只有理想元件突然間被連接在一起的狀況。例如，我們可以想像將兩個理想電容器串聯在一起時，在 $t=0$ 之前會具有不同的電壓。這使得我們在使用理想開關的數學模型上引起了一個問題，然而理想電容器有其存在之電阻而能使能量被消耗掉。

CAUTION

8.5 單位步階函數

我們已針對無源或強迫函數之 *RL* 與 *RC* 電路的響應進行學習，而因為這些響應的形式與電路的特性有關，所以稱之為自然響應。亦即所獲得的各個響應其來源係出自於電路中電感或電容元件上的初始能量。在許多的例子或問題中，我們所面對的都是含有電源與開關之電路；我們注意到某些開關會在 $t=0$ 時動作，以將電路中所有的電源移除，且到處留下儲存能量。換言之，我們是在求解一些能量被突然從電路中移走的響應問題；現在我們必須考慮當能量突然被加到電路上，其響應型式又是為何。

我們將著重在當直流電源突然供應到電路上時的電路響應問題。由於每一種電器設備至少會被加上一次電源，且大部分的設備在其壽命年限下會被多次的開啟與閉合，所以很明顯地我們所學習的內容是適用在很多實際的狀況上。儘管目前僅侷限在探討直流電源的部分，但仍有許多不勝其數的例子，而這些簡單的例子也與實質設備的運作有所關聯。例如，我們將要分析的第一個電路為當直流馬達啟動時，用以建立場電流的電路。在微處理器的應用上需要產生及使用矩形的電壓脈波來描述其執行的數量與指令，而這種應用也常被用在電子或電晶體電路之相關領域上；同樣的電路在電視接收器中的同步與掃描電路中也可被發現；在通訊系統與雷達系統中使用的脈波調變，都是一些例子。

我們已提到“突然加入”一股能源這句話，而其涵意是指加入的時間為零[2]。一個開關串聯一個電池的運作行為可等效為一強迫函數，它是在開關閉合的瞬間電壓從零上升至等於電池電壓，強迫函數在開關閉合的瞬間會出現一中斷或非連續，某些特殊的強迫函數有非連續或非連續導數者稱之為**奇異函數** (singularity functions)，其中最重要的兩種奇異函數為**單位步階函數** (unit-step functions) 與**單位脈衝函數** (unit-impulse functions)。

我們定義**單位步階強迫函數** (unit-step forcing function) 為一時間函數，當其參數值小於零時，函數值為零；而對所有的正參數值而言，其函數值為 1。如果令 $(t-t_0)$ 為參數值，且以 u 代表單位步階函數，則當所有的 t 小於 t_0 時，$u(t-t_0)$ 必須為零；而當所有的 t 大於 t_0 時，$u(t-t_0)$ 必須為 1；至於當 $t=t_0$ 時 $u(t-t_0)$ 會突然由 0 變化到 1。對於 $t=t_0$ 時的值並沒有做定義，但對所

2 當然，這在實質上是不可能出現的。然而如果這樣的事件發生的時間刻度遠較其它所有描述電路運作相關的時間刻度要來的短，這是接近於真實及數學上的便利。

有接近 $t = t_0$ 瞬時時間下的函數值皆為已知；我們通常將以上的敘述表示成 $u(t_0^-)=0$ 以及 $u(t_0^+)=1$。單位步階強迫函數簡要的定義為

$$u(t-t_0) = \begin{cases} 0 & t < t_0 \\ 1 & t > t_0 \end{cases}$$

而此函數亦如圖 8.26 所表示。要注意的是，單位長度的垂直線將出現在 $t = t_0$，雖然此"階梯"並不完全是單位步階定義的一部分，但通常在每次作圖時都會將其繪出。

我們也注意到，單位步階並不一定是時間的函數。例如，$u(x - x_0)$ 也可以用來表示單位步階函數，其中 x 的單位可能是距離—米或頻率。

在電路分析上，一個非連續或是開關動作發生的瞬間常常被定義為 $t = 0$。在 $t_0 = 0$ 這種情況下，我們常以 $u(t - 0)$ 來代表對應的單位步階強迫函數，或更簡單的以 $u(t)$ 來做表示；如圖 8.27 所示，因此

$$u(t) = \begin{cases} 0 & t < 0 \\ 1 & t > 0 \end{cases}$$

單位步階強迫函數本身是無因次的。若欲以其來表示電壓，則必須將 $u(t - t_0)$ 乘上某一電壓常數值，如 5 V。因此 $v(t)=5u(t - 0.2)$ V，為一理想電壓源，在 $t=0.2$ 秒之前其值為零，而在 $t=0.2$ 秒之後其值為一固定常數 5 V。圖 8.28*a* 所示為此種的強迫函數加於一般網路之情形。

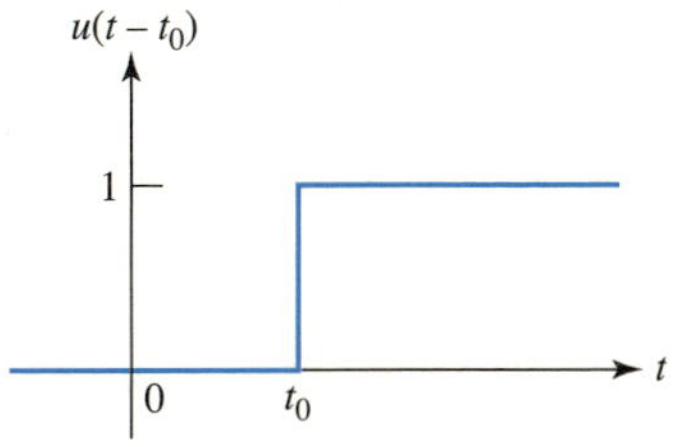

■圖 8.26　單位步階強迫函數 $u(t - t_0)$。

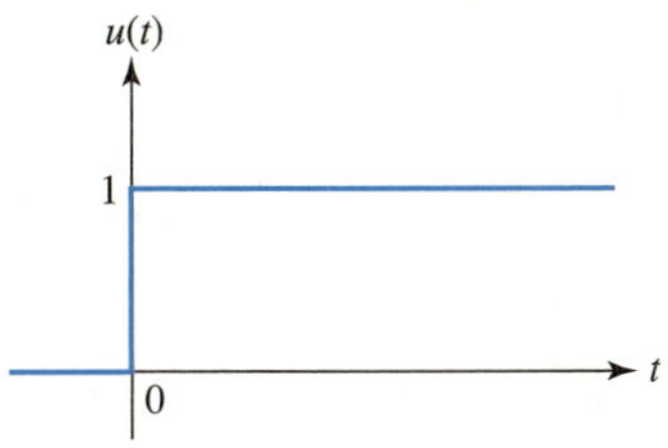

■圖 8.27　單位步階強迫函數 $u(t)$ 是 t 的函數。

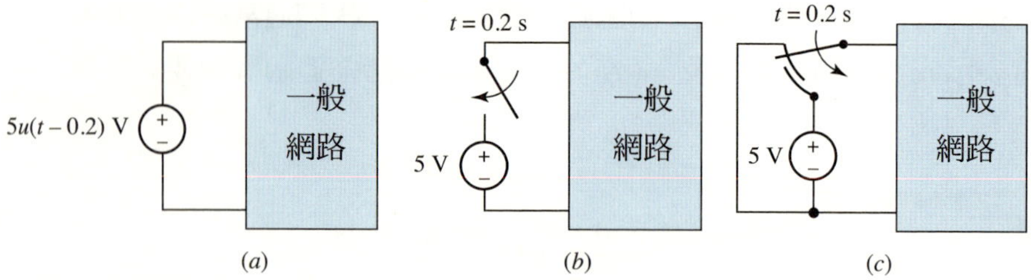

■圖 8.28 (*a*) 推動一般網路之電壓步階強迫函數；(*b*) 簡單的電路，雖然它無法準確地等效於 (*a*)，但在許多情形下還是可被用來等效 (*a*)；(*c*) 準確的等效於 (*a*)。

自然電源與單位步階函數

我們現在應該合理的問到什麼樣的實際電源等效於此非連續的強迫函數。等效的涵義意味兩個網路具有相同的電壓電流特性。就圖 8.28*a* 所示之步階電壓源而言，其電壓電流特性相當簡單：在 $t=0.2$ 秒之前電壓為零，在 $t=0.2$ 秒之後電壓為 5 V 且電流在任一時間區間內可能為任何的有限值；我們的第一個想法可能試圖產生如圖 8.28*b* 所示之等效圖，一 5 V 的直流電源串聯一開關，此開關於 $t=0.2$ 秒時閉合。然而由於跨於電池兩端的電壓與開關在 $t<0.2$ 秒這段時間內完全沒有任何的指明，所以網路在 $t<0.2$ 秒時的情況並沒有被等效；“等效”電源為一開路，且跨於電源兩端的電壓可為任意物。在 $t=0.2$ 秒之後，網路是等效的，且若這段時間是唯一讓我們感興趣的時間間距，又且若在 $t=0.2$ 秒時從兩網路流出的初始電流相等，則圖 8.28*b* 變為圖 8.28*a* 的有用等效圖。

為了能夠準確獲得電壓步階強迫函數的等效，我們可以使用單刀雙頭開關；在 $t=0.2$ 秒之前，開關可用以確保網路輸入端電壓為零；在 $t=0.2$ 秒之後開關投入以提供一固定的 5 V 輸入電壓；在 $t=0.2$ 秒時，電壓未定 (如同步階強迫函數一樣)，且電池瞬間被短路 (幸運的是我們是在處理數學模型！)，圖 8.28*a* 準確的等效電路如圖 8.28*c* 所示。

圖 8.29*a* 所示為一推動一般網路之電流步階強迫函數。如果我們試著以一直流電流並聯一開關 (於 $t=t_0$ 時打開) 來取代這個電路，我們必須瞭解的是電路是在 $t=t_0$ 之後才等效的，但在 $t=t_0$

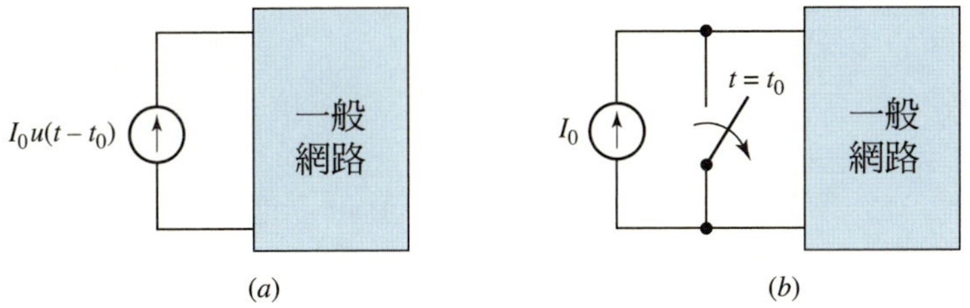

圖 8.29　(*a*) 供應到一般網路的電流步階強迫函數；(*b*) 簡單的電路，雖然不是 (*a*) 的準確等效，但是許多情況下還是可被用來等效於 (*a*)。

之後的響應唯有在初始條件相同時才會相等。圖 8.29*b* 的電路指出在 $t<t_0$ 時將不會有電壓存在於電流源兩端，而這不是圖 8.29*a* 電路所有的狀況。然而，我們可能常會利用以圖 8.29*a* 與 *b* 的電路交替作為使用，圖 8.29*a* 準確的等效電路是圖 8.28*c* 電路的對偶；圖 8.29*b* 的準確等效無法單獨僅由電流及電壓步階強迫函數來完成[3]。

矩形脈衝函數

某些非常有用的強迫函數可由處理單位步階強迫函數中來獲得，讓我們利用下列條件來定義一矩形的電壓脈波：

$$v(t-t_0)=\begin{cases}0 & t<t_0\\ V_0 & t_0<t<t_1\\ 0 & t>t_1\end{cases}$$

此脈波繪於圖 8.30 中，該脈波能否以單位步階強迫函數來表示呢？考慮兩單位步階函數之差 $u(t-t_0)-u(t-t_1)$，這兩個步階函數被表示在圖 8.31*a* 中，且它們的差呈一矩形脈波。而提供我們所要的電壓源 $V_0u(t-t_0)-V_0u(t-t_1)$ 則顯示於圖 8.31*b*。

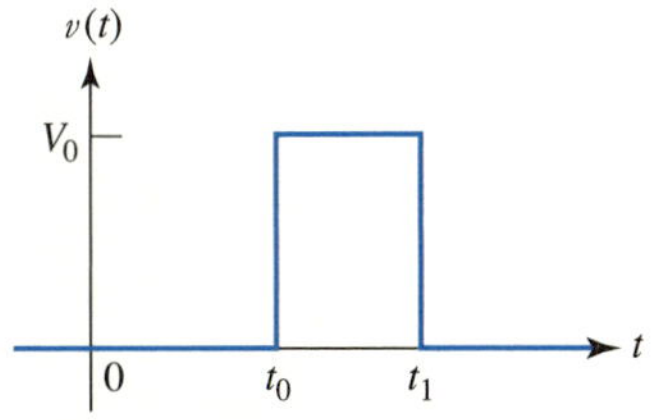

圖 8.30　一種有用的強迫函數，矩形電壓脈波。

3 如果在 $t=t_0$ 前流經開關的電流為已知，則可畫出等效電路。

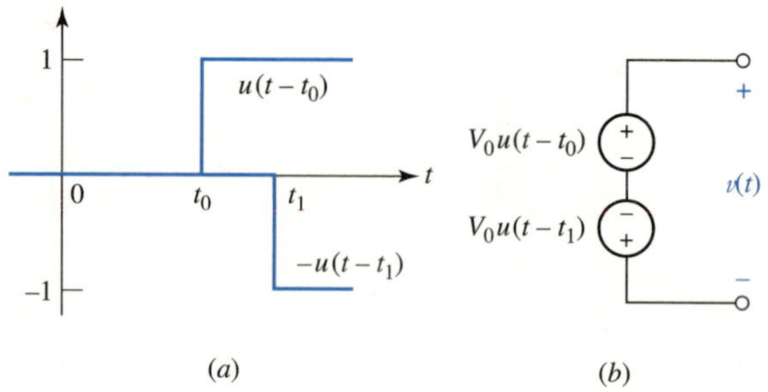

圖 8.31 (*a*) $u(t-t_0)$ 及 $u(t-t_1)$ 之單位步階函數；(*b*) 產生如圖 8.30 矩形脈波電壓的電源。

如果有一弦式電壓源 $V_m \sin \omega t$ 於 $t = t_0$ 時突然的被連接到一網路上，則適當的強迫函數將為 $v(t) = V_m\, u(t - t_0) \sin \omega t$。如果我們希望對一輛操作在 47 MHz (295 Mrad/s) 無線電控制車的雷達傳送器上瞬間產生之能量進行描述，我們可以藉由秒單位步階強迫函數於 70 ns 後關閉弦式電源來加以達成[4]。電壓脈波因此為

$$v(t) = V_m[u(t - t_0) - u(t - t_0 - 7 \times 10^{-8})] \sin(295 \times 10^6 t)$$

此強迫函數繪於圖 8.32 中。

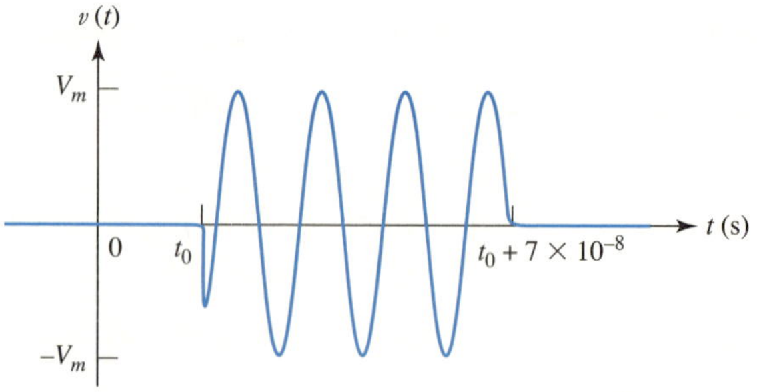

圖 8.32 由 $v(t) = V_m\,[u(t-t_0) - u(t-t_0-7\times10^{-8})]\sin(295\times10^{6t})$ 所描述而成約 47 MHz 的無線電頻率脈波。

練習題

8.8 試求 $t = 0.8$ 秒時下列各式之值：(a) $3u(t)-2u(-t)+0.8u(1-t)$；(b) $[4u(t)]u(-t)$；(c) $2u(t)\sin\pi t$。

答：3.8；0；1.176。

4 顯然地，我們能夠相當優異的控制這部車。一個 70 ns 的反應時間？

8.6 被驅動的 *RL* 電路

現在我們準備探討當一直流電源突然的加入一簡單電路的問題，此電路是由一具有 V_0 電壓的電池與開關、電阻 R 及電感 L 串聯組合而成，如圖 8.33*a* 所示，開關是在 $t=0$ 時投入。明顯地電流 $i(t)$ 在 $t=0$ 之前為零，因此我們能夠以單位步階強迫函數 $V_0u(t)$ 來取代電池與開關。該電路於 $t=0$ 之前也同樣不會產生任何響應，在 $t=0$ 之後兩個電路有著相當的近似。因此，我們可從圖 8.33*a* 的已知電路或圖 8.33*b* 的等效電路中找出電流 $i(t)$。

我們將寫出適當的電路方程式，並利用分離變數與積分方法來求解電流 $i(t)$。在求得解答並探討過組成解答的兩個部分之後，我們可看出這兩個部分中的每一項都具有其意義。憑藉著更多的直覺去了解每一項的來源，我們將能夠對於每個牽涉到任何電源突然加入電路的問題提出更快速且更具有意義的解。現在讓我們來處理較正式的求解方法。

應用克希荷夫電壓定律於圖 8.33*b* 之電路上，可得

$$Ri + L\frac{di}{dt} = V_0u(t)$$

由於單位步階強迫函數在 $t=0$ 時不連續，故須先考慮 $t<0$ 時的解，然後再考慮 $t>0$ 時的解。從 $t=-\infty$ 開始，零電壓並不會產生任何的響應，因此

$$i(t) = 0 \qquad t < 0$$

對時間而言，$u(t)$ 為 1，所以必須求解下述之方程式

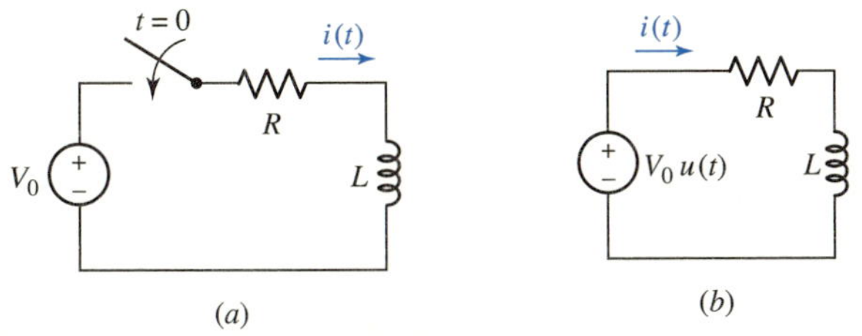

■圖 8.33　(*a*) 已知電路；(*b*) 等效電路，對所有的時間而言，具有相同的 $i(t)$ 響應。

$$Ri + L\frac{di}{dt} = V_0 \qquad t > 0$$

經由幾次簡單的代數運算後，變數可分離而成

$$\frac{L\,di}{V_0 - Ri} = dt$$

而每一邊都可以直接積分，得

$$-\frac{L}{R}\ln(V_0 - Ri) = t + k$$

為了要求得 k 值，必須藉助初始條件。在 $t=0$ 之前，$i(t)$ 為零，所以 $i(0^-)=0$；由於電感器中的電流無法在有限的零時間內作改變，因此得 $i(0^+)=0$。令 $t=0$ 時的 $i=0$ 則可得

$$-\frac{L}{R}\ln V_0 = k$$

因此，

$$-\frac{L}{R}[\ln(V_0 - Ri) - \ln V_0] = t$$

重組後，得

$$\frac{V_0 - Ri}{V_0} = e^{-Rt/L}$$

或

$$i = \frac{V_0}{R} - \frac{V_0}{R}e^{-Rt/L} \qquad t > 0 \qquad [24]$$

於是，對所有時間 t 皆為有效的響應表示式為

$$i = \left(\frac{V_0}{R} - \frac{V_0}{R}e^{-Rt/L}\right)u(t) \qquad [25]$$

更直接的求解程序

這是我們所期望的解答，但卻不是以最簡單的方式來求得。為了建立一更直接的求解程序，讓我們試著解釋出現於方程式 [25] 中的兩個項目；指數項具有 RL 電路自然響應的函數型式，它是

負指數，且當時間增加時趨近於零，並由時間常數 L / R 來展現其特性。因此，這一部分的響應函數型式與無源電路所求得知結果相同，但此指數項的振幅與電源電壓 V_0 有關。我們將其加以一般化，即響應是兩項目之和，其中一項與無源響應具有相同的函數型式，但其振幅由強迫函數所決定，那另一項又是什麼呢？

方程式 [25] 中亦包含一常數項 V_0 / R，為何它會出現呢？答案很簡單：當能量逐漸消耗時，自然響應將趨近於零，但總響應並不會趨近於零，最後電路就像一個電阻器與一個電感器串聯一顆電池一樣；由於電感器在直流電路中被視為短路，現在僅剩下電流 V_0 / R在流動，此電流是直接由強迫函數所貢獻的一部分，因此稱之為強迫響應 (forced response)，這是用來描述當開關關上一段很長的時間後所出現的響應。

完全響應是由自然響應與強迫響應所組合而成，自然響應所描述的是一種電路的特性而非電源特性，其響應式可經由考慮無源電路來求得，且其振幅取決於電源的初始振幅以及初始的儲存能量。而強迫響應具有強迫函數的特性，可由假設所有的開關在很久以前就已接通的這種情況來求得。由於目前我們所關心的只有開關與直流電源，所以強迫響應只是簡單直流電路問題的解答。

例題 8.7

如圖 8.34 所示之電路，試求出在電源的值改變後於 $t=\infty$、3^-、3^+ 與 100 μs 時的 $i(t)$。

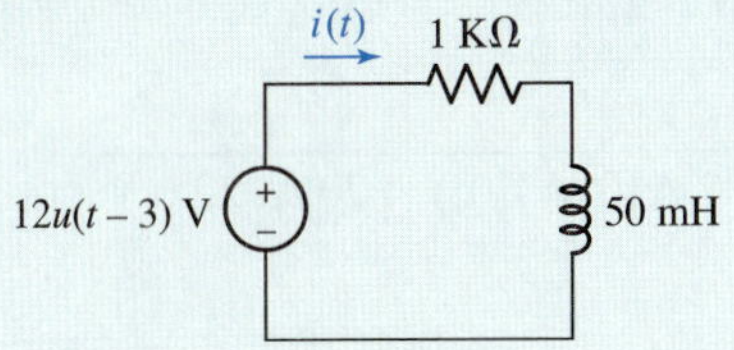

■圖 8.34　由電壓步階強迫函數驅動之簡單 *RL* 電路。

經過很長一段時間後任何的暫態都會消失 $(t \to \infty)$，電路是一個由 12 V 電壓源所驅動的簡單直流電路，電感器的出現如同短路，所以

$$i(\infty) = \frac{12}{1000} = 12 \text{ mA}$$

$i(3^-)$ 指的是什麼意思？這種標示是為了方便用來指出電壓源變化之前的

瞬間值，若 $t<3$ 則 $u(t-3)=0$，因此 $i(3^-)$ 也一樣會等於零。

在 $t=3^+$ 時，強迫函數 $12u(t-3)=12$ V；然而由於電感器電流無法在零時間時作改變，所以 $i(3^+)=i(3^-)=0$ 。

一個最直接了當的方法用來分析電路在 $t>3$ 時之響應，為重寫出如方程式 [25] 之方程式

$$i(t')=\left(\frac{V_0}{R}-\frac{V_0}{R}e^{-Rt'/L}\right)u(t')$$

並且注意到，如果我們移動了時間軸，這個式子仍然適用在我們的電路上，即

$$t'=t-3$$

代入 $V_0/R=12$ mA 以及 $R/L=20{,}000\ \text{s}^{-1}$ 可得到

$$i(t-3)=\left(12-12e^{-20{,}000(t-3)}\right)u(t-3)\ \text{mA} \qquad [26]$$

更簡化的可表示為

$$i(t)=\left(12-12e^{-20{,}000(t-3)}\right)u(t-3)\ \text{mA} \qquad [27]$$

會要求迫使單位步階函數在 $t<3$ 時產生一零值。

將 $t=3.0001$ 秒代入方程式 [26] 或方程式 [27]，我們可求得在電源值改變之後，$t=100\ \mu$s 時的 $i=10.38$ mA。

練習題

8.9 $60-40u(t)$ V 之電壓源串聯一 10 Ω 電阻器與一 50 mH 電感器，試求出於 t 等於下列各值 (a) 0^-；(b) 0^+；(c) ∞；(d) 3 ms 時的電感電流與電壓之振幅。

答：(a) 6 A, 0 V；(b) 6 A, 40 V；(c) 2 A, 0 V；(d) 4.20 A, 22.0 V。

建立直覺的理解觀念

強迫與自然兩種響應的推論亦可從物理的觀點上進行推論。我們知道電路最終會呈現為強迫響應之型式，然而在開關投入的瞬間，電感器的初始電流 (或 RC 電路中跨於電容器兩端之電壓) 只被儲存在這些元件上的能量所決定，我們無法期望這些電流或電壓

和強迫響應所需要的電流或電壓相同。因此，必須有一段暫態週期存在，使電流與電壓從其已知的初始值變化至所需的終值。而提供從初始值轉換至終值響應的部分即自然響應 (常被稱作暫態響應，前文曾提及)，如果我們以這些項來描述一簡單 *RL* 電路無源時的響應，則強迫響應為零，自然響應則是當強迫響應為零時，由儲能所產生的響應。

這樣的敘述僅適用在那些自然響應最終會消失的電路上，而這通常會發生在每一元件具有某些電阻的實際電路中；但也有許多“不健全”的電路，當時間趨近於無限大時，其自然響應並不會消失，例如那些陷於電感迴路的電流或陷於一整串電容器上的電壓就是個例子。

8.7　自然響應與強迫響應

在數學上也能夠以很好的推論來說完全解是由強迫響應與自然響應兩部分所組成，其原因是基於任意線性微分方程式的解都可被表示為互補解 (自然響應) 與特解 (強迫響應) 兩部分之和的這項事實而來；不需探索一般微分方程式的理論，讓我們考慮在前一節所遇到的一般方程式：

$$\frac{di}{dt} + Pi = Q$$

或

$$di + Pi\,dt = Q\,dt \tag{28}$$

我們可定義 Q 為強迫函數，並以 $Q(t)$ 來表示 Q 以強調它與時間有所關聯。藉由假設 P 是正常數來進行簡單的討論，之後我們亦將假設 Q 是常數，因此我們將侷限在直流強迫函數的討論。

在任何標準的基礎微分方程教材中，已經說明如果在方程式 [28] 兩邊同乘以一所謂的基因分子，則每一邊變成一恰當的微分式，使得可以直接以積分的方式求得解答。我們並不對變數進行分離，而是加以重組安排使其可以進行積分，對於這樣的方程式，其積分因子為 $e^{\int P\,dt}$ 或 e^{Pt}，而 P 是個常數；將方程式的每一邊同乘以此積分因子，可得

$$e^{Pt}\,di + iPe^{Pt}\,dt = Qe^{Pt}\,dt \qquad [29]$$

當知道左式是 ie^{Pt} 的適當微分時。則式子可以加以修改成：

$$d(ie^{Pt}) = e^{Pt}\,di + iPe^{Pt}\,dt$$

因此方程式 [29] 變為

$$d(ie^{Pt}) = Qe^{Pt}\,dt$$

兩邊同時積分，得

$$ie^{Pt} = \int Qe^{Pt}\,dt + A$$

其中 A 是積分常數，而將上式乘以 e^{-Pt} 可得 $i(t)$ 的解為

$$i = e^{-Pt}\int Qe^{Pt}\,dt + Ae^{-Pt} \qquad [30]$$

如果強迫函數 $Q(t)$ 為已知，則可以求解積分的方式來求得 $i(t)$ 的正確函數型式。然而，我們並不會去求解每一問題中的積分值；相反的，我們較感興趣的會是使用方程式 [30] 做為解的範例，並從中獲得一些非常一般化的結果。

自然響應

首先注意到的是，對無源電路而言 Q 必須為零，則解會是一自然響應的型式為

$$i_n = Ae^{-Pt} \qquad [31]$$

我們將發現對於具有電阻器、電感器與電容器之電路，其常數 P 永遠不會是負值；其值只和電路的被動元件[5]及其在電路中的連接關係有關。當時間無限制增加時，自然響應會趨近於零。由於最初的能量會逐漸地被電阻器銷耗掉並以熱的型式從電路中散逸，所以對簡單的 RL 串聯電路而言，其響應必定是如此。但有時也會有較理想的電路情況，此時 P 為零，在這樣的電路中，自然響應並不會消失。

因此我們發現，構成完全解兩項中的其中一項響應具有自然響

5 如果電路包含一依賴電源或負電阻，則 P 可能為負值。

應型式，其振幅和完全響應的初值有關 (但並非總是相等)，因此也和強迫函數的初值有關。

強迫響應

接著觀察到方程式 [30] 中的第一項，為和強迫函數 $Q(t)$ 的函數型式有關之項目。當 t 變成無限大時，電路中的自然響應會消失，且在自然響應消失後，此第一項必須能完全的用來描述響應的型式，而這第一項在傳統上我們稱之為強迫響應 (forced response)；亦稱為穩態響應 (steady-state response)、特解或特別積分。

目前為止，我們只考慮了那些關於電路突然加上直流電源的問題，而對所有的時間而言 $Q(t)$ 是一常數值；如果願意的話，現在可求 [30] 式的積分進而獲得強迫響應為

$$i_f = \frac{Q}{P} \tag{32}$$

於是完全響應為

$$i(t) = \frac{Q}{P} + Ae^{-Pt} \tag{33}$$

對於 *RL* 串聯電路而言，Q/P 是固定電流，V_0/R 及 $1/P$ 是時間常數 τ。我們應能瞭解到不用求積分就可以得到強迫響應，這是因為它必須是在時間為無限大時的完全響應；故其僅是電源電壓除以串聯電阻。因此強迫響應可由觀察最終電路而獲得。

完全響應的決定

讓我們使用簡單的 *RL* 串聯電路來說明如何將自然與強迫響應相加以決定完全響應。前面已對如圖 8.35 所示之電路進行了分析，不過是使用一個較為冗長的方法。待求的響應為電流 $i(t)$，先將此電流表示成自然與強迫響應之和：

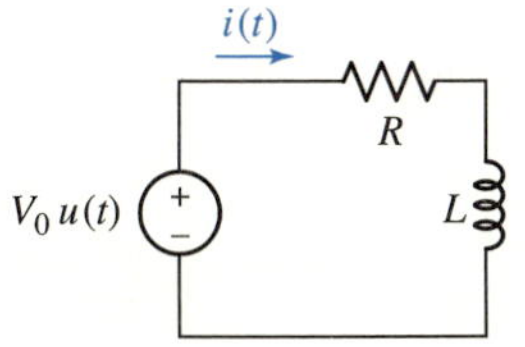

■圖 8.35　用以說明求得完全響應方法的 *RL* 串聯電路，係將自然響應與強迫響應相加而得之。

$$i = i_n + i_f$$

自然響應的函數型式必須和無任何電源時所求得者相同。因此我們以一短路來取代步階電壓源，並保留原有的 RL 串聯迴路。於是得到

$$i_n = Ae^{-Rt/L}$$

其中振幅 A 尚未被決定；主要是因為在應用到完全響應的初始條件中，我們無法輕易的假設 $A=i(0)$。

接下來考慮強迫響應，由於對所有的正時間而言，電源是一常數 V_0，所以此特定問題中的強迫響應必須為一常數。因此在自然響應消失後，電感器的電壓為零；於是，在電阻 R 兩端會跨接一電壓 V_0，故強迫響應簡單的表示為

$$i_f = \frac{V_0}{R}$$

強迫響應就可完全地被決定；亦即沒有任何未知的振幅。接著將兩個響應相加得到

$$i = Ae^{-Rt/L} + \frac{V_0}{R}$$

並應用初始條件來求得 A 值。在 $t=0$ 之前電流為零，且由於此電流流經過電感器，所以其值無法瞬間做變化。因此，在 $t=0$ 之後電流亦為零，故

$$0 = A + \frac{V_0}{R}$$

則

$$i = \frac{V_0}{R}(1 - e^{-Rt/L}) \qquad [34]$$

要注意的是，由於在 $i(0)=0$ 時 $A=-V_0/R$，所以 A 並不是 i 的初始值。考慮無源電路，我們發現事實上 A 就是響應的初始值。當強迫響應出現時，首先必須求出響應的初始值，然後將其代入完全響應的方程式中以求得 A。

該響應被畫在圖 8.36 中，由圖中可看出，電流的建立是從初

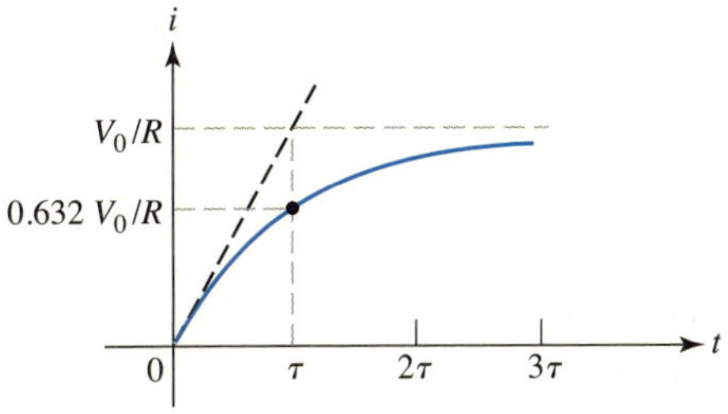

■圖 8.36　流經圖 8.35 中電感電流之響應曲線。初始斜率延伸與定值的強迫響應交於 $t=\tau$ 時。

始的零值到終值 V_0 / R，整個變化過程有效地在 3τ 時間內完成。如果我們的電路是用以描述大型直流馬達的磁場線圈，則我們可令 $L=10\ H$ 與 $R=20\ \Omega$，而得到 $\tau=0.5$ s；因此，場電流大約在 1.5 s 內可被建立起來。在一個時間常數內，電流達至其終值的 63.2%。

例題 8.8

如圖 8.37 之電路，試決定在所有時間值下的 $i(t)$ 為何？

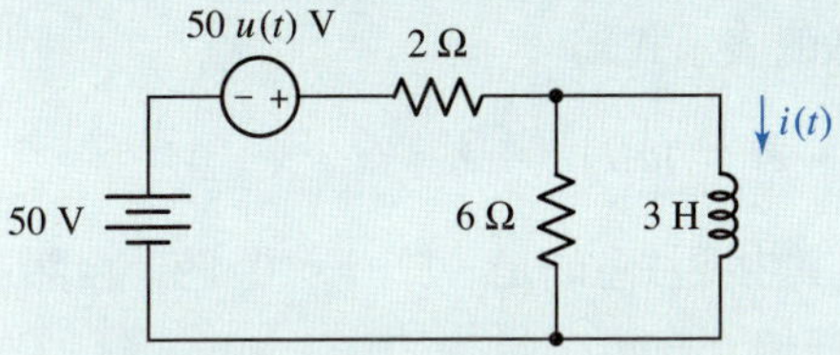

■圖 8.37　例題 8.8 之電路。

此電路包含一直流電壓源以及一步階電壓源，我們可將電感器左半部的所有元件以戴維寧等效電路來取代，將電路等效成我們所認知僅含有一個電阻器串聯一些電壓源的電路型式，且電路也只含有一個儲能元件 (電感器)。首先求得時間常數為

$$\tau = \frac{L}{R_{eq}} = \frac{3}{1.5} = 2\text{ s}$$

我們知道

$$i = i_f + i_n$$

其中自然響應和之前一樣，為一負指數型式，即

$$i_n = Ke^{-t/2}\text{ A} \qquad t > 0$$

由於強迫函數是一直流電源，而強迫響應將為一常數電流，所以電感器於直流電路中的動作視同短路，因此

$$i_f = \frac{100}{2} = 50 \text{ A}$$

從而得到

$$i = 50 + Ke^{-0.5t} \qquad \text{A} \qquad t > 0$$

為了求得 K 值，我們必須先確定出電感器電流的初始值；在 $t=0$ 之前，此電流是 25 A，且無法瞬間的變化，因此

$$25 = 50 + K$$

或

$$K = -25$$

所以可得到

$$i = 50 - 25e^{-0.5t} \qquad \text{A} \qquad t > 0$$

我們亦以如下之公式來表示完整的解：

$$i = 25 \text{ A} \qquad t < 0$$

或寫出一個對所有的 t 而言都有效的表示式為

$$i = 25 + 25(1 - e^{-0.5t})u(t) \qquad \text{A}$$

該完全響應畫於圖 8.38 中；其中要注意的是，於 $t < 0$ 時，自然響應與定值的強迫響應是如何連在一起的。

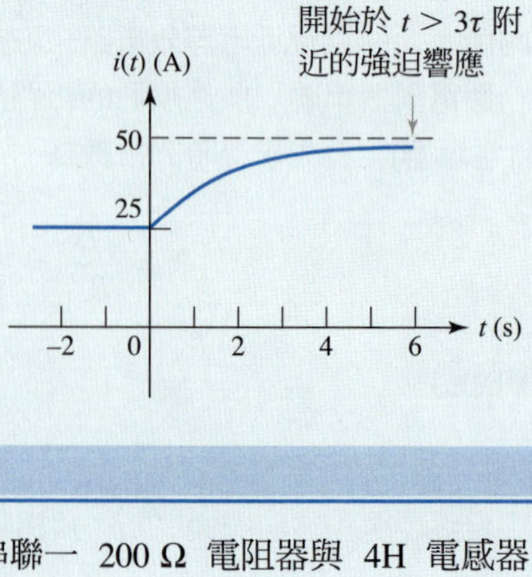

■圖 8.38　如圖 8.37 所示電路於時間小於以及大於零時 $i(t)$ 之響應曲線。

練習題

8.10　一 $v_s = 20\,u(t)$ V 之電壓源串聯一 200 Ω 電阻器與 4H 電感器，試求在 t 等於下列各值時之電感器電流大小：(a) 0^-；(b) 0^+；(c) 8 ms；(d) 15 ms。

答：0；0；33.0 mA；52.8 mA。

由以上介紹得知，當任何的電路受到暫態影響時，其完全響應幾乎都可用目視法來求得；根據這樣的方法，讓我們再以帶有電壓脈波的簡單 RL 串聯電路作為最後一例來加以進行說明。

例題 8.9

若將振幅 V_0、間隔 t_0 的矩形電壓脈波加入簡單的 RL 串聯電路，試求其電流響應 $i(t)$ 為何？

如圖 8.39*a* 與 *b* 所示，我們將強迫函數以兩個步階電壓源 $V_0u(t)$ 與 $-V_0u(t-t_0)$ 之和作為表示，並計畫利用重疊定理來求得響應。以 $i_1(t)$ 來代表由上述電壓源 $V_0u(t)$ 單獨作用時所造成的電流 $i(t)$，而以 $i_2(t)$ 來表示電壓源 $-V_0u(t-t_0)$ 單獨作用時所造成的電流 $i(t)$，則

$$i(t) = i_1(t) + i_2(t)$$

現在我們的目標是將每一部分的響應 i_1 與 i_2 寫成自然響應與強迫響應之和；我們已經很熟悉的知道的 $i_1(t)$ 響應式，在方程式 [34] 中已進行過推導，為

$$i_1(t) = \frac{V_0}{R}(1 - e^{-Rt/L}), \qquad t > 0$$

要注意到在 $t > 0$ 時，此解才為有效；當 $t < 0$ 時，$i_1 = 0$。

現在將注意力移到另一個電源及其響應 $i_2(t)$ 上。由於只有電源的極性及其使用的時間不同而已，所以不需要決定自然響應及強迫響應之型式，於是 $i_1(t)$ 的解能寫成

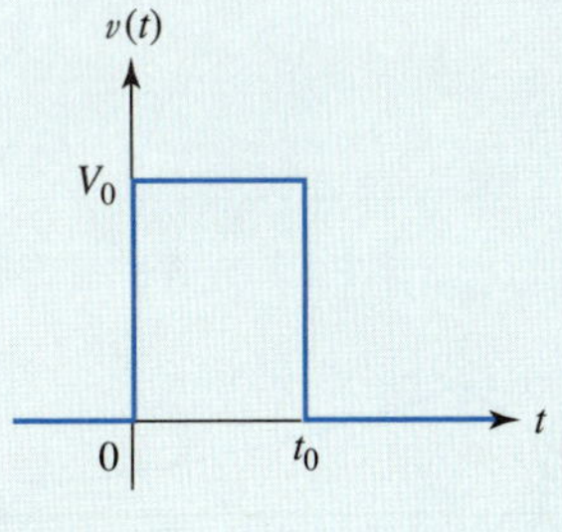

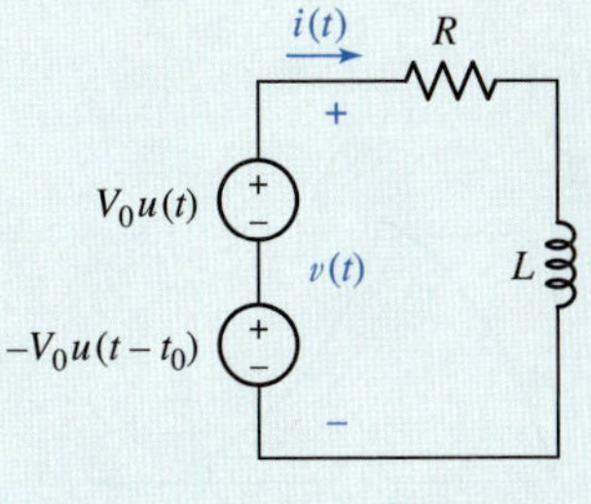

■圖 8.39　(*a*) 矩形電壓脈波用以作為簡單 RL 串聯電路之強迫函數；(*b*) RL 串聯電路，圖中顯示強迫函數是以兩個獨立電壓步階電源的串聯組合作為表示，而 $i(t)$ 為待求之電流響應。

$$i_2(t) = -\frac{V_0}{R}[1 - e^{-R(t-t_0)/L}], \qquad t > t_0$$

其中必須再一次的清楚標示 t 的適用範圍為 $t > t_0$；而在 $t < t_0$ 時，$i_2 = 0$。

現在將兩個解進行相加，但由於每個響應的有效時間間隔不同，所以執行上必須要小心，因此得到

$$i(t) = 0, \qquad t < 0 \qquad [35]$$

$$i(t) = \frac{V_0}{R}(1 - e^{-Rt/L}), \qquad 0 < t < t_0 \qquad [36]$$

及

$$i(t) = \frac{V_0}{R}(1 - e^{-Rt/L}) - \frac{V_0}{R}(1 - e^{-R(t-t_0)/L}), \qquad t > t_0$$

或更簡潔的表示為

$$i(t) = \frac{V_0}{R}e^{-Rt/L}(e^{Rt_0/L} - 1), \qquad t > t_0 \qquad [37]$$

儘管方程式 [35] 到方程式 [37] 完整的描述了圖 8.39*a* 中的脈波波形在圖 8.39*b* 電路中的響應，但電流波形本身對於電路時間常數 τ 與電壓脈波的持續時間 t_0 都相當敏感；兩種可能的曲線表示於圖 8.40。

左邊的曲線是當時間常數僅為外加脈波長度一半的情形，因此指數上升的部分在指數下降發生前就幾乎已達到 V_0/R；另一情形

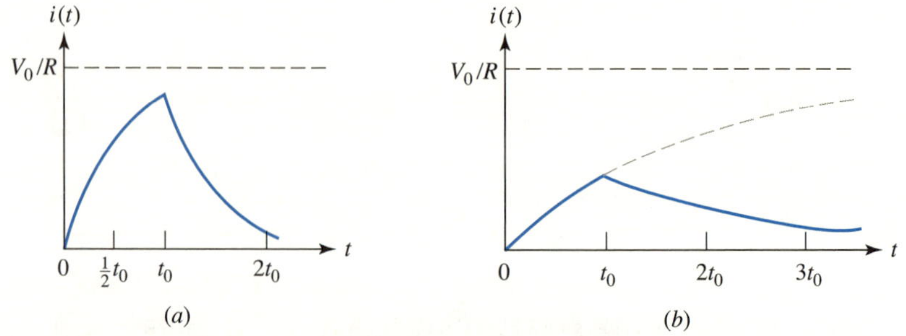

■圖 8.40 在圖 8.39*b* 電路中的兩種響應曲線，(*a*) τ 為 $t_0/2$；(*b*) τ 為 $2t_0$。

則示於右邊的曲線，其時間常數是 t_0 的兩倍，因此響應沒有機會到達最大振幅值。

當直流電源在 $t=0$ 的瞬間經開關接通或關閉於 RL 電路後，我們欲求的電路響應其求解程序將如下所述；另外當所有的獨立電源設定為零時，電路可簡化成單一等效電阻 R_{eq} 串聯單一等效電感 L_{eq}，而所要求得之響應以 $f(t)$ 來表示。

1. 當所有獨立電源皆不作用時，將電路簡化以決定 R_{eq}、L_{eq} 以及時間常數 $\tau=L_{eq}/R_{eq}$。
2. 將 L_{eq} 視為短路，使用直流分析方法求出 $i_L(0^-)$，此電流即為在不連續點之前的電感器電流。
3. 再次將 L_{eq} 視為短路，同樣使用直流分析方法求出強迫響應。此即當 $t\to\infty$ 時 $f(t)$ 所趨近之值，以 $f(\infty)$ 表示之。
4. 寫出完全響應式，以自然響應與強迫響應之和作為表示：$f(t)=f(\infty)+Ae^{-t/\tau}$。
5. 使用 $i_L(0^+)=i_L(0^-)$ 之條件求出 $f(0^+)$；在此計算上若有需要，L_{eq} 可用一電流源 $i_L(0^+)$ 作為取代 (若 $i_L(0^+)=0$，則可以開路作為取代)。除了電感器電流 (及電容器電壓) 之外，電路中其他的電流或電壓可以突然的進行變化。
6. $f(0^+)=f(\infty)+A$，且 $f(t)=f(\infty)+[f(0^+)-f(\infty)]\,e^{-t/\tau}$，或完全響應＝終值＋(初值－終值) $e^{-t/\tau}$。

練習題

8.11 如圖 8.41 所示之電路，其保持目前這種狀態已有一段很長的時間，開關於 $t=0$ 時開啟，試求出於 t 等於 (a) 0^-；(b) 0^+；(c) ∞；(d) 1.5 ms 時的 i_R 為何？

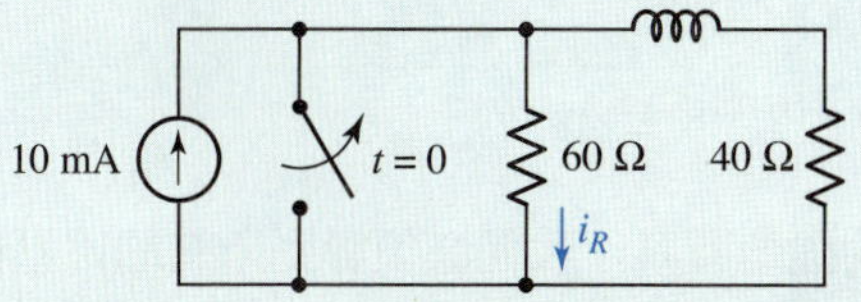

■圖 8.41

答：0；10 mA；4 mA；5.34mA。

8.8 被驅動的 *RC* 電路

任何 *RC* 電路的完全響應亦可利用自然響應與強迫響應相加之和而求得，由於求解的程序實際上和我們所詳細討論過的 *RL* 電路是一樣的，所以在這個階段最好的辦法是透過一完整的例子來進行相關說明，而目標不再只是侷限於求得和電容器相關的響應量，同時也將對電阻電流的響應加以瞭解。

例題 8.10

如圖 **8.42** 所示之電路，試求出在所有的時間下電容器電壓 $v_C(t)$ 及 **200** Ω 電組器的電流 $i(t)$ 為何？

首先，考慮於時間 $t < 0$ 時的電路狀況，如圖 8.42*b* 所示，在這個時間下電路的開關處於 *a* 的位置。照例，假設沒有任何的暫態會出現，只剩下由 120 V 電源所造成的強迫響應；由簡單的分壓定理可求出初始電壓為

$$v_C(0) = \frac{50}{50+10}(120) = 100 \text{ V}$$

由於電容器電壓無法瞬間變化，此電壓在 $t=0^-$ 與 $t=0^+$ 時皆為相等。

現在將開關投至 *b* 處，則其完全響應為

$$v_C = v_{Cf} + v_{Cn}$$

為了方便表示，其對應的電路重新畫於圖 8.42*c* 中。自然響應的型式可透過將 50 V 電源以一短路作為取代及透過找出等效阻抗進而求出時間常數的方式來獲得 (換言之，我們正在尋找由電容器兩端看進電路的戴維寧等效電阻)：

$$R_{\text{eq}} = \frac{1}{\frac{1}{50}+\frac{1}{200}+\frac{1}{60}} = 24 \ \Omega$$

所以

$$v_{Cn} = Ae^{-t/R_{\text{eq}}C} = Ae^{-t/1.2}$$

為了求得開關在 *b* 點時的強迫響應，我們必須等到所有的電壓與電流皆停止變化；於是在這樣的情況下，可視電容器為開路，然後再以分

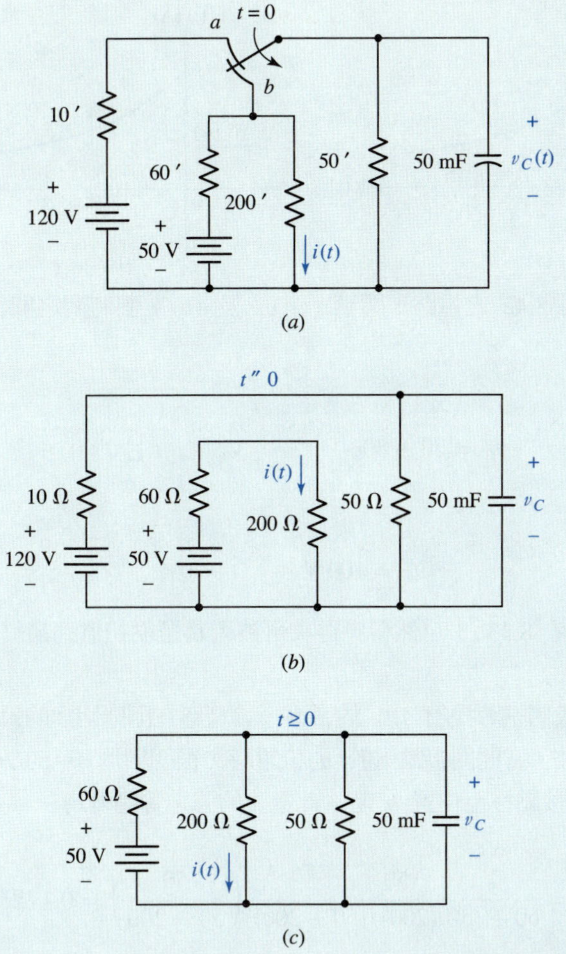

■圖 8.42　(*a*) 一 *RC* 電路，其 v_C 與 i 的完全響應是由強迫響應與自然響應相加而得；(*b*) $t < 0$ 時的電路；(*c*) $t \geq 0$ 時的電路。

壓定理求得

$$v_{C_f} = 50\left(\frac{200 \parallel 50}{60 + 200 \parallel 50}\right)$$

$$= 50\left(\frac{(50)(200)/250}{60 + (50)(200)/250}\right) = 20 \text{ V}$$

因此，

$$v_C = 20 + Ae^{-t/1.2} \quad \text{V}$$

且由已求得的初始條件中得

$$100 = 20 + A$$

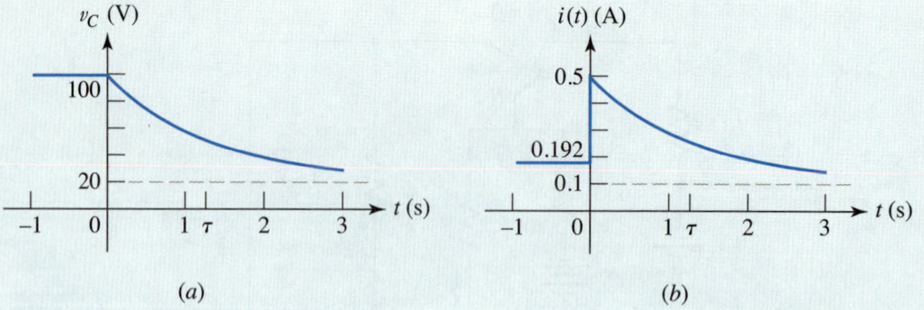

■圖 8.43 圖 8.42 之電路，響應 (*a*) v_C 及 (*b*) i 對時間之關係曲線。

或

$$v_C = 20 + 80e^{-t/1.2} \quad \text{V}, \qquad t \geq 0$$

以及

$$v_C = 100 \text{ V}, \qquad t < 0$$

該響應畫於圖 8.43*a*；自然響應再次可被視為是從初值到最終響應的一種變遷形式。

接著，我們試著找出 $i(t)$ 的響應。該響應在開關切換的瞬間不需保持為固定常數。當開關接點處於 a 位置時，很明顯地 $i = 50/260 = 192.3$ mA；當開關接點移至位置 b 時，此電流的強迫響應變為

$$i_f = \frac{50}{60 + (50)(200)/(50 + 200)} \left(\frac{50}{50 + 200}\right) = 0.1 \text{ 安培}$$

自然響應的型式和已經被我們所決定的電容器電壓相同，為

$$i_n = Ae^{-t/1.2}$$

結合強迫及自然響應，得到

$$i = 0.1 + Ae^{-t/1.2} \quad \text{安培}$$

為了求得 A，必須先知道 $i(0^+)$，而這可由將注意力集中於儲能元件上 (目前指的是電容器) 來求得。事實上，v_C 在開關切換的期間必須保持為 100 V，而這也決定了在 $t = 0^+$ 時其他電流與電壓的條件。由於 $v_C(0^+) = 100$ V，且因為電容器和 200 Ω 的電阻器並聯，所以可求得 $i(0^+) = 0.5$ A、$A = 0.4$ A；因此，

$$i(t) = 0.1923 \text{ 安培} \qquad t < 0$$

$$i(t) = 0.1 + 0.4e^{-t/1.2} \quad 安培 \quad t > 0$$

或

$$i(t) = 0.1923 + (-0.0923 + 0.4e^{-t/1.2})u(t) \quad 安培$$

其中最後面這個式子對所有的時間 t 而言皆為正確。

在所有的時間 t 中皆為成立的完全響應，亦可簡單的以 $u(-t)$ 重寫出來，其中 $u(-t)$ 在 $t<0$ 為 1，在 $t>0$ 時則為零，因此

$$i(t) = 0.1923u(-t) + (0.1 + 0.4e^{-t/1.2})u(t) \quad 安培$$

該響應繪於圖 8.43b，要注意的是僅需要以下四個參數值就能寫出此單一儲能元件電路響應的函數型式或繪製出其響應圖：開關切換前的常數值 (0.1923 A)、開關切換後的瞬間值 (0.5 A)、固定的強迫響應 (0.1 A) 及時間常數 (1.2 s)；如此適當的負指數函數就可很輕易的被寫出或描繪出來。

練習題

8.12 如圖 8.44 之電路，試求出於時間 t 等於 (a) 0^-；(b) 0^+；(c) ∞；(d) 0.08 s 時的 $v_C(t)$ 各為何？

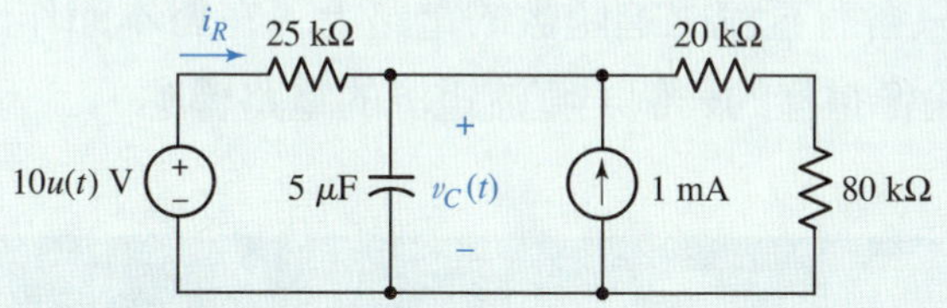

■圖 8.44

答：20 V；20 V；28 V；24.4 V。

底下我們以列出 8.7 節結尾的對偶性敘述作為結論。

在某一瞬時時間下 (如 $t=0$ 時)，當直流電源經開關接通或切離於 RC 電路時，其響應的求解程序將摘述如下。假設當所有的獨立電源皆設定為零時，電路可簡化成單一等效電阻 R_{eq} 並聯一單一等效電容 C_{eq}，而欲求得之響應則以 $f(t)$ 表示。

1. 令所有的獨立電源皆不作用，並將電路作簡化以決定 R_{eq}、C_{eq} 及時間常數 $\tau = R_{eq} C_{eq}$。
2. 視 C_{eq} 為開路，並使用直流分析方法求得 $v_C(0^-)$，此即在不連續點之前瞬間的電容器電壓。
3. 再次視 C_{eq} 為開路，且使用直流分析方法求出強迫響應，這是當 $t \to \infty$ 時 $f(t)$ 所趨近之值，以 $f(\infty)$ 作為表示。
4. 寫出以強迫響應與自然響應之和作為表示的完全響應式：$f(t) = f(\infty) + Ae^{-t/\tau}$。
5. 利用 $v_C(0^+) = v_C(0^-)$ 之條件求出 $f(0^+)$。在計算上若有需要，C_{eq} 可以一電壓源 $v_C(0^+)$ 作為取代 [若 $v_C(0^+) = 0$，則以短路作為取代]；此外，除了電容器電壓 (及電感器電流) 之外，電路中其他的電壓與電流皆可在瞬間進行變化。
6. $f(0^+) = f(\infty) + A$，且 $f(t) = f(\infty) + [f(0^+) - f(\infty)]\, e^{-t/\tau}$，或者表示為完全響應＝終值＋(初值－終值) $e^{-t/\tau}$。

如我們所視，應用在 RL 電路上基本的分析步驟，同樣可以被應用在分析 RC 電路上。儘管在方程式 [30] 中包含了更多的一般函數，如 $Q(t) = 9\cos(5t - 7°)$ 或 $Q(t) = 2e^{-5t}$，但到目前為止，我們都僅侷限在分析只含有直流強迫函數的電路上。在對本節作出結論前，我們先來討論像這樣的一個非直流電源的電路響應。

例題 8.11

如圖 8.45 所示之電路，試求出於 $t > 0$ 時 $v(t)$ 之表示式。

根據經驗，我們期望獲得的完全響應式為

$$v(t) = v_f + v_n$$

其中 v_f 將會類似我們的強迫函數，而 v_n 將具有 $Ae^{-t/\tau}$ 之型式。

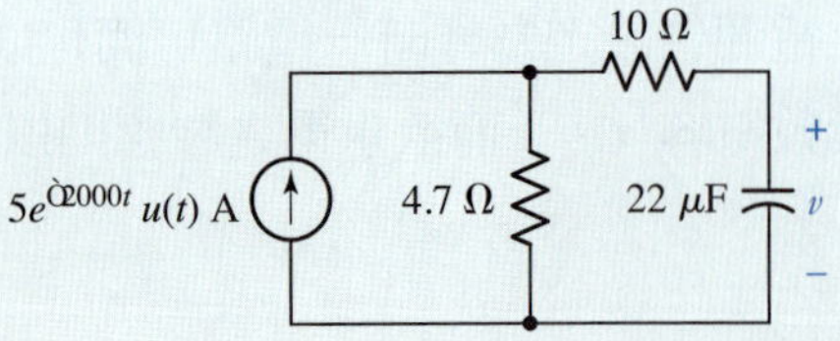

■圖 8.45 由一指數衰減強迫函數所驅動之簡單 RC 電路。

電路的時間常數 τ 為何？我們以一開路來取代電源，並找出和電容器並聯的戴維寧等效電阻：

$$R_{eq} = 4.7 + 10 = 14.7\ \Omega$$

因此，時間常數為 $\tau = R_{eq}C = 323.4\ \mu s$，或等效為 $1/\tau = 3.092 \times 10^3\ s^{-1}$。

有幾種方法能夠進行使用，儘管如此最簡單的方法是執行電源轉換，產生一 $23.5e^{-2000t}u(t)$ V 的電壓源串聯一 14.7 Ω 電阻與 22 μF 電容。(注意：時間常數不會因此而改變)。

於 $t > 0$ 時，寫出簡單的 KVL 方程式，可得到

$$23.5e^{-2000t} = (14.7)(22 \times 10^{-6})\frac{dv}{dt} + v$$

透過些微的重新排列，產生

$$\frac{dv}{dt} + 3.092 \times 10^3 v = 72.67 \times 10^3\ e^{-2000t}$$

如此再和方程式 [29] 與 [30] 做比較，我們可寫出完全響應式為

$$v(t) = e^{-Pt}\int Qe^{Pt}dt + Ae^{-Pt}$$

其中 $P = 1/\tau = 3.092 \times 10^3$，而 $Q(t) = 72.67 \times 10^3\ e^{-2000t}$，則可得到

$$v(t) = e^{-3092t}\int 72.67 \times 10^3 e^{-2000t}e^{3092t}dt + Ae^{-3092t}\ \text{V}$$

經積分後得

$$v(t) = 66.55e^{-2000t} + Ae^{-3092t}\ \text{V} \qquad [38]$$

於 $t < 0$ 時，一個零值的步階函數控制了唯一的電源，所以 $v(0^-) = 0$。由於 v 是電容器電壓，$v(0^+) = v(0^-)$，所以我們可以輕易的找出初始條件 $v(0) = 0$；將此條件代入方程式 [38]，可求出 $A = -66.55$ V，所以

$$v(t) = 66.55(e^{-2000t} - e^{-3092t})\ \text{V}, \qquad t > 0$$

練習題

8.13　如圖 8.46 所示之電路，試決定於 $t > 0$ 時電路中電容器電壓 v 之響應為何。

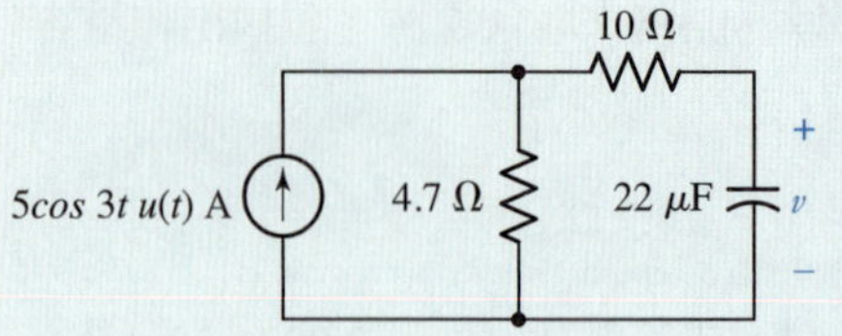

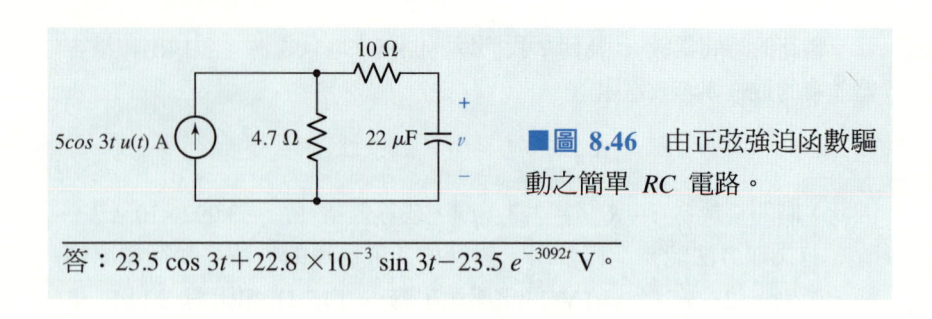

■圖 8.46 由正弦強迫函數驅動之簡單 *RC* 電路。

答：$23.5\cos 3t + 22.8\times10^{-3}\sin 3t - 23.5\,e^{-3092t}$ V。

8.9 順序切換電路的響應預測

於例題 8.9 中，我們簡單的考慮過含有脈衝波形的 *RL* 電路響應，其中的電源被有效地投入與隨後的切離於電路當中。這種情況是非常常見的例子，因為很少有電路會僅用來提供一次的能量 (如車輛上安全氣囊的觸發電路)。在預測簡單 *RL* 或 *RC* 電路響應的過程中，為了滿足脈衝和序列脈衝函數，有時必須以**順序切換電路** (sequentially switched circuits) 的方析方式來進行，而關鍵在於脈衝序列電路中各種變化的時間常數大小。往後的分析原則將是以，在脈衝結束之前儲能元件是否有足夠的時間進行完全充電，及在下一個脈衝開始之前儲能元件是否有足夠的時間進行完全放電，這兩種模式來進行。

考慮如圖 8.47*a* 所示之電路，其被連接到一個由圖 8.47*b* 所定義之七個個別參數所描述的脈衝電壓源上。波形的上下限被 **V1**

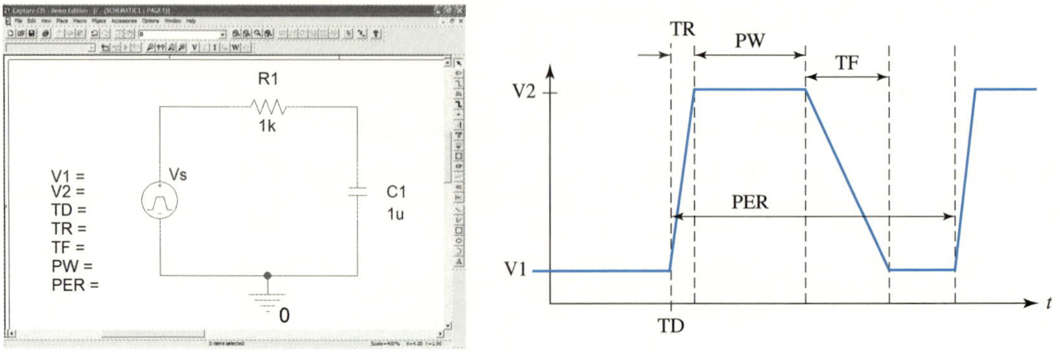

(*a*) (*b*)

■圖 8.47 (*a*) 連接有一脈衝電壓波形的簡單 *RC* 電路；(*b*) SPICE 中 VPULSE 參數定義表示圖。

與 **V2** 所限定，由 **V1** 變化到 **V2** 所需的時間 t_r 稱之為**上升時間** (rise time, TR)，而由 **V2** 變化到 **V1** 所需的時間 t_f 稱之為**下降時間** (fall time, TF)。脈波持續的時間 W_p 稱之為**脈波寬度** (pulse width, PW)，而波形 (PER) 的**週期** (period) T 是脈波重複出現的時間。同時要注意的是 SPICE 允許一個時間延遲 (TD) 出現在脈波開始產生之前，如此對於某些的電路架構而言，能夠有效地衰減初始暫態響應。

以這樣的討論作為目標，我們將時間延遲設為零，V1＝0 及 V2＝9 V，電路的時間常數 $\tau = RC = 1$ ms，上升時間與下降時間設為 1 ns；然而 SPICE 無法允許電壓在時間為零時進行改變，主要是因為 SPICE 是以離散時間間距來求解電路之微分方程式，而和電路的時間常數相比，1 ns 的時間確實可以合理的視為是接近“瞬間”。

底下將考慮如表 8.1 所述的四個基本例子。在前兩個例子中，脈波寬度 W_p 遠大於時間常數 τ，所以我們期望從暫態的發生到消失會出現在脈波結束之前。而在後面的兩個例子中，相反的事實是：脈波寬度過短使得電容器在脈波結束之前沒有足夠的時間來進行完全充電；相同的問題會出現在當我們考慮到的電路響應，在和時間常數相比下具有過短 (Case II) 或太長 (Case III) 的脈波寬度 $(T - W_p)$ 的情況下。

我們實質地描繪出於如圖 8.48 所示四個電路的個別響應，任意的選擇自己所感興趣的電容器電壓值，就像是任何電壓或電流被期望具有相同的時間相依性一樣。

在例 I 中，電容器具有足夠的時間進行完全的充電與放電 (如圖 8.48*a*)；在例 II 中 (如圖 8.48*b*)，當脈波之間的時間縮短了，其就不再有足夠的時間進行完全放電；對照之下，電容器電壓在例 III

表 8.1　與 1 ms 電路時間常數相關之脈波寬度與週期的四個個別例子

例子	脈波寬度	週期
I	10 ms $(\tau \ll W_p)$	20 ms $(\tau \ll T - W_p)$
II	10 ms $(\tau \ll W_p)$	10.1 ms $(\tau \gg T - W_p)$
III	0.1 ms $(\tau \gg W_p)$	10.1 ms $(\tau \ll T - W_p)$
IV	0.1 ms $(\tau \gg W_p)$	0.2 ms $(\tau \gg T - W_p)$

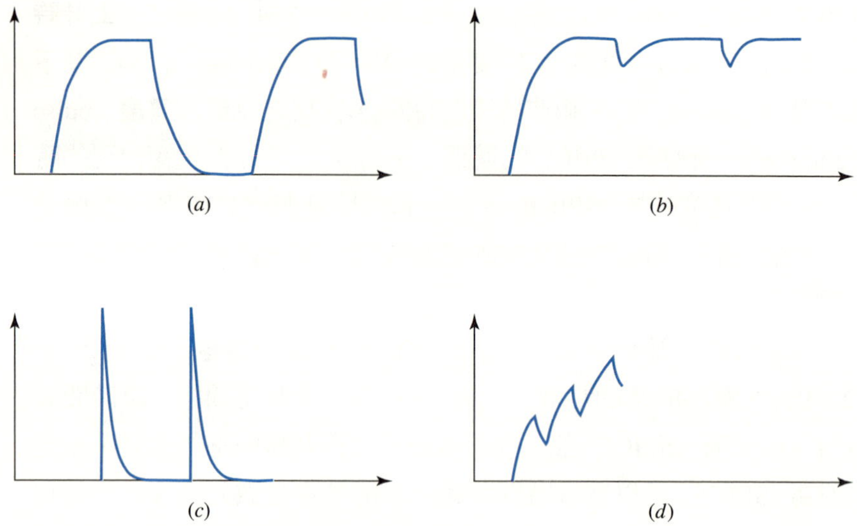

■圖 8.48　含有下列各種脈波寬度與週期 (*a*) 例 I；(*b*) 例 II；(*c*) 例 III；(*d*) 例 IV 之 *RC* 電路電容器電壓。

(如圖 8.48*c*) 或例 IV 中 (如圖 8.48*d*)，皆無足夠的時間進行完全充電。

例 I：具有足夠的時間進行完全充電及放電

當然經由一系列的分析，我們可以找出各個例子中準確的響應值。首先考慮例 I，由於電容器有足夠的時間進行完全充電，強迫響應將會是相當於直流 9 V 的驅動電壓；因此，第一個脈波的完全響應為

$$v_C(t) = 9 + Ae^{-1000t} \text{ V}$$

代入，得到

$$v_C(t) = 9(1 - e^{-1000t}) \text{ V} \qquad [39]$$

時間間隔為 $0 < t < 10$ ms。在 $t = 10$ ms 時，電源突然下降至零，且電容器經由電阻器開始進行放電。在這個時間間隔下，我們所面對的是“無源” *RC* 電路，則響應是可表示為

$$v_C(t) = Be^{-1000(t-0.01)}, \quad 10 < t < 20 \text{ ms} \qquad [40]$$

其中 $B = 8.99959$ V 是由 $t = 10$ ms 代入方程式 [39] 所求得；在此

我們將以 9 V 作為後續分析之使用，且要注意的是所計算的值將會符合我們所假設的初始暫態會在脈波結束前消失。

在 $t=20$ ms 時，電壓源瞬間跳回 9 V；而在這之前電容器電壓經由代入 $t=20$ ms 到方程式 [40]，得到 $v_C(20\text{ ms})=408.6\ \mu\text{V}$，和 9 V 的電壓峰值相比，該值小到可以零作為表示。

如果對 4 個重要的數值維持和先前一樣的做法，電容器電壓在第二個脈波的開始會是零，如同之前的起始狀況。因此，方程式 [39] 與 [40] 對於所有的序列脈波而言，形成了一基本的響應式，可表示為

$$v_C(t) = \begin{cases} 9(1 - e^{-1000t})\ \text{V}, & 0 \le t \le 10\text{ ms} \\ 9e^{-1000(t-0.01)}\ \text{V}, & 10 < t \le 20\text{ ms} \\ 9(1 - e^{-1000(t-0.02)})\ \text{V}, & 20 < t \le 30\text{ ms} \\ 9e^{-1000(t-0.03)}\ \text{V}, & 30 < t \le 40\text{ ms} \end{cases}$$

依此類推。

例 II：具有足夠的時間進行完全充電，但無法完全放電

接著將考慮到當電容器不允許進行完全放電時 (例 II) 會發生哪些情況？方程式 [39] 依然描述著時間間距在 $0 < t < 10$ ms 的情況，而方程式 [40] 描述著電容器電壓在各脈波間距被降低至 $10 < t < 10.1$ ms 的情形。

僅在第二個脈波於 $t=10.1$ ms 開始產生之前，v_C 為 8.144 V；電容器僅有 0.1 ms 的時間進行放電，因此在下個脈波開始時仍然保留了最大能量的 82%。因此，在下個時間間距中

$$v_C(t) = 9 + Ce^{-1000(t-10.1\times10^{-3})}\ \text{V}, \quad 10.1 < t < 20.1\text{ ms}$$

其中 $v_C(10.1\text{ ms})=9+C=8.144$ V，所以 $C=-0.856$ V，且

$$v_C(t) = 9 - 0.856e^{-1000(t-10.1\times10^{-3})}\ \text{V}, \qquad 10.1 < t < 20.1\text{ ms}$$

比起前例的脈波，更快速地達到了 9 V 之峰值電壓。

例 III：無足夠的時間進行完全充電，但可進行完全放電

如果無法明確知道在電壓脈波結束之前暫態是否會消失，在這種情況下電路響應又會如何呢？事實上，此狀況即是第三例；就像我們在例 I 所寫的

$$v_C(t) = 9 + Ae^{-1000t} \text{ V} \qquad [41]$$

仍然可應用到此狀況上，但是現在只考慮時間間距在 $0 < t < 0.1$ ms。初始條件並沒有改變，所以如先前一樣 $A = -9$ V。現在不管如何，於第一個脈波在 $t = 0.1$ ms 結束之前，我們找出 $v_C = 0.8565$ V。如果允許電容器有足夠的時間進行完全充電，這可能會是來自 9 V 最大電壓的最長時間距離，而且會是一個脈波只持續時間常數 1/10 的直接結果。

電容器現在開始進行放電，所以

$$v_C(t) = Be^{-1000(t-1\times10^{-4})} \text{ V}, \qquad 0.1 < t < 10.1 \text{ ms} \qquad [42]$$

我們早就已經決定了 $v_C(0.1^- \text{ ms}) = 0.8565$ V，所以 $v_C(0.1^+ \text{ ms}) = 0.8565$ V 且代入方程式 [42] 得到 $B = 0.8565$ V。僅在第二個脈波於 $t = 10.1$ ms 開始產生之前，電容器電壓衰減至零；這是在第二個脈波開始時的初始條件，而方程式 [41] 可重寫如下

$$v_C(t) = 9 - 9e^{-1000(t-10.1\times10^{-3})} \text{ V}, \qquad 10.1 < t < 10.2 \text{ ms} \qquad [43]$$

用來描述相對應之響應。

例 IV：無足夠的時間進行完全充電與放電

在最後一個例子中，將考慮當脈波的寬度與週期過短時的情況，在此狀況下電容器於任一週期中既無法完全充電也無法完全放電。根據經驗，可寫出

$$v_C(t) = 9 - 9e^{-1000t} \text{ V}, \qquad 0 < t < 0.1 \text{ ms} \qquad [44]$$

$$v_C(t) = 0.8565e^{-1000(t-1\times10^{-4})} \text{ V}, \qquad 0.1 < t < 0.2 \text{ ms} \qquad [45]$$

$$v_C(t) = 9 + Ce^{-1000(t-2\times10^{-4})} \text{ V}, \qquad 0.2 < t < 0.3 \text{ ms} \qquad [46]$$

$$v_C(t) = De^{-1000(t-3\times10^{-4})} \text{ V}, \qquad 0.3 < t < 0.4 \text{ ms} \qquad [47]$$

僅在第二個脈波於 $t=0.2$ ms 開始產生之前，電容器電壓衰減至$\upsilon_C=0.7750$ V；在無足夠的時間進行完全放電的情況下，其保留了在有時間進行儲能時，所存下之小能量中的一大部分。在時間間距 $0.2 < t < 0.3$ ms 時，代入 $\upsilon_C(0.2^+)=\upsilon_C(0.2^-)=0.7750$ V 到方程式 [46]，得到 $C=-8.225$ V。繼續評估於 $t=0.3$ ms 時方程式 [46] 產生之反應，且計算出在第二個脈波結束之前 $\upsilon_C=1.558$ V。因此 $D=1.558$ V，且電容器緩慢地充電到電壓的等級超過幾個脈波。在這個狀態下，如果能夠詳細的畫出電路的響應曲線，會對電路的分析是很有幫助的；因此我們以 PSpice 進行模擬，並將例 I 到例 IV 的模擬結果繪於圖 8.49 中。特別注意到圖 8.49*d*，其小量的充電 / 放電暫態響應在形狀上與圖 8.49*a* 至 *c* 相似，是一種被疊加在 $(1-e^{-t/\tau})$ 形式的放電型態響應。因此，在單一週期無法允許電容器進行完全充電或放電的情況下，必須需花費 3 到 5 個時間常數的時間讓電容器充電到其最大值！

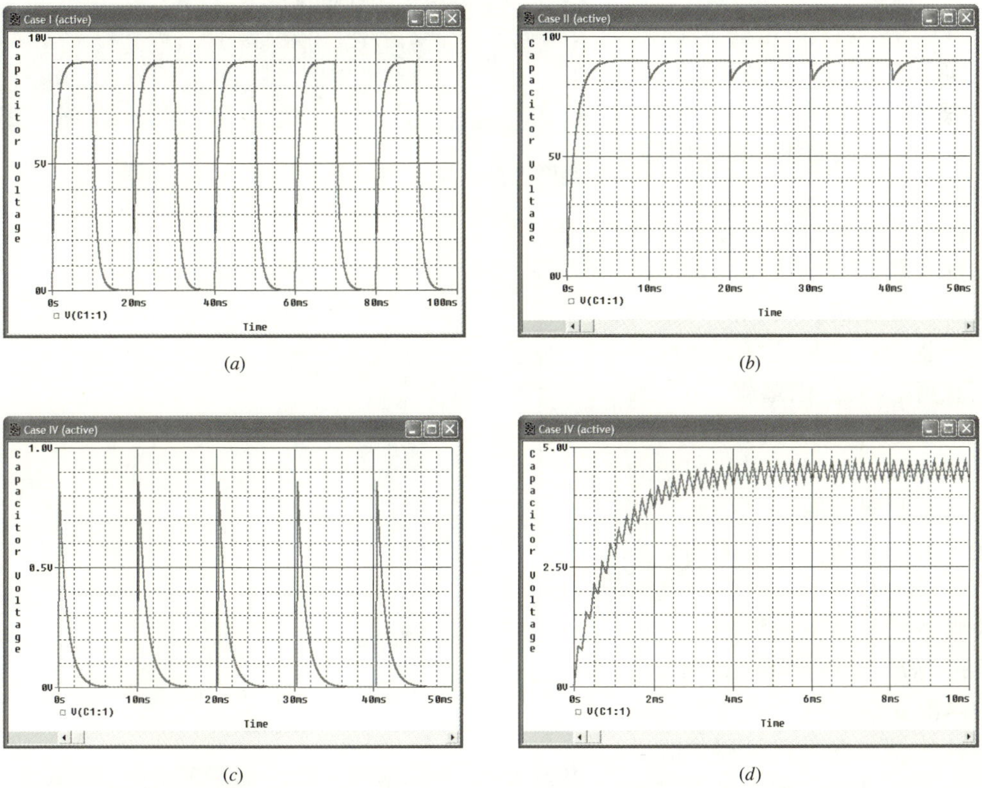

(*a*)　(*b*)　(*c*)　(*d*)

■**圖 8.49**　PSpice 模擬結果 (*a*) 例 I；(*b*) 例 II；(*c*) 例 III；(*d*) 例 IV。

實 際 應 用

數位積體電路的頻率限制

現代的數位積體電路像是方程式陣列邏輯 (PAL) 與微處理器 (如圖 8.50 所示)，是由稱作閘的電晶體電路相互連接組合而成。

數位訊號是以 1 與 0 的組合方式來代表其符號，其既可是數據或是指令 (如"加"或"減")。在電氣訊號的表示上，我們以"高 (high)"電壓來代表邏輯"1"，而以"低 (low)"電壓代表邏輯"0"。事實上，在這之中會有一對應的電壓範圍存在；例如圖 8.51 中，在 7400 系列的 TTL 邏輯積體電路中，任何介於 2 到 5 V 之間的電壓均表示為邏輯"1"；而任何介於 0 到 0.8 V 之間的電壓則都表示為邏輯"0"；又電壓介於 0.8 到 2 V 之間的任何值均不代表任何的邏輯狀態。

在數位積體電路中有一項重要的參數，即讓我們能有效使用的速度。此"速度感"是取決於我們能夠多快速地切換一個閘，從某個邏輯狀態到另外一個狀態 (或是由邏輯"0"到邏輯"1"，反之亦然)，而時間延遲要求把該閘的輸出傳送到下一個閘的輸入。然而電晶體具有一"內嵌"的電容存在，其將影響到各閘間的切換速度，其亦是內部連接路徑，不久將限制最快數位積體電路的速度。我們可以簡單的 RC 電路來描述兩個邏輯閘之間的內部連接路徑 (儘管像是特徵尺寸持續的減少在現代晶體的設計上，但許多更詳細的模型仍被要求用來精確的預測電路的執行)。例如，考

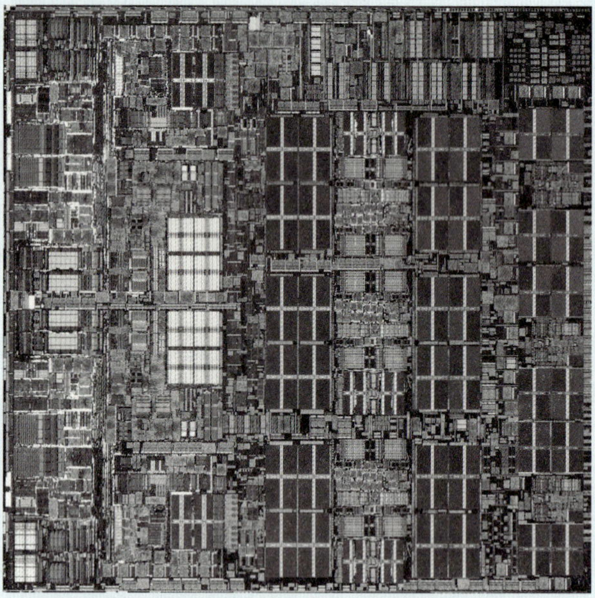

■圖 8.50 IBM 功率晶片

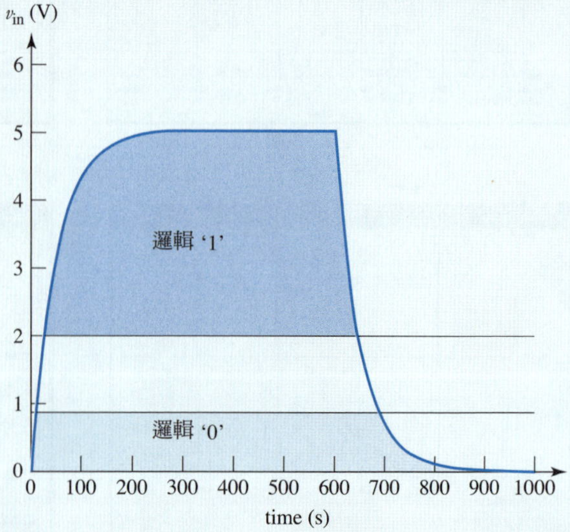

■圖 8.51 用以辨別 TTL 電壓範圍分別為邏輯 1 或邏輯 0 時之小路徑電容充/放電特性曲線。

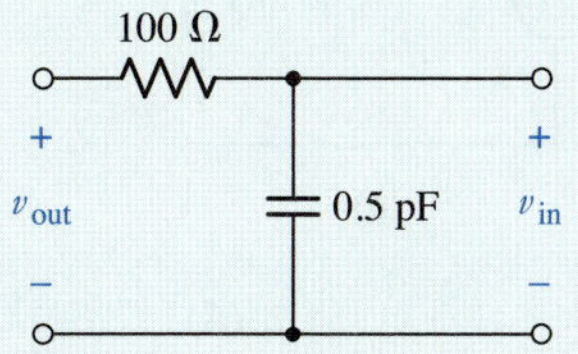

■圖 8.52　用以描述一積體電路路徑之電路模型。

慮一具有 2000 μm 長與 2 μm 寬的路徑，我們可以一含有 0.5 pF 的電容與 100 Ω 的電阻之典型以矽為基底的晶體電路來表示其模型，如圖 8.52 所示。

假設以電壓 v_{out} 表示一個閘的輸出電壓，且該閘是由邏輯“0”的狀態變化到邏輯“1”之狀態。電壓 v_{in} 出現在第二個閘的輸入端，且讓我們感興趣的是由 v_{in} 到達相同的 v_{out} 值需要花費多少時間。

假設以一 0.5 pF 電容用來表示內部連接的路徑是初始放電 [即 $v_{in}(0)=0$]，計算路徑的 *RC* 時間常數為 $\tau=RC=50$ ps，且定義 $t=0$ 作為 v_{out} 變化之時間，則可獲得如下之表示式

$$v_{in}(t) = Ae^{-t/\tau} + v_{out}(0)$$

令 $v_{in}(0)=0$，可求出 $A=-v_{out}(0)$，所以

$$v_{in}(t) = v_{out}(0)[1 - e^{-t/\tau}]$$

檢視上述之式子可以看出，v_{in} 要達到 $v_{out}(0)$ 之值需要約 5τ 或 250 ps 的時間。如果電壓 v_{out} 在此暫態時間週期結束前又再次做了改變，則電容將無足夠的時間進行完全充電，在這種情況下，v_{in} 之值將小於 $v_{out}(0)$。假設 $v_{out}(0)$ 等於最小邏輯“1”的電壓，舉例來說，這意思是 v_{in} 將不符合一個邏輯“1”。假如 v_{out} 現在突然的變化至 0 V (邏輯“0”)，電容會開始放電而 v_{in} 亦會更加減少；因此，要是過於快速的切換邏輯狀態，則從某個狀態到另一個狀態間的電路訊息將無法有效的進行傳遞。

因此改變邏輯狀態的最快速度為 $(5\tau)^{-1}$，此可以最大的操作頻率作為表示：

$$f_{max} = \frac{1}{2(5\tau)} = 2 \text{ GHz}$$

其中係數 2 表示一個充/放電之週期。倘若我們希望將積體電路操作在較高的運作頻率上，以便在計算上能夠更加地快速，那麼我們就必須要降低內部連接的電容或/與電阻。

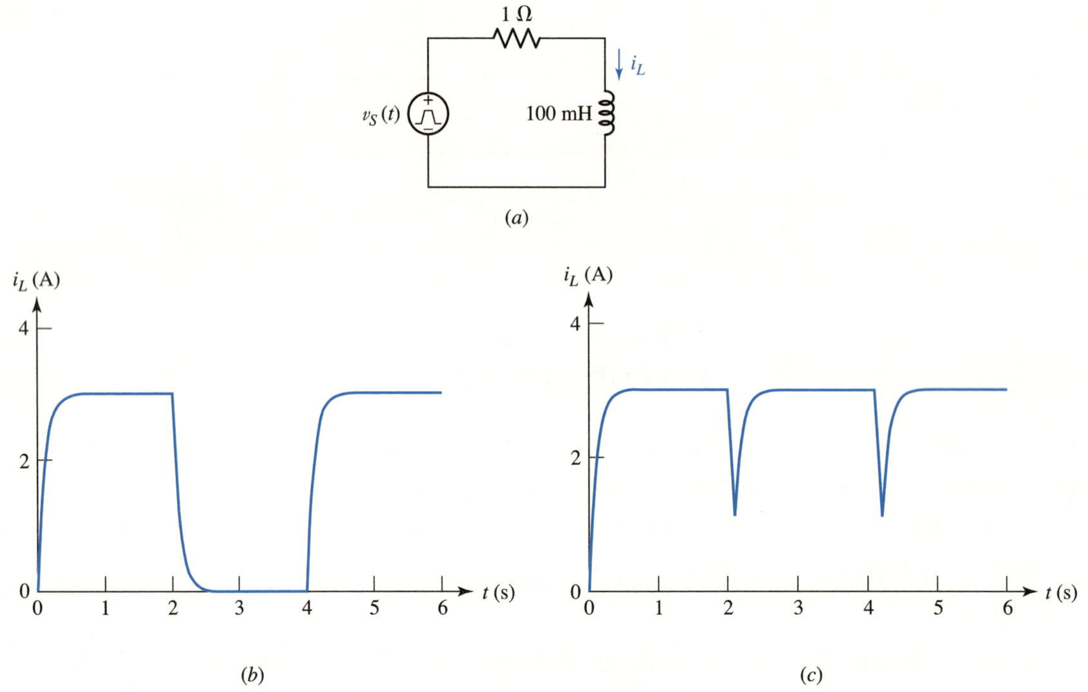

■圖 8.53 (*a*) 練習題 8.14 之問題電路；(*b*) 問題 (*a*) 之解答；(*c*) 問題 (*b*) 之解答。

到目前為止，我們還沒完成的是預測時間 $t \gg 5\tau$ 時的響應行為，儘管我們會對此過程感興趣，特別是在不需要一次考慮一個一非常長的脈波序列的情況。注意到圖 8.49*d* 的響應在約 4 ms 之前具有一 4.5 V 的平均值，如果電壓源脈波的寬度允許電容器進行完全充電，這確實是我們所期望為峰值一半的值。事實上，長期的平均值能夠以直流電容器電壓乘上脈波寬度和週期的比率而得之。

練習題

8.14 試在下列各電源下 (a) $v_S(t)=3u(t)-3u(t-2)+3u(t-4)-3u(t-6)+\cdots$；(b) $v_S(t)=3u(t)-3u(t-2)+3u(t-2.1)-3u(t-4.1)+\cdots$，繪出 $i_L(t)$ 於 $0<t<6$ s 時之響應曲線。

答：(a) 詳見圖 8.53*b*；(b) 詳見圖 8.53*c*。

摘要與複習

- 對於一含有電容器與電感器之電路，當其電源突然的切離或投入於電路中，其電路響應通常會是兩部分的組合：自然響應與強迫響應。
- 自然響應的型式 (也稱作暫態響應) 僅依賴元件值及其線路的連接方式。
- 強迫響應的型式如同是強迫函數的映射，一直流的強迫函數會產生一常數型之強迫響應。
- 一電路被簡化為單一等效電感 L 與單一等效電阻 R 之組合時，其將具有 $i(t)=I_0e^{-t/\tau}$ 之自然響應式，其中 $\tau=L/R$ 為電路時間常數。
- 一電路被簡化為單一等效電容 C 與單一等效電阻 R 之組合時，其將具有 $v(t)=V_0e^{-t/\tau}$ 之自然響應式，其中 $\tau=RC$ 為電路時間常數。
- 單位步階函數為一有用的函數，可用來描述開關之閉合與開啟，其亦可提供我們更加仔細的去注視電路之初始狀態。
- 由一直流電源激勵之 RL 與 RC 電路，其完全響應式具有 $f(0^+)=f(\infty)+A$ 與 $f(t)=f(\infty)+[f(0^+)-f(\infty)]e^{-t/\tau}$ 之型式，或表示為總響應＝終值＋(初值－終值) $e^{-t/\tau}$。
- RL 與 RC 電路之完全響應式，亦可以針對電路中某些較感興趣之變數寫出其微分方程式並進行求解之方式來決定。
- 當處理順序開關切換電路或含有脈衝波形之電路時，相關的討論議題是儲能元件是否有足夠的時間進行完全充電與完全放電，以作為相關電路時間常數之求得。

進階研讀

- 有關微分方程之求解技巧可參閱：

  W. E. Boyce and R. C. Diprima, *Elementary Differential Equations and Boundary Value Problems*, 7th ed. New York : Wiley, 2002.
- 有關電路暫態的詳細描述可參考：

E. Weber, *Linear Transient Analysis Volume I*. New York: Wiley, 1954.
(該書目前已購買不到，但在許多大學的圖書館中仍找的到該藏書。)

習　題

※偶數題置書後光碟

8.1　無源 *RL* 電路

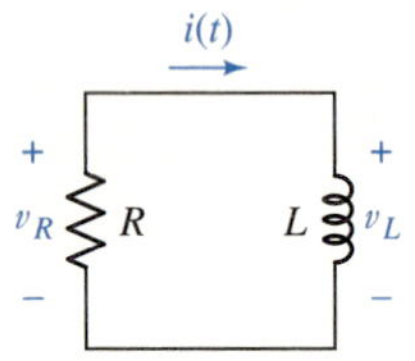

■圖 8.54

1. 考慮如圖 8.54 所示之簡單 *RL* 電路，若 $R=4.7\ \text{k}\Omega$，$L=1\ \mu\text{H}$ 及 $i(0)=2\ \text{mA}$，試求出 (a) $t=100$ ps 時之 i；(b) $t=212.8$ ps 時之 i；(c) $t=75$ ps 時之 υ_R；(d) $t=75$ ps 時之 υ_L。
3. 如圖 8.54 所示之簡單 *RL* 電路，已知 $R=100\ \Omega$，若 $i(0)=2\ \text{mA}$ 及 $i(50\ \mu\text{s})=735.8\ \mu\text{A}$，試決定出電感 L 之值。
5. 如圖 8.54 所示之電路，電感 $L=3$ mH 於 $t=0$ 時儲存了 1 J 之能量且於 $t=1$ ms 時儲存了 100 mJ 之能量，試求出 R 之值。
7. 如圖 8.56 所示之電路，其開關為單極雙投式開關，圖示電路表示為開關在切離於另一種電路型態前，開關閉合於電路之狀態，這類型的開關通常屬於"斷開前動作"(make before break) 的開關。假設開關於圖中所在之位置已經有很長的一段時間，試決定於下列情況中 (a) 開關改變前瞬間；(b) 開關改變後瞬間，υ 與 i_L 之值。

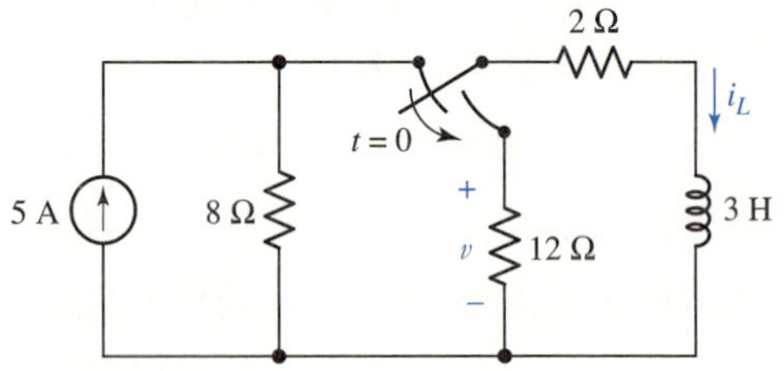

■圖 8.56

9. 如圖 8.58 所示之電路，開關在閉合了很長一段時間之後於 $t=0$ 時打開，試求出 (a) $t>0$ 時之 i_L；(b) i_L 之響應式；(c) 若 $i_L(t_1)=0.5i_L(0)$，t_1 值為何？

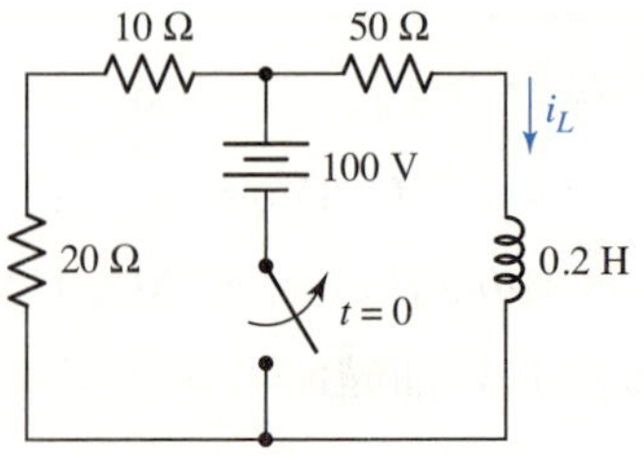

■圖 8.58

8.2　指數響應的特性

11. 圖 8.7 為 i/I_0 以時間 t 為函數所畫出之曲線，(a) 分別求出於 i/I_0 為 0.1、0.01 及 0.001 時之 t/τ；(b) 若於時間點 $t/\tau=1$ 時對圖中之曲線畫出一切線，則此切線將交 t 軸於何處？

13. 畫出在簡單 *RL* 電路中電阻器電壓之特性曲線，其中有 15 mJ 的初始能量儲存在 10 mH 電感器中，而電阻分別為 $R=1$ kΩ、$R=10$ kΩ 及 $R=100$ kΩ。並利用 PSpice 模擬來驗證你所得到的解。

15. 某數位信號被發送經過一具有 125.7 μH 電感之線圈繞組，若暫態必須低於 100 ns，試決定出接收此信號之設備其戴維寧等效電阻的最大允許值為何？

8.3　無源 *RC* 電路

17. 如圖 8.62 所示之並聯 *RC* 電路，$C=1$ μF 與 $R=100$ MΩ 表示電容器介電質上的損失，於 $t=0$ 時電容器儲存了 1 mJ 之能量；試求出 (a) 電路時間常數；(b) 於 $t=20$ s 時之 i 值；(c) 利用 PSpice 來驗證所求得之解。

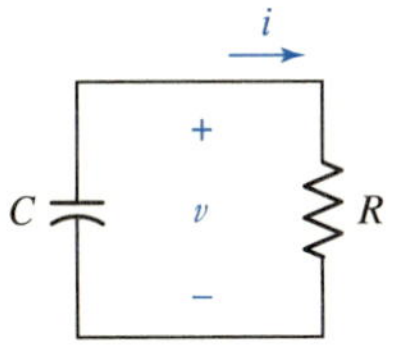

■圖 8.62

19. 如圖 8.62 所示之電路，選用 $R=1$ kΩ 及 $C=4$ mF，若 $v(0)=5$ V，試求出 (a) $t=1$ ms 時之 v；(b) $t=2$ ms 時之 i；(c) 於 $t=4$ ms 時，餘留在電容器中之能量。

21. 某立體音響接收器之電源供應器具有兩顆大型並聯連接 50 mF 的電容器，當接收器電源被關上時，可以注意到作為“通電”指示的黃色 LED 燈，其燈光在幾秒的時間週期下緩慢的轉為暗淡。這對電視機並無好處，你決定以一具有可變快門速度的 35 毫米照相機與一些便宜的底片進行試驗。選用四種快門速度：150 ms、1 s、1.5 s 與 2 s；當快門速度由 150 ms 增加到 1.5 s 時，出現在底片上的影像將變的更加明亮。在快門速度介於 1.5 s 與 2 s 之間時，其影像沒有太大的不同讓我們能夠做辨別，而快門速度在 150 ms 時，其影像的色彩強度大約是最慢設定時的 14%。試決定出連接到音響接收器的電源供應器上電路之戴維寧等效電阻。

23. 某 4 A 之電流源與一 20 Ω 電阻器及一 5 μF 電容器並聯，於 $t=0$ 時電流源之振幅突然降為零 (即變成 0 A 之電流源)；試求出在什麼樣的時間下，(a) 電容器電壓降至其初始值的一半？(b) 電容器儲能降至其初始值的一半？

25. 如圖 8.65 所示之電路，試求出在 $t=0^+$、$t=1.5$ ms 及 $t=3$ ms 時，電路標示的電流 i 與電壓 v 之值。

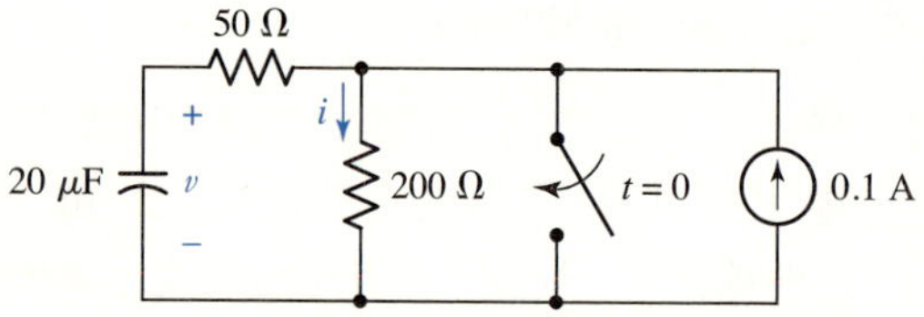

■圖 8.65

8.4 更一般化的觀點

27. 一只 0.2 H 電感器與一只 100 Ω 電阻器並聯，於 $t=0$ 時電感器電流為 4 A，(a) 試求出於 $t=0.8$ ms 時之 $i_L(t)$；(b) 若於 $t=1$ ms 時另一個 100 Ω 的電阻器與電感器並聯，試求出於 $t=2$ ms 時之 i_L。

29. 如圖 8.67 所示之網路，初始值為 $i_1(0)=20$ mA 而 $i_2(0)=15$ mA，(a) 試決定 $v(0)$；(b) 試求出 $v(15\ \mu s)$；(c) 何時 $v(t)=0.1v(0)$？

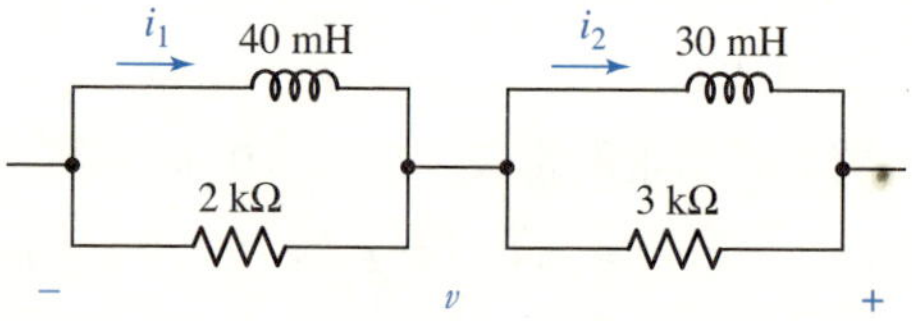

■圖 8.67

31. 如圖 8.69 所示之電路，開關於 $t=0$ 閉合之前已打開很長一段時間了，(a) 試求出 $t>0$ 時之 $i_L(t)$；(b) 繪出 $-4<t<4$ ms 時之 $v_x(t)$。

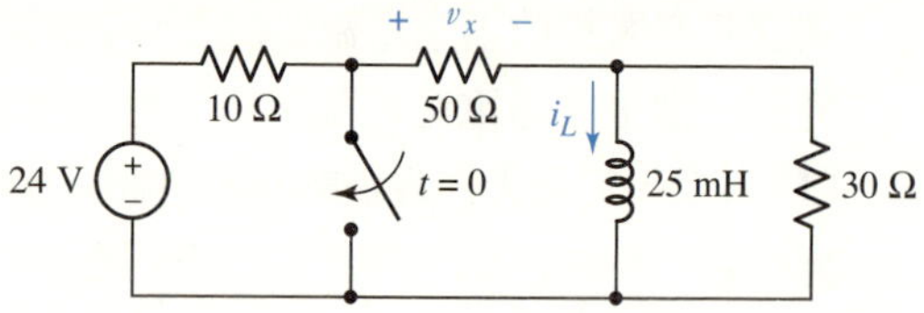

■圖 8.69

33. 參考圖 8.71 所示之電路，並決定出於 $t=-0.1$、0.03 及 0.1 s 時之 i_1；同時準備好繪出 i_1 對時間 t 之圖形，其中 $-0.1<t<1$ s。

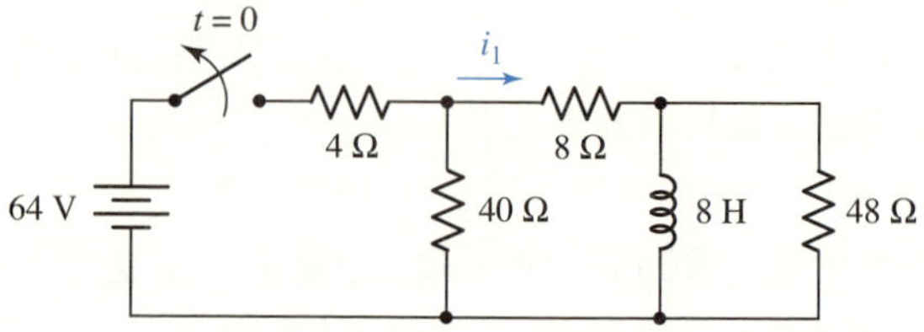

■圖 8.71

35. 如圖 8.72 所示之電路，電路中含有兩個並聯電感器，因此提供了電流在電感迴路中形成迴流的機會，令 $i_1(0^-)=10$ A 及 $i_2(0^-)=20$ A，(a) 求出 $i_1(0^-)$、 $i_2(0^+)$ 與 $i(0^+)$；(b) 決定出關於 $i(t)$ 的時間常數 τ；(c)

求出 $t>0$ 時之 $i(t)$；(d) 求出 $\upsilon(t)$；(e) 由 $\upsilon(t)$ 與初始值中求出 $i_1(t)$ 及 $i_2(t)$；(f) 試證明在 $t=0$ 時的儲能等於電阻性網路在 $t=0$ 與 $t=\infty$ 間所消耗的能量，與 $t=\infty$ 時儲存於各電感器上能量之和。

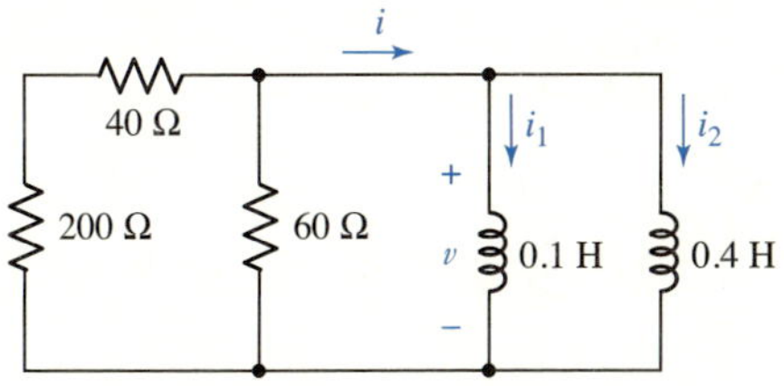

■圖 8.72

37. 如圖 8.74 所示之電路，電路處於目前狀態已達很長一段時間之後，開關於 $t=0$ 時打開，試求出下列各值 (a) $i_s(0^-)$；(b) $i_x(0^-)$；(c) $i_x(0^+)$；(d) $i_s(0^+)$；(e) $i_s(0.4\ \mathrm{s})$。

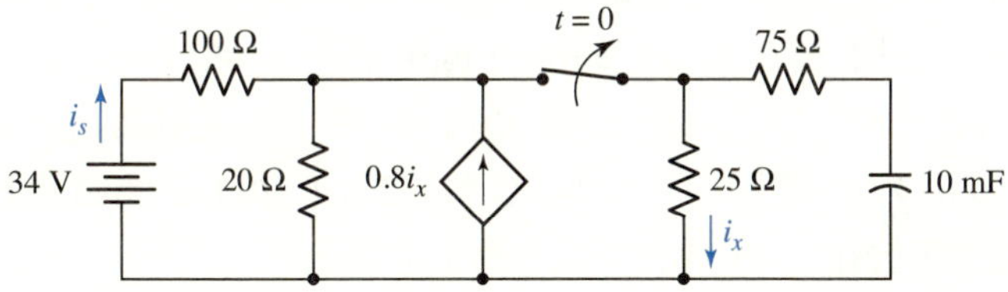

■圖 8.74

39. 如圖 8.76 所示之電路，在組合數個月之後 (即電路維持目前狀態已有很長一段時間)，開關於 $t=0$ 時閉合，試求出 (a) 於 $t<0$ 時之 $i_1(t)$ 與 (b) 於 $t>0$ 時之 $i_1(t)$。

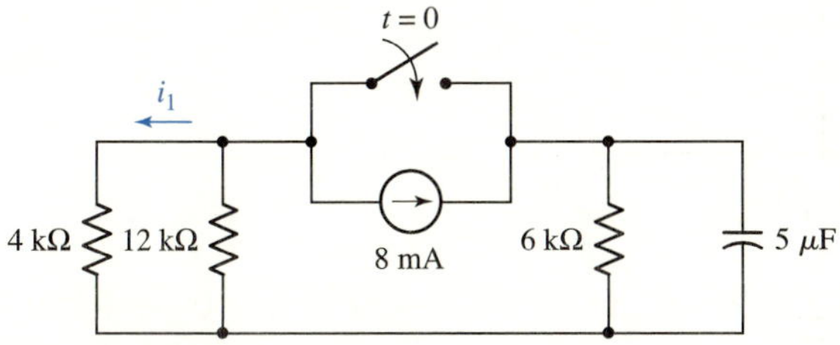

■圖 8.76

41. (a) 假設圖 8.78 所示之電路處於目前狀態已有很長的一段時間，試求出於開關打開後所有時間 t 下的 $\upsilon_C(t)$；(b)求出 $t=3\ \mu\mathrm{s}$ 時之 $\upsilon_C(t)$；(c) 利用 PSpice 來驗證所求得之解。

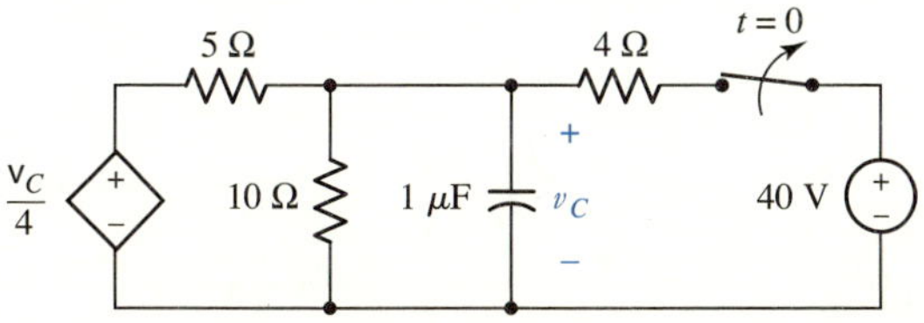

■圖 8.78

43. 如圖 8.80 所示之電路，試求出於 (a) $t<0$；(b) $t>0$ 時之 $v_C(t)$ 各為何？

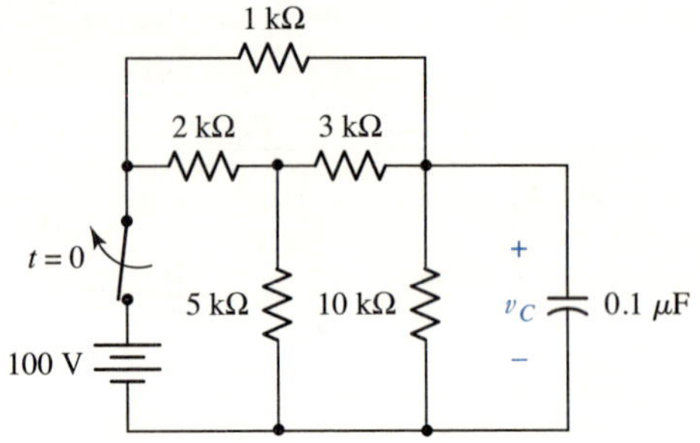

■圖 8.80

45. 如圖 8.82 所示之電路，開關在 A 點已有很長的一段時間，於 $t=0$ 時從 A 點移至 B 點，這使得兩電容器串聯在一起，因此產生一大小相等、極性相反的直流電壓於電容器上，試求出下列各值：(a) $v_1(0^-)$、$v_2(0^-)$ 與 $v_R(0^-)$；(b) $v_1(0^+)$、$v_2(0^+)$ 與 $v_R(0^+)$；(c) $v_R(t)$ 之時間常數；(d) $t>0$ 時之 $v_R(t)$；(e) $i(t)$；(f) 從 $i(t)$ 及其初始值中找出 $v_1(t)$ 與 $v_2(t)$；(g) 證明 $t=\infty$ 時之儲能加上在 20 kΩ 電阻器上所消耗的總能量等於在 $t=0$ 儲存於電容器上的能量。

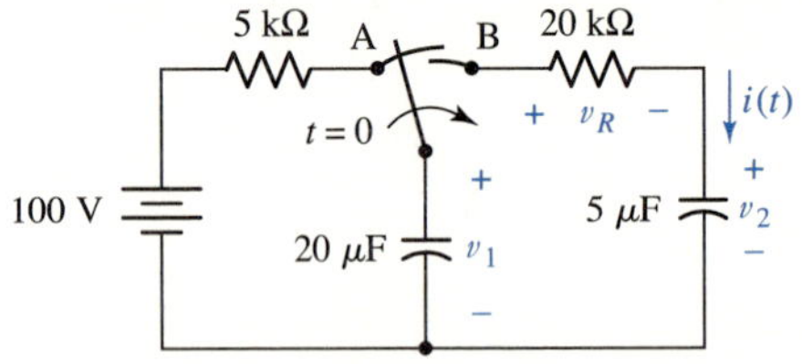

■圖 8.82

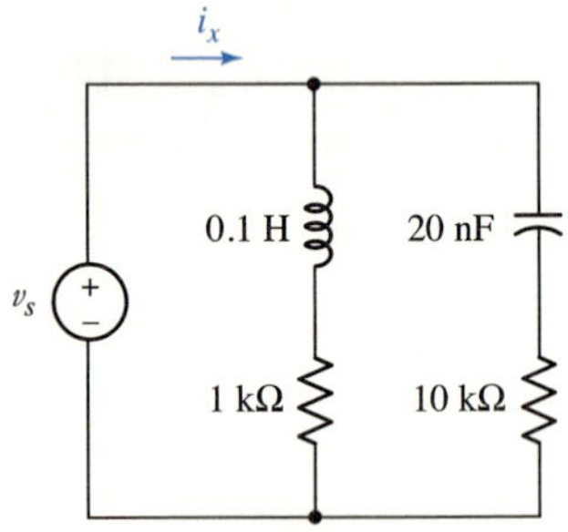

■圖 8.84

47. 如圖 8.84 所示之電路，於 $t<0$ 時 $v_s=20$ V，$t>0$ 時 $v_s=0$ V，試求於時間 (a) $t<0$；(b) $t>0$ 時之 $i_x(t)$。

8.5 單位步階函數

49. 利用單位步階函數建立一數學表示式，用來描述如圖 8.86 所示之波形。

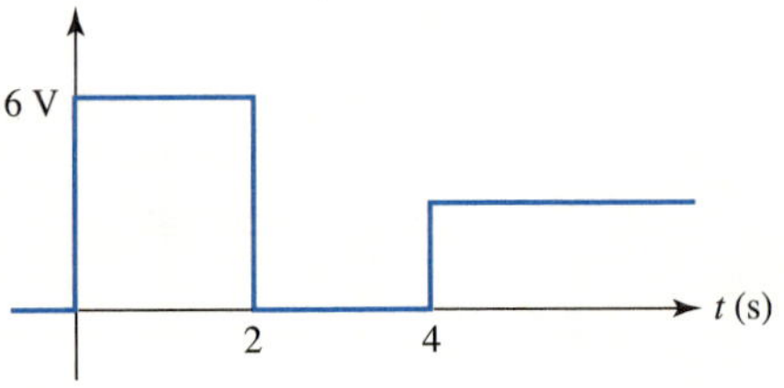

■圖 8.86

51. 給定一函數 $f(t)=6u(-t)+6u(t+1)-3u(t+2)$，試求出時間 t 分別等於 (a) -1；(b) 0^-；(c) 0^+；(d) 1.5；(e) 3 時之 $f(t)$。

53. 如圖 8.88 所示之電路，電源分別為 $v_A=300u(t-1)$ V、$v_B=-120u(t+1)$ V 與 $i_C=3u(-t)$ A，試求出時間 t 分別為 -1.5、-0.5、0.5 與 1.5 s 時之 i_1。

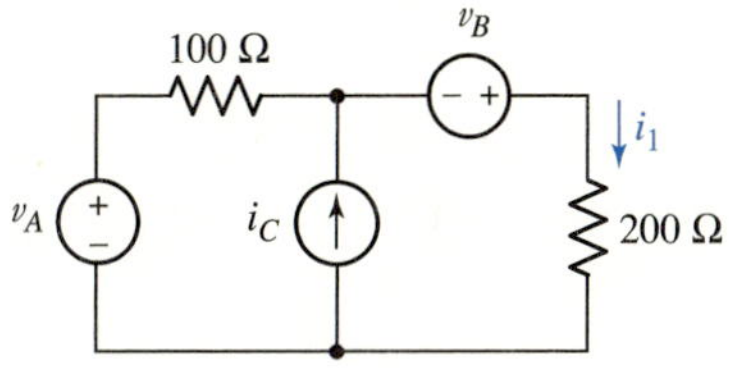

■圖 8.88

55. 試於時間 $t=2$ 時，分別求出下列各值：(a) $2u(1-t)-3u(t-1)-4u(t+1)$；(b) $[5-u(t)][2+u(3-t)][1-u(1-t)]$；(c) $4e^{-u(3-t)}u(3-t)$。

57. 如圖 8.90 所示之電路，試求出時間由 $t=-0.5$ 變化到 $t=3.5$ s 時，每間隔 1 秒之 i_x。

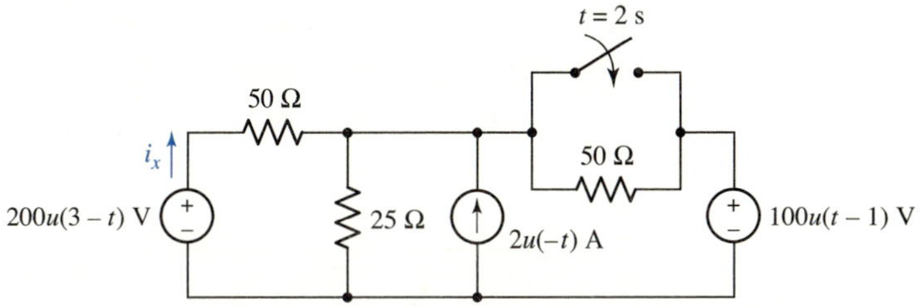

■圖 8.90

59. 某電壓波形出現在一未知元件上，其值為 $7u(t)-0.2u(t)+8u(t-2)+3$ V；試求出 (a) 時間 $t=1\ s$ 時之電壓，(b) 若所對應流經元件的電流為 $3.5u(t)-0.1u(t)+4u(t-2)+1.5$ A，請問該元件為何種元件？其值又是多少？

8.6　被驅動的 *RL* 電路

61. 參考圖 8.93 所示之電路，試求出 (a) $i_L(t)$ 之表示式；(b) 利用 $i_L(t)$ 之表示式求得 $v_L(t)$。

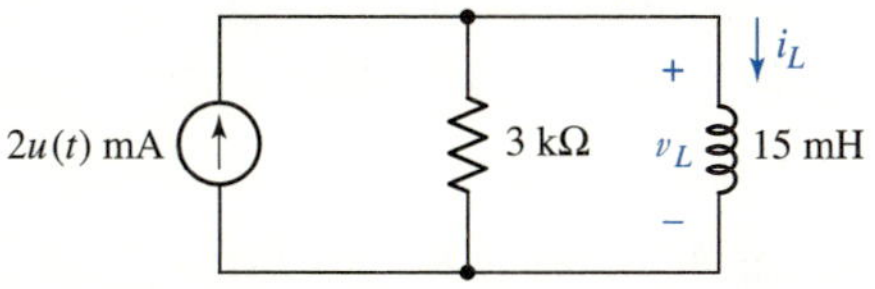

■圖 8.93

63. 參考圖 8.95 所示之電路，試求出 (a) $i_L(t)$；(b) $v_1(t)$ 之代數表示式並繪出其圖形曲線。

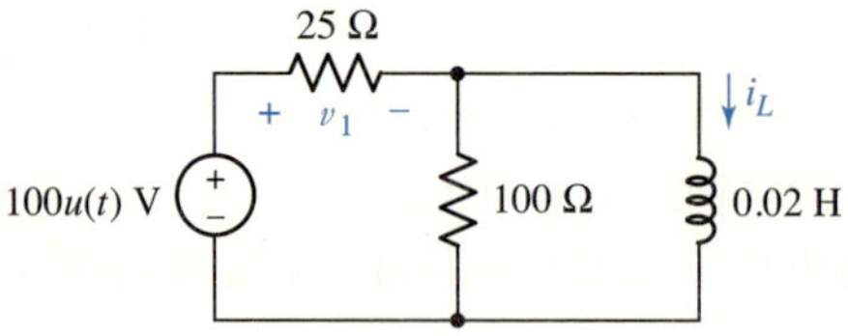

■圖 8.95

8.7 自然響應與強迫響應

65. 如圖 8.97 所示之電路，試求出 (a) 滿足所有時間下 $i(t)$ 之表示式；(b) 於時間 $t=1.5\ \mu s$ 時之值；(c) 利用 PSpice 模擬來驗證所求之解。

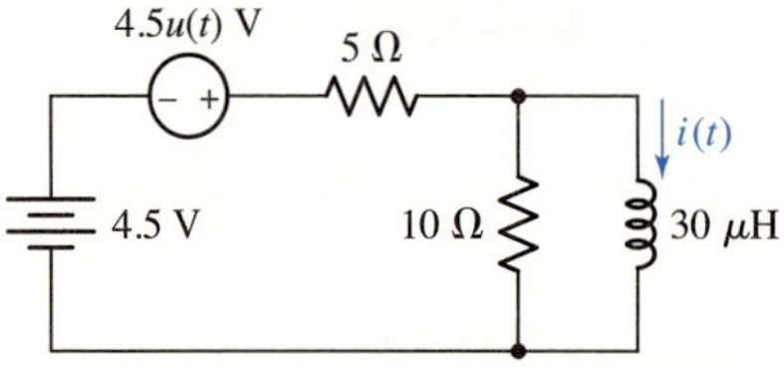

■圖 8.97

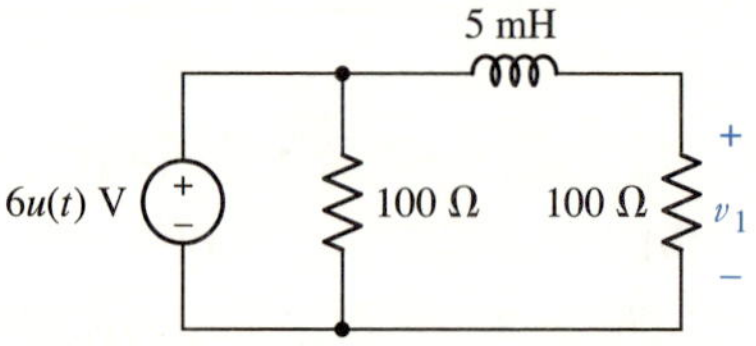

■圖 8.99

67. 參考圖 8.99 所示之電路，試計算出於 $t=27\ \mu s$ 時之 $v_1(t)$。
69. 如圖 8.101 所示之電路，開關已經打開了很長的一段時間，試求出 (a) 於 $t<0$ 時之 i_L；(b) 開關於 $t=0$ 時閉合之後，所有時間下的 $i_L(t)$。

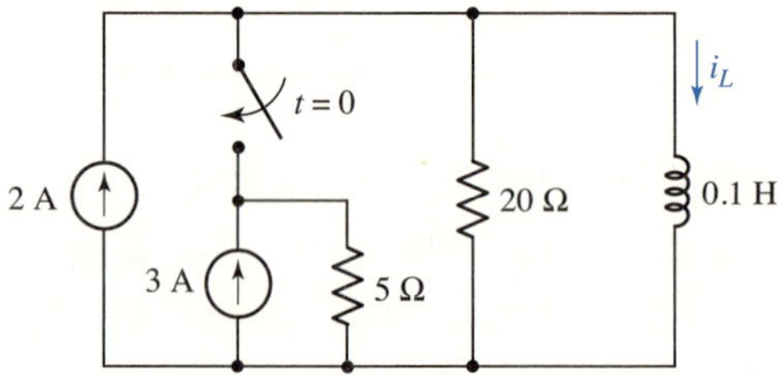

■圖 8.101

71. 在 8.7 節中，方程式 [33] 代表含有驅動 RL 電路的通解，其中 Q 通常為時間函數，而 A 和 P 為常數值。設 $R=125\ \Omega$ 與 $L=5$ H，試求出於 $t>0$ 時，當電壓強迫函數 $LQ(t)$ 分別為 (a) 10 V；(b) $10u(t)$ V；(c) $10+10u(t)$ V；(d) $10u(t)\cos 50t$ V 時之 $i(t)$。
73. 如圖 8.104 所示之電路，試求出所有時間下的 i_L 值。
75. 假設如圖 8.105 所示電路中的開關，已經打開了很長的一段時間，並於 $t=0$ 時閉合，試求出於時間 t 為 (a) 0^-；(b) 0^+；(c) 40 ms 時之 i_x。
77. 參考圖 8.107 所示之電路，試求出 (a) $i_L(t)$；(b) $i_1(t)$。

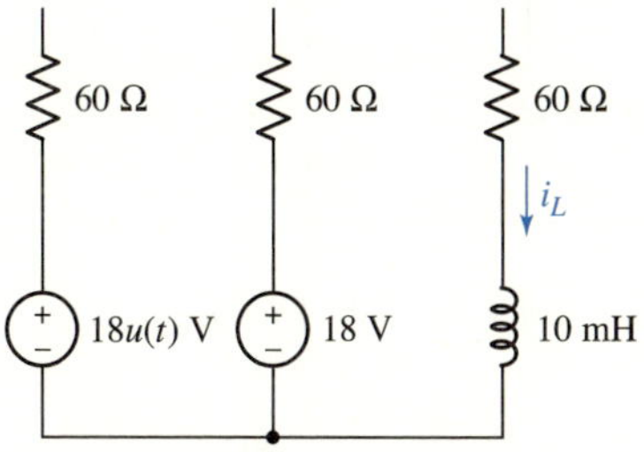

■圖 8.104

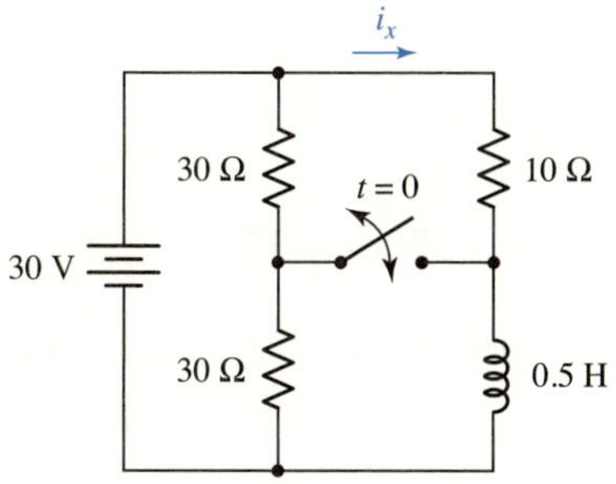

■圖 8.105

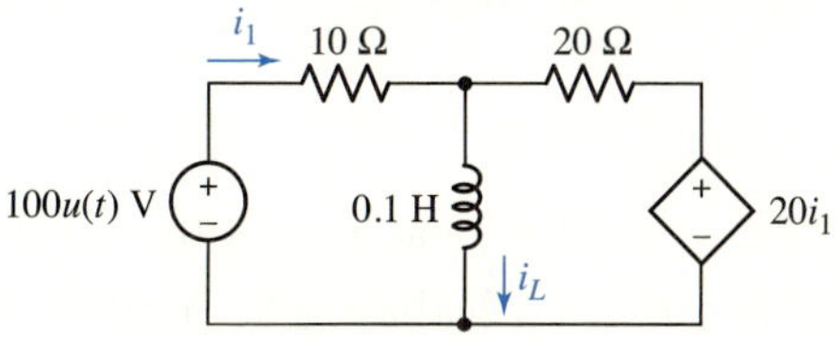

■圖 8.107

79. 如圖 8.109 所示之電路，試求出滿足所有時間下 $v(t)$ 之表示式。

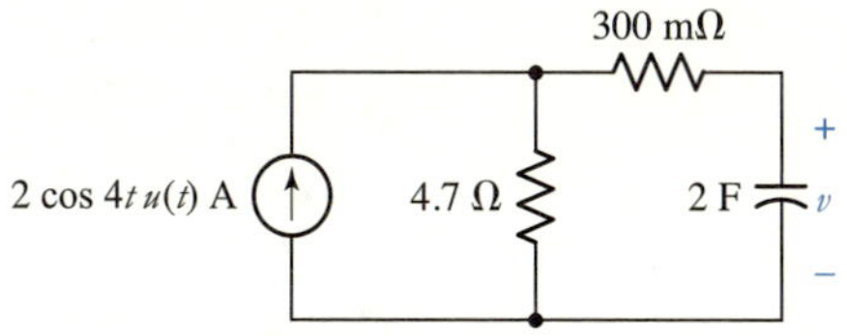

■圖 8.109

8.8　被驅動的 *RC* 電路

81. 參考如圖 8.111 所示之 *RC* 電路，試求出滿足所有時間下 $v_C(t)$ 之表示式。

83. 如圖 8.112 所示之電路，開關在打開了很長一段時間後於 $t=0$ 時閉合，試求出所有時間下之 i_A。

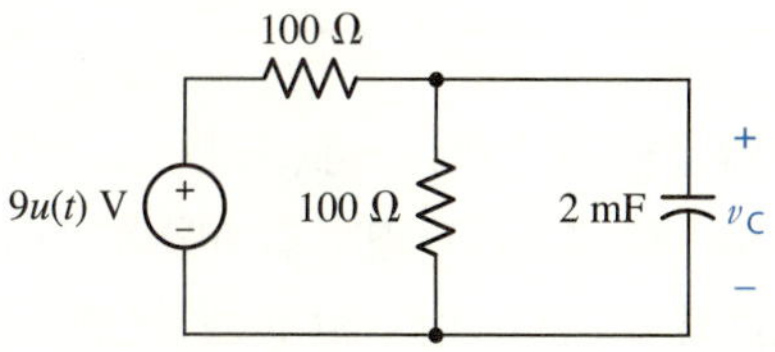

■圖 8.111

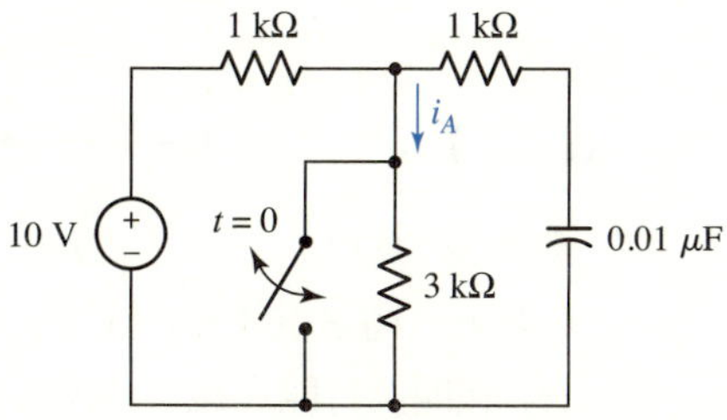

■圖 8.112

85. 如圖 8.114 所示之電路，令電源 $v_s=-12u(-t)+24u(t)$，試於 -5 ms $< t < 5$ ms 的時間間隔中求出 (a) $v_C(t)$；(b) $i_{in}(t)$ 之表示式並繪出其圖形。

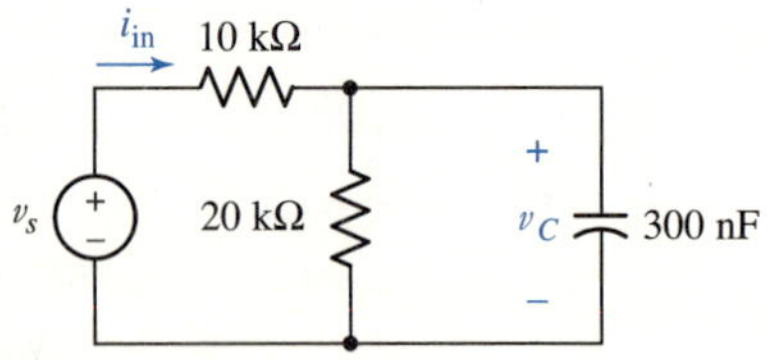

■圖 8.114

87. 如圖 8.116 所示之電路，試求出於 $t=0.4$ 與 0.8 秒時之 $\upsilon_C(t)$。

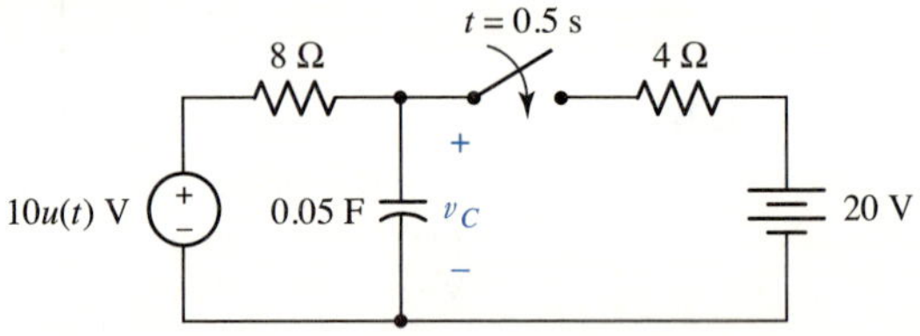

■圖 8.116

89. 如圖 8.118 所示之電路，試求出於 (a) $t<0$；(b) $t>0$ 時之 $\upsilon_R(t)$。現在假設開關已經閉合了很長一段時間，並於 $t=0$ 時開啟，試求出於 (c) $t<0$；(d) $t>0$ 時之 $\upsilon_R(t)$。

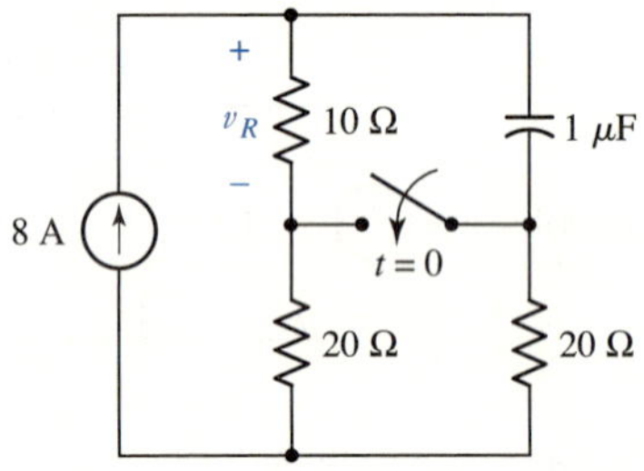

■圖 8.118

91. 如圖 8.120 所示之電路，試求出於 $t=0$ 之後，υ_x 為零那一瞬間的時間為何？

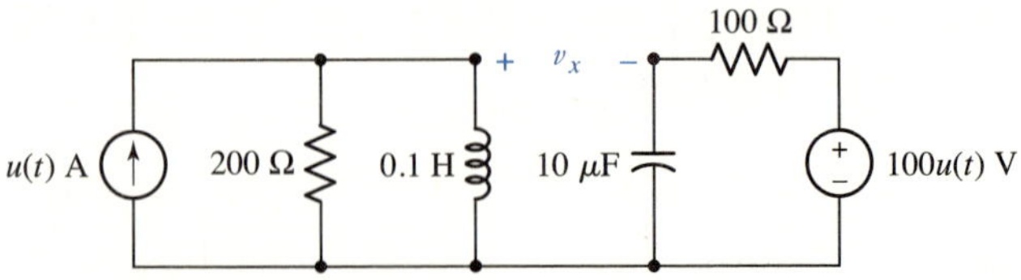

■圖 8.120

93. 若如圖 8.122 所示之電路其開關已經閉合數日，試求出 (a) 於 $t=5.45$ ms 時之 υ；(b) 於 $t=1.7$ ms 時 4.7 kΩ 電阻器所吸收之功率；(c) 在開關打開之後，轉換成熱能被 4.7 kΩ 電阻器所吸收之總能量。

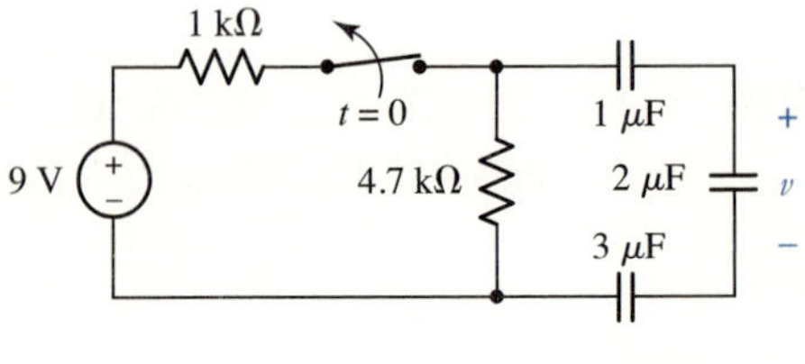

■圖 8.122

95. 假設如圖 8.124 所示之運算放大器為理想放大器，試求出 (a) 所有時間下之 $v_o(t)$；(b) 利用 PSpice 驗證所求之解。提示：可藉由 Trace Expression box 在 Probe 中繪出函數。

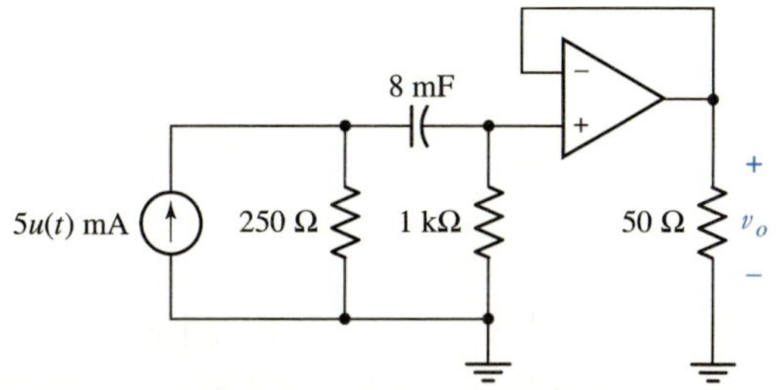

■圖 8.124

97. (a) 假設如圖 8.126 所示之運算放大器為理想放大器，且 $v_C(0)=0$，試求出所有時間下之 $v_o(t)$；(b) 利用 PSpice 驗證所求之解。(提示：可藉由 Trace Expression box 在 Probe 中繪出函數。)

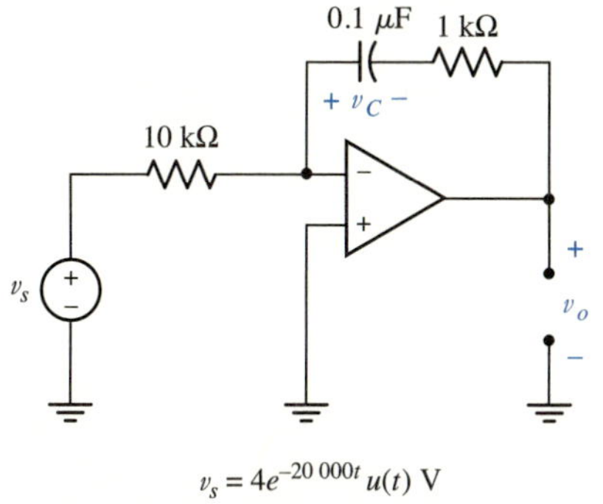

■圖 8.126

99. 某一動作檢測器被安裝為安全系統中的一部分，如今出現了些微量且過於靈敏的電氣功率變動訊號。而有一方法可用來解決該問題之出現，即在偵測器與警報電路中插入延遲電路，以讓錯誤的觸發訊號被降至最小。假設動作偵測器的戴維寧等效電路為具有 2.37 kΩ 電阻串聯 1.5 V 電源之電路，而警報電路的戴維寧等效電阻為 1 MΩ，試設計一電路可被插入偵測器與電路之間，且要求來自偵測器之訊號到最後至少持續有完整 1 秒鐘之時間。有關動作偵測器/警報電路之操作如下所述：除了在偵測動作時，電流是中斷的，不然偵測器會持續地供應一小電流至警報電路上。

8.9 順序切換電路的響應預測

101. (a) 如圖 8.127 所示之電路，在此具有脈衝波形 $v_s(t)$ 響應之電路中，試繪出電阻器電壓 v_R 之圖形，其中 $v_s(t)$ 最小值為 0 V，最大值為 3 V，脈波寬度為 2 s 及週期為 5 s，將所繪圖形之時間限制在 $0 \le t <$

20 s；(b) 利用 Pspice 模擬驗證所繪之圖形。

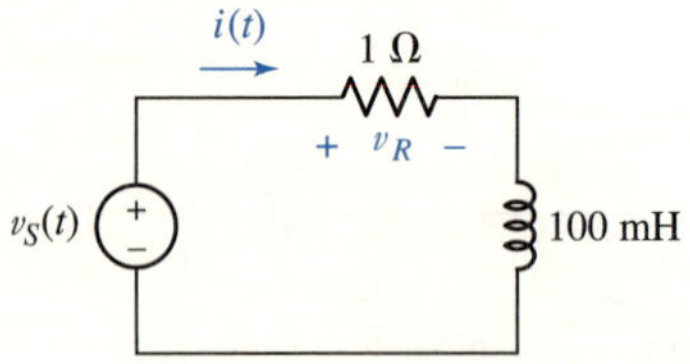

■圖 8.127

103. 如圖 8.129 所示之電路，其電壓源 v_S 為一具有最小值 2 V、最大值 10 V 與脈波寬度 4 *RC* 之脈衝電源，當介於脈衝電源 v_S 間之時間分別為 (a) 0.1 *RC*；(b) *RC*；(c) 10 *RC* 時，試繪出對應之電容器電壓波形。

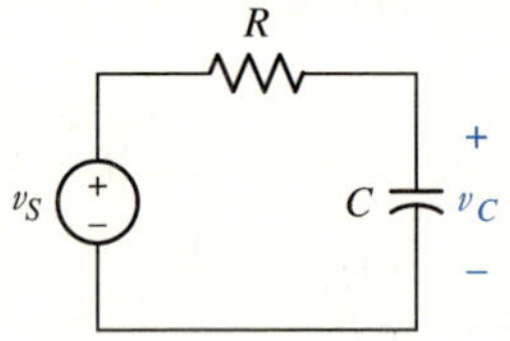

■圖 8.129

9 *RLC* 電路

關 鍵 概 念

認識串聯與並聯 *RLC* 電路的共振頻率與阻尼因數

決定串聯與並聯 *RLC* 電路的過阻尼、臨界阻尼與欠阻尼響應

計算 *RLC* 電路的完全響應 (自然響應＋強迫響應)

學習使用運算放大器來表示電路之微分方程式

簡　介

前面一個章節的介紹，主要是著重在探討僅具有電容器或電感器組合的電阻性電路之響應。現在對於電感器與電容器同時出現在相同的電路上時，其電路組合至少會形成一個二階的系統 (second-order system)，且此二階系統可以含有一個二階導數的線性微分方程式或兩條聯立的線性一階微分方程式作為特性之表示。如此一來，在電路階數增加的情況下就必須去計算出兩個任意的常數，甚至也必須去找出導數的初始條件。我們將會發現這種電路組合，通常就是所謂的 *RLC* 電路，此電路不僅常在實際的應用中出現，也能夠有效的用來作為其它類型系統之模型。例如，*RLC* 電路可以用來作為自動車上彈簧系統之模型、成長半導體晶體其溫度控制器之模型，甚至飛機升降機與輔助翼控制其響應之模型。

9.1 無源的並聯電路

首先，要決定的是電路的自然響應，再一次的以考慮無源電路來做為說明。接著將直流電源、開關與步階電源加入電路，以便再一次的將總響應表示為自然響應與強迫響應之和。

開始先考慮由 R、L 與 C 並聯而成的簡單電路之自然響應，這種由理想元件以特殊組合而成的

電路，在許多通訊網路的一部分中可作為適當的模型。例如，它代表著在無線電接收器中某些電子放大器的重要部分，它使得放大器能在很窄的信號頻帶內 (此頻帶外的放大率幾乎為零)，產生很大的電壓放大率，如此的頻率選擇性使我們能夠在排除其它電台的廣播時，收聽到某一我們想聽電台的廣播。其它的應用還包括使用並聯 *RLC* 電路作為頻率多工器、諧波抑制濾波器之用；然而即使是簡單地討論了這些應用的原理，也必須先瞭解一些尚未討論過的名詞，如諧振、頻率響應與阻抗。因此，就如同許多其它的應用，若能理解 *RLC* 並聯電路的電路行為，對於往後學習通訊網路與濾波器設計是相當重要的。

當實際的電容器並聯連接至一電感器上，且該電容器具有一有限的電阻時，其所形成的網路為具有和圖 9.1 相同之等效電路模型。此電阻的出現可用來表示電容器中的能量損失；所有時間下全部的實際電容器最終會進行放電，即使是從電路上被移除；實際電感器中的能量損失也可藉由增加一實際電阻器作為表示 (和理想電感器串聯)。為了簡化方便，我們將我們的討論侷限在僅探討一實質的理想電感器並聯一"洩漏"電容器之電路組合上。

獲得並聯 *RLC* 電路之微分方程式

在下列的分析當中，將假設初始的能量可能被儲存於電感器與電容器中；換言之，可能出現有非零值的初始電感器電流或電容器電壓。參考圖 9.1 所示之電路，可寫出一節點方程式為

$$\frac{v}{R}+\frac{1}{L}\int_{t_0}^{t} v\,dt' - i(t_0) + C\frac{dv}{dt} = 0 \qquad [1]$$

注意到負號是因假設電流方向為流入所造成之結果；必須求解方程式 [1]，並滿足以下兩個初始條件

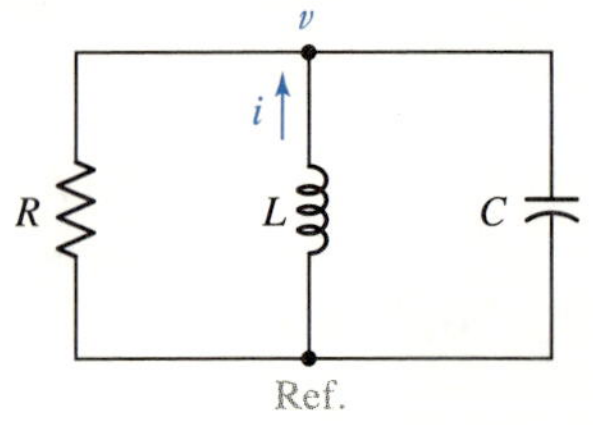

■圖 9.1 無源的並聯 *RLC* 電路。

$$i(0^+) = I_0 \qquad [2]$$

與

$$v(0^+) = V_0 \qquad [3]$$

當將方程式 [1] 的兩邊再對時間進行一次微分，所得到的結果將會是線性二階齊次微分方程式

$$C\frac{d^2v}{dt^2} + \frac{1}{R}\frac{dv}{dt} + \frac{1}{L}v = 0 \qquad [4]$$

其解 $v(t)$ 就是所要的自然響應。

微分方程式的解

有許多有趣的方法能夠用來求解方程式 [4]，這些方法將留待由微分方程式的課程中討論，在此僅選擇最快且最簡單的方法作為求解用。我們將先依據直覺與經驗假設出一種適合的解答型式，根據在一階方程式上的經驗，我們會試著再以指數型式的解作為解答；因此，我們假設

$$v = Ae^{st} \qquad [5]$$

其中，若有必要盡可能允許 A 與 s 為複數表示，以讓所得之解更具一般性。將方程式 [5] 代入方程式 [4]，得

$$CAs^2e^{st} + \frac{1}{R}Ase^{st} + \frac{1}{L}Ae^{st} = 0$$

或

$$Ae^{st}\left(Cs^2 + \frac{1}{R}s + \frac{1}{L}\right) = 0$$

為了讓此方程式皆能滿足所有的時間要求，式中三個因素至少有一個必須為零。若前兩項因素中之一設為零，則 $v(t)=0$，此為微分方程式的顯明解 (trivial solution)，但此解無法滿足已知的初始條件。因此令括號內的因素為零：

$$Cs^2 + \frac{1}{R}s + \frac{1}{L} = 0 \qquad [6]$$

如同我們在 8.1 節所討論的，此方程式通常被稱作是輔助方程式 (auxiliary equation) 或**特性方程式** (characteristic equation)。如果方程式能夠被滿足，則所假設的解就是正確的。由於方程式 [6] 為二次式，所以會含有兩個解，若其解分別定為 s_1 與 s_2，則

$$s_1 = -\frac{1}{2RC} + \sqrt{\left(\frac{1}{2RC}\right)^2 - \frac{1}{LC}} \qquad [7]$$

及

$$s_2 = -\frac{1}{2RC} - \sqrt{\left(\frac{1}{2RC}\right)^2 - \frac{1}{LC}} \qquad [8]$$

若 s_1 與 s_2 兩值其中之一作為假設解中的 s，則解會滿足已知的微分方程式，因此就成為微分方程式的有效解。

假設將方程式 [5] 中的 s 以 s_1 作為取代，得

$$v_1 = A_1 e^{s_1 t}$$

同樣地將 s 以 s_2 作為取代，可得

$$v_2 = A_2 e^{s_2 t}$$

前者滿足微分方程式：

$$C\frac{d^2 v_1}{dt^2} + \frac{1}{R}\frac{dv_1}{dt} + \frac{1}{L}v_1 = 0$$

而後者滿足：

$$C\frac{d^2 v_2}{dt^2} + \frac{1}{R}\frac{dv_2}{dt} + \frac{1}{L}v_2 = 0$$

將兩條微分方程式相加並合併相同項，得到

$$C\frac{d^2(v_1 + v_2)}{dt^2} + \frac{1}{R}\frac{d(v_1 + v_2)}{dt} + \frac{1}{L}(v_1 + v_2) = 0$$

此式為最佳的線性範例，且兩個解之和看起來似乎也是一個解。因此，可得到自然響應的通用表示式為

$$v(t) = A_1 e^{s_1 t} + A_2 e^{s_2 t} \qquad [9]$$

其中 s_1 與 s_2 如方程式 [7] 與方程式 [8] 所示；A_1 與 A_2 則為兩個任意常數，其值之選擇必須滿足初始條件。

頻率項的定義

在方程式 [9] 中所得到的自然響應表示式，如果 $v(t)$ 以時間為函數畫出響應曲線時，以目前的表示方式是無法洞悉所獲得曲線的性質。例如，A_1 與 A_2 相對的振幅必然對於決定響應曲線之形狀有著重要的關係；再者，常數 s_1 與 s_2 可能是實數或是共軛複數，其必須依據 R、L 與 C 在已知網路中的值而定。以上兩個例子基本上會產生兩種不同的響應型態；因此，為了能夠更輕易的瞭解其中之概念，必須對方程式 [9] 做些簡化與代換。

由於指數項 s_1t 與 s_2t 必須是無因次的，所以 s_1 與 s_2 必須具有像“每秒”這樣無因次的單位量。從方程式 [7] 與方程式 [8] 得知，$1/2RC$ 與 $1/\sqrt{LC}$ 的單位也必須是 s^{-1} (即秒$^{-1}$)。此種型式的單位稱為**頻率** (frequencies)。

現在定義一個新的項，ω_0 (為希臘文字，唸作 omega-zero)：

$$\omega_0 = \frac{1}{\sqrt{LC}} \tag{10}$$

並且在式中保留**諧振頻率** (resonant frequency) 這項術語。另一方面，$1/2RC$ 稱為**奈普頻率** (neper frequency) 或**指數的阻尼係數** (exponential damping coefficient)，並以符號 α (alpha) 表示之：

$$\alpha = \frac{1}{2RC} \tag{11}$$

採用後面這項的描述方式，主要是因為 α 是用來測量自然響應到底能以多快的速度衰減至其穩定終值 (通常為零)。最後，s、s_1 與 s_2 是構成往後某些學習的基本要素，它們被稱之為**複數頻率** (complex frequencies)。

必須注意的是 s_1、s_2、α 與 ω_0 只是用來簡化討論 RLC 電路之符號，並不具備任何新的性質；例如，我們說“alpha”會比說“2 倍 RC 的倒數”更為容易而已。

將這些結果進行整理，並聯 RLC 電路的自然響應可表示為

$$v(t) = A_1 e^{s_1 t} + A_2 e^{s_2 t} \quad [9]$$

其中

$$s_1 = -\alpha + \sqrt{\alpha^2 - \omega_0^2} \quad [12]$$

$$s_2 = -\alpha - \sqrt{\alpha^2 - \omega_0^2} \quad [13]$$

$$\alpha = \frac{1}{2RC} \quad [11]$$

$$\omega_0 = \frac{1}{\sqrt{LC}} \quad [10]$$

通常控制系統工程師會將 α 與 ω_0 之比稱作是阻尼比，並以符號 ζ 作為表示。

而 A_1 與 A_2 必須利用已知的初始條件來求得。

必須注意到和方程式 [12] 與方程式 [13] 中的 α 及 ω_0 大小有關聯的兩種基本型態 (由 R、L 與 C 值所指定)。如果 $\alpha > \omega_0$，則 s_1 與 s_2 均為實數，此為**過阻尼響應** (overdamped response)；相反地，如果 $\alpha < \omega_0$，則 s_1 與 s_2 均為非零值之虛數成分，此將形成所謂的**欠阻尼響應** (underdamped response)；若上述的兩種情況分別被考慮，則一個特殊的情況 $\alpha = \omega_0$ 將會出現，其將造成所謂的**臨界阻尼響應** (critically damped response)。我們也應該注意到由方程式 [9] 到方程式 [13] 所組成的響應式，不僅可用來作為電壓之表示式，同樣也可以用來作為並聯 RLC 電路中三個分支電流的表示式；當然在這樣的情況下常數 A_1 與 A_2 就會有所不同。

例題 9.1

考慮一具有 10 mH 電感與 100 μF 電容之並聯 RLC 電路，試決定出電路之電阻值，以讓電路具有過阻尼與欠阻尼之響應型式。

首先計算出電路的諧振頻率：

$$\omega_0 = \sqrt{\frac{1}{LC}} = \sqrt{\frac{1}{(10 \times 10^{-3})(100 \times 10^{-6})}} = 10^3 \text{ rad/s}$$

當 $\alpha > \omega_0$ 時會造成過阻尼響應，而當 $\alpha < \omega_0$ 時會造成欠阻尼響應，因此

$$\frac{1}{2RC} > 10^3$$

所以

$$R < \frac{1}{(2000)(100 \times 10^{-6})}$$

或

$$R < 5\ \Omega$$

當 $R < 5\Omega$ 時會造成過阻尼響應，而當 $R > 5\Omega$ 時會造成欠阻尼響應。

練習題

9.1　某個含有一只 100 Ω 電阻器之並聯 *RLC* 電路，且具有參數 $\alpha = 1000\ \text{s}^{-1}$ 與 $\omega_0 = 800$ rad/s，試求出 (a) C；(b) L；(c) s_1；(d) s_2 之值。

答：5 μF；312.5 mH；$-400\ \text{s}^{-1}$；$-1600\ \text{s}^{-1}$。

9.2　過阻尼的並聯 *RLC* 電路

比較方程式 [10] 與方程式 [11] 可以發現，如果 $LC > 4R^2C^2$ 則 α 將會大於 ω_0。在這種情況下，用以計算 s_1 與 s_2 的根號將為實數，且 s_1 與 s_2 也都為實數。除此之外，下列的不等式

$$\sqrt{\alpha^2 - \omega_0^2} < \alpha$$

$$\left(-\alpha - \sqrt{\alpha^2 - \omega_0^2}\right) < \left(-\alpha + \sqrt{\alpha^2 - \omega_0^2}\right) < 0$$

可用於方程式 [12] 與方程式 [13]，以證明 s_1 與 s_2 都是負實數。因此，$v(t)$ 之響應式可以表示成兩衰減指數項 (代數) 之和，當時間增加時，這兩個指數項皆趨近於零。事實上，由於 s_2 的絕對值大於 s_1，所以包含有 s_2 的項將以較快的速度進行衰減，且當時間值變的很大時，可以寫出如下之極限表示式

$$v(t) \to A_1 e^{s_1 t} \to 0 \qquad \text{as } t \to \infty$$

接下來的步驟是要求得由初始條件所決定的任意常數 A_1 與 A_2。選擇一並聯 *RLC* 電路其具有 $R = 6\ \Omega$ 與 $L = 7$ H，且為了方便計算令 $C = \frac{1}{42}$ F，初始儲能以跨接於電路的初始電壓 $v(0) = 0$ 與

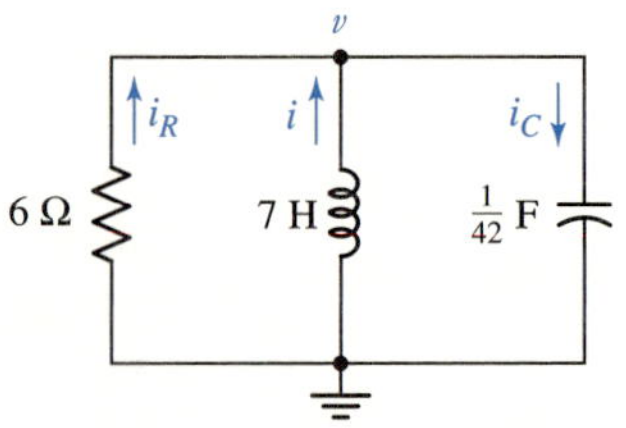

■圖 9.2 作為數值範例的並聯 *RLC* 電路，電路具有過阻尼之響應。

初始電感器電流 $i(0)=10$ A 來作表示，其中 v 與 i 分別標示於圖 9.2 所示之電路中。

我們可以很輕易的決定出幾個參數值：

$$\alpha = 3.5 \quad \omega_0 = \sqrt{6} \quad (\text{單位皆為 } s^{-1})$$
$$s_1 = -1 \quad s_2 = -6$$

且可迅速的寫出自然響應的一般式

$$v(t) = A_1 e^{-t} + A_2 e^{-6t} \quad [14]$$

求出 A_1 與 A_2 的值

最後只剩下要求出兩常數 A_1 與 A_2 的值。如果知道響應 $v(t)$ 是處於兩個不同的時間值下，則此二值可代入方程式 [14] 中，並且很輕易的可以求出 A_1 與 A_2。然而，我們僅知道 $v(t)$ 的一個瞬間值，

$$v(0) = 0$$

因此，

$$0 = A_1 + A_2 \quad [15]$$

將方程式 [14] 中的 $v(t)$ 對時間做一次微分，並使用初始條件 $i(0)=10$ 來決定此微分式的初始值，最後令結果相等，將可得到有關 A_1 與 A_2 的第二個式子。所以，將方程式 [14] 兩邊取微分，

$$\frac{dv}{dt} = -A_1 e^{-t} - 6A_2 e^{-6t}$$

且求出微分式在 $t=0$ 時之值，

$$\left.\frac{dv}{dt}\right|_{t=0} = -A_1 - 6A_2$$

如此可得到第二個式子，儘管該式子的出現對我們是有所幫助的，但我們沒有任何數值能作為微分式的初始值，所以我們還沒有完全獲得含有兩未知數的兩個方程式。由 dv/dt 表示式可以聯想到電容器電流，即

$$i_C = C\frac{dv}{dt}$$

在任一瞬間的時間點上都必須遵守克希荷夫電流定律，這是基於電子的能量守恆準則；因此，可寫出

$$-i_C(0) + i(0) + i_R(0) = 0$$

將電容器電流代入我們的表示式，並除以電容 C，可得到

$$\left.\frac{dv}{dt}\right|_{t=0} = \frac{i_C(0)}{C} = \frac{i(0)+i_R(0)}{C} = \frac{i(0)}{C} = 420 \text{ V/s}$$

由於跨接於電阻上的初始電壓為零，所以導致通過電阻上的初始電流亦為零，因此可得到第二個式子

$$420 = -A_1 - 6A_2 \qquad [16]$$

再對方程式 [15] 與方程式 [16] 的聯立方程式進行求解，即可得到兩常數 $A_1=84$ 與 $A_2=-84$；因此，該電路自然響應的最終數值解為

$$v(t) = 84(e^{-t} - e^{-6t}) \text{ V} \qquad [17]$$

有關討論 RLC 電路剩餘的部分，為了能夠完全獲得某特定的響應，我們永遠都會需要用到兩個初始條件，其中一個條件可以很輕易的被採用，即求出 $t=0$ 時的電壓或電流；而另一個條件的獲得比較麻煩。儘管我們通常會擅作主張的用到初始電流與電壓，但這當中之一將會間接需要由我們所假設的解之微分式。

例題 9.2

如圖 **9.3*a*** 所示之電路，試求出 $t > 0$ 時 $v_C(t)$ 之表示式。

▲ 確認問題的目標

試著要找出開關投入後的電容器電壓，於開關投入後電路失去電源，僅連接有電感器或電容器；因此可以預期的到電容器電壓 v_C 會隨時間衰減。

▲ 收集已知的資訊

在開關投入後，電容與左邊 200 Ω 電阻器及 5 mH 電感器並聯 (如圖9.3*b* 所示)。因此，$\alpha=1/2RC=125{,}000 \text{ s}^{-1}$、$\omega_0=1/\sqrt{LC}=100{,}000$

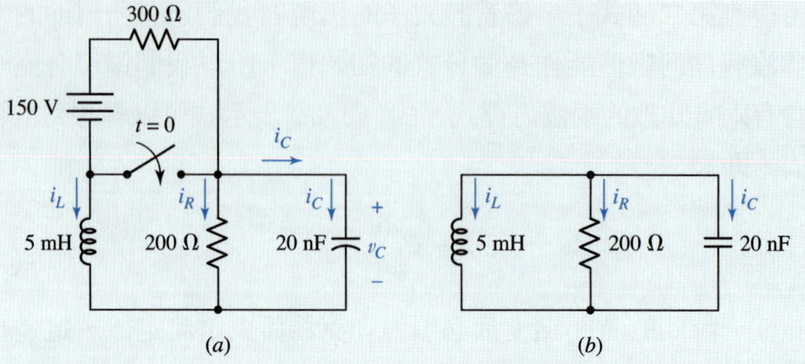

■圖 9.3 (*a*) *RLC* 電路，於 $t=0$ 時電路轉為無源電路；(*b*) 於 $t>0$ 時之電路，其中 150 V 電源與 300 Ω 電阻器被開關短路，所以對 v_C 沒有進一步的關聯性。

rad/s、$s_1=-\alpha+\sqrt{\alpha^2-\omega_0^2}=-50{,}000\ \text{s}^{-1}$ 與 $s_2=-\alpha-\sqrt{\alpha^2-\omega_0^2}=-200{,}000\ \text{s}^{-1}$。

▲ 擬定一求解方法

由於 $\alpha>\omega_0$，電路屬於過阻尼響應，所以可預計的到電容器電壓具有下列之表示式

$$v_C(t)=A_1e^{s_1t}+A_2e^{s_2t}$$

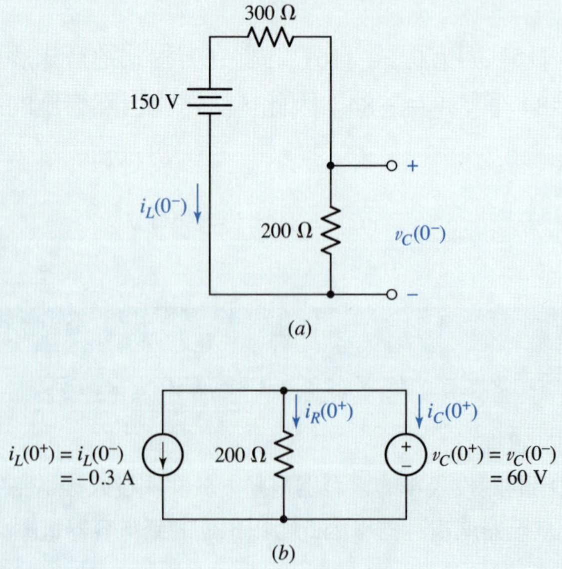

■圖 9.4 (*a*) 於 $t=0^-$ 時之等效電路；(*b*) 於 $t=0^+$ 時之等效電路，利用理想電源來表示初始電感器電流與初始電容器電壓。

已知 s_1 與 s_2，我們還需要獲得兩個初始條件以計算出 A_1 與 A_2 之值。為了達到此計算，我們將分析於 $t=0^-$ 時之電路 (如圖 9.4*a* 所示)，以求出 $i_L(0^-)$ 與 $v_C(0^-)$。接著在 $t=0^+$ 時，假設電感器電流與電容器電壓兩值都不變化的狀況下 $[i_L(0^-)=i_L(0^+)$ 與 $v_C(0^-)=v_C(0^+)]$ 分析此電路。

▲ 建立適當的方程式組

從圖 9.4*a* 中可看出，電感器被短路所取代，而電容器被開路所取代，所以得到

$$i_L(0^-) = -\frac{150}{200+300} = -300 \text{ mA}$$

與

$$v_C(0^-) = 150\frac{200}{200+300} = 60 \text{ V}$$

在圖 9.4*b* 中，畫出於 $t=0^+$ 時之電路，為了簡化上的需要，利用理想電源來表示電感器電流與電容器電壓。由於此兩者皆無法在零時間下變化，所以得到 $v_C(0^+)=60$ V。

▲ 決定是否需要額外的資訊

我們具有一用來表示電容器電壓之方程式：$v_C(t)=A_1e^{-50,000t}+A_2e^{-200,000t}$。現在雖然知道 $v_C(0)=60$ V，但仍然需要第三個式子。對電容器電壓方程式進行微分，得到

$$\frac{dv_C}{dt} = -50{,}000A_1e^{-50,000t} - 200{,}000A_2e^{-200,000t}$$

該式能夠以 $i_C=C(dv_C/dt)$ 的關係和電容器電流構成相關性。回到圖 9.4*b*，根據 KCL 定律得到 $i_C(0^+)=-i_C(0^+)-i_R(0^+)=0.3-\{v_C(0^+)/200\}=0$。

▲ 嘗試求解

利用第一個初始條件可得到

$$v_C(0) = A_1 + A_2 = 60$$

而利用第二個初始條件可得到

$$i_C(0) = -20 \times 10^{-9}(50{,}000A_1 + 200{,}000A_2) = 0$$

求解以上式子得 $A_1=80$ V 與 $A_2=-20$ V，所以 $v_C(t)=80e^{-50,000t}-20e^{-200,000t}$ V，$t>0$。

▲ 驗證解答，所得之解是否合理或為所預期的？

至少，我們可在 $t=0$ 時驗證我們的解，驗證 $\upsilon_C(0)=60$ V。也可透過微分並乘上 20×10^{-9} 來驗證 $i_C(0)=0$。

練習題

9.2 在打開很長一段時間後，圖 9.5 電路中之開關於 $t=0$ 時閉合，試求出 (a) $i_L(0^-)$；(b) $\upsilon_C(0^-)$；(c) $i_R(0^+)$；(d) $i_C(0^+)$；(e) $\upsilon_C(0.2)$。

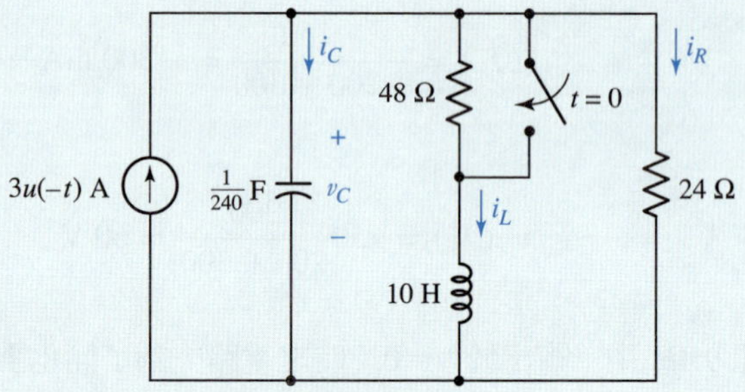

■圖 9.5

答：1 A；48 V；2 A；−3 A；−17.54 V。

如先前所示，在下列要探討的例子中，過阻尼響應的表示形式可應用到任何的電壓或電流量上。

例題 9.3

如圖 9.6*a* 所示之電路，電路在 $t=0$ 之後簡化為簡單的並聯 *RLC* 電路，試決定滿足所有時間下電阻器電流 i_R 之表示式。

如果電路在 $t>0$ 之後為過阻尼，我們可預期到其響應式為

$$i_R(t) = A_1 e^{s_1 t} + A_2 e^{s_2 t}, \qquad t > 0 \tag{18}$$

當 $t>0$ 時，具有一並聯 *RLC* 電路，其中 $R=30$ kΩ、$L=12$ mH 與 $C=2$ pF。因此，$\alpha=8.333 \times 10^6\ \text{s}^{-1}$ 與 $\omega_0=6.455 \times 10^6$ rad/s。而在過阻尼響應中我們可期望得到，$s_1=-3.063 \times 10^6\ \text{s}^{-1}$ 與 $s_2=-13.60 \times 10^6\ \text{s}^{-1}$。

為了決定 A_1 與 A_2 之值，首先必須分析如圖 9.6*b* 所示於 $t=0^-$ 時之電路，從電路中可得到 $i_L(0^-)=i_r(0^-)=4/32 \times 10^3=125\ \mu$A 與 $\upsilon_C(0^-)=4 \times 30/32=3.75$ V。

畫出於 $t=0^+$ 時之電路 (如圖 9.6*c* 所示)，從電路中我們僅知道

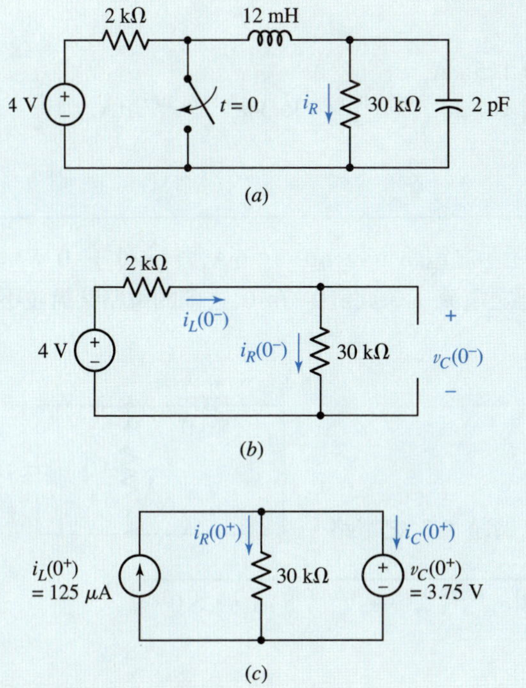

■**圖 9.6** (*a*) 需要 i_R 之電路；(*b*) 於 $t=0^-$ 時之等效電路；(*c*) 於 $t=0^+$ 時之等效電路。

$i_L(0^+)=125\ \mu A$ 與 $v_C(0^+)=3.75$ V；然而，根據歐姆定律我們可計算出 $i_R(0^+)=3.75/30\times 10^3=125\ \mu A$，此即為我們的第一個初始條件，因此

$$i_R(0) = A_1 + A_2 = 125 \times 10^{-6} \qquad [19]$$

我們如何獲得第二個初始條件？如果將方程式 [18] 乘上 30×10^3，我們可獲得一 $v_C(t)$ 之表示式。對此 $v_C(t)$ 進行微分並乘上 2 pF，則可得到 $i_C(t)$ 表示式為

$$i_C = C\frac{dv_C}{dt} = (2\times 10^{-12})(30\times 10^3)(A_1 s_1 e^{s_1 t} + A_2 s_2 e^{s_2 t})$$

根據 KCL 定律

$$i_C(0^+) = i_L(0^+) - i_R(0^+) = 0$$

因此，

$$-(2\times 10^{-12})(30\times 10^3)(3.063\times 10^6 A_1 + 13.60\times 10^6 A_2) = 0 \qquad [20]$$

解出方程式 [19] 與方程式 [20]，可得到 $A_1=161.3\ \mu A$ 與 $A_2=-36.34$

μA，因此

$$i_R = \begin{cases} 125\ \mu\text{A}, & t < 0 \\ 161.3e^{-3.063\times10^6 t} - 36.34e^{-13.6\times10^6 t}\ \mu\text{A}, & t > 0 \end{cases}$$

練習題

9.3 如圖 9.7 所示之電路，若 $i_L(0^-)=6$ A 與 $v_C(0^+)=0$ V，試求出於 $t>0$ 時流經電阻之電流 i_R。此例中 $t=0$ 之前的電路架構並不知道。

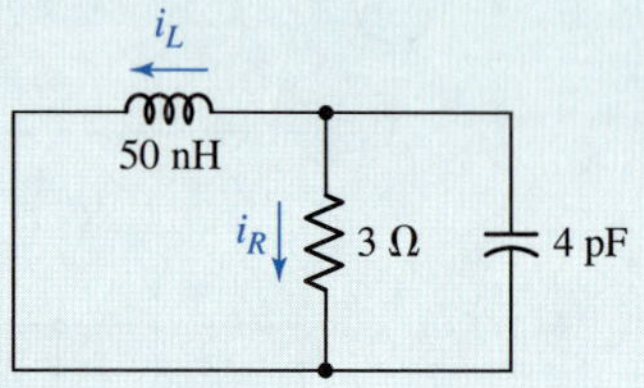

■圖 9.7 練習題 9.3 之電路。

答：$i_R(t)=6.008(e^{-8.328\times10^{10}t}-e^{-6.003\times10^7 t})$A，$t>0$。

過阻尼響應的圖形說明

現在回到方程式 [17]，然後看看在這樣的電路下我們可以決定出哪些額外的資訊。我們可以說明第一個指數項具有 1 s 的時間常數，而另一個指數項具有一 $\frac{1}{6}$ s 的時間常數。每一項皆從相同的振幅開始，但後者衰減的較為快速；因此，永遠不會是負值。當時間變為無限大時，每一項皆趨近於零，且響應會消失，因此所得到的響應曲線在 $t=0$ 時為零，在 $t=\infty$ 時亦為零，且響應永遠不會是負值；由於並不是每一處都為零，所以至少會有一最大值存在，而此最大值並不難決定，將響應微分一次得

$$\frac{dv}{dt} = 84(-e^{-t} + 6e^{-6t})$$

令微分項為零以決定電壓變為最大值之時間 t_m，

$$0 = -e^{-t_m} + 6e^{-6t_m}$$

運算一次得

$$e^{5t_m} = 6$$

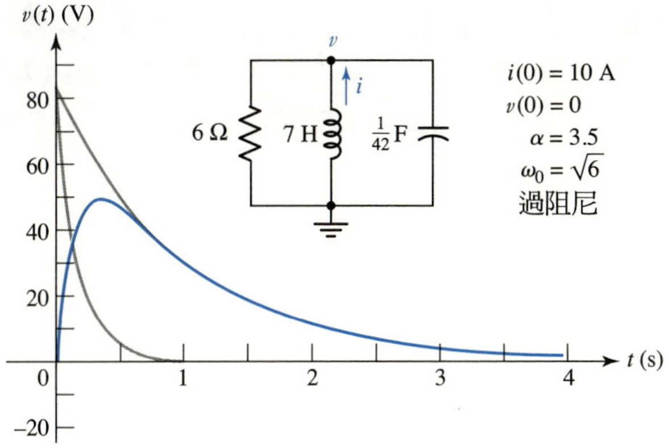

■圖 9.8 示於圖 9.2 中的網路響應 $v(t)=84(e^{-t}-e^{-6t})$。

由此得

$$t_m = 0.358 \text{ s}$$

及

$$v(t_m) = 48.9 \text{ V}$$

響應的一種適當畫法是畫出 $84\,e^{-t}$ 與 $84\,e^{-6t}$ 這兩個指數項，然後再取其差，此種有用的表示法繪於圖 9.8 之曲線中。兩個指數項是以顏色較淡的線條畫出，而其差，即完全響應 $v(t)$ 是以粗黑線表示之，該曲線亦證明了先前所做的預測，即當 t 值很大時，$v(t)$ 的函數性質變成 $84e^{-t}$；換言之，就是包含了 s_1 與 s_2 當中較小值的那個指數項。

討論電路響應時，另一個常被提起的問題是須花多少時間才能使響應中的暫態部分消失 (或減弱)。事實上，常常是希望暫態響應能夠盡可能很快速地趨近於零，亦即使**安定時間** (settling time) t_s 為最小。當然，理論上是 t_s 無限大，因為 $v(t)$ 在有限時間內永遠不會穩定至零。然而，當 $v(t)$ 的大小穩定至其值小於最大絕對值 $|v_m|$ 的 1% 後，所呈現的響應就可忽略之，發生這種情形所需要的時間就定義為安定時間。此例 $|v_m|=v_m=48.9$ V，安定時間就是降至 0.489 V 時所需的時間。將此值代入方程式 [17] 的 $v(t)$ 中，並忽略第二個指數項 (在此已知可以忽略)，則求得的安定時間為 5.15 秒。

例題 9.4

於 $t>0$ 時，某無源並聯 ***RLC*** 電路的電容器電流為 $i_C(t)=2e^{-2t}-4e^{-t}$ **A**，試繪出於 $0<t<5$ **s** 時間時之電流響應曲線及求出安定時間 t_s。

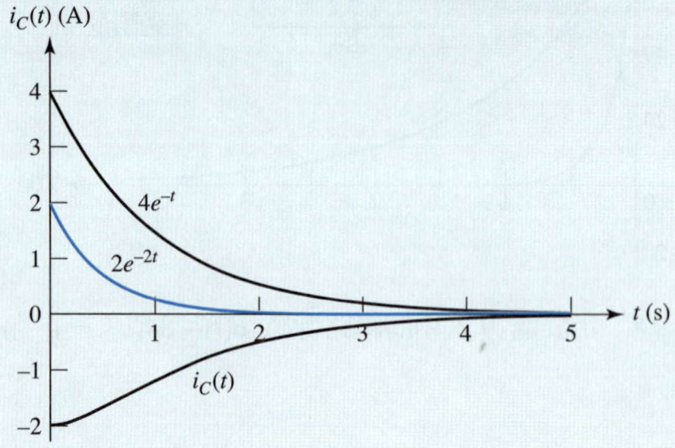

■圖 9.9　電流響應 $i_C(t)=2e^{-2t}-4e^{-t}$ A，及式中兩旁指數項的個別響應曲線。

如圖 9.9 所示，先畫出兩個指數項，然後將此兩項相減以求出 $i_C(t)$。可以清楚的知道其最大值為 $|-2|=2$ A，因此須找出 $|i_C|$ 衰減至 20 mA 時的時間，或

$$2e^{-2t_s}-4e^{-t_s}=-0.02 \qquad [21]$$

此方程式能以數值計算中的疊代求解程序來求得其解，其將回傳 $t_s=5.296$ s 之解。如果不採用這種計算方法，那我們可以在 $t\geq t_s$ 時，將方程式 [21] 近似成

$$-4e^{-t_s}=-0.02 \qquad [22]$$

並進行求解，以得到 t_s 為

$$t_s=-\ln\left(\frac{0.02}{4}\right)=5.298\text{ s} \qquad [23]$$

所得之解是很合理的，且和正確的解相當近似 (誤差低於 0.1%)。

練習題

9.4 (a) 畫出於時間 $0<t<5$ s 時電壓 $v_R(t)=2e^{-t}-4e^{-3t}$ V 的響應曲線；(b) 評估安定時間為多少；(c) 計算出該電壓響應最大的正值及對應出現的時間為何。

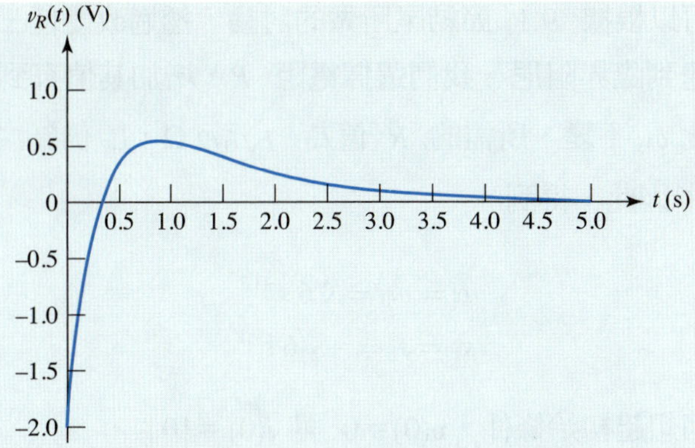

■圖 9.10 練習題 9.4 中電壓 $v_R(t)$ 之響應曲線。

答：(a) 如圖 9.10 所示；(b) 4.605 s；(c) 544 mV，896 ms。

9.3 臨界阻尼

過阻尼具有以下之特性

$$\alpha > \omega_0$$

或

$$LC > 4R^2C^2$$

並造成 s_1 與 s_2 為負實數，且響應式可表示成兩個負指數項之代數和。

現在透過調整元件之參數值讓 α 與 ω_0 相等，這是一種非常特殊的情況，稱作**臨界阻尼** (critical damping)。如果試圖要去建構一具有臨界阻尼的並聯 RLC 電路，實質上來講將會是件不可能的任務，主要是因為我們無法準確的讓 α 與 ω_0 相等。為了讓電路分析更加完整，在此將討論臨界阻尼電路，因為它在過阻尼與欠阻尼間呈現了某些有趣的轉變，值得讓我們去探討。

> "不可能的" 是一個相當強而有力的名詞，我們做此說明是因為實際上要獲得誤差在 1% 內的實際元件近似值是相當罕見的。

欲達到臨界阻尼，必定要符合下列條件

$$\left.\begin{aligned} \alpha &= \omega_0 \\ LC &= 4R^2C^2 \\ L &= 4R^2C \end{aligned}\right\}\text{臨界阻尼}$$

或

我們可以根據 9.1 節結尾所做的討論，透過改變任三個元件之參數值來達到臨界阻尼。我們選擇電阻 R，增加其值直到獲得臨界響應，因此 ω_0 不變，所需的 R 值為 $7\sqrt{6}/2\,\Omega$，L 仍為 7 H 且 C 仍為 $\frac{1}{42}$ F；因此，得到

$$\alpha = \omega_0 = \sqrt{6}\ \mathrm{s}^{-1}$$
$$s_1 = s_2 = -\sqrt{6}\ \mathrm{s}^{-1}$$

並且再次回想起初始條件，$v(0)=0$ 與 $i(0)=10$ A。

臨界阻尼響應的型式

繼續地試圖去建構一表示為兩指數項之和的響應式，

$$v(t) \stackrel{?}{=} A_1 e^{-\sqrt{6}t} + A_2 e^{-\sqrt{6}t}$$

這又可寫成

$$v(t) \stackrel{?}{=} A_3 e^{-\sqrt{6}t}$$

此時，某些人會覺得已經迷失求解的方向；確實，我們得到的是一個只含有一個任意常數響應式，但卻有兩個初始條件 $v(0)=0$ 及 $i(0)=10$ A 必須滿足，這是不可能的。如果我們選取 $A_3=0$，則 $v(t)=0$，這是與我們的初始電容器電壓一致的。然而，儘管在時間 $t=0^+$ 時沒有能量儲存於電容器中，仍有 350 焦耳的初始能量存在於電感器中，這股初始能量將產生一暫態電流從電感器中流出，並於三個並聯元件中產生非零值的電壓，這似乎直接的和我們所提之解相互矛盾。

我們所用的數學與電學理論，無庸置疑是沒有錯誤的；因此，若不是推理錯誤，那就是一開始時的假設不正確，並且我們只做了一個假設。我們原先是假定微分方程式可以由一指數解來求得，但對臨界阻尼這種特殊的情況而言，顯然這種假設是錯誤的。當 $\alpha=\omega_0$ 時，方程式 [4] 之微分方程式變成

$$\frac{d^2v}{dt^2} + 2\alpha\frac{dv}{dt} + \alpha^2 v = 0$$

要求解該微分方程式，過程並不會太困難，但在此將避免詳

述。在一般的微分方程式課本中皆可發現這種標準型式之方程式，其解為

$$v = e^{-\alpha t}(A_1 t + A_2) \qquad [24]$$

必須注意的是，其解仍表示為兩指數項之和，其中一項是熟悉的負指數項，另一項則為 t 倍的負指數項，也必須注意的是其解中包含著兩個待求的任意常數。

求出 A_1 與 A_2 的值

現在讓我們完成我們的例子，將已知的 α 值代入方程式 [24] 後得到

$$v = A_1 t e^{-\sqrt{6}t} + A_2 e^{-\sqrt{6}t}$$

首先以 $v(t)$ 的初始條件 $v(0)=0$ 來求得 A_1 與 A_2 之值，由此得 $A_2=0$。會產生如此簡單的結果是因為響應 $v(t)$ 的初始條件選擇為零之故；在更一般的情況中，同時將會需要兩個方程式的解。第二個初始條件必須利用到微分式 dv/dt，如同在探討過阻尼的例子一樣。記住 $A_2=0$，然後進行微分，得

$$\frac{dv}{dt} = A_1 t(-\sqrt{6})e^{-\sqrt{6}t} + A_1 e^{-\sqrt{6}t}$$

於上式中，求得 $t=0$ 時之值

$$\left.\frac{dv}{dt}\right|_{t=0} = A_1$$

以初始電容器電流來表示微分式

$$\left.\frac{dv}{dt}\right|_{t=0} = \frac{i_C(0)}{C} = \frac{i_R(0)}{C} + \frac{i(0)}{C}$$

其中，i_C、i_R 與 i 的參考方向定義於圖 9.2 中，因此

$$A_1 = 420 \text{ V}$$

響應為

$$v(t) = 420te^{-2.45t} \text{ V} \qquad [25]$$

臨界阻尼響應的圖形說明

在詳細畫出圖形之前，讓我們再試著根據其性質推論出響應型式。所指定的初始值為零，故符合方程式 [25]。當趨近無限大時，無法立即地看出響應趨近於零，因為 $te^{-2.45t}$ 為不定型；然而，可以使用羅必達 (L'Hôpital) 法則來克服這小小的障礙，解得

$$\lim_{t\to\infty} v(t) = 420 \lim_{t\to\infty} \frac{t}{e^{2.45t}} = 420 \lim_{t\to\infty} \frac{1}{2.45e^{2.45t}} = 0$$

所以，又再一次得到在開始與結束時皆為零的響應，且在所有其它的時間下皆為正值，v_m 的最大值再次出現於時間 t_m 時，以此例而言

$$t_m = 0.408 \text{ s} \qquad \text{和} \qquad v_m = 63.1 \text{ V}$$

此最大值比起在過阻尼響應中獲得的最大值還要來的大，主要是因為在較大的電阻器上消耗了較小的功率之故；而最大響應發生的時間則稍微落後於過阻尼響應中所出現的最大響應時間。安定時間可由求解下式而求得

$$\frac{v_m}{100} = 420 t_s e^{-2.45 t_s}$$

求得 t_s (利用錯誤嘗試法或以具有 SOLVE 程式的計算器進行求解)：

$$t_s = 3.12 \text{ s}$$

這比起在過阻尼的例子中 (5.15 秒) 所得到的值還要小。事實上，在已知 L 與 C 值的情況下，就足以證明選擇某 R 值來造成臨界阻尼，其安定時間一定小於同樣選擇某 R 值來造成過阻尼的安定時間。然而，進一步地稍微增加電阻值，就能夠讓安定時間獲得些微的改善 (時間降低)，輕微欠阻尼的響應在消失前，將會趨近於零軸 (zero axis)，所以會產生較短的安定時間。

臨界阻尼的響應曲線如圖 9.11 所示；可以參考圖 9.16 將其和過阻尼 (及欠阻尼) 做一比較。

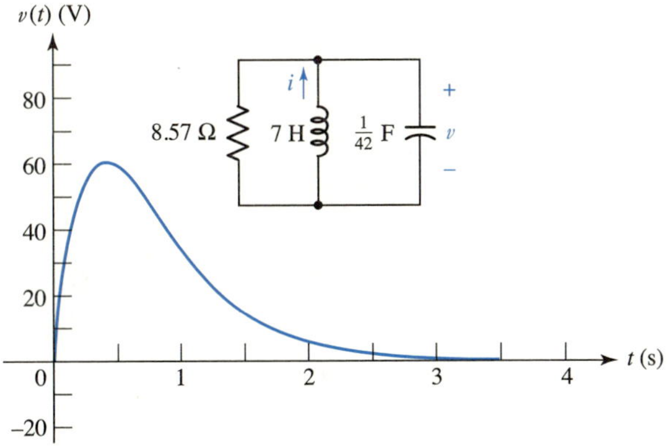

■圖 9.11 圖 9.2 電路中 $v(t)=420te^{-2.45t}$ 之響應曲線，透過改變 R 值來產生臨界阻尼。

例題 9.5

試求出一 R_1 值，讓圖 9.12 所示之電路於 $t>0$ 時呈現出臨界阻尼之響應，以及求出之 R_2 值，使 $v(0)=2$ V。

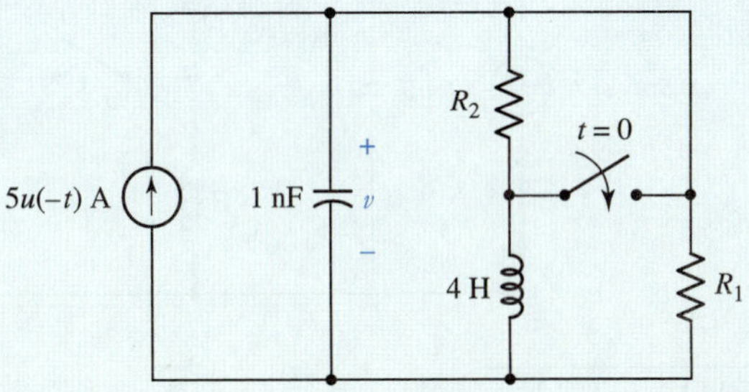

■圖 9.12 某電路於開關投入後，等效為並聯 RLC 電路。

注意，時間在 $t=0^-$ 時，電流源接通於電路上，此時電感器可視為短路。因此，$v(0^-)$ 跨於 R_2 電阻上，得到

$$v(0^-)=5R_2$$

而為了得到 $v(0)=2$ V，R_2 之電阻值應該選擇為 400 mΩ。

在開關投入後，電流源移出電路且 R_2 電阻被短路，則並聯 RLC 電路為電阻 R_1 與一個 4 H 電感器及 1 nF 電容器之組合。

接著於 $t>0$ 時計算出 α 與 ω_0 為

$$\alpha = \frac{1}{2RC} = \frac{1}{2 \times 10^{-9} R_1}$$

與

$$\omega_0 = \frac{1}{\sqrt{LC}} = \frac{1}{\sqrt{4 \times 10^{-9}}} = 15{,}810 \text{ rad/s}$$

因此，於時間 $t > 0$ 時在電路要建立起臨界組尼響應，電阻 R_1 必須選擇為 31.63 kΩ (注意：由於我們略過探討四個重要的數值，在這樣賣弄學問的情況下，事實上要獲得準確的臨界阻尼響應仍然是很困難的一件事)。

練習題

9.5 (a) 試決定出如圖 9.13 所示電路中的 R_1 值，讓電路在 $t=0$ 之後處於臨界阻尼之情況；(b) 決定出 R_2 之值，使 $v(0)=100$ V；(c) 求出於時間 $t=1$ ms 時之 $v(t)$。

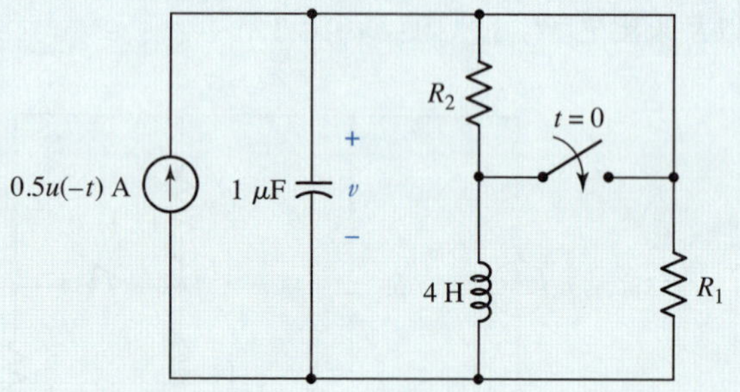

■圖 9.13

答：1 kΩ；250 Ω；−212 V。

9.4 欠阻尼並聯 *RLC* 電路

繼續上一節的推導，藉由增加 R 值，我們便能得到所謂的**欠阻尼** (underdamped) 響應。因此，當阻尼係數 α 減少，而 ω_0 保持常數時，α^2 就會變得比 ω_0^2 還要小。所以 s_1 與 s_2 式子中根號內的值就會變成負值。這樣一來，響應就會具有相當不同的特性，但幸運地是我們並不必再回到基本的微分方程式來做計算。藉由使用複數，指數響應可以轉變成阻尼弦波響應，該響應完全由實數量組成，而複數量只有在推導時才會顯示出必要性[1]。

欠阻尼響應的型式

先從指數型式開始

$$v(t) = A_1 e^{s_1 t} + A_2 e^{s_2 t}$$

當中

$$s_{1,2} = -\alpha \pm \sqrt{\alpha^2 - \omega_0^2}$$

電機工程師通常使用 "j" 而不使用 "i" 來表示 $\sqrt{-1}$ 是為了避免與電流混淆。

之後令

$$\sqrt{\alpha^2 - \omega_0^2} = \sqrt{-1}\sqrt{\omega_0^2 - \alpha^2} = j\sqrt{\omega_0^2 - \alpha^2}$$

其中 $j \equiv \sqrt{-1}$。

現在取新的平方根值，該值對欠阻尼情況來說為一實數，稱為**自然諧振頻率** (natural resonant frequency)，以 ω_d 表示為

$$\omega_d = \sqrt{\omega_0^2 - \alpha^2}$$

因此，響應可以表示成

$$v(t) = e^{-\alpha t}(A_1 e^{j\omega_d t} + A_2 e^{-j\omega_d t}) \quad [26]$$

或表示成較複雜的等式

$$v(t) = e^{-\alpha t}\left\{(A_1 + A_2)\left[\frac{e^{j\omega_d t} + e^{-j\omega_d t}}{2}\right] + j(A_1 - A_2)\left[\frac{e^{j\omega_d t} - e^{-j\omega_d t}}{j2}\right]\right\}$$

應用附錄 5 中的恆等式，我們可以很容易地證明第一個括號內的值等於 $\cos \omega_d t$，而第二個括號內的值則等於 $\sin \omega_d t$。因此

$$v(t) = e^{-\alpha t}\left[(A_1 + A_2)\cos \omega_d t + j(A_1 - A_2)\sin \omega_d t\right]$$

而且常數係數可以用新的符號表示為

$$v(t) = e^{-\alpha t}(B_1 \cos \omega_d t + B_2 \sin \omega_d t) \quad [27]$$

其中方程式 [26] 與 [27] 是相同的。

1 複數的相關概念請參考附錄 5。

原本表示式中有複數成分而現在是純實數，這看起來或許有些奇怪。然而，值得注意的是，原本我們允許 A_1 和 A_2 如同 s_1 和 s_2 般以複數表示。在任何處理欠阻尼的情況中，複數可以先擺在一邊。這的的確確是事實，因為 α、ω_d 和 t 都是實數，所以 $v(t)$ 本身也必定是實數 (能呈現在示波器、伏特計或圖紙上)。方程式 [27] 是欠阻尼響應特定的函數表示式，而且可以直接代入原來的微分方程式以檢驗其真確性，此部分就留給還有存疑的讀者作為習題。因此，我們便選擇 B_1 及 B_2 這兩個實數常數，使其滿足已知的初始條件。

我們回頭觀察圖 9.2 中的並聯 RLC 電路，現在令 $R=6\ \Omega$、$C=1/42$ F、$L=7$ H，而電阻更進一步增為 $10.5\ \Omega$。因此，

$$\alpha = \frac{1}{2RC} = 2\ \text{s}^{-1}$$

$$\omega_0 = \frac{1}{\sqrt{LC}} = \sqrt{6}\ \text{s}^{-1}$$

及

$$\omega_d = \sqrt{\omega_0^2 - \alpha^2} = \sqrt{2}\ \text{rad/s}$$

除了任意常數必須計算外，現在響應的型式可以表示為

$$v(t) = e^{-2t}(B_1 \cos\sqrt{2}t + B_2 \sin\sqrt{2}t)$$

求出 B_1 與 B_2 的值

決定兩常數的方式與先前一樣。如果我們同樣假設 $v(0)=0$ 及 $i(0)=10$，則 B_1 必須為零。因此，

$$v(t) = B_2 e^{-2t} \sin\sqrt{2}t$$

上式對 t 的導數為

$$\frac{dv}{dt} = \sqrt{2}B_2 e^{-2t}\cos\sqrt{2}t - 2B_2 e^{-2t}\sin\sqrt{2}t$$

而且當 $t=0$ 時，該值為

$$\left.\frac{dv}{dt}\right|_{t=0} = \sqrt{2}B_2 = \frac{i_C(0)}{C} = 420$$

其中 i_C 如圖 9.2 中所定義的。所以，

$$v(t) = 210\sqrt{2}e^{-2t}\sin\sqrt{2}t$$

欠阻尼響應的圖形說明

如同前面一樣，必須注意的是，由於所外加儲存的初始電壓條件，使得響應函數的初始值為零，而因為對大的 t 值而言，指數項消失，所以會使得響應的終值亦為零。當 t 從零以小幅的正值增加時，因為指數項之值基本上保持為 1，所以 $v(t)$ 增加為 $210\sqrt{2}\sin\sqrt{2}t$。但在時間 t_m 時，指數函數衰減的速度比 $\sin\sqrt{2}t$ 增加的速度還快，因此 $v(t)$ 到達最大值 v_m 時便開始下降。值得注意的是，t_m 並不是 $\sin\sqrt{2}t$ 最大值時的 t 值，而是必須在 $\sin\sqrt{2}t$ 到達最大值之前。

當 $t=\pi/\sqrt{2}$ 時，$v(t)$ 為零。因此，在 $\pi/\sqrt{2} < t < \sqrt{2}\pi$ 期間，響應為負值，而在 $t=\sqrt{2}\pi$ 時再次變為零。所以，$v(t)$ 是時間的振盪 (oscillatory) 函數，且在 $t=n\pi/\sqrt{2}$ 時無限多次越過時間軸，其中 n 為任意的正整數。然而，例題中的響應只是稍微欠阻尼，而且指數項使得函數快速衰減，所以大部分通過零點的交錯情形無法在圖中明顯表現出來。

隨著 α 的減少，響應的振盪特性將越來越明顯。如果 α 等於零，等同於有無限大的電阻，則 $v(t)$ 便會是以固定振幅振盪的無阻尼弦波。$v(t)$ 降低且維持低於其最大值的 1% 情況，永遠不會發生，安定的時間為無窮大。不過，這並不是永久的情形，因為我們只是假定電路中有初始能量存在，且未提供任何方式來消耗該能量。這能量只是從電感器的初始位置傳送至電容器，然後再次回到電感器，如此一直反覆下去。

有限值電阻所扮演的角色

有限的 R 在並聯 *RLC* 電路中，扮演著電能傳送代理人的角色。每次能量從 L 傳送至 C，或從 C 傳送至 L 時，代理人索取

佣金。不久，代理人取得所有的能量，放肆地消耗每一殘留的能量。L 及 C 並未留下任何一焦耳，沒有電壓也沒有電流。實際的並聯 RLC 電路可令其具有夠大的有效 R 值，使自然的無阻尼弦波響應是可以維持多年而不用供給額外的能量。

回到我們的數值問題，微分來求 $v(t)$ 的第一個最大值，

$$v_{m_1} = 71.8 \text{ V} \qquad \text{在} \qquad t_{m_1} = 0.435 \text{ s}$$

之後的最小值，

$$v_{m_2} = -0.845 \text{ V} \qquad \text{在} \qquad t_{m_2} = 2.66 \text{ s}$$

等等。響應曲線顯示於圖 9.14 中。其它的欠阻尼響應曲線隨著 R 的增加，其關係示於圖 9.15。

對 $R = 10.5\ \Omega$ 而言，其安定時間可由試誤法求得為 2.92 s，且有較小的臨界阻尼。值得注意的是，t_s 比 t_{m_2} 大，因為 v_{m_2} 的大小比 v_{m_1} 的 1% 還大。這意味著，稍微降低 R 將會降低欠越量 (undershoot) 的大小，且使得 t_s 小於 t_{m_2}。

這個網路用 Pspice 所模擬的過阻尼、臨界阻尼及欠阻尼的響應顯示於圖 9.16 中。比較這三個曲線，我們可以得出以下的結論：

- 當調整並聯電阻的大小來改變阻尼時，則具有較小阻尼者，其響應的最大值較大。
- 當出現欠阻尼時，響應變成振盪，而且對於稍微欠阻尼的電路可以獲得最小的安定時間。

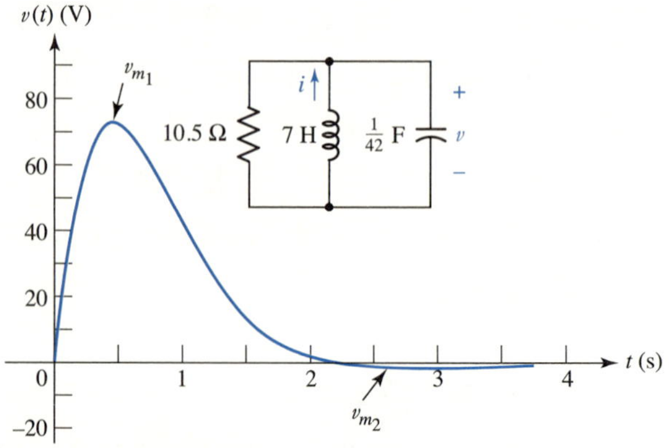

■圖 9.14　增加圖 9.2 所示網路中的 R 值以便產生欠阻尼響應，其響應為 $v(t) = 210\sqrt{2}e^{-2t}\sin\sqrt{2}t$。

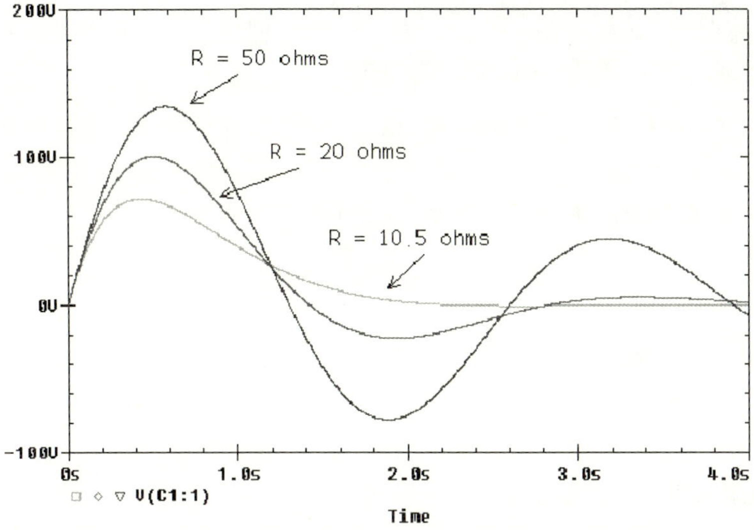

圖 9.15　對三個不同電阻值的網路所模擬欠阻尼的電壓響應，顯示出在 *R* 增加而增加振盪的動作行為。

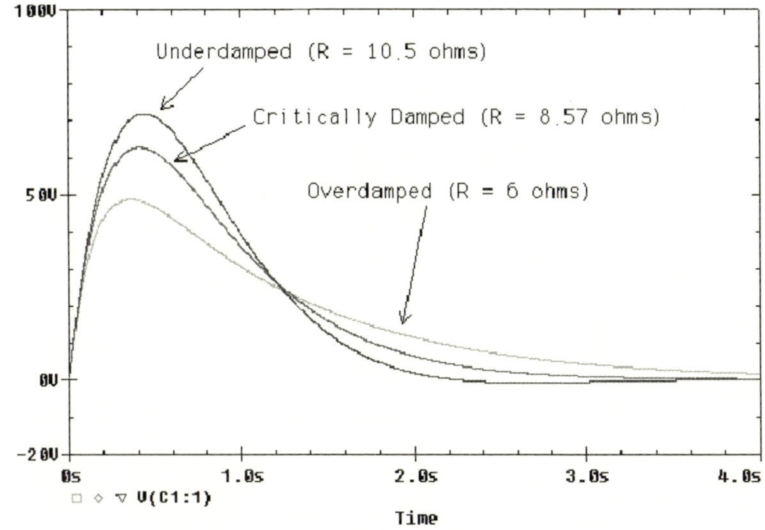

圖 9.16　對範例電路，改變不同的並聯電阻 *R*，所得到的模擬過阻尼、臨界阻尼和欠阻尼的電壓響應。

例題 9.6

試求圖 9.17*a* 電路 $i_L(t)$ 的並畫出波形。

在 $t=0$ 時，3 A 的電源和 48 Ω 的電阻器都被移走，剩餘的電路顯示於圖 9.17*b* 中。因此，$\alpha=1.2\ \text{s}^{-1}$ 且 $\omega_0=4.889$ rad/s。由於 $\alpha<\omega_0$，電路是屬於欠阻尼的。因此所期望的響應型式為

$$i_L(t)=e^{-\alpha t}(B_1\cos\omega_d t+B_2\sin\omega_d t) \qquad [28]$$

其中 $\omega_d=\sqrt{\omega_0^2-\alpha^2}=4.750$ rad/s。剩下的步驟就是利用初始條件來決定未知常數 B_1 和 B_2。

圖 9.17*c* 顯示 $t=0^-$ 時的電路。我們可以將電感器視為短路，電容器視為開路，故得知 $v_C(0^-)=97.30$ V 與 $i_L(0^-)=2.027$ A。因為這兩個量不能在零時間上做瞬時的變化，所以 $v_C(0^+)=97.30$ V 與 $i_L(0^+)=2.027$ A。

將 $i_L(0)=2.027$ A 代入方程式 [28] 中，我們可以得到 $B_1=2.027$ A。為了求得另一個常數，我們知道必須求其微分 $v_L(t)=L(di_L/dt)$。首先將方程式 [28] 微分：

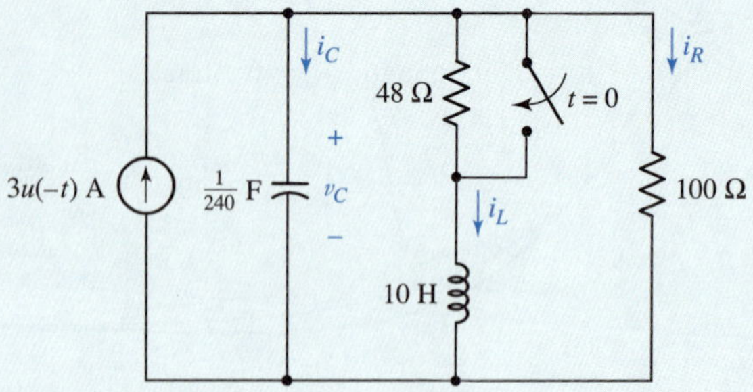

(*a*)

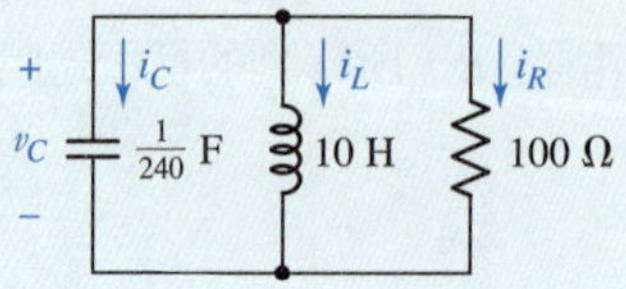

(*b*)

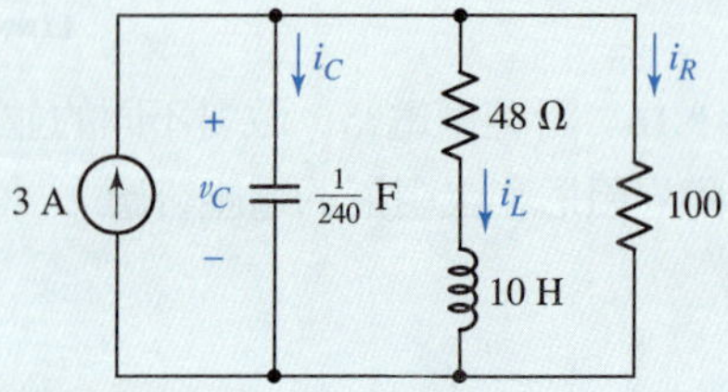

(*c*)

■圖 9.17 (*a*) 並聯 *RLC* 電路所要的電流 $i_L(t)$；(*b*) $t\geq 0$ 的電路；(*c*) 決定初始條件的電路。

$$\frac{di_L}{dt} = e^{-\alpha t}(-B_1\omega_d \sin\omega_d t + B_2\omega_d\cos\omega_d t) \\ -\alpha e^{-at}(B_1\cos\omega_d t + B_2\sin\omega_d t) \quad [29]$$

參考圖 9.17*b*，我們得知 $v_L(0^+)=v_C(0^+)=97.3$ V。因此將方程式 [29] 乘上 $L=10$ H 然後令 $t=0$，得到

$$v_L(0) = 10(B_2\omega_d) - 10\alpha B_1 = 97.3$$

求解得到 $B_2=2.561$ A。因此我們的解是

$$i_L = e^{-1.2t}(2.027\cos 4.75t + 2.561\sin 4.75t) \text{ A}$$

我們將 $i_L(t)$ 畫在圖 9.18 中。

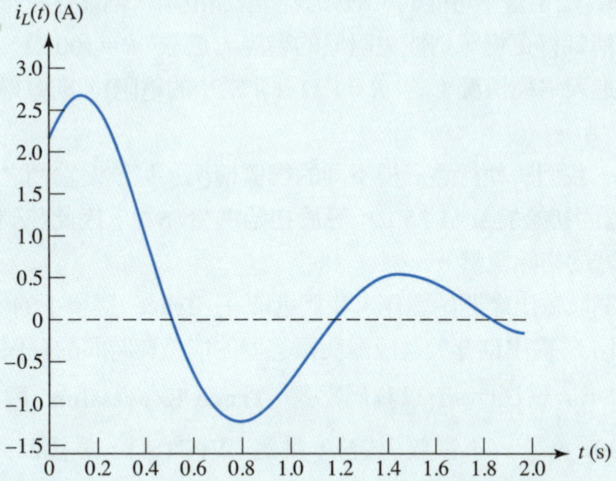

■圖 9.18 $i_L(t)$ 的圖形，顯示出明顯的欠阻尼響應。

練習題

9.6 圖 9.19 中開關在左邊位置已有一段很長的時間，於 $t=0$ 時移至右邊，試求 (a) $t=0^+$ 時的 dv/dt；(b) $t=1$ ms 時的 v；(c) t_0，即第一個大於零的 t 值，此時恰為 $v=0$。

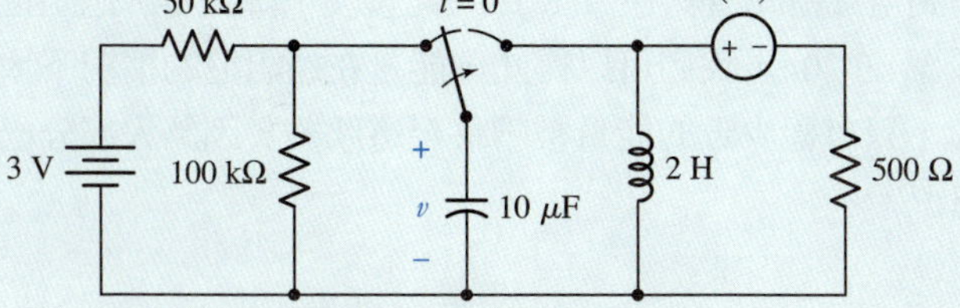

■圖 9.19

答：−1400 V/s；0.695 V；1.609 ms。

電腦輔助分析

在測試輸出端 (Probe) 有一個有用的特性就是，能藉由模擬來完成電壓與電流的數學運算。在本例中，我們將會使用這項特性來顯示並聯 *RLC* 電路中，能量從初始儲存能量 (1.25 μJ) 的電容器轉換到初始無能量電感器的過程。

我們選取 100 nF 的電容器與 7 H 的電感器，並立刻能得知 $\omega_0 = 1.195 \times 10^6\ s^{-1}$。為了考慮過阻尼、臨界阻尼與欠阻尼情況，我們需要選擇並聯電阻來使得 $\alpha > \omega_0$ (過阻尼)、$\alpha = \omega_0$ (臨界阻尼) 與 $\alpha < \omega_0$ (欠阻尼)。從先前的討論中，我們知道並聯 *RLC* 電路的 $\alpha = (2RC)^{-1}$。我們選取 $R = 4.1883\ \Omega$，使其近似於臨界阻尼的情況，想得到 α 十分準確地等於 ω_0 是相當不可能的。假如我們增加電阻，則儲存在這兩個元件的能量會消耗得更慢，造成欠阻尼的響應。選取 $R = 100\ \Omega$，則會使我們的系統進入這種情況；若 $R = 1\ \Omega$ (非常小的電阻)，則會得到過阻尼響應。

因此，我們將執行這三種不同的模擬情況，只改變它們之間的電阻 *R*。電容器的初始能量 1.25 μJ 等於初始電壓 5 V，因此我們可以藉此設定電容器的初始電壓。

一旦測試輸出端開始運作，我們選取在 **Trace** 選單下的 **Add** (加法)，我們希望畫出儲存於電感器與電容器的能量與時間的關係圖。對電容器來說，$\omega = \frac{1}{2}Cv^2$，所以我們點選 **Trace Expression** 視窗並輸入 "0.5*100E-9*" (不需要引號)，點選 V(C1:1)，然後回到 **Trace Expression** 視窗並輸入 "*"，之後，再一次點選 V(C1:1)，然後選取 **Ok**。我們重複相同的順序，並用 7E-6 取代 100E-9 以及點選 I(L1:1) 而不是 V(C1:1)，便可獲得儲存在電感器上的能量。

測試輸出端便能畫出三種不同情況的模擬結果，如圖 9.20 所示。在圖 9.20*a* 中，我們可以發現，電路中剩餘的能量連續來回在電容器和電感器之間互相轉換，直到它 (最後會) 完全被電阻器消耗掉為止。若將電阻減少到 4.1833 Ω，則會產生臨界阻尼的電路，其能量如圖 9.20*b* 所示。在電容器和電感器之間傳送的振盪能量明顯地減少了。我們可以發現，能量轉換到電感器峰值約在 0.8 μs，之後便下降到零。過阻尼響應的情況標示於圖 9.20*c*。我們可以得知，能量在過阻尼的情況下大量快速地被消耗掉，只有極少數的能量被轉移至電感器，因為大部分已經被電阻器消耗掉了。

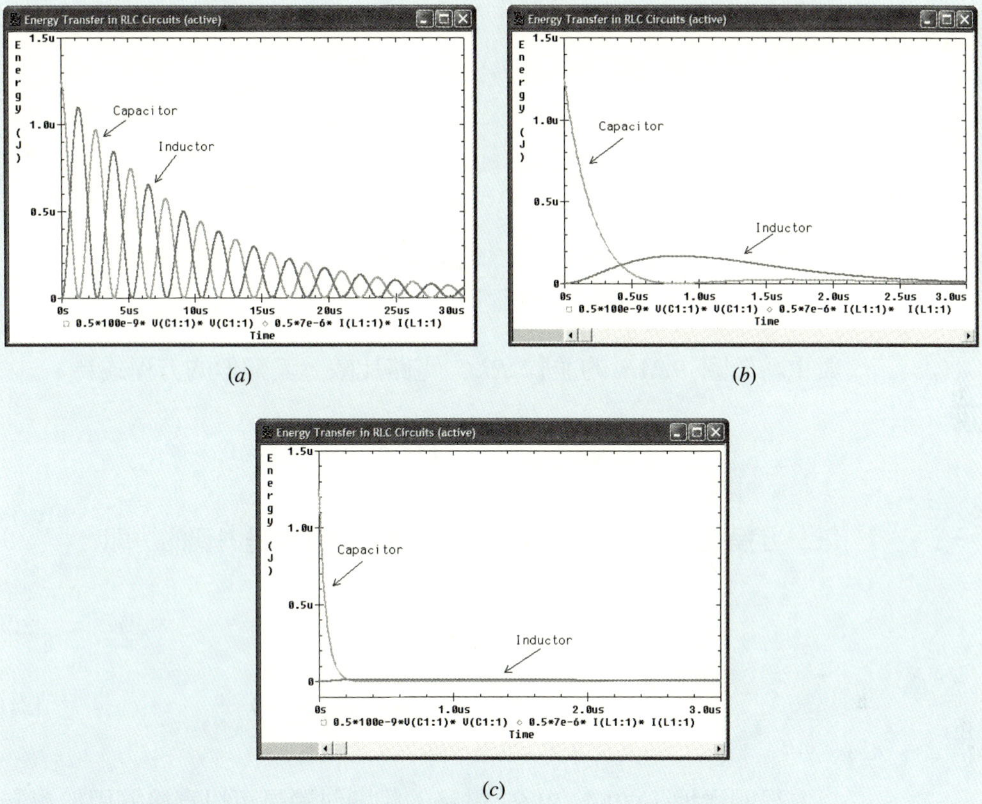

■圖 9.20 並聯 *RLC* 電路的能量轉換 (*a*) $R=100\ \Omega$ (欠阻尼)；(*b*) $R=4.1833\ \Omega$ (臨界阻尼)；(*c*) $R=1\ \Omega$ (過阻尼)。

9.5 無源串聯 *RLC* 電路

現在我們來觀察由一個理想電阻器、一個理想電感器與一個理想電容器串聯所組成的電路模型的自然響應。理想電阻器可視為連接於串聯 *LC* 或 *RLC* 電路的實際電阻器；它也可以視為歐姆損失 (ohmic losses) 及電感器的鐵心損失，或者視為所有吸收能量的元件。

串聯 *RLC* 電路是並聯 *RLC* 電路的對偶，此一項事實能夠簡化整個分析的過程。圖 9.21*a* 顯示串聯電路，其基本的積分微分方程式為

$$L\frac{di}{dt}+\mathrm{R}i+\frac{1}{C}\int_{t_0}^{t} i\,dt'-v_C(t_0)=0$$

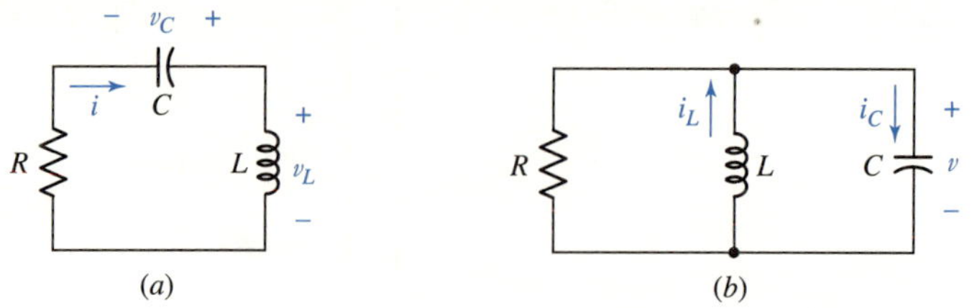

■圖 9.21 (*a*) 串聯 *RLC* 電路是 (*b*) 並聯 *RLC* 電路對偶，(*a*) 與 (*b*) 的元件值當然不相同。

與重繪於圖 9.21*b* 的並聯 *RLC* 電路比較，其類似的方程式為

$$C\frac{dv}{dt} + \frac{1}{R}v + \frac{1}{L}\int_{t_0}^{t} v\,dt' - i_L(t_0) = 0$$

每一方程式對時間微分所得到的二階方程式也是對偶的，即

$$L\frac{d^2i}{dt^2} + R\frac{di}{dt} + \frac{1}{C}i = 0 \qquad [30]$$

$$C\frac{d^2v}{dt^2} + \frac{1}{R}\frac{dv}{dt} + \frac{1}{L}v = 0 \qquad [31]$$

很明顯地，並聯 *RLC* 電路的相關討論是可以直接適用於串聯的 *RLC* 電路中，作用於電容器電壓與電感器電流的初始條件，是等同於作用於電感器電流及電容器電壓的初始條件；電壓響應變成電流響應。藉由使用對偶的觀點來重讀前四節，並進而獲得串聯 *RLC*電路的相關特性是可能的。然而，這樣很容易在前面數個章節中造成某些程度的混亂，而且似乎也沒此必要。

串聯電路響應摘要

串聯電路響應的摘要很容易推求。以圖 9.21*a* 所示之電路來說，過阻尼響應為

$$i(t) = A_1e^{s_1t} + A_2e^{s_2t}$$

其中

$$s_{1,2} = -\frac{R}{2L} \pm \sqrt{\left(\frac{R}{2L}\right)^2 - \frac{1}{LC}} = -\alpha \pm \sqrt{\alpha^2 - \omega_0^2}$$

因此

$$\alpha = \frac{R}{2L}$$

$$\omega_0 = \frac{1}{\sqrt{LC}}$$

臨界阻尼響應的型式是

$$i(t) = e^{-\alpha t}(A_1 t + A_2)$$

且欠阻尼響應可寫成

$$i(t) = e^{-\alpha t}(B_1 \cos \omega_d t + B_2 \sin \omega_d t)$$

其中

$$\omega_d = \sqrt{\omega_0^2 - \alpha^2}$$

很明顯地，如果以參數 α、ω_0 及 ω_d 來表示，對偶情況下的響應數學型式則完全相同。無論在串聯或並聯電路中，增加 α 而保持固定的 ω_0，則響應情況會傾向於過阻尼型式。唯一必須要注意的是，在計算 α 值時，並聯電路的 α 為 $1/2RC$，而在串聯電路則是 $R/2L$；因此，增加串聯電阻或降低並聯電阻可以增加 α 值。為了方便起見，我們將一些重要的並聯與串聯 *RLC* 電路相關方程式彙整於表 9.1 中。

表 9.1　無源 *RLC* 電路相關方程式總結

類型	情況	判斷準則	α	ω_0	響應
並聯	過阻尼	$\alpha > \omega_0$	$\frac{1}{2RC}$	$\frac{1}{\sqrt{LC}}$	$A_1 e^{s_1 t} + A_2 e^{s_2 t}$，其中 $s_{1,2} = -\alpha \pm \sqrt{\alpha^2 - \omega_0^2}$
串聯			$\frac{R}{2L}$		
並聯	臨界阻尼	$\alpha = \omega_0$	$\frac{1}{2RC}$	$\frac{1}{\sqrt{LC}}$	$e^{-\alpha t}(A_1 t + A_2)$
串聯			$\frac{R}{2L}$		
並聯	欠阻尼	$\alpha < \omega_0$	$\frac{1}{2RC}$	$\frac{1}{\sqrt{LC}}$	$e^{-\alpha t}(B_1 \cos \omega_d t + B_2 \sin \omega_d t)$，其中 $\omega_d = \sqrt{\omega_0^2 - \alpha^2}$
串聯			$\frac{R}{2L}$		

例題 9.7

已知一串聯 RLC 電路，如圖 9.22 所示，其中 $L=1$ H、$R=2$ kΩ、$C=1/401$ μF、$i(0)=2$ mA 及 $v_C(0)=2$ V，當 $t>0$ 時，試求 $i(t)$ 並繪其波形。

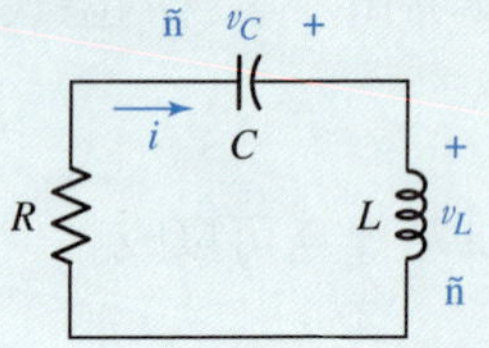

■圖 9.22　簡易的無源 RLC 電路，其在 $t=0$ 時，電感器與電容器皆有初始儲存能量。

我們可以求得 $\alpha=R/2L=1000\ \text{s}^{-1}$ 及 $\omega_0=1/\sqrt{LC}=20{,}025$ rad/s。可知此為欠阻尼響應型式；我們因此可求得 ω_d 其值為 20,000 rad/s。除了兩個任意待求的常數外，現在已知響應為：

$$i(t)=e^{-1000t}(B_1\cos 20{,}000t+B_2\sin 20{,}000t)$$

由於我們知道 $i(0)=2$ mA，故將此值代入方程式，可求得

$$B_1=0.002\ \text{A}$$

因此

$$i(t)=e^{-1000t}(0.002\cos 20{,}000t+B_2\sin 20{,}000t)\qquad \text{A}$$

另一個初始條件必須利用導數來求得，所以

$$\frac{di}{dt}=e^{-1000t}(-40\sin 20{,}000t+20{,}000B_2\cos 20{,}000t$$
$$-2\cos 20{,}000t-1000B_2\sin 20{,}000t)$$

及

$$\left.\frac{di}{dt}\right|_{t=0}=20{,}000B_2-2=\frac{v_L(0)}{L}$$
$$=\frac{v_C(0)-Ri(0)}{L}$$
$$=\frac{2-2000(0.002)}{1}=-2\ \text{A/s}$$

故得知

$$B_2=0$$

因此，所求響應為

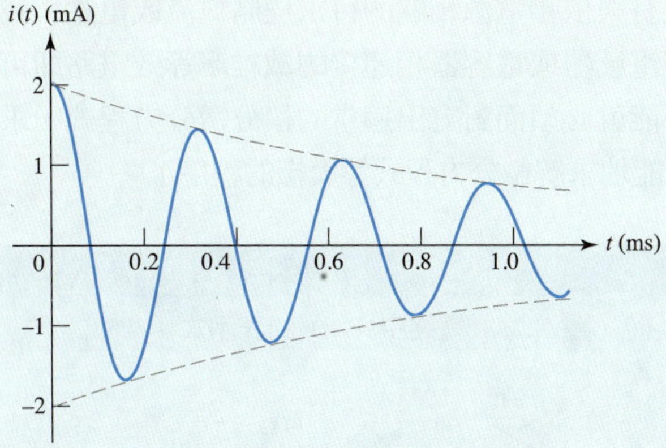

■圖 9.23 欠阻尼串聯 RLC 電路的電流響應，其中 $\alpha = 1000\ s^{-1}$、$\omega_0 = 20{,}000\ s^{-1}$、$i(0) = 2$ mA 及 $v_C(0) = 2$ V。利用圖中一對虛線包絡線可以簡化圖形的繪製。

$$i(t) = 2e^{-1000t}\cos 20{,}000t \qquad \text{mA}$$

較好的響應曲線圖的畫法是，先畫出 $2e^{-1000t}$ 和 $-2e^{-1000t}$ mA 這兩個指數部分的包絡線 (envelope)，如圖 9.23 的虛線所示。然後在時間軸上 $20{,}000t = 0$，$\pi/2$，π，等等；或在 $t = 0.07854k$ ms 等四分之一週期點位置輕輕標出弦波，這樣一來，我們便可以很快地畫出振盪曲線。

安定時間可以很容易地從上面部分的包絡線求得。亦即，令 $2e^{-1000t_s}$ mA 為最大值 2 mA 的百分之一，也就是 $e^{-1000t_s} = 0.01$，可求得 $t_s = 4.61$ ms，這是很常用的近似值。

練習題

9.7 參考圖 9.24 中的電路，試求 (a) α；(b) ω_0；(c) $i(0^+)$；(d) $di/dt|_{t=0^+}$；(e) $i(12\text{ ms})$。

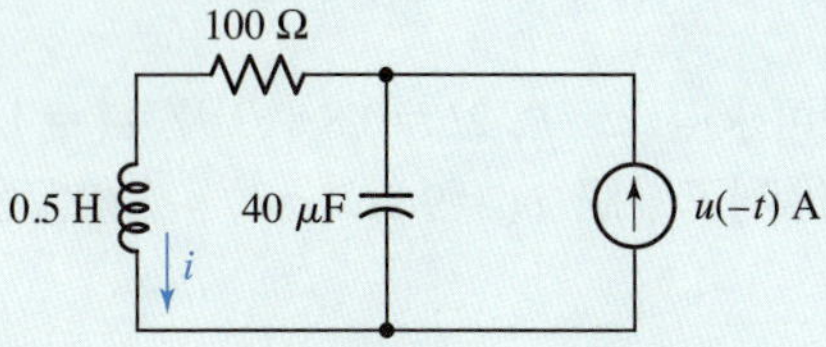

■圖 9.24

答：$100\ s^{-1}$；224 rad/s；1 A；0；−0.1204 A。

作為最後一個例題，我們再來考慮電路中包含依賴電源的情況。假如沒有與依賴電源相關的待求控制電流或電壓，我們只要簡單地找出與電感器或電容器相連接的戴維寧等效電路即可。若非如此，我們可能就必須面對寫出適當的積分微分方程式、求出導數，及接著盡可能地求解微分方程式等繁複的程序了。

例題 9.8

試求 $t>0$ 時，圖 9.25*a* 電路中 $v_C(t)$ 的表示式。

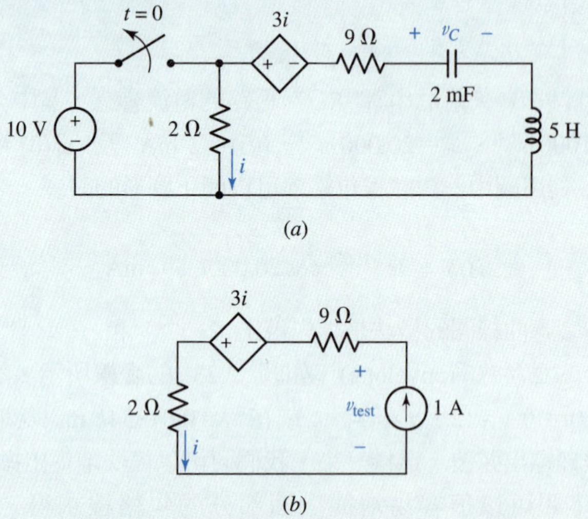

■圖 9.25 (*a*) 包含依賴電源的 *RLC* 電路。(*b*) 求解 R_{eq} 的電路。

由於我們只對求解 $v_C(t)$ 感興趣，因此以求解 $t=0^+$ 時與電感器電容器串聯的戴維寧等效電阻為解題的開端是非常恰當的。藉由連接一個如圖 9.25*b* 所示的 1 A 電源至電路中，我們可以得知

$$v_{test} = 11i - 3i = 8i = 8(1) = 8\text{ V}.$$

因此，$R_{eq}=8\ \Omega$；故我們可求得 $\alpha=R/2L=0.8\text{ s}^{-1}$ 及 $\omega_0=1/\sqrt{LC}=10$ rad / s。這意謂著，我們得到了一個 $\omega_d=9.968$ rad / s 的欠阻尼響應，而其可表示為：

$$v_C(t) = e^{-0.8t}(B_1 \cos 9.968t + B_2 \sin 9.968t) \qquad [32]$$

考慮 $t=0^-$ 時的電路，由於電容的存在，我們得知 $i_L(0^-)=0$。藉由歐姆定律得知 $i(0^-)=5$ A，所以

$$v_C(0^+) = v_C(0^-) = 10 - 3i = 10 - 15 = -5 \text{ V}$$

將此條件代入方程式 [32] 後，得到 $B_1 = -5$ V。求方程式 [32] 的導數並令 $t=0$，則

$$\left.\frac{dv_C}{dt}\right|_{t=0} = -0.8B_1 + 9.968B_2 = 4 + 9.968B_2 \qquad [33]$$

從圖 9.25*a* 可知

$$i = -C\frac{dv_C}{dt}$$

因此，利用 $i(0^+)=i_L(0^-)=0$ 並代入方程式 [33]，可得 $B_2 = -0.4013$ V。所以響應的表示式變為

$$v_C(t) = -e^{-0.8t}(5\cos 9.968t + 0.4013\sin 9.968t) \text{ V}, \quad t > 0$$

圖 9.26 所示，是由 PSpice 所模擬出來的波形，與我們分析的結果相符合。

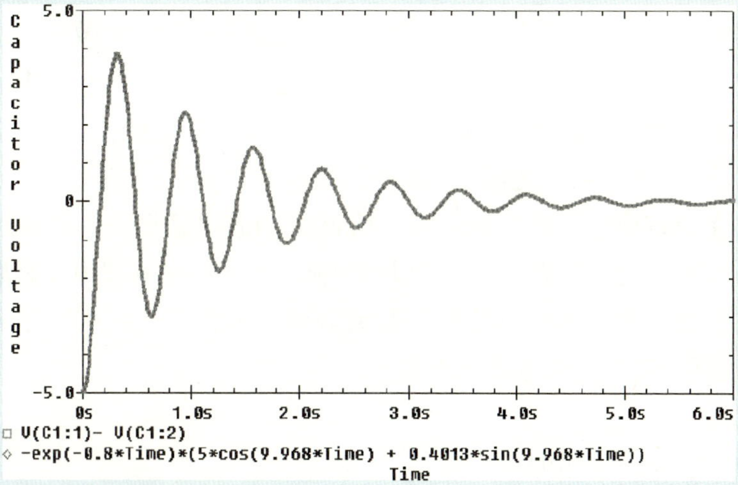

■**圖 9.26** 圖 9.25*a* 的電路於 PSpice 下所模擬出來的波形。解析出來的結果是以紅色虛線表示。

練習題

9.8 試求 $t>0$、$v_C(0^-)=10$ V 及 $i_L(0^-)=0$ 的條件下，圖 9.27 電路中 $i_L(t)$ 的表示式。值得注意的是，雖然在此例中使用戴維寧等效技巧並沒有幫助，不過因為依賴電源與 v_C 和 i_L 連接，因此一階線性微分方程式便能派上用場。

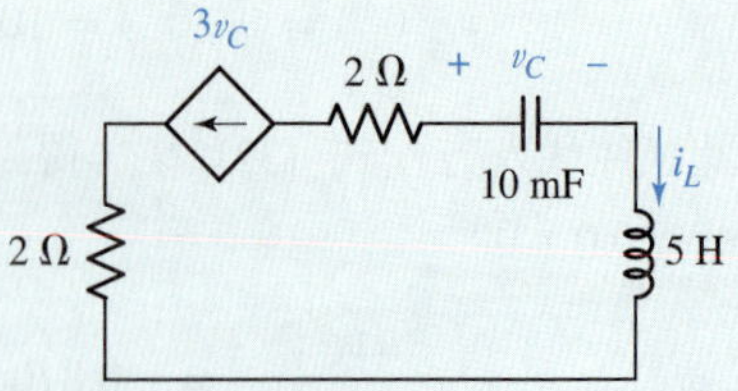

■圖 9.27 練習題 9.8 的電路。

答：$i_L(t) = -30e^{-300t}$ A，$t > 0$。

9.6 *RLC* 電路的完全響應

現在我們必須考慮那些直流電源切換至網路，且產生強迫響應 (forced response) 的 *RLC* 電路，因為當時間變成無窮大時，該響應也不會消失。通解是可以沿用求解 *RL* 及 *RC* 電路的相同步驟求得：強迫響應可以完全地決定；自然響應可以用包含適當數目的任意常數之適當函數型式來決定；完全響應則可以寫成自然響應與強迫響應之和；最後再利用初始條件來求取完全響應的常數值。最後一個步驟經常是學生感到最麻煩的。因此，雖然初始條件的決定，基本上包含直流電源的電路與已經詳細討論的無源電路並無不同，但在下面的例子中，這個主題應特別重視。

在決定與應用初始條件時，大部分的錯誤是起因於簡單的原因，即未擬定一套嚴密的規則以供遵循。在分析得過程中，經常會發生一種情況，即對該特殊問題或多或少都會有一些獨特想法產生。這通常都是分析困難的來源。

容易求解的部分

二階系統的完全響應 (隨意假定是電壓響應) 包含兩種響應，即強迫響應

$$v_f(t) = V_f$$

上式對直流激發情況來說為一常數；與自然響應

$$v_n(t) = Ae^{s_1 t} + Be^{s_2 t}$$

因此，

$$v(t) = V_f + Ae^{s_1 t} + Be^{s_2 t}$$

現在我們假定 s_1、s_2 與 V_f 已經由電路以及已知的強迫函數所決定，而 A 與 B 仍然待求。從最後一個方程式中，我們可以得知 A、B、v 和 t 會互相影響，若在此時將 $t=0^+$ 時 v 的已知值代入式子中，我們可以獲得有關 A 和 B 的單一方程式，即 $v(0^+)=V_f+A+B$。這便是容易求解的部分。

其它部分

獲得另一個 A 與 B 之間的關係是必要的，然而這通常是從響應的導數關係來求得，即

$$\frac{dv}{dt} = 0 + s_1 Ae^{s_1 t} + s_2 Be^{s_2 t}$$

並將 dv/dt 在 $t=0^+$ 時的已知值代入。因此，我們便擁有兩個與 A、B 相關的方程式，即能用來求解。

剩下的問題就是決定 v 及 dv/dt 在 $t=0^+$ 時的值。假設 v 是電容器電壓 v_C，由於 $i_C=C\,dv_C/dt$，所以我們便能知道 dv/dt 的初始值與該電容器電流初始值的關係。如果能為此初始電容器電流確立一個值，則自然而然地我們便能確立出 dv/dt 的值。學生通常都能很容易地求得 $v(0^+)$，但在求 dv/dt 的初值時，就顯得有點為難。如果我們選擇某一電感器電流 i_L 為響應函數，那麼 di_L/dt 的初值便與該電感器電壓之初值有關。那些非電容器電壓及電感器電流的變數，可利用其相對於 v_C 及 i_L 值的初值與其導數的初值來表示而求得。

以下，我們藉由分析圖 9.28 所示的電路，說明分析步驟以求得該電路的初值。為了簡化分析，我們將再次使用不實際的大電容值。

例題 9.9

在圖 9.28a 所示的電路中，計有三個被動元件，每一元件皆定義了其電壓和電流。試求此六個變數在 $t=0^-$ 與 $t=0^+$ 之值。

我們的目的是求出每一電流、電壓在 $t=0^-$ 與 $t=0^+$ 時之值。一旦知道這些量之後，其導數的初值便可以很容易地求出。在此，我們首

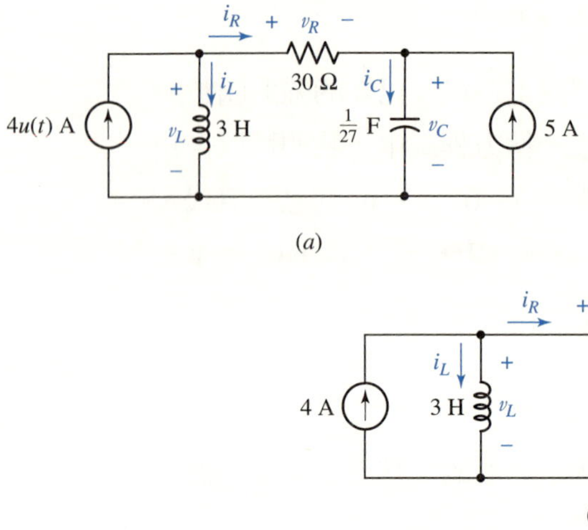

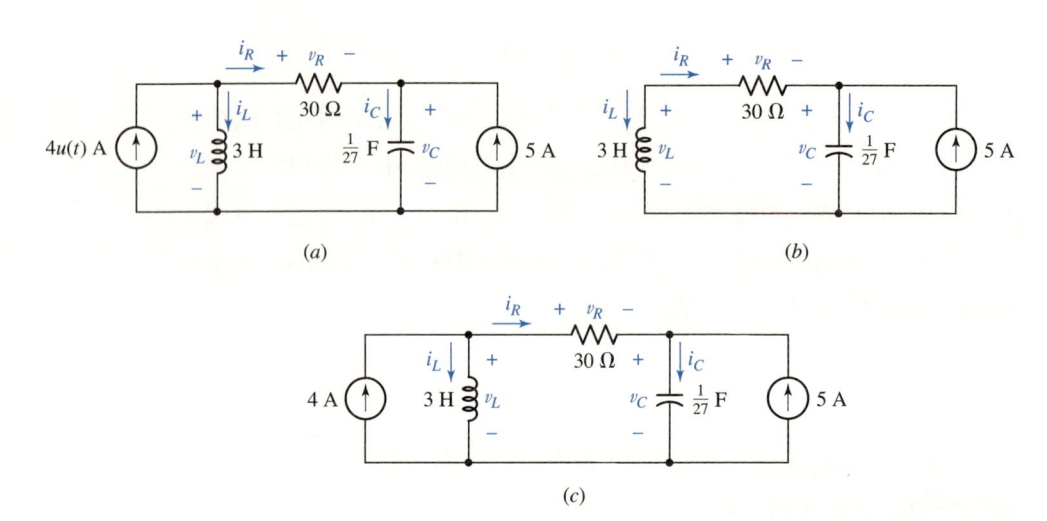

■圖 9.28 (*a*) 用來說明求初始條件步驟的 *RLC* 電路，其中 $v_C(t)$ 為待求的響應；(*b*) $t=0^-$；(*c*) $t>0$。

先利用逐步的邏輯推論方式來求解。

1. $t=0^-$：在 $t=0^-$ 時，僅右邊的電流源有作用，如圖 9.28*b* 所示。假定電路一直處於該狀態，則所有的電流與電壓都是固定的。因此，當流經電感器的電流為定值時，其兩端的電壓必須為零，亦即

$$v_L(0^-) = 0$$

而由於跨於電容器兩端的電壓 $(-v_R)$ 亦為定值，因此流經電容器的電流必定為零，即

$$i_C(0^-) = 0$$

之後，我們利用 KCL 於右邊節點，得知

$$i_R(0^-) = -5 \text{ A}$$

因此可得到

$$v_R(0^-) = -150 \text{ V}$$

我們現在利用 KVL 於左邊網目電路可得

$$v_C(0^-) = 150 \text{ V}$$

而利用 KCL 可得電感器電流為

$$i_L(0^-) = 5 \text{ A}$$

2. $t=0^+$：在 $t=0^-$ 到 $t=0^+$ 期間，左手邊的電流源開始有了作用，而在 $t=0^-$ 時的大部分電壓和電流會突然改變。相對應的電路顯示於圖

9.28*c* 中。然而，我們應該從那些不能改變的電感器電流與電容器電壓開始著手，這兩個量在切換期間都保持固定不變。因此，

$$i_L(0^+) = 5\text{ A} \quad \text{和} \quad v_C(0^+) = 150\text{ V}$$

由於已知左側節點的兩個電流，之後便能求得

$$i_R(0^+) = -1\text{ A} \quad \text{和} \quad v_R(0^+) = -30\text{ V}$$

於是

$$i_C(0^+) = 4\text{ A} \quad \text{和} \quad v_L(0^+) = 120\text{ V}$$

故我們便能得到 $t=0^-$ 時的六個初始值，以及六個另外在 $t=0^+$ 時的初始值。在後六個初值當中，只有電容器電壓和電感器電流在 $t=0^-$ 至 $t=0^+$ 的切換期間維持定值。

我們可以應用稍微不同的方法來計算 $t=0^-$ 與 $t=0^+$ 的電流和電壓。在切換動作開始之前，電路中只有直流電流和電壓，因此電感器與電容器可以用其短路與開路的直流等效電路取代，圖 9.28*a* 中的電路可以重新繪製成圖 9.29*a*。圖中僅有右邊的電流源有作用，其 5 A 的電流流經電阻器與電感器。因此我們可以得到 $i_R(0^-) = -5$ A、$v_R(0^-) = -150$ V、$i_L(0^-) = 5$ A、$v_L(0^-) = 0$、$i_C(0^-) = 0$ 及 $v_C(0^-) = 150$ V，與先前的結果一樣。

現在，我們回到畫等效電路來輔助我們求得 $t=0^+$ 時的電壓電流值問題。每一個電容器電壓與電感器電流在切換期間都是保持定值。此種情況可以藉由用電流源取代電感器，另以電壓源取代電容器來證實。每一個電源在不連續的期間，可使響應維持於某一固定值，如圖 9.29*b* 所示。值得注意的是，在圖 9.29*b* 所示的電路只在 0^- 至 0^+ 期間才有效。

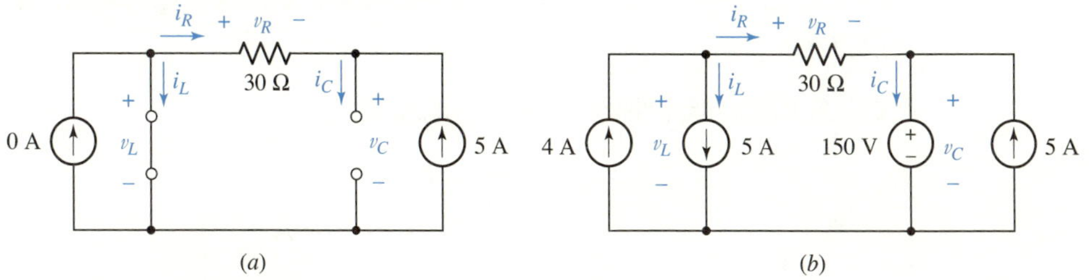

■圖 9.29 (*a*) 等效於圖 9.28*a* 在 $t=0^-$ 時的簡單電路；(*b*) 於 $t=0^+$ 時標示電壓與電流的等效電路。

分析此直流電路，可得到 $t=0^+$ 時的各個電壓與電流。求解並不困難，不過網路中含有好幾個電源的確會造成一些困擾。然而，這類的問題已在第 3 章演練過，並無新奇之處。首先求各個電流的值，從左上的節點可知 $i_R(0^+)=4-5=-1$ A。其次，目光移至右上節點，我們可求得 $i_C(0^+)=-1+5=4$ A。最後，理所當然可得 $i_L(0^+)=5$ A。

再來我們考慮電壓，利用歐姆定律，可知 $v_R(0^+)=30(-1)=-30$ V。對電感器而言，我們可以用 KVL 求得 $v_L(0^+)=-30+150=120$ V。最後，得知 $v_C(0^+)=150$ V；如此，我們便能求得 $t=0^+$ 時所有的電流與電壓。

練習題

9.9 假定圖 9.30 中的 $i_s=10u(-t)-20u(t)$ A，試求 (a) $i_L(0^-)$；(b) $v_C(0^+)$；(c) $v_R(0^+)$；(d) $i_{L,(\infty)}$；(e) $i_L(0.1\text{ ms})$。

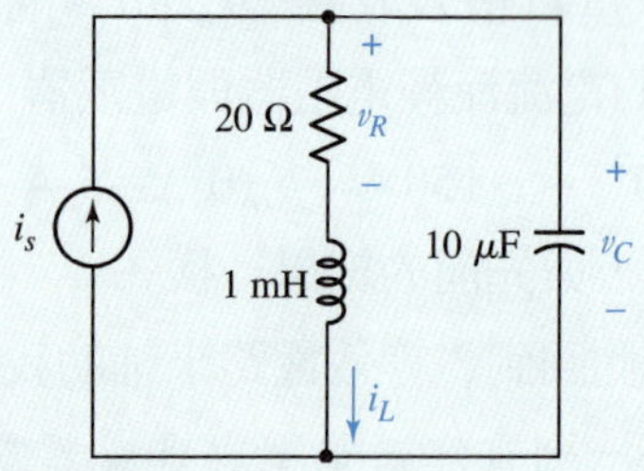

■圖 9.30

答：10 A；200 V；200 V；−20 A；2.07 A。

例題 9.10

在從圖 **9.28** 重繪成圖 **9.31** 的電路中，試求圖中所列三個電壓和三個電流變數在 $t=0^+$ 時，對時間一次導數之值，以完成此電路各個初值的設定。

我們先從兩個儲能元件開始分析。對電感器而言，

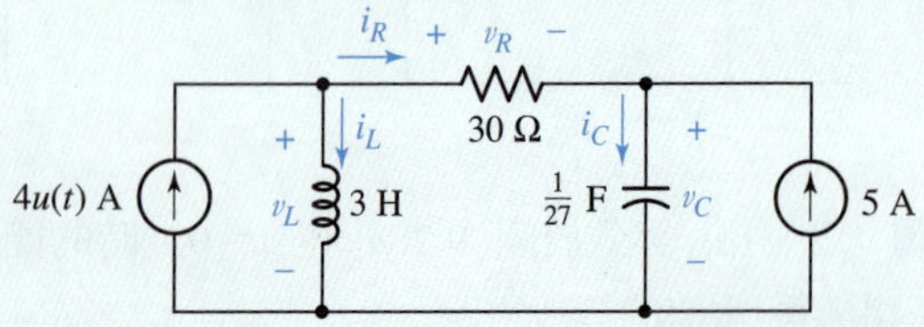

■圖 9.31 重繪圖 9.28 中之電路。

$$v_L = L\frac{di_L}{dt}$$

特別地，

$$v_L(0^+) = L\frac{di_L}{dt}\bigg|_{t=0^+}$$

因此，

$$\frac{di_L}{dt}\bigg|_{t=0^+} = \frac{v_L(0^+)}{L} = \frac{120}{3} = 40 \text{ A/s}$$

相同地，

$$\frac{dv_C}{dt}\bigg|_{t=0^+} = \frac{i_C(0^+)}{C} = \frac{4}{1/27} = 108 \text{ V/s}$$

其它四個導數在 $t=0^+$ 時的值亦可求得，因為我們知道 KCL 與 KVL 亦滿足微分方程式。舉例來說，在圖 9.31 中的左上節點，得知

$$4 - i_L - i_R = 0, \qquad t > 0$$

因此，

$$0 - \frac{di_L}{dt} - \frac{di_R}{dt} = 0, \qquad t > 0$$

所以，

$$\frac{di_R}{dt}\bigg|_{t=0^+} = -40 \text{ A/s}$$

其餘三個導數在 $t=0^+$ 時的初值可分別求得為

$$\frac{dv_R}{dt}\bigg|_{t=0^+} = -1200 \text{ V/s}$$

$$\frac{dv_L}{dt}\bigg|_{t=0^+} = -1092 \text{ V/s}$$

及

$$\frac{di_C}{dt}\bigg|_{t=0^+} = -40 \text{ A/s}$$

在結束決定必要初始條件的這類問題前，必須指出的是，至少有一種決定初值的其它方式被忽略。我們可以寫出原電路的一般節

點或迴路方程式，然後代入電感器電壓與電容器電流在 $t=0^-$ 時的已知零值，將可以得到一些其它響應在 $t=0^-$ 的值，而且其餘的值便可以很容易地求出。在 $t=0^+$ 時亦可以使用類似的分析方式。這是一種很重要的方法，尤其是在無法使用簡單逐步程序分析的複雜電路中，它已經成為一種必要的方式。

現在讓我們簡單地介紹求取圖 9.31 原電路響應 $v_C(t)$ 的方法。當兩個電源不作用時，電路成為串聯 *RLC* 電路，且 s_1 與 s_2 可以很容易地求得，分別為 -1 和 -9。而強迫響應可以由觀察法求得；或者，如果需要的話，可以畫出類似圖 9.29*a* 並加上 4 A 電流源的直流等效電路來求得。強迫響應為 150 V。因此，

$$v_C(t) = 150 + Ae^{-t} + Be^{-9t}$$

故

$$v_C(0^+) = 150 = 150 + A + B$$

或

$$A + B = 0$$

然後

$$\frac{dv_C}{dt} = -Ae^{-t} - 9Be^{-9t}$$

及

$$\left.\frac{dv_C}{dt}\right|_{t=0^+} = 108 = -A - 9B$$

最後，

$$A = 13.5 \qquad B = -13.5$$

及

$$v_C(t) = 150 + 13.5(e^{-t} - e^{-9t}) \text{ V}$$

求解程序摘要

簡要地說，當欲決定一個簡單三元件 *RLC* 電路的暫態行為時，首先必須判斷所面對的是串聯或並聯的電路，如此我們才能使用正確的 α 關係式。這兩個式子分別為：

$$\alpha = \frac{1}{2RC} \qquad (\text{並聯 } RLC)$$

$$\alpha = \frac{R}{2L} \qquad (\text{串聯 } RLC)$$

第二個需要判斷的是比較 α 和 ω_0，無論是串聯或並聯 RLC 電路，後者都可以由下式求得

$$\omega_0 = \frac{1}{\sqrt{LC}}$$

假如 $\alpha > \omega_0$，則電路是過阻尼，且自然響應的型式為：

$$f_n(t) = A_1 e^{s_1 t} + A_2 e^{s_2 t}$$

其中

$$s_{1,2} = -\alpha \pm \sqrt{\alpha^2 - \omega_0^2}$$

假如 $\alpha = \omega_0$，則電路是臨界阻尼，且其自然響應的型式為：

$$f_n(t) = e^{-\alpha t}(A_1 t + A_2)$$

最後，假如 $\alpha < \omega_0$，則我們所面臨的是欠阻尼響應，其自然響應的型式為：

$$f_n(t) = e^{-\alpha t}(A_1 \cos \omega_d t + A_2 \sin \omega_d t)$$

其中

$$\omega_d = \sqrt{\omega_0^2 - \alpha^2}$$

最後的判斷則視獨立電源而定，如果在切換或不連續過程結束後，電路中無電源作用的話，則電路便為無源電路，其自然響應便是完全響應。如果獨立電源仍然持續存在，則該電路便會被驅動，故必須決定其強迫響應，因此完全響應為下式之和

$$f(t) = f_f(t) + f_n(t)$$

這適用於電路中任何電流或電壓。我們最後的步驟就是針對給定的初始條件，求出其相對應的未知常數。

實 際 應 用

自動懸吊系統模型

在本段介紹中，我們所提及的內容，實際上是本章探討觀念的延伸，但其已超出電路的分析。事實上，我們常常可以在許多領域中遇到微分方程式的一般型式，我們需要做的只是學習如何“轉換”新的參數術語。舉例來說，我們考慮一個簡單的自動懸吊系統，如圖 9.32 所示。活塞並非碰擊汽缸，而是碰擊彈簧與車輪。至於可移動的部分是彈簧、活塞與車輪。

■圖 9.32 典型的自動懸吊系統。

我們要建立此實際系統的模型，首先需要決定其運轉力，我們定義位置函數來描述活塞在汽缸內的位置，之後便能寫出彈簧的受力 F_S 為

$$F_S = Kp(t)$$

其中 K 是已知的彈簧係數且其單位為 1 磅/呎。車輪上的力 F_W 等於車輪質量乘以其加速度，為

$$F_W = m\frac{d^2p(t)}{dt^2}$$

其中 m 是待測的，且其單位為 1 磅・秒^2/呎。最後，作用在活塞上的摩擦力 F_f 為

$$F_f = \mu_f \frac{dp(t)}{dt}$$

其中 μ_f 為摩擦係數，其單位為 1 磅・秒/呎。

從基本的物理課程，我們可以知道，所有作用在系統上力的總和必須為零，因此

$$m\frac{d^2p(t)}{dt^2} + \mu_f\frac{dp(t)}{dt} + Kp(t) = 0 \qquad [34]$$

這種方程式非常像是純理論性的推導，時常給予我們潛在性的恐怖經驗，不過情況已經改觀。我們可以比較方程式 [32] 與方程式 [30]、[31]，可以立刻看出明顯的相似性，至少是一般的型式。我們選擇方程式 [30] 的微分方程式來描述串聯 RLC 電路的電感器電流，觀察下面的對應關係：

質量	m	→	電感	L
摩擦係數	μ_f	→	電阻	R
彈簧係數	K	→	電容的倒數	C^{-1}
活塞變數	$p(t)$	→	電流變數	$i(t)$

所以，如果我們將相關參數：安培用呎取代、亨利用磅・秒^2/呎取代、法拉用呎/磅取代，與歐姆用磅・秒/呎取代，則可以應用新發現建立 *RLC* 模型的方法，來處理自動衝擊吸收器 (避震器) 的問題。

典型的汽車車輪是 70 磅。質量是重量除以地球的重力加速度 (32.17呎/秒^2)，得到 $m=2.176$ 磅・秒^2/呎。車子的束縛重量是 1985 磅，而彈簧的靜態位移是 4 吋 (沒有乘客)。彈簧係數是藉由每個避震器上的重量除以靜態位移求得，所以得知 $K=(\frac{1}{4})(1985)(3\ \text{ft}^{-1})=1489$ 磅/呎。若已知活塞/汽缸間的摩擦係數近似於 65 磅・秒/呎，則我們可以藉由建構 *RLC* 的串聯電路，其中 $R=65\ \Omega$、$L=2.176$ H 與 $C=K^{-1}=671.6\ \mu$F，來模擬避震器的行為。

我們的避震器共振頻率為 $\omega_0=(LC)^{-1/2}=26.16$ 徑/秒、阻尼係數 $\alpha=R/2L=14.94$/秒。由於 $\alpha<\omega_0$，可知此避震器為一欠阻尼系統，此即我們預期越過道路上的坑洞時會出現的震盪行為。當高速駕駛在彎道時，通常可預期到會有強烈的撞擊 (較大的摩擦係數，或是電路中有較大的電阻)，因此我們希望響應能是過阻尼的。然而，大部分開車經過沒有鋪柏油的道路時，稍微欠阻尼的響應是比較好的。

練習題

9.10　在圖 9.33 的電路中，令 $v_s=10+20u(t)$ V，試求 (a) $i_L(0)$；(b) $v_C(0)$；(c) $i_{L,f}$；(d) $i_L(0.1\text{ s})$。

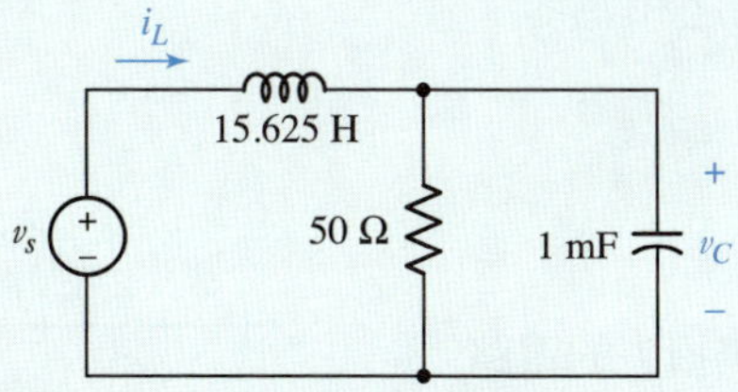

■圖 9.33

答：0.2 A；10 V；0.6 A；0.319 A。

9.7 無損失的 *LC* 電路

如果並聯 *RLC* 電路中的電阻值變成無限大，或是串聯 *RLC* 電路中的電阻值變成零，則我們便能得到一個簡單的 *LC* 迴路，而在該迴路中震盪響應可以永遠維持。讓我們先來看看這類簡單電路的例子，然後討論另一種不需要提供電感就可以得到相同響應的方法。

考慮圖 9.34 中的無源電路，在該電路中我們使用較大的數值 $L=4$ H 及 $C=\frac{1}{36}$ F 以方便計算。令 $i(0)=-\frac{1}{6}$ A 與 $\upsilon(0)=0$，則我們可知 $\alpha=0$ 且 $\omega_0^2=9\ \text{s}^{-2}$，所以 $\omega_d=3$ rad/s。在缺少指數的阻尼情況下，電壓 υ 可以簡化為

$$\upsilon = A\cos 3t + B\sin 3t$$

由於 $\upsilon(0)=0$，所以我們得知 $A=0$。另外，

$$\left.\frac{d\upsilon}{dt}\right|_{t=0} = 3B = -\frac{i(0)}{1/36}$$

但因為 $i(0)=-\frac{1}{6}$ A，因此在 $t=0$ 時，$d\upsilon/dt=6$ V/s，故 $B=2$ V。所以響應為

$$\upsilon = 2\sin 3t\ \text{V}$$

這是一個無阻尼的弦波響應；換句話說，該電壓響應並不會衰減。

現在讓我們來看看如何不使用 *LC* 電路來求得此電壓。我們的目的是寫出滿足 υ 的微分方程式，然後建構出一個能產生該方程式解的運算放大器架構。雖然我們是在探討一個特定的例子，但是這是一種通用的技巧，可以適用於求解任何的線性齊次微分方程式。

針對圖 9.34 中的 *LC* 電路，我們選擇 υ 為變數，並令向下流動的電感器與電容器電流之和為零：

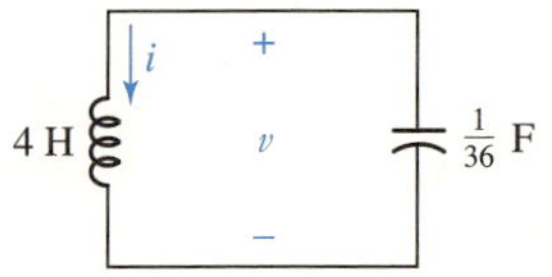

■圖 9.34 這是一個無損失的電路，其響應為一無阻尼響應。若 $\upsilon_C(0)=0$ 且 $i(0)=-1/6$ A，則 $\upsilon=2\sin 3t$ V。

$$\frac{1}{4}\int_{t_0}^{t} v\,dt' - \frac{1}{6} + \frac{1}{36}\frac{dv}{dt} = 0$$

微分一次，可得

$$\frac{1}{4}v + \frac{1}{36}\frac{d^2v}{dt^2} = 0$$

或

$$\frac{d^2v}{dt^2} = -9v$$

為了求解該方程式，我們利用運算放大器來做積分器。假定出現於微分方程式中的最高階導數 (在此例為 d^2v/dt^2) 可以從運算放大器中的某一點 **A** 取得。現在我們利用 7.5 節所討論的積分器，令其 $RC=1$，輸入為 d^2v/dt^2，那麼其輸出必定為 $-dv/dt$，其中負號的使用是因為我們利用反相放大器來做積分器。因為 dv/dt 的初值為 6 V/s，這在最初分析電路時已經顯示過了，因此必須將積分器上的初值設為 −6 V。一階導數的負值現在變成第二個積分器的輸入，其輸出為 $v(t)$，且初值為 $v(0)=0$。現在只剩將 v 乘以 −9 以獲得假設位於 **A** 點的二階導數。此處乘以 9 倍並改變符號的運算，可以很容易地將運算放大器接成反相放大器來完成。

圖 9.35 為一個反相放大器電路，對於理想的運算放大器來說，其輸入電流與電壓皆為零。因此，經 R_1 流向右側的電流為 v_s/R_1，而經 R_f 流向左側的電流 v_0/R_f。由於兩電流和為零，故得

$$\frac{v_o}{v_s} = -\frac{R_f}{R_1}$$

因此，舉例來說，若令 $R_f=90\ \text{k}\Omega$ 及 $R_1=10\ \text{k}\Omega$，我們便能獲得 −9 的增益。

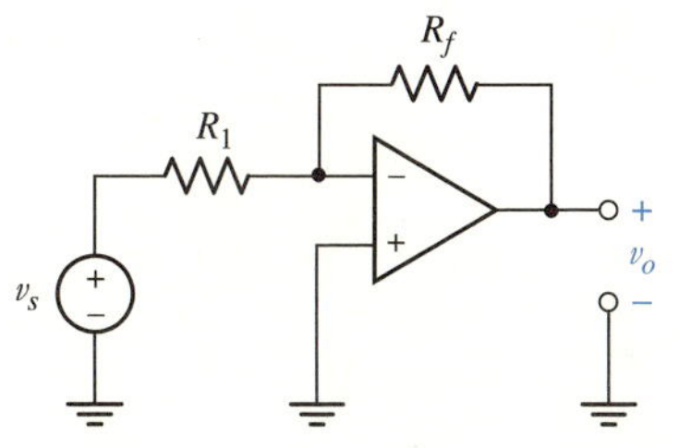

■圖 9.35 對於理想的運算放大器而言，反相運算放大器可以提供 $v_0/v_s=-R_f/R_1$ 的增益。

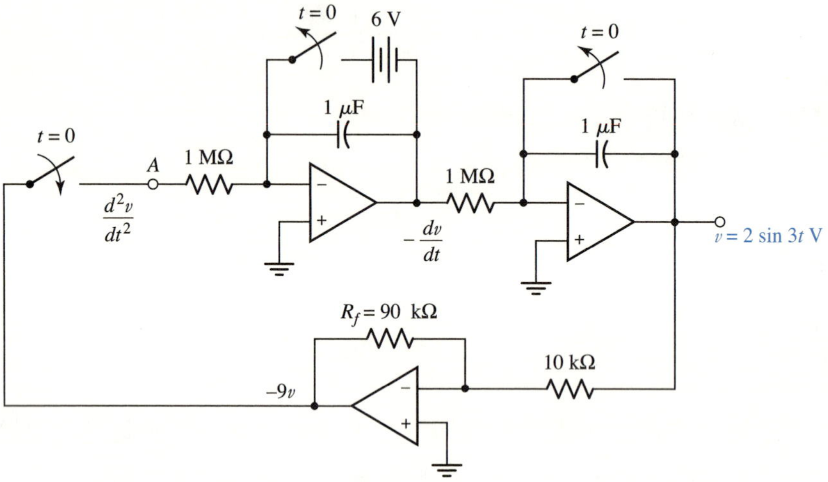

■圖 9.36　兩個積分器與一個反相放大器接在一起，以提供微分方程式 $d^2v/dt^2 = -9$ V 的解。

若令每一積分器中 R 為 1 MΩ 而 C 為 1 μF，則每一種情況的 v_0 均為

$$v_o = -\int_0^t v_s\, dt' + v_o(0)$$

反相放大器的輸出變成在 **A** 點的輸入，我們便能獲得如圖 9.36 中所示的運算放大器架構。若左側的開關在 $t=0$ 時關上，而在同一時刻兩個初始條件的開關打開，則第二個積分器的輸出將會是無阻尼弦波 $v=2\sin 3t$ V。

注意圖 9.34 的 LC 電路和圖 9.36 的運算放大器電路，兩者有相同的輸出。但運算放大器電路中並未包含任何電感器，它只是像含有電感器般一樣地動作，並在其輸出端與大地之間提供適當的弦波電壓。在電路設計時，這是相當實際或經濟的考量方式，由於電感器一般都相當笨重，而且也比電容器貴。除此之外，相較於電容器，電感器的損耗也較高 (因此並不如理想模型中有那麼好的特性)。

練習題

9.11 若圖 9.36 中的 $v(t)$ 等於圖 9.37 中的 $v(t)$，試求圖 9.36 中的 R_f 及兩個初值電壓各為多少？

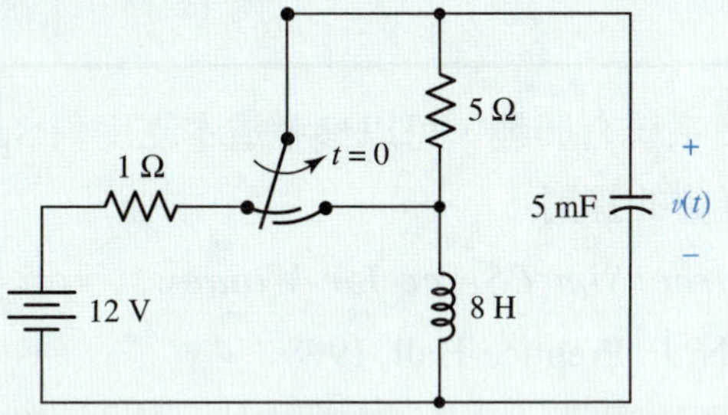

■圖 9.37

答：250 kΩ；400 V；10 V。

摘要與複習

- ❒ 包含兩個儲能元件，而不能用串聯/並聯組合技巧來組合的電路，可以用二階微分方程式來描述。
- ❒ 串聯與並聯 *RLC* 電路屬於哪一類型的響應，並須根據 *R*、*L* 與 *C* 間的關係值來決定：

過阻尼	$(\alpha > \omega_0)$
臨界阻尼	$(\alpha = \omega_0)$
欠阻尼	$(\alpha < \omega_0)$

- ❒ 對於串聯 *RLC* 電路，$\alpha = R/2L$ 及 $\omega_0 = 1/\sqrt{LC}$。
- ❒ 對於並聯 *RLC* 電路，$\alpha = 1/2RC$ 及 $\omega_0 = 1/\sqrt{LC}$。
- ❒ 過阻尼響應的通式是兩個指數項的和，其中一個衰減的比另一個快：舉例來說，$A_1e^{-t} + A_2e^{-6t}$。
- ❒ 臨界阻尼響應的通式是 $e^{-\alpha t}(A_1t + A_2)$。
- ❒ 欠阻尼響應的通式是指數型的阻尼弦波：
  $e^{-\alpha t}(B_1 \cos \omega_d t + B_2 \sin \omega_d t)$。
- ❒ 在 *RLC* 電路的暫態響應中，能量是在儲能元件間轉換並擴展到電路中的電阻性元件，且這種電阻性行為會消耗初期儲存的能量。

- 完全響應是強迫響應與自然響應的和。在求解這類問題的方程式常數之前，必須先決定好總響應的型式。

進階研讀

- 讀者若對自動懸吊系統有興趣，可以參考這本應用 PSpice 建模的書，書中將有詳盡的探討。

  R. W. Goody, *MircorSim PSpice for Windows*, vol. I, 2nd ed. Englewood Cliffs, N. J.: Prentice-Hall, 1998.
- 與第 3 章相關的類比網路可以在這本書中找到更詳盡的說明。

  E. Weber, *Linear Transient Analysis Volume I*. New York: Wiley, 1954. (已絕版，不過可以在許多大學圖書館館藏中找到。)

習　題

※偶數題置書後光碟

9.1　無源的並聯電路

1. 某一電路包含四個並聯元件：一個 4 Ω 的電阻器、一個 10 Ω 的電阻器、一個 1 μF 的電容器與一個 2 mH 的電感器。試求：(a) α 值；(b) ω_0 值；(c) 該電路屬於欠阻尼、臨界阻尼或過阻尼？
3. 一個無源 RLC 電路，其中 $R=1\ \Omega$、$C=1$ nF 與 $L=1$ pH。(a) 試求 α 與 ω_0 之值；(b) 試求 s_1 與 s_2；(c) 當 $t>0$ 時，電感器電流響應為何？
5. 一個並聯 RLC 電路，其電感器 $\omega_0 L$ 為 10 Ω。若 $s_1=-6\ \text{s}^{-1}$ 與 $s_2=-8\ \text{s}^{-1}$，試求 R、L 與 C 之值。
7. 一並聯 RLC 電路，已知其自然響應頻率 $\omega_0=70.71\times10^{12}$ rad/s，且電感 $L=2$ pH。(a) 試求 C 值；(b) 試求使得指數的阻尼係數為 5 Gs^{-1} 的電阻 R 值；(c) 試求電路的奈普 (neper) 頻率；(d) 計算 s_1 和 s_2；(e) 計算電路的阻尼比。
9. 5-m 長的 18 AWG 銅導線用以取代練習題 9.1 的電阻器。(a) 計算新電路的共振頻率；(b) 計算電路新的奈普頻率；(c) 計算阻尼比的變化百分率。

9.2 過阻尼的並聯 *RLC* 電路

11. 在圖 9.39 的電路中，若 $L=1$ mH 與 $C=100\ \mu$F。(a) 選擇 $R=0.1\,R_C$，其中 R_C 是達到臨界阻尼所需的值；(b) 假如 $i(0^-)=4$ A 且 $v(0^-)=10$ A，試求 $t>0$ 時的 $i(t)$。

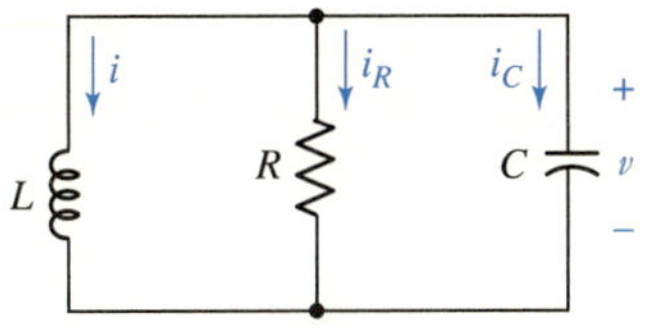

■圖 9.39

13. 參考圖 9.39 中的電路，設 $i(0)=40$ A 及 $v(0)=40$ V。若 $L=12.5$ mH、$R=0.1\ \Omega$ 及 $C=0.2$ F：(a) 試求 $v(t)$，然後 (b) 繪出 $0<t<0.3$ s 間的 i 波形。

15. 針對圖 9.39 中的電路，令 $R=1\ \Omega$、$C=4$ F 及 $L=20$ H，且初始條件為 $i(0)=8$ A 及 $v(0)=0$。(a) 試求 $t>0$ 時，$v(t)$ 的表示式；(b) 試求峰值及其發生的時間；(c) 用 PSpice 來驗證所分析出來的結果，並適當標示出所畫出的圖形。

17. 在圖 9.41 所示的電路中，試求 $t\geq 0$ 時的 $i_L(t)$。

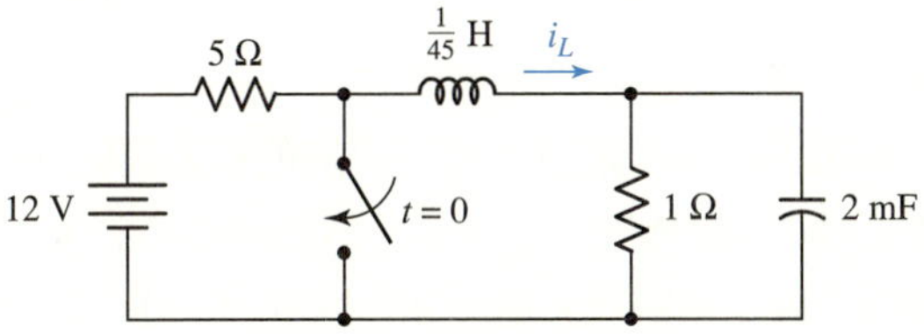

■圖 9.41

19. 若在圖 9.42 的電路中，電感值為 1250 mH，已知電容器最初儲有 390 J 的能量，且電感器最初的儲能為零，試求 $v(t)$。

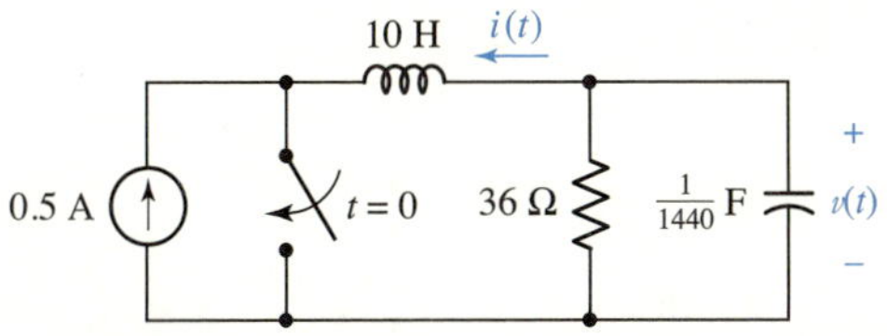

■圖 9.42

21. 圖 9.44 電路中的開關已經打開一段很長的時間。試求 (a) $v_C(0^+)$；(b) $i_C(0^+)$；(c) $v_C(t)$；(d) 繪出 $v_C(t)$ 的波形；(e) 試求 $v_C(t)=0$ 的時間；(f) 試求安定時間。

23. 兩個一角硬幣以一層厚度 1-mm 且溫度為 80 K 的冰隔開。有一超導體金乙鋇銅氧化物導體線圈 (有零電阻)，其電感值為 4 μH，因不小心從實驗室工作台上落下，恰巧兩端各接上一枚硬幣。冰中的雜質離

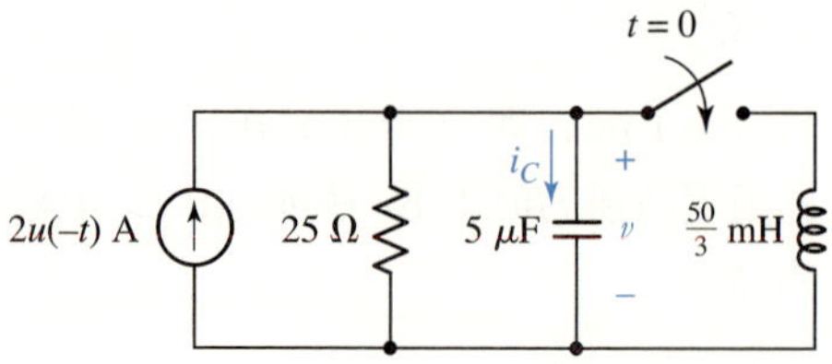

■圖 9.44

子使其導通。試問此特殊的結構需要多少電阻才能使其動作行為如同過阻尼的並聯 *RLC* 電路？

9.3 臨界阻尼

25. 一並聯 *RLC* 電路包含 10 mH 的電感與 1 mF 的電容。(a) 選定一電阻 *R* 使該電路響應為臨界阻尼；(b) 若 $v_C(0^-)=0$ V 且 $i_L(0^-)=10$ A，試求 $t>0$ 時的 $i_L(t)$ 表示式；(c) 繪出波形，使用 PSpice 模擬該電路，並適當標示出所畫出的圖形，兩者的結果相同嗎？
27. 改變圖 9.41 電路中的電感值，使該電路達到臨界阻尼；(a) 新的電感值為何？(b) 試求 $t=5$ ms 時的 i_L 值；(c) 試求安定時間。
29. 在習題 23 的情況下，冰的電阻值應該為多少才能讓該 *RLC* 電路的響應變為臨界阻尼？
31. 一並聯 *RLC* 電路，其 $\alpha=1\ \text{ms}^{-1}$、$R=1$ MΩ 且已知響應為臨界阻尼。假設電感值的計算可以使用下列表示式 $L=\mu N^2 A/s$，其中 $\mu=4\pi\times10^{-7}$ H/m、*N* 為線圈的繞線數目、*A* 為線圈的截面積與 *s* 為整個線圈的軸長。若電感器的截面積為 1 cm²，每公分導線有 50 圈，而且線圈又是新發現的金屬元素鉍所製造，其在溫度 100°F 時為超導體。試問該線圈長度為多少？

9.4 欠阻尼並聯 *RLC* 電路

33. 試求圖 9.47 所示的電路中，$t>0$ 時的 $i_C(t)$。

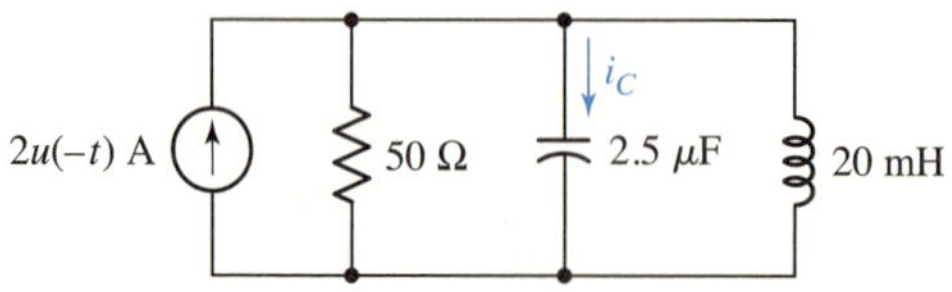

■圖 9.47

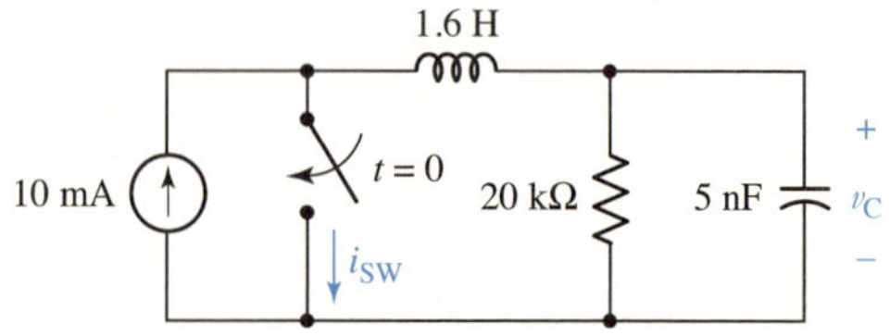

■圖 9.49

35. 在圖 9.49 的電路中，開關打開很久之後於 $t=0$ 時關閉，試求 $t>0$ 時的 (a) $v_C(t)$；(b) $i_{SW}(t)$。
37. 試求圖 9.51 所示電路於 $t>0$ 時的 $i_1(t)$ 。

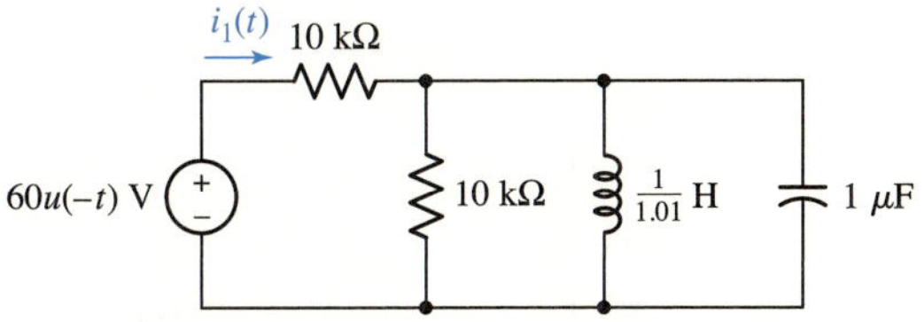

■圖 9.51

39. 試決定圖 9.14 欠阻尼電路中的 R 值，其中 $L=7$ H、$C=1/42$ F、$i(0)=10$ A 及 $v(0)=0$，使得該電路之安定時間 t_s 最短？該安定時間 t_s 為多少？

41. (a) 使用 PSpice 模擬圖 9.46 的電路，取代 $4u(-t)$ A 電流源而得到等效無源電路，並指定適當的電感器與電容器的初始條件，且適當標示出所畫出的圖形；(b) 使用測試端 (Probe) 畫出電流 $i_L(t)$，並與手算的結果比較，同時也使用測試端來決定安定時間。

9.5　無源串聯 *RLC* 電路

43. 試求出圖 9.53 所示電路，$t>0$ 時之 $i_L(t)$。

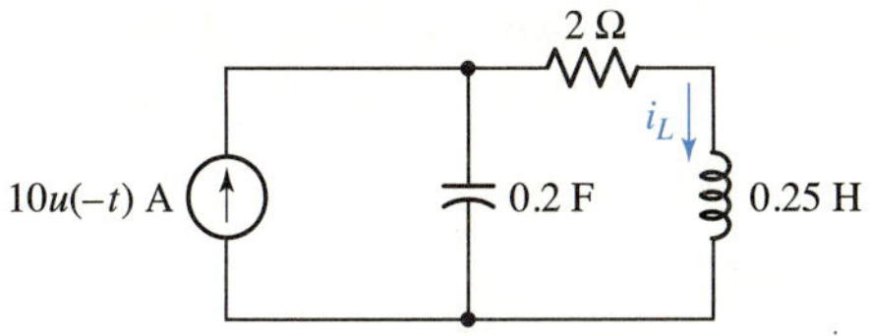

■圖 9.53

45. 試寫出習題 16 包含圖 9.40 所示電路的對偶，並求解該對偶問題。

47. 試求圖 9.55 的電路在 $t>0$ 時的 (a) $i_L(t)$；(b) $v_C(t)$。

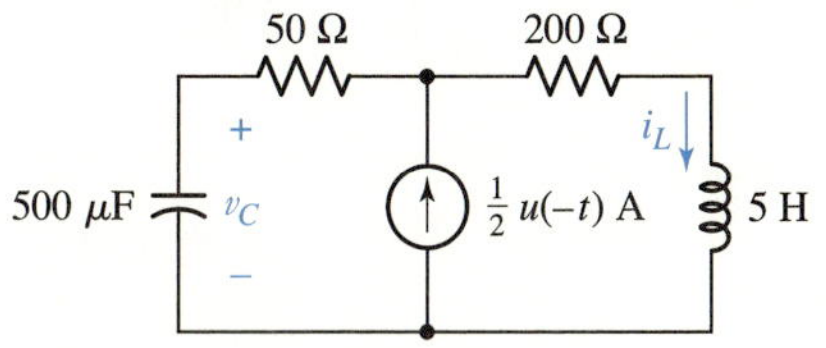

■圖 9.55

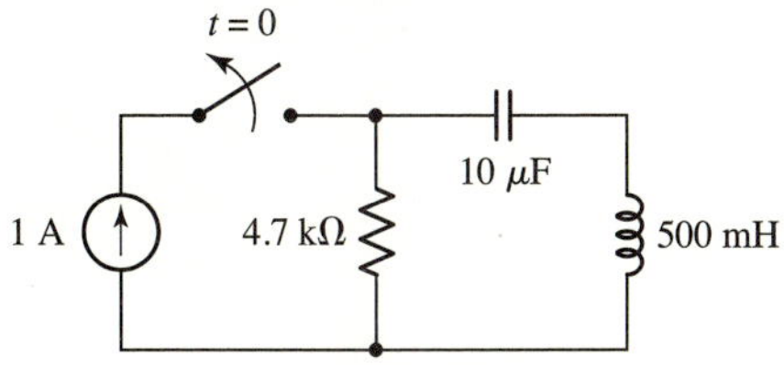

■圖 9.57

49. 在圖 9.57 中的開關已經關閉一段很長的時間，試求在 500 mH 電感器上電壓的峰值，並以 PSpice 驗證你的答案。

51. 試求取代圖 9.56 電路的 2 Ω 電阻器，使電路為臨界阻尼的電阻值？並計算在 $t=100$ ms 時，電感器所儲存的能量。

53. 試求圖 9.58 的電路，在 $t>0$ 時的 v_C 表示式。

55. 參考圖 9.59 所示的電路，若 $C=1$ mF，試求對所有時間的 v_C 表示式。

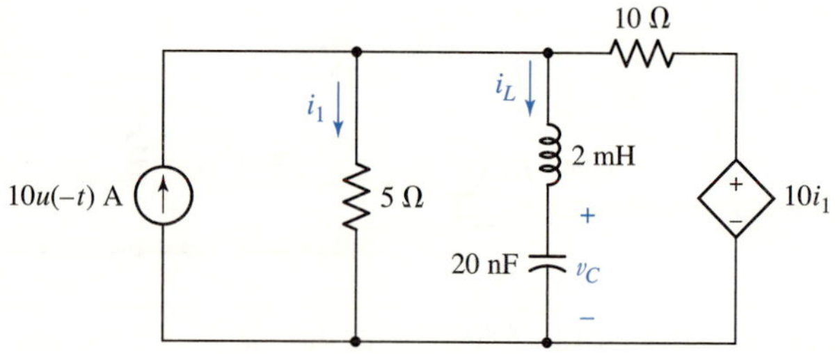

■圖 9.58

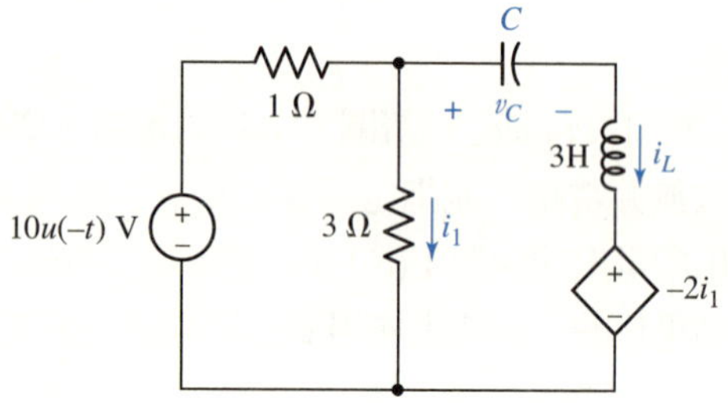

■圖 9.59

9.6 *RLC* 電路的完全響應

57. 將圖 9.53 所示電路的電源改為 $10u(t)$ A，試求 $i_L(t)$。
59. 將圖 9.47 的電源更換為 $i_s=2[1+u(t)]$ A，試求 $t>0$ 時的 $i_C(t)$。
61. 如圖 9.62 所示之電路，其開關已經關閉一段很長的時間。在 $t=0$ 時開關打開，試求 $t>0$ 時的 $v_C(t)$。

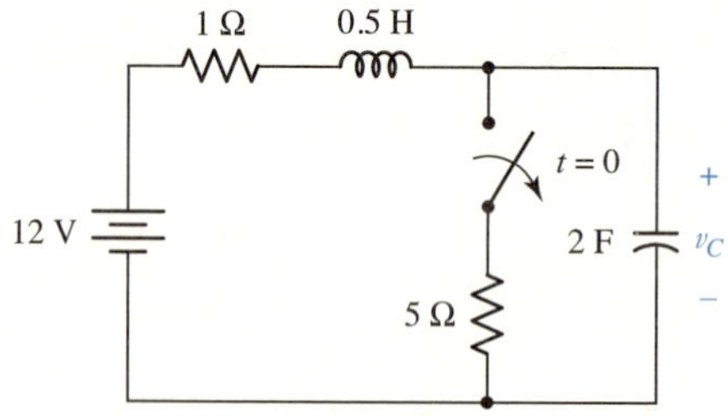

■圖 9.62

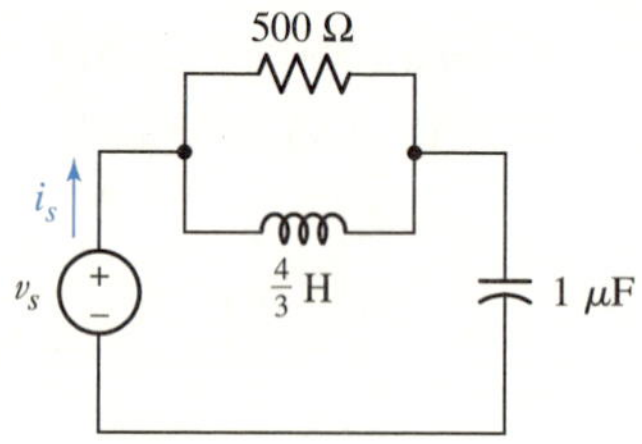

■圖 9.64

63. 在圖 9.64 的電路中，若 $v_s(t)$ 等於 (a) $10u(-t)$ V；(b) $10u(t)$ V，試求個別在 $t>0$ 時的 $i_s(t)$。
D 65. 圖 9.65 中的電流源突然在 $t=0$ 時，由 15 A 增加到 22 A，試求電壓在 v_s 時下列時間之值：(a) $t=0^-$；(b) $t=0^+$；(c) $t=\infty$；(d) $t=3.4$ s。請用 PSpice 驗證你的答案。
67. 若將 5 mH 的電感器、25 μF 的電容器、20 Ω 的電阻器與一電壓源 $v_x(t)$ 串聯。電壓源在 $t=0$ 之前為零，在 $t=0$ 時跳到 75 V，在 $t=1$ ms 時下降到零，在 $t=2$ ms 時又跳到 75 V，之後的時間便以這種週期性運作下去。試求在下列時間的電源電流：(a) $t=0^-$；(b) $t=0^+$；

(c) $t=1$ ms；(d) $t=2$ ms。

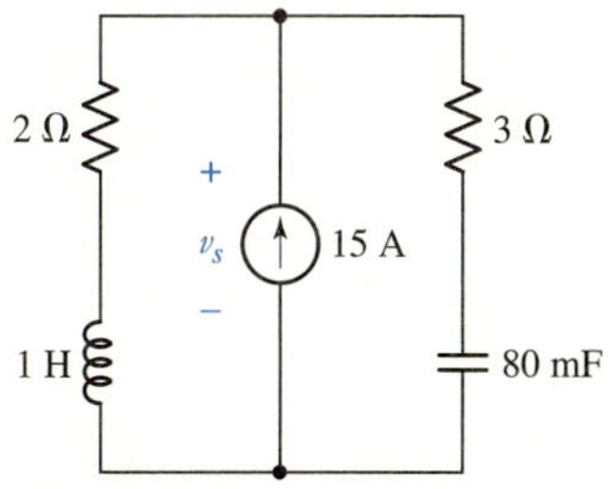

■圖 9.65

69. 有一 12 V 的電池被安置在太平洋某小島的廢棄小屋中，電池的正端連接到一 314.2 pF 電容器的一端，並與一 869.1 μH 的電感器串聯。在日本 Bonin 島上的地震觸發了海嘯，使得海水潑入了小屋中，濺在連接電感器/電容器另一端與電池負端的破布上，形成了串聯 *RLC* 電路。該電路所造成的震盪，可用附近監測船隻的無線電量測得知為 290.5 kHz (1.825 Mrad/s)，試問該潮濕破布的電阻為多少？

9.7 無損失的 *LC* 電路

71. 試設計一運算放大器電路，使其響應與圖 9.67 中 *LC* 電路之電壓響應相同。請以模擬驗證你的設計與圖 9.67 的電路，其中運算放大器使用 LF 411，且假定 $v(0)=0$ 與 $i(0)=1$ mA。

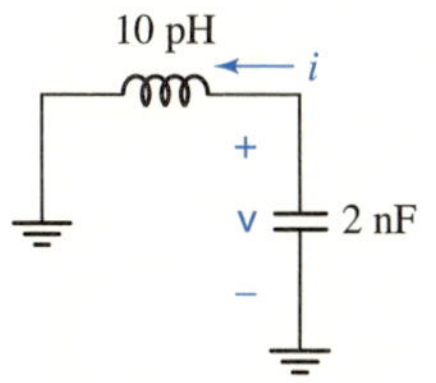

■圖 9.67

73. 有一無源 *RC* 電路，其包含一個 1 kΩ 電阻器與一個 3.3 mF 的電容器，且電容器的初始電壓為 1.2 V。(a) 寫出電容器電壓在 $t>0$ 時的電壓 v 微分方程式；(b) 設計以 $v(t)$ 為輸出的運算放大器電路。

75. 某一無源 *RL* 電路，包含一個 20 Ω 電阻器與一個 5 H 電感器，若電感器電流初始值為 2 A，(a) 試寫出 $t>0$ 時的 i 微分方程式；(b) 試利用 $R_1=1$ MΩ 與 $C_f=1$ μF 來設計一以 $i(t)$ 為輸出的運算放大器積分器電路。

10 弦式穩態分析

關　鍵　概　念

- 弦式函數的特性
- 弦波的相量表示式
- 時域與頻域之間的轉換
- 阻抗與導納
- 電抗與電納
- 並聯與串聯在頻域的組合
- 使用相量來決定強迫響應
- 頻域的電路分析技巧之應用

簡　介

線性電路的完全響應包含兩個部分：自然響應與強迫響應。自然響應是電路遭受到突然的狀態改變而產生的短週期暫態響應。強迫響應是電路遭受到任何獨立電源供給所產生長時間的穩態響應。關於這一點，我們截至目前為止所考慮到的強迫響應僅有直流電源。而另一種十分普遍的強迫函數就是弦波。此種函數可以用來描述室內插座的電壓，也可以用來描述連接住宅區與工業區之間電源線的電壓。

在本章中，我們比較不著重暫態響應的探討，而是把重心放在需要弦波電壓或電流的穩態響應電路 (如：電視機、烤麵包機或配電網路)。我們會利用一個有效的方法來分析這類電路，即把微積分方程式轉換成代數方程式。

10.1　弦波的特性

考慮一個以弦波變化的電壓

$$v(t) = V_m \sin \omega t$$

如圖 10.1*a* 與 *b* 所示。該弦波的振幅 (amplitude) 為 V_m，幅角 (argument) 為 ωt，弳頻率 (radian frequency) 或角頻率 (angular frequency) 為 ω。在圖 10.1*a* 中，$V_m \sin \omega t$ 是以幅角 ωt 的函數型式畫出來的，其弦波的週期性可以很容易地觀察出

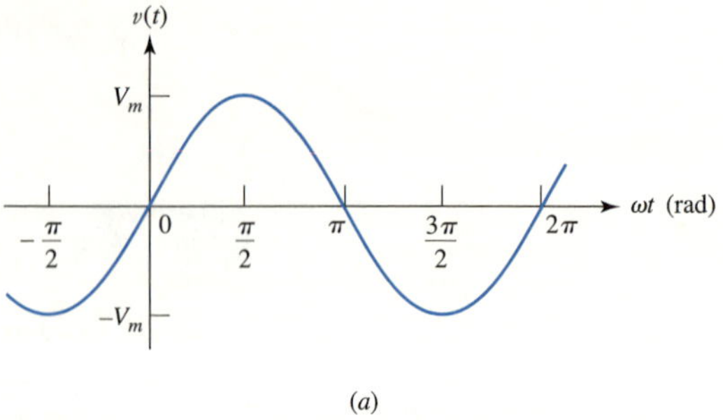

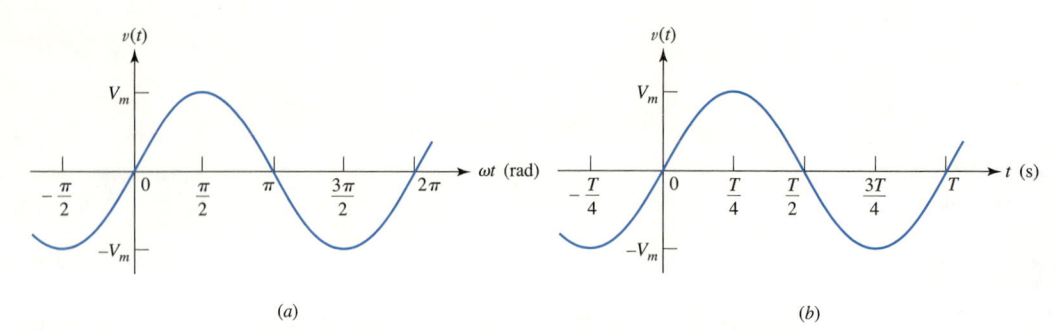

圖 10.1 弦式函數 $v(t)=V_m \sin \omega t$，在 (*a*) 中畫成 ωt 的函數，而在 (*b*) 中畫成 t 的函數。

來，該函數每 2π 弳度重複一次，故其**週期** (period) 為 2π 弳度。在圖 10.1*b* 中，$V_m \sin \omega t$ 是畫成 t 的函數，所以週期便是 T。週期為 T 的弦波每秒中必須運行 $1/T$ 週期，其**頻率** (frequency) f 便為 $1/T$ 赫茲，簡稱為 Hz。因此，

$$f = \frac{1}{T}$$

而且由於

$$\omega T = 2\pi$$

我們便能得到頻率與弳頻率之間的關係，

$$\boxed{\omega = 2\pi f}$$

落後與領先

更通用的弦波型式為

$$v(t) = V_m \sin(\omega t + \theta) \tag{1}$$

在其幅角中包含一個相角 (phase angle) θ。方程式 [1] 在圖 10.2 中畫成 ωt 的函數，且相角為原來弦波 (圖中以虛線表示) 向左移幾個弳度或領先幾個時間而來。由於 $V_m \sin(\omega t + \theta)$ 相對應的點發生於 θ 弳度或 θ/ω 秒之前，所以我們說 $V_m \sin(\omega t + \theta)$ 比 $V_m \sin \omega t$ 領先 θ 弳度。因此，將 $\sin \omega t$ 描述成比 $\sin(\omega t + \theta)$ **落後** (lagging) θ 弳度、比 $\sin(\omega t + \theta)$ **領先** (leading) $-\theta$ 弳度、或比 $\sin(\omega t - \theta)$ 領先 θ 弳度也是正確的。

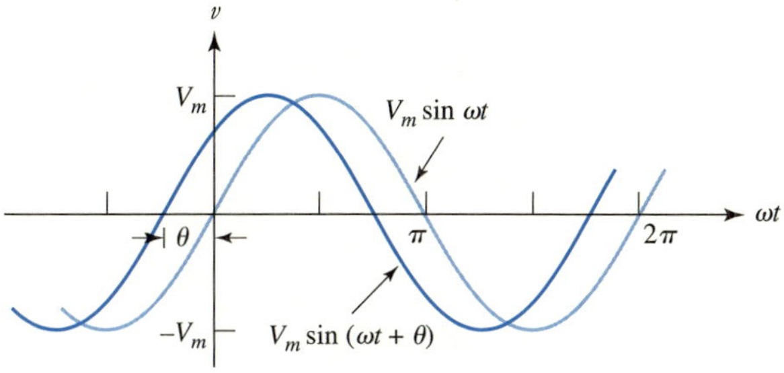

■圖 10.2　弦波 $V_m \sin(\omega t + \theta)$ 比 $V_m \sin \omega t$ 領先 θ 徑度。

在領先或落後的任一種情形中，我們稱為弦波的不同相 (out of phase)。如果角度相同，則稱為弦波同相 (in phase)。

回想徑度轉換回角度，我們是簡化成乘以 $180/\pi$。

在電機工程領域中，相角一般都表示成度，而不是徑度，為了避免困擾，我們將一直使用度來表示。因此，我們不寫成

$$v = 100 \sin\left(2\pi 1000t - \frac{\pi}{6}\right)$$

而一般是寫成

$$v = 100 \sin(2\pi 1000t - 30^\circ)$$

在求某一特定時間值時，舉例來說在 $t=10^{-4}$ s，$2\pi 1000t$ 變成 0.2π 徑度，而此徑度必須在減去 30° 前先改成 36°，讀者請勿弄錯。

CAUTION

想比較兩個弦波之間的相位關係必須：

1. 兩者都表示成正弦波，或兩者都表示成餘弦波。
2. 兩者都必須表示成具有正的振幅。
3. 兩者必須有相同的頻率。

將正弦轉換成餘弦

正弦與餘弦本質上是相同的函數，只是有著 90° 的相位差。因此，$\sin \omega t = \cos(\omega t - 90^\circ)$，且減去或加上 360° 的整倍數皆不會改變函數值。因此，可以說

注意：

$-\sin \omega t = \sin(\omega t \pm 180^\circ)$

$-\cos \omega t = \cos(\omega t \pm 180^\circ)$

$\mp\sin \omega t = \cos(\omega t \pm 90^\circ)$

$\pm\cos \omega t = \sin(\omega t \pm 90^\circ)$

$$v_1 = V_{m_1}\cos(5t + 10^\circ)$$
$$= V_{m_1}\sin(5t + 90^\circ + 10^\circ)$$
$$= V_{m_1}\sin(5t + 100^\circ)$$

領先

$$v_2 = V_{m_2}\sin(5t - 30^\circ)$$

130°，也可以說 v_1 落後 v_2 230°，因為 v_1 可以表示為

$$v_1 = V_{m_1}\sin(5t - 260^\circ)$$

假定 V_{m_1} 與 V_{m_2} 皆為正值，我們將兩者的圖形表示在圖 10.3 中，注意這兩種弦波的頻率 (在本例是 5 弳度/秒) 必須是相同的，否則比較是沒有意義的。正常來說，兩個弦波之間的相角差都是用小於或等於 180° 的角度來表示。

兩弦波之間領先或落後的觀念將會很常使用到，而且該關係在數學上或圖形上都很容易瞭解。

練習題

10.1 試求出 i_1 落後 v_1 的角度，若 $v_1 = 120\cos(120\pi t - 40^\circ)$ V，而 i_1 等於 (a) $2.5\cos(120\pi t + 20^\circ)$ A；(b) $1.4\sin(120\pi t - 70^\circ)$ A；(c) $-0.8\cos(120\pi t - 110^\circ)$ A。

10.2 若 $40\cos(100t - 40^\circ) - 20\sin(100t + 170^\circ) = A\cos 100t + B\sin 100t = C\cos(100t + \phi)$，試求 A、B、C 與 ϕ 各為多少？

答：10.1：−60°；120°；−110°。10.2：27.2；45.4；52.9；−59.1°。

■圖 10.3 兩個弦波 v_1 與 v_2 的圖形表示。每個正弦函數是以所對應的箭號長度來表示，而相角是以相對於正 x 軸的方位來表示。在這圖中，v_1 領先 v_2 有 100°+30°=130°，雖然有可能爭論是 v_2 領先 v_1 230°。然而依照慣例，我們都是將相位差表示成小於或等於 180° 的量。

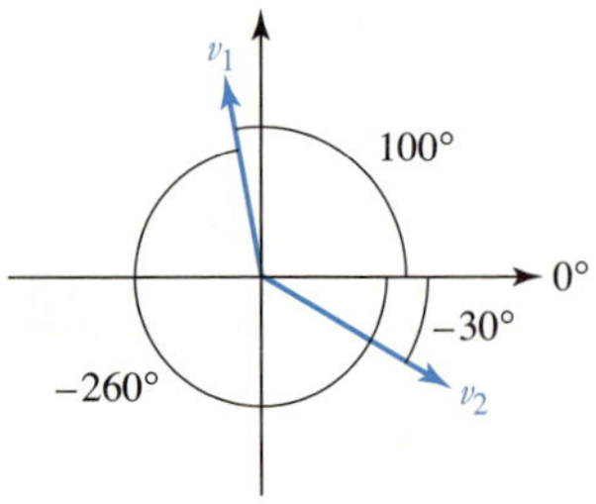

10.2 弦式函數的強迫響應

現在我們已經熟悉了弦波的數學特性，我們準備將弦式強迫函數加到簡單的電路中，並求出其強迫響應。首先，我們寫出該給定電路的微分方程式，此方程式的完全解可以由互補解 (就是我們所說的自然響應) 與特解 (或強迫響應) 兩部分組成。在本章中，我們是先假定不著重電路的短期暫態或自然響應，而是僅對長時間或 "穩態" 響應來做求解方法的推廣。

穩態響應

穩態響應 (steady-state response) 這名詞與強迫響應 (forced response) 是同義的，而且我們所分析的電路一般都是處於 "弦式穩態" 的。不幸的是，穩態 (steady state) 在許多學生心裡含有 "不隨時間變化" 的涵義。這對直流強迫函數而言是對的，不過弦式穩態響應則是隨時間變化的。穩態簡單地說，是指暫態或自然響應消失之後的情況。

CAUTION

強迫響應具有強迫函數及其導數與積分的數學式，就這一點，求解強迫響應的方法之一，就是假定解是由這些函數之和所組成。其中每一函數具有一未知的振幅，且此振幅可由直接代入原微分方程式求出。就我們所知的，這是一個非常複雜且耗時的運算過程，因此我們便有了尋找另一種簡單方法的動機。

考慮圖 10.4 中的串聯 RL 電路，弦式電源電壓 $v_s = V_m \cos \omega t$ 在很久之前就已經接上了電路，所以自然響應已經完全消失了。我們所欲求得的強迫 (或穩態) 響應，則必須滿足下面的微分方程式

$$L\frac{di}{dt} + Ri = V_m \cos \omega t$$

此式利用 KVL 沿著簡單的迴路便能得到。在任何微分等於零的瞬

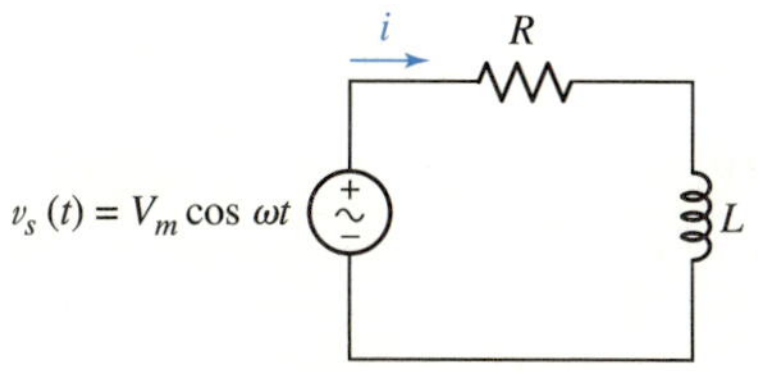

■圖 10.4　要決定強迫響應的串聯 RL 電路。

間，我們得知該電流具有 $i \propto \cos \omega t$ 的型式。同樣的，在電流等於零的瞬間，微分項正比於 $\cos \omega t$，這意謂著電流的型式是 $\sin \omega t$。因此可預期地，強迫響應應有著下列的通式

$$i(t) = I_1 \cos \omega t + I_2 \sin \omega t$$

其中 I_1 與 I_2 是實數常數，其值與 V_m、R、L 及 ω 有關。並不會出現常數或是指數函數。將假設的解代入微分方程式，可得

$$L(-I_1\omega \sin \omega t + I_2\omega \cos \omega t) + R(I_1 \cos \omega t + I_2 \sin \omega t) = V_m \cos \omega t$$

若將餘弦與正弦的項合併，可得

$$(-L I_1\omega + RI_2) \sin \omega t + (L I_2\omega + RI_1 - V_m) \cos \omega t = 0$$

因為此方程式對所有 t 值都必須是對的，所以只有當乘以 $\cos \omega t$ 與乘以 $\sin \omega t$ 的係數為零才有可能。因此，

$$-\omega L I_1 + RI_2 = 0 \qquad \text{和} \qquad \omega L I_2 + RI_1 - V_m = 0$$

故 I_1 與 I_2 的聯立解為

$$I_1 = \frac{RV_m}{R^2 + \omega^2 L^2} \qquad I_2 = \frac{\omega L V_m}{R^2 + \omega^2 L^2}$$

所以，強迫響應可知為

$$i(t) = \frac{RV_m}{R^2 + \omega^2 L^2} \cos \omega t + \frac{\omega L V_m}{R^2 + \omega^2 L^2} \sin \omega t \qquad [2]$$

更簡潔與易於使用的型式

這個表示式雖然有一些不方便，不過將響應表示成具有相角的單一弦波型式，看起來會比較清楚。假定將響應表示為餘弦函數：

$$i(t) = A \cos(\omega t - \theta) \qquad [3]$$

本書封面內部提供了幾個有用的三角函數等式供讀者參考。

至少有兩種方法可以求得 A 與 θ 之值，我們可以直接將方程式 [3] 代入原微分方程式，或是令方程式 [2] 與方程式 [3] 相等來求解。我們選擇後者，然後將函數 $\cos(\omega t - \theta)$ 展開：

$$A \cos \theta \cos \omega t + A \sin \theta \sin \omega t = \frac{RV_m}{R^2 + \omega^2 L^2} \cos \omega t + \frac{\omega L V_m}{R^2 + \omega^2 L^2} \sin \omega t$$

再將 $\cos \omega t$ 與 $\sin \omega t$ 的係數合併，可得

$$A\cos\theta = \frac{RV_m}{R^2+\omega^2L^2} \qquad \text{和} \qquad A\sin\theta = \frac{\omega LV_m}{R^2+\omega^2L^2}$$

為了求出 A 與 θ，我們將其中一式除以另一式，得到

$$\frac{A\sin\theta}{A\cos\theta} = \tan\theta = \frac{\omega L}{R}$$

將兩式平方且相加，可得

$$A^2\cos^2\theta + A^2\sin^2\theta = A^2 = \frac{R^2V_m^2}{(R^2+\omega^2L^2)^2} + \frac{\omega^2L^2V_m^2}{(R^2+\omega^2L^2)^2}$$
$$= \frac{V_m^2}{R^2+\omega^2L^2}$$

因此，得到

$$\theta = \tan^{-1}\frac{\omega L}{R}$$

及

$$A = \frac{V_m}{\sqrt{R^2+\omega^2L^2}}$$

所以，強迫響應的另一型式可以表示成

$$i(t) = \frac{V_m}{\sqrt{R^2+\omega^2L^2}}\cos\left(\omega t - \tan^{-1}\frac{\omega L}{R}\right) \qquad [4]$$

我們可以發現，響應的振幅與強迫函數的振幅成正比，如果不是，就必須捨棄線性的概念 (因為推導的電路是線性的)。響應的振幅會隨著 R、L 或 ω 的增加而減少，但並不成一定的比例關係。而電流落後外加電壓 $\tan^{-1}(\omega L/R)$，其角度介於 0 至 90° 之間。當 $\omega=0$ 或 $L=0$ 時，電流必定與電壓同相，前者的情況是直流電路而後者則是電阻性電路，這結果與我們之前討論的情況相呼應。假如 $R=0$，則電流落後電壓 90°。對電感器而言，假如滿足被動符號慣用法的話，電流的確是會落後電壓 90° 的。同理[1]，我們可以得知

1 從前符號 E (代表電動勢) 是用來代表電壓，因此很多學生就學這句“ELI the ICE man”來幫助記憶電感性電路的電壓領先電流，而電容性電路的電流領先電壓。現在，我們則是使用 V 來代表，不過卻與該句話不符了。

流經電容器的電流是領先電容器兩端電壓 90°。

電流與電壓間的相角差與 ωL 對 R 的比值有關。ωL 稱為電感器的感抗 (inductive reactance)，單位為歐姆；這是用來衡量電感器阻止弦式電流通過的量。

現在讓我們來看看，如何將此分析的結果應用到某一特定的電路中，該電路並非只有一條簡單的迴路。我們事先假定該電路只有穩態或強迫響應，所有的暫態響應已在很久之前消失。

例題 10.1

試求圖 10.5*a* 所示電路的電流 i_L。

雖然此電路有一弦式電源與一電感器，但含有兩個電阻器，故非單一迴路的電路。為了應用前面所分析的結果，我們首先必須觀察由圖 10.5*b* 中的 a 與 b 兩端點所看進去的戴維寧等效電路。

其開路電壓 v_{oc} 為

$$v_{oc} = (10\cos 10^3 t)\frac{100}{100+25} = 8\cos 10^3 t \qquad \text{V}$$

由於沒有依賴電源，所以將獨立電源移走，再計算被動網路的電阻便可求出 R_{th}，即 $R_{th} = (25 \times 100) / (25 + 100) = 20\ \Omega$。

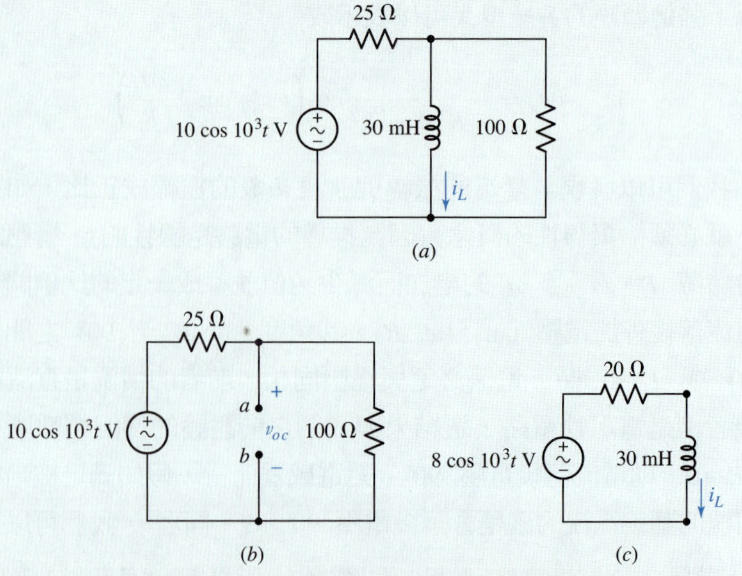

■圖 10.5 (*a*) 例題 10.1 的電路，i_L 為待求電流；(*b*) 端點 a 與 b 之間的戴維寧等效電路；(*c*) 簡化電路。

現在我們得到一個串聯 RL 電路，其 $L=30$ mH 與 $R_{th}=20\ \Omega$，而電源電壓為 $8\cos 10^3t$ V，如圖 10.5c 所示。因此，應用對串聯 RL 電路所推導的通式 [4]，

$$i_L = \frac{8}{\sqrt{20^2 + (10^3 \times 30 \times 10^{-3})^2}} \cos\left(10^3 t - \tan^{-1}\frac{30}{20}\right)$$
$$= 222\cos(10^3 t - 56.3°)\ \text{mA}$$

其電壓與電流波形顯示於圖 10.6 中。

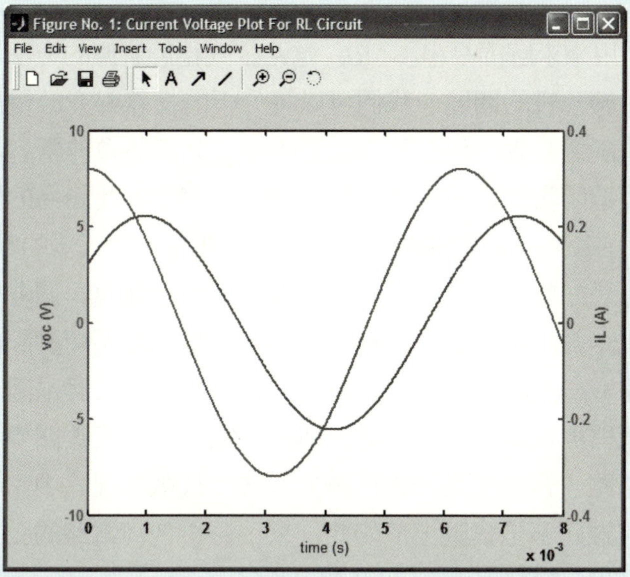

■圖 10.6　使用 MATLAB 所畫出的電壓與電流波形：

```
EDU»t=linspace(0,8e-3,1000);
EDU»v=8*cos(1000*t);
EDU»i=0.222*cos(1000*t-56.3*pi/180);
EDU»plotyy(t,v,t,i) ;
EDU»xlabel('time(s)');
```

值得注意的是，圖中電流與電壓波形之間的相角差並不是 90°。這是因為圖中所繪的電壓不是電感器電壓，與此相關的驗證就留給讀者當作練習。

練習題

10.3　在圖 10.7 的電路中，令 $v_s=40\cos 8000t$ V，試利用戴維寧定理求 (a) i_L；(b) v_L；(c) i_R；(d) i_s 於 $t=0$ 時之值。

答：18.71 mA；15.97 V；5.32 mA；24.0 mA。

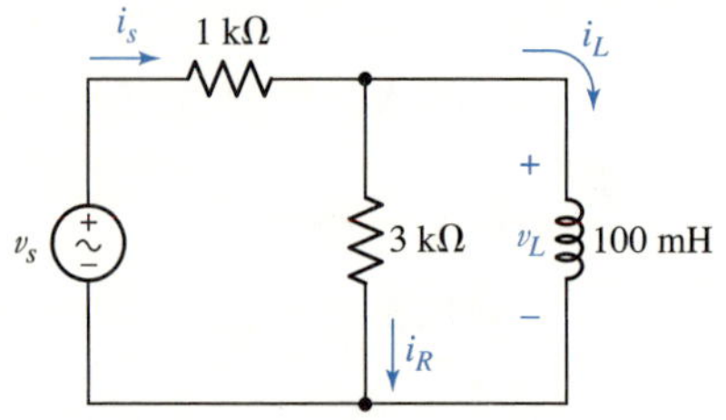

■圖 10.7

10.3 複數強迫函數

我們用來求解簡易串聯 *RL* 電路弦式穩態響應的方法，其實並不能適用於一般的問題。我們可以將分析的複雜歸究於電感器的存在，如果兩個被動元件皆是電阻器的話，分析將會非常容易，即使有弦式強迫函數的出現也是如此。分析會變得如此簡易的原因，是由於電壓–電流關係是純粹的歐姆定律。然而，電感器的電壓–電流關係並不是如此簡單地去解代數方程式，而是面臨一個非齊次的微分方程式。應用上述方法分析每一個電路是相當不切實際的，因此我們將採取一些必要的方式來簡化分析，使得結果與電阻器一樣，亦即電感器與電容器的弦式電流與弦式電壓間為代數關係。對任何複雜的電路，皆可產生一組代數方程式，代數方程式中常數及變數將會是複數而不是實數，但如此一來，分析任何電路的弦式穩態響應就幾乎和分析電阻性電路那般容易了。

現在考慮加一複數強迫函數 (即同時有實數和虛數兩部分) 至一網路中，這似乎有點奇怪。但以後會發現使用複數量於弦式穩態分析，將會比使用純實數量的分析容易的多。我們期望使用複數強迫函數後，將會產生複數響應；亦即強迫函數實數部分將產生實數部分的響應，而強迫函數虛數部分則會產生虛數部分的響應。這似乎是很合理的，因為實數電壓源產生虛數響應，或是虛數電壓源產生實數響應，實在是不太可能的。

在圖 10.8 中，弦式電源

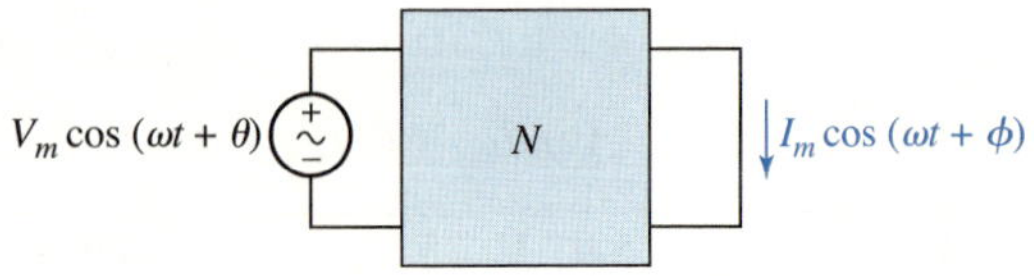

■圖 10.8 弦式強迫函數 $V_m \cos(\omega t + \phi)$ 產生弦式穩態響應 $I_m \cos(\omega t + \phi)$。

$$V_m \cos(\omega t + \theta) \qquad [5]$$

連接至一般的網路，其中假定該網路只包含被動元件 (沒有其它獨立電源)，以避免因使用重疊原理而導致過度複雜。我們所欲決定的是網路中其它分支上的電流響應，而方程式 [5] 中所出現的參數都是實數。

我們可以將響應表示為一般的餘弦函數

$$I_m \cos(\omega t + \phi) \qquad [6]$$

因為在線性電路中，弦式強迫函數通常會產生相同頻率的弦式強迫響應。

現在藉由改變強迫函數的相位移 90° 或改變 $t=0$ 的時間，來更改時間的基準。則當強迫函數

$$V_m \cos(\omega t + \theta - 90^\circ) = V_m \sin(\omega t + \theta) \qquad [7]$$

加至相同的網路時，將會產生如下的響應

$$I_m \cos(\omega t + \phi - 90^\circ) = I_m \sin(\omega t + \phi) \qquad [8]$$

接下來我們將不考慮真實的情況，而改用虛數的強迫函數來分析，雖然這無法應用於實驗室中，但卻適用於數學上的分析。

虛數的電源造成⋯虛數的響應

電機工程師使用“j”取代“i”來代表$\sqrt{-1}$是為了避免與電流混淆。

建構一個虛數電源是非常簡單的，只需要將方程式 [7] 中的電源乘上虛數運算子 j 就可以了。因此，如果我們於電路上施加如下的強迫函數

$$jV_m \sin(\omega t + \theta) \qquad [9]$$

則其響應是什麼？如果將電源加倍，則因為電路的線性特性，其響應亦會加倍；若將強迫函數乘上一個常數 k，則其響應亦會變為 k 倍。而常數 $\sqrt{-1}$ 並沒有違反上述的線性關係。所以，方程式 [9] 中虛數電源的響應便為

$$jI_m \sin(\omega t + \phi) \qquad [10]$$

虛數電源與其響應顯示於圖 10.9 中。

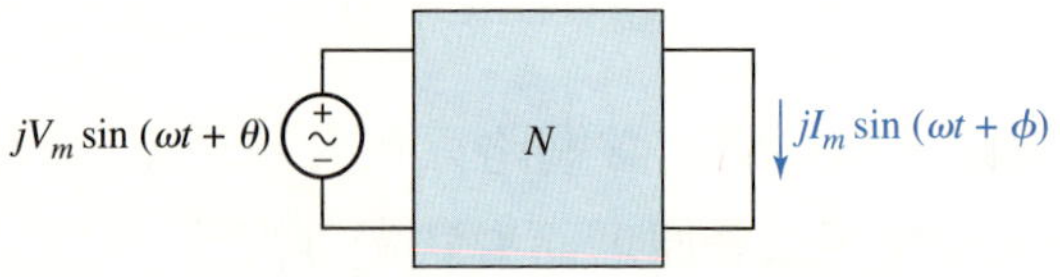

■圖 10.9 虛數的弦波強行函數 $jV_m \sin(\omega t + \theta)$ 在圖 10.8 的網路中產生 $jI_m \sin(\omega t + \phi)$ 的虛數弦波響應。

應用複數強迫函數

我們已經使用實數電源並獲得實數的響應；也使用了虛數電源並獲得了虛數的響應。因為我們所處理的是線性電路，所以可以利用重疊定理來求複數強迫函數所造成的響應，也就是實數與虛數強迫函數的和。因此，方程式 [5] 與 [9] 中的強迫函數之和為

$$V_m \cos(\omega t + \theta) + jV_m \sin(\omega t + \theta) \quad [11]$$

在附錄 5 說明了複數與其相關的名詞，讀者可以藉此複習複數的運算、尤拉等式的推導及指數和極座標之間的關係。

則必定會產生方程式 [6] 與 [10] 之和的響應

$$I_m \cos(\omega t + \phi) + jI_m \sin(\omega t + \phi) \quad [12]$$

藉由尤拉等式可以將複數電源及其響應表示為更簡單的型式，因為 $\cos(\omega t + \theta) + j\sin(\omega t + \theta) = e^{j(\omega t + \theta)}$，所以方程式 [11] 中的電源可以寫成

$$V_m e^{j(\omega t+\theta)} \quad [13]$$

而方程式 [12] 中的響應則為

$$I_m e^{j(\omega t+\phi)} \quad [14]$$

複數電源與其響應顯示於圖 10.10 中。

由此可知，實數、虛數或複數強迫函數將會分別產生實數、虛數或複數的響應。而且，透過尤拉等式與重疊定理可知，複數強迫函數可視為實數與虛數強迫函數之和；即複數響應的實數部分是由

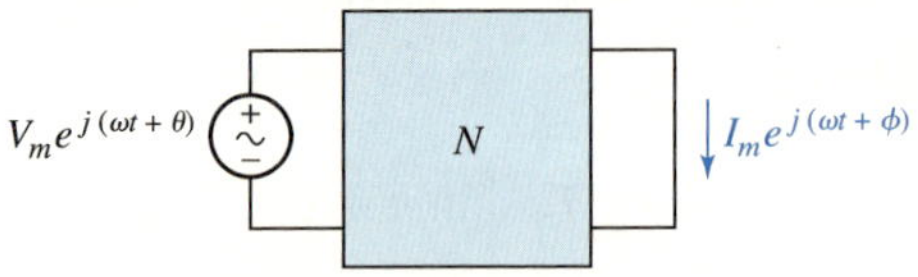

■圖 10.10 複數強迫函數 $V_m e^{j(\omega t + \theta)}$ 在圖 10.8 的網路中產生 $I_m e^{j(\omega t + \phi)}$ 的複數響應。

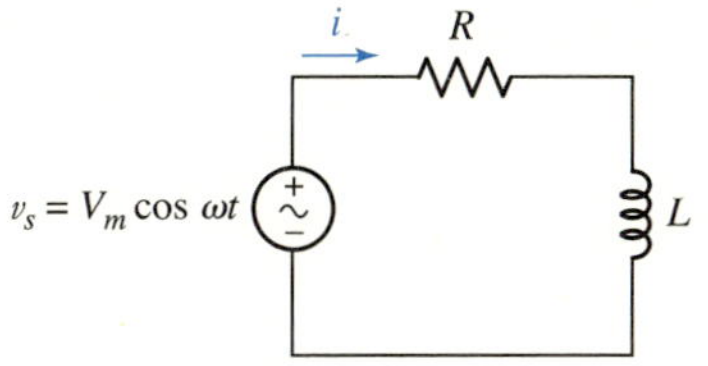

■圖 10.11　應用複數強迫函數來分析的簡易弦式穩態電路。

複數強迫函數的實部所產生，而複數響應的虛數部分則是由複數強迫函數的虛部所產生。

我們不用實數強迫函數來獲得所要的實數響應，而是改用複數強迫函數，其實數部分就是已知的實數強迫函數，由此而得到複數響應的實數部分，便是所要的實數響應。透過這種方式，描述電路穩態響應的微積分方程式，將會變成很簡單的代數方程式。

微分方程式的代數替換

現在我們將利用此觀念來分析圖 10.11 所示的簡易 *RL* 電路。施以實數電源 $V_m \cos \omega t$ 於電路中，則所要的響應便是實數響應 $i(t)$。由於

$$\cos \omega t = \mathrm{Re}\{e^{j\omega t}\}$$

故所需的複數電源為

$$V_m e^{j\omega t}$$

我們以未知振幅 I_m 與未知相角 ϕ 來表示其複數響應：

$$I_m e^{j(\omega t + \phi)}$$

寫出此特殊電路的微分方程式，

$$Ri + L\frac{di}{dt} = v_s$$

將複數表示式 v_s 及 i 代入，得

$$RI_m e^{j(\omega t+\phi)} + L\frac{d}{dt}(I_m e^{j(\omega t+\phi)}) = V_m e^{j\omega t}$$

經過微分計算得

$$RI_m e^{j(\omega t+\phi)} + j\omega L I_m e^{j(\omega t+\phi)} = V_m e^{j\omega t}$$

可得出一個代數方程式。為了決定 I_m 與 ϕ 之值，上式除以共同因子 $e^{j\omega t}$，得

$$RI_m e^{j\phi} + j\omega L I_m e^{j\phi} = V_m$$

將左式的 $I_m e^{j\phi}$ 提出，得

$$I_m e^{j\phi}(R + j\omega L) = V_m$$

重新整理後可得

$$I_m e^{j\phi} = \frac{V_m}{R + j\omega L}$$

然後將方程式右邊表示成指數或極座標型式以確定 I_m 與 ϕ 之值：

$$I_m e^{j\phi} = \frac{V_m}{\sqrt{R^2 + \omega^2 L^2}} e^{j(-\tan^{-1}(\omega L/R))} \quad [15]$$

因此，

$$I_m = \frac{V_m}{\sqrt{R^2 + \omega^2 L^2}}$$

且

$$\phi = -\tan^{-1}\frac{\omega L}{R}$$

在極座標的表示式可以寫成

$$I_m \underline{/\phi},$$

或

$$V_m/\sqrt{R^2 + \omega^2 L^2}\,\underline{/-\tan^{-1}\omega L/R}$$

則複數響應便可由方程式 [15] 來表示。由於 I_m 與 ϕ 之值已經求出，因此我們便可以直接寫出 $i(t)$ 的表示式。而使用較嚴格的方法是，將 $e^{j\omega t}$ 因子代入方程式 [15] 兩邊並取實數部分，則便能得到實數響應 $i(t)$。利用任何一種方法，都可以求得

$$i(t) = I_m\cos(\omega t + \phi) = \frac{V_m}{\sqrt{R^2 + \omega^2 L^2}}\cos\left(\omega t - \tan^{-1}\frac{\omega L}{R}\right)$$

這與之前相同電路所得的方程式 [4] 是相同的。

例題 10.2

若流經 500 Ω 電阻器與 95 mH 電感器的複數電流為 $8e^{j3000t}$ mA，試求跨於此串聯組合兩端的複數電壓。

令未知的複數電壓包含了一個未知振幅 V_m 與一個未知相角 ϕ。因為電壓必須與電流有著相同的頻率 (3000 rad / s)，所以我們可以將電壓表示為

$$V_m e^{j(3000t+\phi)}$$

此電壓即為電阻器電壓與電感器電壓之和

$$V_m e^{j(3000t+\phi)} = (500)0.008e^{j3000t} + (0.095)\frac{d(0.008e^{j3000t})}{dt}$$

經過微分計算，可得

$$V_m e^{j(3000t+\phi)} = 4e^{j3000t} + j2.28e^{j3000t}$$

分解出指數項 e^{j3000t}，則該式變為

$$V_m e^{j\phi} = 4 + j2.28$$

將右邊表示成極座標型式，可得

$$4 + j2.28 = 4.60e^{j29.7^\circ}$$

因此便可得知 $V_m = 4.60$ V 及 $\phi = 29.7^\circ$，故所要求的電壓為

$$4.60e^{j(3000t+29.7^\circ)}\ \text{V}$$

假如題目要求我們求出實數響應，只要取複數響應的實部即可：

$$\text{Re}\{4.60e^{j(3000t+29.7^\circ)}\} = 4.60\cos(3000t + 29.7^\circ) \qquad \text{V}$$

因此，我們便可以簡單地決定含有儲能元件電路的強迫響應，而不需要再依靠求解微分方程式了！

練習題

10.4　請以直角座標型式計算並表示其結果：(a) $[(2\angle 30^\circ)(5\angle -110^\circ)](1 + j2)$；(b) $(5\angle -200^\circ) + 4\angle 20^\circ$。請以極座標型式計算並表示其結果：(c) $(2 - j7)/(3 - j)$；(d) $8 - j4 + [(5\angle 80^\circ)/(2\angle 20^\circ)]$。

(如果讀者對本練習題感到窒礙難行，請參考附錄 5 的說明。)

10.5　若採用被動符號慣用法，試求 (a) 當複數電流 $4e^{j800t}$ A 施加於一個 1 mF 電容器與一個 2 Ω 電阻器的串聯電路時，所造成的複數電

壓；(b)當複數電壓 $100e^{j2000t}$ V 施加於一個 10 mH 電感器與一個 50 Ω 電阻器的並聯電路時，所引起的複數電流。

答：10.4：$21.4 - j6.38$；$-0.940 + j3.08$；$2.30\underline{/-55.6^\circ}$；$9.43\underline{/-11.22^\circ}$。
10.5：$9.43e^{j(800t-32.0^\circ)}$ V；$5.39e^{j(2000t-68.2^\circ)}$ A。

10.4 相　量

對已知頻率的弦式電流或電壓可以僅用振幅與相角這兩個參數來描述其特性。電壓或電流的複數表示方法亦可由這兩個相同的參數來描述。舉例來說，假定有一弦式電流響應為

$$I_m \cos(\omega t + \phi)$$

該電流所對應的複數型式為

$$I_m e^{j(\omega t+\phi)}$$

一旦指定 I_m 及 ϕ 後，電流就可以完全地被決定了。任何線性電路以單一頻率 ω 操作於弦式穩態期間，每一電流或電壓都可以完全地由已知的振幅與相角來描述其特性。而且，每一電壓與電流的複數型式都會包含相同的因子 $e^{j\omega t}$，因每一個量皆含有此相同的因子，所以它並不具有任何有用的資訊。當然，頻率值可由觀察其中一個因子而得知，但若在電路圖附近只寫出一次頻率值將會更簡單，如此也可以避免整個解答中含有多餘的資料。因此，我們可以簡化例題 10.1 中的電壓源與電流響應，並簡潔地表示成

$e^{j0} = \cos 0 + j\sin 0 = 1$

$$V_m \quad 或 \quad V_m e^{j0^\circ}$$

及

$$I_m e^{j\phi}$$

請記住，我們所考慮的穩態電路並沒有其它頻率的觸發電源，所以 ω 值總是已知的。

通常我們將這些複數量寫成極座標型式，而不是指數型式，因為這樣可以節省一些運算的時間。因此，電源電壓

$$v(t) = V_m \cos \omega t = V_m \cos(\omega t + 0^\circ)$$

可以用複數型式表示成

$$V_m \angle 0^\circ$$

而電流響應

$$i(t) = I_m \cos(\omega t + \phi)$$

變成

$$I_m \angle \phi$$

這種簡化的複數表示型式稱為**相量** (phasor)[2]。

現在我們先來複習一下實數弦式電壓或電流轉換成相量的步驟，然後才能更有意義地定義相量，並且我們也將指定一個符號來代表相量。

一個實數的弦式電流

$$i(t) = I_m \cos(\omega t + \phi)$$

可以利用尤拉等式表示成複數量的實數部分，即

$$i(t) = \text{Re}\left\{I_m e^{j(\omega t+\phi)}\right\}$$

然後我們將 Re{} 去掉而將電流表示為複數量。因此可知加一虛數部分至電流，也不會影響其實數部分，而又可以進一步將因子 $e^{j\omega t}$ 去掉得到

$$\mathbf{I} = I_m e^{j\phi}$$

將結果寫成極座標型式，得

$$\mathbf{I} = I_m \angle \phi$$

這種簡化過的複數表示型式就是*相量表示法* (phasor representation)；相量是複數量所以用粗體字表示，而以大寫字母來表示電氣量的相量，因為相量並非時間的瞬時函數，所以其只包含振幅與相角的資訊。我們瞭解這種因觀點而造成的差異，所以將 $i(t)$ 稱為*時域表示法* (time-domain representation)，而將相量 $\mathbf{I}$ 稱為*頻域表示法* (frequency-domain representation)。必須注意的是，電流或電壓的頻域表示式並不包含頻率；然而，在頻域內我們可將頻率視為是非常基本且重要的，所以用省略的方式來強調它。

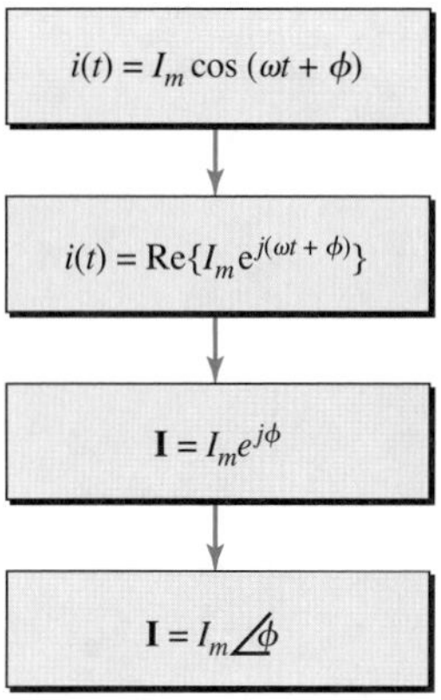

我們將 $i(t)$ 改變成 $\mathbf{I}$ 的過程稱為自時域變成頻域的相量轉換。

2 請勿與相位器 (phaser) 混淆，它是普通電視機裡面的一項重要元件。

例題 10.3

試將時域電壓 $v(t)=100\cos(400t-30°)$ 伏特轉換為頻域電壓。

時域的表示式已是具有相角的餘弦型式，因此，去掉 $\omega=400$ rad/s 後，

$$\mathbf{V}=100\underline{/-30°}\text{ volts}$$

注意我們省略了幾個步驟，而直接寫出此表示式。不過有時候，這會對部分學生造成混淆，因為他們可能會忘記該相量表示式是不等於時域電壓 $v(t)$ 的。所以有時候，我們寧可使用將虛數部分加到實數函數 $v(t)$ 的方式，來簡化複數函數的型式。

為了方便起見，我們提供了幾個有用的三角函數等式，供讀者參考。

練習題

10.6 試將下列各時間函數轉換成相量型式：(a) $-5\sin(580t-110°)$；(b) $3\cos 600t-5\sin(600t+110°)$；(c) $8\cos(4t-30°)+4\sin(4t-100°)$。提示：首先，先將各函數轉換成具有正值振幅的餘弦函數。

答：$5\underline{/-20°}$；$2.41\underline{/-134.8°}$；$4.46\underline{/-47.9°}$。

自頻域回到時域的過程完全就是前面的反序動作。因此，假定有一個相量電壓

$$\mathbf{V}=115\underline{/-45°}\ (\text{伏特})$$

而已知頻率為 $\omega=500$ rad/s，我們便可以直接寫出時域的等效式為

$$v(t)=115\cos(500t-45°)\ (\text{伏特})$$

若是以正弦表示的話，$v(t)$ 也可以寫成

$$v(t)=115\sin(500t+45°)\ (\text{伏特})$$

練習題

10.7 令 $\omega=2000$ rad/s 且 $t=1$ ms。試求下列各電流相量的瞬時值：(a) $j\,10$ A；(b) $20+j\,10$ A；(c) $20+j(10\underline{/20°})$ A。

答：-9.09 A；-17.42 A；-15.44 A。

10.5 *R*、*L* 及 *C* 的相量關係

相量分析技巧的實際作用，就是可以用來定義電感器與電容器的電壓電流之間的代數關係，讓我們可以如同電阻器般來做運算。現在我們已經可以在時域與頻域之間互相轉換，所以接下來我們將藉由建立三種被動元件，其相量電壓與相量電流之間的關係，來簡化弦式穩態的分析。

電阻器

電阻器是最簡單的一種情形，在時域內如圖 10.12*a* 所示，其方程式定義為

$$v(t) = Ri(t)$$

現在利用複數電壓

$$v(t) = V_m e^{j(\omega t+\theta)} = V_m \cos(\omega t + \theta) + jV_m \sin(\omega t + \theta) \qquad [16]$$

並假定複數電流響應為

$$i(t) = I_m e^{j(\omega t+\phi)} = I_m \cos(\omega t + \phi) + jI_m \sin(\omega t + \phi) \qquad [17]$$

所以

$$V_m e^{j(\omega t+\theta)} = Ri(t) = RI_m e^{j(\omega t+\phi)}$$

整個方程式除以 $e^{j\omega t}$，可得

$$V_m e^{j\theta} = RI_m e^{j\phi}$$

或以極座標表示為

$$V_m \underline{/\theta} = RI_m \underline{/\phi}$$

但是 $V_m \underline{/\theta}$ 及 $I_m \underline{/\phi}$ 只是表示一般的電壓電流相量 **V** 及 **I**，所以

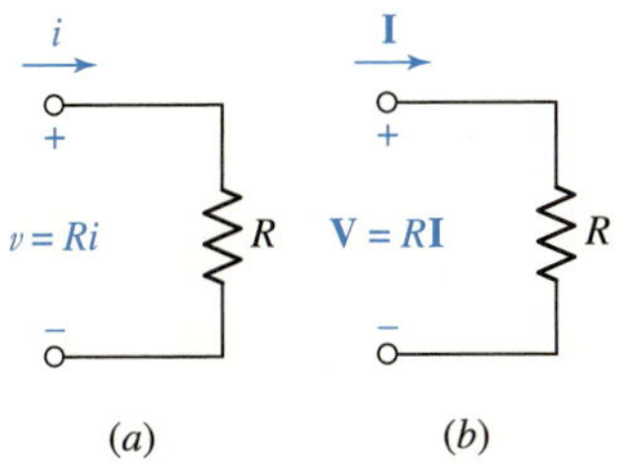

■圖 10.12　電阻器及其電壓電流在 (*a*) 時域 $v = Ri$ 與；(*b*) 頻域 $\mathbf{V} = R\mathbf{I}$ 的表示式。

歐姆定律在時域與頻域都是成立的。換句話說，電阻器上的電壓降永遠是電阻值乘以流過該元件的電流。

$$\mathbf{V} = R\mathbf{I} \qquad [18]$$

電阻器的相量電壓與相量電流之間的關係，與時域中電壓電流關係具有相同的型式。相量型式的方程式顯示在圖 10.12*b* 中。因為相角 θ 與 ϕ 相等，所以電流與電壓同相。

讓我們舉個例子來說明一下時域與頻域之間的關係。假定有一電壓 $8\cos(100t - 50°)$ V 跨接於一 4 Ω 的電阻器上。在時域中解題時，我們得知電流必為

$$i(t) = \frac{v(t)}{R} = 2\cos(100t - 50°) \qquad \text{A}$$

而同一電壓的相量型式為 $8\underline{/-50°}$ V，因此

$$\mathbf{I} = \frac{\mathbf{V}}{R} = 2\underline{/-50°} \quad \text{A}$$

如果將此答案轉換回時域，很明顯地我們可以獲得相同的表示式。所以可知，在頻域分析電阻性電路並不會減少多少時間與計算量。

電感器

現在讓我們來談談電感器，而該時域的網路顯示於圖 10.13*a* 中，其時域的定義為

$$v(t) = L\frac{di(t)}{dt} \qquad [19]$$

將複數電壓方程式 [16] 與複數電流方程式 [17] 代入方程式 [19] 後，可得

$$V_m e^{j(\omega t+\theta)} = L\frac{d}{dt}I_m e^{j(\omega t+\phi)}$$

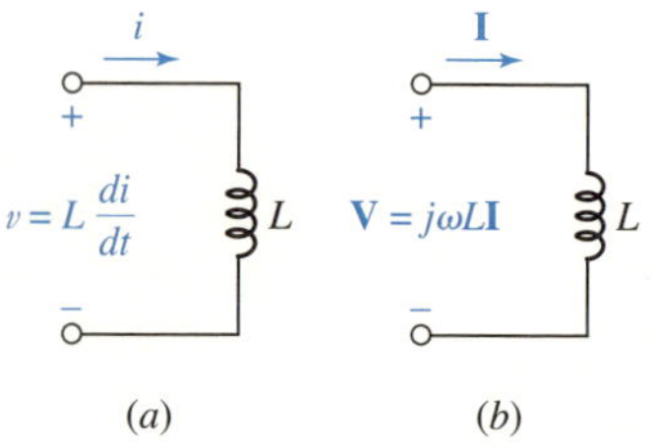

■**圖 10.13** 電感器及其電壓電流在 (*a*) 時域 $v = L\,di/dt$ 與 (*b*) 頻域 $\mathbf{V} = j\omega L\mathbf{I}$ 的表示式。

經過微分的計算後，得到

$$V_m e^{j(\omega t+\theta)} = j\omega L I_m e^{j(\omega t+\phi)}$$

並除以 $e^{j\omega t}$：

$$V_m e^{j\theta} = j\omega L I_m e^{j\phi}$$

我們可以獲得所需的相量關係

$$\boxed{\mathbf{V} = j\omega L\mathbf{I}} \qquad [20]$$

在時域中的微分方程式 [19] 在頻域中已經變成了代數方程式 [20]。其相量關係如圖 10.13b 所示。注意 $j\omega L$ 因子的角度正好是 $+90°$，所以可知電感器中的 $\mathbf{I}$ 落後 $\mathbf{V}$ 90°。

例題 10.4

設頻率為 $\omega = 100$ rad/s 的 $8\underline{/-50°}$ V 電壓施加在 4 H 的電感器上，試求其相量電流及其時域電流。

利用剛獲得的電感器公式，可得相量電流為

$$\mathbf{I} = \frac{\mathbf{V}}{j\omega L} = \frac{8\underline{/-50°}}{j100(4)} = -j0.02\underline{/-50°} = (1\underline{/-90°})(0.02\underline{/-50°})$$

或

$$\mathbf{I} = 0.02\underline{/-140°}\ \text{A}$$

假如我們將電流寫成時域型式，則為

$$i(t) = 0.02\cos(100t - 140°)\ \text{A} = 20\cos(100t - 140°)\ \text{mA}$$

電容器

最後一個必須考慮的元件是電容器。其時域電壓–電流關係為

$$i(t) = C\frac{dv(t)}{dt}$$

再次令 $v(t)$ 與 $i(t)$ 為方程式 [16] 與 [17] 的複數量，之後再取其導數、刪除 $e^{j\omega t}$，並分清楚相量 $\mathbf{V}$ 與 $\mathbf{I}$，便可以得到

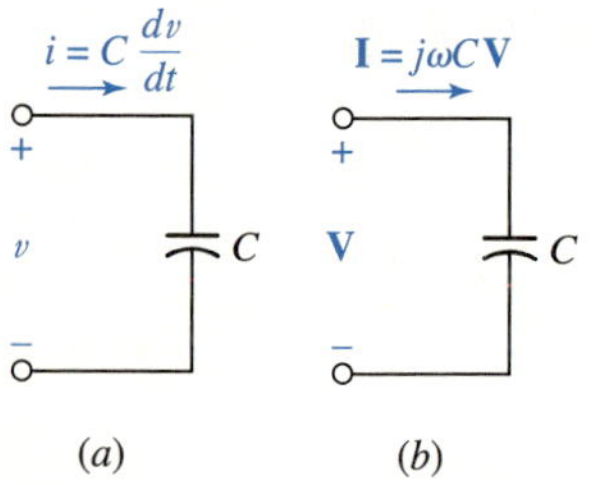

■圖 10.14　電容器電流與電壓之間在 (*a*) 時域與 (*b*) 頻域的關係。

$$\mathbf{I} = j\omega C\mathbf{V} \qquad [21]$$

因此，可知在電容器內，**I** 領先 **V** 90°。當然，這並不是意味著電流響應比引起該響應的電壓早四分之一週期出現。我們是在研究穩態響應，而發現電流最大值是比引起該響應之電壓最大值早 90° 發生。

時域與頻域的表示法，如圖 10.14*a* 與 10.14*b* 所示。我們已經求得三種被動元件的 **V-I** 關係，其結果總結在表 10.1 中。其中，三種元件在時域的 v-i 表示式與在頻域的 **V-I** 關係顯示於相鄰的行中。所有的相量方程式都是代數方程式，每一個也都是線性的，而且電感和電容的相關方程式與歐姆定律極為相似，因此我們便可以像使用歐姆定律一般使用這些方程式。

使用相量的克希荷夫定律

在時域中，克希荷夫電壓定律為

$$v_1(t) + v_2(t) + \cdots + v_N(t) = 0$$

現在使用尤拉等式，以具有相同實部的複數電壓來取代每一個實數

表 10.1　時域與頻域的電壓電流關係比較

時域		頻域	
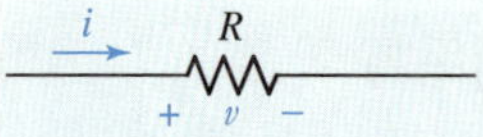	$v = Ri$	$\mathbf{V} = R\mathbf{I}$	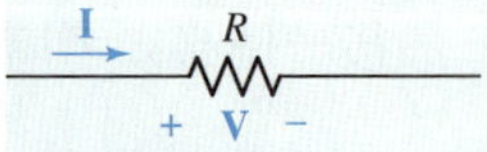
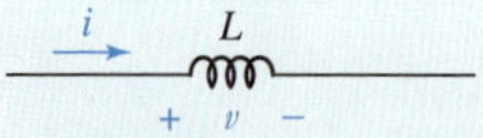	$v = L\dfrac{di}{dt}$	$\mathbf{V} = j\omega L\mathbf{I}$	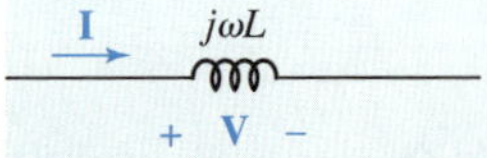
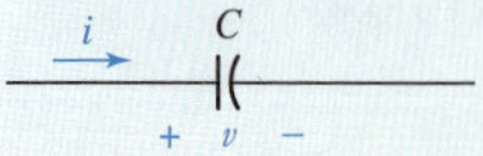	$v = \dfrac{1}{C}\displaystyle\int i\,dt$	$\mathbf{V} = \dfrac{1}{j\omega C}\mathbf{I}$	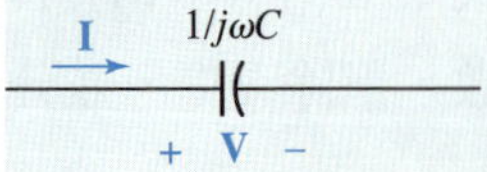

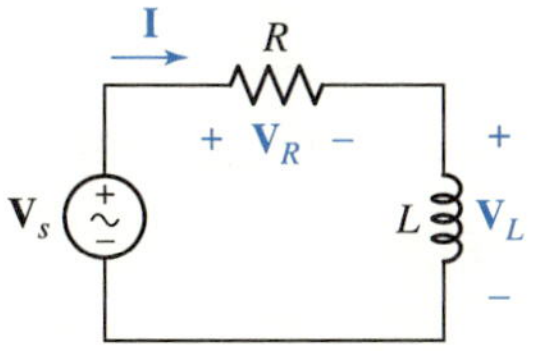

■圖 10.15　加上相量電壓的串聯 RL 電路。

電壓 v_i，刪除 $e^{j\omega t}$ 後，可得

$$\mathbf{V}_1 + \mathbf{V}_2 + \cdots + \mathbf{V}_N = 0$$

因此，可知克希荷夫電壓定律應用到相量電壓如同在時域一樣。而利用相同的推論，也可以證明相量電流亦滿足克希荷夫電流定律。

現在讓我們來簡單地觀察一下之前討論過好幾次的串聯 RL 電路。其電路如圖 10.15 所示，圖中也標示出其相量電流與幾個相量電壓。我們可以藉由找出相量電流，來得到我們想要的時域電流響應，由克希荷夫電壓定律，可知

$$\mathbf{V}_R + \mathbf{V}_L = \mathbf{V}_s$$

並且由剛得知的 **V-I** 關係可得到

$$R\mathbf{I} + j\omega L\mathbf{I} = \mathbf{V}_s$$

所以，便可獲得以電源電壓 $\mathbf{V}_s$ 所表示的相量電流為

$$\mathbf{I} = \frac{\mathbf{V}_s}{R + j\omega L}$$

假定電源電壓的振幅為 V_m，而相角為 $0°$，則

$$\mathbf{I} = \frac{V_m \underline{/0°}}{R + j\omega L}$$

首先將該式寫成極座標型式，則便可將電流轉換到時域：

$$\mathbf{I} = \frac{V_m}{\sqrt{R^2 + \omega^2 L^2}} \underline{/(-\tan^{-1}(\omega L/R))}$$

因此，我們便能以非常簡單的方式，求得與本章之前所使用的那種“辛苦方式”相同的結果。

練習題

10.8 如圖 10.16 所示的電路中，令 $\omega = 1200$ rad/s、$\mathbf{I}_C = 1.2\underline{/28^\circ}$ A 及 $\mathbf{I}_L = 3\underline{/53^\circ}$ A。試求 (a) $\mathbf{I}_s$；(b) $\mathbf{V}_s$；(c) $i_R(t)$。

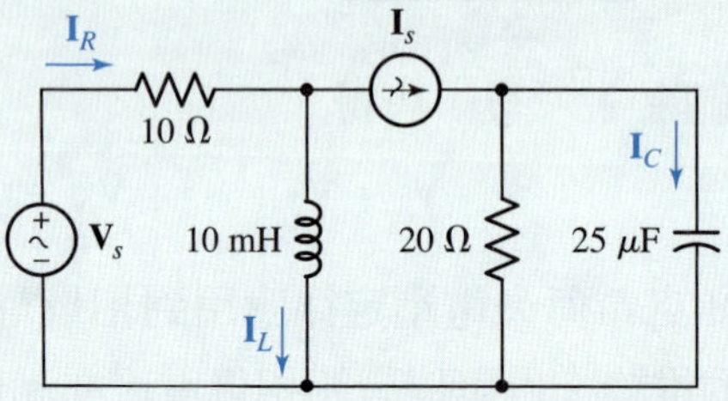

■圖 10.16

答：$2.33\underline{/-31.0^\circ}$ A；$34.9\underline{/74.5^\circ}$ V；$3.99\cos(1200t + 17.42^\circ)$ A。

10.6 阻 抗

在頻域中，三種被動元件的電流-電壓關係 (假定滿足被動符號慣用法) 為

$$\mathbf{V} = R\mathbf{I} \qquad \mathbf{V} = j\omega L\mathbf{I} \qquad \mathbf{V} = \frac{\mathbf{I}}{j\omega C}$$

如果將這些方程式寫成相量電壓與相量電流的比值，則為

$$\frac{\mathbf{V}}{\mathbf{I}} = R \qquad \frac{\mathbf{V}}{\mathbf{I}} = j\omega L \qquad \frac{\mathbf{V}}{\mathbf{I}} = \frac{1}{j\omega C}$$

我們可以發現這些比值為元件值的簡單函數 (且對於電感與電容而言，也是頻率的函數)。除了這些比值是複數及所有的代數運算必須符合複數運算規則外，我們都可以像處理電阻一樣來處理這些比值。

CAUTION

相量電壓對相量電流的比值定義為**阻抗** (impedance)，以字母 $\mathbf{Z}$ 表示。阻抗是一個單位為歐姆的複數量。阻抗並非相量，所以不能藉由乘以 $e^{j\omega t}$ 並取其實部來轉換到時域中。相反地，在時域中，電感器可以視為用其電感值 L 來表示；而在頻域中，則是以其阻抗 $j\omega t$ 來表示。電容器在時域具有電容值 C，而在頻域則有 $1/j\omega C$ 的阻抗。阻抗是頻域的一部分，而不是時域的一部分。

$\mathbf{Z}_R = R$

$\mathbf{Z}_L = j\omega L$

$\mathbf{Z}_C = \dfrac{1}{j\omega C}$

串聯阻抗的組合

克希荷夫兩定律在頻域的有效特性，使得我們可以很容易地利用那些為電阻所建立起的規則，來應用到串聯與並聯的阻抗上。舉例來說，在 $\omega=10\times10^3$ rad/s 時，5 mH 的電感器與 100 μF 的電容器串聯，我們可以用一個阻抗等於個別阻抗之和的值取代它。電感器的阻抗為

$$\mathbf{Z}_L = j\omega L = j50\ \Omega$$

而電容器的阻抗為

$$\mathbf{Z}_C = \frac{1}{j\omega C} = \frac{-j}{\omega C} = -j1\ \Omega$$

因此，其串聯組合的阻抗為

$$\mathbf{Z}_{eq} = \mathbf{Z}_L + \mathbf{Z}_C = j50 - j1 = j49\ \Omega$$

注意 $\frac{1}{j}=-j$

電感器與電容器的阻抗是頻率的函數，因此，這個等效阻抗只有在兩者皆為單一頻率 ($\omega=10{,}000$ rad/s) 時才適用。若頻率改為 $\omega=5{,}000$ rad/s，則 $\mathbf{Z}_{eq}=j23\ \Omega$。

CAUTION

並聯阻抗的組合

5 mH 的電感器與 100μF 的電容器在 $\omega=10{,}000$ rad/s 的並聯組合，正好與計算並聯電阻的方式相同：

$$\mathbf{Z}_{eq} = \frac{(j50)(-j1)}{j50 - j1} = \frac{50}{j49} = -j1.020\ \Omega$$

若在 $\omega=5000$ rad/s 時，並聯等效阻抗為 $-j2.17\ \Omega$。

以複數表示的阻抗，可以用極座標或直角座標的型式表示。舉例來說，一個 $50 - j86.6\ \Omega$ 的阻抗可視為一個 $50\ \Omega$ 的電阻和一個 $-j86.6\ \Omega$ 的**電抗** (reactance)。所以，阻抗的實部就是**電阻性** (resistance) 的分量，而虛部 (包含正負號但不包含 j) 就是**電抗性** (reactance) 的分量，通常以 X 表示，兩者單位都是歐姆。在直角座標型式下，$\mathbf{Z} = R + jX$，而在極座標型式下，$\mathbf{Z} = |\mathbf{Z}|\underline{/\theta}$。因此，電阻器是零電抗，而 (理想的) 電容器與電感器是零電阻。這可以直接從阻抗的極座標型式中發現。再次考慮 $\mathbf{Z} = 50 - j86.6\ \Omega$ 這一個

例子，該式可以寫成 $100\angle{-60°}\ \Omega$。由於其相角並不是零，所以我們便可以得知在頻率 ω 下，該阻抗並不是純粹電阻性。由於其相角也不是 $+90°$，所以也知它不是純粹電感性。同樣的情形，因為相角不是 $-90°$，所以也不是純粹的電容性。串聯或並聯組合可以同時包含電容器與電感器嗎？答案當然是肯定的。舉例來說，若 $\omega=1$ rad/s、$L=1$ H 與 $C=1$ F，全部與 $R=1\ \Omega$ 串聯，則該網路之等效阻抗 $\mathbf{Z}=1+j(1)(1)-j/(1)(1)=1\ \Omega$，由此可知在此例中 (頻率為 1 rad/s)，等效只有 $1\ \Omega$ 電阻器存在。

例題 10.5

給定一操作頻率 5 rad/s，試求圖 10.17*a* 所示網路的等效阻抗。

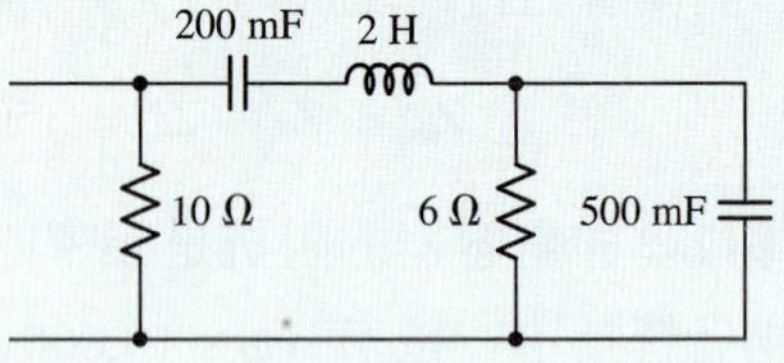

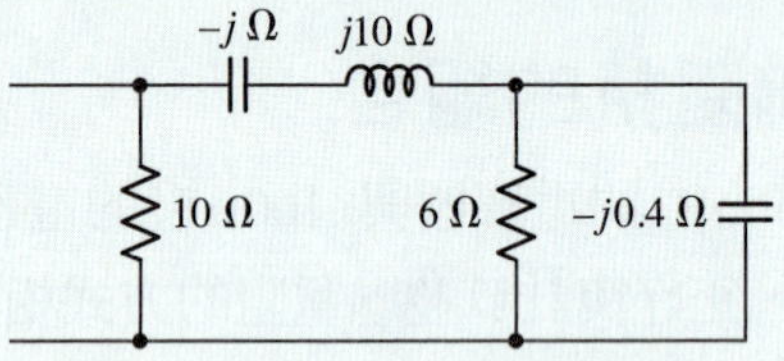

■**圖 10.17** (*a*) 以單一等效阻抗取代該網路；(*b*) 在 $\omega=5$ rad/s 時，各元件被其阻抗所取代後的網路。

我們先把電阻器、電容器與電感器相對應的阻抗值算出，如圖 10.17*b* 所示。檢視取代後的網路，可以發現 $6\ \Omega$ 阻抗與 $-j0.4\ \Omega$ 的阻抗並聯，其等效值為

$$\frac{(6)(-j0.4)}{6-j0.4}=0.02655-j0.3982\ \Omega$$

該值又與 $-j\ \Omega$ 及 $j\,10\ \Omega$ 的阻抗串聯，所以我們得到

$$0.0265-j0.3982-j+j10=0.02655+j8.602\ \Omega$$

此新的阻抗值因為與 $10\ \Omega$ 並聯，所以此網路的等效阻抗為

$$10 \parallel (0.02655 + j8.602) = \frac{10(0.02655 + j8.602)}{10 + 0.02655 + j8.602}$$

$$= 4.255 + j4.929\,\Omega$$

另外，我們也可以將該阻抗表示成極座標型式為 $6.511\,\underline{/49.20^\circ}\ \Omega$。

練習題

10.9　參考圖 10.18 所示的網路，試求端點 (a) a 與 g 之間；(b) b 與 g 之間；(c) a 與 b 之間所測得的輸入阻抗 $\mathbf{Z}_{in}$。

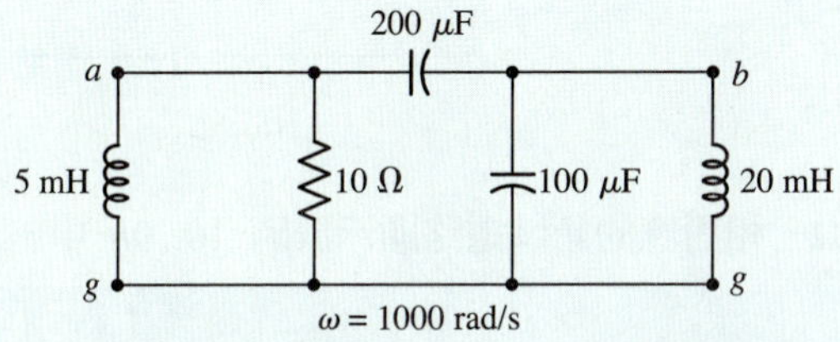

■圖 10.18

答：$2.81 + j4.49\ \Omega$；$1.798 - j1.124\ \Omega$；$0.1124 - j3.82\ \Omega$。

值得注意的是，阻抗的電阻性分量，並不一定要等於出現於網路中電阻器的電阻。舉例來說，10 Ω 的電阻器與 5 H 的電感器串聯，在 $\omega = 4$ rad/s 時，其等效阻抗為 $\mathbf{Z} = 10 + j20\ \Omega$，或可以極座標型式表示成 $22.4\,\underline{/63.4^\circ}\ \Omega$。在此例中，因為此網路是簡單的串聯網路，所以阻抗的電阻性分量等於串聯電阻器的電阻。然而，如果當這兩個相同的元件以並聯方式連接，則其等效阻抗為 $10(j20)/(10+j20)\ \Omega$，即為 $8 + j4\ \Omega$，則該阻抗的電阻性分量現在變成 8 Ω。

例題 10.6

試求圖 **10.19*a*** 所示電路的電流 $i(t)$ 為何？

▲ 確認問題的目標

在有 $\omega = 3000$ rad/s 的電壓源下，我們需要找出流經 1.5 kΩ 電阻器的弦式穩態電流。

▲ 收集已知的資料

首先畫出頻域電路圖。電源轉換成頻域表示式為 $40\,\underline{/-90^\circ}$ V，電流的頻域響應為 $\mathbf{I}$，而電感器與電容器在 $\omega = 3000$ rad/s 時的阻抗分別

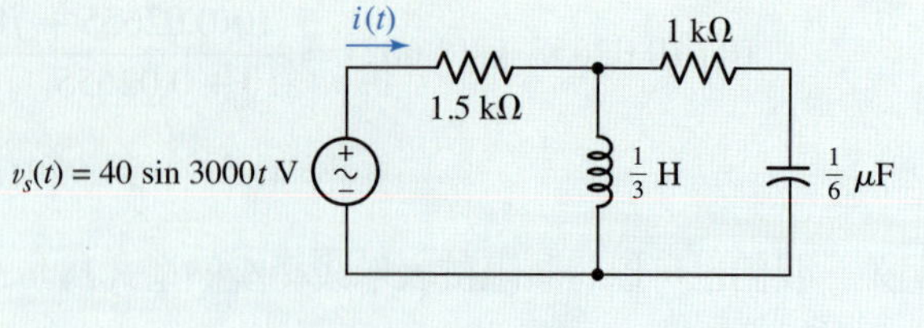

圖 10.19 (*a*) *RLC* 電路中，弦式強迫響應 $i(t)$ 是待求的；(*b*) 已知電路在 $\omega=$ 3000 rad/s 時的頻域等效電路。

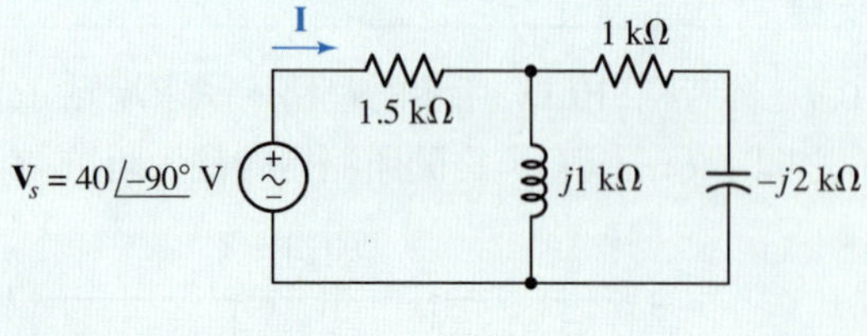

為 j kΩ 及 $-j2$ kΩ。相對應的頻域電路顯示於圖 10.19*b* 中。

▲ **擬定解題計畫**

我們要分析圖 10.19*b* 中的電路來求得 **I**，而合併阻抗值及採用歐姆定律是其中一種可行的方法。接著我們再利用已知的條件 $\omega=3000$ rad/s，來將 **I** 轉換回時域表示式。

▲ **建構適當的方程式組**

$$\mathbf{Z}_{\text{eq}} = 1.5 + \frac{(j)(1-2j)}{j+1-2j} = 1.5 + \frac{2+j}{1-j}$$

$$= 1.5 + \frac{2+j}{1-j}\frac{1+j}{1+j} = 1.5 + \frac{1+j3}{2}$$

$$= 2 + j1.5 = 2.5\underline{/36.87^\circ}\ \text{k}\Omega$$

相量電流可簡單地求得為

$$\mathbf{I} = \frac{\mathbf{V}_s}{\mathbf{Z}_{\text{eq}}}$$

▲ **決定是否需要額外的資料**

代入已知值，求出

$$\mathbf{I} = \frac{40\underline{/-90^\circ}}{2.5\underline{/36.87^\circ}}\ \text{mA}$$

而且又已知 $\omega = 3000$ rad/s，所以便有足夠的條件來求 $i(t)$。

▲ **試圖求解**

該複數表示式可以簡化為極座標型式

$$\mathbf{I} = \frac{40}{2.5}\underline{/-90^\circ - 36.87^\circ}\text{ mA} \quad = 16.00\underline{/-126.9^\circ}\text{ mA}$$

將電流轉換為時域，便可得到所求響應為

$$i(t) = 16\cos(3000t - 126.9^\circ)\text{ mA}$$

▲ **驗證答案是否合理或合乎預期？**

連接到電源的有效阻抗，其角度為 $+36.87^\circ$，由此可知其為淨電感性，或是說電流會落後電壓。由於電壓源有 -90° 的相角 (只要轉換為餘弦電源)，故可知我們的答案是正確的。

練習題

10.10　在圖 10.20 的頻域電路中，試求 (a) $\mathbf{I}_1$；(b) $\mathbf{I}_2$；(c) $\mathbf{I}_3$。

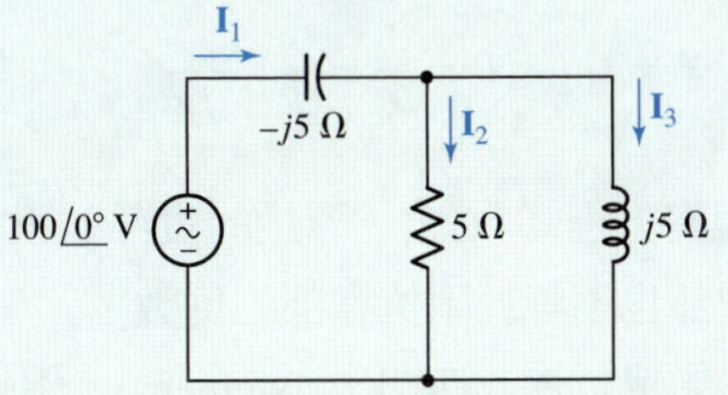

■圖 10.20

答：28.3$\underline{/45^\circ}$ A；20$\underline{/90^\circ}$ A；20$\underline{/0^\circ}$ A。

在我們開始寫出許多時域或頻域的方程式之前，最重要的是應該避免將方程式寫成部分是時域型式，而部分是頻域型式，否則整個式子會不正確。除了在因子 $e^{j\omega t}$ 出現外，是不會在同一方程式中發現複數和 t 的，這可以拿來當作發現錯誤的一種線索。且因為 $e^{j\omega t}$ 很少在應用中出現，所以在方程式中建立包含 j 與 t，或 $\angle$ 與 t 的學生，便是將方程式寫錯了。

例如，回到之前的例子，可以發現

$$\mathbf{I} = \frac{\mathbf{V}_s}{\mathbf{Z}_{eq}} = \frac{40\underline{/-90^\circ}}{2.5\underline{/36.9^\circ}} = 16\underline{/-126.9^\circ}\text{ mA}$$

請勿嘗試任何類似下述的式子：

$$i(t) \not= \frac{40\sin 3000t}{2.5\underline{/36.9^\circ}} \qquad \text{或} \qquad i(t) \not= \frac{40\sin 3000t}{2 + j1.5}$$

10.7 導 納

偶爾我們會發現阻抗的倒數是比較方便運算的。在此情況下，我們便定義了電路元件的**導納** (admittance) **Y** 為相量電流對相量電壓 (假定滿足被動符號慣用法) 的比值：

$$\mathbf{Y} = \frac{\mathbf{I}}{\mathbf{V}}$$

$\mathbf{Y}_R = \dfrac{1}{R}$

$\mathbf{Y}_L = \dfrac{1}{j\omega L}$

$\mathbf{Y}_C = j\omega C$

因此，

$$\mathbf{Y} = \frac{1}{\mathbf{Z}}$$

導納的實數部分為**電導** (conductance) G，而導納的虛數部分為**電納**(susceptance) B。因此，

$$\mathbf{Y} = G + jB = \frac{1}{\mathbf{Z}} = \frac{1}{R + jX} \qquad [22]$$

我們應該仔細地觀察方程式 [22]，導納的實部並不等於阻抗實部的倒數，而導納的虛部也不等於阻抗虛部的倒數。

導納、電導與電納的單位皆為西門子 (siemens)。例如，阻抗

$$\mathbf{Z} = 1 - j2\ \Omega$$

可看成是 1 Ω 的電阻器與在 $\omega = 5$ Mrad/s 時的 0.1 μF 電容器串聯，此阻抗擁有的導納為

$$\mathbf{Y} = \frac{1}{\mathbf{Z}} = \frac{1}{1 - j2} = \frac{1}{1 - j2}\,\frac{1 + j2}{1 + j2} = 0.2 + j0.4\ \text{S}$$

由許多並聯分支組成的網路，其等效阻抗為個別分支的導納之和。因此，上述的導納值，可由 0.2 s 的電導並聯 0.4 s 的正電納得到，前者可以用 5 Ω 的電阻器取代，而後者則代表 ω=5 Mrad/s 時的 0.08 μF 電容器，因為電容器的導納為 $j\omega C$。

為了檢驗分析的結果，可計算如下這一個網路，即一個 5 Ω 的電阻器與一個 ω=5 Mrad/s 時的 0.08 μF 電容器並聯，其等效阻抗為

$$\mathbf{Z} = \frac{5(1/j\omega C)}{5 + 1/j\omega C} = \frac{5(-j2.5)}{5 - j2.5} = 1 - j2\ \Omega$$

這與前面的推論一致。這兩個網路僅代表無限多不同的網路中，兩個在此頻率下而具有相同阻抗及導納的網路。然而，它們也的確是代表僅有的兩個以兩種元件組成的網路，在 $\omega=5\times10^6$ rad/s 時，具有 $1-j2\,\Omega$ 阻抗與 $0.2+j0.4$ S 導納的兩個最簡單的網路。

阻納 (immittance) 這個名詞，是阻抗與導納兩字的組合，有時是用來同時描述阻抗與導納的一種說法。例如，知道跨接於已知阻納的電壓後，很明顯地，我們便能計算出該阻納的電流。

練習題

10.11　試決定下列三種情況的導納 (以直角座標型式表示)：(a) 阻抗 $\mathbf{Z}=1000+j400\,\Omega$；(b) 由一個 800 Ω 電阻器、一個 1 mH 電感器與一個 2 nF 電容器並聯組成的網路，在 $\omega=1$ Mrad/s 的情況下；(c) 由一個 800 Ω 電阻器、一個 1 mH 電感器與一個 2 nF 電容器串聯組成的網路，在 $\omega=1$ Mrad/s 的情況下。

答：$0.862-j0.345$ mS；$1.25+j1$ mS；$0.899-j0.562$ mS。

10.8 節點與網目分析

我們先前已經得知許多有關節點與網目的分析技巧，而現在我們想瞭解的是，對於弦式穩態下，以相量及阻抗表示的電路，是否還能適用類似的分析程序？我們已經得知兩個克希荷夫定律對相量是適用的，而且也發現被動元件有著類似歐姆定律 $\mathbf{V}=\mathbf{ZI}$ 的關係。換句話說，節點分析的一些規則也適用於相量，因此我們能以節點分析技巧來處理弦式穩態電路。使用類似的論調，我們也可知網目分析法也是適用的 (通常是有用的)。

例題 10.7

在圖 10.21 所示的電路中，試求出時域節點電壓 $v_1(t)$ 與 $v_2(t)$ 各為何？

在此電路中，兩電流源表示為相量，而節點電壓 $\mathbf{V}_1$ 及 $\mathbf{V}_2$ 也以相量表示。對於左側節點，我們應用 KCL 得知

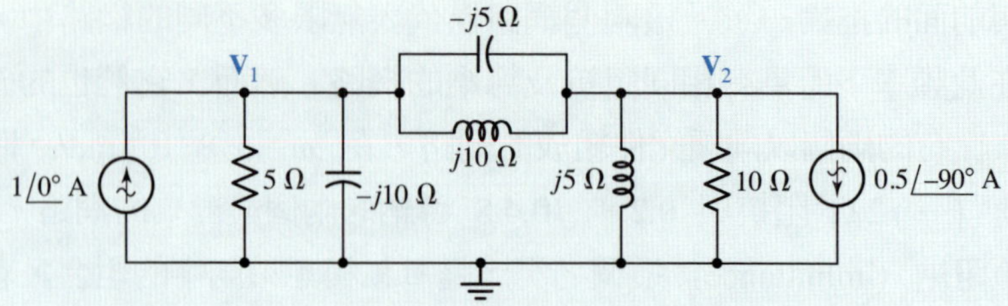

■圖 10.21　用以指明節點電壓 $\mathbf{V}_1$ 及 $\mathbf{V}_2$ 的頻域電路。

$$\frac{\mathbf{V}_1}{5}+\frac{\mathbf{V}_1}{-j10}+\frac{\mathbf{V}_1-\mathbf{V}_2}{-j5}+\frac{\mathbf{V}_1-\mathbf{V}_2}{j10}=1\underline{/0^\circ}=1+j0$$

而對於右側節點，則得

$$\frac{\mathbf{V}_2-\mathbf{V}_1}{-j5}+\frac{\mathbf{V}_2-\mathbf{V}_1}{j10}+\frac{\mathbf{V}_2}{j5}+\frac{\mathbf{V}_2}{10}=-(0.5\underline{/-90^\circ})=j0.5$$

整理同類項後，可知

$$(0.2+j0.2)\mathbf{V}_1-j0.1\mathbf{V}_2=1$$

和

$$-j0.1\mathbf{V}_1+(0.1-j0.1)\mathbf{V}_2=j0.5$$

這些方程式可以很容易地用科學計算器求得為 $\mathbf{V}_1=1-j2$ V 與 $\mathbf{V}_2=-2+j4$ V。

將 $\mathbf{V}_1$ 及 $\mathbf{V}_2$ 以極座標表示為：

$$\mathbf{V}_1=2.24\underline{/-63.4^\circ}$$
$$\mathbf{V}_2=4.47\underline{/116.6^\circ}$$

然後轉換回時域，可求得時域解為

$$v_1(t)=2.24\cos(\omega t-63.4^\circ)\ \text{V}$$
$$v_2(t)=4.47\cos(\omega t+116.6^\circ)\ \text{V}$$

值得注意的是，ω 值必須已知，如此才能求得電路上的阻抗值，而且，兩個電源必須操作在相同頻率下。

練習題

10.12　試利用節點分析方法來求得圖 10.22 中的 $\mathbf{V}_1$ 及 $\mathbf{V}_2$。

答：$1.062\underline{/23.3^\circ}$ V；$1.593\underline{/-50.0^\circ}$ V。

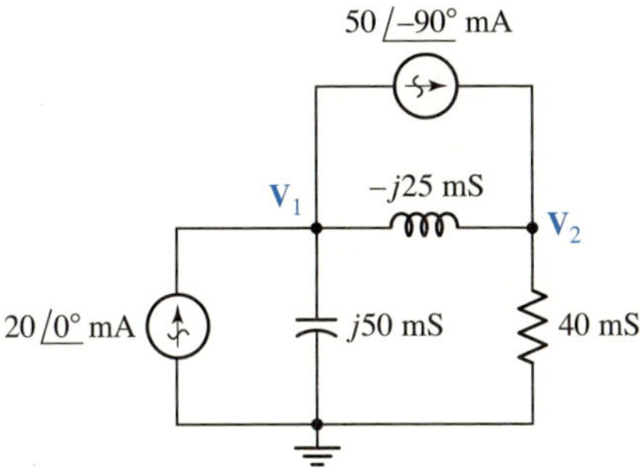

■圖 10.22

現在讓我們來看一個網目分析的例子。再次記住，所有的電源必須操作在相同的頻率下；否則，要定義出電路中任何阻抗的值是不可能的。唯一能解決這種難題的方式就是利用超節點分析，我們將會在下一節來討論。

例題 10.8

在圖 **10.23*a*** 所示的電路圖中，試求出時域電流 i_1 與 i_2 的表示式。

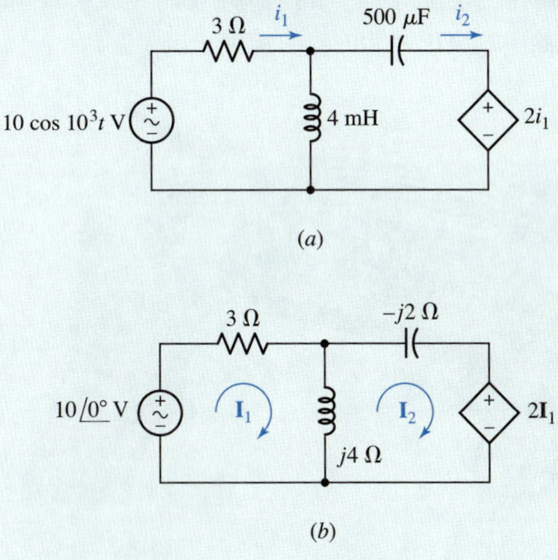

■圖 10.23　(*a*) 包含一個依賴電源的時域電路；(*b*) 相對應的頻域電路。

從左側電源得知 $\omega = 10^3$ rad/s，我們便可以畫出如圖 10.23*b* 所示的頻域電路，並設定網目電流為 $\mathbf{I}_1$ 及 $\mathbf{I}_2$。由網目 1 得知

$$3\mathbf{I}_1 + j4(\mathbf{I}_1 - \mathbf{I}_2) = 10\underline{/0^\circ}$$

或

$$(3 + j4)\mathbf{I}_1 - j4\mathbf{I}_2 = 10$$

而由網目 2 可得

實際應用

電晶體放大器的截止頻率

以電晶體為基礎的放大器電路，是許多現代電子儀器整體的一部分。一個最常見的應用就是在手機 (圖 10.24) 上，其語音訊號是藉由搭載在高頻載波上來傳輸的。不幸的是，電晶體因為有內部電容效應，所以會導致可用頻率的限制，因此在這種情況下，對於一些特別的應用，我們必須慎選適合的電晶體。

圖 10.25*a* 所示的，就是常見的雙極性接面電晶體 (Bipolar Junction Transistor) 的高頻混合-π 模型。雖然實際上電晶體是非線性元件，但是我們可以用這個簡單的線性電路，來合理且準確地描述該裝置實際的運作行為。兩個電容器 C_π 與 C_μ 是用來代表特殊電晶體的內部電容，如果需要的話，我們還可以增加額外的電容與電阻來提高模型的準確度。圖 10.25*b* 所示的就是將電晶體模型放入共射極放大器模型中的情況。

假定弦式穩態訊號可以用其戴維寧等效的 $\mathbf{V}_s$ 及 R_s 表示，則我們便能來探討輸出電壓 $\mathbf{V}_{out}$ 與輸入電壓 $\mathbf{V}_{in}$ 的比值。由於電晶體內部電容的存在，會使得 $\mathbf{V}_s$ 的頻率增加時，放大效能減低，並且這也會限制該電路的正常操作頻率。若在輸出端寫出一個節點方程式，可得

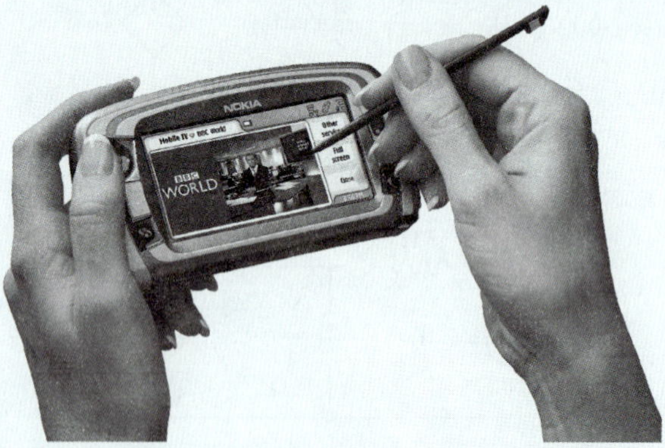

■圖 10.24 電晶體應用於許多設備，最常見的當然是手機。我們常常會使用線性電路模型來分析電晶體的頻率響應效能。

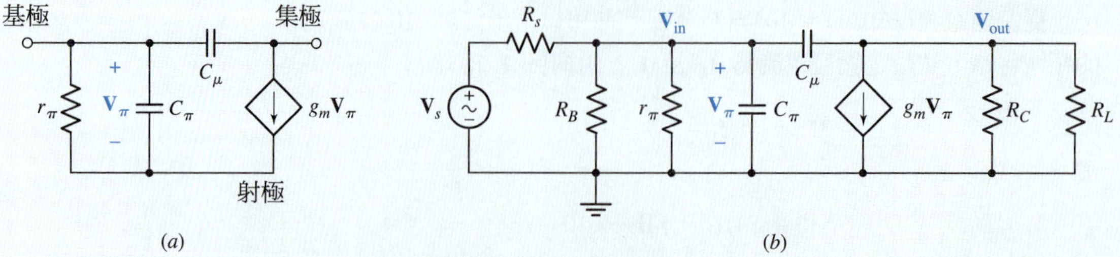

■圖 10.25 (*a*) 高頻混合-π 電晶體模型；(*b*) 使用混合-π 電晶體模型的共射極放大器。

$$-g_m \mathbf{V}_\pi = \frac{\mathbf{V}_{\text{out}} - \mathbf{V}_{\text{in}}}{(1/j\omega C_\mu)} + \frac{\mathbf{V}_{\text{out}}}{(R_C \parallel R_L)}$$

為了求得 $\mathbf{V}_{\text{out}}$，將 $\mathbf{V}_{\text{in}}$ 代入，即 $\mathbf{V}_\pi = \mathbf{V}_{\text{in}}$，可求得放大器增益表示式為

$$\frac{\mathbf{V}_{\text{out}}}{\mathbf{V}_{\text{in}}} = \frac{-g_m(R_C \| R_L)(1/j\omega C_\mu) + (R_C \| R_L)}{(R_C \| R_L) + (1/j\omega C_\mu)}$$

$$= \frac{-g_m(R_C \| R_L) + j\omega(R_C \| R_L)C_\mu}{1 + j\omega(R_C \| R_L)C_\mu}$$

若將典型值 $g_m = 30$ mS、$R_C = R_L = 2$ kΩ 及 $C_\mu = 5$ pF 代入式中，我們便可以畫出增益大小對頻率 (記住 $\omega = 2\pi f$) 的關係圖。圖 10.26*a* 所示的是其半對數關係圖，而圖 10.26*b* 所示的是產生該圖的 MATLAB 指令。我們可以有趣地 (但也多少有如預期地) 發現放大器的增益與頻率有關。事實上，我們可以利用這種電路來濾除我們所不要的頻率成分。然而，在相對較低頻的地方，我們可以發現增益本質上與輸入源的頻率無關。

當我們在描述放大器時，通常會注意使增益減少到為最大值 $1/\sqrt{2}$ 倍的頻率。從圖 10.26*a* 中，我們可以發現最大增益是 30，而增益減少到 $30/\sqrt{2} = 21$ 時的頻率大約是 30 MHz，這個頻率通常稱為放大器的截止 (cutoff) 或轉角 (corner) 頻率。所以，如果電路需要操作在高頻情況下時，則必須減少內部電容 (亦即必須使用不同的電晶體)，或是必須利用一些方法來重新設計電路。

我們必須注意的是，定義相對於 $\mathbf{V}_{\text{in}}$ 的增益並不能完整地描述放大器與頻率相關的運作行為。這是很明顯的，假如我們簡單地考慮電容 C_π 的情況：當 $\omega \to \infty$ 及 $Z_{C\pi} \to 0$，則 $\mathbf{V}_{\text{in}} \to 0$，這種現象並不能用我們所推導的簡單方程式來證明。另一種較有效的方式是，推導出 $\mathbf{V}_{\text{out}}$、$\mathbf{V}_s$ 與兩個電容的關係式，不過這需要多一點的代數運算。

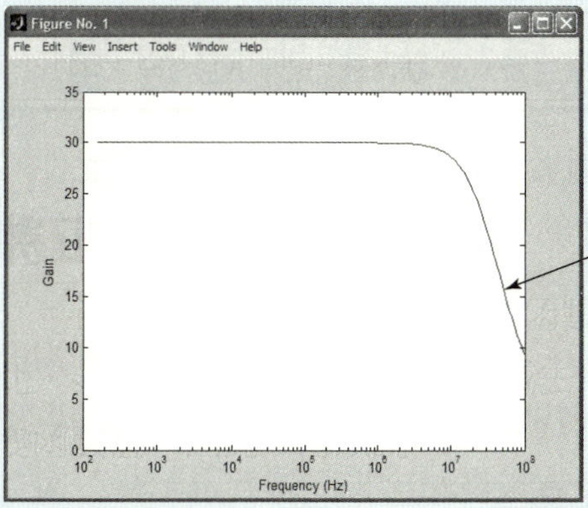

(*a*)

```
EDU» frequency = logspace(3,9,100);
EDU» numerator = -30e-3*1000 + i*frequency*1000*5e-12;
EDU» denominator = 1 + i*frequency*1000*5e-12;
EDU» for k = 1:100
gain(k) = abs(numerator(k)/denominator(k));
end
EDU» semilogx(frequency/2/pi,gain);
EDU» xlabel('Frequency (Hz)');
EDU» ylabel('Gain');
EDU» axis([100 1e8 0 35]);
```

(*b*)

■**圖 10.26** (*a*) 放大增益與頻率的關係；(*b*) 產生圖 (*a*) 的 MATLAB 指令。

$$j4(\mathbf{I}_2 - \mathbf{I}_1) - j2\mathbf{I}_2 + 2\mathbf{I}_1 = 0$$

或

$$(2 - j4)\mathbf{I}_1 + j2\mathbf{I}_2 = 0$$

求解得

$$\mathbf{I}_1 = \frac{14 + j8}{13} = 1.24\underline{/29.7^\circ}\ \text{A}$$

$$\mathbf{I}_2 = \frac{20 + j30}{13} = 2.77\underline{/56.3^\circ}\ \text{A}$$

因此，

$$i_1(t) = 1.24\cos(10^3 t + 29.7^\circ)\ \text{A}$$

$$i_2(t) = 2.77\cos(10^3 t + 56.3^\circ)\ \text{A}$$

練習題

10.13 試利用網目分析方法求得圖 10.27 中的 $\mathbf{I}_1$ 及 $\mathbf{I}_2$。

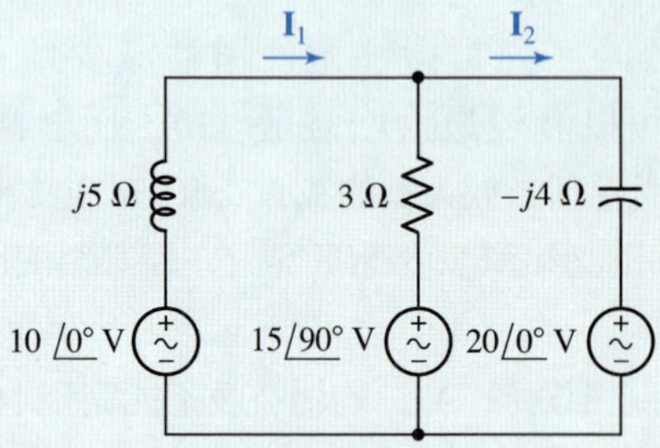

■圖 10.27

答：$4.87\underline{/-164.6^\circ}$ A；$7.17\underline{/-144.9^\circ}$ A。

10.9 超節點、電源轉換與戴維寧定理

在第 7 章介紹過電感器與電容器後，我們發現包含這些元件的電路依然是線性的。而這種線性的特性仍有許多好處，可應用於超節點法則、戴維寧與諾頓定理及電源的轉換。因此，可知這些方法都可應用於我們所考慮的電路上。我們碰巧使用弦式電源來求強迫響應其實是預料中的事，沒什麼特殊的，而用相量來分析電路也是如此，因為我們所討論的仍然是線性電路。也許讀者還記得，當合併實數與虛數電源來求得複數電源時，我們已經求助過線性及超節

點法了。

例題 10.9

試利用超節點法則來求圖 10.21 中的 $\mathbf{V}_1$。為了方便起見，我們將圖重繪於圖 10.28*a* 中。

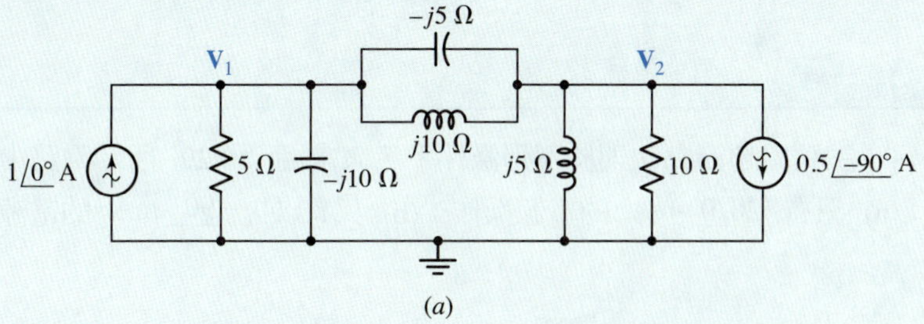

(*a*)

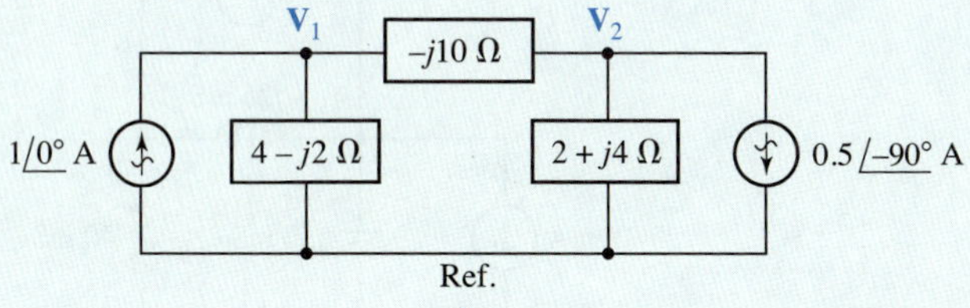

(*b*)

■**圖 10.28**　(*a*) 求圖 10.21 中的 $\mathbf{V}_1$；(*b*) 分別求相量響應及用超節點法則後，便能獲得 $\mathbf{V}_1$。

首先我們將圖重繪成圖 10.28*b*，其中各個並聯阻抗已被單一等效阻抗所取代。也就是，$5 \parallel -j10\ \Omega$ 為 $4-j2\ \Omega$、$j10 \parallel -j5\ \Omega$ 為 $-j10\ \Omega$ 與 $10 \parallel j5$ 等於 $2+j4\ \Omega$。為了求得 $\mathbf{V}_1$，首先只令左側的電源有作用，求得部分響應 $\mathbf{V}_{1L}$。因為 $1\underline{/0^\circ}$ 的電源與下面的阻抗並聯

$$(4-j2) \parallel (-j10+2+j4)$$

所以

$$\mathbf{V}_{1L} = 1\underline{/0^\circ}\frac{(4-j2)(-j10+2+j4)}{4-j2-j10+2+j4}$$

$$= \frac{-4-j28}{6-j8} = 2-j2\ \text{V}$$

之後又只令右側的電源有作用，由分流法則與歐姆定律可得

$$\mathbf{V}_{1R} = (-0.5\underline{/-90^\circ})\left(\frac{2+j4}{4-j2-j10+2+j4}\right)(4-j2) = -1\ \text{V}$$

兩者相加，得到

$$\mathbf{V}_1 = \mathbf{V}_{1L} + \mathbf{V}_{1R} = 2 - j2 - 1 = 1 - j2 \quad \text{V}$$

可得到與之前例題 10.7 相同的結果。

我們可以發現，超節點法則在處理擁有操作在不同頻率電源的電路也是非常有用的。

練習題

10.14 試利用超節點法則於下列條件下，來求圖 10.29 所示電路中的 $\mathbf{V}_1$：(a) 只有 $20\underline{/0°}$-mA 的電源操作；(b) 只有 $50\underline{/-90°}$-mA 的電源操作。

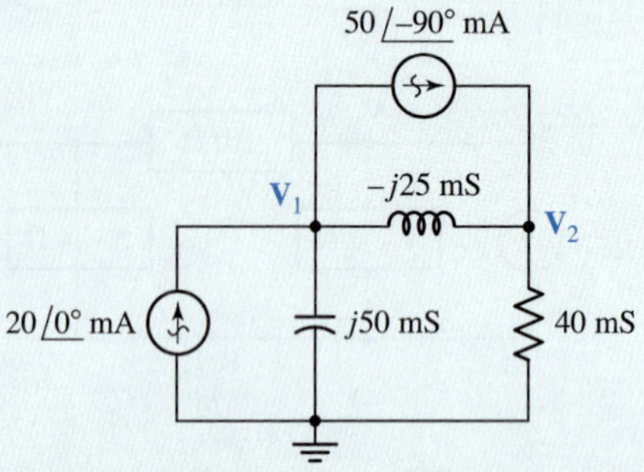

■圖 10.29

答：$0.1951 - j0.556$ V；$0.780 + j0.976$ V。

例題 10.10

試決定由圖 **10.30*a*** 中的 $-j10\ \Omega$ 阻抗所看進去的戴維寧等效，並利用此值來計算 $\mathbf{V}_1$。

定義於圖 10.30*b* 的開路電壓為

$$\begin{aligned}\mathbf{V}_{oc} &= (1\underline{/0°})(4 - j2) - (-0.5\underline{/-90°})(2 + j4)\\ &= 4 - j2 + 2 - j1 = 6 - j3 \text{ V}\end{aligned}$$

圖 10.30*c* 中由於電流源開路所形成的無電源電路，其從負載端看進去的阻抗為兩個剩餘阻抗之和。因此，

$$\mathbf{Z}_{th} = 6 + j2\ \Omega$$

所以，當我們重新連接好如圖 10.30*d* 的電路後，我們便能得知從節點 1 流經 $-j10\ \Omega$ 負載至節點 2 的電流為

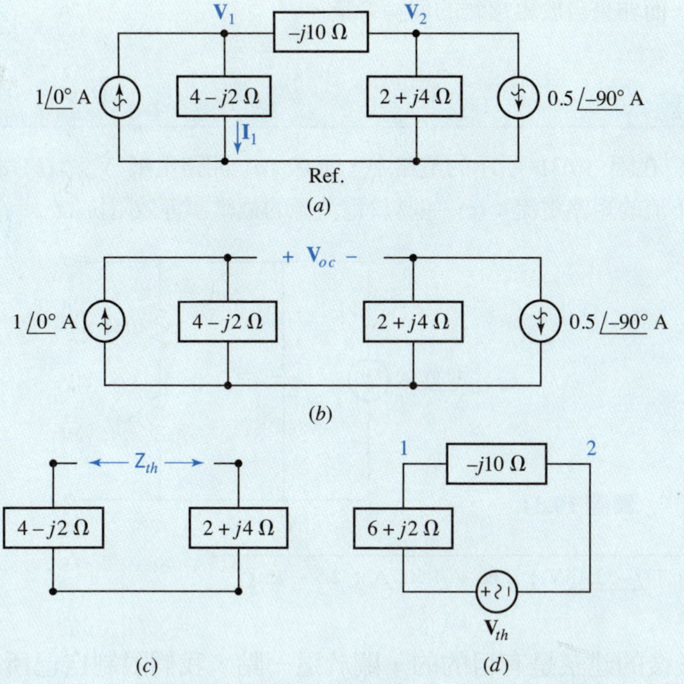

■圖 10.30　(*a*) 圖 10.28*b* 的電路，其中所要求的是由 $-j10\ \Omega$ 阻抗所看進去的戴維寧等效；(*b*) 決定 $\mathbf{V}_{oc}$；(*c*) 決定 $\mathbf{Z}_{th}$；(*d*) 使用戴維寧等效而重新繪製的電路。

$$\mathbf{I}_{12} = \frac{6 - j3}{6 + j2 - j10} = 0.6 + j0.3 \text{ A}$$

我們已經得知了流經圖 10.30*a* 中 $-j10\ \Omega$ 阻抗的電流，不過值得注意的是，因為圖 10.30*d* 的參考節點不存在，所以我們不能用該電路圖來求得 $\mathbf{V}_1$。回到原本的電路圖，然後將左側的電源電流減去 $0.6 + j0.3$ A，則我們便能得知向下流經 $(4 - j2)\ \Omega$ 分支的電流為

$$\mathbf{I}_1 = 1 - 0.6 - j0.3 = 0.4 - j0.3 \qquad \text{A}$$

因此，

$$\mathbf{V}_1 = (0.4 - j0.3)(4 - j2) = 1 - j2 \qquad \text{V}$$

便得到與之前相同的結果。

如果主要的目的是求 $\mathbf{V}_1$ 之值，則利用諾頓定理於圖 10.30*a* 中右側的三個元件較為方便。我們也可以再次利用電源轉換的方法來簡化電路。因此，所有在第 4 及第 5 章所提的方式與技巧，都可以應用在頻域的電路分析中。很明顯地，一些額外的運算複雜性是源自於必須使用

複數，而非來自於更複雜的理論考量。

練習題

10.15　在圖 10.31 所示的電路中，試求 (*a*) 開路電壓 $\mathbf{V}_{ab}$；(*b*) *a* 與 *b* 間向下流的短路電流；(*c*) 並聯於電流源的戴維寧等效阻抗 $\mathbf{Z}_{ab}$。

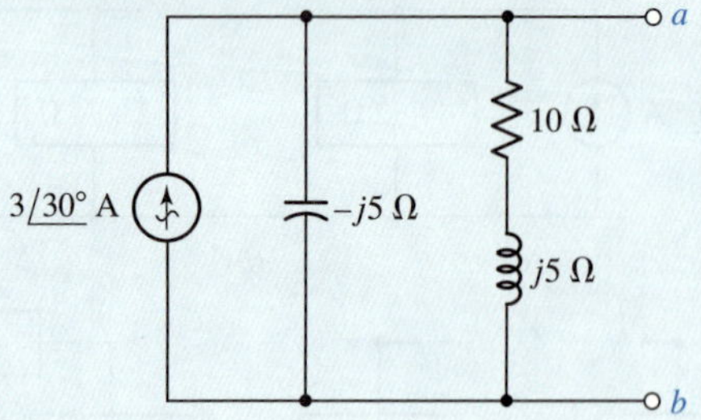

■圖 10.31

答：$16.77\angle{-33.4^\circ}$ V；$2.60 + j1.500$ A；$2.5 - j5\ \Omega$。

最後的建議是有目的的，關於這一點，我們限制自己所考慮的是，每個電源皆操作於正好相同頻率的單電源或多電源電路。為了定義電感與電容元件的阻抗值，這麼做是必須的。然而，相量分析的概念可以很容易地擴展到操作在不同頻率的多電源電路。在這種情況下，我們只要利用超節點法則來決定個別電源的電壓和電流，然後在時域中將結果相加即可。假如有一些電源操作在相同頻率時，超節點法則即允許我們能同時考慮這些電源，然後再將所得的響應與其它操作在不同頻率的電源響應加在一起。

例題 10.11

試求在圖 **10.32*a*** 電路中，被 **10 Ω** 電阻器所消耗的功率。

乍見電路之後，我們可能會快速地寫下兩個節點方程式，或是寫出兩組電源轉換式並立即著手求出 10 Ω 電阻器的電壓降。

不幸的是，由於兩個電源操作在不同的頻率，所以無法使用上述的方法。在這種情況下，沒有任何方法可以用來計算電路中任何電容器與電感器的阻抗值—試問 ω 該用多少？

而唯一能解決這種困境的就是使用超節點法則，將相同分支電路中所有操作於相同頻率的電源集合起來，如圖 10.32*b* 與 *c* 所示。

在圖 10.32*b* 的分支電路中，我們可以很快地利用電流分流技巧，

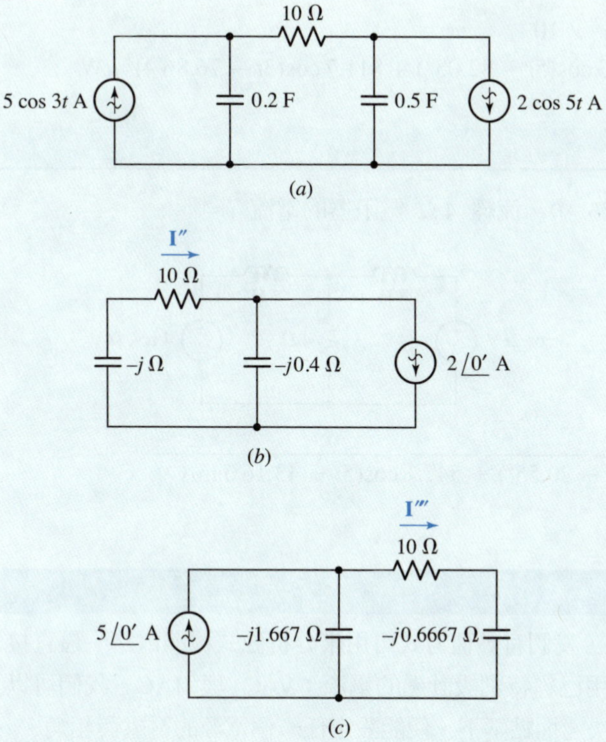

■圖 10.32　(*a*) 一個由操作在不同頻率的電源所組成的簡單電路；(*b*) 移除左側電源的電路；(*c*) 移除右側電源的電路。

在信號處理的研究當中，我們也介紹過法國數學家 Jean-Baptiste Joseph Fourier，他發展出一套幾乎可以將任何函數用弦波組合的方法。當我們在探討線性電路時，一旦知道特定電路對一般弦式或強迫函數的響應，我們便可以利用超節點法則，很容易地預知由傅立葉級數函數所表示的任意波形對電路所造成的響應。

計算出電流 $\mathbf{I}'$：

$$\mathbf{I}' = 2\underline{/0^\circ}\left[\frac{-j0.4}{10 - j - j0.4}\right]$$
$$= 79.23\underline{/-82.03^\circ}\ \text{mA}$$

所以

$$i' = 79.23\cos(5t - 82.03^\circ)\ \text{mA}$$

同理，我們可以求出

$$\mathbf{I}'' = 5\underline{/0^\circ}\left[\frac{-j1.667}{10 - j0.6667 - j1.667}\right]$$
$$= 811.7\underline{/-76.86^\circ}\ \text{mA}$$

所以

$$i'' = 811.7\cos(3t - 76.86^\circ)\ \text{mA}$$

CAUTION

我們必須留意的一點就是，無論如何嘗試地將圖 10.32*b* 與 *c* 中的兩個相量電流 $\mathbf{I}'$ 與 $\mathbf{I}''$ 加在一起，這是不正確的。我們的下一個步驟就是將兩個時域電流相加，平方的結果再乘以 10，如此便能得到圖 10.32*a* 中 10 Ω 電阻器所吸收的功率為：

$$p_{10} = (i' + i'')^2 \times 10$$
$$= 10[79.23\cos(5t - 82.03°) + 811.7\cos(3t - 76.86°)]^2\ \mu\text{W}$$

練習題

10.16 試求圖 10.33 中，流經 4 Ω 電阻器的電流 i。

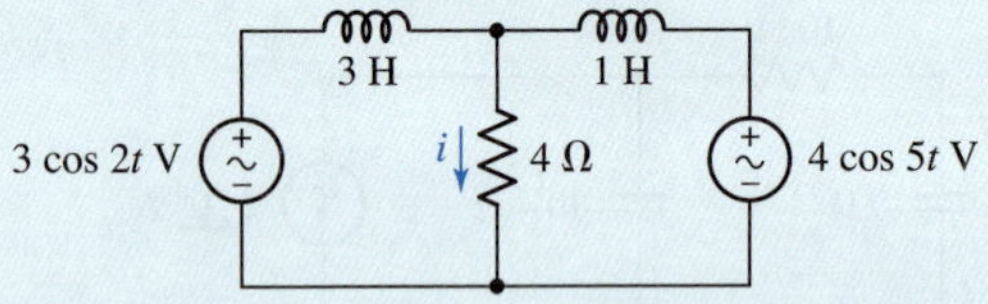

■圖 10.33

答：$i = 175.6\cos(2t - 20.55°) + 547.1\cos(5t - 43.16°)$ mA。

電腦輔助分析

在 PSpice 中，我們有幾種方式可用來分析弦式穩態電路。最直接的方法可能就是利用已經特別設計過的電源：VAC 與 IAC。我們可以在該元件上用滑鼠快速地點兩下，便能設定任一個電源的電壓與相角。

現在讓我們來模擬一下圖 10.19*a* 的電路，已經重新繪製在圖 10.34 中。

電源頻率並不是透過元件特性編輯器 (Property Editor) 來選擇的，而是必須在交流掃描分析對話框 (ac sweep analysis dialog box) 中選擇。就是開啟模擬設定視窗 (Simulation Settings window)，並在 **Analysis** 下選擇 **AC Sweep/Noise**。然後選擇線性掃描 (**Linear** sweep) 並將總點數 (**Total Points**) 設定為 1。由於我們只對頻率 $\omega = 3000$ rad/s (477.5 Hz) 感興趣，所以就將起始頻率 (**Start Frequency**) 與終止頻率 (**End**

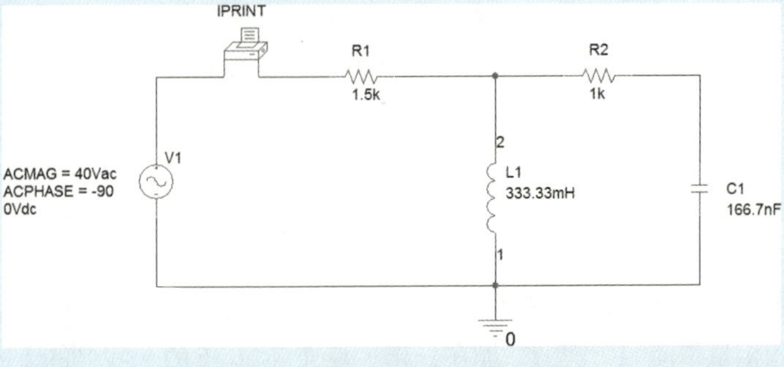

■圖 10.34 圖 10.19*a* 的電路，其中操作頻率為 $\omega = 3000$ rad/s。我們要求的是流經 1.5 kΩ 電阻器的電流。

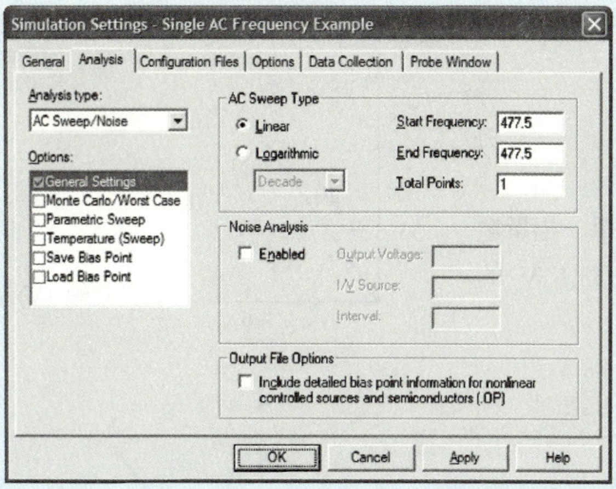

■圖 10.35
設定電源頻率的對話框。

Frequency) 都設為 477.5，如圖 10.35 所示。

注意我們在電路圖中增加了額外的元件，該元件稱為 IPRINT，這是用來列印不同的電流參數。在這個模擬中，我們感興趣的是 **AC**、**MAG** 與 **PHASE** 的特性。為了能在 PSpice 中顯示這些數值，只要在電路中的 IPRINT 圖案上用滑鼠快速地點兩下，然後在每個適當的地方輸入 *yes* 即可。

模擬結果可以藉由在 **PSpice** 的 CIS 擷取視窗 (Capture CIS window) 中選擇觀看輸出檔案 (**View Output File**) 來獲得。

```
FREQ          IM(V_PRINT1)   IP(V_PRINT1)
4.775E+02     1.600E-02      -1.269E+02
```

因此，可知電流振幅為 16 mA，而相角為 $-126.9°$。所以流過 1.5 kΩ 電阻器的電流為

$$i = 16\cos(3000t - 126.9°)\ \text{mA}$$
$$= 16\sin(3000t - 36.9°)\ \text{mA}$$

10.10 相量圖

相量圖是用來顯示某特定電路的相量電壓與相量電流，在複數平面上關係的概略圖形。它也可以作為用來求解某些問題的圖解法，且可以用來檢驗比較正確的解析法的答案。在第 11 章中，我們將會遇到類似的圖形，用來顯示弦式穩態下複數功率間的關係。

我們已經熟悉了複數在複數平面上加法與減法的圖解方式。由

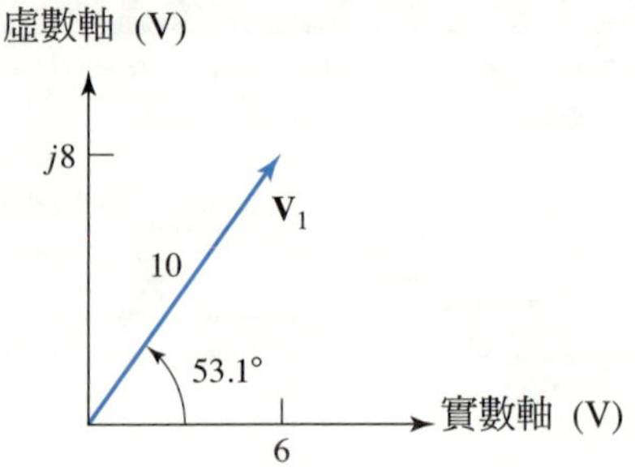

■圖 10.36　顯示單一相量電壓 $\mathbf{V}_1 = 6 + j8 = 10\underline{/53.1°}$ V 的簡易相量圖。

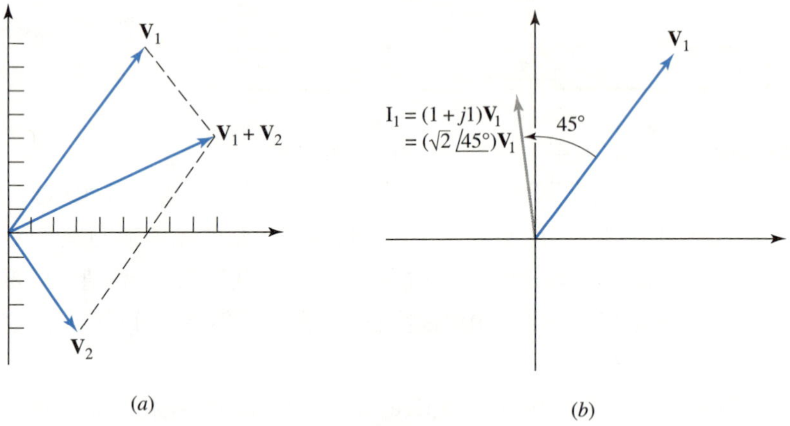

■圖 10.37　(*a*) 顯示 $\mathbf{V}_1 = 6 + j8$ V 與 $\mathbf{V}_2 = 3 - j4$ V 總和 $\mathbf{V}_1 + \mathbf{V}_2 = 9 + j4$ V $= 9.85\underline{/24.0°}$ V 的相量圖；(*b*) 顯示 $\mathbf{V}_1$ 與 $\mathbf{I}_1$ 的相量圖，其中 $\mathbf{I}_1 = \mathbf{Y}\mathbf{V}_1$ 而 $\mathbf{Y} = 1 + j\,1$S $= \sqrt{2}\,\underline{/45°}$ S。電流與電壓振幅的尺度是不同的。

於相量電壓與相量電流都是複數的，所以在複數平面可以用點來表示。舉例來說，相量電壓 $\mathbf{V}_1 = 6 + j8 = 10\underline{/53.1°}$ V 在複數電壓平面可以表示成如圖 10.36 所示的圖形。x 軸是實數電壓軸，y 軸是虛數電壓軸；而電壓 $\mathbf{V}_1$ 則是以原點至該點的箭頭表示。由於加減法特別容易在複數平面上運算與顯示，所以相量便可以很容易在相量圖上做加減運算。乘法與除法會造成角度的加減與振幅的改變。圖 10.37*a* 顯示了 $\mathbf{V}_1$ 與第二個相量電壓 $\mathbf{V}_2 = 3 - j4 = 5\underline{/-53.1°}$ V 的總和，而圖 10.37*b* 則顯示了 $\mathbf{V}_1$ 與導納 $\mathbf{Y} = 1 + j1$ S 的乘積，也就是電流 $\mathbf{I}_1$。

上一個相量圖可以同時在複數平面上顯示電流與電壓相量，可知每一個相量都有其自己的振幅尺度，但角度的尺度是相同的。舉例來說，若相量電壓長度 1 cm 代表 100 V，而相量電流長度 1 cm

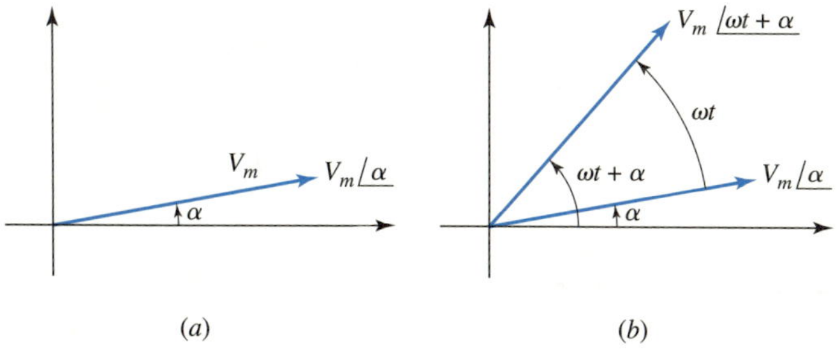

■圖 10.38 (a) 相量電壓 $V_m\angle\alpha$；(b) 在某一瞬間以相量顯示的複數電壓 $V_m\angle\omega t+\alpha$。該相量領先 $V_m\angle\alpha$ 有 ωt 弳度。

則可能代表 3 mA。將兩個相量畫在相同的圖中，可以使我們很容易地決定哪個波形是領先，哪個波形是落後。

相量圖亦提供了一個時域與頻域間轉換的有趣說明，因為該圖形可以從時域或頻域的觀點來解釋。關於這一點，我們其實已經使用了頻域的觀點來解釋，因為我們已經直接將相量表示在相量圖上了。然而，我們可以先藉由如圖 10.38a 所示般，將相量電壓 $\mathbf{V} = V_m\angle\alpha$ 顯示出來，我們便能從時域的觀點來說明。為了將 V 轉換至時域，所需的下一個步驟就是將該相量乘上 $e^{j\omega t}$，然後便能獲得一個複數電壓 $V_m e^{j\alpha}e^{j\omega t} = V_m\angle\omega t+\alpha$。可將此電壓視為一個相量，其相角隨時間線性地增加。因此，在相量圖上，它代表著一個旋轉的線段，其瞬時位置超前 (反時針方向) $V_m\angle\alpha$ 有 ωt 弳度。$V_m\angle\alpha$ 與 $V_m\angle\omega t+\alpha$ 的相量圖顯示於圖 10.38b 中。

轉移至時域，可取 $V_m\angle\omega t+\alpha$ 的實部來完成。此複數量的實部，就是 $V_m\angle\omega t+\alpha$ 在實數軸 $V_m\cos(\omega t+\alpha)$ 上的投影。

因此，整體來說，頻域相量出現在相量圖上，且令相量以 ω rad/s 的角速度逆時針方向旋轉，然後觀察在實數軸上的投影，即可完成轉換至時域的工作。將相量圖上相量 $\mathbf{V}$ 的箭號想像成旋轉箭號在 $\omega t=0$ 時的瞬時影像，則此旋轉箭號在實數軸上的投影為電壓 $v(t)$ 的瞬間值。

現在讓我們來建構一些簡易電路的相量圖。顯示於圖 10.39a 的串聯 RLC 電路有幾個不同的電壓，但只有一個電流。採用此單一電流為參考相量，便可以很容易地製作出相量圖。任意選定一 $\mathbf{I} = I_m\angle 0°$，並置於圖 10.39$b$ 相量圖的實數軸上，接著可計算出電阻器、電容器與電感器的電壓，然後畫於圖上，其中我們可以清楚地

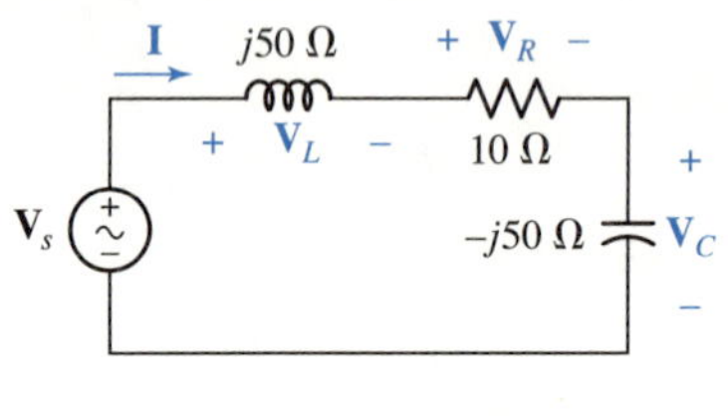

(a)

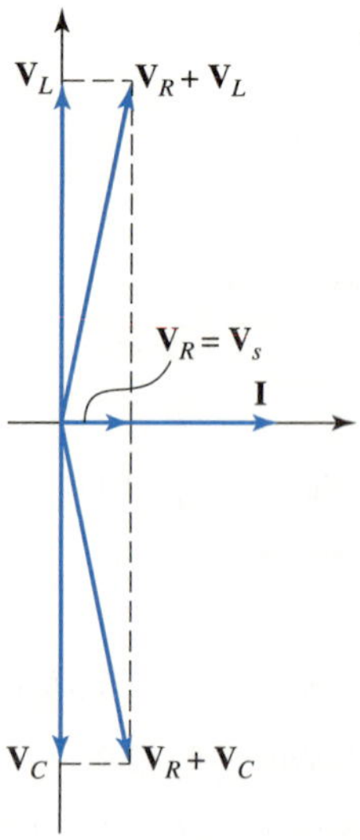

(b)

■圖 10.39 (*a*) 串聯 RLC 電路；(*b*) 此電路的相量圖，其中為了方便起見，以電流 **I** 為參考相量。

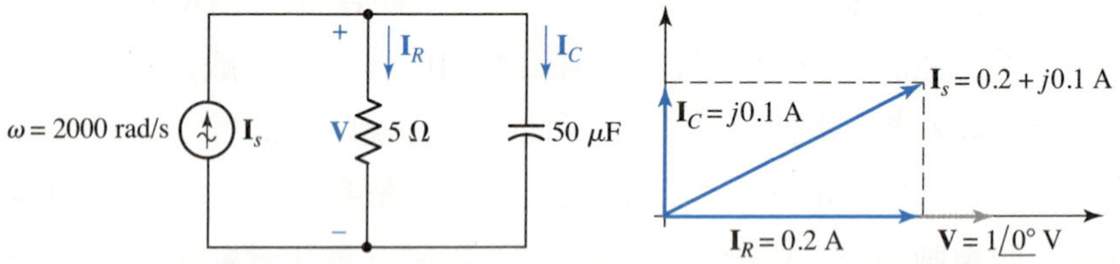

(a) (b)

■圖 10.40 (*a*) 並聯 *RC* 電路；(*b*) 此電路的相量圖，其中為了方便起見，以節點電壓 **V** 為參考相量。

看到 90° 的相角關係。這三個電壓的總和為電源電壓，對此電路而言，由於電路是處於 $\mathbf{Z}_C=-\mathbf{Z}_L$ 的諧振狀態 (我們將於下一章節做定義)，故電源電壓會等於電阻器的電壓。跨接於電阻器與電感器，或電阻器與電容器兩端的總電壓，可以藉由將對應的相量於圖上相加而得到。

圖 10.40*a* 是一個簡單的並聯電路，基本上是採用兩節點間的唯一電壓作為參考相量。假定 $\mathbf{V}=1\underline{/0°}$ V，則電阻器電流 $\mathbf{I}_R=0.2\underline{/0°}$ A 與該電壓同相，且電容器電流 $\mathbf{I}_C=j0.1$ A 領先參考電壓 90°。當這兩個電流繪於圖 10.40*b* 所示的相量圖後，可將它們相加以求電源電流，結果為 $\mathbf{I}_C=0.2+j0.1$ A。

如果原先已經指定了電源電流，如為 $1/0°$ A，且原先不知道節點電壓，藉由假定一節點電壓 (例如，$\mathbf{V}=1\underline{/0°}$ V)，並以此電壓為參考相量，則仍然可以很方便地繪製出相量圖。之後，便能以先前討論過的方法來完成相量圖，則我們便能得到由假設的節點電壓所造成的電源電流，其仍為 $0.2 + j0.1$ A。然而，真正的電源電流是 $1\underline{/0^\circ}$ A，因此真正的節點電壓比假定的節點電壓大 $1\underline{/0^\circ}/(0.2 + j0.1)$ 倍，所以真正的節點電壓為 $4 - j2\ \text{V} = \sqrt{20}\underline{/-26.6^\circ}$ V。假定的電壓因刻度改變 (假設的圖小 $1/\sqrt{20}$ 倍) 與角度的旋轉 (假設的圖逆時針方向旋轉 26.6°)，所以會導致相量圖與真正的相量圖不同。

相量圖一般而言很容易製作，而且在大多數的弦波穩態分析中，若繪出相量圖，則會使得分析更有意義。使用相量圖的其它例子，在往後的討論中將會經常出現。

例題 10.12

在圖 **10.41** 所示的電路中，試製作其相量圖以顯示 $\mathbf{I}_R$、$\mathbf{I}_L$ 與 $\mathbf{I}_C$。合併這些電流以求 $\mathbf{I}_s$ 領先 $\mathbf{I}_R$、$\mathbf{I}_C$ 與 $\mathbf{I}_x$ 的角度。

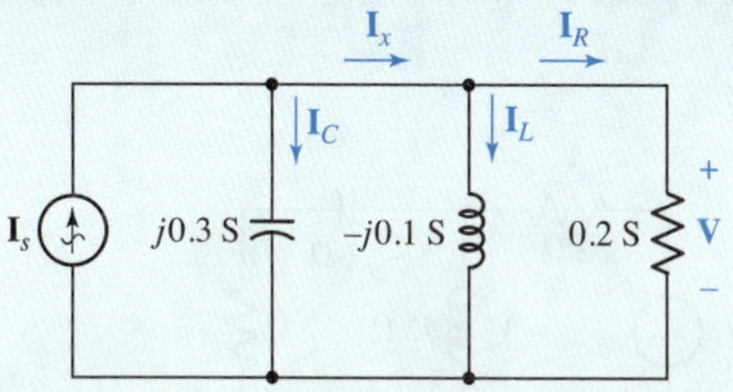

■圖 10.41 擁有幾個待求電流的簡易電路。

一開始，我們先選定一個適當的參考相量。經過檢視電路及待求的變數後，我們可以發現 **V** 是已知的，而 $\mathbf{I}_R$、$\mathbf{I}_L$ 與 $\mathbf{I}_C$ 則可以用簡單的歐姆定律便可以計算出來。因此，為了簡易起見，我們選定 $\mathbf{V} = 1\underline{/0^\circ}$ V，則接下來便能計算

$$\mathbf{I}_R = (0.2)1\underline{/0^\circ} = 0.2\underline{/0^\circ}\ \text{A}$$
$$\mathbf{I}_L = (-j0.1)1\underline{/0^\circ} = 0.1\underline{/-90^\circ}\ \text{A}$$
$$\mathbf{I}_C = (j0.3)1\underline{/0^\circ} = 0.3\underline{/90^\circ}\ \text{A}$$

其相對應的相量圖則顯示於圖 10.42a 中。我們也需要去求出相量電流 $\mathbf{I}_s$ 與 $\mathbf{I}_x$。由圖 10.42b 所示，可決定出 $\mathbf{I}_x = \mathbf{I}_L + \mathbf{I}_R = 0.2 - j0.1 = 0.224\underline{/-26.6^\circ}$ A，而由圖 10.42c 所示，可決定出 $\mathbf{I}_s = \mathbf{I}_C + \mathbf{I}_x = 0.283\underline{/45^\circ}$ A。又從圖 10.42c 中，我們可以發現 $\mathbf{I}_s$ 領先 $\mathbf{I}_R$ 與 $\mathbf{I}_C$ 各為 45° 與 −45°，而領先 $\mathbf{I}_x$ 有 45° + 26.6°=71.6°。然而，這些角度都只

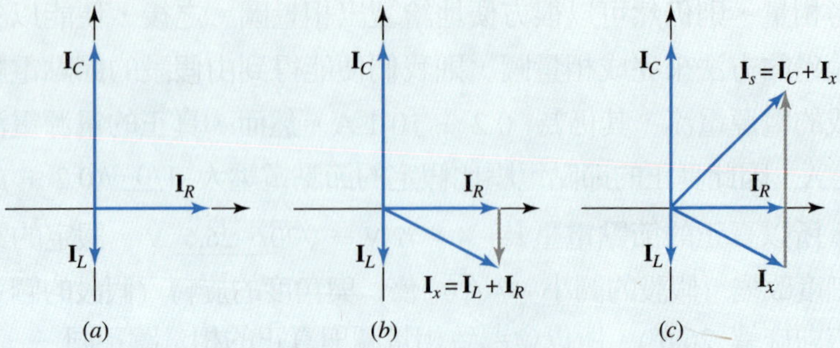

■圖 10.42 (*a*) 使用參考值 $\mathbf{V}=1\underline{/0°}$ 所建立的相量圖；(*b*) 決定 $\mathbf{I}_x=\mathbf{I}_L+\mathbf{I}_R$ 的圖形；(*c*) 決定 $\mathbf{I}_s=\mathbf{I}_C+\mathbf{I}_x$ 的圖形。

是相對的關係，其真實的數值是與 $\mathbf{I}_s$ 有關，而真實的 $\mathbf{V}$ (為了方便起見，在這裡我們假設為 $1\underline{/0°}$ V) 也是由 $\mathbf{I}_s$ 來決定。

練習題

10.17 在圖 10.43 的電路中，選定 $\mathbf{I}_C$ 為參考值，試繪出 $\mathbf{V}_R$、$\mathbf{V}_2$、$\mathbf{V}_1$ 與 $\mathbf{V}_s$ 的相量圖，並測量下列長度的比值：(a) $\mathbf{V}_s$ 對 $\mathbf{V}_1$；(b) $\mathbf{V}_1$ 對 $\mathbf{V}_2$；(c) $\mathbf{V}_s$ 對 $\mathbf{V}_R$。

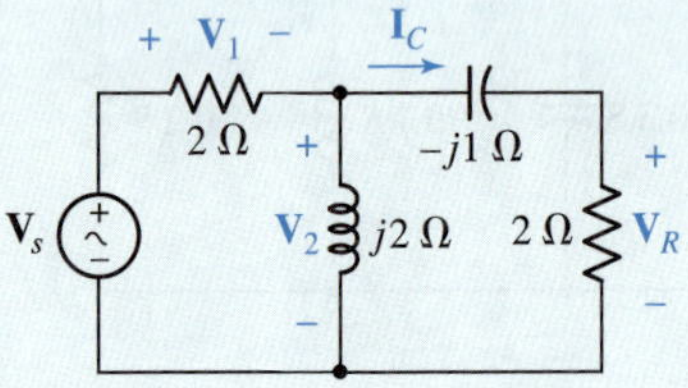

■圖 10.43

答：1.90；1.00；2.12

摘要與複習

- 如果兩個正弦波 (或是兩個餘弦波) 皆有正值的振幅與相同頻率，我們可以藉由比較其相角，便能得知何者的波形是領先或者是落後。
- 線性電路對弦式電壓電流源的強迫響應，可以寫成具有相同頻率的單一弦式電源。
- 相量的轉換可以應用在任何的弦式函數上，反之亦然：

$V_m \cos(\omega t + \phi) \leftrightarrow V_m \angle \phi$ 。

- ❐ 相量同時具有振幅與相角，其頻率與驅動該電路弦式電源的頻率相同。
- ❐ 當轉換一個時域電路，到其相對應的頻域電路時，電阻器、電容器與電感器都由阻抗所取代 (或偶爾以導納取代)。
- ❐ 電阻器的阻抗就是其電阻值。
- ❐ 電容器的阻抗為 $1/j\omega C\ \Omega$。
- ❐ 電感器的阻抗為 $j\omega L\ \Omega$。
- ❐ 阻抗的串並聯組合方式與電阻器相同。
- ❐ 先前對電阻性電路所討論過的所有分析技巧，都可以應用到擁有電容器與/或電感器並轉換成頻域的等效電路中。
- ❐ 相量分析只能應用在具有單一頻率的電路中。否則，我們便需使用超節點法則來分析，而將時域部分的響應加上便能得到完全響應。
- ❐ 當決定好初始的強迫函數後，相量圖的分析能力便能顯著地發揮出來，只要經過適當地調整，我們便能得到最後的結果。

進階研讀

- ❐ 讀者若對相量分析技巧有興趣，可以參考：

  R. A. DeCarlo and P. M. Lin, *Linear Circuit Analysis*, 2nd ed. New York: Oxford University Press, 2001.
- ❐ *從相量的觀點來討論的頻率依賴電晶體模型，可以在這本書的第 7 章中找到更詳盡的說明。

  W. H. Hayt, Jr. and G. W. Neudeck, *Electronic Circuit Analysis and Design*, 2nd ed. New York: Wiley, 1995.

習　題

※偶數題置書後光碟

10.1　弦波的特性

1. 某一正弦波 $f(t)$ 等於零，但於 $t=2.1$ ms 時開始增加，隨後其於 t

$=7.5$ ms 時到達最大值 8.5。試將下列 $f(t)$ 的波形型式表示出來 (a) $C_1 \sin(\omega t + \phi)$，其中 ϕ 為正，值盡可能地小且以度為單位；(b) $C_2 \cos(\omega t + \beta)$，其中 β 具有最小的幅度，且以度為單位；(c) $C_3 \cos \omega t + C_4 \sin \omega t$。

3. 給定兩個弦波 $f(t)=-50 \cos \omega t-30 \sin \omega t$ 與 $g(t)=55 \cos \omega t - 15 \sin \omega t$，試求 (a) 各自波形的振幅；(b) $f(t)$ 領先 $g(t)$ 的角度。

5. 某一電源供應器產生頻率為 13.56 MHz 的餘弦 $V_m \cos(\omega t + \phi)$ 電壓波形。假若其能供應給 5 Ω 負載的最大功率為 300 W，且在 $t=21.15$ ms 時電壓達到最小值，試求 V_m、ω 與 ϕ。

7. 試決定哪一個波形是落後的？(a) $6 \cos(2\pi 60t - 9°)$ 與 $-6 \cos(2\pi 60t + 9°)$；(b) $\cos(t - 100°)$ 與 $-\cos(t - 100°)$；(c) $-\sin t$ 與 $\sin t$；(d) $7000 \cos(t - \pi)$ 與 $9 \cos(t - 3.14°)$。

9. 傅立葉定理是科學與工程中常用的工具，它可以將圖 10.44 的週期波形表示成無窮多項的總和，為

$$v(t) = \frac{8}{\pi^2}\left(\sin \pi t - \frac{1}{3^2}\sin 3\pi t + \frac{1}{5^2}\sin 5\pi t - \frac{1}{7^2}\sin 7\pi t + \cdots\right)$$

(a) 計算 $t=0.4$ s 時的 $v(t)$ 值。計算上述傅立葉級數的近似值，使用 (b) 只有第一項；(c) 只有前四項；(d) 只有前五項。

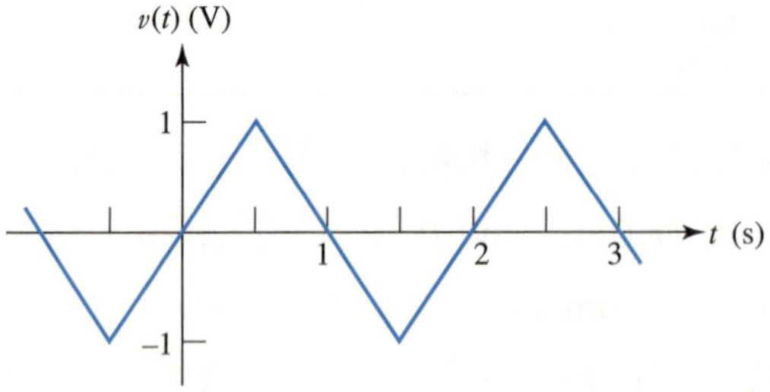

■圖 10.44

10.2 弦式函數的強迫響應

11. 試求圖 10.45 所示電路的穩態電壓 $v_C(t)$。

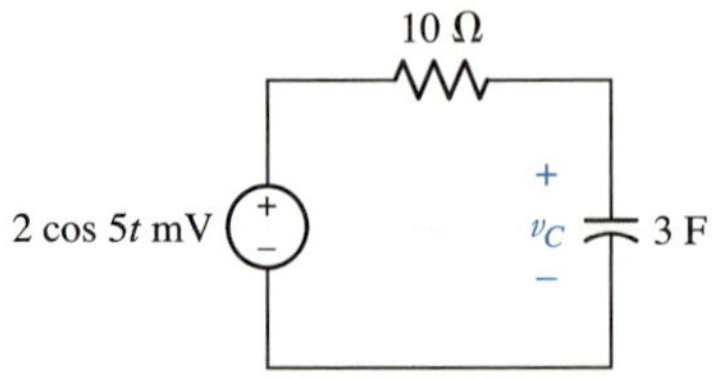

■圖 10.45

13. 令圖 10.47 電路中的 $v_s=20 \cos 500t$ V，試先化簡電路，再求 $i_L(t)$。

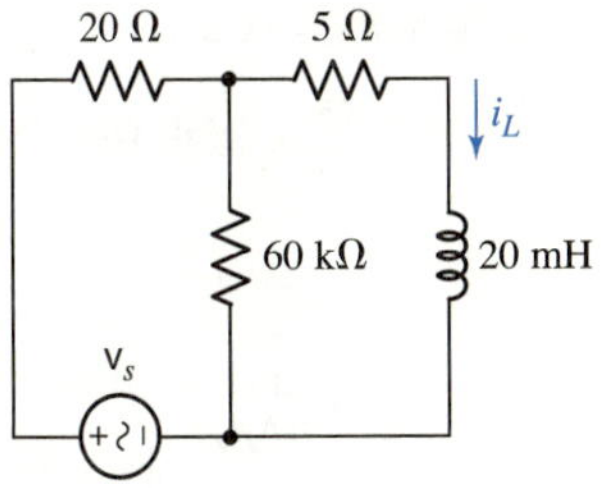

■圖 10.47

15. 有一弦式電壓源 $v_s = 100 \cos 10^5 t$ V 與一 500 Ω 電阻器、一 8 mH 電感器串聯，試求在 $0 \le t \le \frac{1}{2}T$ 中，使得傳輸到下列元件的功率為零的瞬時時間：(a) 傳送至電阻器；(b) 傳送至電感器；(c) 由電源產生。

17. 試求圖 10.50 中的 $i_L(t)$。

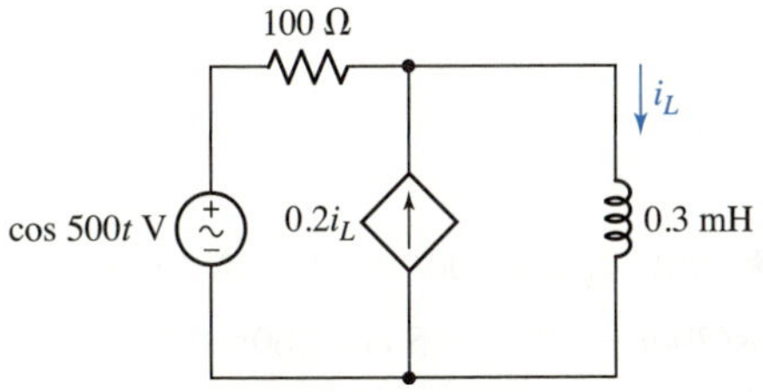

■圖 10.50

19. 在圖 10.51 的電路中，電壓源分別為 $v_{s1} = 120 \cos 200t$ V 與 $v_{s2} = 180 \cos 200t$ V。試求出往下流動的電感器電流。

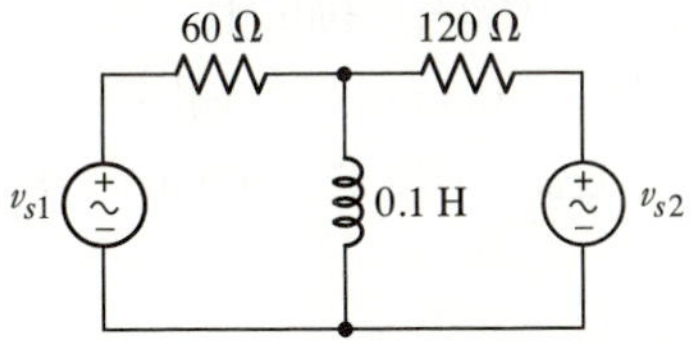

■圖 10.51

21. 有一電壓源 $V_m \cos \omega t$ 與電阻器 R、電容器 C 串聯。(a) 試寫出迴路電流 i 的積分微分方程式，並微分此式得到該電路的微分方程式；(b) 假定將強迫響應 $i(t)$ 的通式代入微分方程式中，試求出該強迫響應的正確型式。

10.3　複數強迫函數

23. 完成所指定的運算，並將答案以單一複數的直角座標型式表示：(a) $3 + 15\angle{-23^\circ}$；(b) $12j(17\angle{180^\circ})$；(c) $5 - 16\dfrac{(1+j)(2-j7)}{33\angle{-9^\circ}}$。

25. 將下列數值以單一複數的極座標型式表示：(a) $e^{j14^\circ} + 9\angle{3^\circ} - \dfrac{8-j6}{j^2}$；(b) $\dfrac{5\angle{30^\circ}}{2\angle{-15^\circ}} + \dfrac{2e^{j5^\circ}}{2-j2}$。

27. 試求出下列的結果，並將答案以極座標型式表示：

(a) $40\angle{-50^\circ} - 18\angle{25^\circ}$；(b) $3+\dfrac{2}{j}+\dfrac{2-j5}{1+j2}$。以直角座標型式表示：

(c) $(2.1\angle{25^\circ})^3$；(d) $0.7e^{j0.3}$。

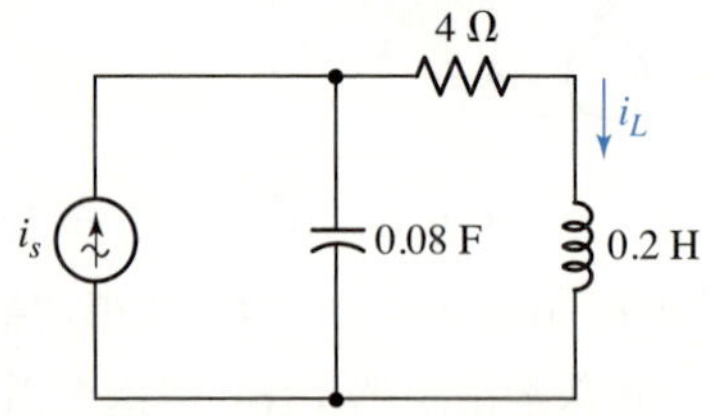

■圖 10.54

29. 在圖 10.54 的電路中，令 i_L 複數響應為 $20e^{j(10t+25^\circ)}$ A。試求出電源電流的 $i_s(t)$ 複數強迫函數。

10.4 相　量

31. 將下列的電流表示為相量：(a) $12\sin(400t+110^\circ)$ A；(b) $-7\sin 800t - 3\cos 800t$ A；(c) $4\cos(200t-30^\circ) - 5\cos(200t+20^\circ)$ A。假如 $\omega=600$ rad/s，試求下列電壓於 $t=5$ ms 時的瞬時值：(d) $70\angle{30^\circ}$ V；(e) $-60+j40$ V。

33. 在 $\omega=500$ rad/s 的相量電壓 $\mathbf{V}_1=10\angle{90^\circ}$ mV 與在 $\omega=1200$ rad/s 的相量電壓 $\mathbf{V}_2=8\angle{90^\circ}$ mV，於一運算放大器中相加以作為輸入，假如將此運算放大器輸入乘以 -5，試求於 $t=0.5$ ms 時的輸出。

35. 在圖 10.56 的電路中，令 $\omega=5$ krad/s，試求 (a) $v_1(t)$；(b) $v_2(t)$；(c) $v_3(t)$。

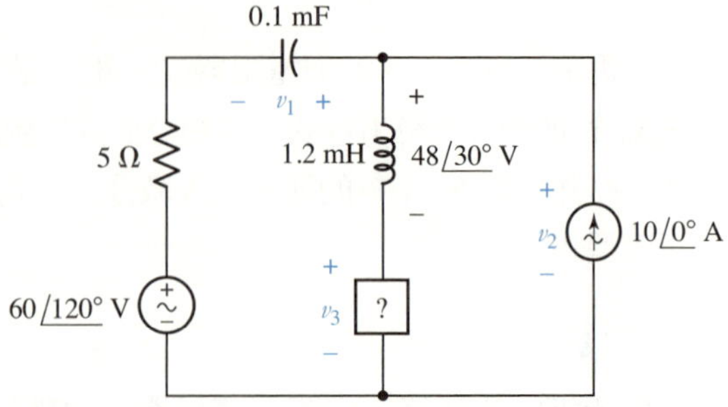

■圖 10.56

37. 試求圖 10.57 電路中的 v_x。

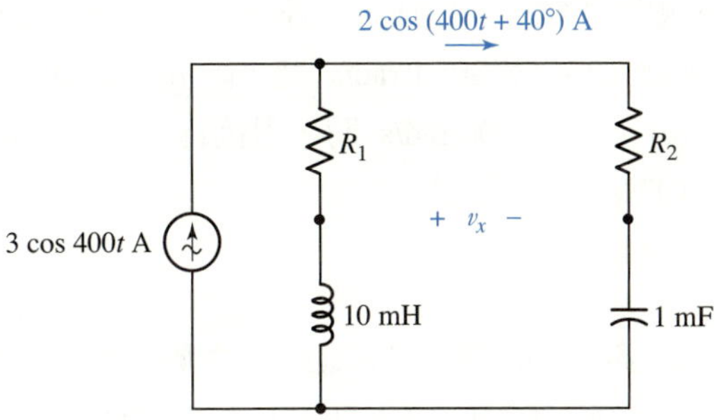

■圖 10.57

10.6 阻 抗

39. 計算由 1 mF、2 mF 與 3 mF 電容器所組成的串聯阻抗，如果其操作頻率分別為 (a) 1 Hz；(b) 100 Hz；(c) 1 kHz；(d) 1 GHz。

41. 試求圖 10.58 中 a 與 b 兩端的 $\mathbf{Z}_{\text{in}}$，假如 ω 等於 (a) 800 rad/s；(b) 1600 rad/s。

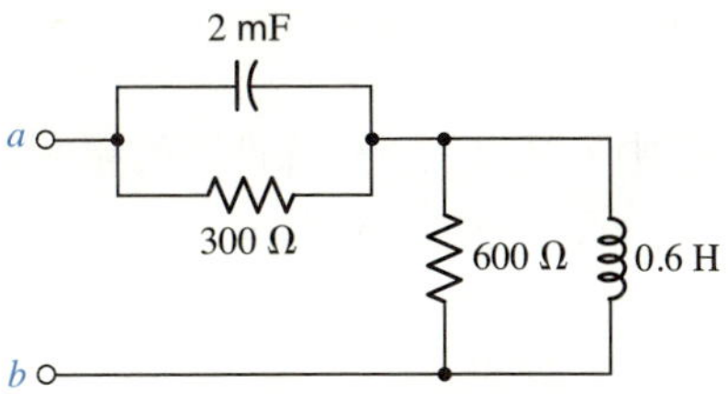

■圖 10.58

43. 若電壓源 $v_s = 120 \cos 800t$ V 連接到圖 10.58 的 a 與 b 兩端 (正參考端在上方)，則流入 300 Ω 電阻的電流為多少？

45. 一 10 H 電感器、一 200 Ω 電阻器與一電容器 C 並聯。(a) 若 $C=20\ \mu$F，試求在 $\omega=100$ rad/s 時的並聯阻抗；(b) 若在 $\omega=100$ rad/s 時，阻抗大小為 125 Ω，試求 C；(c) 若 $C=20\ \mu$F，試問哪兩個 ω 值會使得阻抗大小等於 100 Ω？

47. 試求圖 10.57 電路中的 R_1 與 R_2。

49. 在圖 10.61 的網路中，試求 $\omega=4$ rad/s 時的 $\mathbf{Z}_{\text{in}}$，若 a 與 b 兩端為 (a) 開路；(b) 短路。

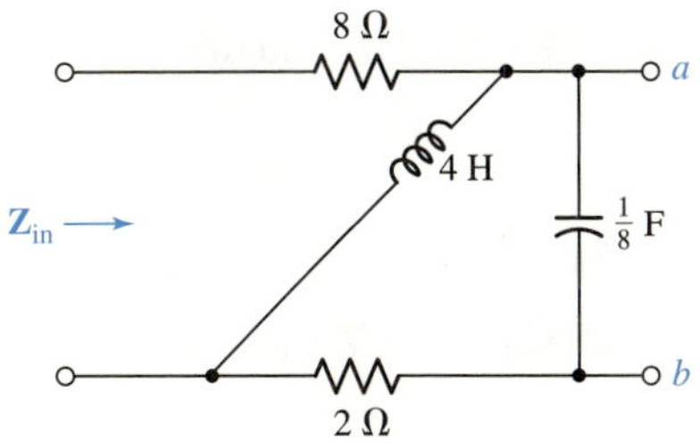

■圖 10.61

D 51. 試設計一由電感、電阻與電容所組成的電路，其 (a) 於 $\omega=1$ rad/s 時，阻抗為 $1+j4\ \Omega$；(b) 於 $\omega=1$ rad/s 時，阻抗為 $5\ \Omega$，並至少需使用一個電感器；(c) 於 $\omega=100$ rad/s 時，阻抗為 $7\angle 80^\circ$；(d) 使用最少的元件，於 $f=3$ THz 時，阻抗為 $5\ \Omega$。

10.7 導 納

53. 計算由 1 mF、2 mF 與 4 mF 電容器所組成的並聯導納，如果其操作頻率分別為 (a) 2 Hz；(b) 200 Hz；(c) 20 kHz；(d) 200 GHz。

55. 試求圖 10.63 所示網路中的輸入導納 $\mathbf{Y}_{ab}$，並將其畫成等效的電阻 R 與電感 L 並聯電路，並算出於 $\omega=1$ rad/s 時的 R 跟 L 之值。

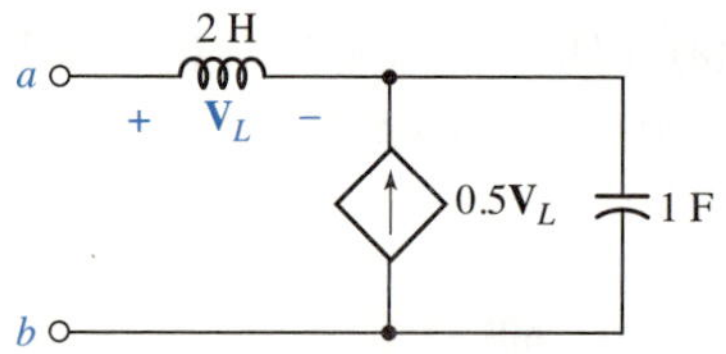

■圖 10.63

57. 在圖 10.64 所示的網路中，試求在下列條件時的頻率：(a) $R_{in}=550\ \Omega$；(b) $X_{in}=50\ \Omega$；(c) $G_{in}=1.8$ mS；(d) $B_{in}=-150\ \mu$S。

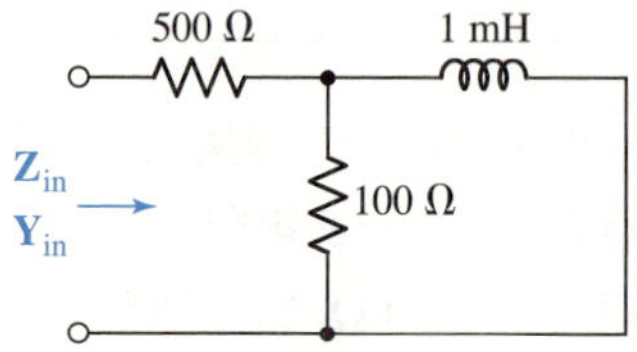

■圖 10.64

59. $10\ \Omega$ 電阻與 $50\ \mu$F 電容在 $\omega=1$ krad/s 的並聯導納，與相同頻率下 R_1 和 C_1 的串聯導納相同。(a) 試求 R_1 和 C_1；(b) 於 $\omega=2$ krad/s 時，重做此題。

D 61. 試設計出電感器、電阻器與電容器的組合電路，其 (a) 於 $\omega=1$ rad/s 時，導納為 $1-j4$ S；(b) 於 $\omega=1$ rad/s 時，導納為 200 mS，並至少需使用一個電感器；(c) 於 $\omega=100$ rad/s 時，導納為 $7\angle 80^\circ\ \mu$S；(d) 使用最少的元件，於 $\omega=3$ THz 時，導納為 200 mS。

10.8 節點與網目分析

63. 使用相量與節點分析方法，試求圖 10.65 電路中的 $\mathbf{V}_2$。

65. 若 $v_{s1}=20\cos 1000t$ V 與 $v_{s2}=20\sin 1000t$ V，試求圖 10.66 電路中的 $v_x(t)$。

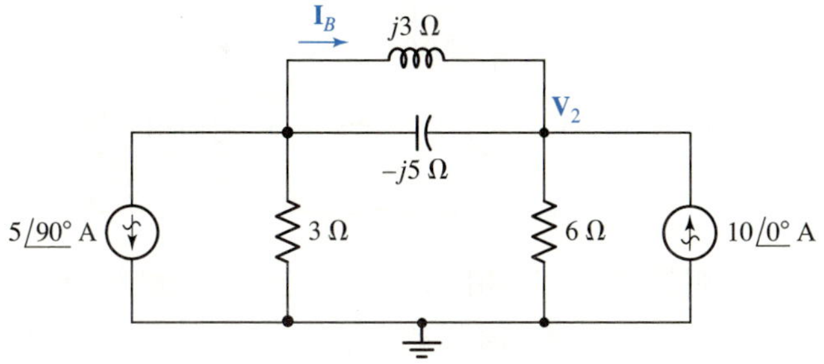

■圖 10.65

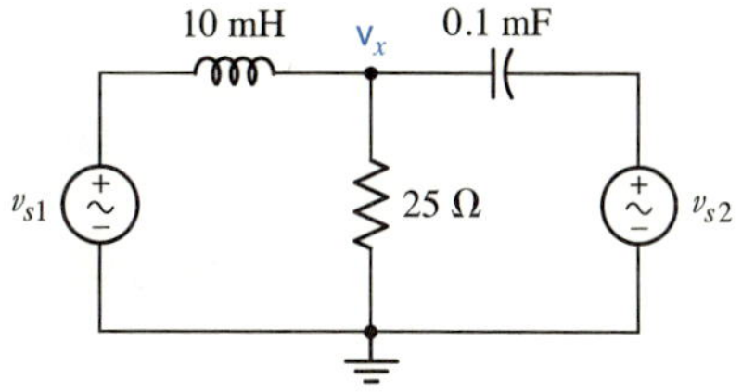

■圖 10.66

67. 使用網目分析方法，試求圖 10.68 電路中的 $i_x(t)$。

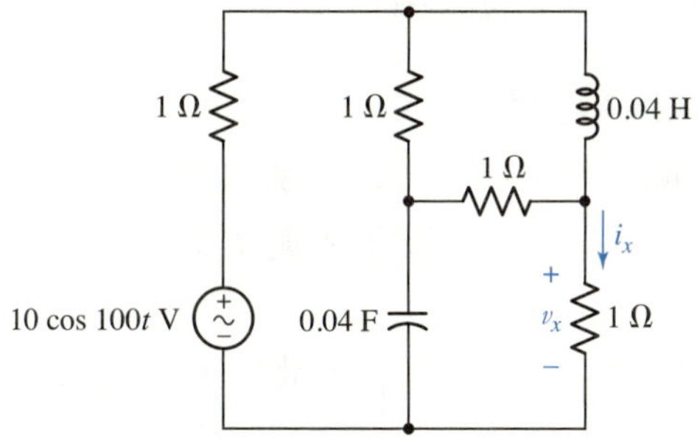

■圖 10.68

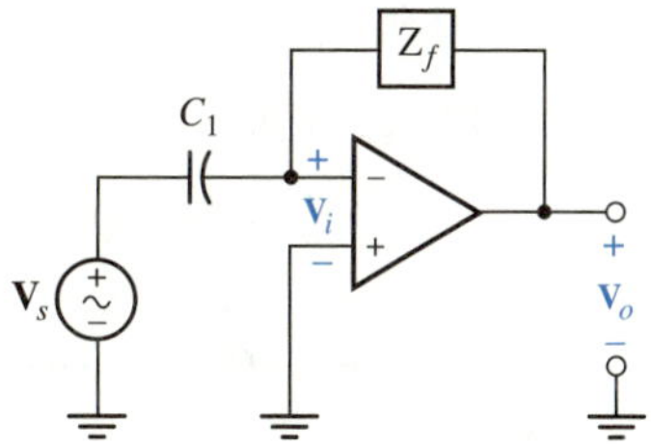

■圖 10.69

69. 圖 10.69 所示的運算放大器，具有無窮大的輸入阻抗、零輸出阻抗與很大但有限值 (正實值) 的增益 $A = -\mathbf{V}_o / \mathbf{V}_i$。(a) 令 $\mathbf{Z}_f = R_f$ 並建構一個基本的微分器，試求 $\mathbf{V}_o / \mathbf{V}_s$，並證明當 $A \to \infty$ 時，$\mathbf{V}_o / \mathbf{V}_s \to -j\omega C_1 R_f$。(b) 設 $\mathbf{Z}_f$ 代表 C_f 與 R_f 的並聯，試求 $\mathbf{V}_o / \mathbf{V}_s$，並證明當 $A \to \infty$ 時，$\mathbf{V}_o / \mathbf{V}_s \to -j\omega C_1 R_f / (1 + j\omega C_f R_f)$。

71. 試計算圖 10.71 中的 1 Ω 電阻器，於 $t = 1$ ms 時所消耗的功率。

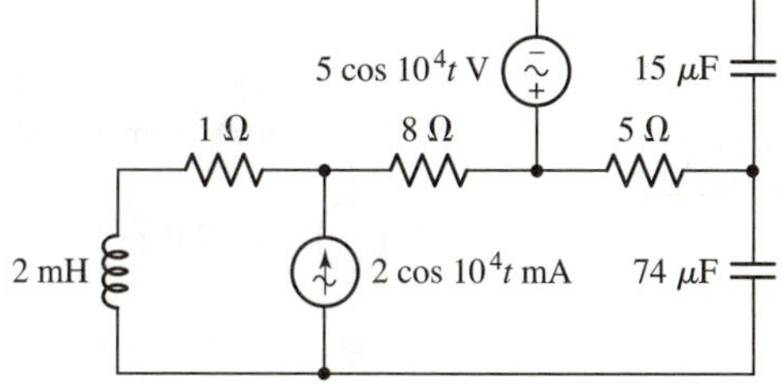

■圖 10.71

73. 在圖 10.73 的電路中，電壓 $v_1(t) = 6.014 \cos(2\pi t + 85.76°)$ V。試求電容 C_1 之值。

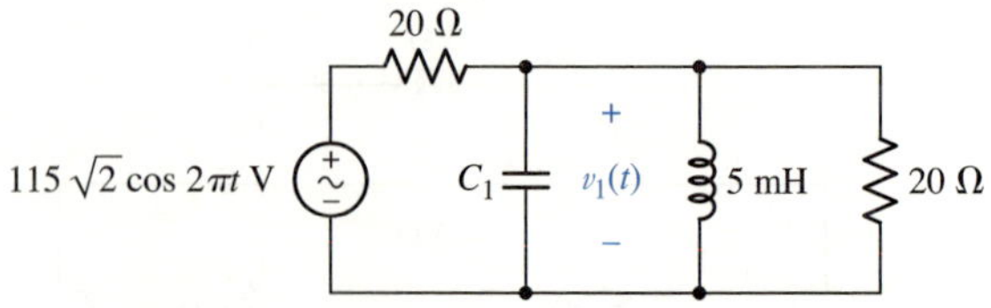

■ 圖 10.73

75. 參考圖 10.26b 中的電晶體放大器電路，(a) 假定輸入電壓為 $\mathbf{V}_s = 1\underline{/0°}$ V，試推導出輸出相角以頻率為函數的表示式；(b) 利用 $R_s = 300\ \Omega$、$R_B = 5\ \mathrm{k}\Omega$、$r_\pi = 2.2\ \mathrm{k}\Omega$、$C_\pi = 5\ \mathrm{pF}$、$C_\mu = 2\ \mathrm{pF}$、$g_m = 38\ \mathrm{mS}$、$R_C = 4.7\ \mathrm{k}\Omega$ 及 $R_L = 1.2\ \mathrm{k}\Omega$ 等值，於頻率 100 Hz 至 10 GHz 區間畫出該方程式的半對數比例圖；(c) 在什麼頻率範圍下，輸出與輸入正好有 180° 的相位差？大約在什麼頻率時，相位關係開始改變？

10.9 超節點、電源轉換與戴維寧定理

77. 試求圖 10.76 電路中的輸入導納，並將其表示成等效的電阻 R 與電感 L 並聯電路，並算出於 $\omega = 1$ rad/s 時的 R 與 L 之值。

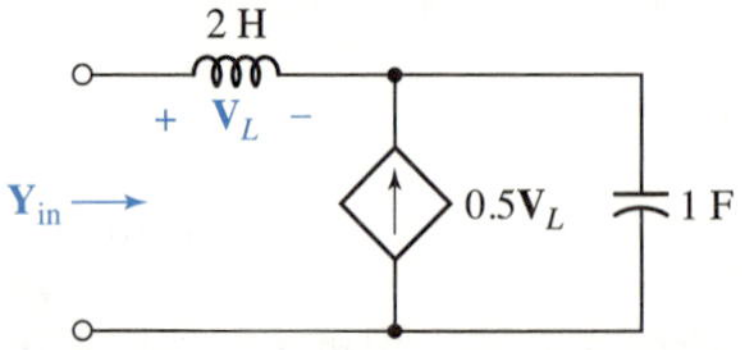

■ 圖 10.76 ■ 圖 10.78

79. 利用 $\omega = 1$ rad/s，試求圖 10.78 所示網路的諾頓等效電路。將諾頓等效電路以電流源 $\mathbf{I}_N$ 並聯一個電阻 R_N 與 電感 L_N 或電容 C_N 的方式表示。

81. 試求圖 10.80 所示電路的戴維寧等效電路。

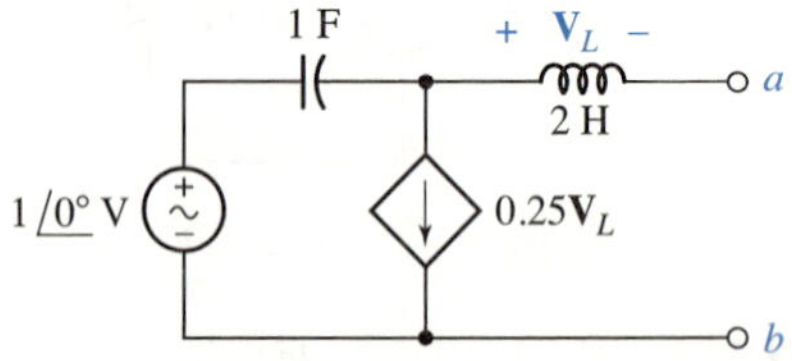

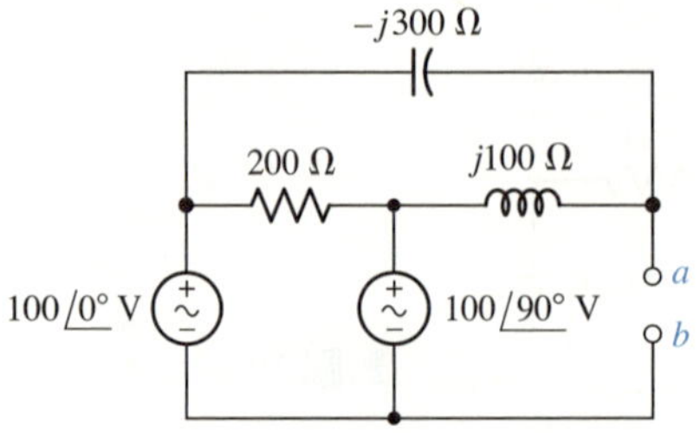

■ 圖 10.80 ■ 圖 10.82

83. (a) 試求圖 10.82 中，跨接於 3 F 電容的電壓；(b) 請以 PSpice 驗證您的答案。

85. 試利用單一電阻器、單一電容器、一個弦式電壓源與分壓原理，設計

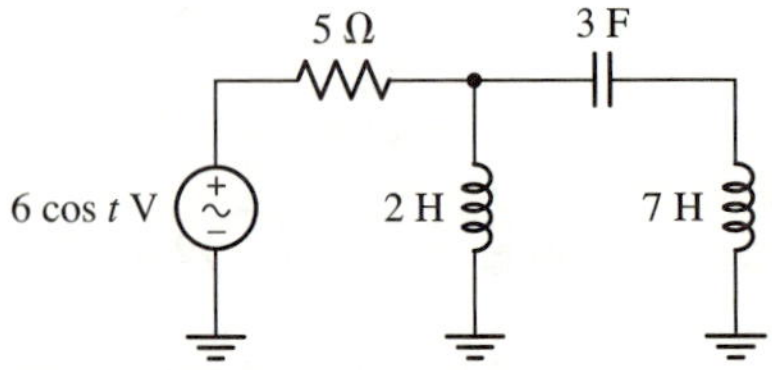

出一個濾除高頻成分的電路。(提示：將跨於兩個被動元件中的某一個電壓設為輸出電壓，並將弦式電源作為輸入。濾除是指減少輸出電壓的意思。)

87. (a) 將圖 10.83 所示電路簡化為簡單的串聯 *RC* 電路；(b) 推導出電壓比 $\mathbf{V}_{out}/\mathbf{V}_s$ 以頻率為函數的大小表示式；(c) 於 100 Hz 至 1 MHz 的頻率範圍內，畫出該方程式的圖，並以 PSpice 模擬原本的電路來比較您的結果。

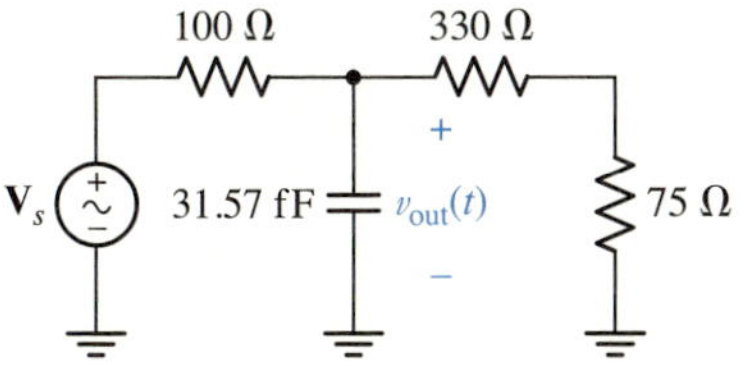

■圖 10.83

89. 使用超節點法則，試求圖 10.84 電路中的電壓 $v_1(t)$ 與 $v_2(t)$。

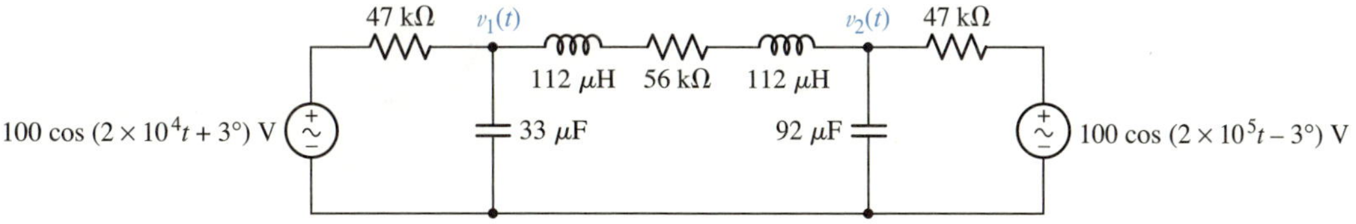

■圖 10.84

10.10　相量圖

91. (a) 試求圖 10.86 電路中的 $\mathbf{I}_L$、$\mathbf{I}_R$、$\mathbf{I}_C$、$\mathbf{V}_L$、$\mathbf{V}_R$ 與 $\mathbf{V}_C$ (加 $\mathbf{V}_s$) 之值；(b) 試以 1 in 分別代表 50 V 與 25 A，將上述七個量繪於相量圖上，並證明 $\mathbf{I}_L=\mathbf{I}_R+\mathbf{I}_C$ 與 $\mathbf{V}_s=\mathbf{V}_L+\mathbf{V}_R$。

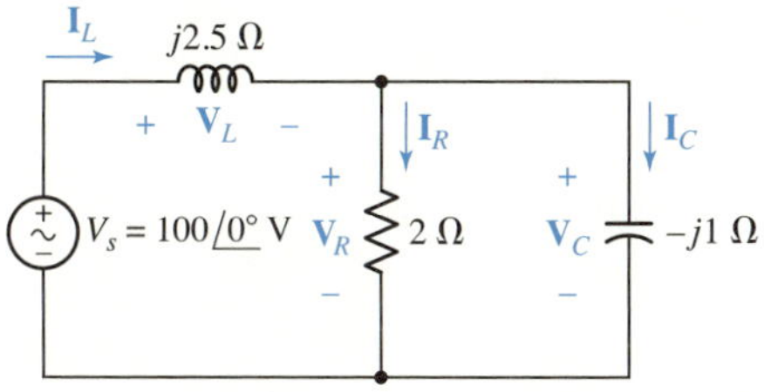

■圖 10.86

93. 在圖 10.88 的電路中，已知 $|\mathbf{I}_1|=5$ A 及 $|\mathbf{I}_2|=7$ A。試利用圓規、直尺、量角器及其它可用的工具來求出 $\mathbf{I}_1$ 與 $\mathbf{I}_2$。

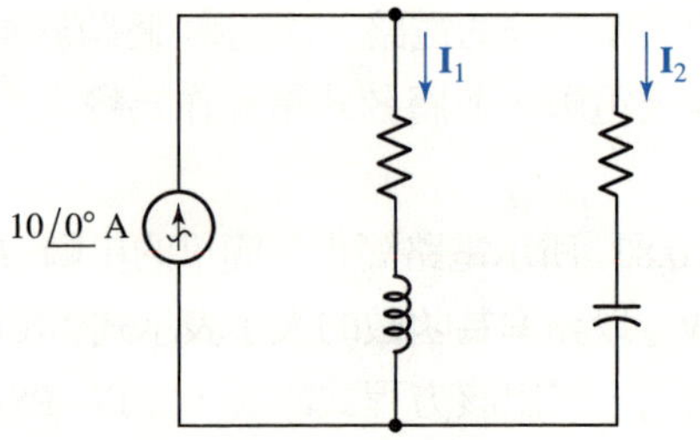

■圖 10.88

11 交流電路功率分析

關鍵概念

- 計算瞬時功率
- 由弦式電源所提供的平均功率
- 均方根值 (RMS)
- 虛功率
- 複數功率、平均功率與虛功率之間的關係
- 負載的功率因素

簡　介

電路分析的積分部分經常是作為傳送功率或吸收功率 (或兩者皆是) 的測定。在探討交流功率的文章中，我們發現到先前所採用的簡單方法很少能針對一個特定系統提供如何運作的描述，所以在這一章中，我們會介紹幾種不同功率有關的量。

我們會由探討瞬時功率開始，由所感興趣的元件或網路有關的時域電壓與時域電流的乘積而得到。瞬時功率憑其本身的條件，有時候十分的有用，為了要避免超過實際裝置的安全或有用的運轉範圍，必須限制其最大值。例如，電晶體與真空管功率放大器會產生失真的輸出，且當峰值功率超過某一限制值時，擴音機會產生失真的聲音。然而，我們對於瞬時功率主要的興趣，簡單的說，它能提供一種更重要的量——平均功率的計算方法。相同的情形，描述越野道路旅行的進展，最好的方法是平均速度；我們對於瞬時速度的興趣，是限制避免危害我們的安全或引起高速公路巡邏警察注意的最高速度。

在實際的問題中，我們將處理平均功率的數值，其大小從外太空遙測訊號的兆分之一瓦，到音響電源供應器提供給高精密立體聲系統擴音機的幾瓦功率，及早晨咖啡壺運轉所需要的幾百瓦，或 Grand Coulee Dam 發電水霸所產生的幾百億瓦功率。儘管如此，發現到平均功率的概念有它自己的

限制，特別是在處理虛功率負載與電源之間的能量交換時。可以由虛功率、複數功率及功率因素——所有每一種在電力工業的一般術語，輕鬆地予以處理。

11.1 瞬時功率

傳送給任何裝置的**瞬時功率** (instantaneous power)，是由跨接在此裝置兩端的瞬時電壓與流經此裝置的瞬時電流 (假設採用被動符號習慣) 的乘積而求得。因此[1]

$$p(t) = v(t)i(t) \qquad [1]$$

如果問題中的裝置是一個電阻 R 的電阻器，則功率可以只以電流或電壓的項次來表示：

$$p(t) = v(t)i(t) = i^2(t)R = \frac{v^2(t)}{R} \qquad [2]$$

如果電壓及電流與完全的電感裝置有關的話：

$$p(t) = v(t)i(t) = Li(t)\frac{di(t)}{dt} = \frac{1}{L}v(t)\int_{-\infty}^{t} v(t')\,dt' \qquad [3]$$

其中我們將任意假設在 $t = -\infty$ 時，電壓為零。在電容器的情況時：

$$p(t) = v(t)i(t) = Cv(t)\frac{dv(t)}{dt} = \frac{1}{C}i(t)\int_{-\infty}^{t} i(t')\,dt' \qquad [4]$$

其中電流也做了相同的假設。列表中的功率方程式，只以電流或電壓方面來表示，然而，這將會很快的造成使用不便，因為我們開始去思考更一般的網路。而所列表也是十分不需要的，我們需要的只是得電流或在網路端點的電壓。例如，可以考慮串聯 RL 電路，如圖 11.1 所示，由一個步階電源激勵。熟悉的電流響應為：

$$i(t) = \frac{V_0}{R}(1 - e^{-Rt/L})u(t)$$

1 早期，我們接受義大利小寫變數為時間的函數，並持續這種潮流直到現在。然而，為了去強調這些量是在指定的瞬間這個事實，我們將在這一章中明確的標記這個時間。

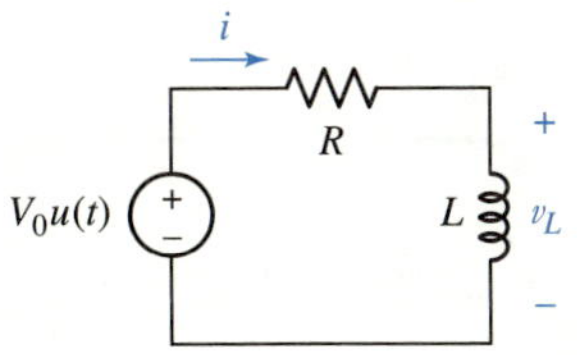

■圖 11.1　傳送至 R 的瞬時功率為 $p_R(t)=i^2(t)R=(V_0^2/R)(1-e^{-Rt/L})^2\,u(t)$。

而由電源所傳送或由被動網路所吸收的總功率為：

$$p(t) = v(t)i(t) = \frac{V_0^2}{R}(1 - e^{-Rt/L})u(t)$$

因為單一步階函數的平方等於單一步階函數本身。

傳送給電阻器的功率為：

$$p_R(t) = i^2(t)R = \frac{V_0^2}{R}(1 - e^{-Rt/L})^2u(t)$$

為了決定電感器所吸收的功率，首先求取電感器電壓：

$$\begin{aligned} v_L(t) &= L\frac{di(t)}{dt} \\ &= V_0e^{-Rt/L}u(t) + \frac{LV_0}{R}(1 - e^{-Rt/L})\frac{du(t)}{dt} \\ &= V_0e^{-Rt/L}u(t) \end{aligned}$$

因為在 $t>0$ 時，$du(t)/dt$ 為零，且 $(1-e^{-Rt/L})$ 在 $t=0$ 時為零。因此由電感器所吸收的功率為：

$$p_L(t) = v_L(t)i(t) = \frac{V_0^2}{R}e^{-Rt/L}(1 - e^{-Rt/L})u(t)$$

如所示，只需要一些代數處理：

$$p(t) = p_R(t) + p_L(t)$$

上式提供計算精確的查驗；其結果繪於圖 11.2。

弦式電源

將圖 11.1 電路中的電壓源改成弦式電源 $V_m \cos \omega t$。所熟悉的時域穩態響應為：

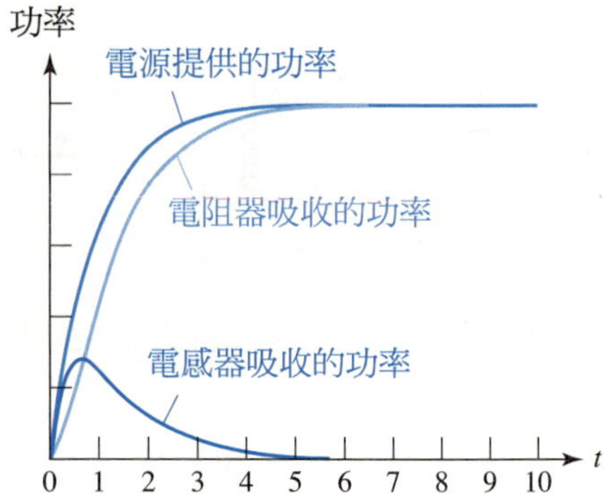

■圖 11.2 $p(t)$、$p_R(t)$ 及 $p_L(t)$ 的曲線圖。當暫態消失時，電路回到穩態的運轉。因為唯一剩下的電源為直流，最後電感器如同短路，並未吸收任何的功率。

$$i(t) = I_m \cos(\omega t + \phi)$$

其中

$$I_m = \frac{V_m}{\sqrt{R^2 + \omega^2 L^2}} \qquad 且 \qquad \phi = -\tan^{-1}\frac{\omega L}{R}$$

因此，在弦式穩態的情形下，傳送至整個電路的瞬時功率為：

$$p(t) = v(t)i(t) = V_m I_m \cos(\omega t + \phi)\cos\omega t$$

我們發現，利用三角等式來取代兩個餘弦函數的乘積，可將上式方便的重新寫成下列的型式：

$$p(t) = \frac{V_m I_m}{2}[\cos(2\omega t + \phi) + \cos\phi]$$
$$= \frac{V_m I_m}{2}\cos\phi + \frac{V_m I_m}{2}\cos(2\omega t + \phi)$$

最後一條方程式，對於弦式穩態情形下的一般電路，具有數種特性。首先第一項並不是時間的函數；而第二項則包括兩倍的應用頻率之週期變化。因為此項為餘弦波，而正弦波與餘弦波的平均值為零 (經由一個整數週期的平均)，這例子暗示著平均功率為 $\frac{1}{2}V_m I_m \cos\phi$；如同我們很快就會看到的，結果的確是如此。

例題 11.1

一個 $40 + 60u(t)$ V 的電壓源，與一個 5 μF 的電容器及一個 200 Ω 的電阻器相串聯。試求在 $t=1.2$ ms 時，電容器與電阻器所吸收的功率。

在 $t=0^-$ 時，沒有任何電流流過，所以 40 V 的電壓跨接在電容器的兩端。在 $t=0^+$ 時，跨接在電容器–電阻器串聯組合的電壓跳到 100 V。因為 υ_C 在零時間內不會變化，因此電阻器的電壓，在 $t=0^+$ 時為 60 V。

因此，在 $t=0^+$ 時，流經所有三個元件的電流為 60/200＝300 mA，且當 $t>0$ 時，可以得到：

$$i(t) = 300e^{-t/\tau}\ \text{mA}$$

其中 $\tau=RC=1$ ms。因此，在 $t=1.2$ ms 時，流過的電流為 90.36 mA，而且在此瞬間電阻器所吸收的功率為：

$$i^2(t)R = 1.633\ \text{W}$$

由電容器所吸收的瞬時功率為 $i(t)\,\upsilon_C(t)$。確認 $t>0$，兩元件所跨接的總電壓均為 100 V，而電阻器的電壓為 $60e^{-t/\tau}$，所以

$$\upsilon_C(t) = 100 - 60e^{-t/\tau}$$

可以求得 $\upsilon_C(1.2\ \text{ms}) = 100 - 60e^{-1.2} = 81.93$ V。因此，在 $t=1.2$ ms 時，電容器所吸收的功率為 (90.36 mA)(81.93 V)＝7.403 W。

練習題

11.1　一個 $12\cos 2000t$ A 的電流源，與一個 200 Ω 電阻器及一個 0.2 H 的電感器相並聯。假設穩態情形存在，試求在 $t=1$ ms 時，由 (a) 電阻器；(b) 電感器；(c) 弦式電源所吸收的功率。

答：13.98 kW；−5.63 kW；−8.35 kW。

11.2　平均功率

當我們談到瞬時功率的平均值時，平均過程發生的時間區間必須予以清楚的定義。首先讓我們選擇一個一般的時間區間，從 t_1 到 t_2。我們可以藉由對 $p(t)$ 從 t_1 到 t_2 積分，再將結果除以時間區 $t_2 - t_1$，而求得其平均值。因此：

$$P = \frac{1}{t_2 - t_1}\int_{t_1}^{t_2} p(t)\,dt \tag{5}$$

平均值以大寫的 P 來表示，因為它並不是時間的函數，而且它通常沒有指定的下標，如此可分辨其為平均值。雖然 P 不是時間的函數，但它卻是 t_1 與 t_2 的函數，這兩個瞬間定義了積分的區間。如果 $p(t)$ 為一個週期性函數，則 P 這種依據指定時間區間而定的關係，可以用較為簡單的方式來表示。首先考慮這種重要的情形。

週期波形的平均功率

假設強迫函數與電路響應均為週期性，且已經達到穩態的情形，但並不需要是弦式穩態，則可以定義一個數學上的**週期函數** $f(t)$：

$$f(t) = f(t + T) \qquad [6]$$

其中 T 為週期。現在來證明瞬時功率的平均值，如方程式 [5] 所表示。

圖 11.3 顯示一個一般的週期函數，並以 $p(t)$ 為識別。首先藉由從 t_1 到一週期之後的時間 t_2，$t_2=t_1+T$ 的積分來計算平均功率：

$$P_1 = \frac{1}{T}\int_{t_1}^{t_1+T} p(t)\,dt$$

然後從其它的時間 t_x 到 t_x+T 積分：

$$P_x = \frac{1}{T}\int_{t_x}^{t_x+T} p(t)\,dt$$

從積分的圖形解釋，很明顯的 P_1 與 P_x 相等；曲線的週期特性要求這兩個區域相等。因此，**平均功率** (average power) 可以由任一長度週期區間的瞬時功率積分，再除以此週期計算而得：

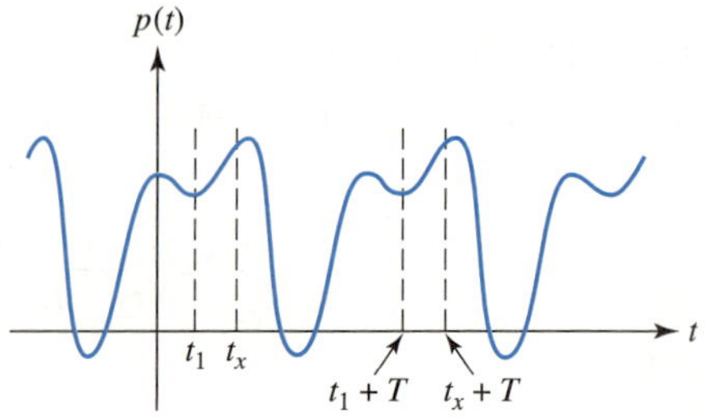

■圖 11.3 在任何週期 T 具有相同平均值 P 的週期函數 $p(t)$。

$$P = \frac{1}{T}\int_{t_x}^{t_x+T} p(t)\,dt \qquad [7]$$

注意到也可以經由任何整數週期的積分，再除以相同的整數週期來求取。因此：

$$P = \frac{1}{nT}\int_{t_x}^{t_x+nT} p(t)\,dt \qquad n = 1, 2, 3, \ldots \qquad [8]$$

如果將此概念擴展到極端的情形，即對於整個時間區間的積分，則可得到另一項有用的結果。首先使用對稱的積分上、下限：

$$P = \frac{1}{nT}\int_{-nT/2}^{nT/2} p(t)\,dt$$

並取 n 的限制為無限大，則：

$$P = \lim_{n\to\infty}\frac{1}{nT}\int_{-nT/2}^{nT/2} p(t)\,dt$$

只要 $p(t)$ 如同所有實際強迫函數與響應一樣，是一個良好的函數，很明顯的，如果以較大的非整數取代大的整數 n，則積分值與 P 值的改變量可予以忽略；除此之外，誤差隨著 n 增大而減小。並未嚴格地證明此步驟的正當性，因此可以利用連續變數 τ，來取代不連續變數 nT：

$$P = \lim_{\tau\to\infty}\frac{1}{\tau}\int_{-\tau/2}^{\tau/2} p(t)\,dt \qquad [9]$$

我們將發現在某些況下，週期函數在“無限週期”的積分是適宜的。下列為方程式 [7]、[8] 及 [9] 使用的例子。

藉由圖 11.4a 所示的 (週期性的) 鋸齒電流波形，求解傳送到電阻器 R 的平均功率，來說明週期波形的平均功率計算。可得：

$$i(t) = \frac{I_m}{T}t, \qquad 0 < t \le T$$

$$i(t) = \frac{I_m}{T}(t - T), \qquad T < t \le 2T$$

諸如此類，而且

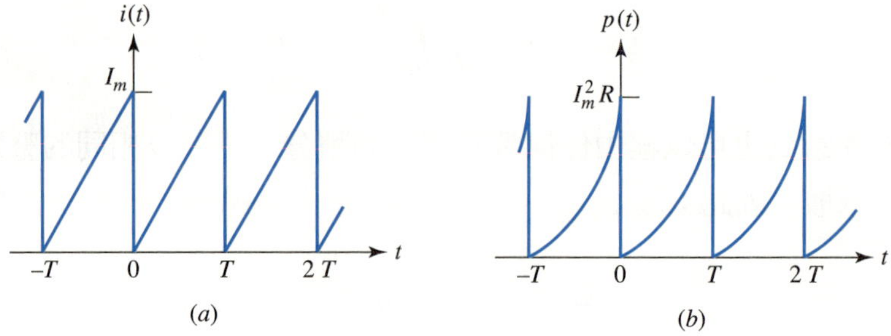

■圖 11.4 (*a*) 鋸齒電流波形，及 (*b*) 在電阻器 *R* 所產生的瞬時功率波形。

$$p(t) = \frac{1}{T^2} I_m^2 R t^2, \qquad 0 < t \leq T$$

$$p(t) = \frac{1}{T^2} I_m^2 R (t-T)^2, \qquad T < t \leq 2T$$

等等，如圖 11.4*b* 所畫。從 $t=0$ 到 $t=T$，最簡單的一週期範圍的積分，可得到：

$$P = \frac{1}{T} \int_0^T \frac{I_m^2 R}{T^2} t^2 \, dt = \frac{1}{3} I_m^2 R$$

如果選擇其它範圍的一個週期，例如從 $t=0.1T$ 到 $t=1.1T$，將會產生相同的答案。從 0 到 $2T$ 積分再除以 $2T$，也就是，以 $n=2$ 及 $t_x=0$，應用方程式 [8] 也得到同樣的答案。

弦式穩態時的平均功率

現在來求解弦式穩態的一般結果。假設一般的弦式電壓為：

$$v(t) = V_m \cos(\omega t + \theta)$$

且電流為：

$$i(t) = I_m \cos(\omega t + \phi)$$

將此裝置與問題結合。則瞬時功率為：

$$p(t) = V_m I_m \cos(\omega t + \theta) \cos(\omega t + \phi)$$

再次將兩個餘弦函數的乘積表示成相角差餘弦與相角和餘弦總和的二分之一：

$$p(t)=\tfrac{1}{2}V_mI_m\cos(\theta-\phi)+\tfrac{1}{2}V_mI_m\cos(2\omega t+\theta+\phi) \qquad [10]$$

藉由審視上式的結果，可以省略一些積分。第一項為常數，與 t 無關。另一項為餘弦函數，因此 $p(t)$ 為週期性，而週期為 $\frac{1}{2}T$。注意到週期 T 與已知的電流及電壓有關，而與功率無關；功率函數的週期為 $\frac{1}{2}T$。然而，如果我們希望，可以經由 T 的區間積分求得平均值；只需要再除以 T。然而，對餘弦及正弦的熟悉，顯示兩者在一週期的平均值為零。因而不需要對方程式 [10] 作積分；由觀察可知，第二項在一週期 T (或 $\frac{1}{2}T$) 的平均值為零，而第一項的平均值為一常數，必定為常數本身。因此

複習 $T=\frac{1}{f}=\frac{2\pi}{\omega}$

$$\boxed{P=\tfrac{1}{2}V_mI_m\cos(\theta-\phi)} \qquad [11]$$

這個重要的結果，在前一節針對指定的電路已介紹過，而且對於弦式穩態是相當一般性的。此平均功率為電壓值、電流值及電流與電壓相角差餘弦的乘積的一半；相角差的意義並不重要。

例題 11.2

已知時域電壓 $v=4\cos(\pi t/6)$ V，當跨接在阻抗 $\mathbf{Z}=2\underline{/60^\circ}\ \Omega$ 兩端的相對應相量電壓為 $\mathbf{V}=4\underline{/0^\circ}$ V 時，試求平均功率及瞬時功率的表示式。

相量電流為 $\mathbf{V}/\mathbf{Z}=2\underline{/-60^\circ}$ A，而平均功率為：

$$P=\tfrac{1}{2}(4)(2)\cos 60^\circ=2\text{ W}$$

時域電壓：

$$v(t)=4\cos\frac{\pi t}{6}\text{ V}$$

時域電流：

$$i(t)=2\cos\left(\frac{\pi t}{6}-60^\circ\right)\text{ A}$$

而瞬時功率為：

$$p(t)=8\cos\frac{\pi t}{6}\cos\left(\frac{\pi t}{6}-60^\circ\right)$$

$$= 2 + 4\cos\left(\frac{\pi t}{3} - 60^\circ\right) \text{ W}$$

如圖 11.5 所示，將上述三項繪製於相同的時間軸。很明顯的，功率的平均值為 2 W，而且 6 秒的週期為電流或電壓週期的一半。同樣，也很明顯的，當電壓或電流為零時，此時瞬時功率的值為零。

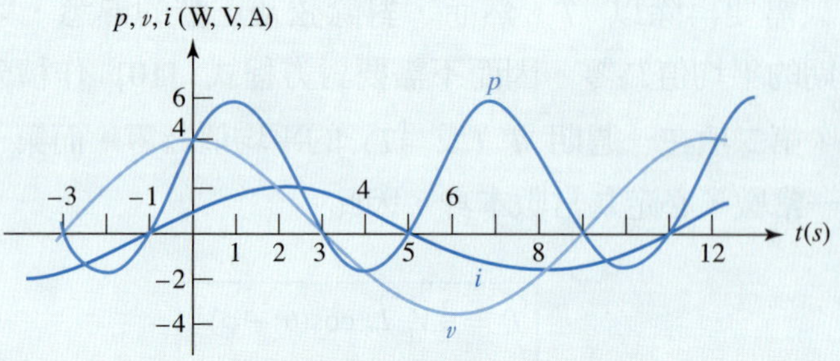

■圖 11.5 針對一個簡單電路，繪製成時間函數的 $v(t)$、$i(t)$ 與 $p(t)$ 的曲線，其中在 $\omega = \pi/6$ rad/s 時，應用在阻抗 $\mathbf{Z} = 2\underline{/60^\circ}\ \Omega$ 的相量電壓 $\mathbf{V} = 4\underline{/0^\circ}$ V。

練習題

11.2 已知跨接在阻抗 $\mathbf{Z} = 16.26\underline{/19.3^\circ}\ \Omega$ 的兩端相量電壓為 $\mathbf{V} = 115\sqrt{2}\underline{/45^\circ}$ V，試求瞬時功率的表示式，並且如果 $\omega = 50$ rad/s 時，試計算平均功率大小。

答：$767.5 + 813.2\cos(100t + 70.7^\circ)$ W；767.5 W。

兩個值得分開個別考量的特別例子，一個是傳送至理想電阻器的平均功率，而另一個為理想電感器 (只有電容器與電感器的任何組合)。

理想電阻器所吸收的平均功率

記住，現在是在計算由弦式電源傳送至電阻器的平均功率；要小心不要和具有類似型式的瞬時功率混淆了。

流過一純電阻器的電流與跨接於此電阻器電壓之間的相角差為零。因此：

$$P_R = \tfrac{1}{2} V_m I_m \cos 0 = \tfrac{1}{2} V_m I_m$$

或

$$P_R = \frac{1}{2} I_m^2 R \qquad [12]$$

或

$$P_R = \frac{V_m^2}{2R} \qquad [13]$$

最後兩個公式既簡單又重要，可使我們從已知的弦式電流或電壓，求解出傳送至純電阻的平均功率。不幸地，它們經常被誤用。最一般的錯誤發生在試圖利用方程式 [13] 的情形，其中的電壓並不是跨接在電阻器兩端的電壓。如果小心的使用方程式 [12] 中的電流為流過電阻器的電流，且方程式 [13] 中的電壓為電阻器兩端的電壓，則保證計算正確。同時，也不要忘記 $\frac{1}{2}$ 的因數。

純電抗元件吸收的平均功率

傳送至任何純電抗 (即，不含電阻器) 的裝置之平均功率必定為零。這是電流與電壓之間必然存在的 90° 相位差的直接結果；因此，$\cos(\theta-\phi)=\cos \pm 90°=0$，則

$$P_X = 0$$

傳送至任何完全由理想電感器及電容器所組成的網路之平均功率為零，瞬時功率只在特別的瞬間的零。因此，功率潮流在一週期的一部分時間流入網路，而在此週期的另一部分時間為流出，且沒有任何功率損失。

例題 11.3

試求由電流 $\mathbf{I} = 5\underline{/20^\circ}$ A，傳送至阻抗 $\mathbf{Z}_L = 8 - j11\ \Omega$ 的平均功率。

我們可以發現到，利用方程式 [12] 十分快速地的求得解答。因為 $j11\ \Omega$ 的成分不會吸收任何的平均功率，只有 $8\ \Omega$ 的電阻進入到平均功率的計算。因此，

$$P = \frac{1}{2}(5^2)8 = 100 \text{ W}$$

練習題

11.3　試求由電流 $\mathbf{I} = 2 + j5$ A 傳送至阻抗 $6\underline{/25^\circ}$ Ω 的平均功率。

答：78.85 W。

例題 11.4

試求圖 **11.6** 中三個被動元件，每一個所吸收的平均功率，及每一個電源所提供的平均功率。

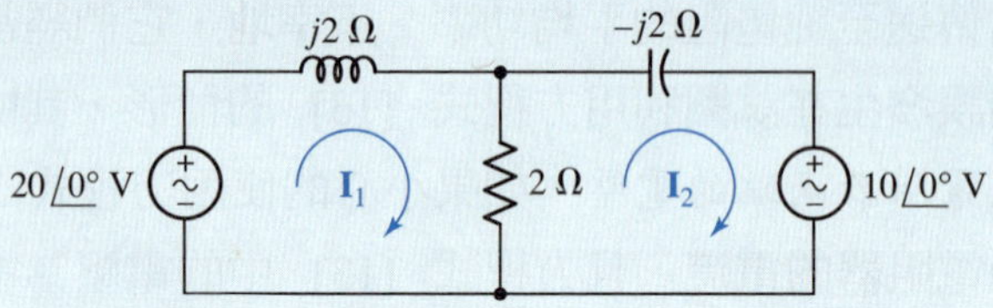

■圖 11.6　在弦式穩態中，傳送至每一個電抗元件的平均功率為零。

即使未分析這個電路，我們已經知道，由兩個電抗元件所吸收的平均功率為零。

$\mathbf{I}_1$ 與 $\mathbf{I}_2$ 的數值可由幾種方法求得，例如網目分析、節點分析或重疊原理。其為：

$$\mathbf{I}_1 = 5 - j10 = 11.18\underline{/-63.43^\circ} \text{ A}$$
$$\mathbf{I}_2 = 5 - j5 = 7.071\underline{/-45^\circ} \text{ A}$$

經由 2 Ω 電阻器向下的電流為：

$$\mathbf{I}_1 - \mathbf{I}_2 = -j5 = 5\underline{/-90^\circ} \text{ A}$$

因此 $I_m = 5$ A，且電阻器所吸收的平均功率可以簡單地由方程式 [12] 求得：

$$P_R = \tfrac{1}{2}I_m^2 R = \tfrac{1}{2}(5^2)2 = 25 \text{ W}$$

此結果可以利用由方程式 [11] 或 [13] 予以確認。接下來是左側的電源。電壓為 $20\underline{/0^\circ}$ V，且流經的電流 $I_1 = 11.18\underline{/-63.43^\circ}$ A，符合主動符號的慣例，因此，由此電源所傳送的功率為：

$$P_{\text{left}} = \tfrac{1}{2}(20)(11.18)\cos[0^\circ - (-63.43^\circ)] = 50 \text{ W}$$

類似的情形，可利用被動符號慣例，求得由右側電源所吸收的功率：

$$P_{\text{right}} = \tfrac{1}{2}(10)(7.071)\cos(0° + 45°) = 25 \text{ W}$$

因為 50＝25 + 25，則功率關係確認。

練習題

11.4　針對圖 11.7 電路，計算傳送至每一個被動元件的平均功率。利用計算兩個電源所傳送的功率來驗證解答。

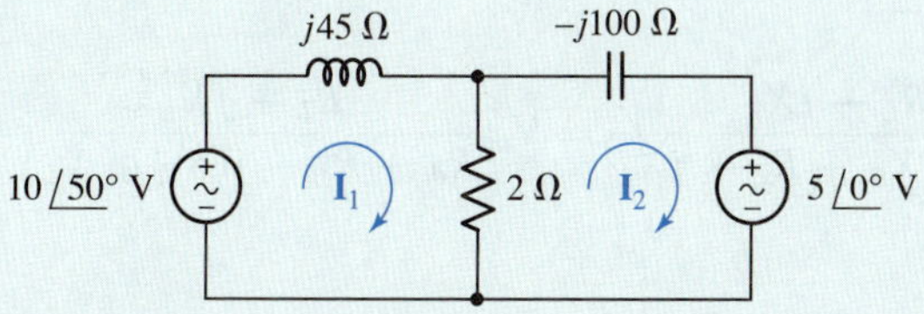

■圖 11.7

答：0，37.6 mW，0，42.0 mW，−4.4 mW。

最大功率轉移

先前考慮了最大功率轉移定理應用在電阻性負載及電阻性電源阻抗的情形。針對一個戴維寧電源 $\mathbf{V}_{th}$ 及阻抗 $\mathbf{Z}_{th} = R_{th} + jX_{th}$ 連接到負載 $\mathbf{Z}_L = R_L + jX_L$ 而言，可以證明 $R_L = R_{th}$ 及 $X_L = -X_{th}$，也就是 $\mathbf{Z}_L = \mathbf{Z}_{th}^*$ 時，傳送至負載的平均功率為最大。此結果通常稱之為弦式穩態狀況下最大功率轉移定理：

記號 $\mathbf{Z}^*$ 代表複數 $\mathbf{Z}$ 的複數共軛。它是把所有的 "j" 及 "$-j$" 取代來表示。更詳細的內容，參考附錄 5。

> 一獨立電壓源與阻抗 $\mathbf{Z}_{th}$ 串聯或一獨立電流源與阻抗 $\mathbf{Z}_{th}$ 並聯，則當負載阻抗 $\mathbf{Z}_L$ 為 $\mathbf{Z}_{th}$ 的共軛，或 $\mathbf{Z}_L = \mathbf{Z}_{th}^*$ 時，可傳送**最大平均功率** (maximum average power) 至負載。

詳細的證明留待至習題 11，但可藉由圖 11.8 簡單的迴路電路來瞭解基本的方法。戴維寧等效阻抗 $\mathbf{Z}_{th}$ 可以寫成兩個阻抗的和，即 $R_{th} + jX_{th}$，並且以類似的情形，負載阻抗 $\mathbf{Z}_L$ 可以寫成 $R_L +$

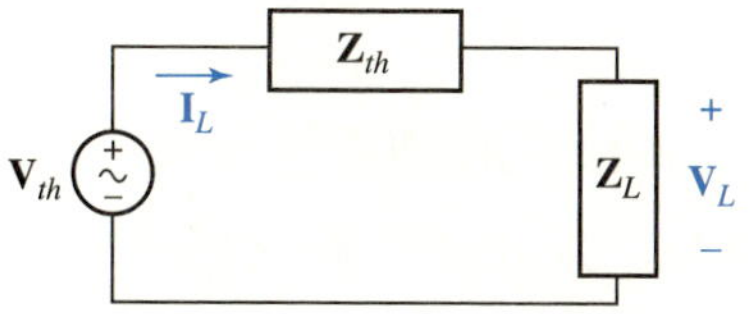

■圖 11.8　用於說明最大功率轉移定理推導的簡單迴路電路，此電路運作於弦式穩態。

jX_L。流經此迴路的電流為：

$$\begin{aligned}\mathbf{I}_L &= \frac{\mathbf{V}_{th}}{\mathbf{Z}_{th}+\mathbf{Z}_L} \\ &= \frac{\mathbf{V}_{th}}{R_{th}+jX_{th}+R_L+jX_L} = \frac{\mathbf{V}_{th}}{R_{th}+R_L+j(X_{th}+X_L)}\end{aligned}$$

且

$$\begin{aligned}\mathbf{V}_L &= \mathbf{V}_{th}\frac{\mathbf{Z}_L}{\mathbf{Z}_{th}+\mathbf{Z}_L} \\ &= \mathbf{V}_{th}\frac{R_L+jX_L}{R_{th}+jX_{th}+R_L+jX_L} = \mathbf{V}_{th}\frac{R_L+jX_L}{R_{th}+R_L+j(X_{th}+X_L)}\end{aligned}$$

$\mathbf{I}_L$ 的大小為：

$$\frac{|\mathbf{V}_{th}|}{\sqrt{(R_{th}+R_L)^2+(X_{th}+X_L)^2}}$$

而相角為：

$$\underline{/\mathbf{V}_{th}} - \tan^{-1}\left(\frac{X_{th}+X_L}{R_{th}+R_L}\right)$$

同樣地，$\mathbf{V}_L$ 的大小為：

$$\frac{|\mathbf{V}_{th}|\sqrt{R_L^2+X_L^2}}{\sqrt{(R_{th}+R_L)^2+(X_{th}+X_L)^2}}$$

其相角為：

$$\underline{/\mathbf{V}_{th}} + \tan^{-1}\left(\frac{X_L}{R_L}\right) - \tan^{-1}\left(\frac{X_{th}+X_L}{R_{th}+R_L}\right)$$

參考方程式 [11]，因此，我們求得傳送至負載阻抗 $\mathbf{Z}_L$ 的平均功率 P 的表示式：

$$P = \frac{\frac{1}{2}|\mathbf{V}_{th}|^2\sqrt{R_L^2+X_L^2}}{(R_{th}+R_L)^2+(X_{th}+X_L)^2}\cos\left(\tan^{-1}\left(\frac{X_L}{R_L}\right)\right) \qquad [14]$$

為了證明當 $\mathbf{Z}_L=\mathbf{Z}_{th}^*$ 時，最大平均功率的確傳送至負載，必須執行兩個個別的步驟。首先必須將方程式 [14] 對 R_L 微分設定為零。第二步，將方程式 [14] 對 X_L 微分設為零。剩下的細節留給認真的讀者作為練習。

例題 11.5

由一個 $3\cos(100t-3°)$ V 的弦式電壓與 500 Ω 電阻器，30 mH 電感器，及一個未知的阻抗所串聯組合成的特別電路。假設我們保證此電壓源傳送最大平均功率至未知的阻抗，試問該數值大小？

電路的相量表示繪製於圖 11.9。此電路被簡單的視為一個未知阻抗 $\mathbf{Z}_?$ 與 $3\angle{-3°}$ V 電源及戴維寧阻抗 $500+j3\ \Omega$ 所組成的戴維寧等效串聯。

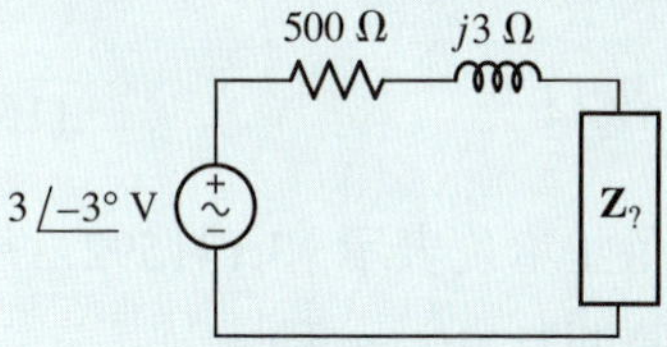

■圖 11.9　由一個弦式電壓源、電阻器、電感器，及一個未知阻抗所組成簡單串聯電路的相量表示。

由於圖 11.9 電路已經採用最大平均功率轉移定理所需要的形成，而我們知道最大平均功率會轉移到等於 $\mathbf{Z}_{th}$ 的複數共軛阻抗，或

$$\mathbf{Z}_? = \mathbf{Z}_{th}^* = 500 - j3\ \Omega$$

此阻抗可以由數種方法來建構，而最簡單是由一個 500 Ω 電阻器與一個阻抗為 $-j3\ \Omega$ 的電容器串聯而成。由於此電路的操作頻率為 100 rad/s，則相對應的電容為 3.333 mF。

練習題

11.5　如果例題 11.5 中的 30 mH 電感器，由一個 10 μF 的電容器所取代，且如果已知 $\mathbf{Z}_?$ 吸收最大功率，試問未知阻抗 $\mathbf{Z}_?$ 的電感成分為多少？

答：10 H。

非週期函數的平均功率

我們應該對於非週期函數稍加留意，直接朝向“無線電星球”的無線電望遠鏡的輸出功率，為對於所要的非週期功率函數平均功

率值的一個實際例子。另一個為數個週期函數的總和，而每一個函數有不同的週期，而對於這個組合，又無法找到較大的共同週期。例如，電流：

$$i(t) = \sin t + \sin \pi t \qquad [15]$$

為非週期性，因為這兩個正弦波的週期比值為無理數。在 $t=0$ 時，兩項皆為零，且逐漸增大。但是第一項只在 $t=2\pi n$ 時為零，且開始增加，其中 n 為整數，因此週期性的需求為 πt 或 $\pi(2\pi n)$ 必須等於 $2\pi m$，其中 m 也是整數。此方程式不可能存在任何解 (m 與 n 均為整數值)。將方程式 [15] 的非週期表示式與下列週期函數比較，會更加清楚，

$$i(t) = \sin t + \sin 3.14t \qquad [16]$$

其中 3.14 為一個完全的十進位表示，而並不是表示 3.141592...。只要花一些心思[2]，便可以證明電流波的週期為 100π 秒。

由如同方程式 [16] 的週期性電流或方程式 [15] 的非週期電流，傳送至 1 歐姆的功率平均值，可以經由無限區間積分求得。因為對於簡單函數平均值徹底瞭解，所以可以避免許多的實際積分。因此，應用方程式 [9] 可以求得由方程式 [15] 的電流所傳送的平均功率：

$$P = \lim_{\tau\to\infty} \frac{1}{\tau} \int_{-\tau/2}^{\tau/2} (\sin^2 t + \sin^2 \pi t + 2\sin t \sin \pi t)\,dt$$

現在把 P 視為三個平均值的和。其中，$\sin^2 t$ 在無限大區間的平均值可以用 $(\frac{1}{2} - \frac{1}{2}\cos 2t)$ 取代 $\sin^2 t$ 來求取；此平均值為 $\frac{1}{2}$。同樣地，$\sin^2 \pi t$ 的平均值也是 $\frac{1}{2}$，而最後一項可以表示成兩個餘弦函數的和，其中每一個餘弦函數的平均值必定為零。因此：

$$P = \tfrac{1}{2} + \tfrac{1}{2} = 1\ \text{W}$$

針對方程式 [16] 的週期函數可求得相同的結果。將相同的方

2 $T_1=2\pi$ 且 $T_2=2\pi/3.14$。因此尋找整數值的 m 及 n，使得 $2\pi n=2\pi m/3.14$ 或 $3.14n=m$，或 $3.14/100n=m$，或 $157n=50m$，因此，n 與 m 的最小整數為 $n=50$ 且 $m=157$。因此週期為 $T=2\pi n=100\pi$，或 $T=2\pi(157/3.14)=100\pi$ s。

法應用在由幾個不同週期與任意振幅的弦波和所組成的電流函數：

$$i(t) = I_{m1}\cos\omega_1 t + I_{m2}\cos\omega_2 t + \cdots + I_{mN}\cos\omega_N t \qquad [17]$$

可求得傳送至電阻 R 的平均功率為：

$$P = \frac{1}{2}\left(I_{m1}^2 + I_{m2}^2 + \cdots + I_{mN}^2\right)R \qquad [18]$$

如果針對電流的每一個成分指定任意的相角，則結果仍維持不變。當我們考慮推導所需的步驟時，亦即取電流函數的平方，積分並取其極限時，發現此重要結果十分簡單。因為可以證明如方程式 [17] 特殊電流例子情形下，重疊定理可適用於功率，其中每一項均有唯一的頻率，此結果也相當令人訝異。重疊定理並不適用於電流為兩直流之和的情形，也不適用於電流為兩個相同頻率的正弦和的情形。

CAUTION

例題 11.6

試求由電流 $i_1=2\cos 10t - 3\cos 20t$ A 傳送至 4 Ω 電阻器的平均功率。

因為兩個餘弦波的頻率不相同，所以兩個平均功率值可以分別計算，再相加。因此，此電流傳送 $\frac{1}{2}(2^2)4 + \frac{1}{2}(3^2)4 = 8 + 18 = 26$ W 給 4 Ω 電阻器。

例題 11.7

試求由電流 $i_2=2\cos 10t - 3\cos 10t$ A 給 4 Ω 電阻器的平均功率。

此題中，電流兩個成分的頻率相同，並且因此必須組合成相同頻率的一正弦波。因此，$i_2=2\cos 10t - 3\cos 10t = -\cos 10t$ 只傳送 $\frac{1}{2}(1^2)4 =$ 2 W 的平均功率給 4 Ω 電阻器。

練習題

11.6　一電壓源 v_s 跨接在 4 Ω 電阻器的兩端，如果 v_s 為 (a) $8\sin 200t$ V；(b) $8\sin 200t - 6\cos(200t - 45°)$ V；(c) $8\sin 200t - 4\sin 100t$ V；(d) $8\sin 200t - 6\cos(200t - 45°) - 5\sin 100t + 4$ V，試求電阻器所吸收的平均功率。

答：8.00 W；4.01 W；10.00 W；11.14 W。

11.3 電流與電壓的有效值

北美洲大部分的電源插座提供 60 Hz 頻率及 115 V 電壓 (某些地方提供 50 Hz 及 240 V 的電源) 的弦式電壓。然而，“115 伏特”的意思為何？這當然不是電壓的瞬時值，因其電壓並非不變。115 V 的值也不是我們用 V_m 作為符號所表示的振幅大小；如果將電壓波形顯示在校正過的示波器時，將會發現此電壓的振幅大小為 $115\sqrt{2}$ 或 162.6 伏特。也無法將平均值的概念用在此 115 V 上，因為正弦波的平均值為零。以整流型電壓表量測插座時，可測得正半週或負半週的平均值大小為 103.5 V，如此更為接近此數值。然而，結果是 115 V 為弦式電壓的**有效值** (effective value)。這個數值是電壓源提供功率給電阻性負載有效性的一種測量。

週期波形的有效值

讓我們隨意地以電流波形為項次來定義有效值，雖然也可以相同地選擇用電壓來表示。任何週期電流的有效值，等於流經 R 歐姆電阻器的直流電流，而此電流能提供與週期電流供給電阻器相同的平均功率。

換句話說，令已知週期電流流過電阻器，可決定出瞬時功率為 i^2R，再求解 i^2R 一週期的平均值，此即為平均功率。然後由一直流電流流過相同的電阻器，並調整此直流電流的大小，直到獲得相同的平均功率為止。所求得的直流電流大小等於已知週期電流的有效值。利用圖 11.10 說明此一觀點。

$i(t)$ 有效值的一般數學表示式便可簡單地求得。由週期性電流 $i(t)$ 傳送至電阻器的平均功率為：

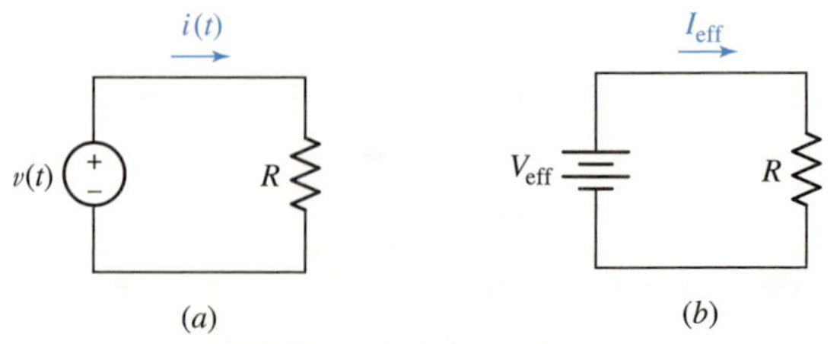

■圖 11.10 如果 (*a*) 與 (*b*) 中的電阻器接受到相同的平均功率，則 $i(t)$ 的有效值等於 I_{eff}，且 $v(t)$ 的有效值等於 V_{eff}。

$$P = \frac{1}{T}\int_0^T i^2 R\,dt = \frac{R}{T}\int_0^T i^2\,dt$$

其中 $i(t)$ 的週期為 T。由直流電流所傳送的功率為：

$$P = I_{\text{eff}}^2 R$$

令上述兩個功率表示式相等，可求得 I_{eff}：

$$I_{\text{eff}} = \sqrt{\frac{1}{T}\int_0^T i^2\,dt} \qquad [19]$$

結果與電阻 R 無關，雖然它提供我們相當有價值的概念。分別利用 v 及 V_{eff} 來取代 i 與 I_{eff}，則可求得週期電壓有效值的類似表示式。

注意到求解有效值時，首先將時間函數平方，再取平方後的函數一週期的平均值，最後將平方後的函數之平均值開平方根。簡單的說，求解有效值的運算為某函數平方的平均值開根號；基於這個理由，有效值經常稱之為**均方根值** (root-mean-square)，或簡稱為 ***rms* 值**。

弦波的有效 (RMS) 值

最重要的特殊情形為弦波。選擇弦波電流為：

$$i(t) = I_m \cos(\omega t + \phi)$$

其週期為

$$T = \frac{2\pi}{\omega}$$

將其代入方程式 [19] 中，可求得有效值為：

$$I_{\text{eff}} = \sqrt{\frac{1}{T}\int_0^T I_m^2 \cos^2(\omega t + \phi)\,dt}$$

$$= I_m\sqrt{\frac{\omega}{2\pi}\int_0^{2\pi/\omega}\left[\frac{1}{2} + \frac{1}{2}\cos(2\omega t + 2\phi)\right]dt}$$

$$= I_m \sqrt{\frac{\omega}{4\pi}[t]_0^{2\pi/\omega}}$$

$$= \frac{I_m}{\sqrt{2}}$$

弦式電流的有效值為一實數，其與相角有關，且其數值等於電流振幅的 $1/\sqrt{2}=0.707$ 倍。如果一電流為 $\sqrt{2}\cos(\omega t+\phi)$ A，則其有效值為 1 A，並且與 1 A 直流電流傳送至任何電阻器的平均功率都相同。

要小心注意的是因數 $\sqrt{2}$，其為週期電流振幅與有效值所求得的比值，這個因數只有在週期函數為弦式時才適用。例如，針對圖 11.4 鋸齒波，有效值等於最大值除以 $\sqrt{3}$。為了求解有效值時，最大值所必須除以的因數，由所給予的週期函數的數學型式來決定；它可能是有理數或無理數，這必須由函數的性質來決定。

利用 RMS 值計算平均功率

有效值的使用也能稍微簡化由弦式電流或電壓所提供的平均功率的表示式，以避免使用 1/2 的因數。例如，由弦式電流傳送給 R 歐姆電阻器的平均功率為：

> 事實上，有效值是以等效的直流量為項次所定義出來的，其提供給電阻性電路的平均功率公式，與在直流分析中的電流所提供的功率相等。

$$P = \frac{1}{2} I_m^2 R$$

因為 $I_{\text{eff}}=I_m/\sqrt{2}$，所以平均功率可以寫成

$$P = I_{\text{eff}}^2 R \qquad [20]$$

其它的功率表示式也可以用有效值為項次，寫成：

$$P = V_{\text{eff}} I_{\text{eff}} \cos(\theta - \phi) \qquad [21]$$

$$P = \frac{V_{\text{eff}}^2}{R} \qquad [22]$$

雖然我們已經成功的將因數 1/2 從平均功率的關係式中消除，但現在必須要小心的決定弦式量的大小，是以振幅或有效值為項次來表示。實際上，有效值通常使用在輸電或配電以及旋轉電機的領域上，而在電子及通訊方面，則大部分經常使用振幅。而我們將假設以振幅為指定表示，除非明確地使用 “rms” 這個字眼或其它的說

明時除外。

在弦式穩態方面，相量電壓與電流可以用有效值或振幅來表示；而這兩個表示的差別，只在於 $\sqrt{2}$ 的因數。電壓 $50\underline{/30^\circ}$ V 是以振幅來表示，如果以 rms 電壓表示時，應該以 $35.4\underline{/30^\circ}$ V rms 來表示此相同的電壓。

具有多頻率電路的有效值

為了決定許多不同頻率的弦波和所組成的週期或非週期波形的有效值，我們可以使用在 11.2 節所發展出來的適當平均功率關係式，即方程式 [18]，並以各成分的有效值為項次，重新寫成：

$$P = \left(I_{1\text{eff}}^2 + I_{2\text{eff}}^2 + \cdots + I_{N\text{eff}}^2\right) R \qquad [23]$$

從這個式子，我們可以瞭解到，由不同頻率的任何數量之弦式電流所組成的電流有效值，可以表示成：

$$I_{\text{eff}} = \sqrt{I_{1\text{eff}}^2 + I_{2\text{eff}}^2 + \cdots + I_{N\text{eff}}^2} \qquad [24]$$

這些結果表示，如果一個在 60 Hz 的 5 A rms 弦式電流，流過 2 Ω 的電阻器，則此電阻器會吸收 $5^2(2) = 50$ W 的平均功率；例如，如果第兩二電流－假設為 120 Hz 下的 3 A rms，同時存在時，則吸收功率為 $3^2(2) + 50 = 68$ W。利用方程式 [24]，可以求得 60 Hz 與 120 Hz 電流總和的有效值為 5.831 A。因此，$P = 5.831^2(2) = 68$ W，與前面計算的相同。然而，如果第二個電流也是在 60 Hz 時，則這兩個 60 Hz 的電流總和之平均值可能介於 2 A 與 8 A 之間。因此，吸收功率會介於 8 W 與 128 W 之間的任何數值，這要由兩個電流成分的相對相位來決定。

注意，一個直流量 K 的有效值為 K，而不是 $K/2$。

練習題

11.7　試求每一個週期電壓的有效值：(a) $6\cos 25t$；(b) $6\cos 25t + 4\sin(25t + 30^\circ)$；(c) $6\cos 25t + 5\cos^2(25t)$；(d) $6\cos 25t + 5\sin 30t + 4$ V。

答：4.24 V；6.16 V；5.23 V；6.82 V。

計算機輔助分析

針對功率的計算，有幾種有用的技巧可經由 PSpice 來達成。特別地，測試端 (Probe) 內建的功能允許我們能畫出瞬時功率及計算平均功率。例如，考慮圖 11.11 的簡單分壓電路，此電路由一個 60 Hz，具有振幅為 $115\sqrt{2}$ V 的正弦波來驅動。一開始執行電壓波形一個週期 1 / 60 秒的暫態分析。

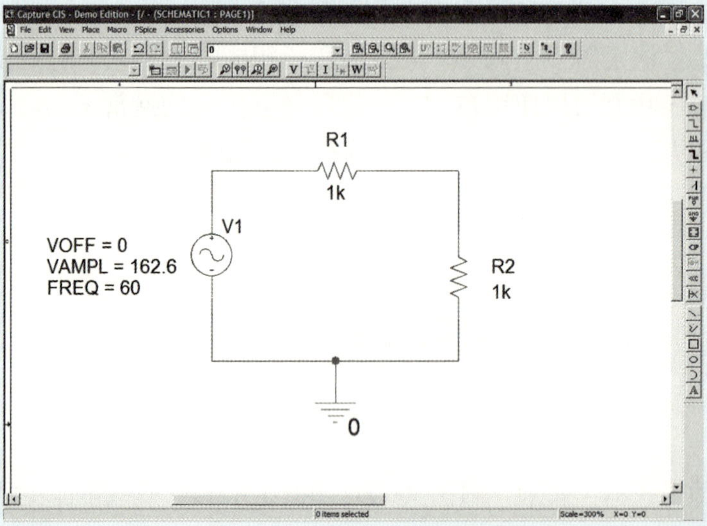

■圖 11.11 一個由 60 Hz 對 115 V rms 電源所驅動的簡單分壓電路。

圖 11.12 為利用 **Add Plot to Window** 選項下的 **Plot** 所繪製耗費在電阻器 *R*1 的瞬時功率電流。瞬時功率為週期性，且具有非零的平均值及 6.61 W 的峰值。

利用測試端 (Probe) 最簡單的項目，為使用內建的“執行平均”(running average) 功能來求解平均值，所預期的數值為 $\frac{1}{2}(162.2\frac{1000}{1000+1000})(81.3\times 10^{-3})=3.305$ W。一旦 **Add Traces** 對話框出現 (**Trace**, **Add Trace⋯**)，在 **Trace Expression** 視窗中鍵入：

AVG(I(R1) * I(R1) * 1000)

如圖 11.13 中所看到的，在一或二週期的功率平均值為 3.305 W，這結果與預算的答案相符合。

測試端 (Probe) 也允許我們利用內建函數 **avgx** 去計算指定區間的平均值。例如，利用這個功能計算一個單一週期的平均功率，此例的週

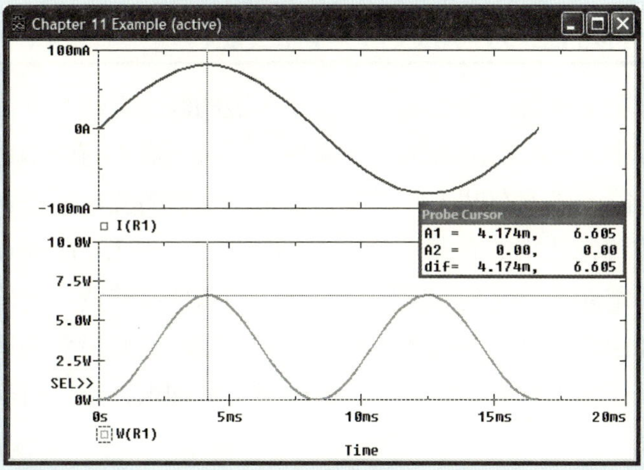

■圖 11.12　與圖 11.11 中的電阻器 *R*1 有關的電流與瞬時功率。

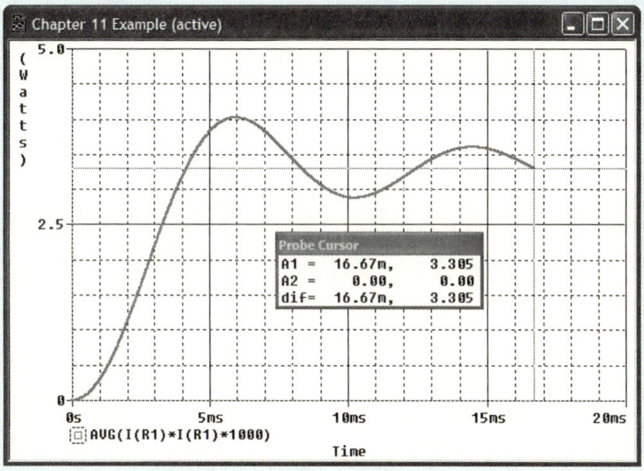

■圖 11.13　由電阻器 *R*1 所耗費功率的連續平均值。

期 1 / 120＝8.33 ms，輸入：

AVGX(I(R1) * I(R1) * 1000, 8.33 m)

兩種方法都會在圖形的末端產生 3.305 W 的數值。

11.4 視在功率與功率因數

根據歷史事實，視在功率與功率因數的觀念介紹可回溯至電力工業，其中大量的電能必須從一處傳送至另一處；有效傳送的效率直接與電能的成本有關，此成本最後是由消費者支付。提供造成相對較差的傳輸效率的負載客戶，必須對於每一**仟瓦** (kilowatthour, kWh) 的電能付出比他們實際接收及使用還要高的費用。同樣的情形，需要由電力公司在輸電及配電設備上提供較高投資的客戶，也要對每一仟瓦支付較高的費用，除非電力公司很仁慈，且樂於損失金錢。

首先讓我們定義**視在功率** (apparent power) 與**功率因數** (power factor)，然後再簡短的說明這些術語與先前所提及的經濟情況有何種關連。假設弦式電壓

$$v = V_m \cos(\omega t + \theta)$$

作用到一網路，並產生弦式電流為：

$$i = I_m \cos(\omega t + \phi)$$

因此，電壓的領先電流的相角為 $(\theta - \phi)$。假設在輸入端點採用被動符號慣例，則傳送到網路的平均功率，可以用最大值為項次表示：

$$P = \frac{1}{2} V_m I_m \cos(\theta - \phi)$$

或是以有效值為項次表示成：

$$P = V_{\text{eff}} I_{\text{eff}} \cos(\theta - \phi)$$

如果所應用的電壓與電流響應為直流量，則傳送至網路的平均功率可以簡單地用電壓與電流的乘積來表示。將直流技巧應用到弦波問題時，對於吸收功率可以得到一個 "很明顯地" 由所熟悉的乘積 $V_{\text{eff}} I_{\text{eff}}$ 提供的數值。然而，電壓與電流有效值的乘積並不是平均值，而是定義為視在功率。以因次來說，視在功率與實功率必須有相同的測量單位，因為 $\cos(\theta - \phi)$ 為無因次；但為了避免混淆，以**伏安** (volt-amperes) 或 VA 作為視在功率的單位。因為 $\cos(\theta - \phi)$ 的大小不會比 1 大，所以很明顯的，實功率絕不會大於視在功率。

> 視在功率並不限定於弦式激勵函數與響應的概念上。它可以簡單地由電流與電壓的有效值乘積，來決定任何電流之電壓的波形。

實功率或平均功率與視在功率的比值稱為**功率因數** (power factor)，以符號 PF 來表示。因此

$$\mathrm{PF}=\frac{\text{平均功率}}{\text{視在功率}}=\frac{P}{V_{\text{eff}}I_{\text{eff}}}$$

在弦波的例子中，功率因數為 $\cos(\theta-\phi)$，其中 $(\theta-\phi)$ 為電壓領先電流的角度。這種關係就是為何角度 $(\theta-\phi)$ 經常被稱為**功因角** (PF angle) 的理由。

對於純電阻性負載，電壓與電流同相，即 $(\theta-\phi)$ 為零，而 PF 為 1。換句話說，視在功率與平均功率相等。然而，如果仔細的選擇元件值與操作頻率，而使用得輸入阻抗的相角為零，則單位功因也可以由包含電感與電容的負載達成。一個純抗負載，也就是不包含任何的電阻，將會造成電壓與電流的相位差為正 90° 或負 90°，而 PF 因此為零。

在這兩種極端例子之間，一般網路的 PF 範圍可以從零到 1。例如，一個 PF 為 0.5 的負載，表示其輸入阻抗的相角不是 60°，就是 −60°；前者描述電感性負載，因為電壓領先電流 60°，而後者則為電容性負載。負載確切的性質不明確的話，可以由領先的 PF 或落後的 PF 來解決，領先或落後是由相對於電壓的電流相位來決定。因此，電感性負載為落後的 PF，而電容性負載則為領先的 PF。

例題 11.8

試求圖 11.14 中，傳送至兩個負載的平均功率，由電源所提供的視在功率，及合併後負載的功率因數。

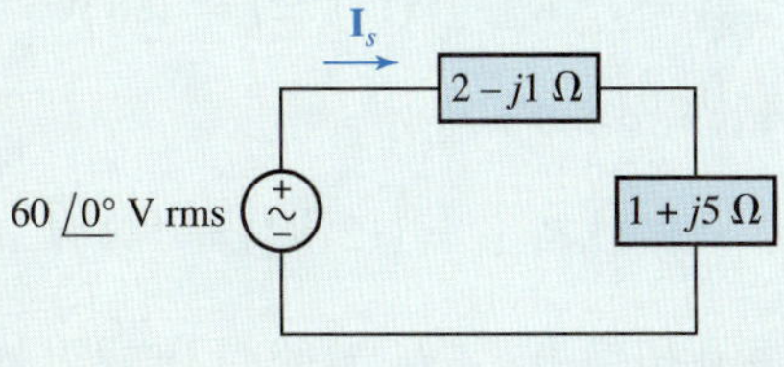

■圖 11.14 要求解傳送至每一元件的平均功率、電源所提供的視在功率，及合併後負載的功率因數的電路。

▲ **確認問題的目標**

平均功率為負載元件的電阻成分所汲取的功率有關；視在功率為負載組合的有效電壓與有效電流的乘積。

▲ **收集已知的資訊**

有效電壓為 60 V rms，其跨接於 $2 - j + 1 + j5 = 3 + j4\ \Omega$ 組合負載的兩端。

▲ **設計規劃**

簡單的相位分析便可求得電流。從所知的電壓與電流可以使我們計算出平均功率與視在功率，而這兩個量可以用來求解功率因數。

▲ **建構一組適當的方程式**

平均功率可表示成：

$$P = V_{\text{eff}} I_{\text{eff}} \cos(ang\ \mathbf{V} - ang\ \mathbf{I})$$

視在功率則為 $V_{\text{eff}} I_{\text{eff}}$。

功率因數則從這兩個量的比值來求得：

$$\text{PF} = \frac{\text{平均功率}}{\text{視在功率}} = \frac{P}{V_{\text{eff}} I_{\text{eff}}}$$

▲ **決定是否需要額外的資訊**

求解 I_{eff}：

$$\mathbf{I}_s = \frac{60\underline{/0^\circ}}{3 + j4} = 12\underline{/-53.13^\circ}\ \text{A rms}$$

所以 $I_{\text{eff}} = 12$ A rms，而 $\mathbf{I}_s$ 的角度為 $-53.13°$。

▲ **試圖求解**

傳送至頂部負載的平均功率為：

$$P_{\text{upper}} = I_{\text{eff}}^2 R_{\text{top}} = (12)^2(2) = 288\ \text{W}$$

而傳送至右側負載的平均功率為：

$$P_{\text{lower}} = I_{\text{eff}}^2 R_{\text{right}} = (12)^2(1) = 144\ \text{W}$$

電源本身提供的視在功率為 $V_{\text{eff}} I_{\text{eff}} = (60)(12) = 720$ VA。

最後，合併後的負載功率因數可以由合併後負載相關的電壓與電流來求解。這個功率因數理所當然會與電源的功率因數相等。所以：

$$PF = \frac{P}{V_{eff}I_{eff}} = \frac{432}{60(12)} = 0.6 \text{ 落後}$$

因為合併後的負載為電感性。

▲ **證明解答是否合理或如所預期？**

傳送至負載的總平均功率為 288 + 144＝432 W。由電源所提供的平均功率為：

$$P = V_{eff}I_{eff}\cos(ang\,\mathbf{V} - ang\,\mathbf{I}) = (60)(12)\cos(0 + 53.13°) = 432 \text{ W}$$

所以看到功率平衡是正確的。

也可以把合併後的負載阻抗寫成 $5\angle 53.1°$ Ω，並確認 53.1° 為功因角，因此功率因數為 cos 53.1°＝0.6 落後。

練習題

11.8　圖 11.15 電路，如果 Z_L＝10 Ω，試求合併後負載的功率因數。

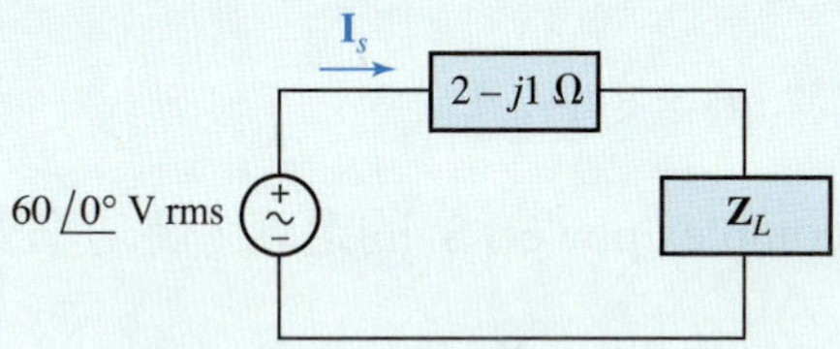

■圖 11.15

答：0.9966 領先。

11.5　複功率

如果把功率視為複數量，則在功率計算中的某些簡化便可以達成。將會發現複功率的大小正好是視在功率，而複功率的實數部分證明為 (實數) 平均功率。複功率的虛數部分，這項新的量稱為**無效功率** (reactive power)。

我們以滿足被動符號慣例，且跨接於一對端點的一般弦式電壓 $\mathbf{V}_{eff} = V_{eff}\angle\theta$ 及流入一端點的一般弦式電流 $\mathbf{I}_{eff} = I_{eff}\angle\phi$ 來定義複功率。由兩端點網路所吸收的平均功率為：

$$P = V_{eff}I_{eff}\cos(\theta - \phi)$$

接下來以介紹相量的相同方式，利用尤拉 (Euler's) 公式來介紹複功率的命名。將 P 表示成：

$$P = V_{\text{eff}} I_{\text{eff}} \,\text{Re}\{e^{j(\theta-\phi)}\}$$

或

$$P = \text{Re}\{V_{\text{eff}} e^{j\theta} I_{\text{eff}} e^{-j\phi}\}$$

相量電壓可以被視為上式括號中的前兩個因子，但後兩個因子則與相量電流不對稱，因為角度包含了一個負號，而相量電流的表示式中並不存在此負號。也就是相量電流為：

$$\mathbf{I}_{\text{eff}} = I_{\text{eff}}\, e^{j\phi}$$

因此必須使用共軛符號：

$$\mathbf{I}^*_{\text{eff}} = I_{\text{eff}}\, e^{-j\phi}$$

所以

$$P = \text{Re}\{\mathbf{V}_{\text{eff}} \mathbf{I}^*_{\text{eff}}\}$$

現在可以藉由**複功率** (complex power) **S** 的定義，將功率變成複數：

$$\mathbf{S} = \mathbf{V}_{\text{eff}} \mathbf{I}^*_{\text{eff}} \qquad [25]$$

如果首先檢視複功率的極座標或指數型式：

$$\mathbf{S} = V_{\text{eff}} I_{\text{eff}}\, e^{j(\theta-\phi)}$$

很明顯的，**S** 的大小 $V_{\text{eff}} I_{\text{eff}}$ 為視在功率，而 **S** 的角度 $(\theta-\phi)$ 為功因角 (即電壓的角度領先電流的角度)。

在直角座標型式時，則為：

$$\mathbf{S} = P + jQ \qquad [26]$$

其中 P 和以前一樣，為平均功率。複功率的虛數部分以符號 Q 來表示，並稱之為*無效功率*。Q 的因次與實功率 P、複功率 **S** 及視在功率 $|\mathbf{S}|$ 相同。為了避免與其它的量混淆，Q 的單位定義為**伏安無效** (volt-ampere-reactive, VAR)。從方程式 [25] 及 [26] 可瞭解到：

表 11.1　與複功率相關量的摘要

量	符號	公式	單位
平均功率	P	$V_{eff}I_{eff}\cos(\theta-\phi)$	瓦 (W)
無效功率	Q	$V_{eff}I_{eff}\sin(\theta-\phi)$	伏安無效 (VAR)
複功率	$\mathbf{S}$	$P+jQ$	
		$V_{eff}I_{eff}\underline{/\theta-\phi}$	伏安 (VA)
		$\mathbf{V}_{eff}\mathbf{I}^{*}_{eff}$	
視在功率	$\lvert\mathbf{S}\rvert$	$V_{eff}I_{eff}$	伏安 (VA)

$$Q = V_{eff}I_{eff}\sin(\theta-\phi) \tag{27}$$

無效功率的物理解釋為電源 (即電力公司)，為負載的電抗性成分 (即電感與電容) 之間後退與前進的能量潮流之時間比例。這些成分交互地充電與放電，進而導致電流分別流出及流入電源。

為了方便起見，將相關的量摘錄於表 11.1 中。

> 無效功率的符號描繪是指 $\mathbf{V}_{eff}$ 與 $\mathbf{I}_{eff}$ 的被動負載之特性。如果負載為電感性，角度 $(\theta-\phi)$ 會介於 0 與 90° 之間，這角度的正弦為正值，且無效功率為正數。電容性負載則產生負的無效功率。

功率三角

複功率一般所採用的圖形表示法是所謂的**功率三角** (power triangle)，並以圖 11.16 說明。圖形顯示只需要三個功率量中的兩個量，而第三個量可藉由三角關係予以求解。如果功率三角落於第一象限 $(\theta-\phi>0)$，則功率因數為落後 (相當於電感性負載)，而如果功率三角落在第四象限 $(\theta-\phi<0)$，則功率因數為領先 (相當於電容性負載)。因此，關於負載的大量定性的資料一看便可使用。

另一種無效功率的解釋可以由建構包括 $\mathbf{V}_{eff}$ 與 $\mathbf{I}_{eff}$ 的相量圖看出，如圖 11.17 所示。如果相量電流分解成兩個分量，一個與電壓同相，大小為 $I_{eff}\cos(\theta-\phi)$；而另一個與電壓相差 90°，大小為 $I_{eff}\sin|\theta-\phi|$，因此，很清楚的看到，實功率為相量電壓的大小與和電壓同相位的相量電流分量的乘積。此外，相量電壓的大小與和電

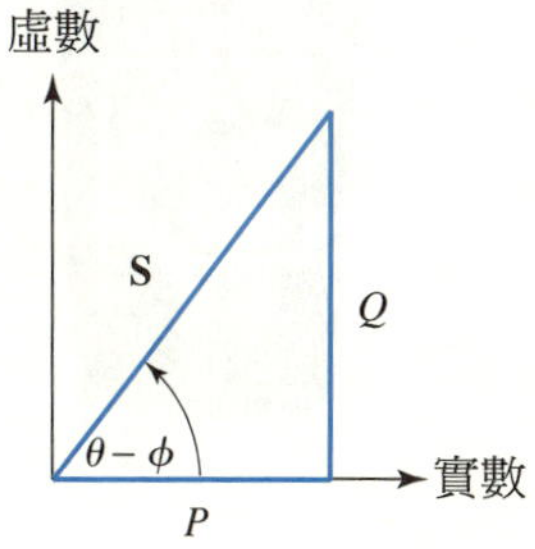

■圖 11.16　複功率的功率三角表示法。

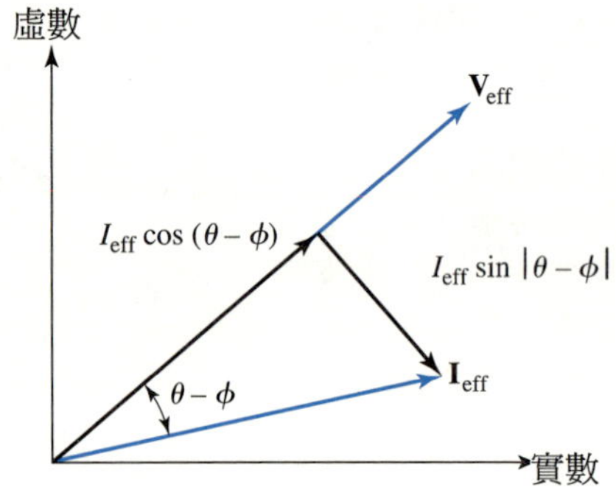

■圖 11.17 電源相量 $\mathbf{I}_{\text{eff}}$ 被分解成兩個分量，一個與電壓相量 $\mathbf{V}_{\text{eff}}$ 同相，而另一個與電壓相量相差 90°。後面的那個分量稱之為正交分量。

壓相位相差 90° 的相量電流分量之乘積為無效功率 Q。一般稱與其它相量相差 90° 的相量分量為正交分量。因此，Q 為 $\mathbf{V}_{\text{eff}}$ 乘以 $\mathbf{I}_{\text{eff}}$ 的正交分量。Q 也稱之為正交功率。

功率測量

嚴格的說，瓦特計量測由負載吸收的平均實功率 P，而乏時計則讀取由負載所汲取的平均無效功率 Q。然而，一般可以發現到，同一個計器可以量測兩個量，而經常也能夠量測視在功率與功率因數 (如圖 11.18 所示)。

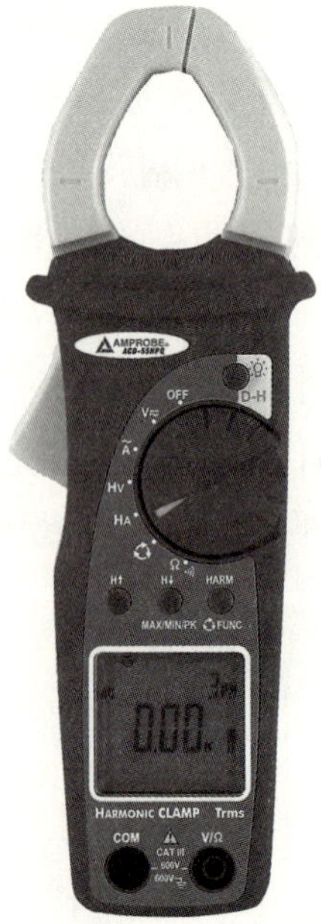

■圖 11.18 由 Amprobe 所製造的勾式數位功率計，可以量測達 400 A 的交流電流及 600 V 的電壓。Copyright AMPROBE

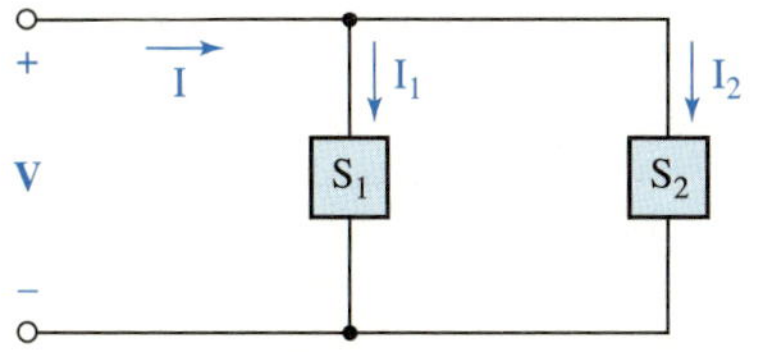

■圖 11.19　用來證明由兩個並聯負載所汲取的複功率為個別負載所汲取的複功率總和之電路。

不論負載如何的互連，可以很簡單的證明傳送到幾個互連負載的複功率，為傳送到每一個個別負載的複功率總和。例如，考慮圖 11.19 中，兩個負載並聯連接。如果都採用 rms 值，由組合負載所汲取的複功率為：

$$\mathbf{S} = \mathbf{V}\mathbf{I}^* = \mathbf{V}(\mathbf{I}_1 + \mathbf{I}_2)^* = \mathbf{V}(\mathbf{I}_1^* + \mathbf{I}_2^*)$$

因此

$$\mathbf{S} = \mathbf{V}\mathbf{I}_1^* + \mathbf{V}\mathbf{I}_2^*$$

結果如前所述。

例題 11.9

一工業用戶正操作一台 50 kW (67.1 hp) 功率因數為 0.8 落後的感應電動機。電源電壓為 230 V rms。為了要達到較低的電費，此用戶希望將功率因數提高至 0.95 落後。試求一適當的解答。

雖然功率因數可以藉由增加實功率並保持無效功率來提升，但這並無法降低費用，而且這也不是客戶感興趣的對策。必須在系統中增加一個純電抗性的負載，並且很明顯的必須與負載並聯，因為感應電動機的供應電壓必須保持不變。如果將 $\mathbf{S}_1$ 視為感應電動機的複功率，而 $\mathbf{S}_2$ 為修正裝置所汲取的複功率，如圖 11.20 所示。

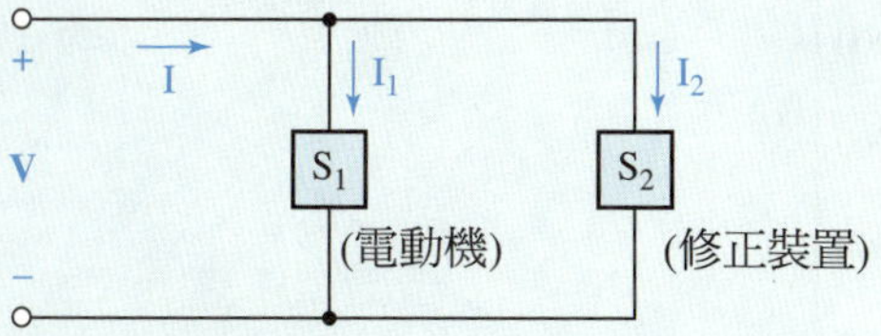

■圖 11.20

提供給感應電動機的複功率，其實數部分必須為 50 kW，並且角度為 $\cos^{-1}(0.8)$，或 36.9°。因此，

實 際 應 用

功率因數修正

當電力公司將電力提供至較大的工業消費者時，電力公司經常會將功率因數條款涵蓋在費用明細中。在這條款下，無論何時當功率因數低於某一指定值時，通常約為 0.85 落後，消費者需支付額外的費用。很少的工業電力消耗領先功率因數，這是因為工業負載的特性所造成。有幾項理由是迫使電力公司針對低功率因數採取額外付費。首先，很明顯的是，發電機為了提供在定功率及定電壓下，低功率因數大電流的運流，必須建造成較大電流載量容量。另一個理由則是發現在輸電及配電系統中損耗增加。

在致力於補償損耗及鼓勵消費者運轉在高功率因數，某一家電力公司對於超過平均功率需求 0.62 倍基準值的消費者，每一 kVAR 處以 \$0.22/kVAR 的罰金：

$$\begin{aligned}\mathbf{S} &= P + jQ = P + j0.62P = P(1 + j0.62)\\ &= P(1.177\underline{/31.8^\circ})\end{aligned}$$

此基準目標為 0.85 落後的功率因數，因為 $\cos 31.8^\circ = 0.85$，且 Q 為正數；圖 11.21 以圖形方式說明。客戶的功率因數小於基準值時，將受到罰款。

無效功率需求一般是經由安裝與負載並聯的補償電容器予以調整 (典型的是裝設在屬於客戶設備的戶外變電站)。所需要的電容值可表示為：

$$C = \frac{P(\tan\theta_{\text{old}} - \tan\theta_{\text{new}})}{\omega V_{\text{rms}}^2} \qquad [28]$$

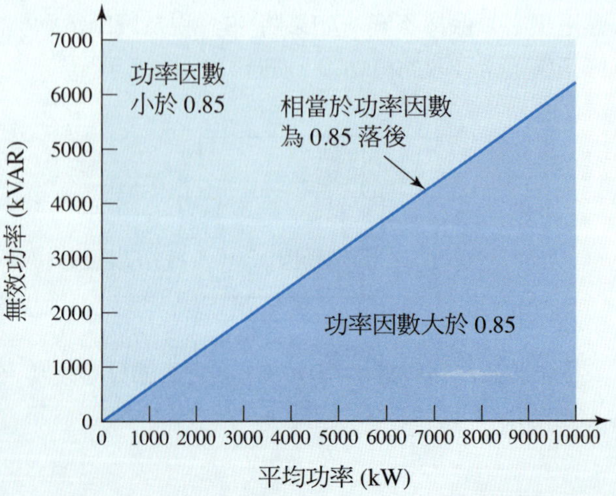

■圖 11.21 針對 0.85 落後的功率因數基準，圖形顯示可接受的無效功率與平均功率的比值。

其中 ω 為頻率，θ_{old} 為目前的功因角，而 θ_{new} 為目標功因角。然而，為了方便，補償電容器組是以指定的單位 kVAR 電容增加率來製造。圖 11.22 顯示安裝範例。

現在讓我們來看看，一個指定的範例。一間特別工業機械工廠，其每個月的用電峰值需求為 5000 kW 及 6000 kVAR 的無效功率需求。利用上述的費用明細，試問這家電力用戶每年的功率因數罰款為多少？如果經由電力公司予以補償，則每 1000 kVAR 增量成本為 \$2390，而每 2000 kVAR 增量成本為 \$3130，試問對客戶最高的成本效益為多少？

安裝的功率因數為複功率 S 的角度，此例的複功率為 $5000 + j6000$ kVA。因此，角度為 $\tan^{-1}(6000/5000) = 50.19°$，其功率因數為 0.64 落後。基準無效功率值為峰值需求的 0.62 倍，即 $0.62(5000) = 3100$ kVAR。所以，這間工廠汲取了比電力公司不予罰款所允許的無效功率還多 $6000 - 3100 = 2900$ kVAR，這表示除了正常的電力成本之外，每年還增加 $(12)(2900)(0.22) = \$7656$ 的金額。

如果客戶選擇安裝單一 1000 kVAR 增量 (成本為 \$2390)，則所超過的無效功率降為 $2900 - 1000 = 1900$ kVAR，所以現在每年的罰款為 $(12)(1900)(0.22) = \$5016$。今年的總成本為 $\$5016 + \$2390 = \$7406$，節省了 \$250。如果客戶選擇安裝單一 2000 kVAR 增量 (成本為 \$3130)，則超過的無效功率降為 $2900 - 2000 = 900$ kVAR，所以現在每年的罰款為 $(12)(900)(0.22) = \$2376$。今年的總成本為 $\$2376 + \$3130 = \$5506$，在第一年節省了 \$2150。然而，如果客戶非常熱心的裝設 3000 kVAR 的補償電容器，因此不會處以任何的罰款，而且實際上第一年只比安裝 2000 kVAR 多 \$14 而已。

■圖 11.22　補償電容器設備。

(Courtesy of Nokian Capacitor Ltd.)

$$\mathbf{S}_1 = \frac{50\angle 36.9^\circ}{0.8} = 50 + j37.5 \text{ kVA}$$

為了達到 0.95 的功率因數，總複功率必須變成：

$$\mathbf{S} = \mathbf{S}_1 + \mathbf{S}_2 = \frac{50}{0.95}\angle \cos^{-1}(0.95) = 50 + j16.43 \text{ kVA}$$

因此，由修正負載汲取的複功率為：

$$\mathbf{S}_2 = -j21.07 \text{ kVA}$$

所需要的負載阻抗 $\mathbf{Z}_2$，可以用幾個簡單的步驟求解。選擇電壓源的相角為 0°，因此，由 $\mathbf{Z}_2$ 所汲取的電流為：

$$\mathbf{I}_2^* = \frac{\mathbf{S}_2}{\mathbf{V}} = \frac{-j21{,}070}{230} = -j91.6 \text{ A}$$

或

$$\mathbf{I}_2 = j91.6 \text{ A}$$

因此，

$$\mathbf{Z}_2 = \frac{\mathbf{V}}{\mathbf{I}_2} = \frac{230}{j91.6} = -j2.51\ \Omega$$

如果運轉頻率為 60 Hz，此負載可以由一個 1056 μF 的電容器與電動機並聯提供。然而，其初期成本、維修及折舊費用必須由所減少的電費來支應。

練習題

11.9 針對圖 11.23 所示的電路，試求由 (a) 1 Ω 電阻器；(b) $-j10\ \Omega$ 電容器；(c) $5 + j10\ \Omega$ 阻抗；(d) 電源，所吸收的複功率。

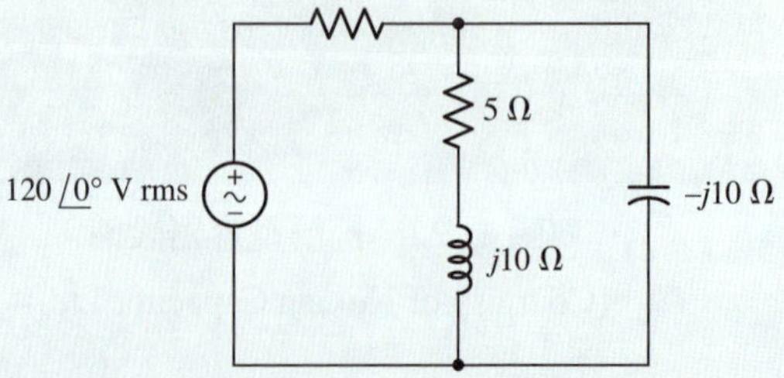

■圖 11.23

答：$26.6 + j0$ VA；$0 - j1331$ VA；$532 + j1065$ VA；$-559 + j266$ VA。

11.6 功率術語的比較

在本章中已經介紹過可能令人怯步的一系列功率術語，在此可能值得暫停一下並將它們整個一起思考一遍。表 11.2 提供每一個術語的扼要說明摘要。

這些新術語的實際重要性可以藉由考慮下列的實際情況予以說明。首先假設有一台弦式交流發電機，它是由某些設備的輸出機械轉矩所驅動的旋轉機，例如汽輪機、電動機或一台內燃引擎。令發電機產生 60 Hz 的 200 V rms 輸出電壓。另外一項假設是發電機的額定最大功率輸出為 1 kW。因此，發電機能夠傳送一個 5 A 的電流給電阻性負載。然而，如果一個需要 1 kW，功率因數為 0.5 落後的負載連接到發電機時，則需要一個 10 A 的電流。如果保持在 200 V 及 1 kW 的運轉，當功率因數下降時，則傳送至負載的電流必定會愈來愈大。如果發電機被正確且節約地設計去安全地提供 5 A 的最大電流，那麼這些較高的電流會造成不符要求的運轉，例如造成絕緣過熱並開始冒煙，這可能會影響到發電機的壽命。

發電機的額定以伏安為單位的視在功率來表示，會更有幫助。

表 11.2　相關術語的摘要

術　語	符　號	單　位	描　述
瞬時功率	$p(t)$	W	$p(t)=v(t)i(t)$，它是在指定瞬間的功率值，它並不是電壓與電流相量的乘積。
平均功率	P	W	在弦式穩態時，$P=\frac{1}{2}V_m I_m \cos(\theta-\phi)$，其中 θ 為電壓的角度，而 ϕ 為電流的角度。電抗對 P 並無任何貢獻。
有效或 rms 值	V_{rms} 或 I_{rms}	V 或 A	例如，定義為 $I_{eff}=\sqrt{\frac{1}{T}\int_0^T i^2\,dt}$；如果 $i(t)$ 為弦波，則 $I_{eff}=I_m/\sqrt{2}$。
視在功率	$\lvert\mathbf{S}\rvert$	VA	$\lvert\mathbf{S}\rvert=V_{eff}I_{eff}$，為平均功率可能的最大值；只有在純電阻性負載時，$P=\lvert\mathbf{S}\rvert$。
功率因數	PF	無	平均功率與視在功率的比值。對於純電阻性負載 PF 為 1，而對於純電抗性負載 PF 為 0。
無效 (虛) 功率	Q	VAR	測量自電抗性負載流進或流出的功率潮流率的方法。
複功率	$\mathbf{S}$	VA	方便的複數量，包含平均功率 P 及無效功率 Q 二者：$\mathbf{S}=P+jQ$。

因此在 200 V 時，額定為 1000 VA 的發電機可以在額定電壓下傳送 5 A 的最大電流；而傳送的功率則依負載而定，且極端的情況可能為零。當運轉在定電壓的情況下，視在功率額定等於電流額定。

練習題

11.10 一個 440 V rms 的電源經由一條具有 1.5 Ω 總電阻的傳輸線提供功率至負載 $Z_L = 10 + j2\ \Omega$。試求 (a) 供給至負載的平均功率及視在功率；(b) 傳輸線路損失的平均功率及視在功率；(c) 由電源所提供的平均功率及視在功率；(d) 電源運輸的功率因數。

答：14.21 kW，14.49 kVA；2.131 kW，2.131 kVA；16.34 kW，16.59 kVA；0.985 落後。

摘要與複習

- 元件所吸收的瞬時功率以表示式 $p(t) = v(t)i(t)$ 來求解。
- 由弦式電源傳送至阻抗的平均功率為 $\frac{1}{2}V_m I_m \cos(\theta - \phi)$，其中 θ 為電壓相角，而 ϕ 為電流的相角。
- 只有負載的電阻性成分汲取非零值的平均功率，傳送至負載電抗性成分的平均功率為零。
- 當滿足 $\mathbf{Z}_L = \mathbf{Z}_{th}^*$ 條件時，最大平均功率轉移才會發生。
- 弦式波形的有效或 rms 值為其振幅除以 $\sqrt{2}$ 求得。
- 負載的功率因數 (PF) 為其平均消耗功率與視在功率的比值。
- 一個純電阻性負載功率因數為 1。純電抗性負載，其功率因數為零。
- 複功率定義為 $\mathbf{S} = P + jQ$ 或 $\mathbf{S} = \mathbf{V}_{\text{eff}}\mathbf{I}_{\text{eff}}^*$。其測量單位為伏安 (VA)。
- 無效功率 Q 為複功率的虛數部分，為測量自負載的電抗性成分流進或流出的能量潮流率。其單位為伏安無效 (VAR)。
- 電容器一般用於改善工業負載的功率因數，以減少自電力公司無效功率的需求。

進階研讀

- 交流功率觀念的十足概念，可以自下列書籍的第 2 章讀到：
  B. M. Weedy, "*Electric Power System* (電力系統)", 3rd ed. Chichester, England: Wiley, 1984.
- 有關交流電力系統當代的議題可以在下列期刊中找到：
  電力與能源系統國際期刊 Guildford, England: IPC Science and Technology Press, 1979-. ISSN:0142-0615。

習　題

※偶數題置書後光碟

11.1　瞬時功率

1. 一個電流源 $i_s(t)=2\cos 500t$ A、一個 50 Ω 的電阻器以及一個 25 μF 的電容器相互並聯。試求在 $t=\pi/2$ ms 時，電源所提供的功率，電阻器與電容器所吸收的功率。
3. 如果圖 11.24 電路中 $v_C(0)=-2$ V 且 $i(0)=4$ A，試求在 t 等於 (a) 0^+；(b) 0.2 s；(c) 0.4 s 時，電容器所吸收的功率。

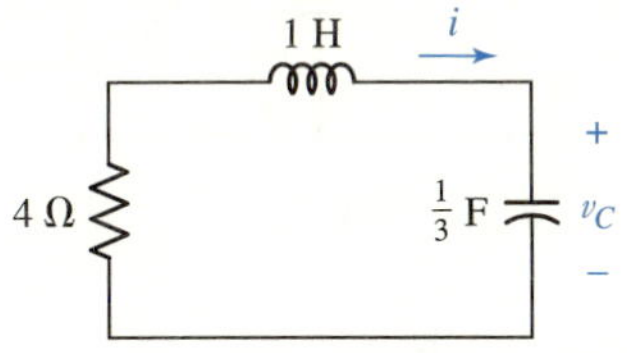

■圖 11.24

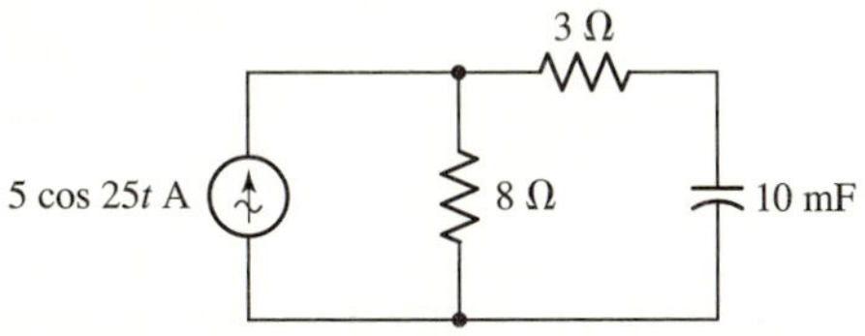

■圖 11.26

5. 圖 11.26 所示的電路已經呈現穩態的情況。試求在 $t=0.1$ s 時，四個電路元件中的每一個所吸收的功率。
7. 考慮圖 11.28 所示的 RC 電路。試求在 $t=$(a) 0^+；(b) 30 ms；(c) 90 ms 時，電阻器所吸收的瞬時功率。

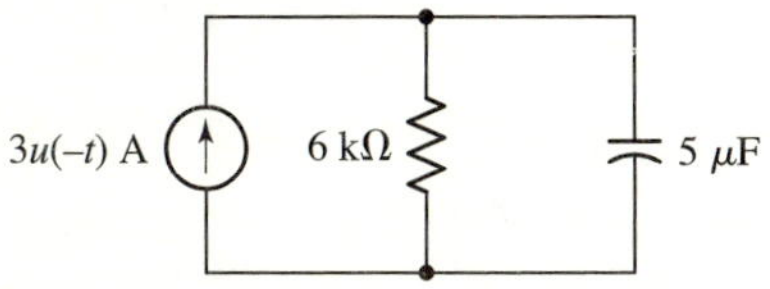

■圖 11.28

9. 一個 100 mF 的電容器儲存 100 mJ 的能量，直到一根 1.2 Ω 電阻的導體落在它的兩端。試求在 $t=120$ ms 時，消耗在導體上的瞬時功率？如果導體所指定的熱容量[3]為 0.9 kJ / kg・K，並且質量為 1 g，假設兩個導體的初始溫度為 23°C，試估測電容器放電的第一秒，導體所增加的溫度為何？

11.2 平均功率

11. 試求圖 11.29 所示的五個電路元件中的每一個所吸收的平均功率。

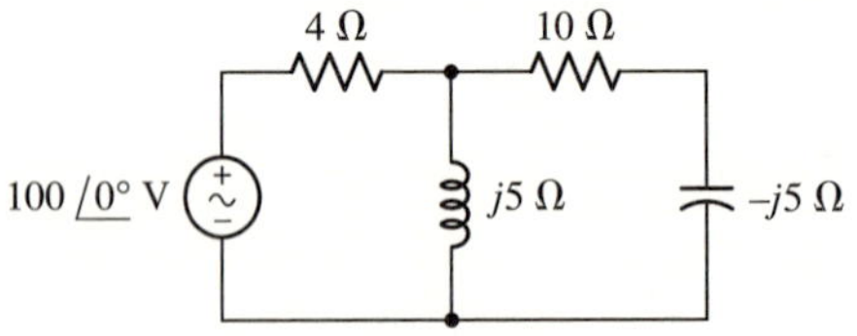

■圖 11.29

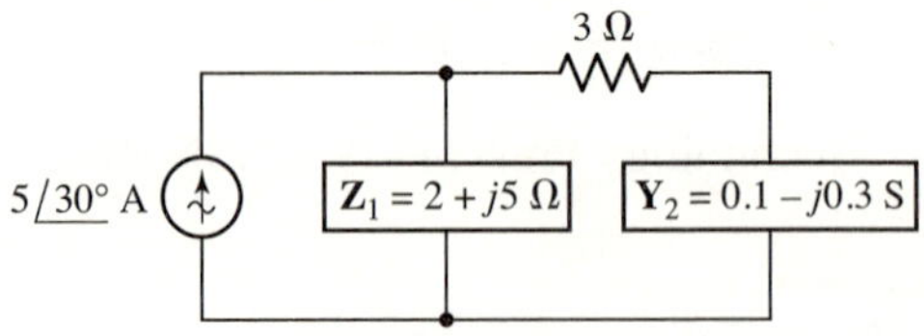

■圖 11.31

13. 試求圖 11.31 的電路中，(a) 3 Ω 電阻器所消耗的平均功率；(b) 電源所產生的平均功率。
15. 試求圖 11.33 電路中，依賴電源所提供的平均功率。
17. 針對圖 11.34 的電路：(a) $\mathbf{Z}_L$ 為多少時，可吸收最大平均功率？(b) 最大功率值為多少？

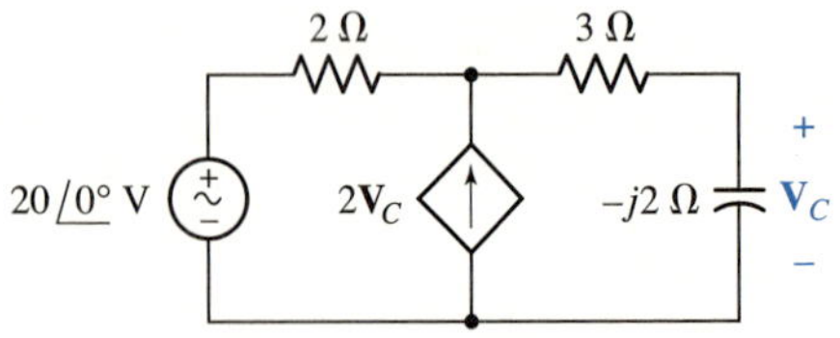

■圖 11.33

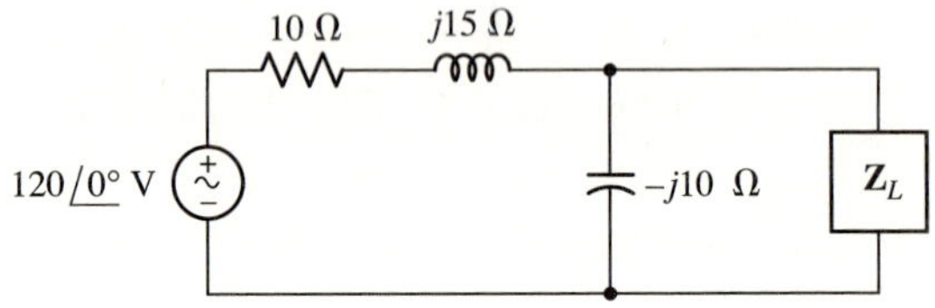

■圖 11.34

19. 試求圖 11.35 電路中，依賴電源所提供的平均功率。

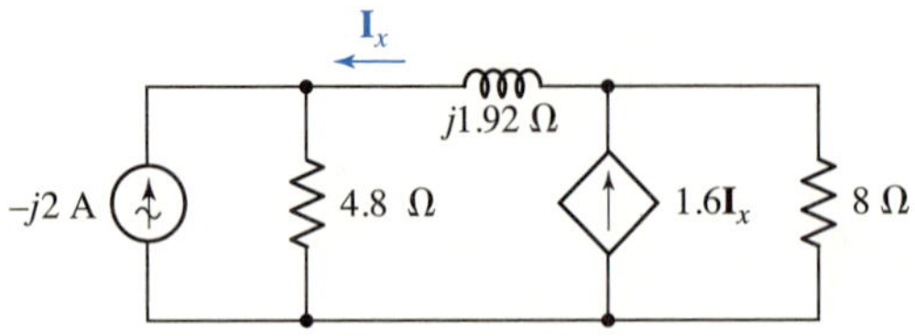

■圖 11.35

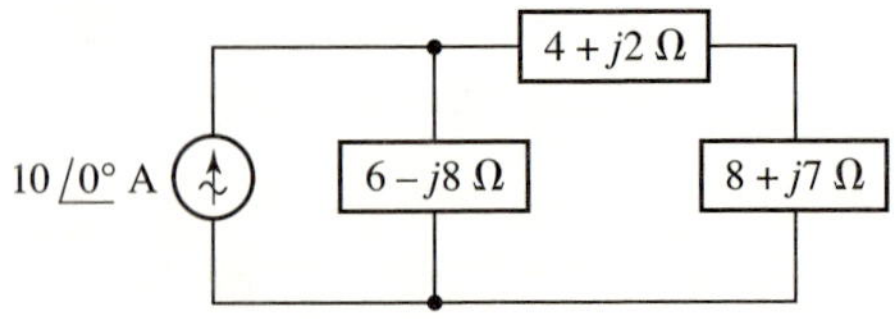

■圖 11.37

21. 圖 11.37 電路中，如果 $10\angle 0°$ A 的電源，以運轉在 50 Hz 的 $5\angle -30°$ A 的電源取代，試求傳送到每一個箱型網路的平均功率。
23. 假設實際的電路在 60 Hz 頻率下操作，試求圖 11.39 所示的網路中，

3 假設指定的熱容量為 $c = Q / m \cdot \Delta T$，其中 Q＝傳送至導體的能量，m 為它的質量，而 ΔT 為增加的溫度。

傳送至每一個電阻器的平均功率。如果 (a) $\lambda=0$；(b) $\lambda=1$；(c) 利用 PSpice 驗證你的答案。

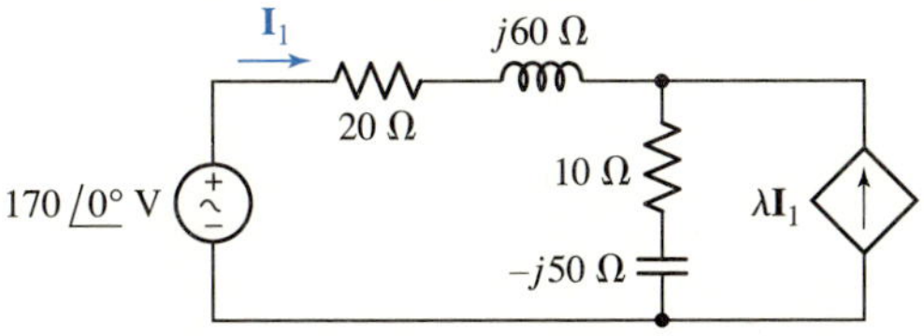

■圖 11.39

25. 如果 $v_s=400\sqrt{2}\cos(120\pi t-9°)$，試求傳送至圖 11.25 所示電路中，每一個元件的平均功率，並利用 PSpice 驗證你的答案。

11.3 電流與電壓的有效值

27. 計算下列的有效值：(a) $2\cos(10t)$ A；(b) $2\sin(10t)$ A；(c) $2\cos(5t)$ A；(d) $2\cos(5t-32°)$ A。
29. 試求圖 11.42 所示波形的有效值。

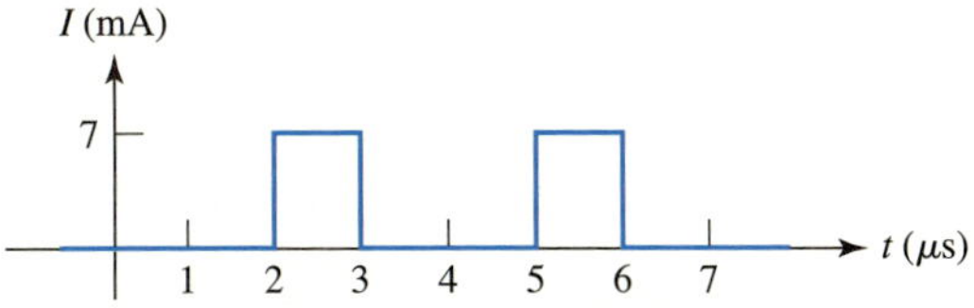

■圖 11.42

31. 試求下列的有效值：(a) $v(t)=10+9\cos 100t+6\sin 100t$；(b) 顯示在圖 11.43 的波形；(c) 並求解此波形的平均值。

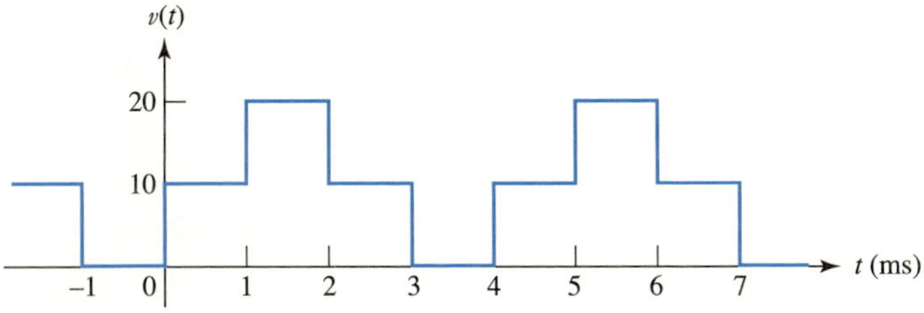

■圖 11.43

33. 已知週期波形 $f(t)=(2-3\cos 100t)^2$ 試求：(a) 它的平均值；(b) 它的均方根值。
35. 四個獨立電壓源，$A\cos 10t$、$B\sin(10t+45°)$、$C\cos 40t$ 以及常數的 D，與 4 Ω 電阻器相互串聯。試求消耗在電阻器的平均功率，如果 (a) $A=B=10$ V，$C=D=0$；(b) $A=C=10$ V，$B=D=0$；(c) $A=10$ V，$B=-10$ V，$C=D=0$；(d) $A=B=C=10$ V，$D=0$；(e) $A=B=C=D=10$ V。

37. 圖 11.46 所示的每一個波形，週期均為 3 s，並且也有點相似。(a) 計算每一個波形的平均值；(b) 求解每一個波形的有效值；(c) 利用 PSpice 驗證鋸齒波形的結果。

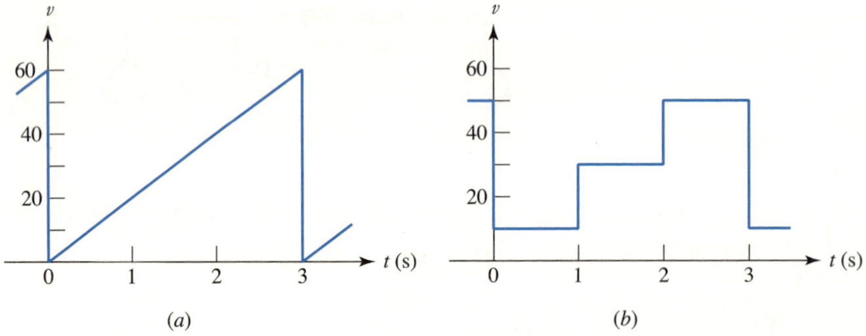

■圖 11.46

39. 一個具有週期為 5 s 的電壓波形，在時間區間 $0 < t < 5$ s 可表示為 $v(t) = 10t[u(t) - u(t-2)] + 16e^{-0.5(t-3)}[u(t-3) - u(t-5)]$ V。試求這個波形的有效值。

11.4 視在功率與功率因數

41. 令圖 11.47 中的 $\mathbf{I} = 4\underline{/35°}$ A rms，試求下列的平均功率：(a) 由電源所提供；(b) 供給至 20 Ω 的電阻器；(c) 供給至負載。試求下列的視在功率：(d) 由電源所提供；(e) 供給至 20 Ω 的電阻器；(f) 供給至負載；(g) 負載的功率因數為多少？

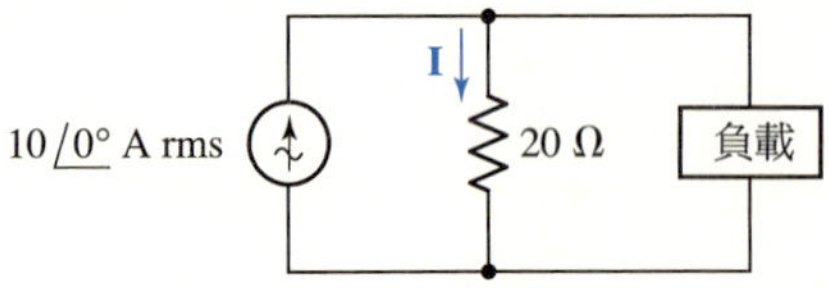

■圖 11.47

43. 圖 11.49 所示的電路中，令 $\mathbf{Z}_A = 5 + j2$ Ω、$\mathbf{Z}_B = 20 - j10$ Ω、$\mathbf{Z}_C = 10\underline{/30°}$ Ω 且 $\mathbf{Z}_D = 10\underline{/-60°}$ Ω。試求傳送至每一個負載的視在功率，及電源所產生的視在功率。

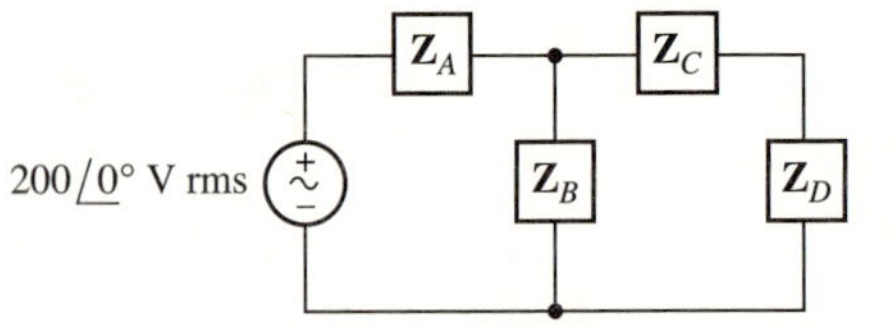

■圖 11.49

11.5 複功率

45. 由三個負載並聯連接，合成一個負載。一個負載汲取 100 W，落後功因為 0.92 的功率，另一個取用 250 W，落後功因為 0.8 的功率，而第三個需要 150 W，功因為 1 的功率。合成的負載由一個 $\mathbf{V}_s$ 的電源串聯一個 10 Ω 電阻器供電，且負載必須運作在 115 V rms 的電壓。試求：(a) 流經電源的 rms 電流為多少？(b) 組合負載的功因為多少？

47. 考慮圖 11.51 的電路，將連接至電源的總負載功因，提升到 0.92 落後，請指定所需要的電容值。如果電容 (a) 與 100 mH 電感器串聯；(b) 與 100 mH 電感器並聯，利用 PSpice 驗證 (a) 與 (b) 的答案。

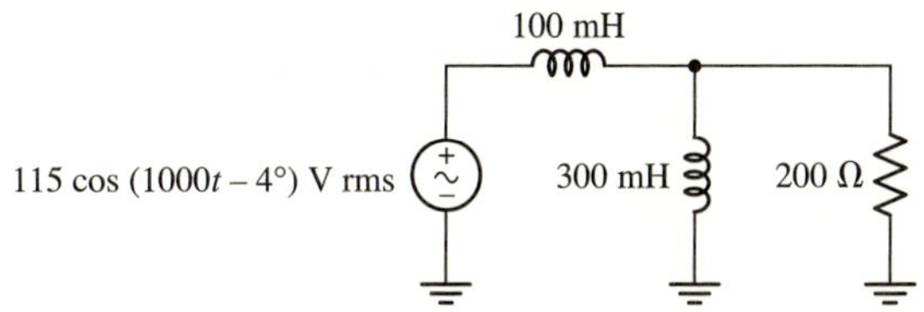

■圖 11.51

49. 圖 11.53 中所顯示的兩個電源，均運作在相同的頻率下。試求每個電源所產生的複功率，以及每一個被動電路元件所吸收的複功率。

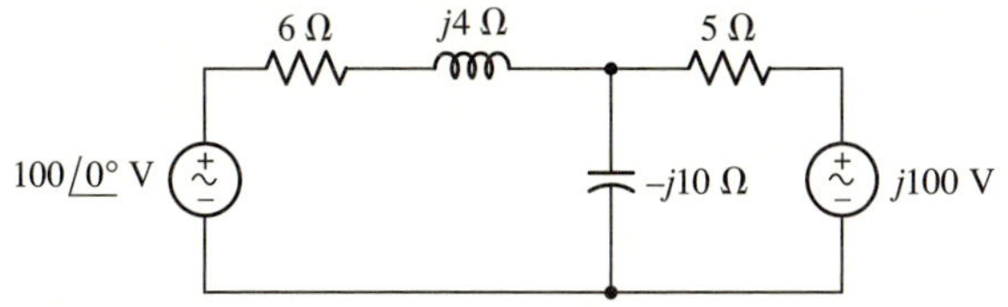

■圖 11.53

51. 一個電容性阻抗 $\mathbf{Z}_C = -j120\ \Omega$ 與一個負載 $\mathbf{Z}_L$ 並聯。這個並聯組合由一個 $\mathbf{V}_s = 400\underline{/0^\circ}$ V rms 的電源供電，並產生 $1.6 + j0.5$ kVA 的複功率。試求：(a) 傳送至 $\mathbf{Z}_L$ 的複功率；(b) $\mathbf{Z}_L$ 的功率因數；(c) 電源的功率因數。

53. 一個 250 V rms 的系統供電給三個並聯的負載：一個負載汲取 20 kW，功因為 1 的功率，第二個取用 25 kVA，落後功因為 0.8 的功率，而第三個需要 30 kW，落後功因為 0.75 的功率。試求：(a) 電源所提供的總功率；(b) 電源所提供的總視在功率；(c) 電源運作時的功因為何？

55. 試推導方程式 [28]。

11.6　功率術語的比較

57. 一個 $339 \cos(100\pi t - 66^\circ)$ V 的電壓源，連接至一個 150 mH 的純電感性負載。(a) 流經電路的有效電流為多少？(b) 負載所吸收的峰值瞬時功率為多少？(c) 負載所吸收的最小瞬時功率為多少？(d) 試求電源所傳送的視在功率；(e) 計算電源所傳送的無效功率；(f) 傳送至負載的複功率為多少？

59. (a) 圖 11.54 電路中，試求傳送至每一個被動元件的複功率；(b) 證明這些數值的總和，等於電源所產生的複功率；(c) 對於視在功率的數值，這個結果是否也成立？(d) 電源所傳送的平均功率為多少？(e) 電源所傳送的無效功率為多少？

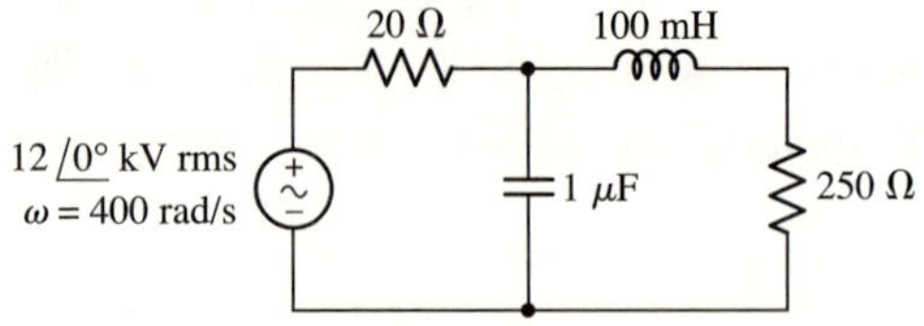

■圖 11.54

12 多相電路

關 鍵 概 念

- 單相電力系統
- 三相電力系統
- 三相電源
- 線電壓與相電壓
- 線電流與相電流
- Y 型連接網路
- Δ 型連接網路
- 平衡負載
- 每相分析
- 三相系統的功率測量

簡　介

電力公司以弦式電壓及電流的型式，典型上稱為交流 (ac)，將電力提供至住宅及工業用戶。北美洲大部分的住宅電力為 60 Hz 頻率及大約 120 V rms 電壓的弦式波形。在世界的其它地方，電力以 50 Hz 頻率及大約 240 V rms 電壓的型式提供。湯瑪斯愛迪生最早提出：電力公司應該經由直流網路分配電力，而電力領域的另外兩個先驅，尼古拉泰瑟納 (Nikola Tesla) 及喬治西屋 (George Westinghouse) 則強烈主張使用交流。而最後，他們兩人的論點更具說服力。

當在決定峰值功率需求時，會關注在交流電力系統的暫態響應。因為大部分的設備，起動時較持續運作需要更多的電流。然而，在大部分的例子中，主要感興趣的是穩態運作，所以我們在以相量為基礎的分析將很容易證明。我們將介紹一個新的電流源，三相電源，其可連接成三線或四線的 Y 結構，或者三線 Δ 結構。同樣地，負載依照所要的應用，也可以是 Y 或 Δ 連接。

12.1　多相系統

截至目前為止，無論何時使用“弦式電源”，都想像成具有特別的振幅、頻率及相位的單一弦式電壓或電流。在本章中，會介紹**多相** (polyphase) 電源的概念，特別是把焦點放在三相系統。使用旋轉機械產生三相電力會比電力有較多明顯的好處，並且使用三相系統作為功率的傳輸有經濟上的利益。雖然到目前為止所遇到的設備，大部分為單相，三相設備則較不尋常，特別是在製造環境上。特別地，用在較大冷凍系統及機械工廠的馬達，經常連接三相電力系統。至於其餘的運用，一旦對於多相系統熟悉之後，將發現可藉由連接多相系統的單支“腿”，便可簡單的獲得單相電力。

很快的來看看最常見的多相系統，平衡的三相系統。電源有三個端點 (不包括**中性** (neutral) 點或**接地** (ground) 連接)，在任何兩端點間以電位計量測時，將發現相等振幅的弦式電壓。然而，這些電壓並非同相；三個電壓中的每一個與其它兩個中的每一個的相位相差 120°，而相角的符號則視電壓而定。圖 12.1 顯示一組可能的電壓。**平衡負載** (balanced load) 從三相汲取相等的功率。無論在任何時刻，整個負載所汲取的瞬時功率不為零；事實上，總瞬時功率為一定值。對於旋轉電機而言，這是一項好處，因為它比使用單相電源更能保持定值的轉子轉矩。而此一結果，使得振幅更小。

較多相數的使用，例如 6 相及 12 相系統，幾乎完全限制於較大型**整流器** (rectifier) 的電源供應。整流器將交流電轉換成直流電，只允許一方向的電流流經負載兩端的電壓符號保持不變。整流器的輸出為一直流加上一微小脈動成分，或漣波 (ripple)，其中漣波隨著相數增加而減小。

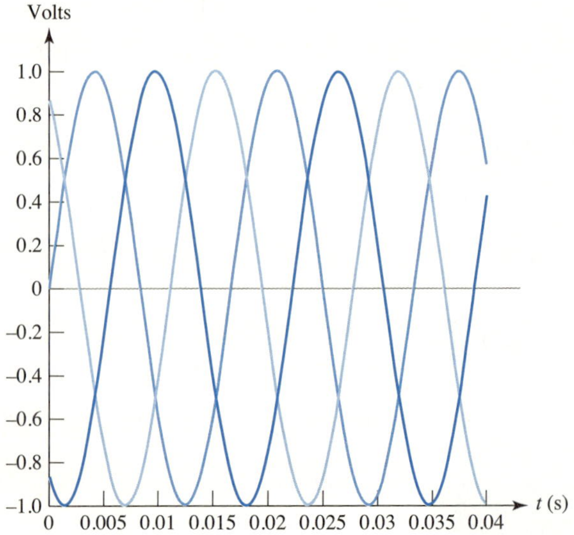

■圖 12.1 三電壓組的範例中，每一個電壓與其它二個的相位相差 120°。如圖所示，在任一特別瞬間時，只有一個電壓為零。

幾乎沒有任何例外，實際的多相系統包含由理想電壓源，或理想電壓源與微小的內部阻抗串聯所近似的電源。而三相電流源則極為少見。

雙下標記號

利用**雙下標記號** (double-subscript natation) 較方便於描述多相電壓及電流。使用這種記號可以使電壓或電流，例如 $\mathbf{V}_{ab}$ 或 $\mathbf{I}_{aA}$，比簡單的以 $\mathbf{V}_3$ 或 $\mathbf{I}_x$ 表示，來的更有意義。根據定義，點 a 相對於點 b 的電壓為 $\mathbf{V}_{ab}$。因此正號落於 a 點處，如圖 12.2*a* 所示。因此，可以將雙下標視為相當於一對正- 負號；同時使用兩種方式，則是多餘的。例如，參考圖 12.2*b*，可以看出 $\mathbf{V}_{ad}=\mathbf{V}_{ab}+\mathbf{V}_{cd}$。雙下標記號的好處在於克希荷夫電壓定理要求二點之間的電壓，不論二點間路徑的選擇為何，其電壓大小均相同。因此，$\mathbf{V}_{ad}=\mathbf{V}_{ab}+\mathbf{V}_{bd}=\mathbf{V}_{ac}+\mathbf{V}_{cd}=\mathbf{V}_{ab}+\mathbf{V}_{bc}+\mathbf{V}_{cd}$ 等。這種方法的好處在於沒有電路圖的參考，也能滿足 KVL；即使包括未標示於電路圖上的一點或下標字母，也能寫出正確的方程式。例如，我們可以寫成 $\mathbf{V}_{ad}=\mathbf{V}_{ax}+\mathbf{V}_{xd}$，其中 x 是我們選擇任何感興趣的點。

圖 12.3 顯示電壓[1] 三相系統的一種可能的表示。假設電壓 $\mathbf{V}_{an}$、$\mathbf{V}_{bn}$ 及 $\mathbf{V}_{cn}$ 為已知：

$$\mathbf{V}_{an}=100\underline{/0^\circ}\text{ V}$$
$$\mathbf{V}_{bn}=100\underline{/-120^\circ}\text{ V}$$
$$\mathbf{V}_{cn}=100\underline{/-240^\circ}\text{ V}$$

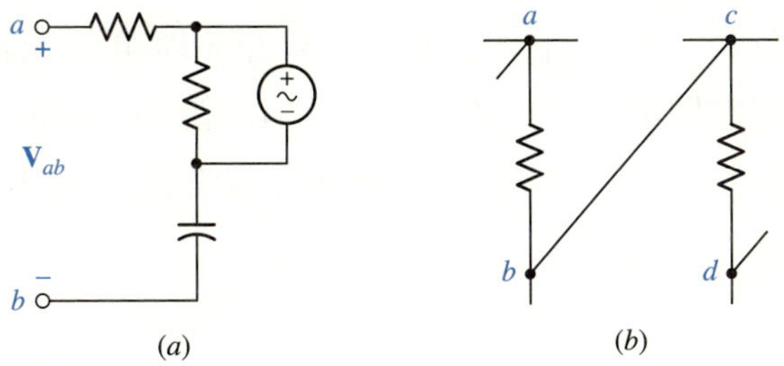

■圖 12.2　(*a*) 電壓 $\mathbf{V}_{ab}$ 的定義；(*b*) $\mathbf{V}_{ad}=\mathbf{V}_{ab}+\mathbf{V}_{bc}+\mathbf{V}_{cd}=\mathbf{V}_{ab}+\mathbf{V}_{cd}$。

1 與電力工業慣例一致的電流及電壓 rms 值將完全使用於本章中。

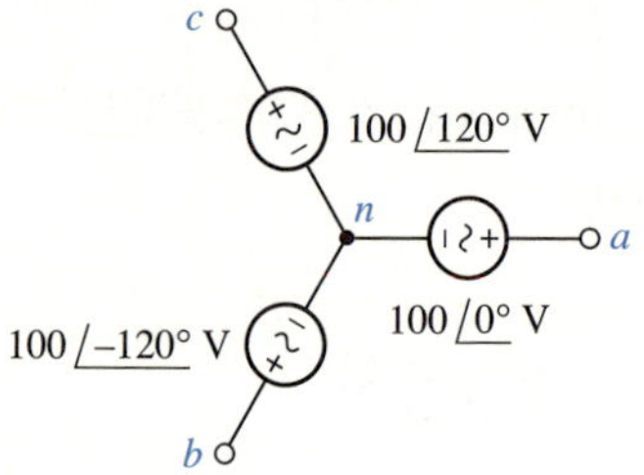

■圖 12.3　作為雙下標電壓記號數值範例的網路。

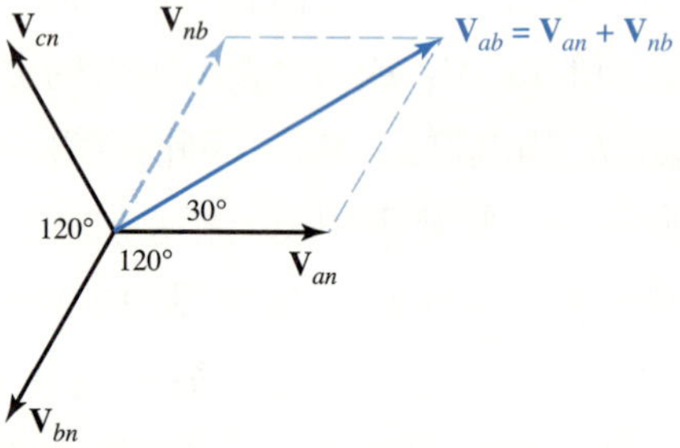

■圖 12.4　此相量圖說明雙下標電壓記號的圖形使用，可求得圖 12.3 網路的電壓 $\mathbf{V}_{ab}$。

因此，看看下標，電壓 $\mathbf{V}_{ab}$ 便可以求解：

$$
\begin{aligned}
\mathbf{V}_{ab} &= \mathbf{V}_{an} + \mathbf{V}_{nb} = \mathbf{V}_{an} - \mathbf{V}_{bn} \\
&= 100\underline{/0^\circ} - 100\underline{/-120^\circ}\ \text{V} \\
&= 100 - (-50 - j86.6)\ \text{V} \\
&= 173.2\underline{/30^\circ}\ \text{V}
\end{aligned}
$$

三個已知的電壓及相量 $\mathbf{V}_{ab}$ 的形成，如圖 12.4 所示的相量圖。

雙下標記號也能用於電流的表示。將電流 $\mathbf{I}_{ab}$ 定義為電流由最直接的路徑從 a 流向 b。在我們所考慮的每一個完整的電路中，當然至少必須有兩種可能的路徑存在於 a 與 b 之間，而我們同意除非一條路徑明顯的更短或更直接，否則不會使用雙下標記號。通常這條路徑通過單一元件。因此，圖 12.5 正確地顯示電流 $\mathbf{I}_{ab}$。事實上，當談論到這個電流時，甚至不需要方向箭頭；因為下標已說明了方向。然而，針對圖 12.5 的電路，如電流標示為 $\mathbf{I}_{cd}$ 時，會造成混淆。

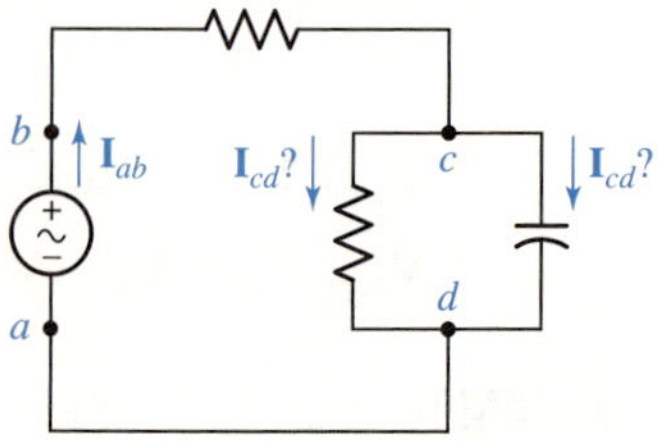

■圖 12.5　針對電流雙下標慣例的使用及誤用說明。

練習題

12.1　令 $\mathbf{V}_{ab}=100\underline{/0^\circ}$ V、$\mathbf{V}_{bd}=40\underline{/80^\circ}$ V 且 $\mathbf{V}_{ca}=70\underline{/200^\circ}$ V，試求 (a) $\mathbf{V}_{ad}$；(b) $\mathbf{V}_{bc}$；(c) $\mathbf{V}_{cd}$。

12.2　參考圖 12.6 電路，並令 $\mathbf{I}_{fj}=3$ A、$\mathbf{I}_{de}=2$ A 且 $\mathbf{I}_{hd}=-6$ A，試求 (a) $\mathbf{I}_{cd}$；(b) $\mathbf{I}_{ef}$；(c) $\mathbf{I}_{ij}$。

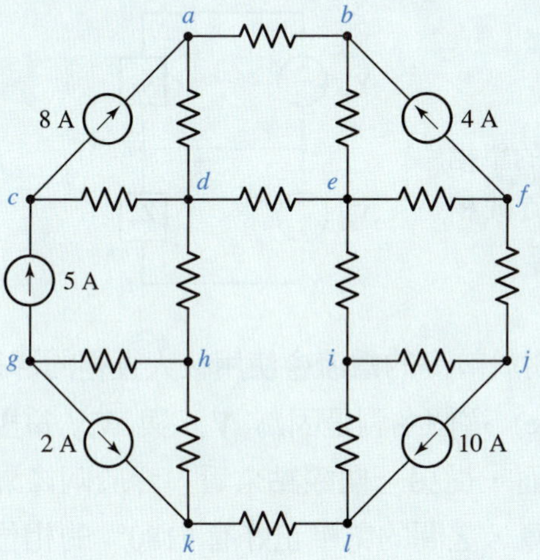

■圖 12.6

答：12.1：$114.0\underline{/20.2^\circ}$ V；$41.8\underline{/145.0^\circ}$ V；$44.0\underline{/20.6^\circ}$ V。

12.2：-3 A；7 A；7 A。

12.2　單相三線式系統

單相三線式電源為一種具有三個輸出端的電源，例如圖 12.7*a* 中的 *a*、*n* 及 *b*，其中相量電壓 $\mathbf{V}_{an}$ 與 $\mathbf{V}_{nb}$ 相等。因此，這個電源可以用兩個相等的電壓源組合來表示；在圖 12.7*b* 中，$\mathbf{V}_{an}=\mathbf{V}_{nb}=\mathbf{V}_1$。很明顯的，$\mathbf{V}_{ab}=2\,\mathbf{V}_{an}=2\,\mathbf{V}_{nb}$，因此，運作在兩個電壓中任一個的負載可以連接至此電源。一般北美洲家庭的電源系統為單相三線式，並允許 110 V 及 220 V 電器運作。使用較高電壓的電器一般汲取較多的功率；對於相同功率的電器，運作在較高電壓，則汲取較小的電流。因此，在此種情形下，可以安全地使用較小直徑的導線，在家庭配電系統及電力公司的配電系統中，為了降低由於導線

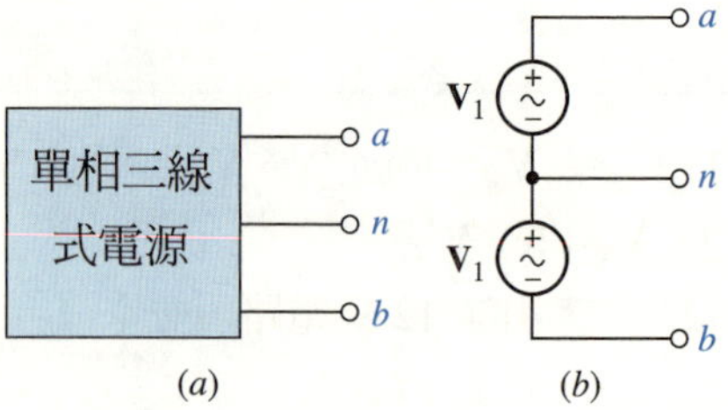

■圖 12.7 (*a*) 單相三線式電源；(*b*) 由兩個相等的電壓源來表示單相三線式電源。

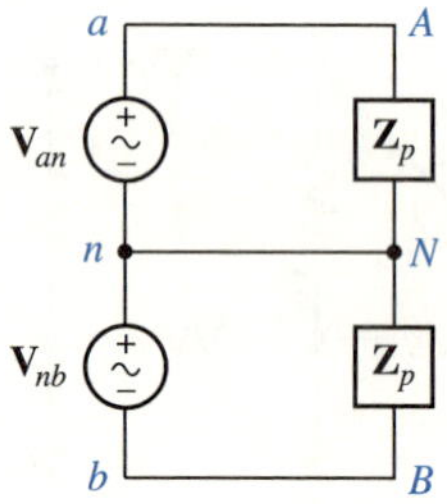

■圖 12.8 一個簡單的單相三線式系統。兩個負載相等，且中性線電流為零。

電阻所產生的熱量，對於較高的電流會使用較大直徑的導線。

單相 (single-phase) 這個名詞是因為 $\mathbf{V}_{an}$ 與 $\mathbf{V}_{nb}$ 電壓相等，並且有相同的相角。然而，從另一個觀點來看，介於兩條外導線與中心線，一般稱為中性線，之間的電壓正好有 180° 的相位差。也就是 $\mathbf{V}_{an}=-\mathbf{V}_{bn}$，$\mathbf{V}_{an}+\mathbf{V}_{bn}=0$。稍後，我們將看到平衡的多相系統會以一組相等振幅 (相量) 且和為零的電壓予後描述。從這個觀點而言，單相三線式系統，實際上是一個平衡的兩相系統。然而，兩相這個名詞，傳統上是保留給極為不重要的不平衡系統，而此系統的兩個電壓源相差 90° 的相位。

讓我們來看看一個在每一條外導線與中性線之間有相等負載 $\mathbf{Z}_p$ 的單相三線式系統 (如圖 12.8 所示)。首先，假設電源與負載的連接線為良導體，因此

$$\mathbf{V}_{an}=\mathbf{V}_{nb}$$

於是

$$\mathbf{I}_{aA}=\frac{\mathbf{V}_{an}}{\mathbf{Z}_p}=\mathbf{I}_{Bb}=\frac{\mathbf{V}_{nb}}{\mathbf{Z}_p}$$

而因此

$$\mathbf{I}_{nN}=\mathbf{I}_{Bb}+\mathbf{I}_{Aa}=\mathbf{I}_{Bb}-\mathbf{I}_{aA}=0$$

因此，在中性線上沒有任何的電流，且可以將其移除，而不會改變系統中的任何電流或電壓。此結果是由於兩個負載與兩個電源相等所致。

有限導線阻抗的效應

接下來考慮每一條導線有限阻抗的效應。如果線路 aA 與 bB 具有相同的阻抗，此阻抗可加至 $\mathbf{Z}_p$，再次形成兩個相等的負載，及零中性線電流。現在假設中性線且有某一阻抗 $\mathbf{Z}_n$。在沒有執行任何詳細分析的情況下，重疊原理應可證明電路的對稱仍會形成零中性線電流。除此之外，任何直接從一條外線路連接至其它外線路的額外阻抗，也會形成對稱電路及零中性線電流。因此，零中性線電流為平衡、對稱或負載必然的結果；而中性線上的非零阻抗並不會破壞對稱情形。

大部分一般的單相三線式系統在每一條外線路與中性線之間的負載，及直接連接至兩條外線路之間包含不相等的相載；兩條外線路的阻抗可被視為近似相等，但中性線阻抗經常稍大些。讓我們考慮一個這樣的系統，而對於流經中性線的電流，及系統傳送功率至不平衡負載的整體效率特別的感興趣。

例題12.1

分析圖 **12.9** 所示的系統，並求解傳送至三個負載的每一個功率及中性線和兩條外線路中的每一條之功率損失。

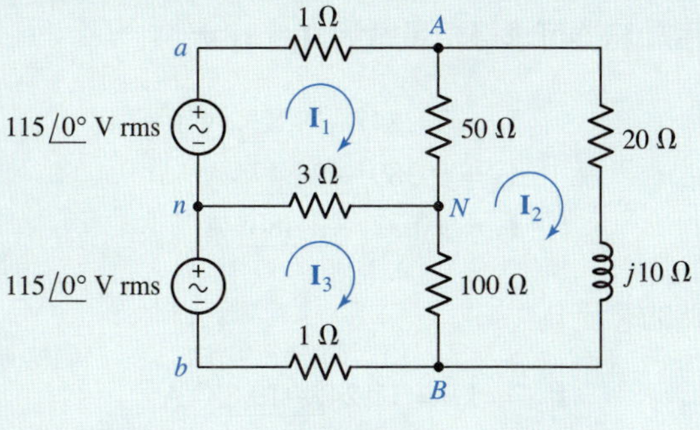

■圖 12.9　典型的單相三線式系統。

▲ 確認問題的目的

電路中的三個負載為：50 Ω 電阻器、100 Ω 電阻器及 20 + j10 Ω 的阻抗。兩條線路的每一條具有 1 Ω 的電阻，而中性線的電阻為 3 Ω。為了求解功率，需要流經這些線路的電流。

▲ 收集已知的資料

有一單相三線式系統；圖 12.9 的電路圖已完整予以標示。所計算的電流是 rms 單位。

▲ 設計規劃

此電路適用網目分析，因其具有三個清楚定義的網目。分析的結果為一組網目電流，其可用於計算吸收功率。

▲ 建構一組適當的方程式

三個網目方程式為：

$$-115\underline{/0^\circ} + \mathbf{I}_1 + 50(\mathbf{I}_1 - \mathbf{I}_2) + 3(\mathbf{I}_1 - \mathbf{I}_3) = 0$$
$$(20 + j10)\mathbf{I}_2 + 100(\mathbf{I}_2 - \mathbf{I}_3) + 50(\mathbf{I}_2 - \mathbf{I}_1) = 0$$
$$-115\underline{/0^\circ} + 3(\mathbf{I}_3 - \mathbf{I}_1) + 100(\mathbf{I}_3 - \mathbf{I}_2) + \mathbf{I}_3 = 0$$

上列方程式組經重組，可得下列三個方程式：

$$\begin{aligned} 54\mathbf{I}_1 \quad & -50\mathbf{I}_2 & -3\mathbf{I}_3 &= 115\underline{/0^\circ} \\ -50\mathbf{I}_1 \quad & +(170 + j10)\mathbf{I}_2 & -100\mathbf{I}_3 &= 0 \\ -3\mathbf{I}_1 \quad & -100\mathbf{I}_2 & +104\mathbf{I}_3 &= 115\underline{/0^\circ} \end{aligned}$$

▲ 決定是否要額外的資料

有三個方程式及三個未知數，所以如此或許可以求得解答。

▲ 試圖求解

使用科學用計算器可求得相量電流 $\mathbf{I}_1$、$\mathbf{I}_2$ 及 $\mathbf{I}_3$：

$$\mathbf{I}_1 = 11.24\underline{/-19.83^\circ}\ \text{A}$$
$$\mathbf{I}_2 = 9.389\underline{/-24.47^\circ}\ \text{A}$$
$$\mathbf{I}_3 = 10.37\underline{/-21.80^\circ}\ \text{A}$$

因此外線路的電流為：

$$\mathbf{I}_{aA} = \mathbf{I}_1 = 11.24\underline{/-19.83^\circ}\ \text{A}$$

及

$$\mathbf{I}_{bB} = -\mathbf{I}_3 = 10.37\underline{/158.20^\circ}\ \text{A}$$

而較小的中性電流為：

$$\mathbf{I}_{nN} = \mathbf{I}_3 - \mathbf{I}_1 = 0.9459\underline{/-177.7^\circ}\text{ A}$$

每一個負載所汲取的平均功率為：

$$P_{50} = |\mathbf{I}_1 - \mathbf{I}_2|^2\,(50) = 206\text{ W}$$
$$P_{100} = |\mathbf{I}_3 - \mathbf{I}_2|^2\,(100) = 117\text{ W}$$
$$P_{20+j10} = |\mathbf{I}_2|^2\,(20) = 1763\text{ W}$$

總負載功率為 2086 W。接下來求解每一條導線的損失：

$$P_{aA} = |\mathbf{I}_1|^2\,(1) = 126\text{ W}$$
$$P_{bB} = |\mathbf{I}_3|^2\,(1) = 108\text{ W}$$
$$P_{nN} = |\mathbf{I}_{nN}|^2\,(3) = 3\text{ W}$$

總線路損失為 237 W。很明顯的，導線相當的長；除此之外，兩條外線路的功率損失相對地很高，此種情形會造成危險的升溫。

注意到，因為是要求解電流的均方根值，所以不需要包括 1/2 的係數。

想像由這兩個 100 W 燈泡所產生的熱！而這些外部導線必定會消耗相同的能量。因此，為了要能降低這些導線的溫度，則這些導線必須要有較大的表面積。

▲ 證明解答是否合理或符合預期？

總吸收功率為 206 + 117 + 1763 + 237 或 2323 W，其可藉由計算每一個電壓源傳送的功率來確認：

$$P_{an} = 115(11.24)\cos 19.83^\circ = 1216\text{ W}$$
$$P_{bn} = 115(10.37)\cos 21.80^\circ = 1107\text{ W}$$

或總功率為 2323 W。系統的傳送效率為：

$$\eta = \frac{\text{傳送至負載的總功率}}{\text{產生的總功率}} = \frac{2086}{2086+237} = 89.8\%$$

對於蒸汽引擎或內燃機而言，此數值令人無法相信，但對於一個設計良好的配電系統，此數值太低。如果電源及負載無法彼此更接近，則可使用較大直徑的導線。

圖 12.10 顯示兩個電源電壓、外線路電流及中性線電流的相量圖。且圖上顯示 $\mathbf{I}_{aA} + \mathbf{I}_{bB} + \mathbf{I}_{nN} = 0$ 的事實。

練習題

12.3　修改圖 12.9，將每一條外線路加上 1.5 Ω 的電阻，中性線加上 2.5 Ω 的電阻。求傳送至三個負載的每一個的平均功率。

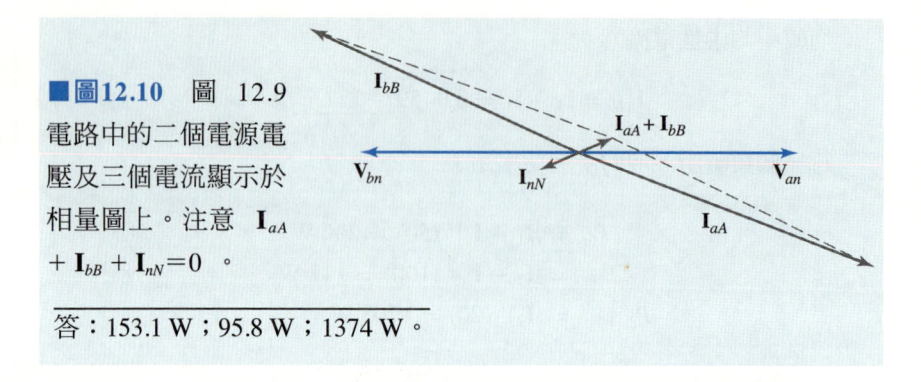

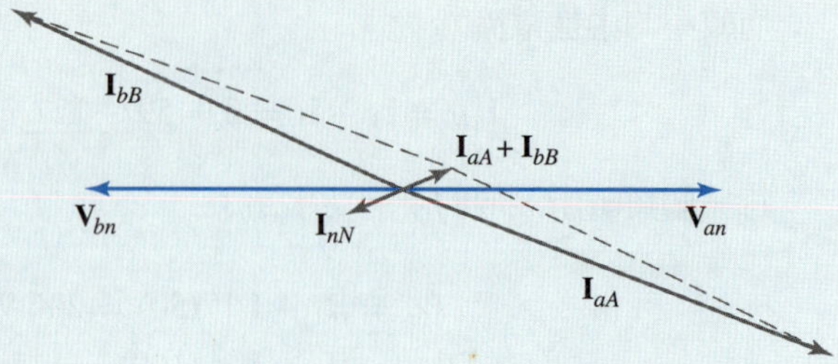

■圖12.10 圖 12.9 電路中的二個電源電壓及三個電流顯示於相量圖上。注意 $\mathbf{I}_{aA}+\mathbf{I}_{bB}+\mathbf{I}_{nN}=0$ 。

答：153.1 W；95.8 W；1374 W。

12.3 三相 Y-Y 連接

三相電源具有三個端點，稱為線路端，可能有或可能沒有第四個端點，為中性連結。我們開始要討論一個具有中性連接的三相電源。它可以用三個接成 Y 型的理想電壓源來表示，如圖 12.11 所示；端點 a、b、c 及 n 為可變。將只考慮平衡三相電源，可定義為：

$$|\mathbf{V}_{an}| = |\mathbf{V}_{bn}| = |\mathbf{V}_{cn}|$$

且

$$\mathbf{V}_{an} + \mathbf{V}_{bn} + \mathbf{V}_{cn} = 0$$

這三個電壓，每一個電壓都介於一條線路與中性線之間，稱之為**相電壓** (phase voltages)。如果任意選擇 $\mathbf{V}_{an}$ 為參考，或定義

$$\mathbf{V}_{an} = V_p\underline{/0^\circ}$$

其中我們將一貫地以 V_p 來表示任何相電壓的 rms 振幅，則三相電源的定義表示成：

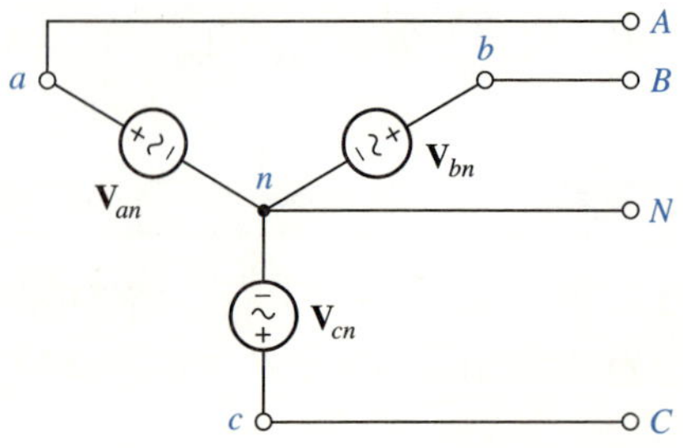

■圖 12.11 Y 連接的三相四線式電源。

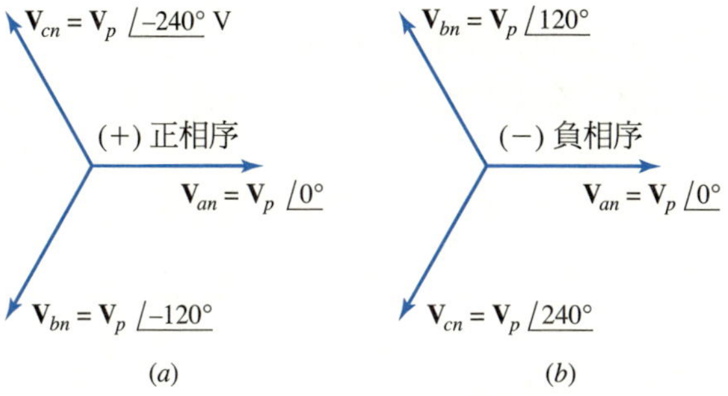

■圖 12.12　(*a*) 正、或 *abc* 相序；(*b*) 負、或 *cba* 相序。

$$\mathbf{V}_{bn} = V_p\angle{-120°} \qquad 及 \qquad \mathbf{V}_{cn} = V_p\angle{-240°}$$

或

$$\mathbf{V}_{bn} = V_p\angle{120°} \qquad 及 \qquad \mathbf{V}_{cn} = V_p\angle{240°}$$

前者稱之為**正相序** (positive phase sequence) 或 ***abc* 相序** (*abc* phase sequence)，如圖12.12*a* 所示；後者稱為**負相序** (negative phase sequence) 或 ***cba* 相序** (*cba* phase sequence)，如圖 12.12*b* 的相量圖所示。

實際三相電源真正的相序是由任意選擇三個標示為 *a*、*b* 及 *c* 的端點所決定，可以經常選擇正相序，而我們假設所考慮的大部分系統均為如此。

線對線電壓

接下來看看線對線電壓 (經常簡稱為**線電壓** (line voltage))，當相電壓如圖 12.12*a* 所示時，則線電壓存在。因為角度全部為 30° 的倍數，可藉由相量圖的幫助，很容易地求得這些電壓。圖 12.13 為一些必要的解釋；其結果為：

$$\mathbf{V}_{ab} = \sqrt{3}V_p\angle{30°} \qquad [1]$$

$$\mathbf{V}_{bc} = \sqrt{3}V_p\angle{-90°} \qquad [2]$$

$$\mathbf{V}_{ca} = \sqrt{3}V_p\angle{-210°} \qquad [3]$$

克希荷夫電壓定義要求這三個電壓的和為零；希望讀者能把它視為練習，加以驗證。

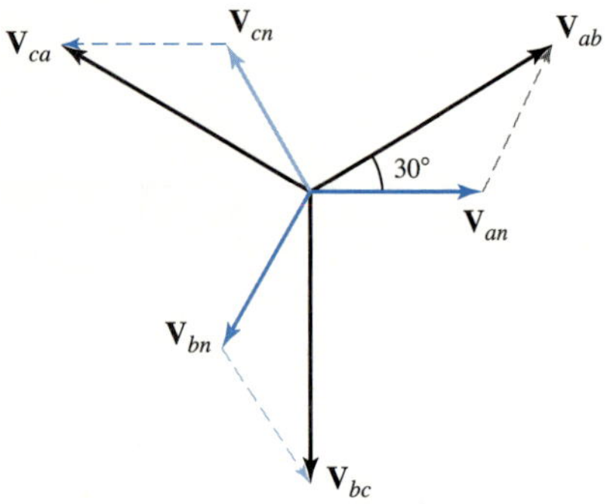

■圖 12.13 用來從已知的相電壓求解線電壓的相量圖，或以代數表示成：

$$\mathbf{V}_{ab} = \mathbf{V}_{an} - \mathbf{V}_{bn} = V_p\underline{/0°} - V_p\underline{/-120°}$$
$$= V_p - V_p\cos(-120°) - jV_p\sin(-120°)$$
$$= V_p\,(1 + \tfrac{1}{2} + j\sqrt{3}/2) = \sqrt{3}\,V_p\underline{/30°}$$

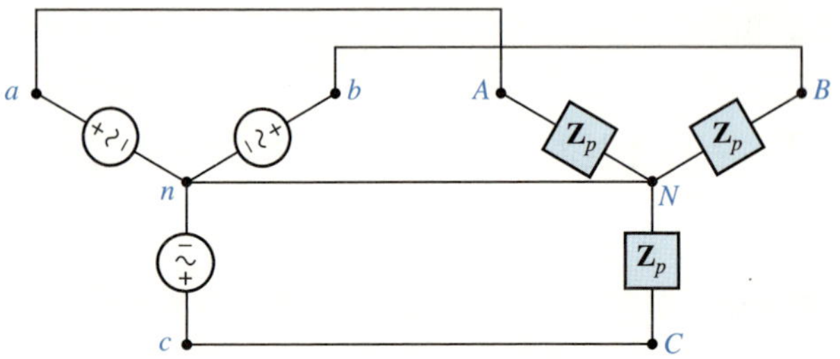

■圖 12.14 Y-Y 連接且包含一中性線的平衡三相系統。

如果任何線電壓的 rms 振幅以 V_L 來表示，則 Y 連接三相電源的重要特性之一，可表示成：

$$\boxed{V_L = \sqrt{3}V_p}$$

注意到正相序時，$\mathbf{V}_{an}$ 領先 $\mathbf{V}_{bn}$，且 $\mathbf{V}_{bn}$ 領先 $\mathbf{V}_{cn}$ 各 120°，而且 $\mathbf{V}_{ab}$ 領先 $\mathbf{V}_{bc}$，且 $\mathbf{V}_{bc}$ 領先 $\mathbf{V}_{ca}$ 也是 120°。如果以“落後”來取代“領先”，則上述說法對負相序也成立。

現在將一個平衡 Y 連接的三相負載連接到電源，如圖 12.14 所畫，利用三條線路及一條中性線，負載以介於每一條線路及中性線之間的阻抗 $\mathbf{Z}_p$ 來表示。三條線路電流可以很簡單地求得，因為實際上為具有一條共同引線[2]的三個單相電路：

$$\mathbf{I}_{aA} = \frac{\mathbf{V}_{an}}{\mathbf{Z}_p}$$

$$\mathbf{I}_{bB} = \frac{\mathbf{V}_{bn}}{\mathbf{Z}_p} = \frac{\mathbf{V}_{an}\underline{/-120°}}{\mathbf{Z}_p} = \mathbf{I}_{aA}\underline{/-120°}$$

$$\mathbf{I}_{cC} = \mathbf{I}_{aA}\underline{/-240°}$$

2 可以利用重疊原理，並每一次只看一相，而將其視為真實的。

所以

$$\mathbf{I}_{Nn}=\mathbf{I}_{aA}+\mathbf{I}_{bB}+\mathbf{I}_{cC}=0$$

因此，如果電源與負載都是平衡，且四條導線的阻抗均為零時，中性線沒有任何電流。當每一條線路串聯插入一個阻抗 $\mathbf{Z}_L$，且中性線插入一個阻抗 $\mathbf{Z}_n$ 時，會如何的改變？線路阻抗可能與三個負載阻抗組合；有效的負載仍為平衡，而完全導電的中性線可予以移除。因此，如果 n 與 N 之間短路或開路時，系統中沒有任何變化發生，則任何阻抗可以插入到中性線，且中性線電流仍保持零。

如果有平衡的電源、平衡的負載及平衡的線路阻抗，則任何阻抗的中性線可以由任何其它阻抗來取代，包括短路或開路；而所取代的並不會影響系統的電壓或電流。不論實際上中性線是否存在，將兩個中性線之間想像成短路，這種方式是有幫助的，此問題便簡化成三個單相的問題，除了相角的一致差別外，其餘的都相同。因此以“每相”為基礎來處理我們的問題。

例題 12.2

針對圖 12.15 中的電路，試求電路中的相與線電流及電壓，並計算負載所消耗的總功率。

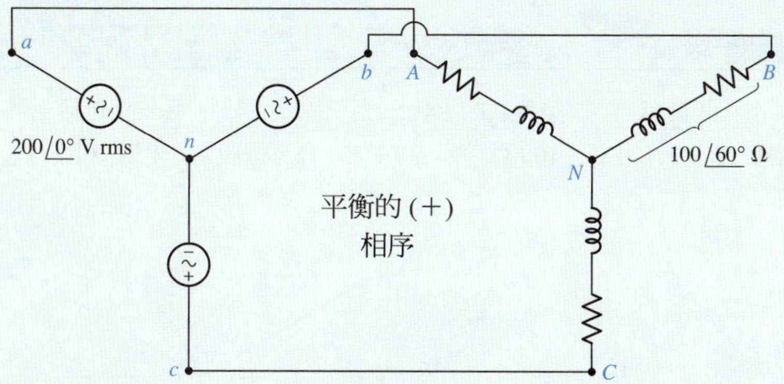

■圖 12.15　平衡三相三線 Y-Y 連接的系統。

因為已知其中一個電源的相電壓，而我們使用的是正相序，因此三相電壓為：

$$\mathbf{V}_{an} = 200\underline{/0^\circ}\text{ V} \qquad \mathbf{V}_{bn} = 200\underline{/-120^\circ}\text{ V} \qquad \mathbf{V}_{cn} = 200\underline{/-240^\circ}\text{ V}$$

線電壓為 $200\sqrt{3}=346$ V；與每一個線電壓的相角可以藉由建構相量圖來決定，如圖 12.13 一樣 (事實上，可利用圖 12.13 的相量圖)，利用科學用計算機將相電壓相減，或利用方程式 [1] 到 [3]。可以求得 $\mathbf{V}_{ab}=346\underline{/30^\circ}$ V、$\mathbf{V}_{bc}=346\underline{/-90^\circ}$ V 及 $\mathbf{V}_{ca}=346\underline{/-210^\circ}$ V。

就 A 相來看，線電流為：

$$\mathbf{I}_{aA} = \frac{\mathbf{V}_{an}}{\mathbf{Z}_p} = \frac{200\underline{/0^\circ}}{100\underline{/60^\circ}} = 2\underline{/-60^\circ}\text{ A}$$

因為知道這是一個平衡的三相系統，可以用 $\mathbf{I}_{aA}$ 為基礎，簡單的寫出其餘的線電流：

$$\mathbf{I}_{bB} = 2\underline{/(-60^\circ - 120^\circ)} = 2\underline{/-180^\circ}\text{ A}$$
$$\mathbf{I}_{cC} = 2\underline{/(-60^\circ - 240^\circ)} = 2\underline{/-300^\circ}\text{ A}$$

A 相所吸收的功率為：

$$P_{AN} = 200(2)\cos(0^\circ + 60^\circ) = 200\text{ W}$$

因此，由三相負載所汲取的總平均功率為 600 W。

此電路的相量圖如圖 12.16 所示，一旦我們知道任何的線路電壓大小及任何的線路電流大小，則三個電壓與三個電流的角度可以由圖形讀取簡單地求得。

練習題

12.4 一個具有 Y 連接負載的平衡三相三線式系統。每一相包括三個並聯的負載：$-j100\ \Omega$、$100\ \Omega$ 及 $50 + j50\ \Omega$。假設為正相序，而 $\mathbf{V}_{ab}=$

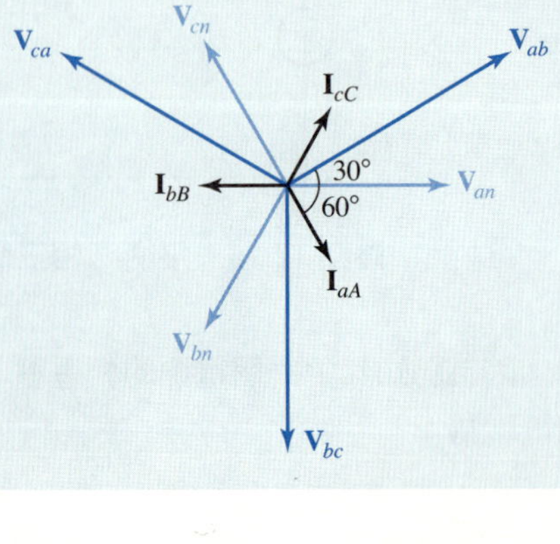

■圖 12.16 適用於圖 12.15 電路的相量圖。

$400\underline{/0^\circ}$ V，試求 (a) $\mathbf{V}_{an}$；(b) $\mathbf{I}_{aA}$；(c) 由負載所汲取的總功率。

答：$231\underline{/-30^\circ}$ V；$4.62\underline{/-30^\circ}$ A；3200 W。

在著手進行另一個例子之前，此時是快速探討 12.1 節所敘述內容的好機會，也就是，在一指定瞬間 (北美洲為 1/120 秒)，相電壓與電流即使為零，但傳送至總負載的瞬時功率絕不會為零。再次考慮例題 12.2 的相位 A，相電壓與電流以時域方式寫成：

轉換 rms 單位需要 $\sqrt{2}$ 的因數。

$$v_{AN} = 200\sqrt{2}\cos(120\pi t + 0^\circ) \text{ V}$$

及

$$i_{AN} = 2\sqrt{2}\cos(120\pi t - 60^\circ) \text{ A}$$

因此，由 A 相所吸收的瞬時功率為：

$$\begin{aligned} p_A(t) = v_{AN}i_{AN} &= 800\cos(120\pi t)\cos(120\pi t - 60^\circ) \\ &= 400[\cos(-60^\circ) + \cos(240\pi t - 60^\circ)] \\ &= 200 + 400\cos(240\pi t - 60^\circ) \text{ W} \end{aligned}$$

在類似方式下：

$$p_B(t) = 200 + 400\cos(240\pi t - 300^\circ) \text{ W}$$

及

$$p_C(t) = 200 + 400\cos(240\pi t - 180^\circ) \text{ W}$$

因此，由總負載所吸取的瞬時功率為：

$$p(t) = p_A(t) + p_B(t) + p_C(t) = 600 \text{ W}$$

此結果與時間無關，與例題 12.2 中所計算的平均功率相同。

例題 12.3

一個線電壓為 **300 V** 的平衡三相系統，供電給 **1200 W**、**0.8** 領先功因的平衡 **Y** 連接負載。試求線電流及每一相的負載阻抗。

相電壓為 $300 / \sqrt{3}$ V，而每一相功率為 1200 / 3＝400 W。因此線電流可以由功率的關係來求得：

$$400 = \frac{300}{\sqrt{3}}(I_L)(0.8)$$

因此線電流為 2.89 A。相阻抗為：

$$|\mathbf{Z}_p| = \frac{V_p}{I_L} = \frac{300/\sqrt{3}}{2.89} = 60\ \Omega$$

因為功率因數為 0.8 領先，則阻抗相角為 $-36.9°$；因此 $\mathbf{Z}_p = 60\underline{/-36.9°}$ Ω。

因為此問題被簡化成單相問題，所以更複雜的負載，也能很容易地處理。

練習題

12.5 一個線電壓為 500 V 的平衡三相三線式系統。存在著兩個平衡的 Y 連接負載。一個是每相為 $7 - j2\ \Omega$ 的電容性負載，另一個則是每相為 $4 + j2\ \Omega$ 的電感性負載。試求：(a) 相電壓；(b) 線電流；(c) 由負載所汲取的線功率；(d) 電源運作時的功率因數。

答：289 V；97.5 A；83.0 kW；0.983 落後。

例題 12.4

一個平衡的 600 W 燈具負載加到 (並聯方式) 例題 12.3 的系統中。試求新的線電流。

首先我們畫出一個適當的每相電路，如圖 12.17 所示。假設 600 W 的負載為均勻分佈在三相之間的平衡負載，其結果為每相增加 200 W 的消耗。

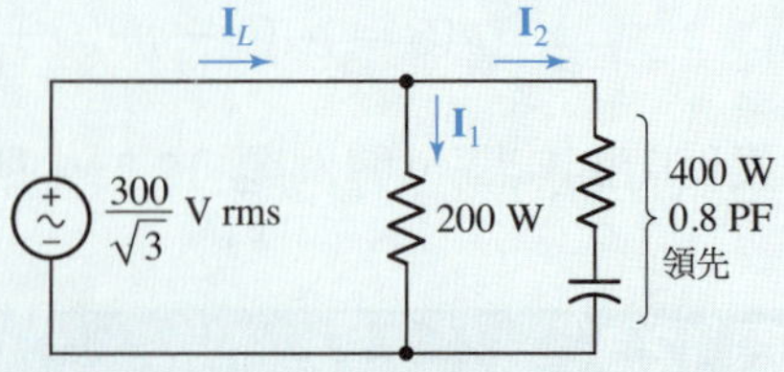

■圖 12.17 用來分析一個平衡三相範例的每相電路。

燈具電流的振幅由下式決定：

$$200 = \frac{300}{\sqrt{3}}|\mathbf{I}_1|\cos 0°$$

所以

$$|\mathbf{I}_1| = 1.155\ \mathrm{A}$$

類似的方法，因為跨接於電容性負載兩端的電壓保持不變，則電容性負載電流的振幅與先前的大小一樣：

$$|\mathbf{I}_2| = 2.89 \text{ A}$$

如果假設所求解的相電壓其角度為零，則：

$$\mathbf{I}_1 = 1.155\underline{/0^\circ} \text{ A} \qquad \mathbf{I}_2 = 2.89\underline{/+36.9^\circ} \text{ A}$$

線路電流為：

$$\mathbf{I}_L = \mathbf{I}_1 + \mathbf{I}_2 = 3.87\underline{/+26.6^\circ} \text{ A}$$

除此之外，由此相電源所產生的功率為：

$$P_p = \frac{300}{\sqrt{3}} 3.87 \cos(+26.6^\circ) = 600 \text{ W}$$

這結果符合每一相由新的燈具負載提供 200 W，而由原負載提供 400 W 的事實。

練習題

12.6 三個平衡 Y 連接負載設置於一個平衡三相四線式系統中。負載 1 在單位功因下汲取 6 kW 的總功率，負載 2 在 PF＝0.96 落後吸收 10 kVA，而負載 3 在 0.85 落後功因需要 7 kW。如果負載的相電壓為 135 V，每一條線路的電阻為 0.1 Ω，且中性線的電阻為 1 Ω，試求：(a) 由負載所汲取的總功率；(b) 負載的組合功因；(c) 四條線路的總功率損失；(d) 電源側的相電壓；(e) 電源運作時的功率因數。

答：22.6 kW；0.954 落後；1027 W；140.6 V；0.957 落後。

如果一個不平衡的 Y 連接負載存在於平衡的三相系統時，並且中性線有阻抗存在，則此電路仍然可以用每相的方法予以分析。如果上述兩種情況之一不存在的話，則必須使用其它的方法，例如網目或節點分析。然而，在不平衡的三相系統上花費大量時間的工程師們，會發現使用對稱分量 (symmetrical components) 可節省許多的時間。但我們不在此探討這個方法。

12.4 Δ 連接

另一種不同於 Y 連接負載的結構為 Δ 連接負載，如圖 12.18 所示。這種結構的型式非常普遍，且不具有中性線連接。

考慮在每一對線路之間，插入阻抗為 $\mathbf{Z}_p$ 所組成的平衡 Δ 連接負載。參考圖 12.18，並假設線電壓為已知：

$$V_L = |\mathbf{V}_{ab}| = |\mathbf{V}_{bc}| = |\mathbf{V}_{ca}|$$

或已知的相電壓為：

$$V_p = |\mathbf{V}_{an}| = |\mathbf{V}_{bn}| = |\mathbf{V}_{cn}|$$

其中，

$$V_L = \sqrt{3}V_p \qquad 且 \qquad \mathbf{V}_{ab} = \sqrt{3}V_p\underline{/30^\circ}$$

如同前面所得。因為跨接於 Δ 的每一個分支電壓為已知，所以相電流可以簡單地求得：

$$\mathbf{I}_{AB} = \frac{\mathbf{V}_{ab}}{\mathbf{Z}_p} \qquad \mathbf{I}_{BC} = \frac{\mathbf{V}_{bc}}{\mathbf{Z}_p} \qquad \mathbf{I}_{CA} = \frac{\mathbf{V}_{ca}}{\mathbf{Z}_p}$$

而從線電流的差值，可求出電流，例如：

$$\mathbf{I}_{aA} = \mathbf{I}_{AB} - \mathbf{I}_{CA}$$

因為是平衡的系統，三個相電流的振幅相同：

$$I_p = |\mathbf{I}_{AB}| = |\mathbf{I}_{BC}| = |\mathbf{I}_{CA}|$$

線電流的振幅也相同；從圖 12.19 的相量圖中可以很明顯的看出對稱性。則：

$$I_L = |\mathbf{I}_{aA}| = |\mathbf{I}_{bB}| = |\mathbf{I}_{cC}|$$

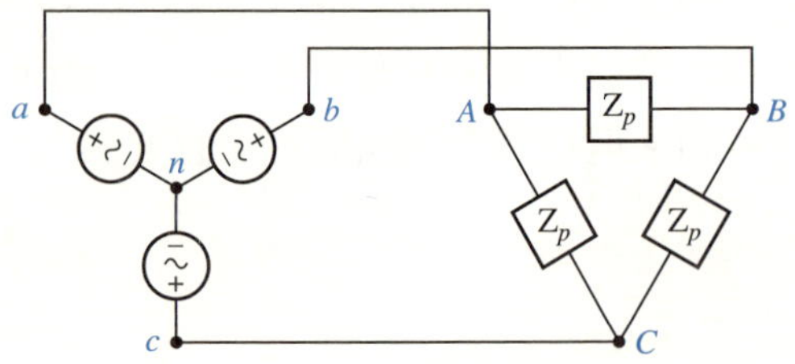

■圖 12.18 存在於三線三相系統中的平衡 Δ 連接負載，其電源碰巧為 Y 連接。

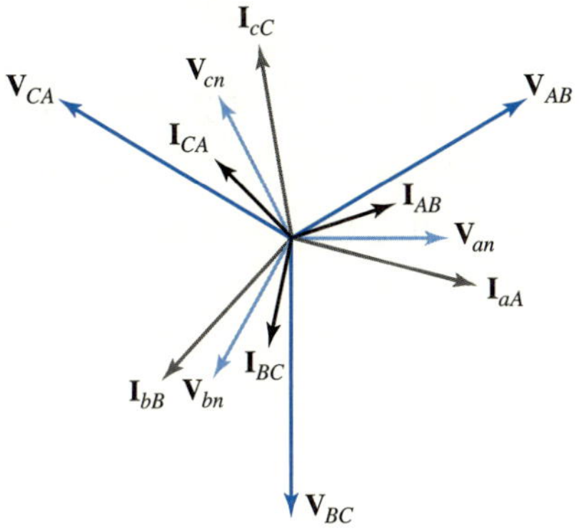

■圖 12.19　圖 12.18 電路的相量圖，其中 $\mathbf{Z}_p$ 為電感性阻抗。

且

$$I_L = \sqrt{3} I_p$$

暫時不管電源，而只考慮平衡的負載。如果負載為 Δ 連接，則相電壓與線電壓相同，但線電流較相電流大 $\sqrt{3}$ 倍；然而，如果是 Y 連接，相電流等於線電流，而線電壓較相電壓大 $\sqrt{3}$ 倍。

例題 12.5

線電壓為 **300 V** 的三相系統，提供 **1200 W** 給一個落後功因為 **0.8** 的 Δ 連接負載，試求線電流的振幅及相阻抗。

同樣考慮一相，在 300 V 線電壓，落後功因 0.8 的情況下，汲取 400 W。因此：

$$400 = 300(I_p)(0.8)$$

則

$$I_p = 1.667 \text{ A}$$

由相電流與線電流的關係可得到：

$$I_L = \sqrt{3}(1.667) = 2.89 \text{ A}$$

接著，負載的相角為 $\cos^{-1}(0.8) = 36.9°$，因此每相阻抗必須為：

$$\mathbf{Z}_p = \frac{300}{1.667}\underline{/36.9°} = 180\underline{/36.9°}\ \Omega$$

再次，心中牢記著所有的電壓與電流均假設引用 rms 值。

練習題

12.7 平衡三相 Δ 連接負載，每相由一個 200 mH 電感器與 5 μF 電容器及 200 Ω 電阻並聯組合相串聯。假設線路電阻為零，且在 $\omega = 400$ rad/s 時的相電壓為 200 V。試求 (a) 相電流；(b) 線電流；(c) 由負載所吸取的總功率。

答：1.158 A；2.01 A；693 W。

例題 12.6

線電壓 300 V 的三相系統，提供 1200 W 給落後功因為 0.8 的 Y 連接負載，試求線電流的振幅 (這與例題 12.5 有相同的電路，只是以 Y 連接負載取代)。

在每相的基礎上，相電壓為 $300/\sqrt{3}$ V，功率為 400 W，且為 0.8 的落後功因。因此：

$$400 = \frac{300}{\sqrt{3}}(I_p)(0.8)$$

則

$$I_p = 2.89 \qquad (\text{所以 } I_L = 2.89\text{ A})$$

負載的相角也是 36.9°，所以 Y 連接每相的阻抗為：

$$\mathbf{Z}_p = \frac{300/\sqrt{3}}{2.89}\underline{/36.9^\circ} = 60\underline{/36.9^\circ}\ \Omega$$

$\sqrt{3}$ 的因數，不但與相及線的量有關，並且也出現在平衡三相負載所汲取總功率的表示式中。假設一個功因角為 θ 的 Y 連接負載，每相所取用的功率為：

$$P_p = V_p I_p \cos\theta = V_p I_L \cos\theta = \frac{V_L}{\sqrt{3}} I_L \cos\theta$$

而總功率為：

$$P = 3P_p = \sqrt{3} V_L I_L \cos\theta$$

類似的狀況下，傳送至 Δ 連接負載的每相功率：

表 12.1　Y 及 Δ 連接三相負載的比較，V_p 為 Y 連接電源每相電壓的振幅

負載	相電壓	線電壓	相電流	線電流	每相功率
Y	$\mathbf{V}_{AN} = V_p\underline{/0^\circ}$ $\mathbf{V}_{BN} = V_p\underline{/-120^\circ}$ $\mathbf{V}_{CN} = V_p\underline{/-240^\circ}$	$\mathbf{V}_{AB} = \mathbf{V}_{ab} = (\sqrt{3}\underline{/30^\circ})\mathbf{V}_{AN} = \sqrt{3}V_p\underline{/30^\circ}$ $\mathbf{V}_{BC} = \mathbf{V}_{bc} = (\sqrt{3}\underline{/30^\circ})\mathbf{V}_{BN} = \sqrt{3}V_p\underline{/-90^\circ}$ $\mathbf{V}_{CA} = \mathbf{V}_{ca} = (\sqrt{3}\underline{/30^\circ})\mathbf{V}_{CN} = \sqrt{3}V_p\underline{/-210^\circ}$	$\mathbf{I}_{aA} = \mathbf{I}_{AN} = \dfrac{\mathbf{V}_{AN}}{\mathbf{Z}_p}$ $\mathbf{I}_{bB} = \mathbf{I}_{BN} = \dfrac{\mathbf{V}_{BN}}{\mathbf{Z}_p}$ $\mathbf{I}_{cC} = \mathbf{I}_{CN} = \dfrac{\mathbf{V}_{CN}}{\mathbf{Z}_p}$	$\mathbf{I}_{aA} = \mathbf{I}_{AN} = \dfrac{\mathbf{V}_{AN}}{\mathbf{Z}_p}$ $\mathbf{I}_{bB} = \mathbf{I}_{BN} = \dfrac{\mathbf{V}_{BN}}{\mathbf{Z}_p}$ $\mathbf{I}_{cC} = \mathbf{I}_{CN} = \dfrac{\mathbf{V}_{CN}}{\mathbf{Z}_p}$	$\sqrt{3}\,V_L I_L \cos\theta$，其中 $\cos\theta=$ 負載的功率因數。
Δ	$\mathbf{V}_{AB} = \mathbf{V}_{ab} = \sqrt{3}V_p\underline{/30^\circ}$ $\mathbf{V}_{BC} = \mathbf{V}_{bc} = \sqrt{3}V_p\underline{/-90^\circ}$ $\mathbf{V}_{CA} = \mathbf{V}_{ca} = \sqrt{3}V_p\underline{/-210^\circ}$	$\mathbf{V}_{AB} = \mathbf{V}_{ab} = \sqrt{3}V_p\underline{/30^\circ}$ $\mathbf{V}_{BC} = \mathbf{V}_{bc} = \sqrt{3}V_p\underline{/-90^\circ}$ $\mathbf{V}_{CA} = \mathbf{V}_{ca} = \sqrt{3}V_p\underline{/-210^\circ}$	$\mathbf{I}_{AB} = \dfrac{\mathbf{V}_{AB}}{\mathbf{Z}_p}$ $\mathbf{I}_{BC} = \dfrac{\mathbf{V}_{BC}}{\mathbf{Z}_p}$ $\mathbf{I}_{CA} = \dfrac{\mathbf{V}_{CA}}{\mathbf{Z}_p}$	$\mathbf{I}_{aA} = (\sqrt{3}\underline{/-30^\circ})\dfrac{\mathbf{V}_{AB}}{\mathbf{Z}_p}$ $\mathbf{I}_{bB} = (\sqrt{3}\underline{/-30^\circ})\dfrac{\mathbf{V}_{BC}}{\mathbf{Z}_p}$ $\mathbf{I}_{cC} = (\sqrt{3}\underline{/-30^\circ})\dfrac{\mathbf{V}_{CA}}{\mathbf{Z}_p}$	$\sqrt{3}\,V_L I_L \cos\theta$，其中 $\cos\theta=$ 負載的功率因數。

$$P_p = V_p I_p \cos\theta = V_L I_p \cos\theta = V_L \frac{I_L}{\sqrt{3}} \cos\theta$$

總功率為：

$$\begin{aligned} P &= 3P_p \\ P &= \sqrt{3} V_L I_L \cos\theta \end{aligned} \qquad [4]$$

因此，知道線電壓及線電流的振幅，及負載阻抗 (或導納) 的相角，而不論負載是 Y 連接或 Δ 連接的情況下，方程式 [4] 可以使我們計算出傳送到平衡負載的總功率。例題 12.5 與 12.6 中的線電流，可以在兩個簡單的步驟下求得：

$$1200 = \sqrt{3}(300)(I_L)(0.8)$$

因此

$$I_L = \frac{5}{\sqrt{3}} = 2.89 \text{ A}$$

表 12.1 針對由 Y 連接三相電源供電給 Y 及 Δ 連接兩種負載，其相與線電壓及相與線電流的扼要比較。

實際應用

產生電力系統

許多不同的技術可以用來產生電力。例如，利用光伏打 (太陽電池) 技術將太陽能直接轉換成電，進而產生直流電。雖然它代表一種對環境友善的技術，然而，以光伏打為基礎的裝置，就現今而言，仍比其它產生電力的方法來得更昂貴，而且需要使用換流器將直流轉換成交流。其它的技術，例如風機、地熱、水力、核能及重油為基礎的發電機，與光伏打技術相比更為經濟。在這些系統中，都是由**原動機** (prime mover) 動作而轉動軸，而動力則有螺旋槳上的風，作用在汽輪葉片上的水或蒸氣 (如圖 12.20 所示)。

一旦原動機被控制去產生軸的旋轉運動時，則有幾種方法可將機械能轉換成電能。其中一個例子便是**同步發電機** (synchronous generator)(如圖 12.21 所示)。這些機械由兩個主要部分所組成：一個固定部分稱為**定子** (stator)，而旋轉的部分稱為**轉子** (rotor)。直流電流提供至轉子的導線繞組線圈，以產生磁場，其經由原動機的作用而旋轉。定子四週的一組二次線圈便感應出一組三相電壓。同步發電機的名稱便取自於交流電壓產生的頻率與轉子機械轉動的頻率同步之事實。

單獨運轉的發電機，其實際需求會隨著負載加入或移去的變動而劇烈變化，例如空調系統突然運轉，會造成電燈明滅等等。發電機的電壓輸出理想上與負載無關，但實際上卻並非如此。任何已知定子每相的感應電壓 $\mathbf{E}_A$，經常稱為**內部產生電壓** (internal generated voltage)，其大小為：

$$E_A = K\phi\omega$$

其中 K 為隨機械結構方法而定的常數。ϕ 為轉子磁場線圈所產生的磁通量 (與負載無關)，ω 為旋轉速度，只隨原動機而變，與發電機的負載無關。因此，負載變化並不會影響 $\mathbf{E}_A$ 的大小。內部產生電壓與相電壓 $\mathbf{V}_\phi$ 及相電流 $\mathbf{I}_A$ 的關係為：

■圖 12.20 裝設於加州阿特蒙隘口的風能場，由 7000 台獨立風車所組成。
(©Digital Vision / Punch Stock 版權所有)

■圖 12.21　吊裝中的 24 極同步發電機轉子。

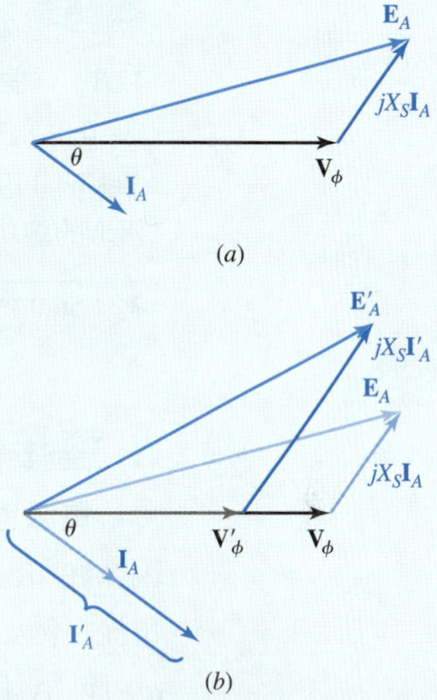

■圖 12.22　描述單獨運轉發動機負載效應的相量圖。(*a*) 發電機連接至落後功因為 cos θ 的負載；(*b*) 不改變功率因數的情況下，加入一額外的負載。當輸出電流增加，而內部產生電壓 $\mathbf{E}_A$ 的大小保持不變。因此輸出電壓 $\mathbf{V}_\phi$ 下降。

$$\mathbf{E}_A = \mathbf{V}_\phi + jX_S\mathbf{I}_A$$

其中 X_S 為發電機的**同步電抗** (synchronous reactance)。如果負載增加時，較大的電流 $\mathbf{I}'_A$ 會自發電機流出。如果功率因數不變 (即 $\mathbf{V}_\phi$ 與 $\mathbf{I}_A$ 之間的角度保持不變)，因為 E_A 不變，所以 $\mathbf{V}_\phi$ 會下降。

考慮圖 12.22*a* 的相量圖，其說明連接至落後功因為 cos θ 負載的單相發電機電壓-電流輸出情形。同時也顯示內部產生電壓 $\mathbf{E}_A$。如果加入一個額外負載，卻未改變功因，如圖 12.22*b* 所示，則所供給的電流 $\mathbf{I}_A$ 增加到 $\mathbf{I}'_A$。然而，由 $jX_S\mathbf{I}'_A$ 與 $\mathbf{V}'_\phi$ 相量和所形成的內部產生電壓的大小必須保持不變。因此，$E'_A = E_A$，所以發電機的電壓輸出 ($\mathbf{V}'_\phi$) 會稍微下降，如圖 12.22*b* 所示。

發電機的**電壓調整** (voltage regulation) 定義為：

$$\%\ 調整 = \frac{V_{\text{no load}} - V_{\text{full load}}}{V_{\text{full load}}} \times 100$$

理想上，調整率應該儘可能的接近零，但這只能在控制磁場線圈四週磁通量 ϕ 的直流電流，為了補償負載改變情況而變化時才能達成；然而這種快速地變化，可能會變得更麻煩。因為這個理由，當設計電力產生設備時，幾個並聯連接的較小發電機，通常在應付尖峰負載的能力，比一個較大發電機來得更好。每一台發電機皆在運作中或接近滿載，所以電壓輸出實質上為定數；個別發電機可以隨著負載加入或移出系統中。

練習題

12.8 一個平衡三相三線系統與兩個並聯的 Δ 連接負載相連接。負載 1 在 0.8 落後功因下汲取 40 kVA，而負載 2 在 0.9 的領先功因下吸取 24 kW 的功率。假設沒有線電阻，且令 $\mathbf{V}_{ab}=440\underline{/30^\circ}$ V。試求 (a) 負載汲取的總功率；(b) 落後性負載的相電流 $\mathbf{I}_{AB1}$；(c) $\mathbf{I}_{AB2}$；(d) $\mathbf{I}_{aA}$。

答：56.0 kW；$30.3\underline{/-6.87^\circ}$ A；$20.2\underline{/55.8^\circ}$ A；$75.3\underline{/-12.46^\circ}$ A。

Δ 連接電源

電源也可以連接成 Δ 的結構。然而，這並不是典型的情形，因為在電源相之間輕微的不平衡，將在 Δ 迴路中導致極大的循環電流。例如，將三個單相電源稱為 $\mathbf{V}_{ab}$、$\mathbf{V}_{bc}$ 及 $\mathbf{V}_{cd}$。在連接 d 到 a，將 Δ 閉合之前，藉由測量 $\mathbf{V}_{ab}+\mathbf{V}_{bc}+\mathbf{V}_{ca}$ 的總和來決定不平衡的情形。假設總和的大小為線電壓的 1% 時，則循環電流相當於線電壓的百分之 1/3 除以任何電源的內部阻抗。這個阻抗到底有多大？完全須由產生可忽略的端點電壓降之電源電流來決定。如果假設這最大的電流會在電壓產生 1% 的壓降，則循環電流為最大電流的三分之一！這將降低電源可用的電流量，並且也增大系統的損失。

我們也應該注意到，平衡的三相電源可以從 Y 轉換成 Δ，或 Δ 到 Y，而並不會影響到負載電流或電壓。針對這種情形，其中 $\mathbf{V}_{an}$ 有一個 0° 的參考相角，線與相電壓之間所需要的關係如圖 12.13 所示。這種轉換使我們能使用自己喜歡的電源連接方法，且所有的負載關係都是正確的。當然，直到我們瞭解它實際的連接方法之前，我們無法指出電源中的任何電流或電壓。平衡的三相負載可以使用下列的關係式，在 Y 與 Δ 連接的結構之間互相轉換：

$$Z_Y=\frac{Z_\Delta}{3}$$

此方程式或許值得牢記。

12.5　三相系統中的功率測量

在著手探討用於三相系統測量功率的特殊技術之前，扼要的考慮單相電路中如何使用**瓦時計** (wattmeter)，對於我們是有好處的。

功率測量最普通是經由使用包含兩個個別線圈的瓦時計，在低於幾百 Hz 的頻率下所完成。其中一個線圈是由粗導線所製成，有極低的電阻，且稱之為電流線圈；第二個線圈是由許多匝數的細導線所組成，相對有較高的電阻，稱之為電位線圈，或電壓線圈。額外的電阻也可以從內部或外部插入，與電位線圈相串聯。轉矩作用於移動的系統，且指針與流進兩線圈電流的瞬時乘積成正比。然而，移動系統的機械慣性形成一個與此轉矩平均值成正比的偏角。

瓦時計是用來連接至網路的內部，連接方式為流經電流線圈的電流，為流進網路的電流，而跨接於電位線圈兩端的電壓為跨接於網路兩端的電壓。在電位線圈內的電流為輸入電壓除以電位線圈的電阻。

很明顯的，瓦時計有四個可用的端點，為了在電表上獲得精確高檔的讀值，這些端點必須正確的予以連接。為了具體一點，讓我們假設測量被動網路的吸收功率。電流線圈以串聯方式插入與負載連接的兩個導體之一，而電位線圈安裝於兩導體之間，通常在電流線圈的“負載側”。電位線圈的端點，經常以箭頭標示，如圖 12.23*a* 所示，每一個線圈有兩個端點，電流與電壓觀念之間的適當關係必須觀察清楚。每一個線圈的一端通常標記為 (+)，如果正電流流進電流圈的 (+) 端，而電位計的 (+) 端對於未標示的端點

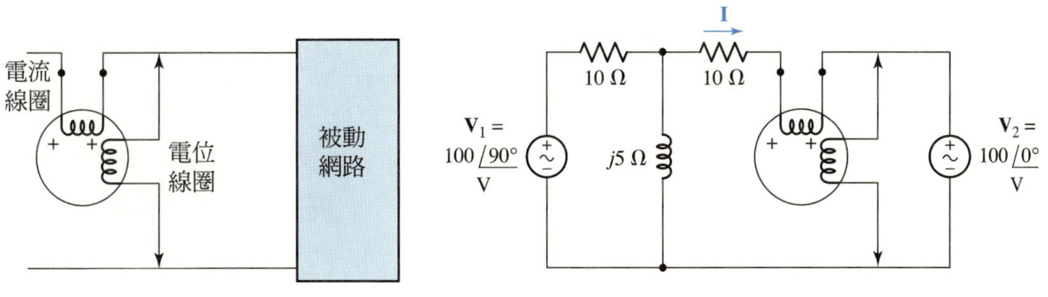

■圖 12.23　(*a*) 瓦時計的接線可確保電表在被動網路吸收功率時，有向上的讀值；(*b*) 例子中由於右側電源吸收功率，所設置的瓦時計會有向上的指示。

而言為正。因此，當網路右側為吸收功率時，圖 12.23*a* 的網路中所顯示的瓦時計會向上偏移。兩個線圈中的一個反轉時，但並非兩個都反轉，則造成電表向下偏移；兩個線圈都反轉時，不會影響讀值。

考慮圖 12.23*b* 中所顯示的電路，此為利用瓦時計測量平均功率的一個例子。瓦時計的接線，使得向上的讀值為相對應於電表右側網路吸收正的功率。由此電源所吸收的功率：

$$P = |\mathbf{V}_2|\,|\mathbf{I}|\cos(\text{ang }\mathbf{V}_2 - \text{ang }\mathbf{I})$$

利用重疊原理或網目分析，可求得電流：

$$\mathbf{I} = 11.18\underline{/153.4^\circ}\text{ A}$$

且吸收功率為：

$$P = (100)(11.18)\cos(0^\circ - 153.4^\circ) = -1000\text{ W}$$

因此，指針會反轉停止。實際上，反接電位線圈比反接電流線圈要來的更快，如此反接可提供 1000 W 的向上讀值。

練習題

12.9 決定圖 12.24 中瓦時計的讀值，並說明電位線圈是否必須反接，以獲得向上的讀值，並分辨哪些設備吸收功率，哪些產生功率。瓦時計的 (+) 端連接至 (a) x；(b) y；(c) z。

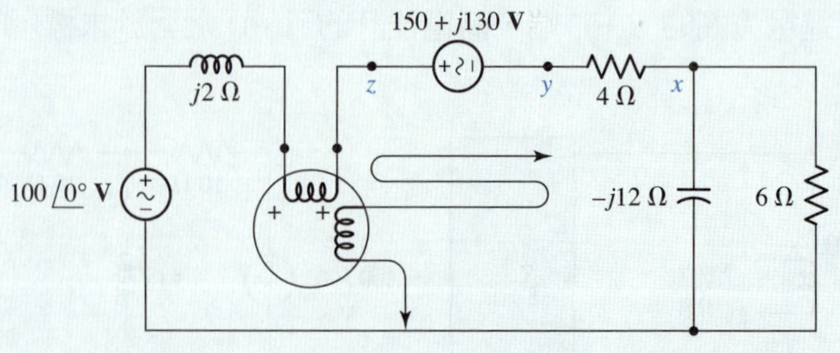

圖 12.24

答：$P_{6\Omega}$ (吸收) 1200 W；$P_{4\Omega} + P_{6\Omega}$ (吸收) 2200 W；500 W；反接；由 100 V 吸收。

三相系統中的瓦時計

第一眼看見測量三相負載所汲取的功率時，似乎會認為是個簡單的問題。只需要在三相中的每一相放置一個瓦時計，並將結果加總起來便完成。例如，圖 12.25*a* 顯示 Y 連接負載的接線。每一個瓦時計的電流線圈插入到負載的一相，而電位線圈連接在負載與中性線的線路側之間。類似的方法，三個瓦時計也可以連接像圖 12.25*b* 所示一樣，測量 Δ 連接負載所汲取的總功率。這種方法在理論上是正確的，但在實際上可能是無效的，因為 Y 連接的中性線並不是容易接觸的，而 Δ 連接的相則無法使用。例如，三相的旋轉機械，只有三個端點可以接觸到，別分稱之為 *A*、*B* 與 *C*。

很明顯的，我們需要一個測量只有三個可連接端點之三相負載所汲取功率的方法；測量可以在這些端點的"線"側執行，但不是在"負載"側。這樣的方法是可用的，並能量測由不平衡負載自不平衡電源所汲取的功率。考慮圖 12.26 所示的三個瓦時計接線，每一個瓦時計其電流線圈位於一線路上，而電位線圈接在該線與某一共用點 *x* 之間。雖然已說明一個 Y 連接負載的系統，然而所得到

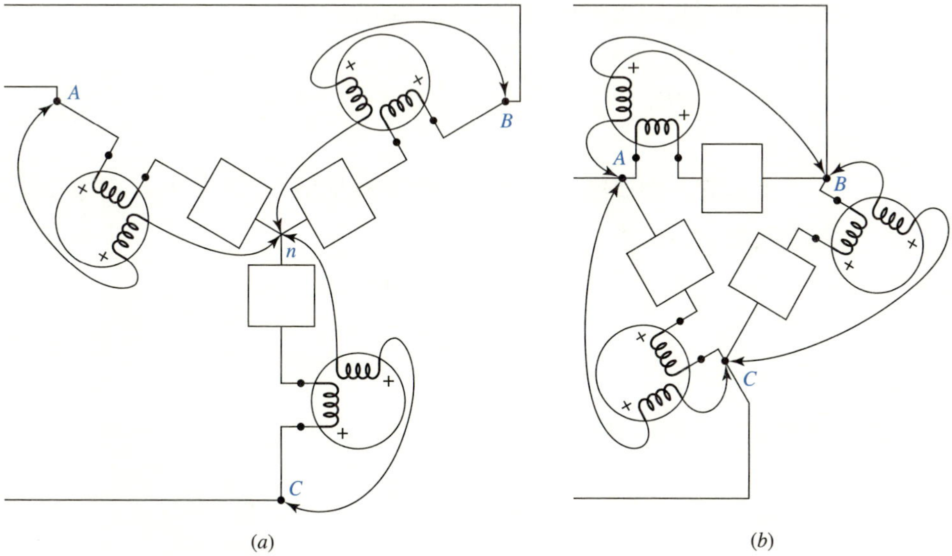

■圖 12.25　三個瓦時計的接線，這種接線使得每一個讀值為三相負載中，每一相所汲取的功率，而讀值總和為總功率。(*a*) Y 連接負載；(*b*) Δ 連接負載。負載及電源不需要是平衡的。

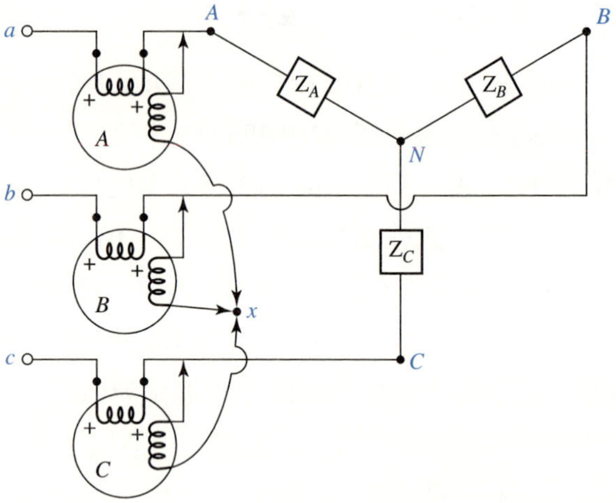

■圖 12.26 三個瓦時計測量三相負載所汲取總功率的接線方法。負載只有三個端點可接觸到。

的論點對於 Δ 連接負載一樣有效。點 x 可能是三相系統中某一個未指定的點，或者它可能只是三個電位線圈在空間中所具有的一個共同節點。由瓦時計所顯示的平均功率必須為：

$$P_A = \frac{1}{T}\int_0^T v_{Ax} i_{aA}\, dt$$

其中 T 為所有電源電壓的週期。其它兩個瓦時計的讀值也有類似的表示式，因此由負載所汲取的總平均功率為：

$$P = P_A + P_B + P_C = \frac{1}{T}\int_0^T (v_{Ax} i_{aA} + v_{Bx} i_{bB} + v_{Cx} i_{cC})\, dt$$

上述的三個電壓可以寫成以相電壓及點 x 與中性線之間的電壓為項次的表示式：

$$v_{Ax} = v_{AN} + v_{Nx}$$
$$v_{Bx} = v_{BN} + v_{Nx}$$
$$v_{Cx} = v_{CN} + v_{Nx}$$

因此

$$P = \frac{1}{T}\int_0^T (v_{AN} i_{aA} + v_{BN} i_{bB} + v_{CN} i_{cC})\, dt + \frac{1}{T}\int_0^T v_{Nx}(i_{aA} + i_{bB} + i_{cC})\, dt$$

然而，這整個三相負載可以被視為一個超節點，而克希荷夫電流定律要求：

$$i_{aA} + i_{bB} + i_{cC} = 0$$

因此

$$P = \frac{1}{T}\int_0^T (v_{AN}i_{aA} + v_{BN}i_{bB} + v_{CN}i_{cC})\,dt$$

參考電路圖所示，這個總和的確是由每個相負載所汲取的平均功率之總和，因此三個瓦時計的讀值總和表示此整個負載所汲取的全部平均功率！

在發現這三個瓦時計中的一個是多餘的之前，讓我們利用一個數值範例來說明這個程序。假設一個平衡的電源：

$$\mathbf{V}_{ab} = 100\underline{/0^\circ} \quad \text{V}$$
$$\mathbf{V}_{bc} = 100\underline{/-120^\circ} \quad \text{V}$$
$$\mathbf{V}_{ca} = 100\underline{/-240^\circ} \quad \text{V}$$

或

$$\mathbf{V}_{an} = \frac{100}{\sqrt{3}}\underline{/-30^\circ} \quad \text{V}$$
$$\mathbf{V}_{bn} = \frac{100}{\sqrt{3}}\underline{/-150^\circ} \quad \text{V}$$
$$\mathbf{V}_{cn} = \frac{100}{\sqrt{3}}\underline{/-270^\circ} \quad \text{V}$$

一個不平衡的負載：

$$\mathbf{Z}_A = -j10\ \Omega$$
$$\mathbf{Z}_B = j10\ \Omega$$
$$\mathbf{Z}_C = 10\ \Omega$$

假設瓦時計為理想化，接線如圖 12.16 所示，點 x 位於電源中性線 n 上。三個線電流可以由網目分析求得：

$$\mathbf{I}_{aA} = 19.32\underline{/15^\circ} \quad \text{A}$$
$$\mathbf{I}_{bB} = 19.32\underline{/165^\circ} \quad \text{A}$$
$$\mathbf{I}_{cC} = 10\underline{/-90^\circ} \quad \text{A}$$

中性線之間的電壓為：

$$\mathbf{V}_{nN} = \mathbf{V}_{nb} + \mathbf{V}_{BN} = \mathbf{V}_{nb} + \mathbf{I}_{bB}(j10) = 157.7\underline{/-90^\circ}$$

每一個瓦時計所指示的平均功率計算如下：

注意到其中一個瓦時計的讀值為負。在先前所討論過的瓦時計基本使用中瞭解到，電位線圈或電流線圈反接後，那個電表就能得到向上的讀值。

$$P_A = V_p I_{aA} \cos(\text{ang}\,\mathbf{V}_{an} - \text{ang}\,\mathbf{I}_{aA})$$
$$= \frac{100}{\sqrt{3}} 19.32 \cos(-30^\circ - 15^\circ) = 788.7 \text{ W}$$
$$P_B = \frac{100}{\sqrt{3}} 19.32 \cos(-150^\circ - 165^\circ) = 788.7 \text{ W}$$
$$P_C = \frac{100}{\sqrt{3}} 10 \cos(-270^\circ + 90^\circ) = -577.4 \text{ W}$$

或者總功率為 1 kW。因為 10 A 的 rms 電流，流過電阻性負載，由於負載所汲取的總功率：

$$P = 10^2(10) = 1 \text{ kW}$$

兩種方法的結果相同。

雙瓦時計法

我們曾談論到點 x，三個電位線圈的共同接點，它可以被設置在我們所希望，但不影響三瓦時計讀值代數和的任何位置。現在來考慮放置點 x 的效應，這個三瓦時計的共同連接點，直接將它設在線路上。例如，如果每一個電位線圈的一端都回到 B 點，則瓦時計 B 的電位線圈並未跨接任何電壓，則此電表的讀值必定為零。因此這個電表可以被移除，而剩下的兩個電表讀值的代數和仍為負載所汲取的總功率。當 x 的位置以這種方式選擇時，我們稱這種功率測量的方法為**雙瓦時計** (two-wattmeter) 法。因此不論 (1) 負載不平衡，(2) 電源不平衡，(3) 兩瓦時計的差異，及 (4) 週期電源的波形，讀值的總和為總功率。我們做的唯一假設是瓦時計的修正量十分的小，以致於可以將其忽略不計。例如，在圖 12.26 中，每一個電表的電流線圈通過的電流為負載汲取的線電流加上電位線圈取用的電流。因為後面這個電流通常十分的小，它的效應可以從電位線圈的電阻及跨接在它兩端的電壓來估計。這兩個量，使得能夠對於電位線圈的消耗功率作出精準的估測。

在先前所描述的數值範例中，假設使用兩個瓦時計，一個電流

線圈在線路 A 且電位線圈在線路 A 與 B 之間，另一個電流線圈在線路 C 上，而其電位線圈介於線路 C 與 B 之間。第一個電表的讀值：

$$\begin{aligned}P_1 &= V_{AB} I_{aA} \cos(\text{ang } V_{AB} - \text{ang } I_{aA}) \\ &= 100(19.32)\cos(0^\circ - 15^\circ) \\ &= 1866 \text{ W}\end{aligned}$$

第二個為：

$$\begin{aligned}P_2 &= V_{CB} I_{cC} \cos(\text{ang } V_{CB} - \text{ang } I_{cC}) \\ &= 100(10)\cos(60^\circ + 90^\circ) \\ &= -866 \text{ W}\end{aligned}$$

因此

$$P = P_1 + P_2 = 1866 - 866 = 1000 \text{ W}$$

正如我們對該電路最近經驗所預期。

在平衡的負載時，雙瓦時計法可以求得功因角，及負載所汲取的總功率。假設負載阻抗的相角為 θ；可使用 Y 或 Δ 連接，而我們假設為 Δ 連接，如圖 12.27 所示。如圖 12.19 的標準相量圖繪製，可以使我們求得這幾個線電壓與線電流真正的相角功率。因此求得讀值為：

$$\begin{aligned}P_1 &= |\mathbf{V}_{AB}|\,|\mathbf{I}_{aA}| \cos(\text{ang } \mathbf{V}_{AB} - \text{ang } \mathbf{I}_{aA}) \\ &= V_L I_L \cos(30^\circ + \theta)\end{aligned}$$

及

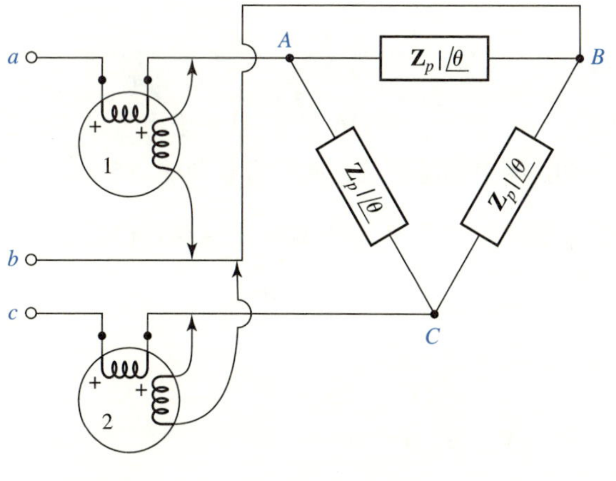

■圖 12.27　雙瓦時計接線，用來讀取平衡三相負載汲取的總功率。

$$P_2 = |\mathbf{V}_{CB}|\,|\mathbf{I}_{cC}|\cos(\text{ang }\mathbf{V}_{CB} - \text{ang }\mathbf{I}_{cC})$$
$$= V_L I_L \cos(30° - \theta)$$

兩個讀值的比值為：

$$\frac{P_1}{P_2} = \frac{\cos(30° + \theta)}{\cos(30° - \theta)} \qquad [5]$$

如果把餘弦項展開，則此方程式可以簡單的求得 $\tan\theta$

$$\tan\theta = \sqrt{3}\frac{P_2 - P_1}{P_2 + P_1} \qquad [6]$$

因此，瓦時計讀值相同時，表示為單位功因負載，相等且相反的讀值表示一個純電抗負載，P_2 的讀值 (代數上) 大於 P_1 時，表示一個電感性阻抗，而 P_2 的讀值小於 P_1 時，表示為一個電容性負載。我們如何辨別哪一個瓦時計的讀值為 P_1，而哪一個是 P_2 呢？P_1 位於線路 A，而 P_2 位於線路 C，並且正相序系統強迫 V_{an} 落後 V_{cn}。這個資訊足以區別兩個瓦時計，但在實際應用時會造成混淆。即使如果我們不能在這兩個之間做區別，我們知道相角的大小，但並非符號。這經常已是足夠的資訊；如果負載是電感性馬達，角度以必定為正值，而並不需要做任何的測試來決定哪一個讀值是哪一個。如果沒有先前對負載認知的假設，則會需要一些解決模稜兩可的方法。或許最簡單的方法是加入一些高阻抗電抗性負載，譬言在未知負載兩端跨接三相電容器，負載必定變得更電容性。因此，如果 $\tan\theta$ 的大小 (或 θ 的大小) 變小，則負載為電感性，反之 $\tan\theta$ 的大小增加時，表示原先為電容性阻抗。

例題 12.7

圖 12.28 中的平衡負載，由一個 $\mathbf{V}_{ab} = 230\underline{/0°}$ V 且為正相序的平衡三相系統供電。試求每一個瓦時計的讀值及負載所汲取的總功率。

瓦時計 #1 的電位線圈測量電壓 $\mathbf{V}_{ac}$，其電流線圈測量相電流 $\mathbf{I}_{aA}$。因為使用正相序，線電壓為：

$$\mathbf{V}_{ab} = 230\underline{/0°} \quad \text{V}$$
$$\mathbf{V}_{bc} = 230\underline{/-120°} \quad \text{V}$$
$$\mathbf{V}_{ca} = 230\underline{/120°} \quad \text{V}$$

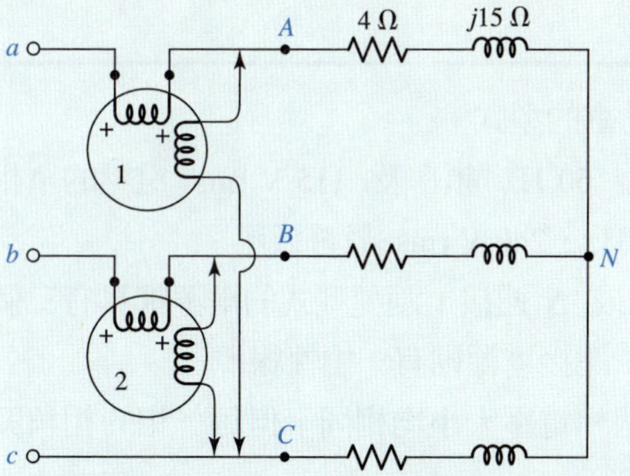

■圖 12.28　一個平衡的三相系統連接至平衡的三相負載，利用雙瓦時計法測量功率。

注意到 $\mathbf{V}_{ac} = -\mathbf{V}_{ca} = 230\underline{/-60^\circ}$ V。

相電流 $\mathbf{I}_{aA}$ 可以用相電壓 $\mathbf{V}_{an}$ 除以相阻抗 $4 + j15\ \Omega$ 求得：

$$\mathbf{I}_{aA} = \frac{\mathbf{V}_{an}}{4 + j15} = \frac{(230/\sqrt{3})\underline{/-30^\circ}}{4 + j15} \text{ A}$$
$$= 8.554\underline{/-105.1^\circ} \text{ A}$$

現在可計算由瓦時計 #1 所量測到的功率：

$$P_1 = |\mathbf{V}_{ac}|\,|\mathbf{I}_{aA}| \cos(\text{ang } \mathbf{V}_{ac} - \text{ang } \mathbf{I}_{aA})$$
$$= (230)(8.554)\cos(-60^\circ + 105.1^\circ) \text{ W}$$
$$= 1389 \text{ W}$$

類似的方式，可求得：

$$P_2 = |\mathbf{V}_{bc}|\,|\mathbf{I}_{bB}| \cos(\text{ang } \mathbf{V}_{bc} - \text{ang } \mathbf{I}_{bB})$$
$$= (230)(8.554)\cos(-120^\circ - 134.9^\circ) \text{ W}$$
$$= -512.5 \text{ W}$$

因為這個量測會造成電表被限制向下偏轉，為了讀取數值，其中一個線圈應該需要反接。

因此，由負載所吸收的總平均功率為：

$$P = P_1 + P_2 = 876.5 \text{ W}$$

練習題

12.10　針對圖 12.26 的電路，令負載為 $\mathbf{Z}_A = 25\underline{/60^\circ}\ \Omega$，$\mathbf{Z}_B = 50\underline{/-60^\circ}\ \Omega$，$\mathbf{Z}_C = 50\underline{/60^\circ}\ \Omega$，$\mathbf{V}_{AB} = 600\underline{/0^\circ}$ V rms，正相序，且點 x 位於線路 C 上。試求 (a) P_A；(b) P_B；(c) P_C。

答：0；7200 W；0。

摘要與複習

- ❒ 電機產品主要是為三相功率的型式。
- ❒ 北美洲大部分住宅電力為 60 Hz 頻率及 115 V rms 電壓的單相交流電。其它地方以 50 Hz、240 V rms 最普通。
- ❒ 三相交流電源可以是 Y 或 Δ 連接。兩種型式的電源都具有三個端點，且每一相一個；Y 連接電源則有一中性線。
- ❒ 平衡三相系統中，每一個相電壓大小均相同，但每一相的相角與其它兩相的相角相差 120°。
- ❒ 三相系統中的負載可以是 Y 或 Δ 連接。
- ❒ 正（“*abc*”）相序的平衡 Y 連接電源，線電壓為：

$$\mathbf{V}_{ab} = \sqrt{3}V_p\underline{/30^\circ} \qquad \mathbf{V}_{bc} = \sqrt{3}V_p\underline{/-90^\circ}$$
$$\mathbf{V}_{ca} = \sqrt{3}V_p\underline{/-210^\circ}$$

其中相電壓為：

$$\mathbf{V}_{an} = V_p\underline{/0^\circ} \qquad \mathbf{V}_{bn} = V_p\underline{/-120^\circ} \qquad \mathbf{V}_{cn} = V_p\underline{/-240^\circ}$$

- ❒ 在 Y 連接負載的系統中，線電流等於相電流。
- ❒ 在 Δ 連接的負載中，線電壓等於相電壓。
- ❒ 正相序的平衡系統及平衡的 Δ 連接負載中，線電流為：

$$\mathbf{I}_a = \mathbf{I}_{AB}\sqrt{3}\underline{/-30^\circ} \qquad \mathbf{I}_b = \mathbf{I}_{BC}\sqrt{3}\underline{/-150^\circ} \qquad \mathbf{I}_c = \mathbf{I}_{CA}\sqrt{3}\underline{/+90^\circ}$$

其中相電流為：

$$\mathbf{I}_{AB} = \frac{\mathbf{V}_{AB}}{\mathbf{Z}_\Delta} = \frac{\mathbf{V}_{ab}}{\mathbf{Z}_\Delta} \qquad \mathbf{I}_{BC} = \frac{\mathbf{V}_{BC}}{\mathbf{Z}_\Delta} = \frac{\mathbf{V}_{bc}}{\mathbf{Z}_\Delta} \qquad \mathbf{I}_{CA} = \frac{\mathbf{V}_{CA}}{\mathbf{Z}_\Delta} = \frac{\mathbf{V}_{ca}}{\mathbf{Z}_\Delta}$$

- ❒ 大部分的功率計算是在單相的基礎上執行，並假設為平衡的系統；除此之外，節點/網目分析也是有效的方法。
- ❒ 三相系統中的功率 (平衡或不平衡) 可以只使用兩個瓦時計來測量。
- ❒ 任何平衡三相系統中的瞬時功率皆為定值。

進階研讀

- 交流功率概念的概要說明，可以在下列書籍的第二章看到：
  B. M. Weedy, “電力系統” 第三版, Chichester, England：Wiley, 1984。
- 一本廣泛探討風力發電的書：
  T. Burton, D. Sharpe, N. Jenkins, 及 E. Bossanyi, “風能量手冊”, Chichester, England：Wiley, 2001。

習　題

※偶數題置書後光碟

12.1　多相系統

1. 用一個電壓表量測試驗室裡的一個電路，所得的結果為 $V_{be}=0.7$ V 及 $V_{ce}=10$ V，試求 V_{bc}、V_{eb}、V_{cb}。
3. 一個六相的電力系統為高直流電磁鐵的電源，請寫出 (a) 正相序；(b) 負相序的相電壓。
5. 針對一個特殊的電路，已知 $\mathbf{V}_{12}=100\underline{/0^\circ}$，$\mathbf{V}_{45}=60\underline{/75^\circ}$，$\mathbf{V}_{42}=80\underline{/120^\circ}$，以及 $\mathbf{V}_{35}=-j120$，試求 (a) $\mathbf{V}_{25}$；(b) $\mathbf{V}_{13}$。
7. 已知一個電力系統 $\mathbf{V}_{an}=400\underline{/-45^\circ}$ V 及 $\mathbf{V}_{bn}=400\underline{/75^\circ}$ V，(a) 畫出包含 $\mathbf{V}_{cn}$ 的相量圖；(b) 此系統的相序為正相序或負相序？並請解釋。
9. 如果已知一個交流電路的電流 $\mathbf{I}_{12}=5\underline{/55^\circ}$ A 及 $\mathbf{I}_{23}=4\underline{/33^\circ}$ A，則 $\mathbf{I}_{31}$ 為何？假設此電路在 50 Hz 頻率下運作。

12.2　單相三線式系統

11. 一個平衡的三線單相系統，其負載為 $\mathbf{Z}_{AN}=\mathbf{Z}_{BN}=10\ \Omega$，而第三個負載為 $\mathbf{Z}_{AB}=16+j12\ \Omega$。假設這三條線路無任何電阻，並令 $\mathbf{V}_{an}=\mathbf{V}_{nb}=120\underline{/0^\circ}$ V，(a) 試求 I_{aA} 及 I_{nN}；(b) 系統由於連接另一個與 $\mathbf{Z}_{AN}$ 並聯的 10 Ω 電阻，試求 I_{aA}、I_{bB} 及 I_{nN}。
13. 圖 12.30 為一個平衡三線單相系統，在 60 Hz 下，令 $V_{AN}=220$ V，(a) C 的大小為多少時，可將負載的功率因數提高為 1？(b) C 提供多少 kVA？

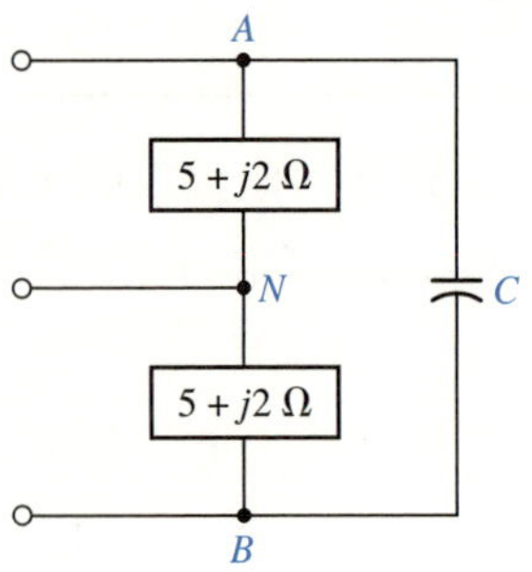

■圖 12.30

12.3 三相 Y - Y 連接

15. 圖 12.31 顯示一個正相序的平衡三相三線系統。令 $\mathbf{V}_{BC}=120\underline{/60°}$ V 及 $R_w=0.6\ \Omega$。如果總負載 (包含線電阻) 汲取 5 kVA、PF＝0.8 落後的功率，試求 (a) 線電阻損失的總功率；(b) $\mathbf{V}_{an}$。

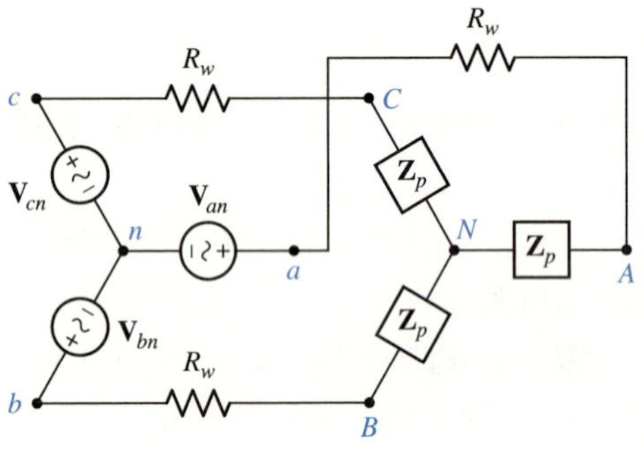

■圖 12.31

17. 圖 12.31 所示的平衡系統中，令 $\mathbf{Z}_p=12+j5\ \Omega$，且 $\mathbf{I}_{bB}=20\underline{/0°}$ A 的正相序。如果電源運作在功率因數為 0.935 的情形，試求 (a) R_w；(b) $\mathbf{V}_{bn}$；(c) $\mathbf{V}_{AB}$；(d) 由電源所提供複數功率。
19. 圖 12.31 所示的三相系統中，節點 n 與 N 之間設置一條無損失的中性導體。假設系統為一個平衡的正相序，但卻連接不平衡的負載：$\mathbf{Z}_{AN}=8+j6\ \Omega$、$\mathbf{Z}_{BN}=12-j16\ \Omega$ 及 $\mathbf{Z}_{CN}=5\ \Omega$。如果 $\mathbf{V}_{an}=120\underline{/0°}$ V rms，並設 $R_w=0.5\ \Omega$，試求 $\mathbf{I}_{nN}$。
21. 圖 12.31 的系統中，相阻抗 $\mathbf{Z}_p$ 由一個 $75\underline{/25°}\ \Omega$ 的阻抗與 25 μF 的電容並聯組成。在 60 Hz 下，令 $\mathbf{V}_{an}=240\underline{/0°}$ V，且 $R_w=2\ \Omega$。試求 (a) $\mathbf{I}_{aA}$；(b) P_{wires}；(c) P_{load}；(d) 電源的功率因數。
23. 圖 12.31 所示的平衡三相系統，每相具有 $R_w=0\ \Omega$ 及 $\mathbf{Z}_p=10+j5\ \Omega$。(a) 電源運作時的功率因數為何？(b) 假設 $f=60$ Hz，試問與每相阻抗並聯的電容器，其大小為多少時，可將功率因數提升至 0.93 落後？(c) 如果負載的線電壓為 440 V 時，由每一個電容器所汲取的無效功率為多少？

12.4　Δ連接

25. 圖 12.32 顯示一個平衡的三線三相電路，令 $R_w = 0\ \Omega$ 且 $\mathbf{V}_{an} = 200\underline{/60^\circ}$ V。每相負載吸收的複功率為 $\mathbf{S}_p = 2 - j1$ kVA。如果假設系統為正相序，試求 (a) $\mathbf{V}_{bc}$；(b) $\mathbf{Z}_p$；(c) $\mathbf{I}_{aA}$。

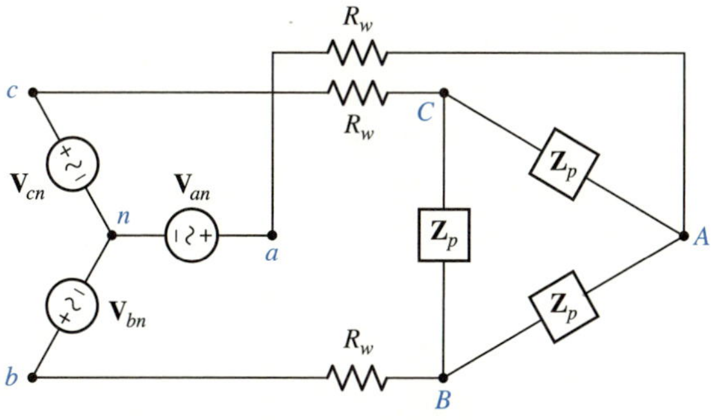

■圖 12.32

27. 在圖 12.32 的平衡系統中，負載汲取 $3 + j1.8$ kVA 的總複功率，而電源產生的複功率為 $3.45 + j1.8$ kVA。如果 $R_w = 5\ \Omega$，試求 (a) I_{aA}；(b) I_{AB}；(c) V_{an}。

29. 在圖 12.33 中，電源為平衡的正相序。試求 (a) $\mathbf{I}_{aA}$；(b) $\mathbf{I}_{bB}$；(c) $\mathbf{I}_{cC}$；(d) 電源所提供的總複功率。

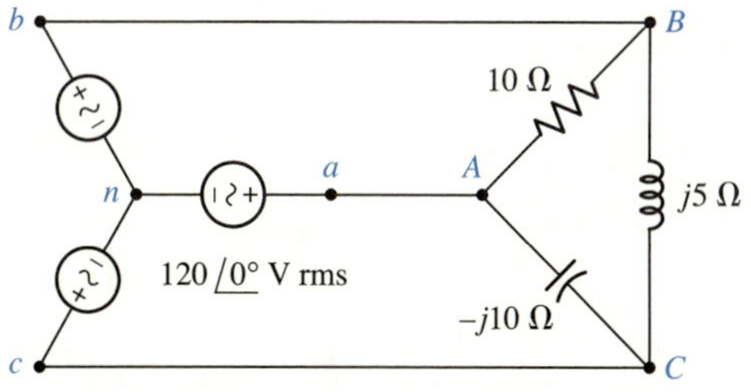

■圖 12.33

31. 圖 12.32 中的平衡三相 Y 連接電源，具有 $\mathbf{V}_{an} = 140\underline{/0^\circ}$ V rms 的正相序電壓，並令 $R_w = 0$。而平衡的三相負載汲取 15 kW 及 +9 kVAR 的功率，試求 (a) $\mathbf{V}_{AB}$；(b) $\mathbf{I}_{AB}$；(c) $\mathbf{I}_{aA}$。

33. (a) 在圖 12.33 中的每一條線路，插入 1 Ω 的電阻，並重做習題 29；(b) 利用適當的 PSpice 模擬驗證你的答案。

12.5　三相系統中的功率測量

35. 圖 12.35 的電路，如果其端點 A 與 B 分別連接至 (a) x 與 y；(b) x 與 z；(b) y 與 z，試求瓦時計的讀值 (並說明引線是否需要反轉)。

37. 試求連接到圖 12.37 電路中的瓦時計讀值。

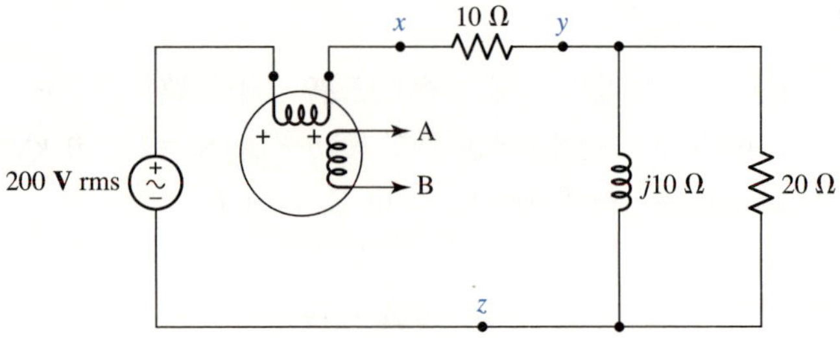

■圖 12.35

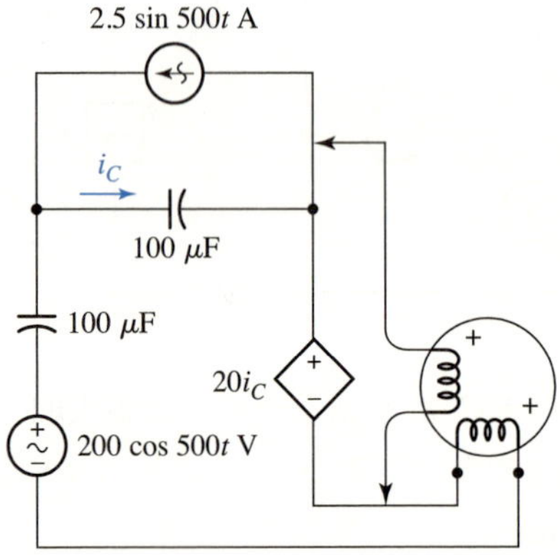

■圖 12.37

39. 圖 12.39 中的電路值分別為：$\mathbf{V}_{ab}=200\underline{/0^\circ}$，$\mathbf{V}_{bc}=200\underline{/120^\circ}$，$\mathbf{V}_{ca}=200\underline{/240^\circ}$ V rms，$\mathbf{Z}_4=\mathbf{Z}_5=\mathbf{Z}_6=25\underline{/30^\circ}$ Ω，$\mathbf{Z}_1=\mathbf{Z}_2=\mathbf{Z}_3=50\underline{/-60^\circ}$ Ω。試求每一個瓦時計的讀值。

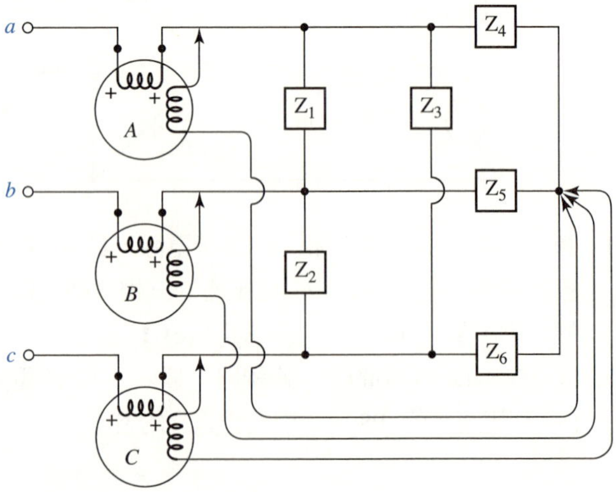

■圖 12.39

D 41. 針對圖 12.31 的電路，證明如何利用 (a) 三個瓦時計；(b) 雙瓦時計方法，量測負載所吸收的功率。

13 磁耦合電路

關 鍵 概 念

- 互 感
- 自 感
- 點號的慣例
- 反射阻抗
- T 及 Π 等效網路
- 理想變壓器
- 理想變壓器的匝數比
- 阻抗匹配
- 電壓階層調整
- 具變壓器電路的 PSpice 分析

簡 介

無論何時只要電流流經導體，不論是交流或直流，在導體的四周會產生磁場。有關電路的文章中，經常談論到經由導線迴路的*磁通* (magnetic flux)，這是從迴路乘以迴路表面積所散發出的磁場強度之平均正常成分。當一個迴路所產生的時變磁場擴散至第二個迴路時，則在第二導線的兩端感應出一個電壓。為了將這個現象與先前所定義的“電感”作區別，更適切的稱之為“自感”(self-inductance)，我們將此新的項目定義為*互感* (mutual inductance)。

並沒有任裝置像互感，但它的原理卻是一個極為重要設備的基礎－*變壓器*。變壓器由兩個分隔很小距離的導線圈所組成，一般視應用的需要將交流電壓轉換成更高或更低的值。每一種需要直流電流運作的電氣設備，在整流之前，插頭插入牆上的交流插座，並使用變壓器來調整電壓的階層，整流的功能以二極體來完成，而相關說明每一本電子教科書都有。

13.1 互 感

在第 7 章對電感下定義時，我們將端點電壓與電流間的關係指定為：

$$v(t) = L\frac{di(t)}{dt}$$

其中使用了被動符號的慣例。此種電流–電壓特性的物理基礎依據下列兩項而定：

1. 由電流所產生的**磁通** (magnetic flux)，在線性電感器中磁通與電流成正比。
2. 由時變磁場所產生的電壓、電壓與磁場或磁通的時變率成正比。

互感係數

互感是由這個相同論述稍加延伸所形成。線圈流經電流會在該線圈四周建立磁通，也會圍繞在附近第二線圈的四周。圍繞在第二線圈的時變磁通，會在第二線圈的兩端產生電壓；此電壓與流經第一線圈電流的時變率成正比。圖 13.1*a* 顯示兩線圈 L_1 與 L_2 的簡單模型，兩線圈足夠接近時，由流經 L_1 的電流 $i_1(t)$ 所產生的磁通，會在 L_2 的兩端建立一個開路電壓 $v_2(t)$。此時並不考慮此關係式的代數符號，將互感係數，或簡稱**互感** (mutual inductance)，M_{21} 定義為：

$$v_2(t) = M_{21}\frac{di_1(t)}{dt} \quad [1]$$

M_{21} 下標的順序說明了由在 L_1 的電流源產生 L_2 的電壓響應。如果系統反轉，如圖 13.1*b* 所示，則可得到：

$$v_1(t) = M_{12}\frac{di_2(t)}{dt} \quad [2]$$

然而，互感的兩個下標是沒有必要的，稍後會利用能量的關係來證明 M_{12} 與 M_{21} 是相等的。因此，$M_{12}=M_{21}=M$。兩個線圈之間所存在的互偶以雙箭頭來表示，如圖 13.1*a* 與 *b* 所示。

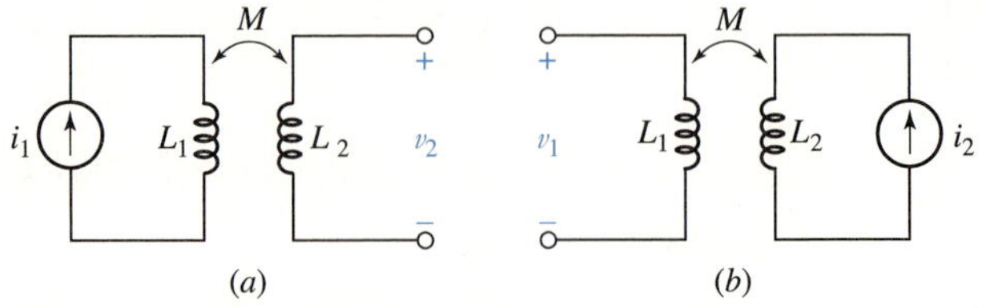

■圖 13.1 (*a*) 流經 L_1 的電流 i_1，會在 L_2 兩端產生一個開路電壓 v_2；(*b*) 流經 L_2 的電流 i_2，會在 L_1 的兩端產生一個開路電壓 v_1。

互感的測量單位為亨利，且如同電阻、電感與電容一樣，為一個正數的量[1]。然而，電壓 $M\,di/dt$ 可能呈現正值或負值的量，取決於在特別瞬間時，電流的增加或減少。

點號的慣例

電感器為兩端點元件，為了電壓 $L\,di/dt$ 或 $j\omega L\mathbf{I}$ 選擇正確的符號，我們使用被動符號慣例。如果電流流進正電壓的參考端，則使用正的符號。然而，互感並不能完全以相同的方式來看待，因為它包含四個端點。正確符號的選擇由數種可能的方式來決定，包括了 **"點的慣例"** (dot convention)，或每一個線圈特別地捲繞方式之檢查。我們將使用點號慣例，以及只簡略檢視線圈實際的結構；當只有兩個線圈耦合時，不需要使用其它特殊的符號。

點號的方式以一個較大的點，置於互耦兩線圈的每一端。決定互耦電壓符號的方法如下：

> 電流流入一個線圈打點的端點，則會在第二個線圈產生一個開路電壓，並在打點的端點上檢測出正的電壓參考。

因此，在圖 13.2*a* 中，i_1 進入 L_1 的打點端，則 v_2 的正端在 L_2 的打點端被檢測出，且 $v_2 = M\,di_1/dt$。先前發現，經由一電路經常不可能選擇電壓或電流，使得每一個地方的被動符號都滿足；相同的情形發生在互耦。例如，圖 13.2*b* 顯示 v_2 的正電壓參考在未打點端，可能更方便；因此，$v_2 = -M\,di_1/dt$。電流流進打點端也不是經常可用的，如圖 13.2*c* 及 *d* 所示。注意到：

> 電流流入一個線圈未打點的端，則會在第二個線圈產生一個電壓，而此電壓的正電壓端會在未打點端檢測出來。

注意到繼續進行的討論，並不對自感的電壓提出任何的貢獻，除非 i_2 不為零。我們會詳細考慮這種重要的情形，但先接著看個例子，是適當的。

1 互感並非完全假設為正數。當三個或更多線圈存在時，且每一個線圈均與其它線圈相互作用時，特別允許"採用自己的符號"。而我們只注意兩個線圈這種簡單而更重要的例子。

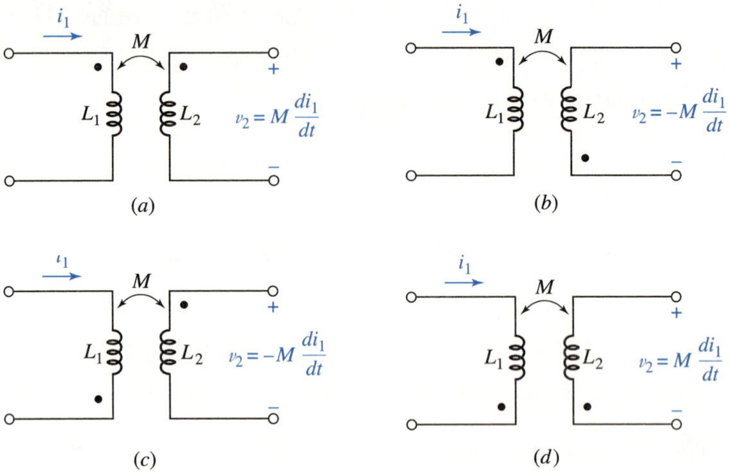

■圖 13.2　(*a*)、(*b*) 電流流入一個線圈打點的端點，會在第二個線圈產生一個電壓，並在打點的端點檢測出正電壓參考。(*c*)、(*d*) 電流進入一個線圈未打點的端點，會在第二個線圈未打點的端點上檢測出正的電壓。

例題 13.1

如圖 13.3 所示的電路，(*a*) 試求 v_1，如果 $i_2 = 5 \sin 45t$ A，且 $i_1 = 0$；(*b*) 試求 v_2，如果 $i_1 = -8e^{-t}$ 且 $i_2 = 0$。

(*a*) 因為電流 i_2 流入右邊線圈未打點的端點，在左邊線圈未打點端產生一個正參考的電壓。因此，可求得開路電壓：

$$v_1 = -(2)(45)(5 \cos 45t) = -450 \cos 45t \text{ V}$$

流進右邊線圈的電流 i_2，其所產生的時變磁通，會在左邊的線圈出現一跨接電壓。因為左邊線圈沒有流過任何電流，所以自然沒有對 v_1 有所貢獻。

(*b*) 電流流進打點端，但 v_2 的正參考端在未打點端，因此：

$$v_2 = -(2)(-1)(-8e^{-t}) = -16e^{-t} \text{ V}$$

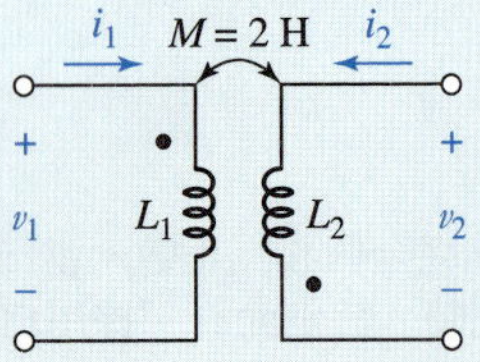

■圖 13.3　點號提供電流流入一線圈及另一線圈的正參考電壓的端點間之關係。

練習題

13.1　假設 $M=10$ H，線圈 L_2 為開路，且 $i_1=-2e^{-5t}$ A，試求 v_2，當 (a) 如圖 13.2a；(b) 如圖 13.2b。

答：$100e^{-5t}$ V；$-100e^{-5t}$ V。

互感與自感電壓的組合

截至目前為止，只考慮存在於開路線圈兩端的互耦電壓。一般而言，每一個線圈都會有非零值的電流流過，而每一個線圈會因為另一個線圈有電流流過而產生互耦電壓。互耦電壓與任何的自感電壓無關。換句話說，跨接於 L_1 兩端的電壓是由兩個部分所組成，$L_1\, di_1/dt$ 及 $M\, di_2/dt$，每一個符號隨電流方向，假設電壓的正、負號，及兩點的位置而定。圖 13.4 所繪製的電路，標示出電流 i_1 與 i_2，每一個均假設流進打點的端點。因此，跨接在 L_1 兩端的電壓由兩個部分組成：

$$v_1 = L_1\frac{di_1}{dt} + M\frac{di_2}{dt}$$

跨接在 L_2 兩端的電壓：

$$v_2 = L_2\frac{di_2}{dt} + M\frac{di_1}{dt}$$

圖 13.5 中的電流與電壓並不是為得到正數的 v_1 與 v_2 所選擇。若只檢查 i_1 與 v_1 的參考符號，很明顯的並不能滿足被動符號慣例，因此，$L_1\, di_1/dt$ 的符號必定為負。相同的結論也適用於

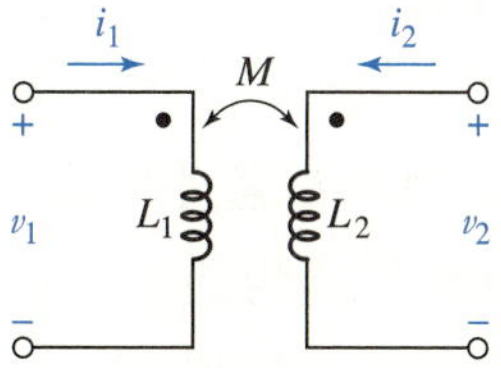

■**圖 13.4**　因為 v_1、i_1 與 v_2、i_2 每一對都符合被動符號慣例，兩個自感電壓均為正數，又因為 i_1 與 i_2 都流進打點端，且 v_1 與 v_2 的正電壓參考都在打點的端點，所以互感電壓也都是正數。

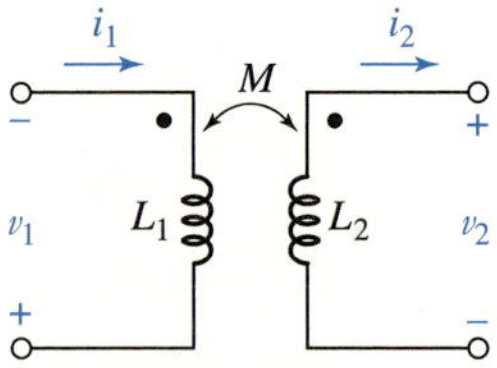

■圖 13.5 因為 v_1、i_1 與 v_2、i_2 並非依據被動符號慣例，兩個自感電壓均為負值；因為 i_1 進入打點端，而 v_2 在打點端檢測為正，所以 v_2 的互耦項為正；又因為 i_2 流進未打點端，而 v_1 在未打點端檢測到正電壓，則 v_1 的互耦項也是正數。

$L_2 di_1/dt$。v_2 耦合項的符號由檢視 i_1 與 v_2 的方向而定，因為 i_1 為流進打點端，v_2 的打點端檢測出正電壓，則 Mdi_1/dt 的符號必定為正。最後，i_2 流進 L_2 的非打點端，而 v_1 的未打點端檢測出正電壓；因此，v_1 的互耦部分，$M di_2/dt$，也必定為正值。所以可得：

$$v_1 = -L_1\frac{di_1}{dt} + M\frac{di_2}{dt} \qquad v_2 = -L_2\frac{di_2}{dt} + M\frac{di_1}{dt}$$

針對運作在頻率 ω 下的弦式電源激勵，同樣地考慮得到相同的符號選擇：

$$\mathbf{V}_1 = -j\omega L_1\mathbf{I}_1 + j\omega M\mathbf{I}_2 \qquad \mathbf{V}_2 = -j\omega L_2\mathbf{I}_2 + j\omega M\mathbf{I}_1$$

點號慣例的物理基礎

依據慣例藉由檢視物理基礎，可以瞭解更完整的點記號使用方法；現在將以磁通的觀點來解釋點號的意義。圖 13.6 為兩個線圈纏繞在一個柱體上，每一個線圈的方向都很清楚。假設電流 i_1 為正數，且隨時間而增加，由 i_1 所產生磁通的方向可以由右手定則求得：當右手盤繞在線圈的四周，而手指指向電流的方向，大姆指則表示線圈磁通的方向。因此，i_1 產生的磁通方向為向下；因為 i_1 隨時間增加，與 i_1 成正比的磁通也隨時間而增加。現在回頭來看看第二個線圈，也將 i_2 視為正數且隨時間而增加，右手定則證明 i_2 也產生一個方向向下的磁通，並且也是增加的。換句話說，所假設的 i_1 與 i_2 產生相加性的磁通。

任何線圈兩端所跨接的電壓是由線圈所產生的磁通時變率所形

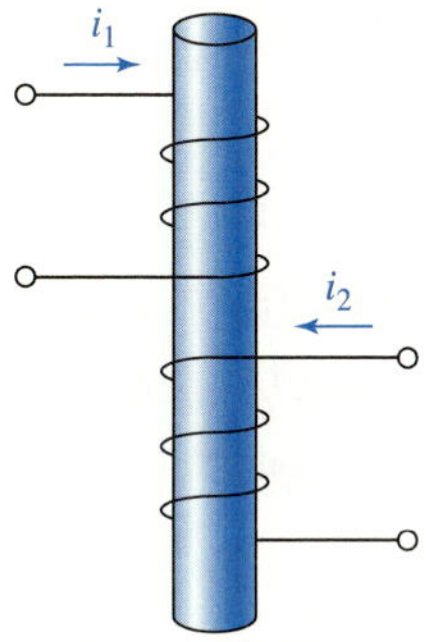

■圖 13.6　兩個互耦合線圈實際的結構，從每個線圈所產生的磁通方向來考量，點號不是放在每一個線圈的上端，就是在線圈的下端。

成。因此由 i_2 流動，而在第一個線圈兩端所產生的跨接電壓，會比 i_2 為零時所產生的還要大。因此，i_2 在第一線圈所感應的電壓與該線圈的自感電壓有相同的意義。自感電壓的符號可以從被動符號慣例得知，因而互耦電壓的符號也能求得。

藉由在每一個線圈的一端設置一個點號，以致於進入打點端的電流產生相加性的磁通，因此，點號只能讓我們不需畫出線圈的結構。很明顯的，通常點號總是會有兩個可能的位置，因為兩個點可能移到線圈的另一端，而仍會產生相加性的磁通。

例題 13.2

圖 **13.7*a*** 中所示的電路，試求跨接在 **400 Ω** 電阻的輸出電壓與電源電壓的比值，使用相量符號來表示。

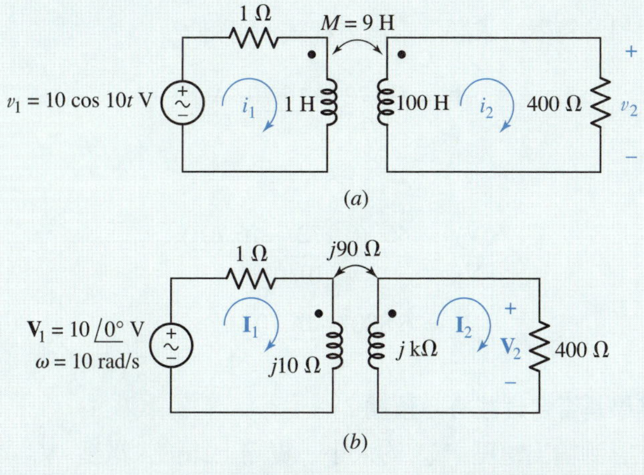

■圖 13.7　(*a*) 包含互感的電路，其中電壓比 $\mathbf{V}_2/\mathbf{V}_1$ 是所要求取的；(*b*) 自感與互感以相對應的阻抗來代替。

▲ 確認問題的目標

需要求出 $\mathbf{V}_2$ 的數值，然後再除以 $10\underline{/0^\circ}$ V。

▲ 收集已知的資料

一開始分別將 1 H 及 100 H 的電感以相應的阻抗 $j10\ \Omega$ 及 $j\ \text{k}\Omega$ 來取代 (如圖 13.7*b* 所示)。也將 9 H 的互感以 $j\omega M = j90\ \Omega$ 來取代。

▲ 規劃計畫

當一個電路中有兩個已經清楚定義的網目時，網目分析很可能是一個好的方法。一旦求得 $\mathbf{I}_2$ 後，$\mathbf{V}_2$ 可以由 $400\,\mathbf{I}_2$ 簡單地求解。

▲ 建構一組適當的方程式

在左側的網目中，互耦項的符號應用點號慣例來決定。因為 $\mathbf{I}_2$ 流進 L_2 未打點的一端，因此跨於 L_1 的互耦電壓的正參考位於未打點端。因此：

$$(1 + j10)\mathbf{I}_1 - j90\mathbf{I}_2 = 10\underline{/0^\circ}$$

因為 $\mathbf{I}_1$ 流進打點端，因而右側網目的互耦其 (+) 參考位於 100 H 電感器的打點端。因此，可以列出：

$$(400 + j1000)\mathbf{I}_2 - j90\mathbf{I}_1 = 0$$

▲ 決定是否需要額外的資料

我們有兩個方程式與兩個未知數，$\mathbf{I}_1$ 與 $\mathbf{I}_2$。一旦求解出這兩個電流，則輸出電壓 $\mathbf{V}_2$ 可以由 $\mathbf{I}_2$ 乘以 $400\ \Omega$ 求得。

▲ 試圖求解

利用科學計算器來求解這兩個方程式，可得：

$$\mathbf{I}_2 = 0.172\underline{/-16.70^\circ}\ \text{A}$$

因此，

$$\frac{\mathbf{V}_2}{\mathbf{V}_1} = \frac{400(0.172\underline{/-16.70^\circ})}{10\underline{/0^\circ}} = 6.880\underline{/-16.70^\circ}$$

▲ 驗證結果是否合理或符合預期？

我們注意到輸出電壓 $\mathbf{V}_2$ 的大小，實際上比輸入電壓 $\mathbf{V}_1$ 還要大。我們一直都會預期這樣的結果嗎？答案是否定的。如同在後面幾節將會看到，變壓器可以被建構成電壓升或是電壓降。然而，可以快速的估測，至少可以發現答案的上、下限。如果將 400 Ω 電阻器以短路取代，則 $\mathbf{V}_2=0$。如果以開路來取代 400 Ω 電阻器，則 $\mathbf{I}_2=0$，並因此

$$\mathbf{V}_1 = (1 + j\omega L_1)\mathbf{I}_1$$

且

$$\mathbf{V}_2 = j\omega M\mathbf{I}_1$$

求解後，發現 $\mathbf{V}_2/\mathbf{V}_1$ 的最大值可能為 $8.955\underline{/5.711^\circ}$。因此，至少我們的答案看起來是合理的。

圖 13.7*a* 電路中的輸出電壓在大小上比輸入電壓還大，所以這種型式的電路可能有電壓增益。將電壓比值考慮為 ω 的函數，也是有趣的。

針對此特別的電路要求解 $\mathbf{I}_2\,(j\omega)$，我們以未指定的角頻率 ω 為項次列出網目方程式：

$$(1 + j\omega)\,\mathbf{I}_1 \qquad\qquad -j\omega 9\,\mathbf{I}_2 = 10\underline{/0^\circ}$$

及

$$-j\omega 9\,\mathbf{I}_1 + (400 + j\omega 100)\,\mathbf{I}_2 = 0$$

利用代換法求解，可得：

$$\mathbf{I}_2 = \frac{j90\omega}{400 + j500\omega - 19\omega^2}$$

因此，可以求得以頻率 ω 為函數的輸出電壓與輸入電壓的比值為：

$$\frac{\mathbf{V}_2}{\mathbf{V}_1} = \frac{400\mathbf{I}_2}{10}$$
$$= \frac{j\omega 3600}{400 + j500\omega - 19\omega^2}$$

這個比值的大小有時候稱之為**電路轉移函數** (circuit transfer function)，繪製於圖 13.8，在接近 4.6 rad/s 的頻率時，其峰值大小為 7。然而，對於非常小或非常大的頻率，轉移函數的大小會小於 1。

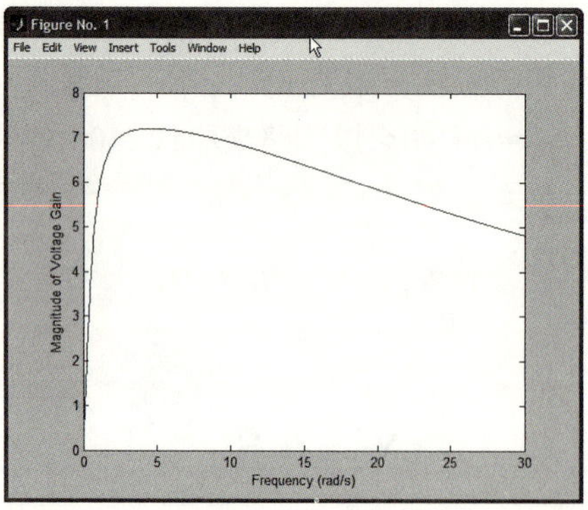

■圖 13.8　圖 13.7*a* 所示的電路，其電壓增益 $|\mathbf{V}_2/\mathbf{V}_1|$ 繪製成 ω 的函數，使用下列 MATLAB 指令：

```
» w=linspace(0, 30, 1000)；
» num=j*w*3600；
» for indx=1:1000
den=400 + j *500*w(indx)−19*w(indx)*w(indx)；
gain(indx)=num(indx)/den；
end
» plot (w, abs(gain))；
» xlabel ('Frequency (rad/s)')；
» ylabel ('Magnitude of Voltage Gain')；
```

此電路仍為被動，除了電壓源之外，電壓增益不會被錯誤解讀為功率增益。在 $\omega=10$ rad/s 時，電壓增益為 6.88，但是具有端點電壓為 10 V 的理想電壓源，傳送了 8.07 W 的總功率時，卻只有 5.94 W 到達 400 Ω 電阻器。輸出功率與電源功率的比值，可以定義為**功率增益** (power gain)，因此為 0.736。

練習題

13.2　圖 13.9 的電路，如果 $v_s=20e^{-1000t}$ V，針對左側網目與右側網目列出適當的網目方程式。

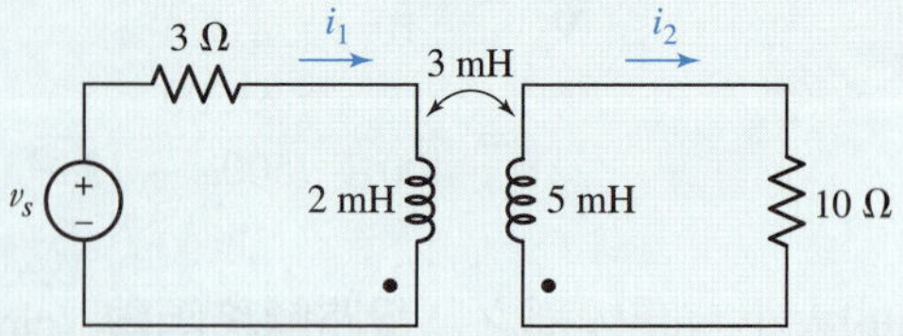

■圖 13.9

答：$20e^{-1000t}=3i_1+0.002di_1/dt-0.003di_2/dt$；$10i_2+0.005di_2/dt-0.003di_1/dt=0$。

例題 13.3

針對圖 **13.10*a*** 電路，列出一組完整的相量方程式。

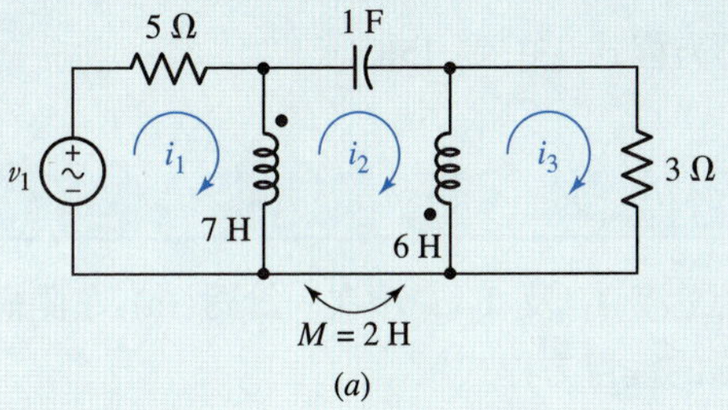

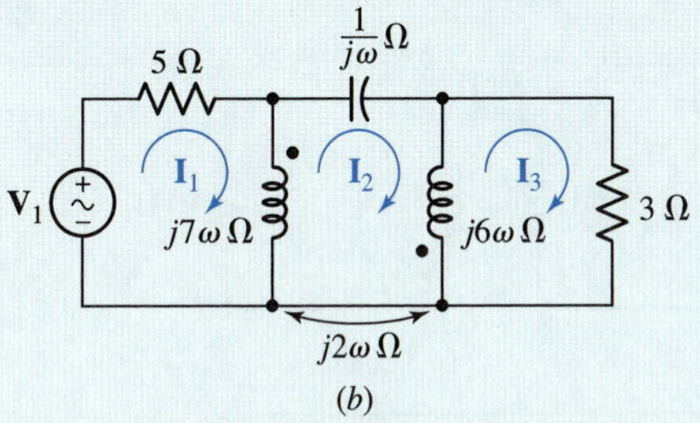

■圖 13.10　(*a*) 具有互耦合的三個網目電路；(*b*) 1 F 的電容及自感與互感，以相對應的阻抗來取代。

電路中包含三個網目，且網目電流均已指定。再次，第一步驟是將兩個互耦電感及兩個自感，以相對的阻抗來取代，如圖 13.10*b* 所示。將克希荷夫電壓定律應用到第一個網目，由於選擇流經第二個線圈的電流為 $(\mathbf{I}_3 - \mathbf{I}_2)$，因此互耦項為正號，所以：

$$5\mathbf{I}_1 + 7j\omega(\mathbf{I}_1 - \mathbf{I}_2) + 2j\omega(\mathbf{I}_3 - \mathbf{I}_2) = \mathbf{V}_1$$

或

$$(5 + 7j\omega)\mathbf{I}_1 - 9j\omega\mathbf{I}_2 + 2j\omega\mathbf{I}_3 = \mathbf{V}_1 \qquad [3]$$

第二個網目需要兩個自感項及兩個互感項，必須小心的將方程式列出。可得：

$$7j\omega(\mathbf{I}_2 - \mathbf{I}_1) + 2j\omega(\mathbf{I}_2 - \mathbf{I}_3) + \frac{1}{j\omega}\mathbf{I}_2 + 6j\omega(\mathbf{I}_2 - \mathbf{I}_3) + 2j\omega(\mathbf{I}_2 - \mathbf{I}_1) = 0$$

或

$$-9j\omega\mathbf{I}_1 + \left(17j\omega + \frac{1}{j\omega}\right)\mathbf{I}_2 - 8j\omega\mathbf{I}_3 = 0 \qquad [4]$$

最後，針對第三個網目：

$$6j\omega(\mathbf{I}_3 - \mathbf{I}_2) + 2j\omega(\mathbf{I}_1 - \mathbf{I}_2) + 3\mathbf{I}_3 = 0$$

或

$$2j\omega\mathbf{I}_1 - 8j\omega\mathbf{I}_2 + (3 + 6j\omega)\mathbf{I}_2 = 0 \qquad [5]$$

利用任何一種傳統方法均可求解方程式 [3] 到 [5]。

練習題

13.3 圖 13.11 的電路，以相量電流 $\mathbf{I}_1$ 及 $\mathbf{I}_2$ 為項次，針對 (a) 左側網目；(b)右側網目，列出一組適當的網目方程式。

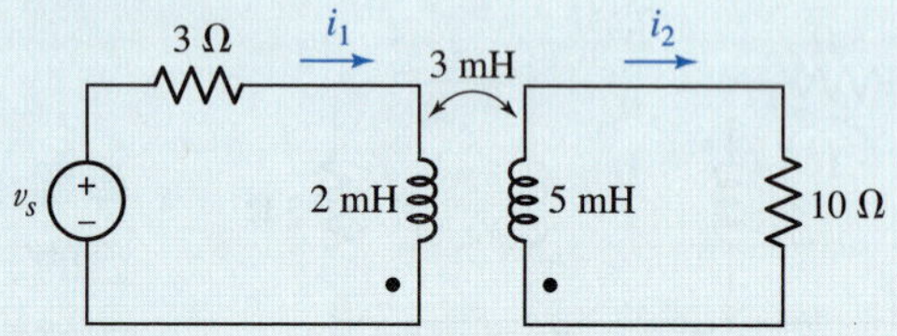

■圖 13.11

答：$\mathbf{V}_s = (3 + j10)\,\mathbf{I}_1 - j15\mathbf{I}_2$；$0 = -j15\mathbf{I}_1 + (10 + j25)\,\mathbf{I}_2$。

13.2 能量考量

現在讓我們來考慮儲存在一對相互耦合電感器的能量。其結果對於幾個不同的方面，將是很有用的。首先要證明所做的假設 $M_{12} = M_{21}$ 是正確的。然後我們可決定兩個已知電感器之間的互耦電感最大可能的數值。

M_{12} 與 M_{21} 的相等性

圖 13.12 顯示一對具有標示電流、電壓及極性點號的耦合線圈。為了證明 $M_{12} = M_{21}$，一開始令所有的電流與電壓均為零，因此網路中沒有儲存任何的初始能量。然後在開路時令右手邊的端點對開始，在時間 $t = t_1$ 時，將 i_1 從零增加到某一常數 (直流) I_1。在任

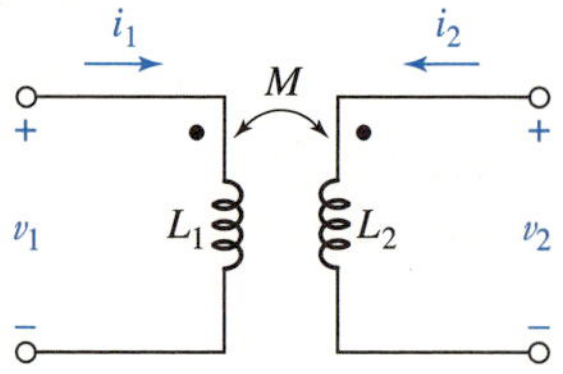

■圖 13.12 具有互感 $M_{12} = M_{21} = M$ 的一對耦合線圈。

何時候，從左側進入網路的功率為：

$$v_1 i_1 = L_1 \frac{di_1}{dt} i_1$$

而從右側進入的功率為：

$$v_2 i_2 = 0$$

這是因為 $i_2=0$。

當 $i_1=I_1$ 時，儲存在網路中的能量：

$$\int_0^{t_1} v_1 i_1\,dt = \int_0^{I_1} L_1 i_1\,di_1 = \frac{1}{2} L_1 I_1^2$$

現在將 i_1 保持不變 $(i_1=I_1)$，並令 i_2 在 $t=t_1$ 時，從零變化至 $t=t_2$ 時的某一常數 I_2。從右手邊傳送的能量為：

$$\int_{t_1}^{t_2} v_2 i_2\,dt = \int_0^{I_2} L_2 i_2\,di_2 = \frac{1}{2} L_2 I_2^2$$

然而，即使 i_1 的值保持不變，在這段時間內，左側電源也會傳送能量至網路：

$$\int_{t_1}^{t_2} v_1 i_1\,dt = \int_{t_1}^{t_2} M_{12} \frac{di_2}{dt} i_1\,dt = M_{12} I_1 \int_0^{I_2} di_2 = M_{12} I_1 I_2$$

當 i_1 與 i_2 達到定值時，儲存在網路的總能量為：

$$W_{\text{total}} = \tfrac{1}{2} L_1 I_1^2 + \tfrac{1}{2} L_2 I_2^2 + M_{12} I_1 I_2$$

現在可以藉由允許這兩個電流以相反的順序到達它們的最終數值，以建立相同的最終電流，也就是，首先將 i_2 從零增加到 I_2，然後保持 i_2 不變，而將 i_1 從零增加到 I_1。對於這個實驗，如果計算總儲存能量，其結果為：

$$W_{\text{total}} = \tfrac{1}{2} L_1 I_1^2 + \tfrac{1}{2} L_2 I_2^2 + M_{21} I_1 I_2$$

唯一的不同是互感 M_{21} 與 M_{12} 互換。然而網路中的初始與最終的狀況均相同，所以這兩個儲存能量的大小必然相等。因此，

$$M_{12} = M_{21} = M$$

且

$$W = \frac{1}{2}L_1I_1^2 + \frac{1}{2}L_2I_2^2 + MI_1I_2 \qquad [6]$$

如果一個電流流入打點記號的端點，而另一個離開打點記號，則耦合能量項的符號相反：

$$W = \frac{1}{2}L_1I_1^2 + \frac{1}{2}L_2I_2^2 - MI_1I_2 \qquad [7]$$

雖然方程式 [6] 與 [7] 是從把兩個電流最終值視為常數所推導出的，而這些“常數”可以是任何數值，而能量的表示式正確的代表當 i_1 與 i_2 的瞬時值分別為 I_1 與 I_2 時的儲存能量。換句話說，小寫符號剛好可以被好好的使用：

$$w(t) = \frac{1}{2}L_1[i_1(t)]^2 + \frac{1}{2}L_2[i_2(t)]^2 \pm M[i_1(t)][i_2(t)] \qquad [8]$$

方程式 [8] 唯一做的假設為當兩個電流為零時，零能量參考準位的建立。

對 *M* 建立一個上限限制

方程式 [8] 現在可以用來建立 M 值的上限。因為 $w(t)$ 表示被動網路中所儲存的能量，在 i_1、i_2、L_1、L_2 或 M 為任何值時，此能量不能為負數。首先假設 i_1 與 i_2 兩者不是都為正，便是都為負；它們的乘積因此為正數。方程式 [8]，能量可能為負值的唯一情形是：

$$w = \frac{1}{2}L_1i_1^2 + \frac{1}{2}L_2i_2^2 - Mi_1i_2$$

利用完全平方可以寫成：

$$w = \frac{1}{2}\left(\sqrt{L_1}i_1 - \sqrt{L_2}i_2\right)^2 + \sqrt{L_1L_2}i_1i_2 - Mi_1i_2$$

實際上因為能量不會是負數，此方程式的右側不會是負數。然而，第一項可能為零，所以有最後兩項的和不能為負數的限制。因此：

$$\sqrt{L_1L_2} \geq M$$

或

$$M \leq \sqrt{L_1L_2} \qquad [9]$$

因此，互感的大小有一上限；互感不會比兩個線圈間有互感存在的電感幾何平均值還大。雖然是在 i_1 與 i_2 具有相同代數符號的假設上推導出此不等式，如果符號相反，也能得到類似的結果；因此只要在方程式 [8] 中選擇正數便可以。

我們也從磁耦合的實際考量，說明了不等式 [9] 是成立的；如果把 i_2 視為零，且電流 i_1 建立 L_1 與 L_2 間的磁通鏈，則很明顯的，L_2 內的磁通會比 L_1 內的磁通還要大，這代表了總磁通。以定性而論，兩個已知電感器間的互感大小有一上限。

耦合係數

M 趨近於它最大值的程度，由**耦合係數** (coupling coefficient) 來描述，並定義為：

$$k = \frac{M}{\sqrt{L_1 L_2}} \qquad [10]$$

因為 $M \leq \sqrt{L_1 L_2}$

$$0 \leq k \leq 1$$

線圈實際上愈接近，可得到較大的耦合係數，線圈彼此纏繞或同方向，可提供較大的共同磁通，或者經由用來聚集磁通或使磁通局部化的物質 (高導磁物質) 提供共同路徑。具有耦合係數接近 1 的線圈，稱為**緊密耦合** (tightly coupled)。

例題 13.4

圖 13.13 中，令 $L_1=0.4$ H、$L_2=2.5$ H、$k=0.6$ 且 $i_1=4i_2=20\cos(500t-20°)$ mA。在 $t=0$ 時，求下列的量：(a) i_2；(b) v_1；(c) 系統中儲存的總能量。

(a) $i_2(t)=5\cos(500t-20°)$ mA，所以 $i_2(0)=5\cos(-20°)=4.698$ mA。

(b) 為了決定 v_1 的數值，需要包括來自線圈 1 的自感與互感的貢獻。因此，將注意力放在點號的慣例，

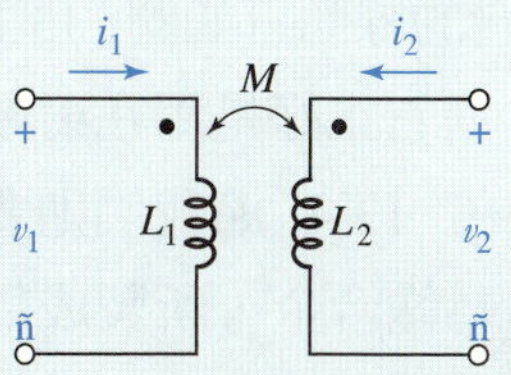

■圖 13.13　具有耦合係數為 0.6，$L_1=0.4$ H 及 $L_2=2.5$ H 的兩線圈。

$$v_1(t) = L_1\frac{di_1}{dt} + M\frac{di_2}{dt}$$

為了求這個量，需要 M 的大小。這可以從方程式 [10] 求得：

$$M = k\sqrt{L_1L_2} = 0.6\sqrt{(0.4)(2.5)} = 0.6\ \text{H}$$

因此，$v_1(0) = 0.4\,[-10\sin(-20°)] + 0.6\,[-2.5\sin(-20°)] = 1.881$ V。

(c) 總能量可以從每一個電感器能量的總和求得，因為這兩個線圈已知為磁耦合，所以有三個成分。因為兩個電流都流入打點的端點，

$$w(t) = \tfrac{1}{2}L_1[i_1(t)]^2 + \tfrac{1}{2}L_2[i_2(t)]^2 + M[i_1(t)]\,[i_2(t)]$$

從 (a) 的部分可知 $i_2(0) = 4.698$ mA，而 $i_1(0) = 4i_2(0) = 18.79$ mA，則在 $t=0$ 時，儲存在兩個線圈的總能量為 151.2 μJ。

練習題

13.4 令圖 13.14 電路中的 $i_s = 2\cos 10t$ A，如果 $k=0.6$ 且端點 x 與 y 為 (a) 左側開路；(b) 短路。試求在 $t=0$ 時，被動網路所儲存的能量。

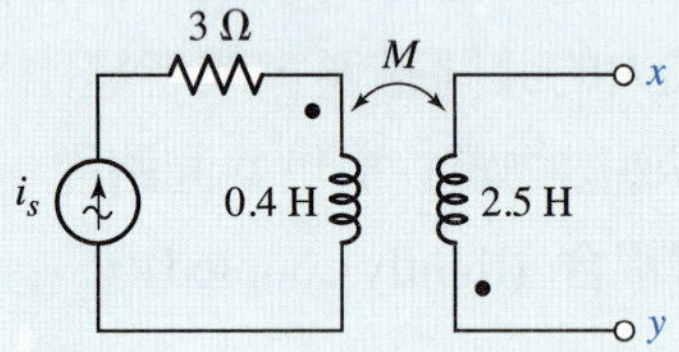

■圖 13.14

答：0.8 J；0.512 J。

13.3 線性變壓器

現在要應用磁耦合的知識來描述兩個特別裝置，其中的每一個可以用包含互感的模型來表示。這兩個裝置為變壓器，所定義的術語如同網路中包含的兩個或更多具有磁耦合的線圈 (如圖 13.15 所示)。這一節中，我們將考慮線性變壓器，而它正好是用在射頻，或更高頻率的實際線性變壓器極佳的模型。在 13.4 節我們則要考慮理想變壓器，它是由某些磁性物質，通常為鐵合金，所製成耦合係

■圖 13.15　作為電子應用中所使用的小型變壓器，用中型號 AA 的電池只用來作為大小的比較。

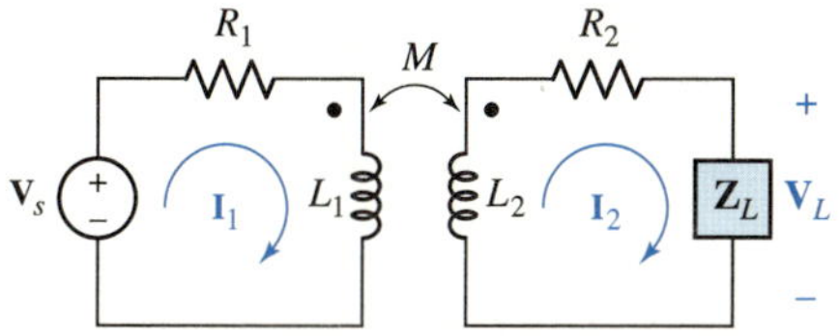

■圖 13.16　一理想變壓器，包含一次側電路的電源及二次側電路中的負載。電阻也涵蓋在一次側及二次側。

數為 1 的實際變壓器理想化模型。

圖 13.16 顯示具有兩個已定義的網目電流的變壓器。第一個網目，通常包含電源，稱為**一次側** (primary)，而第二個網目，通常包含負載，稱為**二次側** (secondary)。標示為 L_1 與 L_2 的電感器也分別稱為變壓器的一次側與二次側。我們將假設變壓器為線性。這隱含著未採用任何的磁性物質 (此物質可能造成非線性的磁通–電流的關係)。然而，沒有這種物質的話，變壓器的耦合係數很難大於十分之幾。圖中的兩個電阻表示一、二次側線圈的導線，或其它損失的電阻。

反射阻抗

考慮出現在一次側電路兩端的輸入阻抗。此兩個網目方程式為：

$$\mathbf{V}_s = (R_1 + j\omega L_1)\mathbf{I}_1 - j\omega M\mathbf{I}_2 \qquad [11]$$

及

$$0 = -j\omega M\mathbf{I}_1 + (R_2 + j\omega L_2 + \mathbf{Z}_L)\mathbf{I}_2 \qquad [12]$$

利用定義來簡化

$$\mathbf{Z}_{11} = R_1 + j\omega L_1 \qquad 且 \qquad \mathbf{Z}_{22} = R_2 + j\omega L_2 + \mathbf{Z}_L$$

所以

$$\mathbf{V}_s = \mathbf{Z}_{11}\mathbf{I}_1 - j\omega M\mathbf{I}_2 \qquad [13]$$

$$0 = -j\omega M\mathbf{I}_1 + \mathbf{Z}_{22}\mathbf{I}_2 \qquad [14]$$

解第二個方程式可得到 $\mathbf{I}_2$，並將結果代入第一個方程式中，使我們求得輸入阻抗，

$\mathbf{Z}_{in}$ 是由變壓器一次側線圈看進去的阻抗。

$$\mathbf{Z}_{in} = \frac{\mathbf{V}_s}{\mathbf{I}_1} = \mathbf{Z}_{11} - \frac{(j\omega)^2 M^2}{\mathbf{Z}_{22}} \qquad [15]$$

在進一步處理這個式子之前，我們可做出幾個令人興奮的結論。第一，上述的結果與每一個線圈點號的位置無關，如果其中一個點號移到線圈的另一端，則在方程式 [11] 到 [14] 中含有 M 的每一項，其符號都會改變。相同的效應可以藉由 $(-M)$ 來取代 M 而達到，而這種改變並不會影響輸入阻抗，如方程式 [15] 所示。在方程在 [15] 中，我們也可以注意到，如果耦合降至零，則輸入阻抗為 $\mathbf{Z}_{11}$。當耦合從零增加時，輸入阻抗與 $\mathbf{Z}_{11}$ 的差為 $\omega^2M^2/\mathbf{Z}_{22}$，此項稱為**反射阻抗** (reflected impedance)。如果將此式展開，則此變化的性質會更加明顯，

$$\mathbf{Z}_{in} = \mathbf{Z}_{11} + \frac{\omega^2 M^2}{R_{22} + jX_{22}}$$

將反射阻抗有理化後，可得

$$\mathbf{Z}_{in} = \mathbf{Z}_{11} + \frac{\omega^2 M^2 R_{22}}{R_{22}^2 + X_{22}^2} + \frac{-j\omega^2 M^2 X_{22}}{R_{22}^2 + X_{22}^2}$$

因為 $\omega^2 M^2 R_{22} / (R_{22}^2 + X_{22}^2)$ 必定為正數，則很明顯的，二次側的存在會增加一次側電路的損失。換句話說，二次側的存在可以由一次側電路 R_1 的增加予以說明。除此之外，二次側反應到一次側

電路的電抗，其符號與圍繞在二次側迴路的淨電抗 X_{22} 相反。電抗 X_{22} 為 ωL_2 與 X_L 的總和；對於電感性負載，它必須是正數，而對於電容性負載則可正、可負，依據負載電抗的大小而定。

練習題

13.5 某一變壓器的元件值為 $R_1 = 3\ \Omega$、$R_2 = 6\ \Omega$、$L_1 = 2$ mH、$L_2 = 10$ mH 而 $M = 4$ mH。如果 $\omega = 5000$ rad/s，當 $\mathbf{Z}_L$ 等於 (a) 10 Ω；(b) $j20$ Ω；(c) $10 + j20$ Ω；(d) $-j20$ Ω 時，試求 $\mathbf{Z}_{in}$。

答：$5.32 + j2.74\ \Omega$；$3.49 + j4.33\ \Omega$；$4.24 + j4.57\ \Omega$；$5.56 - j2.82\ \Omega$。

T 與 Π 等效網路

為了方便起見，經常會以 T 或 Π 型等效網路來取代變壓器。如果把一次側與二次側的電阻，從變壓器中分離出來，只保留一對的互耦合電感器，如圖 13.17 所示。注意到變壓器兩個下方的端點連在一起，形成三端網路。之所以這麼做，是因為兩個等效網路也是三端網路。這電路的微分方程式，再一次為：

$$v_1 = L_1\frac{di_1}{dt} + M\frac{di_2}{dt} \tag{16}$$

且

$$v_2 = M\frac{di_1}{dt} + L_2\frac{di_2}{dt} \tag{17}$$

這兩個方程式的型式很類似，而且可以很容易的用網目分析來解釋。讓我們選擇一個順時鐘的 i_1 與反時鐘為 i_2，以致於圖 13.17 中的電流 i_1 與 i_2 是可分辨的。方程式 [16] 中的 $M\,di_2/dt$ 與 [17] 中的 $M\,di_1/dt$，說明了兩個網目必定有一個共同的自感 M。因為圍繞在左側網目的總電抗為 L_1，所以一個 $L_1 - M$ 的自感必須被

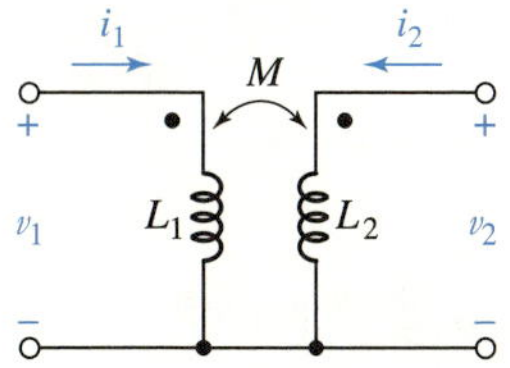

■圖 13.17 一已知變壓器，以等效 Π 或 T 網路取代。

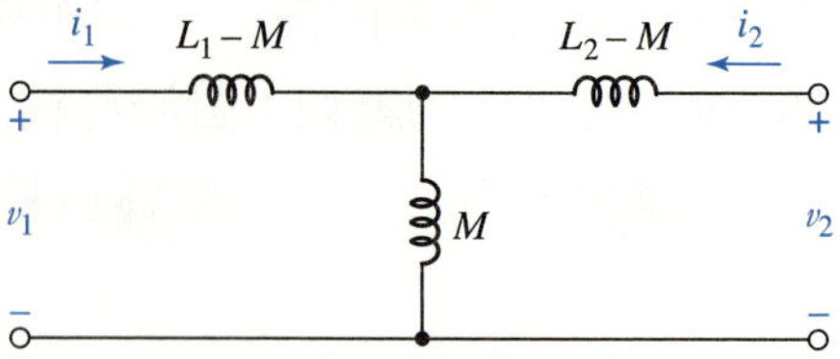

■圖 13.18 圖 13.17 所示變壓器的 T 等效。

置於第一網目中，但第二網目並不是如此。同樣的，一個 $L_2 - M$ 的自感存在於第二網目中，但不在第一網目。等效電路顯示在圖 13.18。兩網路中，與 v_1、i_1、v_2 及 i_2 有關的兩相等方程式保證了這個等效。

如果在已知變壓器線圈上的一個點號，放在線圈的相反方向上，則方程式 [16] 與 [17] 中的互耦項的符號將會是負號。這類似於用 $-M$ 來取代 M，圖 13.18 網路中的這種取代，導引出此情形的正確等效。三個自感的數值為 $L_1 + M$、$-M$ 及 $L_2 + M$。

在 T 等效中的電感，全部都是自感；而且沒有任何的互感存在。對於這個等效網路，得到負數的電感是可能的，但這是無關緊要的，如果我們只期望數學分析；當然，這個等效網路的實際結構，不可能以任何形式包含負電感。然而，有時候當合成網路的程序提供一個所要的轉移函數，造成包含具有負電感的 T 網路電路；這個網路可以用一個適當的線性變壓器來實現。

例題 13.5

試求圖 13.19*a* 所示線性變壓器的 T 等效。

發現 $L_1 = 30$ mH、$L_2 = 60$ mH 且 $M = 40$ mH，並注意到兩個點號都在上方，如基本電路圖 13.17 一樣。

因此 $L_1 - M = -10$ mH，位於左上臂處，$L_2 - M = 20$ mH 位於右上方，而中間則為 $M = 40$ mH。完整的等效 T 顯示於圖 13.19*b*。

為了說明這個等效，使 C、D 兩端處於開路的狀態，且在圖

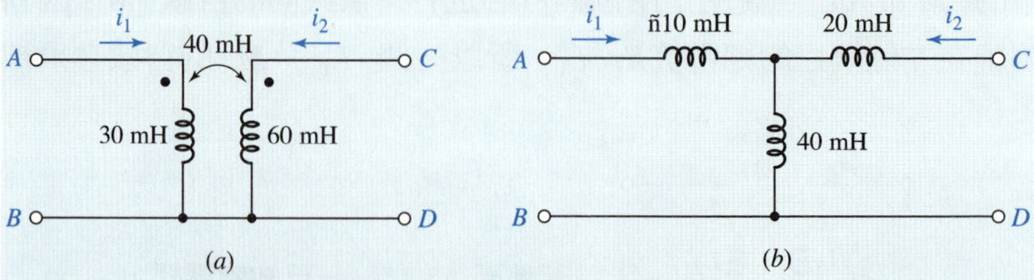

■圖 13.19 (*a*) 作為範例的線性變壓器；(*b*) 變壓器的 T 等效網路。

13.19a 的輸入端加入 $v_{AB}=10\cos 100t$ V 的電源。因此，

$$i_1 = \frac{1}{30\times 10^{-3}}\int 10\cos(100t)\,dt = 3.33\sin 100t \qquad \text{A}$$

且

$$v_{CD} = M\frac{di_1}{dt} = 40\times 10^{-3}\times 3.33\times 100\cos 100t$$
$$= 13.33\cos 100t \qquad \text{V}$$

將相同電壓作用在 T 等效中，再一次可得：

$$i_1 = \frac{1}{(-10+40)\times 10^{-3}}\int 10\cos(100t)\,dt = 3.33\sin 100t \qquad \text{A}$$

而且，C 和 D 之間的電壓等於跨接在 40 mH 電感器的電壓。因此，

$$v_{CD} = 40\times 10^{-3}\times 3.33\times 100\cos 100t = 13.33\cos 100t \qquad \text{V}$$

這兩個網路產生相同的結果。

練習題

13.6 (a) 如果圖 13.20 中兩個網路相等，指出 L_x、L_y 及 L_z 的數值；(b) 如果圖 13.20b 中的二次側點號位於線圈的底部，重做一次。

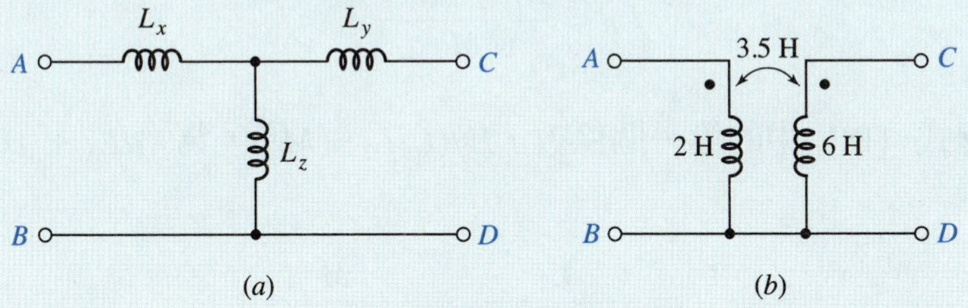

■圖 13.20

答：−1.5，2.5，3.5 H；5.5，9.5，−3.5 H。

等效 Π 網路並不是很容易就能求得的。它十分的複雜，而且並不是很常用。針對 di_2/dt 求解方程式 [17]，並將結果代入方程式 [16] 中，而發展出此網路：

$$v_1 = L_1\frac{di_1}{dt} + \frac{M}{L_2}v_2 - \frac{M^2}{L_2}\frac{di_1}{dt}$$

或

$$\frac{di_1}{dt} = \frac{L_2}{L_1L_2 - M^2}v_1 - \frac{M}{L_1L_2 - M^2}v_2$$

如果從零積分到 t，可求得：

$$i_1 - i_1(0)u(t) = \frac{L_2}{L_1L_2 - M^2}\int_0^t v_1\, dt' - \frac{M}{L_1L_2 - M^2}\int_0^t v_2\, dt' \qquad [18]$$

以類似的方法，可得：

$$i_2 - i_2(0)u(t) = \frac{-M}{L_1L_2 - M^2}\int_0^t v_1\, dt' + \frac{L_1}{L_1L_2 - M^2}\int_0^t v_2\, dt' \qquad [19]$$

方程式 [18] 及 [19] 可以解釋為一對的節點方程式；為了提供適當的初始條件，在每一個節點必需設置一個步階電流源。乘以每一個積分的因數具有某些等效電感的倒數型式。因此，在方程式 [18] 中的第二個係數，$M/(L_1L_2 - M^2)$，等於 $1/L_B$，或節點 1 及 2 之間延伸電感的倒數，如圖 13.21 所顯示的等效 Π 網路。所以

$$L_B = \frac{L_1L_2 - M^2}{M}$$

在方程式 [18] 中的第一個係數，$L_2/(L_1L_2 - M^2)$，為 $1/L_A + 1/L_B$。因此，

$$\frac{1}{L_A} = \frac{L_2}{L_1L_2 - M^2} - \frac{M}{L_1L_2 - M^2}$$

或

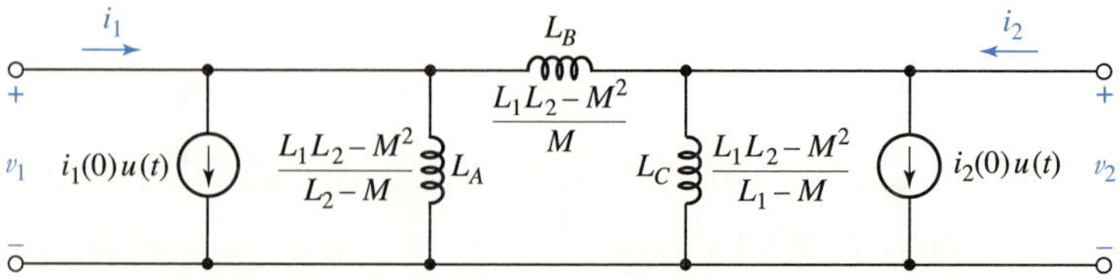

■圖 13.21 圖 13.17 所示變壓器的等效 Π 網路。

$$L_A = \frac{L_1L_2 - M^2}{L_2 - M}$$

最後，

$$L_C = \frac{L_1L_2 - M^2}{L_1 - M}$$

在等效 Π 中，電感間沒有任何磁耦合存在，在三個自感上的初始電流為零。

可以藉由只改變等效網路 M 的符號，來抵消已知變壓器任一點的相反。而且，正如我們在等效 T 中的發現，負自感可能出現在等效 Π 網路。

例題 13.6

假設初始電流為零，試求圖 13.19*a* 中變壓器的等效 Π 網路。

因為 L_A、L_B 及 L_C 都有 $L_1L_2 - M^2$ 這一項，從求這個量開始，可得

$$30 \times 10^{-3} \times 60 \times 10^{-3} - (40 \times 10^{-3})^2 = 2 \times 10^{-4}\ \text{H}^2$$

因此

$$L_A = \frac{(L_1L_2 - M^2)}{(L_2 - M)} = \frac{2 \times 10^{-4}}{(20 \times 10^{-3})} = 10\ \text{mH}$$

$$L_C = \frac{(L_1L_2 - M^2)}{(L_1 - M)} = -20\ \text{mH}$$

且

$$L_B = \frac{(L_1L_2 - M^2)}{M} = 5\ \text{mH}$$

等效 Π 網路顯示於圖 13.22。

如果再次令 $v_{AB} = 10 \cos 100t$ V 且開路 C-D 兩端開始，來檢查所得的結果，輸出電壓可以由分壓快速求得：

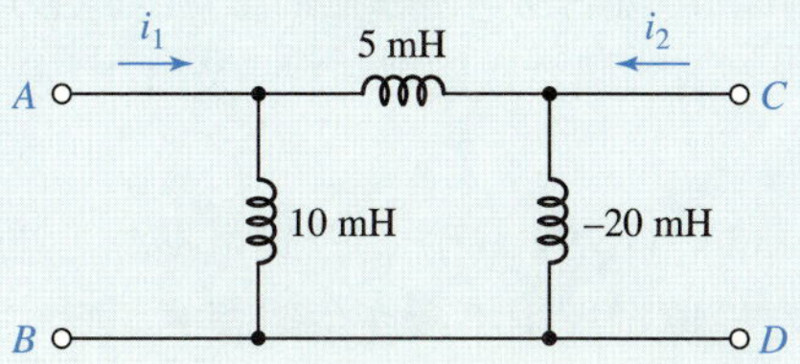

■圖 13.22　圖 13.19*a* 所示線性變壓器的 Π 等效。假設 $i_1(0) = 0$ 且 $i_2(0) = 0$。

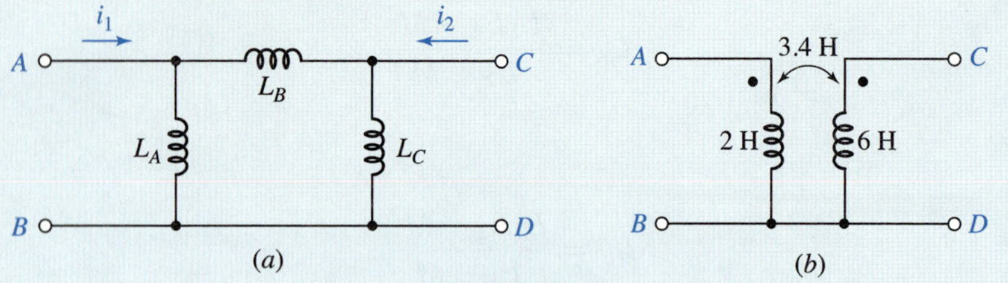

■圖 13.23

$$v_{CD} = \frac{-20 \times 10^{-3}}{5 \times 10^{-3} - 20 \times 10^{-3}} 10 \cos 100t = 13.33 \cos 100t \qquad \text{V}$$

與前面相同。因此，圖 13.22 電路在電氣上等效於圖 13.19*a* 與 *b* 的網路。

練習題

13.7 如果圖 13.23 中的網路為等效，指出 L_A、L_B 及 L_C 的值 (單位為 mH)。

答：$L_A = 169.2$ mH，$L_B = 129.4$ mH，$L_C = -314.3$ mH。

電腦輔助分析

擁有包含磁耦合電感電路模擬的能力是一種有用的技能，特別是現代電路的尺寸持續縮小。在新的設計中，不同的迴路與部分的電感器更加接近，原來是要與另一個電路隔離的不同電路及其次電路，卻不慎地經由迷散磁場變成耦合，並與另一個電路相互使用，PSpice 允許我們利用 **K_Linear** 元件展現這種效應，此元件藉由範圍在 $0 \le k \le 1$ 的耦合係數 k，在圖示中將一對電感器予以連繫在一起。

例如，讓我們來模擬圖 13.19*a* 的電路，電路是由兩個以 40 mH 互感所描述的耦合線圈所組成，相當於耦合係數為 $k = 0.9428$，基本的電路圖顯示在圖 13.24 中。注意到沒有任何的“點號”伴隨電感器符號出現。當電感器第一次水平地置於圖面時，打點的端會在左側，這是符號旋轉的接腳，同時也注意到 **K_Linear** 元件並未接到圖上的任何地方；而它是可以放在圖上的任何的位置。兩個耦合電感器，**L1** 及 **L2**，經由元件對話框指定本身的耦合係數。

整個電路連接至頻率為 100 rad/s (15.92 Hz) 的弦式電壓源，並執行單頻交流掃描，為了 PSpice 在模擬過程中不會產生錯誤的訊息，必

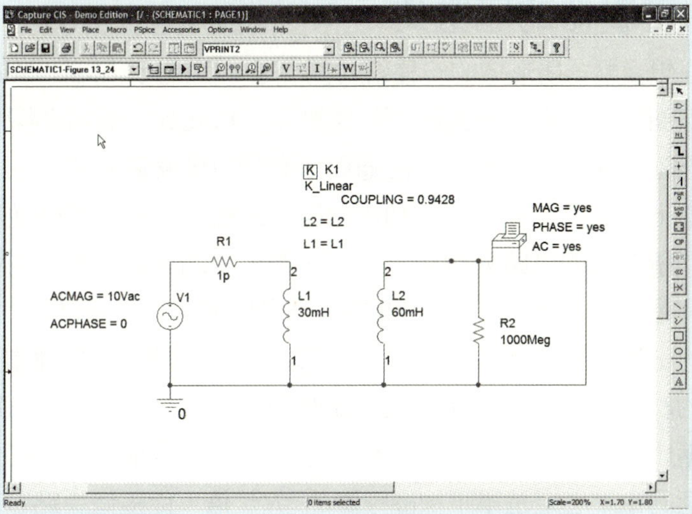

■**圖 13.24**　以圖 13.19*a* 為基本電路的圖形。

須在圖中加入兩個電阻器。首先，一個較小的電阻必須插入到電壓源與 **L1** 之間；選擇一個 1 pΩ 的電阻，以減低它的效應。接著，將一個 1000 MΩ 的電阻器 (實際上為無限大) 連接到 **L2**。模擬的輸出為一個大小等於 13.33 V，且相角為 -3.819×10^{-8} 度 (實際上為零) 的電壓，此結果與例題 13.5 手算的值相符。

PSpice 同時也提供兩種不同的變壓器模型，一個是線性變壓器，**XFRM_LINEAR**，而一個是理想變壓器，**XFRM_NONLINEAR**，而下一節的主題便是電路元件。線性變壓器需要指定耦合係數及線圈電感。而理想變壓器也需要指定耦合係數，但我們將看到，理想變壓器具有無限大或接近無限大的電感值。而對於 **XFRM_NONLIEAR** 部分，所需要的其它參數還有構成每一個線圈的導線匝數。

13.4　理想變壓器

理想變壓器 (ideal transformer) 為一個極緊密耦合變壓器有用的近似，其耦合係數實值上為 1，且一、二次側的電感電抗與末端阻抗相較而言相當的大。這些特性可以藉由合理範圍的末端阻抗在合理範圍的頻率下，以設計良好的鐵心變壓器來予以近似。包含鐵心變壓器的電路，其近似分析可以利用理想變壓器來代替變壓器達成，而此理想變壓器，可以視為鐵心變壓器的一階模型。

理想變壓器的匝數比

理想變壓器所形成的一種新的概念是：**匝數比** (turns ratio) a。一個線圈的自感與形成此線圈的匝數平方成正比，而這個關係只有在流經線圈的電流所建立的磁通與所有的匝數交鏈時才成立。為了在數值上推算此結果，必須利用到磁場的概念，而此部分並不包括在我們所討論的電路分析中。然而，數值上的論述卻也足夠了。如果一個電流 i 流經一個 N 匝的線圈，則會產生 N 倍的單一線圈所產生的磁通。如果將 N 匝的線圈視為一體，則所有的磁通當然會與所有的線圈交鏈。當電流與磁通隨時間改變時，則在每一匝所感應的電壓比單匝線圈所感應的電壓還要大 N 倍。因此，在 N 匝線圈所感應的電壓必定是單匝線圈電壓的 N^2 倍。從這個論點，可以得到電感與匝數的平方成正比。可表示如下:

$$\frac{L_2}{L_1} = \frac{N_2^2}{N_1^2} = a^2 \qquad [20]$$

或

$$\boxed{a = \frac{N_2}{N_1}} \qquad [21]$$

圖 13.25 顯示一個二次側接負載的理想變壓器。變壓器的理想特性可以由下列幾項建立；兩個線圈之間所使用的垂直線代表存在於許多鐵心變壓器中的鐵薄片，耦合係數為 1，而 1：a 的符號，表示 N_1 對 N_2 的匝數比。

為了解釋在文章中所做的假設，讓我們來分析弦式穩態下的變壓器。這兩個網目方程式為：

$$\mathbf{V}_1 = j\omega L_1\mathbf{I}_1 - j\omega M\mathbf{I}_2 \qquad [22]$$

及

$$0 = -j\omega M\mathbf{I}_1 + (\mathbf{Z}_L + j\omega L_2)\mathbf{I}_2 \qquad [23]$$

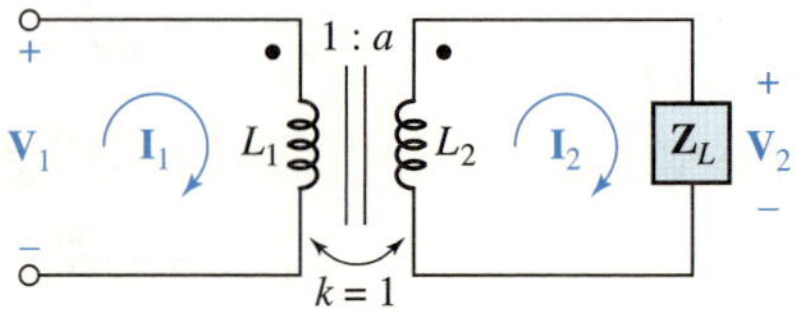

■圖 13.25 連接一般負載阻抗的理想變壓器。

首先要決定出理想變壓器的輸入阻抗。解方程式 [23]，可得 $\mathbf{I}_2$，並將結果代入方程式 [22] 中，可得

$$\mathbf{V}_1 = \mathbf{I}_1 j\omega L_1 + \mathbf{I}_1 \frac{\omega^2 M^2}{\mathbf{Z}_L + j\omega L_2}$$

及

$$\mathbf{Z}_{\text{in}} = \frac{\mathbf{V}_1}{\mathbf{I}_1} = j\omega L_1 + \frac{\omega^2 M^2}{\mathbf{Z}_L + j\omega L_2}$$

因為 $k=1$，$M^2=L_1 L_2$，所以

$$\mathbf{Z}_{\text{in}} = j\omega L_1 + \frac{\omega^2 L_1 L_2}{\mathbf{Z}_L + j\omega L_2}$$

除了單位耦合係數外，理想變壓器的另一個特性是不論操作頻率為何，一次側與二次側的阻抗都相當的大。這暗示在理想情況下，L_1 與 L_2 趨近於無限大。然而，它們的比值必須是有限的，可以由匝數比看出。因此，

$$L_2 = a^2 L_1$$

形成

$$\mathbf{Z}_{\text{in}} = j\omega L_1 + \frac{\omega^2 a^2 L_1^2}{\mathbf{Z}_L + j\omega a^2 L_1}$$

現在如果令 L_1 為無限大，則上式中右側的兩項會變成無限大，且結果是不確定的。因此，必須將此二項予以合併：

$$\mathbf{Z}_{\text{in}} = \frac{j\omega L_1 \mathbf{Z}_L - \omega^2 a^2 L_1^2 + \omega^2 a^2 L_1^2}{\mathbf{Z}_L + j\omega a^2 L_1} \qquad [24]$$

或

$$\mathbf{Z}_{\text{in}} = \frac{j\omega L_1 \mathbf{Z}_L}{\mathbf{Z}_L + j\omega a^2 L_1} = \frac{\mathbf{Z}_L}{\mathbf{Z}_L / j\omega L_1 + a^2} \qquad [25]$$

當 $L_1 \to \infty$ 時，$\mathbf{Z}_{\text{in}}$ 變成

$$\mathbf{Z}_{\text{in}} = \frac{\mathbf{Z}_L}{a^2} \qquad [26]$$

只針對有限的 $\mathbf{Z}_L$ 而言。

這項結果具有某些相當有趣的含意，而至少其中一項呈現與線性變壓器的特性互相矛盾。理想變壓器的輸入阻抗與負載阻抗成正比，而比例常數為匝數比平方的倒數。換句話說，如果負載阻抗是電容性阻抗，則輸入阻抗為電容性阻抗。然而，在線性變壓器中，反射阻抗會造成它電抗部分的符號改變；即電容性負載會在輸入阻抗形成電感性的效應。針對這種情形的解釋，首先要瞭解到，$\mathbf{Z}_L/a^2$ 雖然經常戲稱它是反射阻抗，但它實際上並不是。在理想變壓器中真實的反射阻抗是無限大的；除此之外不能“消去”一次側電感的無限大阻抗。消去的情形是發生在方程式 [24]。阻抗 $\mathbf{Z}_L/a^2$ 表示實際上未發生時的一小量項次。在線性變壓器中實際的反射阻抗確實會改變電抗部分的符號；然而，當一次側與二次側的電感變成無限大時，無限大的一次側線圈電抗與負載的二次側線圈的反射電抗，才能產生相互消去的作用。

因此，理想變壓器的第一個重要特性：它能改變阻抗的大小，或改變阻抗的層級。假設一理想變壓器的一次側匝數為 100，且二次側匝數為 10,000，則匝數比為 10,000/100 或 100。因此跨接在二次側的阻抗，反應在一次側時，其大小會減小 100^2 倍，或 10,000。二次側一個 20,000 Ω 的電阻器，反射到一次側時便成了 2 Ω，200 mH 的電感器看起來會像 20 μH，而 100 pF 電容器則會像 1 μF。如果一次側與二次側的線圈互換，則 $a=0.01$，且負載阻抗在大小上會明顯的增加。實際上，在大小上的變化不見得會經常發生，而我們要記住的是，當我們在推導的最後一步驟及將方程式 [25] 中的 L_1 變成無限大時，與 $j\omega L_2$ 比較下，才可以忽略 $\mathbf{Z}_L$。因為 L_2 不可能是無限大，所以如果負載阻抗非常大時，理想變壓器的模型便不適用。

作為阻抗匹配使用的變壓器

鐵心變壓器作為改變阻抗階層裝置的實際使用例子為真空管音效功率放大器至喇叭系統的耦合。為了達到最大功率轉移，我們知道負載的電阻必須等於電源的內部電阻；喇叭的阻抗 (經常假設為一個電阻) 大小經常只有幾歐姆，而典型的功率放大器具有幾仟歐姆的內部電阻。因此，需要一個 $N_2 < N_1$ 的理想放大器。例如，如果放大器 (或發電機) 的內部阻抗為 4000 Ω，而喇叭的阻抗為 8 Ω，則需要：

$$\mathbf{Z}_g = 4000 = \frac{\mathbf{Z}_L}{a^2} = \frac{8}{a^2}$$

或

$$a = \frac{1}{22.4}$$

因此

$$\frac{N_1}{N_2} = 22.4$$

在理想變壓器中，一次側與二次側的電流 $\mathbf{I}_1$ 與 $\mathbf{I}_2$ 之間，有一個簡單的關係式。從方程式 [23]，

$$\frac{\mathbf{I}_2}{\mathbf{I}_1} = \frac{j\omega M}{\mathbf{Z}_L + j\omega L_2}$$

再次，令 L_2 趨近於無限大，則

$$\frac{\mathbf{I}_2}{\mathbf{I}_1} = \frac{j\omega M}{j\omega L_2} = \sqrt{\frac{L_1}{L_2}}$$

或

$$\boxed{\frac{\mathbf{I}_2}{\mathbf{I}_1} = \frac{1}{a}} \qquad [27]$$

因此，一次側與二次側電流的比值為匝數比。如果需要 $N_2 > N_1$，則 $a > 1$，而且很明顯的較少匝數的繞組中，流著較大的電流。換句話說，

$$N_1\mathbf{I}_1 = N_2\mathbf{I}_2$$

也應該注意到，如果任一電流反轉或任一個點號改變時，電流比為匝數比的負值。

在上例中，理想變壓器用來改變阻抗準位，使得喇叭與功率放大器有效的匹配，因此，一次側在 1000 Hz 下的 rms 電流為 50

mA 時，則會在二次側產生 1000 Hz 下 1.12 A 的 rms 電流。傳送至喇叭的功率為 $(1.12)^2(8)$，或 10 W，而由功率放大器傳送至變壓器的功率為 $(0.05)^2\,4000$ 或 10 W。結果是合理的，因為理想變壓器既不包含產生功率的主動元件，也不包含會吸收功率的任何電阻器。

作為電壓準位調整用的變壓器

因為傳送至理想變壓器的功率等於傳送至負載的功率，而且一次側與二次側的電流以匝數比作為關聯，則似乎一次側與二次側電壓與匝數比有關也是合理的。如果將二次側電壓，或負載電壓定義為：

$$\mathbf{V}_2 = \mathbf{I}_2\mathbf{Z}_L$$

且一次側電壓為跨接在 L_1 的電壓，則

$$\mathbf{V}_1 = \mathbf{I}_1\mathbf{Z}_{\text{in}} = \mathbf{I}_1\frac{\mathbf{Z}_L}{a^2}$$

兩個電壓的比值會變成

$$\frac{\mathbf{V}_2}{\mathbf{V}_1} = a^2\frac{\mathbf{I}_2}{\mathbf{I}_1}$$

或

$$\boxed{\frac{\mathbf{V}_2}{\mathbf{V}_1} = a = \frac{N_2}{N_1}} \qquad [28]$$

CAUTION

二次側與一次側電壓的比值等於匝數比。應該要小心注意這個方程式與方程式 [27] 相反，而且這是學生們經常犯錯的主要原因。如果其中一個電壓反相或一個點號位置改變，這個比值也可能會是負值。

因此，藉由匝數比的選擇，我們現在可以將任何的交流電壓改變成任何其它的交流電壓。如果 $a > 1$，二次側的電壓會比一次側的電壓還要大，此種變壓器稱**升壓變壓器** (step-up transformer)。如果 $a < 1$，二次側電壓會小於一次側電壓，此種變壓器稱為**降壓變壓器** (step-down transformer)。電力公司典型地產生電壓範圍在

(*a*)

(*b*)

(*c*)

■圖 13.26　(*a*) 用來提高發電機輸出電壓至輸電層次的升壓變壓器；(*b*) 用來將 220 kV 輸電層級的電壓降低至幾十仟伏的電壓供區域配電用的變電站變壓器；(*c*) 用來將配電階層的電壓降低至 240 V 供電力消費的降壓變壓器。

承蒙 Dr.Wade Enright, Te Kura Pukaha Vira O Te Whare Wananga O Waitaha, Aotearoa. 提供照片。

12 至 25 kV 的電力。雖然這已經是蠻高的電壓，而長距離的傳輸損失可以藉由升壓變壓器，將電壓準位提升至幾百仟伏而降低 (圖 13.26*a*)。區域配電站利用降壓變壓器 (圖13.26*b*)，將電壓降至幾十仟伏。設置於戶外的附加降壓變壓器，將電壓從輸電電壓降至 110 至 220 V 的準位提供機器運作的需求 (圖13.26*c*)。

將電壓與電流比值的方程式，方程式 [27] 及 [28] 合併，

$$\mathbf{V}_2\mathbf{I}_2 = \mathbf{V}_1\mathbf{I}_1$$

發現到一次側與二次側的複數伏安相等。這個乘積的大小通常用來指定電力變壓器最大的允許值。如果負載的相角為 θ，或

$$\mathbf{Z}_L = |\mathbf{Z}_L|\underline{/\theta}$$

則 $\mathbf{V}_2$ 領先 $\mathbf{I}_2$ 的 θ 角。除此之外，輸入阻抗為 $\mathbf{Z}_L/a^2$，並且 $\mathbf{V}_1$ 也領先 $\mathbf{I}_1$ 相同的 θ 角。如果假設電壓與電流表示有效值，$|\mathbf{V}_2||\mathbf{I}_2|\cos\theta$ 必須等於 $|\mathbf{V}_1||\mathbf{I}_1|\cos\theta$，所以傳送至一次端的所有功率，都到

達負載；沒有任何的功率被理想變壓器吸收或傳送至理想變壓器。

我們所得到的理想變壓器的特性，全部是由相量分析求得。這些特性在弦式穩態下確實是正確的，但沒理由相信這些特性在複數響應也是正確的。實際上，一般而言它們是可應用的，而且說明這個論述比剛才完成的以相量為基礎的程序更為簡單。然而，為了求得理想變壓器，我們的分析可以指出作為實際變壓器的更精確模型的指定近似。例如，我們發現到，二次繞組的電抗在大小上必須比連接至二次側任何負載的阻抗還要大。因此對於變壓器停止像理想變壓器運作下狀況的某些感覺是可以達成的。

例題 13.7

針對圖 13.27 所給的電路，試求消耗在 10 kΩ 電阻器的平均功率。

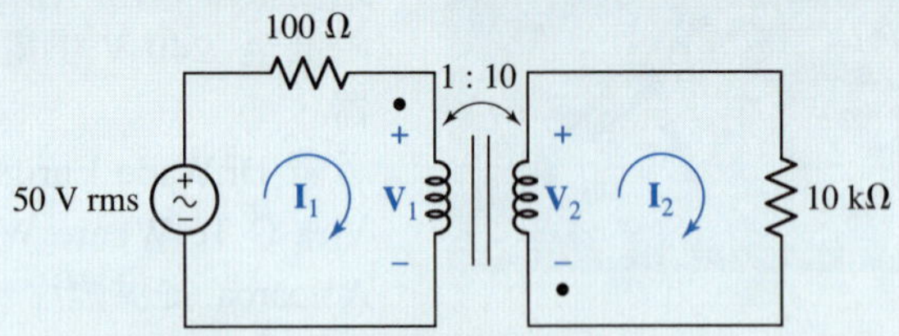

■圖 13.27　簡單的理想變壓器電路。

消耗在 10 kΩ 電阻器的平均功率為：

$$P = 10{,}000|\mathbf{I}_2|^2$$

從 50 V rms 電源"看到" $\mathbf{Z}_L / a^2$ 的變壓器輸入阻抗，或 100 Ω。因此，可得

$$\mathbf{I}_1 = \frac{50}{100+100} = 250 \text{ mA rms}$$

從方程式 [27]，$\mathbf{I}_2=(1/a)\mathbf{I}_1=25$ mA rms，所以可求得 10 kΩ 消耗 6.25 W。

當相角不能影響計算純電阻性負載所消耗的平均功率時，相角是可以忽略的。

練習題

13.8 重複例題 13.7，使用電壓去計算消耗的功率。

答：6.25 W。

時域中的電壓關係

現在讓我們來求解理想變壓器中時域量 v_1 與 v_2 的關係。回頭來看看圖 13.17 所顯示的電路，並可使用方程式 [16] 及 [17] 來描述此電路，解第二個方程式可求得 di_2/dt，並將結果代入第一個方程式中：

$$v_1 = L_1\frac{di_1}{dt} + \frac{M}{L_2}v_2 - \frac{M^2}{L_2}\frac{di_1}{dt}$$

然而，針對單一耦合，$M^2 = L_1 L_2$，因此，

$$v_1 = \frac{M}{L_2}v_2 = \sqrt{\frac{L_1}{L_2}}v_2 = \frac{1}{a}v_2$$

因此可求得一次側與二次側電壓間的關係式，並可應用到全時域響應。

一次側與二次側時域電流關係的表示式，可藉由方程式 [16] 除以 L_1，而快速求得，

$$\frac{v_1}{L_1} = \frac{di_1}{dt} + \frac{M}{L_1}\frac{di_2}{dt} = \frac{di_1}{dt} + a\frac{di_2}{dt}$$

然後再利用理想變壓器基本的假設：L_1 必須是無窮大。如果假設 v_1 不是無窮大，則

$$\frac{di_1}{dt} = -a\frac{di_2}{dt}$$

將上式積分

$$i_1 = -ai_2 + A$$

其中 A 是一個不隨時間改變的積分常數。因此，如果忽略兩繞組內的任何直流電流，並將注意力放在響應的時變部分，則

$$i_1 = -ai_2$$

上式中負的符號源自於圖 13.17 點號的位置與所選擇電流的方向。

因此，時域的電流與電壓的關係，與先前在頻域中所得到的關係相同，但前提是忽略直流成分。時域的結果更具一般性，但求解過程較少。

實 際 應 用

超傳導變壓器

就絕大部分的情形來說，我們把存在於特別變壓器中不同型式的損失予以忽略。然而，在處理較大功率的變壓器時，儘管典型上整個效率達 97 % 或更高，但仍須注意這種的非理想性。雖然這麼高的效率，可以被視為接近理想，但是當變壓器承受幾仟安培的電流時，那會是大量的能量浪費。所稱的 i^2R 損失，代表形成熱量的功率損失，它會增加變壓器線圈的溫度。導線電阻隨溫度而增大，所以熱會造成更大的損失。高溫也會造成導線絕緣的降低，進而造成變壓器的壽命減短。因此，許多的現代電力變壓器採用液態油浸式，藉以排除變壓器線圈中過多的熱量。這種方法也有它的缺點，包括長時期的腐蝕所造成的漏油，進而對環境的衝擊及火災危險 (圖 13.28)。

■圖 13.28 2004 年接近印第安那州 Mishawaka 的 340,000 V 美國電力變電路突然發生大火。© AP/Wide World photos.

對於改善這種變壓器成效的可能方法，是採用超傳導導線以取代標準變壓器設的電阻線圈。超導體是一種高溫下呈現電阻性的物質，但在臨界溫度以下時，對於流經的電流突然呈現沒有任何的電阻。大部分的元件

我們所建立的理想變壓器的特性，可以用來簡化具有理想變壓器的電路。為了說明，讓我們假設：一次端左側的所有元件，均以戴維寧等效來取代，而二次端右側的網路也一樣。因此考慮圖 13.30 所顯示的電路。假設激勵的頻率 ω 為任何值。

只有在接近絕對零度時，才會有超傳導的現象，這需要昂貴的液態氦－低溫冷卻應用。在 1980 年所發現的超導體，其臨界溫度為 90 K (−183°C) 或更高，所以用相當便宜的液態氮系統取代以氦為基礎的設備變成有可能的。

圖 13.29 顯示一組坎特伯里大學研發中的超傳導變壓器部分線圈的原型，這種設計採用對環境有益的液態氮取代油浸式，而且比相同額定的傳統變壓器小很多。在整體變壓器效率上有重大的改善，其可轉化成設備所有人在運轉成本的節省。

然而，所有的設計都有它的缺失之處，這必須與它們原始的優點做一衡量，而超傳導變壓器也不例外。其現今最大障礙為，製造幾公里長的超傳導導線成本比銅線相對的高出許多。這部分是由於從陶器材料製作長導線的挑戰所造成，而部分也是由於環境在超導體四周，在冷卻系統失效時能提供低電阻電流通路的銀管 (銅雖然比銀便宜，但是銅會與陶器物質反應，因此不是可行的替代物)。總結論是超傳導變壓器在長時期似乎可以省下可觀的經費——許多變壓器可使用超過 30 年——但初期成本比傳統電阻性變壓器高出許多。現今，許多公司 (包括電力公司) 著眼於短期的成本考量，而對於只有長期成本效益的較大資本投資，則比較不那麼急切。

■圖 13.29　15 kVA 超傳導電力變壓器部分線圈原型。
承蒙坎特伯雷 (Canterbury) 大學電機與電腦工程系提供照片。

等效電路

戴維寧或諾頓定理，現在可以用來表示不具備變壓器的等效電路。例如，讓我們來求解二次側端左側網路的戴維寧等效。將二次側開路，因此 $\mathbf{I}_2=0$ 且 $\mathbf{I}_1=0$ (要記住 L_1 為無窮大)。因為沒有任何電壓跨接在 $\mathbf{Z}_{g1}$ 的兩端，因此，$\mathbf{V}_1=\mathbf{V}_{s1}$ 且 $\mathbf{V}_{2oc}=a\,\mathbf{V}_{s1}$。將 $\mathbf{V}_{s1}$

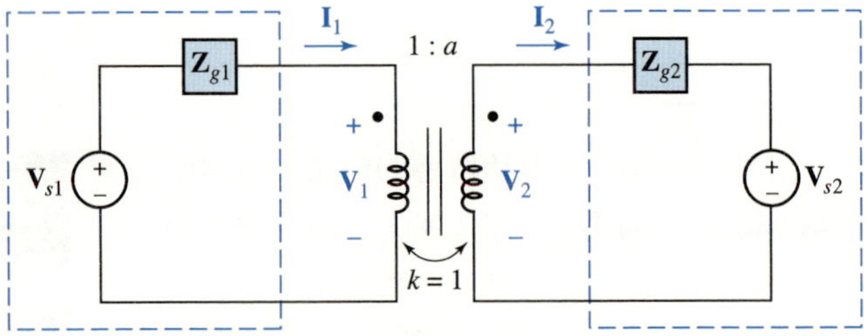

■圖 13.30　連接至理想變壓器一次側與二次側的網路，均以它們的戴維寧等效來取代。

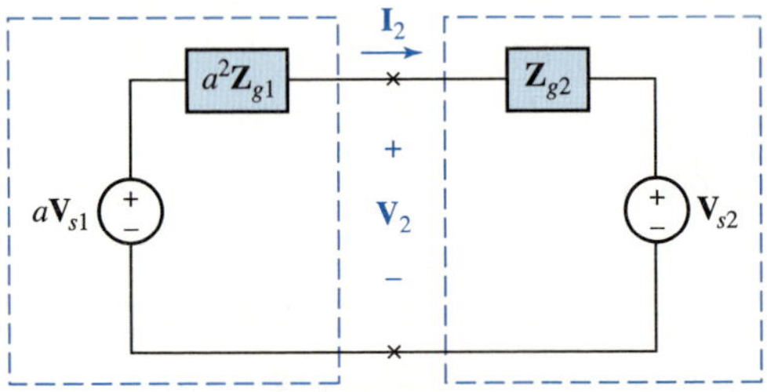

■圖 13.31　用來簡化圖 13.30 中二次端左側網路的戴維寧等效電路。

消除並利用匝數比的平方便可求得戴維寧阻抗，因為從二次端往變壓器看，小心不要用成匝數比的倒數。因此，$\mathbf{Z}_{th2}=\mathbf{Z}_{g1}a^2$。

在檢驗所得的等效時，讓我們也求解出二次側的短路電流 $\mathbf{I}_{2sc}$。當二次側短路時，一次電源面對一個 $\mathbf{Z}_{g1}$ 的阻抗，所以 $\mathbf{I}_1=\mathbf{V}_{s1}/\mathbf{Z}_{g1}$。因此，$\mathbf{I}_{2sc}=\mathbf{V}_{s1}/a\mathbf{Z}_{g1}$。開路電壓與短路電流的比值為 $a^2\mathbf{Z}_{g1}$，結果必然如此。變壓器與一次側電路的戴維寧等效顯示於圖 13.31 中。

因此，每一個一次側電壓乘以匝數比，每一個一次側電流除以匝數比，且每一個一次側阻抗乘以匝數比的平方；而這些修正的電壓、電流及阻抗用來取代已知的電壓、電流及阻抗加上變壓器。如果任一個點號互換，則等效可以使用匝數比的負值來求得。

注意到，圖 13.31 所說明的這個等效，只有在網路連接至兩個一次端，及兩個二次端時，才可以利用戴維寧等效取代。也就是，每一個都必須是二端點網路。例如，如果將兩條變壓器一次側引線予以切斷，這電路必定被分成兩個個別的網路；則變壓器一次側與二次側之間可能沒有跨接任何的元件或網路。

變壓器及二次側網路的類似分析顯示，一次端右側的每一個元件可以用一個沒有變壓器的等效網路來取代，每一個電壓除以 a，每一個電流乘以 a，且每一個阻抗除以 a^2。一繞組反接時，將匝數比以 $-a$ 來取代即可。

例題 13.8

圖 13.32 所示的電路，試求取代變壓器及二次側電路的等效電路，及取代變壓器與一次側電路的等效電路。

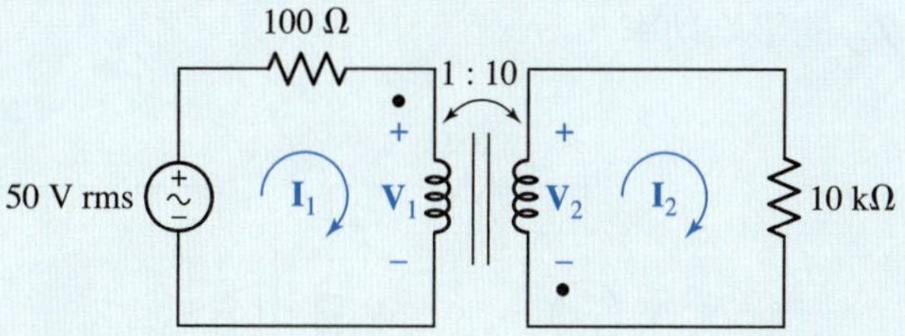

■圖 13.32　一個電阻性負載利用理想變壓器與電源阻抗匹配的簡單電路。

這與我們在例題 13.7 所分析過的電路相同。如前述，輸入阻抗為 $10{,}000/(10)^2$，或 100 Ω，所以 $|\mathbf{I}_1| = 250$ mA rms。也可以計算出跨接在一次側線圈的電壓：

$$|\mathbf{V}_1| = |50 - 100\mathbf{I}_1| = 25 \text{ V rms}$$

因此，可求得電源傳送 $(25 \times 10^{-3})(50) = 12.5$ W 功率，其中的 $(25 \times 10^{-3})(100) = 6.25$ W 為電源的內阻所消耗，而傳送至負載的功率為 $12.5 - 6.25 = 6.25$ W。還是最大功率轉移至負載的情形。

如果二次側電路及理想變壓器以戴維寧等效來取代，則 50 V 的電源及 100 Ω 電阻器會看到一個 100 Ω 的阻抗，可得圖 13.33*a* 簡化的

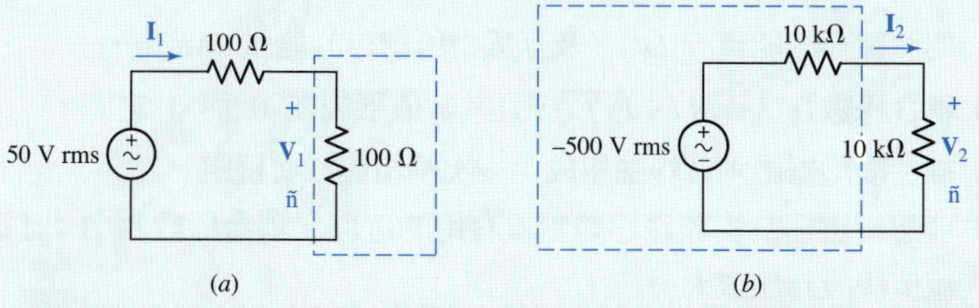

■圖 13.33　圖 13.32 的電路利用 (*a*) 戴維寧等效取代變壓器與二次側電路；(*b*) 戴維寧等效取代變壓器與一次側電路來簡化。

電路。因此，一次側電流與電壓現在可以立刻求得。

反之，如果二次端左側的網路以它的戴維寧等效來取代，會發現到 (記住點號的位置) $\mathbf{V}_{th}=-10(50)=-500$ V rms，且 $\mathbf{Z}_{th}=-(10)^2(100)=10$ kΩ；所求得的電路顯示在圖 13.33*b*。

練習題

13.9 令圖 13.34 顯示的理想變壓器 $N_1=1000$ 匝及 $N_2=5000$ 匝。如果 $\mathbf{Z}_L=500-j400\ \Omega$，試求 (a) $\mathbf{I}_2=14\underline{/20^\circ}$ A rms；(b) $\mathbf{V}_2=900\underline{/40^\circ}$ V rms；(c) $\mathbf{V}_1=80\underline{/100^\circ}$ V rms；(d) $\mathbf{I}_1=6\underline{/45^\circ}$ A rms；(e) $\mathbf{V}_s=200\underline{/0^\circ}$ V rms 時，傳送至 $\mathbf{Z}_L$ 的平均功率。

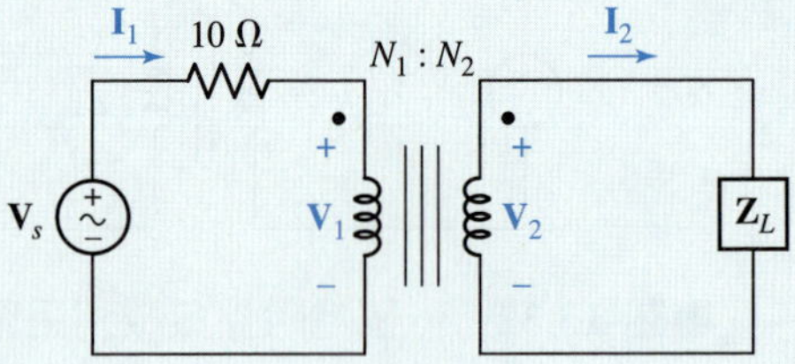

■圖 13.34

答：980 W；988 W；195.1 W；720 W；692 W。

摘要與複習

- 互感是描述第二個線圈所產生的磁場，在一個線圈的兩個末端感應的電壓。
- 點號慣例允許指定互感的符號。
- 根據點號慣例，一個電流流進一線圈打點端，會在第二個線圈的打點端產生一個正電壓參考的開路電壓。
- 一對耦合線圈所儲存的總能量有三個個別的名稱：每一個自感內所儲存的能量 ($\frac{1}{2}Li^2$)，及互感中所儲存的能量 (Mi_1i_2)。
- 耦合係數為 $k=M/\sqrt{L_1L_2}$，且其數值限制在 0 與 1 之間。
- 線性變壓器由兩個線圈組成：一次繞組與二次繞組。
- 理想變壓器為實際鐵心變壓器有用的近似。耦合係數為 1 且電感值假設為無限大。
- 理想變壓器的匝數比 $a=N_2/N_1$ 與一次側及二次側線圈電壓有關：$\mathbf{V}_2=a\mathbf{V}_1$。

❒ 匝數比 a 也和一次側及二次側的電流有關：$\mathbf{I}_1 = a\,\mathbf{I}_2$。

進階研讀

❒ 幾乎所有你想知道與變壓器有關的事情，可在下列書籍中找到：
M. Heathcote, "變壓器手冊", 12th ed Oxford：Read Educational and Professional Publishing Ltd, 1998.

❒ 其它廣範的變壓器標題為：
W. T. McLyman, "變壓器與電感器設計手冊", 3rd ed. New York：Marcel Dekker, 2004.

❒ 具強而有力經濟觀點的變壓器好書：
B. K. Kennedy, "能量效率的變壓器", New York：McGraw-Hill, 1998.

習　題

※偶數題置書後光碟

13.1　互　感

1. 考慮圖 13.35 的電路，如果 $i(t) = 400 \cos 120\pi t$ A 且 $v_2(t)$ 的最大值為 100 V，試問 L_1 與 L_2 交鏈的互感值為多少？

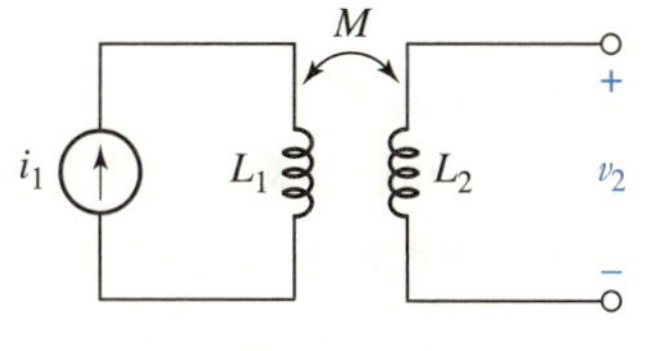

■圖 13.35

3. 三對耦合線圈的實際結構，如圖 13.37 所示。指出每一對線圈的兩個標示點，其兩種可能不同的位置。
5. 圖 13.39 電路中的兩個耦合電感器相互連接，其電壓與電流如圖示。$L_1 = 22\ \mu$H、$L_2 = 15\ \mu$H 及 $M = 5\ \mu$H。如果 $i_1 = 3 \cos 800t$ nA 及 $i_2 = 2 \cos 800t$ nA，試求 (a) v_1；(b) v_2。
7. 圖 13.41 中，假設 $v_1 = 2e^{-t}$ V 且 $v_2 = 4e^{-3t}$ V，如果 $L_1 = L_2 = 2$ mH 及 $M = 1.5$ mH。試求 (a) di_1/dt；(b) di_2/dt；(c) 如果 $i_2(t)$ 在 $t = 0$ 時，沒有儲存任何的能量。
9. 圖 13.43 所示的電路中，試求下列元件所吸收的平均功率 (a) 電源；

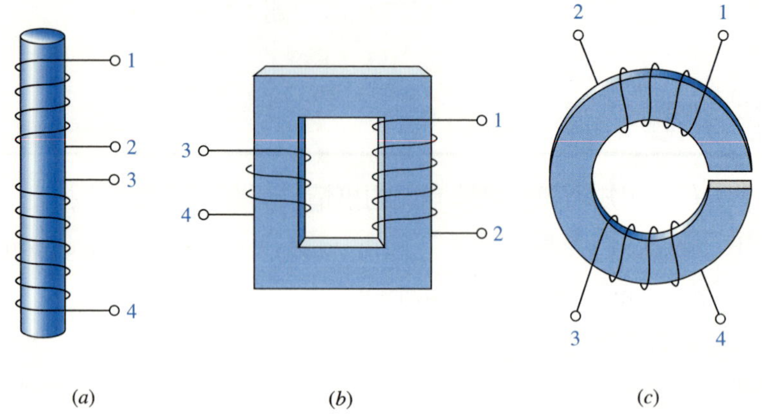

■圖 13.37

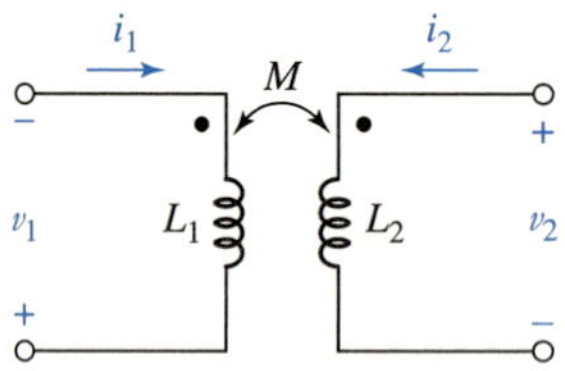

■圖 13.39

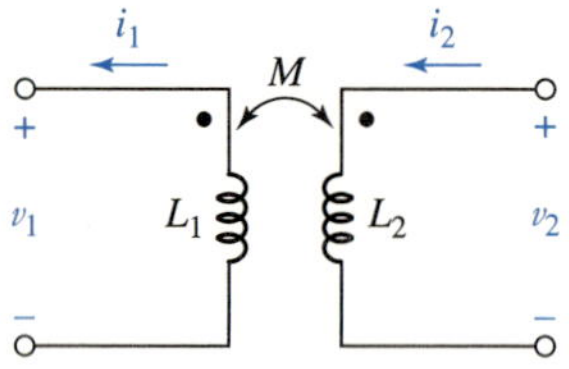

■圖 13.41

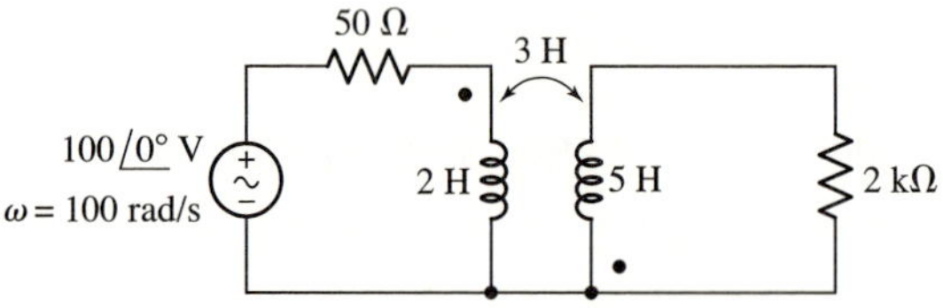

■圖 13.43

(b) 每一個電阻器；(c) 每一個電感器；(d) 互感。

11. (a) 試求習題 9 電路中，2 kΩ 電阻器所面對的戴維寧等效網路；(b) 由 $\mathbf{Z}_L$ (取代 2 kΩ) 的最佳值，從網路所汲取的最大平均功率為何？

13. 圖 13.46 電路中，如果 $v_s(t) = 10t^2u(t) / (t^2 + 0.01)$ V，試求 $t > 0$ 時，$i_C(t)$ 的表示式。

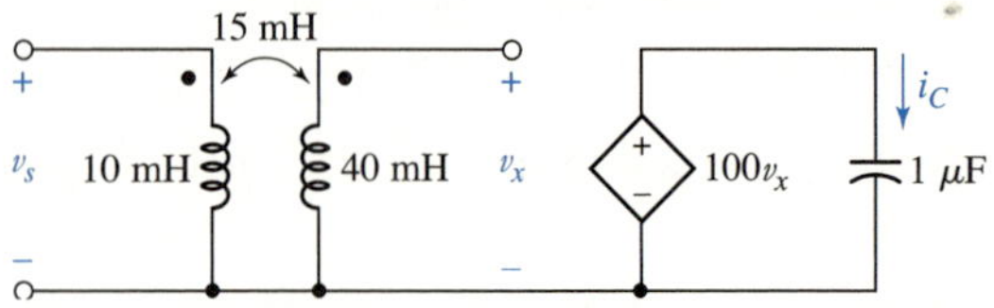

■圖 13.46

15. 圖 13.48 電路中，5 H 與 6 H 的電感器之間沒有任何的互耦合。(a) 以 $\mathbf{I}_1(j\omega)$、$\mathbf{I}_2(j\omega)$ 及 $\mathbf{I}_3(j\omega)$ 為項，列出一組方程式；(b) 如果 $\omega = 2$ rad/s，試求 $\mathbf{I}_3(j\omega)$。

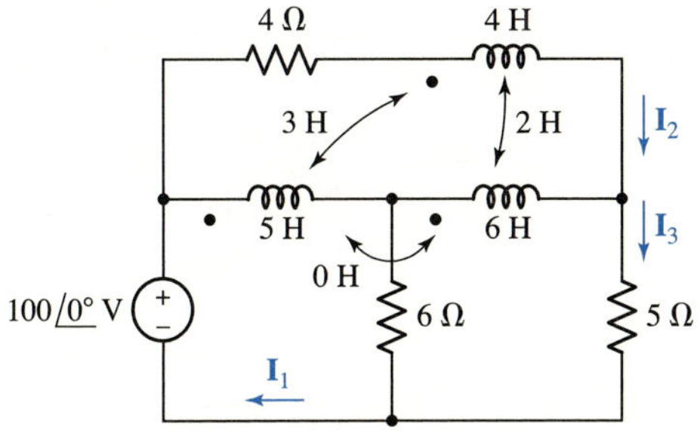

■圖 13.48

17. (a) 試求圖 13.50 網路中的 $\mathbf{Z}_{in}(j\omega)$；(b) 在 $0 \leq \omega \leq 1000$ rad/s 的頻率範圍內，繪製 $\mathbf{Z}_{in}$ 的圖形；(c) 當 $\omega = 50$ rad/s 時，試求 $\mathbf{Z}_{in}(j\omega)$。

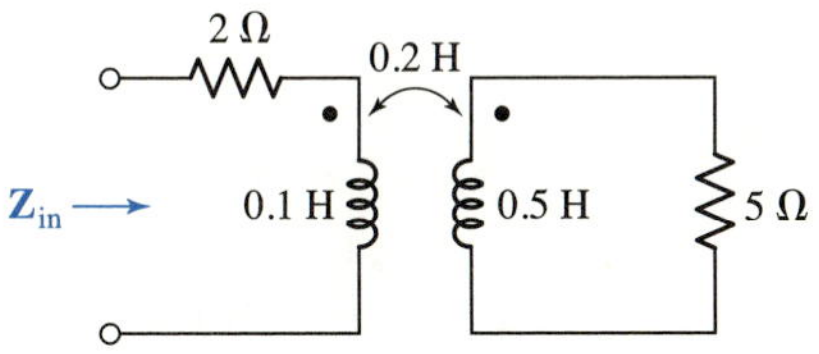

■圖 13.50

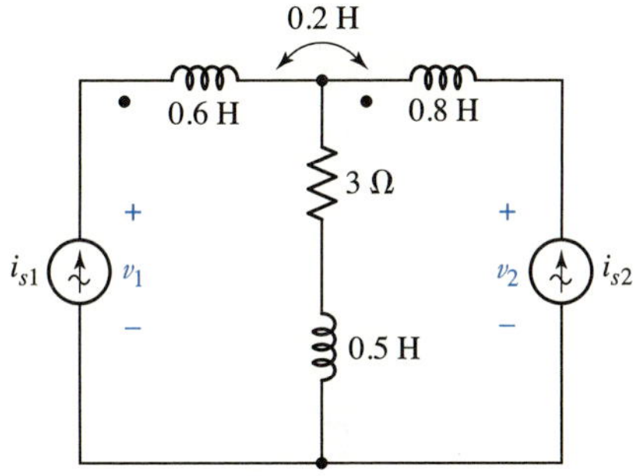

■圖 13.52

19. 令圖 13.52 的 $i_{s1} = 2\cos 10t$ A 及 $i_{s2} = 1.2\cos 10t$ A，試求 (a) $v_1(t)$；(b) $v_2(t)$；(c) 由每一個電源所提供的平均功率。

21. 試求圖 13.54 所示電路的 $\mathbf{I}_L$。

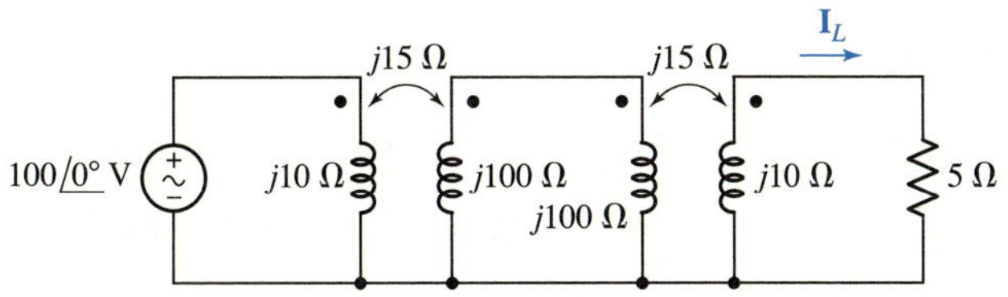

■圖 13.54

13.2 能量考量

23. 在圖 13.56 的線性變壓器中，令 $\mathbf{V}_s = 12\ \ 0°$ V rms。當 $\omega = 100$ rad/s 時，試求以 k 為函數，提供至 24 Ω 電阻器的平均功率。

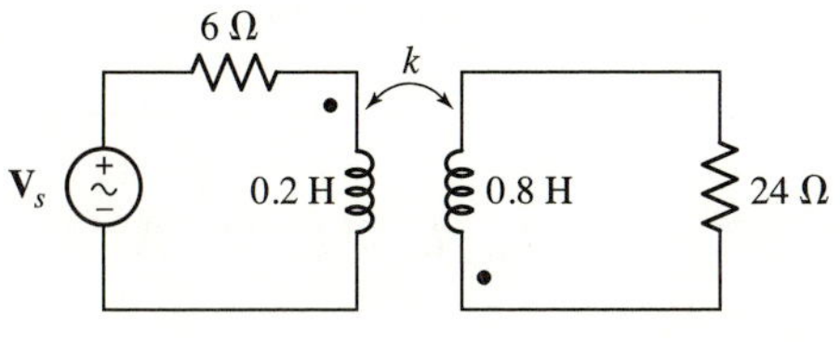

■圖 13.56

25. 令圖 13.57 電路中的 $\omega=100$ rad/s，試求：(a) 傳送至 10 Ω 負載；(b) 傳送至 20 Ω 負載；(c) 由電源所產生的平均功率。

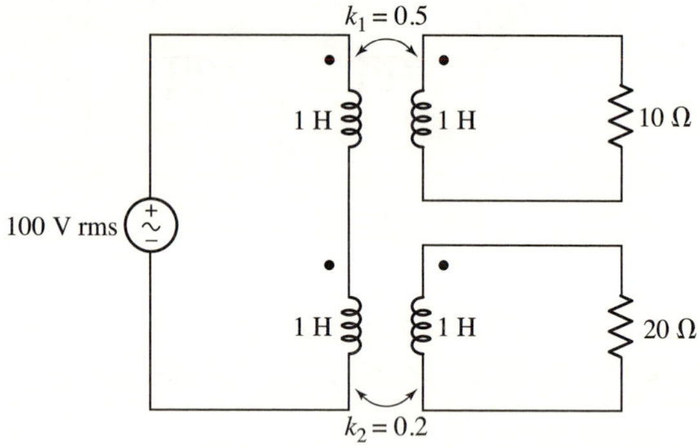

■圖 13.57

27. 令圖 13.59 電路中的 $\omega=1000$ rad/s，如果 (a) $L_1=1$ mH、$L_2=25$ mH 及 $k=1$；(b) $L_1=1$ H、$L_2=25$ H 及 $k=0.99$；(c) $L_1=1$ H、$L_2=25$ H 及 $k=1$，試求 $\mathbf{V}_2/\mathbf{V}_s$ 的比值。

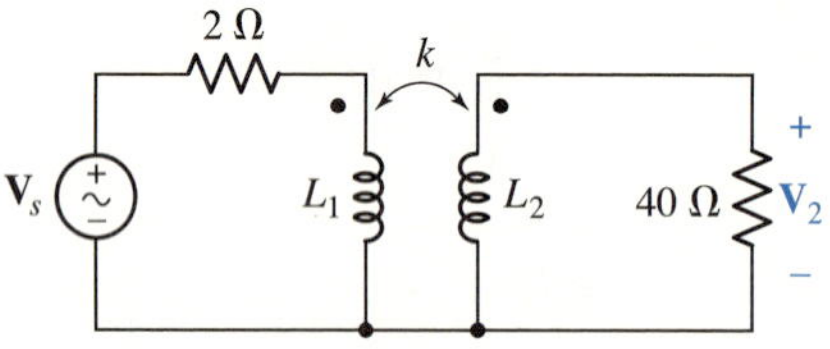

■圖 13.59

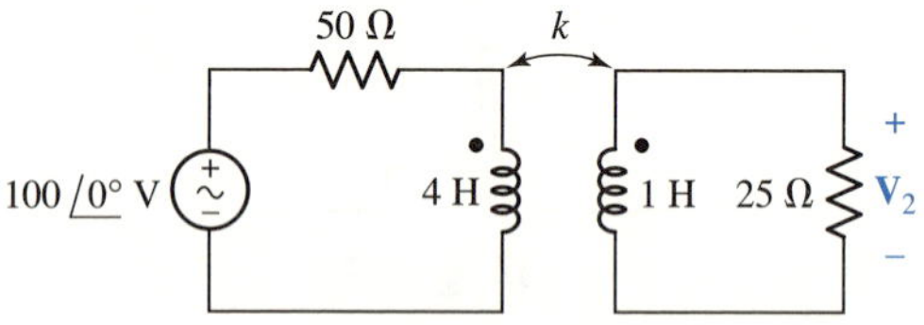

■圖 13.61

29. 針對圖 13.61 所示的電路，若 $f=60$ Hz。試求以 k 為函數的 $|\mathbf{V}_2|$，並繪製對 k 的圖形。

13.3 線性變壓器

31. 圖 13.63 的電路，在運作頻率為 50 Hz 時，已知其負載阻抗 $\mathbf{Z}_L$ 為 $7\underline{/32°}$ Ω。一次測與二次側線圈的互感交鏈值為 800 nH。試求 (a) 反射阻抗；(b) 從 $\mathbf{V}_s$ 所看進的輸入阻抗。

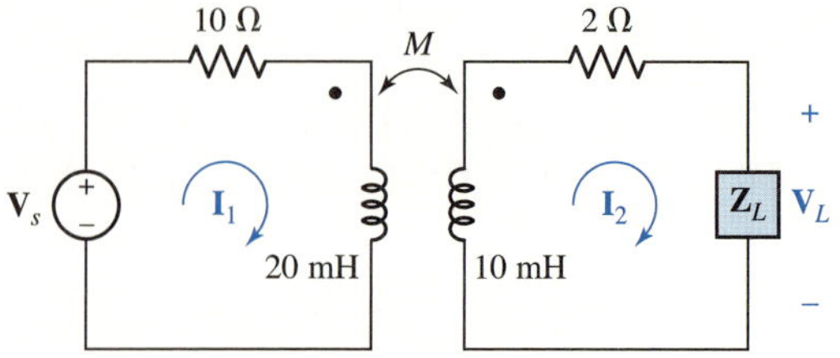

■圖 13.63

33. 圖 13.65 中的兩個電路為等效，試求 L_1、L_2 以及 M 的數值。

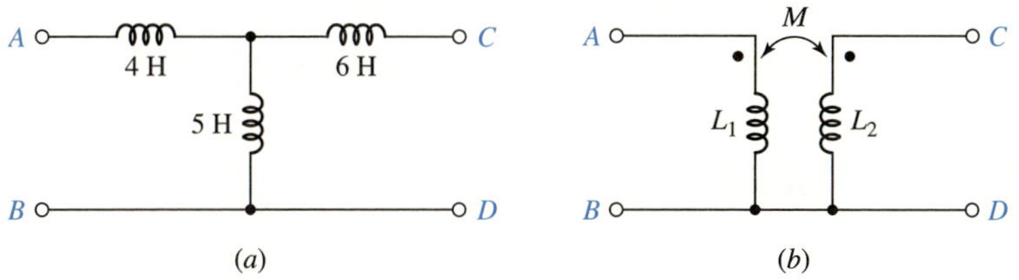

■圖 13.65

35. 圖 13.67 中，如果下列端點彼此連接在一起：(a) 沒有任何端點；(b) A 與 B；(c) B 與 C；(d) A 與 C，試求由端點 1 與 2 所看進去的等效電感。

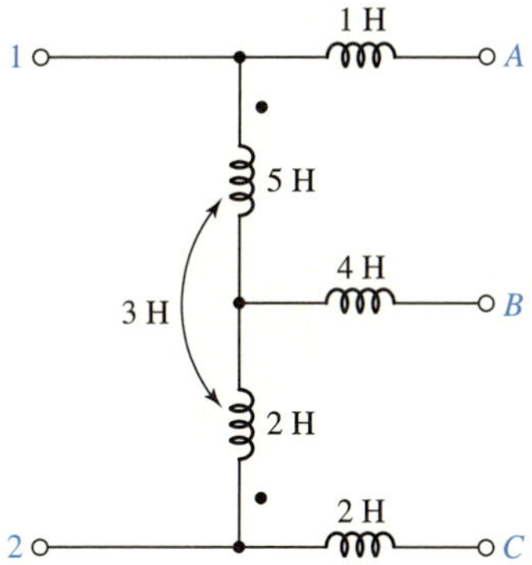

■圖 13.67

37. 針對無損失線性變壓器的兩個點號位置，試求等效 T，其中 $L_1=4$ mH、$L_2=18$ mH 及 $M=8$ mH。當二次側 (a) 開路時；(b) 短路時；(c) 與一次測並聯時，利用 T 型等效，求解此三種情形的輸入電感。

39. 針對圖 13.70，利用等效 T 求解輸入阻抗 $\mathbf{Z}(j\omega)$。

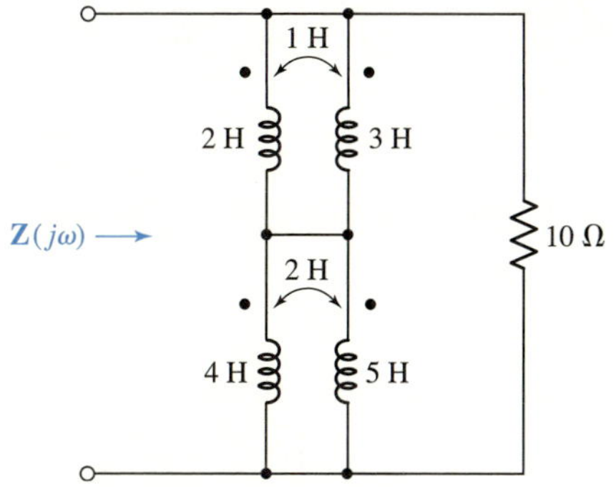

■圖 13.70

41. 負載 $\mathbf{Z}_L$ 連接至線性變壓器的二次側，並將此負載以電感 $L_1=1$ H、$L_2=4$ H 及耦合係數 1 予以特性化。當 $\omega=1000$ rad/s 時，如果 $\mathbf{Z}_L$ 為：(a) 100 Ω；(b) 0.1 H；(c) 10 μF，試求從輸入端看進的等效串聯

網路 (R、L 與 C 的數值)。

43. 在圖 13.72 電路中，令 $\mathbf{Z}_L$ 為一個具有 $-j31.83\ \Omega$ 阻抗的 100 μF 電容器。當 k=(a) 0；(b) 0.5；(c) 0.9；(d) 1 時，試求 $\mathbf{Z}_{in}$。並以適當的 PSpice 模擬驗證你的解答。

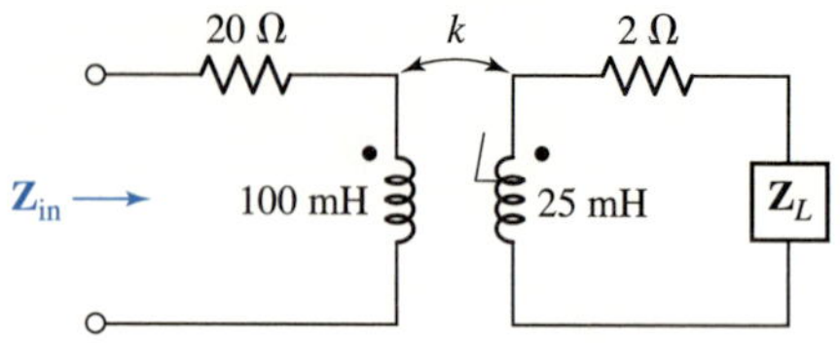

■圖 13.72

13.4 理想變壓器

45. 試求傳送至圖 13.73 電路中，每一個電阻器的平均功率。並以適當的 PSpice 模擬驗證你的解答。

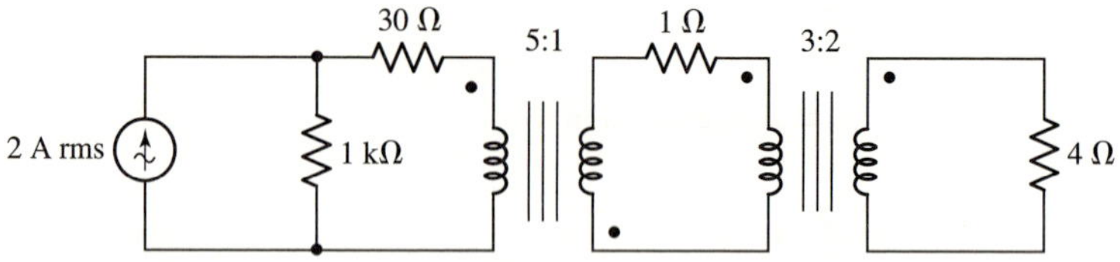

■圖 13.73

47. 如果圖 13.75 電路中的 c 等於：(a) 0；(b) 0.04 S；(c) −0.04 S，試求傳送至 8 Ω 負載的平均功率。

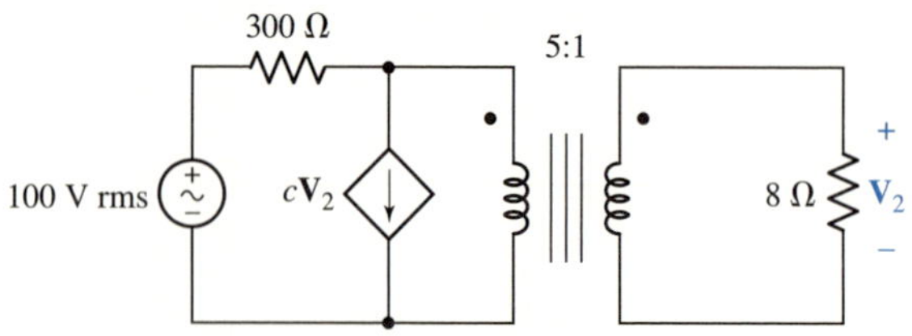

■圖 13.75

49. 選擇圖 13.77 電路中 a 與 b 的數值，使得理想電源提供 1000 W 的功率中，有一半傳送至 100 Ω 的負載。

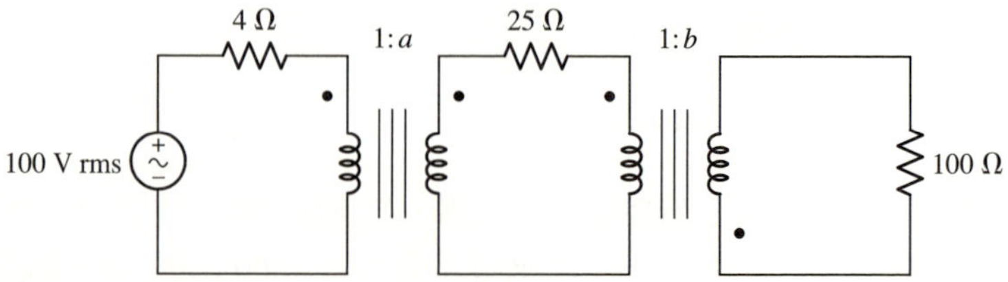

■圖 13.77

51. 試求圖 13.79 電路中的 $\mathbf{V}_2$。

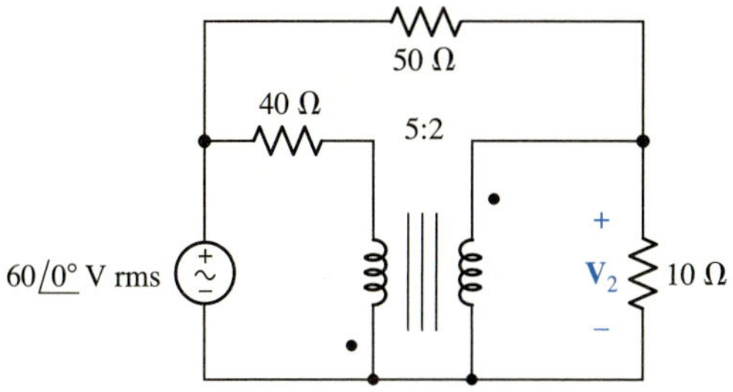

■圖 13.79

53. 試求圖 13.81 電路中的 $\mathbf{I}_x$。

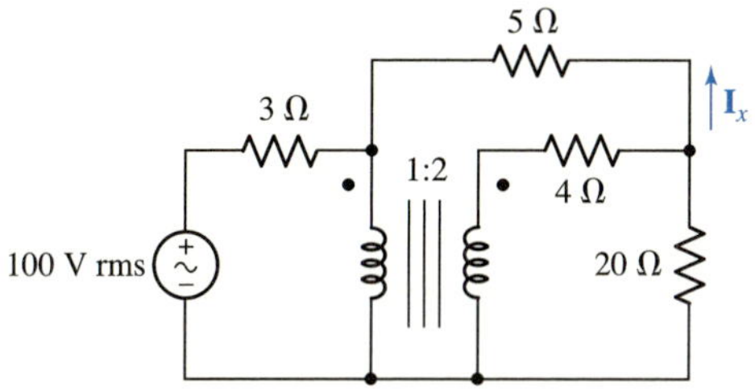

■圖 13.81

D 55. 證明如何使用兩個理想變壓器，與具有輸出阻抗為 $4 + j0$ kΩ 及負載為 8 W 及 10 W 喇叭所組成的發電機匹配，其中 8 W 所接收的平均功率為 10 W 的兩倍。畫出適當的電路圖，並指定所需的匝數比。

57. 夜晚，電視的廣告中正販售一樣價值 $19.95 的裝置，聲稱可以測量你的 IQ。清早起床後，你立刻撥了電話，並下了訂單；4 至 6 個星期之後，你收到所購買的東西。依照說明，在標示為 R_H 的數字器中輸入你的身高 (cm)，在標示為 R_M 的數字器中輸入你的重量 (kg)，並在標示為 R_A 的第三個數字器中輸入你的年齡 (歲)。顯示器中出現令你不高興的數字，因此把這個裝置丟到對面的房間，此時裝置的後蓋板應聲脫落，露出圖 13.83 的電路圖。而你注意到公分、公斤以及歲數均相對於歐姆值，而以 mW 為單位的瓦時計，所測量的功率正是妳的 IQ。(a) 這個裝置預測你的同學的 IQ 為多少？(b) 每個人的特性為何？誰的 IQ 最高？(c) 而你又出了多少錢？

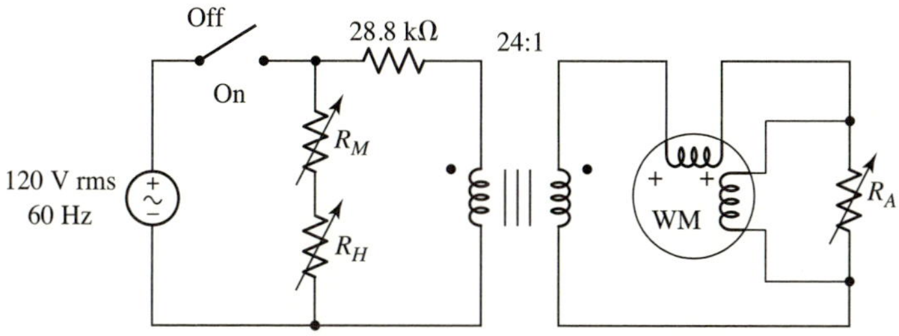

■圖 13.83

D 59. 你的新工作的第一件事情，是要求你在美國設計一台冷凍壓縮機，並允許此壓縮機在澳洲使用。這台冷凍壓縮機，由一台在線電壓為 208 V，每相汲取 10 A rms 電流的三相馬達所組成。而在澳洲當地，只有 400 V rms 可使用，請設計所需的電路。

14 複數頻率與拉氏轉換

關 鍵 概 念

奈普 (neper) 頻率

複數頻率

拉氏轉換

拉氏表的使用

餘數的方法

利用 MATLAB 處理多項式

利用 MATLAB 決定餘數及有理分數

初值定理

終值定理

簡 介

現在開始進入電路分析研究的第四個主要部分，複數頻率概念的探討。將看到這是引人注目的聯合概念，可以使我們將先前詳細闡述的分析技巧合而為一。電阻性電路分析、穩態弦式分析、暫態分析、強迫響應、完整響應，以及由指數強迫函數與指數阻尼弦式強迫函數所驅動的電路分析，都將成為與複數頻率概念有關的電路分析技巧的特殊案例。

對於這個議題最一般的方式，便是立即開始拉氏轉換積分，但是這並無法傳達理解或直覺的實際觀念。因此，首先要先探討複數頻率的基本概念，以及它和電路分析的關連。從這裡開始，介紹拉氏轉換處理更一般具有時間依賴電源電路的方法，學習如何執行反轉換、求得時域的響應以及考慮一些可以利用頻域函數特性的特殊定理。這些技巧在第 15 章會再擴展，以涵蓋較廣範圍的分析情形。

14.1 複數頻率

利用指數阻尼弦式函數來介紹“複數頻率”的概念，例如電壓

$$v(t) = V_m e^{\sigma t}\cos(\omega t + \theta) \qquad [1]$$

其中 σ 為實數，且通常為負數。雖然經常稱呼這個函數為“阻尼”，但是如果 $\sigma > 0$ 時，這個弦式

振幅也可能會增加。然而，更實際的例子仍為阻尼函數。在做 *RLC* 電路自然響應研究時，也顯示出 σ 為負的指數阻尼係數。

方程式 [1] 中令 $\sigma=\omega=0$，則可建構出一個常數的電壓：

$$v(t) = V_m \cos\theta = V_0 \tag{2}$$

如果只令 σ 等於零，可求得一般的弦式電壓

$$v(t) = V_m \cos(\omega t + \theta) \tag{3}$$

而且如果 $\omega=0$，則可獲得指數電壓

$$v(t) = V_m \cos\theta\, e^{\sigma t} = V_0 e^{\sigma t} \tag{4}$$

因此，方程式 [1] 的阻尼弦式包括了方程式 [2] 的直流、方程式 [3] 的弦式以及方程式 [4] 的指數函數等特殊情形。

藉由比較方程式 [4] 的指數函數與具有相角零度的弦式函數之複數表示，可以得到對 σ 意義的一些額外理解，

$$v(t) = V_0 e^{j\omega t} \tag{5}$$

很顯然的，方程式 [4] 和 [5] 有許多的共同點，而唯一的差異是方程式 [4] 中的指數為實數，而方程式 [5] 的指數為虛數。兩個函數的相似點都強調 σ 是一個"頻率"。術語的選定將在下一節做詳細的探討，但是現在我們只需要注意 σ 是複數頻率的一個特殊的稱呼。然而，它並能稱為"實數頻率"，因為這個稱呼更適合用在 f (或 ω)。我們也稱為**奈普頻率** (neper frequency)，這個名稱源自於無單位的 e 的次冪。因此，e^{7t} 中的 $7t$，其單位為**奈普** (nepers, NP)，而 7 是單位為每秒奈普的奈普頻率。

> 奈普是以 Scottish 教授與數學家 John Napier (1550-1617)，及他的奈普對數系統而命名的，有趣的是，他名字的拼法在歷史上不可考。

一般的型式

一個網路對於方程式 [1] 這種型式的強迫函數的響應，很容易使用幾乎相當於以相量為基礎的分析方法來求得。一旦可以求得對於阻尼弦式的強迫響應時，應該瞭解到也能求得直流電壓、指數電壓以及弦式電壓的強迫響應。現在讓我們瞭解一下，我們如何能將 σ 與 ω 分別視為複數頻率的實數及虛數部分的情形。

首先說明複數頻率的純數學定義，然後逐漸的詳細闡述一個在

本章發展的物理解釋。假設任何的函數可以寫成下列的型式

$$f(t) = \mathbf{K}e^{\mathbf{s}t} \qquad [6]$$

其中 **K** 和 **s** 為複數常數 (與時間無關)，而且上式的特性由**複數頻率** (complex frequency) **s** 決定。因此複數頻率 **s** 在複數指數的表示法中，為與 t 相乘的係數。在我們能夠以觀察法求解一個已知函數的複數頻率之前，必須以方程式 [6] 的型式列出這個函數。

直流情形

首先將這個定義應用到較為熟悉的強迫函數。例如，一個常數電壓

$$v(t) = V_0$$

可亦寫成下列的型式

$$v(t) = V_0 e^{(0)t}$$

因此，可以做出直流電壓或電流的複數頻率為零的結論。(例如，**s**＝0)

指數情形

下一個簡單的情形為指數函數

$$v(t) = V_0 e^{\sigma t}$$

這已經是所要的型式。因此這個電壓的複數頻率為 σ (例如，$\mathbf{s}=\sigma + j0$)。

弦式情形

現在讓我們考慮一個弦式電壓，並且會有一個小小驚奇。已知

$$v(t) = V_m \cos(\omega t + \theta)$$

要求解出一個複數指數的相等表示。根據過去的經驗，因此使用從尤拉等式所推導的公式，

$$\cos(\omega t + \theta) = \tfrac{1}{2}[e^{j(\omega t+\theta)} + e^{-j(\omega t+\theta)}]$$

並且求得

$$v(t) = \tfrac{1}{2}V_m[e^{j(\omega t+\theta)} + e^{-j(\omega t+\theta)}]$$
$$= \left(\tfrac{1}{2}V_m e^{j\theta}\right) e^{j\omega t} + \left(\tfrac{1}{2}V_m e^{-j\theta}\right) e^{-j\omega t}$$

或

$$v(t) = \mathbf{K}_1 e^{\mathbf{s}_1 t} + \mathbf{K}_2 e^{\mathbf{s}_2 t}$$

任何數的共軛複數可以由 $-j$ 取代所有的 j 來求得。這概念源自於任意選擇 $j=+\sqrt{-1}$。然而，複數的根是有用的，它引導我們去定義複數共軛。

求得兩個複數指數的和，並且因此出現兩個複數頻率，一個對應一個。第一項的複數頻率為 $\mathbf{s}=\mathbf{s}_1=j\omega$，而第二項為 $\mathbf{s}=\mathbf{s}_2=-j\omega$。這兩個 $\mathbf{s}$ 值為**共軛** (conjugates)，或 $\mathbf{s}_2=\mathbf{s}_1^*$，而兩個 $\mathbf{K}$ 的值也是共軛：$\mathbf{K}_1=\frac{1}{2}V_m e^{j\theta}$，且 $\mathbf{K}_2=\mathbf{K}_1^*=\frac{1}{2}V_m e^{-j\theta}$。因此整個方程式的第一項與第二項為共軛。我們可以期望它們的總和為一個實數，$v(t)$。

指數阻尼弦式情形

最後，讓我們決定與指數阻尼弦式函數，如方程式 [1]，有關的複數頻率或頻率。再一次利用尤拉公式去求取複數指數的表示式：

$$v(t) = V_m e^{\sigma t}\cos(\omega t+\theta)$$
$$= \tfrac{1}{2}V_m e^{\sigma t}[e^{j(\omega t+\theta)} + e^{-j(\omega t+\theta)}]$$

因此

$$v(t) = \tfrac{1}{2}V_m e^{j\theta}e^{j(\sigma+j\omega)t} + \tfrac{1}{2}V_m e^{-j\theta}e^{j(\sigma-j\omega)t}$$

可以發現描述指數阻尼弦式，需要一對共軛複數頻率，$\mathbf{s}_1=\sigma+j\omega$ 及 $\mathbf{s}_2=\mathbf{s}_1^*=\sigma-j\omega$。一般而言，$\sigma$ 與 ω 都不會為零，並且指數變化的弦式波為一般的情形。而常數、弦式及指數波形均為特殊的情形。

s 與真實的關係

一正實數，例如 $\mathbf{s}=5+j0$，相當於一個指數的增函數 $\mathbf{K}e^{+5t}$，其中 $\mathbf{K}$ 為實數。而 $\mathbf{s}$ 為負實數時，例如 $\mathbf{s}=-5+j0$，則表示一個指數遞減函數 $\mathbf{K}e^{-5t}$。

$\mathbf{s}$ 為純虛數時，例如 $j10$，絕不可能是一個純實數。其函數型式為 $\mathbf{K}e^{j10t}$，也能寫成 $\mathbf{K}(\cos 10t + j\sin 10t)$：很明顯的擁有實數與虛

數部分，而且每一個部分都是弦式。為了建立一個實數函數，必須考慮到 s 的共軛值，例如 $s_{1,2} = \pm j10$，則必定與 **K** 的共軛相關。然而，簡單的說，可以確認複數頻率 $s_1 = +j10$，或 $s_2 = -j10$ 為角頻率 10 rad/s 的弦式電壓；則共軛複數頻率的存在是可以理解的。弦式電壓的振幅與相角，將由兩個頻率之一所選擇的 **K** 來決定。因此選擇 $s_1 = j10$，且 $\mathbf{K}_1 = 6 - j8$，其中

$$v(t) = \mathbf{K}_1 e^{\mathbf{s}_1 t} + \mathbf{K}_2 e^{\mathbf{s}_2 t}, \qquad \mathbf{s}_2 = \mathbf{s}_1^* \qquad 及 \qquad \mathbf{K}_2 = \mathbf{K}_1^*$$

可求得實數的弦式 $20 \cos(10t - 53.1°)$。

> 注意 $|6-j8|=10$，所以 $V_m = 2|\mathbf{K}| = 20$。
> 並且，角度為 $\text{ang}(6-j8) = -53.13°$。

在類似的情形下，任一 s 值，例如 $3 - j5$，如果伴隨著它的共軛 $3 + j5$ 出現的話，則可以與實數量聯想在一起。簡單的說，可以把這兩個共軛頻率中的一個，視為描述一個指數增加的弦式函數，$e^{3t} \cos 5t$；特定的振幅與相角，再一次由共軛複數 **K**'s 的特定值來決定。

截至目前為止，應該對於複數頻率 s 的實際性質有某種程度的正確評價；一般來說，它是描述指數變化的弦式。s 的實數部分與指數變化有關；如果它是負值，當 t 增加時，此函數會衰減；如果它是正值，當 t 增加時，此函數會增加；而如果它為零，則弦式的振幅為一常數。s 的實數部分的大小愈大，則指數增加或減少的速率愈大。s 的虛部描述弦式變化；它明確的指出弳頻率。s 的虛數部分的愈大，則表示時間函數的變化愈快。

> s 的實數部分、s 的虛數部分，或 s 的大小較大時，表示函數變化快速。

習慣上，使用字母 σ 來指定 s 的實數部分，而以 ω (不是 $j\omega$) 來指定 s 的虛數部分：

$$\boxed{\mathbf{s} = \sigma + j\omega} \qquad [7]$$

弳頻率有時候稱為 "實數頻率"，但是當我們發現必須說 "實數頻率是複數頻率的虛數部分" 時，這個術語可能會有一些困惑！當需要指定時，會稱呼 s 為複數頻率，σ 為奈普頻率，ω 為弳頻率，而 $f = \omega/2\pi$ 為週期頻率；當不會有任何困惑的時候，這四個頻率中的任何一個，允許使用頻率的名稱。奈普頻率的測量單位為每秒奈普，弳頻率的測量單位為每秒弳度，而複數頻率 s 的測量單位有不同的稱呼，每秒複數奈普或每秒複數弳度。

練習題

14.1　確認下列實數時間函數的所有複數頻率：(a) $(2e^{-100t}+e^{-200t})\sin 2000t$；(b) $(2-e^{-10t})\cos(4t+\phi)$；(c) $e^{-10t}\cos 10t\sin 40t$。

14.2　利用實數常數 A、B、C、ϕ 等等，在這些頻率下針對現有的成分，建構時間的實數函數之一般型式：(a) $0,\ 10,\ -10\ \text{s}^{-1}$；(b) $-5,\ j8,\ -5-j8\ \text{s}^{-1}$；(c) $-20,\ 20,\ -20+j20,\ 20-j20\ \text{s}^{-1}$。

答：14.1：$-100+j2000,\ -100-j2000,\ -200+j2000,\ -200-j2000\ \text{s}^{-1},\ j4,\ -j4,\ -10+j4,\ -10-j4\ \text{s}^{-1},\ -10+j30,\ -10-j30,\ -10+j50,\ -10-j50\ \text{s}^{-1}$。
14.2：$A+Be^{10t}+Ce^{-10t}$；$Ae^{-5t}+B\cos(8t+\phi_1)+Ce^{-5t}\cos(8t+\phi_2)$；$Ae^{-20t}+Be^{20t}+Ce^{-20t}\cos(20t+\phi_1)+De^{20t}\cos(20t+\phi_2)$。

14.2 阻尼弦式強迫函數

我們已經把許多的時間花費在複數頻率的定義以及介紹性的說明；現在是將這個概念用在分析的時候，並且從瞭解它能做什麼以及如何用它，進而對它產生熟悉。

一般指數變化的弦式，可以用電壓函數來表示

$$v(t)=V_m e^{\sigma t}\cos(\omega t+\theta) \qquad [8]$$

可以像之前一樣，利用尤拉等式以複數頻率 **s** 表示成：

$$v(t)=\text{Re}\{V_m e^{\sigma t}e^{j(\omega t+\theta)}\} \qquad [9]$$

或

$$v(t)=\text{Re}\{V_m e^{\sigma t}e^{j(-\omega t-\theta)}\} \qquad [10]$$

上述中任何一種表示都可以，並且這兩個表示都使我們想起，一對共軛複數頻率與一個弦式或指數阻尼弦式有關。方程式 [9] 與已知的阻尼弦式更直接有關，而我們將採用這種表示。合併因數後，現在把 $\mathbf{s}=\sigma+j\omega$ 代入

$$v(t)=\text{Re}\{V_m e^{j\theta}e^{(\sigma+j\omega)t}\}$$

並求得

$$v(t) = \text{Re}\{V_m e^{j\theta} e^{\mathbf{s}t}\} \qquad [11]$$

在應用這種型式的強迫函數到任何電路前，要注意到阻尼弦式的最後表示式相當於在第 10 章所學的表示式，

$$\text{Re}\{V_m e^{j\theta} e^{j\omega t}\}$$

而唯一的不同是，現在用 **s**，而之前用 $j\omega$。先前侷限在弦式強迫函數與它們的徑頻率，而現在把標記法擴展到包括複數頻率下的阻尼弦式強迫函數。稍後將看到在這一節中詳細闡述指數阻尼弦式的頻域描述，與之前在弦式所發展的完全相同，這一點也不會令人感到驚訝；我們將省略 Re{} 這個符號，並隱藏 e^{st}。

現在準備把已知的方程式 [8]、[9]、[10]、[11]，這種阻尼弦式應用到一個網路中，其中所要求的強迫響應——或許是網路中某一分支的電流。因為強迫響應具有強迫函數，並且和它的積分與微分具有相同的型式，因此響應可以假設為

$$i(t) = I_m e^{\sigma t} \cos(\omega t + \phi)$$

或

$$i(t) = \text{Re}\{I_m e^{j\phi} e^{\mathbf{s}t}\}$$

其中電源與響應的複數頻率必須相等。

現在回想一下，如果複數強迫函數的實數部分產生響應的實數部分，而複數強迫函數的虛數部分形成響應的虛數部分。則再一次把複數的強迫函數應用到網路中，進一步得到一個複數響應，而它的實數部分便是所要的實數響應。實際上，在分析時可以把 Re{} 的符號省略，但我們應該瞭解到，它可以在任何時間插入，以及當想要時域響應時，就必須把它插入到方程式中。所以，已知實數強迫函數為

$$v(t) = \text{Re}\{V_m e^{j\theta} e^{\mathbf{s}t}\}$$

當應用複數強迫函數 $V_m e^{j\theta} e^{st}$ 時；所得的強迫響應 $I_m e^{j\theta} e^{st}$ 也是複數，則它的實部便是所要的時域強迫函數

$$i(t) = \text{Re}\{I_m e^{j\phi} e^{\mathbf{s}t}\}$$

電路分析問題的解答是由決定未知的響應振幅 I_m 與相角 ϕ 所組成。

在實際完成一個分析問題的細節，以及瞭解這個程序如何像弦式分析所用的情形一樣之前，將基本方法的步驟提綱契領是值得的。

- 首先用一組迴路或節點的積微分方程式將電路予以特性化。
- 已知強迫函數為複數型式，並假設強迫響應也是複數型式，將它們代入方程式中，則所上述的積分與微分便可完整的表示。
- 每一條方程式中的每一項都含有相同的係數 e^{st}。因此，整個式子可以除以這個係數，或消去 e^{st}。並且瞭解到，如果要求解任何響應函數的時域表示時，這個係數必須再插進方程式中。

當符號 Re{} 與 e^{st} 係數去掉後，便把所有的電壓與電流從時域轉換成頻域。並且積微分方程式變成了代數方程式，而其解答的求解，就如同在弦式穩態中一樣簡單。讓我們利用一個數值的例子，來說明這個基本的方法。

例題 14.1

將強迫函數 $v(t)=60e^{-2t}\cos(4t+10°)$ V 應用到圖 14.1 所示的串聯 *RLC* 電路中，並藉由求解時域表示式 $i(t)=I_m e^{-2t}\cos(4t+\phi)$ 中的 I_m 與 ϕ 的數值，來求得強迫響應。

首先將強迫函數以 Re{} 的符號表示：

$$v(t) = 60e^{-2t}\cos(4t+10°) = \text{Re}\{60e^{-2t}e^{j(4t+10°)}\}$$
$$= \text{Re}\{60e^{j10°}e^{(-2+j4)t}\}$$

或

$$v(t) = \text{Re}\{\mathbf{V}e^{st}\}$$

其中

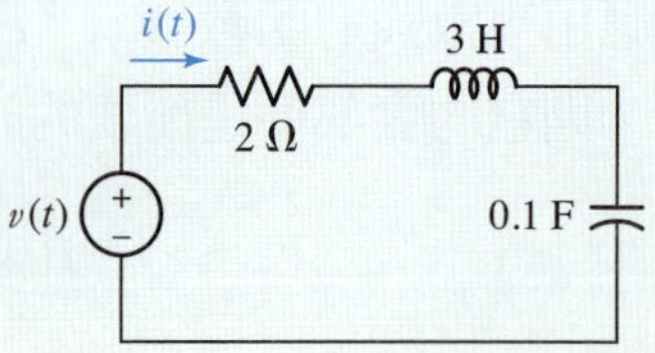

■圖 14.1　一個阻尼弦式強迫函數，應用到一個串聯 *RLC* 電路，所要求解是 $i(t)$ 的頻域解。

$$\mathbf{V} = 60\underline{/10^\circ} \qquad 且 \qquad \mathbf{s} = -2 + j4$$

將 Re{} 去掉之後，留下複數強迫函數

$$60\underline{/10^\circ} e^{\mathbf{s}t}$$

在類似的情形下，把未知的響應以複數量 $\mathbf{I}e^{\mathbf{s}t}$ 來表示，其中 $\mathbf{I} = I_m\underline{/\phi}$。

下一步驟必須列出電路的積微分方程式。從克希荷夫電壓定律可得

$$v(t) = Ri + L\frac{di}{dt} + \frac{1}{C}\int i\,dt = 2i + 3\frac{di}{dt} + 10\int i\,dt$$

把已知的複數強迫函數與假設的複數強迫響應代入到方程式中：

$$60\underline{/10^\circ} e^{\mathbf{s}t} = 2\mathbf{I}e^{\mathbf{s}t} + 3\mathbf{s}\mathbf{I}e^{\mathbf{s}t} + \frac{10}{\mathbf{s}}\mathbf{I}e^{\mathbf{s}t}$$

將共同的係數 $e^{\mathbf{s}t}$ 消去：

$$60\underline{/10^\circ} = 2\mathbf{I} + 3\mathbf{s}\mathbf{I} + \frac{10}{\mathbf{s}}\mathbf{I}$$

因此

$$\mathbf{I} = \frac{60\underline{/10^\circ}}{2 + 3\mathbf{s} + 10/\mathbf{s}}$$

令 $\mathbf{s} = -2 + j4$，並求解複數電流 $\mathbf{I}$：

$$\mathbf{I} = \frac{60\underline{/10^\circ}}{2 + 3(-2 + j4) + 10/(-2 + j4)}$$

處理複數之後可得

$$\mathbf{I} = 5.37\underline{/-106.6^\circ}$$

因此，I_m 為 5.37 A，ϕ 為 -106.6°，而這個強迫響應為

$$i(t) = 5.37e^{-2t}\cos(4t - 106.6^\circ)\ \text{A}$$

因此藉由以計算方法 (微積分) 為基礎的表示式，轉換成代數的表示式，進而求解這個問題。這只是我們所要研究技巧的牛刀小試而已。

練習題

14.3　試求下列時域電流所等效的相量電流：(a) $24\sin(90t + 60^\circ)$ A；(b) $24e^{-10t}\cos(90t + 60^\circ)$ A；(c) $24e^{-10t}\cos 60^\circ \times \cos 90t$ A。如果 $\mathbf{V} =$

$12\underline{/35°}$ V，試求 $\upsilon(t)$，當 **s** 等於 (d) 0；(e) $-20\ \mathbf{s}^{-1}$；(f) $-20 + j5\ \mathbf{s}^{-1}$。

答：$24\underline{/-30°}$ A；$24\underline{/60°}$ A；$12\underline{/0°}$ A；9.83 V；$9.83\ e^{-20t}$ V；
$12e^{-20t}\cos(5t + 35°)$ V。

14.3 拉氏轉換的定義

我們的目標一直都放在分析上面：也就是已經知道線性電路中某一點的強迫函數，然後要決定其它點的響應。在最前面的幾章中，只針對直流強迫函數及型式為 V_0e^0 的響應進行研究。然而，在介紹過電感與電容之後，便進入簡單 *RL* 與 *RC* 電路的突變直流強迫所產生的時變指數：$V_0e\sigma^t$ 的討論。當在考慮 *RLC* 電路時，響應呈現弦式指數變化，$V_0e\sigma^t\cos(\omega t + \theta)$。而上述所有的分析工作都是在時域中完成，並且只考慮直流強迫函數。

當進一步使用弦式強迫函數時，求解積微分方程式的冗長與複雜，使得我們開始針對問題分析的較簡單方法進行選擇。相量轉換便是這種結果，應該還記得經由型式為 $V_0e^{j\theta}e^{j\omega t}$ 的複數強迫函數的考量而導引出相量。一經判定不需要使用要含 t 的係數之後，則只剩下相量 $V_0e^{j\theta}$；至此進入了頻域的領域中。

興奮之餘，我們應用了型式為 $V_0e^{j\theta}e^{(\sigma + j\omega)t}$ 的強迫函數，並創造出複數頻率 **s**，因此把之前的函數型式歸類為特殊情形：直流 ($\mathbf{s}=0$)、指數 ($\mathbf{s}=\sigma$)、弦式 ($\mathbf{s}=j\omega$) 以及指數弦式 ($\mathbf{s}=\sigma + j\omega$)。類似於先前相量的經驗，在這些情形下，可以把含有 t 的係數予以省略，因而再一次藉由頻域的分析求得解答。

雙邊拉氏轉換

我們瞭解到，弦式強迫函數導致弦式響應，而指數強迫函數也會形成指數響應。然而，作為一位從業工程師的我們，會遇到許多既不是弦式，也不是指數波形的情況，例如在任何瞬間出現的方波、鋸齒波及脈波。當這樣的強迫函數作用到線性電路時，會發現這個響應既不是類似於強迫波形的型式，也不是指數的型式。由於這個原因，無法將含有時間 t 的項次消除，而形成頻域響應。這是較不幸的情形，而頻域分析的方法，已經證明是較佳的情況。

然而，有一種解法使用允許我們將任何函數擴展成指數波形的技巧，而使每一個有自己的複數頻率。因為所考慮的是線性電路，所以瞭解到電路的總響應，可以用簡單地把每一個指數波形的個別響應加總求得。而且，在處理每一個指數波形中，可以再一次忽略任何含有 t 的項次，並且在頻域中進行分析。很可惜地選取指數項的無限大數，因實際上代表一般的時間函數，所以採用蠻橫的強迫方法，以及把重疊法應用在指數級數上，可能會有點荒唐。相反的，利用積分的計算把這些項加總起來，並導致頻域函數。

我們使用所知的**拉氏轉換** (Laplace transform) 把這個方法型式化，定義一個一般函數 $f(t)$ 為

$$\mathbf{F}(\mathbf{s}) = \int_{-\infty}^{\infty} e^{-\mathbf{s}t} f(t)\, dt \qquad [12]$$

這個積分運算的數學推導需要瞭解傅立葉級數及傅立葉轉換，而這兩者將在第 18 章中討論。然而，拉氏轉換背後所隱藏的基本概念，可以用複數頻率來探討，藉由先前在相量方面的經驗，以及在時域與頻域間來回轉換作為基礎來瞭解。事實上，那就是拉氏轉換所做的；它把一般的時域函數 $f(t)$ 轉換成相對應的頻域表示 $\mathbf{F}(\mathbf{s})$。

雙邊反拉氏轉換

方程式 [12] 定義了 $f(t)$ 的雙邊 (two-side) 或雙向 (bilateral) 的拉式轉換。雙邊或雙向是用來強調包括積分範圍內時間 t 的正、負兩個數值。反相的運算，經常稱為**反拉氏轉換** (inverse Laplace transform)，也是定義成一個積分的表示式[1]

$$f(t) = \frac{1}{2\pi j} \int_{\sigma_0 - j\infty}^{\sigma_0 + j\infty} e^{\mathbf{s}t} \mathbf{F}(\mathbf{s})\, d\mathbf{s} \qquad [13]$$

其中實數常數 σ_0 包含在上、下限內，以確保這個不規則的積分能夠收斂；這兩個方程式 [12] 與 [13] 構成雙邊拉氏轉換對。好消息是方程式 [13] 在電路分析研究時，從不需要使用：因此有一種快

1 如果忽略 $1/2\pi j$ 的係數，並且把積分看成所有頻率的總合，例如 $f(t) \propto \Sigma[\mathbf{F}(\mathbf{s})\, d\mathbf{s}]\, e^{\mathbf{s}t}$，加強的符號表示 $f(t)$ 的確是大小以 $\mathbf{F}(\mathbf{s})$ 成比例的複數頻率項的總和。

速且簡單可供選擇的方法等著去學習。

單邊拉氏轉換

在許多電路分析問題中，強迫與響應函數並非永遠存在，但有一些在指定的瞬間，通常選擇 $t=0$ 時開始動作。因此對於時間函數而言，在 $t<0$ 時並不存在，或者是對於那些時間函數的性能，在 $t<0$ 時並不感興趣，所以時域描述可以被認為是 $v(t)u(t)$。拉氏轉換所定義的積分，為了包括在 $t=0$ 的任何不連續效應，將其下限取為 $t=0^-$，例如脈波或高階的奇函數。而相對應的拉氏轉換則為

$$\mathbf{F(s)} = \int_{-\infty}^{\infty} e^{-\mathbf{s}t} f(t)u(t)\,dt = \int_{0^-}^{\infty} e^{-\mathbf{s}t} f(t)\,dt$$

這個定義了 $f(t)$ 的單邊拉氏轉換，或簡稱為 $f(t)$ 的拉氏轉換，而單邊是已知的。反拉氏轉換則保持不變，但當求解時，只有在 $t>0$ 時才有效。將從現在開始使用的拉氏轉換對的定義為：

$$\mathbf{F(s)} = \int_{0^-}^{\infty} e^{-\mathbf{s}t} f(t)\,dt \qquad [14]$$

$$f(t) = \frac{1}{2\pi j}\int_{\sigma_0-j\infty}^{\sigma_0+j\infty} e^{\mathbf{s}t}\mathbf{F(s)}\,d\mathbf{s} \qquad [15]$$

$$f(t) \Leftrightarrow \mathbf{F(s)}$$

書寫體 $\mathcal{L}$ 也可以用來表示拉氏或反拉氏轉換：

$$\mathbf{F(s)} = \mathcal{L}\{f(t)\} \qquad 且 \qquad f(t) = \mathcal{L}^{-1}\{\mathbf{F(s)}\}$$

例題 14.2

試求函數 $f(t) + 2u(t-3)$ 的拉氏轉換。

為了求解 $f(t) + 2u(t-3)$ 的單邊拉氏轉換，必須計算積分

$$\begin{aligned}\mathbf{F(s)} &= \int_{0^-}^{\infty} e^{-\mathbf{s}t} f(t)\,dt \\ &= \int_{0^-}^{\infty} e^{-\mathbf{s}t} 2u(t-3)\,dt\end{aligned}$$

$$= 2\int_{3}^{\infty} e^{-\mathbf{s}t}\,dt$$

簡化後可得

$$\mathbf{F(s)} = \frac{-2}{\mathbf{s}} e^{-\mathbf{s}t}\Big|_{3}^{\infty} = \frac{-2}{\mathbf{s}}(0 - e^{-3\mathbf{s}}) = \frac{2}{\mathbf{s}} e^{-3\mathbf{s}}$$

練習題

14.4　令 $f(t) = -6e^{-2t}[u(t+3) - u(t-2)]$。求 (a) 雙邊的 **F(s)**；(b) 單邊的 **F(s)**。

答：$\frac{6}{2+\mathbf{s}}[e^{-4-2\mathbf{s}} - e^{6+3\mathbf{s}}]$；$\frac{6}{2+\mathbf{s}}[e^{-4-2\mathbf{s}} - 1]$。

14.4　簡單時間函數的拉氏轉換

在這一節中，我們將開始針對那些經常在電路分析時所遇到的時間函數，建立拉氏轉換目錄；假設現在所感興趣的函數是電壓，雖然這種選擇是任意的。至少在初期會利用下列的定義來產生目錄，

$$\mathbf{V(s)} = \int_{0^-}^{\infty} e^{-\mathbf{s}t} v(t)\,dt = \mathcal{L}\{v(t)\}$$

反轉換的表示式為，

$$v(t) = \frac{1}{2\pi j}\int_{\sigma_0 - j\infty}^{\sigma_0 + j\infty} e^{\mathbf{s}t}\mathbf{V(s)}\,d\mathbf{s} = \mathcal{L}^{-1}\{\mathbf{V(s)}\}$$

建立一個 $v(t)$ 與 **V(s)** 之間的一對一對應。也就是，對於每一個 $v(t)$ 而言，其 **V(s)** 存在，且有唯一的 **V(s)**。此時，如果遇到不同的反拉氏轉換時，可能會有些慌張。用不著害怕！我們很快的就會瞭解到拉氏轉換定理的入門學習不需要實際去求解這個積分。從時域過渡到頻域以及採用所提及的單一優點，則可以製作出拉氏轉換對的目錄表，其中包括每一種我們想要反轉換的相對應的時間函數。

然而，在繼續之前應該暫停一下，來看看是否有我們所關心的

某些 $\upsilon(t)$，其轉換有可能不存在的情形。針對 $\text{Re}\{\mathbf{s}\} > \sigma_0$ 時，足以確保拉氏積分絕對收斂的一組條件為：

1. 在每一個有限區間 $t_1 < t < t_2$ 內，函數 $\upsilon(t)$ 是可積分的，並且其中 $0 \le t_1 \le t_2 < \infty$。
2. 對於某一個 σ_0 值，$\lim_{t\to\infty} e^{-\sigma_0 t}|\upsilon(t)|$ 的極限存在。

因此無法滿足這兩個條件的時間函數，在電路分析是很少遇到的[2]。

單步階函數 $u(t)$

現在讓我們來看看一些特定的轉換。首先檢驗單步階函數 $u(t)$ 的拉氏轉換型式。從所定義的方程式，可以列出

$$\mathcal{L}\{u(t)\} = \int_{0^-}^{\infty} e^{-\mathbf{s}t} u(t)\, dt = \int_{0}^{\infty} e^{-\mathbf{s}t}\, dt$$

$$= -\frac{1}{\mathbf{s}} e^{-\mathbf{s}t}\Big|_0^{\infty} = \frac{1}{\mathbf{s}}$$

在 $\text{Re}\{\mathbf{s}\} > 0$，滿足條件 2。因此

雙箭頭符號一般是用來表示轉換對。

$$u(t) \Leftrightarrow \frac{1}{\mathbf{s}} \qquad [16]$$

很容易的便建立了我們的第一個拉氏轉換對。

單脈衝函數 $\delta(t-t_0)$

我們所感興趣的一個奇函數轉換是單脈衝函數 $\delta(t-t_0)$。繪於圖 14.2 的這個函數，第一次看到時似乎有點奇怪，但實際上是相當的有用。單脈衝函數定義為面積等於 1，所以

$$\delta(t-t_0) = 0 \qquad t \ne t_0$$

$$\int_{t_0-\varepsilon}^{t_0+\varepsilon} \delta(t-t_0)\, dt = 1$$

2 這種函數的例子有 e^{t^2} 與 e^{e^t}，但並不包括 t^n 或 n^t。針對拉氏轉換與其應用的更詳細的探討，可參考 Clare D. McGilem and George R. Cooper “連續與不連續訊號及系統分析”第三版，Oxford University 發行。North Carolina: 1991, 第五章。

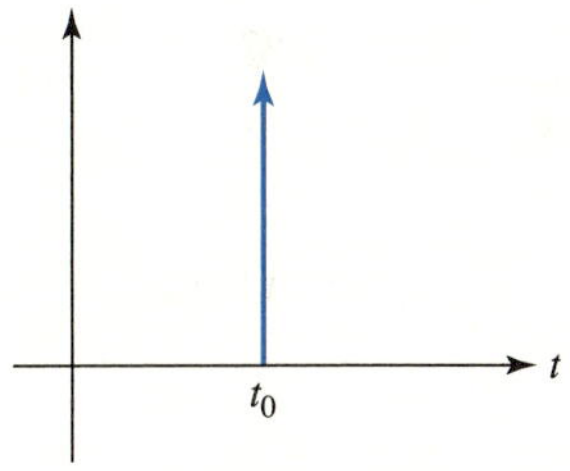

■圖 14.2　單脈衝函數 $\delta(t - t_0)$。此函數經常用來近似一個訊號脈波，它的持續時間與電路的時間常數相比，非常的短。

其中 ε 為一個很小的常數。因此，這個“函數”(這個名稱讓許多的純數學家稱許) 只有在點 t_0 時為非零的數值。因此，當 $t_0 > 0^-$ 時，拉氏轉換成為

$$\mathcal{L}\{\delta(t - t_0)\} = \int_{0^-}^{\infty} e^{-\mathbf{s}t}\delta(t - t_0)\,dt = e^{-\mathbf{s}t_0}$$

$$\delta(t - t_0) \Leftrightarrow e^{-\mathbf{s}t_0} \qquad [17]$$

尤其，注意到當 $t_0 = 0$ 時，可求得

$$\delta(t) \Leftrightarrow 1 \qquad [18]$$

單脈衝函數另一個有趣的特性是所謂的篩選特性 (sifting property)。接著來看看脈衝函數乘上任一函數 $f(t)$ 的積分：

$$\int_{-\infty}^{\infty} f(t)\delta(t - t_0)\,dt$$

因為函數 $\delta(t - t_0)$ 除了在 $t=t_0$，在其它時間均為零，所以這個積分值為 $f(t_0)$。這個特性證明對於包含單脈衝函數的積分表示式的簡化特別的有用。

指數函數 $e^{-\alpha t}$

回想我們過去所感興趣的指數函數，現在來檢驗它的拉氏轉換，

$$\mathcal{L}\{e^{-\alpha t}u(t)\} = \int_{0^-}^{\infty} e^{-\alpha t}e^{-\mathbf{s}t}\,dt$$

$$= -\frac{1}{\mathbf{s}+\alpha}e^{-(\mathbf{s}+\alpha)t}\Big|_0^{\infty} = \frac{1}{\mathbf{s}+\alpha}$$

因此

$$e^{-\alpha t}u(t) \Longleftrightarrow \frac{1}{\mathbf{s}+\alpha} \qquad [19]$$

瞭解到 $\text{Re}\{\mathbf{s}\} > -\alpha$。

斜波函數 $t\,u(t)$

此時，讓我們來考慮斜波函數 $t\,u(t)$，作為最後一個例子。可得

$$\mathcal{L}\{tu(t)\} = \int_{0^-}^{\infty} te^{-\mathbf{s}t}\,dt = \frac{1}{\mathbf{s}^2}$$

$$tu(t) \Leftrightarrow \frac{1}{\mathbf{s}^2} \qquad [20]$$

直接使用部分積分法或利用積分表，都可以求得上式。

那函數 $te^{-\alpha t}u(t)$ 會是什麼樣的情形呢？這部分留給讀者去證明：

$$te^{-\alpha t}u(t) \Leftrightarrow \frac{1}{(\mathbf{s}+\alpha)^2} \qquad [21]$$

當然，還有一些額外的時間函數值得去思考，但是如果能夠在增加拉氏轉換的目錄列表之前暫停一下，來看看這個程序的反轉－反拉氏轉換，可能是最好的。

練習題

14.5 試求 $\mathbf{V}(\mathbf{s})$，如果 $v(t)$ 等於 (a) $4\delta(t) - 3u(t)$；(b) $4\delta(t-2) - 3t\,u(t)$；(c) $[u(t)][u(t-2)]$。

14.6 試求 $v(t)$，如果 $\mathbf{V}(\mathbf{s})$ 等於 (a) 10；(b) $10/\mathbf{s}$；(c) $10/\mathbf{s}^2$；(d) $10/[\mathbf{s}(\mathbf{s}+10)]$；(e) $10\mathbf{s}/(\mathbf{s}+10)$。

答：14.5：$(4\mathbf{s}-3)/\mathbf{s}$；$4e^{-2\mathbf{s}} - (3/\mathbf{s}^2)$；$e^{-2\mathbf{s}}/\mathbf{s}$；14.6：$10\delta(t)$；$10u(t)$；$10t\,u(t)$；$u(t) - e^{-10t}u(t)$；$10\delta(t) - 100e^{-10t}u(t)$。

14.5 反轉換技巧

線性定理

我們過去提到一個積分的式子 (方程式 [13]) 可以把一個 $\mathbf{s}$ 域

的表示式轉回時域的表示式。同時也略為提到一個事實，可以利用任何拉氏轉換對的唯一性，來避免使用這種積分的方法。為了完整利用這個論據，必須先介紹一種眾所皆知的拉氏轉換定理——**線性定理** (linearity theorem)。這個定理說明兩個或更多時間函數總和的拉氏轉換，等於個別時間函數轉換的總和。針對兩個時間函數，可求得

這是所謂拉氏轉換的"加法特性"(additive property)。

$$\mathcal{L}\{f_1(t)+f_2(t)\} = \int_{0^-}^{\infty} e^{-\mathbf{s}t}[f_1(t)+f_2(t)]\,dt$$
$$= \int_{0^-}^{\infty} e^{-\mathbf{s}t} f_1(t)\,dt + \int_{0^-}^{\infty} e^{-\mathbf{s}t} f_2(t)\,dt$$
$$= \mathbf{F}_1(\mathbf{s}) + \mathbf{F}_2(\mathbf{s})$$

來看看這個理論使用上的例子，假設有一個拉氏轉換 $\mathbf{V}(\mathbf{s})$，而且要知道這個相對應的時間函數 $v(t)$。經常可能會把 $\mathbf{V}(\mathbf{s})$ 分解成兩個或更多函數的總和，譬如說 $\mathbf{V}_1(\mathbf{s})$ 與 $\mathbf{V}_2(\mathbf{s})$，而它們的反轉換 $v_1(t)$ 與 $v_2(t)$ 已經列在拉氏轉換的目錄表中。應用線性定理使得反轉換變成一件很簡單的事，而可列出

$$v(t) = \mathcal{L}^{-1}\{\mathbf{V}(\mathbf{s})\} = \mathcal{L}^{-1}\{\mathbf{V}_1(\mathbf{s})+\mathbf{V}_2(\mathbf{s})\}$$
$$= \mathcal{L}^{-1}\{\mathbf{V}_1(\mathbf{s})\} + \mathcal{L}^{-1}\{\mathbf{V}_2(\mathbf{s})\} = v_1(t)+v_2(t)$$

由研究拉氏轉換的定義，很明顯得到另一個線性理論很重要的結果。因為積分的工作很容易處理，所以一個常數乘上一個函數的拉氏轉換會等於這個常數乘上這個函數的拉氏轉換。換句話說，

這是所謂拉氏轉換的"齊次特性"(homogeneity property)。

$$\mathcal{L}\{kv(t)\} = k\mathcal{L}\{v(t)\}$$

或

$$kv(t) \Leftrightarrow k\mathbf{V}(\mathbf{s}) \qquad [22]$$

其中 k 是一個比例常數。這個結果對於分析電路所產生的許多情形都十分的有用，而這是我們會看到的情形。

例題 14.3

已知函數 $\mathbf{G}(\mathbf{s})=7/\mathbf{s}-31/(\mathbf{s}+17)$，試求 $g(t)$。

這個 **s** 域的函數是 $7/\mathbf{s}$ 與 $-31/(\mathbf{s}+17)$ 兩項的和。經由線性定理，可知函數 $g(t)$ 也可以被分解成兩項。兩個 **s** 域項的每一個反拉氏

轉換為：

$$g(t) = \mathcal{L}^{-1}\left\{\frac{7}{\mathbf{s}}\right\} - \mathcal{L}^{-1}\left\{\frac{31}{\mathbf{s}+17}\right\}.$$

首先從第一項開始。拉氏轉換的齊次特性允許我們列出

$$\mathcal{L}^{-1}\left\{\frac{7}{\mathbf{s}}\right\} = 7\mathcal{L}^{-1}\left\{\frac{1}{\mathbf{s}}\right\} = 7u(t).$$

因此，使用了已知的轉換對 $u(t) \Leftrightarrow 1/\mathbf{s}$ 及齊次特性求得 $g(t)$ 第一個成分。類似的情形，可求得 $\mathcal{L}^{-1}\left\{\frac{31}{\mathbf{s}+17}\right\} = 31e^{-17t}u(t)$。把兩項加起來，

$$g(t) = [7 - 31e^{-17t}]u(t).$$

練習題

14.7 已知函數 $\mathbf{H}(\mathbf{s}) = \frac{7}{\mathbf{s}^2} + \frac{31}{(\mathbf{s}+17)^2}$，試求 $h(t)$。

答：$h(t) = [7 + 31e^{-17t}]\, t\, u(t)$。

有理函數的反轉換技巧

在分析具有多個儲能元件的電路時，經常會遇到 **s** 多項式比值的表示式。因此期望讀者能習慣經常遇到下列型式的式子

$$\mathbf{V}(\mathbf{s}) = \frac{\mathbf{N}(\mathbf{s})}{\mathbf{D}(\mathbf{s})}$$

其中 **N**(**s**) 與 **D**(**s**) 為 **s** 的多項式。**s** 的某些值會導致 **N**(**s**)=0，這些值稱為 **V**(**s**) 的**零點** (zeros)，而 **s** 的某些值會導致 **D**(**s**)=0，這些值稱為 **V**(**s**) 的**極點** (poles)。

假如我們熟練使用本章中各種不同的技巧，在電路分析上所遇到的函數，實際上很少需要求助於方程式 [13]。

與其每次需要求解反轉換時，必須花費功夫求助於方程式 [13]。因而將這些式子利用餘數的方法，分解成已知反轉換較簡單的項次，這種情形經常是可能的。這個方法的標準是 **V**(**s**) 必須是一個**有理數** (rational function)，而且分子 **N**(**s**) 的次數必小於分母 **D**(**s**) 的次數 。如果不是，必須先執行簡單的除法步驟，如下面的例

子所示。這結果將包含一個脈衝函數 (假設分子的次數與分母的相同) 及一個有理函數。第一項的反轉換較簡單；如果有理函數的反轉換為已知，則將餘數方法直接應用到有理函數。

例題 14.4

試求 $\mathbf{F(s)} = 2\frac{\mathbf{s}+2}{\mathbf{s}}$ 的反轉換。

因為 **F(s)** 不是一個有理函數，所以首先執行長除法：

$$\begin{array}{rl} & \quad\ \ 2 \\ \mathbf{F(s)} = \mathbf{s} & \overline{)\,2\mathbf{s}+4} \\ & \ \ 2\mathbf{s} \\ & \overline{\qquad\ \ 4} \end{array}$$

所以 $\mathbf{F(s)} = 2 + (4/\mathbf{s})$。由線性定理，

$$\mathcal{L}^{-1}\{\mathbf{F(s)}\} = \mathcal{L}^{-1}\{2\} + \mathcal{L}^{-1}\left\{\frac{4}{\mathbf{s}}\right\} = 2\delta(t) + 4u(t).$$

應該注意到這個特別的函數，可以不用長除法的過程來簡化；之所以選擇這種方式，是提供作為基本程序的一個例子。

練習題

14.8　已知函數 $\mathbf{Q(s)} = \frac{3\mathbf{s}^2 - 4}{\mathbf{s}^2}$，試求 $q(t)$。

答：$q(t) = 3\delta(t) - 4\,t\,u(t)$。

在採用餘數的方法中，基本上是執行 **V(s)** 的部分分式展開，而我們把注意力集中在分母的根。因此，首先要將 **s** 多項式因式分解，也就是以二項式的乘積組合成 **D(s)**。**D(s)** 的根可以是不同或重複根的任何組合，並且可能是實數或複數。然而，也值得注意的是，假如 **D(s)** 的係數是實數的話，複數根經常是以共軛對的型式出現。

相異的極點與餘數方法

舉個具體的例子，讓我們求解下式的反拉氏轉換 ：

$$\mathbf{V}(\mathbf{s}) = \frac{1}{(\mathbf{s}+\alpha)(\mathbf{s}+\beta)}$$

分母已經分解成兩個不同的根，$-\alpha$ 與 $-\beta$。雖然可以把這個式子代入到反拉式轉換的定義方程式中，但利用線性定理會來的更簡單。使用部分分式展開，可以把這個已知的轉換劃分成兩個較簡單轉換的和，

$$\mathbf{V}(\mathbf{s}) = \frac{A}{(\mathbf{s}+\alpha)} + \frac{B}{(\mathbf{s}+\beta)}$$

其中 A 與 B 可以由幾種方法中的任何一種求得。或許最快速的求解，可以從瞭解下列式子來求得 ：

在這個方程式中，利用 $\mathbf{V}(\mathbf{s})$ 的單因式型式 (即，非展開型式)。

$$\begin{aligned} A &= \lim_{\mathbf{s}\to-\alpha}\left[(\mathbf{s}+\alpha)\mathbf{V}(\mathbf{s}) - \frac{(\mathbf{s}+\alpha)}{(\mathbf{s}+\beta)}B\right] \\ &= \lim_{\mathbf{s}\to-\alpha}\left[\frac{1}{(\mathbf{s}+\beta)} - 0\right] = \frac{1}{\beta-\alpha} \end{aligned}$$

瞭解到這第二項通常為零，而實際上簡寫成：

$$A = (\mathbf{s}+\alpha)\mathbf{V}(\mathbf{s})|_{\mathbf{s}=-\alpha}$$

同樣的，

$$B = (\mathbf{s}+\beta)\mathbf{V}(\mathbf{s})|_{\mathbf{s}=-\beta} = \frac{1}{\alpha-\beta}$$

因此，

$$\mathbf{V}(\mathbf{s}) = \frac{1/(\beta-\alpha)}{(\mathbf{s}+\alpha)} + \frac{1/(\alpha-\beta)}{(\mathbf{s}+\beta)}$$

已經求得這個型式的反轉換，所以

$$\begin{aligned} v(t) &= \frac{1}{\beta-\alpha}e^{-\alpha t}u(t) + \frac{1}{\alpha-\beta}e^{-\beta t}u(t) \\ &= \frac{1}{\beta-\alpha}(e^{-\alpha t} - e^{-\beta t})u(t) \end{aligned}$$

如果想要，現在可以把這個新的項次加入到拉式對的目錄中，

$$\frac{1}{\beta-\alpha}(e^{-\alpha t}-e^{-\beta t})u(t) \Leftrightarrow \frac{1}{(\mathbf{s}+\alpha)(\mathbf{s}+\beta)}$$

這個方法很容易推展到分母為更高階的 **s** 多項式的函數，雖然這會變得有點冗長而乏味。也應該注意到並未指定常數 A 與 B 一定是要實數不可。然而，在 α 與 β 均為複數的情況下，會發現到 α 與 β 也都是共軛複數（這對於數學上來說並不需要如此，但對於實際的電路，則有這個需要)。在這種情況下，也會發現 $A = B^*$；換句話說，係數也會是共軛複數。

例題 14.5

試求下列式子的反轉換

$$\mathbf{P(s)} = \frac{7\mathbf{s}+5}{\mathbf{s}^2+\mathbf{s}}$$

可以發現到 **P(s)** 為一個有理函數 (分子的次數為 *1*，而分母的次數為 2)，所以從分母的因式分解開始，並列出：

$$\mathbf{P(s)} = \frac{7\mathbf{s}+5}{\mathbf{s}(\mathbf{s}+1)} = \frac{a}{\mathbf{s}} + \frac{b}{\mathbf{s}+1}.$$

接下來的步驟則是求解出 a 與 b 的數值。應用餘數方法，

$$a = \left.\frac{7\mathbf{s}+5}{\mathbf{s}+1}\right|_{\mathbf{s}=0} = 5, \quad \text{且} \quad b = \left.\frac{7\mathbf{s}+5}{\mathbf{s}}\right|_{\mathbf{s}=-1} = 2.$$

則可以列出 **P(s)** 為

$$\mathbf{P(s)} = \frac{5}{\mathbf{s}} + \frac{2}{\mathbf{s}+1}$$

上式的反轉換為 $p(t) = [5 + 2e^{-t}]u(t)$。

練習題

14.9　已知函數 $\mathbf{Q(s)} = \dfrac{11\mathbf{s}+30}{\mathbf{s}^2+3\mathbf{s}}$，試求 $q(t)$。

答：$q(t) = [10 + e^{-3t}]u(t)$。

重複的極點

目前只剩下重複極點的情形。考慮下列函數

$$\mathbf{V}(\mathbf{s}) = \frac{\mathbf{N}(\mathbf{s})}{(\mathbf{s} - p)^n}$$

將正式展開成

$$\mathbf{V}(\mathbf{s}) = \frac{a_n}{(\mathbf{s} - p)^n} + \frac{a_{n-1}}{(\mathbf{s} - p)^{n-1}} + \cdots + \frac{a_1}{(\mathbf{s} - p)}$$

為了求解每一個常數，首先以 $(\mathbf{s} - p)^n$ 乘上未展開的 $\mathbf{V}(\mathbf{s})$。則常數 a_n 可以在 $\mathbf{s}=p$ 時，簡單地求解表示式的結果而求得。其餘的常數可以由 $(\mathbf{s} - p)^n\,\mathbf{V}(\mathbf{s})$ 的微分求得，以適當的數值乘上先前在 $\mathbf{s}=p$ 時的計算結果，然後再除以因式的項。微分的過程可以移除先前所求得的常數，而 $\mathbf{s}=p$ 時的求值可以移除其餘的常數。例如，a_{n-2} 可由求解下式而得：

$$\frac{1}{2!}\frac{d^2}{d\mathbf{s}^2}[(\mathbf{s} - p)^n\mathbf{V}(\mathbf{s})]_{\mathbf{s}=p}$$

而 a_{n-k} 項可以由求解下式而獲得

$$\frac{1}{k!}\frac{d^k}{d\mathbf{s}^k}[(\mathbf{s} - p)^n\mathbf{V}(\mathbf{s})]_{\mathbf{s}=p}$$

為了說明這個基本的程序，讓我們求解具有兩種情形的組合函數：一個極點在 $\mathbf{s}=0$，而兩個極點在 $\mathbf{s}=-6$。

例題 14.6

試求下列函數的反轉換。

$$\mathbf{V}(\mathbf{s}) = \frac{2}{\mathbf{s}^3 + 12\mathbf{s}^2 + 36\mathbf{s}}$$

注意到分母可以簡單地被因式分解，形成

$$\mathbf{V}(\mathbf{s}) = \frac{2}{\mathbf{s}(\mathbf{s}+6)(\mathbf{s}+6)} = \frac{2}{\mathbf{s}(\mathbf{s}+6)^2}$$

如前面所說，的確有三個極點，一個在 $\mathbf{s}=0$，而兩個在 $\mathbf{s}=-6$。接下來將此函數展開

$$\mathbf{V(s)} = \frac{a_1}{(\mathbf{s}+6)^2} + \frac{a_2}{(\mathbf{s}+6)} + \frac{a_3}{\mathbf{s}}$$

應用新的程序，可以求得未知的常數 a_1 及 a_2；並利用先前的程序，可以求得 a_3。因此

$$a_1 = \left[(\mathbf{s}+6)^2 \frac{2}{\mathbf{s}(\mathbf{s}+6)^2}\right]_{\mathbf{s}=-6} = \left.\frac{2}{\mathbf{s}}\right|_{\mathbf{s}=-6} = \frac{-1}{3}$$

且

$$a_2 = \frac{d}{d\mathbf{s}}\left[(\mathbf{s}+6)^2 \frac{2}{\mathbf{s}(\mathbf{s}+6)^2}\right]_{\mathbf{s}=-6} = \left.\frac{d}{d\mathbf{s}}\left(\frac{2}{\mathbf{s}}\right)\right|_{\mathbf{s}=-6} = \left.\frac{-2}{\mathbf{s}^2}\right|_{\mathbf{s}=-6} = \frac{-1}{18}$$

剩下的常數 a_3，可利用相異極點的程序求解：

$$a_3 = \left.\mathbf{s}\frac{2}{\mathbf{s}(\mathbf{s}+6)^2}\right|_{\mathbf{s}=0} = \frac{2}{6^2} = \frac{1}{18}$$

因此，現在可以把 $\mathbf{V(s)}$ 寫成

$$\mathbf{V(s)} = \frac{-\frac{1}{3}}{(\mathbf{s}+6)^2} + \frac{-\frac{1}{18}}{(\mathbf{s}+6)} + \frac{\frac{1}{18}}{\mathbf{s}}$$

利用線性定理，現在 $\mathbf{V(s)}$ 的反轉換，可以由求解這三項中每一個的反轉換而求得。看到右側的第一項為下列的型式

$$\frac{1}{(\mathbf{s}+\alpha)^2}$$

並利用方程式 [21]，可以求得它的反轉換為 $-\frac{1}{3}te^{-6t}u(t)$。類似的情況，求解第二項的反轉換是 $-\frac{1}{18}e^{-6t}u(t)$，而第三項則為 $\frac{1}{18}u(t)$。因此，

$$v(t) = -\tfrac{1}{3}te^{-6t}u(t) - \tfrac{1}{18}e^{-6t}u(t) + \tfrac{1}{18}u(t)$$

或更精簡寫成

$$v(t) = \tfrac{1}{18}[1-(1+6t)e^{-6t}]u(t)$$

練習題

14.10　如果 $\mathbf{V(s)} = 2\mathbf{s}/(\mathbf{s}^2+4)^2$，試求 $v(t)$。

答：$\frac{1}{2}t\sin 2t\,u(t)$。

電腦輔助分析

MATLAB 是一種非常有用的數值分析軟體，可以用來幫助幾種不同型式的時變強迫電路，分析所產生方程式的解答。最直接使用的技巧為常微分方程式 (ODE) 的求解方法 *ode*23( ) 與 *ode*45( )。這兩個方法是以求解微分方程式的數值方法為基礎，而 *ode*45( ) 有較高的精確度。然而，所求解的解答只在不連續的點，因此並不知道所有時間的值。對於許多的應用這是足夠的，它提供足夠點的密度供使用。

拉氏轉換技巧，對於微分方程式的求解，提供我們求得一個正確表示式的方法，而且這種方法有許多的優點都超過數值常微分方程式求解的技巧。對於拉氏轉換技巧，另一個重大的優點將會變得明顯，那就是在下一章中，我們研究 s 域表示式的型式重點，特別是，再一次把分母的多項式因式分解。

如同我們所看到的，當計算拉氏轉換時，以查表的方式是相當方便的，雖然餘數的方法，對於高次多項式函數的分母可能變得有些冗長乏味。在這些情況下 MATLAB 也能有所幫助，因為它具有幾種有用的函數，可以處理多項次。

在 MATLAB 中，多項次

$$p(x) = a_n x^n + a_{n-1} x^{n-1} + \cdots + a_1 x + a_0$$

以向量 $[\,a_n\ a_{n-1}\ \cdots\ a_1\ a_0\,]$ 的方程式儲存。

因此，在定義多項次 $\mathbf{N(s)} = 2$ 及 $\mathbf{D(s)} = \mathbf{s}^3 + 12\mathbf{s}^2 + 36\mathbf{s}$ 時，可以寫成

```
EDU» N = [2];
EDU» D = [1 12 36 0];
```

而每一個多項次的根可以由求助於函數 *roots*(**p**) 來求得，其中 **p** 為包含多項式係數的向量。例如，

```
EDU» q = [1 8 16];
EDU» roots(q)
```

產生

```
ans =
    – 4
    – 4
```

MATLAB 也能讓我們利用函數 *residue*( )，來求解有理函數 **N(s)** / **D(s)** 的餘數。例如：

```
EDU» [r p y] = residue(N, D);
```

所傳回的三個向量 **r**、**p** 與 **y**，如

$$\frac{\mathbf{N(s)}}{\mathbf{D(s)}} = \frac{r_1}{x - p_1} + \frac{r_2}{x - p_2} + \cdots + \frac{r_n}{x - p_n} + \mathbf{y(s)}$$

在沒有多種極點和具有 n 個重複極點的情形時

$$\frac{\mathbf{N(s)}}{\mathbf{D(s)}} = \frac{r_1}{(x - p)} + \frac{r_2}{(x - p)^2} + \cdots + \frac{r_n}{(x - p)^n} + \mathbf{y(s)}$$

注意，只要分子多項式的階次小於分母多項式的階次時，向量 **y(s)** 經常是空的。

如果執行餘數指令，而沒有加上分號，則會產生如下的輸出

```
r =
  -0.0556
  -0.3333
   0.0556

p =
  -6
  -6
   0

y =
  [ ]
```

這結果與例題 14.6 所求得的答案相符。

14.6 拉氏轉換的基本定理

現在考慮兩個可以被視為電路分析中拉氏轉換存在的理由—對時間微分與積分定理。這兩個能幫助我們轉換時域電路方程式中所出現的微分與積分。

時間微分定理

首先讓我們來看看時間函數 $v(t)$ 對時間微分的情形，並且它的拉氏轉換 $\mathbf{V(s)}$ 已知是存在的。要推導的是 $v(t)$ 一次微分的轉換，

$$\mathcal{L}\left\{\frac{dv}{dt}\right\} = \int_{0^-}^{\infty} e^{-st}\frac{dv}{dt}\,dt$$

這可以用分部積分：

$$U = e^{-\mathbf{s}t} \qquad dV = \frac{dv}{dt}dt$$

其結果為

$$\mathcal{L}\left\{\frac{dv}{dt}\right\} = v(t)e^{-\mathbf{s}t}\Big|_{0^-}^{\infty} + \mathbf{s}\int_{0^-}^{\infty} e^{-\mathbf{s}t}v(t)\,dt$$

當 t 增加到無限大時，右側的第一項會趨近於零；否則的話，$\mathbf{V}(\mathbf{s})$ 不存在。因此，

$$\mathcal{L}\left\{\frac{dv}{dt}\right\} = 0 - v(0^-) + \mathbf{s}\mathbf{V}(\mathbf{s})$$

且

$$\frac{dv}{dt} \Leftrightarrow \mathbf{s}\mathbf{V}(\mathbf{s}) - v(0^-) \qquad [23]$$

針對高階的微分也能推導類似的關係：

$$\frac{d^2v}{dt^2} \Leftrightarrow \mathbf{s}^2\mathbf{V}(\mathbf{s}) - \mathbf{s}v(0^-) - v'(0^-) \qquad [24]$$

$$\frac{d^3v}{dt^3} \Leftrightarrow \mathbf{s}^3\mathbf{V}(\mathbf{s}) - \mathbf{s}^2v(0^-) - \mathbf{s}v'(0^-) - v''(0^-) \qquad [25]$$

中 $v'(0^-)$ 為 $v(t)$ 的一階導數在 $t=0^-$ 時，所求得的數值，而 $v''(0^-)$ 為 $v(t)$ 的二階導數的初值，以此類推。當所有初始條件都為零時，可以看到在時域中對時間 t 微分一次，相當於在頻域中乘上 $\mathbf{s}$；在時域中微分二次，相當於在頻域中乘上 $\mathbf{s}^2$，諸如此類。因此，時域中的微分，就等同於頻域中的乘法。這個有價值的簡化！也應該開始來看看，當初始條件不為零的時候，它們的存在仍然有用，以一個簡單的例子來說明。

例題 14.7

已知圖 **14.3** 所示的串聯電路，試求流經 **4 Ω** 電阻器的電流。

▲ 確認問題的目的

需要求得標示為 $i(t)$ 的電流表示式。

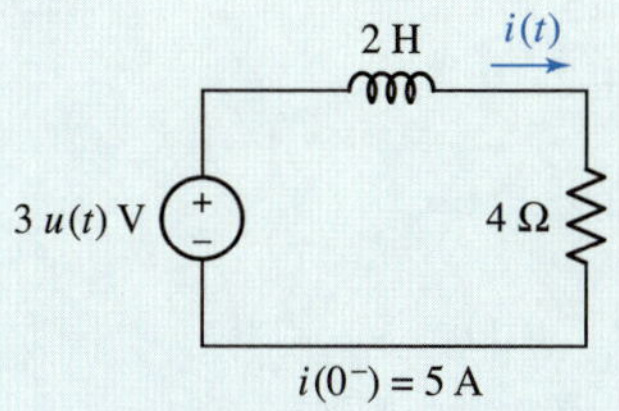

■圖 14.3　將微分方程式 $2di/dt + 4i = 3u(t)$ 轉換成 $2[\mathbf{sI(s)} - i(0^-)] + 4\mathbf{I(s)} = 3/\mathbf{s}$ 所分析的電路。

▲ 收集已知的資料

這個網路是由步階電壓所驅動，而且有一個 5 A 的電流初始值 (在 $t=0^-$)。

▲ 規劃計畫

將 KVL 應用到電路，會產生以 $i(t)$ 為未知數的一組微分方程式。在方程式兩側取拉氏轉換，將此方程式轉換到 **s** 域。求解所得的 **I(s)** 代數方程式，而唯一剩下的工作是取反拉氏轉換求出 $i(t)$。

▲ 建構一組適當的方程式

利用 KVL 寫出時域中單一迴路方程式，可得

$$2\frac{di}{dt} + 4i = 3u(t)$$

現在，取每一項的拉氏轉換，所以

$$2[\mathbf{sI(s)} - i(0^-)] + 4\mathbf{I(s)} = \frac{3}{\mathbf{s}}$$

▲ 決定是否需要額外的方程式

有一個方程式可以求解目標 $i(t)$ 的頻域表示式 **I(s)**。

▲ 試圖求解

接下來代入 $i(0^-)=5$，來求解 **I(s)**：

$$(2\mathbf{s} + 4)\mathbf{I(s)} = \frac{3}{\mathbf{s}} + 10$$

並且

$$\mathbf{I(s)} = \frac{1.5}{\mathbf{s(s+2)}} + \frac{5}{\mathbf{s}+2}$$

將餘數方法應用到第一項，

$$\left.\frac{1.5}{\mathbf{s}+2}\right|_{\mathbf{s}=0} = 0.75 \quad 且 \quad \left.\frac{1.5}{\mathbf{s}}\right|_{\mathbf{s}=-2} = -0.75$$

所以

$$\mathbf{I(s)} = \frac{0.75}{\mathbf{s}} + \frac{4.25}{\mathbf{s}+2}$$

接下來利用已知的轉換對，將上式反轉成：

$$\begin{aligned} i(t) &= 0.75u(t) + 4.25e^{-2t}u(t) \\ &= (0.75 + 4.25e^{-2t})u(t) \qquad \text{A} \end{aligned}$$

▲ 核對解答是否合理如預期？

基於先前對這種型式電路的經驗，預期會有一個直流強迫響應與一個指數衰減的自然響應。在 $t=0$ 時，可求得 $i(0)=5$ A，如所要的，而當 $t\to\infty$ 時，如所預期的 $i(t)$ 趨近於 $\frac{3}{4}$ A。

因此完成 $i(t)$ 的求解。可求得強迫響應為 $0.75u(t)$ 及自然響應為 $4.25e^{-2t}u(t)$，而初始條件自動符合解答。這個方法說明一種求解許多微分方程式完全解答的無痛方法。

練習題

14.11 利用拉氏轉換求解圖 14.4 電路中的 $i(t)$。

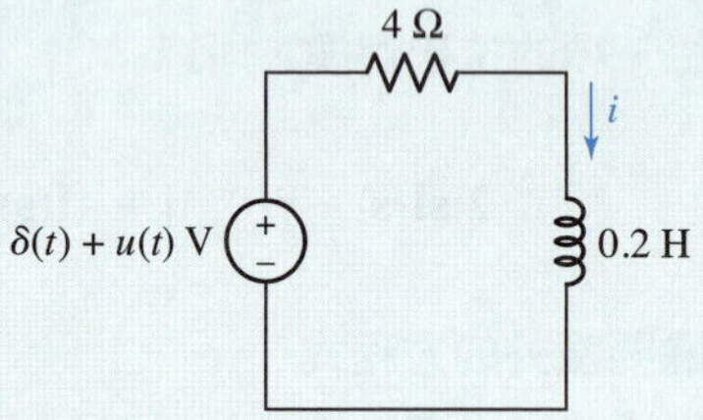

■圖 14.4

答：$(0.25 + 4.75e^{-20t})\,u(t)$ A。

時間積分定理

當遇到電路方程式中，有對時間積分的運算時，可以使用相同型式的簡化。讓我們求解由 $\int_{0^-}^{t} v(x)\,dx$ 所描述之時間函數的拉氏轉換，

$$\mathcal{L}\left\{\int_{0^-}^{t} v(x)\,dx\right\} = \int_{0^-}^{\infty} e^{-st}\left[\int_{0^-}^{t} v(x)\,dx\right]dt$$

利用分部積分，令

$$u = \int_{0^-}^{t} v(x)\,dx \qquad dv = e^{-\mathbf{s}t}\,dt$$

$$du = v(t)\,dt \qquad v = -\frac{1}{\mathbf{s}}e^{-\mathbf{s}t}$$

則

$$\mathcal{L}\left\{\int_{0^-}^{t} v(x)\,dx\right\} = \left\{\left[\int_{0^-}^{t} v(x)\,dx\right]\left[-\frac{1}{\mathbf{s}}e^{-\mathbf{s}t}\right]\right\}_{t=0^-}^{t=\infty} - \int_{0^-}^{\infty} -\frac{1}{\mathbf{s}}e^{-\mathbf{s}t}v(t)\,dt$$

$$= \left[-\frac{1}{\mathbf{s}}e^{-\mathbf{s}t}\int_{0^-}^{t} v(x)\,dx\right]_{0^-}^{\infty} + \frac{1}{\mathbf{s}}\mathbf{V}(\mathbf{s})$$

但是因為當 $t \to \infty$ 時，$e^{-\mathbf{s}t} \to 0$，右邊的第一項在上限時會消失，而當 $t \to 0^-$ 時，這一項的積分好像也消失。只剩下 $\mathbf{V}(\mathbf{s})/\mathbf{s}$，所以

$$\int_{0^-}^{t} v(x)\,dx \Leftrightarrow \frac{\mathbf{V}(\mathbf{s})}{\mathbf{s}} \qquad [26]$$

因此時域中的積分，相當於在頻域中除以 $\mathbf{s}$。再一次，時域中一種相對複雜的微積分運算，簡化成頻域中的代數運算。

例題 14.8

求解圖 14.5 所示的串聯 RC 電路，當 $t > 0$ 時的 $i(t)$。

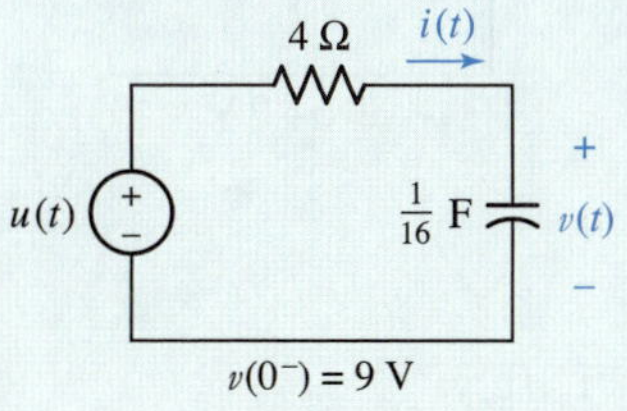

■**圖 14.5**　說明拉氏轉換對 $\int_{0^-}^{t} i(t')\,dt' \Leftrightarrow \frac{1}{\mathbf{s}}\mathbf{I}(\mathbf{s})$ 使用的電路。

首先列出單迴路方程式

$$u(t) = 4i(t) + 16\int_{-\infty}^{t} i(t')\,dt'$$

為了要應用時間積分定理，必須將積分下限重寫成 0^-。因此，設定

$$16\int_{-\infty}^{t} i(t')\,dt' = 16\int_{-\infty}^{0^-} i(t')\,dt' + 16\int_{0^-}^{t} i(t')\,dt'$$

$$= v(0^-) + 16\int_{0^-}^{t} i(t')\,dt'$$

因此，

$$u(t) = 4i(t) + v(0^-) + 16\int_{0^-}^{t} i(t')\,dt'$$

接下來在方程式的兩邊取拉氏轉換。所以 $\mathcal{L}\{v(0^-)\}$ 等於 $\mathcal{L}\{v(0^-)u(t)\}$，因此

$$\frac{1}{\mathbf{s}} = 4\mathbf{I}(\mathbf{s}) + \frac{9}{\mathbf{s}} + \frac{16}{\mathbf{s}}\mathbf{I}(\mathbf{s})$$

然後可求得 $\mathbf{I}(\mathbf{s})$，

$$\mathbf{I}(\mathbf{s}) = \frac{-2}{\mathbf{s}+4}$$

因此立刻可以求得所要的結果，

$$i(t) = -2e^{-4t}u(t) \qquad \text{A}$$

例題 14.9

為了方便，重複相同的電路，如圖 14.6，試求 $v(t)$。

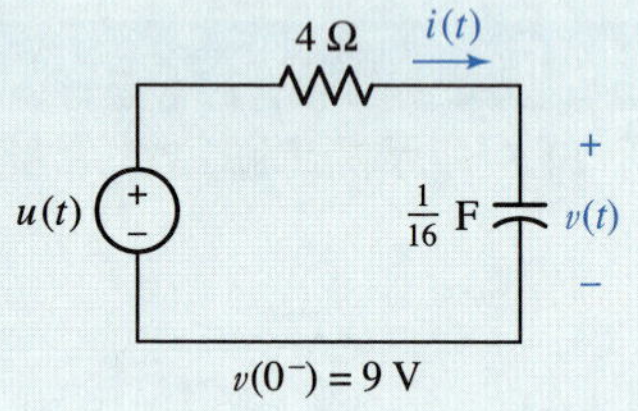

■圖 14.6 重要圖 14.5 的電路，其中電壓 $v(t)$ 是所要求解的對象。

這一次簡單的列出單節點方程式，

$$\frac{v(t)-u(t)}{4} + \frac{1}{16}\frac{dv}{dt} = 0$$

取拉式轉換，可得

$$\frac{\mathbf{V}(\mathbf{s})}{4} - \frac{1}{4\mathbf{s}} + \frac{1}{16}\mathbf{s}\mathbf{V}(\mathbf{s}) - \frac{v(0^-)}{16} = 0$$

或

$$\mathbf{V}(\mathbf{s})\left(1+\frac{\mathbf{s}}{4}\right) = \frac{1}{\mathbf{s}} + \frac{9}{4}$$

因此，

$$\mathbf{V(s)} = \frac{4}{\mathbf{s(s+4)}} + \frac{9}{\mathbf{s}+4} = \frac{1}{\mathbf{s}} - \frac{1}{\mathbf{s}+4} + \frac{9}{\mathbf{s}+4} = \frac{1}{\mathbf{s}} + \frac{8}{\mathbf{s}+4}$$

取反轉換，

$$v(t) = (1 + 8e^{-4t})u(t)$$

所以不必依賴一般的方程式求解，便可以快速的求得所要的電容器電壓。

為了要檢查這個結果，注意到 $(\frac{1}{16})dv/dt$ 應該會產生先前的 $i(t)$ 表示式。對於 $t > 0$，

$$\frac{1}{16}\frac{dv}{dt} = \frac{1}{16}(-32)e^{-4t} = -2e^{-4t}$$

這個結果與 14.8 所求得的完全相符。

練習題

14.12　試求圖 14.7 電路，在 t=800 ms 時的 $v(t)$。

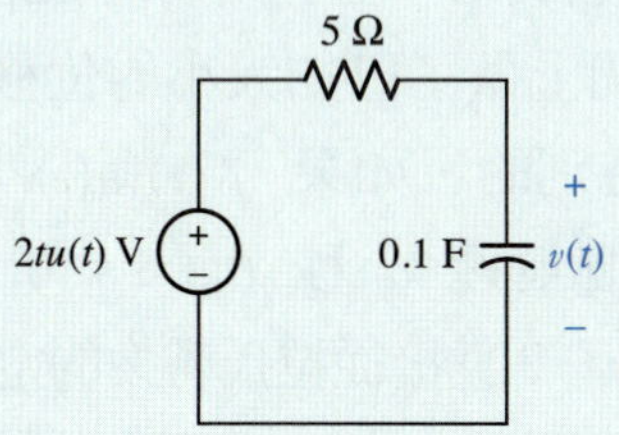

■圖 14.7

答：802 mV。

弦式的拉氏轉換

為了說明線性定理與時間微分定理的使用，而在即將來到的拉氏表中，並未提到這額外且最重要的轉換對，現在讓我們來建立 $\sin \omega t\, u(t)$ 的拉氏轉換。使用所定義的積分表示式及分部積分，但這會變得很困難而且無此必要。取而代之，使用下列的關係式

$$\sin \omega t = \frac{1}{2j}(e^{j\omega t} - e^{-j\omega t})$$

這兩項總和的轉換，等於每一項轉換的總和，並且每一項都是已經有轉換的指數函數。可以立即列出

$$\mathcal{L}\{\sin \omega t\, u(t)\} = \frac{1}{2j}\left(\frac{1}{\mathbf{s} - j\omega} - \frac{1}{\mathbf{s} + j\omega}\right) = \frac{\omega}{\mathbf{s}^2 + \omega^2}$$

$$\sin \omega t\, u(t) \Leftrightarrow \frac{\omega}{\mathbf{s}^2 + \omega^2} \qquad [27]$$

接下來利用時間微分定理來求解 $\cos \omega t\, u(t)$ 的轉換，它與 $\sin \omega t$ 的導數成比例。也就是，

注意到使用了 $\sin \omega t|_{t=0} = 0$ 的事實。

$$\mathcal{L}\{\cos \omega t\, u(t)\} = \mathcal{L}\left\{\frac{1}{\omega}\frac{d}{dt}[\sin \omega t\, u(t)]\right\} = \frac{1}{\omega}\mathbf{s}\frac{\omega}{\mathbf{s}^2 + \omega^2}$$

$$\cos \omega t\, u(t) \Leftrightarrow \frac{\mathbf{s}}{\mathbf{s}^2 + \omega^2} \qquad [28]$$

時間平移定理

如先前在暫態問題中所看到的，並非所有的強迫函數都是從 $t = 0$ 開始。如果函數在時間上做了已知大小的位移，則時間函數的轉換會變成什麼情形？特別的，如果 $f(t)\, u(t)$ 轉換為已知函數 $\mathbf{F}(\mathbf{s})$，如果原始的時間函數延遲 a 秒 (而 $t < 0$ 不存在時)，那 $f(t-a)\, u(t-a)$ 會是什麼樣子？直接從拉氏轉換的定義著手，可得

$$\mathcal{L}\{f(t-a)u(t-a)\} = \int_{0^-}^{\infty} e^{-\mathbf{s}t} f(t-a)u(t-a)\, dt$$
$$= \int_{a^-}^{\infty} e^{-\mathbf{s}t} f(t-a)\, dt$$

上式為針對 $t \geq a^-$ 時才成立。選擇一個新的積分變數，$\tau = t - a$，可得

$$\mathcal{L}\{f(t-a)u(t-a)\} = \int_{0^-}^{\infty} e^{-\mathbf{s}(\tau + a)} f(\tau)\, d\tau = e^{-a\mathbf{s}}\mathbf{F}(\mathbf{s})$$

因此，

$$f(t-a)u(t-a) \Leftrightarrow e^{-as}\mathbf{F}(\mathbf{s}) \qquad (a \geq 0) \qquad [29]$$

這個結果是所知的時間平移定理，並且說明如果一個時間函數在時域中延遲一個時間 a，則頻域中的結果為乘上 e^{-as}。

例題 14.10

試求長方形脈波 $v(t) = u(t-2) - u(t-5)$ 的轉換。

圖 14.8 所示的脈波，在時間區間 $2 < t < 5$ 時，其大小為 1，而其它位置都為零。而已知 $u(t)$ 的轉換為 $1/\mathbf{s}$，而且因為 $u(t-2)$ 是 $u(t)$ 延遲 2 秒所形成，所以這延遲函數的轉換為 $e^{-2s}/\mathbf{s}$。同樣的，$u(t-5)$ 的轉換為 $e^{-5s}/\mathbf{s}$。則，所要的轉換為

$$\mathbf{V}(\mathbf{s}) = \frac{e^{-2s}}{\mathbf{s}} - \frac{e^{-5s}}{\mathbf{s}} = \frac{e^{-2s} - e^{-5s}}{\mathbf{s}}$$

因為只是要求解 $\mathbf{V}(\mathbf{s})$，並不需要重提拉氏轉換的定義。

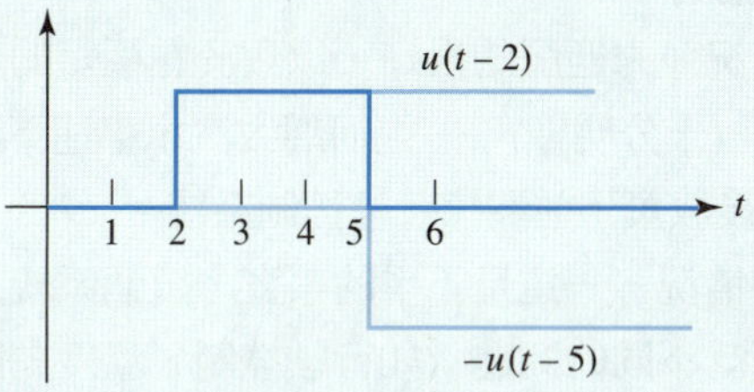

■圖 14.8　$u(t-2) - u(t-5)$ 的圖形。

練習題

14.13　試求圖 14.9 所示的時間函數之拉氏轉換。

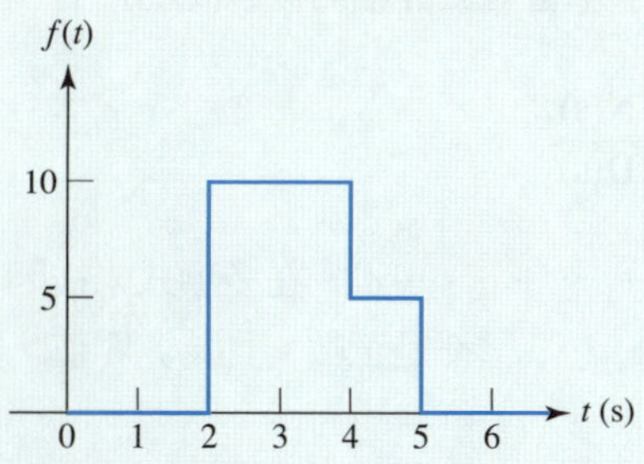

■ 圖14.9

答：$(5/\mathbf{s})(2e^{-2s} - e^{-4s} - e^{-5s})$。

實 際 應 用

系統的穩定度

© Dorovan Reese/Getty Images.

許多年以前 (時間差不多是這樣)，作者中的一位獨自沿著鄉村道路駕駛，並嘗試使用汽車的電子速度控制 (“行駛控制” cruise control) 功能。將行駛控制系統啟動後，並以手動方式精確地設定汽車車速在規定的速度限制[3]下，將設定按鈕壓下並放掉加速踏板；在這個時候系統如預期的藉由調整燃油量，以保持設定的速度前進。

不幸的是，發生了一些狀況。車速立即下降了大約百分之十，此時行駛控制電子設備的反應，便是增加燃油流量。然而這兩種情況並未匹配的很好，以致於在極短的時間之後，汽車車速超過了設定點—突然造成燃油流量下降 (十分明顯)——進而導致汽車車速下降。這種忽快忽慢的情況持續存在，嚇壞了駕駛，於是他最後放棄了並關掉行駛控制系統。

很明顯的，系統的響應並不是最佳的情況——這是不爭的事實，這個系統是不穩定的。系統穩定是主要的工程關心的事，並且遍及廣泛不同的問題 (如行駛控制、溫度調節器及追蹤系統，僅舉幾例)，而本章所敘述的技巧，在允許特別系統的穩定度被檢驗時更有價值。

在 **s** 域分析的一種強有力的情形，是以拉氏轉換取代積微分方程式所描述特殊系統的響應，可以獲得以兩個 **s** 多項式的比值來表示的系統轉移函數。穩定度的議題，則很容易地藉由研究轉移函數的分母來說明：任何的極點不應該具有正實數成分。

有一些的技巧，可以應用到決定一個特別系統穩定度的問題。一種簡單的技巧稱之為**羅斯測試** (Routh test)。考慮一個 **s** 域的系統函數 (第 15 章會有更詳細的概念說明)

$$\mathbf{H}(\mathbf{s}) = \frac{\mathbf{N}(\mathbf{s})}{\mathbf{D}(\mathbf{s})}$$

$\mathbf{D}(\mathbf{s})$ 代表 **s** 的多項式，可以寫成 $a_n\mathbf{s}^n + a_{n-1}\mathbf{s}^{n-1} + \cdots + a_1\mathbf{s} + a_0$。在多項式未被因式分解之前，並無法一下子決定太多的極點。如果所有的係數 $a_n \cdots a_0$ 都是正數，且為非零值，則羅斯程序可以把它們排列成下列的樣式：

3 因為沒有攝影機，沒有人可以證明

$$\begin{array}{llll} a_n & a_{n-2} & a_{n-4} & \cdots \\ a_{n-1} & a_{n-3} & a_{n-5} & \cdots \end{array}$$

接下來，利用兩列的交叉相乘來產生的三列：

$$\frac{a_{n-1}a_{n-2} - a_n a_{n-3}}{a_{n-1}} \quad \frac{a_{n-1}a_{n-4} - a_n a_{n-5}}{a_{n-1}}$$

而第四列由第二列與第三列交叉相乘來產生。這個程序持續到算出 $n+1$ 列的數值為止。剩下要做的是，往下掃描最左邊一行的符號變化。數值符號的改變，表示具有正實數成分的極點數值，任何的符號改變表示系統的不穩定。

例如，假設令作者心痛的汽車行駛控制系統，其系統轉移函數的分母為

$$\mathbf{D(s)} = 7\mathbf{s}^4 + 4\mathbf{s}^3 + \mathbf{s}^2 + 13\mathbf{s} + 2$$

這個四階 **s** 多項式的係數都是正數且不為零。所以可以建構相對應的羅斯表：

$$\begin{array}{ccc} 7 & 1 & 2 \\ 4 & 13 & 0 \\ -21.75 & 2 & \\ 13.37 & & \\ 2 & & \end{array}$$

從表中可以看到最左邊行的符號改變了二次。因為有兩個極點為正實數，因此這系統實際上是不穩定的 (這解釋了它的操控之所以會失敗)。

此時已經求得拉氏轉換對目錄中的一些項目，而這些是我們先前建立的。包括了脈衝函數、步階函數、指數函數、斜波函數、正弦與餘弦函數以及兩個指數和的轉換。除此之外，已經提到時域中的加法，乘以一個常數，微分及積分在 **s** 域的結果。這些結果都收集在表 14.1 及 14.2 中；而其它在附錄 7 中所推導的結果也包含在內。

表 14.1 拉氏轉換對

$f(t) = \mathrm{L}^{-1}\{\mathbf{F(s)}\}$	$\mathbf{F(s)} = \mathrm{L}\{f(t)\}$	$f(t) = \mathrm{L}^{-1}\{\mathbf{F(s)}\}$	$\mathbf{F(s)} = \mathrm{L}\{f(t)\}$
$\delta(t)$	1	$\frac{1}{\beta-\alpha}(e^{-\alpha t}-e^{-\beta t})u(t)$	$\frac{1}{(\mathbf{s}+\alpha)(\mathbf{s}+\beta)}$
$u(t)$	$\frac{1}{\mathbf{s}}$	$\sin\omega t\, u(t)$	$\frac{\omega}{\mathbf{s}^2+\omega^2}$
$tu(t)$	$\frac{1}{\mathbf{s}^2}$	$\cos\omega t\, u(t)$	$\frac{\mathbf{s}}{\mathbf{s}^2+\omega^2}$
$\frac{t^{n-1}}{(n-1)!}u(t), n=1,2,\ldots$	$\frac{1}{\mathbf{s}^n}$	$\sin(\omega t+\theta)\, u(t)$	$\frac{\mathbf{s}\sin\theta+\omega\cos\theta}{\mathbf{s}^2+\omega^2}$
$e^{-\alpha t}u(t)$	$\frac{1}{\mathbf{s}+\alpha}$	$\cos(\omega t+\theta)\, u(t)$	$\frac{\mathbf{s}\cos\theta-\omega\sin\theta}{\mathbf{s}^2+\omega^2}$
$te^{-\alpha t}u(t)$	$\frac{1}{(\mathbf{s}+\alpha)^2}$	$e^{-\alpha t}\sin\omega t\, u(t)$	$\frac{\omega}{(\mathbf{s}+\alpha)^2+\omega^2}$
$\frac{t^{n-1}}{(n-1)!}e^{-\alpha t}u(t), n=1,2,\ldots$	$\frac{1}{(\mathbf{s}+\alpha)^n}$	$e^{-\alpha t}\cos\omega t\, u(t)$	$\frac{\mathbf{s}+\alpha}{(\mathbf{s}+\alpha)^2+\omega^2}$

14.7 初值與終值定理

最後要討論的兩個基本定理，稱之為初值與終值定理。它們可以藉由檢查 $\mathbf{sF(s)}$ 的極限值，使我們能求出 $f(0^+)$ 與 $f(\infty)$ 的數值。這種能力可說是無價的；如果對一個感興趣的特別函數，只需要它的初值與終值，則不需要花費時間去執行反轉換運算。

初值定理

為了推導初值定理，再一次考慮導數的拉氏轉換，

$$\mathcal{L}\left\{\frac{df}{dt}\right\} = \mathbf{sF(s)} - f(0^-) = \int_{0^-}^{\infty} e^{-\mathbf{s}t}\frac{df}{dt}\,dt$$

現在令 $\mathbf{s}$ 趨近於無限大。並把積分拆成兩部分，

$$\lim_{\mathbf{s}\to\infty}[\mathbf{sF(s)} - f(0^-)] = \lim_{\mathbf{s}\to\infty}\left(\int_{0^-}^{0^+} e^0\frac{df}{dt}\,dt + \int_{0^+}^{\infty} e^{-\mathbf{s}t}\frac{df}{dt}dt\right)$$

可以發現到第二個積分在極限時，趨近於零，這是因為積分本身趨近於零的關係。同時，$f(0^-)$ 並非 $\mathbf{s}$ 的函數，而它可以從左邊的極限移除：

表 14.2　拉氏轉換運算

運　算	$f(t)$	$\mathbf{F(s)}$
加法	$f_1(t) \pm f_2(t)$	$\mathbf{F_1(s)} \pm \mathbf{F_2(s)}$
純量乘法	$kf(t)$	$k\mathbf{F(s)}$
時間微分	$\dfrac{df}{dt}$	$\mathbf{sF(s)} - f(0^-)$
	$\dfrac{d^2 f}{dt^2}$	$\mathbf{s}^2\mathbf{F(s)} - \mathbf{s}f(0^-) - f'(0^-)$
	$\dfrac{d^3 f}{dt^3}$	$\mathbf{s}^3\mathbf{F(s)} - \mathbf{s}^2 f(0^-) - \mathbf{s}f'(0^-) - f''(0^-)$
時間積分	$\int_{0^-}^{t} f(t)\,dt$	$\dfrac{1}{\mathbf{s}}\mathbf{F(s)}$
	$\int_{-\infty}^{t} f(t)\,dt$	$\dfrac{1}{\mathbf{s}}\mathbf{F(s)} + \dfrac{1}{\mathbf{s}}\int_{-\infty}^{0^-} f(t)\,dt$
捲積	$f_1(t) * f_2(t)$	$\mathbf{F_1(s)F_2(s)}$
時間平移	$f(t-a)u(t-a),\ a \geq 0$	$e^{-a\mathbf{s}}\mathbf{F(s)}$
頻率平移	$f(t)e^{-at}$	$\mathbf{F(s}+a)$
頻率微分	$-tf(t)$	$\dfrac{d\mathbf{F(s)}}{d\mathbf{s}}$
頻率積分	$\dfrac{f(t)}{t}$	$\int_{\mathbf{s}}^{\infty} \mathbf{F(s)}\,d\mathbf{s}$
比變	$f(at),\ a \geq 0$	$\dfrac{1}{a}\mathbf{F}\left(\dfrac{\mathbf{s}}{a}\right)$
初值	$f(0^+)$	$\lim_{\mathbf{s}\to\infty} \mathbf{sF(s)}$
終值	$f(\infty)$	$\lim_{\mathbf{s}\to 0} \mathbf{sF(s)}$, 在左半平面 $\mathbf{sF(s)}$ 的所有極點
時間週期性	$f(t) = f(t+nT)$, $n = 1, 2, \ldots$	$\dfrac{1}{1-e^{-T\mathbf{s}}}\mathbf{F_1(s)}$, 其中 $\mathbf{F_1(s)} = \int_{0^-}^{T} f(t)e^{-\mathbf{s}t}\,dt$

$$-f(0^-) + \lim_{\mathbf{s}\to\infty}[\mathbf{sF(s)}] = \lim_{\mathbf{s}\to\infty}\int_{0^-}^{0^+} df = \lim_{\mathbf{s}\to\infty}[f(0^+) - f(0^-)]$$
$$= f(0^+) - f(0^-)$$

最後

$$f(0^+) = \lim_{\mathbf{s}\to\infty}[\mathbf{sF(s)}]$$

或

$$\lim_{t\to 0^+} f(t) = \lim_{\mathbf{s}\to\infty}[\mathbf{sF(s)}] \qquad [30]$$

這就是**初值定理** (initial-value theorem) 的數學說明。它說明了

時間函數 $f(t)$ 的初值可以由拉氏轉換 $\mathbf{F(s)}$ 乘上 $\mathbf{s}$，然後在令 $\mathbf{s}$ 趨近於無限大來求得。要注意的是，我們所得到的初值是從右側的極限而來的。

初值定理與稍後要探討的終值定理，在檢查轉換或反轉換時是很有用的。例如，在第一次計算 $\cos(\omega_0 t)u(t)$ 的轉換時，求得 $\mathbf{s}/(\mathbf{s}^2 + \omega_0^2)$。在知道 $f(0^+)=1$ 之後，可以藉由初值定理的應用，對於這個結果的有效性做部分的檢查：

$$\lim_{\mathbf{s}\to\infty}\left(\mathbf{s}\frac{\mathbf{s}}{\mathbf{s}^2+\omega_0^2}\right)=1$$

檢驗完成。

終值定理

終值定理並不像初值定理一樣的有用，因為它只能用在某些型式的轉換。為了決定一個轉換是否符合這一類，必須先求解 $\mathbf{F(s)}$ 分母所有為零的 $\mathbf{s}$ 值；即，$\mathbf{F(s)}$ 的**極點** (pales)。只有那些 $\mathbf{F(s)}$ 轉換的極點完全落在 $\mathbf{s}$ 平面的左半邊 (即，$\sigma < 0$) 時，除了 $\mathbf{s}=0$ 的極點之外，才適合使用終值定理。再次考慮 df/dt 的拉氏轉換，

$$\int_{0^-}^{\infty} e^{-\mathbf{s}t}\frac{df}{dt}\,dt = \mathbf{sF(s)} - f(0^-)$$

此時極限下的 $\mathbf{s}$ 趨近於 0，

$$\lim_{\mathbf{s}\to 0}\int_{0^-}^{\infty} e^{-\mathbf{s}t}\frac{df}{dt}\,dt = \lim_{\mathbf{s}\to 0}[\mathbf{sF(s)} - f(0^-)] = \int_{0^-}^{\infty}\frac{df}{dt}\,dt$$

假設 $f(t)$ 的兩側以及它的導數是可轉換的。現在，這個方程式的最後一項打算以極限來表示，

$$\begin{aligned}\int_{0^-}^{\infty}\frac{df}{dt}dt &= \lim_{t\to\infty}\int_{0^-}^{t}\frac{df}{dt}dt\\ &= \lim_{t\to\infty}[f(t)-f(0^-)]\end{aligned}$$

由於確認 $f(0^-)$ 為一個常數，比較最後兩個方程式，可以證明

$$\lim_{t\to\infty} f(t) = \lim_{\mathbf{s}\to 0}[\mathbf{sF(s)}] \qquad [31]$$

這就是**終值定理** (final-value theorem)。在應用這個定理的時候，必須知道當 t 變成無限大時，$f(t)$ 的極限，$f(\infty)$ 存在，或者——它的數量——$\mathbf{F}(\mathbf{s})$ 的極點全部落在 $\mathbf{s}$ 平面的左半面，除了 (可能的) 原點上的極點。所以 $\mathbf{sF}(\mathbf{s})$ 這個乘積的所有極點，都落在左半平面。

例題 14.11

利用終值定理，針對函數 $(1-e^{-at})u(t)$，其中 $a>0$，求解 $f(\infty)$。

即使沒有使用終值定理，可以立即看出 $f(\infty)=1$。而 $f(t)$ 的轉換為

$$\mathbf{F}(\mathbf{s}) = \frac{1}{\mathbf{s}} - \frac{1}{\mathbf{s}+a}$$

$$= \frac{a}{\mathbf{s}(\mathbf{s}+a)}$$

$\mathbf{F}(\mathbf{s})$ 的極點為 $\mathbf{s}=0$ 與 $\mathbf{s}=-a$。因為假設 $a>0$，因此，$\mathbf{F}(\mathbf{s})$ 非零的極點落在 $\mathbf{s}$ 平面的左半邊；因而發現到的確可以把終值定理應用到這個函數上。把轉換乘上 $\mathbf{s}$，並令 $\mathbf{s}$ 趨近於零，可得

$$\lim_{\mathbf{s}\to 0}[\mathbf{sF}(\mathbf{s})] = \lim_{\mathbf{s}\to 0}\frac{a}{\mathbf{s}+a} = 1$$

結果與 $f(\infty)$ 相符。

然而，如果 $f(t)$ 是一個弦式，所以 $\mathbf{F}(\mathbf{s})$ 的極點位於 $j\omega$ 軸上，而盲目的使用終值定理，可能導致作出終值為零的結論。然而，要瞭解 $\sin\omega_0 t$ 或 $\cos\omega_0 t$ 的終值是不確定的。所以，要小心 $j\omega$ 軸上的極點。

CAUTION

練習題

14.14　先不要求出 $f(t)$，試求下列轉換的 $f(0^+)$ 與 $f(\infty)$：(a) $4e^{-2\mathbf{s}}(\mathbf{s}+50)/\mathbf{s}$；(b) $(\mathbf{s}^2+6)/(\mathbf{s}^2+7)$；(c) $(5\mathbf{s}^2+10)/[2\mathbf{s}(\mathbf{s}^2+3\mathbf{s}+5)]$。

答：0，200；∞，不確定 (極點位於 $j\omega$ 軸上)；2.5，1。

摘要與複習

❒ 複數頻率的概念，允許我們同時顧及函數的指數阻尼與振盪成

分。

- 複數頻率 $\mathbf{s}=\sigma+j\omega$ 為一般的情況；直流 ($\mathbf{s}=0$)、指數 ($\omega=0$) 及弦式 ($\sigma=0$) 等函數為特殊情況。
- 在 s 域中分析電路，將造成時域的積微分方程式轉換成頻域的代數方程式。
- 在分析電路問題時，利用單邊拉氏轉換：$\mathbf{F(s)}=\int_{0^-}^{\infty} e^{-st} f(t)\, dt$，把時域函數轉成頻域。
- 反拉氏轉換是把頻域的式子轉換成時域。然而，由於拉氏轉換對的列表存在，所以較不需要拉氏轉換。
- 單脈衝函數為一個常見近似於脈波的函數，其寬度與電路的時間常數相比，非常的窄。並且只在單一點的值不為零，其面積為 1。
- $\mathcal{L}\{f_1(t)+f_2(t)\}=\mathcal{L}\{f_1(t)\}+\mathcal{L}\{f_2(t)\}$　　(加法特性)
- $\mathcal{L}\{kf(t)\}=k\mathcal{L}\{f(t)\}$，$k=$常數　　(齊次特性)
- 微分與積分定理，允許我們把時域中的積微分方程式轉換成頻域中簡單的代數方程式。
- 反轉換典型上是利用部分分式展開與各種運算的組合 (表 14.2)，將 s 域的量簡化成可以在轉換表中找到的式子 (表 14.1)。
- 初值與終值定理，只有在指定的數值 $f(t=0^+)$ 或 $f(t\to\infty)$ 為想要求解時，才會有用。

進階研讀

- 一本簡單可讀的拉氏轉換發展與它的一些主要特性，可以在下列書籍中的第 4 章閱讀到：

  A. Pinkus and S. Zafrany,“傳立葉級數與積分轉換”, Cambridge, United Kingdom ： Cambridge University 發行, 1977.
- 對於科學與工程問題的積分轉換與應用更詳細的論述，可以在下列書籍閱讀到：

  B. Davies, “積分轉換與應用” 第三版，New York：Springer-Verlag , 2002.
- 穩定度與羅斯測試 (Routh test) 在下列書籍的第 5 章有詳細的探

討：

K. Ogata,"現代控制工程"第四版，Englewood Cliffs, N.J：Prentice -Hall, 2002 .

習 題

※偶數題置書後光碟

14.1 複數頻率

1. 試求下列每一項的複數頻率：(a) $\upsilon(t)=5$ V；(b) $i(t)=3\cos 9t$ μA；(c) $i(t)=2.5e^{-8t}$ mA；(d) $\upsilon(t)=65e^{-1000t}\cos 1000t$ V；(e) $\upsilon(t)=8+2\cos t$ mV。
3. 用極座標的型式，來表示下列每一項的共軛複數：(a) $8e^{-t}$；(b) 19；(c) $9-j7$；(d) $e^{j\omega t}$；(e) $\cos 4t$；(f) $\sin 4t$；(g) $88\angle -9°$。
5. 從特別的磁場發射陣列中發射出來的電荷，在複數頻率 $\mathbf{s}=j20\pi\text{s}^{-1}$ 時，以 $\mathbf{Q}=9\angle 43°$ 來表示。(a) $t=1$ s 時，放射出多少的電荷？(b) 在任何時間，由陣列所發射出的最大量電荷為多少？(c) 陣列呈現出任何惡化的前兆嗎？以 $\mathbf{Q}$ 的複數頻率為基準，可能的徵兆為何？
7. 令複數時變電流 $\mathbf{i}(t)$ 的實數部分為 $i(t)$，(a) 如果 $\mathbf{i}_x(t)=(4-j7)e^{(-3+j15)t}$，試求 $i_x(t)$；(b) 如果 $\mathbf{i}_y(t)=(4+j7)e^{-3t}(\cos 15t-j\sin 15t)$，試求 $i_y(t)$；(c) 如果 $\mathbf{i}_A(t)=\mathbf{K}_Ae^{\mathbf{s}_At}$，其中 $\mathbf{K}_A=5-j8$ 且 $\mathbf{s}_A=-1.5+j12$，試求 $i_A(0.4)$；(d) 如果 $\mathbf{i}_B(t)=\mathbf{K}_Be^{\mathbf{s}_Bt}$，其中 $\mathbf{K}_B$ 為 $\mathbf{K}_A$ 的共軛且 $\mathbf{s}_B$ 為 $\mathbf{s}_A$ 的共軛，試求 $i_B(0.4)$。
9. 如果已知一個複數時變電壓 $\mathbf{v}_s(t)=(20-j30)e^{(-2+j50)t}$ V，試求 (a) 以極座標型式表示的 $\mathbf{v}_s(0.1)$；(b) Re{ $\mathbf{v}_s(t)$ }；(c) Re{ $\mathbf{v}_s(0.1)$ }；(d) $\mathbf{s}$；(e) $\mathbf{s}^*$。

14.2 阻尼弦式強迫函數

11. (a) 延伸第 10 章所介紹過的相量概念，推導出複數頻率所驅動的電感器、電容器及電阻器的阻抗表示式；(b) 圖 14.10 的電阻器與電感器個別的阻抗為何？(c) 當 Re{$\mathbf{s}$}=0 時，你所推導的表示式會變成第 10 章的表示式嗎？

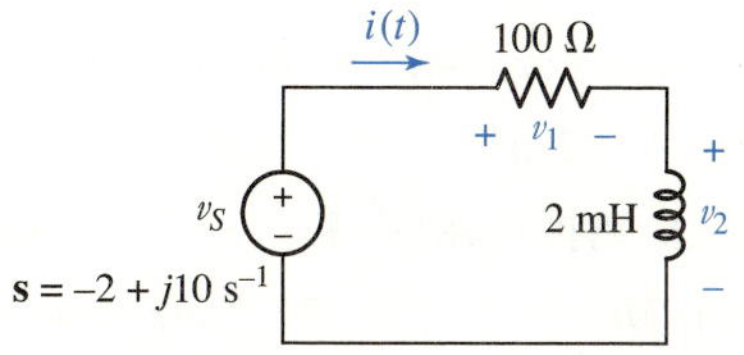

■圖 14.10

13. (a) 令圖 14.11 電路中的 $v_s = 10e^{-2t}\cos(10t + 30°)$ V，以頻域方式求解 $\mathbf{I}_x$；(b) 試求 $i_x(t)$。

15. 令圖 14.12 電路中的 $i_{s1} = 20e^{-3t}\cos 4t$ A 與 $i_{s2} = 30e^{-3t}\sin 4t$ A，(a) 以頻域方式求解 $\mathbf{V}_x$；(b) 試求 $v_x(t)$。

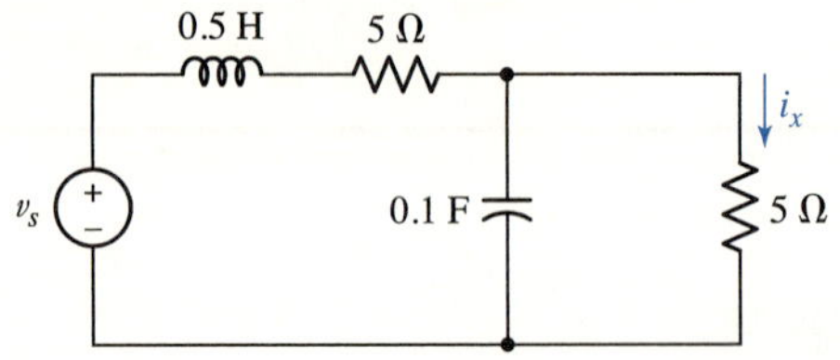

■圖 14.11

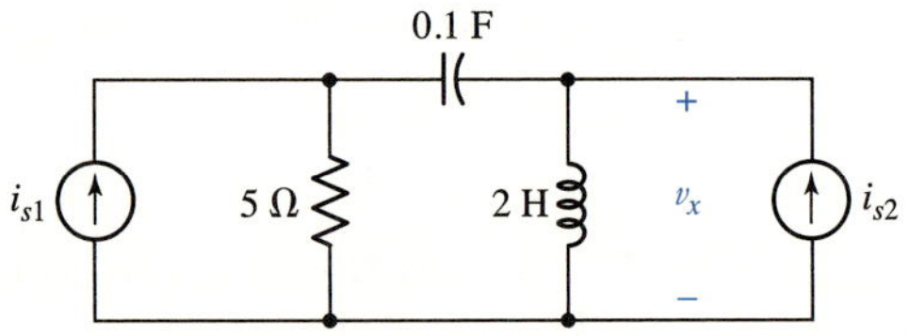

■圖 14.12

14.3 拉氏轉換的定義

17. 試求 $K\,u(t)$ 的單邊拉氏轉換，其中 K 為未知的實數。

19. 利用方程式 [14]，求解下列的拉氏轉換：(a) $2 + 3u(t)$；(b) $3e^{-8t}$；(c) $u(-t)$；(d) K，其中 K 為未知的實數。

21. 一個 $v(t) = 5u(t) - 5u(t-2)$ V 電壓源連接在 1 Ω 電阻器的兩端，(a) 試求電壓的頻域表示；(b) 試求流經電阻器的電流頻域表示。

14.4 簡單時間函數的拉氏轉換

23. 針對下列函數，求解單邊拉氏轉換：(a) $8e^{-2t}[u(t+3) - u(t-3)]$；(b) $8e^{2t}[u(t+3) - u(t-3)]$；(c) $8e^{-2|t|}[u(t+3) - u(t-3)]$。

25. 不採用方程式 [15]，求解下列的反轉換：(a) $\dfrac{1}{\mathbf{s}+3}$；(b) 1；(c) $\mathbf{s}^{-2}$；(d) 275；(e) $\dfrac{\mathbf{s}^2}{\mathbf{s}^3}$。

27. 利用拉氏轉換的定義，計算 $\mathbf{F}(1 + j2)$ 的數值，如果 $f(t)$ 等於 (a) $2u(t-2)$；(b) $2\delta(t-2)$；(c) $e^{-t}u(t-2)$。

29. 利用 (單邊) 拉氏轉換的定義，求解 $\mathbf{F}(\mathbf{s})$，如果 $f(t)$ 等於 (a) $[u(5-t)][u(t-2)]u(t)$；(b) $4u(t-2)$；(c) $4e^{-3t}u(t-2)$；(d) $4\delta(t-2)$；(e) $5\delta(t)\sin(10t + 0.2\pi)$。

31. 利用單邊拉氏轉換，求解 $\mathbf{F}(\mathbf{s})$，如果 $f(t)$ 等於 (a) $[2u(t-1)][u(3-t)]u(t^3)$；(b) $2u(t-4)$；(c) $3e^{-2t}u(t-4)$；(d) $3\delta(t-5)$；(e) $4\delta(t-1)$

$[\cos \pi t - \sin \pi t]$。

14.5　反轉換技巧

33. 試求 $g(t)$，如果 $\mathbf{G(s)}$ 等於 (a) $90 - 4.5 / \mathbf{s}$；(b) $11 + 2\mathbf{s} / \mathbf{s}^2$；(c) $\dfrac{1}{(\mathbf{s}+1)(\mathbf{s}+1)}$；(d) $\dfrac{1}{(\mathbf{s}+1)(\mathbf{s}+2)(\mathbf{s}+3)}$。

35. 已知跨接在 2 kΩ 電阻器兩端的頻域電壓為 $\mathbf{V(s)} = 5\mathbf{s}^{-1}$ V，在 $t = 1$ ms 時，流經電阻器的電流為何？

37. 試求 $f(t)$，如果 $\mathbf{F(s)}$ 等於 (a) $[(\mathbf{s}+1)/\mathbf{s}] + [2/(\mathbf{s}+1)]$；(b) $(e^{-\mathbf{s}}+1)^2$；(c) $2e^{-(\mathbf{s}+1)}$；(d) $2e^{-3\mathbf{s}}\cosh 2\mathbf{s}$。

39. 已知下列的 $\mathbf{F(s)}$ 表示式，試求 $f(t)$：(a) $5/(\mathbf{s}+1)$；(b) $5/(\mathbf{s}+1) - 2/(\mathbf{s}+4)$；(c) $18/[(\mathbf{s}+1)(\mathbf{s}+4)]$；(d) $18\mathbf{s}/[(\mathbf{s}+1)(\mathbf{s}+4)]$；(e) $18\mathbf{s}^2/[(\mathbf{s}+1)(\mathbf{s}+4)]$。

41. 試求 $f(t)$，如果 $\mathbf{F(s)}$ 等於 (a) $\dfrac{2}{\mathbf{s}} - \dfrac{3}{\mathbf{s}+1}$；(b) $\dfrac{2\mathbf{s}+10}{\mathbf{s}+3}$；(c) $3e^{-0.8\mathbf{s}}$；(d) $\dfrac{12}{(\mathbf{s}+2)(\mathbf{s}+6)}$；(e) $\dfrac{12}{(\mathbf{s}+2)^2(\mathbf{s}+6)}$。

43. 求解下列每一個函數的部分分式展開，並決定相對應的時間函數：(a) $\mathbf{F(s)} = [(\mathbf{s}+1)(\mathbf{s}+2)]/[\mathbf{s}(\mathbf{s}+3)]$；(b) $\mathbf{F(s)} = (\mathbf{s}+2)/[\mathbf{s}^2(\mathbf{s}^2+4)]$。

45. 試求 $\mathcal{L}^{-1}\{\mathbf{H(s)}\}$，如果 $\mathbf{H(s)}$ 為 (a) $\dfrac{(\mathbf{s}+1)^2}{(\mathbf{s}+1)(\mathbf{s}+2)}$；(b) $\dfrac{\mathbf{s}+3}{(\mathbf{s}+1)(\mathbf{s}+2)}$；(c) $3\mathbf{s} - \dfrac{\mathbf{s}^4}{(\mathbf{s}^2+2\mathbf{s}+1)(\mathbf{s}+3)} + 1$。

14.6　拉氏轉換的基本定理

47. 如果 $f(0^-) = -3$，且 $15u(t) - 4\delta(t) = 8f(t) + 6f'(t)$，取微分方程式的拉氏轉換，求解 $\mathbf{F(s)}$，再由反轉換求出 $f(t)$。

49. (a) 針對圖 14.14 所示的電路，求解 $v_C(0^-)$ 與 $v_C(0^+)$；(b) 求解適用於 $t > 0$ 時的 $v_C(t)$ 方程式；(c) 利用拉氏轉換技巧求解 $\mathbf{V}_C(\mathbf{s})$，並求解 $v_C(t)$。

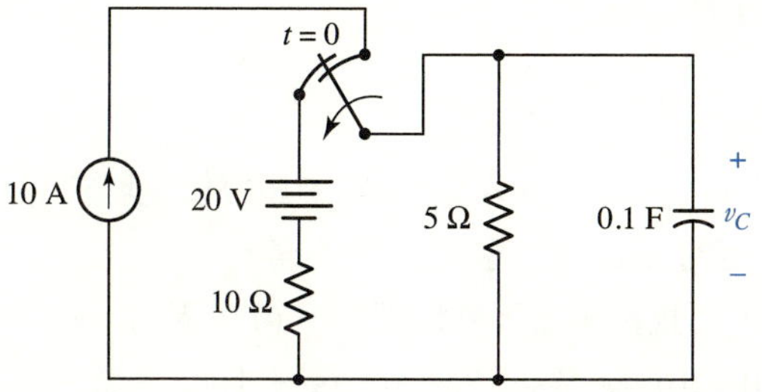

■圖 14.14

51. 已知微分方程式 $12u(t) = 20\,f_2'(t) + 3\,f_2(t)$，其中 $f_2(0^-) = 2$，取拉氏轉換求解 $\mathbf{F}_2(\mathbf{s})$，再解出 $f_2(t)$。

53. 已知兩個微分方程式 $x' + y = 2u(t)$ 及 $y' - 2x + 3y = 8u(t)$，其中 $x(0^-) = 5$ 且 $y(0^-) = 8$，試求 $x(t)$ 與 $y(t)$。

55. (a) 針對圖 14.15 所示的電路，求解 $i_C(0^-)$ 與 $i_C(0^+)$；(b) 求解 $t > 0$ 時，有效 $i_C(t)$ 的時域方程式；(c) 利用拉氏轉換技巧求解 $\mathbf{I}_C(\mathbf{s})$，並求解反轉換。

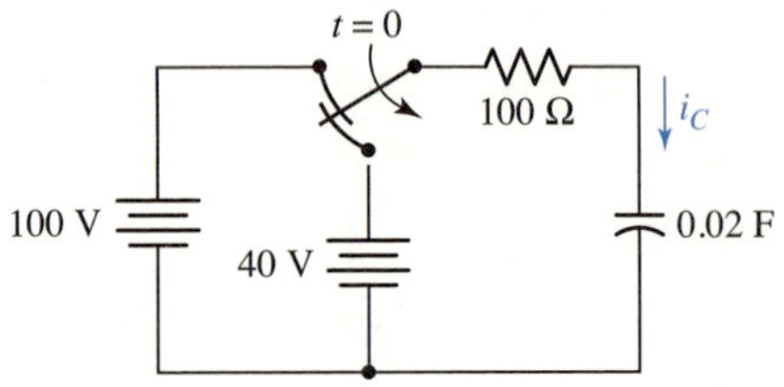

■圖 14.15

57. 一個電阻器 R、一個電容器 C、一個電感器 L 及一個理想電流源 $i_s = 100e^{-5t}\,u(t)$ A 相互並聯。令電壓 υ 跨接在電源的兩端，其正參考端在 $i_s(t)$ 離開電源的端點上，且 $i_s = \upsilon' + 4\upsilon + 3\int_{0^-}^{t} \upsilon\, dx$。(a) 試求 R、L 及 C；(b) 利用拉氏轉換技巧求解 $\upsilon(t)$。

59. 圖 14.16 的電路中，以 i_C 為項，列出一個單一的積微分方程式，並取其拉氏轉換以求解 $\mathbf{I}_C(\mathbf{s})$，並利用反轉換求得 $i_C(t)$。

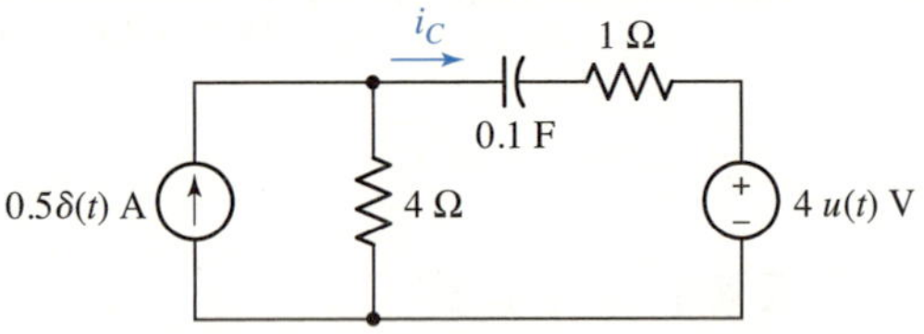

■圖 14.16

61. 將羅斯測試 (Routh test) 應用至下列系統函數，並說明系統穩定或不穩定；(a) $\mathbf{H}(\mathbf{s}) = \dfrac{\mathbf{s} - 500}{\mathbf{s}^3 + 13\mathbf{s}^2 + 47\mathbf{s} + 35}$；(b) $\mathbf{H}(\mathbf{s}) = \dfrac{\mathbf{s} - 500}{\mathbf{s}^3 + 13\mathbf{s}^2 + \mathbf{s} + 35}$。

63. 將羅斯測試應用至下列系統函數，並說明系統穩定或不穩定；(a) $\mathbf{H}(\mathbf{s}) = \dfrac{\mathbf{s}^2}{\mathbf{s}^4 + 3\mathbf{s}^3 + 3\mathbf{s}^2 + 3\mathbf{s} + 1}$；(b) $\mathbf{H}(\mathbf{s}) = \dfrac{2}{\mathbf{s} + 3}$。

14.7 初值與終值定理

65. 已知函數 $\upsilon(t) = 7u(t) + 8e^{-3t}\,u(t)$ V，(a) 應用終值定理求解 $\mathbf{V}(\mathbf{s})$；(b) 藉由求解 $t = \infty$ 時的 $\upsilon(t)$ 值，驗證你的答案。

67. 不必先求解 $f(t)$，而直接求出下列轉換的 $f(0^+)$ 及 $f(\infty)$：(a) $(2\mathbf{s}^2 + 6)/[\mathbf{s}\,(\mathbf{s}^2 + 5\mathbf{s} + 2)]$；(b) $2e^{-\mathbf{s}}/(\mathbf{s} + 3)$；(c) $(\mathbf{s}^2 + 1)/(\mathbf{s}^2 + 5)$。

69. 令 $f(t) = (1/t)(e^{-at} - e^{-bt})\, u(t)$，(a) 求解 $\mathbf{F}(\mathbf{s})$；(b) 求解方程式 $\lim_{t \to 0^+} f(t) = \lim_{\mathbf{s} \to \infty} [\mathbf{sF}(\mathbf{s})]$ 的兩側數值。

15 s 域的電路分析

簡　介

在第 14 章，我們發展出複數頻率的概念，並介紹利用拉氏轉換作為電路分析所遇到的微分方程式的求解方法。在經過一些練習之後，對於所需要的時域與頻域之間來回的轉換變成熟練。現在準備帶著這些傑出的技巧處理結構類型中的電路分析。所得到的這些能力使我們能夠有效的分析任何的線性電路，並得到完全響應——暫態加穩態——而不管強迫電源的性質。

關鍵概念

- 將阻抗的概念延伸至 s 域
- 具有理想電源的模型初始條件
- 將節點、網目、重疊及電源轉換應用在 s 域
- 將戴維寧及諾頓定理應用到 s 域的電路
- 利用 MATLAB 處理 s 域的代數表示式
- 確認電路轉移函數的極點和零點
- 電路的脈衝響應
- 利用捲積積分求解系統的響應
- σ 與 ω 的函數影響
- 利用極一零圖預測電路的自然響應
- 利用運算放大器合成指定電壓的轉移函數

15.1 Z(s) 與 Y(s)

使得相量分析在弦式穩態電路的分析中，如此有效的關鍵概念，是電阻器、電容器及電感器轉換成阻抗的程序。並利用節點或網目分析、重疊定理、電源轉換以及戴維寧與諾頓等效的基本技巧繼續執行電路分析。如我們所察覺到的，這些概念可以延伸至 s 域，因為弦式穩態為 s 域的一種特殊情形 (當 $\sigma=0$ 時)。

頻域中的電阻器

讓我們從一個電阻器連接到電壓源 $v(t)$，這種最簡單的情形開始。歐姆定理指出：

$$v(t) = Ri(t)$$

兩邊取拉氏轉換，

$$\mathbf{V(s)} = R\mathbf{I(s)}$$

可求得以頻域表示的電壓與頻域表示之電流的比值為電阻 R。因此，

$$\mathbf{Z(s)} \equiv \frac{\mathbf{V(s)}}{\mathbf{I(s)}} = R \qquad [1]$$

因為是在頻域中求解，為了不造成混淆，我們將這個量稱為*阻抗*，但仍指定其單位為歐姆 (Ω)。正如我們利用相量，分析弦式穩態電路時所得到的，電阻器的阻抗與頻率無關。電阻器的*導納* $\mathbf{Y(s)}$ 定義為 $\mathbf{I(s)}$ 對 $\mathbf{V(s)}$ 的比值，簡單的以 $1/R$ 來表示；導納的單位為西蒙 (S)。

頻域中的電感器

接下來，考慮一個電感器連接到某一個時變電壓源 $v(t)$，如圖 15.1*a* 所示。已知

$$v(t) = L\frac{di}{dt}$$

針對這個方程式兩邊取拉氏變換，可得

$$\mathbf{V(s)} = L[\mathbf{sI(s)} - i(0^-)] \qquad [2]$$

現在有二項：$\mathbf{s}L\mathbf{I(s)}$ 與 $Li(0^-)$。在電感器儲存的初始能量為零的情況下 [即，$i(0^-)=0$]，則

$$\mathbf{V(s)} = \mathbf{s}L\mathbf{I(s)}$$

所以

$$\mathbf{Z(s)} \equiv \frac{\mathbf{V(s)}}{\mathbf{I(s)}} = \mathbf{s}L \qquad [3]$$

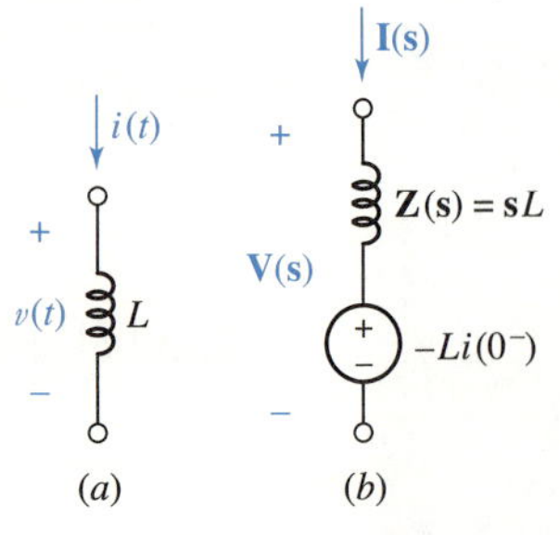

■圖 15.1 (*a*) 時域中的電感器；(*b*) 由一個阻抗 $\mathbf{s}L$ 及元件的初始條件不為零所形成的電壓源 $-Li(0^-)$，組合成電感器在頻域中的完整模型。

如果只對弦式穩態感興趣的話，方程式 [3] 可以進一步簡化。當它們只影響暫態響應的性質時，則允許在這個時候忽略初始條件。所以，將 $\mathbf{s}=j\omega$ 代入，可得

$$\mathbf{Z}(j\omega) = j\omega L$$

如先前在第 10 章得到的一樣。

在 *s* 域下的電感器模型

雖然把方程式 [3] 中的量稱為電感器的阻抗，但必須記住，那是由假設初始電流為零所得到的結果。更一般的情形為，在 $t=0^-$ 時元件中有儲存能量，因此這個能量在頻域中，不足以代表電感器。但幸運的是，將包含初始條件的電感器模型，以一個阻抗與電壓源或電流源的組合來表示，則是可能的。如此一來，將方程式 [2] 重寫成：

$$\mathbf{V}(\mathbf{s}) = \mathbf{s}L\mathbf{I}(\mathbf{s}) - Li(0^-) \qquad [4]$$

右邊的第二項會是一個常數；單位為亨利的電感 L 乘以單位為安培的初始電流 $i(0^-)$。減去隨頻率所變動的項 $\mathbf{s}L\mathbf{I}(\mathbf{s})$ 之後，結果為一個定電壓項。在這一點直覺上的小躍進，引導我們瞭解到，可以將一個單一電感器以兩個成分的頻域元件來替代，如圖 15.1*b*。

顯示在圖 15.1*b* 的頻域電感器模型，由阻抗與電壓源 $Li(0^-)$ 所組成。而跨接在阻抗 $\mathbf{s}L$ 兩端的電壓，可以用歐姆定理求得為 $\mathbf{s}L\mathbf{I}(\mathbf{s})$。因為圖 15.1*b* 的兩個組成元件為線性，因此先前所探究的每一種電路分析技巧，都能運用在 s 域。例如，為了得到阻抗 $\mathbf{s}L$ 並聯電流源 $[-Li(0^-)]/\mathbf{s}L=-i(0^-)/\mathbf{s}$ 的結果，利用電源轉換則是可能的。並聯電路的結果可以利用方程式 [4] 並求解 $\mathbf{I}(\mathbf{s})$ 來證明：

$$\begin{aligned}\mathbf{I}(\mathbf{s}) &= \frac{\mathbf{V}(\mathbf{s}) + Li(0^-)}{\mathbf{s}L} \\ &= \frac{\mathbf{V}(\mathbf{s})}{\mathbf{s}L} + \frac{i(0^-)}{\mathbf{s}}\end{aligned} \qquad [5]$$

再次表示成兩項。右邊的第一項為簡單的導納 $1/\mathbf{s}L$ 乘上電壓 $\mathbf{V}(\mathbf{s})$。右邊的第二項為一個電流，雖然單位是安培・秒。因此可將這方程式以兩個個別的元件予以模型化：一個 $1/\mathbf{s}L$ 的導納與 $i(0^-)/$

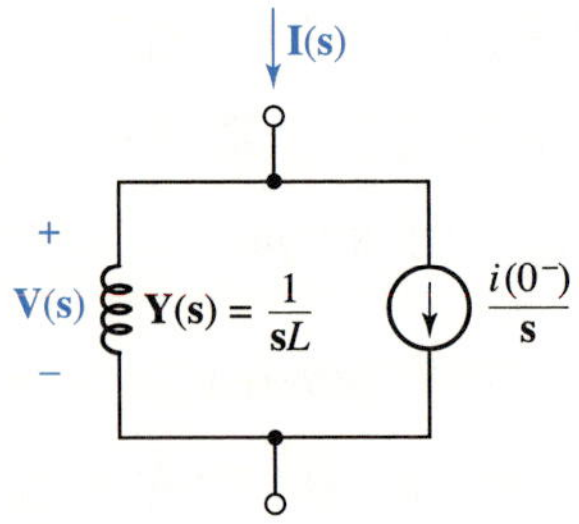

■圖 15.2　另一種電感器的頻域模型，由導納 $1/\mathbf{s}L$ 與電流源 $i(0^-)/\mathbf{s}$ 所組成。

s 的電流源並聯；所求得的模型顯示在圖 15.2。當分析一個包含電感器的完整電路時，選擇使用 15.1*b* 或圖 15.2 的模型，通常是以哪一個模型會產生較簡單的方程式而定。注意到，雖然圖 15.2 以導納 $\mathbf{Y(s)}=1/\mathbf{s}L$ 來表示電感器，實際上可以視為一個阻抗 $\mathbf{Z(s)}=\mathbf{s}L$；再次，選擇使用哪一種模型，完全取決於個人喜好及便利。

接下來針對單位做一個扼要的說明。當取電流 $i(t)$ 的拉氏轉換時，則是對時間做積分。因此，**I(s)** 的單位，在技術上來說是安培・秒；類似的情形，**V(s)** 的單位為伏特・秒。然而，習慣上會省略秒，而將 **I(s)** 的單位指定為安培，以伏特來量測 **V(s)**。直到我們仔細檢查像方程式 [5] 這樣的式子之前，這種慣例並不會發生任何的問題，在方程式 [5] 的右邊看到像 $i(0^-)/\mathbf{s}$ 的項目，這似乎與 **I(s)** 的單位相抵觸。雖然會持續以"安培"及"伏特"來量測這些相量，當要以方程式的單位來驗證代數計算時，必須記住有秒的存在！

例題 15.1

試求圖 **15.3*a*** 中所示的電壓 $v(t)$，已知初始電流 $i(0^-)=1$ A。

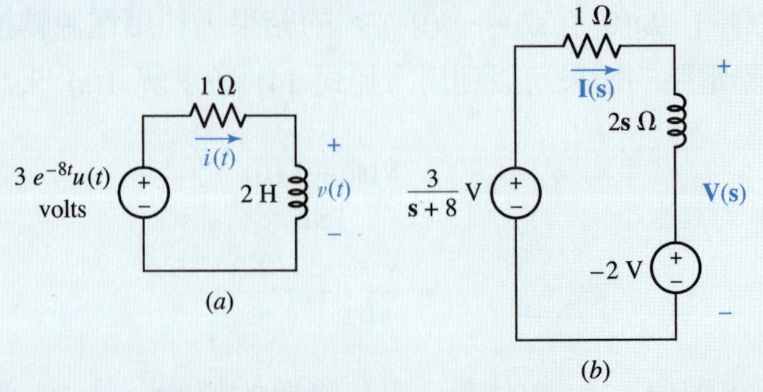

■圖 15.3　(*a*) 簡單的電阻器－電感器電路，其中電壓 $v(t)$ 為所要求解的量；(*b*) 等效的頻域電路，包括電感器的初始電流，其流經所使用的串聯電壓源 $-Li(0^-)$。

首先將圖 15.3*a* 的電路，轉換成頻域下的等效電路，如圖 15.3*b* 所示；電感器已由兩個元件模型取代：一個 $\mathbf{s}L = 2\mathbf{s}\ \Omega$ 的阻抗及一個 $-Li(0-) = -2$ V 的獨立電壓源。

所要求的是標示為 $\mathbf{V(s)}$ 的量，其反拉氏轉換將產生 $v(t)$。而要注意的是，$\mathbf{V(s)}$ 跨接在整個電感器的模型上，而不是只有阻抗成分。

CAUTION

直接求解，可列出

$$\mathbf{I(s)} = \frac{\left[\dfrac{3}{\mathbf{s}+8} + 2\right]}{1+2\mathbf{s}} = \frac{\mathbf{s}+9.5}{(\mathbf{s}+8)(\mathbf{s}+0.5)}$$

且

$$\mathbf{V(s)} = 2\mathbf{s}\,\mathbf{I(s)} - 2$$

所以

$$\mathbf{V(s)} = \frac{2\mathbf{s}(\mathbf{s}+9.5)}{(\mathbf{s}+8)(\mathbf{s}+0.5)} - 2$$

在把這個式子取反拉氏轉換之前，值得花費一些時間及努力先將其簡化。因此，

$$\mathbf{V(s)} = \frac{2\mathbf{s}-8}{(\mathbf{s}+8)(\mathbf{s}+0.5)}$$

利用部分因式展開的方法 (在紙上推導或藉由 MATLAB 的協助)，可得

$$\mathbf{V(s)} = \frac{3.2}{\mathbf{s}+8} - \frac{1.2}{\mathbf{s}+0.5}$$

參考表 14.1，可求得反拉氏轉換為

$$v(t) = [3.2e^{-8t} - 1.2e^{-0.5t}]u(t) \quad \text{伏特}$$

練習題

15.1　試求圖 15.4 電路中的電流 $i(t)$。

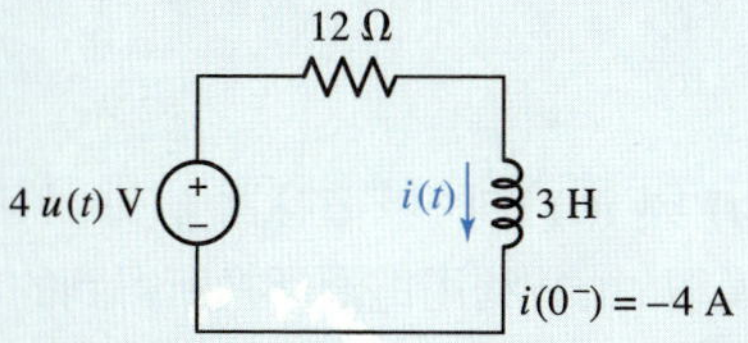

■圖 15.4

答：$\frac{1}{3}[1 - 13e^{-4t}]u(t)$ A。

s 域下的電容器模型

相同的概念也可以應用到 s 域下的電容器。遵循被動符號慣例，如圖 15.5*a* 所示，電容器的決定方程式為：

$$i = C\frac{dv}{dt}$$

在方程式兩邊取拉氏轉換，可得

$$\mathbf{I}(\mathbf{s}) = C[\mathbf{s}\mathbf{V}(\mathbf{s}) - v(0^-)]$$

或

$$\mathbf{I}(\mathbf{s}) = \mathbf{s}C\mathbf{V}(\mathbf{s}) - Cv(0^-) \qquad [6]$$

電容器可以用一個導納 **s**C 與一電流源 $Cv(0^-)$ 並聯作為模型，如圖 15.5*b* 所示。將此電路做電源轉換 (小心的遵循被動符號慣例)，形成由一個阻抗 1/**s**C 與電壓源 $v(0^-)$/**s** 串聯的電容器等效模型，如圖 15.5*c* 所示。

CAUTION

以這些 s 域的等效在做分析時，不要被用來包含初始條件的獨立電流源弄混淆了。電感器的初始條件為已知的 $i(0^-)$；而這一項可能成為電壓源或電流源的一部分，完全由所選擇的模型而定。電容器的初始條件為已知的 $v(0^-)$；而這項可能是電壓源或電流源的一部分。學生們第一次使用 s 域分析電路時，最容易犯的錯誤為，總是使用 $v(0^-)$ 作為模型的電壓源元件，即使是在分析電感器時。

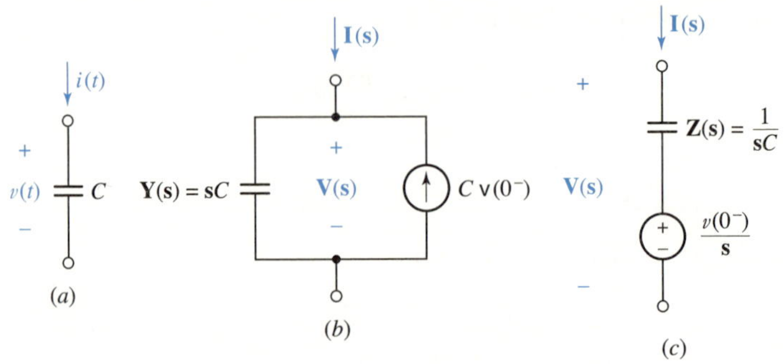

■圖 15.5 (*a*) 標示 $V(t)$ 與 $i(t)$ 的時域電容器；(*b*) 具初始電壓 $V(0^-)$ 的頻域電容器模型；(*c*) 利用電源轉換所得到的等效模型。

例題 15.2

試求圖 **15.6*a*** 電路中的 $v_C(t)$，假設初始電壓 $v_C(0^-) = -2$ V。

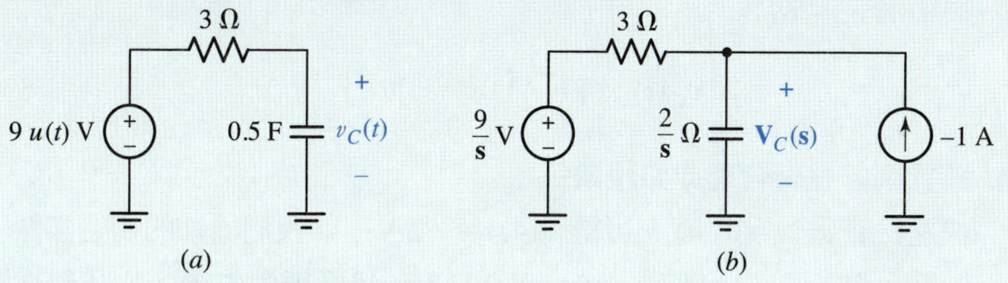

■圖 15.6　(*a*) 所要求 $v_C(t)$ 的電路；(*b*) 採用以電流源為基礎模型表示電容器初始條件的頻域等效電路。

▲ 確認問題的目標

針對電容器電壓 $v_C(t)$，需要一組的方程式。

▲ 收集已知的資料

此問題指定了一個 −2 V 的初始電壓。

▲ 規劃計畫

第一步要畫出 **s** 域的等效電路；在做這項工作前，必須在兩個可能的電容器模型間做個選擇。在沒有一個比另一個還有利的情況下，我們選擇以電流源為基礎的模型，如圖 15.6*b* 所示。

▲ 建構一組適當的方程式

列出一條單一節點方程式開始進行分析：

$$-1 = \frac{\mathbf{V}_C}{2/\mathbf{s}} + \frac{\mathbf{V}_C - 9/\mathbf{s}}{3}$$

▲ 決定是否需要額外的方程式

在所要求解的電容器電壓頻域的表示式中，有一條方程式及一個未知數。

▲ 企圖求解

求解 $\mathbf{V}_C$，可得

$$\mathbf{V}_C = \frac{18/\mathbf{s} - 6}{3\mathbf{s} + 2} = -2\frac{(\mathbf{s} - 3)}{\mathbf{s}(\mathbf{s} + 2/3)}$$

由部分分式展開產生

$$\mathbf{V}_C = \frac{9}{\mathbf{s}} - \frac{11}{\mathbf{s} + 2/3}$$

取上式的反拉氏轉換，可求得 $\upsilon_C(t)$，結果為

$$\upsilon_C(t) = 9u(t) - 11e^{-2t/3}u(t) \qquad \text{V}$$

更精簡表示成：

$$\upsilon_C(t) = [9 - 11e^{-2t/3}]u(t) \qquad \text{V}$$

▲ **確認解答是否合理或如預期？**

快速檢查當 $t=0$ 時，可得 $\upsilon_C(t)=-2$ V，如我們已知的初始條件。同時，當 $t \to \infty$ 時，$\upsilon_C(t) \to 9$ V，一旦暫態消失後，如我們從圖 15.6*a* 所預期的一樣。

練習題

15.2 使用以電壓源為基礎的電容器模型，重做例題 15.2。

答：$[9 - 11^{e-2t/3}]u(t)$ V。

本節中所得的結果摘錄於表 15.1 中。要注意在每一個例子中，都假設了被動符號慣例。

15.2 s 域中的節點與網目分析

在第 10 章中，學習如何將弦式電源所驅動的時域電路轉換成相對的頻域電路。這種轉換的好處立即便呈現出來，如同不再需要求解微積分方程式。這種電路的節點與網目分析 (只限制在求解穩態響應)，其結果以 $j\omega$ 為項次的代數表示，而 ω 為電源頻率。

現在看到阻抗的概念可以延伸到複數頻率 ($\mathbf{s}=\sigma + j\omega$) 更一般的例子。一但我們把電路從時域轉換成頻域，執行節點或網目分析將再一次形成純代數的式子，而這一次是在複數頻率 **s** 方面。所產生的方程式需要使用變數代換法，如克萊默法則 (Cramer's rule)，或具有符號代數處理能力的軟體 (例如 MATLAB)。在這節中，提出兩個具合理複雜性的例子，以致於我們可以更詳細的檢視這些議題。然而，首先考慮 MATLAB 如何用來幫助解決這種問題。

表 15.1　時域與頻域中元件表示的摘要

時　域	頻　域	
電阻器 $v(t)=R\,i(t)$ 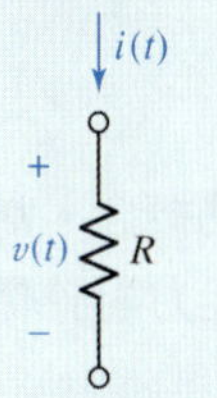	$\mathbf{V}(\mathbf{s})=R\,\mathbf{I}(\mathbf{s})$ 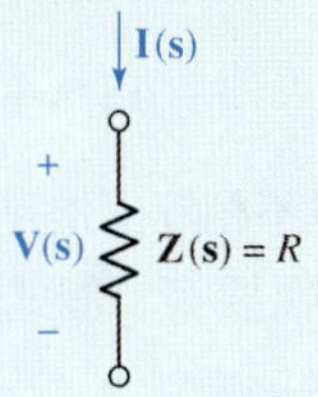	$\mathbf{I}(\mathbf{s})=\frac{1}{R}\mathbf{V}(\mathbf{s})$ 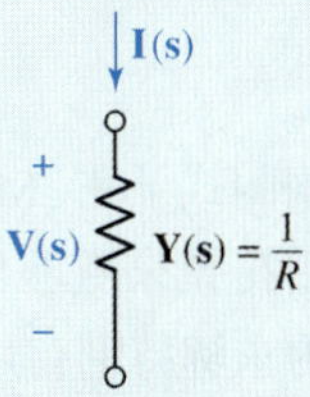
電感器 $v(t)=L\frac{di}{dt}$ 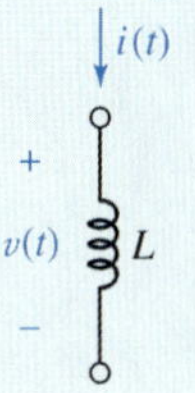	$\mathbf{V}(\mathbf{s})=\mathbf{s}L\,\mathbf{I}(\mathbf{s})-Li(0^-)$ 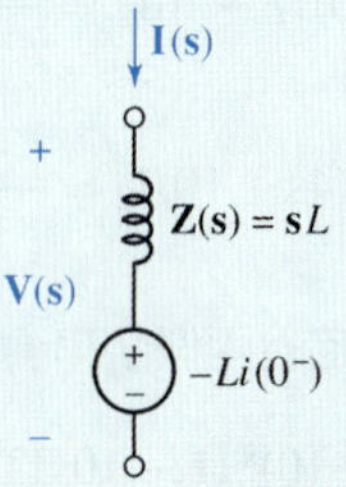	$\mathbf{I}(\mathbf{s})=\frac{\mathbf{V}(\mathbf{s})}{\mathbf{s}L}+\frac{i(0^-)}{\mathbf{s}}$ 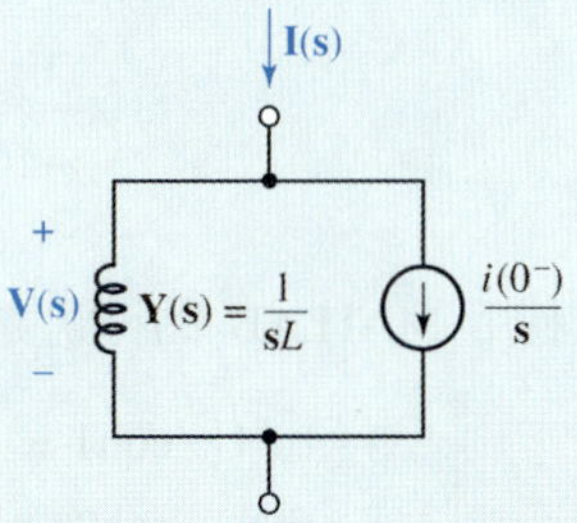
電容器 $i(t)=C\frac{dv}{dt}$ 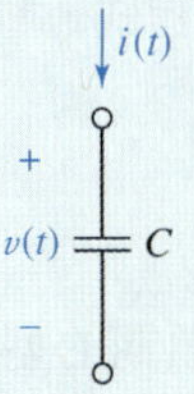	$\mathbf{V}(\mathbf{s})=\frac{\mathbf{I}(\mathbf{s})}{\mathbf{s}C}+\frac{v(0^-)}{\mathbf{s}}$ 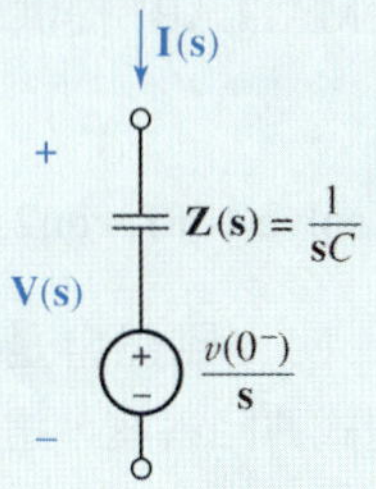	$\mathbf{I}(\mathbf{s})=\mathbf{s}C\,\mathbf{V}(\mathbf{s})-Cv(0^-)$ 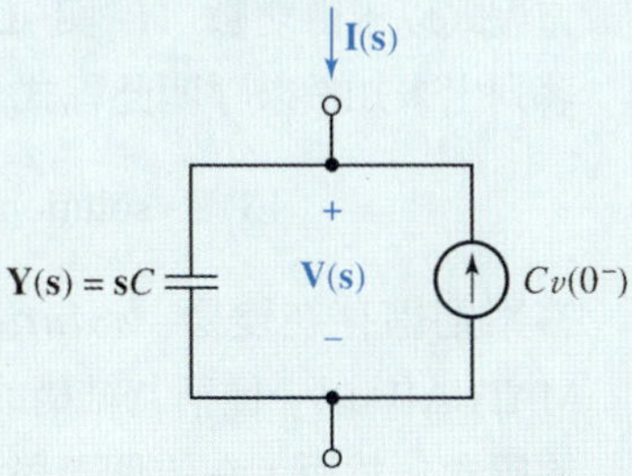

電腦輔助分析

在第 14 章中，我們看到 MATLAB 被用來求解在 s 域中的有理函數的餘數，而使得反拉氏轉換的程序更加簡單。然而，實際上這套套裝軟體功能非常強，具有許多內建的程式，可用來處理代數的表示。事實上，如同我們將在這個例子中所看到的，MATLAB 甚至有能力，從經由電路分析所得的有理函數，直接執行反拉氏轉換。

讓我們開始來看看 MATLAB 如何能用來求解代數表示式。這些表示式是以字串的型式儲存，並用撇號（‘）來定義表示式。例如：先前將

多項次 $\mathbf{p(s)}=\mathbf{s}^3-12\mathbf{s}+6$ 表示成向量：

```
EDU» p = [1   0   −12   6];
```

然而，也可以用符號來表示：

```
EDU» p = 's^3 − 12*s + 6';
```

上面兩個式子在 MATLAB 中並不相等；這是兩種不同的概念。當我們希望用符號來處理代數式時，則需要第二個式子，這種能力對於聯立方程式的求解特別有用。

考慮這組方程式：

$$(3\mathbf{s}+10)\mathbf{I}_1-10\mathbf{I}_2=\frac{4}{\mathbf{s}+2}$$

$$-10\mathbf{I}_1+(4\mathbf{s}+10)\mathbf{I}_2=\frac{-2}{\mathbf{s}+1}$$

利用 MATLAB 的符號標示來定義兩個字串變數：

```
EDU» eqn1 = '(3*s+10)*I1 − 10*I2 = 4/(s+2)';
EDU» eqn2 = '−10*I1 + (4*s+10)*I2 = −2/(s+1)';
```

注意到完整的方程式已涵蓋在每一個字串中；而我們的目標是解這兩個方程式以求得變數 I1 與 I2。MATLAB 提供一個特別的程式，並緊接著列出未知數來呼叫此程式：

```
EDU» solution = solve(eqn1, eqn2, 'I1', 'I2');
```

答案則儲存在變數 *solution* 內，雖然會是一種無法預期的型式。MATLAB 以一種稱為結構的型式傳回答案，這是一種類似 C 語言程式的概念。然而，在這個階段我們所要知道的是如何把答案摘錄出來。如果打入

```
EDU» I1 = solution.I1
```

可得到回應

```
I1 =
2*(4*s+9)/(s+1)/(6*s^2+47*s+70)
```

顯示一組 **s** 多項次已指定到變數 I1；類似的操作可用來求解 I2。

現在可以利用函數 *ilaplace* ( )，繼續直接執行反拉氏轉換：

```
EDU» i1 = ilaplace(I1)
i1 =
10/29*exp(-t)-172/667*exp(-35/6*t)-2/23*exp(-2*t)
```

在這種情形下，可以快速求得從節點或網目分析，所得到的聯立方程式的解，並且也求得反拉氏轉換。如果想要的話，指令 *ezplot*(i1) 可以讓我們看到答案像什麼。也要注意到，複雜的表示式有時候會讓 MATLAB 混淆；在這樣的情形下，*ilaplace*( ) 可能不會傳回有用的答案。

在此，值得提出一些相關的函數，正如它們可以用來快速檢查用手算所得到的答案。函數 *numden*( )，把有理函數轉換成兩個個別的變數：一個包括分子，而另一個包含分母。例如，

```
EDU» [N,D] = numden(I1)
```

則會傳回兩個代數式，並分別存在 N 與 D 內：

```
N =
8*s+18
D =
(s+1)*(6*s^2+47*s+70)
```

為了應用先前使用函數 *residue*( ) 的經驗，需要將每一個符號 (字串) 表示轉成一個包含多項式係數的向量。利用指令 *sym2poly*( ) 可以達成這個需求：

```
EDU» n = sym2poly(N);
```

及

```
EDU» d = sym2poly(D)
d =
6   53   117   70
```

在決定了餘數之後：

```
EDU» [r p y] = residue(n,d)
r =          p =          y =
-0.2579      -5.8333      [ ]
-0.0870      -2.0000
 0.3448      -1.0000
```

這個結果與使用 *ilaplace*( ) 所得的結果相符。

具備了這些新的 MATLAB 技巧 (或仍希望試著用另一種方法，例如克萊默法則或直接代入法)，現在我們準備好開始分析一些電路了。

例題 15.3

試求圖 15.7a 電路中的兩個網目電流 i_1 與 i_2。電路中沒有儲存任何的初始能量。

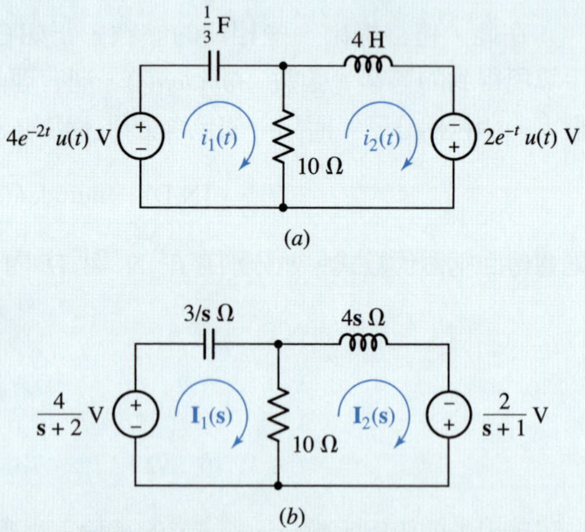

■圖 15.7 (a) 要求解每一個網目電流的二網目電路；(b) 頻域的等效電路。

第一步永遠都是先畫出適當的頻域等效電路。因為在 $t=0^-$ 時，電路中未儲存任何的能量，以 3/s Ω 阻抗取代 $\frac{1}{3}$ F 電容器，並且利用 4s Ω 的阻抗取代 4 H 的電感器，如圖 15.7 b 所示。

接下來，列出與以前一樣的兩個網目方程式：

$$-\frac{4}{\mathbf{s}+2}+\frac{3}{\mathbf{s}}\mathbf{I}_1+10\mathbf{I}_1-10\mathbf{I}_2=0$$

或

$$\left(\frac{3}{\mathbf{s}}+10\right)\mathbf{I}_1-10\mathbf{I}_2=\frac{4}{\mathbf{s}+2} \qquad \text{(網目 1)}$$

而且

$$-\frac{2}{\mathbf{s}+1}+10\mathbf{I}_2-10\mathbf{I}_1+4\mathbf{s}\mathbf{I}_2=0$$

或

$$-10\mathbf{I}_1+(4\mathbf{s}+10)\mathbf{I}_2=\frac{2}{\mathbf{s}+1} \qquad \text{(網目 2)}$$

求解 $\mathbf{I}_1$ 與 $\mathbf{I}_2$，可得

$$\mathbf{I}_1 = \frac{2\mathbf{s}(4\mathbf{s}^2 + 19\mathbf{s} + 20)}{(20\mathbf{s}^4 + 66\mathbf{s}^3 + 73\mathbf{s}^2 + 57\mathbf{s} + 30)} \quad \text{A}$$

且

$$\mathbf{I}_2 = \frac{30\mathbf{s}^2 + 43\mathbf{s} + 6}{(\mathbf{s} + 2)(20\mathbf{s}^3 + 26\mathbf{s}^2 + 21\mathbf{s} + 15)} \quad \text{A}$$

剩下的工作是針對每一個函數取反拉氏轉換，執行後可得

$$i_1(t) = -96.39e^{-2t} - 344.8e^{-t} + 841.2e^{-0.15t}\cos 0.8529t + 197.7e^{-0.15t}\sin 0.8529t \quad \text{mA}$$

且

$$i_2(t) = -481.9e^{-2t} - 241.4e^{-t} + 723.3e^{-0.15t}\cos 0.8529t + 472.8e^{-0.15t}\sin 0.8529t \quad \text{mA}$$

並未直接說明在 $t=0^-$ 時，沒有任何電流流經電感器。因此，$i_2(0^-)=0$，結果 $i_2(0^+)$ 也必定為零。這個結果對於所求得的解答仍成立嗎？

練習題

15.3　試求圖 15.8 電路中的網目電流 i_1 與 i_2。可以假設在 $t=0^-$ 時，電路中沒有儲存任何能量。

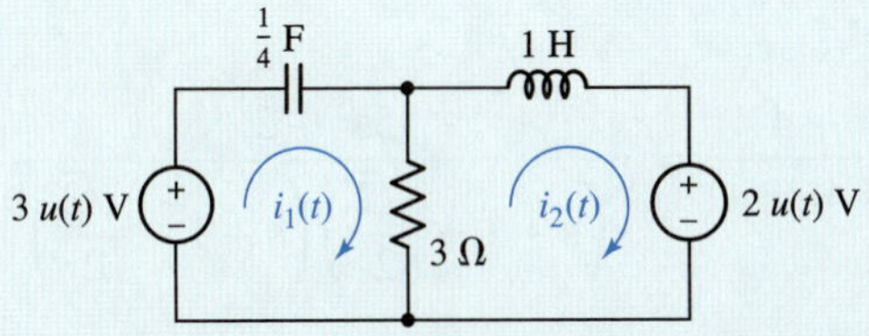

■圖 15.8

答：$i_1 = e^{-2t/3}\cos\left(\frac{4}{3}\sqrt{2}t\right) + \left(\sqrt{2}/8\right)e^{-2t/3}\sin\left(\frac{4}{3}\sqrt{2}t\right)$ A；

$i_2 = -\frac{2}{3} + \frac{2}{3}e^{-2t/3}\cos\left(\frac{4}{3}\sqrt{2}t\right) + \left(13\sqrt{2}/24\right)e^{-2t/3}\sin\left(\frac{4}{3}\sqrt{2}t\right)$ A。

例題 15.4

利用節點分析技巧，計算圖 15.9 電路中的電壓 v_x。

第一步先要畫出 **s** 域的相對電路。我們看到 $\frac{1}{2}$ F 的電容器在 $t=0^-$ 時，有 2 V 的初始電壓，需要採用圖 15.5 兩種模型的其中一種。因為要使用節點分析，或許選擇圖 15.5*b* 的模型會比較適當。圖 15.10 顯示轉換後的電路。

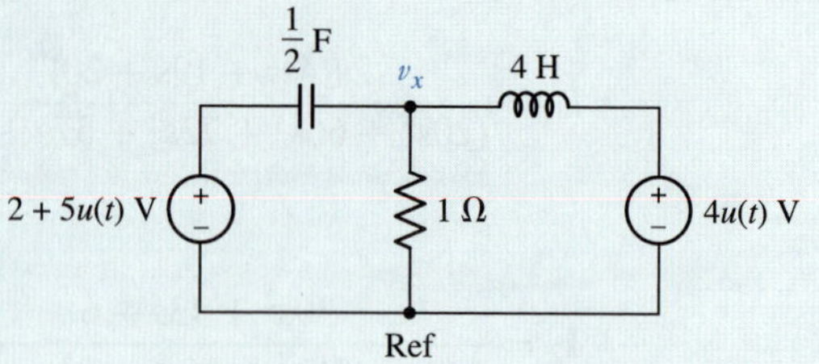

■圖 15.9 包括兩個儲能元件的四個節點電路。

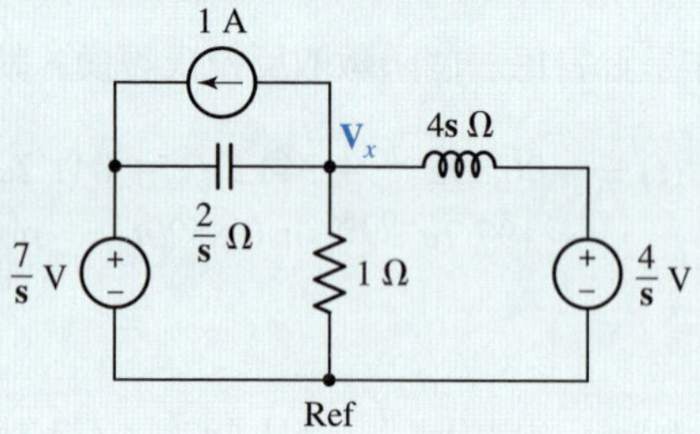

■圖 15.10 圖 15.9 的 s 域等效電路。

因為已經指定三個節點電壓中的兩個，只需列出一個節點方程式：

$$-1 = \frac{\mathbf{V}_x - \dfrac{7}{\mathbf{s}}}{\dfrac{2}{\mathbf{s}}} + \mathbf{V}_x + \frac{\mathbf{V}_x - \dfrac{4}{\mathbf{s}}}{4\mathbf{s}}$$

所以

$$\mathbf{V}_x = \frac{10\mathbf{s}^2 + 4}{\mathbf{s}(2\mathbf{s}^2 + 4\mathbf{s} + 1)} = \frac{5\mathbf{s}^2 + 2}{\mathbf{s}\left(\mathbf{s} + 1 + \dfrac{\sqrt{2}}{2}\right)\left(\mathbf{s} + 1 - \dfrac{\sqrt{2}}{2}\right)}$$

利用反拉氏轉換可求得節點電壓 v_x，因此可求得

$$v_x = [4 + 6.864e^{-1.707t} - 5.864e^{-0.2929t}]u(t)$$

或

$$v_x = \left[4 - e^{-t}\left(9\sqrt{2}\sinh\frac{\sqrt{2}}{2}t - \cosh\frac{\sqrt{2}}{2}t\right)\right]u(t)$$

然而，我們所求解的答案正確嗎？一種檢查的方法是求取 $t=0$ 時，電容器的電壓，因為已經知道這個值為 2 V。因此，

$$\mathbf{V}_C = \frac{7}{\mathbf{s}} - \mathbf{V}_x = \frac{4\mathbf{s}^2 + 28\mathbf{s} + 3}{\mathbf{s}(2\mathbf{s}^2 + 4\mathbf{s} + 1)}$$

把 $\mathbf{V}_C$ 乘上 $\mathbf{s}$，並取 $\mathbf{s} \to \infty$ 的極限，可得

$$v_c(0^+) = \lim_{s\to\infty}\left[\frac{4s^2+28s+3}{2s^2+4s+1}\right] = 2\text{ V}$$

結果如預期。

練習題

15.4　採用節點分析計算圖 15.11 電路中的 $v_x(t)$。

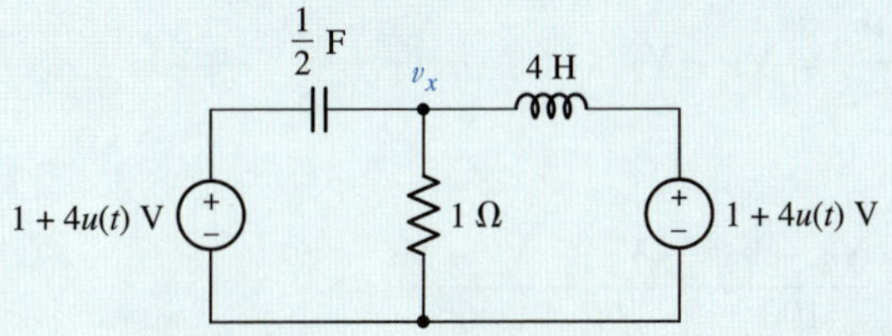

■圖 15.11　練習題 15.4 的電路。

答：$[5 + 5.657(e^{-1.707t} - e^{-0.2929t})]u(t)$。

例題 15.5

利用節點分析求解圖 **15.12*a*** 電路中的 v_1、v_2 及 v_3。在 $t=0^-$ 時，電路中沒有任何儲存能量。

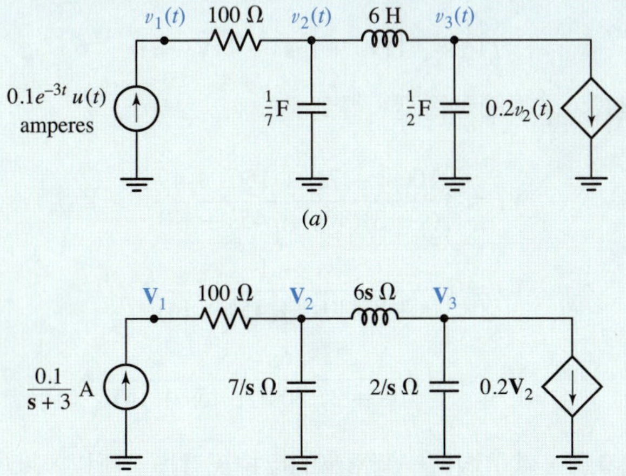

■圖 15.12　(*a*) 四個節點電路，其中包括兩個電容器及一個電感器，並且在 $t=0^-$ 時，電路中沒有任何儲存能量；(*b*) 頻域的等效電路。

電路由三個儲能元件所組成，在 $t=0^-$ 時，沒有任何元件有儲存能量。因此，每一個元件可以用相對應的阻抗來取代，如圖 15.12 *b* 所示。同時也注意到，在電路中有一個由節點電壓 $v_2(t)$ 所控制的依賴電流源。

從節點 1 開始，可以列出下列方程式：

$$\frac{0.1}{\mathbf{s}+3} = \frac{\mathbf{V}_1 - \mathbf{V}_2}{100}$$

或

$$\frac{10}{\mathbf{s}+3} = \mathbf{V}_1 - \mathbf{V}_2 \qquad \text{(節點 1)}$$

在節點 2，

$$0 = \frac{\mathbf{V}_2 - \mathbf{V}_1}{100} + \frac{\mathbf{V}_2}{7/\mathbf{s}} + \frac{\mathbf{V}_2 - \mathbf{V}_3}{6\mathbf{s}}$$

或

$$-42\mathbf{s}\mathbf{V}_1 + (600\mathbf{s}^2 + 42\mathbf{s} + 700)\mathbf{V}_2 - 700\mathbf{V}_3 = 0 \qquad \text{(節點 2)}$$

最後，在節點 3 可得：

$$-0.2\mathbf{V}_2 = \frac{\mathbf{V}_3 - \mathbf{V}_2}{6\mathbf{s}} + \frac{\mathbf{V}_3}{2/\mathbf{s}}$$

或

$$(1.2\mathbf{s} - 1)\mathbf{V}_2 + (3\mathbf{s}^2 + 1)\mathbf{V}_3 = 0$$

解這組方程式可求得節點電壓，得到

$$\mathbf{V}_1 = 3\frac{100\mathbf{s}^3 + 7\mathbf{s}^2 + 150\mathbf{s} + 49}{(\mathbf{s}+3)(30\mathbf{s}^3 + 45\mathbf{s} + 14)}$$

$$\mathbf{V}_2 = 7\frac{3\mathbf{s}^2 + 1}{(\mathbf{s}+3)(30\mathbf{s}^3 + 45\mathbf{s} + 14)}$$

$$\mathbf{V}_3 = -1.4\frac{6\mathbf{s} - 5}{(\mathbf{s}+3)(30\mathbf{s}^3 + 45\mathbf{s} + 14)}$$

只剩下一個步驟，就是取每一個電壓的反拉氏轉換，所以，就如 $t > 0$，

$$v_1(t) = 9.789e^{-3t} + 0.06173e^{-0.2941t} + 0.1488e^{0.1471t}\cos(1.251t) + 0.05172e^{0.1471t}\sin(1.251t)\text{ V}$$

$$v_2(t) = -0.2105e^{-3t} + 0.06173e^{-0.2941t} + 0.1488e^{0.1471t}\cos(1.251t) + 0.05172e^{0.1471t}\sin(1.251t)\text{ V}$$

$$v_3(t) = -0.03459e^{-3t} + 0.06631e^{-0.2941t} - 0.03172e^{0.1471t}\cos(1.251t) - 0.06362e^{0.1471t}\sin(1.251t)\ \text{V}$$

要注意的是，由於依賴電流的動作造成響應以指數型式增大。在本質上，此電路是 "運作失控的 (running away)"，表示在某一點時，某一種元件會以某種相關的型式熔解、爆炸或失去作用。雖然分析像這樣的電路，明顯地會花費大量的計算，一旦我們想到要在時域分析這個電路時，這對於 s 域技術上的好處是毫無疑問的。

練習題

15.5　使用節點分析求解圖 15.13 電路中的 v_1、v_2 及 v_3。假設在 $t=0^-$ 時，沒有任何能量儲存在電感器內。

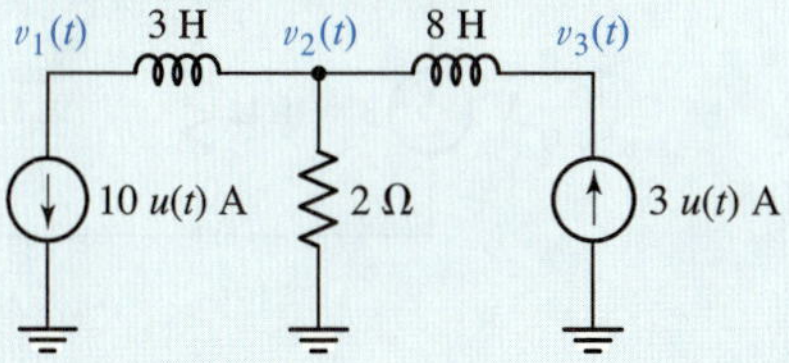

■圖 15.13

答：$v_1(t) = -30\delta(t) - 14u(t)$ V；$v_2(t) = -14u(t)$ V；$v_3(t) = 24\delta(t) - 14u(t)$ V。

15.3　額外的電路分析技巧

我們經常發現到，可以藉由小心地選擇分析的技巧，來簡化我們的工作。在分析一個特別的電路時，則取決於所要的目標。例如，對於一個包含 215 個獨立電源的電路，很少會想去應用重疊定理，如果這樣的話，會需要分析 215 個個別的電路。然而，把電容器及電感器等被動元件視為阻抗，對於已經轉換成 s 域等效的電路，可以任意採用在第 3、4 及 5 章所學過的任何電路分析技巧來分析此電路。

因此，重疊定理、電源轉換、戴維寧定理及諾頓定理，全部都可以應用到 s 域中。

例題 15.6

利用電源轉換，簡化圖 15.14*a* 的電路。並求解電壓 *v*(*t*) 的表示式。

因為沒有指定任何的初始電流或電壓，而且電壓源乘上 $u(t)$，因此可以論斷，電路中沒有任何的初始儲能。所以可以畫出頻域的電路，如圖15.14*b* 所示。

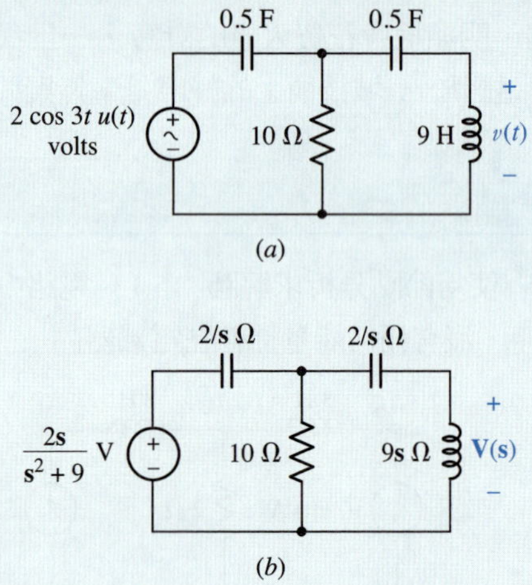

■圖 15.14 (*a*) 利用電源轉換所要簡化的電路；(*b*) 頻域的表示。

為了組合兩個 $2/\mathbf{s}\ \Omega$ 的阻抗與 $10\ \Omega$ 電阻器，所採用的策略是執行幾次的電源轉換；必須將 $9\ \mathbf{s}\ \Omega$ 阻抗單獨留下，以求解跨接在它兩端的 $\mathbf{V(s)}$。現在可以將電壓源與最左側的 $2/\mathbf{s}\ \Omega$ 阻抗，轉換成電流源

$$\mathbf{I(s)} = \left(\frac{2\mathbf{s}}{\mathbf{s}^2+9}\right)\left(\frac{\mathbf{s}}{2}\right) = \frac{\mathbf{s}^2}{\mathbf{s}^2+9} \qquad \text{A}$$

與 $2/\mathbf{s}\ \Omega$ 阻抗並聯。

如圖 15.15*a* 所示，這轉換之後得到面對電流源的阻抗為 $\mathbf{Z}_1 \equiv (2/\mathbf{s}) \| 10 = 20/(10\mathbf{s}+2)\ \Omega$。執行另一次的電源轉換，可得到電壓源為 $\mathbf{V}_2(\mathbf{s})$

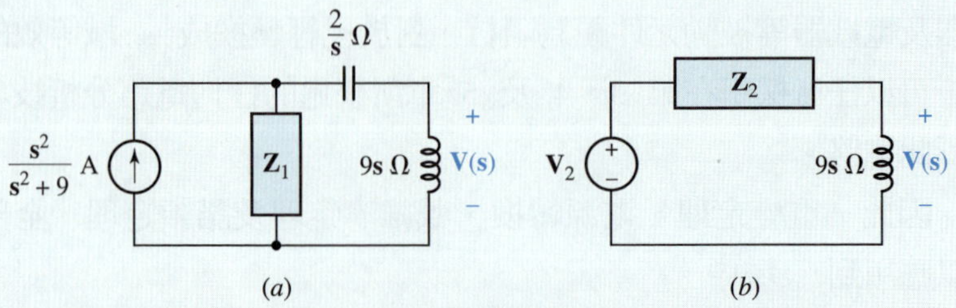

■圖 15.15 (*a*) 第一次電源轉換後的電路；(*b*) 求解 $\mathbf{V(s)}$ 所分析的最後電路。

$$\mathbf{V}_2(\mathbf{s}) = \left(\frac{\mathbf{s}^2}{\mathbf{s}^2+9}\right)\left(\frac{20}{10\mathbf{s}+2}\right)$$

電壓源與 $\mathbf{Z}_1$ 串聯並且還剩下 2/s 阻抗；把 $\mathbf{Z}_1$ 與 2/s 組合成一個新的阻抗 $\mathbf{Z}_2$，可得

$$\mathbf{Z}_2 = \frac{20}{10\mathbf{s}+2} + \frac{2}{\mathbf{s}} = \frac{40\mathbf{s}+4}{\mathbf{s}(10\mathbf{s}+2)} \quad \Omega$$

圖 15.15*b* 顯示經過兩次轉換後的電路。在此階段，可以利用簡單的分壓求得電壓 **V**(s) 的表示式：

$$\mathbf{V}(\mathbf{s}) = \left(\frac{\mathbf{s}^2}{\mathbf{s}^2+9}\right)\left(\frac{20}{10\mathbf{s}+2}\right)\frac{9\mathbf{s}}{9\mathbf{s}+\left[\dfrac{40\mathbf{s}+4}{\mathbf{s}(10\mathbf{s}+2)}\right]}$$

$$= \frac{180\mathbf{s}^4}{(\mathbf{s}^2+9)(90\mathbf{s}^3+18\mathbf{s}^2+40\mathbf{s}+4)}$$

分母中的二項都具有複數根，利用 MATLAB 將分母展開，並求解餘數，

```
EDU» d1 = 's^2 + 9';
EDU» d2 = '90*s^3 + 18*s^2 + 40*s + 4';
EDU» d = symmul(d1,d2);
EDU» denominator = expand(d);
EDU» den = sym2poly(denominator);
EDU» num = [180 0 0 0 0];
EDU» [r p y] = residue(num,den);
```

可求得

$$\mathbf{V}(\mathbf{s}) = \frac{1.047+j0.0716}{\mathbf{s}-j3} + \frac{1.047-j0.0716}{\mathbf{s}+j3} - \frac{0.0471+j0.0191}{\mathbf{s}+0.04885-j0.6573}$$
$$- \frac{0.0471-j0.0191}{\mathbf{s}+0.04885+j0.6573} + \frac{5.590\times10^{-5}}{\mathbf{s}+0.1023}$$

注意到，每一項都是具有共軛複數成分的複數極點。對於任何實際系統而言，複數極點通常發生在共軛對中。

將每項取拉氏轉換，則 $1.047+j0.0716$ 寫成 $1.049e^{j3.912°}$，而 $0.0471+j0.0191$ 寫成 $0.05083e^{j157.9°}$，並產生

$$v(t) = 1.049e^{j3.912°}e^{j3t}u(t) + 1.049e^{-j3.912°}e^{-j3t}u(t)$$
$$+ 0.05083e^{-j157.9°}e^{-0.04885t}e^{-j0.6573t}u(t)$$
$$+ 0.05083e^{+j157.9°}e^{-0.04885t}e^{+j0.6573t}u(t)$$
$$+ 5.590\times10^{-5}e^{-0.1023t}u(t)$$

將複數的指數項轉換成弦式，因此電壓簡化的表示式可寫成：

$$v(t) = [5.590 \times 10^{-5} e^{-0.1023t} + 2.098\cos(3t + 3.912°) + 0.1017e^{-0.04885t}\cos(0.6573t + 157.9°)]u(t) \quad \text{V}$$

練習題

15.6 利用電源轉換的方法，將圖 15.16 的電路簡化成一個 s 域的電流源與單一阻抗並聯。

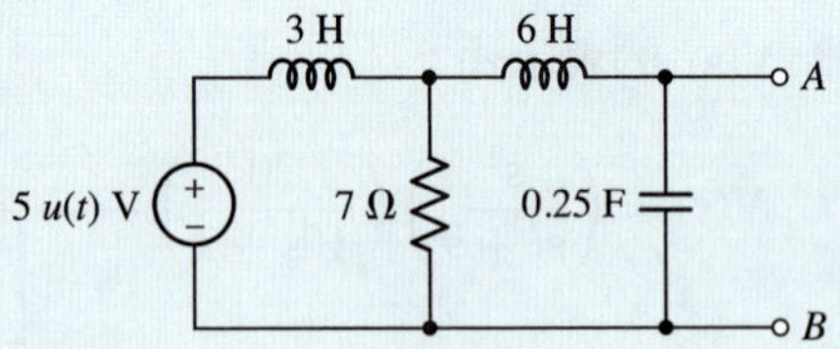

■圖 15.16

答：$\mathbf{I}_s = \dfrac{35}{\mathbf{s}^2(18\mathbf{s}+63)}$ A, $\mathbf{Z}_s = \dfrac{72\mathbf{s}^2 + 252\mathbf{s}}{18\mathbf{s}^3 + 63\mathbf{s}^2 + 12\mathbf{s} + 28}$ Ω

例題 15.7

試求圖 **15.17*a*** 中明顯標記的網路，求其頻域戴維寧等效。

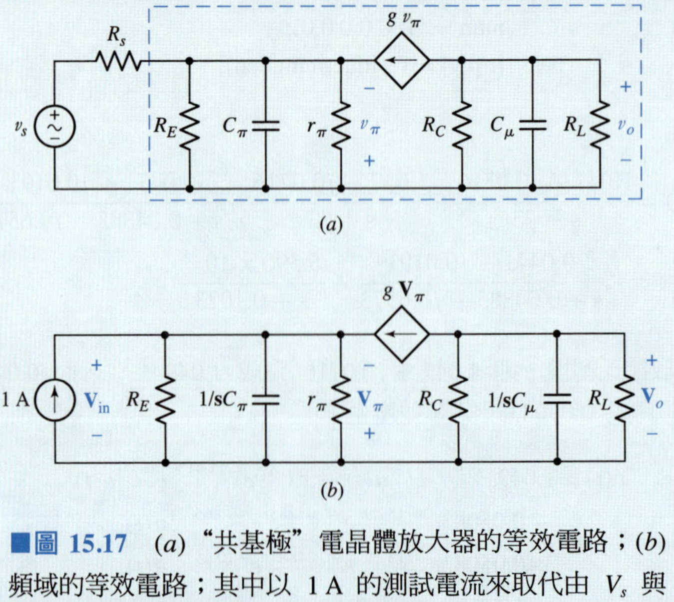

■圖 15.17 (*a*)“共基極”電晶體放大器的等效電路；(*b*) 頻域的等效電路；其中以 1 A 的測試電流來取代由 V_s 與 R_s 表示的輸入電源。

要求解連接至輸入裝置的電路之戴維寧等效；這個量經常稱之為放大器電路的**輸入阻抗** (input impedance)。將此電路轉換成頻域等效之後，以 1 A 的“測試”電源取代輸入裝置 (v_s 與 R_s)，如圖 15.17*b* 所示。則輸入阻抗 $\mathbf{Z}_{in}$ 為

$$\mathbf{Z}_{in} = \frac{\mathbf{V}_{in}}{1}$$

或簡單表示成 $\mathbf{V}_{in}$。必須以 1 A 的電源、電阻器、電容器及 (或) 依賴電源參數 g，來求得這個量的表示式。

在輸入端上列出一個單一節點方程式，則可得：

$$1 + g\mathbf{V}_\pi = \frac{\mathbf{V}_{in}}{\mathbf{Z}_{eq}}$$

其中

$$\mathbf{Z}_{eq} \equiv R_E \left\| \frac{1}{\mathbf{s}C_\pi} \right\| r_\pi = \frac{R_E r_\pi}{r_\pi + R_E + \mathbf{s}R_E r_\pi C_\pi}$$

因為 $\mathbf{V}_\pi = -\mathbf{V}_{in}$，可得

$$\mathbf{Z}_{in} = \mathbf{V}_{in} = \frac{R_E r_\pi}{r_\pi + R_E + sR_E r_\pi C_\pi + gR_E r_\pi}\ \Omega$$

這個特別的電路，為所知的共基極放大器單電晶體電路的特別型式“混合 π”模型。兩個電容器 C_π 與 C_μ 為電晶體內部的電容，且典型的大小為幾個 pF。電路中的電阻器 R_L，表示輸出裝置的戴維寧等效電阻。它可能是一只喇叭或者甚至是半導體雷射。電壓源 v_s 與電阻 R_s 一起代表輸入裝置的戴維寧等效，它可能是一支麥克風、一顆光敏電阻器，或可能是一支無線電天線。

練習題

15.7 在 s 域下分析，試求圖 15.18 電路中，連接至 1 Ω 電阻器的諾頓等效。

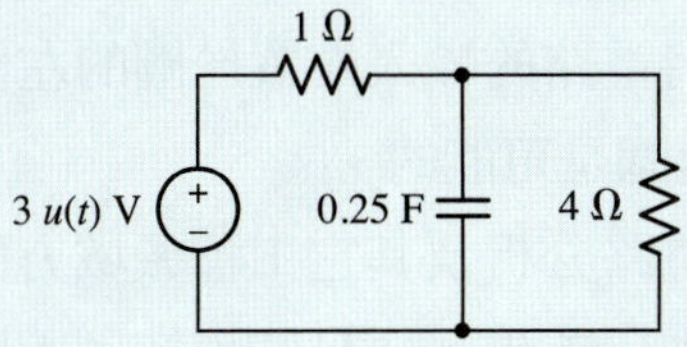

■圖 15.18

答：$\mathbf{I}_{sc} = 3(\mathbf{s}+1)/4\mathbf{s}$ A；$\mathbf{Z}_{th} = 4/(\mathbf{s}+1)\ \Omega$。

15.4 極點、零點及轉移函數

在這一節中，首先復習一下在第 14 章所介紹過的術語，稱為**極點** (poles)、**零點** (zeros) 和**轉移函數** (transfer function)。

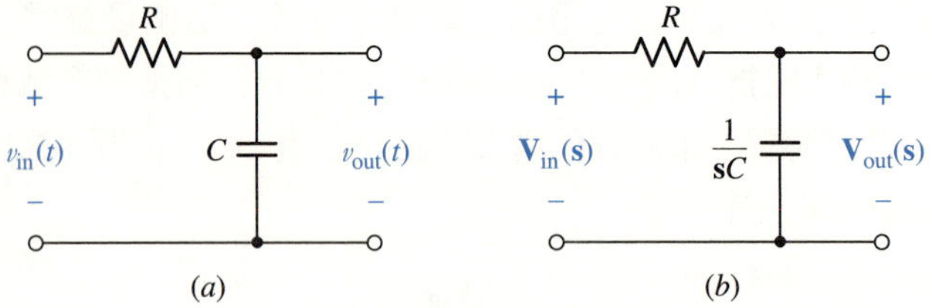

■圖 15.19 (*a*) 具指定輸入電壓與輸出電壓的簡單電阻器－電容器電路；(*b*) s 域的等效電路。

考慮圖 15.19 *a* 中的簡單電路。s 域的等效電路顯示在圖 15.19 *b*，並且從節點分析產生

$$0 = \frac{\mathbf{V}_{out}}{1/\mathbf{s}C} + \frac{\mathbf{V}_{out} - \mathbf{V}_{in}}{R}$$

重新整理並求解 $\mathbf{V}_{out}$，可得

$$\mathbf{V}_{out} = \frac{\mathbf{V}_{in}}{1 + \mathbf{s}RC}$$

或

$$\mathbf{H}(\mathbf{s}) \equiv \frac{\mathbf{V}_{out}}{\mathbf{V}_{in}} = \frac{1}{1 + \mathbf{s}RC} \qquad [7]$$

其中 $\mathbf{H}(\mathbf{s})$ 為電路的**轉移函數** (transfer function)，定義成輸出對輸入的比值。可以簡單的指定一個特別電流為輸入或輸出，並針對相同的電路，推導出不同的轉移函數。電路圖典型的是從左側往右側讀取，所以設計人員經常是將電路的輸入端置於圖的左側，而把輸出端置於右側，至少到這個範圍是可能的。

轉移函數的概念，在電路分析及其它工程領域方面，是非常重要的。這種說法有兩種理由。首先，一旦知道特別電路的轉移函數後，可以很簡單的求得任何輸入所產生的輸出。所要做的是把輸入的量乘上 $\mathbf{H}(\mathbf{s})$，再取這個表示式的反拉氏轉換。第二，轉移函數的型式包含了大量從特別電路 (或系統) 所預期的性能資訊。

在第 14 章的實際應用中略為提到，為了對系統的穩定作評價，求解轉移函數 $\mathbf{H}(\mathbf{s})$ 的極點與零點是必須的；我們將立刻探討這個議題。方程式 [7] 可以寫成

$$\mathbf{H}(\mathbf{s}) = \frac{1/RC}{\mathbf{s}+1/RC} \qquad [8]$$

當 $\mathbf{s} \to \infty$ 時，這個函數的大小趨近於零。因此，可以說 $\mathbf{H}(\mathbf{s})$ 在 $\mathbf{s} = \infty$ 時，有一個*零點*。這個函數在 $\mathbf{s} = -1/RC$ 時，趨近於無窮大；因此可以說 $\mathbf{H}(\mathbf{s})$ 在 $\mathbf{s} = -1/RC$ 時，有一個*極點*。這些頻率稱為**臨界頻率** (critical frequencies)，而這些現象的早期判定，可簡化將在 15.7 節發展的響應曲線的建構。

當計算大小時，習慣上會將 $+\infty$ 與 $-\infty$ 考慮成相同的頻率。然而，當 ω 為非常大的正數及負數時，響應的相角不需要是相同的。

15.5 捲 積

截至目前所探討的 s 域技巧，對於求解一個特別電路的電流及電壓響應非常的有用。然而，我們經常面對的電路，每一次連接不同的電源時，需要有效的方法來求解新的輸出。如果可以藉由稱為**系統函數** (system function) 的轉移函數，將基本電路予以特性化，則上述的要求可以輕而易舉的達成。很有趣的是，即將看到這種系統函數竟然會是該電路單脈衝響應的拉氏轉換。

電路分析可以在時域或頻域中持續進行，雖然在頻域中分析，一般而言會更有效用。這種情形下，必須執行簡單的四步驟程序：

1. 決定出電路的系統函數 (如果還不知道的時候)；
2. 求得所應用的強迫函數之拉氏轉換；
3. 將此轉換與系統函數相乘；最後
4. 針對這個乘積執行反拉氏轉換以求得輸出。

藉由這些方法，一些相對複雜的積分表示式，可以簡化成簡單的 s 函數，而積分與微分的數學運算，可以由較簡單的代數乘、除運算來取代。將這些談論牢記在心，現在讓我們繼續進行電路的單脈衝響應討論，並建立它和系統函數之間的關係。接下來，可以來看看一些特殊的分析題目。

脈衝響應

考慮一個沒有初始儲能，且由一個強迫函數 $x(t)$ 驅動的線性電

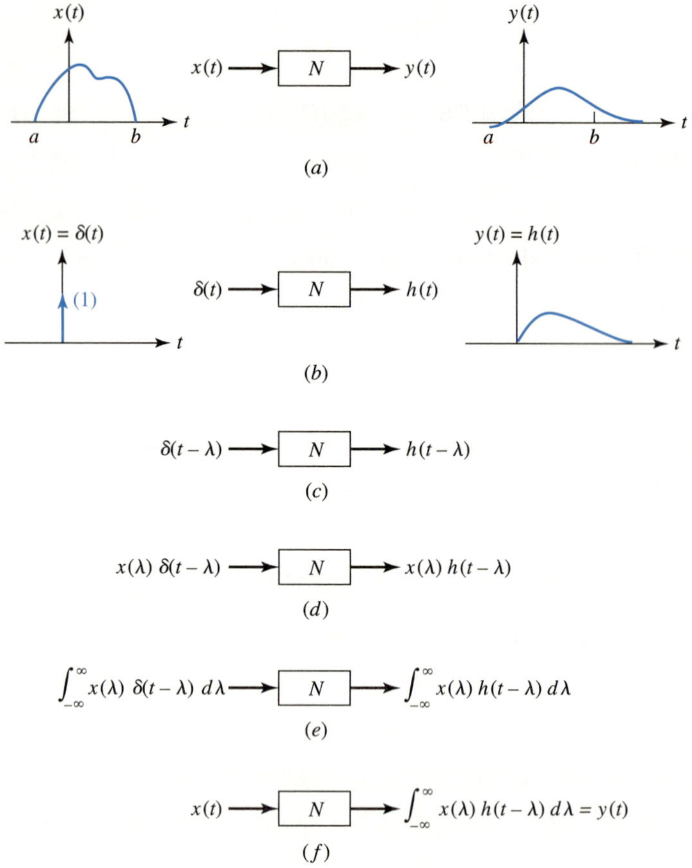

■圖 15.20 捲積積分的概念發展過程。

網路 N。電路中的某一點存在一響應函數 $y(t)$。此網路以圖 15.20*a* 中的方塊圖來表示，並且與一般的時間函數畫在一起。強迫函數只存在於 $a < t < b$ 的時間區間中。因此 $y(t)$ 只在 $t > a$ 時才存在。

我們要回答的問題是："如果知道 $x(t)$ 的型式，那 $y(t)$ 要如何描述？"為了要回答這個問題，需要知道一些與 N 有關的事情。因此，假設對 N 的瞭解，包括了當強迫函數為單脈衝 $\delta(t)$ 時的響應。也就是，假設我們知道 $h(t)$，即當強迫函數在 $t=0$，為一個單脈衝時的響應函數，如圖 15.20*b* 所示。函數 $h(t)$ 一般稱之為單脈衝響應函數，或**脈衝響應** (impulse response)。這是一個電路非常重要的特性描述。

基於對拉氏轉換的認識，可以從稍微不同的觀點來看。將 $x(t)$ 轉換成 $\mathbf{X(s)}$，$y(t)$ 轉換成 $\mathbf{Y(s)}$，我們把系統轉移函數 $\mathbf{H(s)}$ 定義為

$$\mathbf{H}(\mathbf{s}) \equiv \frac{\mathbf{Y}(\mathbf{s})}{\mathbf{X}(\mathbf{s})}$$

如果 $x(t)=\delta(t)$，則根據表 14.1，$\mathbf{X}(\mathbf{s})=1$。因此 $\mathbf{H}(\mathbf{s})=\mathbf{Y}(\mathbf{s})$，且在此瞬間 $h(t)=y(t)$。

讓我們假設時間在 $t=\lambda$ 時應用單脈衝，而不是在 $t=0$ 時。可以發現到只是輸出的時間往後延遲。因此，當輸入為 $\delta(t-\lambda)$ 時，輸出變成 $h(t-\lambda)$，如圖 15.20*c* 所示。接下來，假設輸入的脈衝，其強度不為 1。特別地，令脈衝的強度在 $t=\lambda$ 時，等於 $x(t)$ 的值。因為 $x(\lambda)$ 的值為一個常數；而且我們知道在一個線性電路中，一個單一強迫函數乘上一個常數時，會單純地造成響應成比例的變化。因此，如果輸入變成 $x(\lambda)\delta(t-\lambda)$，則響應會變成 $x(\lambda)h(t-\lambda)$，如圖 15.20*d* 所示。

現在對所有可能的 λ 值，將最後的輸入加總起來，並將這個結果作為 N 的強迫函數。因為線性的原因，注定輸入必定等於使用所有可能的 λ 所形成響應之總和。較不嚴謹的來說，輸入的積分產生輸出的積分，如圖 15.20*e* 所示。但是現在的輸入是什麼？已知單脈衝的篩檢特性[1]，則可以瞭解到輸入為 $x(t)$，原始的輸入。因此，圖 15.20*e* 可以用圖 15.20*f* 來表示。

捲積積分

如果系統 N 的強迫函數為 $x(t)$，則輸出必定為圖 15.20*a* 所示的函數 $y(t)$。因此，從圖 15.20*f*，可得到

$$y(t) = \int_{-\infty}^{\infty} x(\lambda)h(t-\lambda)\, d\lambda \qquad [9]$$

其中 $h(t)$ 為 N 的脈衝響應。這個重要的關係是眾所皆知的**捲積積分** (convolution integral)。形於文字，最後一個方程式是敘述：輸出等於輸入與脈衝響應的捲積。經常縮寫成：

$$y(t) = x(t) * h(t)$$

其中的星號讀作“與……的捲積”。

要小心，不要將這個符號與乘號弄混淆了。

1 在 14.5 節所敘述的脈衝函數的篩檢特性為：$\int_{-\infty}^{\infty} f(t)\delta(t-t_0)dt=f(t_0)$。

方程式 [9] 有時候會以稍微不同但相等的型式出現。如果令 $z = t - \lambda$，則 $d\lambda = -dz$，而且 $y(t)$ 的表示變成

$$y(t) = \int_{\infty}^{-\infty} -x(t-z)h(z)\,dz = \int_{-\infty}^{\infty} x(t-z)h(z)\,dz$$

因為用來作為積分變數的符號並不重要，可以把方程式 [9] 修改成

$$\begin{aligned} y(t) = x(t) * h(t) &= \int_{-\infty}^{\infty} x(z)h(t-z)\,dz \\ &= \int_{-\infty}^{\infty} x(t-z)h(z)\,dz \end{aligned} \qquad [10]$$

捲積與可實現的系統

方程式 [10] 是非常一般性的；它可以應用到任何的線性系統。然而，我們通常對於**實際可實現的系統** (physically realizable systems)，那些的確存在或可能存在的系統，以及具有稍微修正捲積積分特性的系統感到興趣。也就是，系統的響應不會在強迫函數應用前就開始有響應。特別地，$h(t)$ 是系統在 $t=0$ 時，加入一個單脈衝所造成的響應。因此，在 $t < 0$ 時，$h(t)$ 不可能存在。根據上述的情形，方程式 [10] 的第二個積分，當 $z < 0$ 時，此積分為零；而第一個積分，在 $(t - z)$ 為負數或時 $z > t$ 時，積分值為零。因此，對於可實現的系統而言，捲積積分的積分極限變成：

$$\begin{aligned} y(t) = x(t) * h(t) &= \int_{-\infty}^{t} x(z)h(t-z)\,dz \\ &= \int_{0}^{\infty} x(t-z)h(z)\,dz \end{aligned} \qquad [11]$$

方程式 [10] 與 [11] 兩個皆成立，但後者在我們談論可實現的線性系統時更加的明確，而且也值得牢記。

捲積的圖形方法

再更進一步探討電路的脈衝響應重要性之前，先讓我來考慮一

個數值的例子，使我們更進一步的瞭解，如何求解捲積積分。雖然表示式本身十分的簡單，在求解的時候，卻有一些棘手的地方，特別是作為積分極限的數值。

假設輸入在 $t=0$ 時，是一個長方形電壓脈波，持續時間為 1 秒，且大小為 1 V：

$$x(t) = v_i(t) = u(t) - u(t-1)$$

同時也假設，這個電壓脈波作用到一個指數函數型式的脈衝響應電路：

$$h(t) = 2e^{-t}u(t)$$

希望求解輸出電壓 $v_o(t)$ 而我們可以立即列出答案的積分型式

$$y(t) = v_o(t) = v_i(t) * h(t) = \int_0^{\infty} v_i(t-z)h(z)\,dz$$
$$= \int_0^{\infty} [u(t-z) - u(t-z-1)][2e^{-z}u(z)]\,dz$$

求得 $v_o(t)$ 的表示式是再簡單不過的事，然而式子中存在著許多的單步階函數，使得求解有些混亂，甚至可能有些令人討厭。而對於那些積分為零的積分範圍之決定，必須很小心謹慎。

讓我們利用一些圖形上的協助來幫助我們瞭解捲積積分到底在說些什麼？畫幾條上、下排列的 z 軸，如圖 15.21 所示。因為知道 $v_i(t)$ 看起來像什麼，所以也知道 $v_i(z)$ 看起來像什麼，如圖 15.21*a* 所繪。函數 $v_i(-z)$ 是以 $v_i(z)$ 在負 z 軸所畫出來，或是縱座標旋轉後的結果，如圖 15.21*b*。接下來，希望能表示 $v_i(t-z)$，它是 $v_i(-z)$ 往右移動 $z=t$ 的量之後的圖形，如圖 15.21*c* 所示。在下一個 z 軸上，如圖 15.21*d*，畫上了脈衝響應 $h(z)=2e^{-z}u(z)$。

下一步是把 $v_i(t-z)$ 與 $h(z)$ 兩個函數相乘；圖 15.21*e* 顯示 $t<1$ 時任何值的結果。接著可求得輸出 $v_o(t)$ 的值，它的大小為乘積曲線下所包圍的面積 (圖中陰影的部分)。

首先考慮 $t<0$。在這個例子中，$v_i(t-z)$ 與 $h(z)$ 之間沒有重疊的部分，所以 $v_0=0$。當 t 增加時，我們把脈波朝圖 15.21*c* 右側移動，於是一旦 $t>0$，則形成了與 $h(z)$ 重疊部分。圖 15.21*e* 中的相對應曲線下的面積，持續隨著 t 的值增加而增加，直到 $t=$

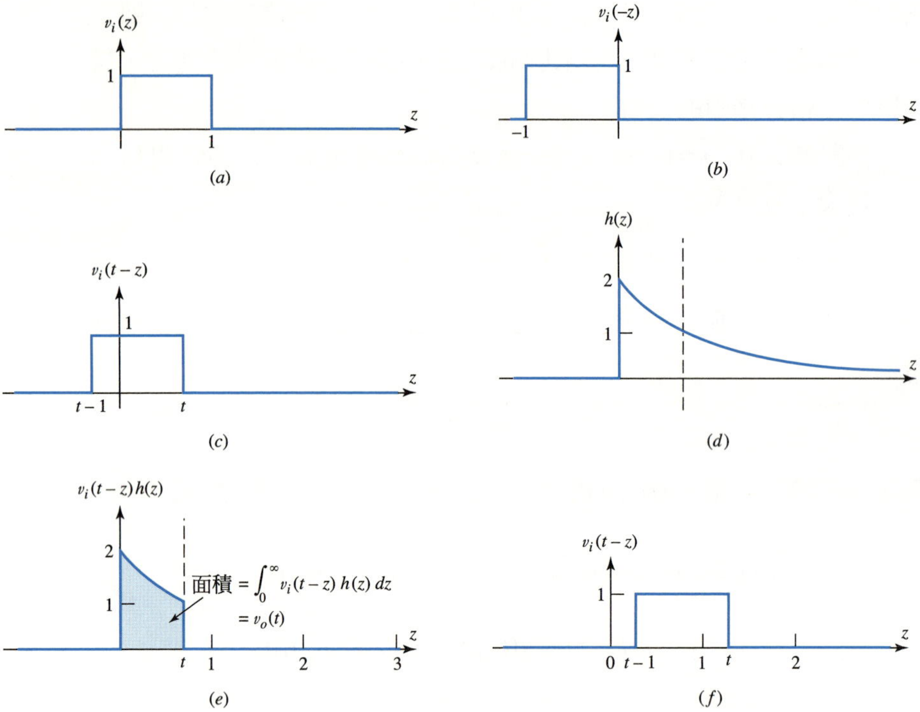

■圖 15.21　捲積積分求解的圖形概念。

1 為止。當 t 增加到超過這個值的時候，在 $z=0$ 與脈波前沿之間開啟一個間隙，如圖 15.21f 所示。而結果是重疊的部分與 $h(z)$ 下降。

換句話說，t 的值介於零與 1 之間，因此必須從 $z=0$ 積分 $z=t$；對於超過 1 的 t 值，積分範圍為 $t-1<z<t$。因此，可列出

$$v_o(t)=\begin{cases}0 & t<0\\ \displaystyle\int_0^t 2e^{-z}\,dz=2(1-e^{-t}) & 0\le t\le 1\\ \displaystyle\int_{t-1}^t 2e^{-z}\,dz=2(e-1)e^{-t} & t>1\end{cases}$$

此函數對時間變數 t 的圖形繪於圖 15.22，並且完成解答。

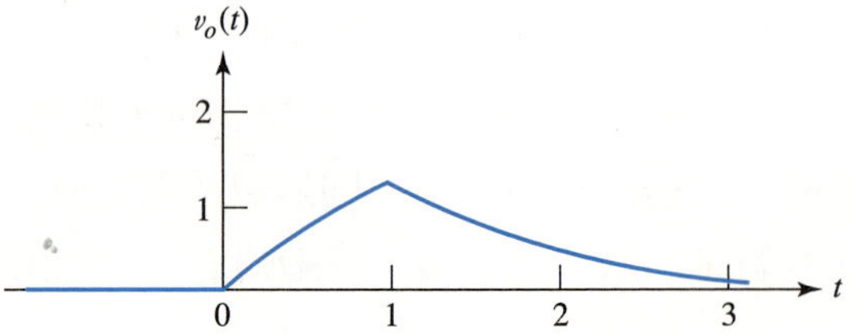

■圖 15.22　利用圖形捲積所求得的輸出函數 V_o。

例題 15.8

利用一個單步階函數，$x(t)=u(t)$，作為系統的輸入，而此系統的脈衝響應為 $h(t)=u(t)-2u(t-1)+u(t-2)$，試求相對應的輸出 $y(t)=x(t)*h(t)$。

第一步驟是畫出 $x(t)$ 與 $h(t)$，如圖 15.23 所示。

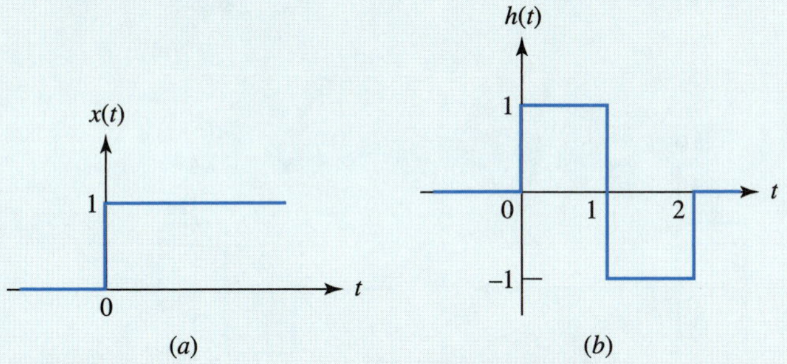

■圖 15.23　(*a*) 輸出訊號 $x(t)=u(t)$ 的圖形；(*b*) 對於線性系統的單脈衝響應 $h(t)=u(t)-2u(t-1)+u(t-2)$ 的圖形。

任意選擇求解方程式 [11] 的第一項積分，

$$y(t)=\int_{-\infty}^{t} x(z)h(t-z)\,dz$$

並準備畫出一系列的圖形，以幫助我們正確的選擇積分極限。圖 15.24 依序顯示這些函數：為 z 的函數之輸入 $x(z)$；脈衝響應 $h(z)$；$h(-z)$ 的曲線為 $h(z)$ 的縱座標旋轉；及藉由將 $h(-z)$ 向右移動 t 個單位後所得到的 $h(t-z)$。對於這個圖形，將 t 的範圍選擇在 $0<t<1$。

針對各種範圍的 t，很容易可以看出第一個圖形 $x(z)$ 的乘積。當 t 比零還小時，沒有任何的重疊，且

$$y(t)=0 \qquad t<0$$

對於圖 15.24*d* 所繪製的圖形，$h(t-z)$ 與 $x(z)$ 從 $z=0$ 到 $z=t$，有重疊的部分，每一個大小為 1。因此，

$$y(t)=\int_{0}^{t}(1\times 1)\,dz=t \qquad 0<t<1$$

當 t 介於 1 與 2 之間時，$h(t-z)$ 向右側滑動夠遠，使得步階函數下方部分的負方波從 $z=0$ 延伸到 $z=t-1$。可得

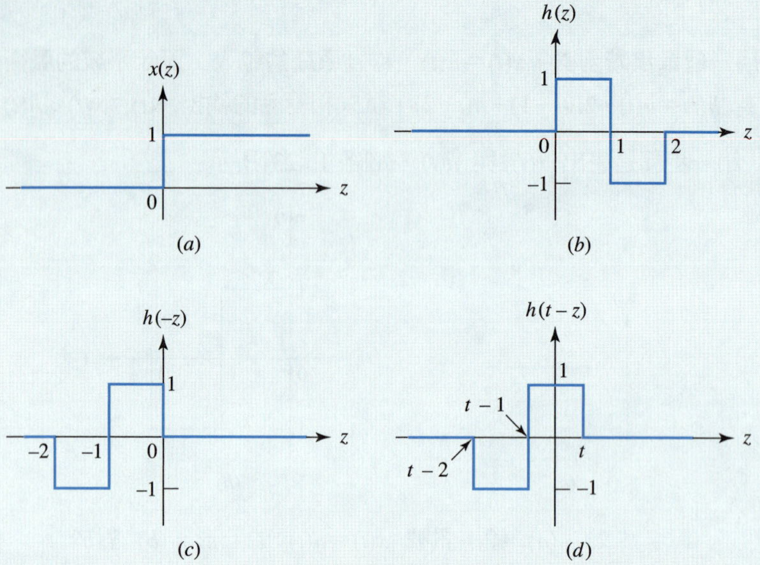

■圖 15.24 (*a*) 輸入訊號；(*b*) 繪製成 z 的函數的脈衝響應；(*c*) 將 $h(z)$ 由縱座標翻轉求得 $h(-z)$；(*d*) 當 $h(-z)$ 往右側平移 t 個單位可得 $h(t-z)$。

$$y(t)=\int_0^{t-1}[1\times(-1)]\,dz+\int_{t-1}^{t}(1\times 1)\,dz=-z\Big|_{z=0}^{z=t-1}+z\Big|_{z=t-1}^{z=t}$$

因此

$$y(t)=-(t-1)+t-(t-1)=2-t,\qquad 1<t<2$$

最後當 t 大於 2 時，$h(t-z)$ 向右滑得夠遠，以致於它在 $z=0$ 的右側完全躺平。與單步階的交點求得：

$$y(t)=\int_{t-2}^{t-1}[1\times(-1)]\,dz+\int_{t-1}^{t}(1\times 1)\,dz=-z\Big|_{z=t-2}^{z=t-1}+z\Big|_{z=t-1}^{z=t}$$

或

$$y(t)=-(t-1)+(t-2)+t-(t-1)=0,\qquad t>2$$

將 $y(t)$ 的四個部分聚集起來，形成圖 15.25 中的連續曲線。

練習題

15.8 利用方程式 [11] 的第二個積分，重做例題 15.8。

15.9 一個網路的脈衝響應已知為 $h(t)=5u(t-1)$，如果輸入訊號動作

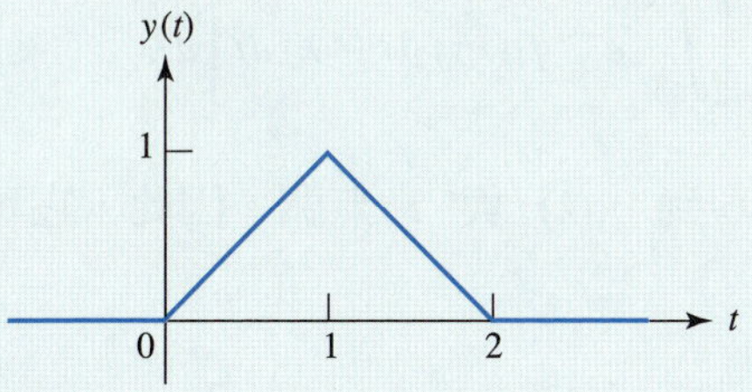

■圖 15.25 顯示於圖 15.23 的 $x(t)$ 與 $h(t)$，兩個旋捲積的結果。

$x(t)=2[u(t)-u(t-3)]$，試求在 t 等於 (a) -0.5；(b) 0.5；(c) 2.5；(d) 3.5 時的輸出 $y(t)$。

答：15.9：0, 0, 15, 25。

捲積與拉氏轉換

捲積除了應用在線性電路分析之外，還可應用在許多不同的學科上，包括影像處理、通訊及半導體傳輸理論。因此，雖然方程式 [10] 與 [11] 的積分表示式並非永遠都是最好的求解方法，但是基礎程序的圖形直覺觀察所得卻是有用的。使用拉氏轉換性質的另一種非常有用的方法－因此在這一章中，我們特別介紹捲積。

令 $\mathbf{F}_1(\mathbf{s})$ 與 $\mathbf{F}_2(\mathbf{s})$ 分別為 $f_1(t)$ 與 $f_2(t)$ 的拉氏轉換，來看看 $f_1(t)*f_2(t)$ 的拉氏轉換，

$$\mathcal{L}\{f_1(t)*f_2(t)\}=\mathcal{L}\left\{\int_{-\infty}^{\infty} f_1(\lambda)f_2(t-\lambda)\,d\lambda\right\}$$

線性電路的輸入端所應用的強迫函數，典型上是這種型式的時間函數，而另一個則是電路的單脈衝響應。

因為現在所處理的是時間函數，此函數在 $t=0^-$ 之前並不存在 (拉氏轉換的定義強迫我們做這樣的假設)，因此積分的下限可以改成 0^-。利用拉氏轉換的定義，可得

$$\mathcal{L}\{f_1(t)*f_2(t)\}=\int_{0^-}^{\infty} e^{-st}\left[\int_{0^-}^{\infty} f_1(\lambda)f_2(t-\lambda)\,d\lambda\right]dt$$

因為 e^{-st} 與輸入無關。因此可以將這個係數移到裡面那個積分的內部。如果這樣做，並且也把積分的順序顛倒，則結果為

$$\mathcal{L}\{f_1(t)*f_2(t)\}=\int_{0^-}^{\infty}\left[\int_{0^-}^{\infty}e^{-\mathbf{s}t}f_1(\lambda)f_2(t-\lambda)\,dt\right]d\lambda$$

繼續利用這種相同方法，可發現到 $f_1(\lambda)$ 與 t 無關。因此，它可以被移到裡面那個積分的外側：

$$\mathcal{L}\{f_1(t)*f_2(t)\}=\int_{0^-}^{\infty}f_1(\lambda)\left[\int_{0^-}^{\infty}e^{-\mathbf{s}t}f_2(t-\lambda)\,dt\right]d\lambda$$

將 $x=t-z$ 代入到括號內的積分 (其中可將 λ 視為一常數)：

$$\begin{aligned}\mathcal{L}\{f_1(t)*f_2(t)\}&=\int_{0^-}^{\infty}f_1(\lambda)\left[\int_{-\lambda}^{\infty}e^{-\mathbf{s}(x+\lambda)}f_2(x)\,dx\right]d\lambda\\&=\int_{0^-}^{\infty}f_1(\lambda)e^{-\mathbf{s}\lambda}\left[\int_{-\lambda}^{\infty}e^{-\mathbf{s}x}f_2(x)\,dx\right]d\lambda\\&=\int_{0^-}^{\infty}f_1(\lambda)e^{-\mathbf{s}\lambda}[\mathbf{F}_2(\mathbf{s})]\,d\lambda\\&=\mathbf{F}_2(\mathbf{s})\int_{0^-}^{\infty}f_1(\lambda)e^{-\mathbf{s}\lambda}d\lambda\end{aligned}$$

因為剩下的積分等於 $\mathbf{F}_1(\mathbf{s})$，因此可得

$$\boxed{\mathcal{L}\{f_1(t)*f_2(t)\}=\mathbf{F}_1(\mathbf{s})\cdot\mathbf{F}_2(\mathbf{s})}\qquad [12]$$

以稍微不同的說法來看，我們可以下個結論，兩個拉氏轉換乘積的反轉換等於個別反轉換的捲積。在求解反拉氏轉換時，這個結果有時候是蠻有用的。

例題 15.9

已知 $\mathbf{V}(\mathbf{s})=1/[(\mathbf{s}+\alpha)(\mathbf{s}+\beta)]$，利用捲積的技計巧求解 $v(t)$。

在 14.5 節中，利用部分分式展開可以求得這個特殊函數的反轉換。現在先確認 $\mathbf{V}(\mathbf{s})$ 為兩個轉換的乘積，

$$\mathbf{V}_1(\mathbf{s})=\frac{1}{(\mathbf{s}+\alpha)}$$

且

$$\mathbf{V}_2(\mathbf{s})=\frac{1}{(\mathbf{s}+\beta)}$$

其中

$$v_1(t) = e^{-\alpha t}u(t)$$

且

$$v_2(t) = e^{-\beta t}u(t)$$

因此，所要求的 $v(t)$，可以立即表示成：

$$v(t) = \mathcal{L}^{-1}\{\mathbf{V}_1(\mathbf{s})\mathbf{V}_2(\mathbf{s})\} = v_1(t) * v_2(t) = \int_{0^-}^{\infty} v_1(\lambda)v_2(t-\lambda)\,d\lambda$$

$$= \int_{0^-}^{\infty} e^{-\alpha\lambda}u(\lambda)e^{-\beta(t-\lambda)}u(t-\lambda)\,d\lambda = \int_{0^-}^{t} e^{-\alpha\lambda}e^{-\beta t}e^{\beta\lambda}\,d\lambda$$

$$= e^{-\beta t}\int_{0^-}^{t} e^{(\beta-\alpha)\lambda}\,d\lambda = e^{-\beta t}\frac{e^{(\beta-\alpha)t}-1}{\beta-\alpha}u(t)$$

或是更精簡的表示成，

$$v(t) = \frac{1}{\beta-\alpha}(e^{-\alpha t} - e^{-\beta t})u(t)$$

這個結果和之前使用部分分式展開的結果相同。要注意的是，必須要把單步階 $u(t)$ 加入到結果中，因為所有的 (一邊的) 拉氏轉換只對非負值時間有效。

利用這個方法，來求得這個結果，是較簡單的嗎？答案是否定的，除非那個人特別鍾愛捲積積分。假設部分分式展開並不會太麻煩的話，那部分分式展開的方法通常是比較簡單的。然而，捲積的運算在 **s** 域中會比較容易執行，因為這只需要用到乘法。

練習題

15.10　在 **s** 域中，利用捲積重做例題 15.8。

轉換函數的更進一步註釋

如同之前曾注意過好幾次，線性電路中某一點的輸出 $v_o(t)$ 可以由輸入 $v_i(t)$ 與單脈衝響應 $h(t)$ 的捲積求得。然而，必須記住的是脈衝響應是在 $t=0$ 時，所有的初始條件均為零的單脈衝應用所得的結果。在這些條件下 $v_o(t)$ 的拉氏轉換為：

$$\mathcal{L}\{v_o(t)\} = \mathbf{V}_o(\mathbf{s}) = \mathcal{L}\{v_i(t) * h(t)\} = \mathbf{V}_i(\mathbf{s})[\mathcal{L}\{h(t)\}]$$

因此，$\mathbf{V}_o(\mathbf{s}) / \mathbf{V}_i(\mathbf{s})$ 的比值等於脈衝響應的轉換，標記為 $\mathbf{H}(\mathbf{s})$，

$$\mathcal{L}\{h(t)\} = \mathbf{H}(\mathbf{s}) = \frac{\mathbf{V}_o(\mathbf{s})}{\mathbf{V}_i(\mathbf{s})} \qquad [13]$$

從方程式 [13]，可以瞭解到脈衝響應的轉換，形成一對拉氏轉換，

$$h(t) \Leftrightarrow \mathbf{H(s)}$$

在我們熟悉了極點－零點圖和複數頻率平面的概念之後，將會在 15.7 節中，更進一步的發現這一個重要的事實。然而，在此我們已經能夠針對電路分析，充分利用這個捲積的新概念。

例題 15.10

試求圖 15.26*a* 電路中的脈衝響應，並且利用這個響應計算當 $v_{in}(t)=6e^{-t}u(t)$ V 時的強迫響應 $v_o(t)$。

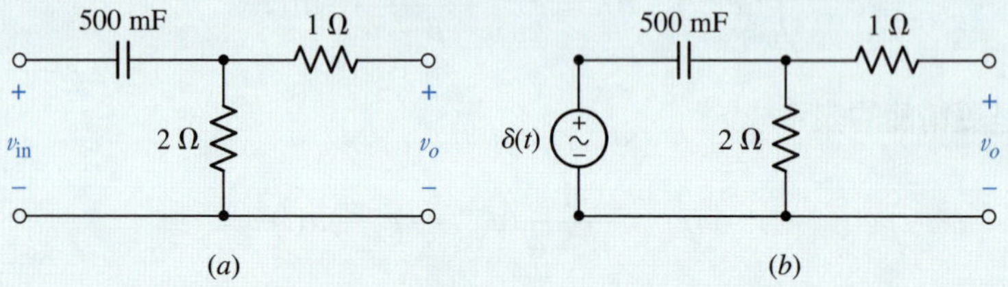

■圖 15.26 (*a*) 一個指數的輸入，在 $t=0$ 時應用到一個簡單的電路；(*b*) 用來求解 $h(t)$ 的電路。

首先將一個脈衝電壓 $\delta(t)$ 連接到電路中，如圖 15.26*b* 所示。雖然可以在時域以 $h(t)$ 或 **s** 域 **H(s)** 來分析，但我們選擇後者，所以接下來考慮圖 15.26*b* 的 **s** 域表示，如圖 15.27 所示。

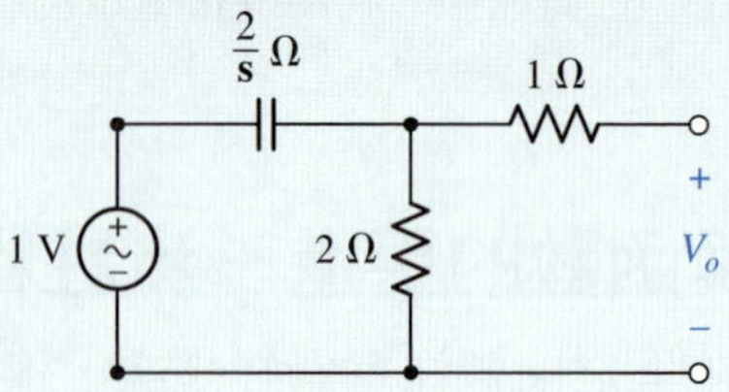

■圖 15.27 用來求解 **H(s)** 的電路。

已知脈衝響應 **H(s)** 為

$$\mathbf{H(s)} = \frac{\mathbf{V}_o}{1}$$

所以當前的目標是要求解 $\mathbf{V}_o$—由簡單的分壓所完成的工作：

$$\mathbf{V}_o\Big|_{v_{in}=\delta(t)} = \frac{2}{\dfrac{2}{\mathbf{s}}+2} = \frac{\mathbf{s}}{\mathbf{s}+1} = \mathbf{H(s)}$$

當 $v_{in}=6e^{-t}u(t)$ 時，利用捲積求解 $v_o(t)$，

$$v_{in} = \mathcal{L}^{-1}\{\mathbf{V}_{in}(\mathbf{s}) \cdot \mathbf{H}(\mathbf{s})\}$$

因為 $\mathbf{V}_{in}(\mathbf{s})=6/(\mathbf{s}+1)$，所以

$$\mathbf{V}_o = \frac{6\mathbf{s}}{(\mathbf{s}+1)^2} = \frac{6}{\mathbf{s}+1} - \frac{6}{(\mathbf{s}+1)^2}$$

取反拉氏轉換，可得

$$v_o(t) = 6e^{-t}(1-t)u(t)\ \text{V}$$

練習題

15.11　參考圖 15.26*a*，如果 $v_{in}=t\,u(t)$ V，利用捲積求解 $v_o(t)$。

答：$v_o(t)=(1-e^{-t})\,u(t)$。

15.6　複數頻率平面

現在準備利用繪製 **s** 的函數來詳細說明更一般的圖形表示；也就是希望把響應同時以 σ 及 ω 的函數來顯示。以複數頻率 **s** 的函數作為強迫響應的圖形描繪，對於電路的分析以及電路的設計與合成，是一種有用教導技巧。在詳細說明複數頻率平面，或 **s** 平面之後，我們將看到一個電路的性能，如何快速以他本身在 **s** 平面的臨界頻率的圖形表示來近似。

而相反的程序也是非常有用的：如果已知一個要求解的響應曲線 (例如，一個濾波器的頻率響應)，則可能經由考慮後決定其在 **s** 平面上的極點與零點所需要的位置，然後再合成這個濾波器。在回饋式放大器與自動控制系統中，**s** 平面也是研究不希望發生的震盪是否存在的基本工具。

σ 函數的響應

先藉由考慮 σ 或 ω 函數的響應，再詳細闡述求得 **s** 函數的電路響應方法。例如，考慮一個網路的輸入或驅動點阻抗，是由一個 3 Ω 的電阻器與一個 4 H 的電感器所組成。因為是 **s** 的函數，可得

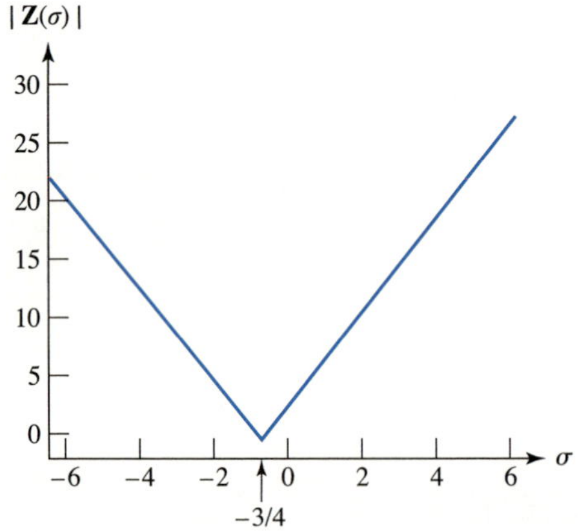

■圖 15.28 函數 $|\mathbf{Z}(\sigma)|$ 的圖形繪製成頻率 σ 的函數。

$$\mathbf{Z}(\mathbf{s}) = 3 + 4\mathbf{s}\ \Omega$$

如果想要得到隨著 σ 變化的阻抗圖形說明，則令 $\mathbf{s}=\sigma + j0$：

$$\mathbf{Z}(\sigma) = 3 + 4\sigma\,\Omega$$

瞭解到零點在 $\sigma=-3/4$，且極點位於無限大。這些臨界頻率被標記在 σ 的軸上，並且在確認 $\mathbf{Z}(\sigma)$ 的值 [或許是 $\mathbf{Z}(0)=3$] 在某一個方便的非臨界頻率之後，則繪製 $|\mathbf{Z}(\sigma)|$ 對 σ 的曲線便很簡單，如圖 15.28 所示。這提供我們在連結到一個簡單的指數強迫響應 $e\sigma^t$ 時，與阻抗有關的資訊。特別地，注意到在直流的情形下 ($\sigma=\omega=0$)，會導致一個 3 Ω 的阻抗，這正如我們的預期。

ω 函數的響應

為了畫出以徑頻率 ω 為函數的響應，令 $\mathbf{s}=0 + j\omega$：

$$\mathbf{Z}(j\omega) = 3 + j4\omega$$

則可以求得以 ω 為函數的 $\mathbf{Z}(j\omega)$ 的大小與相角：

$$|\mathbf{Z}(j\omega)| = \sqrt{9 + 16\omega^2} \qquad [14]$$

$$\text{ang}\ \mathbf{Z}(j\omega) = \tan^{-1}\frac{4\omega}{3} \qquad [15]$$

在數值的函數中，顯示一個極點在無窮遠處，而一個最小值在 $\omega=0$；它可以畫成 $|\mathbf{Z}(j\omega)|$ 對 ω 的曲線。當頻率增加時，阻抗的大小也跟著增加，這是我們所期望電感器的精確特性。而相角是一個反

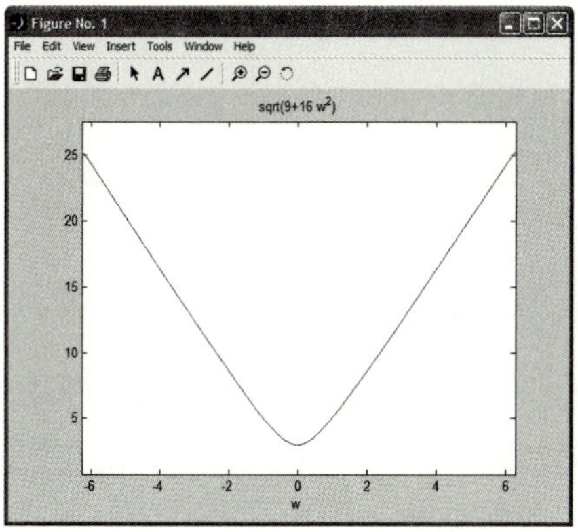

(*a*)

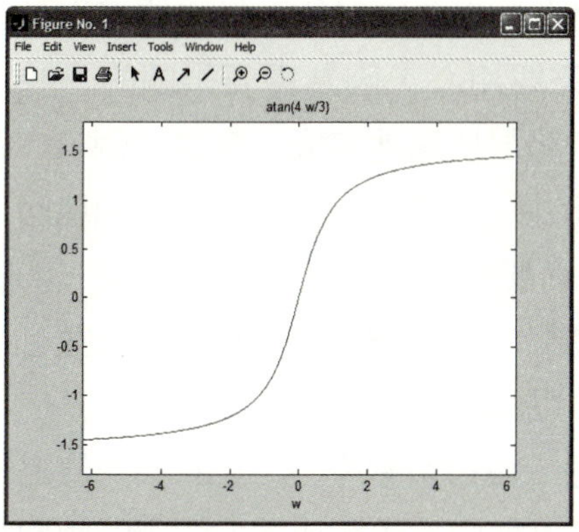

(*b*)

■圖 15.29　(*a*) 將 $|\mathbf{Z}(j\omega)|$ 繪製成頻率的函數圖形。這圖形是利用 MATLAB 的指令 EDU»ezplot('sqrt(9+16*w^2)') 所產生的；(*b*) 將 $\mathbf{Z}(j\omega)$ 的角度繪製成頻率的函數圖形。

正切函數，零點在 $\omega=0$ 處，且 $\pm90°$ 在 $\omega=\pm\infty$；繪製 $\mathbf{Z}(j\omega)$ 角度對 ω 的曲線也很容易。方程式 [14] 和 [15] 畫在圖 15.29。

再繪製以 ω 為函數的響應 $\mathbf{Z}(j\omega)$ 時，需要畫出兩個二維的圖形：大小與相角都是 ω 的函數。當強迫為指數型式時，可以藉由允許 $\mathbf{Z}(\sigma)$ 對 σ 的正、負值，把所有的資料都畫在單一的二維圖形上。然而，為了使圖形更能接近所說的 $\mathbf{Z}(j\omega)$ 的數值，我們選擇繪製 $\mathbf{Z}(\sigma)$ 的大小。$\mathbf{Z}(\sigma)$ 的相角 (僅 0°，±180°) 可以予以忽略。要注意的重點是，只有一個獨立變數，在指數強迫的情形時為 σ，而在弦式強迫的情形時為 ω。現在讓我們想一想，如果想要繪製 **s** 函數的響應時，是否還有其它的方法可用？

複數頻率平面的圖形

完整的複數頻率 **s** 需要兩個參數，σ 與 ω。響應也是複數函

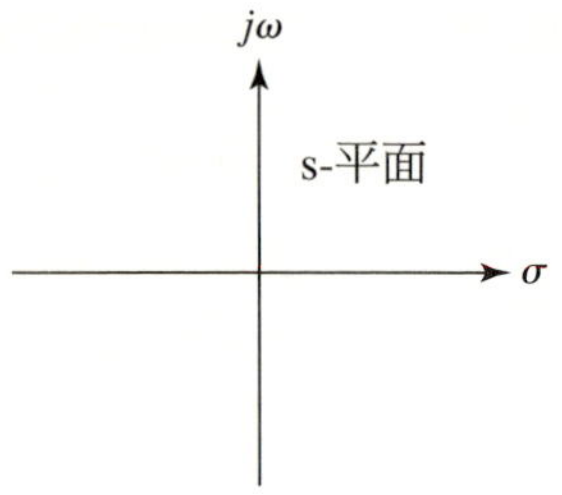

■圖 15.30　複數平面或 s 平面。

數，因此考慮以 s 的函數畫出大小與相角的圖形。這兩個數量中的一個，例如大小，為 σ 與 ω 兩參數的函數，可以將它只畫在二維的曲線，例如大小對 ω，而將 σ 視為參數。

表示某一個複數響應大小較好的圖形方法，係利用三維模型。雖然這種模型要畫在二維的紙張上是有些困難的，但我們發現到這模型並不難瞭解；繪圖時大都需要用心，因為需要頭腦的一些思考，使得建構、修正及消除才能夠很快速地完成。想像一個 σ 軸與一個 $j\omega$ 軸，互相垂直的展示在一個水平的表面上，例如地面。而這個地面，現在代表的是一個*複數頻率的平面*，或 s 平面，如圖 15.30 所畫。對於平面上的每一點，都只相對應一個 s 值；並且每一個 s 值，在複數平面上只有一點與其相關。

因為已經對時域函數的型態，與複數頻率 s 上的特殊值之間的關連已相當熟悉，所以現在可以把強迫函數或強迫響應的函數型式，與 s 平面的指定區域做一個聯想。例如，原點代表一個直流的量。而在 σ 軸上的點，代表是指數函數，當 $\sigma < 0$ 時衰減，當 $\sigma > 0$ 時增加。純弦式則為正、或負的 $j\omega$ 軸上的點。s 平面的右半面，通常稱之為 RHP，包含描述正實數頻率的點，所以相對應的時域量為指數*增加*的弦式，除了在 σ 軸上的點。相對應的，s 平面的左半面 (LHP)，描述指數*減少*的弦式頻率，而且負的 σ 軸除外。圖 15.31 對於時域與 s 平面的不同區域之間的關係做了一個結論。

現在回過頭來尋找一個以複數頻率 s 為函數的適當圖形的表示方法。響應的大小可以建構一個高度高於地面的模型來表示，並且每一個點都能相對應響應的大小在 s 平面上的數值。換句話說，增加一個第三軸，同時垂直於 σ 軸與 $j\omega$ 軸，並且通過原點；這個軸標示為 $|\mathbf{Z}|$、$|\mathbf{Y}|$、$|\mathbf{V}_2/\mathbf{V}_1|$ 或其它適當的符號。響應的大小決定 s 上的每一個值，其結果的圖形為 s 平面以上 (或剛好接觸) 的一個表面。

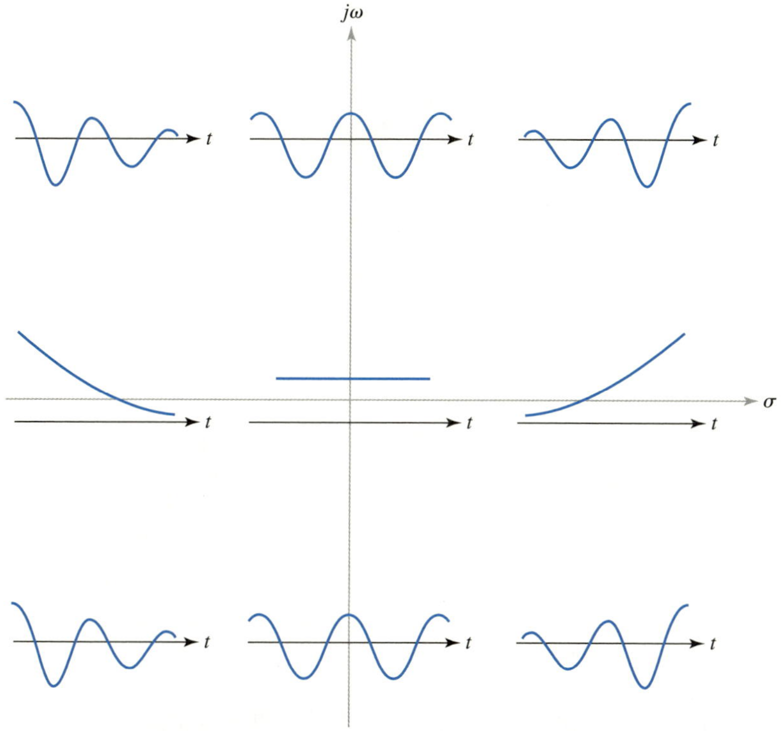

■圖 15.31　時域函數的特性繪製在相對應的複數頻率平面的區域。

例題 15.11

畫出以 $j\omega$ 及 σ 為函數的 1 H 電感器及 3 Ω 電阻器相串聯組合的導納圖。

已知這兩個串聯元件的導納為

$$\mathbf{Y(s)} = \frac{1}{\mathbf{s}+3}$$

將 $\mathbf{s}=\sigma + j\omega$ 代入上式中，可以得到函數的大小為：

$$|\mathbf{Y(s)}| = \frac{1}{\sqrt{(\sigma+3)^2+\omega^2}}$$

當 $\mathbf{s}=-3+j0$ 時，響應的大小為無限大；當 $\mathbf{s}$ 為無限大時，$\mathbf{Y(s)}$ 的大小為零。因此我們模型必須是超過點 $(-3+j0)$ 以上的無限高度，並且在離原點無限遠處的所有點都為零。經由裁減後的圖形顯示在圖 15.32*a* 中。

一旦模型建立之後，則很容易看出以 $\omega\ (\sigma=0)$ 為函數，藉由切除

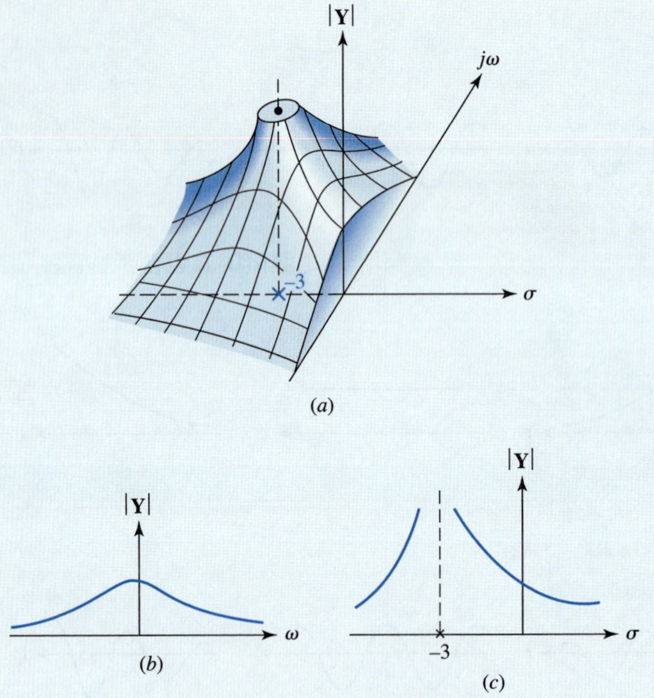

■圖 15.32 (*a*) 一個切除下擺的黏土模型，其頂部代表 1 H 電感器及 3 Ω 電阻器相串聯組合的 $|\mathbf{Y}(\mathbf{s})|$；(*b*) 以 ω 為函數的 $|\mathbf{Y}(\mathbf{s})|$；(*c*) 以 σ 為函數的 $|\mathbf{Y}(\mathbf{s})|$。

此模型與包含 $j\omega$ 軸的垂直平面的 $|\mathbf{Y}|$ 變化。圖 15.32*a* 顯示恰好沿著此平面切除的模型，因此可以看到所要的 $|\mathbf{Y}|$ 對 ω 的圖形；這曲線也顯示在圖 15.32*b* 中。類似的情況下，包含 σ 軸的垂直平面，使我們能得到 $|\mathbf{Y}|$ 對 $\sigma(\omega=0)$ 的圖形，如圖 15.32*c*。

練習題

15.12 以 σ 及 $j\omega$ 為函數畫出阻抗 $\mathbf{Z}(\mathbf{s})=2+5\mathbf{s}$ 的大小。

答：看圖 15.33。

極點–零點星座

這種方法對於相對簡單的函數而言，執行的情形相當良好，但一般需要更實際的方法。讓我們再一次把 **s** 平面視為一個地面來看，並想像在上面有一張具彈性的紙張。現在將我們的注意力放在

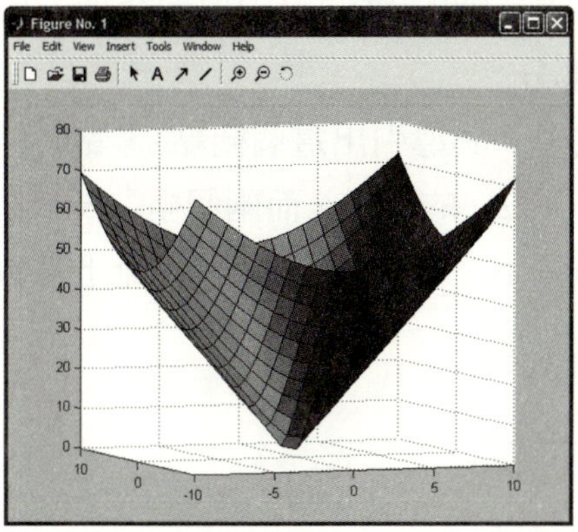

■圖 15.33　以下列的程式碼產生練習題 15.12 的解答：

```
EDU» sigma=linspace(-10,10,21);
EDU» omega=linspace(-10,10,21);
EDU» [X,Y]=meshgrid(sigma,omega);
EDU» Z=abs(2+5*X+j5*Y);
EDU» colormap(hsv);
EDU» s=[−5 3 8];
EDU» surfl(X,Y,Z,s);
EDU» view(−20,5);
```

響應的極點與零點上。在每一個零點，響應為零，薄板的高度也一定是零，並追蹤薄板至地面。向對於每一個極點的 **s** 值，用一個垂直棒來支撐這張薄板。在無限遠的零點與極點上，分別用大半徑的夾板環與高柵欄來表示。如果用一個無限大、無重量的完美彈性薄板，即用小的平頭釘釘住，並且用直徑為零的無限長棒來支撐，則假設此薄板的高度比例於響應的大小。

這些註解可以藉由考慮極點與零點的結構來說明，有時候稱之為**極點–零點星座** (pole-zero constellation)，它可以將頻域量的所有臨界頻率位置予以標記，例如，一個阻抗 **Z(s)**。圖 15.34 顯示一個作為例子的阻抗，其極點–零點星座；在這張圖中，極點以打叉來標示，而零點用圓圈來標示。如果想像一張具有彈性的薄板，在 **s** $= -2 + j0$ 處被釘住，在 **s**$= -1 + j5$ 與 **s**$= -1 - j5$ 處被撐起，

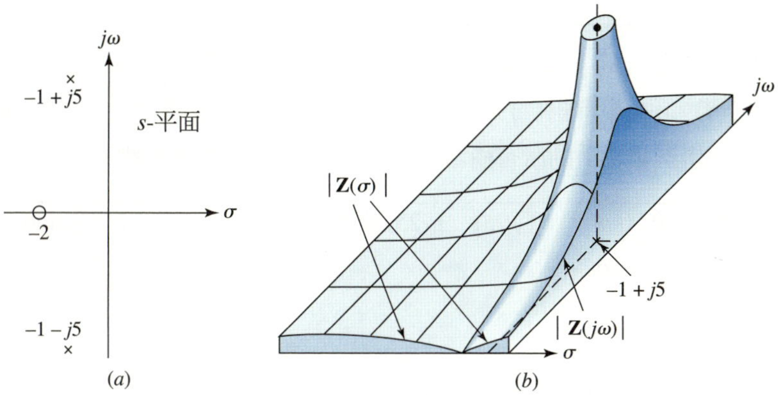

■圖 15.34　(a) 某一阻抗 **Z(s)** 的極點–零點星座；(b) **Z(s)** 大小的部分彈性薄板模型。

則可看到此地形被區分成兩座山及一個圓錐的火山口或窪地。圖 15.34*b* 顯示模型的上方 LHP 的部分。

現在來建立 $\mathbf{Z}(\mathbf{s})$ 的數學式子，其導引出這個極點–零點的結構。零點表示在分子處需要有 $(\mathbf{s} + 2)$ 的因子，而兩個極點表示在分母處需要有 $(\mathbf{s} + 1 - j5)$ 及 $(\mathbf{s} + 1 + j5)$ 的因子。除了乘上常數 k 之外，還知道 $\mathbf{Z}(\mathbf{s})$ 的型式為：

$$\mathbf{Z}(\mathbf{s}) = k\frac{\mathbf{s}+2}{(\mathbf{s}+1-j5)(\mathbf{s}+1+j5)}$$

或

$$\mathbf{Z}(\mathbf{s}) = k\frac{\mathbf{s}+2}{\mathbf{s}^2+2\mathbf{s}+26} \qquad [16]$$

為了求解 k，需要一個臨界頻率以外的 $\mathbf{s}$，來求解 $\mathbf{Z}(\mathbf{s})$。針對這個函數，假設已經知道 $\mathbf{Z}(0)=1$。並把這個值直接代入到方程式 [16] 中，可求得 k 等於 13，因此

$$\mathbf{Z}(\mathbf{s}) = 13\frac{\mathbf{s}+2}{\mathbf{s}^2+2\mathbf{s}+26} \qquad [17]$$

$|\mathbf{Z}(\sigma)|$ 對 σ 和 $|\mathbf{Z}(j\omega)|$ 對 ω 可以從方程式 [17] 求得，但此函數的一般型式很明顯的是從極點–零點結構與彈性薄板求得。這兩曲線顯示在模型的兩側，如圖 15.34*b* 所示。

練習題

15.13 並聯組合的 0.25 mH 與 5 Ω 以及另一個並聯組合 40 μF 與 5 Ω 相串聯。(a) 串聯組合的輸入阻抗 $\mathbf{Z}_{in}(\mathbf{s})$；(b) 指出 $\mathbf{Z}_{in}(\mathbf{s})$ 的所有零點；(c) 指出 $\mathbf{Z}_{in}(\mathbf{s})$ 的所有極點；(d) 畫出極點－零點的結構圖。

答：$5(\mathbf{s}^2 + 10{,}000\mathbf{s} + 10^8) / (\mathbf{s}^2 + 25{,}000\mathbf{s} + 10^8)$ Ω；$-5 \pm j8.66$ krad/s；-5；-20 krad/s。

大小與相角的頻率依賴性

截至目前為止，已經使用 $\mathbf{s}$ 平面和彈性薄板，求得 $\mathbf{s}$ 域函數

的大小對於頻率變化的定性資訊。然而，求得大小和相角變化有關的定性資訊也是有可能的。這個方法提供我們強而有力的新工具。

考慮複數頻率的極座標型式，如同所暗示的，利用從 $\mathbf{s}$ 平面的原點畫一個箭頭至所考慮的複數頻率。箭頭的長度就是這個頻率的大小，箭頭與 σ 軸正方向所形成的角度，為複數頻率的角度。頻率 $\mathbf{s}_1 = -3 + j4 = 5\underline{/126.9^\circ}$ 顯示在圖 15.35*a*。

也可以把兩個 $\mathbf{s}$ 的差值以複數平面的的箭頭或向量來表示。選擇一個 $\mathbf{s}$ 的值相當於是一個弦式 $\mathbf{s}=j7$，也可以用一個向量來表示，如圖 15.35*b* 所示。$\mathbf{s} - \mathbf{s}_1$ 的差值等於從 $\mathbf{s}_1$ 末端到 $\mathbf{s}$ 的起始端畫一個向量；向量 $\mathbf{s} - \mathbf{s}_1$ 畫於圖 15.35*c*。注意到 $\mathbf{s}_1 + (\mathbf{s} - \mathbf{s}_1) = \mathbf{s}$。以數值計算時，$\mathbf{s} - \mathbf{s}_1 = j7 - (-3 + j4) = 3 + j3 = 4.24\underline{/45^\circ}$，而且這個數值與圖形上的差值相同。

現在來看看如何以圖形解釋 $\mathbf{s} - \mathbf{s}_1$ 的差值，進而可以使我們求解頻率響應。考慮導納

$$\mathbf{Y}(\mathbf{s}) = \mathbf{s} + 2$$

這個式子在 $\mathbf{s}_2 = -2 + j0$ 有一個零點。而因子 $\mathbf{s} + 2$ 可以寫成 $\mathbf{s} - \mathbf{s}_2$，表示由零點位置 $\mathbf{s}_2$ 到頻率 $\mathbf{s}$ 的向量，$\mathbf{s}$ 就是所要求的向量。如果所要求解的是弦式響應，則 $\mathbf{s}$ 必定位於 $j\omega$ 軸上，如圖 15.36*a* 所示。$\mathbf{s} + 2$ 的大小可以由 ω 從零到無限大的變化中看出。當 $\mathbf{s}$

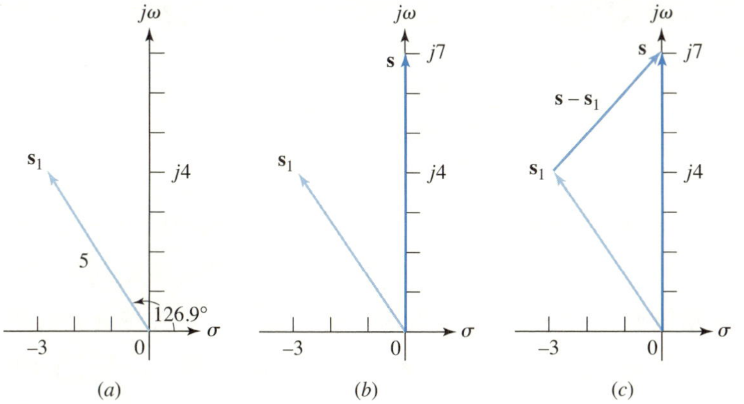

■圖 15.35　(*a*) 複數頻率 $\mathbf{s}_1 = -3 + j4$，藉由從原點畫一箭頭至 $\mathbf{s}_1$ 來表示；(*b*) 頻率 $\mathbf{s}=j7$ 也以向量型式來表示；(*c*) 利用畫出 $\mathbf{s}_1$ 到 $\mathbf{s}$ 的向量來表示 $\mathbf{s} - \mathbf{s}_1$ 的差值。

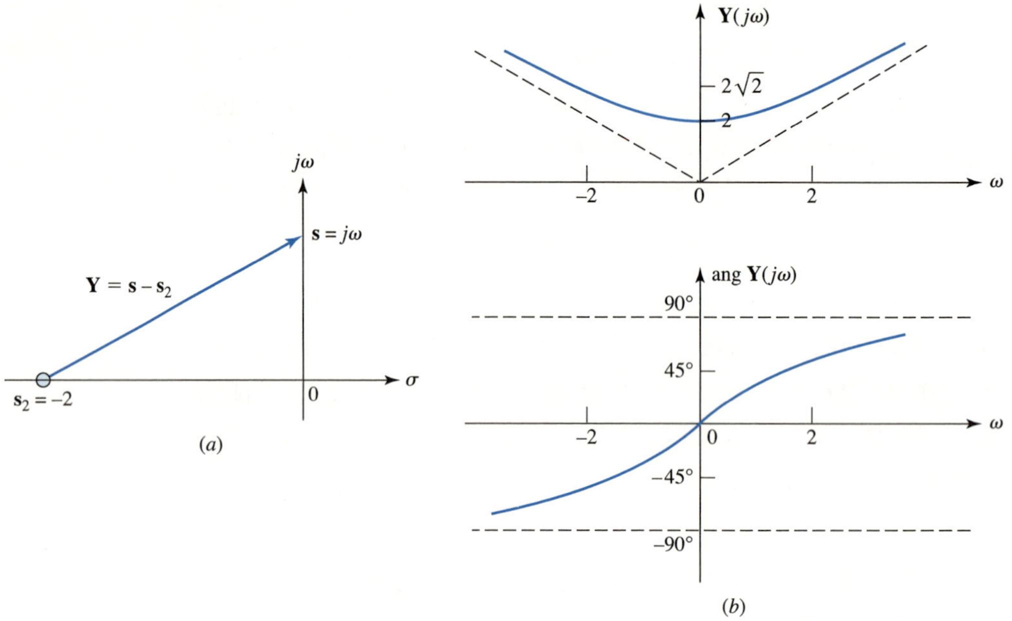

■圖 15.36 (*a*) 導納 $\mathbf{Y(s)}=\mathbf{s}+2$，在 $\mathbf{s}=j\omega$ 時的向量表示；(*b*) 當 **s** 沿著 $j\omega$ 軸上下移動時所得 $|\mathbf{Y}(j\omega)|$ 與 ang $\mathbf{Y}(j\omega)$ 的圖形。

為零時，則向量的大小為 2，而角度為 0°，因此 $\mathbf{Y}(0)=2$。當 ω 增加時，大小隨著增加，一開始比較緩慢，然後隨著 ω 線性的變化；相角一開始也是線性的增加，當 ω 變為無限大時，漸漸的接近 90°。$\mathbf{Y(s)}$ 的大小與角度以 ω 的函數畫在圖 15.36*b* 中。

現在讓我們建構一個由已知兩個因子的商所表示頻域函數的實際例子，

$$\mathbf{V(s)}=\frac{\mathbf{s}+2}{\mathbf{s}+3}$$

再次選擇一個相當於弦式強迫的 **s** 值，並畫出向量 $\mathbf{s}+2$ 與 $\mathbf{s}+3$，第一個是零點到 $j\omega$ 軸上的選擇點，後者則為極點到選擇點。這兩個向量繪於圖 15.37*a*。這兩個向量商的大小等於這兩個向量大小的商，而相角為分子與分母相角的差。$|\mathbf{V(s)}|$ 對 ω 變化的研究，可以從允許 **s** 由原點沿著 $j\omega$ 軸往上移動，同時考慮由零點到 $\mathbf{s}=j\omega$ 的距離對極點到 $j\omega$ 軸上同一點距離的比值來達成。在 $\omega=0$ 時，這個比值為 2/3，並且當 ω 變成無限大時，這個比值會趨近於 1，如圖 15.37*b* 所示。

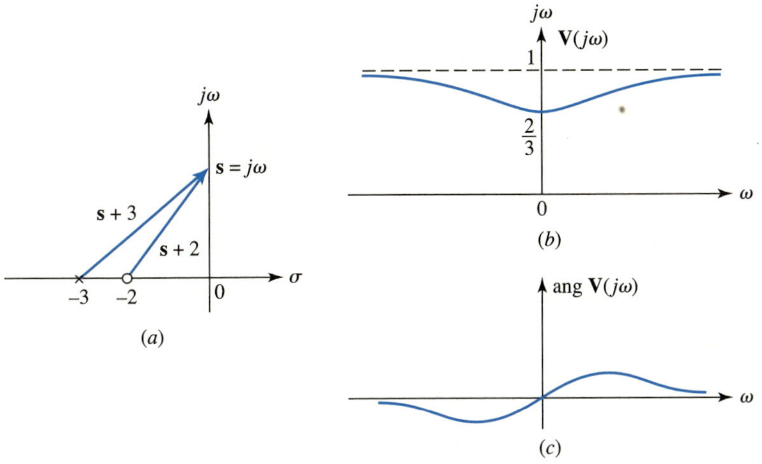

■圖 15.37　(*a*) 從電壓響應 $\mathbf{V(s)}=(\mathbf{s}+2)/(\mathbf{s}+3)$ 的兩個臨界頻率所畫出的向量；(*b*)、(*c*) 分別畫出 *a* 部分兩個向量的商所得到的 $\mathbf{V}(j\omega)$ 大小與相角的圖形。

考量兩個相角差時，顯示在 $\omega=0$ 的時候 ang $\mathbf{V}(j\omega)$ 等於 0°。當 ω 增加時，因為向量 $\mathbf{s}+2$ 的角度大於 $\mathbf{s}+3$，相角一開始也跟著增加。但 ω 進一步增加時，它反而下降，在頻率無限大時，相角最後會趨近於 0°，此時兩個向量的角度均為 90°。這些結果繪於圖 15.37*c*。雖然圖中沒有明確的定量表示，但注意到它們都很容易求得，這才是重要的。例如，在 $\mathbf{s}=j4$ 時的複數響應必定是由比值來求得

$$
\begin{aligned}
\mathbf{V}(j4) &= \frac{\sqrt{4+16}\,\angle\tan^{-1}\left(\frac{4}{2}\right)}{\sqrt{9+16}\,\angle\tan^{-1}\left(\frac{4}{3}\right)} \\
&= \sqrt{\tfrac{20}{25}}\,\angle\left(\tan^{-1}2-\tan^{-1}\left(\tfrac{4}{3}\right)\right) \\
&= 0.894\angle 10.3^\circ
\end{aligned}
$$

在設計電路要產生某一種所期望的響應時，從每一個臨界頻率畫到軸上任一點的向量特性，是一種蠻重要的幫助。例如，如果要增加圖 15.37*c* 相角響應的峰值時，可能會發現必須使兩個向量的角度有更大的差值。這可以從圖 15.37*a* 中，將任一個零點移近原點，或是將極點與原點移得更遠，或兩者同時進行而達成。

我們曾討論過可以幫助決定某些頻域函數的幅度與相角對頻率變化的圖解概念，在第 16 章研究高選擇性的濾波器或諧振電路的

頻率特性時會很需要。這些概念是獲得電路及其它工程系統特性的快速清楚瞭解的基礎。把這個程序簡單的摘要如下：

1. 畫出頻域函數的極點–零點星座，並在圖上定出一個對應於所要計算的函數頻率的測試點。
2. 在每一個極點與零點畫出指向測試點的箭頭。
3. 決定出每一個箭頭的長度，以及每一個極點箭號與零點箭號的角度數值。
4. 將所有零點箭號長度的乘積，除以所有極點箭號長度的乘積。這個商就是在這個測試頻率下，頻域函數的大小 (因為 $\mathbf{F(s)}$ 與 $k\mathbf{F(s)}$ 具有相同的極點與零點星座，必須乘上一個常數)。
5. 將全部的零點相角和減去所有的極點相角和。這個結果是測試頻率下，頻域函數的相角。這個相角與實乘數 k 的數值無關。

練習題

15.14　圖 15.38 顯示三個極點–零點星座。每一個應用到一個電壓增益 **G**。針對每一個增益，求解出一個以 **s** 的多項式比值的表示式。

15.15　對於導納 $\mathbf{Y(s)}$ 的極點–零點結構，其中有一個極點在 $\mathbf{s}=-10+j0\ s^{-1}$，零點在 $\mathbf{s}=z_1+j0$，其中 $z_1<0$。令 $\mathbf{Y}(0)=0.1$ S。試求 z_1 的數值，如果 (a) ang $\mathbf{Y}(j5)=20°$；(b) $|\mathbf{Y}(j5)|=0.2$ S。

答：15.14：$(15\mathbf{s}^2+45\mathbf{s})/(\mathbf{s}^2+6\mathbf{s}+8)$；$(2\mathbf{s}^3+22\mathbf{s}^2+88\mathbf{s}+120)/(\mathbf{s}^2+4\mathbf{s}+8)$；$(3\mathbf{s}^3+27)/(\mathbf{s}^2+2\mathbf{s})$。
15.15：−4.73 Np/s；−2.50 Np/s。

15.7 自然響應與 s 平面

在這一章的開始，我們探討了如何經由拉氏轉換在頻域下作分析，使得我們可以考量更廣泛的時變電路，不管積微分方程式，而以代數運算來取代。這個方法相當的有用，但它卻不是一個可看得見的程序。相反的，確有極大量的資訊包含在強迫響應的極點–零點圖中。在這一節中，要考慮什麼樣的圖形可以用來獲得電路的完全

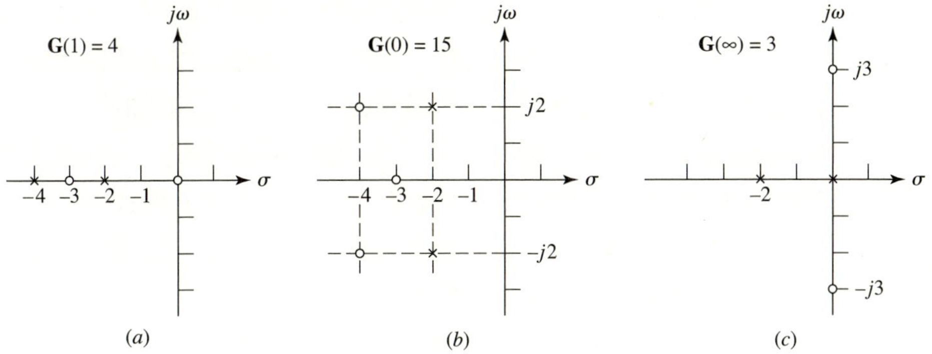

■圖 15.38

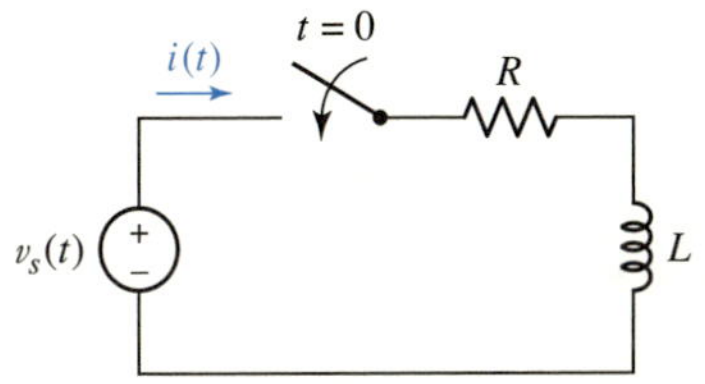

■圖 15.39　說明經由已知阻抗所面對電源的臨界頻率所決定的完全響應例子。

響應——自然加強迫——已提供已知的初始條件。這個方法的好處是在臨界頻率的位置之間更能直覺的連結，經由極點–零點圖簡單地觀察，以及所要的響應。

藉由考慮最簡單的例子，如圖 15.39 所示的 RL 串聯電路，來介紹上述的方法。一個一般的電壓源 $v_s(t)$，在 $t=0$ 開關閉合之後，形成電流 $i(t)$ 的流動。在 $t>0$ 的完全響應是由自然響應與強迫響應所組成：

$$i(t) = i_n(t) + i_f(t)$$

可以藉由頻域的分析來求得強迫響應，當然，假設 $v_s(t)$ 具有函數的型式，並且可以轉換成頻域；例如，如果 $v_s(t)=1/(1+t^2)$ 時，最好從基本的微分方程式來對電路進行分析。針對圖 15.39，可得

$$\mathbf{I}_f(\mathbf{s}) = \frac{\mathbf{V}_s}{R + \mathbf{s}L}$$

或

$$\mathbf{I}_f(\mathbf{s}) = \frac{1}{L}\frac{\mathbf{V}_s}{\mathbf{s} + R/L} \qquad [18]$$

接著考慮自然響應。從之前的經驗，我們知道自然響應的型

在複數頻率下操作是什麼意思？我們如何能夠在一個實際的實驗室中完成這樣的事情？在此情況下，去記住如何創造複數頻率的開始才是重要的；它是一種描述頻率 ω 的弦式函數乘上指數函數 $e\sigma^t$ 的方法。這種型態的訊號很容易利用實際的 (即，非虛擬性) 實驗室設備來產生。因此，為了在 $\mathbf{s}=\sigma+j\omega$ 下"操作"，只需要設定 σ 與 ω 的數值。

式，會隨著時間常數 L/R 做指數的衰減，而讓我們假裝是第一次發現這種情形。由定義可知，自然 (無電源) 響應與強迫函數無關；強迫函數只對自然響應的大小有所貢獻。為了求出適當的型式，將所有獨立電壓源移除；此時，$v_s(t)$ 以一個短路來取代。現在讓我們試著以強迫響應的極限情況來求解自然響應。回到方程式 [18] 的頻域表示式，令 $\mathbf{V}_s=0$。就表面上來看，$\mathbf{I(s)}$ 也必定為零，但這不必然成立，如果在複數頻率下操作，則那是 $\mathbf{I(s)}$ 的一個極點。也就是，分子與分母都是零的時候，$\mathbf{I(s)}$ 不需要為零。

讓我們從稍微不同的有利觀點來看這個新概念。將注意力放在所期望的強迫響應與強迫函數的比值上。指定這個比值為 $\mathbf{H(s)}$，並將其定義為電路的轉移函數。因此

$$\frac{\mathbf{I}_f(\mathbf{s})}{\mathbf{V}_s}=\mathbf{H(s)}=\frac{1}{L(\mathbf{s}+R/L)}$$

在這個例子中，這個轉移函數是面對 $\mathbf{V}_s$ 的輸入導納。設定 $\mathbf{V}_s=0$，來尋求自然 (無電源) 響應。然而，$\mathbf{I}_f(\mathbf{s})=\mathbf{V}_s\,\mathbf{H(s)}$，如果 $\mathbf{V}_s=0$，則只有操作在 $\mathbf{H(s)}$ 的一個極點下，才能求得不為零的電流。因此轉移函數的極點的確是有特殊的意義。

在這個特別的例子中，可以發現到轉移函數的極點發生在 $\mathbf{s}=-R/L+j0$，如圖 15.40 所示。如果選擇在這個特別的複數頻率下操作，則所產生唯一的有限電流必定是 $\mathbf{s}$ 域中的一個常數 (即，頻率依賴)。因此可以得到自然響應

$$\mathbf{I}\left(\mathbf{s}=-\frac{R}{L}+j0\right)=A$$

其中 A 是一個未知的常數。接著要將此自然響應轉成為時域。在這

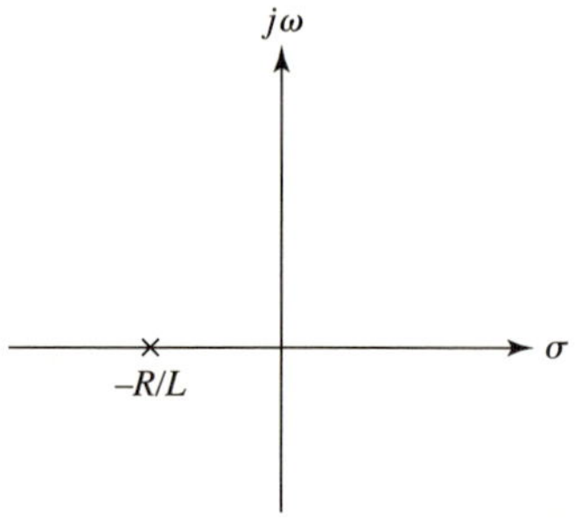

■圖 15.40　轉移函數的極點－零點星座，圖中並顯示單一的極點位於 $\mathbf{s}=-R/L$。

種情形下，直覺的反應可能企圖應用反拉氏轉換。然而，因為已經指定 **s** 的數值，所以這種方法並非是有效的。取而代之，來看看一般函數 e^{st} 的實數部分，所以

CAUTION

$$i_n(t) = \text{Re}\{Ae^{\mathbf{s}t}\} = \text{Re}\{Ae^{-Rt/L}\}$$

這例子可求得

$$i_n(t) = Ae^{-Rt/L}$$

因此總響應為

$$i(t) = Ae^{-Rt/L} + i_f(t)$$

一旦這個電路的初始條件指定後，可以求出 A。強迫響應 $i_f(t)$ 可以由 $\mathbf{I}_f(\mathbf{s})$ 的反拉氏轉換求得。

更一般的觀點

圖 15.41*a* 和 *b* 顯示單一電源連接到不含獨立電源的網路。所要的響應，可能是某一電流 $\mathbf{I}_1(\mathbf{s})$ 或某一電壓 $\mathbf{V}_2(\mathbf{s})$，可以用顯示所有臨界頻率的轉移函數來表示。作為一個特殊的情形，在圖 15.41*a* 中選擇響應為：

$$\frac{\mathbf{V}_2(\mathbf{s})}{\mathbf{V}_s} = \mathbf{H}(\mathbf{s}) = k\frac{(\mathbf{s}-\mathbf{s}_1)(\mathbf{s}-\mathbf{s}_3)\cdots}{(\mathbf{s}-\mathbf{s}_2)(\mathbf{s}-\mathbf{s}_4)\cdots} \quad [19]$$

$\mathbf{H}(\mathbf{s})$ 的極點發生在 $\mathbf{s}=\mathbf{s}_2$，$\mathbf{s}_4$，⋯，所以在這些頻率中的每一個頻率下，有限電壓必定是自然響應的一種可能的函數型式。因此考

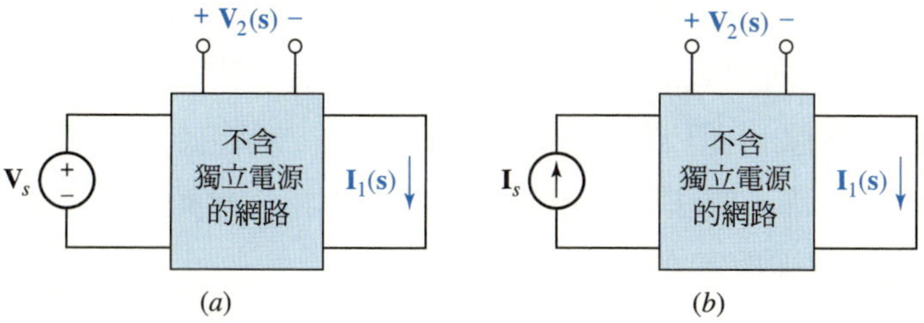

■圖 15.41　由 (*a*) 一個電壓源 $\mathbf{V}_s$，或 (*b*) 一個電流源 $\mathbf{I}_s$ 所產生的響應 $\mathbf{I}_1(\mathbf{s})$ 或 $\mathbf{V}_2(\mathbf{s})$ 的極點。極點決定自然響應的形式，$i_{1n}(t)$ 或 $v_{2n}(t)$，而這些是發生在 $\mathbf{V}_s$ 以短路取代，或 $\mathbf{I}_s$ 以開路取代，以及某些初始能量可供使用時。

慮將零伏特電源（此電源為一短路）應用在輸入端；當輸入端短路時，所產生的自然響應必定有下列的型式：

$$v_{2n}(t) = \mathbf{A}_2 e^{\mathbf{s}_2 t} + \mathbf{A}_4 e^{\mathbf{s}_4 t} + \cdots$$

其中的每一個 **A** 必定由初值條件求得（包括應用到輸入端任何電壓源的初始值）。

為了求得圖 15.41a 自然響應的 $i_{1n}(t)$ 型式，應該求解出轉移函數 $\mathbf{H}(\mathbf{s}) = \mathbf{I}_1(\mathbf{s}) / \mathbf{V}_s$ 的極點。應用到圖 15.41b 所敘述情形的轉移函數，可能是 $\mathbf{I}_1(\mathbf{s}) / \mathbf{I}_s$ 及 $\mathbf{V}_2(\mathbf{s}) / \mathbf{I}_s$，並且它們的極點分別可決定出自然響應 $i_{1n}(t)$ 與 $v_{2n}(t)$。

如果期望求解某一網路的自然響應，而且這個網路不包含任何的獨立電源時，則電源 $\mathbf{V}_s$ 和 $\mathbf{I}_s$ 可插入到任意的適當點，而唯一的限制是，當原始網路中的電源被移除的情況。因此可求得相對應的轉移函數，且其極點指定了自然頻率。注意到任何許多可能的電源位置，可得到相同的頻率。如果網路已包含一個電源，而那個電源可能被設定為零，並且在更方便的點插入一個電源。

特殊例子

在舉幾個例子說明這個方法之前，需要徹底瞭解一種可能產生的特殊情形。這種情形是發生在，如圖 15.41a 或 b 的網路中包含兩個或更多相互隔離的部分時。例如，有三個網路的並聯組合：R_1 與 C 串聯、R_2 與 L 串聯及一個短路。很顯然的，和 R_1 與 C 相串聯的電路，無法在 R_2 與 L 中產生電流；其轉移函數會等於零。例如，要求解電感器電壓的自然響應型式，電壓源必須裝設在 $R_2 L$ 的網路中。這種型式的例子，經常可以經由在裝設電源之前對網路進行檢視而得知；但若非如此，則會得到一個等於零的轉移函數。當 $\mathbf{H}(\mathbf{s}) = 0$ 時，無法獲得任何與自然響應特性化頻率有關的資訊，而且電源必須被放置在更適當的位置。

例題 15.12

針對圖 **15.42** 的無電源電路，試求在 $t>0$ 時，i_1 與 i_2 的表示式，已知初始條件 $i_1(0)=i_2(0)=11$ 安培。

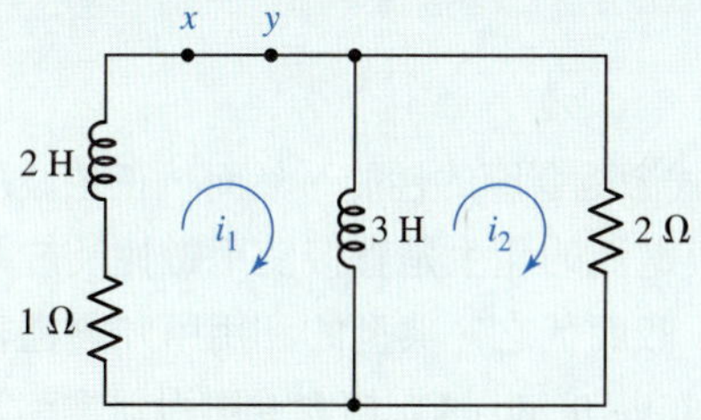

■**圖 15.42** 想要求解自然響應 i_1 與 i_2 的電路。

將電壓源 $\mathbf{V}_s$ 設置在點 x 與 y 之間，然後求解轉移函數 $\mathbf{H(s)}=\mathbf{I}_1\mathbf{(s)}/\mathbf{V}_s$，此轉移函數恰巧為從電壓源看進網路的輸入導納。可得

$$\mathbf{I}_1(\mathbf{s})=\frac{\mathbf{V}_s}{2\mathbf{s}+1+6\mathbf{s}/(3\mathbf{s}+2)}=\frac{(3\mathbf{s}+2)\mathbf{V}_s}{6\mathbf{s}^2+13\mathbf{s}+2}$$

或

$$\mathbf{H}(\mathbf{s})=\frac{\mathbf{I}_1(\mathbf{s})}{\mathbf{V}_s}=\frac{\frac{1}{2}\left(\mathbf{s}+\frac{2}{3}\right)}{(\mathbf{s}+2)\left(\mathbf{s}+\frac{1}{6}\right)}$$

從最近的經驗，很快的可以知道 i_1 必定為下列型式

$$i_1(t)=Ae^{-2t}+Be^{-t/6}$$

利用已知的初始條件求得 A 和 B 的數值，則求解便完成。因為 $i_1(0)$ 已知為 11 安培，

$$11=A+B$$

所需要的額外方程式，可以由列出電路周邊的 KVL 方程式獲得：

$$1i_1+2\frac{di_1}{dt}+2i_2=0$$

求解 $t=0$ 時的導數：

$$\left.\frac{di_1}{dt}\right|_{t=0}=-\frac{1}{2}[2i_2(0)+1i_1(0)]=-\frac{22+11}{2}=-2A-\frac{1}{6}B$$

因此，$A=8$ 且 $B=3$，所以所要求的答案為

$$i_1(t)=8e^{-2t}+3e^{-t/6} \qquad \text{安培}$$

實 際 應 用

震盪器電路設計

在這本書的好幾個地方，我們曾研究過不同電路對於弦式激勵響應的性能。然而，正弦波形的產生，其本身便是蠻有趣的議題。例如，大型弦式電壓與電流的產生是直接使用磁性及旋轉的導線線圈，但是這種方法不容易將所產生的小訊號縮小。取而代之，典型的利用所知**震盪器** (oscillator) 的低電流應用，其利用適當放大器的**正回饋** (positive feedback) 概念。震盪器電路為許多消費產品的一種積分元件，例如圖 15.43 所示的全球定位衛星 (GPS) 接收器。

一種簡單，但有用的震盪器電路，是所謂的**偉恩電橋震盪器** (wien-bridge oscillator)，如圖 15.44 所示。

此電路類似一個非反相運算放大器，在反相輸入腳與接地腳之間連接一個 R_1 的電阻器，在輸出腳與反相輸入腳之間連接一個 R_f 的電阻器。電阻器 R_f 提供一個稱之為**負回饋路徑** (negative feedback path)，因為它將放大器的輸出與反相輸入相連接。輸出增加任何的 $\Delta\mathbf{V}_o$，將造成輸入的降低，依次造成較小的輸出；這種程序增加了輸出電壓 $\mathbf{V}_o$ 的穩定性。運算放大器的**增益** (gain)，定義為 $\mathbf{V}_o$ 對 $\mathbf{V}_i$ 的比值，是由 R_1 與 R_f 的相對大小來決定。

而正回饋迴路是由兩個個別的電阻器－電容器組合，定義為 $\mathbf{Z}_s = R + 1/\mathbf{s}C$ 與 $\mathbf{Z}_P = R \parallel (1/\mathbf{s}C)$。所選擇 R 與 C 的數值，允許我們設計一個具有指定頻率的震盪器 (運算放大器本身內部的電容，會限制所得到的最大頻率)。為了求出 R、C 與震盪頻率之間的關係，要尋求放大器增益 $\mathbf{V}_o / \mathbf{V}_i$ 的表示式。

回顧第 6 章所討論的兩個理想運算放大器規則，並仔細的檢查圖 15.44 中的電路，可以知道 $\mathbf{Z}_P$ 與 $\mathbf{Z}_s$ 形成分壓

■圖 15.43 許多消費電子產品，例如 GPS 接收器，依靠震盪器電路提供參考頻率。
©Royalty-Free/CORBIS.

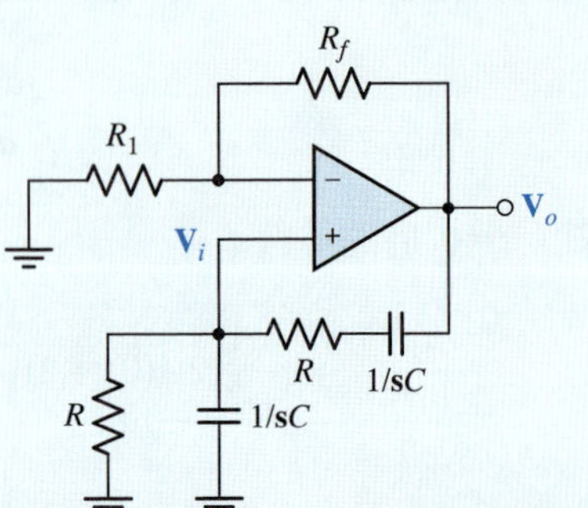

■圖15.44 偉恩電橋震盪器電路。

$$\mathbf{V}_i = \mathbf{V}_o \frac{\mathbf{Z}_p}{\mathbf{Z}_p + \mathbf{Z}_s} \qquad [20]$$

對 $\mathbf{Z}_P = R \parallel (1/\mathbf{s}C) = R/(1 + \mathbf{s}RC)$ 及 $\mathbf{Z}_s = R + 1/\mathbf{s}C = (1 + \mathbf{s}RC)/\mathbf{s}C$ 進行簡化，可得

$$\frac{\mathbf{V}_i}{\mathbf{V}_o} = \frac{\dfrac{R}{1 + \mathbf{s}RC}}{\dfrac{1 + \mathbf{s}RC}{\mathbf{s}C} + \dfrac{R}{1 + \mathbf{s}RC}} = \frac{\mathbf{s}RC}{1 + 3\mathbf{s}RC + \mathbf{s}^2R^2C^2} \qquad [21]$$

因為對於放大器的弦式穩態操作感興趣，以 $j\omega$ 取代 $\mathbf{s}$，所以

$$\frac{\mathbf{V}_i}{\mathbf{V}_o} = \frac{j\omega RC}{1 + 3j\omega RC + (j\omega)^2R^2C^2} = \frac{j\omega RC}{1 - \omega^2R^2C^2 + 3j\omega RC} \qquad [22]$$

增益的表示式只有在 $\omega = 1/RC$ 時才成立。因此，可以藉由選擇 R 與 C 的數值，設計一個放大器運轉在特殊的頻率 $f = \omega / 2\pi = 1/2\pi RC$。

舉個例子，要設計一個偉恩電橋震盪器，能產生頻率 20 Hz 的正弦訊號，這是一般可接受的音頻範圍的低頻率。需要一個頻率為 $\omega = 2\pi f = (6.28)(20) = 125.6$ rad/s。一旦指定了 R 的數值，則所需要的 C 的數值便可知道 (反之亦然)。假設手邊剛好有一個 1 μF 電容器，可計算出所需要的電阻為 $R = 7962\ \Omega$。因為這不是標準的電阻器數值，似乎必須使用數個電阻器串、並聯組合，才能得到所需要的數值。然而，再參考圖 15.44，準備利用 PSpice 來模擬電路，注意 R_f 到 R_1 或尚未指定任何的數值。

雖然方程式 [20] 正確的指出 $\mathbf{V}_o$ 對 $\mathbf{V}_i$ 之間的關係，我們也可以列出其它的方程式，將這些量做一個關連：

$$0 = \frac{\mathbf{V}_i}{R_1} + \frac{\mathbf{V}_i - \mathbf{V}_o}{R_f}$$

重新整理可得

$$\frac{\mathbf{V}_o}{\mathbf{V}_i} = 1 + \frac{R_f}{R_1} \qquad [23]$$

將方程式 [22] 在設定 $\omega = 1/RC$ 的結果

$$\frac{\mathbf{V}_i}{\mathbf{V}_o} = \frac{1}{3}$$

所以，我們需要選擇 R_1 與 R_f 的值，使得 $R_f/R_1 = 2$。不幸的是，如果選擇 $R_f = 2$ kΩ 且 $R_1 = 1$ kΩ，並繼續執行電路的暫態 PSpice 分析，則會對結果很失望。為了確認電路的確是不穩定 (針對震盪電路開始所需要的條件)，需要 R_f/R_1 稍微大於 2。最後設計的模擬輸出 ($R = 7962\ \Omega$，$C = 1\ \mu$F，$R_f = 2.01$ kΩ，$R_1 = 1$ kΩ)，如圖 15.45 所示。要注意的是，圖中震盪器的大小逐漸增加；實際上，建立震盪電路的電壓大小，需要非線性電路元件。

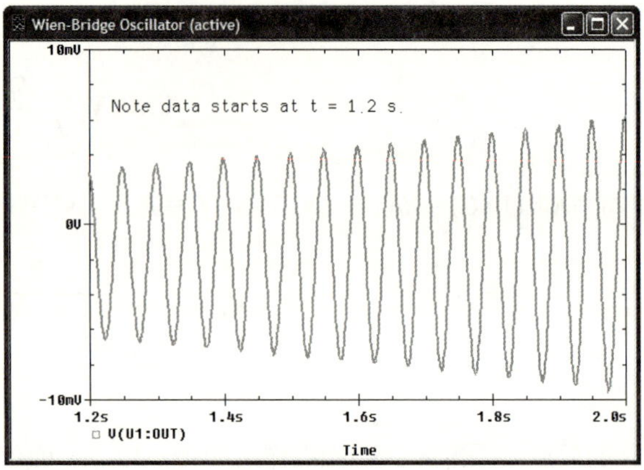

■圖 15.45 設計操作在 20 Hz 的偉恩電橋震盪器的模擬輸出。

因此，組成 i_2 的自然頻率與組成 i_1 的自然頻率相同，以類似的程序可求出任意的常數，可得

$$i_2(t) = 12e^{-2t} - e^{-t/6} \quad 安培$$

練習題

15.16 如果一個電流源 $i_1(t)=u(t)$ 安培，設置在圖 15.46 的 a、b 之間，且箭頭朝向 a，試求 $\mathbf{H(s)}=\mathbf{V}_{cd}/\mathbf{I}_1$，並且指出存在於 $v_{cd}(t)$ 的自然頻率。

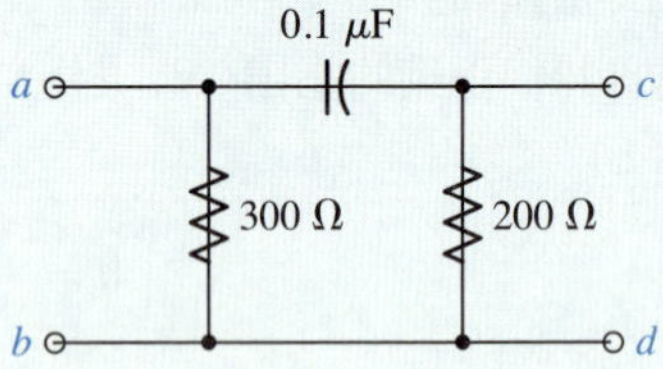

■圖 15.46

答：$120\mathbf{s}/(\mathbf{s}+20{,}000)\ \Omega$；$-20{,}000\ \mathrm{s}^{-1}$。

用來求解自然響應振幅係數的程序相當的複雜，但那些所要求解的響應，其初始條件及導數是明顯的時候除外。然而，我們不應該忽略在求解自然響應型式時的自在及快速。

15.8 合成電壓比 $H(s) = V_{out} / V_{in}$ 的技巧

本章中許多的討論都和轉移函數的極點與零點有關。同時也指出這些極點與零點在複數頻率平面中的位置，並且也利用它們來表示轉移函數，以及 s 因子或多項式的比值，進而從這些結果計算出強迫響應，而在 15.7 節中，也利用它們的極點建立自然響應的型式。

現在讓我們來看看，如何能決定出能提供所要轉移函數的網路。只考慮一般問題的一小部分，如圖 15.47 所示具有轉移函數 $\mathbf{H}(\mathbf{s}) = \mathbf{V}_{out}(\mathbf{s})/\mathbf{V}_{in}(\mathbf{s})$ 的型式。為了簡化，我們將 $\mathbf{H}(\mathbf{s})$ 限制在負 σ 軸上的臨界頻率 (包括原點)。因此，將考慮如下的轉移函數

$$\mathbf{H}_1(\mathbf{s}) = \frac{10(\mathbf{s}+2)}{\mathbf{s}+5}$$

或

$$\mathbf{H}_2(\mathbf{s}) = \frac{-5\mathbf{s}}{(\mathbf{s}+8)^2}$$

或

$$\mathbf{H}_3(\mathbf{s}) = 0.1\mathbf{s}(\mathbf{s}+2)$$

讓我們從求解圖 15.48 網路中的電壓增益開始，其中包含一個理想運算放大器。運算放大器兩個輸入端之間的電壓，實質上為零，而且運算放大器輸入阻抗實質上是無限大。因此可以令流入反相輸入端的電流總和為零：

$$\frac{\mathbf{V}_{in}}{\mathbf{Z}_1} + \frac{\mathbf{V}_{out}}{\mathbf{Z}_f} = 0$$

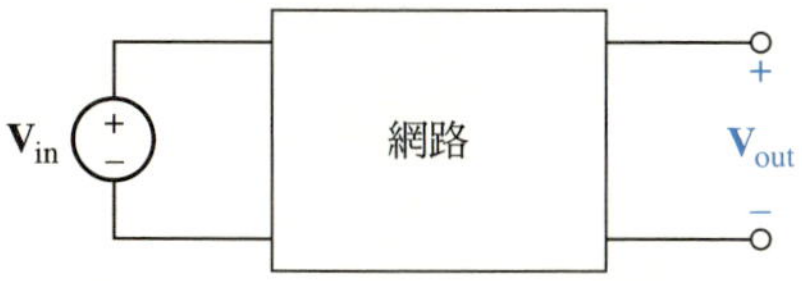

■圖 15.47　已知 $\mathbf{H}(\mathbf{s}) = \mathbf{V}_{out} / \mathbf{V}_{in}$，尋求具有轉移函數 $\mathbf{H}(\mathbf{s})$ 的網路。

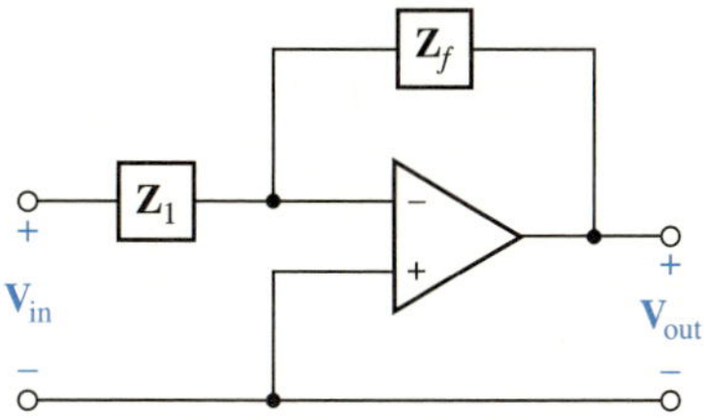

■圖 15.48　一個 $\mathbf{H}(\mathbf{s}) = \mathbf{V}_{out} / \mathbf{V}_{in} = -\mathbf{Z}_f / \mathbf{Z}_1$ 的理想運算放大器。

或

$$\frac{\mathbf{V}_{out}}{\mathbf{V}_{in}} = -\frac{\mathbf{Z}_f}{\mathbf{Z}_1}$$

如果 $\mathbf{Z}_f$ 與 $\mathbf{Z}_1$ 都是電阻，則電路的動作會像是一個反相放大器，或可能是一個**衰減器** (attenuator) (如果這個比值小於 1)。然而，我們現在感興趣的，是在於這些阻抗中的一個是電阻，而另一個是 RC 網路時的情形。

在圖 15.49*a* 中，令 $\mathbf{Z}_1 = R_1$，而 $\mathbf{Z}_f$ 為 R_f 與 C_f 的並聯組合。因此，

$$\mathbf{Z}_f = \frac{R_f/\mathbf{s}C_f}{R_f + (1/\mathbf{s}C_f)} = \frac{R_f}{1 + \mathbf{s}C_f R_f} = \frac{1/C_f}{\mathbf{s} + (1/R_f C_f)}$$

而且

$$\mathbf{H}(\mathbf{s}) = \frac{\mathbf{V}_{out}}{\mathbf{V}_{in}} = -\frac{\mathbf{Z}_f}{\mathbf{Z}_1} = -\frac{1/R_1 C_f}{\mathbf{s} + (1/R_f C_f)}$$

求得一個具有單一 (有限) 臨界頻率的轉移函數，而極點在 $\mathbf{s} = -1/R_f C_f$。

繼續看到圖 15.49*b*，令 $\mathbf{Z}_f$ 為電阻，而 $\mathbf{Z}_1$ 是一個 RC 的並聯組合：

$$\mathbf{Z}_1 = \frac{1/C_1}{\mathbf{s} + (1/R_1 C_1)}$$

且

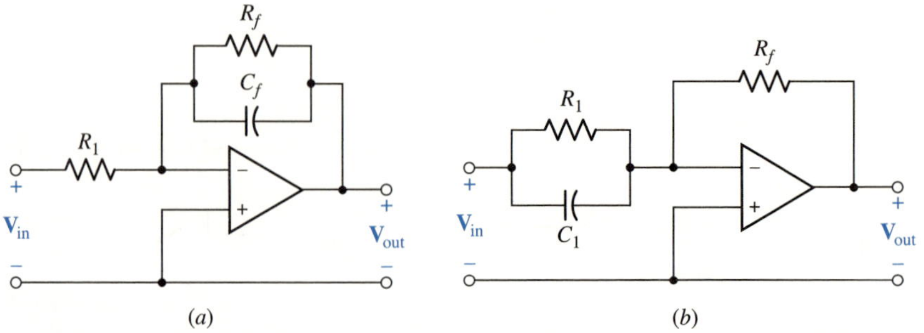

■圖 15.49 (*a*) 具有極點在 $\mathbf{s} = -1/R_f C_f$ 的轉移函數 $\mathbf{H}(\mathbf{s}) = \mathbf{V}_{out}/\mathbf{V}_{in}$；(*b*) 此時有一個零點在 $\mathbf{s} = -1/R_1 C_1$。

$$\mathbf{H(s)} = \frac{\mathbf{V}_{\text{out}}}{\mathbf{V}_{\text{in}}} = -\frac{\mathbf{Z}_f}{\mathbf{Z}_1} = -R_f C_1 \left(\mathbf{s} + \frac{1}{R_1 C_1}\right)$$

唯一的有限臨界頻率為在 $\mathbf{s} = -1/R_1C_1$ 的零點。

對於所談論的理想運算放大器來說，當輸出或戴維寧阻抗等於零時，$\mathbf{V}_{\text{out}}$ 與 $\mathbf{V}_{\text{out}}/\mathbf{V}_{\text{in}}$ 並不是輸出端所跨接的任何負載的函數。這種情形包括輸入到其它運算放大器，同樣的，因此可以將在指定位置上有極點與零點的電路相串接，其中一個運算放大器的輸出，直接連接至下一個運算放大器的輸入，並且因此產生所要的轉移函數。

例題 15.13

合成一個可以產生轉移函數 $\mathbf{H(s)} = \mathbf{V}_{\text{out}}/\mathbf{V}_{\text{in}} = \mathbf{10(s + 2)/(s + 5)}$ 的電路。

由圖 15.49*a*，這種型式的網路，可以求得極點在 $\mathbf{s} = -5$。稱這個網路為 A，因此可得 $1/R_{fA}C_{fA} = 5$。任意地選擇 $R_{fA} = 100\ \text{k}\Omega$，所以 $C_{fA} = 2\ \mu\text{F}$。對於整個電路的這個部分，

$$\mathbf{H}_A(\mathbf{s}) = -\frac{1/R_{1A}C_{fA}}{\mathbf{s} + (1/R_{fA}C_{fA})} = -\frac{5 \times 10^5/R_{1A}}{\mathbf{s} + 5}$$

接下來，考慮在 $\mathbf{s} = -2$ 的零點。從圖 15.49*b*，可知 $1/R_{1B}C_{1B} = 2$，且 $R_{1B} = 100\ \text{k}\Omega$，因此可以得到 $C_{1B} = 5\ \mu\text{F}$。因此，

$$\mathbf{H}_B(\mathbf{s}) = -R_{fB}C_{1B}\left(\mathbf{s} + \frac{1}{R_{1B}C_{1B}}\right)$$
$$= -5 \times 10^{-6} R_{fB}(\mathbf{s} + 2)$$

而且

$$\mathbf{H(s)} = \mathbf{H}_A(\mathbf{s})\mathbf{H}_B(\mathbf{s}) = 2.5\frac{R_{fB}}{R_{1A}}\frac{\mathbf{s} + 2}{\mathbf{s} + 5}$$

令 $R_{fB} = 100\ \text{k}\Omega$ 及 $R_{1A} = 25\ \text{k}\Omega$ 來完成這個設計。結果顯示在圖 15.50。電路中的電容器都相當的大，但這是因為選擇 $\mathbf{H(s)}$ 的極點與零點為低頻，直接所造成的結果。如果 $\mathbf{H(s)}$ 把改成 $10(\mathbf{s} + 2000) / (\mathbf{s} + 5000)$ 時，則使用大小為 2 與 5 nF 的電容器。

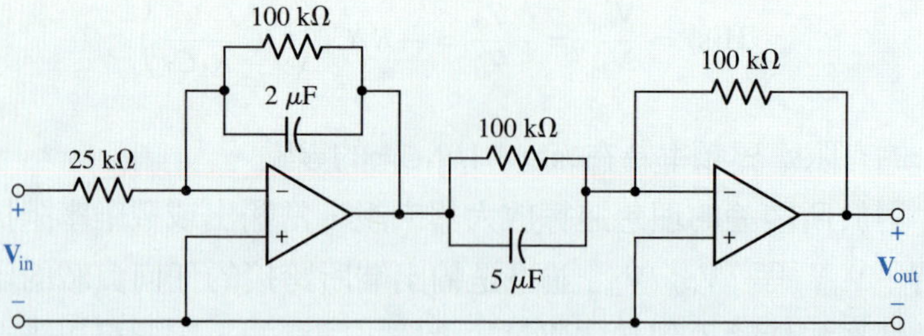

■圖 15.50 網路中包含兩個理想運算放大器，而且電壓的轉移函數為 $\mathbf{H}(\mathbf{s}) = \mathbf{V}_{out} / \mathbf{V}_{in} = 10(\mathbf{s}+2)/(\mathbf{s}+5)$。

練習題

15.17 在三個串接級中，針對 $\mathbf{Z}_1$ 與 $\mathbf{Z}_f$ 指定適當的元件值，以實現轉移函數為 $\mathbf{H}(\mathbf{s}) = -20\mathbf{s}^2/(\mathbf{s}+1000)$。

答：1 μF ∥ ∞，1 MΩ；1 μF ∥ ∞，1 MΩ；100 kΩ ∥ 10 nF，5 MΩ。

摘要與複習

這些模型摘錄在表 15.1。

- 電阻器可以由頻域中具有相同大小的阻抗來代替。
- 電感器可以由頻域中的阻抗 $\mathbf{s}L$ 來代替。如果初值電流不為零，則這個阻抗必須與一個電壓源 $-Li(0^-)$ 串聯，或與一個電流源 $i(0^-)/\mathbf{s}$ 並聯。
- 電容器可以由頻域中的阻抗 $1/\mathbf{s}C$ 來代替。如果初值電壓不為零，則這個阻抗必須與一個電壓源 $v(0^-)/\mathbf{s}$ 串聯，或與一個電流源 $Cv(0^-)$ 並聯。
- **s** 域中的節點與網目分析，產生以 s 為多項式的聯立方程式。MATLAB 為求解這種方程式系統，特別有用的工具。
- 重疊定理、電源轉換以及戴維寧和諾頓定理，全都可以應用在 s 域中。
- 一個電路的轉移函數 **H(s)**，定義為 s 域的輸出對於 s 域的輸入的比值。這兩個量可以是電壓或電流。
- **H(s)** 的零點，為那些產生大小為零的數值。**H(s)** 的極點，為那些產生大小為無限大的數值。
- 捲積提供我們決定它的脈衝響應 $h(t)$ 電路的解析與圖形方法。

❒ 有數種圖形方法，可以表示在 **s** 域的極點與零點的表示式。這樣的繪圖可以用來組合所要的響應電路。

進階研讀

❒ 有關系統 **s** 域分析，使用拉氏轉換及轉移函數特性更詳細的資料，可以在下列書籍中發現：

K. Ogata, "現代數至工程"，第四版，Englewood Cliffs, N. J.: Prentice-Hall, 2002.

❒ 詳盡探討不同型式的震盪器電路，可以在下列書籍中發現：

R. Mancini, "針對每個人的運算放大器"，第二版，Amsterdam: Newnes, 2003. 以及

G. Clayton and S. Winder, "運算放大器"，第五版，Amsterdam: Newnes, 2003.

習　題

※偶數題置書後光碟

15.1 Z(s) 與 Y(s)

1. 畫出圖 15.51 所示電路所有可能的 **s** 域等效 ($t > 0$)。

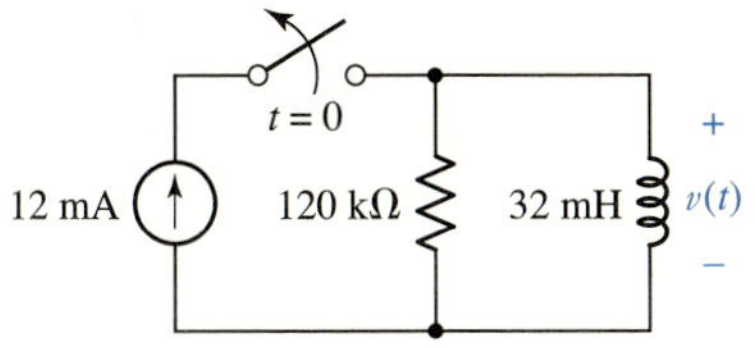

■圖 15.51

3. 參考圖 15.53，並求解 (a) 以 **s** 域中兩個多項式的比值所表示的 $\mathbf{Z}_{in}(\mathbf{s})$；(b) $\mathbf{Z}_{in}(-80)$；(c) $\mathbf{Z}_{in}(j80)$；(d) 以 **s** 域中兩個多項式的比值所表示的並聯 RL 分支導納 $\mathbf{Y}_{RL}(\mathbf{s})$；(e) 重做求解 $\mathbf{Y}_{RC}(\mathbf{s})$；(f) 證明 $\mathbf{Z}_{in}(\mathbf{s}) = (\mathbf{Y}_{RL} + \mathbf{Y}_{RC}) / \mathbf{Y}_{RL}\mathbf{Y}_{RC}$。
5. (a) 針對圖 15.55 的網路，求解以 **s** 域中兩個多項式的比值所表示的 $\mathbf{Z}_{in}(\mathbf{s})$；(b) 以直角座標求解 $\mathbf{Z}_{in}(j8)$；(c) 以極座標求解 $\mathbf{Z}_{in}(-2 + j6)$；(d) 為了在 $\mathbf{s} = -5 + j0$ 時，要求 $\mathbf{Z}_{in} = 0$，則 16 Ω 電阻器的值應變成多少？(e) 為了在 $\mathbf{s} = -5 + j0$ 時，要求 $\mathbf{Z}_{in} = \infty$，則 16 Ω 電阻器的值應變成多少？

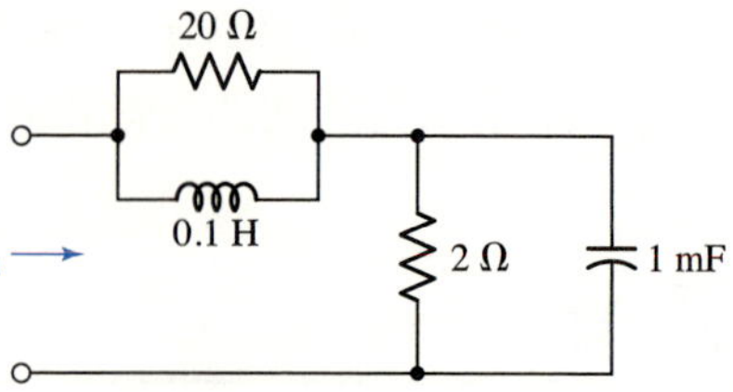

■圖 15.53

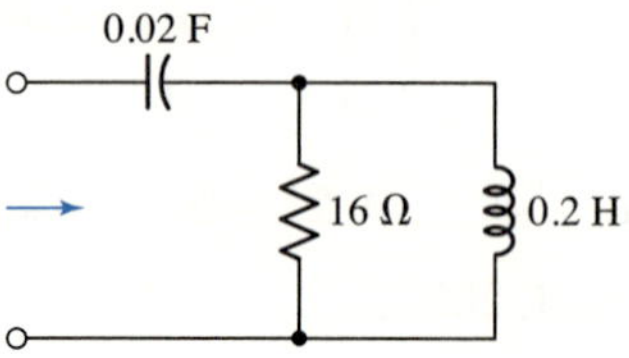

■圖 15.55

7. 一個共射極雙極性接合電晶體放大器的線性電路模型，其工作頻率可達數個 MHz。試求圖 15.57 所示電路的輸入阻抗 $\mathbf{Z}_{in}$，並以 **s** 多項式階次的比值來表示你的答案。

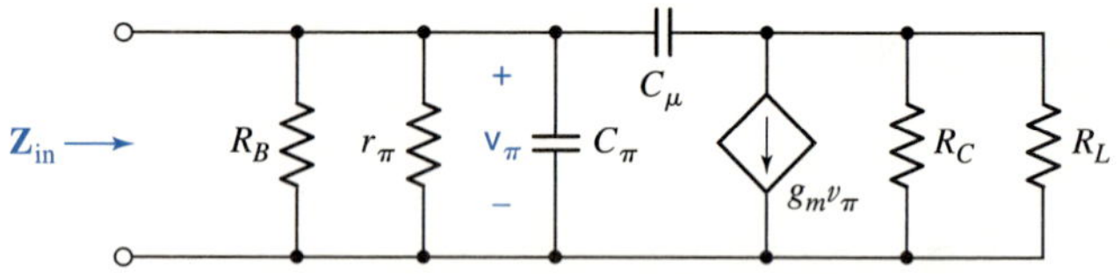

■圖 15.57

9. 利用 **s** 域分析技巧，求解圖 15.59 中流經電容器的電流 $i(t)$。

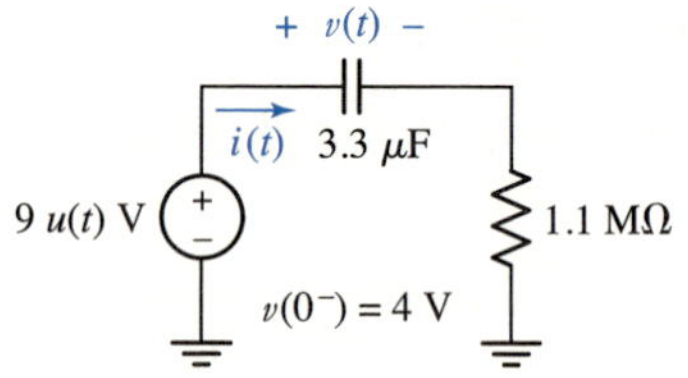

■圖 15.59

15.2 s 域中的節點與網目分析

11. 考慮圖 15.61 的電路。如果 $v(0^-) = -2$ V，利用 **s** 域的技巧，求解標示為節點電壓的 $v_1(t)$ 與 $v_2(t)$。

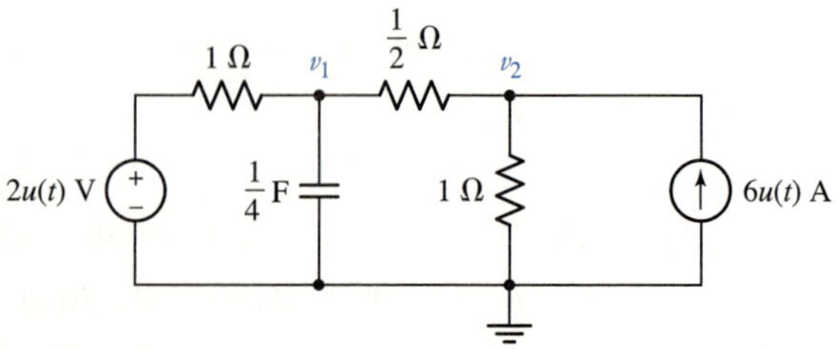

■圖 15.61

13. 圖 15.63 的簡單電路中，包含兩個網目。(a) 如果 $v_C(0^-) = 9$ V，在

s 域中利用網目分析，求解 $i_1(t)$ 與 $i_2(t)$；(b) 利用 PSpice 驗證你的答案。附上適當標示的電路圖，並將模擬結果與 (a) 部分的解析解比較。

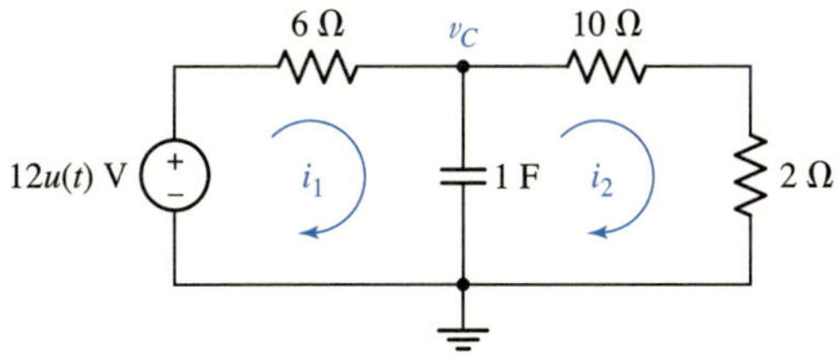

■圖 15.63

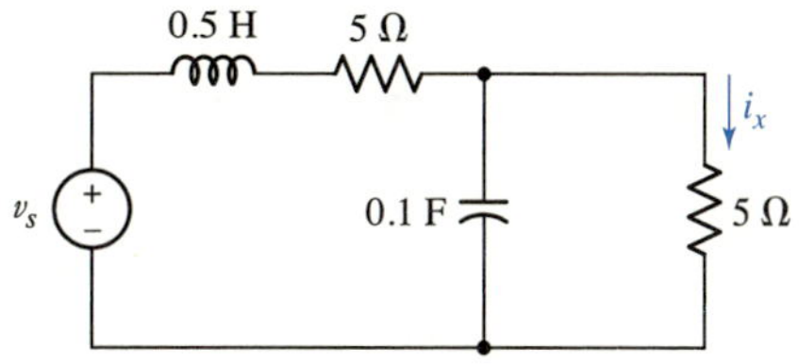

■圖 15.65

15. (a) 圖 15.65 的電路中，令 $v_s = 10e^{-2t}\cos(10t + 30°)\,u(t)$ V，以頻域分析求解 $\mathbf{I}_x$；(b) 再求解 $i_x(t)$。

17. 假設初始能量為零，求解圖 15.66 電路的中間網目電流的時域表示式。

19. 圖 15.67 的電路中，令 $i_{s1} = 20e^{-3t}\cos 4t\,u(t)$ A 且 $i_{s2} = 30e^{-3t}\sin 4t\,u(t)$ A。(a) 以頻域分析求解 $\mathbf{V}_x$；(b) 再求解 $v_x(t)$。

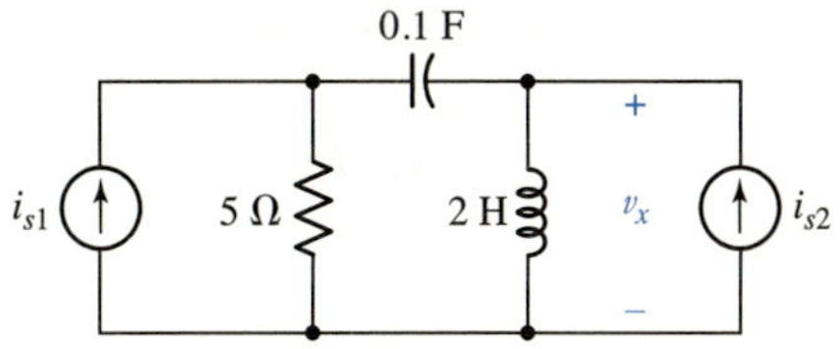

■圖 15.67

21. 圖 15.69 中，如果流經 1 mH 電感器的電流 $(i_2 - i_4)$，在 $t = 0^-$ 時等於 1 A，試求網目電流 $i_1(t)$ 與 $i_2(t)$。當電路響應最終達到穩態時，證明你的答案近似於利用相量分析所得的答案。

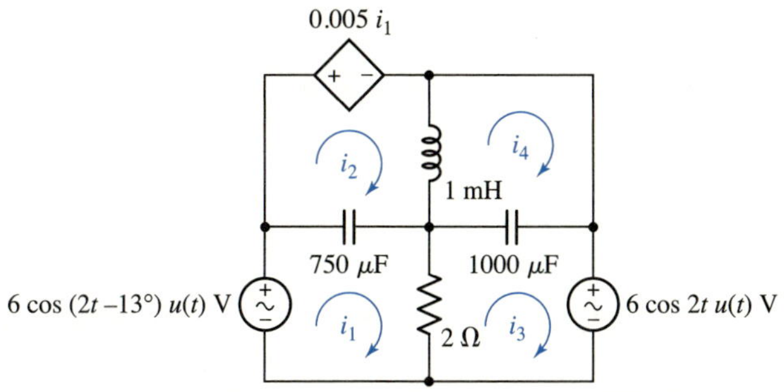

■圖 15.69

23. 假設圖 15.71 電路中的依賴電壓源，由於雷擊風暴期間，遭受電力突波而損壞，進而無法再動作 (即，呈現開路現象)，試求 2 Ω 電阻器的吸收功率表示式。假設電路中只有電感器有初始儲能，並且在 $t = 0^-$ 時，流經 1 mH 電感器的電流 $(i_2 - i_4)$ 等於 1 mA。

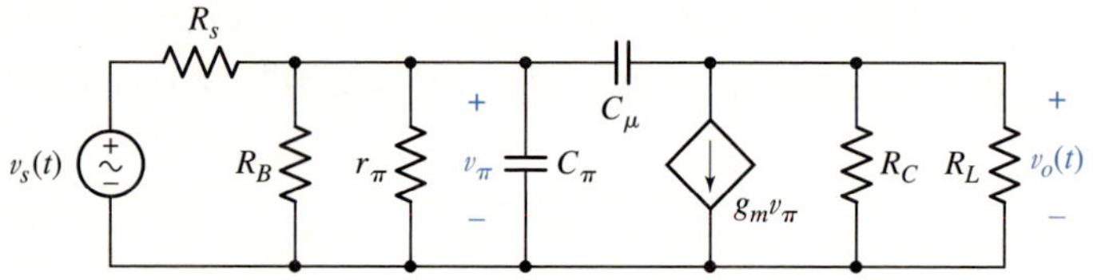

■圖 15.71

15.3 額外的電路分析技巧

25. (a) 將圖 15.72 轉成一個適當的 **s** 域表示；(b) 試求由 1 Ω 電阻器所看到的戴維寧等效；(c) 分析這個簡化的電路，以求解流經 1 Ω 電阻器的瞬時電流 $i(t)$ 的表示式。

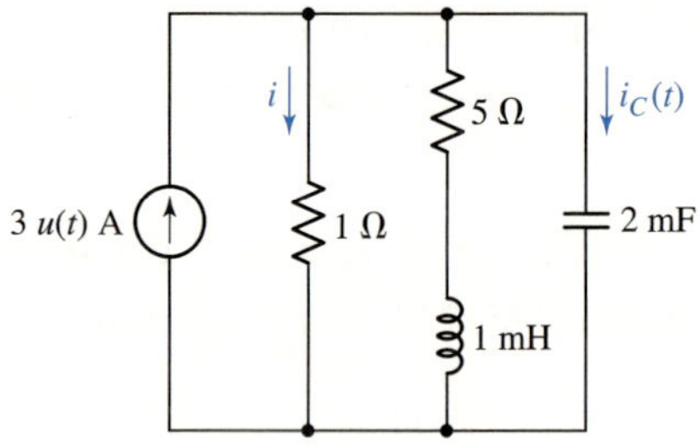

■圖 15.72

27. 針對圖 15.73 的 **s** 域電路，試求由 $7\mathbf{s}^2$ Ω 阻抗所看到的戴維寧等效，並利用這個等效，計算電流 **I(s)**。

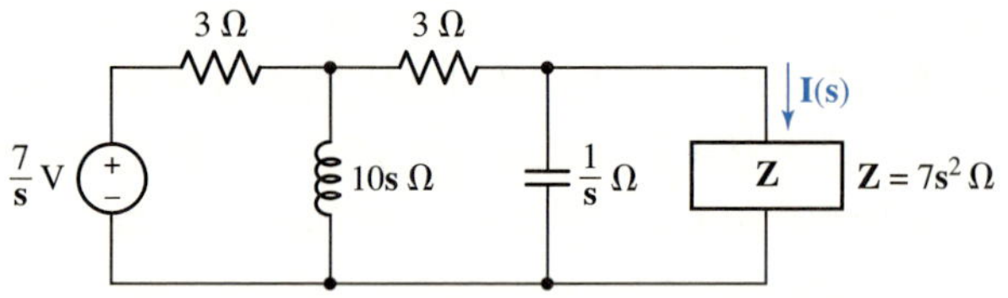

■圖 15.73

29. (a) 針對圖 15.75 的電路，在 **s** 域中採用重疊定理求解 $\mathbf{V}_1(\mathbf{s})$ 與 $\mathbf{V}_2(\mathbf{s})$；(b) 再求解 $v_1(t)$ 與 $v_2(t)$。

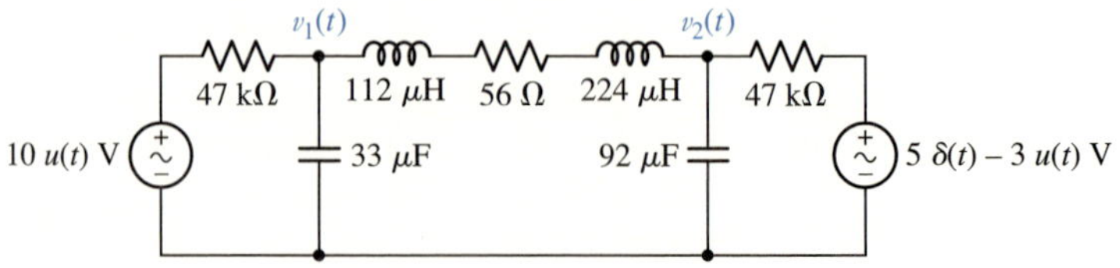

■圖 15.75

31. (a) 試求圖 15.75 由 $10u(t)$ V 電源看到的 **s** 域的諾頓等效；(b) 求解在 $t = 1.5$ ms 時，流出 $10u(t)$ V 電源的電流。

33. (a) 在 **s** 域採用電源轉換的方法，求解圖 15.77 電路中的 **I(s)**；(b)

試求 $i(t)$；(c) 並再求解 $i(t)$ 的穩態值。

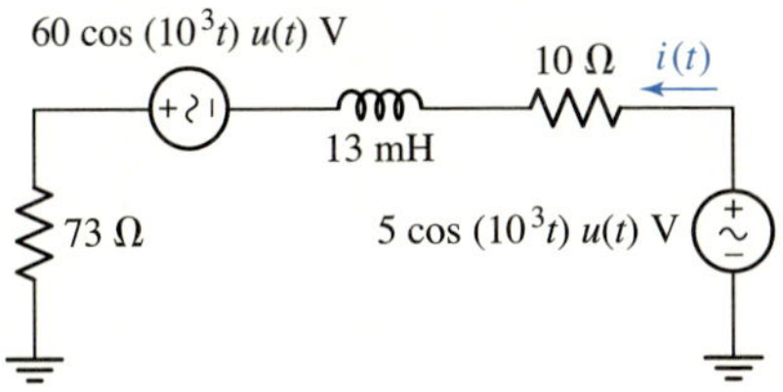

■圖 15.77

15.4 極點、零點及轉移函數

35. 說明下列 **s** 域函數的極點與零點：

(a) $\dfrac{3\mathbf{s}^2}{\mathbf{s}(\mathbf{s}^2+4)(\mathbf{s}-1)}$；(b) $\dfrac{\mathbf{s}^2+2\mathbf{s}-1}{\mathbf{s}^2(4\mathbf{s}^2+2\mathbf{s}+1)(\mathbf{s}^2-1)}$。

37. 求解下列的極點與零點。(a) 圖 15.54 所定義的輸入阻抗；(b) 圖 15.56 所定義的輸入阻抗。

39. (a) 試求圖 15.78 所示網路的 $\mathbf{Z}_{in}(\mathbf{s})$；(b) 求解 $\mathbf{Z}_{in}(\mathbf{s})$ 的所有臨界頻率。

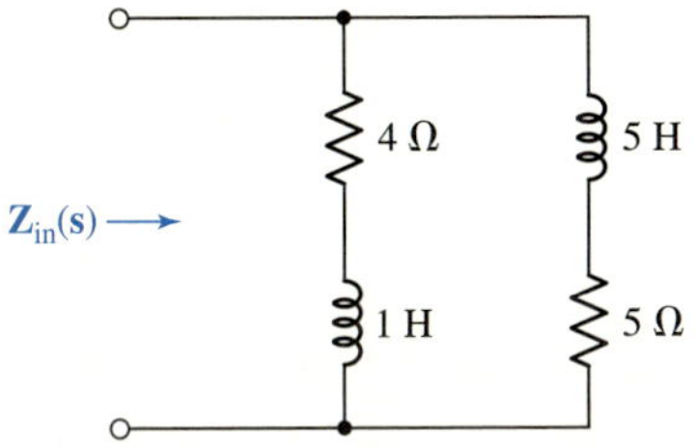

■圖 15.78

15.5 捲　積

41. 某一個線性系統的脈衝響應為 $5\sin\pi t[u(t)-u(t-1)]$，當一個輸入訊號為 $x(t)=2[u(t)-u(t-2)]$ 時，試利用捲積求解輸出 $y(t)$，並繪製其圖形。

43. 當一個脈衝 $\delta(t)$ V 作用到某一個雙埠網路時，其輸出電壓為 $v_o(t)=4u(t)-4u(t-2)$ V。如果輸入電壓為 $2u(t-1)$ V 時，試求 $v_o(t)$，並繪製其圖形。

45. 已知一個特殊電路的脈衝電壓響應為 $h(t)=5u(t)-5u(t-2)$。試求 **s** 域及時域的電壓響應，如果強迫電壓 $v_{in}(t)=$(a) $3\delta(t)$ V；(b) $3u(t)$ V；(c) $3u(t)-3u(t-2)$ V；(d) $3\cos 3t$ V；(e) 畫出 (a)-(d) 的時域電壓響應圖形。

47. (a) 試求圖 15.80 所示網路的脈衝響應 $h(t)$；(b) 如果 $v_{in}(t)=8e^{-t}u(t)$ V，利用捲積求解 $v_o(t)$。

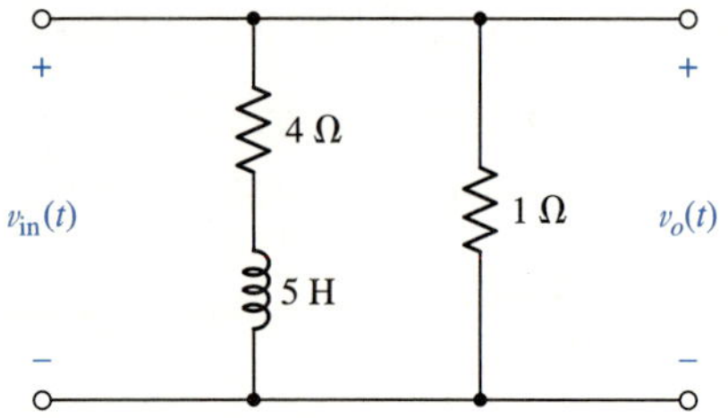

■圖 15.80

15.6 複數頻率平面

49. $\mathbf{H(s)} = \mathbf{V}_2(\mathbf{s}) / \mathbf{V}_1(\mathbf{s})$ 的極點－零點結構如圖 15.82 所示。令 $\mathbf{H}(0) = 1$，畫出 $|\mathbf{H(s)}|$ 對 (a) σ，如果 $\omega = 0$；(b) ω，如果 $\sigma = 0$；(c) 試求 $|\mathbf{H}(j\omega)|_{max}$。

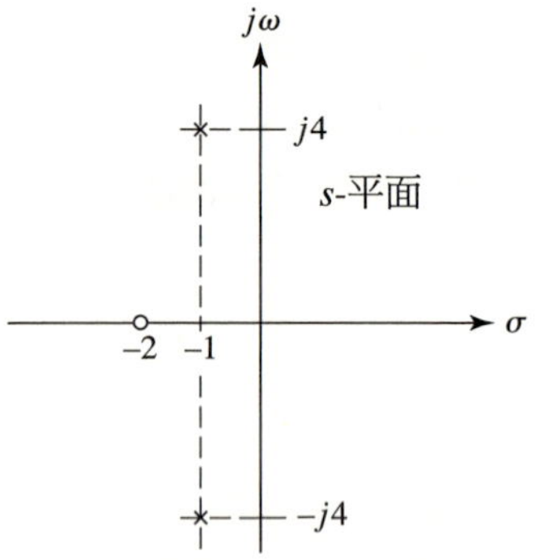

圖 15.82

51. 已知電壓增益為 $\mathbf{H(s)} = (10\mathbf{s}^2 + 55\mathbf{s} + 75)/(\mathbf{s}^2 + 16)$：(a) 指出在 **s** 平面上的臨界頻率；(b) 計算 $\mathbf{H}(0)$ 與 $\mathbf{H}(\infty)$；(c) 如果 $|\mathbf{H(s)}|$ 在原點的比率模型高度為 3 公分，則在 $\mathbf{s} = j3$ 的高度為何？(d) 粗略的畫出 $|\mathbf{H}(\sigma)|$ 對 σ 及 $|\mathbf{H}(j\omega)|$ 對 ω 的圖形。
53. 將圖 15.83 的極點-零點座標圖，應用到一個電流增益 $\mathbf{H(s)} = \mathbf{I}_{out} / \mathbf{I}_{in}$ 上。令 $\mathbf{H}(-2) = 6$，(a) 以 **s** 多項式的比值來表示 $\mathbf{H(s)}$；(b) 計算 $\mathbf{H}(0)$ 與 $\mathbf{H}(\infty)$；(c) 求解從每一個臨界頻率到 $\mathbf{s} = j2$ 的箭頭大小及方向。

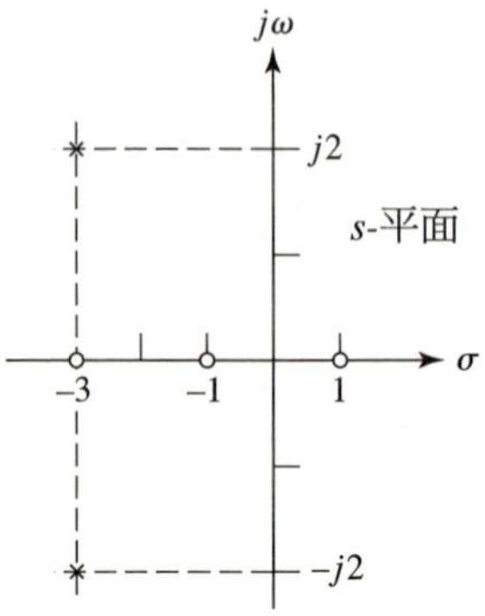

■圖 15.83

55. 令 $\mathbf{H(s)}=100(\mathbf{s}+2)/(\mathbf{s}^2+2\mathbf{s}+5)$，(a) 畫出 $\mathbf{H(s)}$ 的極點－零點圖；(b) 求解 $\mathbf{H}(j\omega)$；(c) 求解 $|\mathbf{H}(j\omega)|$；(d) 畫出 $|\mathbf{H}(j\omega)|$ 對 ω 的圖形；(e) 試求 $|\mathbf{H}(j\omega)|$ 最大時的頻率 ω_{max}。

15.7 自然響應與 s 平面

57. 針對圖 15.85 的被動網路，令 $\mathbf{Z}_{in}(\mathbf{s})=5(\mathbf{s}^2+4\mathbf{s}+20)/(\mathbf{s}+1)\ \Omega$，試求進入端點 a 的瞬時電流 $i_a(t)$，已知 $v_{ab}(t)$ 等於 (a) $160e^{-6t}$ V；(b) $160e^{-6t}u(t)$ V，且在 $t=0$ 時，$i_a(0)=0$ 以及 $di_a/dt=32$ A/s。

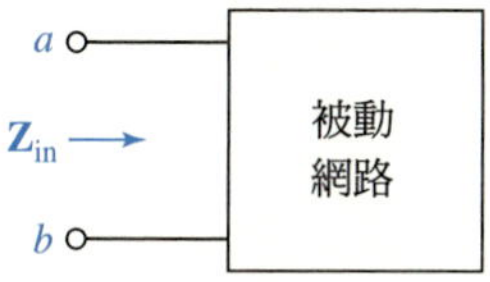

■圖 15.85

59. 針對圖 15.87 的電路，(a) 試求 $\mathbf{H(s)}=\mathbf{I}_{in}/\mathbf{V}_{in}$ 的極點；(b) 令 $i_1(0^+)=5$ A 及 $i_2(0^+)=2$ A，如果 $v_{in}(t)=500\ u(t)$ V，試求 $i_{in}(t)$。

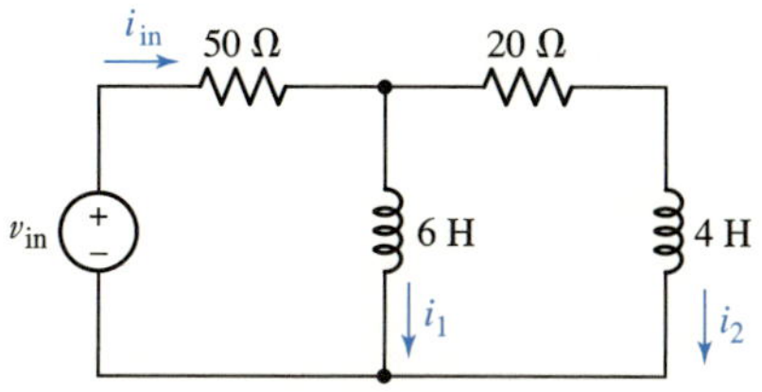

■圖 15.87

61. 針對圖 15.89 所示的電路，(a) 試求 $\mathbf{H(s)}=\mathbf{V}_{C2}/\mathbf{V}_s$；(b) 令 $v_{C1}(0^+)=0$ 及 $v_{C2}(0^+)=0$，如果 $v_s(t)=u(t)$ V，試求 $v_{C2}(t)$。

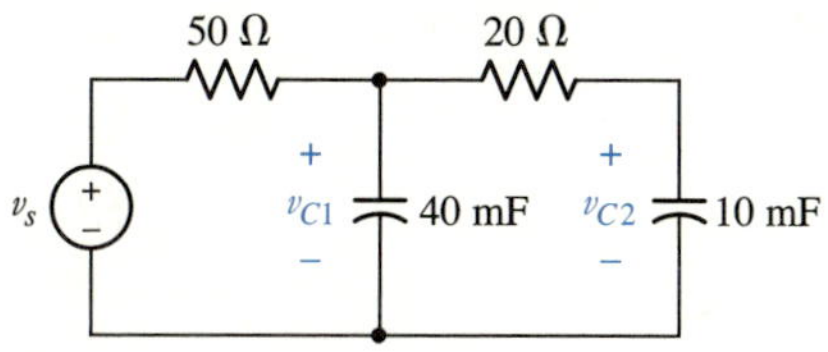

■圖 15.89

15.8 合成電壓比 $\mathbf{H(s)}=\mathbf{V}_{out}/\mathbf{V}_{in}$ 的技巧

63. 已知圖 15.48 運算放大器電路中的阻抗值 (單位為歐姆)：(a) $\mathbf{Z}_1(\mathbf{s})=10^3+(10^8/\mathbf{s})$，$\mathbf{Z}_f(\mathbf{s})=5000$；(b) $\mathbf{Z}_1(\mathbf{s})=5000$，$\mathbf{Z}_f(\mathbf{s})=10^3+(10^8/\mathbf{s})$；(c) $\mathbf{Z}_1(\mathbf{s})=10^3+(10^8/\mathbf{s})$，$\mathbf{Z}_f(\mathbf{s})=10^4+(10^8/\mathbf{s})$，試求以 s 多項式的比值表示的 $\mathbf{H(s)}=\mathbf{V}_{out}/\mathbf{V}_{in}$。

D 65. 圖 15.49a 的運算放大器電路中，令 $R_f=20$ kΩ，請利用兩階段指定 R_1 與 C_f 的數值，使得 $\mathbf{H(s)}=\mathbf{V}_{out}/\mathbf{V}_{in}$ 等於 (a) -50；(b) $-10^3/(\mathbf{s}$

$+10^4)$；(c) $-10^{-4}/(\mathbf{s}+10^3)$；(d) $100/(\mathbf{s}+10^5)$。

D 67. 設計一個由震盪頻率為 1 kHz 特性化的偉恩電橋震盪器，只能使用盒內的標示為標準電阻器數值的電阻器。並利用適當的 PSpice 模擬驗證你的設計。

D 69. 設計一個震盪器電路，以提供 440 Hz 的弦式訊號，只能使用盒內前方標示為標準電阻器數值的電阻器。並利用適當的 PSpice 模擬驗證你的設計。又你所設計的電路會產生什麼樣的音樂音符？

16 頻率響應

關 鍵 概 念

含有電感器與電容器電路之頻率響應

品質因數

頻帶寬度

頻率與振幅比例

繪製波德圖的技巧

低通、高通與帶通濾波器

主動濾波器

簡 介

頻率響應已經在前面的幾個章節中有所出現，然而讀者可能會納悶為何現在有正當的理由能將它作為整個章節之主題。頻率響應的觀念對於許多科學與工程領域的應用來講是極為重要的，它形成一基礎讓我們得以瞭解並決定出某一真實系統的穩定 (或不穩定) 因數，如同在電機、機械、化學或生物學一般。我們也會發現比起討論穩定度的議題，頻率響應的觀念也是電機工程應用中所需要的。例如，在通訊系統中，我們常常會面臨到需要呼叫不同分開的頻率 (如，個別的無線電台)，一旦我們對濾波電路的頻率響應有充分瞭解，那麼這樣的操作就可輕易的被完成。簡言之，我們可以很容易的貢獻幾頁和頻率響應有關之研究，以便讚揚它所帶來的好處；然而現在，我們寧可著手開始進行我們的主題，我們將以共振的概念及基礎的濾波器設計作為本章主題探討的開端，而這也是日常生活中每天都會見到的應用，如電視機的音頻放大器。

16.1 並聯共振

在實際的應用上很少會遇到弦式強迫函數，那我們為何會對此種響應極感興趣呢？在電力工業中，有時雖然必須考慮到某些非線性裝置所引起的其它頻率成分，可是其弦式電源始終都還是存在的。但在其它大部分的電器系統中，強迫函數和響應並非是弦式；在任何系統中，弦式本身幾乎無價值可言，因為其未來的值可由過去的值來預測，故弦式並不包含任何訊息。此外，一旦知道一完整之週期，則任何週期性非弦式的波也不含額外的訊息。

假設某一強迫函數含有固定弦式成分，其頻率範圍介於 10 到 100 Hz，接著在假設該強迫函數被加至一網路上，該網路上所有的弦式電壓頻率在 0 到 200 Hz 之間，且這些電壓加於輸入端而於輸出端出現兩倍之振幅，且其相角不變。因此其輸出函數會是輸入函數沒有失真下的複製，而振幅是輸入的兩倍。然而若網路有一頻率響應，以致於介於 10 到 50 Hz 輸入弦式的振幅比起那些介於 50 到 100 Hz 大小係被乘上某一不同的因子，因而輸出會產生失真，不再是輸入的翻版。該失真之輸出在某些情況下也許是被需要的，而某些情況下也許又不被需要；亦即，網路的頻率響應可以故意地選擇用以阻絕某些強迫函數的頻率成分，或是強調出某些成分。

如此的行為正是調諧電路與共振電路之特性，將在本章做進一步之介紹。在討論共振時，我們將能夠應用在頻率響應中所探討的所有方法。

共　振

本節中將討論在含有電感器與電容器電路中可能引發的一種非常重要的現象，此現象稱之為共振 (Resonance)，其可簡單解釋為在任何系統中一固定振幅的弦式強迫函數產生一最大振幅響應之情況。然而，我們平常所說的共振亦會發生於非弦式的強迫函數。共振系統可以是電氣、機械、水力、音響或其它種類，但在此我們將著重在探討電氣系統之共振。

共振是一種熟悉的現象，例如汽車避震器的上下震動，若在適當的頻率下震動 (約每秒震動一次) 或震動吸收器有些衰退時，就會產生較大的震動。然而，當震動頻率增加或減少時，汽車的震動響應會較原先來的小。再例，某歌劇院的演唱者，在其適當的歌聲頻率下，是有可能將結晶玻璃弄碎的。上述的這些例子中，可想成是將頻率調到共振發生為止，亦可能是去調整大小、形狀與造成機械震盪的材料，然而事實上這些調整並不容易去完成。

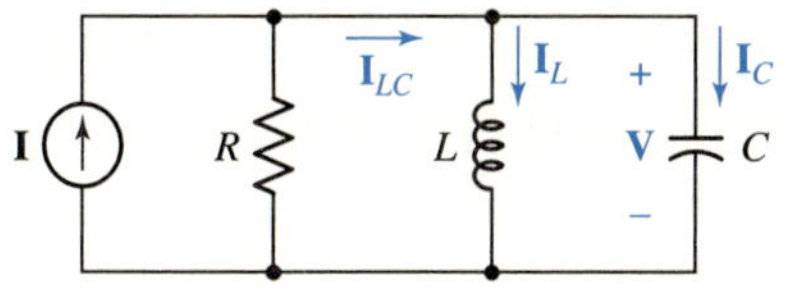

■圖 16.1　電阻器、電感器與電容器組合之並聯電路，通常稱為並聯共振電路。

是否需要共振呢？完全視使用的實際系統來決定，在上述的汽車範例中，大幅度的震動有助於分離鎖住的緩衝器，但在時速為 65 mi/h (105 km/h) 時會有些不一致。

現在將仔細定義何謂共振。在至少含有一個電感器或電容器的兩端點電氣網路中，我們定義共振為存在於網路的輸入阻抗為純電阻器性時之情況。因此，

當網路輸入端的電壓與電流同相位時，此網路處於共振狀態。

我們也將發現，在網路處於共振的狀態下，其會產生最大振幅之響應。

首先將共振的定義應用到如圖 16.1 所示由一弦式電流源所驅動之並聯 *RLC* 網路。在許多實際的狀況中，此電路在實驗室的操作是以一實際電感器並聯電容器來做近似，該並聯連接電路以一具有高輸出阻抗的電源來進行推動。理想電流源下的穩態導納為

$$\mathbf{Y} = \frac{1}{R} + j\left(\omega C - \frac{1}{\omega L}\right) \qquad [1]$$

當電壓與電流在輸入端為同相位時，即將發生共振；此時電路之導納僅剩下純實數部分，亦即滿足下列條件

$$\omega C - \frac{1}{\omega L} = 0$$

共振的情況可以由調整 L、C 或 ω 來達成，在此以 ω 為可變之情況進行討論，則可獲得共振頻率 ω_0 為

$$\omega_0 = \frac{1}{\sqrt{LC}} \quad \text{rad/s} \qquad [2]$$

或

$$f_0 = \frac{1}{2\pi\sqrt{LC}} \quad \text{Hz} \qquad [3]$$

此共振頻率 ω_0 與第 9 章的方程式 [10] 所定義的共振頻率相同。

利用導納函數的極點–零點形態同樣具有相當大的優點，已知 $\mathbf{Y(s)}$ 為

$$\mathbf{Y(s)} = \frac{1}{R} + \frac{1}{\mathbf{s}L} + \mathbf{s}C$$

或

$$\mathbf{Y(s)} = C\frac{\mathbf{s}^2 + \mathbf{s}/RC + 1/LC}{\mathbf{s}} \qquad [4]$$

由分子的因式分解可得到 $\mathbf{Y(s)}$ 的零點為：

$$\mathbf{Y(s)} = C\frac{(\mathbf{s} + \alpha - j\omega_d)(\mathbf{s} + \alpha + j\omega_d)}{\mathbf{s}}$$

其中 α 和 ω_d 與在 9.4 節並聯 *RLC* 電路的自然響應中所討論的意義相同，亦即 α 為指數阻尼係數 (exponential damping coefficient)，

$$\alpha = \frac{1}{2RC}$$

而 ω_d 為自然共振頻率 (natural resonant frequency，與共振頻率 ω_0 不同)，

$$\omega_d = \sqrt{\omega_0^2 - \alpha^2}$$

圖 16.2*a* 為極點–零點座標圖，是直接由因式分解後之式子得來。

由 α、ω_d 及 ω_0 的關係顯然可以知道，$\mathbf{s}$ 平面的原點到導納零點的距離為 ω_0。若已知極點–零點的形態，則共振頻率可由繪圖法求得。只要繪出一圓弧線，以 $\mathbf{s}$ 平面的原點為圓心，使圓弧線穿過零點，則此圓弧線將在點 $\mathbf{s}=j\omega_0$ 處與正的 $j\omega$ 軸相交。很明顯的，ω_0 的值稍微大過自然共振頻率 ω_d，但當 ω_d 對 α 的比值增加時，ω_0 與 ω_d 的比值將趨近於 1。

共振與電壓響應

如圖 16.1 所示的電路，接下來讓我們來討論當強迫函數的頻率 ω 變化時，電壓響應 $\mathbf{V(s)}$ 的振幅大小為何。假定具有固定振

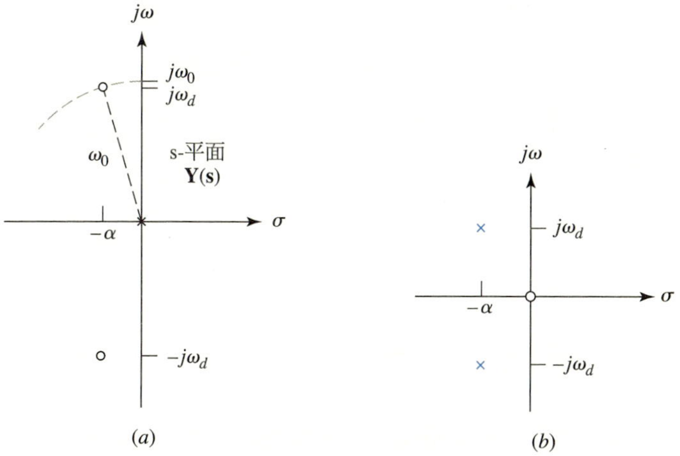

■圖 16.2　(*a*) 並聯共振電路輸入導納之極點–零點座標圖，顯示於 **s** 平面上，$\omega_0^2=\alpha^2+\omega_d^2$；(*b*) 輸入導納之極點－零點座標圖。

幅的弦式電流源，則電壓響應與輸入阻抗成比例。該響應可從如圖 16.2*b* 所示的阻抗極點－零點座標圖中獲得。

$$\mathbf{Z}(\mathbf{s})=\frac{\mathbf{s}/C}{(\mathbf{s}+\alpha-j\omega_d)(\mathbf{s}+\alpha+j\omega_d)}$$

該響應開始於零點，在接近自然共振頻率時達到最大值，然後在 ω 變為無限大時再次下降至零，此頻率響應如圖 16.3 所示。如圖所示，響應的最大值為 R 倍的電源電流振幅，即表示電路阻抗的最大振幅為 R；此外，響應的最大值正好發生在共振頻率 ω_0 處。兩個額外的頻率 ω_1 與 ω_2 將被用來測量響應曲線的寬度，接著讓我們先證明最大阻抗的振幅是 R，且該最大值將在共振時出現。

如方程式 [1] 所示之導納，具有固定的電導與電納，於共振時其值最小 (零點)。最小的導納值因此亦出現在共振之時，其值為 $1/R$。所以最大阻抗的振幅為 R，且出現在共振時。

在共振頻率時，跨於如圖 16.1 所示之並聯共振電路的電壓 $\mathbf{V}$ 為 $\mathbf{I}R$，且所有的電源電流 $\mathbf{I}$ 流經電阻器。然而在共振時，仍有電流經 L 與 C，流經電感器的電流為 $\mathbf{I}_{L,0}=\mathbf{V}_{L,0}/j\omega_0L=\mathbf{I}R/j\omega_0L$，而流經電容器的電流為 $\mathbf{I}_{C,0}=(j\omega_0C)\mathbf{V}_{C,0}=j\omega_0C\,R\mathbf{I}$。由於在共振時 $1/\omega_0C=\omega_0L$，所以可以求出

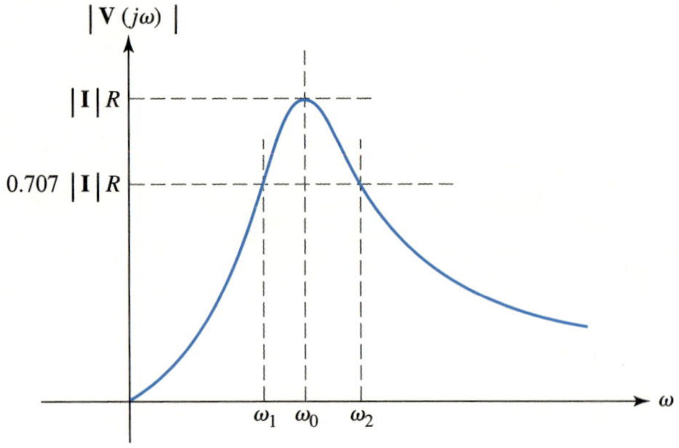

■圖 16.3　並聯共振電路電壓響應之振幅，以頻率為函數繪於圖中。

$$\mathbf{I}_{C,0} = -\mathbf{I}_{L,0} = j\omega_0 CR\mathbf{I} \qquad [5]$$

與

$$\mathbf{I}_{C,0} + \mathbf{I}_{L,0} = \mathbf{I}_{LC} = 0$$

因此，流進電路 LC 組合中的淨電流為零。響應幅度的最大值及其頻率不易求得，在少數標準的共振電路中，可以發現將響應的振幅大小以解析的方式表示出來是必要的。一般是實部平方與虛部平方之和的平方根，然後在將此表示式對頻率微分，令其導數為零，以求得最大頻率響應，最後在將此頻率代入振幅表示式中即可求得最大的振幅響應。此推算過程可以簡單的例子作為練習題，但在此我們並不需要如此的練習。

品質因數

> 在此必須注意的是，不要將品質因數與充電電荷或虛功率混淆在一起，其符號均以字母 Q 作表示。

現在應該強調的是，雖然圖 16.3 響應曲線的高度在固定振幅激勵時，僅由 R 值決定，曲線的寬度或曲線兩側的陡峭度亦隨其它兩個元件值而定。隨後我們將把“響應曲線寬度”與另一更仔細的定義“頻帶寬度”關聯起來；若再將此關係以一非常重要的參數，**品質因素** (quality factor) Q 來作表示，對於往後的分析會是很有幫助的。

我們將發現任何共振電路其響應曲線的陡峭度，是由可儲存於電路的最大能量比上響應在一完整週期中的能量損失來決定。

我們定義 Q 為

$$Q = \text{品質因數} = 2\pi \frac{\text{最大儲存能量}}{\text{每週期總能量損失}} \qquad [6]$$

定義中包含了比例常數 2π，是為了簡化更有用的 Q 值表示式。由於能量僅能儲存於電感器或電容器中，且只能被電阻器所消耗，故 Q 可以藉由每一電抗元件的瞬時能量與電阻器所消耗的平均功率 P_R 來表示：

$$Q = 2\pi \frac{[w_L(t) + w_C(t)]_{\text{最大值}}}{P_R T}$$

其中 T 是在計算 Q 值時弦式頻率之週期。

現在將此定義應用於圖 16.1 所示之 RLC 並聯電路上，並決定在共振頻率時的 Q 值。此 Q 值記為 Q_0，我們選擇電流強迫函數為

$$i(t) = \mathbf{I}_m \cos \omega_0 t$$

且求得於共振時對應的電壓響應為

$$v(t) = Ri(t) = R\mathbf{I}_m \cos \omega_0 t$$

儲存於電容器的能量為

$$w_C(t) = \frac{1}{2}Cv^2 = \frac{\mathbf{I}_m^2 R^2 C}{2} \cos^2 \omega_0 t$$

儲存於電感器的瞬時能量變成

$$w_L(t) = \frac{1}{2}Li_L^2 = \frac{1}{2}L\left(\frac{1}{L}\int v\,dt\right)^2 = \frac{1}{2L}\left[\frac{R\mathbf{I}_m}{\omega_0} \sin \omega_0 t\right]^2$$

所以

$$w_L(t) = \frac{\mathbf{I}_m^2 R^2 C}{2} \sin^2 \omega_0 t$$

故總瞬時能量為定值，即

$$w(t) = w_L(t) + w_C(t) = \frac{\mathbf{I}_m^2 R^2 C}{2}$$

且此定值亦為最大值。為了求得電阻器每一週期所消耗的能量，可由求出電阻器所吸收的平均功率中算得 (參考第 11.2 節)

$$P_R = \frac{1}{2}\mathbf{I}_m^2 R$$

乘以一個週期，得到

$$P_R T = \frac{1}{2f_0}\mathbf{I}_m^2 R$$

我們因此求得共振時的品質因數為

$$Q_0 = 2\pi \frac{\mathbf{I}_m^2 R^2 C/2}{\mathbf{I}_m^2 R/2f_0}$$

或

$$Q_0 = 2\pi f_0 RC = \omega_0 RC \qquad [7]$$

此方程式 (以及下面的方程式 [8]) 僅適用於圖 16.1 的簡單 *RLC* 並聯電路。等效的 Q_0 表示式通常是很有用的，可藉由底下簡單的代換求得：

$$Q_0 = R\sqrt{\frac{C}{L}} = \frac{R}{|X_{C,0}|} = \frac{R}{|X_{L,0}|} \qquad [8]$$

所以根據以上這個特殊的電路，我們可以發現，當電阻器減少時，Q_0 也跟著減少；較低的電阻器值，在元件上就會有較大的能量損失。有趣地是，當電容器增加時，Q_0 也是跟著增加，但當電感器增加時，反而使 Q_0 減少。以上這些論述，理所當然地被應用在共振頻率下的電路操作。

有關 Q 的另外解釋

無單位常數 Q_0 為並聯共振電路中三個元件的函數。然而，Q 的概念並不侷限於電氣電路或電氣系統中，它對於描述任何的共振現象都是相當有用的。例如，考慮一顆有彈性的高爾夫球，若假設其重量為 W 且在高度的 h_1 地方將球往下丟向一非常硬的平面上，則此球會反彈至較低的高度 h_2。初始的儲能為 Wh_1，且於一週期中所消耗的能量為 $W(h_1 - h_2)$，故 Q_0 為

$$Q_0 = 2\pi \frac{h_1 W}{(h_1 - h_2)W} = \frac{2\pi h_1}{h_1 - h_2}$$

一完美的高爾夫球理應彈回原本的高度，並且具有無限大的 Q_0 值；但實際上該值典型會是在 35 附近。此例中必須要注意的是，Q 值是由自然響應中計算求得，而非來自強迫響應。電路中的 Q 值也能從自然響應的觀念中求得，亦即藉由底下討論的方程式 [10] 與 [11] 來獲得。

觀察共振時電路的電感器與電容器電流是另一種有用的方式可用來解釋 Q 值，由方程式 [5] 可得

$$\mathbf{I}_{C,0} = -\mathbf{I}_{L,0} = j\omega_0 CR\mathbf{I} = jQ_0\mathbf{I} \tag{9}$$

注意以上每一項在振幅上均為電源電流的 Q_0 倍，且彼此間反相 180°。因此，若於共振時外加 2 mA 電流到一具有 Q_0 為 50 的並聯共振電路上，可以發現電阻器電流為 2 mA，而電感器電流與電容器電流均為 100 mA。在此，由於電路還是一被動網路，所以並聯共振電路可被視作是一電流放大器，而非功率放大器。

現在讓我們一同來考慮並聯共振電路中其它相關的參數，三個參數 α、ω_d 與 ω_0 早在自然響應中就已介紹過。依定義而言，由於共振係以純電阻性輸入阻抗來作表示，為一弦式穩態的觀念，所以基本上共振與強迫響應是有所關聯的。共振電路中兩個較為重要的參數也許是共振頻率 ω_0 與品質因數 Q_0；指數阻尼係數與自然共振頻率可用 ω_0 與 Q_0 作為表示：

$$\alpha = \frac{1}{2RC} = \frac{1}{2(Q_0/\omega_0 C)C}$$

或

$$\alpha = \frac{\omega_0}{2Q_0} \tag{10}$$

及

$$\omega_d = \sqrt{\omega_0^2 - \alpha^2}$$

或

$$\omega_d = \omega_0\sqrt{1-\left(\frac{1}{2Q_0}\right)^2} \qquad [11]$$

阻尼因數

作為往後參考之用，在此可先探討另一與 ω_0 及 Q_0 有關之關係式。出現於方程式 [4]，分子的二次因子為

$$\mathbf{s}^2 + \frac{1}{RC}\mathbf{s} + \frac{1}{LC}$$

以 α 與 ω_0 作為表示，上式可寫成

$$\mathbf{s}^2 + 2\alpha\mathbf{s} + \omega_0^2$$

在系統理論或自動控制理論中，傳統上都以另一不同型式的無單位參數 ξ (zeta) 來表示二次因子，ξ 即稱為**阻尼因數** (damping factor)。因此，二次因子可寫成

$$\mathbf{s}^2 + 2\zeta\omega_0\mathbf{s} + \omega_0^2$$

比較這些式子可得 ξ 與其它參數的關係為

$$\zeta = \frac{\alpha}{\omega_0} = \frac{1}{2Q_0} \qquad [12]$$

例題 16.1

某一並聯共振電路的 $L=2.5$ mH、$Q_0=5$ 與 $C=0.01\ \mu$F；試求 ω_0、α、ω_d 與 R 之值。

由方程式 [2]，可得 $\omega_0=1/\sqrt{LC}=200$ krad/s；$f_0=\omega_0/2\pi=31.8$ kHz。

利用方程式 [10] 可迅速求出 α 為

$$\alpha = \frac{\omega_0}{2Q_0} = \frac{2\times10^5}{(2\times5)} = 2\times10^4 \text{ Np/s}$$

接著根據第 9 章所提到的式子

$$\omega_d = \sqrt{\omega_0^2-\alpha^2}$$

求得

$$\omega_d = \sqrt{(2\times10^5)^2-(2\times10^4)^2} = 199.0 \text{ krad/s}$$

最後，利用方程式 [7] 求出並聯電路的 R 值為

$$Q_0 = \omega_0 RC$$

得

$$R = \frac{Q_0}{\omega_0 C} = \frac{5}{(2\times10^5\times10^{-8})} = 2.50 \text{ k}\Omega$$

練習題

16.1　某一並聯共振電路，其元件值為 $R=8$ kΩ、$L=50$ mH 與 $C=80$ nF；試求 (a) ω_0；(b) Q_0；(c) ω_d；(d) α；(e) ξ 各為何？

16.2　某一 RLC 並聯共振電路，其 $\omega_0=1000$ rad/s 與 $\omega_d=988$ rad/s，且在共振時 $\mathbf{Y}_{in}=1$ mS；試求電路的 R、L 與 C 之值？

答：16.1：15.811 krad/s；10.12；15.792 krad/s；781 Np/s；0.0494。
16.2：1000 Ω；126.4 mH；7.91 μF。

現在以並聯 RLC 電路導納 $\mathbf{Y(s)}$ 的極點–零點座標來說明 Q_0，若 ω_0 保持不變，即 L 與 C 不變但 R 改變；當 Q_0 增加時由 α、Q_0 與 ω_0 的關係得知兩零點會移向 $j\omega$ 軸。由這些關係亦可得知零點會同時移離 σ 軸。當以繪出圓弧的方式來作表示，點 $\mathbf{s}=j\omega_0$ 將落於 $j\omega$ 軸上，此移動性質由此可輕易地被看出；此圓弧是以原點為圓心，經過任一零點且到達正 $j\omega$ 軸上。由於 ω_0 保持不變，故半徑必為定值；因此，當 Q_0 增加時，零點會沿圓弧向正 $j\omega$ 軸移動。

兩零點標示於圖 16.4，箭頭表示 R 增加時零點行進的路徑。當 R 為無限大時，Q_0 亦為無限大，且在 $j\omega$ 軸上的 $\mathbf{s}=\pm j\omega_0$ 處可求得兩零點之位置；當 R 減少時，兩個零點會沿圓弧移向 σ 軸，並在 $R=\frac{1}{2}\sqrt{L/C}$ 或 $Q_0=\frac{1}{2}$ 時，於 σ 軸上的 $\mathbf{s}=-\omega_0$ 處形成一雙重零點 (double zero)；此情況被稱為臨界阻尼，故 $\omega_d=0$ 與 $\alpha=\omega_0$。較低的 R 值會產生較低的 Q_0 值而使零點分離，且反向移離負 σ 軸，但這些較低的 Q_0 值並非共振電路的典型值，故不需要

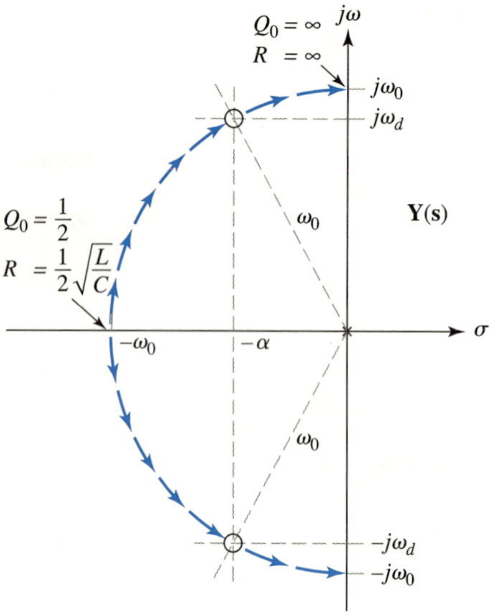

■圖 16.4 導納 **Y(s)** 的兩零點落在 $\mathbf{s} = -\alpha \pm j\omega_d$ 處，提供一半圓軌跡並表示 R 由 $\frac{1}{2}\sqrt{L/C}$ 增加至 ∞ 的變化。

進一步追蹤。

往後將以 $Q_0 \geq 5$ 來描述高 Q 值電路；當 $Q_0 = 5$ 時，零點位於 $\mathbf{s} = -0.1\omega_0 \pm j0.995\omega_0$ 處，故 ω_0 與 ω_d 僅相差 0.5%。

16.2 頻帶寬度與高 Q 值電路

這些名稱起因於 $1/\sqrt{2}$ 倍共振電壓之電壓，在共振時等同於一均方電壓，其大小為均方電壓之一半。因此，在半功率頻率時，電阻吸收一半在共振時的功率。

接下來將繼續以半功率頻率與頻帶寬度來討論並聯共振，接著再好好利用這些新的觀念來求取高 Q 值電路中近似的響應數據。如圖 16.3 所示，共振響應曲線的“寬度”可仔細地加以定義使其與 Q_0 有所關聯。首先定義兩個半功率頻率 ω_1 與 ω_2，使在 ω_1 與 ω_2 時並聯共振電路輸入導納的大小較共振時大 $\sqrt{2}$ 倍。由於圖 16.3 所示的響應曲線代表著電壓的大小，是以頻率為函數所繪出，該電壓為共振電路兩端的電壓，係由弦式電流源所驅動；在電壓響應曲線上可定出對應於半功率頻率的兩個點，其值為最大值得 $1/\sqrt{2}$ 倍 (或 0.707 倍)，相同的關係對阻抗的大小而言亦為成立。選擇以 ω_1 表示為**下半功率頻率** (lower half-power frequency)，ω_2 為**上半功率頻率** (upper half-power frequency)。

頻帶寬度

共振電路的 (半功率) **頻帶寬度** (bandwidth，簡稱頻寬) 定義為

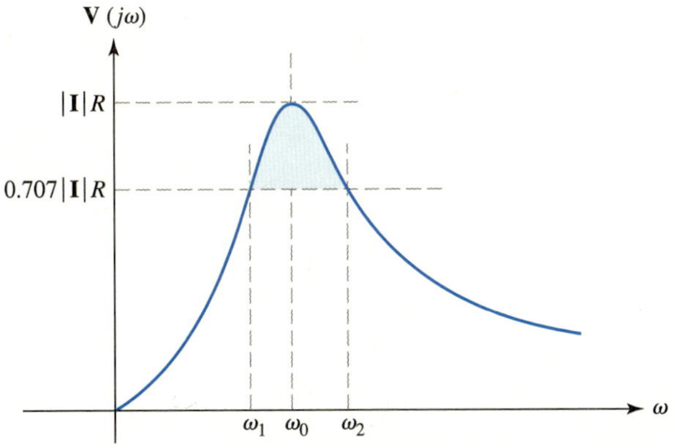

■圖 16.5　電路響應的頻寬標示於有色區域；該區域對應在響應曲線大於或等於其最大值 70.7% 的部分。

兩個半功率頻率之差，亦即

$$\mathcal{B} \equiv \omega_2 - \omega_1 \qquad [13]$$

即使響應曲線是由 $\omega=0$ 延伸至 $\omega=\infty$，我們還是將頻帶寬度想像成是響應曲線的“寬度”。更確切地說，半功率頻寬是從響應曲線等於或大於其最大值 70.7% 的那一部分測量而得，如圖 16.5 所示。

現在以 Q_0 與共振頻率來表示頻帶寬度；為此，首先將並聯 RLC 電路的導納寫成

$$\mathbf{Y} = \frac{1}{R} + j\left(\omega C - \frac{1}{\omega L}\right)$$

以 Q_0 表示，則導納變成

$$\mathbf{Y} = \frac{1}{R} + j\frac{1}{R}\left(\frac{\omega\omega_0 CR}{\omega_0} - \frac{\omega_0 R}{\omega\omega_0 L}\right)$$

或

$$\mathbf{Y} = \frac{1}{R}\left[1 + jQ_0\left(\frac{\omega}{\omega_0} - \frac{\omega_0}{\omega}\right)\right] \qquad [14]$$

再次注意到，共振時導納的大小為 $1/R$，且只有在上式中選擇某一頻率使中括號內的虛部為 1 時，才能使導納的大小為 $\sqrt{2}/R$，因此

$$Q_0\left(\frac{\omega_2}{\omega_0}-\frac{\omega_0}{\omega_2}\right)=1 \qquad \text{與} \qquad Q_0\left(\frac{\omega_1}{\omega_0}-\frac{\omega_0}{\omega_1}\right)=-1$$

記住：$\omega_2 > \omega_0$ 而 $\omega_1 < \omega_0$。

求解上式，得到

$$\omega_1=\omega_0\left[\sqrt{1+\left(\frac{1}{2Q_0}\right)^2}-\frac{1}{2Q_0}\right] \qquad [15]$$

$$\omega_2=\omega_0\left[\sqrt{1+\left(\frac{1}{2Q_0}\right)^2}+\frac{1}{2Q_0}\right] \qquad [16]$$

儘管這些式子使用上不是很便利，但兩者之間的差卻成了用來計算頻寬的簡單公式：

$$\mathcal{B}=\omega_2-\omega_1=\frac{\omega_0}{Q_0}$$

方程式 [15] 與 [16] 可進行相乘以證明 ω_0 正好等於半功率頻率的幾何平均，亦即

$$\omega_0^2=\omega_1\omega_2$$

或

$$\omega_0=\sqrt{\omega_1\omega_2}$$

具有高 Q_0 值的電路因擁有較窄的頻寬或較陡峭的響應曲線，所以它們有較大的**頻率選擇性** (frequency selectivity) 或較高的品質 (因數)。

高 *Q* 值電路近似法

為了使電路具有較窄的頻寬與較高的頻率選擇性等優點，許多的共振電路都被設計成含有較大的 Q_0 值。當 Q_0 值大於 5 時，對於上半功率與下半功率的數學表示式，以及在共振附近響應的一般數學表示式，均可作一些非常有用的近似。任意選定一“高 Q 值電路”，使其 Q_0 值大於或等於 5，如圖 16.6 所示並聯 *RLC* 電路 **Y**(s) 的極點–零點座標圖中，其所擁有的 Q_0 值約為 5。由於

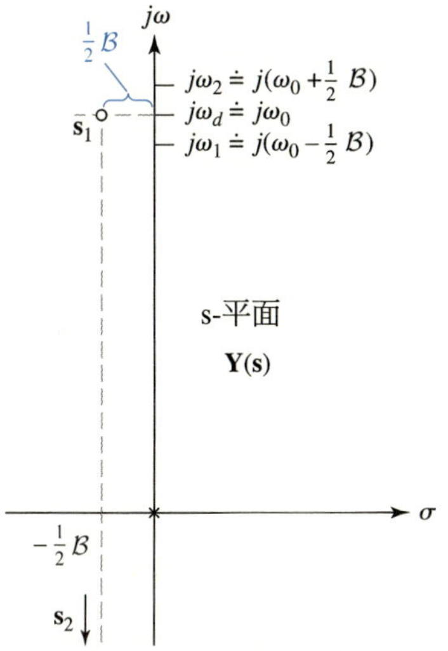

圖 16.6　並聯 *RLC* 電路 **Y(s)** 的極點–零點座標圖，兩零點在 $j\omega$ 軸左方 $\frac{1}{2}\mathcal{B}$ Np/s (或 rad/s) 處，且離 σ 軸約 $j\omega_0$ rad/s (或 Np/s) 遠；上下半功率頻率的間隔為 $\mathcal{B}$ rad/s，且都偏離共振頻率與自然共振頻率約 $\frac{1}{2}\mathcal{B}$ rad/s。

$$\alpha = \frac{\omega_0}{2Q_0}$$

所以

$$\alpha = \tfrac{1}{2}\mathcal{B}$$

而兩個零點 $\mathbf{s}_1$ 和 $\mathbf{s}_2$ 的位置可近似為

$$\begin{aligned}\mathbf{s}_{1,2} &= -\alpha \pm j\omega_d \\ &\approx -\tfrac{1}{2}\mathcal{B} \pm j\omega_0\end{aligned}$$

此外，兩個半功率頻率的位置 (在正 $j\omega$ 軸上) 可由簡潔的近似式來決定：

$$\omega_{1,2} = \omega_0\left[\sqrt{1+\left(\frac{1}{2Q_0}\right)^2} \mp \frac{1}{2Q_0}\right] \approx \omega_0\left(1 \mp \frac{1}{2Q_0}\right)$$

或

$$\omega_{1,2} \approx \omega_0 \mp \tfrac{1}{2}\mathcal{B} \qquad [17]$$

因此在高 Q 值電路中，每個半功率頻率所在的位置大約位在離共振頻率半頻寬之處，見圖 16.6 所示。

在方程式 [17] 中，ω_1 與 ω_2 的近似關係可以相互加總，以證明在高 Q 值電路中的 ω_0 是近似於 ω_1 與 ω_2 的平均值，亦即

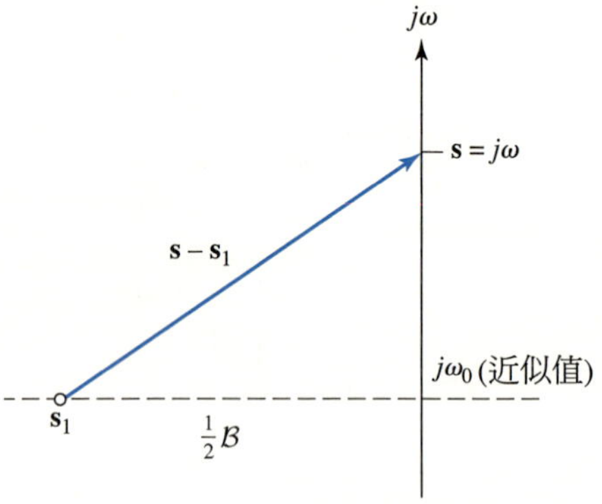

■圖 16.7 某高 Q_0 值並聯 *RLC* 電路 **Y(s)** 的極點–零點座標部分放大圖。

$$\omega_0 \approx \tfrac{1}{2}(\omega_1 + \omega_2)$$

接著讓我們看到在 $j\omega$ 軸上稍微大過 $j\omega_0$ 的某一測試點，為了決定在此頻率下由並聯 *RLC* 網路所提供的導納，須從臨界頻率到此測試點間建立三個向量；若測試點接近 $j\omega_0$，則由極點至測試點的向量會近似於 $j\omega_0$，且若由較低的零點至測試點，其向量會近似於 $j2\omega_0$；此導納因此可近似成

$$\mathbf{Y}(\mathbf{s}) \approx C\frac{(j2\omega_0)(\mathbf{s}-\mathbf{s}_1)}{j\omega_0} \approx 2C(\mathbf{s}-\mathbf{s}_1) \qquad [18]$$

其中 C 為電容器量，如方程式 [4] 所示。為了決定出向量 $(\mathbf{s}-\mathbf{s}_1)$ 有用的近似式，考慮 $\mathbf{s}$ 平面中於零點 $\mathbf{s}_1$ 附近的部分放大圖 (如圖 16.7)。

表示成笛卡兒 (cartesian) 成分時，可得

$$\mathbf{s}-\mathbf{s}_1 \approx \tfrac{1}{2}\mathcal{B} + j(\omega-\omega_0)$$

其中若以 ω_d 取代 ω_0，則該表示式是正確的。現在將此方程式代入上述方程式 [18] 的 **Y(s)** 近似式中，並提出 $\frac{1}{2}\mathcal{B}$，得到：

$$\mathbf{Y}(\mathbf{s}) \approx 2C\left(\frac{1}{2}\mathcal{B}\right)\left(1 + j\frac{\omega-\omega_0}{\frac{1}{2}\mathcal{B}}\right)$$

或

$$\mathbf{Y}(\mathbf{s}) \approx \frac{1}{R}\left(1 + j\frac{\omega-\omega_0}{\frac{1}{2}\mathcal{B}}\right)$$

因式 $(\omega - \omega_0) / (\frac{1}{2}\mathcal{B})$ 可解釋為“偏離共振的半頻寬數目”，縮寫為 N；因此

$$\mathbf{Y}(\mathbf{s}) \approx \frac{1}{R}(1 + jN) \qquad [19]$$

其中

$$N = \frac{\omega - \omega_0}{\frac{1}{2}\mathcal{B}} \qquad [20]$$

在上半功率頻率時，$\omega_2 \approx \omega_0 + \frac{1}{2}\mathcal{B}$，於是 $N=+1$，故在共振頻率以上有一個“半頻寬”。而在下半功率頻率時，$\omega_1 \approx \omega_0 - \frac{1}{2}\mathcal{B}$，所以 $N=-1$，故在共振頻率以下有另一個“半頻寬”。

到目前為止，方程式 [19] 比我們所擁有的精確關係式要來得容易使用，可證明得知導納的振幅大小為

$$|\mathbf{Y}(j\omega)| \approx \frac{1}{R}\sqrt{1 + N^2}$$

由 N 的反正切可求得 $\mathbf{Y}(j\omega)$ 之相角，即為

$$\text{ang}\, \mathbf{Y}(j\omega) \approx \tan^{-1} N$$

例題 16.2

若 *RLC* 並聯網路的 $R=40\ \text{k}\Omega$、$L=1\ \text{H}$ 與 $C=\frac{1}{64}\ \mu\text{F}$，而操作頻率為 $\omega=8.2$ krad/s，試求該網路導納的近似值為何？

▲ 確定問題的目標

題目要求決定出該簡單 *RLC* 網路在 $\omega=8.2$ krad/s 時的 $\mathbf{Y}(\mathbf{s})$ 近似值，此意味著 Q_0 至少必須是 5，且操作頻率並非是共振頻率。

▲ 收集已知資訊

題目已提供 R、L 與 C 之值，且如同計算頻率一樣的來計算 $\mathbf{Y}(\mathbf{s})$ 之值，這些資訊已足夠讓我們利用精確或近似的表示式來計算出導納值。

▲ 擬定求解方案

使用我們的導納近似表示式，首先必須先決定 Q_0 之值，接著是共振時的品質因數以及頻寬。

共振頻率是由方程式 [2] 所提供，為 $1/\sqrt{LC}=8$ krad/s。因此，$Q_0=\omega_0 RC=5$，而頻寬是 $\omega_0/Q_0=1.6$ krad/s。對此電路而言，Q_0 夠大以致於能採用“高 Q”值近似。

▲ 建立一適當的方程式組

根據方程式 [19]

$$\mathbf{Y(s)} \approx \frac{1}{R}(1 + jN)$$

所以

$$|\mathbf{Y}(j\omega)| \approx \frac{1}{R}\sqrt{1+N^2} \qquad \text{及} \qquad \text{ang}\,\mathbf{Y}(j\omega) \approx \tan^{-1} N$$

▲ 決定是否需要額外的資訊

在此我們仍然需要 N 的資訊，由其中可得知有多少的半頻寬 ω 是可從共振頻率 ω_0 中得到的：

$$N = (8.2 - 8)/0.8 = 0.25$$

▲ 嘗試求解

現在準備利用近似的關係式來求出網路導納的振幅與相角：

$$\text{ang}\,\mathbf{Y} \approx \tan^{-1} 0.25 = 14.04^\circ$$

與

$$|\mathbf{Y}| \approx 25\sqrt{1 + (0.25)^2} = 25.77\ \mu\text{S}$$

▲ 證明其解是否合理或與預期相符？

以方程式 [1] 可精確的計算出導納的振幅與相角為

$$\mathbf{Y}(j8200) = 25.75\underline{/13.87^\circ}\ \mu\text{S}$$

本例中，在此頻率下採用近似的方式進行求解，仍可準確且合理的計算出導納的振幅大小與相角 (較 2% 好)。

練習題

16.3 某一接近高 Q 值的並聯共振電路，其 $f_0=440$ Hz 與 $Q_0=6$；試利用方程式 [15] 與 [16] 求出 (a) f_1；(b) f_2 的精確值。接著利用方程式 [17] 計算出 (c) f_1；(d) f_2 的近似值。

答：404.9 Hz；478.2 Hz；403.3 Hz；476.7 Hz。

我們的目的是將近似法使用於接近共振時的高 Q 值的電路中。我們已經認定高 Q 值是指 $Q_0 \geq 5$，但究竟有多接近？若 $Q_0 \geq 5$ 且 $0.9\omega_0 \leq \omega \leq 1.1\omega_0$ 時，可證得其大小與相角之誤差低於 5%。雖然此窄頻帶似乎相當地小，但已滿足我們所感興趣的頻率範圍了。例如，一台 AM 家用收音機通常含有一個電路，可調諧到 455 kHz 的共振頻率，其半功率頻寬為 10 kHz；此電路必定含有 Q_0 值為 45.5，而半功率頻率約為 450 與 460 kHz。然而，我們所述的近似法，可有效的運用在頻率為 409.5 到 500.5 kHz (低於 5% 的誤差)，且該範圍基本上已包括響應曲線全部峰值的部分，只有在響應曲線的偏遠“尾端”，此近似法才會有較大的誤差[1]。

接著回顧我們所探討過的某些重要結論，作為分析並聯共振電路之總結：

- 共振頻率 ω_0 為一可使輸入導納的虛部為零或導納的相角為零之頻率，對並聯共振電路而言，其值為 $\omega_0 = 1/\sqrt{LC}$。
- 電路的 Q_0 定義為 2π 乘以最大儲存能量與每週期的能量損失之比；由此定義，得 $Q_0 = \omega_0 RC$。
- 兩個半功率頻率 ω_1 與 ω_2 定義為導納振幅為最小導納振幅的 $\sqrt{2}$ 倍時之頻率 (此二頻率亦為電壓響應等於最大響應 70.7% 時的頻率)。
- ω_1 與 ω_2 精確的表示式為

$$\omega_{1,2} = \omega_0 \left[\sqrt{1 + \left(\frac{1}{2Q_0}\right)^2} \mp \frac{1}{2Q_0} \right]$$

- ω_1 與 ω_2 近似的表示式 (對高值 Q_0 而言) 為

$$\omega_{1,2} \approx \omega_0 \mp \frac{1}{2}\mathcal{B}$$

- 半功率頻寬 $\mathcal{B}$ 為

$$\mathcal{B} = \omega_2 - \omega_1 = \frac{\omega_0}{Q_0}$$

1 當頻率自共振處移開時，響應曲線偏遠的部分大致上只須粗略的滿足我們所要之結果，並不要求較大的精確性存在。

- 高 Q 值電路中，輸入導納可以近似的方式表示為

$$\mathbf{Y} \approx \frac{1}{R}(1 + jN) = \frac{1}{R}\sqrt{1 + N^2}\underline{/\tan^{-1} N}$$

其中 N 定義為偏離共振的半頻寬數目，或表示為

$$N = \frac{\omega - \omega_0}{\frac{1}{2}\mathcal{B}}$$

此近似法可有效的運用在頻率介於 $0.9\omega_0 \leq \omega \leq 1.1\omega_0$ 之間。

16.3 串聯共振

雖然串聯 *RLC* 電路和並聯 *RLC* 電路比起來是較少會被使用，但仍值得我們留意。考慮如圖 16.8 所示之電路，電路各個元件的下標均以 s 作標示，用以表示串聯，以避免和並聯電路的元件比較時相互混淆。

先前所討論的並聯共振總共佔了兩個小節，現在以相同的處理方式來分析串聯 *RLC* 電路，分析的方式會更加簡潔，以免除一些不必要的重複程序，當中亦加入對偶性觀念的使用。為了簡單起見，我們集中在前節所討論出現在最後一張圖上並聯共振的結論，在此包含了重要的結果，且對偶性的使用使我們能夠將此圖轉換成出現在 *RLC* 串聯共振的重要結果。

在此回顧某些關鍵的結論，作為分析串聯共振電路之總結：

再者，本段落相同於第 16.2 節的最後一段落，我們使用對偶性且只是把並聯 *RLC* 之語詞換成串聯 *RLC* (因此可引用標示)。

- 共振頻率 ω_0 為一可使輸入導納的虛部為零或導納的相角為零之頻率，對並聯共振電路而言，其值為 $\omega_0 = 1/\sqrt{C_s L_s}$。
- 電路的 Q_0 定義為 2π 乘以最大儲存能量與每週期的能量損失之比；由此定義，得 $Q_0 = \omega_0 L_s / R_s$。
- 兩個半功率頻率 ω_1 與 ω_2 定義為導納振幅為最小導納振幅的 $\sqrt{2}$ 倍時之頻率 (此二頻率亦為電壓響應等於最大響應 70.7% 時的頻

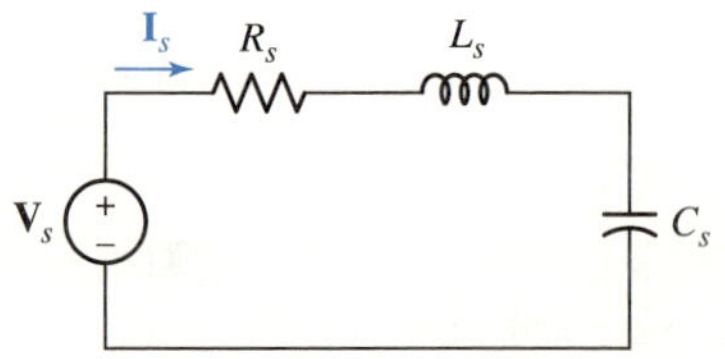

■圖 16.8 某一串聯共振電路。

率)。

- ω_1 與 ω_2 正確的表示式為

$$\omega_{1,2}=\omega_0\left[\sqrt{1+\left(\frac{1}{2Q_0}\right)^2}\mp\frac{1}{2Q_0}\right]$$

- ω_1 與 ω_2 近似的表示式 (對高 Q_0 值而言) 為

$$\omega_{1,2}\approx\omega_0\mp\frac{1}{2}\mathcal{B}$$

- 半功率頻寬 $\mathcal{B}$ 為

$$\mathcal{B}=\omega_2-\omega_1=\frac{\omega_0}{Q_0}$$

- 高 Q 值電路中，輸入導納可以近似的方式表示為

$$\mathbf{Y}\approx\frac{1}{R}(1+jN)=\frac{1}{R}\sqrt{1+N^2}\underline{/\tan^{-1}N}$$

其中 N 定義為偏離共振的半頻寬數目，或表示為

$$N=\frac{\omega-\omega_0}{\frac{1}{2}\mathcal{B}}$$

此近似法可有效的運用在頻率介於 $0.9\omega_0\le\omega\le1.1\omega_0$ 之間。

之後將不再以標示下標 s 來辨別其為串聯共振電路。

例題 16.3

某電壓 $v_s=100\cos\omega t$ mV，加在由 10 Ω 電阻器、200 nF 電容器與 2 mH 電感所組成之串聯共振電路上，試利用精確及近似的方法來計算出 $\omega=48$ krad/s 時的電流振幅大小。

電路的共振頻率為

$$\omega_0=\frac{1}{\sqrt{LC}}=\frac{1}{\sqrt{(2\times10^{-3})(200\times10^{-9})}}=50\text{ krad/s}$$

由於電路是操作在 $\omega=48$ krad/s，為共振頻率的 10% 以內，該操作頻率是合理的，因此可應用近似的關係式來評估網路的等效阻抗，而我們亦可發現目前處理的正是高 Q 值電路：

$$\mathbf{Z}_{eq} \approx R\sqrt{1+N^2}\underline{/\tan^{-1} N}$$

其中 N 可在決定 Q_0 後計算求得。此為串聯電路，所以

$$Q_0 = \frac{\omega_0 L}{R} = \frac{(50 \times 10^3)(2 \times 10^{-3})}{10} = 10$$

該值為高 Q 值電路，因此

$$\mathcal{B} = \frac{\omega_0}{Q_0} = \frac{50 \times 10^3}{10} = 5 \text{ krad/s}$$

偏離共振的半頻寬數目 (N) 為

$$N = \frac{\omega - \omega_0}{\mathcal{B}/2} = \frac{48-50}{2.5} = -0.8$$

因此，

$$\mathbf{Z}_{eq} \approx R\sqrt{1+N^2}\underline{/\tan^{-1}\ N} = 12.81\underline{/-38.66^\circ}\ \Omega$$

近似的電流振幅大小為

$$\frac{|\mathbf{V}_s|}{|\mathbf{Z}_{eq}|} = \frac{100}{12.81} = 7.806 \text{ mA}$$

使用精確的表示式，可求出 $\mathbf{I} = 7.746\underline{/39.24^\circ}$ mA，因此

$$|\mathbf{I}| = 7.746 \text{ mA}.$$

練習題

16.4 某一串聯共振電路的頻寬為 100 Hz，且電路的電感為 20 mH 及電容為 2 μF；試求出 (a) f_0；(b) Q_0；(c) 共振時的 $\mathbf{Z}_{in}$；(d) f_2 各為何？

答：796 Hz；7.96；12.57 + $j0$ Ω；846 Hz (近似值)。

串聯共振電路在共振時具有極低阻抗之特性，然而並聯共振電路卻產生一極高的共振阻抗。並聯共振電路中，於共振時所產生的電感器電流與電容器電流為電源電流的 Q_0 倍；而在串聯共振電路

中，電感器電壓與電容器電壓則為電源電壓的 $Q_0 s$ 倍。因此，串聯共振電路於共振時具有電壓放大之作用。

有關串聯與並聯共振之比較，以及先前所推導電路精確與近似的表示式皆列於表 16.1 中。

表 16.1　共振電路簡要摘述

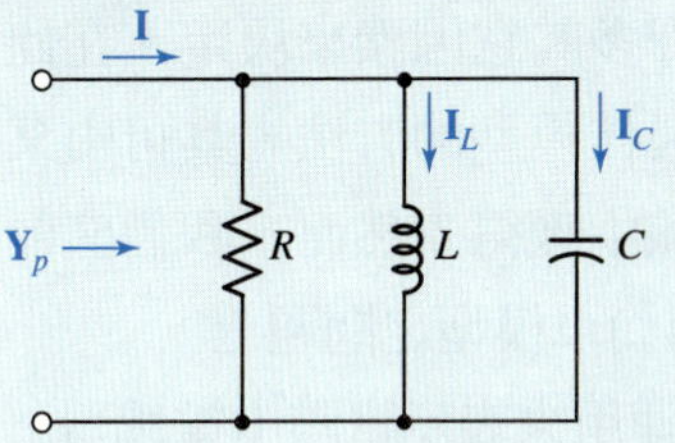

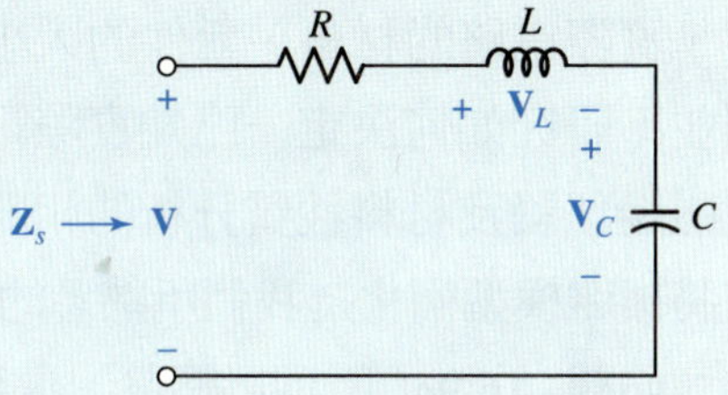

$Q_0 = \omega_0 RC \qquad \alpha = \dfrac{1}{2RC}$	$Q_0 = \dfrac{\omega_0 L}{R} \qquad \alpha = \dfrac{R}{2L}$
$\lvert \mathbf{I}_L(j\omega_0)\rvert = \lvert \mathbf{I}_C(j\omega_0)\rvert = Q_0 \lvert \mathbf{I}(j\omega_0)\rvert$	$\lvert \mathbf{V}_L(j\omega_0)\rvert = \lvert \mathbf{V}_C(j\omega_0)\rvert = Q_0 \lvert \mathbf{V}(j\omega_0)\rvert$
$\mathbf{Y}_p = \dfrac{1}{R}\left[1 + jQ_0\left(\dfrac{\omega}{\omega_0} - \dfrac{\omega_0}{\omega}\right)\right]$	$\mathbf{Z}_s = R\left[1 + jQ_0\left(\dfrac{\omega}{\omega_0} - \dfrac{\omega_0}{\omega}\right)\right]$

精確表示式

$$\omega_0 = \frac{1}{\sqrt{LC}} = \sqrt{\omega_1 \omega_2}$$

$$\omega_d = \sqrt{\omega_0^2 - \alpha^2} = \omega_0 \sqrt{1 - \left(\frac{1}{2Q_0}\right)^2}$$

$$\omega_{1,2} = \omega_0 \left[\sqrt{1 + \left(\frac{1}{2Q_0}\right)^2} \mp \frac{1}{2Q_0}\right]$$

$$N = \frac{\omega - \omega_0}{\frac{1}{2}\mathcal{B}}$$

$$\mathcal{B} = \omega_2 - \omega_1 = \frac{\omega_0}{Q_0} = 2\alpha$$

近似表示式

$$(Q_0 \ge 5 \qquad 0.9\omega_0 \le \omega \le 1.1\omega_0)$$

$$\omega_d \approx \omega_0$$

$$\omega_{1,2} \approx \omega_0 \mp \tfrac{1}{2}\mathcal{B}$$

$$\omega_0 \approx \tfrac{1}{2}(\omega_1 + \omega_2)$$

$$\mathbf{Y}_p \approx \frac{\sqrt{1+N^2}}{R} \underline{/\tan^{-1} N}$$

$$\mathbf{Z}_s \approx R\sqrt{1+N^2} \underline{/\tan^{-1} N}$$

16.4 其它共振型式

前兩節所述之並聯與串聯 *RLC* 電路代表著理想的共振電路；它們僅能有用的作為實際電路的近似型式，實際的電路可能是由線圈、碳質電阻器及鉭質電容器並聯或串聯組合而成，因此理想模型是否能精確的適用在實際電路上，必須由工作頻率範圍、電路的 Q 值、實際電路的材料、元件的大小及許多其它因素來決定。在此我們並不研究如何決定一已知實際電路最佳模型的方法，其可由某些電磁場理論及材料性質分析的相關知識中獲得；然而，我們僅偏重在將複雜模型簡化為我們所熟悉的兩種簡單模型之問題上。

如圖 16.9*a* 所示之網路，是可合理用來表示實際由電感器、電容器與電阻器並聯而成，實際電路的精確模型；R_1 為假想的電阻器，代表一實際線圈的歐姆、鐵芯及輻射損失；於實際電容器內的介質損失可由 R_2 表示之，其性質與 *RLC* 電路中實際電阻器的電阻器一樣。在此模型中，無法合併元件以產生一較簡單之模型，使在全部的頻率下等效於原來的模型。然而，我們將證明在一足以包含我們所想要的各頻率的頻帶中，確實可以建立起一較簡單的等效電路，此等效電路之型式如圖 16.9*b* 所示。

在學習如何建立此等效電路之前，首先考慮圖 16.9*a* 所示之電路，此網路的共振弳頻率不是 $1/\sqrt{LC}$；然而，若 R_1 相當的小，則共振弳頻率可能就會趨近於此值。共振的定義未變，只要將輸入導納的虛部設為零，即可決定出共振頻率為：

$$\text{Im}\{\mathbf{Y}(j\omega)\} = \text{Im}\left\{\frac{1}{R_2} + j\omega C + \frac{1}{R_1 + j\omega L}\right\} = 0$$

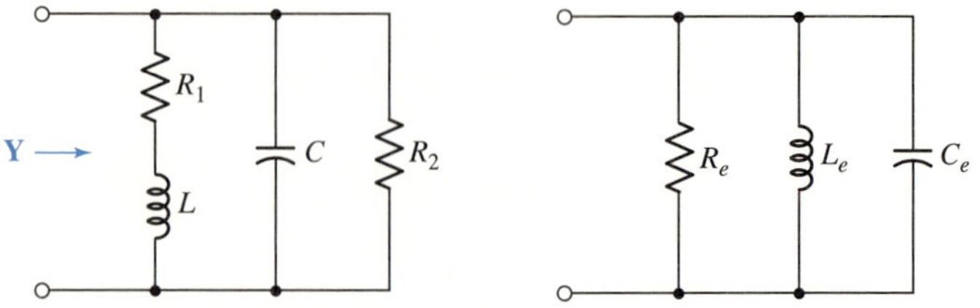

(*a*) (*b*)

■圖 16.9 (*a*) 由實際電感器、電容器與電阻器並聯而成實際網路的有效模型；(*b*) 於窄頻帶時 (*a*) 的等效網路。

或

$$\operatorname{Im}\left\{\frac{1}{R_2}+j\omega C+\frac{1}{R_1+j\omega L}\frac{R_1-j\omega L}{R_1-j\omega L}\right\}$$

$$=\operatorname{Im}\left\{\frac{1}{R_2}+j\omega C+\frac{R_1-j\omega L}{R_1^2+\omega^2 L^2}\right\}=0$$

因此可得到，電路要處於共振之條件為

$$C=\frac{L}{R_1^2+\omega^2 L^2}$$

故得

$$\omega_0=\sqrt{\frac{1}{LC}-\left(\frac{R_1}{L}\right)^2} \qquad [21]$$

注意，此時 ω_0 小於 $1/\sqrt{LC}$，但若 R_1/L 相當小，則 ω_0 與 $1/\sqrt{LC}$ 之差即可忽略。

輸入阻抗的最大振幅也值得被留意，其值不是 R_2，且不是發生在 ω_0 (或 $\omega=1/\sqrt{LC}$) 處。在此並未對這些敘述進行證明，因為你會發現這些表示式很快地在代數的運算上會變的笨重且不方便，接著讓我們進行底下的例題。

CAUTION

例題 16.4

在圖 16.9*a* 中，設 $R_1=2\ \Omega$、$L=1$ H、$C=125$ mF 與 $R_2=3\ \Omega$；試求出電路之共振頻率與共振時的阻抗。

將適當的元件值帶入方程式 [21]，得到

$$\omega_0=\sqrt{8-2^2}=2 \text{ rad/s}$$

此值可用以計算輸入導納，即

$$\mathbf{Y}=\frac{1}{3}+j2\left(\frac{1}{8}\right)+\frac{1}{2+j(2)(1)}=\frac{1}{3}+\frac{1}{4}=0.583 \text{ S}$$

且可得共振時之輸入阻抗為

$$\mathbf{Z}(j2)=\frac{1}{0.583}=1.714\ \Omega$$

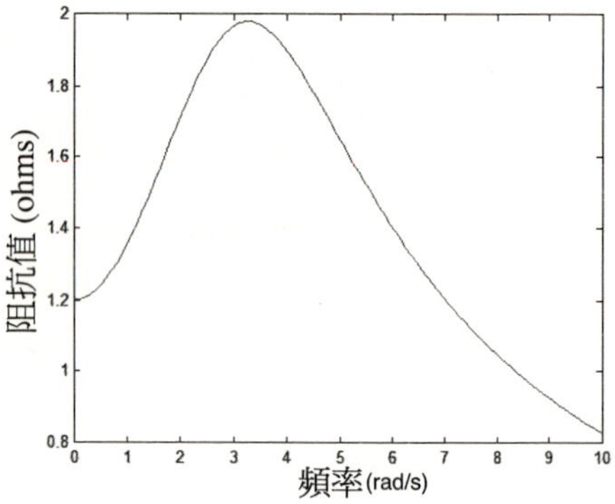

■圖 16.10 使用下列的 MATLAB 語法繪出 |**Z**| 對 ω 之關係圖：

```
EDU» omega=linspace(0, 10, 100);
EDU» for i = 1:100
Y(i)=1/3+j*omega(i)/8+1/(2+j*omega(i));
Z(i)=1/Y(i);
end
EDU» plot(omega, abs(Z));
EDU» xlabel('frequency (rad/s)');
EDU» ylabel('impedance magnitude (ohms)');
```

若 R_1 為零時，共振頻率應為

$$\frac{1}{\sqrt{LC}} = 2.83 \text{ rad/s}$$

輸入阻抗為

$$\mathbf{Z}(j2.83) = 1.947\underline{/-13.26^\circ}\,\Omega$$

然而，由圖 16.10 中可看出，發生最大阻抗時的頻率以 ω_m 表示之，其值約在 $\omega_m = 3.26$ rad/s 處，其對應的最大阻抗值為

$$\mathbf{Z}(j3.26) = 1.980\underline{/-21.4^\circ}\,\Omega$$

共振時阻抗的振幅與阻抗振幅的最大值相差約 16%。雖然在事實上此誤差是可以被忽略的，但是在某些教材上對此誤差仍嫌過多，以至於最終還是不能被省略。本節最後將證明電感器與電阻器組合之電路在 2 rad/s 時的 Q 值為 1，如此低的值說明了 16% 的誤差差異是在何處。

練習題

16.5 參考圖 16.9a 的電路，令 $R_1 = 1$ kΩ 與 $C = 2.533$ pF，試決定出共振頻率為 1 MHz 時所需的電感器值。(提示：$\omega = 2\pi f$)。

答：10 mH。

等效的串聯與並聯組合

為了將圖 16.9a 的電路轉換成圖 16.9b 之等效型式，必須討論

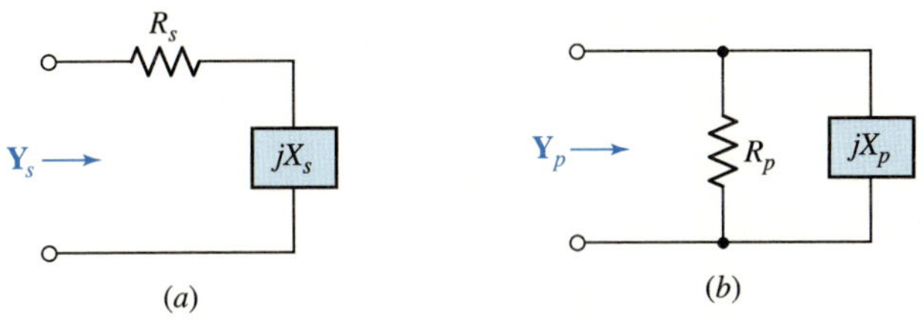

■圖 16.11　(*a*) 由電阻 R_s 與電感抗或電容抗 X_s 所組成的串聯網路，可轉換成 (*b*) 的並聯網路，使得在某一特定頻率下的 $\mathbf{Y}_s = \mathbf{Y}_p$；此種轉換的反轉換亦成立。

由電阻器與電抗器 (電感器或電容器) 所組成簡單串並聯電路的 Q 值。首先考慮圖 16.11*a* 所示之串聯電路，網路的 Q 值仍定義為 2π 乘以最大儲存能量與每週期的能量損失之比；但 Q 值可由任意選定之頻率計算求得。換言之，Q 為 ω 的函數。事實上，我們要選擇某一頻率以計算 Q 值，而該頻率為某些網路串聯臂的共振頻率。然而，直到獲得一完整的電路時，此頻率才有辦法得知。讀者可能迫切要證實串聯臂的 Q 值為 $|X_s|/R_s$；反之，圖 16.11*b* 所示的並聯網路其 Q 值為 $R_p/|X_p|$。

現在讓我們以較詳細的步驟來求出 R_p 與 X_p，以便在某單一特定頻率下，圖 16.11*b* 的並聯網路能被等效成如圖 16.11*a* 所示之串聯網路型式。令 $\mathbf{Y}_s$ 與 $\mathbf{Y}_p$ 相等：

$$\mathbf{Y}_s = \frac{1}{R_s + jX_s} = \frac{R_s - jX_s}{R_s^2 + X_s^2}$$
$$= \mathbf{Y}_p = \frac{1}{R_p} - j\frac{1}{X_p}$$

可得

$$R_p = \frac{R_s^2 + X_s^2}{R_s}$$
$$X_p = \frac{R_s^2 + X_s^2}{X_s}$$

將兩式相除，可得

$$\frac{R_p}{X_p} = \frac{X_s}{R_s}$$

這表示串聯與並聯網路的 Q 值必須相等：

$$Q_p = Q_s = Q$$

轉換方程式可因此簡化為

$$R_p = R_s(1 + Q^2) \qquad [22]$$

$$X_p = X_s\left(1 + \frac{1}{Q^2}\right) \qquad [23]$$

若 R_p 與 X_p 為已知，則可求出 R_s 與 X_s；此種轉換的反轉換亦可成立。

若 $Q \geq 5$，利用近似的關係式會導致些許的誤差，近似的結果為：

$$R_p \approx Q^2 R_s \qquad [24]$$

$$X_p \approx X_s \qquad (C_p \approx C_s \quad 或 \quad L_p \approx L_s) \qquad [25]$$

例題 16.5

考慮一 100 mH 電感器與 5 Ω 電阻器串聯組合而成之網路，試求出於頻率為 1000 rad/s 時的並聯等效型式。詳述此並聯網路以使目前之串聯組合連接不再被使用。

在 $\omega = 1000$ rad/s 時，$X_s = 1000(100 \times 10^{-3}) = 100\ \Omega$，此串聯組合的 Q 值為

$$Q = \frac{X_s}{R_s} = \frac{100}{5} = 20$$

由於 Q 值夠大 (20 遠大於 5)，利用方程式 [24] 與 [25] 可求得

$$R_p \approx Q^2 R_s = 2000\ \Omega \quad 與 \quad L_p \approx L_s = 100\ \text{mH}$$

在此斷言，100 mH 電感器與 5 Ω 電阻器串聯，在頻率為 1000 rad/s 時的輸入阻抗必然會相等於 100 mH 電感器與 2000 Ω 電阻器並聯之輸入阻抗。

為了驗證此等效的精確性，可試著計算每一網路在 1000 rad/s 時的輸入阻抗，得到

$$\mathbf{Z}_s(j1000) = 5 + j100 = 100.1\underline{/87.1^\circ}\ \Omega$$

$$\mathbf{Z}_p(j1000) = \frac{2000(j100)}{2000 + j100} = 99.9\underline{/87.1^\circ}\ \Omega$$

由此可見，於轉換頻率時，以近似法求得的結果是相當精確的。而在 900 rad/s 時，同樣會有相當合理的精確度，因為

$$\mathbf{Z}_s(j900) = 90.1\underline{/86.8^\circ}\ \Omega$$

$$\mathbf{Z}_p(j900) = 89.9\underline{/87.4^\circ}\ \Omega$$

練習題

16.6　試於 $\omega = 1000$ rad/s 時求出圖 16.12*a* 串聯網路的並聯等效型式。

16.7　試求出圖 16.12*b* 並聯網路的串聯等效型式，假設 $\omega = 1000$ rad/s。

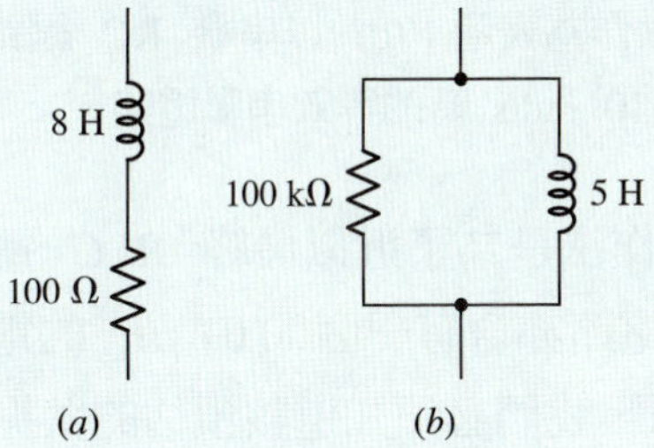

■圖 16.12　(*a*) 欲求出 $\omega =$ 1000 rad/s 的並聯等效網路時所需的串聯網路；(*b*) 欲求出 $\omega =$ 1000 rad/s 的串聯等效網路時所需的並聯網路。

答：16.6：8 H；640 kΩ；16.7：5 H；250 Ω。

現在以一個電子儀表的例子，來進一步說明將複雜共振電路以等效串聯或並聯 *RLC* 電路來取代之問題。如圖 16.13*a* 所示之簡單串聯 *RLC* 網路，該網路在共振頻率時被一弦式電壓源所激發，電源電壓的有效值 (rms) 為 0.5 V，在此我們希望將一內阻 100,000 Ω 的電壓表 (VM) 接於電容器兩端並測量其電壓的有效值；亦即，電壓表的等效電路為一理想電壓表與 100 kΩ 電阻器並聯之組合。

"理想" 電壓表是一種用來測量使用者感興趣的某種特別量，測量中不包含其它分佈電路。雖然實際上這是不可能達到的，但現在的儀表已被設計成可非常的接近理想狀態。

在接上電壓表之前，可求得共振頻率為 10^5 rad/s、$Q_0 = 50$、電流為 25 mA，以及電容器電壓的有效值為 25 V (如 16.3 節結尾所述，該電壓為外加電壓的 Q_0 倍)。因此，如果電壓表為理想，則當其跨接於電容器兩端時，其電壓為 25 V。

然而，若接上實際的電壓表，將會得到如圖 16.13*b* 所示之結果。為了獲得串聯 *RLC* 電路，現在必須以串聯 *RC* 網路取代並聯 *RC* 網路；假設此 *RC* 網路的 *Q* 值相當高，使得等效串聯電容器

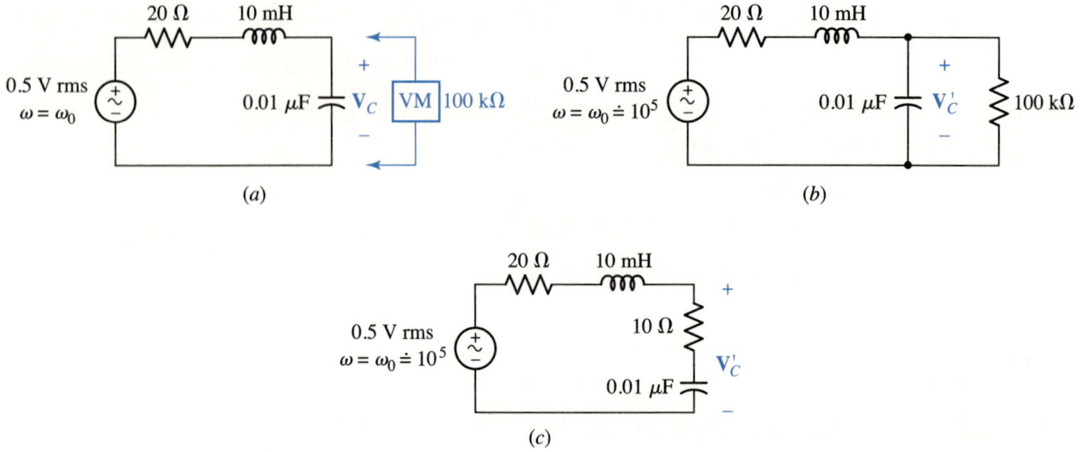

■圖 16.13 (*a*) 一串聯共振電路，利用非理想的電壓表測量電容器電壓；(*b*) 該電路包含了電壓表之效應，以電壓 V'_c 作為表示；(*c*) 以串聯 RC 網路取代 (*b*) 圖中的並聯 *RC* 網路，可得到在 10^5 rad/s 時的等效串聯電路。

與已知的並聯電容器相同。如此的作法是為了近似最終 *RLC* 電路的共振頻率。因此，若 *RLC* 串聯電路亦含有一個 0.01 μF 的電容器，則共振頻率將維持為 10^5 rad/s，我們必須知道該預估的共振頻率，以便計算 *RC* 並聯網路的 *Q* 值，即為

$$Q = \frac{R_p}{|X_p|} = \omega R_p C_p = 10^5(10^5)(10^{-8}) = 100$$

由於此值遠大於 5，且滿足我們的假設，所以等效的 *RC* 串聯網路包含的電容器為 $C_s = 0.01\ \mu\text{F}$，而其電阻器為

$$R_s \approx \frac{R_p}{Q^2} = 10\ \Omega$$

因此，最後得到如圖 16.13*c* 所示之等效電路。此電路現在的共振 *Q* 值為 33.3，而跨接於圖 16.13*c* 電容器兩端之電壓為 $16\frac{2}{3}$ V。但我們必須求出 $|\mathbf{V}'_C|$，亦即跨接於 *RC* 串聯組合之電壓，得到的是

$$|\mathbf{V}'_C| = \frac{0.5}{30}|10 - j1000| = 16.67\ \text{V}$$

由於跨在 10 Ω 電阻器兩端的電壓相當小，所以電容器兩端的電壓實質上與 $|\mathbf{V}'_C|$ 是相等的。

最後的結論是，再良好的電壓表也會對高 Q 值共振電路產生嚴重的影響。而相同的影響也會出現在安裝有非理想電流表的電路上。接下來將以一技術性的例子作為本節之結論。

此例是發生在一位名叫 Sean 的學生以及他的教授 Dr. Abel 身上。

某天下午在實驗室裡，Dr. Abel 給 Sean 三個實際的電路元件：電阻器、電感器與電容器，其值分別為 20 Ω、20 mH 及 1 μF，並要求 Sean 將一個變頻電壓源和這三個元件進行串聯連接，以測出電阻器兩端以頻率為函數的電壓，並計算出共振頻率、共振時的 Q 值以及半功率頻寬。此外 Dr. Abel 要求 Sean 在測量前先預測實驗之結果。Sean 常常藉著清晰的思路來克服電路分析對他帶來的焦慮，他對此問題畫出如圖 16.14 所示之等效電路，並計算得到

$$f_0 = \frac{1}{2\pi\sqrt{LC}} = \frac{1}{2\pi\sqrt{20\times10^{-3}\times10^{-6}}} = 1125 \text{ Hz}$$

$$Q_0 = \frac{\omega_0 L}{R} = 7.07$$

$$\mathcal{B} = \frac{f_0}{Q_0} = 159 \text{ Hz}$$

接著 Sean 著手進行 Dr. Abel 要求的量測工作，在測量其值並與預測值比較之後，他強烈的想轉學到其它的商業學校。其結果為：

$$f_0 = 1000 \text{ Hz} \qquad Q_0 = 0.625 \qquad \mathcal{B} = 1600 \text{ Hz}$$

Sean 知道此誤差大小不能說是因為“工程精確度”或“電表的誤差”所造成；於是，他很傷心的將結果交給教授。

我們要知道在過去許多判斷方面的錯誤都是自找的。Dr. Abel 笑著要 Sean 去注意電表 (或阻抗電橋)，這是大部分較好的實驗室都會有的儀器。他並建議 Sean 用電表求出這些實際電路元件在某

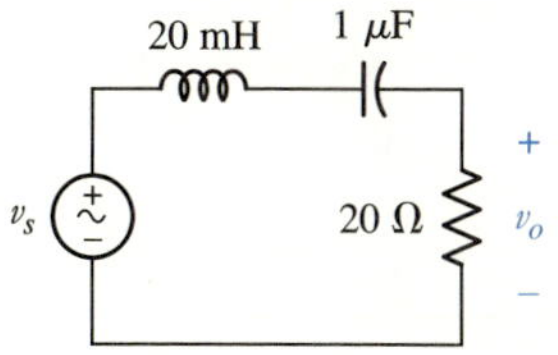

■圖 16.14　20 mH 電感器、1 μF 電容器與 20 Ω 電阻器串聯一電壓產生器之第一種模型。

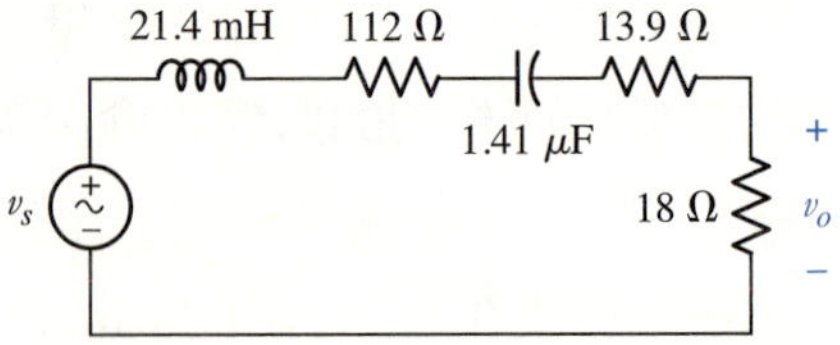

■圖 16.15 考慮電感器與電容器損失後，以更正確之數值所建立之改善模型。

些近於共振頻率如 1000 Hz 時，會是怎樣的狀態。

Sean 依照教授的指示進行操作，他發現測量到的電阻器為 18 Ω、電感器為 21.4 mH、Q 值為 1.2 而電容器為 1.41 μF 及散逸因數 (Q 的倒數) 為 0.123。

所以 Sean 瞭解到，較佳的電感器模型會是 21.4 mH 的電感器與 $\omega L/Q = 112\ \Omega$ 的串聯，而較適當的電容器模型會是 1.41 μF 的電容器與 $1/\omega CQ = 13.9\ \Omega$ 的串聯。根據這些資料，Sean 準備了如圖16.15 所示的修正電路模型，並計算得到一組新的預測值為

$$f_0 = \frac{1}{2\pi\sqrt{21.4 \times 10^{-3} \times 1.41 \times 10^{-6}}} = 916 \text{ Hz}$$

$$Q_0 = \frac{2\pi \times 916 \times 21.4 \times 10^{-3}}{143.9} = 0.856$$

$$\mathcal{B} = 916/0.856 = 1070 \text{ Hz}$$

由於這些結果很接近量測值，所以 Sean 看起來似乎比先前還要來得高興；然而，Dr. Abel 是個很挑剔的人，對 Q_0 值與頻帶寬度的預測值與測量值之差異感到有所懷疑，於是 Dr. Abel 就問 Sean “你是否有考慮到電壓源的輸出阻抗？” Sean 回答說 “還沒有”，然後再次回到實驗室內進行實驗。

Sean 測得電壓源的輸出阻抗為 50 Ω，接著將此值加入圖 16.16 所示之電路中，然後利用一 193.9 Ω 的新等效電阻器去求得改善過後的 Q_0 與 $\mathcal{B}$ 值為：

$$Q_0 = 0.635 \qquad \mathcal{B} = 1442 \text{ Hz}$$

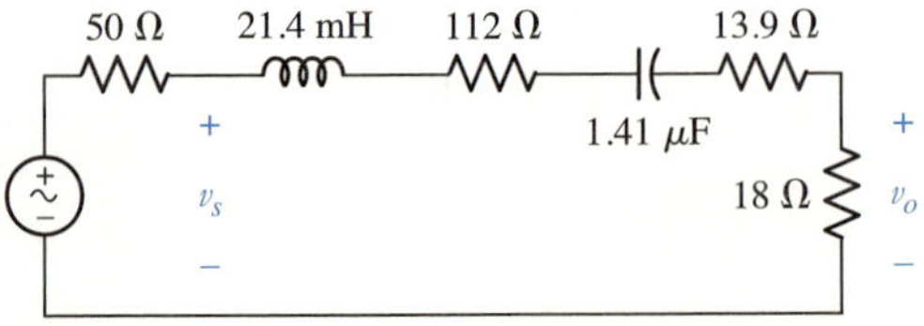

■圖 16.16 包含電壓源輸出阻抗的最終模型。

由於現在所有的理論值與測量值誤差皆在 10% 的範圍內，Sean 再度燃起他對電機工程的學習興趣[2]，而 Dr. Abel 也僅以點頭表示同意其結果，並訓示 Sean：

當使用實際的裝置時，
要注意你所選定的模型；
在計算之前好好思考，
並注意你所有的和！

練習題

16.8 將 10 Ω 與 10 nF 的串聯組合與 20 Ω 與 10 mH 的串聯組合並聯，試求出：(a) 此並聯網路近似的共振頻率；(b) *RC* 分支的 *Q* 值；(c) *RL* 分支的 *Q* 值；(d) 原始網路的三元件並聯等效值。

答：10^5 rad/s；100；50；10 nF ‖ 10 mH ‖ 33.3 kΩ。

16.5 比例增縮

過去所解決的某些範例與問題中，其電路所含的被動元件值往往僅有幾歐姆、幾亨利或幾法拉，而供應的頻率也只有每秒幾個弳度而已。會使用這些特定的數值，並非是因為實際上經常會碰到，而是因為其代數的處理比用各種 10 的冪次計算之方式要來得容易。本節將討論比例增縮 (scaling) 的步驟，以便我們能把擁有實際大小的元件，將其數值轉變為較容易之值，以利於網路的分析。底下將考慮**振幅比例增縮** (magnitude scaling) 以及**頻率比例增縮** (frequency scaling)。

考慮以如圖 16.17*a* 所示之並聯共振電路作為例子，不切實際的元件值導致如圖 16.17*b* 所示，實際上不大可能出現的響應曲線。最大阻抗為 2.5 Ω，共振頻率為 1 rad/s，Q_0 為 5 以及頻寬為 0.2 rad/s。這些數值比較像是機械系統中的類比參數，而不是基本電氣裝置的數值，雖然具有便利的數值能夠提供作為計算，但所建立出來的電路卻一點都不實際。

2 好啦！這部分太多了，很抱歉。

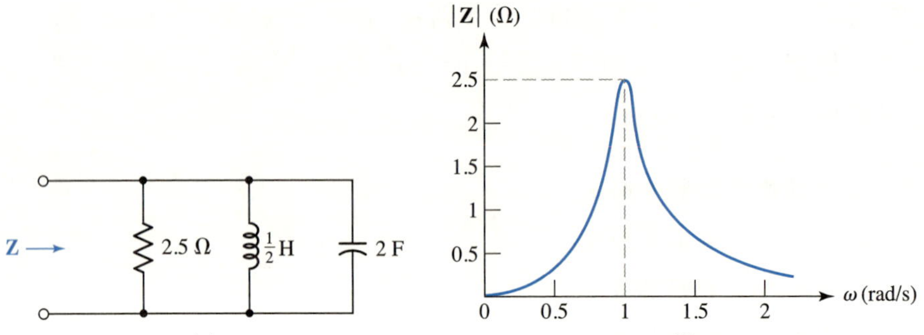

■圖 16.17 (*a*) 用以探討振幅及頻率比例增縮之並聯共振電路；(*b*) 以頻率為函數，輸入阻抗之振幅大小。

回想起“縱座標”與垂直軸有關聯，而“橫座標”與水平軸有關聯。

假設我們的目標是將此電路進行比例放大，使得在共振頻率為 5×10^6 rad/s 或 796 kHz 時，電路能產生 5000 Ω 的最大阻抗。換言之，若每個數值在縱座標上是以 2000 倍進行增加，每個數值在橫座標上是以 5×10^6 倍進行增加，則我們可採用如圖 16.17*b* 所示相同的響應曲線。對此，我們將處理的是兩個問題：(1) 2000 倍的振幅比例增縮，(2) 5×10^6 倍的頻率比例增縮。

振幅比例增縮被定義為：在頻率維持不變的狀況下，使兩端點網路之阻抗增加 K_m 倍的程序。因子 K_m 為一正實數，其值可大於或小於 1。簡單描述“網路的振幅比例增縮了 2 倍”，其意思是在任何頻率下，新網路的阻抗為舊網路阻抗的 2 倍。接著來決定如何將各種的被動元件進行比例增縮。若增加網路的輸入阻抗為 K_m 倍，亦表示網路內每一元件的阻抗也增加此一倍數。因此，電阻器 R 必須以電阻器 K_mR 代替。每個電感器在任何頻率下亦必須增加 K_m 倍。當 **s** 不變時，為了使阻抗 sL 增加 K_m 倍，電感器 L 必須以電感器 K_mL 來代替。同理，每個電容器 C 必須以電容器 C/K_m 來代替。底下摘述網路振幅比例增縮 K_m 倍時所產生之變化：

$$\left.\begin{aligned} R &\to K_m R \\ L &\to K_m L \\ C &\to \frac{C}{K_m} \end{aligned}\right\} \quad \text{振幅比例增縮}$$

當圖 16.17*a* 網路中的每個元件振幅被比例增縮 2000 倍時，將產生如圖 16.18*a* 所示之網路。其響應曲線如圖 16.18*b* 所示，與先前

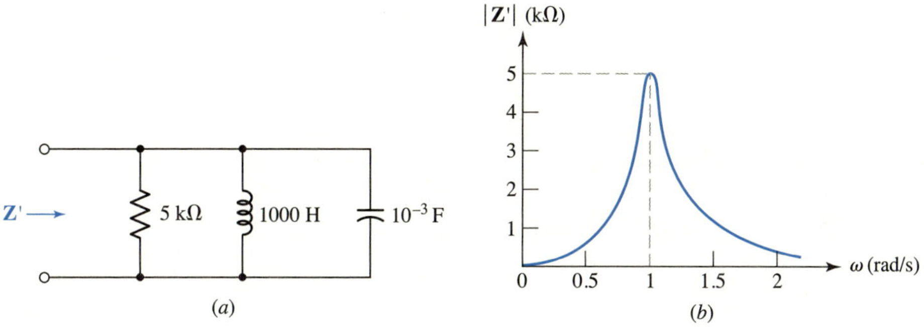

■圖 16.18　(*a*) 圖 16.17*a* 網路振幅比例增縮 $K_m = 2000$ 倍後之結果；(*b*) 對應的響應曲線。

所畫的響應曲線相比，並無太大的變化，僅差在縱座標的刻度有所改變。

現在以此新的網路來進行頻率的比例增縮，頻率比例增縮被定義為在任何阻抗下頻率都增加 K_f 倍的程序。簡單描述“網路的頻率比例增縮了 2 倍”，其意思是在兩倍頻率下，可得到相同的阻抗。頻率比例增縮是由變化每個被動元件的頻率而達成。電阻器並不會受到影響，任何電感器的阻抗皆為 sL，若要在 K_f 倍的頻率下求得相同的阻抗，此電感 L 必須以電感 L/K_f 來代替。同理，電容 C 必須以電容 C/K_f 來代替。因此，若網路的頻率被比例增縮 K_f 倍，則被動元件所需的改變為：

$$\left.\begin{aligned} R &\to R \\ L &\to \frac{L}{K_f} \\ C &\to \frac{C}{K_f} \end{aligned}\right\} \quad \text{頻率比例增縮}$$

當圖 16.18*a* 網路中每個元件已經完成振幅比例增縮，再進行頻率比例縮放 5×10^6 倍，可獲得圖 16.19*a* 之網路，對應的響應曲線如圖 16.19*b* 所示。

此最後一個網路中的電路元件可輕易的由實際電路元件來組成，此網路亦可實際的被建立以及進行測試。若圖 16.17*a* 的原始網路是某些實際機械共振系統的類比電路，則為了能夠在實驗室的環境下建構此系統，可針對此電路進行振幅以及頻率的比例增縮。對於如此需要龐大費用且不易進行的機械系統測試，在經過比例增

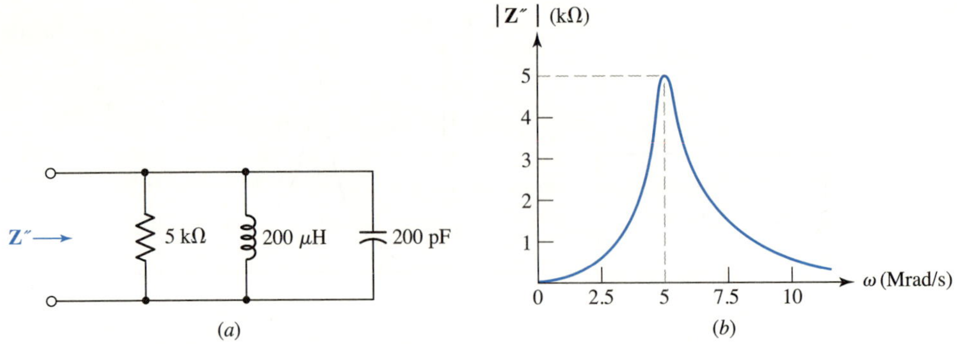

■圖 16.19 (*a*) 圖 16.18*a* 網路頻率比例增縮 K_f 5×10^6 倍後之結果；(*b*) 對應的響應曲線。

縮後，可在電氣系統的環境中達成，其結果應與未進行比例增縮時一樣精確，最後再將結果轉換到機械系統單位已完成完整的分析。

以 **s** 為函數的阻抗亦可進行振幅或頻率的比例增縮，且這無須任何組成兩端點網路特定元件的資訊即能達成。為了要比例增縮 **Z**(**s**) 之振幅，由比例增縮的定義得知，必須將 **Z**(**s**) 乘以 K_m 以求得振幅比例增縮後的阻抗。因此，如圖 16.17*a* 所示並聯共振電路的阻抗為

$$\mathbf{Z}(\mathbf{s}) = \frac{\mathbf{s}}{2\mathbf{s}^2 + 0.4\mathbf{s} + 2}$$

或

$$\mathbf{Z}(\mathbf{s}) = \frac{0.5\mathbf{s}}{(\mathbf{s} + 0.1 + j0.995)(\mathbf{s} + 0.1 - j0.995)}$$

經振幅比例增縮後網路的阻抗 $\mathbf{Z}'(\mathbf{s})$ 為

$$\mathbf{Z}'(\mathbf{s}) = K_m \mathbf{Z}(\mathbf{s})$$

若再次選擇 $K_m = 2000$，得到

$$\mathbf{Z}'(\mathbf{s}) = (1000)\frac{\mathbf{s}}{(\mathbf{s} + 0.1 + j0.995)(\mathbf{s} + 0.1 - j0.995)}$$

現在若以 5×10^6 倍對 $\mathbf{Z}'(\mathbf{s})$ 進行頻率比例增縮，如果 $\mathbf{Z}'(\mathbf{s})$ 在某一頻率下取值而 $\mathbf{Z}''(\mathbf{s})$ 於該頻率的 K_f 倍下取值，則 $\mathbf{Z}'(\mathbf{s})$ 與 $\mathbf{Z}''(\mathbf{s})$ 的阻抗值會相等。如此的結果可簡單以下列的函數記法表示之：

$$\mathbf{Z}''(\mathbf{s}) = \mathbf{Z}'\left(\frac{\mathbf{s}}{K_f}\right)$$

將 $\mathbf{Z}'(\mathbf{s})$ 中的 $\mathbf{s}$ 以 $\mathbf{s}/K_f$ 取代，即得 $\mathbf{Z}''(\mathbf{s})$。因此，圖 16.19*a* 所示網路阻抗的解析表示式為

$$\mathbf{Z}''(\mathbf{s}) = (1000)\frac{\mathbf{s}/(5\times10^6)}{[\mathbf{s}/(5\times10^6)+0.1+j0.995][\mathbf{s}/(5\times10^6)+0.1-j0.995]}$$

或

$$\mathbf{Z}''(\mathbf{s}) = (1000)\frac{(5\times10^6)\mathbf{s}}{[\mathbf{s}+0.5\times10^6+j4.975\times10^6][\mathbf{s}+0.5\times10^6-j4.975\times10^6]}$$

儘管比例增縮是應用於被動元件的一種程序，依賴電源亦可使用振幅及頻率比例增縮。假設任何電源的輸出為 $k_x v_x$ 或 $k_y i_y$；其中，k_x 對依賴電流源而言是以導納為單位，對依賴電壓源而言則為無單位；而 k_y 對依賴電壓源而言係以歐姆為單位，對依賴電流源而言則為無單位。若網路包含一個振幅被比例增縮 K_m 的依賴電源，則必須將 k_x 或 k_y 所屬元件的單位作適當配合。亦即，若 k_x (或 k_y) 為無單位，則無須改變；若其一為導納，則必須除以 K_m；若為阻抗，則必須乘以 K_m。頻率比例增縮不受依賴電源所影響。

CAUTION

例題 16.6

將圖 16.20 所示之網路以 $K_m=20$ 與 $K_f=50$ 進行比例增縮，接著求出網路經比例增縮後的 $\mathbf{Z}_{in}(\mathbf{s})$。

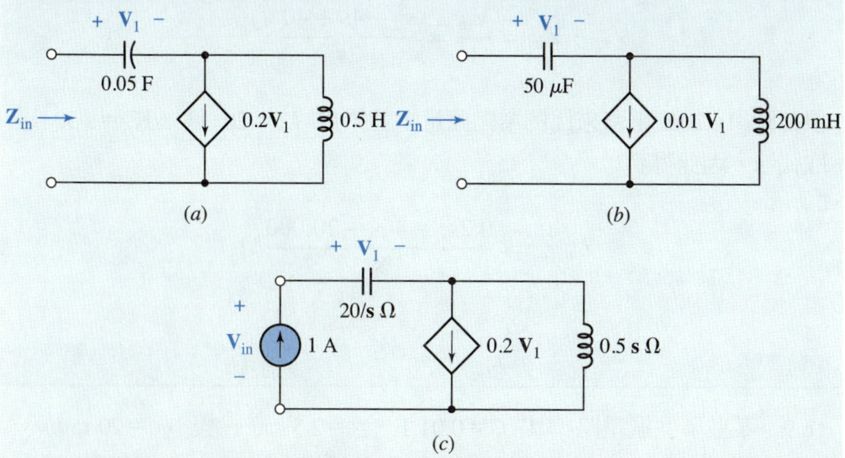

■圖 16.20　(*a*) 振幅比例增縮 20 倍、頻率比例增縮 50 倍之網路；(*b*) 經比例增縮後之網路；(*c*) 將 1 A 電流源加入輸入端，用以測得在比例增縮前 (*a*) 的網路阻抗。

電容器的振幅比例增縮是以 0.05 F 除以 20 倍的 K_m 而得，而其頻率比例增縮則是除以 50 倍的 K_f 而得。同時完成這兩種計算，得到

$$C_{\text{scaled}} = \frac{0.05}{(20)(50)} = 50\ \mu\text{F}$$

同樣的方式，得到電感器的比例增縮為

$$L_{\text{scaled}} = \frac{(20)0.5}{50} = 200\ \text{mH}$$

在依賴電源的比例增縮上，僅需考慮振幅增縮，頻率的增縮並不會影響依賴電源。由於此為電壓控制電流源，乘上 0.2 的常數會得到 A/V 或 S 的單位。此因數為導納的單位，所以除上 K_m 可得到新的依賴電源 $0.01\ \mathbf{V}_1$，比例增縮後之結果，如圖 16.20*b* 所示。

為了求出新網路的阻抗，需於輸入端加上 1 A 的測試電源，我們可在任一電路中執行。首先找出圖 16.20*a* 尚未比例增縮網路的阻抗，之後再求比例增縮後的結果。

參照圖 16.20*c*，

$$\mathbf{V}_{\text{in}} = \mathbf{V}_1 + 0.5\mathbf{s}(1 - 0.2\mathbf{V}_1)$$

亦即

$$\mathbf{V}_1 = \frac{20}{\mathbf{s}}(1)$$

執行簡單的代數換算得到

$$\mathbf{Z}_{\text{in}} = \frac{\mathbf{V}_{\text{in}}}{1} = \frac{\mathbf{s}^2 - 4\mathbf{s} + 40}{2\mathbf{s}}$$

根據圖 16.20*b* 電路來比例增縮此量，並乘以 $K_m = 20$ 且 $\mathbf{s}/\mathbf{K}_f = \mathbf{s}/50$ 以取代 $\mathbf{s}$，因此得到

$$\mathbf{Z}_{\text{in}_{\text{scaled}}} = \frac{0.2\mathbf{s}^2 - 40\mathbf{s} + 20{,}000}{\mathbf{s}}\ \Omega$$

練習題

16.9 某並聯共振電路，其 $C = 0.01$ F、$\mathcal{B} = 2.5$ rad/s 與 $\omega_0 = 20$ rad/s。試求出 R 與 L 之值，當電路的比例增縮情形分別為 (a) 振幅增縮為 800；(b) 頻率增縮為 10^4；(c) 振幅增縮 800 以及頻率增縮 10^4。

答：32 kΩ，200 H；40 Ω，25 μH；32 kΩ，20 mH。

16.6 波德圖

本節將找出一快速的方法，用以求得以 ω 為函數的已知轉移函數之振幅近似圖與相位變化。精確的曲線當然可由利用程式計算器或計算機計算其值來畫得，曲線亦可以電腦直接產生。然而，我們得的目標是求得比極點–零點圖更佳的響應圖形，而不著重在計算上。

分貝 (dB) 比例

我們建構的近似響應曲線稱之為漸近圖 (asymptotic plot) 或**波德圖** (Bode plot or Bode diagram)，這是由貝爾電話實驗室的電機工程師兼數學家 Hendrik W. Bode 所發展出來的。其振幅與相位曲線的橫座標以頻率的對數表示，而振幅本身可以稱為**分貝** (decibel, dB) 的對數單位表示，將 $|\mathbf{H}(j\omega)|$ 之值以 dB 定義如下：

> "分貝" 一詞乃是為紀念艾力桑德格漢貝爾。

$$H_{\text{dB}} = 20 \log |\mathbf{H}(j\omega)|$$

式中的對數一般是以 10 為底 (以乘數 10 取代 20 通常是使用在功率轉移函數，但此處並不需要)。上式的反運算為

$$|\mathbf{H}(j\omega)| = 10^{(H_{\text{dB}}/20)}$$

在開始詳細討論畫出波德圖的方法之前，先了解一些分貝單位的大小以及熟悉一些重要數值，並回想一些對數的性質，將有助於往後的分析。由於 $\log 1 = 0$、$\log 2 = 0.30103$ 及 $\log 10 = 1$，所以得到：

$$|\mathbf{H}(j\omega)| = 1 \Leftrightarrow H_{\text{dB}} = 0$$
$$|\mathbf{H}(j\omega)| = 2 \Leftrightarrow H_{\text{dB}} \approx 6\text{ dB}$$
$$|\mathbf{H}(j\omega)| = 10 \Leftrightarrow H_{\text{dB}} = 20\text{ dB}$$

$|\mathbf{H}(j\omega)|$ 若以 10 的倍數增加時，則 H_{dB} 等於以 20 dB 的倍數增加。此外，$\log 10^n = n$，因此 $10^n \Leftrightarrow 20n$ dB，故 1000 相對下是 60 dB；而 0.01 表示 -40 dB。僅使用上述的對應值，可得 $20 \log 5 = 20 \log \frac{10}{2} = 20 \log 10 - 20 \log 2 = 20 - 6 = 14$ dB，故 $5 \Leftrightarrow 14$ dB。而

且，$\log\sqrt{x}=\frac{1}{2}\log x$，所以 $\sqrt{2} \Leftrightarrow 3$ dB 及 $1/\sqrt{2} \Leftrightarrow -3$ dB。[3]

我們以 **s** 來表示轉移函數，當我們想求振幅與相位角時，將 $\mathbf{s}=j\omega$ 代入即可。若有需要，振幅可在該點上寫上 dB 項。

練習題

16.10 試計算 $\omega=146$ rad/s 時的 H_{dB}，當 $\mathbf{H(s)}$ 等於 (a) $20/(\mathbf{s}+100)$；(b) $20(\mathbf{s}+100)$；(c) $20\mathbf{s}$。若 H_{dB} 等於 (d) 29.2 dB；(e) −15.6 dB；(f) −0.318 dB，試求 $|\mathbf{H}(j\omega)|$。

答：−18.94 dB；71.0 dB；69.3 dB；28.8；0.1660；0.964。

漸近線的判別

下一步驟為分析 $\mathbf{H(s)}$ 以顯示其極點與零點。首先考慮在 $\mathbf{s}=-a$ 的零點，寫出下列標準式為

$$\mathbf{H(s)} = 1 + \frac{\mathbf{s}}{a} \qquad [26]$$

此函數的波德圖是由 H_{dB} 在非常大及非常小的 ω 值時的漸近線所組成。因此可以求得

$$|\mathbf{H}(j\omega)| = \left|1+\frac{j\omega}{a}\right| = \sqrt{1+\frac{\omega^2}{a^2}}$$

以及

$$H_{dB} = 20\log\left|1+\frac{j\omega}{a}\right| = 20\log\sqrt{1+\frac{\omega^2}{a^2}}$$

當 $\omega \ll a$ 時，

$$H_{dB} \approx 20\log 1 = 0 \qquad (\omega \ll a)$$

此簡單的漸近線如圖 16.21 所示。$\omega < a$ 以實線表示，$\omega > a$ 以虛線表示之。

3 注意，使用 $20\log 2=6$ dB 而不用 6.02 dB 似乎有點不夠精確。然而這僅是習慣性用法，像 $\sqrt{2}$ 即代表 3 dB，由於 dB 的比例為對數，所以如此小的誤差是少有意義的。

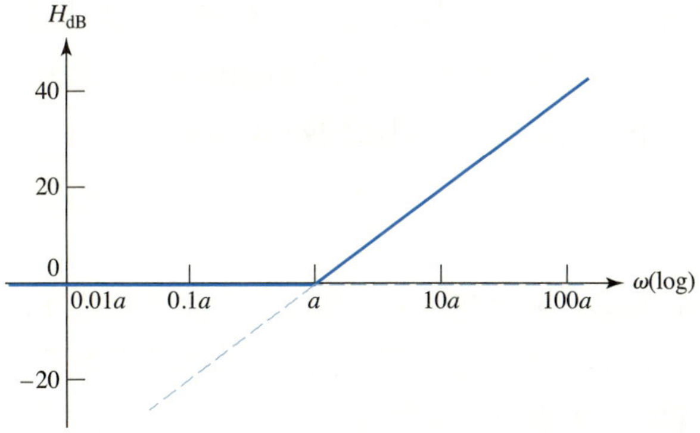

■圖 16.21　$\mathbf{H}(\mathbf{s})=1+s/a$ 的振幅波德圖，係由低頻及高頻漸近線所組成。兩漸近線在橫座標的角頻率處相交，波德圖表示兩漸近線之響應，兩線可以直線輕易的畫出。

當 $\omega \gg a$ 時，

$$H_{dB} \approx 20 \log \frac{\omega}{a} \qquad (\omega \gg a)$$

在 $\omega=a$ 時，$H_{dB}=0$；在 $\omega=10a$ 時，$H_{dB}=20$ dB；以及在 $\omega=100a$ 時，$H_{dB}=40$ dB。因此，頻率每增加 10 倍，H_{dB} 就增加 20 dB。故漸近線具有一 20 dB/decade 的斜率。由於當 ω 為兩倍時，H_{dB} 增加 6 dB，故此斜率的另一值為 6 dB/octave。高頻漸近線也如圖 16.21 所示，$\omega > a$ 時以實線表示，而 $\omega < a$ 時則以虛線表示之。注意在 $\omega=a$ 時，兩漸近線交點處的頻率為零點頻率，亦稱為**角** (corner)、**斷點** (break)、3 dB 或**半功率頻率** (half-power frequency)。

一個 **decade** 表示頻率範圍是以 10 倍來定義，如 3 Hz 到 30 Hz 或 12.5 MHz 到 125 MHz；而一個 **octave** 表示頻率範圍是以 2 倍來定義，如 7 GHz 到 14 GHz。

平滑的波德圖

接著讓我們找出有多少的誤差會出現在漸近線響應曲線上；在角頻率時 $(\omega=a)$

$$H_{dB} = 20 \log \sqrt{1+\frac{a^2}{a^2}} = 3 \text{ dB}$$

注意在此我們繼續遵守取 $\sqrt{2}$ 對應為 3 dB 之近似。

與 0 dB 處之漸近值作比較。在 $\omega=0.5\,a$ 時，得到

$$H_{dB} = 20 \log \sqrt{1.25} \approx 1 \text{ dB}$$

因此，精確的響應是以 $\omega=a$ 時比漸近線高 3 dB 以及 $\omega=0.5\,a$ (或 $\omega=2a$) 時比漸近線高 1 dB 的平滑曲線來作為表示。若期望得到更精確之結果，此資訊可用以使角頻率平滑。

乘數項

大部分的轉移函數含有超過一個以上的簡單零點 (或極點)；因此，我們可以輕易的操控波德圖方法，主要是因為我們是以對數在進行處理。例如，考慮下列函數

$$\mathbf{H}(\mathbf{s}) = K\left(1+\frac{\mathbf{s}}{s_1}\right)\left(1+\frac{\mathbf{s}}{s_2}\right)$$

其中 K 為常數，而 $-s_1$ 與 $-s_2$ 表示函數 $\mathbf{H}(\mathbf{s})$ 的兩個零點。此函數的 H_{dB} 可寫成

$$\begin{aligned} H_{\text{dB}} &= 20\log\left|K\left(1+\frac{j\omega}{s_1}\right)\left(1+\frac{j\omega}{s_2}\right)\right| \\ &= 20\log\left[K\sqrt{1+\left(\frac{\omega}{s_1}\right)^2}\sqrt{1+\left(\frac{\omega}{s_2}\right)^2}\right] \end{aligned}$$

或

$$H_{\text{dB}} = 20\log K + 20\log\sqrt{1+\left(\frac{\omega}{s_1}\right)^2} + 20\log\sqrt{1+\left(\frac{\omega}{s_2}\right)^2}$$

其為常數項 (非頻率相依的項) $20\log K$ 與兩個先前所考慮的零點項之合。換言之，我們可藉由以上各個獨立項繪圖建構出 H_{dB} 之響應圖示，將以例子作為說明。

例題 16.7

試求得圖 16.22 所示網路輸入阻抗之波德圖。

已知輸入阻抗為

$$\mathbf{Z}_{\text{in}}(\mathbf{s}) = \mathbf{H}(\mathbf{s}) = 20 + 0.2\mathbf{s}$$

將上式改為標準型式，得到

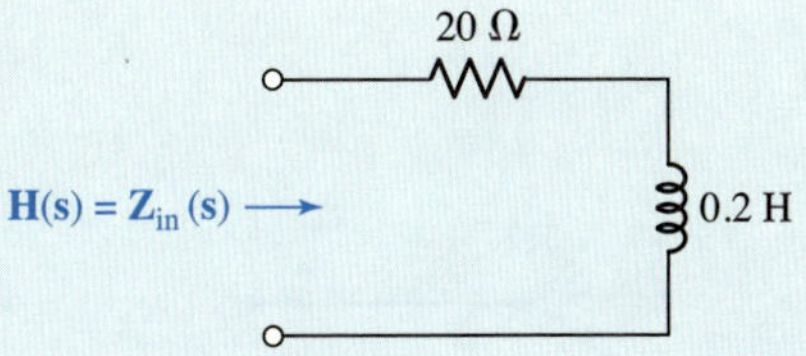

■圖 16.22　若選擇 $\mathbf{H(s)} = \mathbf{Z}_{in}(\mathbf{s})$，其波德圖 $\mathbf{H}_{dB}$ 如圖 16.23*b* 所示。

$$\mathbf{H(s)} = 20\left(1 + \frac{\mathbf{s}}{100}\right)$$

組成 **H(s)** 的兩的因數其一是在 $\mathbf{s} = -100$ 時的零點，其導致斷點頻率為 $\omega = 100$ rad/s，另一則為常數等效於 20 log 20 = 26 dB，這些項清楚的繪於圖 16.23*a* 中。由於我們是計算 $|\mathbf{H}(j\omega)|$ 的對數，接著將個別因數對應的波德圖相加，得到的振幅波德圖如圖 16.23*b* 所示。在 $\omega = 100$ rad/s 處並沒有嘗試以一 +3 dB 去平滑其角頻率；這就留給讀者作為一個快速的練習。

練習題

16.11　試繪出 $\mathbf{H(s)} = 50 + \mathbf{s}$ 之振幅波德圖。

答：34 dB，$\omega < 50$ rad/s；斜率 = +20 dB/decade $\omega > 50$ rad/s。

相位響應

回到方程式 [26] 的轉移函數，現在可以來決定一個簡單零點的**相位響應** (phase response)

$$\text{ang}\,\mathbf{H}(j\omega) = \text{ang}\left(1 + \frac{j\omega}{a}\right) = \tan^{-1}\frac{\omega}{a}$$

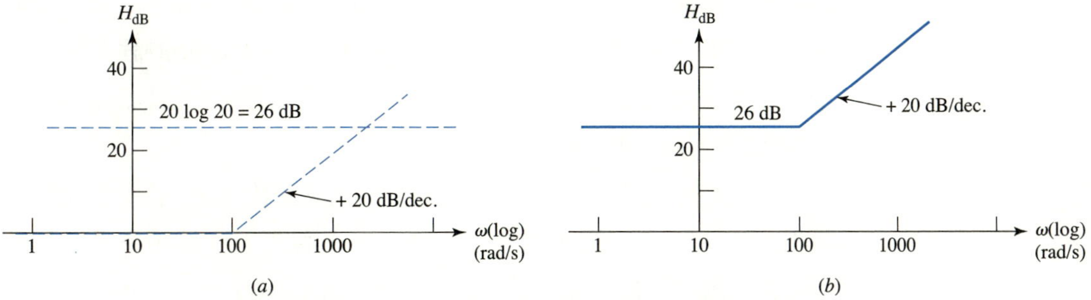

■圖 16.23　(*a*) 對 $\mathbf{H(s)} = 20(1 + \mathbf{s}/100)$ 的因數個別畫出波德圖；(*b*) 由 (*a*) 中圖形組合而成之波德圖。

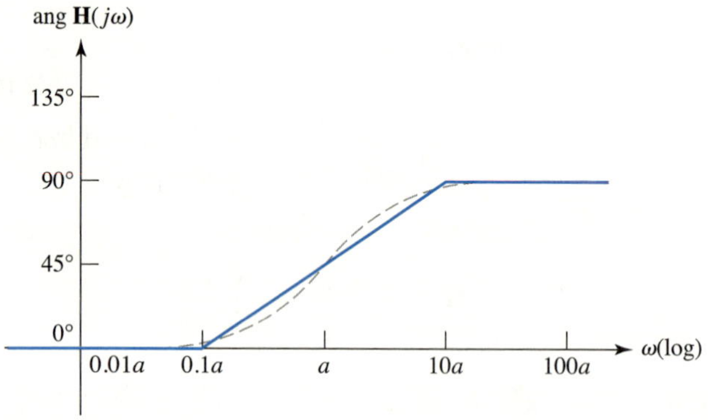

圖 16.24 $\mathbf{H}(\mathbf{s})=1+\mathbf{s}/a$ 的漸近相角響應，如圖中三條實線線段所示。斜率端點在 0.1 a 時為 0°，在 10a 時則為 90°；虛線為經平滑後更精確的響應曲線。

雖然在此需要利用到三條線段，但此式亦可用其漸近線作為表示。當 $\omega \ll a$，ang $\mathbf{H}(j\omega) \approx 0°$，於 $\omega < 0.1\,a$ 時，我們依此作為漸近線：

$$\text{ang}\,\mathbf{H}(j\omega) = 0^\circ \qquad (\omega < 0.1a)$$

於高頻末端，即當 $\omega \gg a$ 時，得到 ang $\mathbf{H}(j\omega) \approx 90°$，將此用於 $\omega = 10a$：

$$\text{ang}\,\mathbf{H}(j\omega) = 90^\circ \qquad (\omega > 10a)$$

由於在 $\omega=a$ 時的角度為 45°，現在建立一條由 0° (在 $\omega=0.1a$ 處) 開始延伸筆直的漸近線，在 $\omega=a$ 時通過 45°，在 $\omega=10a$ 時到達 90°。此直線的斜率為 45°/decade，其圖如圖 16.24 的實線所示，而精確的相角響應則如虛線所示。在 $\omega=0.1a$ 與 10a 時，漸近線與真實響應的最大誤差為 ±5.71°。在 $\omega=0.394a$ 與 2.54a 時，誤差為 ∓5.29°；在 $\omega=0.159a$、a 以及 6.31a 時的誤差為零。相位角度圖典型上是直線的近似，但是平滑曲線亦可以如圖 16.24 所述相似的方法繪出。

在此值得我們先停下腳步來探討，究竟相位圖給了我們什麼的資訊？在 $\mathbf{s}=a$ 一個簡單零點的情況下，我們看到該頻率是遠低於角頻率，響應函數的相位是 0°；然而就高頻 ($\omega \gg a$) 而言，相位是 90°。在角頻率附近，轉移函數的相角有些快速的變化。實際的相位角說明，該響應能夠藉由電路的設計 (亦決定 a 值) 來加以選擇。

練習題

16.12 試繪出例題 16.7 轉移函數的相位波德圖。

答：0°，$\omega \leq 10$；90°，$\omega \geq 1000$；45°，$\omega = 100$；斜率 45°/dec，$10 < \omega < 1000$ (ω 為 rad/s)。

建立波德圖時額外的考慮

接下來考慮一個簡單的極點

$$\mathbf{H}(\mathbf{s}) = \frac{1}{1 + \mathbf{s}/a} \qquad [27]$$

由於這是單個零點的倒數，所以根據對數的運算得知，其波德圖為前面所得波德圖的負值，且其振幅直到 $\omega = a$ 以前皆為 0 dB，而在 $\omega > a$ 時，斜率為 −20 dB/decade。在 $\omega < 0.1a$ 時的角度為 0°，$\omega > 10a$ 時為 −90°，$\omega = a$ 時為 −45°，且於 $0.1a < \omega < 10a$ 時，其斜率為 −45°/decade。在此鼓勵讀者直接以方程式 [27] 來產生該函數之波德圖。

出現於 $\mathbf{H}(\mathbf{s})$ 的另一項為分子或分母中的 $\mathbf{s}$ 因子。若 $\mathbf{H}(\mathbf{s}) = \mathbf{s}$，則

$$H_{\text{dB}} = 20 \log |\omega|$$

因此，我們有一條無限長的直線，此直線在 $\omega = 1$ 時通過 0

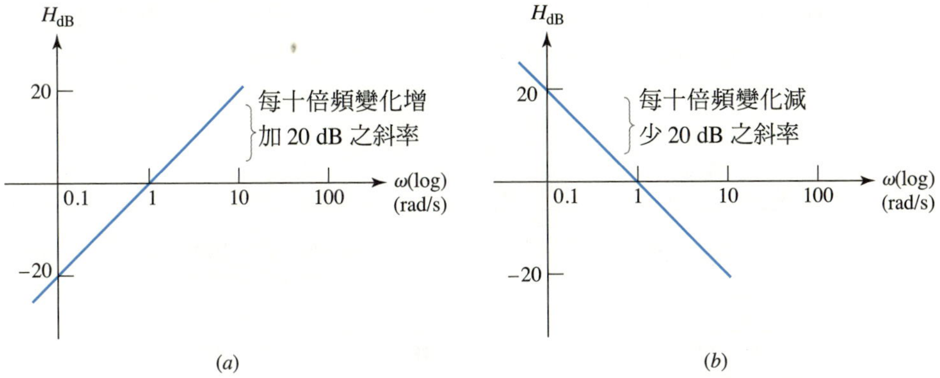

■圖 16.25 (*a*) $\mathbf{H}(\mathbf{s}) = \mathbf{s}$ 及 (*b*) $\mathbf{H}(\mathbf{s}) = 1/\mathbf{s}$ 的漸近圖。此二直線皆為無限長，皆在 $\omega = 1$ 時通過 0 dB，且斜率為 ±20 dB/decade。

dB，且斜率為 20 dB/decade；如圖 16.25*a* 所示。若 **s** 因子出現在分母，則可得到斜率為 −20 dB/decade 的直線，且此線在 $\omega=1$ 時通過 0 dB，如圖 16.25*b* 所示。

H(**s**) 中另一簡單項為乘數常數 *K*，其波德圖為水平直線，位於橫座標上的 $20 \log |K|$ dB 處；若 $|K|<1$，則位於橫座標之下。

例題 16.8

如圖 16.26 所示之電路，試繪出其電壓增益之振幅波德圖。

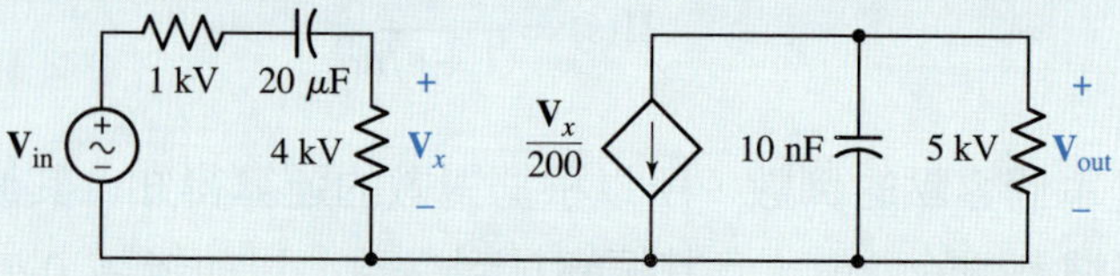

■圖 16.26 若 $\mathbf{H(s)}=\mathbf{V}_{out}/\mathbf{V}_{in}$，此放大器的振幅波德圖如圖 16.27*b* 所示，而相位圖如圖 16.28 所示。

由左至右，寫出電路電壓增益的轉移函數為

$$\mathbf{H(s)}=\frac{\mathbf{V}_{out}}{\mathbf{V}_{in}}=\frac{4000}{5000+10^6/20\mathbf{s}}\left(-\frac{1}{200}\right)\frac{5000(10^8/\mathbf{s})}{5000+10^8/\mathbf{s}}$$

可簡化為

$$\mathbf{H(s)}=\frac{-2\mathbf{s}}{(1+\mathbf{s}/10)(1+\mathbf{s}/20{,}000)} \qquad [28]$$

由此式中可看出一常數為 $20\log|-2|=6$ dB，斷點在 $\omega=10$ rad/s 以及 $\omega=20{,}000$ rad/s 處，與一線性因子 **s**。將以上每個量分別畫於圖 16.27*a* 中，並將此四個圖相加，可得到圖 16.27*b* 所示的振幅波德圖。

練習題

16.13 試繪出振幅波德圖於 **H**(**s**) 等於 (a) 50/(**s** + 100)；(b) (**s** + 10)/(**s** + 100)；(c) (**s** + 10)/**s**。

答：(a) −6 dB，$\omega<100$；−20 dB/dec，$\omega>100$；(b) −20 dB，$\omega<10$；+20 dB/dec，$10<\omega<100$；0 dB，$\omega>100$；(c) 0 dB，$\omega>10$；−20 dB/dec，$\omega<10$。

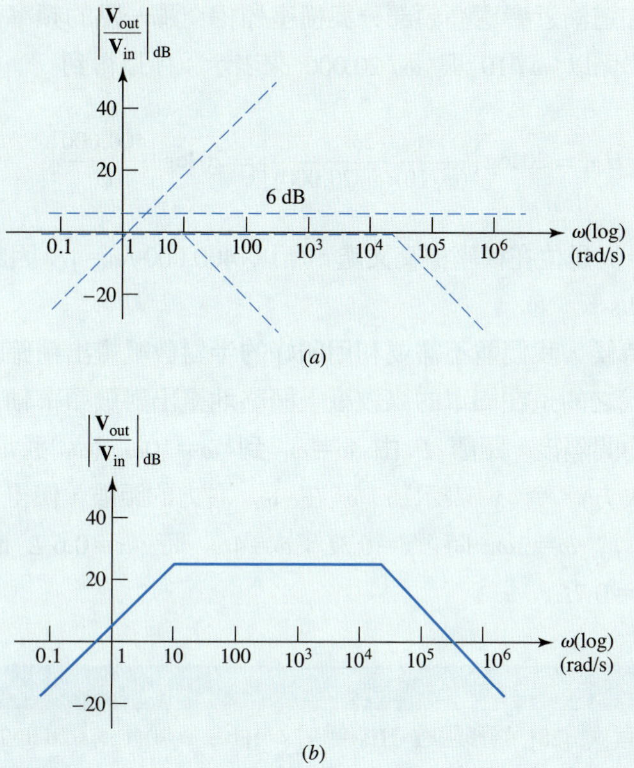

■**圖 16.27**　(*a*) (−2)、(**s**)、$(1+\mathbf{s}/10)^{-1}$ 與 $(1+\mathbf{s}/20{,}000)^{-1}$ 四個量個別的波德圖；(*b*) 由 (*a*) 中四個波德圖相加，可得到圖 16.26 放大器的振幅波德圖。

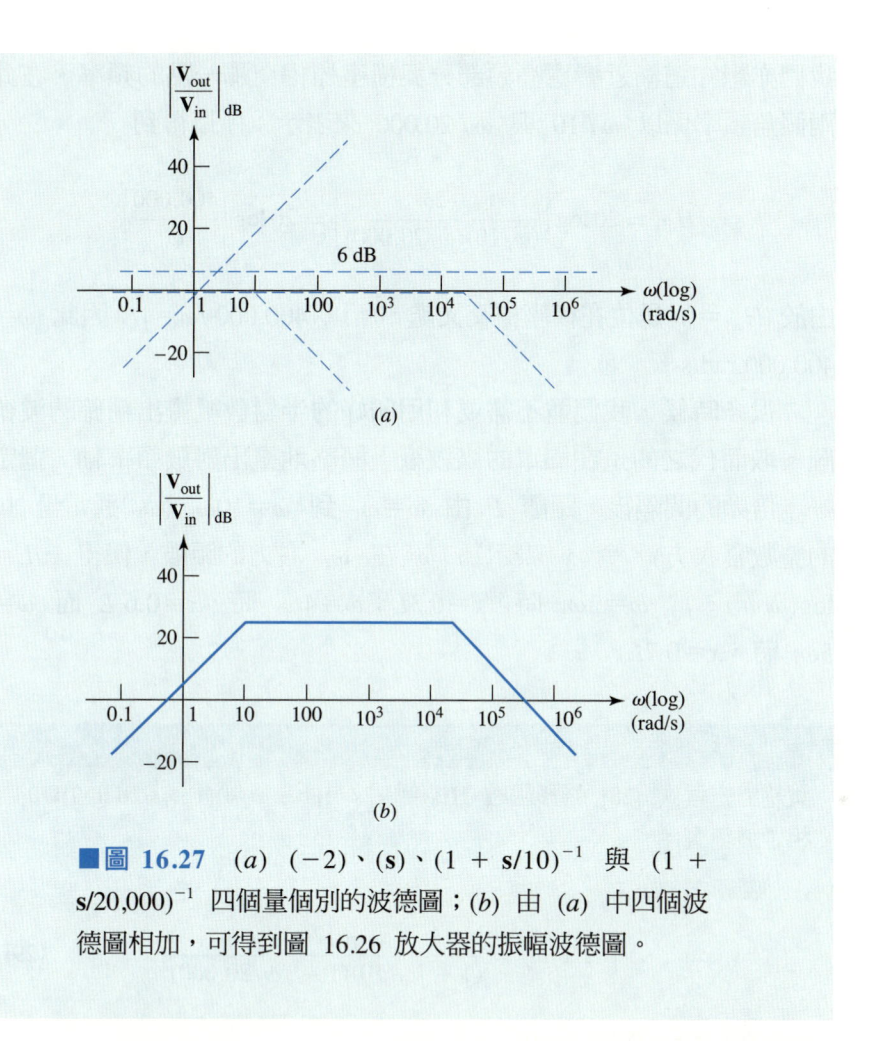

在我們繪出圖 16.26 放大器的相位波德圖前，先花點時間來研究振幅波德圖的幾個細節。

首先，最好不要太依賴個別振幅圖的圖形相加。相反的，以考慮 **H**(**s**) 在特定點上每一因子的漸近值，即能容易的在選定點上求得振幅圖的精確值。例如，在圖 16.27*a* 中，$\omega=10$ 與 $\omega=20{,}000$ 之間的平坦區域，在角頻率 $\omega=20{,}000$ 以下，以 1 代表 $(1+\mathbf{s}/20{,}000)$；而在角頻率 $\omega=10$ 以上，以 $\omega/10$ 代表 $(1+\mathbf{s}/10)$；所以，

$$H_{\mathrm{dB}} = 20\log\left|\frac{-2\omega}{(\omega/10)(1)}\right|$$

$$= 20\log 20 = 26\ \mathrm{dB} \qquad (10<\omega<20{,}000)$$

我們亦想知道漸近響應高頻部分與橫座標相交那一點的頻率。在此兩個角頻率係以 $\omega/10$ 與 $\omega/20{,}000$ 來表示；所以得到

$$H_{\text{dB}} = 20\log\left|\frac{-2\omega}{(\omega/10)(\omega/20{,}000)}\right| = 20\log\left|\frac{400{,}000}{\omega}\right|$$

由於 $H_{\text{dB}}=0$ 是位在橫座標交叉處，所以 $400{,}000/\omega=1$；因此 $\omega=400{,}000$ rad/s。

很多時候，我們並不需要利用印好的半對數紙畫出精確的波德圖。取而代之的是在簡單的條紋紙上概略地畫出對數頻率軸，選定好十倍頻的間隔後，距離 L 由 $\omega=\omega_1$ 到 $\omega=10\omega_1$ (ω_1 通常是 10 的整數冪次方)。令 x 表示為 ω 在 ω_1 右方的距離，使得 $x/L=\log(\omega/\omega_1)$。當 $\omega=2\omega_1$ 時，$x=0.3L$；$\omega=4\omega_1$ 時，$x=0.6\,L$ 而 $\omega=5\omega_1$ 時，$x=0.7L$。

例題 16.9

試繪出方程式 [28] 轉移函數 H(s)＝−2s / [(1 + s/10)(1 + s/20,000)] 的相位波德圖。

觀察 $\mathbf{H}(j\omega)$：

$$\mathbf{H}(j\omega) = \frac{-j2\omega}{(1+j\omega/10)(1+j\omega/20{,}000)} \qquad [29]$$

分子的角度為一常數 $-90°$。

剩餘的因子表示為在 $\omega=10$ 與 $\omega=20{,}000$ 斷點相角的總和，此三項如圖 16.28 的虛線所示，而其和如實線所示。若將此曲線向上移動 360°，可獲得相同的圖示。

從漸近相位響應上亦可求得精確值。例如，在 $\omega=10^4$ rad/s 時，圖16.28 的相角可由方程式 [29] 中的分子與分母項求得。分子的相角為 $-90°$。由於 ω 遠大於角頻率 10 倍以上，故在 $\omega=10$ 極點的角度為 $-90°$。介於角頻率的 0.1 倍到 10 倍之間，對單個極點而言其斜率為 $-45°$。對於在 20,000 rad/s 的斷點而言，可計算得到其角度為 $-45°\log(\omega/0.1a)=-45°\log[10{,}000/(0.1\times 20{,}000)]=-31.5°$。

此三個角度的代數和為 $-90°-90°-31.5°=-211.5°$，此值相當接近圖 16.28 的漸近相位曲線。

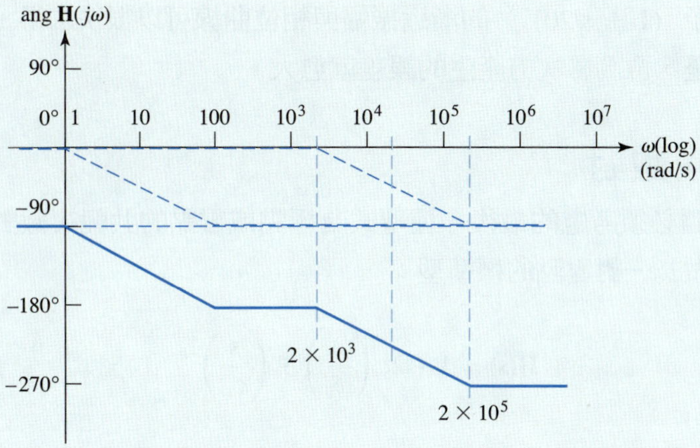

■圖 16.28　實線代表圖 16.26 放大器的漸近相位響應。

練習題

16.14　試繪出 **H**(**s**) 等於下列各式時的相位波德圖，(a) 50 / (**s** + 100)；(b) (**s** + 10) / (**s** + 100)；(c) (**s** + 10) / **s**。

答：(a) 0°，$\omega < 10$；−45° /decade，$10 < \omega < 1000$；−90°，$\omega > 1000$；(b) 0°，$\omega < 1$；+45° /decade，$1 < \omega < 10$；45°，$10 < \omega < 100$；−45°/decade，$100 < \omega < 1000$；0°，$\omega > 1000$；(c) −90°，$\omega < 1$；+45°/decade，$1 < \omega < 100$；0°，$\omega > 100$。

高階項

目前我們所考慮的零點與極點均為一階項，如 $\mathbf{s}^{\pm 1}$、$(1+0.2\mathbf{s})^{\pm 1}$ 等等。然而，我們可以很輕易地擴展到高階零點與極點的分析上。$\mathbf{s}^{\pm n}$ 項產生一通過 $\omega=1$ 的振幅響應，其斜率為 $\pm 20n$ dB/decade，相位響應為 $\pm 90n°$ 的固定相角。同時，一個多重零點 $(1+\mathbf{s}/a)^n$ 代表零點 n 個振幅響應曲線之和，或 n 個簡單零點的相位響應曲線之和。因此，我們可以求得一漸近振幅圖在 $\omega < a$ 時為 0 dB；在 $\omega > a$ 時，得到一斜率為 $20n$ dB/decade；在 $\omega = a$ 時，其誤差為 $-3n$ dB；在 $\omega = 0.5a$ 與 $2a$ 時，誤差為 $-n$ dB。而當 $\omega < 0.1a$ 時，相角為 0°；$\omega > 10a$ 時，相角為 $90n°$；$\omega = a$ 時，相角為 $45n°$；而 $0.1a < \omega < 10a$ 時的直線斜率為 $45n°$/decade，在此兩頻率下的誤差為 $\pm 5.71n$。

因子 $(1+\mathbf{s}/20)^{-3}$ 的漸近振幅與相位曲線可以很快求得，但要記住的是，愈高冪次方產生的誤差就愈大。

共軛複數對

我們必須考慮的最後一種型式為極點或零點的共軛複數對。採用下式做為一對零點的標準型：

$$\mathbf{H}(\mathbf{s}) = 1 + 2\zeta\left(\frac{\mathbf{s}}{\omega_0}\right) + \left(\frac{\mathbf{s}}{\omega_0}\right)^2$$

其中 ζ 為 16.1 節所介紹的阻尼因數，而 ω_0 為漸進響應的角頻率。

若 $\zeta=1$，可得到 $\mathbf{H}(\mathbf{s})=1+2(\mathbf{s}/\omega_0)+(\mathbf{s}/\omega_0)^2=(1+\mathbf{s}/\omega_0)^2$，具有一個二階零點，與先前所討論的型式一樣。若 $\zeta>1$，則 $\mathbf{H}(\mathbf{s})$ 可分解成兩個簡單零點。因此，若 $\zeta=1.25$，則 $\mathbf{H}(\mathbf{s})=1+2.5(\mathbf{s}/\omega_0)+(\mathbf{s}/\omega_0)^2=(1+\mathbf{s}/2\omega_0)(1+\mathbf{s}/0.5\omega_0)$，我們再次得到一熟悉的狀況。

當 $0\le\zeta\le1$ 時，會出現新的狀況，不需要去求得共軛複數對之根的值，只要決定振幅與相位響應的低或高頻漸近值，然後視 ζ 值予以修正即可。

對振幅響應而言，

$$H_{\text{dB}} = 20\log|\mathbf{H}(j\omega)| = 20\log\left|1 + j2\zeta\left(\frac{\omega}{\omega_0}\right) - \left(\frac{\omega}{\omega_0}\right)^2\right| \qquad [30]$$

當 $\omega \ll \omega_0$，$\mathbf{H}_{\text{dB}}=20\log|1|=0$ dB，此為低頻漸近線。其次，若 $\omega \gg \omega_0$，只有平方項是重要的，且 $\mathbf{H}_{\text{dB}}=20\log|-(\omega/\omega_0)^2|=40\log(\omega/\omega_0)$，斜率為 +40 dB/decade，此為高頻漸近線。以上兩漸進線交於 0 dB 與 $\omega=\omega_0$ 處。圖 16.29 的實線為振幅響應的漸近曲線。然而，在角頻率附近需做一些修正。於方程式 [30] 中，令 $\omega=\omega_0$，得到

$$H_{\text{dB}} = 20\log\left|j2\zeta\left(\frac{\omega}{\omega_0}\right)\right| = 20\log(2\zeta) \qquad [31]$$

若 $\zeta=1$，此唯一極限情況，且其修正量為 +6 dB；對 $\zeta=0.5$ 而言，無需任何的修正；若 $\zeta=0.1$，其修正量為 −14 dB。在知道這

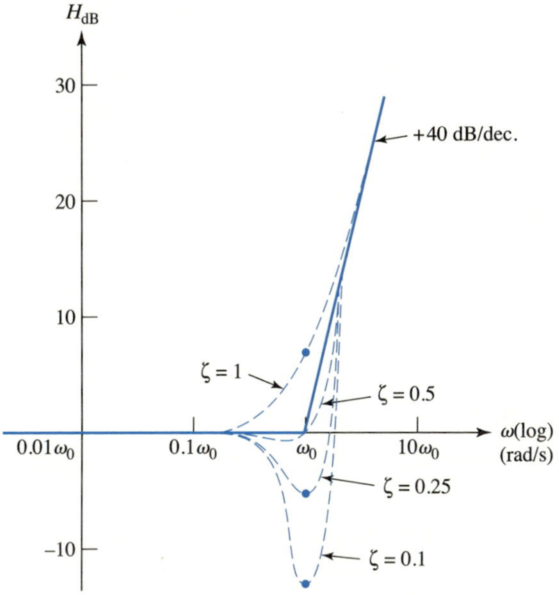

■圖 16.29　$\mathbf{H(s)} = 1 + 2\zeta(\mathbf{s} / \omega_0) + (\mathbf{s} / \omega_0)^2$ 在具有不同阻尼因子下的振幅波德圖。

些修正量之後，通常就足以畫出合適的漸近振幅響應。圖 16.29 顯示在 $\zeta=1$、0.5、0.25 與 0.1 時較精確的振幅值，這可由方程式 [30] 中計算求得。例如，若 $\zeta=0.25$，則在 $\omega=0.5\omega_0$ 處 H_{dB} 的精確值為

$$H_{dB} = 20\log|1 + j0.25 - 0.25| = 20\log\sqrt{0.75^2 + 0.25^2} = -2.0\text{ dB}$$

在 $\omega=\omega_0$ 處的負峰值並不一定是最小值，這可由 $\zeta=0.5$ 的曲線中看出。谷底值通常是發生在較低頻率處。

若 $\zeta=0$，則 $\mathbf{H}(j\omega_0)=0$ 且 $H_{dB}=-\infty$，通常在此情況下不會畫出其波德圖。

最後的工作是畫出 $\mathbf{H}(j\omega)=1 + j2\zeta(\omega/\omega_0) - (\omega/\omega_0)^2$ 的漸近相位響應。在 $\omega=0.1\omega_0$ 以下，令 ang $\mathbf{H}(j\omega)=0°$；在 $\omega=10\omega_0$ 以上，令 ang $\mathbf{H}(j\omega)=$ang $[-(\omega/\omega_0)^2]=180°$。在角頻率處，ang $\mathbf{H}(j\omega_0)$ $=$ang $(j2\zeta)=90°$；在 $0.1\omega_0 < \omega < 10\omega_0$ 的區間中，為如圖 16.30 所示之實直線，它由 $(0.1\omega_0，0°)$ 開始延伸，通過 $(\omega_0，90°)$，並終止在 $(10\omega_0，180°)$，具有 90°/decade 之斜率。

現在必須對此不同 ζ 值的基本曲線提供某些修正。由方程式

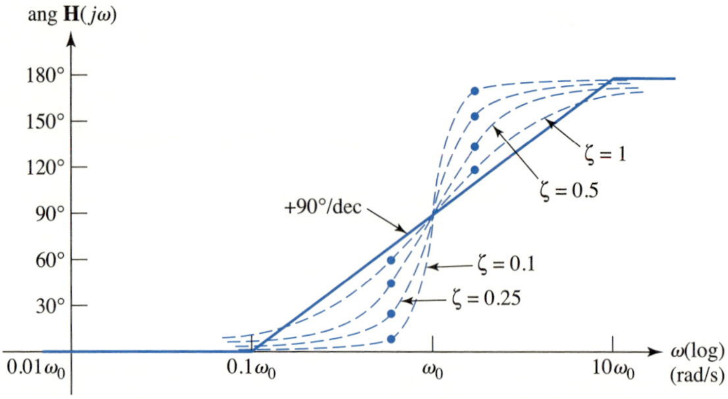

■圖 16.30 $\mathbf{H}(j\omega)=1+j2\zeta(\omega/\omega_0)-(\omega/\omega_0)^2$ 相位特性曲線的直線近似，如圖中實線所示，$\zeta=1$、0.5、0.25 與 0.1 的實際相位響應如虛線所示。

[30] 可得到，

$$\text{ang}\,\mathbf{H}(j\omega)=\tan^{-1}\frac{2\zeta(\omega/\omega_0)}{1-(\omega/\omega_0)^2}$$

在 $\omega=\omega_0$ 之上與之下的某精確值，足以用來表示此曲線的近似形狀。若取 $\omega=0.5\omega_0$，可得到 $\mathbf{H}(j0.5\omega_0)=\tan^{-1}(4\zeta/3)$，且在 $\omega=2\omega_0$ 時，角度為 $180°-\tan^{-1}(4\zeta/3)$。$\zeta=1$、0.5、0.25 與 0.1 的相位曲線如圖 16.30 的虛線所示。黑點表示在 $\omega=0.5\omega_0$ 與 $\omega=2\omega_0$ 時的精確值。

若二次因子出現於分母中，則振幅與相位曲線為如剛才所討論者之負值。下列舉一包含線性與二次因子之例子作為此處的總結。

例題 16.10

試繪出轉移函數 $\mathbf{H}(\mathbf{s})=100{,}000\mathbf{s}/[(\mathbf{s}+1)(10{,}000+20\mathbf{s}+\mathbf{s}^2)]$ 之波德圖。

首先考慮二次因子，並重新組合以便我們找出 ζ 值。以二階因子的常數項 10,000 除以二階因子，得到

$$\mathbf{H}(\mathbf{s})=\frac{10\mathbf{s}}{(1+\mathbf{s})(1+0.002\mathbf{s}+0.0001\mathbf{s}^2)}$$

觀察 $\mathbf{s}^2$ 項可得 $\omega_0=\sqrt{1/0.0001}=100$。接著可寫出二次式的線性項，

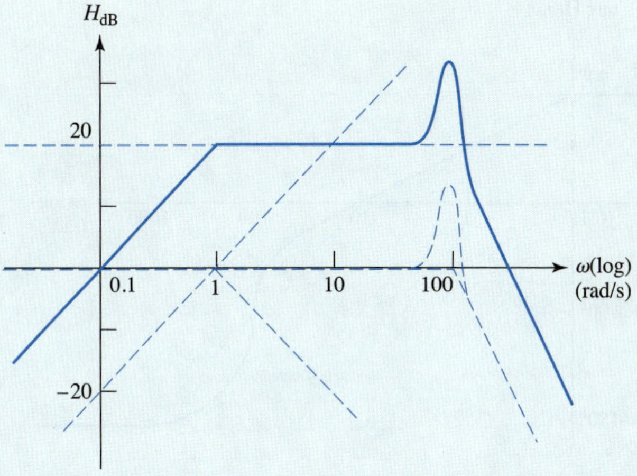

■圖 16.31　轉移函數 $\mathbf{H}(\mathbf{s}) = 100{,}000\mathbf{s} / [(\mathbf{s}+1)(10{,}000+20\mathbf{s}+\mathbf{s}^2)]$ 之振幅波德圖。

即 $(\mathbf{s}/\omega_0)$ 的因子，最後就可找到 ζ，為

$$\mathbf{H}(\mathbf{s}) = \frac{10\mathbf{s}}{(1+\mathbf{s})[(1+2)(0.1)(\mathbf{s}/100)+(\mathbf{s}/100)^2]}$$

由式中可看出 $\zeta=0.1$。

振幅響應曲線的漸近線畫於圖 16.31 中，因子 10 表示 20 dB。對 **s** 因子而言，有一斜率 +20 dB/decade 無限長的直線通過 $\omega=1$ 處。在 $\omega=1$ 時有一角頻率出現在簡單極點上。對分母的二階項而言，有一角頻率位於 $\omega=100$ 處，且其斜率為 −40 dB/decade 。將此四條曲線相加，對二次因子進行 +14 dB 之修正，可得圖 16.31 之實線。

相位響應包含三個成分：對因子 **s** 為 +90°；對簡單極點，當 $\omega < 0.1$ 時為 0°，當 $\omega > 10$ 時為 −90°，對二次因子，當 $\omega < 10$ 時為 0°，當 $\omega > 1000$ 時為 −180°，且斜率為 −90° / decade。$\zeta=0.1$ 的三條漸近線相加，並做一些修正，可得到如圖 16.32 所示的實線。

練習題

16.15　若 $\mathbf{H}(\mathbf{s}) = 1000\mathbf{s}^2 / (\mathbf{s}^2+5\mathbf{s}+100)$，試繪出振幅波德圖，再求出下列各項之值：(a) 當 $H_{dB}=0$ 時的 ω；(b) $\omega=1$ 時的 H_{dB}；(c) $\omega\to\infty$ 時的 H_{dB}。

答：0.316 rad/s；20 dB；60 dB。

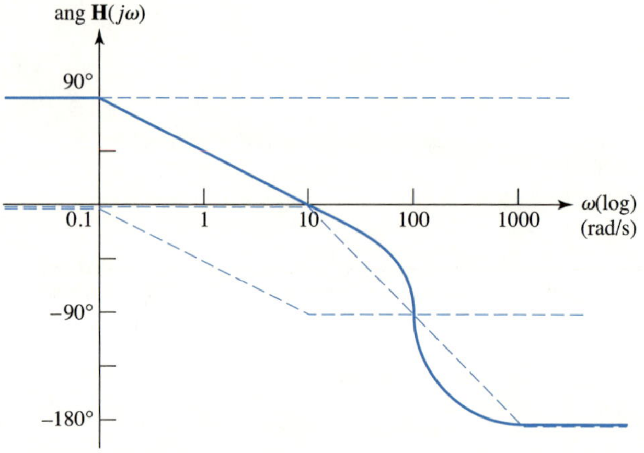

■圖 16.32 轉移函數 $\mathbf{H}(\mathbf{s})=100{,}000\mathbf{s}\,/\,[(\mathbf{s}+1)(10{,}000+20\mathbf{s}+\mathbf{s}^2)]$ 之相位波德圖。

電腦輔助分析

產生波德圖的技巧是很重要的，在許多情況上需要一快速近似的圖形 (例如在進行某種試驗或對某特殊應用的電路拓撲進行計算)，能夠簡單知道響應的一般形狀是足夠的。此外，波德圖可以在設計濾波器時作為我們選擇電路參數或係數時的重要參考。

至於在需要精確響應曲線的狀況下 (如需要驗證電路最終設計之時)，此處提供幾種電腦輔助計算之技巧，提供給工程師作為選擇利用。首先考慮利用 MATLAB 軟體產生一頻率響應曲線，為了達成此項任務，電路必須先進行分析以獲得正確的轉移函數。然而，未必需要對電路的表示式進行分解或簡化。

考慮圖 16.26 所示之電路，由先前的分析得知，該電路之轉移函數可表示為

$$\mathbf{H}(\mathbf{s}) = \frac{-2\mathbf{s}}{(1+\mathbf{s}/10)(1+\mathbf{s}/20{,}000)}$$

我們檢視此函數的詳細圖形，頻率範圍介於 100 Mrad/s 到 1 Mrad/s，由於最後的圖形是以對數比例繪出，所以不需要對分開的頻率均勻的進行區隔。反之，我們使用 MATLAB 函數 *logspace*() 來產生頻率向量，其中最初的兩個變數表示以 10 為能量的起始與終止頻率 (本例中為 −1 與 6)，而第三個變數代表使用者所需的全部點數。因此，我們 MATLAB 語法為：

```
EDU» w = logspace(−1,6,100);
EDU» denom = (1+j*w/10) .* (1+j*w/20000);
EDU» H = −2*j*w ./ denom;
EDU» Hdb = 20*log10(abs(H));
EDU» semilogx(w,Hdb)
EDU» xlabel('frequency (rad/s)')
EDU» ylabel ('|H(jw)| (dB)')
```

其產生圖 16.33 所示之圖示。

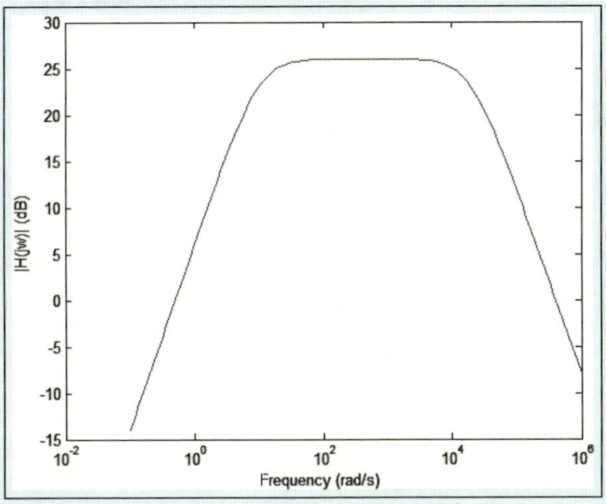

■圖 16.33 以 MATLAB 產生 H_{dB} 之圖形。

有關 MATLAB 程式碼的一些註解是被授權的。首先注意的是，我們已在 **H**(**s**) 表示式中以 **s**$=j\omega$ 做了代換。而 MATLAB 將變數 w 處理成向量或一維矩陣。如此一來，隨著 MATLAB 試圖利用矩陣代數法則到任何表示式時，如此的變數會不容易產生表示式之分母。因此 **H**$(j\omega)$ 的分母是獨立進行計算，而運算子 "**.***" 需被用來取代 "*****"，以將分母中的兩項相乘。此新的運算子等效於下列的 MATLAB 程式碼：

```
EDU» for k = 1:100
denom = (1 + j*w(k)/10) * (1 + j*w(k)/20000);
end
```

在相同的方式下，新運算子 "./" 是使用在程式碼隨後的線上。此結果需以 dB 作為表示，所以函數 *log* 10() 可以被使用。*log* () 代表 MATLAB 的自然對數。最後，新的繪圖指令 *semilogx*() 被用來產生具有 x 軸為對數比例的圖形。在此鼓勵讀者回到先前的例子，並利用這些

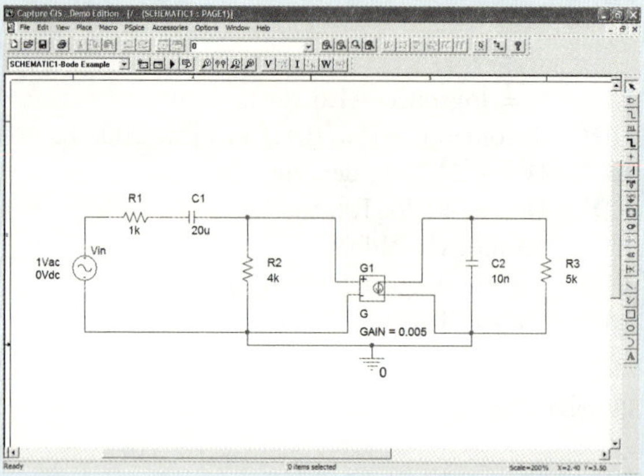

(*a*)

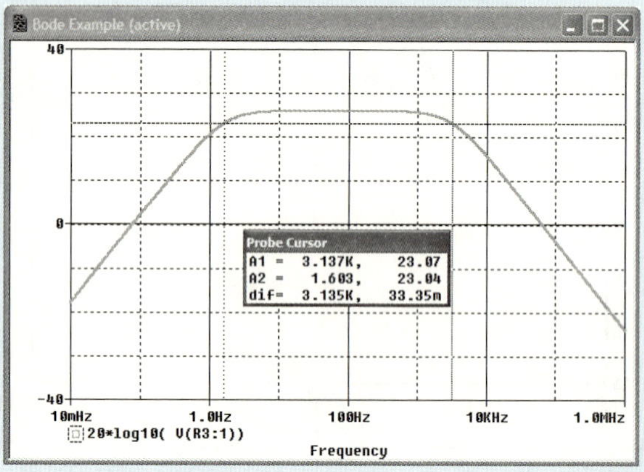

(*b*)

■圖 16.34 (a) 圖 16.26 之 PSpice 電路；(b) 電路之頻率響應以 dB 之刻度畫出。

技術產生正確的曲線以和對應的波德圖作為比較。

PSpice 也是非常適合用來產生頻率響應曲線之軟體，特別是在電路最終設計的評估上。圖 16.34*a* 表示圖 16.26 所示之電路，跨接於電阻器 *R*3 兩端之電壓代表期望的輸出電壓。為方便起見，電源元件 VAC 以固定電壓 1 V 作為表示，交流掃描模擬被用來決定該電路之頻率響應。圖 16.34*b* 是從頻率 10 mHz 到 1 MHZ 以每 10 倍頻 10 點的方式 (由交流掃描中的 **Logarithmic** 選擇 Decade) 進行交流掃描而產生。要注意的是，模擬是以 Hz 為進行，而非 rad/s，所以圖中的游標工具指出一 3.14 kHz 之頻寬。

我們再一次鼓勵讀者自行去模擬例題電路，並且和先前波德圖產生之結果做一番比較。

16.7 濾波器

濾波器設計是一門非常實用且有趣的主題，值得我們以一本獨立的教科書來介紹它。在本節中，我們將介紹有關濾波器的一些基本概念，並且探討被動與主動濾波器電路。這些電路的構造可能非常的簡單，由單個電容器或電感器附加在所供應的電網路上，作為電路特性之改善。但有時它們也可能相當的複雜，包含了許多的電阻器、電容器、電感器以及運算放大器，用來產生某應用上所需要的精確響應曲線。濾波器在現代電子的應用上主要是用來獲得電源供應器產生的直流電壓、消除通訊頻道中的雜音、由天線所產生的多重訊號中分離出收音機與電視機個別之頻道，以及增強汽車音響中的低音訊號等。

濾波器基本的概念就是它所選取的頻率能夠通過網路；隨著應用上的不同，濾波器包含了幾種不同的型態：**低通濾波器** (low-pass filter)，其響應如圖 16.35*a* 所示，低於截止頻率 (cutoff frequency) 的頻率能通過網路，而截止頻率以上的頻率將被阻止通過；**高通濾波器** (high-pass filter)，其動作與低通濾波器相反，響應曲線如圖 16.35*b* 所示。一個濾波器響應圖形的主要元素在於其截止的形狀或是角頻率附近曲線的陡峭程度。一般而言，愈陡峭的響應曲線需要由較多複雜的電路來實現。

若將低通濾波器與高通濾波器作結合，可以得到所謂的**帶通濾波器** (bandpass filter)，其響應曲線如圖 16.35c 所示，此種濾波器兩個角頻率之間的區域，通常是參考作為**通帶** (passband)，而通帶以外的區域則參考作為**止帶** (stopband)。這些名稱同樣可以用在低通與高通濾波器上，如圖 16.35*a* 與 *b* 所標示。我們同樣可以建立所謂的**帶拒濾波器** (bandstop filter)，其允許高頻與低頻訊號通過，但在兩個角頻率之間的任何訊號將被衰減而阻止通過 (如圖 16.35*d* 所示)。

凹陷濾波器 (notch filter) 是一種特殊的帶拒濾波器，被設計成具有窄小的響應特性，用來阻止一個訊號的某單一頻率成分通過。**多頻帶濾波器** (multiband filter)，亦是可能存在的，此濾波電路具有多個通帶與止帶且可輕易的被設計，但不在本書討論範圍之內。

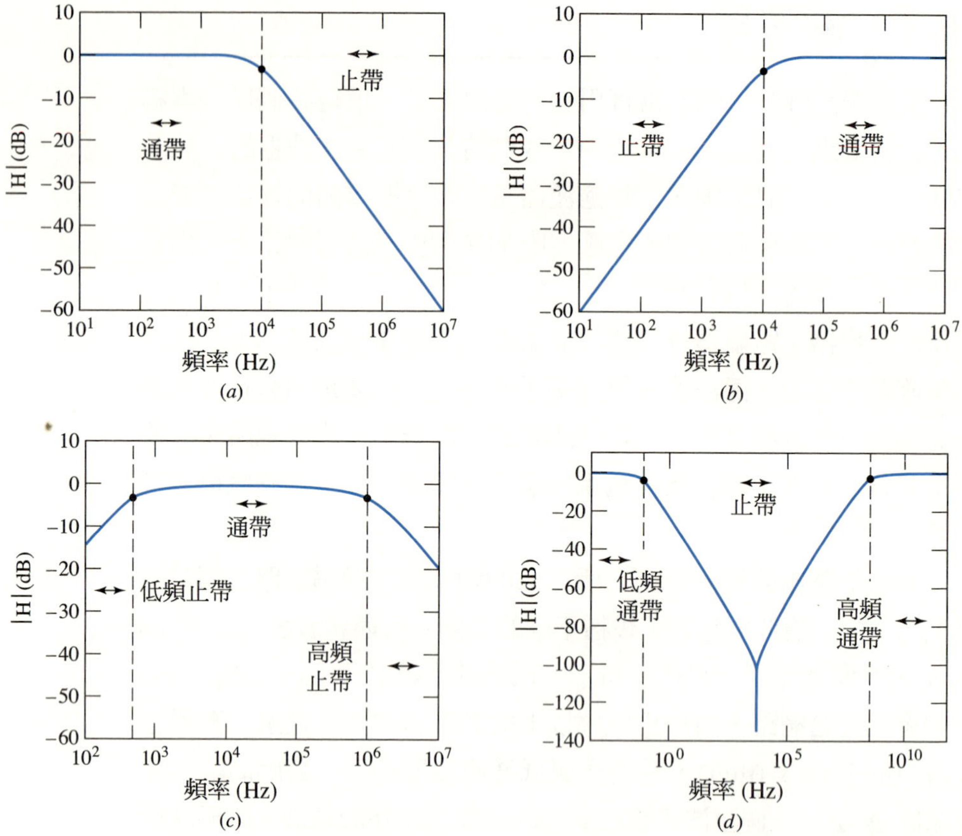

■圖 16.35 頻率響應曲線：(*a*) 低通濾波器；(*b*) 高通濾波器；(*c*) 帶通濾波器；(*d*) 帶拒濾波器，圖中黑點對應在 −3 dB 之位置。

被動低通與高通濾波器

濾波器可以如圖 16.36*a* 所示的單一電容器與單一電阻器來建立，此低通濾波器電路的轉移函數為

$$\mathbf{H}(\mathbf{s}) \equiv \frac{\mathbf{V}_{\text{out}}}{\mathbf{V}_{\text{in}}} = \frac{1}{1 + RC\mathbf{s}} \qquad [32]$$

$\mathbf{H}(\mathbf{s})$ 具有單一角頻率出現在 $\omega = 1/RC$，而在 $\mathbf{s} = \infty$ 處有一零點，使得電路具有"低通"濾波之行為。低頻時 $(\mathbf{s} \to 0)$，使得 $|\mathbf{H}(\mathbf{s})|$ 接近於其最大值 (1 或 0 dB)；而高頻時 $(\mathbf{s} \to \infty)$，使得 $|\mathbf{H}(\mathbf{s})| \to 0$。諸此行為可藉由考慮電容器的阻抗而有所瞭解：當頻率增加時，電容器對交流 (ac) 訊號的動作如同短路，使得輸出電壓降低。以圖 16.36*b* 所示 $R = 500\ \Omega$ 與 $C = 2$ nF 的低通濾波器響應曲線為例子

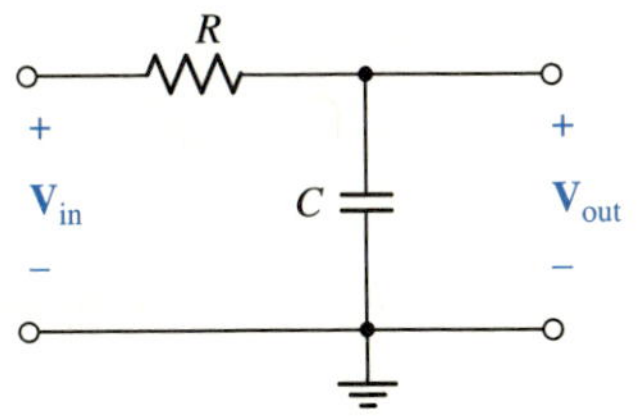

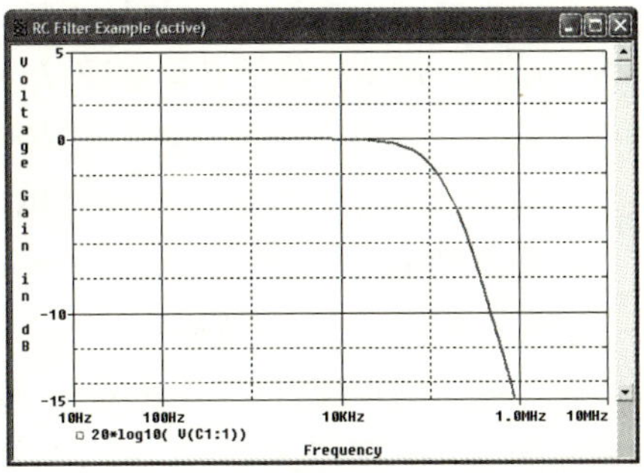

■圖 16.36　(a) 由電阻–電容組成之簡單低通濾波器；(b) 由 PSpice 所產生之電路頻率響應。

作為說明，將游標移至 -3 dB 處可求得角頻率為 159 kHz (1 Mrad/s)。截止頻率附近響應曲線的形狀可藉由移動到一含有外加電抗 (如電容性與/或電感性) 元件的電路來加以改善。

高通濾波器可經由簡單的交換圖 16.36*a* 電路中電阻器與電容器的位置來完成，此即下面例子所要看到的。

例題 16.11

設計一具有角頻率為 3 kHz 之高通濾波器。

選擇以一電路拓撲作為開始，由於沒有給定關於任何響應曲線形狀之要求，所以我們選擇如圖 16.37 所示之簡單電路。

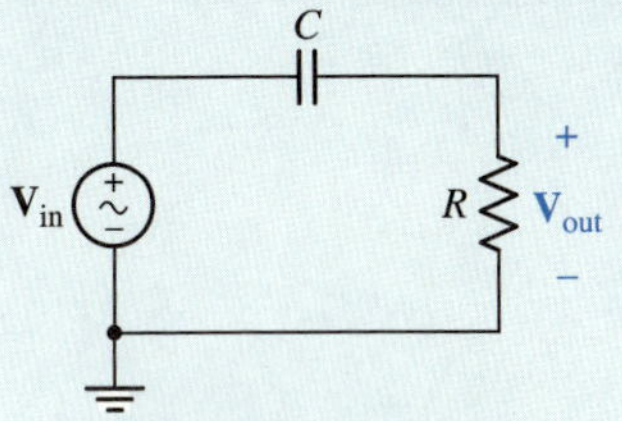

■圖 16.37　簡單的高通濾波電路，其 R 與 C 值必須適當選擇以獲得 3 kHz 的截止頻率。

此電路的轉移函數可輕易的求得，為

$$\mathbf{H(s)} \equiv \frac{\mathbf{V}_{out}}{\mathbf{V}_x} = \frac{RC\mathbf{s}}{1 + RC\mathbf{s}}$$

其在 $\mathbf{s}=0$ 處具有一個零點，而在 $\mathbf{s}=-1/RC$ 處具有一個極點。因此呈現出“高通”濾波之行為 (即 $\omega \to \infty$ 時，$|\mathbf{H}| \to 0$)。

濾波電路的角頻率為 $\omega_c = 1/RC$，並且可找出 $\omega_c = 2\pi f_c = 2\pi(3000) = 18.85$ krad/s。再者，我們必須選擇 R 或 C 值。實際上，R 或 C 值的選擇大致上必須以身邊現有電阻器或電容器值作為基礎，但此處並無提供這類的資訊，故我們可以任意的自由選擇。

在此我們選用一標準電阻器 $R = 4.7$ kΩ，而為了達到高通濾波之需要，選擇電容器 $C = 11.29$ nF。

唯一剩下的步驟就是以 PSpice 模擬來驗證此設計，而預期的響應曲線如圖 16.38 所示。

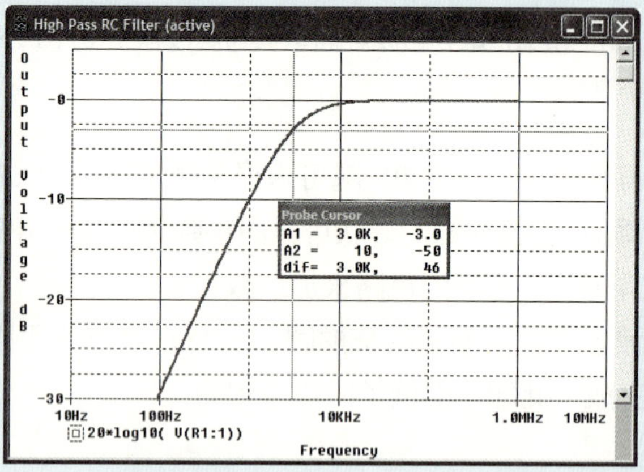

■圖 16.38 由模擬所得到，濾波器最終的頻率響應，圖中的 3 kHZ 之截止 (3 dB) 頻率如預期所得。

練習題

16.16 設計一具有 13.56 MHz 截止頻率之高通濾波器，此為一般 rf 電源供應之頻率。並以 PSpice 驗證你的設計。

帶通濾波器

我們已經在本章節之前看到幾種可被歸類為“帶通”濾波器之電路 (如圖 16.1 與 16.8)。考慮圖 16.39 所示的簡單電路，電路的輸出選在電阻器兩端，而電路的轉移函數可以簡單表示為

$$\mathbf{A}_V = \frac{\mathbf{s}RC}{LC\mathbf{s}^2 + RC\mathbf{s} + 1} \qquad [33]$$

此函數的振幅為 (經簡單的代數換算後)

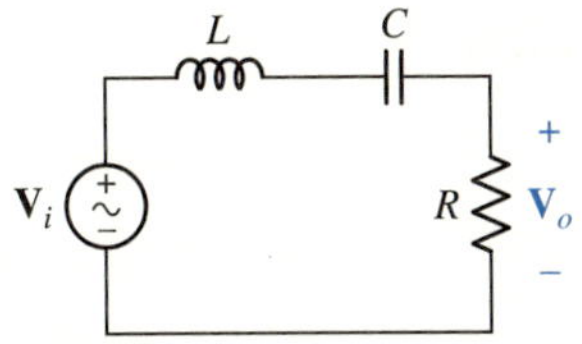

■圖 16.39　使用串聯 *RLC* 電路所建立之簡單帶通濾波器。

$$|\mathbf{A}_V| = \frac{\omega RC}{\sqrt{(1-\omega^2 LC)^2 + \omega^2 R^2 C^2}} \qquad [34]$$

若取 $\omega \to 0$ 之極限，則變為

$$|\mathbf{A}_V| \approx \omega RC \to 0$$

而取 $\omega \to \infty$ 之極限，則變為

$$|\mathbf{A}_V| \approx \frac{R}{\omega L} \to 0$$

根據處理波德圖的經驗來看，可以知道方程式 [33] 擁有三個關鍵的頻率：一個零點與兩個極點。為了獲得具有峰值為 1 (0 dB) 的帶通濾波器響應，兩極點頻率必須大於 1 rad/s，0 dB 交叉於零點頻率上。這兩個關鍵的頻率可由分解方程式 [33] 或決定出當方程式 [34] 中的 ω 為 $1/\sqrt{2}$ 時的值來獲得；此濾波器的中心頻率將出現在 $\omega = 1/\sqrt{LC}$ 處。因此，在將方程式 [34] 設為 $1/\sqrt{2}$ 後，進行簡單的代數運算，可得到

$$\left(1 - LC\omega_c^2\right)^2 = \omega_c^2 R^2 C^2 \qquad [35]$$

將兩邊同時開根號，得到

$$LC\omega_c^2 + RC\omega_c - 1 = 0$$

求出方程式之根，得到

$$\omega_c = -\frac{R}{L} \pm \frac{\sqrt{R^2C^2 + 4LC}}{2LC} \qquad [36]$$

對原始方程式而言，負頻率並非實際存在的解，所以方程式 [36] 中只有正根號的部分為我們所用。然而，我們對於將方程式 [35] 兩邊取正平方根的過程可能太過於草率。同樣考慮負平方根，亦可獲得

$$\omega_c = \frac{R}{L} \pm \frac{\sqrt{R^2C^2 + 4LC}}{2LC} \qquad [37]$$

其中只有正的根號是有意義的，因此從方程式 [36] 中可得到 ω_L，而從方程式 [37] 中可得到 ω_H；而由於 $\omega_H - \omega_L = \mathcal{B}$，經簡單的換算可得到 $\mathcal{B} = R / L$。

例題 16.12

設計一具有頻帶寬度 1 MHz 與高頻截止頻率為 1.1 MHz 特性之帶通濾波器。

選擇如圖 16.37 的電路拓撲，並以決定所需的角頻率作為開始。已知頻帶寬度為 $f_H - f_L$，所以

$$f_L = 1.1 \times 10^6 - 1 \times 10^6 = 100 \text{ kHz}$$

且

$$\omega_L = 2\pi f_L = 628.3 \text{ krad/s}$$

高頻截止頻率 (ω_H) 則為 6.912 Mrad/s。

為了能夠設計出具有以上特性之電路，必須獲得各個頻率以 R、L 與 C 為變數的表示式。

設定方程式 [37] 等於 $2\pi(1.1 \times 10^6)$，如此允許我們去求解 $1/LC$；我們已知 $\mathcal{B} = 2\pi(f_H - f_L) = 6.283 \times 10^6$，所以

$$\frac{1}{2}\mathcal{B} + \left[\frac{1}{4}\mathcal{B}^2 + \frac{1}{LC}\right]^{1/2} = 2\pi(1.1 \times 10^6)$$

求解後得到 $1/LC = 4.343 \times 10^{12}$。若任意選取一電感器 $L = 1$ H (實際而言，此值是稍大的)，可得到 $R = 6.283$ MΩ 與 $C = 230.3$ nF。值得留意的是，即使在開始就可以對 R、L 或 C 進行選擇，但對這種 "設計" 的問題而言，它的答案不會是唯一的。

圖 16.40 為 PSpice 對我們所設計的濾波器響應之驗證。

練習題

16.17 設計一具有低頻截止頻率 100 rad/s 與高頻截止頻率 10 krad/s 特性之帶通濾波器。

答：此題具有很多種可能的解答，其中一種為 $R = 990$ Ω、$L = 100$ mH 以及 $C = 10$ μF。

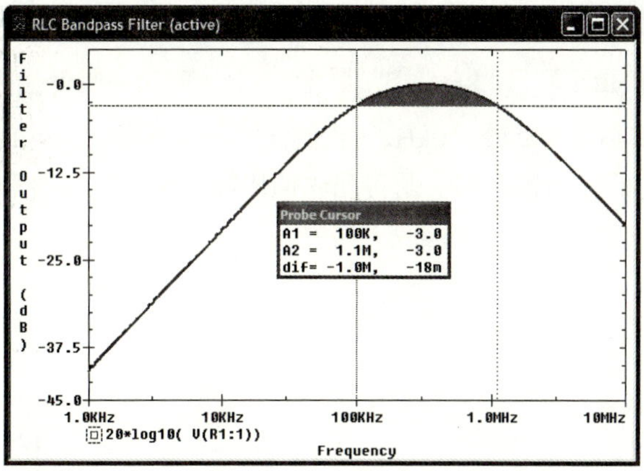

■圖 16.40　由模擬所獲得的帶通濾波器響應，圖中顯示頻寬為 1 MHz與高頻截止頻率 1.1 MHz，與預期結果相符。通帶頻率如陰影處所示。

以上所考慮的電路型式即所謂的**被動濾波器** (passive filter)，其僅由被動元件 (即非電晶體、運算放大器或其它主動元件) 構成。儘管被動濾波器相當的普遍，但並非適用在所有的應用上。被動濾波器的增益 (定義為輸出電壓除以輸入電壓) 可能很難去設定，然而放大的能力卻是濾波器電路最常被期許的。

主動濾波器

使用像運算放大器等的主動元件於濾波器設計上，可以克服許多被動濾波器所帶來的缺點。如第 6 章所看到的，運算放大器電路可以輕易的被設計用來提供增益。運算放大器電路亦可因為設計不同的電容器位置，讓電路動作呈現出具有類似電感器之行為。

運算放大器內部電路包含有非常小的電容器 (典型約在 100 pF 之等級)，而這些電容器限制了運算放大器在適當功能下的最大頻率。因此，任何的運算放大器電路會有如低通濾波器之行為，且就現代的裝置而言，其截止頻率約在 20 MHz 或更高之等級 (取決於電路增益)。

例題 16.13

設計一具有截止頻率 10 kHz 與電壓增益 40 dB 之主動低通濾波器。

對於頻率必須遠低於 10kHz，我們需要一具有提供 40 dB 或 100 V/V增益能力的放大器電路。此可藉由使用簡單的非反相放大器 (如圖 16.41*a* 所示的其中一種) 來達成，其中

$$\frac{R_f}{R_1} + 1 = 100$$

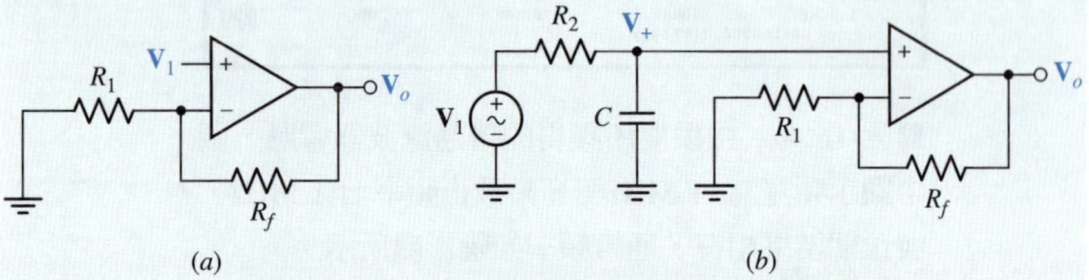

■圖 16.41 (*a*) 簡單的非反相運算放大器電路；(*b*) 將電阻器 R_2 與電容器 C 加入放大器輸入端所構成的低通濾波器電路。

為了在 10 kHz 提供一高頻角，我們需要在運算放大器的輸入端加入一低通濾波器 (如圖 16.41*b* 所示)。為了獲得電路的轉移函數，我們由非反相放大器的輸入端開始進行推導

$$\mathbf{V}_+ = \mathbf{V}_i \frac{1/\mathbf{s}C}{R_2 + 1/\mathbf{s}C} = \mathbf{V}_i \frac{1}{1 + \mathbf{s}R_2C}$$

在反相輸入端可得到

$$\frac{\mathbf{V}_o - \mathbf{V}_+}{R_f} = \frac{\mathbf{V}_+}{R_1}$$

結合以上兩個方程式並對 $\mathbf{V}_o$ 進行求解，得到

$$\mathbf{V}_o = \mathbf{V}_i \left(\frac{1}{1 + \mathbf{s}R_2C}\right)\left(1 + \frac{R_f}{R_1}\right)$$

電壓增益 $\mathbf{A}_V = \mathbf{V}_o / \mathbf{V}_i$ 的最大值是 $1 + R_f / R_1$，所以我們設定該值為 100。由於這兩個電阻器 (R_f 或 R_1) 並不會出現在角頻率 $(R_2C)^{-1}$ 的表示式中，所以任何一個都可優先被選擇。因此我們選擇 $R_1 = 1\ \text{k}\Omega$，而 $R_f = 99\ \text{k}\Omega$。

任意選取 $C = 1\ \mu\text{F}$，可得到

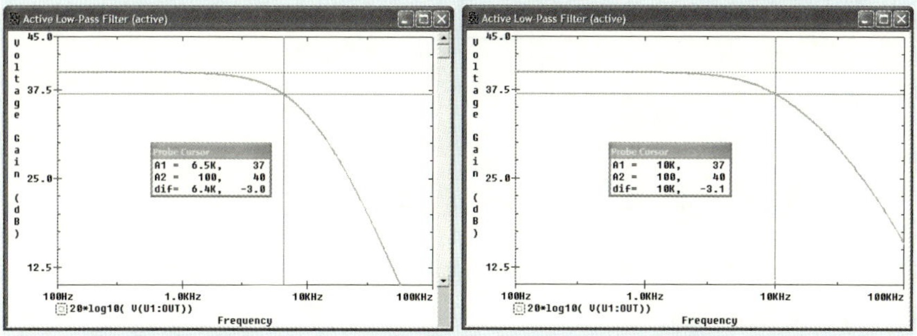

(*a*)　　(*b*)

■圖 16.42　(*a*) 以 μA741 運算放大器建立的濾波器電路之頻率響應，角頻率約在 6.4 kHz 處；(*b*) 相同的濾波電路，但以 LF111 取代 μA741 運算放大器所得到之頻率響應，10 kHz 的截止頻率為我們所期望之值。

$$R_2 = \frac{1}{2\pi(10 \times 10^3)C} = 15.9\ \Omega$$

到此為止，我們已經完成了所有的設計，或者說這樣的設計是對的嗎？該電路模擬得到的頻率響應如圖 16.42*a* 所示。

可以輕易的發現我們的設計事實上並不符合 10 kHz 的截止頻率，我們做錯了什麼？仔細檢查我們的數學式並沒有任何的錯誤，所以一個錯誤的假設必然發生在某個地方。本模擬使用 μA741 運算放大器來完成，並假設和理想放大器有一偏差存在，足以證明這就是我們的誤差來源。相同的電路利用 LF111 運算放大器來取代 μA741 卻得到與預期相符 10 kHz 的截止頻率，其對應的模擬結果如圖 16.42*b* 所示。

不幸地，具有 40 dB 增益的 μA741 運算放大器在 10 kHz 附近存在有一角頻率，在本例中是無法忽略的。然而，LF111 直到接近 75 kHz 之前不會找到第一個角頻率，與 10 kHz 相比距離相差夠遠，所以不會影響我們的設計結果。

練習題

16.18　設計一具有增益 30 dB 與截止頻率 1 kHz 的低通濾波電路。

答：本題有很多種可能的解，其中一種可能為 $R_1 = 100\ \text{k}\Omega$、$R_f = 3.062\ \text{M}\Omega$、$R_2 = 79.58\ \Omega$ 以及 $C = 2\ \mu\text{F}$。

實 際 應 用

低音、高音與中音的調整

在音頻系統上能獨立調整低音 (bass)、高音 (treble) 與中音 (midrange) 設定的能力是一般所要求的，即使不昂貴的設備也必須具備此需求。一般可接受的音頻範圍 (至少是人類耳朵所能聽見的) 大約介於 20 Hz ~ 20 kHz，其中低音對應的是較低的頻率 (小於 500 Hz)，而高音對應的是較高的頻率 (大於 5 kHz 或附近)。雖然設計一如圖 16.43 所示之系統需要很大的努力，但是要設計簡單的圖形等化器相對的要來的容易。低音、中音與高音型式的等化器常見於手提收音機設備上，主要的訊號 (由收音機接收電路或 CD 播放器所提供) 由一大約具有 20 kHz 頻寬的頻譜所構成。

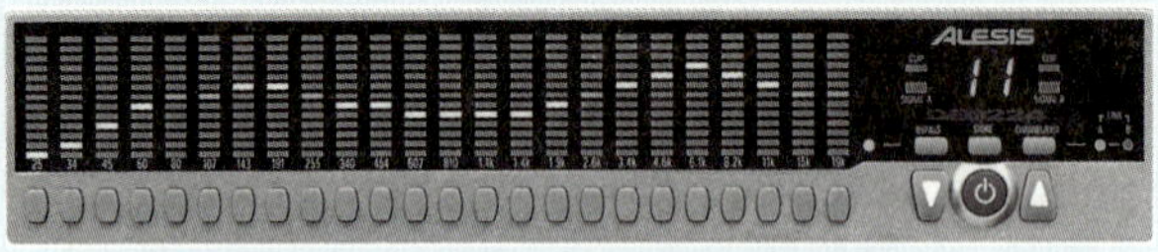

■圖 16.43 圖形等化器實體。

此訊號必須被傳送到三個不同的運算放大器電路，而每個放大器電路配置有不同型式的濾波器於電路之輸入端；低音調整電路需要低通濾波器，高音調整電路需要高通濾波器，而中音調整電路需要帶通濾波器。每個放大器的輸出最後被饋送到加法 (summing) 放大器上，完整電路之方塊圖如圖 16.44 所示。

所建立的基本方塊如圖 16.45 所示，此電路包含了一電壓增益為 $1 + R_f / R_1$ 的非反相放大器，以及由電阻器 R_2 和電容器 C 所組成的低通濾波器。回饋電阻器 R_f 為可變電阻器 (有時稱為電位計)，允許增益透過旋鈕的轉動來調整改變，外行人有時稱此電阻器的功能是在進行音量控制。低通濾波器網路會限制進入運算放大器之頻率，且此頻率之後會被放大；而電路的角頻率為 $(R_2 C)^{-1}$。若電路設計者需要允許使用者也能夠去選擇濾波器的中斷 (break) 頻率，電阻器 R_2 可以電位計作為取代，或者將電容器 C 改以可變電容器進行取代。其餘電路建構

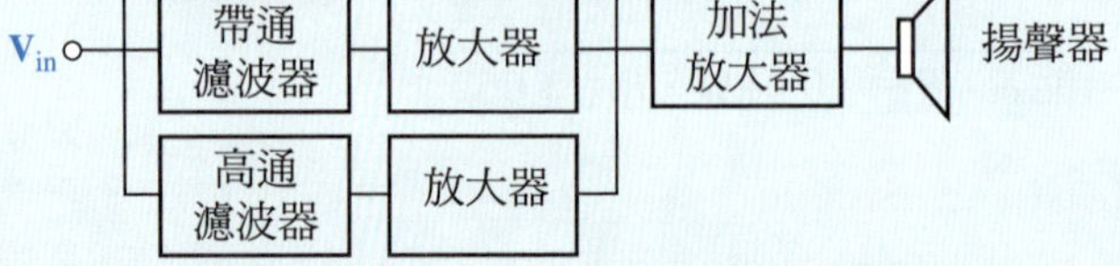

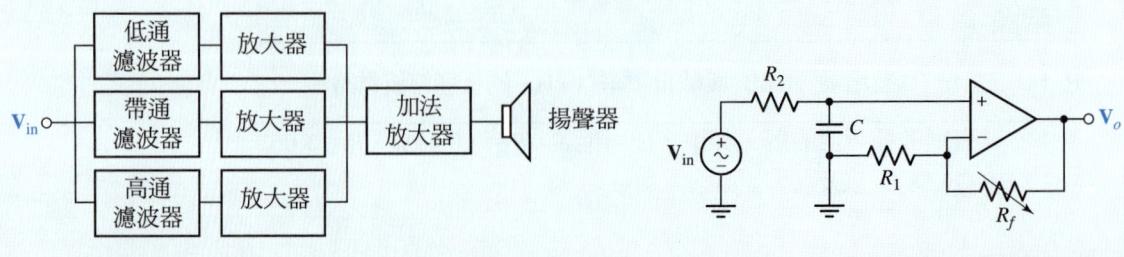

■圖 16.44 圖形等化器電路之方塊圖。

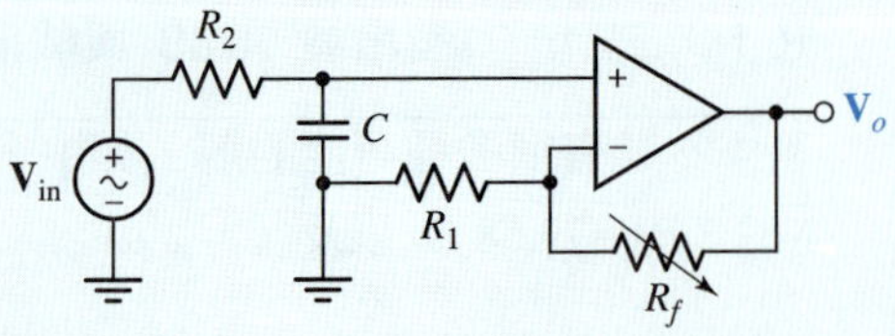

■圖 16.45 放大器電路低音調整的部分。

的方法實質上都是相同的，僅差在輸入端具有不同型式的濾波器網路。

為了確保電阻器、電容器與運算放大器都能分離開來，我們必須增加適當的標記到每一級所屬的電路 (如 t、m、b)。由高音的部分開始，在使用 μA741 時，我們已在高增益 10 到 20 kHz 的範圍中遇到了問題，所以此處改用 LF111 會是比較好的選擇。若選擇 5 kHz 的高音截止頻率 (由不同音頻電路設計者所選取的值會有不同的變動)，則我們需要

$$\frac{1}{R_{2t}C_t} = 2\pi(5 \times 10^3) = 3.142 \times 10^4$$

任意選擇 $C_t = 1\ \mu\text{F}$ 之結果，使得我們需要 R_{2t} 的值為 31.83 Ω，若我們也在 500 Hz 的低音截止頻率下，選擇 $C_b = 1\ \mu\text{F}$ (也許可以協議出一折扣值)，則我們所需要 R_{2b} 的值會是 318.3 Ω，在此留下帶通濾波器的設計給讀者作為練習。

針對以上的設計，下個部分是如何選擇適當的 R_{1t} 與 R_{1b} 值，其為對應的回饋電阻器值。任意選擇 R_{1t} 與 R_{1b} 為 1 kΩ，而 R_{ft} 與 R_{fb} 為 10 kΩ 的電位計 (意思是由 0 到 10 kΩ 的範圍)，如此能夠使某訊號的音量比起其它揚聲器還要提高 11 倍大。如果我們是要設計手提式設備，我們會選用 ±9 V 的供應電壓，若有其它需要，此電壓可輕易的作改變。

現在，讓我們來完成濾波器的設計，我們準備考慮加法電路的設計，為了方便起見，我們必須將本級之運算放大器加入與其它級具有相同電壓之電源，該電源最大輸出電壓之振幅被限制在小於 9 V。我們使用反相運算放大器的結構，而每個濾波器運算放大器級的輸出直接饋送到自身的 1 kΩ 電阻器上。每個 1 kΩ 電阻器的另一端連接到加法放大器級的反相輸入端，於加法放大器級必須選用適當的電位計，以避免放大器飽和，如此一來便需要有關輸入電壓之範圍與輸出揚聲器之瓦特數的資訊。

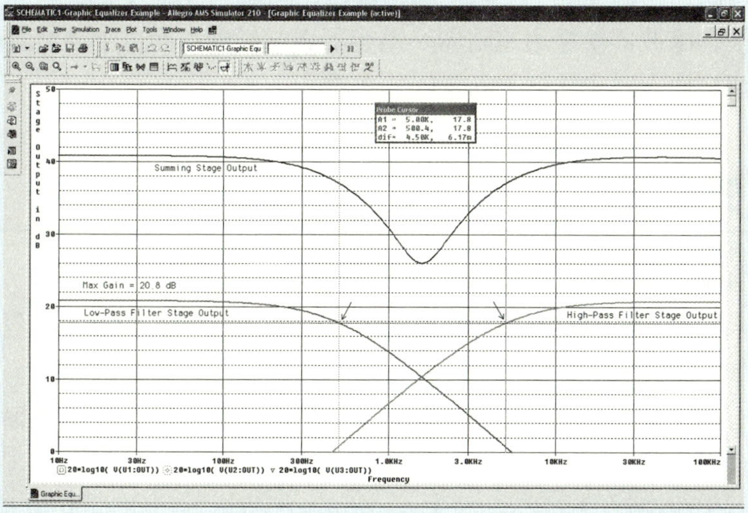

■圖 16.46 由模擬所得到的等化器頻率響應曲線。

摘要與複習

- 共振是具有固定振幅的弦式強迫函數產生最大振幅響應的情況。
- 當電壓和電流在網路的輸入端同相，則該電網路處於共振狀態。
- 品質因素是儲存於網路的最大能量除以每週期所損失的總能量之比值。
- 半功率頻率定義為電路響應函數的振幅減少到其最大值的 $1/\sqrt{2}$ 倍時的頻率。
- 共振電路的頻寬定義為上半與下半功率頻率之差。
- 高 Q 值電路為品質因素 ≥ 5 的共振電路。
- 高 Q 值電路中各個半功率頻率大約是位在自共振頻率算起到達 1/2 頻寬之處。
- 串聯共振電路在共振時具有低阻抗之特性；反之，並聯共振電路在共振時具有高阻抗之特性。
- 當 $R_p = R_s(1 + Q^2)$ 與 $X_p = X_s(1 + Q^{-2})$ 時，串聯共振電路與並聯共振電路互為等效。
- 不切實際的元件值通常能使設計較為容易，將元件值做適當的代換，網路的轉移函數則可在振幅或頻率上進行比例增縮。
- 波德圖允許轉移函數能夠自極點與零點快速地繪出其大概的形狀。
- 濾波器的四種基本型式分別為低通、高通、帶通與帶拒。
- 被動濾波器僅採用電阻器、電容器與電感器；而主動濾波器是以運算放大器或其它主動元件為基礎。

進階研讀

- 有關各種濾波器更詳細的討論可參考下列書籍：

  J. T. Taylor and Q. Huang, eds., *CRC Handbook of Electrical Filters*. Boca Raton, Fla: CRC Press, 1997.
- 有關各種主動濾波電路的綜合比較以及電路設計之程序可參考下列書籍：

  D. Lancaster, *Lancaster's Active Filter Cookbook,* 2nd ed. Burlington, Mass.: Newnes, 1996.

習　題

※偶數題置書後光碟

16.1　並聯共振

1. 並聯 RLC 電路 $R=1\ \mathrm{k\Omega}$、$C=47\ \mu\mathrm{F}$ 與 $L=11\ \mathrm{mH}$，試求 (a) Q_0；(b) 共振頻率 (以 Hz 為單位)；(c) 若電路以一穩態 1 mA 弦式電流源所激勵，畫出以頻率為函數的電壓響應。
3. 變容器是半導體裝置且其電抗可以外加偏壓而改變。其品質因素可表示如下：[4]

$$Q \approx \frac{\omega C_J R_P}{1+\omega^2 C_J^2 R_P R_S}$$

其中 C_J 是接面電容器 (視此裝置的外加電壓而變)，R_S 是此裝置的串聯電阻器，而 R_P 為等效的並聯電阻器。試求 (a) 當在 1.5 V 時，$C_J=3.77\ \mathrm{pF}$、$R_P=1.5\ \mathrm{M\Omega}$ 與 $R_S=2.8\ \Omega$ 時，畫出以頻率 ω 為函數的品質因素；(b) 微分 Q 的表示式以得到 ω_0 與 $Q_{\max}$。
5. 某並聯共振電路，具有 $\alpha=80\ \mathrm{Np/s}$ 與 $\omega_d=1200\ \mathrm{rad/s}$，若阻抗在 $\mathbf{s}=-2\alpha+j\omega_d$ 時為 $400\ \Omega$。試求 Q_0、R、L 與 C 之值。
7. 於圖 16.1 電路中，令 $R=1\ \mathrm{M\Omega}$、$L=1\ \mathrm{H}$、$C=1\ \mu\mathrm{F}$ 與 $\mathbf{I}=10\angle 0°\ \mu\mathrm{A}$。試求 (a) ω_0 與 Q_0；(b) 以 ω 為函數畫出 $|\mathbf{V}|$，其中 $995<\omega<1005\ \mathrm{rad/s}$。
9. 某並聯共振電路，其阻抗的極點位在 $\mathbf{s}=-50\pm j1000\ \mathrm{s}^{-1}$ 處，且其零點位在原點處。若 $C=1\ \mu\mathrm{F}$，試求：(a) L 與 R 值；(b) $\omega=1000\ \mathrm{rad/s}$ 時的 $\mathbf{Z}$。
11. (a) 試求圖 16.49 所示網路的 $\mathbf{Y}_{\mathrm{in}}$；(b) 找出網路的 ω_0 與 $\mathbf{Z}_{\mathrm{in}}(j\omega_0)$。

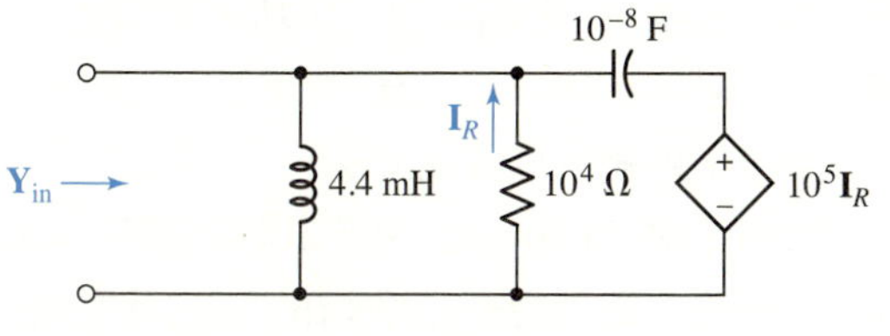

■圖 16.49

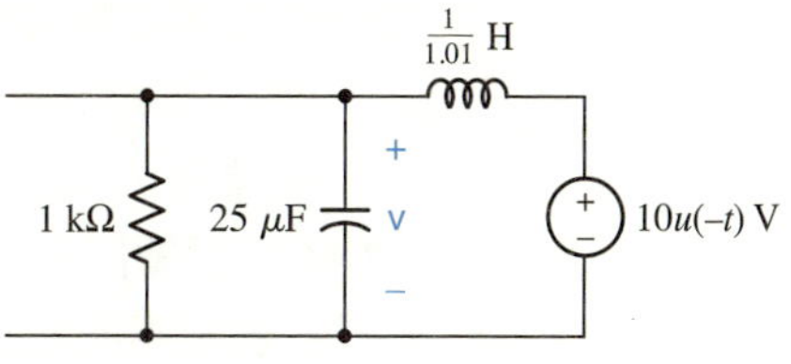

■圖 16.51

13. 如圖 16.51 所示網路，試求出於 $t>0$ 時網路的共振頻率為何。
15. (a) 如圖 16.52 所示之電路，令 $L=1\ \mathrm{mH}$ 與 $R=1\ \Omega$，使得 $\alpha=50\ \mathrm{s}^{-1}$，以及令 $C=1\ \mathrm{mF}$，使 $\omega_d=5000\ \mathrm{rad/s}$；試求出電路之共振頻率以及共振時的阻抗 $\mathbf{Z}_{\mathrm{in}}$；(b) 以 PSpice 驗證你的答案。(提示：利用

4 S. M. Sze, *Physics of Semiconductor Devices*, 2d ed. New York: Wiley, 1981, p. 116.

VAC 電源元件，並且串聯一微小的電阻器，以避免在進行直流偏壓模擬時，電源被電感器所短路。)

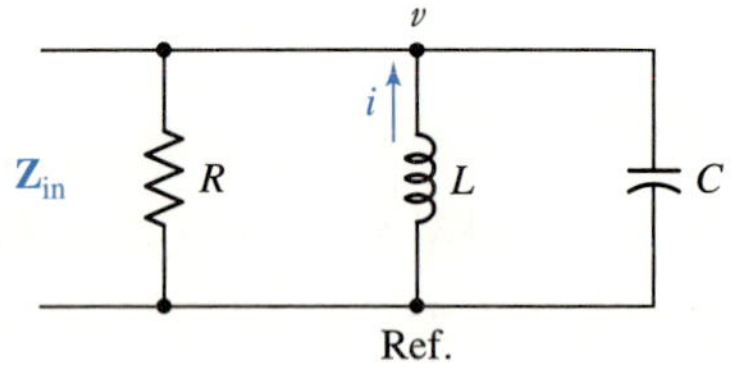

■圖 16.52

16.2 頻帶寬度與高 Q 值電路

17. 利用準確的關係找出具有 $\omega_1 = 103$ rad/s、$\omega_2 = 118$ rad/s 與 $|\mathbf{Z}(j\,105)| = 10\,\Omega$ 並聯共振電路的 R、L 與 C 值。

19. 某並聯共振電路於 400 Hz 處發生共振，其 $Q_0 = 8$ 與 $R = 500\,\Omega$。若有一 2 mA 之電流供應到電路中，利用近似的方法於下列的情況下：(a) 電路端電壓為 0.5 V；(b) 電阻器電流為 0.5 mA，求出電流的週期頻率。

21. 如圖 16.53 所示之電路中，利用較佳的近似方法以求出 (a) ω_0 值；(b) 共振時的 $\mathbf{V}_1$；(c) 比共振頻率高 15 krad/s 時的 $\mathbf{V}_1$。

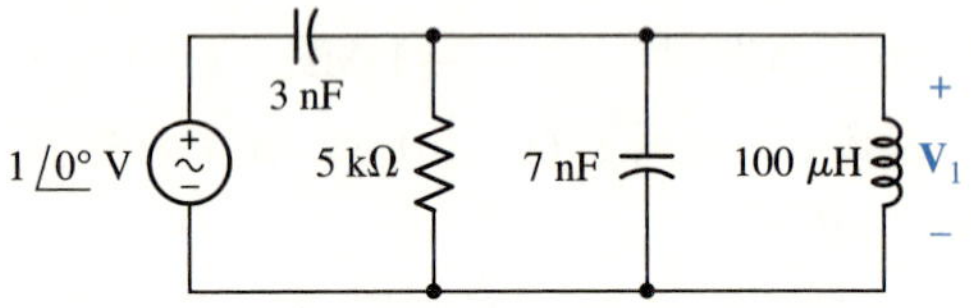

■圖 16.53

23. 某具有 $f_0 = 1000$ Hz、$Q_0 = 40$ 與 $|\mathbf{Z}_{in}(j\omega_0)| = 2$ kΩ 特性之並聯共振電路，試利用近似的關係式求出 (a) 在 1010 Hz 時的 $\mathbf{Z}_{in}$；(b) 使近似法為合理且準確之頻率範圍。

25. 已知某並聯共振電路具有 1 MHz 之頻寬與下半功率頻率為 $f_1 = 5.5$ kHz。試求 (a) 電路的上半功率頻率 (以 Hz 為單位)；(b) 電路的共振頻率 f_0；(c) 當電路操作在共振時的品質因數。

27. (a) 試繪出一具有下半功率頻率 1000 rad/s、上半功率頻率 4000 rad/s 與電壓最大振幅 10 V 電路之電壓響應曲線；(b) 求出此電路的共振頻率；(c) 求出此電路之頻寬；(d) 求出當電路操作在共振時的品質因數。

29. 設計一具有 5.5 kHz 頻寬與下半功率頻率 500 Hz 之並聯共振電路。並以 PSpice 模擬驗證你的設計。

16.3 串聯共振

31. 已知某串聯電路具有 3 MHz 的頻寬與 $f_1 = 17$ kHz 的下半功率頻率。

試決定出 (a) 上半功率頻率 (以 Hz 為單位)；(b) 電路的共振頻率；(c) 電路操作於共振頻率時的品質因數。

33. (a) 決定某串聯 RLC 電路 ($R=1\ \Omega$、$L=1\ \mu$H 與 $C=2\ \mu$F) 操作於共振頻率時的阻抗；(b) 以 PSpice 驗證你的答案 (提示：在電容器兩端並聯一大電阻器，以避免"對地沒有直流路徑"的錯誤訊息出現)。

35. 由 50 Ω 電阻器、4 mH 電感器與 0.1 μF 電容器所組成的串聯共振網路，試求出 (a) ω_0；(b) f_0；(c) Q_0；(d) $\mathcal{B}$；(e) ω_1；(f) ω_2；(g) 於 45 krad/s 時的 $\mathbf{Z}_{in}$；(h) 於 45 krad/s 時電容器阻抗與電阻器阻抗之比值。

37. 觀察圖 16.58 之電路，並注意電源電壓的振幅。若此電路已在實驗室組合起來，現在請你決定是否願意將你的手 (徒手) 置於電容器兩端？並畫出 $|\mathbf{V}_C|$ 對 ω 之圖形，以驗證你的答案。

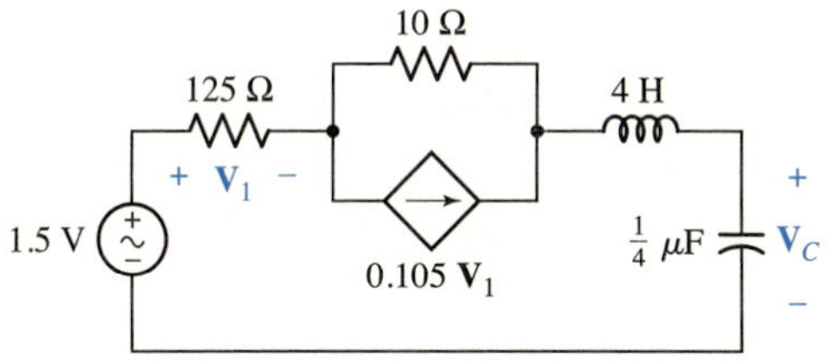

■圖 16.58

39. 某一含有三個元件之網路，其輸入阻抗為 $\mathbf{Z(s)}$，且在 $\mathbf{s}=0$ 與無限大處有極點存在，以及在 $\mathbf{s}=-20{,}000 \pm j80{,}000\ \text{s}^{-1}$ 處有一對零點。若 $\mathbf{Z}_{in}(-10{,}000)=-20+j0\ \Omega$，試求出三個元件之值為何。

16.4 其它共振型式

41. 如圖 16.59 所示之網路中，輸入端應並聯多大之電阻器以使 Q_0 之值為 50。

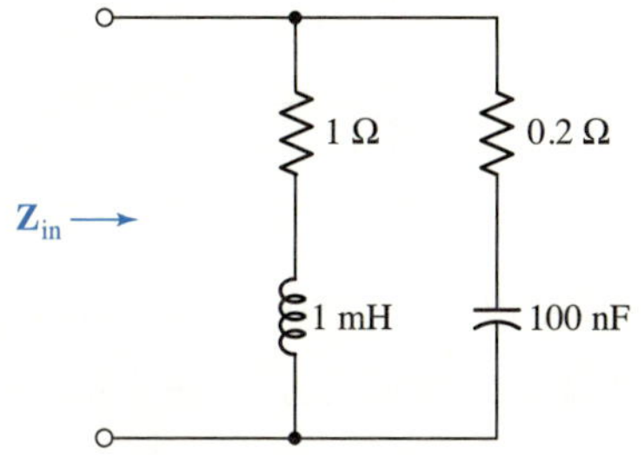

■圖 16.59

43. 如圖 16.61 所示之電路：(a) 試畫出 $|\mathbf{V}|$ 對 ω 近似的響應曲線；(b) 算出 $\mathbf{V}$ 在 $\omega=50$ rad/s 時的準確值。

45. 一 5 kΩ 電阻器與 1 μF 電容器的並聯組合，試求出於操作頻率 ω 分別為 (a) 10^3 rad/s；(b) 10^4 rad/s；(c) 10^5 rad/s 時的串聯等效連接。

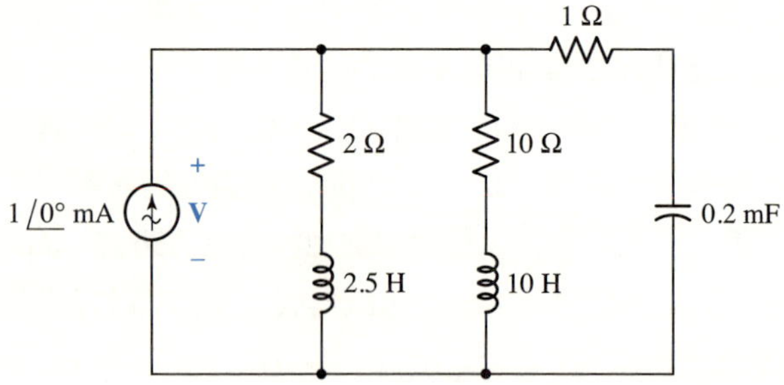

■圖 16.61

47. 一 470 Ω 電阻器與 3.3 μH 電感器的串聯組合，試求出於操作頻率 ω 分別為 (a) 10^3 rad/s；(b) 10^4 rad/s；(c) 10^5 rad/s 時的串聯等效連接。

49. (a) 如圖 16.63 所示之電路，利用近似的方法算出在 $f=1.6$ MHz 時的 $|\mathbf{V}_x|$；(b) 算出 $|\mathbf{V}_x(j10\times10^6)|$ 的準確值；(c) 以 PSpice 模擬驗證所求之結果。

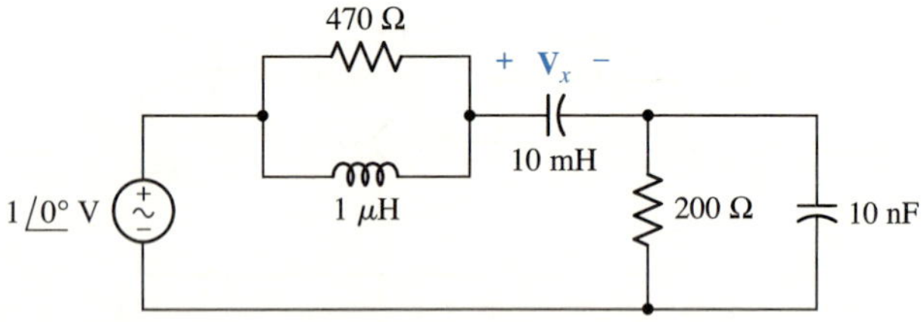

■圖 16.63

16.5 比例增縮

51. (a) 如圖 16.65 所示之網路，找出 $\mathbf{Z}_{in}(\mathbf{s})$；(b) 寫出在該網路以 $K_m=2$ 與 $K_f=5$ 比例增縮後的 $\mathbf{Z}_{in}(\mathbf{s})$ 表示式；(c) 以 $K_m=2$ 與 $K_f=5$ 比例增縮網路中的元件，並畫出新的網路圖。

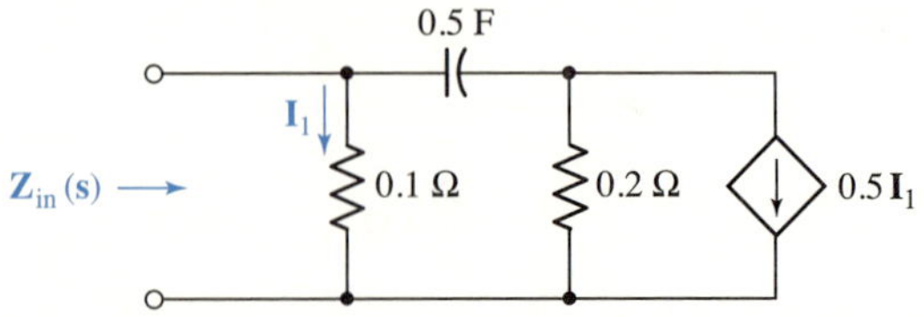

■圖 16.65

53. (a) 試畫出圖 16.67 之網路以 $K_m=250$ 與 $K_f=400$ 比例增縮後的新網路架構；(b) 試求出網路比例增縮後於 $\omega=1$ krad/s 時的戴維寧等效。

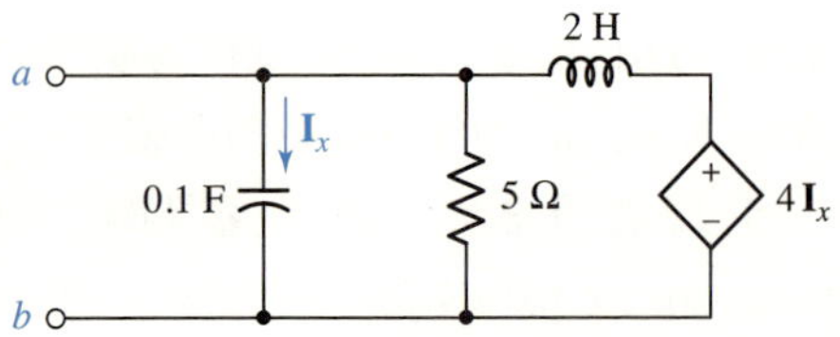

■圖 16.67

16.6 波德圖

55. 試求出於 $\mathbf{H(s)}$ 為下列各值時的 H_{dB}：(a) 0.2；(b) 50；(c) $12/(\mathbf{s}+2)+26/(\mathbf{s}+20)$，其中 $\mathbf{s}=j10$。再求出於 H_{dB} 為下列各值時的 $|\mathbf{H(s)}|$：(d) 37.6 dB；(e) −8 dB；(f) 0.01 dB。

57. 如圖 16.68，試畫出電路轉移函數 $\mathbf{H(s)}=\mathbf{V}_C/\mathbf{I}_s$ 的振幅與相角波德圖。

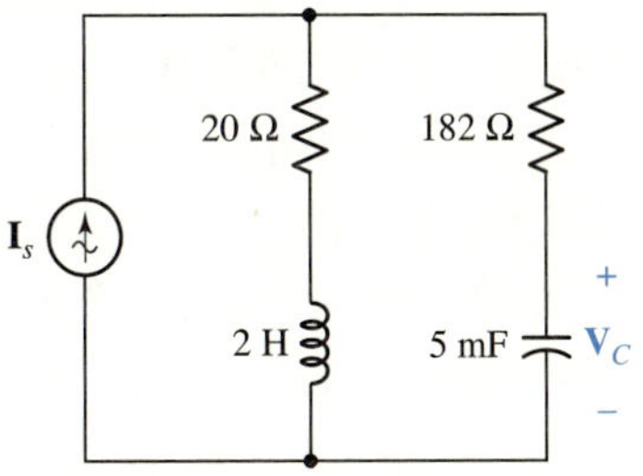

■圖 16.68

59. (a) 試畫出 $\mathbf{H(s)}=5\times10^8\mathbf{s}(\mathbf{s}+100)/[(\mathbf{s}+20)(\mathbf{s}+1000)^3]$ 的相位波德圖，並將原點至於 $\omega=1$ 與 ang$=0°$ 處；(b) 試列出相位圖上斜率改變時各點的座標；(c) 求出於 (b) 中各頻率下，ang $|\mathbf{H}(j\omega)|$ 的準確值。

61. (a) 試求出圖 16.69 電路的轉移函數 $\mathbf{H(s)}=\mathbf{V}_R/\mathbf{V}_s$；(b) 畫出 $\mathbf{H(s)}$ 的振幅與相位波德圖；(c) 計算 $\omega=20$ rad/s 時 H_{dB} 與 ang $\mathbf{H}(j\omega)$ 的準確值。

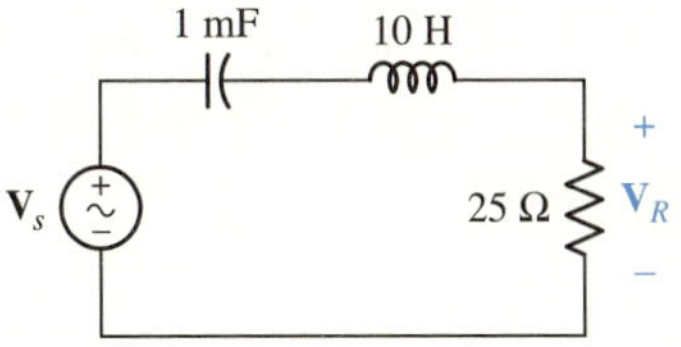

■圖 16.69

63. 如圖 16.71 所示之網路：(a) 試求出 $\mathbf{H(s)}=\mathbf{V}_{out}/\mathbf{V}_{in}$；(b) 畫出 H_{dB} 的振幅波德圖；(c) 畫出 $\mathbf{H}(j\omega)$ 的相位波德圖。

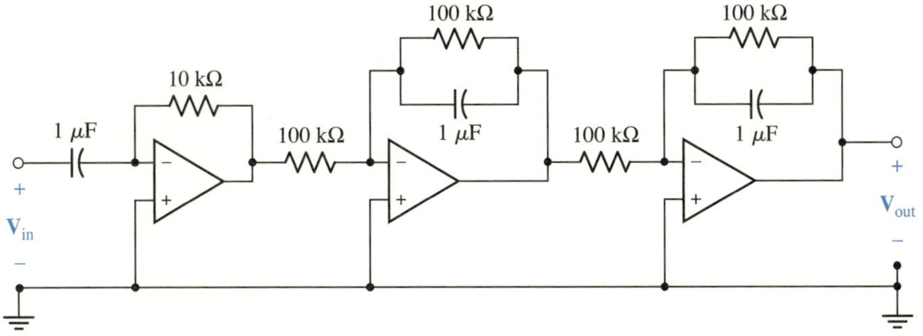

■圖16.71

16.7 濾波器

65. 設計一能夠移除人類耳朵可聽見的整個頻率範圍 (20 Hz 到 20 kHz) 之濾波器電路，同時此電路僅允許該可聽見範圍以外的頻率 (20 Hz 以下或 20kHz 以上) 通過，並利用 PSpice 模擬來驗證你的設計結果。

67. 某擴音器對高頻訊號相當靈敏，其被用來檢測於危急時噴射引擎故障的型式；但不幸的，此裝置同時會從阻力板與副翼的水壓系統中擷取到低頻雜訊，此結果將會造成警示裝置錯誤動作。試設計出能夠移除雜訊之濾波器電路，使得本裝置至少能將高頻訊號放大 100 倍。低頻雜訊信號在 20 Hz 附近有其峰值能量，而在 1 kHz 時會下降至比其最大值的 1% 還要少一些，引擎故障信號在 25 kHz 附近才開始發出。

69. 儘管人類聽覺響應一般可接受的範圍是介於 20 Hz 到 20 kHz，許多電話系統的頻寬卻限制在 3 kHz。試設計一濾波器電路，使其能夠將 20 kHz 頻寬的語音訊號轉換為“電話頻寬” 3 kHz 的語音訊號。輸入端為一具有最大電壓 150 mV 的麥克風，且實質上沒有任何串聯電阻器；輸出端為 8 Ω 的擴音器。語音訊號至少要能夠被放大 10 倍，最後利用 PSpice 來驗證你所設計的電路。

71. 某一靈敏的監視設備受到來自 60 Hz 電力線所引起的雜訊影響，而污染了其輸入訊號。由於該訊號的特性使得無法利用任何型式的低通、高通或帶通濾波器來解決問題。試設計一“凹陷”濾波器，使其能夠選擇性地移除任何來至設備輸入端的 60 Hz 訊號。假設該設備實質上具有無限大的戴維寧等效電阻器。而良好“凹陷”濾波器的電路拓撲如圖 16.39 電路所示，但現在輸出改以電感器-電容器串聯組合之兩端取代原本在電阻器兩端之輸出。

17 雙埠網路

簡　介

一具有兩對端點的通用網路，一對稱為“輸入端點”，另一對稱為“輸出端點”，對於電子系統、通訊系統、自動控制系統、輸配電系統或其它能使電子訊號或電能由輸入端進入，經由網路從輸出端輸出之系統而言，是非常重要的方塊。某網路的輸出端能與另一網路之輸入端構成相當好的連接。當我們先前在學習有關第 5 章戴維寧與諾頓等效電路的觀念時，我們並不需要去知道電路工作的詳細情形。本章延續這樣的觀念，對於我們未知的電路內部詳細動作情形，給與適當的經驗討論。在此僅將探討具有線性特性以及能夠測得其電壓與電流之電路。我們可以發現，對於如此的電路，是能夠以一組參數來表示其網路特性，且其允許我們去預測該網路會如何與其它網路產生相互之影響。

關鍵概念

- 辨別單埠網路與雙埠網路之差異性
- 導納參數 y
- 阻抗參數 z
- 混合參數 h
- 傳輸參數 t 之認識
- 學習各參數 y、z、h 和 t 間的轉換方法
- 使用網路參數進行電路分析之技術

17.1 單埠網路

一對能使訊號進入或離開網路之端點稱為**埠** (port)，而網路僅具有一對端點時稱為**單埠網路** (one-port network)，或簡稱單埠。如圖 17.1*a* 所示的單埠電路中，除了圖中兩個端點以外，沒有任何其它節點能連接到此電路上，因此電流 i_a 必等於 i_b。當網路具有多對端點時，此網路即稱為**多埠網路** (multiport network)。本章所討論的雙埠網路如圖 17.1*b* 所示。在每一個埠中兩迴路的電流必須

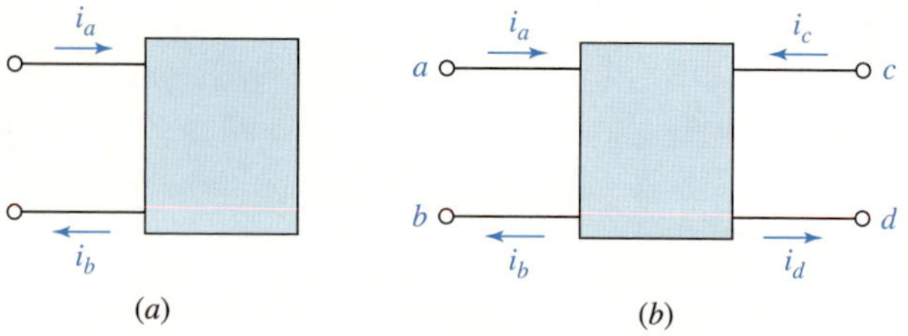

■圖 17.1 (a) 單埠網路；(b) 雙埠網路。

相等，亦即 $i_a=i_b$ 與 $i_c=i_d$，如圖 17.1b 所示。當採用本章所講述之方法時，電源與負載必須直接跨接於埠的兩個端點。換言之，每個埠僅能連接到一單埠網路或一多埠網路中的某個埠上。例如，任何的元件皆無法連接於圖 17.1b 雙埠網路的 a、c 點之間。如果要分析此種電路，就必須寫出電路一般的迴路方程式或節點方程式。

雙埠電路特殊的分析方法，其發展主要在強調網路端點的電壓與電流關係，且盡量避免牽涉到網路內部的電壓與電流特性。在此初步的研習是要讓大家熟悉一些重要的參數，以及如何利用這些參數讓線性雙埠網路的分析得以簡化並予以系統化。

有關單埠與雙埠網路的入門研習，最好利用一般的網路表示法以及附錄 2 介紹的行列式標示法來達成。因此，若寫出如下被動網路的一組迴路方程式

$$\begin{aligned}
\mathbf{Z}_{11}\mathbf{I}_1 + \mathbf{Z}_{12}\mathbf{I}_2 + \mathbf{Z}_{13}\mathbf{I}_3 + \cdots + \mathbf{Z}_{1N}\mathbf{I}_N &= \mathbf{V}_1 \\
\mathbf{Z}_{21}\mathbf{I}_1 + \mathbf{Z}_{22}\mathbf{I}_2 + \mathbf{Z}_{23}\mathbf{I}_3 + \cdots + \mathbf{Z}_{2N}\mathbf{I}_N &= \mathbf{V}_2 \\
\mathbf{Z}_{31}\mathbf{I}_1 + \mathbf{Z}_{32}\mathbf{I}_2 + \mathbf{Z}_{33}\mathbf{I}_3 + \cdots + \mathbf{Z}_{3N}\mathbf{I}_N &= \mathbf{V}_3 \\
\cdots\cdots\cdots\cdots\cdots\cdots\cdots\cdots\cdots\cdots\cdots \\
\mathbf{Z}_{N1}\mathbf{I}_1 + \mathbf{Z}_{N2}\mathbf{I}_2 + \mathbf{Z}_{N3}\mathbf{I}_3 + \cdots + \mathbf{Z}_{NN}\mathbf{I}_N &= \mathbf{V}_N
\end{aligned} \qquad [1]$$

而每個電流的係數為阻抗 $\mathbf{Z}_{ij}(\mathbf{s})$，且其電路行列式或係數行列式為

$$\Delta_{\mathbf{Z}} = \begin{vmatrix}
\mathbf{Z}_{11} & \mathbf{Z}_{12} & \mathbf{Z}_{13} & \cdots & \mathbf{Z}_{1N} \\
\mathbf{Z}_{21} & \mathbf{Z}_{22} & \mathbf{Z}_{23} & \cdots & \mathbf{Z}_{2N} \\
\mathbf{Z}_{31} & \mathbf{Z}_{32} & \mathbf{Z}_{33} & \cdots & \mathbf{Z}_{3N} \\
\cdots & \cdots & \cdots & \cdots & \cdots \\
\mathbf{Z}_{N1} & \mathbf{Z}_{N2} & \mathbf{Z}_{N3} & \cdots & \mathbf{Z}_{NN}
\end{vmatrix} \qquad [2]$$

假設具有 N 個迴路，每一條方程式的電流均依註腳的順序列出，而方程式也依電流的先後順序排列出來。同時亦假設引用了克希荷夫電壓定律，使每一 $\mathbf{Z}_{ii}(\mathbf{Z}_{11}, \mathbf{Z}_{22}, \mathbf{Z}_{NN})$ 項皆為正數；而任何 $\mathbf{Z}_{ij}$ $(i \neq j)$

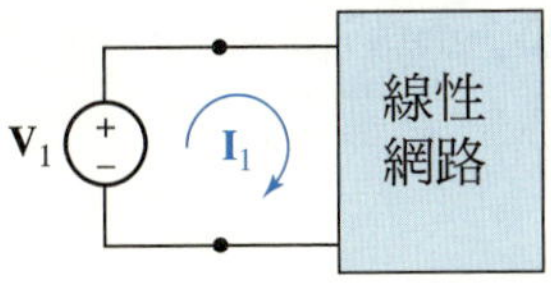

■圖 17.2　一理想電壓源 $\mathbf{V}_1$ 被連接到不含相依電源的線性單埠網路，$\mathbf{Z}_{in} = \Delta_Z/\Delta_{11}$。

項或稱為交互項 (mutual term) 為正數或為負數，是依 $\mathbf{I}_i$ 與 $\mathbf{I}_j$ 的參考方向而定。

若網路中含有依賴電源，則迴路方程式中的所有係數可能不全是電阻或阻抗。即使如此，我們能繼續將此電路行列式視為 $\Delta\mathbf{z}$。

子式標示法 (minor notation，見附錄 2) 的使用，使單埠網路端點間的輸入或驅動點阻抗 (driving-point impedance) 能夠清楚地被標示出來。當雙埠網路中某一埠的端點連上被動阻抗 (包括開路或短路) 時，單埠網路的標示結果同樣可以適用於雙埠網路。

假設圖 17.2 的單埠網路是由被動元件與依賴電源所組成，並假設網路為線性。當一理想電壓源 $\mathbf{V}_1$ 連接到此單埠網路上，迴路電流 $\mathbf{I}_1$ 代表電源電流，則利用克拉瑪法則 (Cramer's rule) 得到

$$\mathbf{I}_1 = \frac{\begin{vmatrix} \mathbf{V}_1 & \mathbf{Z}_{12} & \mathbf{Z}_{13} & \cdots & \mathbf{Z}_{1N} \\ 0 & \mathbf{Z}_{22} & \mathbf{Z}_{23} & \cdots & \mathbf{Z}_{2N} \\ 0 & \mathbf{Z}_{32} & \mathbf{Z}_{33} & \cdots & \mathbf{Z}_{3N} \\ \cdots & \cdots & \cdots & \cdots & \cdots \\ 0 & \mathbf{Z}_{N2} & \mathbf{Z}_{N3} & \cdots & \mathbf{Z}_{NN} \end{vmatrix}}{\begin{vmatrix} \mathbf{Z}_{11} & \mathbf{Z}_{12} & \mathbf{Z}_{13} & \cdots & \mathbf{Z}_{1N} \\ \mathbf{Z}_{21} & \mathbf{Z}_{22} & \mathbf{Z}_{23} & \cdots & \mathbf{Z}_{2N} \\ \mathbf{Z}_{31} & \mathbf{Z}_{32} & \mathbf{Z}_{33} & \cdots & \mathbf{Z}_{3N} \\ \cdots & \cdots & \cdots & \cdots & \cdots \\ \mathbf{Z}_{N1} & \mathbf{Z}_{N2} & \mathbf{Z}_{N3} & \cdots & \mathbf{Z}_{NN} \end{vmatrix}}$$

或更簡單的表示為

$$\mathbf{I}_1 = \frac{\mathbf{V}_1 \Delta_{11}}{\Delta_\mathbf{Z}}$$

因此

$$\mathbf{Z}_{in} = \frac{\mathbf{V}_1}{\mathbf{I}_1} = \frac{\Delta_\mathbf{Z}}{\Delta_{11}} \qquad [3]$$

例題 17.1

試求如圖 **17.3** 單埠電阻性網路之輸入阻抗。

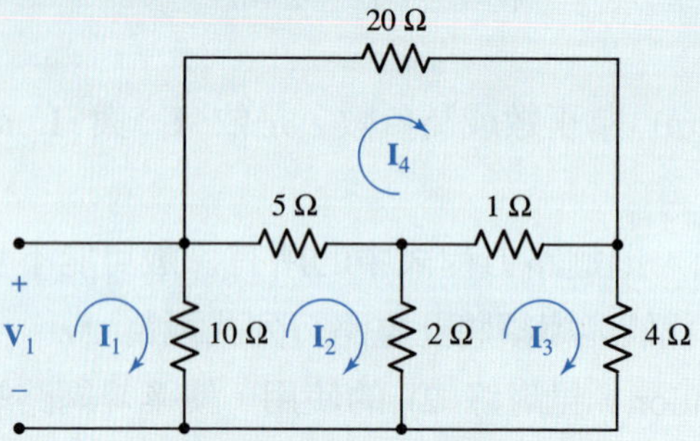

■圖 17.3 僅含電阻性元件之單埠網路。

首先列出四個網目電流並觀察寫出對應的網目方程式：

$$\begin{aligned}\mathbf{V}_1 &= 10\mathbf{I}_1 - 10\mathbf{I}_2\\ 0 &= -10\mathbf{I}_1 + 17\mathbf{I}_2 - 2\mathbf{I}_3 - 5\mathbf{I}_4\\ 0 &= -2\mathbf{I}_2 + 7\mathbf{I}_3 - \mathbf{I}_4\\ 0 &= -5\mathbf{I}_2 - \mathbf{I}_3 + 26\mathbf{I}_4\end{aligned}$$

電路行列式則為

$$\Delta_\mathbf{Z} = \begin{vmatrix} 10 & -10 & 0 & 0\\ -10 & 17 & -2 & -5\\ 0 & -2 & 7 & -1\\ 0 & -5 & -1 & 26\end{vmatrix}$$

其值為 9680 Ω^4；若去掉第一列與第一行，得到

$$\Delta_{11} = \begin{vmatrix} 17 & -2 & -5\\ -2 & 7 & -1\\ -5 & -1 & 26\end{vmatrix} = 2778\,\Omega^3$$

因此，利用方程式 [3] 求得輸入阻抗為

$$\mathbf{Z}_{\text{in}} = \frac{9680}{2778} = 3.485\,\Omega$$

練習題

17.1 試求出於圖 17.4 所示電路中，當 (a) a 與 a' 斷開時；(b) b 與 b' 斷開時；(c) c 與 c' 斷開時，所形成三個單埠網路的輸入阻抗。

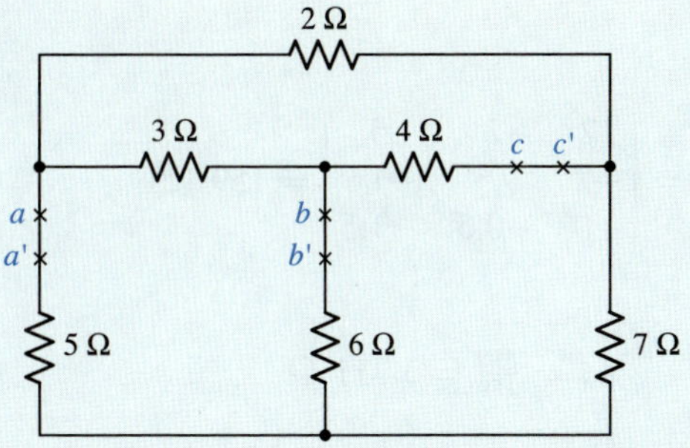

■圖 17.4

答：9.47 Ω；10.63 Ω；7.58 Ω。

例題 17.2

試求出圖 **17.5** 所示網路的輸入阻抗。

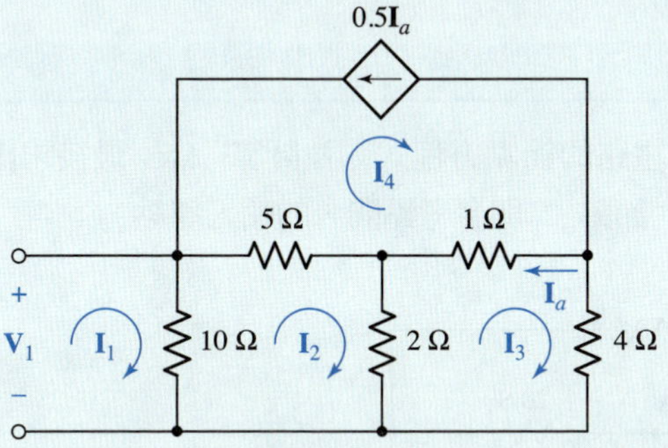

■圖 **17.5**　含依賴電源的單埠網路。

根據四個網目電流，列出四個網目方程式為

$$
\begin{aligned}
10\mathbf{I}_1 - 10\mathbf{I}_2 \qquad\qquad\quad &= \mathbf{V}_1 \\
-10\mathbf{I}_1 + 17\mathbf{I}_2 - 2\mathbf{I}_3 - 5\mathbf{I}_4 &= 0 \\
-\ 2\mathbf{I}_2 + 7\mathbf{I}_3 - \ \mathbf{I}_4 &= 0
\end{aligned}
$$

與

$$\mathbf{I}_4 = -0.5\mathbf{I}_a = -0.5(\mathbf{I}_4 - \mathbf{I}_3)$$

或

$$-0.5\mathbf{I}_3 + 1.5\mathbf{I}_4 = 0$$

因此可以寫出

$$\Delta_\mathbf{Z} = \begin{vmatrix} 10 & -10 & 0 & 0 \\ -10 & 17 & -2 & -5 \\ 0 & -2 & 7 & -1 \\ 0 & 0 & -0.5 & 1.5 \end{vmatrix} = 590\ \Omega^3$$

當中

$$\Delta_{11} = \begin{vmatrix} 17 & -2 & -5 \\ -2 & 7 & -1 \\ 0 & -0.5 & 1.5 \end{vmatrix} = 159\ \Omega^2$$

所以得到

$$\mathbf{Z}_{\text{in}} = \tfrac{590}{159} = 3.711\ \Omega$$

我們亦可利用節點方程式，以類似的程序算出輸入阻抗為

$$\mathbf{Y}_{\text{in}} = \frac{1}{\mathbf{Z}_{\text{in}}} = \frac{\Delta_{\mathbf{Y}}}{\Delta_{11}} \qquad [4]$$

其中 Δ_{11} 現在為 $\Delta_{\mathbf{Y}}$ 的子式。

練習題

17.2 試寫出圖 17.6 所示電路的節點方程式，並計算 $\Delta_{\mathbf{Y}}$；最後求出 (a) 節點 1 與參考點間；(b) 節點 2 與參考點間，的輸入導納。

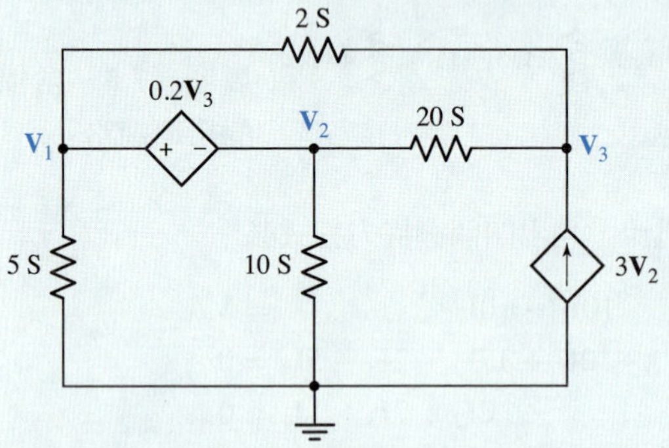

■圖 17.6

答：10.68 S；13.16 S。

例題 17.3

利用方程式 **[4]** 求出圖 **17.3** 網路的輸入阻抗。

首先由左而右定出節點電壓 $\mathbf{V}_1$、$\mathbf{V}_2$ 與 $\mathbf{V}_3$，並觀察選擇以下節點作為參考點，於列出節點方程式後求得其行列式如下

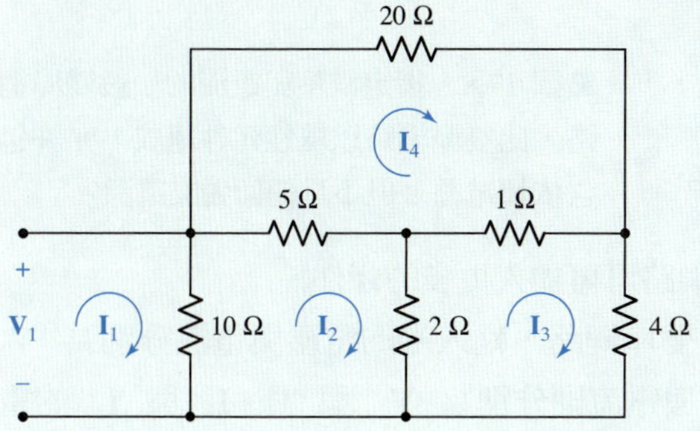

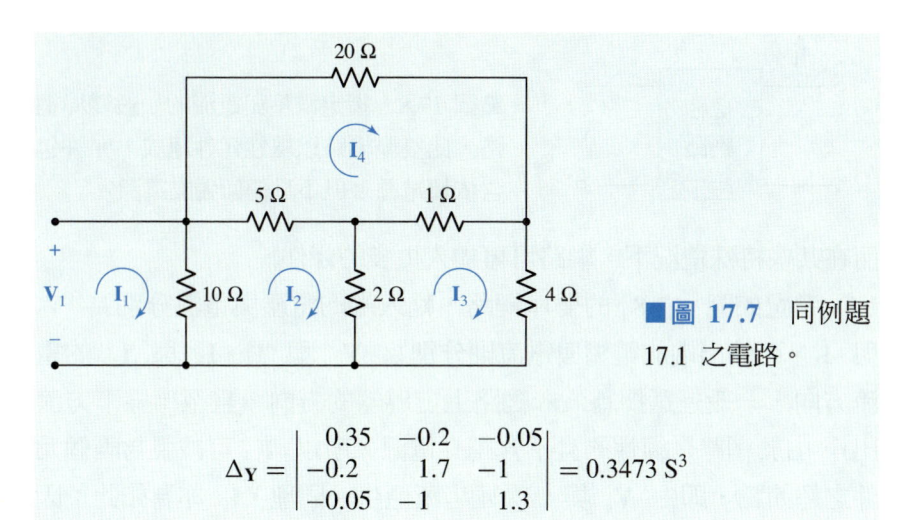

■圖 17.7 同例題 17.1 之電路。

$$\Delta_Y = \begin{vmatrix} 0.35 & -0.2 & -0.05 \\ -0.2 & 1.7 & -1 \\ -0.05 & -1 & 1.3 \end{vmatrix} = 0.3473 \text{ S}^3$$

將上述行列式去除第一列與第一行後得到

$$\Delta_{11} = \begin{vmatrix} 1.7 & -1 \\ -1 & 1.3 \end{vmatrix} = 1.21 \text{ S}^2$$

所以求得輸入導納為

$$\mathbf{Y}_{\text{in}} = \frac{0.3473}{1.21} = 0.2870 \text{ S}$$

倒數得到

$$\mathbf{Z}_{\text{in}} = \frac{1}{0.287} = 3.484\ \Omega$$

與先前的答案一致，且誤差在預期的範圍之內 (在此僅留下四位數的計算過程)。

本章的習題 8 與 9 為利用運算放大器組成單埠網路之例子。這些習題在討論利用僅含電阻這唯一被動元件的網路即可獲得負電阻 (negative resistances) 特性，且電感器僅需利用電阻器與電容器即可被模擬出來。

17.2 導納參數

現在將注意力轉移至雙埠網路。我們假設以下網路都是由線性元件所組成，但不包含獨立電源。然而，依賴電源是允許存在的，

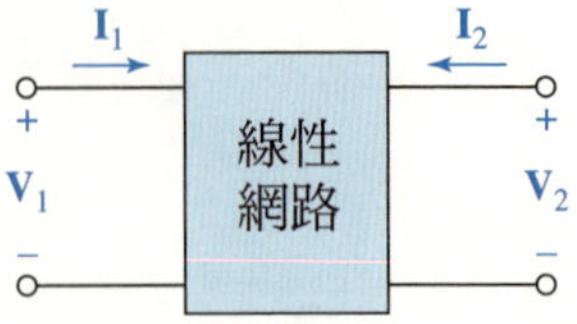

■圖 17.8 指定電壓與電流的一般雙埠網路，此雙埠網路以線性元件組成，允許包含依賴電源，但不具任何獨立電源。

而在某些特殊情況下，網路可再加入更多的條件。

考慮如圖 17.8 的雙埠網路，輸入端的電壓與電流分別為 $\mathbf{V}_1$ 與 $\mathbf{I}_1$，而輸出端的電壓與電流則分別為 $\mathbf{V}_2$ 與 $\mathbf{I}_2$。$\mathbf{I}_1$ 與 $\mathbf{I}_2$ 的電流方向，一般是選擇為流入網路上方導線的方向 (且至導線下方流出)。由於網路是線性的且不含獨立電源，所以 $\mathbf{I}_1$ 可被視為兩個元件之超節點，即由 $\mathbf{V}_1$ 與 $\mathbf{V}_2$ 兩者所產生。同理，$\mathbf{I}_2$ 亦為如此；因此可由下列聯立方程式開始進行分析

$$\mathbf{I}_1 = \mathbf{y}_{11}\mathbf{V}_1 + \mathbf{y}_{12}\mathbf{V}_2 \qquad [5]$$

$$\mathbf{I}_2 = \mathbf{y}_{21}\mathbf{V}_1 + \mathbf{y}_{22}\mathbf{V}_2 \qquad [6]$$

其中所有的 $\mathbf{y}$ 目前仍為未知或為未定的係數。然而，其單位必為 A/V 或 S，故稱其為 $\mathbf{y}$ (或導納) 參數，並如方程式 [5] 與 [6] 所定義。

$\mathbf{y}$ 參數與稍後在本章將定義的其它參數都可簡單的以矩陣作為表示。現在定義一兩列一行 (2 × 1) 的行矩陣 $\mathbf{I}$ 為

$$\mathbf{I} = \begin{bmatrix} \mathbf{I}_1 \\ \mathbf{I}_2 \end{bmatrix} \qquad [7]$$

而 $\mathbf{y}$ 參數 2 × 2 的方陣為

本教科書中用來表示矩陣的記號是標準的，但也容易和先前講述過的相量或複數記號相互混淆。因此在使用上必須清楚使用的對象，避免混亂產生。

$$\mathbf{y} = \begin{bmatrix} \mathbf{y}_{11} & \mathbf{y}_{12} \\ \mathbf{y}_{21} & \mathbf{y}_{22} \end{bmatrix} \qquad [8]$$

而 2 × 1 的列矩陣 $\mathbf{V}$ 為

$$\mathbf{V} = \begin{bmatrix} \mathbf{V}_1 \\ \mathbf{V}_2 \end{bmatrix} \qquad [9]$$

因此可寫出矩陣方程式 $\mathbf{I}=\mathbf{y}\mathbf{V}$，或

$$\begin{bmatrix} \mathbf{I}_1 \\ \mathbf{I}_2 \end{bmatrix} = \begin{bmatrix} \mathbf{y}_{11} & \mathbf{y}_{12} \\ \mathbf{y}_{21} & \mathbf{y}_{22} \end{bmatrix} \begin{bmatrix} \mathbf{V}_1 \\ \mathbf{V}_2 \end{bmatrix}$$

將上式右邊乘開，可得到對等之結果為

$$\begin{bmatrix}\mathbf{I}_1\\ \mathbf{I}_2\end{bmatrix}=\begin{bmatrix}\mathbf{y}_{11}\mathbf{V}_1+\mathbf{y}_{12}\mathbf{V}_2\\ \mathbf{y}_{21}\mathbf{V}_1+\mathbf{y}_{22}\mathbf{V}_2\end{bmatrix}$$

此 2×1 矩陣相等時，其對應元素必須相等；因此推導出方程式 [5] 與 [6] 兩定義的方程式。

探求 $\mathbf{y}$ 參數的物理意義最有效的方法就是直接觀察方程式 [5] 與 [6]。例如，於方程式 [5] 中可令 $\mathbf{V}_2$ 為 0，此可求得 $\mathbf{y}_{11}$ 為 $\mathbf{I}_1$ 對 $\mathbf{V}_1$ 之比。因此得知，$\mathbf{y}_{11}$ 為輸出端短路 (即 $\mathbf{V}_2=0$) 時，由輸入端所測得的導納。由於沒有哪兩個端點為短路的混淆情形發生，所以最好把 $\mathbf{y}_{11}$ 描述為短路輸入導納 (short-circuit input admittance)。此外，亦可將 $\mathbf{y}_{11}$ 描述為在輸出端短路時所量到的輸入阻抗之倒數，但在此 $\mathbf{y}_{11}$ 還是以導納來描述顯然會較為直接。參數的名稱並不是很重要，重要的是必須應用於方程式 [5] 與 [6] 的條件，即應用於網路的條件，這些才是有意義的。當某條件已決定後，參數即可從電路的分析 (或實際電路的實驗) 中直接地求出來。每個 $\mathbf{y}$ 參數均可描述為 $\mathbf{V}_1=0$ (輸入端短路) 或 $\mathbf{V}_2=0$ (輸出端短路) 時的電流與電壓之比，為

$$\mathbf{y}_{11}=\left.\frac{\mathbf{I}_1}{\mathbf{V}_1}\right|_{\mathbf{V}_2=0} \qquad [10]$$

$$\mathbf{y}_{12}=\left.\frac{\mathbf{I}_1}{\mathbf{V}_2}\right|_{\mathbf{V}_1=0} \qquad [11]$$

$$\mathbf{y}_{21}=\left.\frac{\mathbf{I}_2}{\mathbf{V}_1}\right|_{\mathbf{V}_2=0} \qquad [12]$$

$$\mathbf{y}_{22}=\left.\frac{\mathbf{I}_2}{\mathbf{V}_2}\right|_{\mathbf{V}_1=0} \qquad [13]$$

由於每一個參數就是一個導納，且是輸入埠或輸出埠短路而得到，故 $\mathbf{y}$ 參數又稱為**短路導納參數** (short-circuit admittance parameters)。各參數名稱如下所示：$\mathbf{y}_{11}$ **短路輸入導納** (short-circuit input admittance)，$\mathbf{y}_{22}$ **短路輸出導納** (short-circuit output admittance)，而 $\mathbf{y}_{12}$ 與 $\mathbf{y}_{21}$ 為**短路轉換導納** (short-circuit transfer admittance)。

例題 17.4

如圖 17.9 電阻性雙埠網路，試求出四個短路導納參數為何？

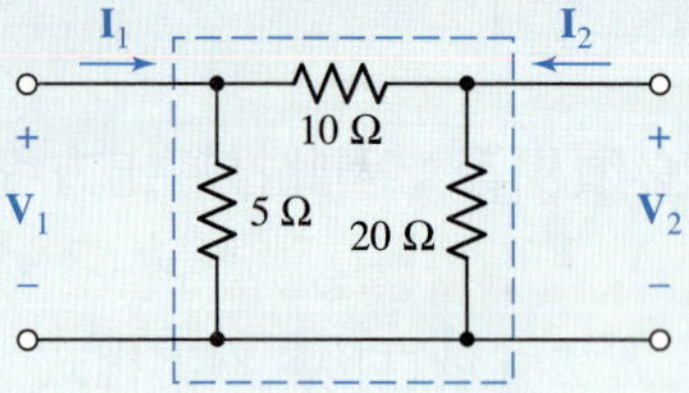

■圖 17.9 電阻性雙埠網路。

參數可輕易地從方程式 [10] 到 [13] 中求出，此四個方程式係直接由方程式 [5] 與 [6] 之定義而來。為了決定 $\mathbf{y}_{11}$，將輸出短路，在求 $\mathbf{I}_1$ 對 $\mathbf{V}_1$ 之比；緊接令 $\mathbf{V}_1 = 1$ V，則 $\mathbf{y}_{11} = \mathbf{I}_1$。觀察圖 17.9 網路，很明顯地，當 1 V 作用於網路輸入端而輸出端短路時，將得到輸入電流為 $(\frac{1}{5} + \frac{1}{10})$ 或 0.3 A。於是

$$\mathbf{y}_{11} = 0.3 \text{ S}$$

為求得 $\mathbf{y}_{12}$，我們將輸入端短路，然後於輸出端加入 1 V，則輸入電流流經短路端為 $\mathbf{I}_1 = -\frac{1}{10}$ A；因此

$$\mathbf{y}_{12} = -0.1 \text{ S}$$

利用同樣的算法求出

$$\mathbf{y}_{21} = -0.1 \text{ S} \qquad \mathbf{y}_{22} = 0.15 \text{ S}$$

所以以導納參數來描述此雙埠網路方程式為

$$\mathbf{I}_1 = 0.3\mathbf{V}_1 - 0.1\mathbf{V}_2 \qquad [14]$$

$$\mathbf{I}_2 = -0.1\mathbf{V}_1 + 0.15\mathbf{V}_2 \qquad [15]$$

及

$$\mathbf{y} = \begin{bmatrix} 0.3 & -0.1 \\ -0.1 & 0.15 \end{bmatrix} \qquad (\text{單位均為 S})$$

不必逐一使用方程式 [10] 到 [13] 來求各參數，可立即將所有參數求出。

例題 17.5

如圖 17.9 雙埠網路中，先定出節點電壓 $\mathbf{V}_1$ 與 $\mathbf{V}_2$，並列出以此電壓作為表示的 $\mathbf{I}_1$ 與 $\mathbf{I}_2$ 表示式，以求得四個導納參數。

我們得到下列方程式

$$\mathbf{I}_1 = \frac{\mathbf{V}_1}{5} + \frac{\mathbf{V}_1 - \mathbf{V}_2}{10} = 0.3\mathbf{V}_1 - 0.1\mathbf{V}_2$$

及

$$\mathbf{I}_2 = \frac{\mathbf{V}_2 - \mathbf{V}_1}{10} + \frac{\mathbf{V}_2}{20} = -0.1\mathbf{V}_1 + 0.15\mathbf{V}_2$$

此兩方程式與方程式 [14] 與 [15] 一樣，且四個 $\mathbf{y}$ 參數可直接被讀出。

練習題

17.3　如圖 17.10 所示之電路，加入適當的 1 V 電源並對電路進行短路，以求出 (a) $\mathbf{y}_{11}$；(b) $\mathbf{y}_{21}$；(c) $\mathbf{y}_{22}$；(d) $\mathbf{y}_{12}$。

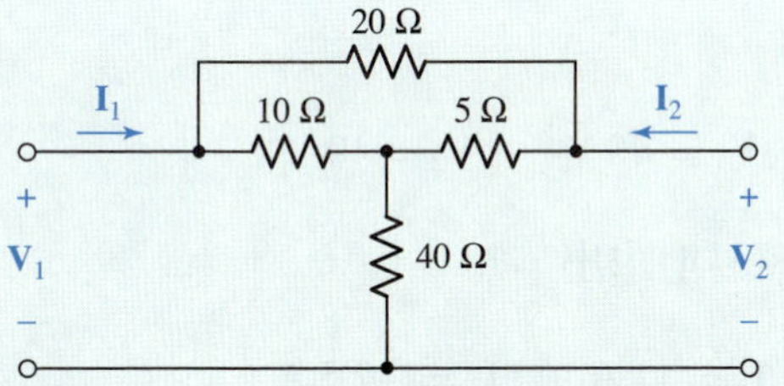

■圖 17.10

答：0.1192 S；−0.1115 S；0.1269 S；−0.1115 S。

通常欲求取某個特定參數時，可利用方程式 [10]、[11]、[12] 與 [13] 會較為容易。若欲求出所有參數時，則指定 $\mathbf{V}_1$ 和 $\mathbf{V}_2$ 為輸入與輸出端點之電壓，再指定內部節點對參考點的電壓，然後再完成所需要的答案。

為了顯示此聯立方程式如何使用起見，我們現在於輸入及輸出端點接上一些特定的單埠網路。考慮例題 17.4 簡單的雙埠網路，如圖 17.11 顯示，輸入端接上一實際電流源，而於輸出端接上電阻性負載。$\mathbf{V}_1$ 與 $\mathbf{V}_2$ 現在必須存著某種與雙埠電路無關之關係，此關

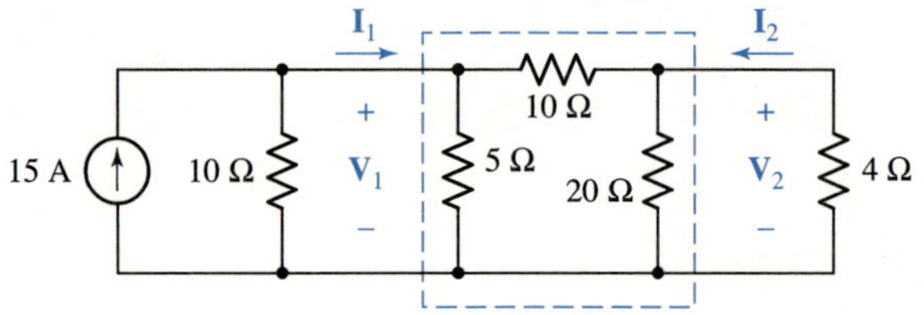

■圖 17.11 圖 17.9 中的電阻性雙埠網路。於輸出端點與特定的單埠網路連接。

係可單獨地由外部電路決定。若於輸入端引用 KCL 定律 (或寫出一條節點方程式)，則得到

$$\mathbf{I}_1 = 15 - 0.1\mathbf{V}_1$$

於輸出端，利用歐姆定律得到

$$\mathbf{I}_2 = -0.25\mathbf{V}_2$$

將 $\mathbf{I}_1$ 及 $\mathbf{I}_2$ 的表示式代入方程式 [14] 與 [15]，得到

$$15 = 0.4\mathbf{V}_1 - 0.1\mathbf{V}_2$$
$$0 = -0.1\mathbf{V}_1 + 0.4\mathbf{V}_2$$

從中可得到

$$\mathbf{V}_1 = 40 \text{ V} \qquad \mathbf{V}_2 = 10 \text{ V}$$

輸入與輸出電流亦可輕易地求出，為

$$\mathbf{I}_1 = 11 \text{ A} \qquad \mathbf{I}_2 = -2.5 \text{ A}$$

如此即可得知整個電阻性雙埠網路的端點特性。

雙埠網路分析的優點，無法於此簡單的例子中充分表現出來。但一旦求出較為複雜網路的 $\mathbf{y}$ 參數之後，則對於不同端點條件的雙埠而言，其性能可以很輕易地予以決定；且其方式只需列出輸入端點的 $\mathbf{V}_1$ 與 $\mathbf{I}_1$ 以及輸出端點的 $\mathbf{V}_2$ 與 $\mathbf{I}_2$ 關係即可。

由上列結果得知 $\mathbf{y}_{12}$ 與 $\mathbf{y}_{21}$ 皆為 -0.1 S；如果以三個一般的阻抗 $\mathbf{Z}_A$、$\mathbf{Z}_B$ 與 $\mathbf{Z}_C$ 連接成 Π 型網路，則不難證明 $\mathbf{y}_{12}$ 等於 $\mathbf{y}_{21}$。有時候要決定 $\mathbf{y}_{12}=\mathbf{y}_{21}$ 時的特定條件會較為困難，但若使用行列式作計算會有些幫助。現在讓我們檢視方程式 [10] 到 [13] 之關係式可否使用阻抗行列式及其子式來表示。

由於我們所關心的是雙埠，而非端點所接的特定網路，所以我們將以兩個理想電壓源來代表 $\mathbf{V}_1$ 與 $\mathbf{V}_2$。應用方程式 [10] 時，令 $\mathbf{V}_2=0$ (即輸出短路)，且求其輸入阻抗。現在此網路變成一單埠網路，而單埠網路的輸入阻抗可依 17.1 節所述之方式求出。我們選擇迴路 1，使其包含輸入端點，並令 $\mathbf{I}_1$ 為此迴路之電流，並令 $(-\mathbf{I}_2)$ 為迴路 2 之電流，再以其它隨意便利的方式指定剩餘的迴路電流。因此

$$\mathbf{Z}_{\text{in}}|_{\mathbf{V}_2=0} = \frac{\Delta_\mathbf{Z}}{\Delta_{11}}$$

所以

$$\mathbf{y}_{11} = \frac{\Delta_{11}}{\Delta_\mathbf{Z}}$$

同樣得到

$$\mathbf{y}_{22} = \frac{\Delta_{22}}{\Delta_\mathbf{Z}}$$

為了求 $\mathbf{y}_{12}$，可令 $\mathbf{V}_1=0$，並求 $\mathbf{I}_1$ 使其成為 $\mathbf{V}_2$ 之函數。我們求得 $\mathbf{I}_1$ 為下式所列之比：

$$\mathbf{I}_1 = \frac{\begin{vmatrix} 0 & \mathbf{Z}_{12} & \cdots & \mathbf{Z}_{1N} \\ -\mathbf{V}_2 & \mathbf{Z}_{22} & \cdots & \mathbf{Z}_{2N} \\ 0 & \mathbf{Z}_{32} & \cdots & \mathbf{Z}_{3N} \\ \cdots & \cdots & \cdots & \cdots \\ 0 & \mathbf{Z}_{N2} & \cdots & \mathbf{Z}_{NN} \end{vmatrix}}{\begin{vmatrix} \mathbf{Z}_{11} & \mathbf{Z}_{12} & \cdots & \mathbf{Z}_{1N} \\ \mathbf{Z}_{21} & \mathbf{Z}_{22} & \cdots & \mathbf{Z}_{2N} \\ \mathbf{Z}_{31} & \mathbf{Z}_{32} & \cdots & \mathbf{Z}_{3N} \\ \cdots & \cdots & \cdots & \cdots \\ \mathbf{Z}_{N1} & \mathbf{Z}_{N2} & \cdots & \mathbf{Z}_{NN} \end{vmatrix}}$$

因此，

$$\mathbf{I}_1 = -\frac{(-\mathbf{V}_2)\Delta_{21}}{\Delta_\mathbf{Z}}$$

及

$$\mathbf{y}_{12} = \frac{\Delta_{21}}{\Delta_\mathbf{Z}}$$

利用相同的方法亦可求得

$$\mathbf{y}_{21} = \frac{\Delta_{12}}{\Delta_{\mathbf{Z}}}$$

$\mathbf{y}_{12}$ 與 $\mathbf{y}_{21}$ 相等，其條件為 $\Delta_{\mathbf{Z}}$ 的兩個子式 Δ_{12} 與 Δ_{21} 必須相等。此二子式為

$$\Delta_{21} = \begin{vmatrix} \mathbf{Z}_{12} & \mathbf{Z}_{13} & \mathbf{Z}_{14} & \cdots & \mathbf{Z}_{1N} \\ \mathbf{Z}_{32} & \mathbf{Z}_{33} & \mathbf{Z}_{34} & \cdots & \mathbf{Z}_{3N} \\ \mathbf{Z}_{42} & \mathbf{Z}_{43} & \mathbf{Z}_{44} & \cdots & \mathbf{Z}_{4N} \\ \cdots & \cdots & \cdots & \cdots & \cdots \\ \mathbf{Z}_{N2} & \mathbf{Z}_{N3} & \mathbf{Z}_{N4} & \cdots & \mathbf{Z}_{NN} \end{vmatrix}$$

及

$$\Delta_{12} = \begin{vmatrix} \mathbf{Z}_{21} & \mathbf{Z}_{23} & \mathbf{Z}_{24} & \cdots & \mathbf{Z}_{2N} \\ \mathbf{Z}_{31} & \mathbf{Z}_{33} & \mathbf{Z}_{34} & \cdots & \mathbf{Z}_{3N} \\ \mathbf{Z}_{41} & \mathbf{Z}_{43} & \mathbf{Z}_{44} & \cdots & \mathbf{Z}_{4N} \\ \cdots & \cdots & \cdots & \cdots & \cdots \\ \mathbf{Z}_{N1} & \mathbf{Z}_{N3} & \mathbf{Z}_{N4} & \cdots & \mathbf{Z}_{NN} \end{vmatrix}$$

先將其中一個行列式 (如 Δ_{21}) 的行與列互換，即可利用線性代數課本所講述的方法證明其相等性，然後將每一個互阻抗 $\mathbf{Z}_{ij}$ 以 $\mathbf{Z}_{ji}$ 代替；因此令

$$\mathbf{Z}_{12} = \mathbf{Z}_{21} \qquad \mathbf{Z}_{23} = \mathbf{Z}_{32} \qquad \text{等等}$$

對三種熟悉的被動元件而言 (亦即電阻器、電容器與電感器)，$\mathbf{Z}_{ij}$ 和 $\mathbf{Z}_{ji}$ 的相等性是顯而易見的；然而，對雙埠網路所含的每一個元件而言則是不對的。特別是對於依賴電源、旋轉機器 (gyrator)、具霍爾效應之元件以及包含磁鐵的導波裝置等而言，這一般都是不正確的。在極窄的輻射頻率 (radian frequency) 範圍內，訊號由輸出經旋轉機器至輸入，與訊號由輸入經旋轉器至輸出 (此時為順向) 相比，前者會提供額外 180° 的相位移，因此 $\mathbf{y}_{12} = -\mathbf{y}_{21}$。然而，大部分導致 $\mathbf{Z}_{ij}$ 不等於 $\mathbf{Z}_{ji}$ 的被動元件一般常為非線性元件。

任何具有 $\mathbf{Z}_{ij} = \mathbf{Z}_{ji}$ 特性的裝置稱為雙向元件 (bilateral element)，而僅含有雙向元件的電路稱為雙向電路。我們已證得雙向雙埠網路的一重要性質為

$$\mathbf{y}_{12} = \mathbf{y}_{21}$$

此性質可加以修飾，並以*互易定律* (reciprocity theorem) 陳述之：

在任何被動線性雙向網路中，若 x 分支上的單一電壓源 $\mathbf{V}_x$ 於 y 分支上產生電流響應 $\mathbf{I}_y$，此時若將 x 分支上的電壓源移除，並加至 y 分支上，則會在 x 分支上產生電流響應 $\mathbf{I}_y$。

描述此定律最簡單的方法是：在任何被動線性雙向電路中，把理想電壓源與理想安培表互換，也不影響安培表的讀值。

如果我們求出電路的導納行列式 $\Delta_\mathbf{Y}$，並證明其子式 Δ_{21} 與 Δ_{12} 相等，則可獲得上述互易定律的對偶：

在任何被動線性雙向網路中，若介於節點 x 與 x' 的單一電流源 $\mathbf{I}_x$ 於節點 y 與 y' 之間產生電壓響應 $\mathbf{V}_y$，此時若將介於節點 x 與 x' 的電流源移除，並加至節點 y 與 y' 中，則會在節點 x 與 x' 間產生電壓響應 $\mathbf{V}_y$。

換言之，在任何被動線性雙向電路中，將理想電流源與理想電壓表互換，也將不會影響電壓表的讀值。

含依賴電源接收的雙埠網路將在 17.3 節中有所強調。

練習題

17.4　在圖 17.10 的電路中，令 $\mathbf{I}_1$ 與 $\mathbf{I}_2$ 代表理想電流源；令 $\mathbf{V}_1$ 為輸入端節點電壓，$\mathbf{V}_2$ 為輸出端節點電壓，而 $\mathbf{V}_x$ 為中間節點至參考節點的電壓。試寫出三個節點方程式，可消去 $\mathbf{V}_x$ 以獲得兩個方程式，再重新排列成方程式 [5] 與 [6] 之型式，使得能夠直接由方程式中讀出四個 $\mathbf{y}$ 參數。

17.5　試求出圖 17.12 雙埠網路的 $\mathbf{y}$ 參數。

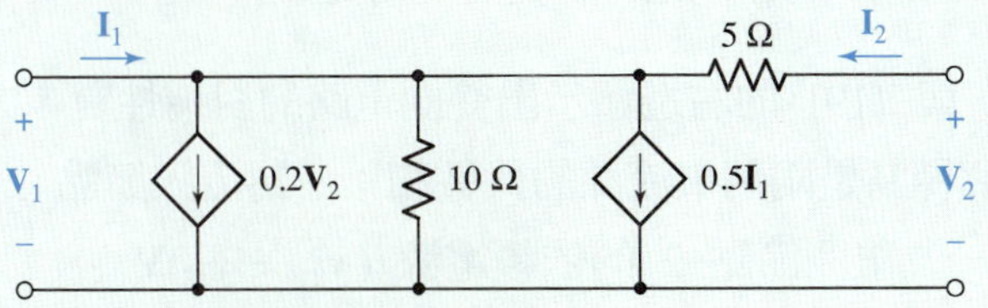

■圖 17.12

答：17.4：$\begin{bmatrix} 0.1192 & -0.1115 \\ -0.1115 & 0.1269 \end{bmatrix}$(單位皆為 S)；

17.5：$\begin{bmatrix} 0.6 & 0 \\ -0.2 & 0.2 \end{bmatrix}$ (單位皆為 S)。

17.3 一些等效電路

在分析電子電路時，通常需要用包含三個或四個阻抗的等效雙埠網路來取代主動元件 (以及或許和它有所相關的被動電路)。這些等效電路往往受限於小訊號的振幅、單一頻率或可能是一段有限的頻率範圍。此等效電路亦是非線性電路的線性近似。然而，若我們所要處理的網路是包含多個電阻器、電容器與電感器再加上電晶體 2N3823 之網路，則我們可能無法利用之前學習過的方法來進行電路分析，這時電晶體必須以一線性模型來取代，就好像在第 6 章中以線性模型取代運算放大器一樣。$\mathbf{y}$ 參數可以雙埠網路之型式來提供如此之模型，且其常適用於高頻。其它常用的電晶體線性模型將於 17.5 節中提及。

用以決定短路導納參數的兩個方程式為

$$\mathbf{I}_1 = \mathbf{y}_{11}\mathbf{V}_1 + \mathbf{y}_{12}\mathbf{V}_2 \tag{16}$$

$$\mathbf{I}_2 = \mathbf{y}_{21}\mathbf{V}_1 + \mathbf{y}_{22}\mathbf{V}_2 \tag{17}$$

以上兩式具有一對節點方程式的型式，可由包含兩個非參考節點的電路寫出。要從 $\mathbf{y}_{12}$ 不等於 $\mathbf{y}_{21}$ 的論點上決定出能產生方程式 [16] 與 [17] 的等效電路一般會較為困難。我們可利用一些技巧協助求得一對含有相等互係數 (mutual coefficient) 的方程式。於方程式 [17] 右邊加減 $\mathbf{y}_{12}\mathbf{V}_1$ (這是我們想於方程式 [17] 中所見到的項)，得到

$$\mathbf{I}_2 = \mathbf{y}_{12}\mathbf{V}_1 + \mathbf{y}_{22}\mathbf{V}_2 + (\mathbf{y}_{21} - \mathbf{y}_{12})\mathbf{V}_1 \tag{18}$$

或

$$\mathbf{I}_2 - (\mathbf{y}_{21} - \mathbf{y}_{12})\mathbf{V}_1 = \mathbf{y}_{12}\mathbf{V}_1 + \mathbf{y}_{22}\mathbf{V}_2 \tag{19}$$

現在方程式 [16] 與 [19] 的右邊顯示出雙向電路的對稱性質，方程式 [19] 左邊可解釋為是兩個電流源的代數和：一為流入節點 2 的獨立電源 $\mathbf{I}_2$，另一為離開節點 2 的依賴電源 $(\mathbf{y}_{21} - \mathbf{y}_{12})\mathbf{V}_1$。

接著讓我們由方程式 [16] 與 [19] "讀出" 等效電路。首先假設一參考節點，然後註明 $\mathbf{V}_1$ 節點與 $\mathbf{V}_2$ 節點。根據方程式 [16]，我們建立電流 $\mathbf{I}_1$ 流入節點 1，在節點 1 與節點 2 之間加入一互導

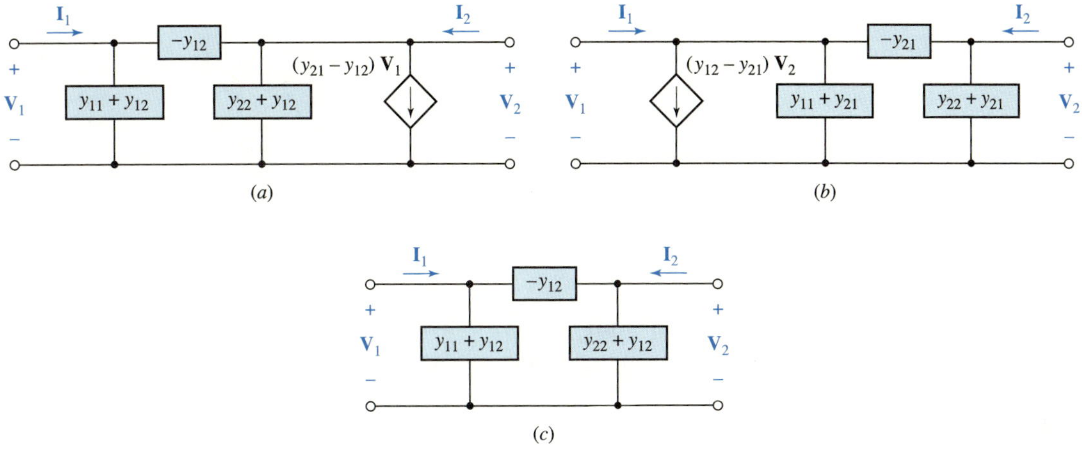

■圖 17.13 (*a*) 與 (*b*) 係為雙埠，等效於任何一般的線性雙埠網路，(*a*) 中依賴電源依 $\mathbf{V}_1$ 而定，(*b*) 中依賴電源依 $\mathbf{V}_2$ 而定；(*c*) 雙向網路之等效。

納 $(-\mathbf{y}_{12})$；在節點 1 與參考點之間加入導納 $(\mathbf{y}_{11}+\mathbf{y}_{12})$。當 $\mathbf{V}_2=0$ 時，$\mathbf{I}_1$ 對 $\mathbf{V}_1$ 的比值就是 $\mathbf{y}_{11}$。接著考慮方程式 [19]，知道電流 $\mathbf{I}_2$ 流入第二個節點，而電流 $(\mathbf{y}_{21}-\mathbf{y}_{12})\mathbf{V}_1$ 流出這個節點，存在於節點之間的是適當的導納 $(-\mathbf{y}_{12})$。再於節點 2 至參考點之間加入一導納 $(\mathbf{y}_{22}+\mathbf{y}_{12})$，即完成如圖 17.13*a* 所示之完整電路。

於方程式 [16] 中加上或減去 $\mathbf{y}_{21}\mathbf{V}_2$，可得另一種型式的等效電路，如圖 17.13*b* 所示。

若雙埠網路為雙向，則 $\mathbf{y}_{12}=\mathbf{y}_{21}$，圖 17.13*a* 與 *b* 中任一等效電路皆可簡化為 Π 型網路；亦即依賴電源會因此消失，而得到如圖 17.13*c* 所示的雙向雙埠等效電路。

這些等效電路簡化的方法有很多種，目前我們已經成功證實任何複雜的線性雙埠電路，其等效電路是存在的。在網路中無論包含多少個節點或迴路，其等效電路皆不會比圖 17.13 所示的電路還要來的複雜。因此，若我們僅對已知網路的端點特性感興趣，則使用等效電路會比使用原先的電路要來的容易。

圖 17.14*a* 所示的三端網路一般稱為 Δ 阻抗網路，而圖 17.14*b* 的網路則稱為 Y 阻抗網路。若此兩種網路的阻抗滿足某種特定的關係，則此兩種網路可以進行互換，且其兩者之間的關係可以 **y** 參數求得。因此求得

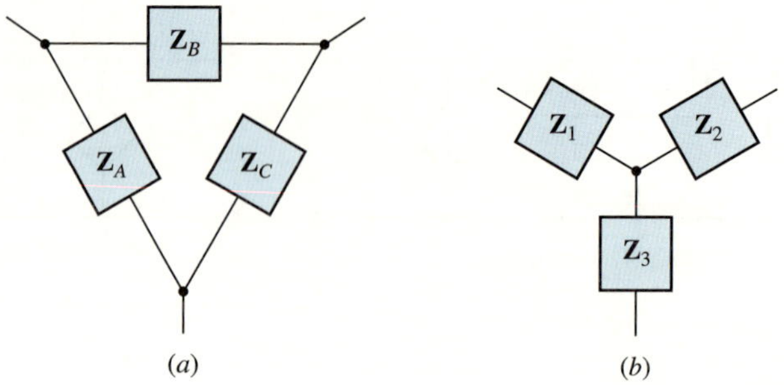

■圖 17.14 等效的 (a) 三端點 Δ 網路；(b) 三端點 Y 網路。若六個阻抗滿足 Y-Δ (或 Π-T) 的轉換條件，即滿足方程式 [20] 到 [25]。

$$\mathbf{y}_{11} = \frac{1}{\mathbf{Z}_A} + \frac{1}{\mathbf{Z}_B} = \frac{1}{\mathbf{Z}_1 + \mathbf{Z}_2\mathbf{Z}_3/(\mathbf{Z}_2 + \mathbf{Z}_3)}$$

$$\mathbf{y}_{12} = \mathbf{y}_{21} = -\frac{1}{\mathbf{Z}_B} = \frac{-\mathbf{Z}_3}{\mathbf{Z}_1\mathbf{Z}_2 + \mathbf{Z}_2\mathbf{Z}_3 + \mathbf{Z}_3\mathbf{Z}_1}$$

$$\mathbf{y}_{22} = \frac{1}{\mathbf{Z}_C} + \frac{1}{\mathbf{Z}_B} = \frac{1}{\mathbf{Z}_2 + \mathbf{Z}_1\mathbf{Z}_3/(\mathbf{Z}_1 + \mathbf{Z}_3)}$$

利用以上式子，可求出以 $\mathbf{Z}_1$、$\mathbf{Z}_2$ 與 $\mathbf{Z}_3$ 作為表示的 $\mathbf{Z}_A$、$\mathbf{Z}_B$ 與 $\mathbf{Z}_C$：

$$\mathbf{Z}_A = \frac{\mathbf{Z}_1\mathbf{Z}_2 + \mathbf{Z}_2\mathbf{Z}_3 + \mathbf{Z}_3\mathbf{Z}_1}{\mathbf{Z}_2} \quad [20]$$

$$\mathbf{Z}_B = \frac{\mathbf{Z}_1\mathbf{Z}_2 + \mathbf{Z}_2\mathbf{Z}_3 + \mathbf{Z}_3\mathbf{Z}_1}{\mathbf{Z}_3} \quad [21]$$

$$\mathbf{Z}_C = \frac{\mathbf{Z}_1\mathbf{Z}_2 + \mathbf{Z}_2\mathbf{Z}_3 + \mathbf{Z}_3\mathbf{Z}_1}{\mathbf{Z}_1} \quad [22]$$

亦可得相反之關係式：

讀者可於第 5 章中回想起這些關係式，以及有關的推導過程。

$$\mathbf{Z}_1 = \frac{\mathbf{Z}_A\mathbf{Z}_B}{\mathbf{Z}_A + \mathbf{Z}_B + \mathbf{Z}_C} \quad [23]$$

$$\mathbf{Z}_2 = \frac{\mathbf{Z}_B\mathbf{Z}_C}{\mathbf{Z}_A + \mathbf{Z}_B + \mathbf{Z}_C} \quad [24]$$

$$\mathbf{Z}_3 = \frac{\mathbf{Z}_C\mathbf{Z}_A}{\mathbf{Z}_A + \mathbf{Z}_B + \mathbf{Z}_C} \quad [25]$$

這些方程式使我們能夠輕易的在 Y 與 Δ 等效電路之間進行轉換，此過程即稱為 Y-Δ 轉換 (如果網路畫成 Π 型或 T 型時，則稱為

Π-T 轉換)。在進行 Y-Δ 轉換時 (即計算方程式 [20] 至 [22])，可先求出 Y 接網路中兩個不同阻抗乘積之和作為共同分子，而 Δ 中的每個元件值即可由此共同分子除以 Y 接網路中與欲求 Δ 接阻抗無共同接點之阻抗而得知。相反地；若已知一 Δ 接網路，先求環繞 Δ 接網路中的三個阻抗相加之和，再求與欲求阻抗具有共同節點的兩個 Δ 接阻抗之乘積，最後將此乘積除以三個阻抗相加之和，即可得到所需的 Y 阻抗。

此轉換方法常用於簡化被動網路上，特別是電阻性網路之簡化，因此可避免使用較為繁瑣的網目分析或節點分析方法。

例題 17.6

試求出圖 17.15*a* 所示電路的輸入電阻。

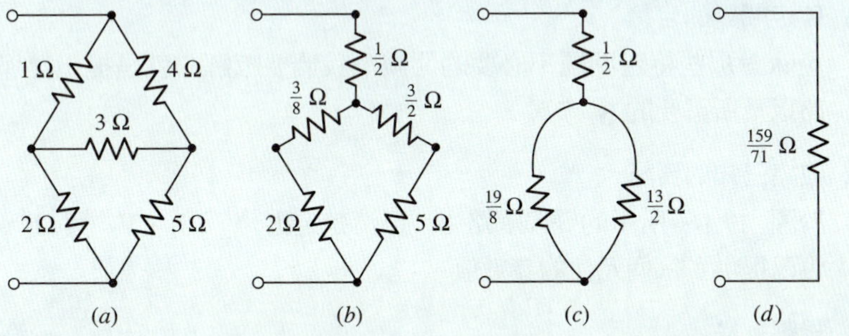

■圖 17.15　(*a*) 一個欲求輸入阻抗的已知網路，此為重複於第 5 章之例題；(*b*) 上方 Δ 接網路以等效 Y 接來取代；(*c*，*d*) 由串聯與並聯組合得到等效輸入阻抗為 $\frac{159}{71}$ Ω。

於圖 17.15*a* 中，首先對上方 Δ 接網路進行 Δ-Y 轉換，Δ 接網路的三個電阻和為 $1 + 4 + 3 = 8\ \Omega$，連接到上端節點的兩個電阻乘積為 $1 \times 4 = 4\ \Omega^2$。因此，Y 的上部電阻器為 $\frac{4}{8}$ 或 $\frac{1}{2}$ Ω。重複此計算程序，即可求得 Y 的另外兩個等效電組器，最後可得到如圖 17.15*b* 所示之網路。

其次進行串聯與並聯組合之計算，可得到圖 17.15*c* 與 *d* 之電路。因此圖 17.15*a* 電路之輸入電阻為 $\frac{159}{71}$ 或 2.24 Ω。

現在讓我們來探討如圖 17.16 所示較為複雜的例子。由於電路中含有一依賴電源，所以 Y-Δ 轉換將無法使用。

例題 17.7

圖 **17.16** 所示之電路為一與電晶體放大器近似的線性等效電路，其射極端位於電路下方節點處，基極端位於電路上方輸入節點處，而集極端位於電路上方輸出節點處。今有一個 **2000 Ω** 電阻器接在集極與基極之間作為某些特殊應用，而此舉亦使電路分析變的較為困難。試求出此電路的 **y** 參數為何？

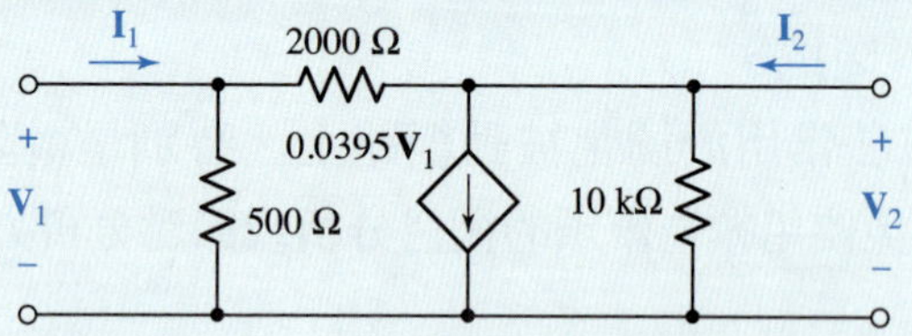

■圖 17.16 一共射極電晶體組態的線性等效電路，在集極與基極間加上回饋電阻。

▲ 確定問題的目標

免除對那些特定問題不必要的閒談，我們要瞭解的就是提出雙埠網路以及所需要的 **y** 參數。

▲ 收集已知的資訊

於圖 17.16 所示的雙埠網路中，已清楚定出 $\mathbf{V}_1$、$\mathbf{I}_1$、$\mathbf{V}_2$ 與 $\mathbf{I}_2$，且也已提供了每個元件的參數值。

▲ 規劃計畫

對此電路我們可以有好幾種想法，若將此電路考慮為如圖 17.13*a* 所示的等效電路，則我們可以很快地決定出 **y** 參數之值。如果不能夠快速的辨別出等效電路，則只好利用雙埠網路的關係式，即方程式 [10] 至 [13] 來決定 **y** 參數。我們應該避免使用任何雙埠網路的分析方法及依照電路直接寫出方程式。

▲ 建立適當的方程式組

觀察等效電路，我們可發現 $-\mathbf{y}_{21}$ 可由 2 kΩ 電阻器的導納求得，$\mathbf{y}_{11} + \mathbf{y}_{12}$ 可由 500 Ω 電阻器的導納求得，依賴電流源的增益可由 $\mathbf{y}_{21} - \mathbf{y}_{12}$ 求得，而最後 $\mathbf{y}_{22} + \mathbf{y}_{12}$ 可由 10 kΩ 電阻器的導納求得；因此可寫出

$$\mathbf{y}_{12} = -\frac{1}{2000}$$

$$\mathbf{y}_{11} = \frac{1}{500} - \mathbf{y}_{12}$$

$$\mathbf{y}_{21} = 0.0395 + \mathbf{y}_{12}$$

$$\mathbf{y}_{22} = \frac{1}{10{,}000} - \mathbf{y}_{12}$$

▲ **決定是否需要額外的資訊**

對於以上所寫出的方程式而言，可以看出只要計算出 $\mathbf{y}_{12}$，亦可求出其餘的 $\mathbf{y}$ 參數。

▲ **嘗試求解**

將數字填入計算器，我們得到

$$\mathbf{y}_{12} = -\tfrac{1}{2000} = -0.5 \text{ mS}$$

$$\mathbf{y}_{11} = \tfrac{1}{500} - \left(-\tfrac{1}{2000}\right) = 2.5 \text{ mS}$$

$$\mathbf{y}_{22} = \tfrac{1}{10{,}000} - \left(-\tfrac{1}{2000}\right) = 0.6 \text{ mS}$$

以及

$$\mathbf{y}_{21} = 0.0395 + \left(-\tfrac{1}{2000}\right) = 39 \text{ mS}$$

下列的方程式必須被應用：

$$\mathbf{I}_1 = 2.5\mathbf{V}_1 - 0.5\mathbf{V}_2 \qquad [26]$$

$$\mathbf{I}_2 = 39\mathbf{V}_1 + 0.6\mathbf{V}_2 \qquad [27]$$

其中我們所使用的單位為 mA、V、mS 與 kΩ。

▲ **證明所求之解是否合理且為所預期的**

直接由電路寫出兩個節點方程式，得到

$$\mathbf{I}_1 = \frac{\mathbf{V}_1 - \mathbf{V}_2}{2} + \frac{\mathbf{V}_1}{0.5} \quad \text{或} \quad \mathbf{I}_1 = 2.5\mathbf{V}_1 - 0.5\mathbf{V}_2$$

及

$$-39.5\mathbf{V}_1 + \mathbf{I}_2 = \frac{\mathbf{V}_2 - \mathbf{V}_1}{2} + \frac{\mathbf{V}_2}{10} \quad \text{或} \quad \mathbf{I}_2 = 39\mathbf{V}_1 + 0.6\mathbf{V}_2$$

此與方程式 [26] 及 [27] 一致，且可直接的得到 $\mathbf{y}$ 參數。

現在讓我們利用方程式 [26] 及 [27] 來分析圖 17.16 雙埠網路於不同運作條件下的執行性能。首先，於輸入端接上一個 $1\,\underline{/0^\circ}$ mA 的電流源，且於輸出端接上一個 0.5 kΩ (2 mS) 的負載；接上這些元件之後的網路變為單埠，並告知我們有關 $\mathbf{I}_1$ 與 $\mathbf{V}_1$ 及 $\mathbf{I}_2$ 與 $\mathbf{V}_2$ 的特定訊息為

$$\mathbf{I}_1 = 1 \text{ (就任何 } \mathbf{V}_1 \text{ 而言)} \quad \mathbf{I}_2 = -2\mathbf{V}_2$$

我們現在得到具有四個變數 ($\mathbf{V}_1$、$\mathbf{V}_2$、$\mathbf{I}_1$ 與 $\mathbf{I}_2$) 的四條方程式，將兩個單埠的關係式代入方程式 [26] 與 [27]，可得到兩個與 $\mathbf{V}_1$、$\mathbf{V}_2$ 有關的方程式為

$$1 = 2.5\mathbf{V}_1 - 0.5\mathbf{V}_2 \qquad 0 = 39\mathbf{V}_1 + 2.6\mathbf{V}_2$$

求解以上兩式得到

$$\mathbf{V}_1 = 0.1 \text{ V} \quad \mathbf{V}_2 = -1.5 \text{ V}$$
$$\mathbf{I}_1 = 1 \text{ mA} \quad \mathbf{I}_2 = 3 \text{ mA}$$

以上四個數值為雙埠操作於先前指定輸入 ($\mathbf{I}_1$=1 mA) 及特定負載 (R_L=0.5 kΩ) 時的答案。

放大器的執行性能常以某些特定數值來做表示；讓我們來計算上述 $\mathbf{I}_1$=1 mA、R_L=0.5 kΩ 之雙埠網路的四個數值。我們將定義以及估算出電壓增益、電流增益、功率增益與輸入阻抗。

電壓增益 (voltage gain) $\mathbf{G}_V$ 被定義為

$$\mathbf{G}_V = \frac{\mathbf{V}_2}{\mathbf{V}_1}$$

由先前的結果知道，$\mathbf{G}_V$=−15。

電流增益 (current gain) $\mathbf{G}_I$ 被定義為

$$\mathbf{G}_I = \frac{\mathbf{I}_2}{\mathbf{I}_1}$$

其值為

$$\mathbf{G}_I = 3$$

接著讓我們定義與計算某弦式激勵時的*功率增益* (power gain) G_P，得到

$$G_P = \frac{P_{\text{out}}}{P_{\text{in}}} = \frac{\text{Re}\left[-\frac{1}{2}\mathbf{V}_2\mathbf{I}_2^*\right]}{\text{Re}\left[\frac{1}{2}\mathbf{V}_1\mathbf{I}_1^*\right]} = 45$$

由於所有的增益都大於 1，所以目前所計算的裝置有可能是電壓、電流或功率放大器。若將 2 kΩ 電阻器移除，則功率增益將上升為

354。

放大器的輸入與輸出阻抗通常也是我們想知道的，以便到 (或從) 鄰近的雙埠間得到最大功率轉換。定義輸入阻抗 $\mathbf{Z}_{\text{in}}$ 為輸入電壓與電流之比：

$$\mathbf{Z}_{\text{in}} = \frac{\mathbf{V}_1}{\mathbf{I}_1} = 0.1\ \text{k}\Omega$$

這是輸出端接上 500 Ω 負載時，於電流源往負載端算得之阻抗 (若將輸出短路，則輸入阻抗為 $1 / \mathbf{y}_{11}$ 或 400 Ω)。

必須注意的是，此輸入阻抗不能將每個電源以其內部阻抗來等效，然後以合併電阻或電導的方式求之。若以此方式做計算，則求得的阻抗為 416 Ω。該值理所當然是錯誤的，主要是將依賴電源看作獨立電源之故。如果將輸入阻抗的數值看成與由 1 A 輸入電流產生對應輸入電壓時的阻抗相同，則加入此 1 A 的電源會產生某一輸出電壓 $\mathbf{V}_1$，故依賴電源 ($0.0395\ \mathbf{V}_1$) 不會等於零。回想先前的章節，在求包含一個或多個獨立電源與一依賴電源的戴維寧等效阻抗時，可用短路或開路來取代獨立電源，但依賴電源無法這樣處理，必須被去除。當然，如果依賴電源所依賴的電壓或電流為零，則依賴電源本身就毫無作用，此時電路即可再進一步的簡化。

除了 $\mathbf{G}_V$、$\mathbf{G}_I$、G_P 與 $\mathbf{Z}_{\text{in}}$ 之外，尚有一攸關放大器性能的有用參數，其為輸出阻抗 $\mathbf{Z}_{\text{out}}$，可由不同的電路結構中被決定出來。

輸出阻抗的另一個意思就是由負載端往戴維寧等效電路看所得到的戴維寧阻抗。在我們所討論的電路中，我們是假設電路被 $1\,\underline{/0^\circ}$ mA 電流源所推動，於是以開路來取代獨立電源，獨留依賴電源於電路中，然後由輸出端點 (此時負載已移除) 往電路看，所看到的"輸入"阻抗即為戴維寧阻抗。因此，我們定義

$$\mathbf{Z}_{\text{out}} = \mathbf{V}_2|_{\mathbf{I}_2=1\ \text{A}}\ \ \text{沒有其它獨立電源且 } RL \text{ 已移除}$$

移除負載電阻器之後，於輸出端加入 $1\,\underline{/0^\circ}$ mA (由於電壓、電流與電阻分別以 V、mA 與 kΩ 為單位) 電流源，然後求出 $\mathbf{V}_2$，此即輸出阻抗。現在將相關的數值代入方程式 [26] 與 [27]，可得到

$$0 = 2.5\mathbf{V}_1 - 0.5\mathbf{V}_2 \qquad 1 = 39\mathbf{V}_1 + 0.6\mathbf{V}_2$$

求解以上兩式，可得

$$\mathbf{V}_2 = 0.1190 \text{ V}$$

因此

$$\mathbf{Z}_{\text{out}} = 0.1190 \text{ k}\Omega$$

另一種求取輸出阻抗的方法為先求開路輸出電壓與短路輸出電流；亦即，戴維寧阻抗就是輸出阻抗

$$\mathbf{Z}_{\text{out}} = \mathbf{Z}_{\text{th}} = -\frac{\mathbf{V}_{2\text{oc}}}{\mathbf{I}_{2\text{sc}}}$$

依上述程序，在輸入端重新接上 $\mathbf{I}_1 = 1$ mA 的獨立電源，同時將負載開路使得 $\mathbf{I}_2 = 0$，得到

$$1 = 2.5\mathbf{V}_1 - 0.5\mathbf{V}_2 \qquad 0 = 39\mathbf{V}_1 + 0.6\mathbf{V}_2$$

由此二式可得

$$\mathbf{V}_{2\text{oc}} = -1.857 \text{ V}$$

其次，令 $\mathbf{V}_2 = 0$，將輸出端短路；再令 $\mathbf{I}_1 = 1$ mA，得到

$$\mathbf{I}_1 = 1 = 2.5\mathbf{V}_1 - 0 \qquad \mathbf{I}_2 = 39\mathbf{V}_1 + 0$$

因此，

$$\mathbf{I}_{2\text{sc}} = 15.6 \text{ mA}$$

依 $\mathbf{V}_2$ 與 $\mathbf{I}_2$ 所假設的極性與方向得到戴維寧阻抗，亦即輸出阻抗為

$$\mathbf{Z}_{\text{out}} = -\frac{\mathbf{V}_{2\text{oc}}}{\mathbf{I}_{2\text{sc}}} = -\frac{-1.857}{15.6} = 0.1190 \text{ k}\Omega$$

其結果與先前做法所得相同。

現在我們有足夠的訊息可以畫出圖 17.16 所示由 $1\,\underline{/0^\circ}$ mA 電源驅動，負載接上 500 Ω 電阻之雙埠網路的戴維寧或諾頓等效電路。因此，由負載端看見的諾頓等效電路為一等於短路電流 $\mathbf{I}_{2\text{sc}}$ 的電流源與輸出阻抗的並聯，如圖 17.17*a* 所示；此外，$1\,\underline{/0^\circ}$ mA 電流源往右看到的戴維寧等效電路則只為一輸入阻抗，如圖 17.17*b*

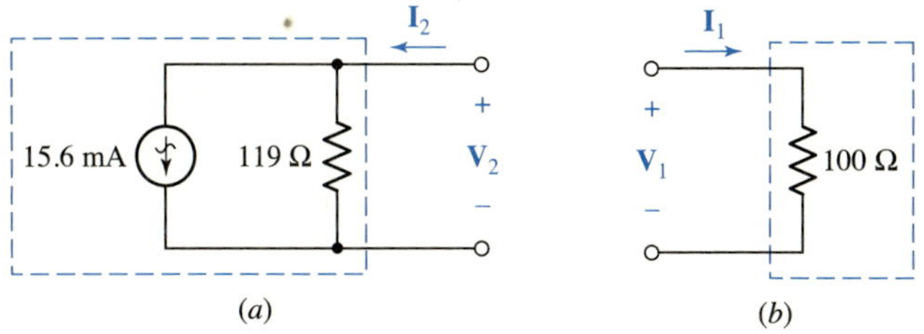

■圖 17.17　(a) 當圖 17.16 中的 $\mathbf{I}_1 = 1\,\underline{/0°}$ mA 時，由輸出端往左看得到的諾頓等效電路；(b) 當 $\mathbf{I}_2 = -2\mathbf{V}_2$ mA 時，由輸入端往右看得到的戴維寧等效電路。

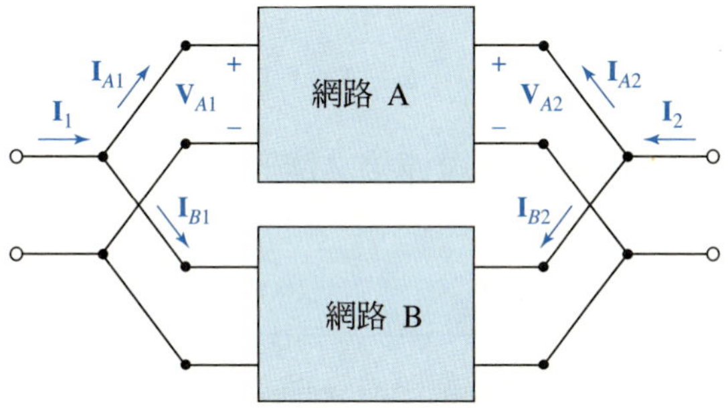

■圖 17.18　兩個雙埠網路的並聯連接，若兩個網路的輸入與輸出具有相同的參考點，則導納矩陣為 $\mathbf{y} = \mathbf{y}_A + \mathbf{y}_B$。

所示。

在結束 **y** 參數的討論之前，應先認識如圖 17.18 所示雙埠網路並聯連接之用途。我們在 17.1 節中第一次定義“埠”時，當時必須注意的是流入與流出埠的電流一定要相等，且埠與埠之間不能以“橋式 (bridge)”的接法連接外部元件。明顯的，圖 17.18 的並聯連接違背了這項規定；然而，若每一個雙埠的輸出與輸入端有一共同參考節點，且若兩個雙埠為並聯連接，則會有共同的參考節點，故所有的雙埠連接後仍為雙埠。因此，就網路 A 而言

$$\mathbf{I}_A = \mathbf{y}_A \mathbf{V}_A$$

其中

$$\mathbf{I}_A = \begin{bmatrix} \mathbf{I}_{A1} \\ \mathbf{I}_{A2} \end{bmatrix} \quad 與 \quad \mathbf{V}_A = \begin{bmatrix} \mathbf{V}_{A1} \\ \mathbf{V}_{A2} \end{bmatrix}$$

而就網路 B 而言

$$\mathbf{I}_B = \mathbf{y}_B \mathbf{V}_B$$

而

$$\mathbf{V}_A = \mathbf{V}_B = \mathbf{V} \quad 與 \quad \mathbf{I} = \mathbf{I}_A + \mathbf{I}_B$$

因此

$$\mathbf{I} = (\mathbf{y}_A + \mathbf{y}_B)\mathbf{V}$$

由此得知，並聯網路的 $\mathbf{y}$ 參數為個別網路的對應參數之和；亦即

$$\mathbf{y} = \mathbf{y}_A + \mathbf{y}_B \tag{28}$$

此可擴展到任何多個雙埠並聯連接之情形。

練習題

17.6 試求圖 17.19 所示雙埠網路的 $\mathbf{y}$ 與 $\mathbf{Z}_{out}$。

17.7 試利用 Δ-Y 與 Y-Δ 轉換求出 (a) 圖 17.20*a*；(b) 圖 17.20*b* 所示網路的 R_{in}。

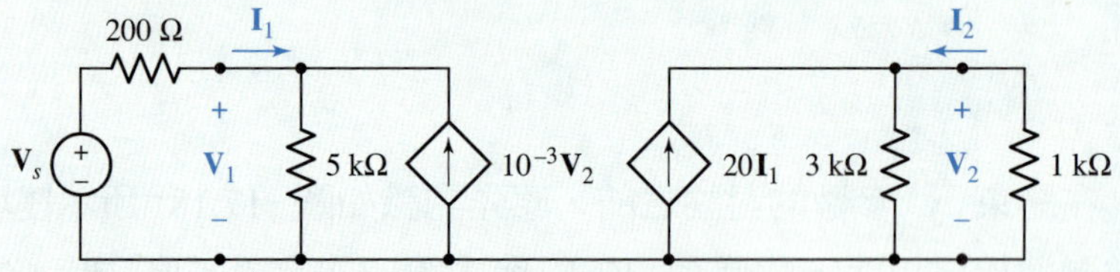

■圖 17.19

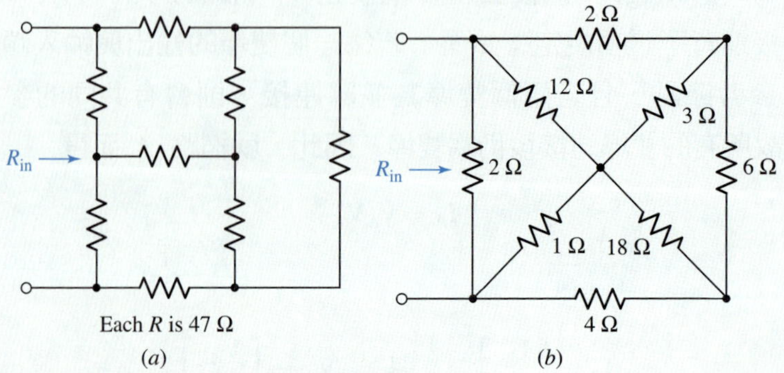

■圖 17.20

答：17.6：$\begin{bmatrix} 2\times10^{-4} & -10^{-3} \\ -4\times10^{-3} & 20.3\times10^{-3} \end{bmatrix}$ (S)；51.1 Ω。17.7：53.71 Ω；1.311 Ω。

17.4 阻抗參數

在前面所介紹的雙埠網路參數觀念皆以短路導納參數表示之。接下來還有許多種不同的參數，而每一種參數都與某一特定網路有關，利用這些參數能使網路的分析更為簡單化。緊接將介紹三種不同的參數，本節所要討論的是開路阻抗參數，而在後面章節還將討論混合參數以及傳輸參數。

我們先由不含任何依賴電源的一般線性雙埠網路開始；電流與電壓的設定如先前所述 (圖 17.8)。假設電壓 $\mathbf{V}_1$ 是由電流源 $\mathbf{I}_1$ 與 $\mathbf{I}_2$ 所產生的響應。因此可寫出 $\mathbf{V}_1$ 的式子為

$$\mathbf{V}_1 = \mathbf{z}_{11}\mathbf{I}_1 + \mathbf{z}_{12}\mathbf{I}_2 \qquad [29]$$

而 $\mathbf{V}_2$ 為

$$\mathbf{V}_2 = \mathbf{z}_{21}\mathbf{I}_1 + \mathbf{z}_{22}\mathbf{I}_2 \qquad [30]$$

或

$$\mathbf{V} = \begin{bmatrix} \mathbf{V}_1 \\ \mathbf{V}_2 \end{bmatrix} = \mathbf{zI} = \begin{bmatrix} \mathbf{z}_{11} & \mathbf{z}_{12} \\ \mathbf{z}_{21} & \mathbf{z}_{22} \end{bmatrix} \begin{bmatrix} \mathbf{I}_1 \\ \mathbf{I}_2 \end{bmatrix} \qquad [31]$$

當然，使用上述方程式時 $\mathbf{I}_1$ 與 $\mathbf{I}_2$ 不一定是電流源，且 $\mathbf{V}_1$ 與 $\mathbf{V}_2$ 也不一定非要是電壓源不可。通常，我們可將網路接於雙埠的輸入或輸出端上。由以上方程式，我們可以將 $\mathbf{V}_1$ 與 $\mathbf{V}_2$ 想像為是已知數或獨立變數，可將 $\mathbf{I}_1$ 與 $\mathbf{I}_2$ 想像為是未知數或依賴變數。

關於 $\mathbf{I}_1$、$\mathbf{I}_2$、$\mathbf{V}_1$ 與 $\mathbf{V}_2$ 四個量，可列出有六種可能情形的兩個聯立方程式，故可定義出六種參數系統。在這六種參數系統中，我們僅探究其中四種較為重要的參數。

有關 $\mathbf{z}$ 參數最具教育意義的描述，被定義在方程式 [29] 與 [30] 中，其可分別令各個電流為零而得之。因此

$$\mathbf{z}_{11} = \left.\frac{\mathbf{V}_1}{\mathbf{I}_1}\right|_{\mathbf{I}_2=0} \quad [32]$$

$$\mathbf{z}_{12} = \left.\frac{\mathbf{V}_1}{\mathbf{I}_2}\right|_{\mathbf{I}_1=0} \quad [33]$$

$$\mathbf{z}_{21} = \left.\frac{\mathbf{V}_2}{\mathbf{I}_1}\right|_{\mathbf{I}_2=0} \quad [34]$$

$$\mathbf{z}_{22} = \left.\frac{\mathbf{V}_2}{\mathbf{I}_2}\right|_{\mathbf{I}_1=0} \quad [35]$$

由於電流為零是因為端點開路所造成的，故 $\mathbf{z}$ 參數又稱為開路阻抗參數 (open-circuit impedance parameters)。解出方程式 [29] 與 [30] 可求出 $\mathbf{I}_1$ 與 $\mathbf{I}_2$，亦即可輕易的求出短路導納參數的關係；先求 $\mathbf{I}_1$，得

$$\mathbf{I}_1 = \frac{\begin{vmatrix} \mathbf{V}_1 & \mathbf{z}_{12} \\ \mathbf{V}_2 & \mathbf{z}_{22} \end{vmatrix}}{\begin{vmatrix} \mathbf{z}_{11} & \mathbf{z}_{12} \\ \mathbf{z}_{21} & \mathbf{z}_{22} \end{vmatrix}}$$

或

$$\mathbf{I}_1 = \left(\frac{\mathbf{z}_{22}}{\mathbf{z}_{11}\mathbf{z}_{22} - \mathbf{z}_{12}\mathbf{z}_{21}}\right)\mathbf{V}_1 - \left(\frac{\mathbf{z}_{12}}{\mathbf{z}_{11}\mathbf{z}_{22} - \mathbf{z}_{12}\mathbf{z}_{21}}\right)\mathbf{V}_2$$

採用行列式的符號，並注意下標 $\mathbf{z}$，假設 $\Delta_\mathbf{z} \neq 0$，得到

$$\mathbf{y}_{11} = \frac{\Delta_{11}}{\Delta_\mathbf{z}} = \frac{\mathbf{z}_{22}}{\Delta_\mathbf{z}} \qquad \mathbf{y}_{12} = -\frac{\Delta_{21}}{\Delta_\mathbf{z}} = -\frac{\mathbf{z}_{12}}{\Delta_\mathbf{z}}$$

然後求 $\mathbf{I}_2$，得

$$\mathbf{y}_{21} = -\frac{\Delta_{12}}{\Delta_\mathbf{z}} = -\frac{\mathbf{z}_{21}}{\Delta_\mathbf{z}} \qquad \mathbf{y}_{22} = \frac{\Delta_{22}}{\Delta_\mathbf{z}} = \frac{\mathbf{z}_{11}}{\Delta_\mathbf{z}}$$

同樣地，$\mathbf{z}$ 參數亦可利用導納參數表示之。各參數系統中的轉換，通常可利用有效的公式來求得。$\mathbf{y}$、$\mathbf{h}$、$\mathbf{z}$ 與 $\mathbf{t}$ 參數間的轉換公式，列於表 17.1 中，提供作為有效的參考。

表 17.1　y、z、h 與 t 參數間的轉換

	y		z		h		t	
y	$\mathbf{y}_{11}$	$\mathbf{y}_{12}$	$\frac{\mathbf{z}_{22}}{\Delta_\mathbf{z}}$	$\frac{-\mathbf{z}_{12}}{\Delta_\mathbf{z}}$	$\frac{1}{\mathbf{h}_{11}}$	$\frac{-\mathbf{h}_{12}}{\mathbf{h}_{11}}$	$\frac{\mathbf{t}_{22}}{\mathbf{t}_{12}}$	$\frac{-\Delta_\mathbf{t}}{\mathbf{t}_{12}}$
	$\mathbf{y}_{21}$	$\mathbf{y}_{22}$	$\frac{-\mathbf{z}_{21}}{\Delta_\mathbf{z}}$	$\frac{\mathbf{z}_{11}}{\Delta_\mathbf{z}}$	$\frac{\mathbf{h}_{21}}{\mathbf{h}_{11}}$	$\frac{\Delta_\mathbf{h}}{\mathbf{h}_{11}}$	$\frac{-1}{\mathbf{t}_{12}}$	$\frac{\mathbf{t}_{11}}{\mathbf{t}_{12}}$
z	$\frac{\mathbf{y}_{22}}{\Delta_\mathbf{y}}$	$\frac{-\mathbf{y}_{12}}{\Delta_\mathbf{y}}$	$\mathbf{z}_{11}$	$\mathbf{z}_{12}$	$\frac{\Delta_\mathbf{h}}{\mathbf{h}_{22}}$	$\frac{\mathbf{h}_{12}}{\mathbf{h}_{22}}$	$\frac{\mathbf{t}_{11}}{\mathbf{t}_{21}}$	$\frac{\Delta_\mathbf{t}}{\mathbf{t}_{21}}$
	$\frac{-\mathbf{y}_{21}}{\Delta_\mathbf{y}}$	$\frac{\mathbf{y}_{11}}{\Delta_\mathbf{y}}$	$\mathbf{z}_{21}$	$\mathbf{z}_{22}$	$\frac{-\mathbf{h}_{21}}{\mathbf{h}_{22}}$	$\frac{1}{\mathbf{h}_{22}}$	$\frac{1}{\mathbf{t}_{21}}$	$\frac{\mathbf{t}_{22}}{\mathbf{t}_{21}}$
h	$\frac{1}{\mathbf{y}_{11}}$	$\frac{-\mathbf{y}_{12}}{\mathbf{y}_{11}}$	$\frac{\Delta_\mathbf{z}}{\mathbf{z}_{22}}$	$\frac{\mathbf{z}_{12}}{\mathbf{z}_{22}}$	$\mathbf{h}_{11}$	$\mathbf{h}_{12}$	$\frac{\mathbf{t}_{12}}{\mathbf{t}_{22}}$	$\frac{\Delta_\mathbf{t}}{\mathbf{t}_{22}}$
	$\frac{\mathbf{y}_{21}}{\mathbf{y}_{11}}$	$\frac{\Delta_\mathbf{y}}{\mathbf{y}_{11}}$	$\frac{-\mathbf{z}_{21}}{\mathbf{z}_{22}}$	$\frac{1}{\mathbf{z}_{22}}$	$\mathbf{h}_{21}$	$\mathbf{h}_{22}$	$\frac{-1}{\mathbf{t}_{22}}$	$\frac{\mathbf{t}_{21}}{\mathbf{t}_{22}}$
t	$\frac{-\mathbf{y}_{22}}{\mathbf{y}_{21}}$	$\frac{-1}{\mathbf{y}_{21}}$	$\frac{\mathbf{z}_{11}}{\mathbf{z}_{21}}$	$\frac{\Delta_\mathbf{z}}{\mathbf{z}_{21}}$	$\frac{-\Delta_\mathbf{h}}{\mathbf{h}_{21}}$	$\frac{-\mathbf{h}_{11}}{\mathbf{h}_{21}}$	$\mathbf{t}_{11}$	$\mathbf{t}_{12}$
	$\frac{-\Delta_\mathbf{y}}{\mathbf{y}_{21}}$	$\frac{-\mathbf{y}_{11}}{\mathbf{y}_{21}}$	$\frac{1}{\mathbf{z}_{21}}$	$\frac{\mathbf{z}_{22}}{\mathbf{z}_{21}}$	$\frac{-\mathbf{h}_{22}}{\mathbf{h}_{21}}$	$\frac{-1}{\mathbf{h}_{21}}$	$\mathbf{t}_{21}$	$\mathbf{t}_{22}$

對所有參數設定：$\Delta_\mathbf{p} = \mathbf{p}_{11}\mathbf{p}_{12} - \mathbf{p}_{12}\mathbf{p}_{21}$。

若雙埠為一雙向網路，則有互易定律之存在，並可以很輕易的看出 $\mathbf{z}_{12}$ 與 $\mathbf{z}_{21}$ 相等。

等效電路可再一次由觀察方程式 [29] 與 [30] 得知；其結構可由方程式 [30] 加減 $\mathbf{z}_{12}\mathbf{I}_1$ 或由方程式 [29] 加減 $\mathbf{z}_{21}\mathbf{I}_2$ 求得，每一個等效電路都包含一個依賴電壓源。

暫時先不進行等效電路之推導，空出部分時間來探討下個例子。我們是否能夠建立一由輸出端看入時呈現一般戴維寧等效電路特性之雙埠網路？首先必須假設一特定的輸入電路架構。我們選擇一獨立電壓源 $\mathbf{V}_s$ (正端在上) 與一電源阻抗 $\mathbf{Z}_g$ 串聯。因此

$$\mathbf{V}_s = \mathbf{V}_1 + \mathbf{I}_1\mathbf{Z}_g$$

將此結果與方程式 [29] 和 [30] 合併，我們可消去 $\mathbf{V}_1$ 和 $\mathbf{I}_1$ 而求得

$$\mathbf{V}_2 = \frac{\mathbf{z}_{21}}{\mathbf{z}_{11} + \mathbf{Z}_g}\mathbf{V}_s + \left(\mathbf{z}_{22} - \frac{\mathbf{z}_{12}\mathbf{z}_{21}}{\mathbf{z}_{11} + \mathbf{Z}_g}\right)\mathbf{I}_2$$

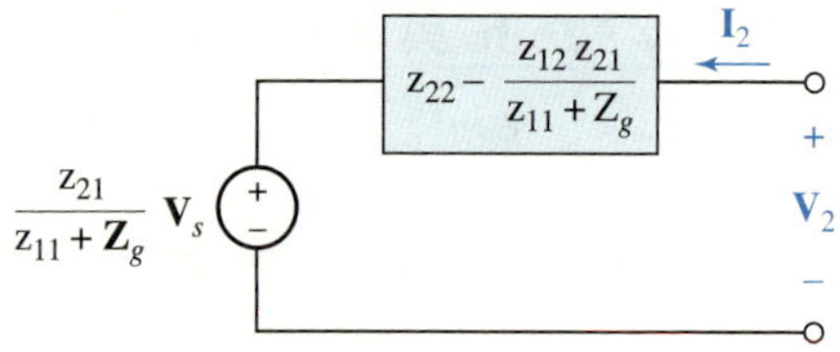

■圖 17.21 一般雙埠網路的戴維寧等效電路，如由輸出端觀看可以開路阻抗參數作表示。

由此方程式可直接畫出如圖 17.21 所示之戴維寧等效電路，其輸出阻抗以 $\mathbf{z}$ 參數作表示為

$$\mathbf{Z}_{\text{out}} = \mathbf{z}_{22} - \frac{\mathbf{z}_{12}\mathbf{z}_{21}}{\mathbf{z}_{11} + \mathbf{Z}_g}$$

若電源阻抗為零，則較簡單的表示式為

$$\mathbf{Z}_{\text{out}} = \frac{\mathbf{z}_{11}\mathbf{z}_{22} - \mathbf{z}_{12}\mathbf{z}_{21}}{\mathbf{z}_{11}} = \frac{\Delta_{\mathbf{z}}}{\Delta_{22}} = \frac{1}{\mathbf{y}_{22}} \qquad (\mathbf{Z}_g = 0)$$

在此特殊情況下，輸出導納為 $\mathbf{y}_{22}$，如方程式 [13] 的基本關係式所示。

例題 17.8

給定一組阻抗參數為

$$\mathbf{z} = \begin{bmatrix} 10^3 & 10 \\ -10^6 & 10^4 \end{bmatrix} \qquad (\text{單位均為 } \Omega)$$

其代表電晶體操作於共射極組態之參數。假設此雙埠係被一理想弦式電壓源 $\mathbf{V}_s$ 與一 500 Ω 電阻器的串聯組合所驅動，且於負載端接上 10 kΩ 之負載電阻器。試求電壓增益、電流增益、功率增益、輸入阻抗及輸出阻抗各為何？

對於此雙埠所描述的兩個方程式為

$$\mathbf{V}_1 = 10^3\mathbf{I}_1 + 10\mathbf{I}_2 \qquad [36]$$

$$\mathbf{V}_2 = -10^6\mathbf{I}_1 + 10^4\mathbf{I}_2 \qquad [37]$$

輸入和輸出網路的特性方程式為

$$\mathbf{V}_s = 500\mathbf{I}_1 + \mathbf{V}_1 \qquad [38]$$

$$\mathbf{V}_2 = -10^4\mathbf{I}_2 \qquad [39]$$

由以上四個方程式，我們可以輕易求得以 $\mathbf{V}_s$ 作為表示的 $\mathbf{V}_1$、$\mathbf{I}_1$、$\mathbf{V}_2$

和 $\mathbf{I}_2$ 之表示式：

$$\mathbf{V}_1 = 0.75\mathbf{V}_s \qquad \mathbf{I}_1 = \frac{\mathbf{V}_s}{2000}$$

$$\mathbf{V}_2 = -250\mathbf{V}_s \qquad \mathbf{I}_2 = \frac{\mathbf{V}_s}{40}$$

利用這些資訊，我們可以輕易的求得電壓增益為

$$\mathbf{G}_V = \frac{\mathbf{V}_2}{\mathbf{V}_1} = -333$$

電流增益為

$$\mathbf{G}_I = \frac{\mathbf{I}_2}{\mathbf{I}_1} = 50$$

功率增益為

$$G_P = \frac{\mathrm{Re}\left[-\frac{1}{2}\mathbf{V}_2\mathbf{I}_2^*\right]}{\mathrm{Re}\left[\frac{1}{2}\mathbf{V}_1\mathbf{I}_1^*\right]} = 16{,}670$$

而輸入阻抗為

$$\mathbf{Z}_{\mathrm{in}} = \frac{\mathbf{V}_1}{\mathbf{I}_1} = 1500\,\Omega$$

輸出阻抗可參考圖 17.21 求得

$$\mathbf{Z}_{\mathrm{out}} = \mathbf{z}_{22} - \frac{\mathbf{z}_{12}\mathbf{z}_{21}}{\mathbf{z}_{11} + \mathbf{Z}_g} = 16.67\ \mathrm{k}\Omega$$

依照最大功率轉換定理推測，當 $\mathbf{Z}_L = \mathbf{Z}_{\mathrm{out}}^* = 16.67\ \mathrm{k}\Omega$ 時，功率增益將到達其最大值，其值為 17,045。

當雙埠網路並聯時，**y** 參數是非常有用的；同樣地，**z** 參數亦可用以簡化網路串聯之問題，如圖 17.22 所示。要注意到，雙埠網路的串聯連接與下一節傳輸參數所介紹的串級 (cascade) 連接是有所不同。若每一個雙埠網路的輸入與輸出都有共同的參考點，且若如圖 17.22 所示將這些參考點都連接在一起，則 $\mathbf{I}_1$ 為流過兩串聯網路的輸入電流；類似的說明方式亦可用來解釋電流 $\mathbf{I}_2$。因此，網路的埠在連接後仍維持是埠。其將滿足 $\mathbf{I} = \mathbf{I}_A = \mathbf{I}_B$ 以及

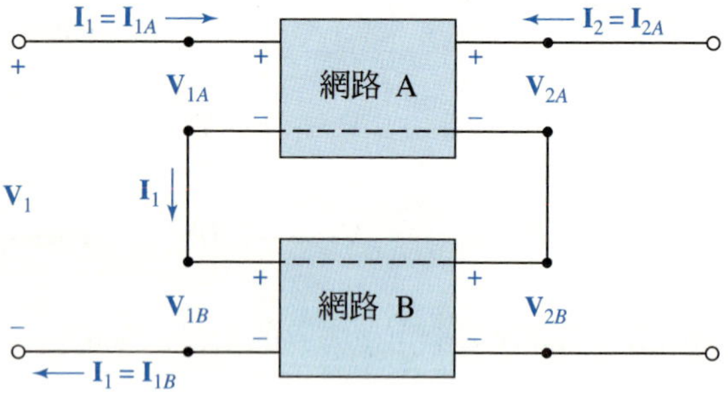

■圖 17.22 將四個共同節點連接在一起，可得兩個雙埠網路的串聯連接；則 $\mathbf{Z} = \mathbf{Z}_A + \mathbf{Z}_B$。

$$\begin{aligned}\mathbf{V} &= \mathbf{V}_A + \mathbf{V}_B = \mathbf{z}_A\mathbf{I}_A + \mathbf{z}_B\mathbf{I}_B \\ &= (\mathbf{z}_A + \mathbf{z}_B)\mathbf{I} = \mathbf{z}\mathbf{I}\end{aligned}$$

其中

$$\mathbf{z} = \mathbf{z}_A + \mathbf{z}_B$$

亦即，$\mathbf{z}_{11} = \mathbf{z}_{11A} + \mathbf{z}_{11B}$ 等等。

練習題

17.8 試求於 (a) 圖 17.23*a*；(b) 圖 17.23*b* 所示雙埠網路的 **z** 參數。

17.9 試求於圖 17.23*c* 所示雙埠網路的 **z** 參數。

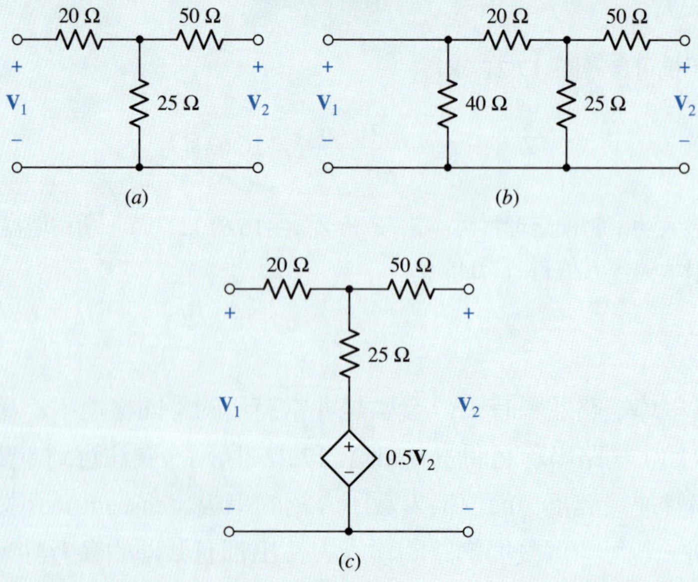

■圖 17.23

答：17.8：$\begin{bmatrix} 45 & 25 \\ 25 & 75 \end{bmatrix}$ (Ω)；$\begin{bmatrix} 21.2 & 11.76 \\ 11.76 & 67.6 \end{bmatrix}$ (Ω)。17.9：$\begin{bmatrix} 70 & 100 \\ 50 & 150 \end{bmatrix}$ (Ω)。

實　際　應　用

電晶體的特性表示

雙極性接面電晶體的參數值通常是引用 **h** 參數為項，為 1940 年後期貝爾實驗室的研究員所發明 (圖 17.24)。電晶體是非線性半導體裝置，且幾乎是所有放大器電路與數位邏輯電路組成的基礎。

電晶體的三個端點分別標示為基極 (base，*b*)、集極 (collector，*c*) 與射極 (emitter，*e*)，如圖 17.25 所示，其是以裝置內部電荷載子傳輸的角色而命名之。雙極性接面電晶體的 **h** 參數典型是以射極接地 (亦即俗稱的共射極)，基極作為輸入端而集極當作輸出端的方式所測量而得。如前面所提，電晶體為非線性裝置，且所定義的 **h** 參數是不可能變化所有的電壓或電流的。所以，一般實際所引用的 **h** 參數都是在某特定集極電流 I_C 與集–射極電壓 V_{CE} 下之值，而其它裝置的非線性影響力就是交流 **h** 參數與直流 **h** 參數在數值上通常是不一樣的。

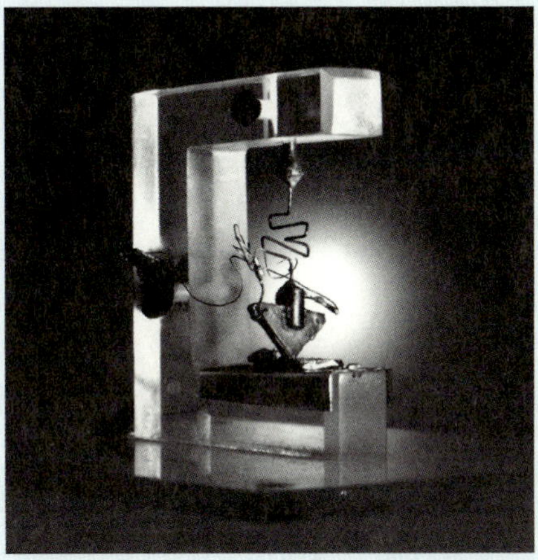

■圖 17.24　最早由貝爾實驗室所開發出來的雙極性接面電晶體 (簡稱 BJT)。

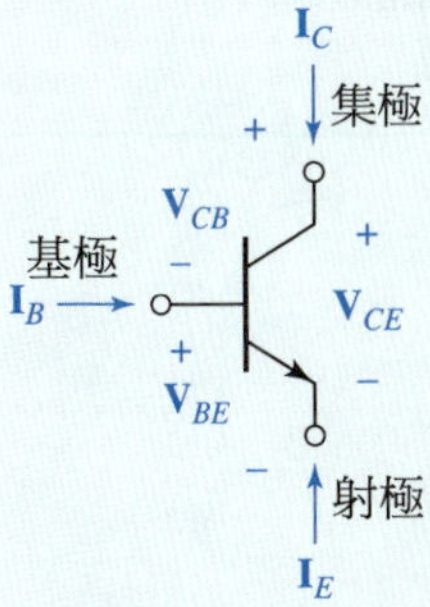

■圖 17.25　由 IEEE 所採用 BJT 電晶體電流電壓之定義。

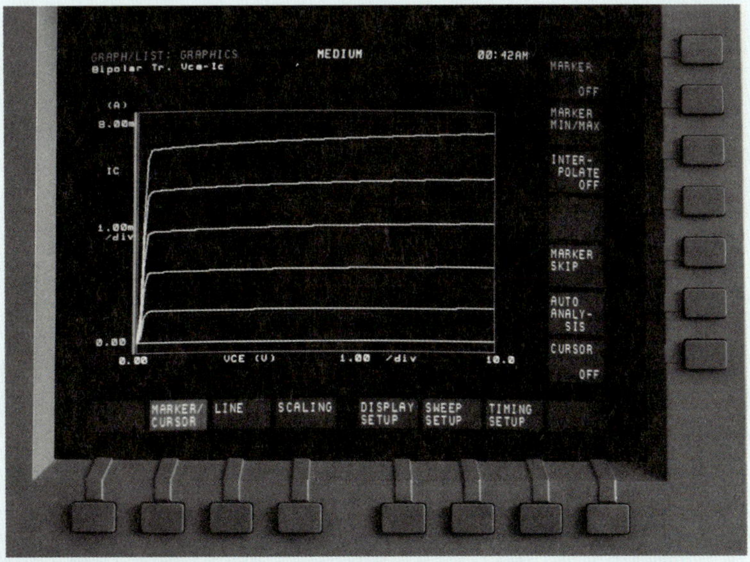

■圖17.26　利用 Hp 4155A 半導體參數分析儀的快速攝影顯示來測量 2N3904 雙極性接面電晶體的 **h** 參數。

有幾種測量的方式可提供用來獲得某特定電晶體的 **h** 參數，圖 17.26 為利用半導體參數分析儀之範例。此儀器將所需的電流繪於垂直軸上，對應的指定電壓繪於水平軸上，並以改變不同的基極電流產生一組測量曲線。

如範例所示，2N3904 NPN 矽電晶體製造商引用表 17.2 之資訊獲得 **h** 參數。注意到電晶體工程師會針對特定參數給於交流的標示名稱 (如 h_{ie}、h_{re} 等等)。測量被操作在 $I_C=1.0$ mA、$V_{CE}=10$ Vdc 及 $f=1.0$ kHz 之時。

為了好玩，本書作者之中一人與其朋友決定靠他們自己測量出這些參數，利用圖 17.26 所示的昂貴儀器來進行測試，他們得到

$$h_{oe} = 3.3\ \mu\text{mhos} \qquad h_{fe} = 109$$
$$h_{ie} = 3.02\ \text{k}\Omega \qquad h_{re} = 4 \times 10^{-3}$$

上面的前三個數值其誤差會在製造商的容許範圍之內，儘管和最大值相比是比較接近最小值，至於 h_{re} 的值多少，為大於製造商規格表之最大值。這寧可是無關緊要的，如同我們經由努力工作而達到該要點。

經過一番深思熟慮後，我們可以理解到當掃描 $I_C=1$ mA 以上或以下電流時，實驗的建立允許裝置在測量時產生溫度的上升。不幸地，電晶體可以改變其特性且不會引起引人注目的溫度函數；製造商的值通常規定在 25°C。一旦掃描被改變到最小的加熱裝置，我們得到 2.0×10^{-4} 的 h_{re} 值。線性電路的分析是極為容易的工作，但非線性電路的分析可以更為有趣！

表 17.2 2N3904 電晶體的交流參數

參數	名稱	規格	單位
h_{ie} (h_{11})	輸入阻抗	1.0-1.0	kΩ
h_{re} (h_{12})	電壓迴授率	$0.5\text{-}8.0 \times 10^{-4}$	-
h_{fe} (h_{21})	小訊號電流增益	100-400	-
h_{oe} (h_{22})	輸出導納	1.0-40	μmhos

17.5　混合參數

當必須量測如 $\mathbf{z}_{21}$ 的參數時，因為會出現開路阻抗參數的情形，而致使量測發生困難。一已知之弦式電流易於施加至輸入端點，但由於電晶體電路過高的輸出阻抗，很難將輸出端點開路，亦難以供給必要的直流偏壓來量測弦式輸出電壓。相反地，在輸出端點量測短路電流較易實行。

假如 $\mathbf{V}_1$ 和 $\mathbf{I}_2$ 都是獨立變數時，寫出 $\mathbf{V}_1$、$\mathbf{I}_1$ 和 $\mathbf{V}_2$、$\mathbf{I}_2$ 的聯立方程式，便能定義出混合參數：

$$\mathbf{V}_1 = \mathbf{h}_{11}\mathbf{I}_1 + \mathbf{h}_{12}\mathbf{V}_2 \tag{40}$$

$$\mathbf{I}_2 = \mathbf{h}_{21}\mathbf{I}_1 + \mathbf{h}_{22}\mathbf{V}_2 \tag{41}$$

或

$$\begin{bmatrix} \mathbf{V}_1 \\ \mathbf{I}_2 \end{bmatrix} = \mathbf{h} \begin{bmatrix} \mathbf{I}_1 \\ \mathbf{V}_2 \end{bmatrix} \tag{42}$$

當 $\mathbf{V}_2=0$ 時，很容易求出此組方程式的參數。因此，

$$\mathbf{h}_{11} = \left.\frac{\mathbf{V}_1}{\mathbf{I}_1}\right|_{\mathbf{V}_2=0} = \text{短路輸入阻抗}$$

$$\mathbf{h}_{21} = \left.\frac{\mathbf{I}_2}{\mathbf{I}_1}\right|_{\mathbf{V}_2=0} = \text{短路順向電流增益}$$

令 $\mathbf{I}_1=0$ 時，可得

$$\mathbf{h}_{12} = \left.\frac{\mathbf{V}_1}{\mathbf{V}_2}\right|_{\mathbf{I}_1=0} = \text{開路反向電壓增益}$$

$$\mathbf{h}_{22} = \left.\frac{\mathbf{I}_2}{\mathbf{V}_2}\right|_{\mathbf{I}_1=0} = \text{開路輸出導納}$$

由於這些參數所代表的是一個阻抗、一個導納、一個電壓增益及一個電流增益，因此這些參數便稱為“混合”參數。

當這些參數應用在電晶體時，參數的下標通常可以用較簡化的符號註明。因此，$\mathbf{h}_{11}$、$\mathbf{h}_{12}$、$\mathbf{h}_{21}$ 與 $\mathbf{h}_{22}$ 可寫成 $\mathbf{h}_i$、$\mathbf{h}_r$、$\mathbf{h}_f$ 及 $\mathbf{h}_o$，其下標分別代表輸入、反向、順向與輸出。

例題 17.9

試求圖 **17.27** 中雙向電阻電路之 **h**。

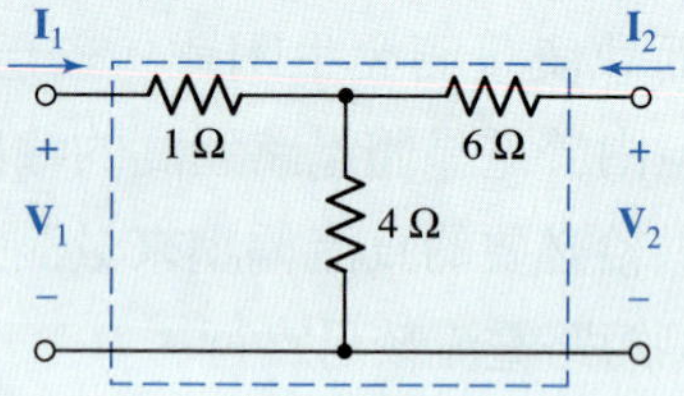

■圖 17.27　一雙向網路的 **h** 參數，其中 $\mathbf{h}_{12}=-\mathbf{h}_{21}$。

將輸出短路 ($\mathbf{V}_2=0$)，輸入一個 1 A 的電源 ($\mathbf{I}_1=1$ A) 會產生 3.4 V ($\mathbf{V}_1=3.4$ V) 的輸入電壓；所以，$\mathbf{h}_{11}=3.4\ \Omega$。在相同條件下，輸出電流可以很容易地用分流原理求得：$\mathbf{I}_2=-0.4$ A，因此，$\mathbf{h}_{21}=-0.4$。

其餘兩個參數可由輸入開路 ($\mathbf{I}_1=0$) 求得。在輸出端加入 1 V ($\mathbf{V}_2=1$ V) 的電壓，在輸入端的響應為 0.4 V ($\mathbf{V}_1=0.4$ V)，因此 $\mathbf{h}_{12}=0.4$。此電源傳送至輸出端的電流為 0.1 A ($\mathbf{I}_2=0.1$ A)，因此 $\mathbf{h}_{22}=0.1$ S。

所以可得 $\mathbf{h}=\begin{bmatrix} 3.4\ \Omega & 0.4 \\ -0.4 & 0.1\ \text{S} \end{bmatrix}$。由上式可知，對一個雙向網路而言，可得到互易原理的結果，也就是 $\mathbf{h}_{12}=-\mathbf{h}_{21}$。

練習題

17.10　試求下列雙埠網路的 **h**：(a) 圖 17.28*a*；(b) 圖 17.28*b*。

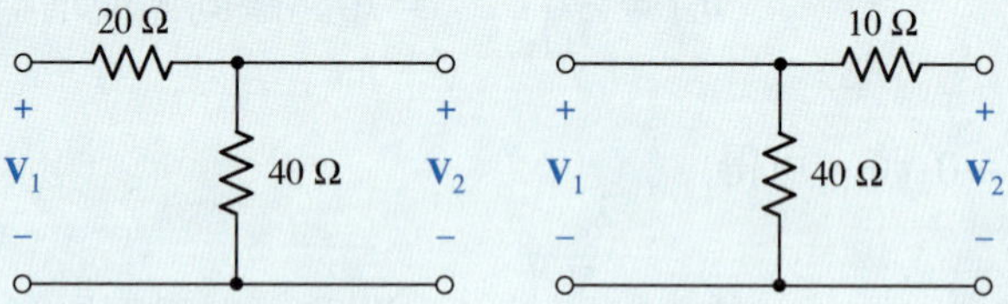

■圖 17.28　(*a*)　(*b*)

17.11　假如 $\mathbf{h}=\begin{bmatrix} 5\ \Omega & 2 \\ -0.5 & 0.1\ \text{S} \end{bmatrix}$，試求 (a) **y**；(b) **z**。

答：17.10：$\begin{bmatrix} 20\ \Omega & 1 \\ -1 & 25\ \text{ms} \end{bmatrix}$；$\begin{bmatrix} 8\ \Omega & 0.8 \\ -0.8 & 20\ \text{ms} \end{bmatrix}$。17.11：$\begin{bmatrix} 0.2 & -0.4 \\ -0.1 & 0.3 \end{bmatrix}$ (S)；$\begin{bmatrix} 15 & 20 \\ 5 & 10 \end{bmatrix}$ (Ω)。

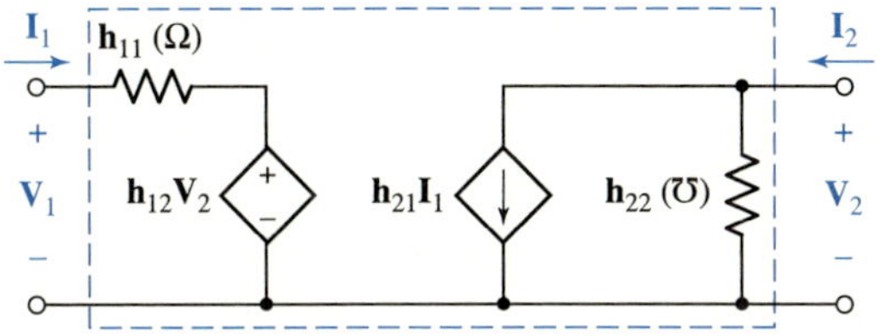

■圖 17.29　依據四個 **h** 參數組成的雙埠網路，其方程式為 $\mathbf{V}_1 = \mathbf{h}_{11}\mathbf{I}_1 + \mathbf{h}_{12}\mathbf{V}_2$ 及 $\mathbf{I}_2 = \mathbf{h}_{21}\mathbf{I}_1 + \mathbf{h}_{22}\mathbf{V}_2$。

圖 17.29 中的電路是直接由定義方程式 [40] 與 [41] 轉換而來。首先在輸入迴路先利用 KVL，再於輸出的上面端點利用 KCL。此電路亦為常用的電晶體等效電路。假定共射極組態的一些合理數值為 $\mathbf{h}_{11} = 1200\ \Omega$、$\mathbf{h}_{12} = 2 \times 10^{-4}$、$\mathbf{h}_{21} = 50$、$\mathbf{h}_{22} = 50 \times 10^{-6}$ S、一個 $1\ \underline{/0^\circ}$ mV 的電壓源與 800 Ω 及 5 kΩ 的負載串聯。在輸入端，

$$10^{-3} = (1200 + 800)\mathbf{I}_1 + 2 \times 10^{-4}\mathbf{V}_2$$

而在輸出端

$$\mathbf{I}_2 = -2 \times 10^{-4}\mathbf{V}_2 = 50\mathbf{I}_1 + 50 \times 10^{-6}\mathbf{V}_2$$

求解可得

$$\mathbf{I}_1 = 0.510\ \mu\text{A} \qquad \mathbf{V}_1 = 0.592\ \text{mV}$$
$$\mathbf{I}_2 = 20.4\ \mu\text{A} \qquad \mathbf{V}_2 = -102\ \text{mV}$$

經由電晶體電路，我們可得電流增益為 40、電壓增益為 −172，而功率增益為 6880。電晶體輸入阻抗為 1160 Ω，若經過一些計算可得輸出阻抗為 22.2 kΩ。

混合參數在雙埠網路的輸入為串聯且輸出為並聯時，可直接相加，這種方式稱為串並聯的互聯，但此方式不常使用。

17.6 傳輸參數

最後我們所要討論的雙埠參數稱為 **t 參數**、或稱為 ***ABCD* 參數**，或簡稱為**傳輸參數** (transmission parameters)。其定義如下

$$\mathbf{V}_1 = \mathbf{t}_{11}\mathbf{V}_2 - \mathbf{t}_{12}\mathbf{I}_2 \qquad [43]$$

和

$$\mathbf{I}_1 = \mathbf{t}_{21}\mathbf{V}_2 - \mathbf{t}_{22}\mathbf{I}_2 \qquad [44]$$

或

$$\begin{bmatrix} \mathbf{V}_1 \\ \mathbf{I}_1 \end{bmatrix} = \mathbf{t}\begin{bmatrix} \mathbf{V}_2 \\ -\mathbf{I}_2 \end{bmatrix} \qquad [45]$$

其中 $\mathbf{V}_1$、$\mathbf{V}_2$、$\mathbf{I}_1$ 和 $\mathbf{I}_2$ 的定義與前面相同 (見圖 17.8)。出現於方程式 [43] 與 [44] 的負號可以與輸出電流結合在一起為 $(-\mathbf{I}_2)$。因此，$\mathbf{I}_1$ 與 $-\mathbf{I}_2$ 的方向均指向右邊，亦即能量與信號的傳輸方向。

其它較為廣泛應用於此組參數的表示法為

$$\begin{bmatrix} \mathbf{t}_{11} & \mathbf{t}_{12} \\ \mathbf{t}_{21} & \mathbf{t}_{22} \end{bmatrix} = \begin{bmatrix} \mathbf{A} & \mathbf{B} \\ \mathbf{C} & \mathbf{D} \end{bmatrix} \qquad [46]$$

請注意，在 **t** 或 **ABCD** 矩陣中均無負號。

再一次觀察方程式 [43] 至 [45]，可以發現左邊的量通常視為已知或獨立變數，亦即輸入電壓 $\mathbf{V}_1$ 與輸入電流 $\mathbf{I}_1$；而依賴變數 $\mathbf{V}_2$ 與 $\mathbf{I}_2$ 則為輸出量。因此，傳輸參數提供了一個輸入和輸出之間的直接關係。其主要的用途在傳輸線的分析與串級 (cascade) 網路方面。

現在讓我們來求出圖 17.30*a* 所示雙向電阻性雙埠網路的 **t** 參數。為了說明求得某一參數的可能程序，首先考慮

$$\mathbf{t}_{12} = \left.\frac{\mathbf{V}_1}{-\mathbf{I}_2}\right|_{\mathbf{V}_2=0}$$

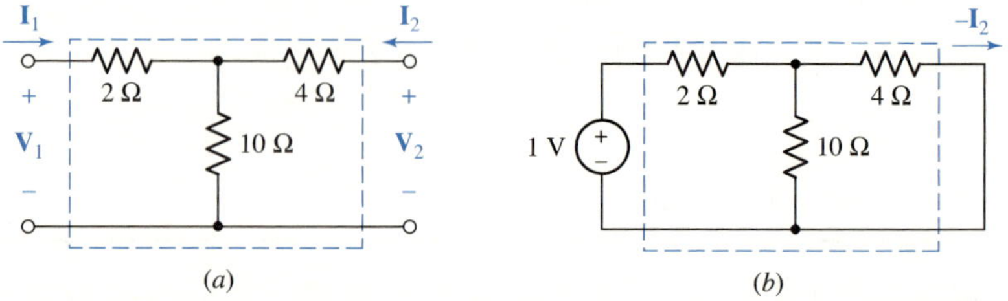

■圖 17.30 (*a*) 用以求取 **t** 參數的電阻性雙埠網路；(*b*) 為了求得 $\mathbf{t}_{12}$，令 $\mathbf{V}_2=0$ 且 $\mathbf{V}_1=1$ V，則 $\mathbf{t}_{12}=1/(-\mathbf{I}_2)=6.8\ \Omega$。

因此將輸出短路 ($\mathbf{V}_2=0$) 並令 $\mathbf{V}_1=1$ V，如圖 17.30*b* 所示。注意，我們並不能於輸出端加上 1 A 的電流源，而令分母等於 1，因為輸出已經短路。當輸入為 1 V 電源時，得到的等效阻抗為 $R_{eq}=2+(4\|10)\ \Omega$，再利用分流可得

$$-\mathbf{I}_2=\frac{1}{2+(4\|10)}\times\frac{10}{10+4}=\frac{5}{34}\ \text{A}$$

所以，

$$\mathbf{t}_{12}=\frac{1}{-\mathbf{I}_2}=\frac{34}{5}=6.8\ \Omega$$

若有求出四個參數的需要時，可以用四個端點的量 $\mathbf{V}_1$、$\mathbf{V}_2$、$\mathbf{I}_1$ 和 $\mathbf{I}_2$ 寫出任意一對方程式。從圖 17.30*a*，我們可以寫出兩個網目方程式：

$$\mathbf{V}_1=12\mathbf{I}_1+10\mathbf{I}_2 \qquad [47]$$

$$\mathbf{V}_2=10\mathbf{I}_1+14\mathbf{I}_2 \qquad [48]$$

求解方程式 [48] 中的 $\mathbf{I}_1$，可得

$$\mathbf{I}_1=0.1\mathbf{V}_2-1.4\mathbf{I}_2$$

所以 $\mathbf{t}_{21}=0.1$ S 與 $\mathbf{t}_{22}=1.4$。將 $\mathbf{I}_1$ 代入方程式 [47]，可得

$$\mathbf{V}_1=12(0.1\mathbf{V}_2-1.4\mathbf{I}_2)+10\mathbf{I}_2=1.2\mathbf{V}_2-6.8\mathbf{I}_2$$

便可再一次求得 $\mathbf{t}_{11}=1.2$ 與 $\mathbf{t}_{21}=6.8\ \Omega$。

對互易網路來說，$\mathbf{t}$ 矩陣的行列式值等於 1：

$$\Delta_\mathbf{t}=\mathbf{t}_{11}\mathbf{t}_{22}-\mathbf{t}_{12}\mathbf{t}_{21}=1$$

在圖 17.30 的電阻性網路的範例中，$\Delta_\mathbf{t}=1.2\times1.4-6.8\times0.1=1$，的確符合！

我們來討論兩個雙埠網路的串級，亦即討論如圖 17.31 所示的兩個網路，作為這一小節的總結。每一個雙埠網路的端點電壓與電流都標示於圖中，且對應的 $\mathbf{t}$ 參數關係式，就網路 *A* 而言為

$$\begin{bmatrix}\mathbf{V}_1\\ \mathbf{I}_1\end{bmatrix}=\mathbf{t}_A\begin{bmatrix}\mathbf{V}_2\\ -\mathbf{I}_2\end{bmatrix}=\mathbf{t}_A\begin{bmatrix}\mathbf{V}_3\\ \mathbf{I}_3\end{bmatrix}$$

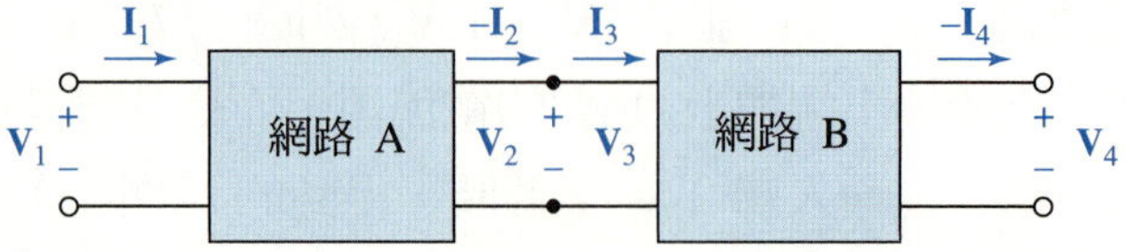

■圖 17.31 當雙埠網路 *A* 與 *B* 串級時，整個網路的 **t** 參數矩陣等於兩個網路各自的 **t** 參數矩陣相乘，即 $\mathbf{t}=\mathbf{t}_A\mathbf{t}_B$。

而對網路 *B* 來說，則為

$$\begin{bmatrix} \mathbf{V}_3 \\ \mathbf{I}_3 \end{bmatrix} = \mathbf{t}_B \begin{bmatrix} \mathbf{V}_4 \\ -\mathbf{I}_4 \end{bmatrix}$$

將這些結果合併，可求得

$$\begin{bmatrix} \mathbf{V}_1 \\ \mathbf{I}_1 \end{bmatrix} = \mathbf{t}_A\mathbf{t}_B \begin{bmatrix} \mathbf{V}_4 \\ -\mathbf{I}_4 \end{bmatrix}$$

因此，串級網路的 **t** 參數可以用兩個網路的 **t** 參數矩陣相乘而得，

$$\mathbf{t} = \mathbf{t}_A\mathbf{t}_B$$

CAUTION

此乘積並不是將兩個矩陣中的對應元素相乘求得。如有需要，讀者可以複習附錄 2 關於矩陣乘法的正確步驟。

例題 17.10

試求圖 17.32 中串級網路的 **t** 參數。

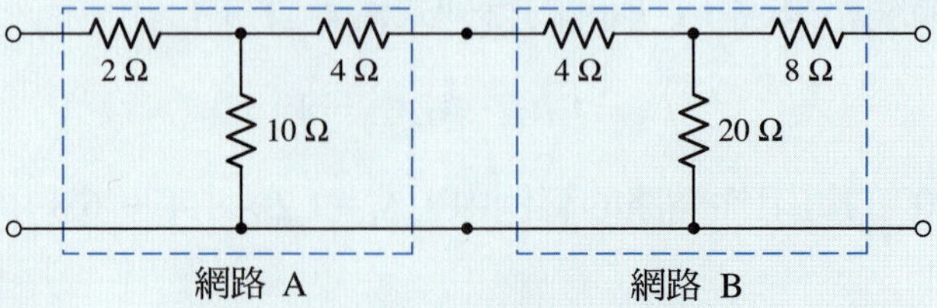

■圖 17.32 串級連結網路。

網路 *A* 為圖 17.32 的雙埠網路，因此

$$\mathbf{t}_A = \begin{bmatrix} 1.2 & 6.8\ \Omega \\ 0.1\ \mathrm{S} & 1.4 \end{bmatrix}$$

而網路 B 的電阻為網路 A 的兩倍，所以

$$\mathbf{t}_B = \begin{bmatrix} 1.2 & 13.6\ \Omega \\ 0.05\ \text{S} & 1.4 \end{bmatrix}$$

對合併的網路來說，

$$\mathbf{t} = \mathbf{t}_A\mathbf{t}_B = \begin{bmatrix} 1.2 & 6.8 \\ 0.1 & 1.4 \end{bmatrix}\begin{bmatrix} 1.2 & 13.6 \\ 0.05 & 1.4 \end{bmatrix}$$
$$= \begin{bmatrix} 1.2 \times 1.2 + 6.8 \times 0.05 & 1.2 \times 13.6 + 6.8 \times 1.4 \\ 0.1 \times 1.2 + 1.4 \times 0.05 & 0.1 \times 13.6 + 1.4 \times 1.4 \end{bmatrix}$$

求得

$$\mathbf{t} = \begin{bmatrix} 1.78 & 25.84\ \Omega \\ 0.19\ \text{S} & 3.32 \end{bmatrix}$$

練習題

17.12　假定 $\mathbf{t}=\begin{bmatrix} 3.2 & 8\ \Omega \\ 0.2\ \text{S} & 4 \end{bmatrix}$，試求 (a) $\mathbf{z}$；(b) 兩個相同的網路串級時的 $\mathbf{t}$；(c) 兩個相同的網路串級時的 $\mathbf{z}$。

答：$\begin{bmatrix} 16 & 56 \\ 5 & 20 \end{bmatrix}(\Omega)$; $\begin{bmatrix} 11.84 & 57.6\ \Omega \\ 1.44\ \text{S} & 17.6 \end{bmatrix}$; $\begin{bmatrix} 8.22 & 87.1 \\ 0.694 & 12.22 \end{bmatrix}(\Omega)$ 。

電腦輔助分析

雙埠網路的特性是利用 $\mathbf{t}$ 參數來產生可分析大量簡化串級雙埠網路的機會。如同本節所述例子可知

$$\mathbf{t}_A = \begin{bmatrix} 1.2 & 6.8\ \Omega \\ 0.1\ \text{S} & 1.4 \end{bmatrix}$$

和

$$\mathbf{t}_B = \begin{bmatrix} 1.2 & 13.6\ \Omega \\ 0.05\ \text{S} & 1.4 \end{bmatrix}$$

可知串級網路的特性 $\mathbf{t}$ 參數可以由簡單乘上 $\mathbf{t}_A$ 與 $\mathbf{t}_B$ 求得：

$$\mathbf{t} = \mathbf{t}_A \cdot \mathbf{t}_B$$

這種矩陣運算很容易用科學計算器或像 MATLAB 的套裝軟體來完成。例如，MATLAB 的程式可以寫成

```
EDU» tA = [1.2 6.8; 0.1 1.4];
EDU» tB = [1.2 13.6; 0.05 1.4];
EDU» t = tA*tB

t =

   1.7800    25.8700
   0.1900     3.3200
```

如同例題 17.10 所求得的結果。

在 MATLAB 輸入矩陣項目時，每一個都有與例子中相似的變數名稱 (範例中的 tA、tB 與 t)。矩陣元素是直接寫成一列，從第一列開始，每列以分號隔開。再者，讀者須注意完成矩陣代數運算時的指令。例如，tB*tA 則會產生與我們所預期完全不同的矩陣：

$$\mathbf{t}_B \cdot \mathbf{t}_A = \begin{bmatrix} 2.8 & 27.2 \\ 0.2 & 2.3 \end{bmatrix}$$

對範例這種簡單的矩陣來說，科學計算器是很方便的。然而，對大型的串級網路來說，電腦的處理方式是更容易的，而且也比較方便在螢幕上尋找所要的所有陣列。

摘要與複習

- ❒ 為了應用本章節所敘述的分析方法，記住每個埠只能連接到單埠網路或多埠網路的一埠是非常重要的。
- ❒ 分析以導納 (**y**) 參數為主的雙埠網路方程式，其定義如下：

$$\mathbf{I}_1 = \mathbf{y}_{11}\mathbf{V}_1 + \mathbf{y}_{12}\mathbf{V}_2 \quad 與 \quad \mathbf{I}_2 = \mathbf{y}_{21}\mathbf{V}_1 + \mathbf{y}_{22}\mathbf{V}_2$$

其中

$$\mathbf{y}_{11} = \left.\frac{\mathbf{I}_1}{\mathbf{V}_1}\right|_{\mathbf{V}_2=0} \qquad \mathbf{y}_{12} = \left.\frac{\mathbf{I}_1}{\mathbf{V}_2}\right|_{\mathbf{V}_1=0}$$

$$\mathbf{y}_{21} = \left.\frac{\mathbf{I}_2}{\mathbf{V}_1}\right|_{\mathbf{V}_2=0} \quad 與 \quad \mathbf{y}_{22} = \left.\frac{\mathbf{I}_2}{\mathbf{V}_2}\right|_{\mathbf{V}_1=0}$$

- ❒ 分析以阻抗 (**z**) 參數為主的雙埠網路方程式，其定義如下：

$$\mathbf{V}_1 = \mathbf{z}_{11}\mathbf{I}_1 + \mathbf{z}_{12}\mathbf{I}_2 \quad 與 \quad \mathbf{V}_2 = \mathbf{z}_{21}\mathbf{I}_1 + \mathbf{z}_{22}\mathbf{I}_2$$

❒ 分析以混合 (**hv**) 參數為主的雙埠網路方程式，其定義如下：

$$\mathbf{V}_1 = \mathbf{h}_{11}\mathbf{I}_1 + \mathbf{h}_{12}\mathbf{V}_2 \quad 與 \quad \mathbf{I}_2 = \mathbf{h}_{21}\mathbf{I}_1 + \mathbf{h}_{22}\mathbf{V}_2$$

❒ 分析以傳輸 (**t**) 參數 (也稱為 **ABCD** 參數) 為主的雙埠網路方程式，其定義如下：

$$\mathbf{V}_1 = \mathbf{t}_{11}\mathbf{V}_2 - \mathbf{t}_{12}\mathbf{I}_2 \quad 與 \quad \mathbf{I}_1 = \mathbf{t}_{21}\mathbf{V}_2 - \mathbf{t}_{22}\mathbf{I}_2$$

❒ 依據電路分析的需要，在 **h**、**z**、**t** 及 **y** 參數間轉換是很直接的，其轉換的過程總結在表 17.1 中。

進階研讀

❒ 關於電路分析的矩陣方法，讀者可以參考：

R.A. DeCarlo and P.M. (線性電路分析), 2nd ed. New York: Oxford University Press, 2001.

❒ 使用網路參數的電晶體電路分析，可以參考：

W.H. Hayt, Jr. and G.W. Neudeck, (電子電路分析與設計), 2nd ed. New York: Wiley, 1995.

習　題

※偶數題置書後光碟

17.1　單埠網路

1. 考慮下列方程式：

$$\begin{aligned} 4\mathbf{I}_1 - 8\mathbf{I}_2 + 9\mathbf{I}_3 &= 12 \\ 5\mathbf{I}_1 \qquad\quad - 7\mathbf{I}_3 &= 4 \\ 7\mathbf{I}_1 + 3\mathbf{I}_2 + \mathbf{I}_3 &= 0 \end{aligned}$$

(a) 將這組方程式寫成矩陣型式；(b) 決定 $\Delta_\mathbf{Z}$ 之值；(c) 決定 Δ_{11} 之值；(d) 計算 $\mathbf{I}_1$；(e) 計算 $\mathbf{I}_3$。

3. 試求圖 17.34 所示網路的 $\Delta_\mathbf{Y}$，並以此求出 10 A 直流電源所產生的功率，若此電源接於參考節點與節點 (a) 1；(b) 2；(c) 3 之間。

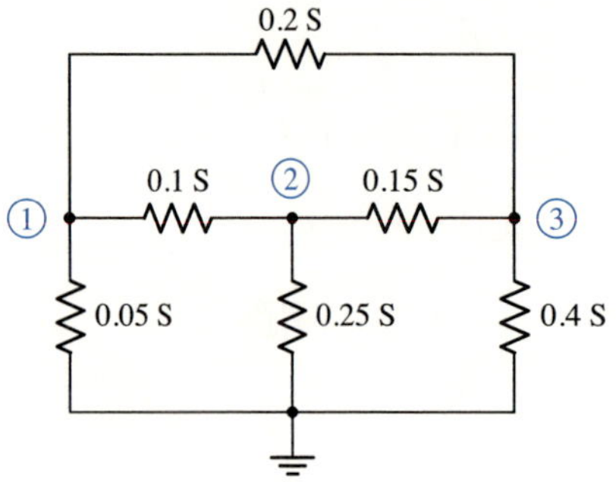

■圖 17.34

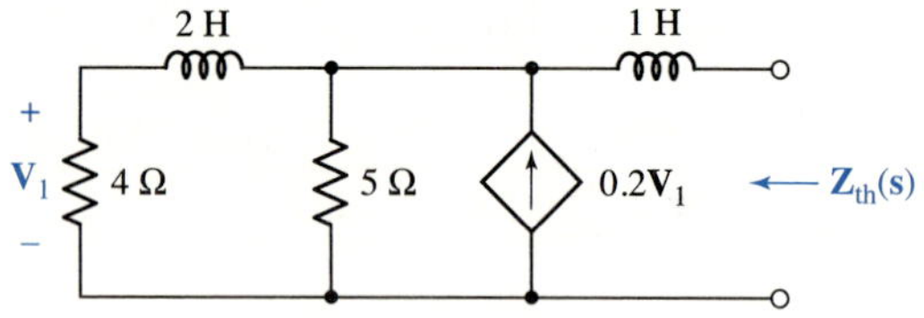

■圖 17.36

5. 試求出圖 17.36 所示單埠網路的戴維寧等效阻抗 $\mathbf{Z}_{\text{th}}(\mathbf{s})$。

7. 試求出圖 17.38 所示網路以 $\mathbf{s}$ 為函數的輸出阻抗。

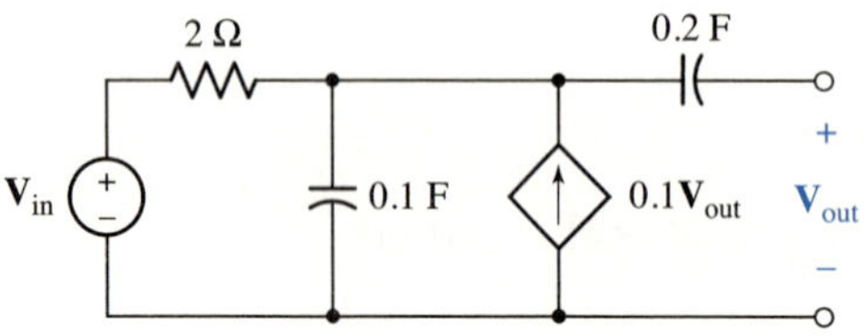

■圖 17.38

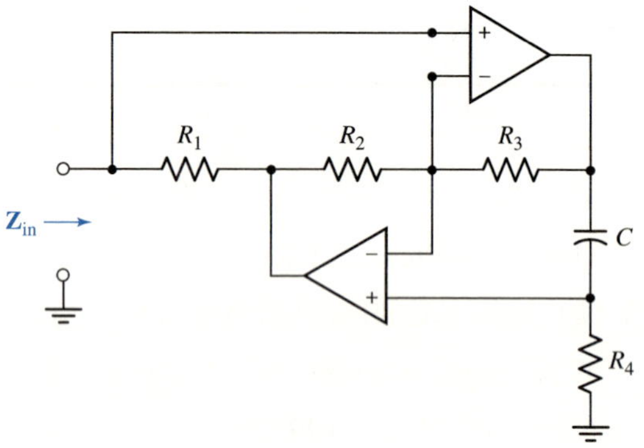

■圖 17.40

9. (a) 若圖 17.40 所示之電路為一理想運算放大器 ($R_i=\infty$、$R_o=0$ 且 $A=\infty$)，試求 $\mathbf{Z}_{\text{in}}$；(b) 假設 $R_1=4$ kΩ、$R_2=10$ kΩ、$R_3=10$ kΩ、$R_4=1$ kΩ 且 $C=200$ pF，試證 $\mathbf{Z}_{\text{in}}=j\omega L_{\text{in}}$，其中 $L_{\text{in}}=0.8$ mH。

17.2 導納參數

11. 試求圖 17.41 所示雙埠網路中的 $\mathbf{y}_{11}$ 與 $\mathbf{y}_{12}$。

13. 試求圖 17.43 所示網路的四個 $\mathbf{y}$ 參數。

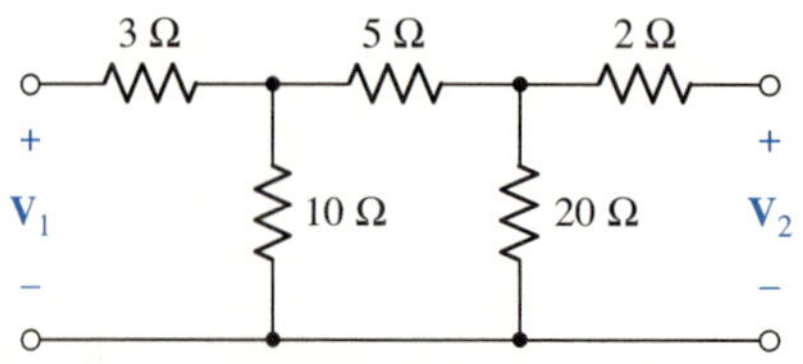

■圖 17.41

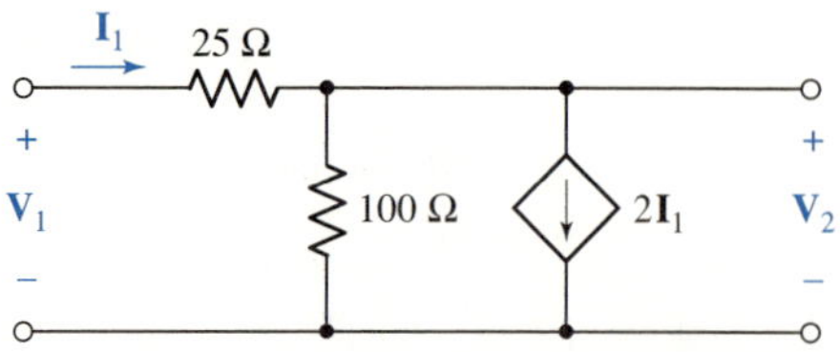

■圖 17.43

15. 令圖 17.45 雙埠網路中 $\mathbf{y}=\begin{bmatrix} 0.1 & -0.0025 \\ -8 & 0.05 \end{bmatrix}$ (S)。(a) 試求 $\mathbf{V}_2/\mathbf{V}_1$、$\mathbf{I}_2/\mathbf{I}_1$ 與 $\mathbf{V}_1/\mathbf{I}_1$ 之值；(b) 移除 5 Ω 電阻器，並令 1 V 電源為零，試求 $\mathbf{V}_2/\mathbf{I}_2$。

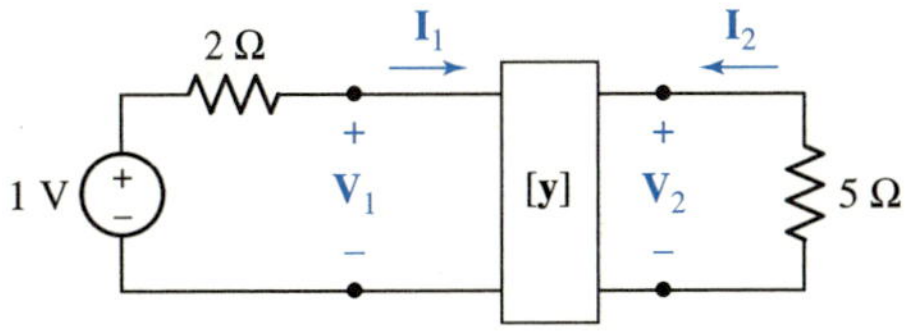

■圖 17.45

17. 試完成圖 17.46 所示的表格，並利用已知值求出 **y** 參數。

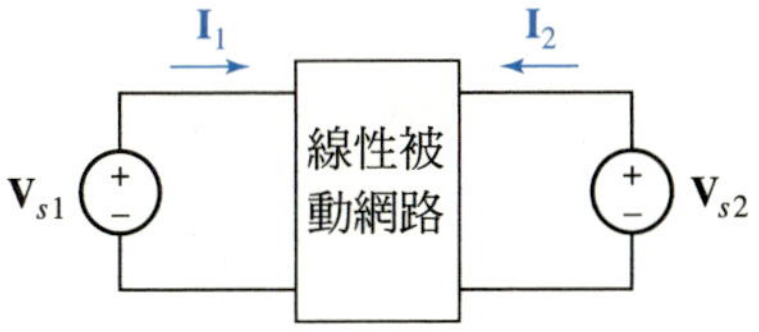

■圖 17.46

	$\mathbf{V}_{s1}$ (V)	$\mathbf{V}_{s2}$ (V)	$\mathbf{I}_1$ (A)	$\mathbf{I}_2$ (A)
Exp't #1	100	50	5	−32.5
Exp't #2	50	100	−20	−5
Exp't #3	20	0		
Exp't #4			5	0
Exp't #5			5	15

19. 金氧半導場效電晶體 (MOSFET) 為具有三端的非線性元件，應用於許多電子電路中，通常以 **y** 參數表示。交流參數依據量測的情況，一般命名為 y_{is}、y_{rs}、y_{fs} 與 y_{os}，其關係為：

$$I_g = y_{is}V_{gs} + y_{rs}V_{ds} \quad [49]$$

$$I_d = y_{fs}V_{gs} + y_{os}V_{ds} \quad [50]$$

其中 I_g 為電晶體的閘極電流，I_d 為電晶體的汲極電流，而第三端點 (源極) 量測時為輸入輸出間的參考端點。因此，V_{gs} 為閘極與源極間的電壓，V_{ds} 為汲極與源極間的電壓。用來近似 MOSFET 行為的典型高頻模型如圖 17.47 所示。(a) 對於上述的架構，哪一個電晶體端點為輸入，哪一端點為輸出？(b) 從圖 17.47 中的模型參數 C_{gs}、C_{gd}、g_m、r_d 與 C_{ds}，試推導出定義於方程式 [49] 與 [50] 中的參數 y_{is}、y_{rs}、y_{fs} 與 y_{os}；(c) 若 g_m=4.7 mS、C_{gs}=3.4 pF、C_{gd}=1.4 pF、C_{ds}=0.4 pF 及 r_d=10 kΩ 時，試計算 y_{is}、y_{rs}、y_{fs} 與 y_{os} 之值。

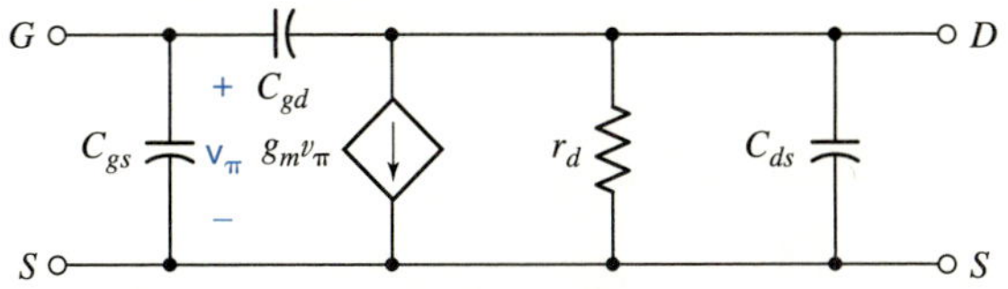

■圖 17.47

17.3 一些等效電路

21. 將圖 17.49 中之 Y 網路轉換成 Δ 連接的網路。

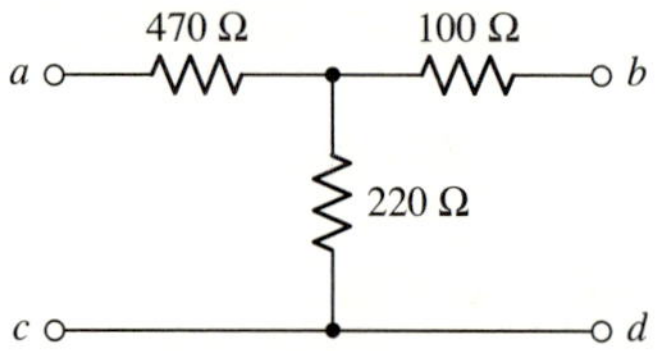

■圖 17.49

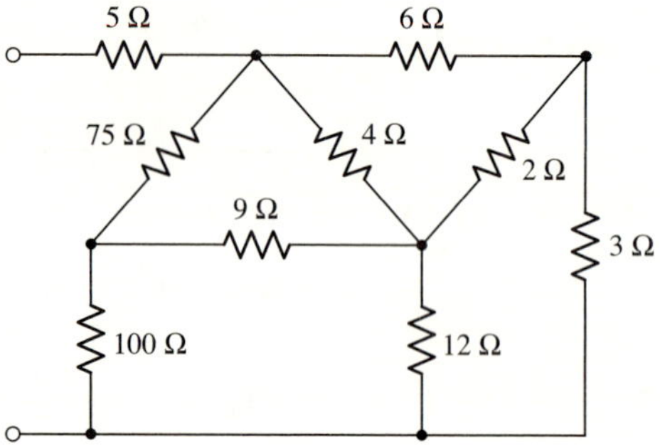

■圖 17.51

23. 試利用 Y-Δ 與 Δ-Y 轉換，求出圖 17.51 所示單埠網路的輸入電阻。

25. 令圖 17.53 所示雙埠網路中 $\mathbf{y}=\begin{bmatrix}0.4 & -0.002\\ -5 & 0.04\end{bmatrix}$ (S) ，試求 (a) $\mathbf{G}_V$；(b) $\mathbf{G}_I$；(c) G_p；(d) $\mathbf{Z}_{\text{in}}$；(e) $\mathbf{Z}_{\text{out}}$。

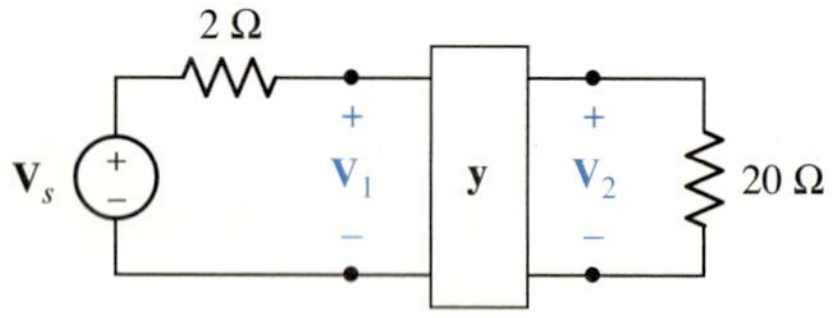

■圖 17.53

27. (a) 設 $\mathbf{y}=\begin{bmatrix}1.5 & -1\\ 4 & 3\end{bmatrix}$ (mS)，試繪出以圖 17.13b 中型式的等效電路；

(b) 若兩個這種雙埠網路並聯，試繪出新的等效電路，並證明 $\mathbf{y}_{\text{new}}=2\mathbf{y}$。

17.4 阻抗參數

29. 對圖 17.8 所繪之線性網路，試求

(a) $\mathbf{V}_1$ 若 $\mathbf{z}=\begin{bmatrix}4.7 & 2.2\\ 2.2 & 3.3\end{bmatrix}$ (kΩ) 且 $\mathbf{I}=\begin{bmatrix}1.5\\ -2.5\end{bmatrix}$ (mA)；

(b) $\mathbf{I}_2$ 若 $\mathbf{z}=\begin{bmatrix}-10 & 15\\ 15 & 6\end{bmatrix}$ (kΩ) 且 $\mathbf{V}=\begin{bmatrix}1\\ -2\end{bmatrix}$ (V)。

31. 試求出圖 17.56 所示雙埠網路之 $\mathbf{z}$。

33. 某雙埠網路其 $\mathbf{z}=\begin{bmatrix}4 & 1.5\\ 10 & 3\end{bmatrix}$ (Ω)。輸入為電源 $\mathbf{V}_s$ 串聯 5 Ω 電阻，而

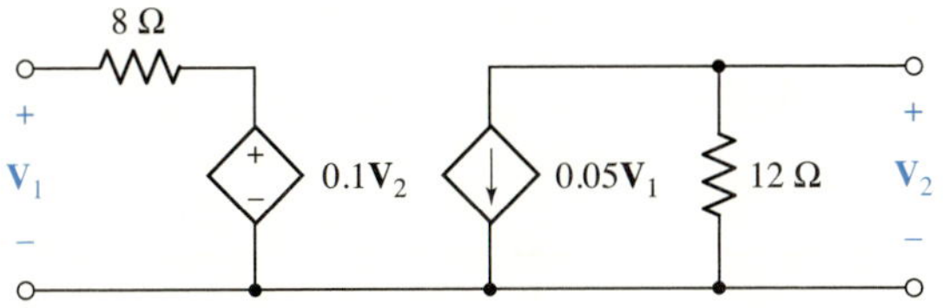

■圖 17.56

輸出為一負載 $R_L=2\Omega$。試求 (a) $\mathbf{G}_I$；(b) $\mathbf{G}_V$；(c) G_p；(d) $\mathbf{Z}_{in}$；(e) $\mathbf{Z}_{out}$。

35. 試求圖 17.59 所示電晶體高頻等效電路，於 $\omega=10^8$ rad/s 時的 **z** 參數。

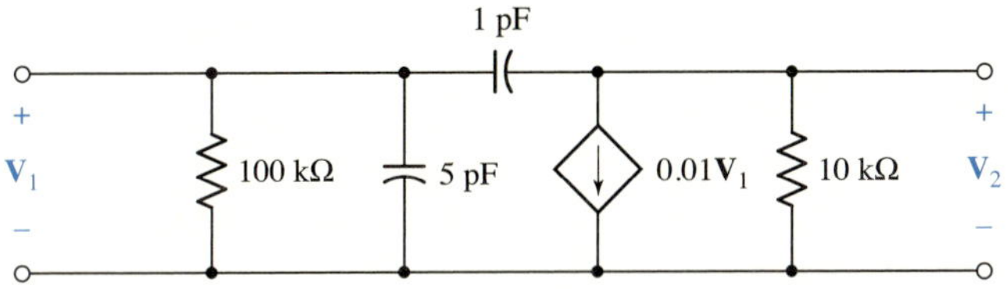

■圖 17.59

17.5 混合參數

37. 某一雙埠網路其混合參數 $\mathbf{h}=\begin{bmatrix} 9\ \Omega & -2 \\ 20 & 0.2\ \text{S} \end{bmatrix}$。試求新的 **h**，若 1 Ω 電阻器與 (a) 輸入；(b) 輸出串聯。

39. 參考圖 17.60 所示之雙埠網路，試求 (a) $\mathbf{h}_{12}$；(b) $\mathbf{z}_{12}$；(c) $\mathbf{y}_{12}$。

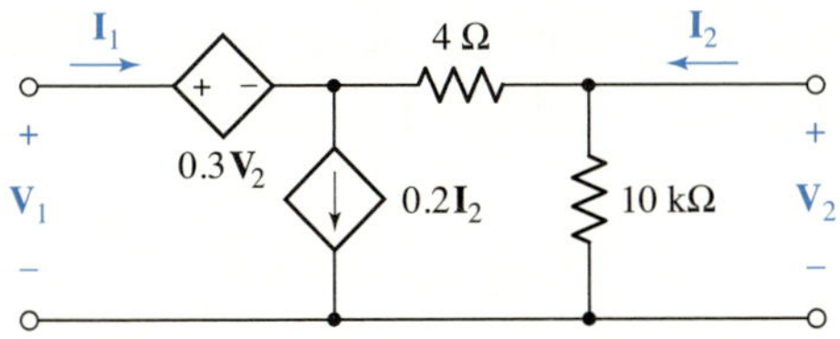

■圖 17.60

41. (a) 試求圖 17.62 所示雙埠網路的 **h**；(b) 若輸入端是由 $\mathbf{V}_s$ 串聯 $R_s=200\ \Omega$ 所組成，試求 $\mathbf{Z}_{out}$。

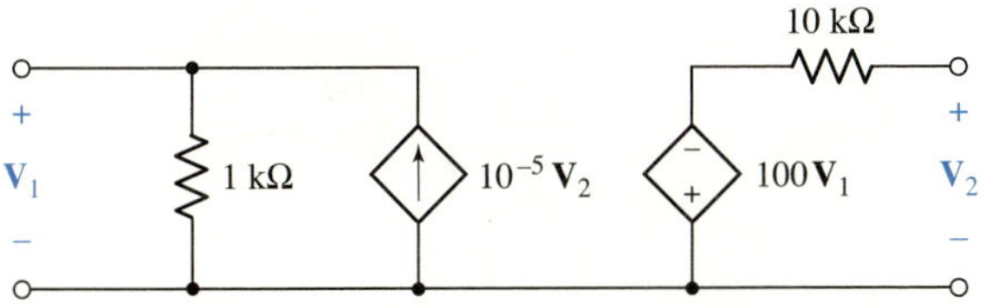

■圖 17.62

43. 圖 17.64 所示的是常用的雙接面電晶體 (BJT) 的高頻模型，適用於振幅較小的交流信號分析。若射極 (以 E 標示) 為輸入輸出的參考，而

基極 (以 B 標示) 為輸入，試以 r_x、r_π、C_π、C_μ、g_m 及 r_d 表示 (a) h_{oe}；(b) h_{fe}；(c) h_{ie} 和 (d) h_{re}。

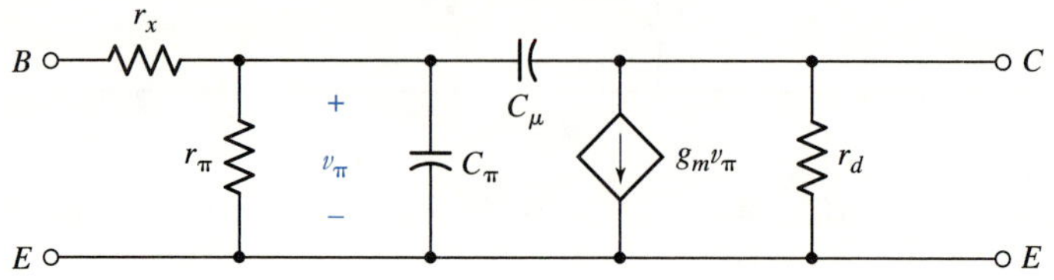

■圖 17.64

17.6 傳輸參數

45. (a) 試求圖 17.65 所示雙埠網路之 **t**；(b) 若此雙埠網路接上電阻為 $R_s = 15\ \Omega$ 的電源，試計算 $\mathbf{Z}_{out}$。

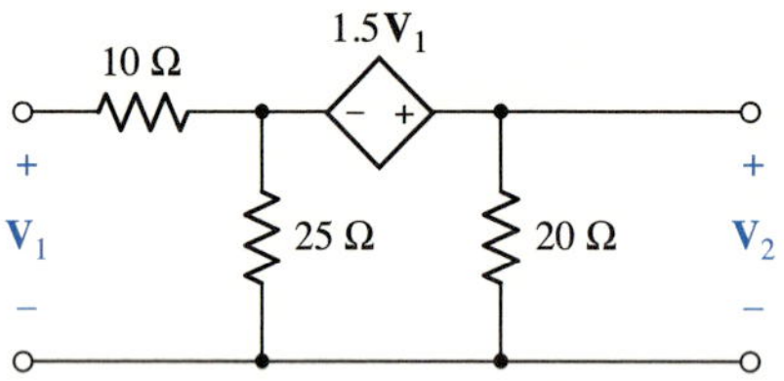

■圖 17.65

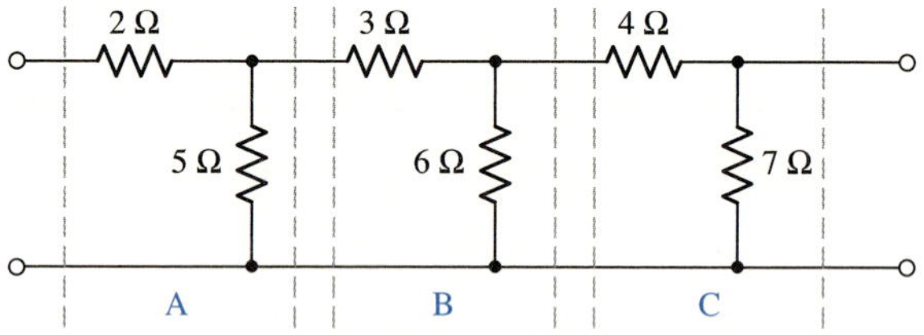

■圖 17.67

47. (a) 在圖 17.67 的串接雙埠網路中，試求 $\mathbf{t}_A$、$\mathbf{t}_B$ 及 $\mathbf{t}_C$；(b) 試求此六個電阻器所組成的雙埠網路的 **t**。

49. (a) 試求圖 17.69*a*、*b* 與 *c* 所示網路的 $\mathbf{t}_a$、$\mathbf{t}_b$ 及 $\mathbf{t}_c$；(b) 試利用雙埠網路的串級規則來求圖 17.69*d* 所示網路的 **t**。

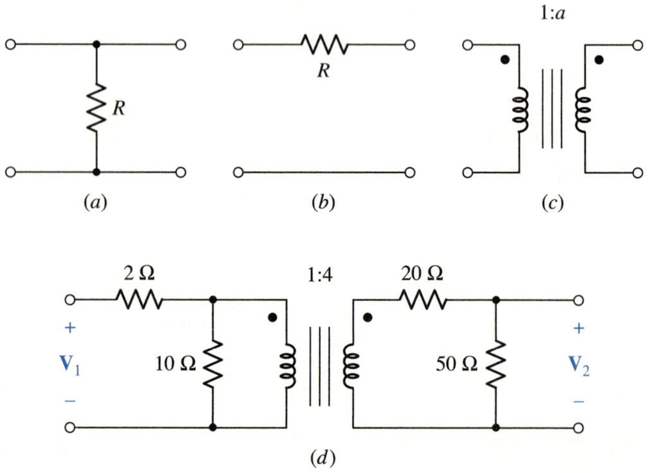

■圖 17.69

18 傅立葉電路分析

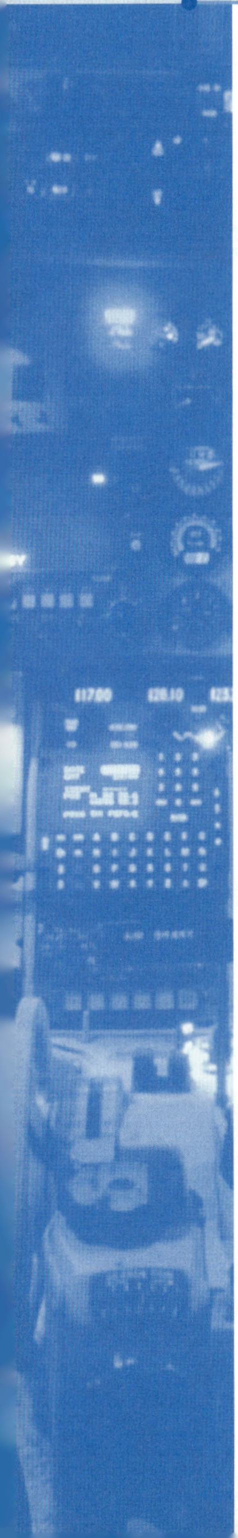

簡　介

本章將藉由學習時域與頻域中的週期函數，以延續電路分析的介紹。我們考慮週期的強迫函數，其具有滿足某些數學限制的函數性質，而且亦具有可在實驗室中產生任意函數的特性。任何這樣的函數都可以表示成無限多個正弦與餘弦函數的和，且它們與諧波有關。因此，因為每一個弦式分量的強迫響應可以很容易地利用弦式穩態分析求得，所以線性網路對一般週期強迫函數的響應，可將對應於其各部分的響應重疊而求得。

傅立葉級數這個主題在許多領域是極為重要的，尤其是在通訊方面。然而，使用傅立葉為基礎的方法來輔助電路的分析，在近幾年中已經漸漸不再流行。現在由於我們面臨到許多設備都逐漸使用脈衝調變電源供應技術來做電力供給 (例如：電腦)，因此電力系統與電力電子所造成的諧波，對發電端已儼然成為一項嚴重的問題。所以只有藉由傅立葉為基礎的分析，才得以瞭解上述的問題與尋求解決之道。

關 鍵 概 念

- 將週期函數表示成正弦與餘弦的和
- 諧波頻率
- 偶數與奇數對稱
- 半波對稱
- 傅立葉級數的複數型式
- 離散線頻譜
- 傅立葉轉換
- 利用傅立葉級數與傅立葉轉換技巧於電路的分析
- 頻域中的系統響應與捲積運算

18.1 傅立葉級數的三角型式

我們知道線性電路對任意強迫函數的完全響應，是由強迫響應與自然響應之和所構成的。關於自然響應，我們已經在時域 (第 7、8 與 9 章)

與頻域 (第 14 與 15 章) 做過討論。而強迫響應也曾從許多觀點探討過，如第 10 章的相量技巧。我們發現在某些情況我們需要某電路的完全響應，而在某些情況卻只需要自然響應或是強迫響應即可。在此，我們將注意力集中在弦式的強迫函數，並探討如何以此種函數的和表示週期函數，這會使我們瞭解到另一種新的電路分析程序。

諧　波

藉由考慮一個簡單的例子，我們可以獲得用無限多個正弦與餘弦函數之和，來表示一般週期函數的概念。首先假定一個角頻率為 ω_0 的餘弦函數，

$$v_1(t) = 2\cos\omega_0 t$$

其中

$$\omega_0 = 2\pi f_0$$

而週期 T 為

$$T = \frac{1}{f_0} = \frac{2\pi}{\omega_0}$$

雖然 T 通常沒有加上零的下標，但它仍然代表基頻的週期。**諧波** (harmonic) 為具有頻率 $n\omega_0$ 的弦式，其中 ω_0 為基頻，而 $n=1, 2, 3, \cdots$。第一次諧波的頻率便是**基頻** (fundamental frequency)。

接下來讓我們選擇一個第三次諧波電壓為

$$v_{3a}(t) = \cos 3\omega_0 t$$

圖 18.1*a* 所示的便是基本波 $v_1(t)$、第三次諧波 $v_{3a}(t)$ 與此兩波形之和。值得注意的是，此波形之和為週期波，其週期 $T=2\pi/\omega_0$。

所合成的週期函數型式，會隨著第三次諧波分量的相角與振幅而改變。因此，圖 18.1*b* 所示的便是 $v_1(t)$ 與振幅些微變大的第三次諧波組合之效果，

$$v_{3b}(t) = 1.5\cos 3\omega_0 t$$

變動三次諧波的相角 90° 可得

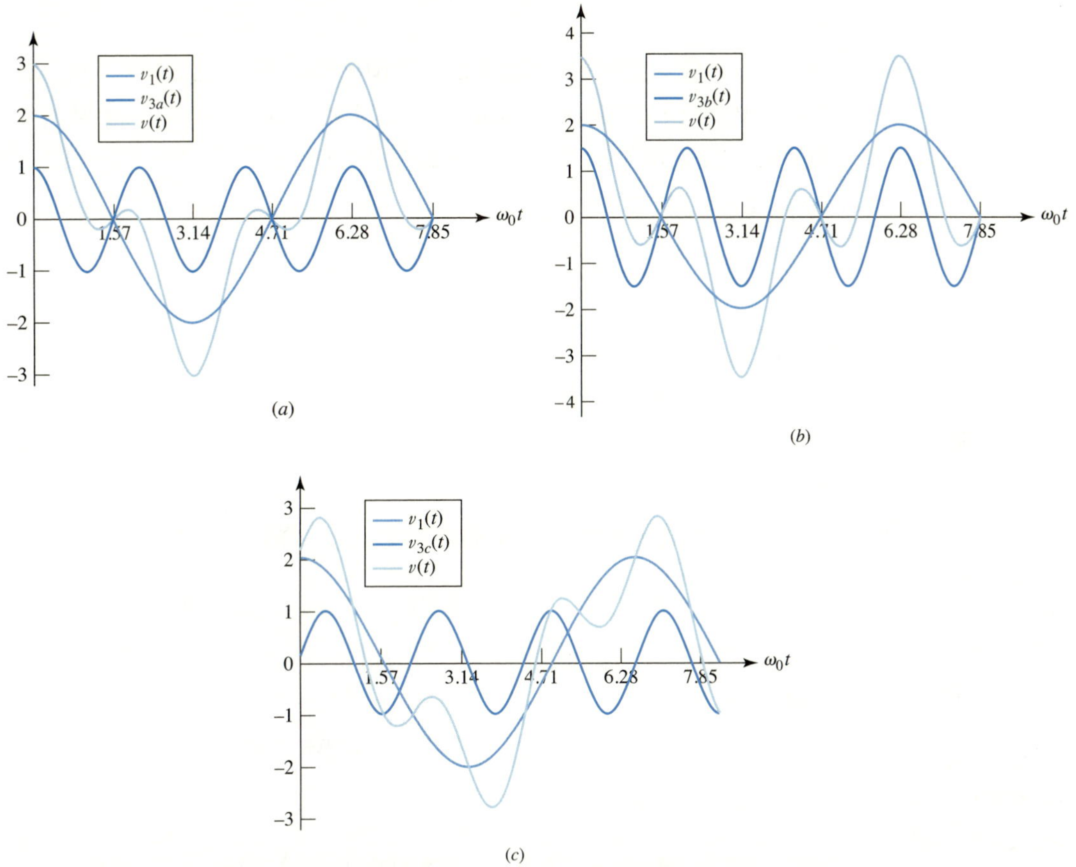

■圖 18.1　利用基本波與三次諧波的組合，所得到無限多組波形中的幾個。基本波為 $v_1 = 2\cos\omega_0 t$，而三次諧波為 (*a*) $v_{3a} = \cos 3\omega_0 t$；(*b*) $v_{3b} = 1.5\cos 3\omega_0 t$；(*c*) $v_{3c} = \sin 3\omega_0 t$。

$$v_{3c}(t) = \sin 3\omega_0 t$$

於圖 18.1*c* 的合成波形顯示出不同的特性。在所有的情況下，合成波形的週期仍然與基本波的週期一樣。波形的性質視每一諧波分量的振幅與相角而定，而且我們發現可以利用適當地組合弦式函數，便可以產生出具有相當非弦式特性的波形。

在我們熟析利用無限多的正弦與餘弦函數來表示週期波之後，我們將會來探討一般非週期波形以拉普拉氏轉換般的頻域表示方法。

練習題

18.1 設一個三次諧波的電壓與基本波相加得到 $v=2\cos\omega_0 t+V_{m3}\sin 3\omega_0 t$，$V_{m3}=1$，如圖 18.1$c$ 所示。(a) 試求使 $v(t)$ 於 $\omega_0 t=2\pi/3$ 時斜率為零的 V_{m3} 之值；(b) 試求 $\omega_0 t=2\pi/3$ 時的 $v(t)$。

答：0.577；−1.000。

傅立葉級數

首先我們考慮一個定義於 11.2 節的週期函數 $f(t)$。

$$f(t)=f(t+T)$$

我們考慮 $f(t)$ 代表一個電壓或是電流波形，且實際上我們可以產生任何滿足這四個條件的波形，然而值得注意的是，仍可能存在某些數學函數無法滿足這些條件。

其中 T 為週期。我們進一步假設函數 $f(t)$ 滿足下列特性：

1. $f(t)$ 在每一點都是單值的，亦即 $f(t)$ 滿足函數的數學定義。
2. 對任意選擇的 t_0 而言，$\int_{t_0}^{t_0+T}|f(t)|\,dt$ 的積分存在 (即不等於無窮大)。
3. 在任意一個週期內，$f(t)$ 具有有限多個不連續點。
4. 在任意一個週期內，$f(t)$ 具有有限個極大與極小值。

給定一週期函數 $f(t)$，其可以根據傅立葉理論表示成無窮級數

$$\begin{aligned} f(t) &= a_0 + a_1\cos\omega_0 t + a_2\cos 2\omega_0 t + \cdots \\ &\quad + b_1\sin\omega_0 t + b_2\sin 2\omega_0 t + \cdots \\ &= a_0 + \sum_{n=1}^{\infty}(a_n\cos n\omega_0 t + b_n\sin n\omega_0 t) \end{aligned} \qquad [1]$$

其中基頻 ω_0 與週期 T 的關係為

$$\omega_0=\frac{2\pi}{T}$$

而 a_0、a_n 與 b_n 皆為與常數，其值視 n 及 $f(t)$ 而定。方程式 [1] 為 $f(t)$ 的**傅立葉級數** (Fourier series) 三角函數型式，而決定 a_0、a_n 與 b_n 之值的過程稱為傅立葉分析。我們的目標並不是要證明此一定理，而是要藉由傅立葉分析程序的簡易推導，瞭解這個定理的概念。

一些有用的三角積分

在求得傅立葉級數的常數之前，我們先介紹一些有用的三角積分式。令 n 及 k 表示 1、2、3… 等整數集合中的任何元素。在下述的積分式子中，以 0 與 T 作為積分的上下限，但是我們知道以一週期為積分的區間，其積分結果相同，因為弦式在一週期的平均值為零，所以

$$\int_0^T \sin n\omega_0 t\, dt = 0 \qquad [2]$$

與

$$\int_0^T \cos n\omega_0 t\, dt = 0 \qquad [3]$$

同時也很容易證明下述三個積分亦為零：

$$\int_0^T \sin k\omega_0 t \cos n\omega_0 t\, dt = 0 \qquad [4]$$

$$\int_0^T \sin k\omega_0 t \sin n\omega_0 t\, dt = 0 \qquad (k \neq n) \qquad [5]$$

$$\int_0^T \cos k\omega_0 t \cos n\omega_0 t\, dt = 0 \qquad (k \neq n) \qquad [6]$$

方程式 [5] 與 [6] 中例外的情況 (即 $k=n$) 也很容易求得

$$\int_0^T \sin^2 n\omega_0 t\, dt = \frac{T}{2} \qquad [7]$$

$$\int_0^T \cos^2 n\omega_0 t\, dt = \frac{T}{2} \qquad [8]$$

傅立葉係數的計算

現在可以很容易地求得未知的常數，首先求解 a_0。如果以整個週期積分方程式 [1] 的兩邊，可得

$$\int_0^T f(t)\, dt = \int_0^T a_0\, dt + \int_0^T \sum_{n=1}^{\infty} (a_n \cos n\omega_0 t + b_n \sin n\omega_0 t)\, dt$$

但總合中的每一項為方程式 [2] 或 [3] 的型式，所以

$$\int_0^T f(t)\,dt = a_0 T$$

或是

$$a_0 = \frac{1}{T}\int_0^T f(t)\,dt \tag{9}$$

此常數 a_0 為 $f(t)$ 在一個週期中的平均值，因此我們可以用 $f(t)$ 的直流成分來描述它。

為了求得其中一個餘弦係數，亦即 $k\omega_0 t$ 的係數 a_k，首先我們將方程式 [1] 兩端皆乘上 $\cos k\omega_0 t$，然後將方程式的每一邊以一整個週期積分：

$$\int_0^T f(t)\cos k\omega_0 t\,dt = \int_0^T a_0 \cos k\omega_0 t\,dt + \int_0^T \sum_{n=1}^{\infty} a_n \cos k\omega_0 t \cos n\omega_0 t\,dt + \int_0^T \sum_{n=1}^{\infty} b_n \cos k\omega_0 t \sin n\omega_0 t\,dt$$

由方程式 [3]、[4] 及 [6]，我們發現除了在 $k=n$ 時的這一項外，方程式右邊的每一項皆為零。利用方程式 [8]，我們可以求得 a_k 或 a_n 為：

$$a_n = \frac{2}{T}\int_0^T f(t)\cos n\omega_0 t\,dt \tag{10}$$

其結果為 $f(t)\cos n\omega_0 t$ 乘積在一個週期中平均值的兩倍。

以相同的方法，將方程式 [1] 兩邊乘上 $\sin k\omega_0 t$ 且積分一個週期，並注意等號右邊除了一項以外其餘全為零，然後利用方程式 [7] 求積分，結果為

$$b_n = \frac{2}{T}\int_0^T f(t)\sin n\omega_0 t\,dt \tag{11}$$

其為 $f(t)\sin n\omega_0 t$ 在一個週期中平均值的兩倍。

由方程式 [9] 至 [11] 可讓我們決定方程式 [1] 所示傅立葉級數 a_0、a_n 與 b_n 之值，總結如下：

$$f(t) = a_0 + \sum_{n=1}^{\infty}(a_n \cos n\omega_0 t + b_n \sin n\omega_0 t) \qquad [1]$$

$$\omega_0 = \frac{2\pi}{T} = 2\pi f_0$$

$$a_0 = \frac{1}{T}\int_0^T f(t)\,dt \qquad [9]$$

$$a_n = \frac{2}{T}\int_0^T f(t)\cos n\omega_0 t\,dt \qquad [10]$$

$$b_n = \frac{2}{T}\int_0^T f(t)\sin n\omega_0 t\,dt \qquad [11]$$

例題 18.1

圖 18.2 所示的“半弦式”的波形代表半波整流器輸出端所獲得的電壓響應，該非線性電路的目的是將弦式輸入電壓轉換成直流輸出電壓。試求此波形的傅立葉級數。

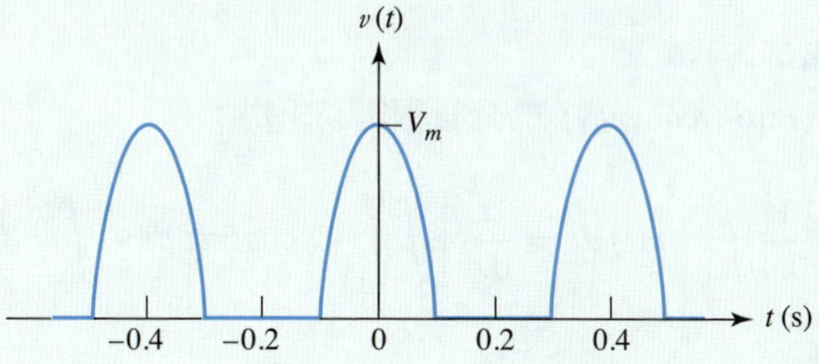

■圖 18.2　輸入為弦式的半波整流器輸出。

▲ 確認問題的目標

我們有一個部分相似於弦式的週期函數，想找出該函數的傅立葉級數表示式。如果不是問題中的所有負電壓已被移除，我們只需單個弦式便可簡單地滿足需要。

▲ 收集已知資訊

為了以傅立葉級數表示此電壓，我們必須先決定週期，然後將此圖形所示的電壓表示成可解析的時間函數。從圖中可知週期為

$$T = 0.4 \text{ s}$$

因此

$$f_0 = 2.5 \text{ Hz}$$

所以

$$\omega_0 = 5\pi \text{ rad/s}$$

▲ 擬定解題計畫

最直接的方法就是利用方程式 [9] 至 [11] 來計算係數 a_0、a_n 與 b_n 之值。為了使用這種方式，我們必須找出 $\upsilon(t)$ 的函數表示式，而最直接的方法便是在 $t=0$ 至 $t=0.4$ 的區間內，將 $\upsilon(t)$ 定義為：

$$v(t) = \begin{cases} V_m \cos 5\pi t & 0 \le t \le 0.1 \\ 0 & 0.1 \le t \le 0.3 \\ V_m \cos 5\pi t & 0.3 \le t \le 0.4 \end{cases}$$

然而，若選擇 $t=-0.1$ 至 $t=0.3$ 的區間，會有比較少的方程式。因此，積分式也比較少。於此區間的 $\upsilon(t)$ 為：

$$v(t) = \begin{cases} V_m \cos 5\pi t & -0.1 \le t \le 0.1 \\ 0 & 0.1 \le t \le 0.3 \end{cases} \qquad [12]$$

雖然兩種表示法都能得到正確的結果，但是最後一種型式比較好。

▲ 建構適當的方程式組

值得注意的是，在整個週期的積分必須將週期拆成幾個區間，而且 $\upsilon(t)$ 的每個函數型式是必須知道的。

零頻率 (zero-frequency) 的分量很容易求得：

$$a_0 = \frac{1}{0.4}\int_{-0.1}^{0.3} v(t)\,dt = \frac{1}{0.4}\left[\int_{-0.1}^{0.1} V_m \cos 5\pi t\,dt + \int_{0.1}^{0.3} (0)\,dt\right]$$

餘弦項振幅的通式為

$$a_n = \frac{2}{0.4}\int_{-0.1}^{0.1} V_m \cos 5\pi t \cos 5\pi n t\,dt$$

而正弦項振幅的通式為

$$\frac{2}{0.4}\int_{-0.1}^{0.1} V_m \cos 5\pi t \sin 5\pi n t\,dt$$

事實上，其值為零，因此並不需要進一步考慮。

▲ **決定是否需要額外的資料**

當 n 為 1 與 n 為其它值時，所求積分的函數型式不同。若 $n=1$，可得

$$a_1 = 5V_m \int_{-0.1}^{0.1} \cos^2 5\pi t\, dt = \frac{V_m}{2} \qquad [13]$$

當 n 不等於 1 時，則

$$a_n = 5V_m \int_{-0.1}^{0.1} \cos 5\pi t \cos 5\pi n t\, dt$$

▲ **試圖求解**

求解可得

$$a_0 = \frac{V_m}{\pi} \qquad [14]$$

$$a_n = 5V_m \int_{-0.1}^{0.1} \frac{1}{2}[\cos 5\pi(1+n)t + \cos 5\pi(1-n)t]\, dt$$

或

$$a_n = \frac{2V_m}{\pi}\frac{\cos(\pi n/2)}{1-n^2} \qquad (n \neq 1) \qquad [15]$$

(類似的積分顯示出對任何的 n 值而言，$b_n=0$，故傅立葉級數不含正弦項。) 傅立葉級數因此可以從方程式 [1]、[13]、[14] 和 [15] 得到：

$$v(t) = \frac{V_m}{\pi} + \frac{V_m}{2}\cos 5\pi t + \frac{2V_m}{3\pi}\cos 10\pi t - \frac{2V_m}{15\pi}\cos 20\pi t + \frac{2V_m}{35\pi}\cos 30\pi t - \cdots \qquad [16]$$

順便在這裡必須指出，當 $n \neq 1$ 時的 a_n 表示式是以在 $n \to 1$ 極限而求解出 $n=1$ 的正確結果。

▲ **驗證答案是否合理或合乎預期？**

我們的解可以藉由將值代入方程式 [16] 並刪除特定項數目之後來檢驗。另外的方法是繪出函數，如圖 18.3 所示的 $n=1$、2 與 6。由圖可知，只要考慮的項數愈多，函數圖形就會愈像圖 18.2。

練習題

18.2　一個週期波形 $f(t)$，其函數值如下：$f(t)=-4$；$0 < t < 0.3$；$f(t)=6$；$0.3 < t < 0.4$；$f(t)=0$；$0.4 < t < 0.5$；$T=0.5$。試求 (a) a_0；(b)

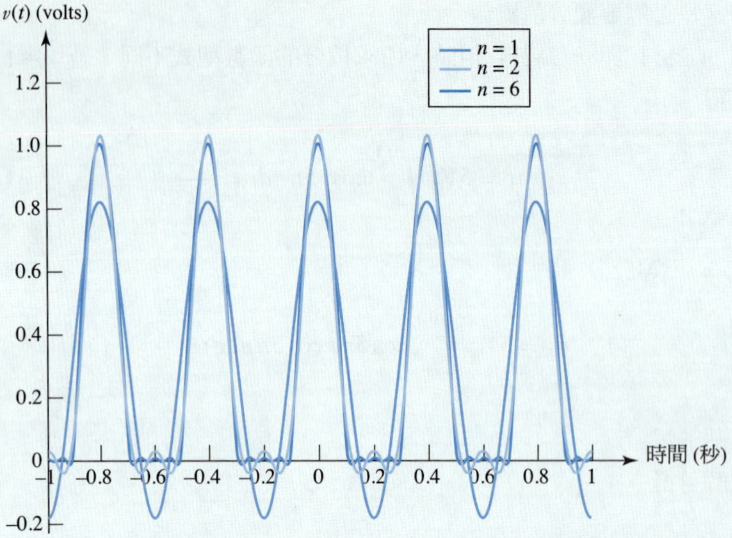

■圖 18.3 對方程式 [16] 繪出 $n=1$、2 與 6 的圖形，顯示出對半弦波 $v(t)$ 的收斂情形。選取 $V_m=1$ 的振幅是為了方便起見。

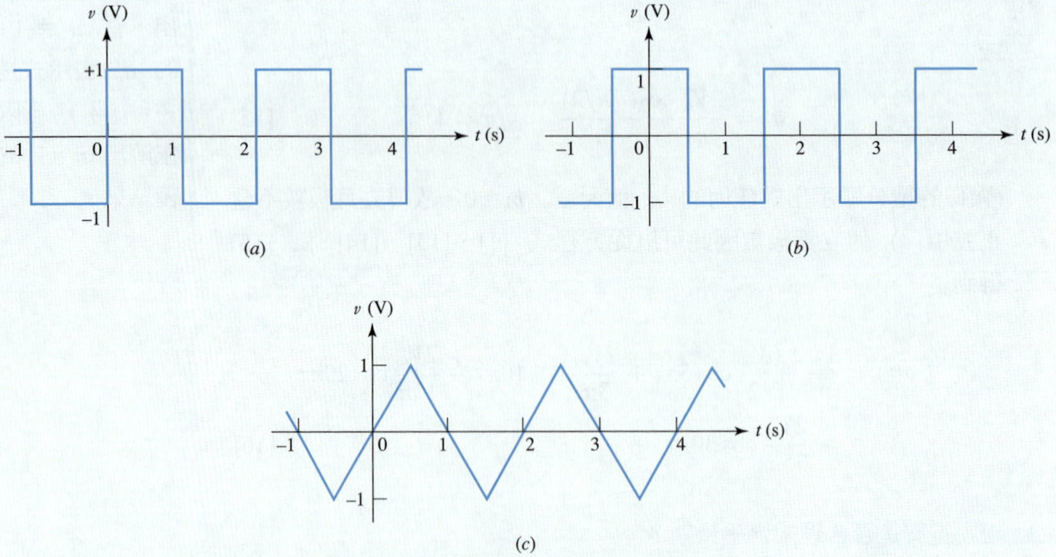

■圖 18.4

a_3；(c) b_1。

18.3 試求出圖 18.4 所示三個電壓波形的傅立葉級數。

答：18.2：−1.200；1.383；−4.44。18.3：$(4/\pi)(\sin \pi t + \frac{1}{3}\sin 3\pi t + \frac{1}{5}\sin 5\pi t + \cdots)$ V；$(4/\pi)(\cos \pi t - \frac{1}{3}\cos 3\pi t + \frac{1}{5}\cos 5\pi t - \cdots)$ V；$(8/\pi^2)(\sin \pi t - \frac{1}{9}\sin 3\pi t + \frac{1}{25}\sin 5\pi t - \cdots)$。

線頻譜與相位頻譜

例題 18.1 中的函數 $v(t)$，我們已經在圖 18.2 中繪出其波形，也在方程式 [12] 中解析過該函數，這都是時域的表示法。方程式 [16] 是 $v(t)$ 時域的傅立葉級數表示法，但也可以轉換到頻域上。舉例來說，圖 18.5 所示的便是 $v(t)$ 每個頻率的振幅，此種圖形稱為線頻譜 (line spectrum)。在此，我們將每一頻率分量的振幅 (即 $|a_0|$、$|a_1|$ 等) 是由位於相對頻率 (f_0、f_1 等) 上的垂直線長度來表示，為了方便起見，我們令 $V_m=1$。給定不同的 V_m 值，我們可以根據新的值簡單地調整 y 軸的數值。

這樣的圖形，有時候亦稱為離散頻譜，可以一次觀察到許多資訊。特別的是，我們可以觀察出我們要合理地近似原本的波形，所需要的級數項數。在圖 18.5 的線頻譜中，我們發現第八與第十次諧波 (分別為 20 與 25 Hz) 只增加了一點修正量。因此若將第六次諧波之後的量截除，便可以得到不錯的波形近似，讀者可以藉由對照圖 18.3 來判斷這件事。

必須小心注意一件事，在所考慮的例題中並未包含正弦項，故第 n 次諧波的振幅為 $|a_n|$。若 b_n 不為零，則頻率 $n\omega_0$ 所在的振幅分量為 $\sqrt{a_n^2+b_n^2}$。這便是一般在線頻譜所顯示的量。當討論到傅

CAUTION

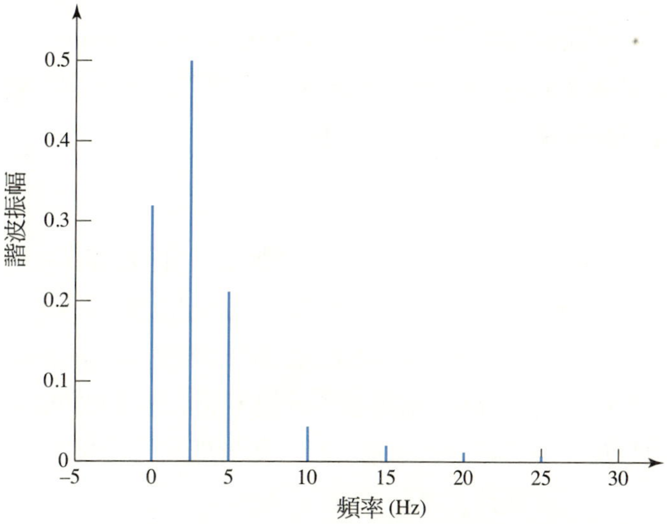

圖 18.5 以方程式 [16] 表示 $v(t)$ 的離散線頻譜，顯示出前七個頻率成分。選擇 $V_m=1$ 的振幅是為了方便起見。

立葉級數的複數型式時，我們將會發現這個量更容易求得。

除了振幅頻譜，亦可繪出個別的離散**相位頻譜** (phase spectrum)。在任何頻率 $n\omega_0$，將餘弦與正弦兩項合併便可決定相角 ϕ_n：

$$a_n \cos n\omega_0 t + b_n \sin n\omega_0 t = \sqrt{a_n^2 + b_n^2} \cos\left(n\omega_0 t + \tan^{-1}\frac{-b_n}{a_n}\right)$$
$$= \sqrt{a_n^2 + b_n^2} \cos(n\omega_0 t + \phi_n)$$

或

$$\phi_n = \tan^{-1}\frac{-b_n}{a_n}$$

在方程式 [16] 中，對每一個 n，$\phi_n = 0°$ 或 180°。

在此例所得的傅立葉級數未包含正弦項，且餘弦項中無奇次諧波 (除了基頻外)。在做任何積分之前，我們可以藉由觀察已知時間函數的對稱性，便可以預測出不出現於傅立葉級數中的某些項。下一節將研究對稱性的使用。

18.2 對稱的應用

偶對稱與奇對稱

最容易辨認的兩種對稱為偶函數對稱 (even-function symmetry) 與奇函數對稱 (odd-function symmetry)，簡稱為偶對稱與奇對稱。若 $f(t)$ 具有下列關係，則稱具有偶對稱的性質

$$f(t) = f(-t) \qquad [17]$$

諸如 t^2、$\cos 3t$、$\ln(\cos t)$、$\sin^2 7t$ 與常數 C 的函數都具有偶對稱，以 $(-t)$ 取代 t 並不會改變這些函數的值。此類對稱亦可由圖形瞭解，$f(t)=f(-t)$ 在 $f(t)$ 軸出現鏡面對稱，如圖 18.6a 的函數圖形則具有偶對稱。而沿 $f(t)$ 軸將圖形折疊，則正時間的函數圖形與負時間的函數圖形會恰好疊在一起，此一圖形即在另一圖形之上。

若 $f(t)$ 有奇對稱的性質，則其定義為

$$f(t) = -f(-t) \qquad [18]$$

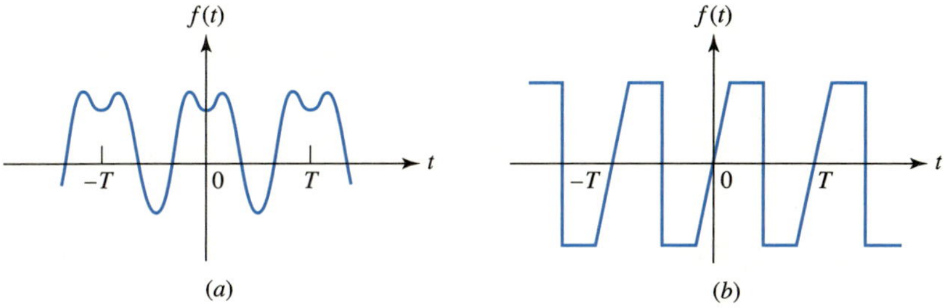

圖 18.6　(*a*) 偶對稱波形；(*b*) 奇對稱波形。

換句話說，若以 $(-t)$ 取代 t 則可獲得已知函數的負值，例如 t、$\sin t$、$t\cos 70t$、$t\sqrt{1+t^2}$ 與圖 18.6*b* 所示的函數都是奇函數，具有奇對稱性質。奇對稱的圖形特性很明顯，即若 $t>0$ 時，$f(t)$ 的那一部分沿正 t 軸旋轉 180°，然後再將此圖形對 $f(t)$ 軸旋轉 180°，則兩圖形恰好會重合，亦即奇函數對稱於原點，而偶函數對稱於 $f(t)$ 軸。

定義偶對稱與奇對稱後，應注意到兩個偶函數的乘積，或是兩個奇函數的乘積，都會產生偶對稱的函數。此外，偶函數與奇函數的乘積則為奇對稱函數。

對稱與傳立葉級數項

現在來研究偶對稱在傳立葉級數方面所產生的影響。若考慮使偶函數 $f(t)$ 與無限多個正弦和餘弦函數之和相等的表示式時，則此和亦必為偶函數。然而，正弦函數為奇函數，且除了零 (它同時為偶對稱與奇對稱) 外，正弦式之和不可能產生任何偶函數。因此，我們將任何偶函數的傳立葉級數，視為僅由常數與餘弦函數構成是很合理的。現在讓我們來仔細驗證 $b_n=0$。因為

$$
\begin{aligned}
b_n &= \frac{2}{T}\int_{-T/2}^{T/2} f(t)\sin n\omega_0 t\,dt \\
&= \frac{2}{T}\left[\int_{-T/2}^{0} f(t)\sin n\omega_0 t\,dt + \int_{0}^{T/2} f(t)\sin n\omega_0 t\,dt\right]
\end{aligned}
$$

現在以 $-\tau$ 取代第一個積分中的 t，或 $\tau=-t$，並應用 $f(t)=f(-t)=f(\tau)$：

$$b_n = \frac{2}{T}\left[\int_{T/2}^{0} f(-\tau)\sin(-n\omega_0\tau)(-d\tau) + \int_0^{T/2} f(t)\sin n\omega_0 t\, dt\right]$$
$$= \frac{2}{T}\left[-\int_0^{T/2} f(\tau)\sin\, n\omega_0\tau\, d\tau + \int_0^{T/2} f(t)\sin n\omega_0 t\, dt\right]$$

但因為積分式中的變數符號並不影響積分值，因此，

$$\int_0^{T/2} f(\tau)\sin n\omega_0\tau\, d\tau = \int_0^{T/2} f(t)\sin n\omega_0 t\, dt$$

而且

$$b_n = 0 \qquad (\text{偶對稱}) \qquad [19]$$

無正弦項出現。因此，若是 $f(t)$ 為偶對稱，則 $b_n=0$；反之，若 $b_n=0$，則 $f(t)$ 必為偶對稱。

對 a_n 作類似的查驗將可獲得從 $t=0$ 至 $t=\frac{1}{2}T$ 的半週期積分式：

$$a_n = \frac{4}{T}\int_0^{T/2} f(t)\cos n\omega_0 t\, dt \qquad (\text{偶對稱}) \qquad [20]$$

偶函數的 a_n 可由“半週期範圍內積分值的兩倍”來獲得的事實，似乎是符合邏輯的。

奇對稱的函數其傅立葉級數不包含常數項或餘弦項，現在讓我們來驗證這句話的第二部分。因為

$$a_n = \frac{2}{T}\int_{-T/2}^{T/2} f(t)\cos n\omega_0 t\, dt$$
$$= \frac{2}{T}\left[\int_{-T/2}^{0} f(t)\cos n\omega_0 t\, dt + \int_0^{T/2} f(t)\cos n\omega_0 t\, dt\right]$$

現在令第一個積分式中 $t=-\tau$：

$$a_n = \frac{2}{T}\left[\int_{T/2}^{0} f(-\tau)\cos(-n\omega_0\tau)\,(-d\tau) + \int_0^{T/2} f(t)\cos n\omega_0 t\, dt\right]$$
$$= \frac{2}{T}\left[\int_0^{T/2} f(-\tau)\cos\, n\omega_0\tau\, d\tau + \int_0^{T/2} f(t)\cos n\omega_0 t\, dt\right]$$

但是因為 $f(-\tau)=-f(\tau)$，因此

$$a_n = 0 \qquad \text{(奇對稱)} \qquad [21]$$

利用另一個類似但較簡單的方式，便可證明

$$a_0 = 0 \qquad \text{(奇對稱)}$$

所以若具有奇對稱特性，則 $a_n=0$ 且 $a_0=0$；反之，若 $a_n=0$ 且 $a_0=0$，則會出現奇對稱特性。

b_n 之值也同樣可由積分半週期範圍來獲得：

$$b_n = \frac{4}{T}\int_0^{T/2} f(t)\sin n\omega_0 t\, dt \qquad \text{(奇對稱)} \qquad [22]$$

偶對稱與奇對稱的例子，可由前節的練習題 18.3 觀察到，在 (a) 及 (b) 中，已知函數具有相同振幅與週期。然而，時間原點的選擇使得 (a) 為奇對稱而使 (b) 為偶對稱，因此產生的級數分別只含有正弦項與餘弦項。值得注意的是，可選擇 $t=0$ 之點使該函數既非偶對稱亦非奇對稱，則用以決定傅立葉級數係數的時間將加長。

半波對稱

這兩個方波的傅立葉級數另有一項有趣的特性，即兩者皆未含偶次諧波[1]，亦即級數中只有基頻奇次倍的頻率分量出現；對於 n 為偶數的 a_n 與 b_n 均為零，此結果是由另一種稱為半波對稱 (half-wave symmetry) 的對稱性所造成的。如果函數 $f(t)$ 有下述特性，我們則說 $f(t)$ 具有半波對稱性質。

$$f(t) = -f\left(t - \tfrac{1}{2}T\right)$$

或是等效的表示式

$$f(t) = -f\left(t + \tfrac{1}{2}T\right)$$

除了正負號不同外，每一個半週與相鄰的半週相同。半波對稱與偶對稱及奇對稱不同，它不是 $t=0$ 的選擇函數；因此我們可以說方波 (圖 18.4a 或 b) 顯示出半波對稱的特性。圖 18.6 所示的波形並不是半波對稱，不過圖 18.7 所示的相似波形，則具有半波對稱的

1　必須時時注意避免將偶函數與偶次諧波，或奇函數與奇次諧波搞混，例如，b_{10} 為偶次諧波的係數，但若 $f(t)$ 為偶函數時，其值為零。

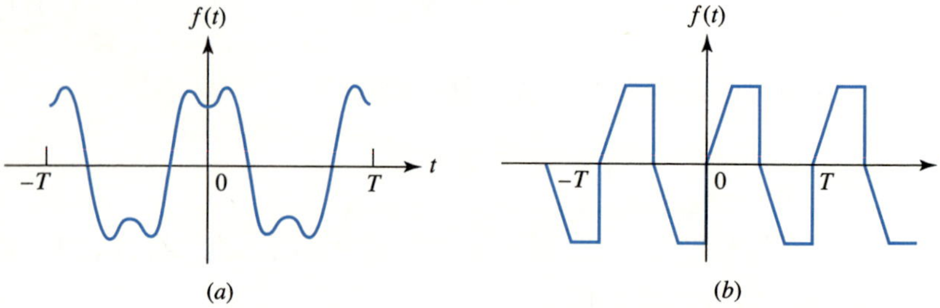

■圖 18.7 (*a*) 有點類似圖 18.6*a* 的波形，但具有半波對稱的特性；(*b*) 有點類似圖 18.6*b* 的波形，但具有半波對稱的特性。

性質。

以下我們將證明出任何具有半波對稱的函數，其傅立葉級數僅包含奇次諧波。讓我們考慮係數 a_n，得到

$$a_n = \frac{2}{T}\int_{-T/2}^{T/2} f(t)\cos n\omega_0 t\,dt$$
$$= \frac{2}{T}\left[\int_{-T/2}^{0} f(t)\cos n\omega_0 t\,dt + \int_{0}^{T/2} f(t)\cos n\omega_0 t\,dt\right]$$

上式可以表示成

$$a_n = \frac{2}{T}(I_1 + I_2)$$

現在將新變數 $\tau = t + \frac{1}{2}T$ 代入 I_1 積分式中：

$$I_1 = \int_0^{T/2} f\left(\tau - \frac{1}{2}T\right)\cos n\omega_0\left(\tau - \frac{1}{2}T\right)d\tau$$
$$= \int_0^{T/2} -f(\tau)\left(\cos n\omega_0\tau\cos\frac{n\omega_0 T}{2} + \sin n\omega_0\tau\sin\frac{n\omega_0 T}{2}\right)d\tau$$

但是 $\omega_0 T$ 為 2π，所以

$$\sin\frac{n\omega_0 T}{2} = \sin n\pi = 0$$

因此

$$I_1 = -\cos n\pi\int_0^{T/2} f(\tau)\cos n\omega_0\tau\,d\tau$$

注意 I_2 的型式後，我們便可以寫出

$$a_n = \frac{2}{T}(1 - \cos n\pi) \int_0^{T/2} f(t) \cos n\omega_0 t \, dt$$

係數 $(1 - \cos n\pi)$ 表示若 n 為偶數則 a_n 為零。因此

$$a_n = \begin{cases} \dfrac{4}{T} \displaystyle\int_0^{T/2} f(t) \cos n\omega_0 t \, dt & n \text{ 為奇數} \\ 0 & n \text{ 為偶數} \end{cases} \quad \text{(半波對稱)} \qquad [23]$$

同樣的情況顯示出對所有的偶數 n 而言，b_n 為零，所以

$$b_n = \begin{cases} \dfrac{4}{T} \displaystyle\int_0^{T/2} f(t) \sin n\omega_0 t \, dt & n \text{ 為奇數} \\ 0 & n \text{ 為偶數} \end{cases} \quad \text{(半波對稱)} \qquad [24]$$

值得注意的是，半波對稱可能出現於奇對稱或偶對稱的波形中。舉例來說，圖 18.7a 所繪之波形同時具有偶對稱與半波對稱的特性。當一個波形具有半波對稱與偶對稱或奇對稱時，若函數之任意四分之一週期已知，則可重建出此波形。a_n 或 b_n 之值便可藉由積分任意四分之一週期求得。因此，

對於所要決定傅立葉級數函數的對稱性，總是值得花些時間去擴大探討的。

$$\left.\begin{aligned} a_n &= \frac{8}{T} \int_0^{T/4} f(t) \cos n\omega_0 t \, dt && n \text{ 為奇數} \\ a_n &= 0 && n \text{ 為偶數} \\ b_n &= 0 && \text{所有的 } n \end{aligned}\right\} \quad \text{(半波與偶對稱)} \qquad [25]$$

$$\left.\begin{aligned} a_n &= 0 && n \text{ 為奇數} \\ b_n &= \frac{8}{T} \int_0^{T/4} f(t) \sin \omega_0 t \, dt && n \text{ 為偶數} \\ b_n &= 0 && \text{所有的 } n \end{aligned}\right\} \quad \text{(半波與奇對稱)} \qquad [26]$$

表 18.1 總結了幾種不同的對稱類型及其傅立葉級數的簡化式。

表 18.1　總結不同對稱類型的傅立葉級數簡化式

對稱類型	特　性	簡化式
偶對稱	$f(t) = -f(t)$	$b_n = 0$
奇對稱	$f(t) = -f(-t)$	$a_n = 0$
半波對稱	$f(t) = -f\left(t - \frac{T}{2}\right)$ 或 $f(t) = -f\left(t + \frac{T}{2}\right)$	$a_n = \begin{cases} \frac{4}{T}\int_0^{T/2} f(t)\cos n\omega_0 t\,dt & n \text{ 為奇數} \\ 0 & n \text{ 為偶數} \end{cases}$ $b_n = \begin{cases} \frac{4}{T}\int_0^{T/2} f(t)\sin n\omega_0 t\,dt & n \text{ 為奇數} \\ 0 & n \text{ 為偶數} \end{cases}$
半波與偶對稱	$f(t) = -f\left(t - \frac{T}{2}\right)$ 和 $f(t) = -f(t)$ 或 $f(t) = -f\left(t + \frac{T}{2}\right)$ 和 $f(t) = -f(t)$	$a_n = \begin{cases} \frac{8}{T}\int_0^{T/4} f(t)\cos n\omega_0 t\,dt & n \text{ 為奇數} \\ 0 & n \text{ 為偶數} \end{cases}$ $b_n = 0$　　所有的 n
半波與奇對稱	$f(t) = -f\left(t - \frac{T}{2}\right)$ 和 $f(t) = -f(-t)$ 或 $f(t) = -f\left(t + \frac{T}{2}\right)$ 和 $f(t) = -f(-t)$	$a_n = 0$　　所有的 n $b_n = \begin{cases} \frac{8}{T}\int_0^{T/4} f(t)\sin n\omega_0 t\,dt & n \text{ 為奇數} \\ 0 & n \text{ 為偶數} \end{cases}$

練習題

18.4　試繪出以下所述各函數的圖形，說明是否為偶對稱、奇對稱及半波對稱，並求出週期：(a) $\upsilon = 0, -2 < t < 0$ 與 $2 < t < 4$；$\upsilon = 5, 0 < t < 2$；$\upsilon = -5, 4 < t < 6$；並重複之；(b) $\upsilon = 10, 1 < t < 3$；$\upsilon = 0, 3 < t < 7$；$\upsilon = -10, 7 < t < 9$；並重複之；(c) $\upsilon = 8t, -1 < t < 1$；$\upsilon = 0, 1 < t < 3$；並重複之。

18.5　試求練習題 18.4a 與 b 所述波形的傅立葉級數。

答：18.4：否，否，是，8；否，否，否，8；否，是，否，4。

18.5：$\sum_{n=1(\text{odd})}^{\infty} \frac{10}{n\pi}\left(\sin\frac{n\pi}{2}\cos\frac{n\pi t}{4} + \sin\frac{n\pi t}{4}\right)$；

$\sum_{n=1}^{\infty} \frac{10}{n\pi}\left[\left(\sin\frac{3n\pi}{4} - 3\sin\frac{n\pi}{4}\right)\cos\frac{n\pi t}{4} + \left(\cos\frac{n\pi}{4} - \cos\frac{3n\pi}{4}\right)\sin\frac{n\pi t}{4}\right]$ 。

18.3 週期強迫函數的完全響應

透過傅立葉級數的使用，我們可以將任意週期的強迫函數表示成無限多個弦式強迫函數的總和。受這些函數作用的每一個強迫響應可由傳統的穩態分析來決定，而自然響應則可由適當的網路轉移函數的極點求得。存在於整個網路的初始條件，包含強迫響應的初值，使我們可以決定自然響應的振幅，然後由自然響應與強迫響應之和便可得到完全響應。

例題 18.2

將圖 18.8*a* 中含有直流成分的方波施加於圖 18.8*b* 所示的 *RL* 串聯電路。強迫函數於 $t=0$ 時加入，且設電流初值為零，試求電流的週期響應。

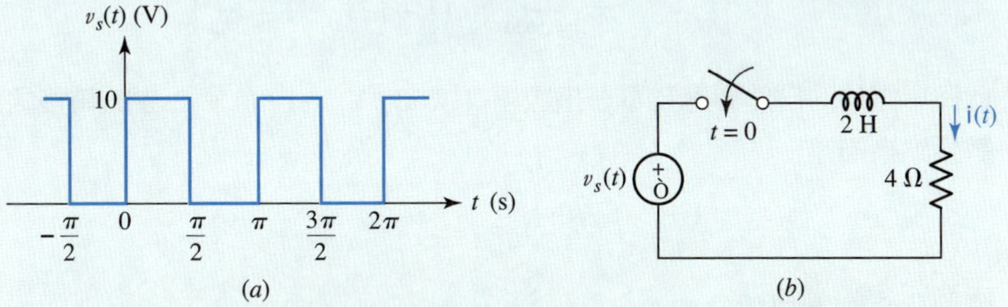

■圖 18.8　(*a*) 方波電壓強迫函數；(*b*) 在 $t=0$ 時，將 (*a*) 的強迫函數加至此 *RL* 串聯電路並求出 $i(t)$ 的完全響應。

強迫函數具有 $\omega_0=2$ rad/s 的基頻，這與練習題 18.3 中圖 18.4*a* 波形的解答比較，可寫出其傅立葉級數為：

$$v_s(t) = 5 + \frac{20}{\pi}\sum_{n=1(\text{odd})}^{\infty}\frac{\sin 2nt}{n}$$

我們要在頻域中運算以求得第 n 次諧波的強迫響應。因此

$$v_{sn}(t) = \frac{20}{n\pi}\sin 2nt$$

且

$$\mathbf{V}_{sn} = \frac{20}{n\pi}\underline{/-90^\circ} = -j\frac{20}{n\pi}$$

RL 電路在此頻率所提供的阻抗為

$$\mathbf{Z}_n = 4 + j(2n)2 = 4 + j4n$$

因此在此頻率下強迫響應的分量為

$$\mathbf{I}_{fn} = \frac{\mathbf{V}_{sn}}{\mathbf{Z}_n} = \frac{-j5}{n\pi(1+jn)}$$

回想一下 $V_m \sin \omega t$ 等於 $V_m \cos(\omega t - 90°)$，相當於 $V_m \angle -90° = -jV_m$。

轉換至時域，求得

$$i_{fn} = \frac{5}{n\pi}\frac{1}{\sqrt{1+n^2}}\cos(2nt - 90° - \tan^{-1} n)$$
$$= \frac{5}{\pi(1+n^2)}\left(\frac{\sin 2nt}{n} - \cos 2nt\right)$$

因為直流成分響應為 5 V/4 Ω＝1.25 A，所以強迫響應可表示成下式之和：

$$i_f(t) = 1.25 + \frac{5}{\pi}\sum_{n=1(\text{odd})}^{\infty}\left[\frac{\sin 2nt}{n(1+n^2)} - \frac{\cos 2nt}{1+n^2}\right]$$

此簡單電路的自然響應為單一指數項 [以 $\mathbf{I}_f / \mathbf{V}_s = 1/(4+2\mathbf{s})$ 的轉移函數極點來描述]

$$i_n(t) = Ae^{-2t}$$

因此完全響應為

$$i(t) = i_f(t) + i_n(t)$$

令 $t=0$ 並利用 $i(0)=0$ 來求得 A：

$$A = -1.25 + \frac{5}{\pi}\sum_{n=1(\text{odd})}^{\infty}\frac{1}{1+n^2}$$

雖然可用此和表示 A，但用數值來表示此和比較方便。$\Sigma\, 1/(1+n^2)$ 前五項的總和為 0.671，前十項的總和為 0.695，前二十項的總和為 0.708，而至三位有效數字的正確和為 0.720。因此

$$A = -1.25 + \frac{5}{\pi}(0.720) = -0.104$$

而

$$i(t) = -0.104e^{-2t} + 1.25 + \frac{5}{\pi}\sum_{n=1(\text{odd})}^{\infty}\left[\frac{\sin 2nt}{n(1+n^2)} - \frac{\cos 2nt}{1+n^2}\right] \quad \text{安培}$$

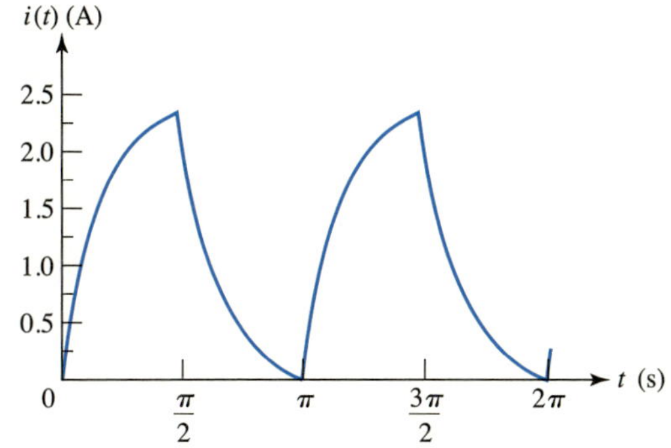

■圖 18.9　圖 18.8*b* 的電路受到圖 18.8*a* 強迫函數作用時，造成完全響應的最初部分。

在求此解答時，我們已經使用許多本章及前 17 章所介紹的重要概念。此特殊電路的單純性質有些概念並未用到，但其在一般分析所處的地位已在前面指出。因此，此問題的解答可以視為學習電路分析時，所得到的一項重要收穫。然而，儘管對此收穫有不錯的概念，但必須指出的是，如同例題 18.2 以解析型式所求得的完全響應並沒有多大的價值，因為它並未提供響應性質的詳細狀況。我們實際需要的是以時間函數繪出的 $i(t)$ 波形，這可以由計算夠多的時間 $i(t)$ 值來獲得，若能以電腦或可程式計算機來輔助的話，將會有很多助益。圖形也可以利用自然響應、直流項及前幾項的諧波圖形相加來近似，但這並不是值得去做的事。

當所提及的事都完成後，這個問題最有益的解答可能是藉由重複做暫態分析來獲得。亦即，響應型式可從 $t=0$ 到 $t=\pi/2$ s 的區間計算出來，它為一條指向 2.5 A 的指數上升曲線。一旦決定這第一個區間終值後，我們便能得到下一個 $(\pi/2)$ 秒區間的初值。此過程一直重複直到響應呈現一般的週期性為止。此方法很明顯地適用於這個例題，因為在 $\pi/2 < t < 3\pi/2$ 與 $3\pi/2 < t < 5\pi/2$ 的連續區間內，電流波形的變化可以忽略。圖 18.9 所示便是電流的完全響應。

練習題

18.6　試利用第 8 章的方法，決定圖 18.9 所示電流於為 (a) $\pi/2$；(b) π；(c) $3\pi/2$ 時的值。

答：2.392 A；0.1034 A；2.396 A。

18.4 傅立葉級數的複數型式

在求頻譜時，我們發現每一頻率分量的振幅視 a_n 及 b_n 而定；亦即，正弦與餘弦項皆對振幅有所貢獻。此振幅的確切表示式為 $\sqrt{a_n^2+b_n^2}$。另外也可以使用另一種傅立葉級數型式直接求得振幅，其中級數的每一項為具有相角的餘弦函數，而振幅與相角皆為 $f(t)$ 及 n 的函數。

如果將餘弦與正弦表示成具有複數倍率常數的指數函數，則可獲得一個更方便與簡潔的傅立葉級數型式。

首先取傅立葉級數的三角型式：

回想一下

$$\sin\alpha = \frac{e^{j\alpha}-e^{-j\alpha}}{j2}$$

與

$$\cos\alpha = \frac{e^{j\alpha}+e^{-j\alpha}}{2}$$

$$f(t) = a_0 + \sum_{n=1}^{\infty}(a_n \cos n\omega_0 t + b_n \sin n\omega_0 t)$$

然後以指數型式表示正弦與餘弦，重新排列後可得

$$f(t) = a_0 + \sum_{n=1}^{\infty}\left(e^{jn\omega_0 t}\frac{a_n - jb_n}{2} + e^{-jn\omega_0 t}\frac{a_n + jb_n}{2}\right)$$

我們現在定義一複數常數 $\mathbf{c}_n$ 為：

$$\mathbf{c}_n = \tfrac{1}{2}(a_n - jb_n) \qquad (n = 1, 2, 3, \ldots) \qquad [27]$$

a_n、b_n 及 $\mathbf{c}_n$ 之值視 n 及 $f(t)$ 而定。假設以 $(-n)$ 取代 n，常數值會如何變化呢？觀察方程式 [10] 與 [11] 所定義的係數 a_n 與 b_n，很明顯地可以發現

$$a_{-n} = a_n$$

但

$$b_{-n} = -b_n$$

由方程式 [27] 可知

$$\mathbf{c}_{-n} = \tfrac{1}{2}(a_n + jb_n) \qquad (n = 1, 2, 3, \ldots) \qquad [28]$$

因此，

$$\mathbf{c}_n = \mathbf{c}_{-n}^*$$

我們亦令

$$\mathbf{c}_0 = a_0$$

所以 $f(t)$ 可以表示成

$$f(t) = \mathbf{c}_0 + \sum_{n=1}^{\infty} \mathbf{c}_n e^{jn\omega_0 t} + \sum_{n=1}^{\infty} \mathbf{c}_{-n} e^{-jn\omega_0 t}$$

或

$$f(t) = \sum_{n=0}^{\infty} \mathbf{c}_n e^{jn\omega_0 t} + \sum_{n=1}^{\infty} \mathbf{c}_{-n} e^{-jn\omega_0 t}$$

最後，我們不從正整數 1 至 ∞ 將第二項級數相加，而是從 −1 至 −∞ 將級數相加：

$$f(t) = \sum_{n=0}^{\infty} \mathbf{c}_n e^{jn\omega_0 t} + \sum_{n=-1}^{-\infty} \mathbf{c}_n e^{jn\omega_0 t}$$

或

$$f(t) = \sum_{n=-\infty}^{\infty} \mathbf{c}_n e^{jn\omega_0 t} \qquad [29]$$

在此，我們可以理解到從 −∞ 至 ∞ 的總和中亦包含 $n=0$ 這一項。

方程式 [29] 為 $f(t)$ 的傅立葉級數複數型式，簡潔性為其被使用的重要原因之一。為了要獲得特定複數 c_n 的表示式，我們將方程式 [10] 與 [11] 代入方程式 [27] 中：

$$\mathbf{c}_n = \frac{1}{T}\int_{-T/2}^{T/2} f(t)\cos n\omega_0 t\, dt - j\frac{1}{T}\int_{-T/2}^{T/2} f(t)\sin n\omega_0 t\, dt$$

使用正弦與餘弦的指數等效式，並加以簡化可得

$$\mathbf{c}_n = \frac{1}{T}\int_{-T/2}^{T/2} f(t) e^{-jn\omega_0 t}\, dt \qquad [30]$$

因此，以一個簡潔的方程式便可以取代三角型式中傅立葉級數所需的兩個式子。以前需要求出兩個積分式的值來求傅立葉係數，現在

只需要一個積分式就足夠了。必須注意的是，方程式 [30] 中的積分包含的倍率為 $1/T$，而 a_n 與 b_n 的積分則是為 $2/T$。

整理指數型傅立葉級數的兩個基本關係後，得到

$$f(t) = \sum_{n=-\infty}^{\infty} \mathbf{c}_n e^{jn\omega_0 t} \qquad [29]$$

$$\mathbf{c}_n = \frac{1}{T}\int_{-T/2}^{T/2} f(t)e^{-jn\omega_0 t}\,dt \qquad [30]$$

其中 $\omega_0 = 2\pi/T$，與之前一樣。

指數型傅立葉級數在 $\omega = n\omega_0$ 的分量，其振幅為 $|\mathbf{c}_n|$，其中 $n = 0, \pm1, \pm2, \cdots$。我們可以畫出 $|\mathbf{c}_n|$ 對 $n\omega_0$ 或 nf_0 的離散頻譜，其橫座標可顯示正值與負值；且因為方程式 [27] 與 [28] 顯示 $|\mathbf{c}_n| = |\mathbf{c}_{-n}|$，故圖形也會對稱於原點。

由方程式 [29] 與 [30]，我們可以發現弦式分量在 $\omega = n\omega_0$ $(n = 1, 2, 3, \cdots)$ 時的振幅為 $\sqrt{a_n^2 + b_n^2} = 2|\mathbf{c}_n| = 2|\mathbf{c}_{-n}| = |\mathbf{c}_n| + |\mathbf{c}_{-n}|$，而對於直流分量而言 $a_0 = \mathbf{c}_0$。

方程式 [30] 所示的指數傅立葉級數亦會受 $f(t)$ 某些對稱性質所影響。因此，$\mathbf{c}_n$ 適當的數學式為

$$\mathbf{c}_n = \frac{2}{T}\int_0^{T/2} f(t)\cos n\omega_0 t\,dt \qquad \text{(偶對稱)} \qquad [31]$$

$$\mathbf{c}_n = \frac{-j2}{T}\int_0^{T/2} f(t)\sin n\omega_0 t\,dt \qquad \text{(奇對稱)} \qquad [32]$$

$$\mathbf{c}_n = \begin{cases} \dfrac{2}{T}\displaystyle\int_0^{T/2} f(t)e^{-jn\omega_0 t}\,dt & (n\ \text{奇數，半波對稱}) \quad [33a] \\ 0 & (n\ \text{偶數，半波對稱}) \quad [33b] \end{cases}$$

$$\mathbf{c}_n = \begin{cases} \dfrac{4}{T}\displaystyle\int_0^{T/4} f(t)\cos n\omega_0 t\,dt & (n\ \text{奇數，半波對稱且為偶函數}) \quad [34a] \\ 0 & (n\ \text{偶數，半波對稱且為偶函數}) \quad [34b] \end{cases}$$

$$\mathbf{c}_n = \begin{cases} \dfrac{-j4}{T}\displaystyle\int_0^{T/4} f(t)\sin n\omega_0 t\,dt & (n\ \text{奇數，半波對稱且為奇函數}) \quad [35a] \\ 0 & (n\ \text{偶數，半波對稱且為奇函數}) \quad [35b] \end{cases}$$

例題 18.3

試決定圖 **18.10** 所示方波的 $\mathbf{c}_n$。

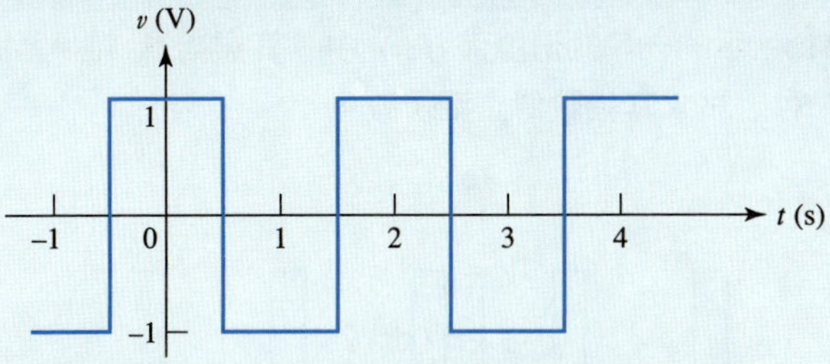

圖 18.10　同時具有偶對稱與半波對稱的方波。

此方波同時具有偶對稱與半波對稱特性。假如我們忽略此對稱性，而利用方程式 [30] 的一般式，因為 $T=2$ 且 $\omega_0=2\pi/2=\pi$，可得

$$
\begin{aligned}
\mathbf{c}_n &= \frac{1}{T}\int_{-T/2}^{T/2} f(t)e^{-jn\omega_0 t}\,dt \\
&= \frac{1}{2}\left[\int_{-1}^{-0.5} -e^{-jn\pi t}\,dt + \int_{-0.5}^{0.5} e^{-jn\pi t}\,dt - \int_{0.5}^{1} e^{-jn\pi t}\,dt\right] \\
&= \frac{1}{2}\left[\frac{-1}{-jn\pi}(e^{-jn\pi t})_{-1}^{-0.5} + \frac{1}{-jn\pi}(e^{-jn\pi t})_{-0.5}^{0.5} + \frac{-1}{-jn\pi}(e^{-jn\pi t})_{0.5}^{1}\right] \\
&= \frac{1}{j2n\pi}(e^{jn\pi/2} - e^{jn\pi} - e^{-jn\pi/2} + e^{jn\pi/2} + e^{-jn\pi} - e^{-jn\pi/2}) \\
&= \frac{1}{j2n\pi}(2e^{jn\pi/2} - 2e^{-jn\pi/2}) = \frac{2}{n\pi}\sin\frac{n\pi}{2}
\end{aligned}
$$

我們因此求得 $\mathbf{c}_0=0$、$\mathbf{c}_1=2/\pi$、$\mathbf{c}_2=0$、$\mathbf{c}_3=-2/3\pi$、$\mathbf{c}_4=0$、$\mathbf{c}_5=2/5\pi$ 等。如果我們還記得 $b_n=0$ 時 $a_n=2\mathbf{c}_n$，我們即可得知以上這些數值與練習題 18.3 中圖 18.4b 所示波形的三角傅立葉級數的答案是一致的。

利用波形的對稱性（偶對稱與半波對稱），計算較為簡潔，亦即利用方程式 [34a] 與 [34b]，可得

$$
\begin{aligned}
\mathbf{c}_n &= \frac{4}{T}\int_0^{T/4} f(t)\cos n\omega_0 t\,dt \\
&= \frac{4}{2}\int_0^{0.5}\cos n\pi t\,dt = \frac{2}{n\pi}(\sin n\pi t)\Big|_0^{0.5} \\
&= \begin{cases} \dfrac{2}{n\pi}\sin\dfrac{n\pi}{2} & (n\ \text{奇數}) \\ 0 & (n\ \text{偶數}) \end{cases}
\end{aligned}
$$

這些與先前不考慮對稱特性所得的結果完全一樣。

現在，讓我們來考慮一個更為困難更為有趣的例題。

例題 18.4

在圖 18.11 所示的一串矩形脈波 $f(t)$ 中，其振幅為 V_0，區間為 τ 且週期為 T 秒，試求其指數傅立葉級數。

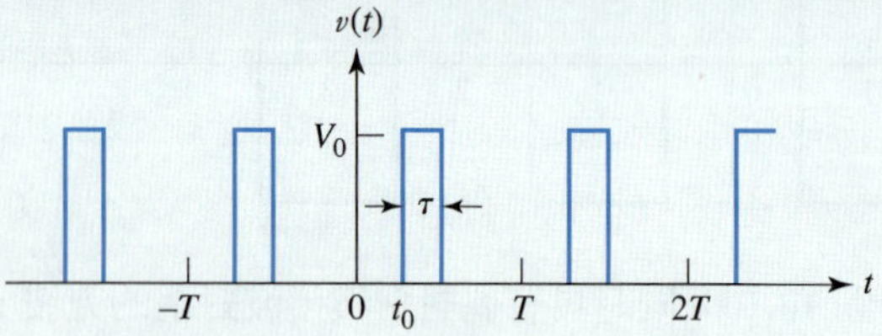

■圖 18.11 週期矩形脈波序列。

基頻為 $f_0=1/T$。因為無任何對稱性，所以便需利用方程式 [30] 求其一般性的複數係數：

$$\mathbf{c}_n = \frac{1}{T}\int_{-T/2}^{T/2} f(t)e^{-jn\omega_0 t}\,dt = \frac{V_0}{T}\int_{t_0}^{t_0+\tau} e^{-jn\omega_0 t}\,dt$$

$$= \frac{V_0}{-jn\omega_0 T}\left(e^{-jn\omega_0(t_0+\tau)} - e^{-jn\omega_0 t_0}\right)$$

$$= \frac{2V_0}{n\omega_0 T}e^{-jn\omega_0(t_0+\tau/2)}\sin\left(\frac{1}{2}n\omega_0\tau\right)$$

$$= \frac{V_0\tau}{T}\frac{\sin\left(\frac{1}{2}n\omega_0\tau\right)}{\frac{1}{2}n\omega_0\tau}e^{-jn\omega_0(t_0+\tau/2)}$$

因此 $\mathbf{c}_n$ 的振幅為

$$|\mathbf{c}_n| = \frac{V_0\tau}{T}\left|\frac{\sin\left(\frac{1}{2}n\omega_0\tau\right)}{\frac{1}{2}n\omega_0\tau}\right| \qquad [36]$$

而 $\mathbf{c}_n$ 的相角為

$$\text{ang}\,\mathbf{c}_n = -n\omega_0\left(t_0+\frac{\tau}{2}\right) \quad \text{(可能加上 180°)} \qquad [37]$$

方程式 [36] 與 [37] 代表此指數傅立葉級數問題的解答。

取樣函數

在方程式 [36] 中的三角因式常見於現代的通信理論中，稱為

取樣函數 (sampling function)。"取樣"一詞與圖 18.11 的時間函數相關，我們可以由此圖導出取樣函數。如果 τ 很小且 $V_0=1$，則此序列脈波與任何其它函數的 $f(t)$ 乘積，代表 $f(t)$ 在每 T 秒的取樣。定義為

$$\mathrm{Sa}(x)=\frac{\sin x}{x}$$

故此函數可以協助我們決定 $f(t)$ 中各頻率分量的振幅，值得我們找出此函數的重要特性。首先，我們得知當 x 為 π 的整倍數時，$\mathrm{Sa}(x)$ 為零，亦即

$$\mathrm{Sa}(n\pi)=0 \qquad n=1,2,3,\ldots$$

當 x 為零，函數為未定型式，但是可以很容易證得其值為 1：

$$\mathrm{Sa}(0)=1$$

因此，$\mathrm{Sa}(x)$ 的大小從 $x=0$ 時的 1 降至 $x=\pi$ 時的零，當 x 從 π 增至 2π 時，$|\mathrm{Sa}(x)|$ 從零增加至小於 1 的最大值，然後再次降至為零。當 x 持續增加時，後續的最大值將會繼續變小，這是因為 $\mathrm{Sa}(x)$ 的分子不會超過 1 且分母繼續增加的緣故。而且，$\mathrm{Sa}(x)$ 也具有偶對稱的特性。

現在讓我們來繪製線頻譜。我們首先考慮 $|\mathbf{c}_n|$，將方程式 [36] 寫成基本週期頻率 f_0 的函數：

$$|\mathbf{c}_n|=\frac{V_0\tau}{T}\left|\frac{\sin(n\pi f_0\tau)}{n\pi f_0\tau}\right| \qquad [38]$$

使用已知的 τ 及 $T=1/f_0$ 之值並選擇所期望的 n 值，$n=0,\pm1,\pm2,\cdots$，即可由方程式 [38] 獲得任何 $\mathbf{c}_n$ 的振幅。現在不求方程式 [38] 在這些個別頻率時的值，相反的，將頻率 nf_0 視為連續變數並把 $|\mathbf{c}_n|$ 的包絡線繪出。亦即，f 等於 nf_0 實際上只取諧波頻率 0, $\pm f_0, \pm 2f_0, \pm 3f_0$ 等的個別值，但此刻 n 可視為連續變數。當 f 為零時，很明顯地 $|\mathbf{c}_n|$ 為 $V_0\tau/T$，而當 f 增加至 $1/\tau$ 時則 $|\mathbf{c}_n|$ 為零。結果所得的包絡線如圖 18.12a 所示。而線頻譜可直接於每一諧波頻率所樹立之垂直線而得，如圖中所示。所示振幅為 $\mathbf{c}_n$。所繪曲線的特殊情形為 $\tau/T=1/(1.5\pi)=0.212$。這個例子中，在包絡線的振幅

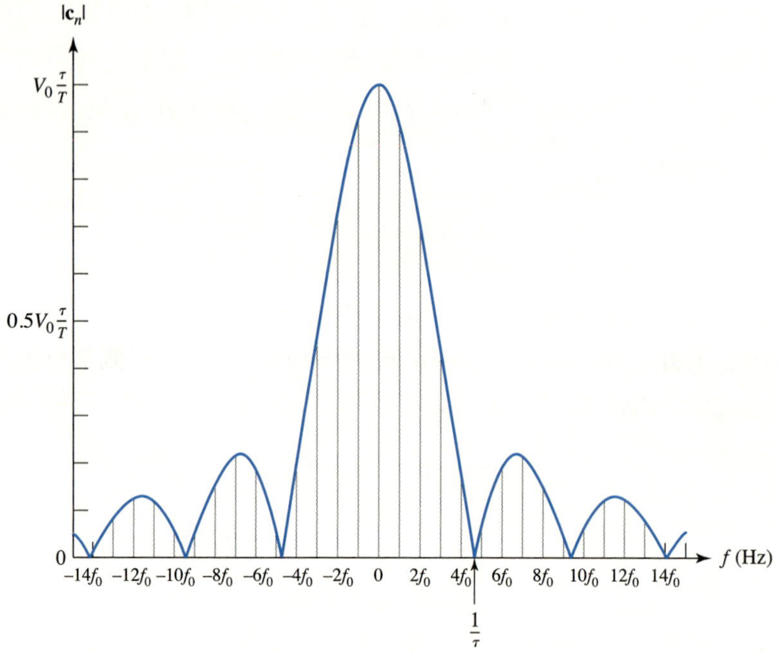

(*a*)

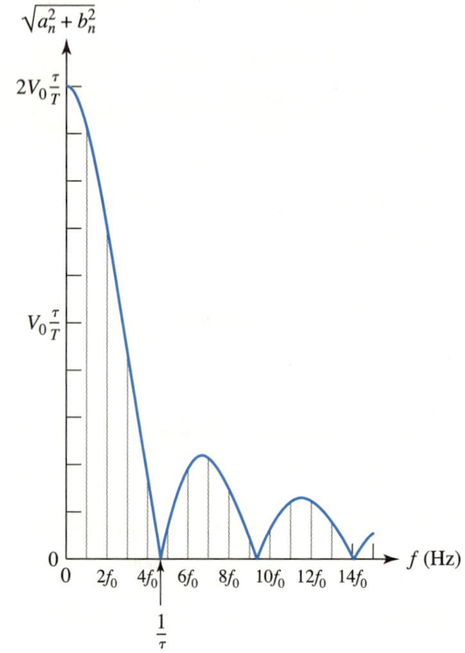

(*b*)

■**圖 18.12** (*a*) 對應圖 18.11 脈波序列對 $f=nf_0$ 的離散線頻譜 $|\mathbf{c}_n|$，其中 $n=0, \pm1, \pm2, \cdots$；(*b*) $\sqrt{a^2+b^2}$ 對 $f=nf_0$ 的離散線頻譜，其中 $n=0, 1, 2, \cdots$。

為零的頻率處正好無諧波；然而，選擇其它的 τ 或 T 則可能獲得如此的情況。

在圖 18.12*b* 所示的，便是弦式分量的振幅以頻率為函數所畫出的圖形。再次注意到，$a_0 = \mathbf{c}_0$ 且 $\sqrt{a_n^2 + b_n^2} = |\mathbf{c}_n| + |\mathbf{c}_{-n}|$。

關於圖 18.12*b* 所示的週期序列的矩形脈波線頻譜，我們有幾點發現與結論。對於離散頻譜的包絡線，很明顯地包絡線的“寬度”與 τ 有關，而與 T 無關。事實上，包絡線的形狀並不是 T 的函數。因此，設計用來通過週期脈波的濾波器，其頻寬為脈波寬度 τ 的函數，而非脈波週期 T 的函數；觀察圖 18.12*b* 可知所需的頻寬大約是 $1/\tau$ Hz。如果脈波週期 T 增加 (或脈波重複頻率 f_0 降低)，頻寬 $1/\tau$ 並不會改變，但位於零頻率與 $1/\tau$ Hz 之間的頻線數目卻會增加，雖然為不連續。而每一頻線的振幅與 T 成反比。最後，時間原點的平移並不會改變線頻譜，也就是說 $|\mathbf{c}_n|$ 不是 t_0 的函數。頻率分量的相對相角則會隨著 t_0 的選擇而有所改變。

練習題

18.7　試求 (a) 圖 18.4*a*；(b) 圖 18.4*c* 所示波形的複數傅立葉級數中的一般係數 $\mathbf{c}_n$。

答：$-j2/(n\pi)$，n 為奇數；0，n 為偶數；$-j[4/(n^2\pi^2)]\sin n\pi/2$，對所有的 n。

18.5　傅立葉轉換的定義

現在我們已經熟析了以傅立葉級數表示週期函數的基本觀念。首先回想我們在 18.4 節所得的一串週期矩形脈波的頻譜，以著手定義傅立葉轉換。該頻譜為**離散**的線頻譜，即為我們通常為週期時間函數所求得的那一種類型。頻譜為離散的意思是指頻譜不是頻率的平滑或連續函數，而僅僅是在某特定的頻率時才有非零的值。

然而，有許多重要的強迫函數不是週期的時間函數，例如單一的矩形脈波、步階函數、斜坡 (ramp) 函數，或在第 14 章定義的**脈衝函數** (impulse function)。這些非週期函數的頻譜均可求得，但是這些頻譜將會是連續的頻譜，一般來說，在非零頻率區間，無論區間多小，都能求得一些能量。

我們首先將使用週期函數，然後令其週期變成無限大以發展此概念。由週期矩形脈波所獲得的經驗指出，包絡線的振幅將會降低而形狀不變，且在任何已知的頻率區間內，將會發現愈來愈多的頻率分量。在取極限值的情形下，應可預期一極小振幅包絡線，會在極小的頻率區間內充滿無限多的頻率分量。舉例來說，在 0 與 100 Hz 間的頻率分量數目變成無限多，但每一頻率的振幅則趨近於零。乍看之下，零振幅頻譜令人感到困惑。我們知道週期性的強迫函數線頻譜顯示每一頻率分量的振幅。但非週期性強迫函數的零振幅連續頻譜意味著什麼？此問題將在下一節回答，現在先處理上述建議的極限程序。

我們先從指數型的傅立葉級數開始：

$$f(t) = \sum_{n=-\infty}^{\infty} \mathbf{c}_n e^{jn\omega_0 t} \qquad [39]$$

其中

$$\mathbf{c}_n = \frac{1}{T}\int_{-T/2}^{T/2} f(t)e^{-jn\omega_0 t}\,dt \qquad [40]$$

而

$$\omega_0 = \frac{2\pi}{T} \qquad [41]$$

現在我們令

$$T \to \infty$$

因此，由方程式 [41] 得知，ω_0 必定變得極小。我們以一微分來表示此極限

$$\omega_0 \to d\omega$$

所以

$$\frac{1}{T} = \frac{\omega_0}{2\pi} \to \frac{d\omega}{2\pi} \qquad [42]$$

最後，任何“諧波” $n\omega_0$ 的頻率，現在必須對應於描述連續頻譜的

一般頻率。換句話說，當 ω_0 趨近於零時，n 必須趨近於無限大，使下述乘積為有限值：

$$n\omega_0 \to \omega \qquad [43]$$

當這四個極限的運算應用於方程式 [40] 時，我們發現 $\mathbf{c}_n$ 必趨近於零，如同我們之前所推測的。若將方程式 [40] 的每一邊都乘以 T，並取 T 趨近於無限大的極限，則可獲得：

$$\mathbf{c}_n T \to \int_{-\infty}^{\infty} f(t)e^{-j\omega t}dt$$

此式右邊為 ω (不是 t) 的函數，所以它可以用 $\mathbf{F}(j\omega)$ 表示：

$$\mathbf{F}(j\omega) = \int_{-\infty}^{\infty} f(t)e^{-j\omega t}dt \qquad [44]$$

現在讓我們將極限程序應用於方程式 [39]。先以 T 乘以並除以其總和，

$$f(t) = \sum_{n=-\infty}^{\infty} \mathbf{c}_n T e^{jn\omega_0 t}\frac{1}{T}$$

之後以新的量 $\mathbf{F}(j\omega)$ 取代 $\mathbf{c}_n T$，再利用方程式 [42] 與 [43]。經取極限值後，總和變成積分，故

$$f(t) = \frac{1}{2\pi}\int_{-\infty}^{\infty} \mathbf{F}(j\omega)e^{j\omega t}d\omega \qquad [45]$$

方程式 [44] 與 [45] 稱為**傅立葉轉換對** (Fourier transform pair)。函數 $\mathbf{F}(j\omega)$ 為 $f(t)$ 的**傅立葉轉換** (Fourier transform)，而 $f(t)$ 為 $\mathbf{F}(j\omega)$ **反傅立葉轉換** (inverse Fourier transform)。

此轉換對的關係最為重要！我們應牢記它、重視它，並深深地記在腦海裡。以下我們再重複一次以強調它的重要性：

$$\mathbf{F}(j\omega) = \int_{-\infty}^{\infty} e^{-j\omega t} f(t)\,dt \qquad [46a]$$

$$f(t) = \frac{1}{2\pi}\int_{-\infty}^{\infty} e^{j\omega t}\mathbf{F}(j\omega)\,d\omega \qquad [46b]$$

讀者可能已經注意到在傅立葉轉換與拉普拉氏轉換之間有一些相似之處，兩者之間最主要的不同點就是包括初始能量儲存應用於傅立葉轉換的電路分析，是比應用於拉普拉氏轉換的電路分析來得困難。同時在一些時間函數 (如遞增式指數函數)，並不存在傅立葉轉換。然而，如果我們所關心的是頻譜資訊而不是暫態響應的話，那麼傅立葉轉換就會是較適當的方式。

此二式中指數項的正負號恰好相反。為了要正確地記憶，注意正號與 $f(t)$ 的表示式有關，恰如複數傅立葉級數 (方程式 [39]) 的情況一樣，將會有所幫助。

此時適合提出一個問題。對於上述的傅立葉轉換關係，我們可否獲得任意選擇 $f(t)$ 的傅立葉轉換？對於實際所能產生的任何電壓或電流而言，答案是肯定的。$\mathbf{F}(j\omega)$ 存在的充分條件為

$$\int_{-\infty}^{\infty} |f(t)| dt < \infty$$

然而此條件並非*必要的*，因為某些函數不符合此一條件，但仍然有傅立葉轉換，步階函數即為一例。再者，我們之後將會發現 $f(t)$ 並不一定要非週期性函數才會有傅立葉轉換。週期時間函數的傅立葉級數表示法只是一般傅立葉轉換表示法的特殊情形而已。

如前面所述，傅立葉轉換對的關係是唯一的。對於一個給定的 $f(t)$，將會有一個特定的 $\mathbf{F}(j\omega)$；而對於一個給定的 $\mathbf{F}(j\omega)$，也會有一個特定的 $f(t)$。

例題 18.5

試利用傅立葉轉換求得圖 18.13*a* 所示的單一矩形脈波的連續頻譜。

該脈波為圖 18.11 所示串列的部分擷取，其可以表示成

$$f(t) = \begin{cases} V_0 & t_0 < t < t_0 + \tau \\ 0 & t < t_0 \text{ 和 } t > t_0 + \tau \end{cases}$$

由方程式 [46*a*] 可以求得 $f(t)$ 的傅立葉轉換：

$$\mathbf{F}(j\omega) = \int_{t_0}^{t_0+\tau} V_0 e^{-j\omega t} dt$$

此式可以很容易積分並簡化成：

$$\mathbf{F}(j\omega) = V_0 \tau \frac{\sin \frac{1}{2}\omega\tau}{\frac{1}{2}\omega\tau} e^{-j\omega(t_0+\tau/2)}$$

$\mathbf{F}(j\omega)$ 的振幅產生連續頻譜，且很明顯地為取樣函數的型式。$\mathbf{F}(0)$ 之值為 $V_0\tau$。頻譜的形狀與圖 18.12*b* 的包絡線相同。以 ω 為函數來表示的

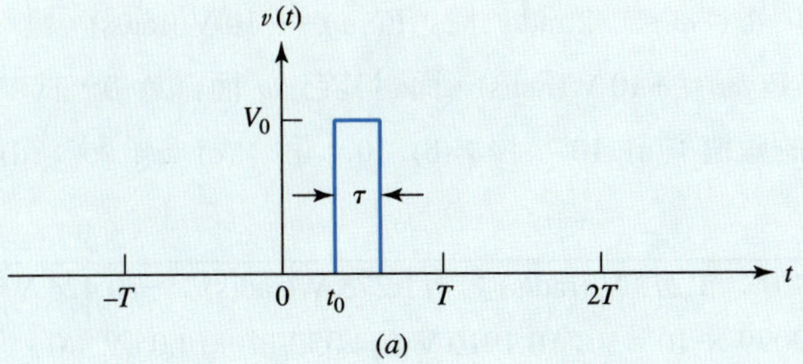

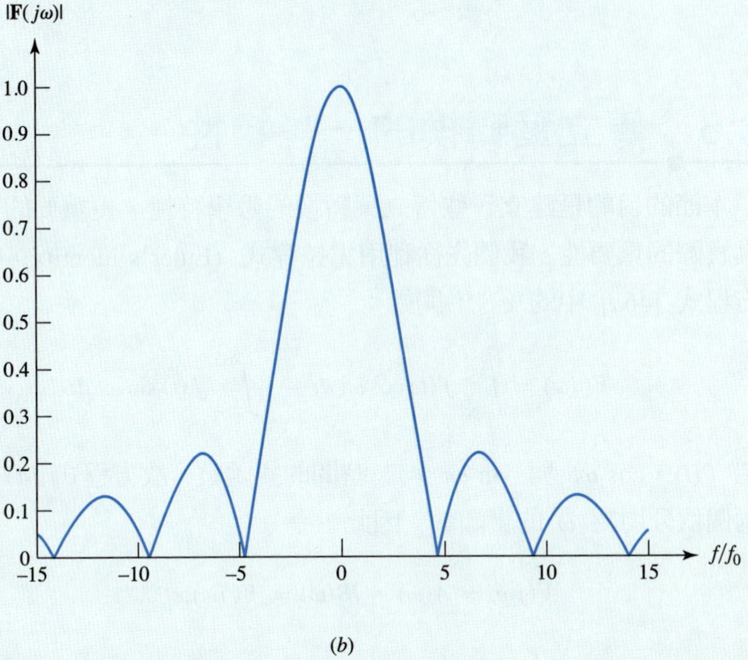

■圖 18.13　(*a*) 圖 18.11 所示串列矩形脈波的其中一個。(*b*) 對應該脈波的 $|\mathbf{F}(j\omega)|$ 圖，其中 $V_0=1$、$\tau=1$ 且 $t_0=0$。頻率軸已被正規化為 $f_0=1/1.5\pi$，以對應圖 18.12*a* 來做比較，注意 f_0 與 $\mathbf{F}(j\omega)$ 的是沒有關係的。

$|\mathbf{F}(j\omega)|$ 圖形，並不是指於任一已知頻率時的電壓大小。那麼，它代表什麼呢？檢視方程式 [45] 可以發現，若 $f(t)$ 為一電壓波形，則 $\mathbf{F}(j\omega)$ 的維度為"每單位頻率的電壓"，這種觀念已在第 15.1 節介紹過了。

練習題

18.8　若於 $-0.2 < t < -0.1$ 秒時，$f(t)=-10$ V，於 $0.1 < t < 0.2$ 秒時，$f(t)=10$ V，而對其它時間 t 而言，$f(t)=0$，試求 $\mathbf{F}(j\omega)$，當 ω 等於 (a) 0；(b) 10π rad/s；(c) -10π rad/s；(d) 15π rad/s；(e) -20π rad/s。

18.9 當 $-4<\omega<-2$ rad/s 時，$\mathbf{F}(j\omega)=-10$ V/(rad/s)，當 $2<\omega<4$ rad/s 時，$\mathbf{F}(j\omega)=+10$ V/(rad/s)，而對其它 ω 而言為 0，試求 $f(t)$ 於下列時間時的數值：(a) 10^{-4} 秒；(b) 10^{-2} 秒；(c) $\pi/4$ 秒；(d) $\pi/2$ 秒；(e) π 秒。

答：18.8：0；$j1.273$ V/(rad/s)；$-j1.273$ V/(rad/s)；$-j0.424$ V/(rad/s)；0。18.9：$j1.9099\times10^{-3}$ V；$j0.1910$ V；$j4.05$ V；$-j4.05$ V；0。

18.6 傅立葉轉換的一些特性

本節的目的是建立一些傅立葉轉換的數學特性，更重要的是瞭解其實際的重要性。我們先從利用尤拉等式 (Euler's identity) 來取代方程式 [46*a*] 中的 $e^{-j\omega t}$ 開始：

$$\mathbf{F}(j\omega)=\int_{-\infty}^{\infty}f(t)\cos\omega t\,dt-j\int_{-\infty}^{\infty}f(t)\sin\omega t\,dt \qquad [47]$$

因為 $f(t)$、$\cos\omega t$ 與 $\sin\omega t$ 均為時間的實函數，故方程式 [47] 中的兩個積分均為 ω 的實函數。因此，令

$$\mathbf{F}(j\omega)=A(\omega)+jB(\omega)=|\mathbf{F}(j\omega)|e^{j\phi(\omega)} \qquad [48]$$

可得

$$A(\omega)=\int_{-\infty}^{\infty}f(t)\cos\omega t\,dt \qquad [49]$$

$$B(\omega)=-\int_{-\infty}^{\infty}f(t)\sin\omega t\,dt \qquad [50]$$

$$|\mathbf{F}(j\omega)|=\sqrt{A^2(\omega)+B^2(\omega)} \qquad [51]$$

及

$$\phi(\omega)=\tan^{-1}\frac{B(\omega)}{A(\omega)} \qquad [52]$$

以 ω 取代 $-\omega$，可知 $A(\omega)$ 及 $|\mathbf{F}(j\omega)|$ 均為 ω 的偶函數，而 $B(\omega)$ 與 $\phi(\omega)$ 均為 ω 的奇函數。

現在，若 $f(t)$ 為 t 的偶函數，則方程式 [50] 的積分為 t 的

奇函數，且對稱的限制迫使 $B(\omega)$ 為零；因此，若 $f(t)$ 為偶函數，則其傅立葉轉換 $\mathbf{F}(j\omega)$ 為 ω 的實數偶函數，且對所有的 ω 而言，相位函數 $\phi(\omega)$ 為 0 或 π。然而，若 $f(t)$ 為 t 的奇函數，則 $A(\omega)=0$ 與 $\mathbf{F}(j\omega)$ 為 ω 的奇函數，且為 ω 的純虛數函數，而 $\phi(\omega)$ 為 $\pm\pi/2$。然而，一般來說，$\mathbf{F}(j\omega)$ 為 ω 的複數函數。

最後，我們要注意以 $-\omega$ 取代方程式 [47] 中的 ω 時，會形成 $\mathbf{F}(j\omega)$ 的共軛複數。因此，

$$\mathbf{F}(-j\omega) = A(\omega) - jB(\omega) = \mathbf{F}^*(j\omega)$$

所以可得

$$\mathbf{F}(j\omega)\mathbf{F}(-j\omega) = \mathbf{F}(j\omega)\mathbf{F}^*(j\omega) = A^2(\omega) + B^2(\omega) = |\mathbf{F}(j\omega)|^2$$

傅立葉轉換實際的重要性

將這些傅立葉轉換的基本數學特性牢記在心後，現在準備考慮其實際的重要性。假定 $f(t)$ 為跨接於 1 Ω 電阻器上的電壓或流過電阻器的電流，則 $f^2(t)$ 便為由 $f(t)$ 供給 1 Ω 電阻器的瞬時功率。於整個時間內將此功率積分，便可獲得由 $f(t)$ 供給至 1 Ω 電阻器的所有能量為

$$W_{1\Omega} = \int_{-\infty}^{\infty} f^2(t)\,dt \qquad [53]$$

現在利用一些技巧，想像方程式 [53] 的積分為 $f(t)$ 本身相乘，我們便可以用方程式 [46*b*] 取代其中之一：

$$W_{1\Omega} = \int_{-\infty}^{\infty} f(t)\left[\frac{1}{2\pi}\int_{-\infty}^{\infty} e^{j\omega t}\mathbf{F}(j\omega)\,d\omega\right]dt$$

因為 $f(t)$ 不是積分變數 ω 的函數，故可以將它移至中括號內的積分中，然後互換積分順序：

$$W_{1\Omega} = \frac{1}{2\pi}\int_{-\infty}^{\infty}\left[\int_{-\infty}^{\infty}\mathbf{F}(j\omega)e^{j\omega t} f(t)\,dt\right]d\omega$$

之後將 $\mathbf{F}(j\omega)$ 移到內部積分式之外，使積分變成 $\mathbf{F}(-j\omega)$：

$$W_{1\Omega} = \frac{1}{2\pi}\int_{-\infty}^{\infty} \mathbf{F}(j\omega)\mathbf{F}(-j\omega)\,d\omega = \frac{1}{2\pi}\int_{-\infty}^{\infty} |\mathbf{F}(j\omega)|^2\,d\omega$$

整理這些結果，可得

$$\int_{-\infty}^{\infty} f^2(t)\,dt = \frac{1}{2\pi}\int_{-\infty}^{\infty} |\mathbf{F}(j\omega)|^2\,d\omega \qquad [54]$$

Marc Antoine Parseval-Deschenes 是位較不出名的法國數學家、地理學家及詩人，他早在傅立葉發表其理論之前的十七年，就已經在 1805 年發表了這些結果。

方程式 [54] 是一個很有用的表示式，稱為帕色瓦定理 (Parseval's theorem)。此定理及方程式 [53] 告訴我們，與 $f(t)$ 相關的能量可在時域中對所有時間積分求得，或是在頻域中對所有的頻率積分並乘以 $1/(2\pi)$ 求得。

帕色瓦定理也使我們更進一步地瞭解及解釋傅立葉轉換的意義。考慮具有傅立葉轉換 $\mathbf{F}_v(j\omega)$ 及 1 Ω 能量 $W_{1\Omega}$ 的電壓 $v(t)$：

$$W_{1\Omega} = \frac{1}{2\pi}\int_{-\infty}^{\infty} |\mathbf{F}_v(j\omega)|^2\,d\omega = \frac{1}{\pi}\int_{0}^{\infty} |\mathbf{F}_v(j\omega)|^2\,d\omega$$

其中最右邊的等式是因為 $|\mathbf{F}_v(j\omega)|^2$ 為偶函數而求得的。因此，因為 $\omega=2\pi f$，所以可以寫成

$$W_{1\Omega} = \int_{-\infty}^{\infty} |\mathbf{F}_v(j\omega)|^2\,df = 2\int_{0}^{\infty} |\mathbf{F}_v(j\omega)|^2\,df \qquad [55]$$

圖 18.14 說明了以 ω 及 f 為函數時，$|\mathbf{F}_v(j\omega)|^2$ 的典型圖形。若將頻率刻度分成極小的增量 df，則方程式 [55] 顯示 $|\mathbf{F}_v(j\omega)|^2$ 曲線下的微分區域有 df 的寬度，面積為 $|\mathbf{F}_v(j\omega)|^2 df$。此區域以陰影顯示。隨著 f 從負無窮到正無窮，這樣的區域總和便為 $v(t)$ 的 1

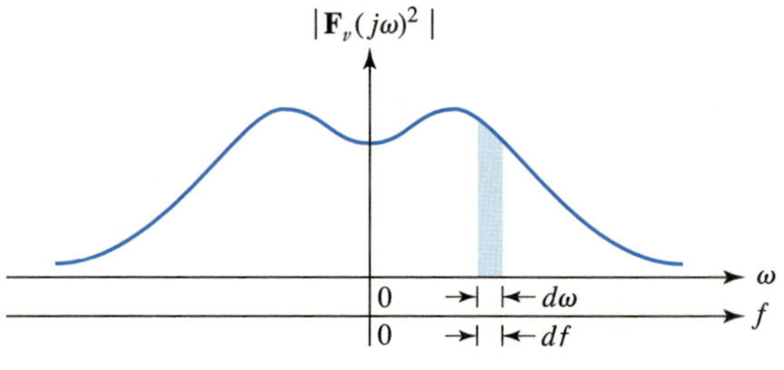

■圖 18.14 $|\mathbf{F}_v(j\omega)|^2$ 片段的面積為位於頻帶 df 內，$v(t)$ 供給 1 Ω 電阻器的能量。

Ω 總能量。因此，$|\mathbf{F}_\upsilon(j\omega)|^2$ 為 $\upsilon(t)$ 的 (1 Ω) **能量密度** (energy density) 或 $\upsilon(t)$ 每單位頻寬的能量 (J/Hz)，而此能量通常為 ω 的實偶函數且為非負的函數。在一適當的頻率區間內將 $|\mathbf{F}_\upsilon(j\omega)|^2$ 積分，便可計算出位於所選區間內那一部分的總能量。注意能量密度不是 $\mathbf{F}_\upsilon(j\omega)$ 的相位函數，因此有無限多的時間函數及傅立葉轉換可擁有相同的能量密度函數。

例題 18.6

假設單邊 [亦即當 $t < 0$ 時，$\upsilon(t) = 0$] 的指數脈波

$$\boldsymbol{v(t) = 4e^{-3t}u(t)}\ \mathbf{V}$$

被加在一理想的帶通濾波器，假設濾波器的通帶被定義為 $1 < |f| < 2$ Hz，試求總輸出能量為何？

令濾波器的輸出電壓為 $\upsilon_o(t)$，則 $\upsilon_o(t)$ 的能量便會等於 $\upsilon(t)$ 在頻率成分位於 $1 < f < 2$ 及 $-2 < f < -1$ 區間內的能量。而 $\upsilon(t)$ 的傅立葉轉換為

$$\mathbf{F}_v(j\omega) = 4\int_{-\infty}^{\infty} e^{-j\omega t}e^{-3t}u(t)\,dt$$

$$= 4\int_{0}^{\infty} e^{-(3+j\omega)t}\,dt = \frac{4}{3+j\omega}$$

然後我們便能計算輸入信號在 1 Ω 上的總能量為

$$W_{1\Omega} = \frac{1}{2\pi}\int_{-\infty}^{\infty} |\mathbf{F}_v(j\omega)|^2\,d\omega$$

$$= \frac{8}{\pi}\int_{-\infty}^{\infty}\frac{d\omega}{9+\omega^2} = \frac{16}{\pi}\int_{0}^{\infty}\frac{d\omega}{9+\omega^2} = \frac{8}{3}\ \text{J}$$

或

$$W_{1\Omega} = \int_{-\infty}^{\infty} v^2(t)\,dt = 16\int_{0}^{\infty} e^{-6t}\,dt = \frac{8}{3}\ \text{J}$$

然而，$\upsilon_o(t)$ 中的全部能量較小：

$$W_{o1} = \frac{1}{2\pi}\int_{-4\pi}^{-2\pi}\frac{16\,d\omega}{9+\omega^2} + \frac{1}{2\pi}\int_{2\pi}^{4\pi}\frac{16\,d\omega}{9+\omega^2}$$

$$= \frac{16}{\pi}\int_{2\pi}^{4\pi}\frac{d\omega}{9+\omega^2} = \frac{16}{3\pi}\left(\tan^{-1}\frac{4\pi}{3} - \tan^{-1}\frac{2\pi}{3}\right) = 358\ \text{mJ}$$

一般來說，我們可以瞭解理想的帶通濾波器，能使我們從指定的頻率範圍中除去能量，但仍保持包含於其它頻率範圍內的能量。傅立葉轉換能幫助我們定量地描述濾波器的動作，而不必實際去求 $v_o(t)$，雖然從以後所述內容可以瞭解，若想求出 $v_o(t)$ 的表示式，我們亦可由傅立葉轉換求得。

練習題

18.10　若 $i(t) = 10e^{20t}\,[u(t + 0.1) - u(t - 0.1)]$ A，試求 (a) $\mathbf{F}_i(j0)$；(b) $\mathbf{F}_i(j10)$；(c) $A_i(10)$；(d) $B_i(10)$；(e) $\phi_i(10)$。

18.11　試求 $i(t) = 20e^{-10t}\,u(t)$ A 在下列區間內作用於 1 Ω 上之能量：(a) $-0.1 < t < 0.1$ 秒；(b) $-10 < \omega < 10$ rad/s；(c) $10 < \omega < \infty$ rad/s。

答：18.10：3.63 A/(rad/s)；$3.33\angle{-31.7^\circ}$ A/(rad/s)；2.83 A/(rad/s)；−1.749 A/(rad/s)；−31.7°。18.11：17.29 J；10 J；5 J。

18.7 一些簡單時間函數的傅立葉轉換

單位脈衝函數

現在我們來找尋第 14.4 節所介紹的單位脈衝函數 $\delta(t - t_0)$ 的傅立葉轉換。亦即，我們對此奇特函數的頻譜特性或頻域描述感到興趣。若使用 $\mathcal{F}\{\}$ 符號表示“{} 的傅立葉轉換”，則

$$\mathcal{F}\{\delta(t - t_0)\} = \int_{-\infty}^{\infty} e^{-j\omega t}\delta(t - t_0)\,dt$$

由先前關於此類積分的討論，可得

$$\mathcal{F}\{\delta(t - t_0)\} = e^{-j\omega t_0} = \cos\omega t_0 - j\sin\omega t_0$$

在 ω 的複數函數於 1 Ω 上產生的能量密度函數為

$$|\mathcal{F}\{\delta(t - t_0)\}|^2 = \cos^2\omega t_0 + \sin^2\omega t_0 = 1$$

這一個值得注意的結果，說明在所有頻率之下，每單位頻寬的 (1 Ω)

能量為 1，且單位脈衝內的總能量為無限大。因此，毫無疑問地，我們必須做此結論：單位脈衝是“不實際的”，因為它無法在實驗室中產生。此外，即使可以獲得，若受制於任何實際實驗儀器的有限頻寬，則其必定會失真。

因為時間函數及其傅立葉轉換之間存在唯一的一對一對應關係，所以我們可以說 $e^{-j\omega t_0}$ 的反傅立葉轉換為 $\delta(t-t_0)$。使用 $\mathcal{F}^{-1}\{\}$ 符號作為反傅立葉轉換，可得

$$\mathcal{F}^{-1}\{e^{-j\omega t_0}\} = \delta(t-t_0)$$

因此，我們現在得知

$$\frac{1}{2\pi}\int_{-\infty}^{\infty} e^{j\omega t}e^{-j\omega t_0}\,d\omega = \delta(t-t_0)$$

縱使如此，我們企圖直接求取此瑕積分可能會遭受失敗。以符號表示，我們可以寫成

$$\delta(t-t_0) \Leftrightarrow e^{-j\omega t_0} \qquad [56]$$

其中 $\Leftrightarrow$ 表示兩函數構成傅立葉轉換對。

繼續考慮單位脈衝函數，我們考慮下述型式的傅立葉轉換

$$\mathbf{F}(j\omega) = \delta(\omega-\omega_0)$$

這是頻域中位於 $\omega=\omega_0$ 的單位脈衝。故 $f(t)$ 必須為

$$f(t) = \mathcal{F}^{-1}\{\mathbf{F}(j\omega)\} = \frac{1}{2\pi}\int_{-\infty}^{\infty} e^{j\omega t}\delta(\omega-\omega_0)\,d\omega = \frac{1}{2\pi}e^{j\omega_0 t}$$

其中我們已經使用到單位脈衝的篩檢性質 (sifting property)。因此我們可以寫出

$$\frac{1}{2\pi}e^{j\omega_0 t} \Leftrightarrow \delta(\omega-\omega_0)$$

或

$$e^{j\omega_0 t} \Leftrightarrow 2\pi\,\delta(\omega-\omega_0) \qquad [57]$$

同樣的，透過簡單的符號變化，我們求得

$$e^{-j\omega_0 t} \Leftrightarrow 2\pi\,\delta(\omega+\omega_0) \qquad [58]$$

很明顯地，方程式 [57] 與 [58] 中的時間函數均為複數，而且不存在於實際的實驗室中。舉例來說，時間函數 $\cos \omega t$ 可以用實驗設備產生，但是像 $e^{-j\omega_0 t}$ 的函數卻不能。

然而，我們知道

$$\cos \omega_0 t = \tfrac{1}{2}e^{j\omega_0 t} + \tfrac{1}{2}e^{-j\omega_0 t}$$

且很容易地由傅立葉轉換的定義得知

$$\mathcal{F}\{f_1(t)\} + \mathcal{F}\{f_2(t)\} = \mathcal{F}\{f_1(t) + f_2(t)\} \qquad [59]$$

所以，

$$\begin{aligned}\mathcal{F}\{\cos \omega_0 t\} &= \mathcal{F}\left\{\tfrac{1}{2}e^{j\omega_0 t}\right\} + \mathcal{F}\left\{\tfrac{1}{2}e^{-j\omega_0 t}\right\} \\ &= \pi\,\delta(\omega - \omega_0) + \pi\,\delta(\omega + \omega_0)\end{aligned}$$

由此式可知 $\cos \omega_0 t$ 的頻域描述為一對位於 $\omega = \pm\omega_0$ 的脈衝。這不必過於驚訝，因為在第 14 章討論複數頻率時，我們已經注意到弦式時間函數通常是由一對位於 $\mathbf{s} = \pm j\omega_0$ 的虛數頻率所代表。因此，上式可以寫成

$$\cos \omega_0 t \Leftrightarrow \pi[\delta(\omega + \omega_0) + \delta(\omega - \omega_0)] \qquad [60]$$

定值的強迫函數

我們首先要考慮的強迫函數，是好幾章以前所述的直流電壓或電流。為了求出常數時間函數 $f(t) = K$ 的傅立葉轉換，我們會傾向於將此常數代入傅立葉轉換的定義方程式中，並求所造成的積分。如果我們這樣做，將會求得一個不確定的表示式。然而，幸運的是，我們已經解決這個問題了，因為由方程式 [58] 得知

$$e^{-j\omega_0 t} \Leftrightarrow 2\pi\,\delta(\omega + \omega_0)$$

若令 $\omega_0 = 0$，則所產生的轉換對為

$$1 \Leftrightarrow 2\pi\,\delta(\omega) \qquad [61]$$

由此式可得

$$K \Leftrightarrow 2\pi K\,\delta(\omega) \qquad [62]$$

這樣我們的問題就解決了。常數時間函數的頻譜僅由 $\omega=0$ 的一個分量構成，這是我們自始至終都知道的。

Signum 函數

另一個例子是求稱為 **signum 函數** (signum function)，這樣一個奇特函數的傅立葉轉換，此函數以符號 $\text{sgn}(t)$ 來表示，其定義為

$$\text{sgn}(t) = \begin{cases} -1 & t < 0 \\ 1 & t > 0 \end{cases} \qquad [63]$$

或

$$\text{sgn}(t) = u(t) - u(-t)$$

同樣的，若試圖將此時間函數代入傅立葉轉換的定義方程式中，並代入積分極限作積分，我們會得到一個不確定的表示式。每一次企圖獲得當 $|t|$ 趨近於無限大且不會趨近於零的時間函數傅立葉轉換時，都會發生相同的問題。幸運的是，我們可以利用拉普拉氏轉換來避免此問題，因為它含有內在的收斂因子，可用以補救求某些傅立葉轉換時所造成的一些不方便。

所考慮的 signum 函數可以寫成

$$\text{sgn}(t) = \lim_{a\to 0}[e^{-at}u(t) - e^{at}u(-t)]$$

注意，當 $|t|$ 變得很大時，中括號內的表示式會趨近於零。使用傅立葉轉換的定義，可得

$$\begin{aligned}\mathcal{F}\{\text{sgn}(t)\} &= \lim_{a\to 0}\left[\int_0^{\infty} e^{-j\omega t}e^{-at}\,dt - \int_{-\infty}^{0} e^{-j\omega t}e^{at}\,dt\right] \\ &= \lim_{a\to 0}\frac{-j2\omega}{\omega^2+a^2} = \frac{2}{j\omega}\end{aligned}$$

其實數分量為零，因為 $\text{sgn}(t)$ 為 t 的奇函數。因此

$$\text{sgn}(t) \Leftrightarrow \frac{2}{j\omega} \qquad [64]$$

單位步階函數

作為本節最後的一個例子，讓我們觀察熟悉的單位步階函數 $u(t)$。應用上述 signum 函數的結果，可將單位步階函數表示成

$$u(t) = \frac{1}{2} + \frac{1}{2}\text{sgn}(t)$$

並求得其傅立葉轉換對為

$$u(t) \Leftrightarrow \left[\pi\,\delta(\omega) + \frac{1}{j\omega}\right] \tag{65}$$

表 18.2 列出本節所討論一些例子的結果，其中有些並未在本章詳細討論。

例題 18.7

試利用表 18.2 求時間函數 $3e^{-t}\cos 4t\, u(t)$ 的傅立葉轉換。

由表中倒數第二條公式，可得

$$e^{-\alpha t}\cos \omega_d t u(t) \Leftrightarrow \frac{\alpha + j\omega}{(\alpha + j\omega)^2 + \omega_d^2}$$

因此知 $\alpha=1$ 及 $\omega_d=4$，由此可得

$$\mathbf{F}(j\omega) = (3)\frac{1 + j\omega}{(1 + j\omega)^2 + 16}$$

練習題

18.12 試求下列時間函數於 $\omega=12$ 時的傅立葉轉換：(a) $4u(t) - 10\delta(t)$；(b) $5e^{-8t}\,u(t)$；(c) $4\cos 8t\, u(t)$；(d) $-4\,\text{sgn}(t)$。

18.13 試求 $t=2$ 時的 $f(t)$，若 $\mathbf{F}(j\omega)$ 為 (a) $5e^{-j3\omega} - j(4/\omega)$；(b) $8[\delta(\omega - 3) + \delta(\omega + 3)]$；(c) $(8/\omega)\sin 5\omega$。

答：18.12：$10.01\angle -178.1°$；$0.347\angle -56.3°$；$-j0.6$；$j0.667$。
18.13：2.00；2.45；4.00。

表 18.2　一些傅立葉轉換對的總整理

f(t)	***f(t)***	**$\mathcal{F}\{f(t)\} = F(j\omega)$**	**$\lvert F(j\omega)\rvert$**
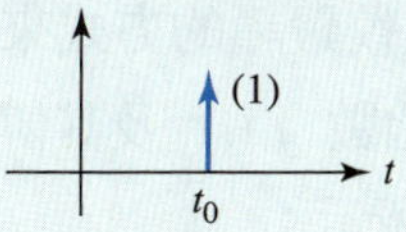	$\delta(t - t_0)$	$e^{-j\omega t_0}$	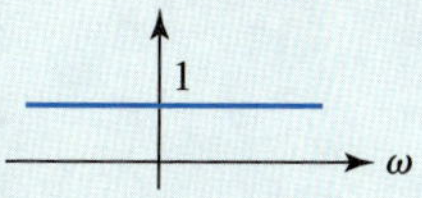
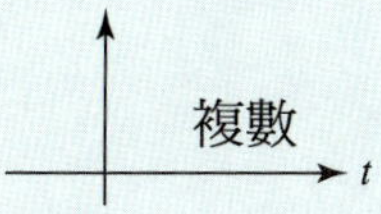	$e^{j\omega_0 t}$	$2\pi\,\delta(\omega - \omega_0)$	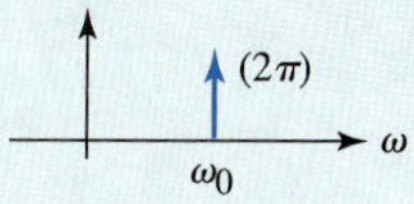
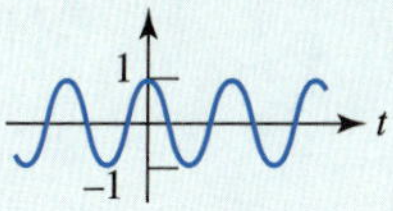	$\cos\omega_0 t$	$\pi[\delta(\omega + \omega_0) + \delta(\omega - \omega_0)]$	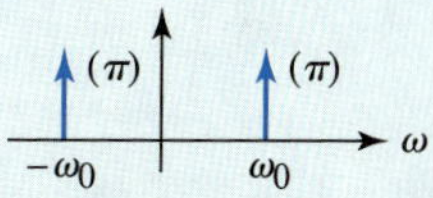
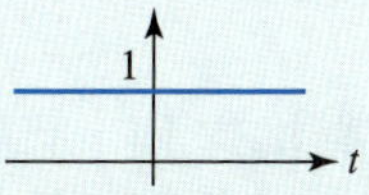	1	$2\pi\,\delta(\omega)$	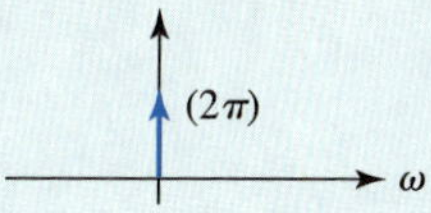
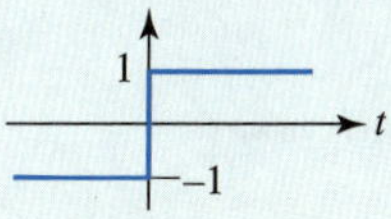	sgn(t)	$\dfrac{2}{j\omega}$	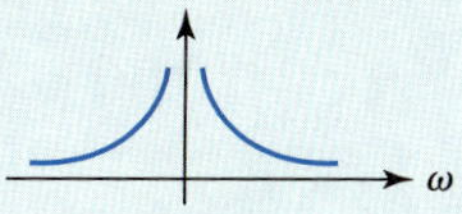
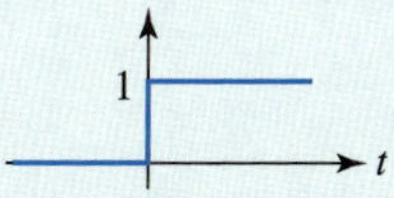	$u(t)$	$\pi\,\delta(\omega) + \dfrac{1}{j\omega}$	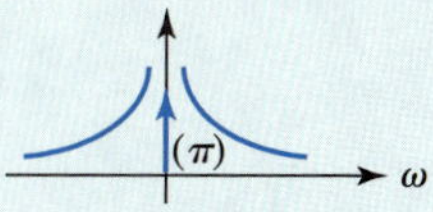
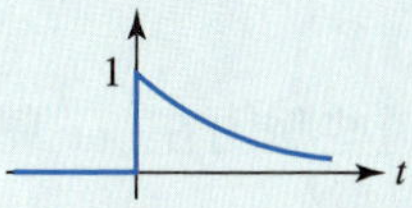	$e^{-\alpha t}u(t)$	$\dfrac{1}{\alpha + j\omega}$	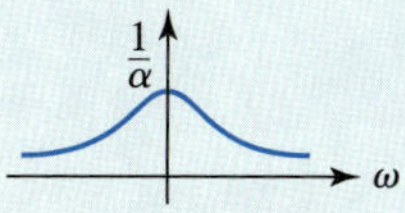
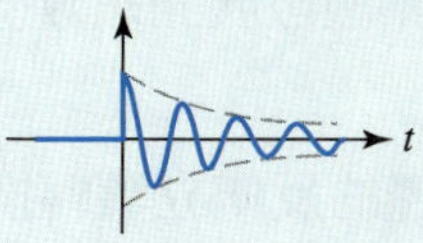	$[e^{-\alpha t}\cos\omega_d t]u(t)$	$\dfrac{\alpha + j\omega}{(\alpha + j\omega)^2 + \omega_d^2}$	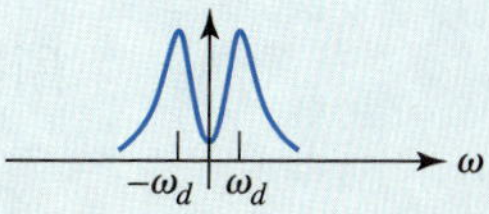
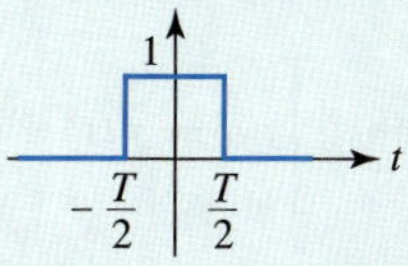	$u(t + \frac{1}{2}T) - u(t - \frac{1}{2}T)$	$T\,\dfrac{\sin\frac{\omega T}{2}}{\frac{\omega T}{2}}$	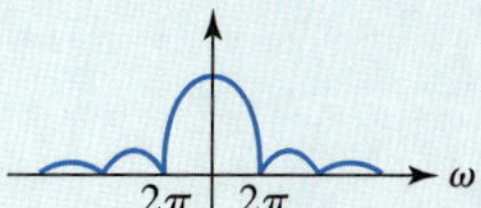

18.8 一些週期時間函數的傅立葉轉換

我們在第 18.5 節曾提及我們一定能夠證明，週期時間函數與非週期時間函數具有傅立葉轉換。現在讓我們以較嚴謹的方式來說明這項事實。考慮一個具有週期的 T 週期時間函數 $f(t)$ 及其傅立葉級數展開，如以下方程式 [39]、[40] 與 [41] 所示：

$$f(t) = \sum_{n=-\infty}^{\infty} \mathbf{c}_n e^{jn\omega_0 t} \qquad [39]$$

$$\mathbf{c}_n = \frac{1}{T}\int_{-T/2}^{T/2} f(t) e^{-jn\omega_0 t} dt \qquad [40]$$

與

$$\omega_0 = \frac{2\pi}{T} \qquad [41]$$

記住總和值的傅立葉轉換為總和中的各項傅立葉轉換之和，且 $\mathbf{c}_n$ 並不是時間函數，所以我們可以寫出

$$\mathcal{F}\{f(t)\} = \mathcal{F}\left\{\sum_{n=-\infty}^{\infty} \mathbf{c}_n e^{jn\omega_0 t}\right\} = \sum_{n=-\infty}^{\infty} \mathbf{c}_n \mathcal{F}\{e^{jn\omega_0 t}\}$$

由方程式 [57] 獲得 $e^{jn\omega_0 t}$ 的轉換之後，可得

$$f(t) \Leftrightarrow 2\pi \sum_{n=-\infty}^{\infty} \mathbf{c}_n \delta(\omega - n\omega_0) \qquad [66]$$

這顯示 $f(t)$ 具有由脈衝所組成的離散頻譜，而這些脈衝在 ω 軸上是位於 $\omega = n\omega_0$ 的各點上，其中 n=⋯，−2，−1，0，1，⋯。每一個脈衝的強度等於 2π 乘以出現於 $f(t)$ 傅立葉級數展開複數型中所對應的傅立葉係數之值。

作為檢驗，讓我們來觀察方程式 [66] 右邊的反傅立葉轉換是否仍為 $f(t)$。該反傅立葉轉換可以寫成

$$\mathcal{F}^{-1}\{\mathbf{F}(j\omega)\} = \frac{1}{2\pi}\int_{-\infty}^{\infty} e^{j\omega t}\left[2\pi \sum_{n=-\infty}^{\infty} \mathbf{c}_n \delta(\omega - n\omega_0)\right] d\omega \overset{?}{=} f(t)$$

由於指數項並未包括 n 項和的指標，故我們可以改變積分與和的運算次序，

$$\mathcal{F}^{-1}\{\mathbf{F}(j\omega)\} = \sum_{n=-\infty}^{\infty} \int_{-\infty}^{\infty} \mathbf{c}_n e^{j\omega t} \delta(\omega - n\omega_0)\, d\omega \stackrel{?}{=} f(t)$$

因為它不是變數的函數，故 $\mathbf{c}_n$ 可以當作一個常數。因此，利用脈衝函數的篩檢特性，可得

$$\mathcal{F}^{-1}\{\mathbf{F}(j\omega)\} = \sum_{n=-\infty}^{\infty} \mathbf{c}_n e^{jn\omega_0 t} \stackrel{?}{=} f(t)$$

這正好與方程式 [39] 相同，亦即與 $f(t)$ 的傅立葉級數展開式相同。以上各方程式中的問號現在可以刪除，且週期時間函數的傅立葉轉換存在因此成立。然而，這並不值得過於驚訝。在前一節雖然並未直接提及其週期性，但是我們求出餘弦函數的傅立葉轉換，該函數確為一週期函數。然而，我們是以間接的方法求其轉換，但是現在我們有一數學工具得以便於更直接地獲得轉換。為了說明此一步驟，讓我們再一次考慮 $f(t) = \cos\omega_0 t$ 這個函數。首先我們求出傅立葉係數 $\mathbf{c}_n$ 為：

$$\mathbf{c}_n = \frac{1}{T} \int_{-T/2}^{T/2} \cos\omega_0 t e^{-jn\omega_0 t} dt = \begin{cases} \frac{1}{2} & n = \pm 1 \\ 0 & \text{otherwise} \end{cases}$$

則

$$\mathcal{F}\{f(t)\} = 2\pi \sum_{n=-\infty}^{\infty} \mathbf{c}_n \delta(\omega - n\omega_0)$$

此式僅當 $n = \pm 1$ 時才有非零之值。因此，整個總和可簡化為

$$\mathcal{F}\{\cos\omega_0 t\} = \pi[\delta(\omega - \omega_0) + \delta(\omega + \omega_0)]$$

這與前面所得到的式子完全一樣，多麼輕鬆！

練習題

18.14　試求 (a) $\mathcal{F}\{5 \sin^2 3t\}$；(b) $\mathcal{F}\{A \sin \omega_0 t\}$；(c) $\mathcal{F}\{6 \cos(8t + 0.1\pi\}$。

答：$2.5\pi\,[2\delta(\omega) - \delta(\omega + 6) - \delta(\omega - 6)]$；$j\pi A[\delta(\omega + \omega_0) - \delta(\omega - \omega_0)]$；$[18.85\angle 18^\circ]\,\delta(\omega - 8) + [18.85\angle -18^\circ]\,\delta(\omega + 8)$。

18.9 頻域中的系統函數與響應

在第 15.5 節，以輸入及脈衝響應來決定實際系統輸出這一個問題，是利用捲積來求解的，且完全在時域中處理；其輸入、輸出與脈衝響應全都是時間的函數。接下來，我們會發現這類運算在頻域中操作將會是較方便的，如兩個函數捲積的拉普拉氏轉換可在頻域中簡化為每個函數的乘積。根據相同的論調，我們可以發現利用傅立葉轉換亦有相同的情況。

為達此目的，我們來探討系統輸出的傅立葉轉換。假設輸出入均為電壓，我們利用傅立葉轉換的基本定義並以捲積表示輸出：

$$\mathcal{F}\{v_0(t)\} = \mathbf{F}_0(j\omega) = \int_{-\infty}^{\infty} e^{-j\omega t}\left[\int_{-\infty}^{\infty} v_i(t-z)h(z)\,dz\right]dt$$

其中我們亦假設無初始儲能。第一眼看到此式似乎相當令人難以克服，但是它可以簡化成相當簡單的結果。因為它未含積分變數 z，我們可以將指數項移到內部的積分式中。其次我們將積分次序倒過來，可得

$$\mathbf{F}_0(j\omega) = \int_{-\infty}^{\infty}\left[\int_{-\infty}^{\infty} e^{-j\omega t} v_i(t-z)h(z)\,dt\right]dz$$

由於不是 t 的函數，所以我們可將 $h(z)$ 從內部積分提出，並利用 $t-z=x$ 的變數改變，以簡化對 t 的積分：

$$\begin{aligned}\mathbf{F}_0(j\omega) &= \int_{-\infty}^{\infty} h(z)\left[\int_{-\infty}^{\infty} e^{-j\omega(x+z)} v_i(x)\,dx\right]dz\\ &= \int_{-\infty}^{\infty} e^{-j\omega z}h(z)\left[\int_{-\infty}^{\infty} e^{-j\omega x} v_i(x)\,dx\right]dz\end{aligned}$$

但現在總和可以分離了，因為內部的積分純粹為 $v_i(t)$ 的傅立葉轉換。此外，由於它未含有任何 z 項，故在任何涉及 z 的積分中可被視為常數。因此，可以將此轉換 $\mathbf{F}_i(j\omega)$ 完全移至所有積分符號的外面，即

$$\mathbf{F}_0(j\omega) = \mathbf{F}_i(j\omega)\int_{-\infty}^{\infty} e^{-j\omega z}h(z)\,dz$$

最後，剩下的積分為另一個傅立葉轉換，它是脈衝響應的傅立葉轉換，以符號 $\mathbf{H}(j\omega)$ 表示。因此所有的計算可以簡化為

$$\mathbf{F}_0(j\omega) = \mathbf{F}_i(j\omega)\mathbf{H}(j\omega) = \mathbf{F}_i(j\omega)\mathcal{F}\{h(t)\}$$

這是另一項重要的結果：它定義系統函數 $\mathbf{H}(j\omega)$ 為響應函數的傅立葉轉換與強迫函數的傅立葉轉換之比。此外，系統函數與脈衝響應構成傅立葉轉換對：

$$h(t) \Leftrightarrow \mathbf{H}(j\omega) \qquad [67]$$

前一段所發展出來的方法亦可用以證明兩時間函數的捲積傅立葉轉換為其傅立葉轉換的乘積，

$$\boxed{\mathcal{F}\{f(t) * g(t)\} = \mathbf{F}_f(j\omega)\mathbf{F}_g(j\omega)} \qquad [68]$$

簡單地說，如果已知強迫函數及脈衝響應的傅立葉轉換，則響應函數的傅立葉轉換可以由兩者的乘積求得。此結果是響應函數在頻域的描述；而響應函數於時域的描述可以藉由取反傅立葉轉換簡單地求得。因此可以瞭解到時域中的捲積，等同於頻域中相當簡單的乘法運算。

前述的說明可能使我們再度懷疑為何我們以前要選擇在時域中操作，但是我們必須經常記住我們是很少沒事找事做的。有一詩人曾說："我們誠摯的笑聲是伴隨著痛苦的"[2]。此處的痛苦是說有時很難求得響應函數的反傅立葉轉換，其原因是數學式頗為複雜。另一方面，一台簡易的桌上型電腦便可以輕鬆且便捷地完成時間函數的捲積運算。同時，其快速傅立葉轉換 (FFT) 也很容易被計算出來。因此，我們無法明確地指出在時域或頻域計算何者較好。每一次出現新的問題時，都必須作一個新的選擇，運算方式是必須依據已知的資料及手邊的計算設備而定。

考慮一強迫函數，其型式為

$$v_i(t) = u(t) - u(t-1)$$

且有一單位脈衝響應定義為

$$h(t) = 2e^{-t}u(t)$$

我們首先要求出對應的傅立葉轉換。我們知道強迫函數為兩個單位步階函數的差，且此二函數除了其中之一是另一個後 1 秒被激發外，兩者可說是完全相同。我們將求出因 $u(t)$ 所產生的響應，且由 $u(t-1)$ 所產生的響應也應該一樣，只是延遲一秒而已。這兩個部

2 P. B. Shelley, "To a Skylark," 1821.

分的響應之差，即為由 $v_i(t)$ 所產生的總響應。

$u(t)$ 的傅立葉轉換已在第 18.7 節求得：

$$\mathcal{F}\{u(t)\} = \pi\delta(\omega) + \frac{1}{j\omega}$$

取 $h(t)$ 的傅立葉轉換可得系統函數，根據表 18.2 得

$$\mathcal{F}\{h(t)\} = \mathbf{H}(j\omega) = \mathcal{F}\{2e^{-t}u(t)\} = \frac{2}{1+j\omega}$$

這兩個函數乘積的反傅立葉轉換，可得因 $u(t)$ 所造成的 $v_o(t)$ 分量，

$$v_{o1}(t) = \mathcal{F}^{-1}\left\{\frac{2\pi\delta(\omega)}{1+j\omega} + \frac{2}{j\omega(1+j\omega)}\right\}$$

使用脈衝的篩檢特性，得到第一項的反傅立葉轉換等於值為 1 的常數，因此

$$v_{o1}(t) = 1 + \mathcal{F}^{-1}\left\{\frac{2}{j\omega(1+j\omega)}\right\}$$

第二項的分母含有一乘積項，每一個都是 $\alpha + j\omega$ 的型式，且其反轉換可以很容易地應用第 14.5 節所述初等微積分所述的部分分式展開而求得。讓我們選擇一種具有一大優點——永遠行得通的技巧求得部分分式的展開，雖然在大多數的情況下尚有其它較快速的方法。我們在每一個分式的分子指定一未知數，在此只有兩個

$$\frac{2}{j\omega(1+j\omega)} = \frac{A}{j\omega} + \frac{B}{1+j\omega}$$

然後以簡單的值取代 $j\omega$，在此令 $j\omega=1$：

$$1 = A + \frac{B}{2}$$

然後令 $j\omega=-2$：

$$1 = -\frac{A}{2} - B$$

由此兩式可得 $A=2$ 及 $B=-2$。因此

$$\mathcal{F}^{-1}\left\{\frac{2}{j\omega(1+j\omega)}\right\} = \mathcal{F}^{-1}\left\{\frac{2}{j\omega} - \frac{2}{1+j\omega}\right\} = \text{sgn}(t) - 2e^{-t}u(t)$$

所以

$$\begin{aligned} v_{o1}(t) &= 1 + \text{sgn}(t) - 2e^{-t}u(t) \\ &= 2u(t) - 2e^{-t}u(t) \\ &= 2(1 - e^{-t})u(t) \end{aligned}$$

而由 $u(t-1)$ 所產生 $v_o(t)$ 的分量 $v_{o2}(t)$ 為

$$v_{o2}(t) = 2(1 - e^{-(t-1)})u(t-1)$$

因此

$$\begin{aligned} v_o(t) &= v_{o1}(t) - v_{o2}(t) \\ &= 2(1 - e^{-t})u(t) - 2(1 - e^{-t+1})u(t-1) \end{aligned}$$

在 $t=0$ 與 $t=1$ 的不連續使 $v_o(t)$ 分成三個時間區間：

$$v_o(t) = \begin{cases} 0 & t < 0 \\ 2(1 - e^{-t}) & 0 < t < 1 \\ 2(e - 1)e^{-t} & t > 1 \end{cases}$$

練習題

18.15　某一線性網路的脈衝響應為 $h(t)=6e^{-20t}u(t)$，且其輸入訊號為 $3e^{-6t}u(t)$ V。試求 (a) $\mathbf{H}(j\omega)$；(b) $\mathbf{V}_i(j\omega)$；(c) $V_o(j\omega)$；(d) $v_o(0.1)$；(e) $v_o(0.3)$；(f) $v_{o,\max}$。

答：$6/(20 + j\omega)$；$3/(6 + j\omega)$；$18/[(20 + j\omega)(6 + j\omega)]$；0.532 V；0.209 V；0.5372。

電腦輔助分析

本章中所介紹的內容是許多研究領域的基礎，包括信號處理、通訊與控制。我們只能介紹一些電路教科書內較基本的概念，但在這點上，我們仍可提供一些例子來說明以傅立葉為基礎分析的能力。在第一個例子中，我們考慮圖 18.15 所示的 μA741 運算放大器 PSpice 電路。

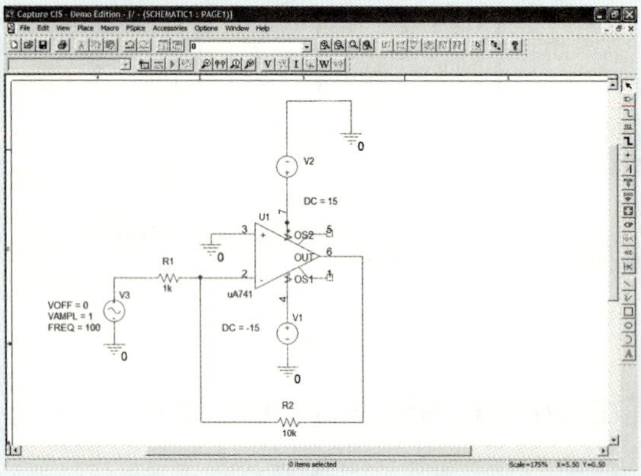

■圖 18.15　由操作於 100 Hz 弦式電壓所驅動的反向放大器電路，其具有 −10 的電壓增益。

電路的電壓增益為 −10，且我們預期弦式輸出為 10 V 的振幅。這確實是我們得自電路的暫態分析，如圖 18.16 所示。

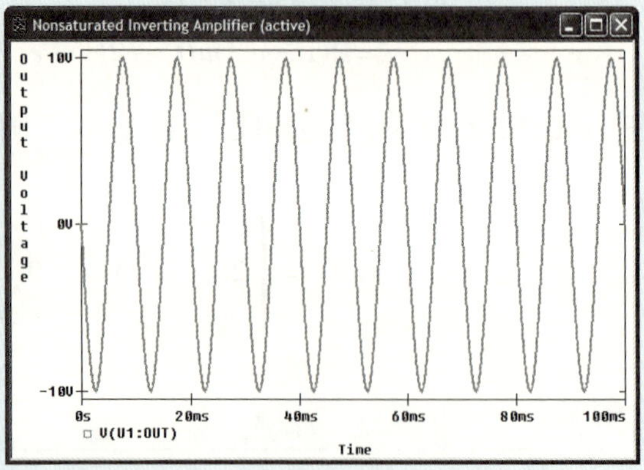

■圖 18.16　圖 18.15 所示放大電路的模擬輸出電壓。

PSpice 可以讓我們決定求得電壓經由所謂的快速傅立葉轉換 (FFT) 的頻譜，其為訊號正確傅立葉轉換的離散時間近似量。在 Probe 模式中，選擇 **Trace** 選單下的 **Fourier**，便能求得如圖 18.17 所示的結果。

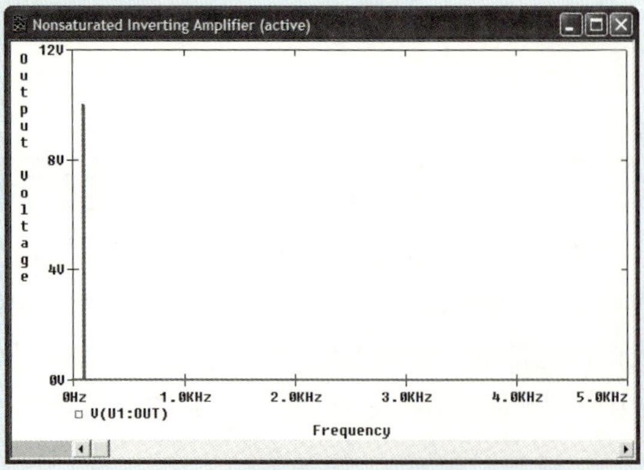

■圖 18.17　圖 18.16 的離散傅立葉轉換近似值。

亦如預期的，該放大電路輸出電壓的線頻譜為一頻率為 100 Hz 的單一值。

隨著輸入電壓振幅的增加，放大器的輸出會漸漸達到由正負直流供應電壓 (此例中為 ±15 V) 所決定的飽和值。這行為在圖 18.18 的模擬結果中相當明顯，這相當於於輸入端匯入一個 1.8 V 的電壓振幅訊號。這裡有一個很有趣的現象，就是輸出電壓波形已不再為正弦了。因此，我們可以預期的是，在頻譜上會出現非零的諧波頻率，如圖 18.19 所示。放大器電路的飽和是一種訊號的失真，假若將訊號連接至喇叭，我們將無法聽到"乾淨的" 100 Hz 波形。相反地，我們會聽到波形的重疊效果，不只包含 100 Hz 的基頻，也包含了 300 Hz 與 500 Hz 等較大的諧波成分。而隨著波形失真的增加，高頻諧波成分的能量也會愈來愈明顯。這現象可以很明顯地在圖 18.20*a* 與 *b* 中發現，兩圖分別代表輸出電壓在時域與頻域的模擬結果。

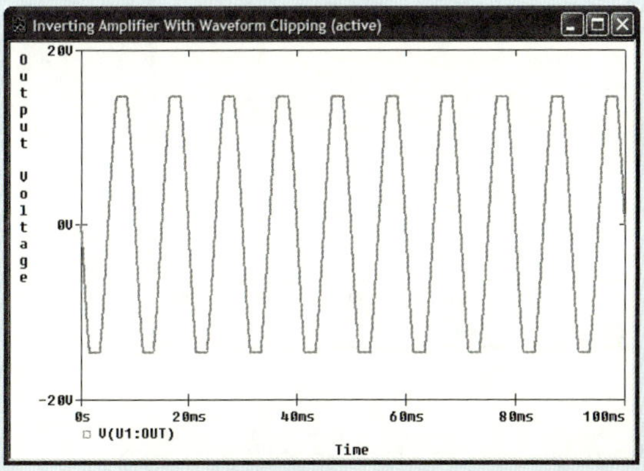

■圖 18.18　輸入電壓振幅增加至 1.8 V 時，放大電路暫態分析所得的模擬結果。圖中箝制波形顯示出飽和的現象。

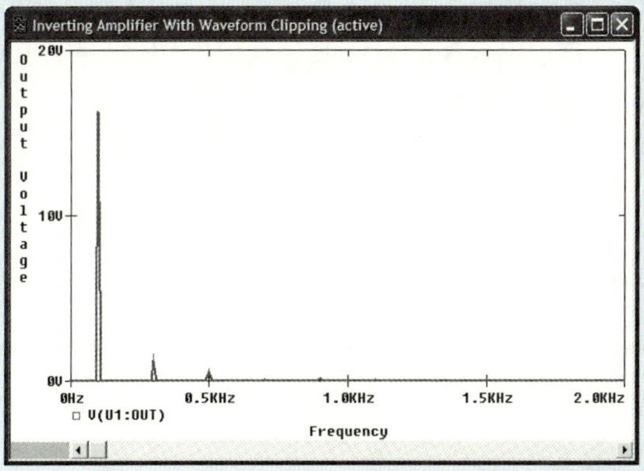

■圖 18.19　圖 18.18 所示波形的頻譜，其中顯示出除基頻以外的多個諧波成分。頻譜的有限寬度是由於數值量化所造成的結果 (因為只有使用到一組離散時間值)。

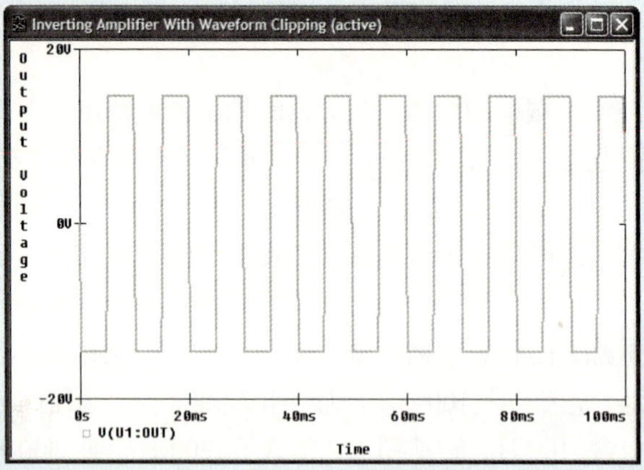

(*a*)

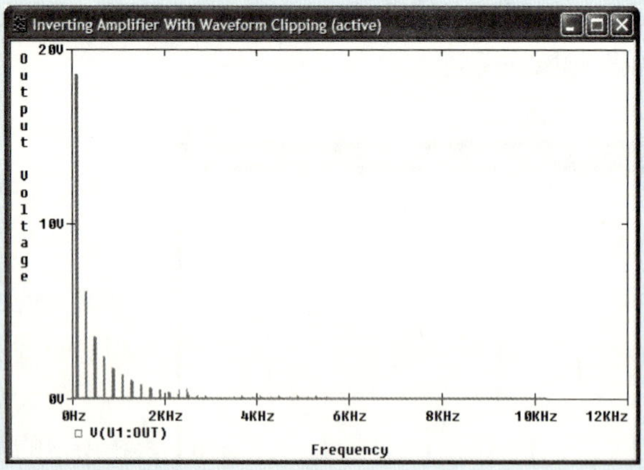

(*b*)

■圖 18.20 (*a*) 當輸入為 15 V 的弦波時，所造成放大器嚴重飽和現象的模擬響應。(*b*) 該波形的 FFT 結果，其顯示出許多能量都明顯地分佈到除基頻 100 Hz 外的諧波成分中。

18.10 系統函數的實際意義

在這一節，我們要嘗試將傅立葉轉換的一些觀點與前幾章所介紹的觀念連貫起來。

已知一線性雙埠網路 N 未具有任何初始儲能，假設其弦式強迫及響應函數均為電壓，如圖 18.21 所示。我們令輸入電壓為 $A\cos(\omega_x t+\theta)$，且輸出可用一般的項描述為 $v_o(t)=B\cos(\omega_x t+\phi)$，

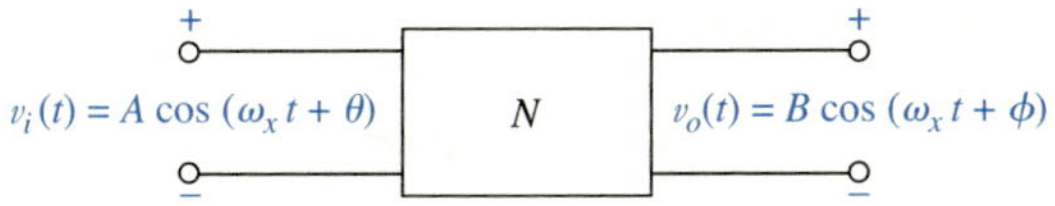

圖 18.21　弦式分析可用來決定轉移函數 $\mathbf{H}(j\omega_x) = (B/A)e^{j(\phi-\theta)}$，其中 B 與 ϕ 均為 ω_x 的函數。

其中 B 振幅與相角 ϕ 均為 ω_x 的函數。以相量的型式表示，則強迫與響應函數可分別寫成 $V_i = Ae^{j\theta}$ 與 $V_o = Be^{j\phi}$。相量響應與相量強迫函數的比值為複數，其為 ω_x 的函數：

$$\frac{\mathbf{V}_o}{\mathbf{V}_i} = \mathbf{G}(\omega_x) = \frac{B}{A}e^{j(\phi-\theta)}$$

其中 B/A 為 $\mathbf{G}$ 的振幅而 $\phi - \theta$ 為其相角。此轉移函數 $\mathbf{G}(\omega_x)$ 可在實驗室中利用 ω_x 於一段很寬的範圍內改變，並測量出每一個 ω_x 值時的振幅 B/A 與相角 $\phi - \theta$ 而求得。如果將這些參數以頻率為函數畫出，則所產生的一對曲線將可完全地描述此轉移函數。

當我們以稍微不同的觀點來考慮這個相同的分析問題時，我們可暫時將這些解說擱在一邊。

對於圖 18.21 所示具有弦式輸入與輸出的電路而言，系統函數 $\mathbf{H}(j\omega)$ 是什麼？為了回答此問題，我們由 $\mathbf{H}(j\omega)$ 定義為輸出與輸入的傅立葉轉換比值開始，這兩個時間函數都具有 $\cos(\omega_x t + \beta)$ 的函數型式，且其傅立葉轉換尚未決定，雖然我們可以處理 $\cos\omega_x t$。但所需的轉換為

$$\mathcal{F}\{\cos(\omega_x t + \beta)\} = \int_{-\infty}^{\infty} e^{-j\omega t}\cos(\omega_x t + \beta)\,dt$$

假如我們做 $\omega_x t + \beta = \omega_x \tau$ 的代換，則

$$\begin{aligned}\mathcal{F}\{\cos(\omega_x t + \beta)\} &= \int_{-\infty}^{\infty} e^{-j\omega\tau + j\omega\beta/\omega_x}\cos\omega_x\tau\,d\tau \\ &= e^{j\omega\beta/\omega_x}\mathcal{F}\{\cos\omega_x t\} \\ &= \pi e^{j\omega\beta/\omega_x}[\delta(\omega-\omega_x) + \delta(\omega+\omega_x)]\end{aligned}$$

這是一個新的傅立葉轉換對，

$$\cos(\omega_x t + \beta) \Leftrightarrow \pi e^{j\omega\beta/\omega_x}[\delta(\omega - \omega_x) + \delta(\omega + \omega_x)] \qquad [69]$$

現在我們便可以利用上式來決定所求的系統函數，

$$\begin{aligned}\mathbf{H}(j\omega) &= \frac{\mathcal{F}\{B\cos(\omega_x t + \phi)\}}{\mathcal{F}\{A\cos(\omega_x t + \theta)\}} \\ &= \frac{\pi B e^{j\omega\phi/\omega_x}[\delta(\omega - \omega_x) + \delta(\omega + \omega_x)]}{\pi A e^{j\omega\theta/\omega_x}[\delta(\omega - \omega_x) + \delta(\omega + \omega_x)]} \\ &= \frac{B}{A} e^{j\omega(\phi - \theta)/\omega_x}\end{aligned}$$

現在我們回想一下 $\mathbf{G}(\omega_x)$ 的表示式，

$$\mathbf{G}(\omega_x) = \frac{B}{A} e^{j(\phi - \theta)}$$

其中 B 與 ϕ 是在 $\omega = \omega_x$ 時所計算的，而我們可以計算於 $\omega = \omega_x$ 時的 $\mathbf{H}(j\omega)$ 為

$$\mathbf{H}(\omega_x) = \mathbf{G}(\omega_x) = \frac{B}{A} e^{j(\phi - \theta)}$$

因為 x 下標並無任何特殊的意義，故我們可推論系統函數與轉移函數相等：

$$\mathbf{H}(j\omega) = \mathbf{G}(\omega) \qquad [70]$$

其中一個的引數為 ω 而另一個則為 $j\omega$，其實這並不重要；j 的存在只不過能較直接地將傅立葉轉換與拉普拉氏轉換比較。

方程式 [70] 傅立葉轉換技巧與弦式穩態分析之間的直接關聯性。我們之前利用相量所做的穩態分析，只不過是傅立葉轉換一般化技巧中的特殊情形而已。“特殊”是指輸入與輸出都是弦式，而應用傅立葉轉換與系統函數則能使我們處理非弦式的強迫函數與響應。

因此，如欲求出一網路的系統函數 $\mathbf{H}(j\omega)$，我們所要做的是以 ω (或 $j\omega$) 為函數的方式來決定對應的弦式轉移函數。

例題 18.8

當輸入電壓為簡單的指數衰減脈波時，試求出圖 **18.22*a*** 所示電路中跨於電感器兩端的電壓。

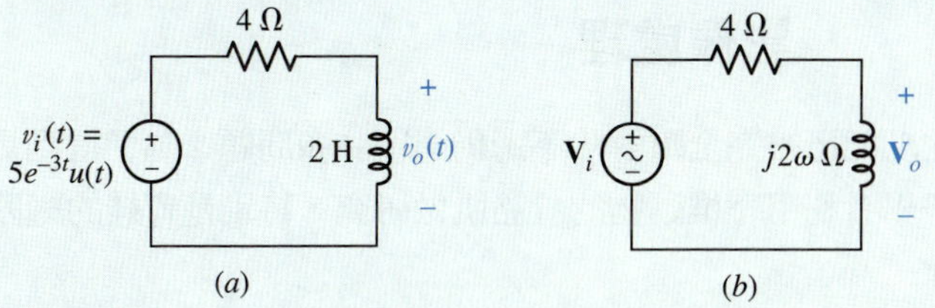

■圖 18.22　(*a*) 由 $v_i(t)$ 所造成的響應 $v_o(t)$ 為待求者；(*b*) 系統響應 $\mathbf{H}(j\omega)$ 可利用弦式穩態分析 $\mathbf{H}(j\omega)=\mathbf{V}_o/\mathbf{V}_i$ 來決定。

我們需要系統函數，但不一定必須加一脈衝，然後求脈衝響應，再決定其反轉換。取而代之的是，可以假設輸入及輸出電壓均為弦式，且以其對應的相量表示，如圖 18.22*b* 所示，再利用方程式 [70] 來求系統函數 $\mathbf{H}(j\omega)$ 即可。利用分壓定理，可得

$$\mathbf{H}(j\omega) = \frac{\mathbf{V}_o}{\mathbf{V}_i} = \frac{j2\omega}{4 + j2\omega}$$

強迫函數的轉換為

$$\mathcal{F}\{v_i(t)\} = \frac{5}{3 + j\omega}$$

因此 $v_o(t)$ 的轉換為

$$\begin{aligned}\mathcal{F}\{v_o(t)\} &= \mathbf{H}(j\omega)\mathcal{F}\{v_i(t)\}\\ &= \frac{j2\omega}{4 + j2\omega}\frac{5}{3 + j\omega}\\ &= \frac{15}{3 + j\omega} - \frac{10}{2 + j\omega}\end{aligned}$$

其中最後一步的部分分式有助於決定反傅立葉轉換

$$\begin{aligned}v_o(t) &= \mathcal{F}^{-1}\left\{\frac{15}{3 + j\omega} - \frac{10}{2 + j\omega}\right\}\\ &= 15e^{-3t}u(t) - 10e^{-2t}u(t)\\ &= 5(3e^{-3t} - 2e^{-2t})u(t)\end{aligned}$$

我們不需要用捲積運算或微分方程式，即可完成我們的問題。

實 際 應 用

影像處理

雖然隨著技術的發展，肌肉的功能已被完全瞭解，不過仍遺留許多問題。為了得到更深一層的解答，在這門領域上已有非常多學者利用脊椎動物的骨骼肌做研究，特別是青蛙的縫匠肌或是腿部肌肉 (圖 18.23)。

在科學家使用的許多分析技巧中，最常用的便是電子顯微技術了。圖 18.24 所示的便是青蛙縫匠肌組織的電子顯微影像，該組織被切成細片以強化肌凝蛋白 (為一種絲狀的收縮蛋白質) 規則狀的排列。結構生物學家所感興趣的便是，這些肌肉組織上蛋白質的週期性與不規則。為了對這些特性發展一個模型，有一種數值方法很受歡迎，可以用來將這類影像分析自動化。然而，從圖中可以發現，由電子顯微技術所取得的影像會受到背景雜訊的高度干擾，而使得肌凝蛋白絲的自動辨識產生誤差。

介紹這些的目的是可以用來輔助我們對時變線性電路的分析，而本章所介紹的以傅立葉為基礎的技巧在許多的應用上是十分有用的方法。其中，影像處理領域更是經常使用傅立葉技巧，特別是透過快速傅立葉轉換 (FFT) 與一些相關的數值方法。圖 18.24 的影像可以用一個空間函數 $f(x, y)$ 來描述，其中 $f(x, y)=0$ 代表白色，$f(x, y)=1$ 代表紅色，而 (x, y) 則代表影像的圖素。定義一個濾波器函數 $h(x, y)$ 如圖 18.25*a* 所示，則捲積的運算為

$$g(x, y) = f(x, y) * h(x, y)$$

則會使得圖 18.25*b* 中肌凝蛋白絲 (以紅色表示) 的影像更加清晰可辨。

實際上，這個影像處理是在頻域上操作，兩函數 f 和 h 的 FFT 先被運算出來，然後再將兩者所得的矩陣相成而得。之後再利用反 FFT 運算便可產生圖 18.25*b* 所示的濾波影像。為什麼這個捲積的運算等於一個濾波行為呢？肌凝蛋白絲的排列具有六角對稱特性，這正與濾波器函數

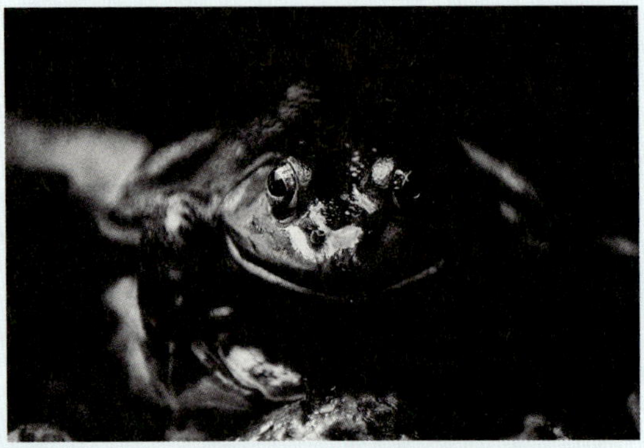

■圖 18.23 一張只有生物學家才會喜歡的臉。

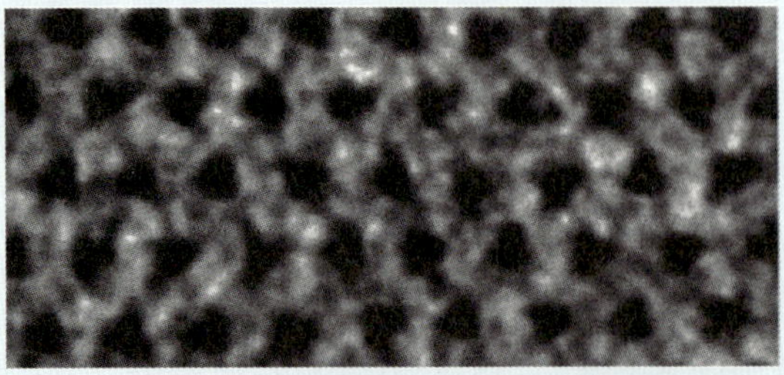

■圖 18.24 青蛙縫匠肌組織的部分電子顯微影像。人造的顏色被參雜到影像中以強化清晰度。

$h(x, y)$ 相同，就意義上來說，這兩者具有相同的空間頻率。f 和 h 的捲運算會對原本影像中的六角型式造成強化的作用，而且也去除了雜訊圖素 (那些不具有六角對稱的圖像點) 的影響。我們可以理解到，若將圖 18.24 的水平軸列以弦式函數 $f(x)=\cos\omega_0 t$ 來建構模型的話，其具有圖 18.26*a* 所示的傅立葉轉換，可得相隔 $2\omega_0$ 的脈衝函數對。若我們將此函數與濾波器函數 $h(x)=\cos\omega_1 t$ (其傅立葉轉換如圖 18.26*b* 所示) 做捲積運算時，若 $\omega_1\neq\omega_0$ 我們會得到零，即兩函數的頻率 (週期性) 不符合。相反地，若我們選擇的濾波器函數與 $f(x)$ 具有相同的頻率的話，則捲積運算會在 $\omega=\pm\omega_0$ 有非零的值。

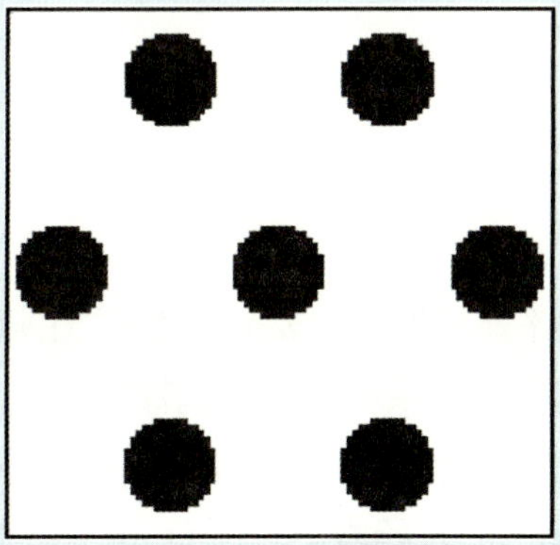

(*a*)

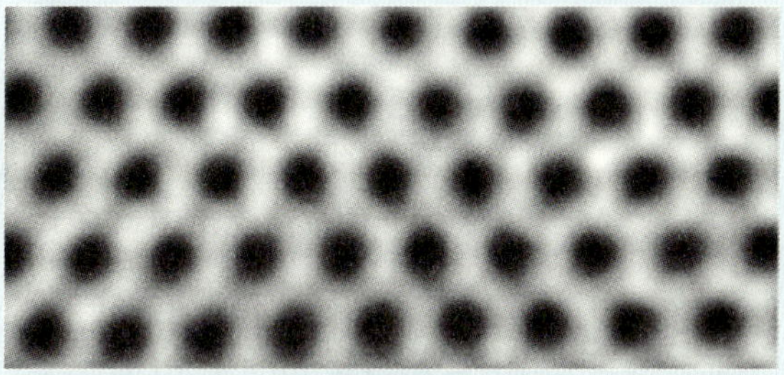

(*b*)

■圖 18.25 (*a*) 具有六角對稱的空間濾波器；(*b*) 經過捲積運算與反離散傅立葉轉換後的影像，顯示出較低的背景雜訊。

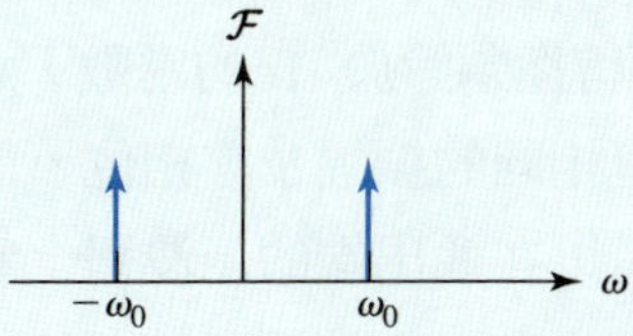

(*a*)

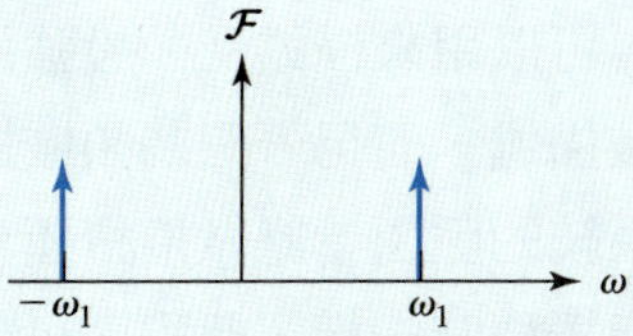

(*b*)

■圖 18.26 (*a*) $f(x)=\cos\omega_0 t$ 的傅立葉轉換；(*b*) $h(x)=\cos\omega_1 t$ 的傅立葉轉換。

練習題

18.16 試於圖 18.27 的電路中，利用傅立葉轉換技巧來求 $t=1.5$ ms 時的 $i_1(t)$，若 i_s 等於 (a) $\delta(t)$ A；(b) $u(t)$ A；(c) $\cos 500t$ A。

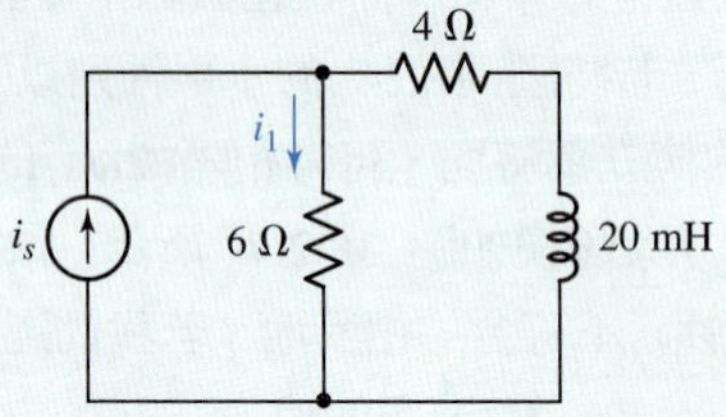

■圖 18.27

答：−141.7 A；0.683 A；0.308 A。

結　語

再回到方程式 [70]，即回到系統函數 $\mathbf{H}(j\omega)$ 與弦式穩態轉移函數 $\mathbf{G}(\omega)$ 的等式中，現在我們可以將系統函數視為輸出相量與輸入相量的比值。假定保持輸入相量的振幅為 1 且相角為零，則輸出相量為 $\mathbf{H}(j\omega)$。在這情況下，若以 ω 為函數記錄所有 ω 時的輸出振幅及相位，則我們相當於以 ω 為函數記錄所有 ω 時的系統函數 $\mathbf{H}(j\omega)$。因此，我們在全部具有單位振幅及零相位的無限多弦式連續地加至輸入端的條件下，觀察到系統的響應。現在假設輸入為一單位脈衝，並觀察脈衝響應 $h(t)$，所觀察到的資訊是否與剛才所獲得的有任何的不同？單位脈衝的傅立葉轉換為等於 1 的常數，意思是說所有頻率分量都會出現，且都具有相同的振幅及零相位。而系統響應是這些分量響應的和，此結果可以在輸出端的示波器上看到。很明顯地，系統函數與脈衝響應函數具有與系統響應相關的相同資訊。

因此，我們有兩種不同的方法，可以用來描述受一般強迫函數作用時的系統響應；其中一個為時域描述，而另一個為頻域描述。在時域中處理時，我們將強迫函數系統的脈衝響應做捲積運算，以求得響應函數。正如我們第一次考慮捲積時一樣，此程序可如此解釋：即將輸入想像成具有不同強度的響應，且在不同時間施加此等脈衝的連續量至系統，所造成的輸出則為各個脈衝響應的連續量。

然而，在頻域中，是將強迫函數的傅立葉轉換乘以系統函數來決定響應。在這情況下，我們可將強迫函數的轉換解釋為頻譜或弦式的連續量，藉由乘上系統函數，便可獲得響應函數，此亦為弦式的連續量。

不論我們將輸出視為脈衝響應的連續量或是弦式響應的連續量，網路的線性特性與重疊原理都能使我們在所有頻率內相加並決定以時間為函數的全部輸出 (反傅立葉轉換)，或在所有時間內相加而得到以頻率為函數的輸出 (傅立葉轉換)。

不幸的是，這兩種方法在使用上都有些困難或限制。在使用捲積運算時，積分本身可能因出現複雜的強迫函數或脈衝響應函數而很難積分。此外，從實驗的觀點來看，我們實際上無法量測出系統的脈衝響應，因為實際上我們無法產生脈衝。即使可以利用寬度很窄而幅度很高的脈波來近似，但是可能會迫使系統進入飽和狀態而超出線性操作的範圍。

關於頻域方面，我們最遭遇到一絕對的限制，亦即我們可能輕易地施加那些理論上未具有傅立葉轉換假想的強迫函數。此外，如果想求出響應函數的時域描述，則必須求其反傅立葉轉換，而有些反轉換可能很難。

最後，這兩種技巧都無法提供便於處理初始條件的方法。針對這點，拉普拉氏轉換顯然是較具優勢的。

由傅立葉轉換所導出的最大好處是，它提供與信號頻譜有關且有用的豐富資訊，尤其是每單位頻寬的能量或功率。這些資訊有些也是很容易地經由拉普拉氏轉換得到，我們必須將這些留到較高深的信號與系統課程時，再做詳盡的討論。

所以，為何到目前為止尚保留這些？最好的答案可能是因為這些有用的技巧，可能會使簡單問題的解答過於複雜，且很容易使實際簡單網路的性能解釋得含糊不清。舉例來說，如果我們只對強迫響應感興趣，則很少有論點支持我們使用拉普拉氏轉換，且尚需經過困難的反轉換運算才能求出強迫及自然響應。

雖然我們可以繼續討論下去，但是所有美好的事物都會有個終點。祝福您未來的研究能夠更好。

摘要與複習

- ❐ 基頻 ω_0 弦式的諧波頻率為 $n\omega_0$，其中 n 為整數。
- ❐ 傅立葉定理說明，假定某個函數 $f(t)$ 滿足某些特性，則可以無窮級數來表示為 $a_0+\sum_{n=1}^{\infty}(a_n\cos n\omega_0 t+b_n\sin n\omega_0 t)$，其中 $a_0=(1/T)\int_0^T f(t)\,dt$、$a_n=(2/T)\int_0^T f(t)\cos n\omega_0 t\,dt$ 與 $b_n=(2/T)\int_0^T f(t)\sin n\omega_0 t\,dt$。
- ❐ 若 $f(t)=f(-t)$，則該函數 $f(t)$ 具有偶對稱特性。
- ❐ 若 $f(t)=-f(-t)$，則該函數 $f(t)$ 具有奇對稱特性。
- ❐ 若 $f(t)=-f(t-\frac{1}{2}T)$，則該函數 $f(t)$ 具有半波對稱特性。
- ❐ 偶函數的傅立葉級數僅由常數與餘弦函數所組成。
- ❐ 奇函數的傅立葉級數僅由正弦函數所組成。
- ❐ 任何擁有半波對稱特性的函數，其傅立葉級數僅包括奇次諧波。
- ❐ 函數的傅立葉級數可以表示成複數或指數型式，其中 $f(t)=\sum_{n=-\infty}^{\infty}\mathbf{c}_n e^{jn\omega_0 t}$ 與 $\mathbf{c}_n=(1/T)\int_{-T/2}^{T/2}f(t)\,e^{-jn\omega_0 t}\,dt$。
- ❐ 傅立葉轉換允許我們在頻域上表示時變函數，這是類似於拉普拉氏轉換的方法。其定義式為 $\mathbf{F}(j\omega)=\int_{-\infty}^{\infty}e^{-j\omega t}f(t)\,dt$ 與 $f(t)=(1/2\pi)\int_{-\infty}^{\infty}e^{j\omega t}\mathbf{F}(j\omega)\,d\omega$。

進階研讀

- ❐ 關於傅立葉分析可參考

  A. Pinkus and S. Zafrany, *Fourier Series and Integral Transforms*. Cambridge: Cambridge University Press, 1997.
- ❐ 最後，若讀者對肌肉組織相關研究有興趣，可以參考討論組織電子顯微技術的書籍：

  J. Squire, *The Structural Basis of Muscular Contraction*, New York: Plenum Press, 1981.

習　題

※偶數題置書後光碟

18.1　傅立葉級數的三角型式

1. 試求出下列波形前五個諧波的頻率 $(n=1-5)$：(a) $\upsilon_1(t)=77\cos(5t)$ V；(b) $i(t)=32\sin(5t)$ nA；(c) $q(t)=4\cos(90t-85°)$ C。
3. 令 $\upsilon(t)=3-3\cos(100\pi t-40°)+4\sin(200\pi t-10°)+2.5\cos 300\pi t$ V。試求 (a) V_{av}；(b) V_{eff}；(c) T；(d) $\upsilon(18\text{ ms})$。
5. 試計算下列函數的 a_0：(a) $5\cos 100t$；(b) $5\sin 100t$；(c) $5+\cos 100t$；(d) $5+\sin 100t$。
7. 試計算 a_0、a_1、a_2、b_1 及 b_2，當 $f(t)=$ (a) 3；(b) $3\cos 3t$；(c) $3\sin 3t$；(d) $3\cos(3t-10°)$。
9. 試計算 a_0、a_1、a_2、a_3、b_1、b_2 及 b_3，當 $g(t)=2u(t)-2u(t-2)+2u(t-3)-2u(t-5)+\cdots$。
11. 圖 18.28 所示的波形為週期性，其 $T=10$ s。試求 (a) 平均值；(b) 有效值；(c) a_3 之值。

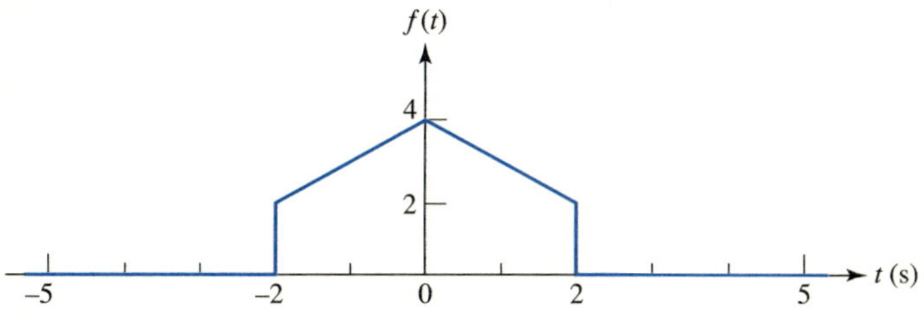

■圖 18.28

13. 試求圖 18.29 所示波形的 a_3、b_3 與 $\sqrt{a_3^2+b_3^2}$。

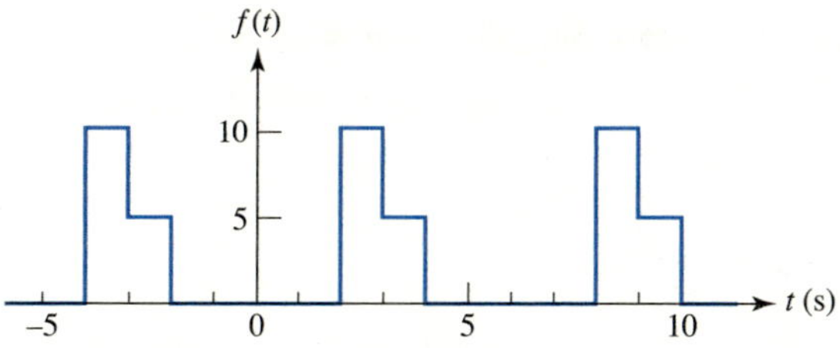

■圖 18.29

15. 某週期時間函數 $T=2$ s，且 $-1<t<0$ 時，$f(t)=0$；$0<t<t_1$ 時，$f(t)=1$；$t_1<t<1$ 時，$f(t)=0$。(a) 使 b_4 為最大的 t_1 之值為何？(b) 試求 $b_{4,\max}$。
17. 例題 18.1 的波形 (如圖 18.2 所示) 為一半波整流器的輸出。若半弦

式處於 $-0.5 < t < -0.3$、$-0.3 < t < -0.1$、$-0.1 < t < 0.1$ 等整個區間，則輸出成為一全波整流器的輸出。試求此情況的三角傅立葉級數。

18.2 對稱的應用

19. 已知週期函數 $y(t)$ 具有奇對稱性質，其振幅頻譜如圖 18.31 所示。若所有的 a_n 與 b_n 均非負值：(a) 試決定 $y(t)$ 的傅立葉級數；(b) 試求 $y(t)$ 的有效值；(c) 試計算 $y(0.2\text{ ms})$ 之值。

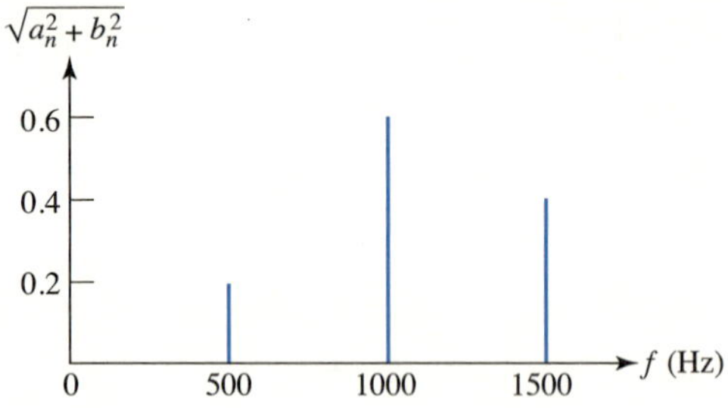

■圖 18.31

21. 圖 18.33 所示波形每 4 ms 重複一次。(a) 試求直流成分 a_0；(b) 試求 a_1 與 b_1 之值；(c) 試求一函數 $f_x(t)$ 與 $f(t)$ 在 4 ms 區間相等，但 $f_x(t)$ 的週期為 8 ms 且為偶對稱；(d) 試求 $f_x(t)$ 的 a_1 與 b_1 之值。

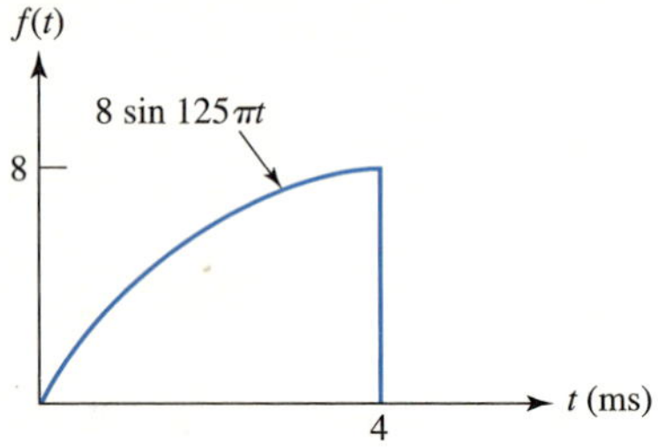

■圖 18.33

23. 一函數 $f(t)$ 具有奇與半波對稱性質，其週期為 8 ms。已知 $0 < t < 1$ ms 時，$f(t) = 10^3 t$，且 $1 < t < 2$ ms 時，$f(t) = 0$。試求 b_n 之值，其中 $1 \le n \le 5$。

18.3 週期強迫函數的完全響應

25. 將圖 18.8a 的方波以圖 18.36 所示的方波取代，重做例題 18.2 的分析以求新的 (a) $i_f(t)$；(b) $i(t)$ 表示式。

27. 一理想電壓源 v_s 與一打開的開關、一 2 Ω 電阻器及一 2 F 電容器串聯。電源電壓如圖 18.36 所示。開關於 $t=0$ 時關上，且電容器電壓為待求的響應。(a) 試於頻域中利用 n 次諧波求強迫響應，並將結果以三角傅立葉級數表示；(b) 求出自然響應的函數型式；(c) 試求完全響應。

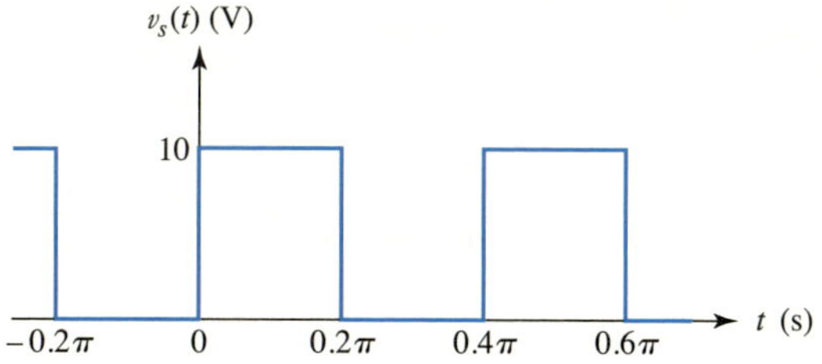

■圖 18.36

29. 圖 18.38 所示的電流源波形加至圖 18.37a 的電路中。試求穩態電流 $i_L(t)$。

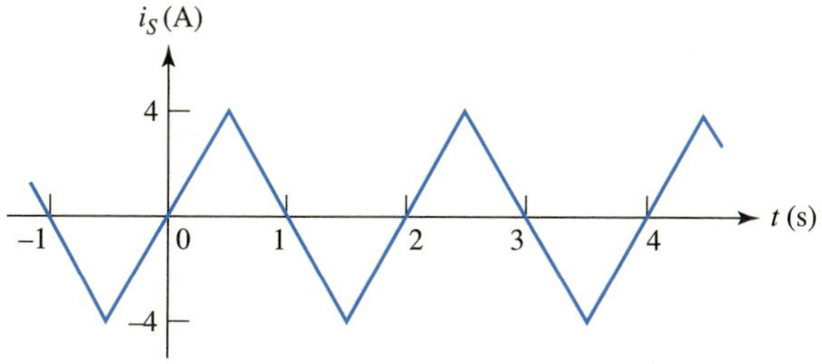

■圖 18.38

18.4 傅立葉級數的複數型式

31. (a) 試求圖 18.40 所示週期波形的複數傅立葉級數；(b) 試求 $\mathbf{c}_n$ 之值，其中 $n=0$、±1 與 ±2。

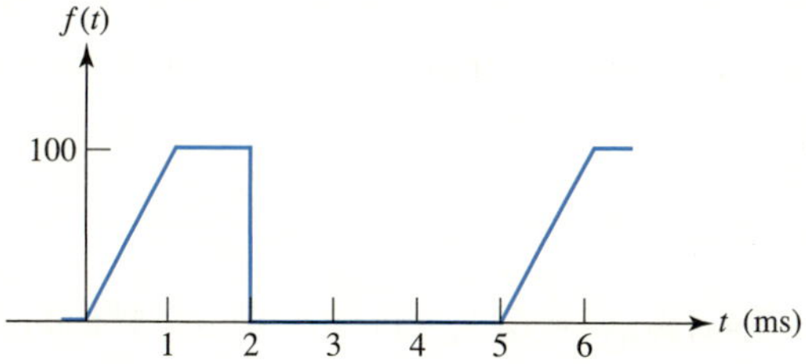

■圖 18.40

33. 一電壓波形具有週期 $T=5$ ms 與下列複數係數：$\mathbf{c}_0=1$、$\mathbf{c}_1=0.2-j0.2$、$\mathbf{c}_2=0.5+j0.25$、$\mathbf{c}_3=-1-j2$ 與 $\mathbf{c}_n=0$，其中 $|n|\geq 4$。(a) 試求 $v(t)$；(b) 試計算 $v(1\text{ ms})$。

35. 設一週期電壓在 $0<t<\frac{1}{96}$ s 時，$v_s(t)=40$ V，在 $\frac{1}{96}<t<\frac{1}{16}$ s 時為零。若 $T=\frac{1}{16}$ s，試求 (a) $\mathbf{c}_3$；(b) 傳送至圖 18.41 所示電路中負載的功率。

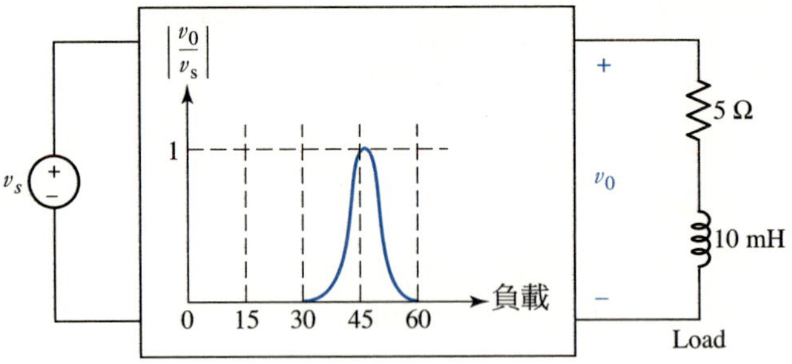

■圖 18.41

18.5 傅立葉轉換的定義

37. 利用傅立葉轉換的定義來求 $\mathbf{F}(j\omega)$，若 $f(t)$ 等於 (a) $e^{-at}u(t)$，$a>0$；(b) $e^{-a(t-t_0)}u(t-t_0)$，$a>0$；(c) $te^{-at}u(t)$，$a>0$。

39. 試求出圖 18.43 所示單一正弦脈波的傅立葉轉換。

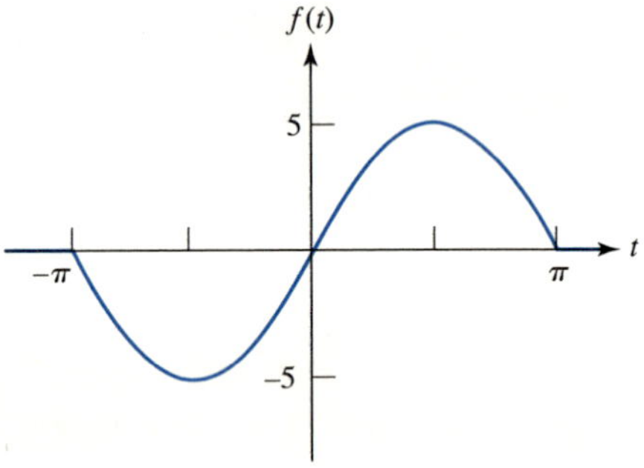

■圖 18.43

41. 試利用反傅立葉轉換的定義來求 $f(t)$，且計算 $t=0.8$ 時之值，若 $\mathbf{F}(j\omega)$ 等於 (a) $4[u(\omega+2)-u(\omega-2)]$；(b) $4e^{-2|\omega|}$；(c) $(4\cos\pi\omega)[u(\omega+0.5)-u(\omega-0.5)]$。

18.6 傅立葉轉換的一些特性

43. 設 $i(t)$ 為流過 4 Ω 電阻器的時變電流。若 $i(t)$ 傅立葉轉換的振幅為 $|\mathbf{I}(j\omega)|=(3\cos 10\omega)[u(\omega+0.05\pi)-u(\omega-0.05\pi)]$ A/(rad/s)，試求 (a) 訊號所呈現的總能量；(b) 頻率 ω_x，使一半的總能量位於 $|\omega|<\omega_x$ 的範圍內。

45. 若 $v(t)=8e^{-2|t|}$ V，試求 (a) 此訊號在 1 Ω 電阻上所呈現的能量；(b) $|\mathbf{F}_v(j\omega)|$；(c) $|\omega|<\omega_1$ 時，90 % 的 1 Ω 能量所處的頻率範圍。

18.7 一些簡單時間函數的傅立葉轉換對

47. 試求 $\mathcal{F}\{f(t)\}$ 若 $f(t)$ 為 (a) $4[\text{sgn}(t)]\delta(t-1)$；(b) $4[\text{sgn}(t-1)]\delta(t)$；(c) $4[\sin(10t-30°)]$。

49. 試求於 $t=5$ 時的 $f(t)$ 若 $\mathbf{F}(j\omega)$ 等於 (a) $3u(\omega+3)-3u(\omega-1)$；(b) $3u(-3-\omega)+3u(\omega-1)$；(c) $2\delta(\omega)+3u(-3-\omega)+3u(\omega-1)$。

18.8　一般週期時間函數的傅立葉轉換

51. 試求圖 18.44 所示週期時間函數的傅立葉轉換。

53. 若 $\mathbf{F}(j\omega)=20\sum_{n=1}^{\infty}[1/(|n|!+1)]\delta(\omega-20n)$，試求 $f(0.05)$ 之值。

55. 設 $x(t)=5[u(t)-u(t-2)]$ 及 $h(t)=2[u(t-1)-u(t-2)]$，試利用捲積運算求得輸出 $y(t)$ 於 $t=-0.4$、0.4、1.4、2.4、3.4 與 4.4 之時之值。

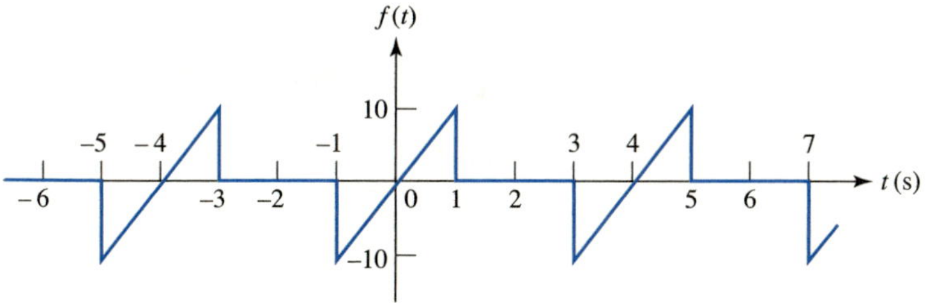

■圖 18.44

18.9　頻域中的系統函數與響應

57. 某線性系統的單位脈衝響應與輸入如圖 18.45 所示。(a) 試求輸出在 $4<t<6$ 區間的正確積分表示式；(b) 試計算 $t=5$ 時的輸出。

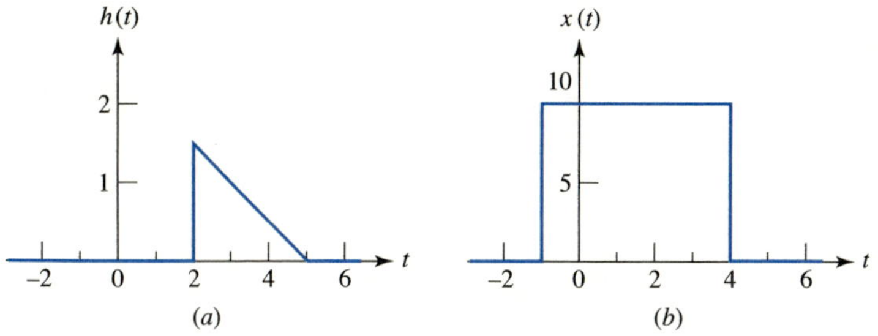

■圖 18.45

59. 當輸入 $\delta(t)$ 加至一線性系統，當 $0<t<\pi$ 時，輸出為 $\sin t$，而其它時間為零。現在若輸入改為 $e^{-t}u(t)$，試求輸出於 t 等於 (a) 1；(b) 2.5；(c) 4 時的數值為何？

61. 一個訊號 $x(t)=10e^{-2t}u(t)$ 加至一個脈衝響應為 $h(t)=10e^{-2t}u(t)$ 的線性系統中，試求其輸出 $y(t)$。

63. 若 $\mathbf{F}(j\omega)=2/[(1+j\omega)(2+j\omega)]$，試求 (a) 此訊號所呈現的總 1 Ω 能

量；(b) $f(t)$ 的最大值。

65. 設某網路的脈衝響應為 $h(t)=2e^{-t}\,u(t)$。(a) 試決定 $\mathbf{H}(j\omega)=V_o(j\omega)/V_i(j\omega)$；(b) 觀察 $h(t)$ 或 $\mathbf{H}(j\omega)$，並注意網路有一儲能元件。任意選擇一 RC 電路，使用 $R=1\ \Omega$ 及 $C=1$ F 來提供必要的時間常數，試決定電路型式以獲得 $\frac{1}{2}h(t)$ 或 $\frac{1}{2}\mathbf{H}(j\omega)$；(c) 將一理想電壓放大器與網路串聯以提供適當的倍率常數，試問此放大器的增益為多少？

18.10 系統函數的實際意義

67. 試求圖 18.47 所示電路的 $v_C(t)$。

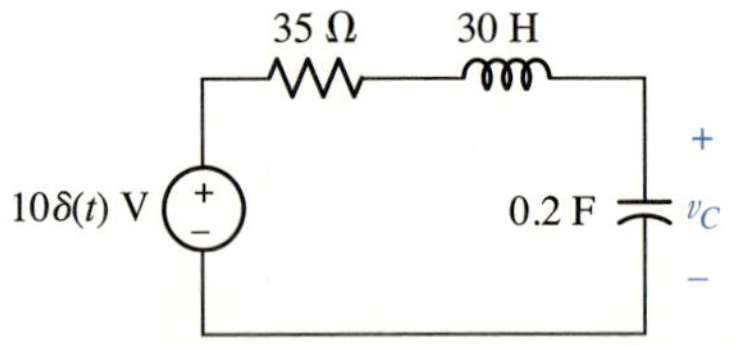

■圖 18.47

69. 圖 18.22 中的電壓源以 $v_i(t)=12\ \text{sgn}(t)$ 函數取代。試利用傅立葉轉換技巧求得跨接電感的電壓 $v_o(t)$。